高等院校电子信息与电气学科特色教材

刘德全 编著

Proteus 8

——电子线路设计与仿真

（第2版）

清华大学出版社
北 京

内 容 简 介

本书基于 Proteus 8.5 版本，以典型的应用实例为主线，详细介绍了 Proteus 软件的原理图设计与仿真、印制电路板设计以及微处理器仿真 3 部分内容。其中，原理图设计部分包括原理图设计、层次原理图设计、元器件制作与修改等；实例中的电子电路仿真包括模拟电子电路仿真、数字电子电路仿真和混合电子电路仿真；印制电路板设计部分包括 PCB 设计的基本概念、布局及布线、元件封装设计、3D 预览、Gerber 应用等；微处理器部分包括 VSM Studio 应用、Active Popups 应用、源代码调试和直接调试等。

本书面向实际，图文并茂，内容丰富，通俗易懂，层次分明，易于掌握，可为从事 EDA 设计、电子信息教学的人员提供指导，也可以为学生实验、课程设计、毕业设计、电子信息类虚拟实验室建设等提供帮助。

图书在版编目(CIP)数据

Proteus8：电子线路设计与仿真/刘德全编著. —2 版. —北京：清华大学出版社，2017(2022.8重印)
(高等院校电子信息与电气学科特色教材)
ISBN 978-7-302-46847-9

Ⅰ. ①P… Ⅱ. ①刘… Ⅲ. ①电子电路—计算机辅助设计—应用软件 Ⅳ. ①TN702

中国版本图书馆 CIP 数据核字(2017)第 064229 号

责任编辑：张 玥
封面设计：傅瑞学
责任校对：白 蕾
责任印制：杨 艳

出版发行：清华大学出版社
网 址：http://www.tup.com.cn，http://www.wqbook.com
地 址：北京清华大学学研大厦 A 座 **邮 编**：100084
社 总 机：010-83470000 **邮 购**：010-62786544
投稿与读者服务：010-62776969，c-service@tup.tsinghua.edu.cn
质量反馈：010-62772015，zhiliang@tup.tsinghua.edu.cn
课件下载：http://www.tup.com.cn，010-83470236
印 装 者：北京九州迅驰传媒文化有限公司
经 销：全国新华书店
开 本：185mm×260mm **印 张**：36.5 **字 数**：842 千字
版 次：2014 年 10 月第 1 版 2017 年 7 月第 2 版 **印 次**：2022 年 8 月第 5 次印刷
定 价：108.00 元

产品编号：073273-02

第2版前言 Foreword

自《Proteus 8——电子线路设计与仿真》出版至今，已经过去两年多，电子线路设计与仿真技术实现了快速发展。英国 Labcenter 的 Proteus 8.5 版本发布，相对于 8.4 版本而言，新版本有很多新增功能，主要包括：(1)增加基于 BSDL 语言模型元器件的创建，利用 Import BSDL 命令可以创建新的元器件，现在很多元器件生产商都提供元器件的 BSDL 文件（可以到厂商的官方网站下载），利用该命令解决了元器件库中元器件不足的问题，但产生的元器件是没有仿真功能的；(2)在 PCB Layout 中增加 Gerber X2 格式的 CADCAM 数据输出。为了使读者更好地了解 8.5 版本的性能，更熟练地掌握新知识，因此对原书进行了全面修订。

修订工作主要针对以下几个方面进行：

删减了 Proteus 7 版本升级到 Proteus 8 版本详细的安装过程。增加了以下内容：(1)Spice 模型元器件的创建；(2)基于 BSDL 语言模型的元器件创建；(3)PCB 布线中曲线的绘制功能；(4)第三方 PCB Libraries 软件生成 PCB 库的导入功能；(5)PCB 制版。

本书配套电子资源包括实例和 PPT，均按照章节存放在相应的文件夹下，项目名称与书中的实例名称一致。配套资源可以在清华大学出版社网站(http://www.tup.com.cn)下载。

本书在编写过程中得到了广州风标电子有限公司技术方面的大力支持，在此表示感谢；本书的完成离不开家人、领导、同事的大力支持，在此一并表示感谢；最后，感谢清华大学出版社的大力支持。

新版教材中一定还有不少缺点和不足之处，恳请各界读者给予批评指正。联系邮箱是 ldqzhh@163.com。

作 者

2017年4月

第 1 版前言

Foreword

Proteus 是英国 Labcenter 公司研发的目前世界上最完善、最优秀的 EDA 软件之一。它具有二十几年的发展历程，引入国内后，得到了高校和社会的一致好评。国内大学（如清华大学、浙江大学、杭州电子科技大学、华中科技大学、国防科技大学、西南交通大学、重庆大学等 165 所大学[①]）都建立了 Proteus 虚拟仿真实验室，为科研、学习提供了很好的平台。

本书特色

为了更好地推动 Proteus 的学习和应用，在借鉴同类书籍经验的基础上，结合新的版本 Proteus 8 编写了本书。全书力求从应用角度出发，通过实例对 Proteus 8 的功能、操作以及相关的应用进行详细介绍，书中的实例以配套电子资源的形式在清华大学出版社网站上提供。

本书重点介绍了 Proteus 8 的以下新功能与特点：

(1) 全新的 Schematic Capture 功能。

(2) 全新的 ARES PCB Layout 功能。

(3) 新增 Home Page、Designer Explorer、BOM、3D Viewer、Gerber 等功能。

(4) VSM Studio IDE 集成微处理器开发环境介绍。

(5) 新增 Active Popup Mode、WATTMETER 工具的使用。

(6) 新增 Teardtop(泪滴)操作。

本书结构

全书共分 14 章，具体内容概括如下：

---

① 广州风标电子科技有限公司网站：http://www.windway.cn/Plans.asp?sid=74.

第1章主要介绍EDA技术的发展历程、Proteus 8 EDA软件的主要功能和Proteus 8主窗口操作，包含基于Framework的PDS.EXE应用程序将ISIS、ARES、3D Viewer等所有窗口集成在一个框架并共享数据的主窗口功能及应用。

第2章主要讲解绘制原理图的环境参数设置及原理的绘制与仿真，包括ISIS原理绘制窗口的编辑窗口、预览窗口、对象选择器、菜单栏、命令工具、模式工具、旋转、镜像控制工具、交互式工具栏、状态栏等功能及应用。

第3章主要讲解元器件库的种类及常用元器件的使用和测试。

第4章主要讲解PAT属性工具、Search and Tag工具、Global Annotator、Design Explorer、母版设计等工具的功能和使用。

第5章主要讲解对于复杂电路的平行电路设计和层次电路设计。

第6章主要讲解元器件的创建、符号和模型创建。

第7章主要讲解14种激励源、12种虚拟仪器和13种图表仿真的功能及应用。

第8章主要讲解原理图设计的后续报表、BOM、网络、打印输出等功能。

第9章主要讲解PCB设计基本概念和ARES PCB Layout的主要特点，窗口、菜单栏、工具栏、模式工具栏等工具的功能与应用。

第10章主要讲解PCB封装库、器件放置、编辑和新建，PC设计规则和层设计以及封装的创建。

第11章主要讲解PCB原理图布局、布线和覆铜操作。

第12章主要讲解PCB数据的导出/导入，以及生产数据的产生，最后讲解Gerber的应用。

第13章主要讲解3D预览窗口的操作以及功能。

第14章主要讲解VSM Studio IDE环境设置以及嵌入式微处理器仿真。在此基础上研究了Proteus集成VSM Studio的功能与应用。

配套电子资源使用说明

本书配套电子资源包含了全书所有的实例应用，均按照章节存放在相应文件夹下，项目名称与书中的实例名称一致。另外，还包含各章配套的PPT。配套电子资源可以从清华大学出版社网站(http://www.tup.com.cn)的本书页面中下载。

致谢

本书在编写的过程中得到了广州市风标电子技术有限公司在技术方面的大力支持，在此表示感谢。感谢参与本书PPT制作的王旭东、郝海鹏、魏宗桀和伏亚强同学。本书的完成，离不开家人、领导、同事的大力支持，在此一并表示感谢。最后，感谢清华大学出版社的大力支持。

本书读者对象

本书适合作为本科教材和工程教材，既适于初学者，又适于高级读者。本书各章节既互相联系又相对独立，读者可根据自己的需要有选择地学习。

由于时间仓促，加之作者水平和经验有限，书中错漏之处肯定在所难免，敬请读者指正。联系邮箱：ldqzhh@163.com。

作　者

2014年6月

目录 Contents

第 1 章 Proteus 电路设计基本概述 ………………………………… 1

1.1 EDA 技术概述 ………………………………………………… 1
1.2 Proteus EDA 软件发展史 ……………………………………… 3
1.3 Proteus 8 体系结构及特点 …………………………………… 5
1.3.1 Proteus VSM 的主要功能 ………………………………… 7
1.3.2 Proteus PCB ………………………………………………… 8
1.3.3 嵌入式微处理器交互式仿真 ……………………………… 8
1.4 Proteus 8 的安装、启动和退出 ……………………………… 9
1.4.1 安装 Proteus 8 ……………………………………………… 9
1.4.2 启动 Proteus ………………………………………………… 10
1.4.3 关闭 Proteus ………………………………………………… 11
1.5 Proteus 8 窗口操作 …………………………………………… 12
1.5.1 主菜单栏 …………………………………………………… 12
1.5.2 主工具栏 …………………………………………………… 17
1.5.3 主页 ………………………………………………………… 18
1.6 Application Framework ……………………………………… 27
1.7 应用实例 ……………………………………………………… 29

第 2 章 Schematic Capture 电路设计与仿真 ……………………… 31

2.1 Schematic Capture 窗口 ……………………………………… 31
2.1.1 原理图编辑区 ……………………………………………… 32
2.1.2 预览窗口(Overview Window) …………………………… 33
2.1.3 对象选择器(Object Selector) …………………………… 34
2.1.4 标题栏 ……………………………………………………… 35
2.1.5 菜单栏 ……………………………………………………… 35
2.1.6 命令工具栏(Command Toolbar) ………………………… 42
2.1.7 模式工具栏(Mode Selector Toolbar) …………………… 43

2.1.8 旋转工具 …… 45
2.1.9 仿真按钮 …… 45
2.1.10 状态栏 …… 46
2.2 Schematic Capture 电路设计 …… 47
2.2.1 电路原理图设计流程 …… 47
2.2.2 Schematic Capture 编辑环境设置 …… 48
2.2.3 Schematic Capture 系统参数设置 …… 54
2.3 电路原理图设计 …… 64
2.3.1 新建原理图文件 …… 64
2.3.2 从库中查找和选取元件 …… 64
2.3.3 编辑区内元器件操作 …… 67
2.3.4 导线和总线操作 …… 80
2.3.5 导线标签模式 …… 84
2.4 Schematic Capture 其他模式的工具 …… 87
2.4.1 Selection Mode(选择模式) …… 87
2.4.2 Junction Dot Mode(接点模式) …… 87
2.4.3 Text Script Mode(文本脚本模式) …… 87
2.4.4 Terminal Mode(终端模式) …… 91
2.5 二维绘图工具 …… 93
2.5.1 直线及其风格设置 …… 93
2.5.2 矩形及其风格设置 …… 96
2.5.3 圆及其风格设置 …… 97
2.5.4 弧及其风格设置 …… 97
2.5.5 多边形(封闭曲线)及其风格设置 …… 98
2.5.6 2D 图形文本及其风格设置 …… 98
2.5.7 符号 …… 98
2.5.8 标号 …… 99
2.6 右键快捷菜单 …… 100
2.6.1 编辑区的快捷菜单 …… 100
2.6.2 预览区、对象选择器快捷菜单 …… 101
2.7 0～33V 可调电源设计 …… 103
2.8 原理图风格设置综合应用 …… 104
2.8.1 编辑全局风格 …… 104
2.8.2 局部风格设置 …… 106
2.9 LM3914 驱动 Bargraph 电路设计 …… 107

第3章 Schematic Capture 元器件库及库管理 …… 109

3.1 Schematic Capture 元器件库 …… 109

3.1.1　Category(类) …… 110
3.1.2　Sub-category(子类) …… 110
3.2　元器件库管理 …… 124
3.2.1　库操作按钮 …… 124
3.2.2　元器件操作 …… 126
3.3　常用元器件 …… 127
3.3.1　电解电容 …… 127
3.3.2　连接器 …… 127
3.3.3　调试工具 …… 128
3.3.4　电感元器件 …… 130
3.3.5　二极管 …… 132
3.3.6　电机 …… 133
3.3.7　简单发光器件 …… 135
3.3.8　电源 …… 142
3.3.9　电阻 …… 145
3.3.10　网络电阻和排阻 …… 146
3.3.11　开关 …… 148
3.3.12　保险丝 …… 149

第4章　Schematic Capture 电路设计进阶 …… 151

4.1　PAT(属性分配工具) …… 151
4.1.1　PAT 属性对话框 …… 151
4.1.2　PAT 属性应用 …… 153
4.2　Search and Tag(查找和选中工具) …… 156
4.2.1　Search and Tag 属性对话框 …… 156
4.2.2　Search and Tag 工具应用 …… 158
4.3　Global Annotator(全局标注) …… 158
4.4　Design Explorer(设计浏览器) …… 159
4.4.1　设计浏览器窗口 …… 159
4.4.2　Design Explorer 快捷菜单 …… 163
4.4.3　Design Explorer 应用 …… 163
4.5　母版 …… 165
4.5.1　Schematic Capture 其他参数设置 …… 165
4.5.2　母版设计 …… 168
4.5.3　母版设计应用 …… 171

第5章　Schematic Capture 电路多页设计 …… 173

5.1　多页设计基本概念 …… 173

5.1.1 多页平行电路设计概念 …… 173
5.1.2 层次电路设计概念 …… 173
5.2 多页平行电路 …… 174
5.2.1 多页平行电路命令 …… 174
5.2.2 多页平行电路图设计 …… 174
5.2.3 多页平行电路浏览 …… 177
5.3 层次电路 …… 178
5.3.1 层次式电路设计命令 …… 178
5.3.2 层次电路图——父图设计 …… 179
5.3.3 层次电路图——子图设计 …… 181
5.3.4 层次电路图的设计实例 …… 181
5.3.5 层次电路浏览 …… 183

第6章 Schematic Capture 元器件制作 …… 186

6.1 元器件制作 …… 186
6.1.1 元器件制作工具栏和菜单栏 …… 186
6.1.2 模型分类和制作元器件模型参数 …… 191
6.2 元器件制作实例 …… 198
6.2.1 制作仿真模型元器件 …… 198
6.2.2 制作同类多组元器件 74LS04 元器件 …… 205
6.2.3 创建异类多组元器件 JWD-172-1 干弹簧继电器 …… 207
6.2.4 创建基于 SPICE 模型的元器件 …… 210
6.3 基于 BSDL 语言创建元器件 …… 213
6.4 元器件引脚/门交换属性设置 …… 215
6.4.1 元器件属性设置引脚/门交换 …… 215
6.4.2 可视化封装工具设置引脚/门交换 …… 216

第7章 Proteus VSM 分析及仿真工具 …… 218

7.1 激励源 …… 218
7.1.1 激励源的主要功能和操作 …… 218
7.1.2 直流信号激励源 …… 220
7.1.3 Sine 激励源 …… 222
7.1.4 Pulse 激励源 …… 224
7.1.5 指数脉冲激励源 …… 227
7.1.6 SFFM 激励源 …… 229
7.1.7 Pwlin 激励源 …… 230
7.1.8 File 激励源 …… 232

7.1.9　Audio 激励源 …… 233
7.1.10　Dstate 激励源 …… 234
7.1.11　Dedge 激励源 …… 235
7.1.12　Dpulse 激励源 …… 236
7.1.13　Dclock 激励源 …… 237
7.1.14　Dpattern 激励源 …… 238
7.1.15　脚本激励源 …… 241
7.2　探针 …… 245
7.2.1　电压探针和电流探针 …… 246
7.2.2　电压探针与电流探针的应用 …… 248
7.2.3　磁带探针 …… 249
7.3　Proteus VSM 虚拟仪器 …… 250
7.3.1　示波器 …… 251
7.3.2　逻辑分析仪 …… 256
7.3.3　计数器/定时器 …… 259
7.3.4　虚拟终端 …… 261
7.3.5　SPI 调试器 …… 265
7.3.6　I^2C 调试器 …… 268
7.3.7　信号发生器 …… 272
7.3.8　模式发生器 …… 275
7.3.9　电压表和电流表 …… 284
7.3.10　功率计 …… 286
7.4　图表仿真 …… 288
7.4.1　图表仿真的基本概念 …… 288
7.4.2　ASF 图表 …… 288
7.4.3　图表仿真有关的菜单和命令 …… 293
7.5　模拟图表仿真 …… 302
7.5.1　模拟图表仿真的基本概念 …… 302
7.5.2　模拟图表仿真测试电路的电压和电流 …… 303
7.5.3　模拟图表仿真测试电路的输出功率 …… 304
7.6　数字图表仿真 …… 305
7.6.1　数字图表仿真的基本概念 …… 305
7.6.2　数字图表仿真测试导线信号 …… 306
7.6.3　数字图表仿真测试总线信号 …… 308
7.7　混合分析图表仿真 …… 309
7.7.1　混合分析图表仿真的基本概念 …… 309
7.7.2　混合分析图表的应用 …… 309
7.8　频率分析图表仿真 …… 310

7.8.1 频率分析图表仿真的基本概念 …… 310
7.8.2 利用频率分析图表绘制幅频特性曲线和相位特性曲线 …… 312
7.8.3 利用频率分析图表测试小信号的输入/输出阻抗 …… 313
7.9 转移特性分析图表仿真 …… 315
7.9.1 转移特性分析图表仿真的基本概念 …… 315
7.9.2 转移特性分析曲线的应用 …… 316
7.10 噪声分析图表仿真 …… 318
7.10.1 噪声分析图表仿真的基本概念 …… 318
7.10.2 噪声分析图表的属性 …… 318
7.10.3 基于噪声分析图表的应用 …… 319
7.11 傅里叶分析图表仿真 …… 320
7.11.1 傅里叶分析图表仿真的基本概念 …… 320
7.11.2 傅里叶分析图表的属性 …… 320
7.11.3 傅里叶分析图表应用 …… 321
7.12 失真分析图表仿真 …… 324
7.12.1 失真分析图表仿真的基本概念 …… 324
7.12.2 基于失真分析图表的单频率谐波失真模式应用 …… 325
7.12.3 基于失真分析图表的互调失真模式应用 …… 326
7.13 音频分析图表仿真 …… 327
7.13.1 音频分析图表仿真的基本概念 …… 327
7.13.2 音频分析图表的应用 …… 328
7.14 交互式分析图表仿真 …… 329
7.14.1 交互式分析图表仿真的基本概念 …… 329
7.14.2 基于交互式图表仿真的应用 …… 329
7.15 一致性分析图表仿真 …… 330
7.15.1 一致性分析图表仿真的基本概念 …… 330
7.15.2 一致性分析图表的应用 …… 332
7.16 直流扫描分析图表仿真 …… 335
7.16.1 直流扫描分析图表仿真的基本概念 …… 335
7.16.2 直流扫描分析图表的应用 …… 336
7.17 交流扫描分析图表仿真 …… 336
7.17.1 交流扫描分析图表仿真的基本概念 …… 336
7.17.2 交流扫描分析图表的应用 …… 337
7.18 交互式仿真 …… 338
7.18.1 交互式原理图的绘制 …… 338
7.18.2 交互式仿真数据的输入和输出 …… 339

第 8 章 Schematic Capture 原理图设计后续处理 …… 340

8.1 电气规则检测报告 …… 340
8.2 元器件清单 …… 342
8.2.1 BOM 报表的生成 …… 342
8.2.2 BOM 报表窗口的组成及功能 …… 342
8.2.3 BOM 属性修改技巧 …… 353
8.3 网络报表 …… 357
8.3.1 网络报表的基本概念 …… 357
8.3.2 网络编译器设置 …… 362
8.3.3 引起网络编译错误的常见问题 …… 364
8.4 电路图纸输出 …… 365
8.4.1 位图输出 …… 365
8.4.2 图元输出 …… 366
8.4.3 DXF 输出 …… 367
8.4.4 EPS 输出 …… 367
8.4.5 PDF 输出 …… 367
8.4.6 SVG 输出 …… 368
8.4.7 向量输出 …… 368
8.5 电路图纸打印输出 …… 369
8.5.1 长期设置 …… 369
8.5.2 临时设置 …… 370

第 9 章 PCB Layout 设计基础 …… 372

9.1 PCB 板层结构及术语 …… 372
9.1.1 PCB 板 …… 372
9.1.2 PCB 板层结构 …… 373
9.1.3 封装和其他 …… 373
9.1.4 铜膜导线、飞线与力向量 …… 375
9.1.5 安全间距 …… 376
9.1.6 布线拐角钝化 …… 377
9.1.7 自动缩颈 …… 377
9.2 PCB Layout 的主要特性 …… 378
9.3 PCB Layout 窗口 …… 378
9.3.1 PCB Layout 启动 …… 378
9.3.2 PCB Layout 窗口 …… 379
9.4 PCB Layout 菜单栏 …… 386

9.4.1 File 菜单 …… 386
9.4.2 View 菜单 …… 387
9.4.3 Edit 菜单 …… 389
9.4.4 Library 菜单 …… 390
9.4.5 Tools 菜单 …… 391
9.4.6 Technology 菜单 …… 393
9.4.7 System 菜单 …… 396
9.5 选择过滤器的使用实例 …… 399

第10章 PCB Layout 结构设计 …… 402

10.1 封装库及库管理 …… 404
10.1.1 封装库 …… 405
10.1.2 封装库的管理 …… 410
10.1.3 符号库及符号库的管理 …… 410
10.1.4 库清理 …… 410
10.2 PCB Layout 对象放置、编辑和新建 …… 411
10.2.1 放置元器件、编辑元器件和新建元器件 …… 411
10.2.2 放置封装、编辑封装属性和新建封装 …… 413
10.2.3 放置焊盘、编辑焊盘属性和新建焊盘 …… 414
10.2.4 二维图形的放置与属性编辑 …… 417
10.2.5 焊盘栈 …… 419
10.2.6 板界框 …… 420
10.3 PCB 设计规则和层设计 …… 422
10.3.1 Design Rule Manager(设计规则管理器) …… 422
10.3.2 设计规则检测 …… 426
10.3.3 层使用设计 …… 427
10.3.4 层对设计 …… 428
10.3.5 PCB 的基本框架定义 …… 428
10.3.6 PCB Layout 设计模板 …… 428
10.4 元器件封装制作与验证 …… 429
10.4.1 封装的组成 …… 430
10.4.2 封装的制作与验证 …… 430
10.4.3 利用第三方软件生成 PCB 封装库 …… 433
10.4.4 封装 Occupancy 属性设置 …… 436
10.5 Cross Probing …… 436
10.5.1 自动 Cross Probing 模式 …… 437
10.5.2 Cross Probing 模式工具应用 …… 437

第 11 章　PCB Layout 布局、布线、覆铜和其他操作 …… 439

11.1　布局 …… 439
　11.1.1　手动布局 …… 439
　11.1.2　自动布局 …… 440
　11.1.3　Netlist 信息栏与布局 …… 443
　11.1.4　引脚/门交换及回注 …… 444
11.2　布线 …… 446
　11.2.1　布线的基本设计 …… 446
　11.2.2　手动布线 …… 449
　11.2.3　自动布线 …… 451
　11.2.4　禁止布线层 …… 461
　11.2.5　铜箔导线的编辑 …… 462
11.3　覆铜 …… 464
　11.3.1　设计覆铜 …… 464
　11.3.2　覆铜编辑 …… 466
11.4　Teardrop 操作 …… 469
11.5　PCB Layout 综合设计应用 …… 472
11.6　Import/Export Project Clip 命令应用 …… 473

第 12 章　PCB Layout 输出 …… 482

12.1　PCB Layout 输出 …… 482
　12.1.1　Output 菜单 …… 482
　12.1.2　打印设置与打印 …… 482
　12.1.3　打印部分 PCB 图 …… 485
　12.1.4　PCB Layout 导出图形 …… 485
　12.1.5　生产前预检查 …… 487
12.2　生产数据输出 …… 488
　12.2.1　生成 Gerber/Excellon 文件 …… 488
　12.2.2　拾取和放置文件 …… 491
　12.2.3　生成测试文件 …… 492
　12.2.4　生成 ODB++ 数据库 …… 492
　12.2.5　生成 IDF 数据库 …… 495
　12.2.6　生成 IPC-D-356 网络表 …… 497
　12.2.7　生成 3D M-CAD 文件 …… 497
12.3　PCB 数据导入 …… 498
　12.3.1　导入 DXF …… 498

12.3.2 拼版 …… 500
12.4 Gerber Viewer …… 501
12.4.1 Gerber 非排版模式 …… 501
12.4.2 Gerber 排版模式 …… 502
12.4.3 Gerber 拼版 …… 504
12.4.4 Proteus 通过 Gerber 与其他 EDA 软件关联 …… 505
12.5 PCB 输出数据与打孔机、制版机 …… 506
12.5.1 裁板 …… 506
12.5.2 钻孔 …… 507
12.5.3 曝光 …… 511

第 13 章 PCB Layout 3D 预览 …… 512

13.1 3D 预览窗口 …… 512
13.1.1 菜单栏 …… 512
13.1.2 导航栏 …… 514
13.2 3D 预览参数设置 …… 515
13.2.1 尺寸配置 …… 515
13.2.2 颜色配置 …… 515
13.2.3 显卡设置 …… 516

第 14 章 嵌入式微处理器仿真 …… 517

14.1 VSM Studio IDE …… 517
14.1.1 VSM Studio IDE 窗口 …… 518
14.1.2 VSM Studio IDE 环境设置 …… 521
14.2 VSM Studio IDE 编译器 …… 525
14.2.1 VSM Studio IDE 支持的编译软件 …… 525
14.2.2 编译器检测 …… 526
14.2.3 编译器的配置 …… 526
14.2.4 VSM Studio 仿真实例 …… 528
14.3 Proteus 8 中配置 VSM Studio 并仿真 …… 535
14.3.1 创建项目时配置 VSM Studio …… 535
14.3.2 生成项目后创建 VSM Studio 单片机 …… 538
14.3.3 运行仿真 …… 538
14.4 源代码程序调试 …… 539
14.4.1 Active Popups …… 539
14.4.2 设置断点仿真 …… 542
14.4.3 单步执行程序 …… 544

14.4.4　调试窗口 …………………………………………………………… 544
14.5　Direct Simulation(直接仿真模式) ………………………………………… 549
14.5.1　程序代码窗口 …………………………………………………… 549
14.5.2　程序调试 …………………………………………………………… 551
14.6　诊断工具 ………………………………………………………………… 552
14.6.1　诊断工具的配置 ………………………………………………… 552
14.6.2　仿真日志 …………………………………………………………… 553
14.7　中断触发器 ……………………………………………………………… 554
14.7.1　电压探针中断源 ………………………………………………… 555
14.7.2　调试中断触发源 ………………………………………………… 555

附录A　微处理器族及其分类 ……………………………………………… 559

参考文献 ……………………………………………………………………… 563

第1章 chapter 1

Proteus电路设计基本概述

1.1 EDA技术概述

电子设计技术的核心就是EDA(Electronic Design Automation)技术。EDA技术是指以计算机为工作平台,融合应用电子技术、计算机技术、智能化技术等最新成果而研制成的电子CAD通用软件包,主要能辅助进行IC设计、电子电路设计及PCB设计和系统级设计工作。EDA技术已有40多年的发展历程,大致可分为以下3个阶段[1-10]。

第一阶段:20世纪70年代,计算机辅助设计(Computer Aided Design,CAD)阶段,人们开始用计算机辅助进行IC版图编辑和PCB布局布线,取代了手工操作。

第二阶段:20世纪80年代,计算机辅助工程(Computer Aided Engineering,CAE)阶段。与CAD相比,CAE除了有纯粹的图形绘制功能外,又增加了电路功能设计和结构设计,并且通过电气连接网络表将两者结合在一起,实现了工程设计。CAE的主要功能是原理图输入、逻辑仿真、电路分析、自动布局布线和PCB后分析。

第三阶段:20世纪90年代,电子系统设计自动化(Electronic System Design Automation,ESDA)阶段。20世纪90年代,尽管CAD/CAE技术取得了巨大成功,但并没有把人们从繁重的设计工作中彻底解放出来。在整个设计过程中,自动化和智能化程度还不高,各种EDA软件窗口千差万别,学习和使用比较困难,并且各软件互不兼容,直接影响到设计环节间的衔接。基于以上不足,EDA技术继续发展,进入了以支持高级语言描述、可进行系统级仿真和综合技术为特征的第3代EDA技术——ESDA阶段。这一阶段采用一种新的设计概念,即自顶向下(top-down)的设计方式和并行工程(concurrent engineering)的设计方法,设计者将精力主要集中在电子产品的准确定义上,EDA系统完成了电子产品的系统级至物理级的设计。ESDA极大地提高了系统设计的效率,使广大的电子设计师开始实现"概念驱动工程"的梦想。设计师们摆脱了大量的辅助设计工作,而把精力集中于创造性的方案与概念构思上,从而极大地提高了设计效率,使设计更复杂的电路和系统成为可能,产品的研制周期大大缩短。这一阶段的基本特征,是设计人员按照"自顶向下"的设计方法,对整个系统进行方案设计和功能划分,系统的关键电路用一片或几片专用集成电路(Application Specific Integrated Circuits,ASIC)实现,然后采用硬件描述语言(Hardware Description Language,HDL)完成系统行为级设计,最后通过综合器和适配器生成最终的目标器件。这样的设计方法称为高层次的电子设计方法。具体的概念和实际设计方法请参考文献[1-11]等。

EDA工具软件按功能可大致可分为IC级辅助设计、电路级辅助设计和系统级辅助设计3类。Proteus属于电路级辅助设计软件,是电子线路设计、仿真和PCB设计类EDA软件。

(1) IC级辅助设计,即物理级设计,多由半导体厂家完成。

(2) 电路级设计主要是根据电路功能要求设计合理的方案,同时选择能实现该方案的合适元器件,然后根据具体的元器件设计电路原理图。接着进行第一次仿真,包括数字电路的逻辑模拟、故障分析、模拟电路的交直流分析、瞬态分析。系统在进行仿真时,必须有元件模型库的支持,计算机上模拟的输入输出波形代替了实际电路调试中的信号源和示波器。这一次仿真主要是检验设计方案在功能方面的正确性。

仿真通过后,根据原理图产生的电气连接网络表进行PCB板的自动布局布线。制作PCB板之前还可以进行后分析,包括热分析、噪声及窜扰分析、电磁兼容分析、可靠性分析等,并且可以将分析后的结果参数回注到电路图,进行第二次仿真,也称为后仿真,这一次仿真主要是检验PCB板在实际工作环境中的可行性。

由此可见,电路级的EDA设计使电子工程师在实际的电子系统产生之前就可以全面地了解系统的功能特性和物理特性,从而将开发过程中出现的缺陷消灭在设计阶段,不仅缩短了开发时间,也降低了开发成本。

(3) 系统级设计。

进入20世纪90年代以来,电子信息类产品的开发出现了两个明显的特点:一是产品的复杂程度加深,二是产品的上市时限紧迫。然而,电路级设计本质上是基于门级描述的单层次设计,设计的所有工作(包括设计输入、仿真和分析、设计修改等)都是在基本逻辑门这一层次上进行的,显然这种设计方法不能适应新的形势,为此引入了一种高层次的电子设计方法,也称为系统级的设计方法。

高层次设计是一种"概念驱动式"设计,设计人员无须通过门级原理图描述电路,而是针对设计目标进行功能描述,由于摆脱了电路细节的束缚,设计人员可以把精力集中于创造性的概念构思与方案上,一旦这些概念构思以高层次描述的形式输入计算机后,EDA系统就能以规则驱动的方式自动完成整个设计。这样,新的概念得以迅速有效地转化为生产力,大大缩短了产品的研制周期。不仅如此,高层次设计只是定义系统的行为特性,可以不涉及实现工艺,在厂家综合库的支持下,利用综合优化工具可以将高层次描述转换成针对某种工艺优化的网络表,工艺转化变得轻松容易。

高层次设计步骤如下。

第一步:按照"自顶向下"的设计方法进行系统划分。

第二步:输入VHDL代码,这是高层次设计中最为普遍的输入方式。此外,还可以采用图形输入方式(框图、状态图等),这种输入方式具有直观、容易理解的优点。

第三步:将以上的设计输入编译成标准的VHDL文件。对于大型设计,还要进行代码级的功能仿真,主要是检验系统功能设计的正确性,因为对于大型设计,综合、适配要花费数小时,在综合前对源代码仿真,就可以大大减少设计重复的次数和时间,一般情况下可略去这一仿真步骤。

第四步：利用综合器对 VHDL 源代码进行综合优化处理，生成门级描述的网络表文件，这是将高层次描述转化为硬件电路的关键步骤。

综合优化是针对 ASIC 芯片供应商的某一产品系列进行的，所以综合的过程要在相应的厂家综合库支持下才能完成。综合后，可利用产生的网络表文件进行适配前的时序仿真，仿真过程不涉及具体器件的硬件特性，较为粗略。一般设计时，这一仿真步骤也可略去。

第五步：利用适配器，将综合后的网络表文件针对某一具体的目标器件进行逻辑映射操作，包括底层器件配置、逻辑分割、逻辑优化和布局布线。适配完成后，产生多项设计结果，如适配报告，包括芯片内部资源利用情况、设计的布尔方程描述情况等；适配后的仿真模型；器件编程文件。根据适配后的仿真模型，可以进行适配后的时序仿真，因为已经得到器件的实际硬件特性(如时延特性)，所以仿真结果能比较精确地预期未来芯片的实际性能。如果仿真结果达不到设计要求，就需要修改 VHDL 源代码或选择不同速度品质的器件，直至满足设计要求。

第六步：将适配器产生的器件编程文件通过编程器或下载电缆载入到目标芯片 FPGA 或 CPLD 中。如果是大批量产品开发，通过更换相应的厂家综合库，可以很容易转由 ASIC 形式实现。

1.2 Proteus EDA软件发展史

Proteus 从推出到今天的 8.5 Professional 版本，功能日益增强，特别是在单片机、嵌入式等方面的虚拟仿真，是其他 EDA 软件无法媲美的。下面简单介绍 Proteus 7.1 版至 8.5 版中增加的微处理器及外围设备，以概括其发展历程。

2007 年 2 月，Proteus 7.1 面世，在微处理器方面添加了 PIC24；对 ARM7 库增加了 LPC2131/2/4/6/8 和 LPC2101/2/3；PIC18 库扩展了 PIC18F24J1/44J10/25J10/45J10；PIC16 库扩展了 PIC16F877A/876A/874A/873A。在高级外设库里增加了 ENC28J10 和 RTL8019AS 以太网控制器。

2007 年 7 月，Proteus 7.2 版诞生。增加了 PIC16F882、PIC16F883、PIC16F884、PIC16F886、PIC16F887、PIC16F913、PIC16F914、PIC16F916、PIC16F917、PIC16F631、PIC16F677、PIC16F685、PIC16F687、PIC16F689、PIC16F690、PIC18F2450、PIC18F4450、PIC18F2445、PIC18F2550、PIC18F4445、PIC18F4550、PIC18F2448、PIC18F2553、PIC18F4448、PIC18F4553 等微处理器，在虚拟仿真库中增加了 USB 元器件。

2008 年 5 月，Proteus 推出 7.3 版本。增加了 EasyHDL 脚本语言，微处理器增加了 ATMEGA128、ATMEGA1280、ATMEGA1281、ATMEGA164P、ATMEGA168、ATMEGA168P、ATMEGA2560、ATMEGA2561、ATMEGA324P、ATMEGA328P、ATMEGA48、ATMEGA48P、ATMEGA640、ATMEGA644、ATMEGA644P、ATMEGA88、ATMEGA88P、ATTINY11、ATTINY12、ATTINY13、ATTINY15、ATTINY24、ATTINY25、ATTINY44、ATTINY45、ATTINY2313、ATTINY261、ATTINY461、ATTINY84、ATTINY85、ATTINY861。

2008 年 7 月，Proteus 推出 7.4 版本。增加的微处理器有 dsPIC33FJ12GP201、

dsPIC33FJ12GP202、dsPIC33FJ32GP202、dsPIC33FJ32GP204、dsPIC33FJ16GP304、dsPIC33FJ12MC201、dsPIC33FJ12MC202、dsPIC33FJ32MC202、dsPIC33FJ32MC204、dsPIC33FJ16MC304、ATtiny28L/48/88、ATmega 1284P、ATmega 162、ATmega 165/165P、Atmega235/325P/3250/3250P、ATmega645/6450、ATmega8515/8535、AT90USB646、AT90USB1286。

2008年12月,Proteus推出7.5版本。增加的微处理器有PIC16F818/819、PIC18F2480/2580/4480/4580、PIC18F2585/2680/4585/4680、PIC18F1230/1330、ATmega169/169P/329/3290/329P/649/6490、8086+外设(8255、8253、8251和8279)。

2009年7月,Proteus推出7.6版本。增加的微处理器有PIC12F609/615、PIC18F63J90/64J90/65J90、PIC18F83J90/84J90/85J90PIC18F6390/6490/8390/8490、PIC18F6393/6493/8393/8493、PIC18F2682/2685/4682/4685;增加了BASCOM AVR编译器和MSP430。

2010年1月,Proteus推出7.7版本。新增的微处理器有PIC18F8680、PIC18F8585、MSP430F2112、MSP430F2122、MSP430F2132、MSP430F2232、MSP430F2252、MSP430F2272、MSP430F233、MSP430F235、MSP430F247、MSP430F248、MSP430F249、MSP430F2330、MSP430F2350、MSP430F23570、MSP430F2410、MSP430F2416、MSP430F2417。

2010年10月,Proteus推出7.8版本。新增的微处理器有PIC24F04KA200、PIC24F04-KA20、PIC24F08KA101、PIC24F08KA102、PIC24F16KA101、PIC24F16KA102;新增VSM Stdio编译器;更多的8051、AVR、ARM实例。

2011年4月推出7.9版本。新增的微处理器有TMS320F280200DA/PT、TMS320F28020DA/PT、TMS320F28021DA/PT、TMS320F28022DA/PT、TMS320F28023DA/PT、TMS320F28026DA/PT、TMS320F28027DA/PT、PIC12F1822、PIC16LF1824、PIC16LF1825、PIC16LF1826、PIC16LF1827、PIC16LF1828、PIC16LF1946、PIC16LF1947;PIC18F23K22、PIC18F24K22、PIC18F25K22、PIC18F26K22、PIC18F43K22、PIC18F44K22、PIC18F45K22、PIC18F46K22、PIC18F65K22、PIC18F66K22、PIC18F67K22、PIC18F85K22、PIC18F86K22、PIC18F87K22、PIC12F1840、PIC12LF1840。

2011年11月推出7.10版本。新增的微处理器有ARM Cortex-M3、PIC16(L)F1516、PIC16(L)F1616、PIC16(L)F1617、PIC16(L)F1618、PIC16(L)F1619、PIC18(L)F24J50、PIC18(L)F25J50、PIC18(L)F26J50、PIC18(L)F44J50/ML、PIC18(L)F45J50/ML、PIC18(L)F46J50/ML(w/AVDD, AVSS)、PIC18(L)F44J50/PT、PIC18(L)F45J50/PT、PIC18(L)F46J50/PT(w/out AVDD、AVSS)。

2013年3月推出8.0版本。8.0版本的窗口发生了翻天覆地的变化,具体功能参阅1.3节。5月推出8.0 SP3版本。

2013年11月29日推出Professor 8.1 SP0版本。增加了PIC10(L)F32x嵌入式微处理器,VSM Studio IDE平台增加了Arduino AVR编译系统。在ARES PCB Layout环境中增加了泪滴操作。

2014年6月10日,Proteus 8.2版本诞生,在Schematic Capture方面新增Atmel的Cortex-M3、PIC16、PIC17的Arduino平台仿真。还支持边界扫描语言(boundary scan description language,BSDL)的元器件生成。主工具栏内新增Project Notes功能命令。

在 PCB Layout 方面支持 PADS ASCII 封装生成，利用 PCB Library Expert 软件可以快速生成元器件封装。

2015 年 6 月 1 日推出 8.3 版本。新增 MSP432G2X、PIC18F45K50 微处理器。PCB Layout 中还支持生成或者导入 MCAD 的 STEP 和 IGES 格式。

2015 年 12 月 1 日推出 8.4 版本。支持在 Windows 10 环境下安装。增加 PCB 的曲线布线功能。微处理器增加 MSP430G2X 系列。

2016 年 6 月 1 日推出 8.5 版本，在 CADCAM 输出格式中新增 Gerber X2 和 IPC-D-356 格式。在嵌入式方面新增 Arduino AVR 基于流程图的编程仿真。

上面简单介绍了各版本的主要新特点，其他特点请参阅官方网站 http://www.labcenter.com。

1.3 Proteus 8 体系结构及特点

Proteus 是英国 Labcenter Electronics 公司研发的 EDA 工具软件，该软件可以进行模拟电路、数字电路、模/数混合电路的设计与仿真，PCB 设计，脚本编程，还可以进行微处理器控制电路设计和实时仿真，具体功能如表 1-1 所示[7]。Proteus 主要有四大结构体系[8]，即 Schematic Capture、PCB Layout、VSM Studio 和 Visual Designer。

表 1-1 Proteus 功能表

模 块	功 能
Schematic Capture	Schematic Capture 原理设计和仿真
	交互式仿真、图表仿真
	虚拟激励源
	丰富的辅助工具
PCB Layout	自动布线布局
	泪滴操作、覆铜操作
	Gerber View
	功能强大的 PCB 辅助工具
VSM Studio	VSM Studio
	支持程序单步、中断调试
	支持多种嵌入式微处理器
	硬件中断源、Active Popups
Visual Designer	基于流程图可视化的 Arduino 设计工具，主要包括 Arduino 功能扩展板和 Grove 模块，元器件库主要包括常用的显示器、按钮、开关、传感器和电机、TFT 显示屏、SD 卡和音频播放器等

与以前的版本相比，Proteus 8 除了保持以前版本的优良特点外，还有了很大的改变，主要表现在以下几个方面。

(1) 采用 Integrated Application Framework 新技术，将上述 4 个模块集成在一个窗

口内,实现了真正一体化的EDA设计理念。这4个软件可以运行在一个窗口内(称为标签式模式或单帧模式),也可以各自有一个单独窗口(称为多帧模式),这与以前的版本窗口一样。单帧模式往往会更好地满足笔记本电脑用户。而多帧模式适用于多显示器桌面设置,如图1-1所示。

图1-1 多帧模式

(2) Schematic Capture和PCB Layout共享一个数据库CDB(Common Database),CDB包含项目中所有的部件(parts)和元件(elements)的信息。部件代表PCB Layout中的物理组件,而元件代表在原理图上的逻辑组件。CDB数据还保存了部件和元件之间的联系,例如一个同类多组元器件(如74LS00,2输入4与非门,设在原理图中以U1:A、U1:B、U1:C、U1:D表示),如果将U1:A中的封装由DIL14改为SOL14,则系统自动更新PCB Layout中的封装,也会自动更新原理图中U1:B、U1:C、U1:D的封装,并自动更新原理图和PCB中的引脚。Proteus 8把Schematic Capture原理图设计文件(*.dsn)、PCB Layout(*.lyt)、CDB以及VSM Studio(Firmware)和程序相关的代码保存在一个项目文件(*.pdsprj)里。

(3) 采用新的网络表管理方式,即Live Netlisting技术,该技术使在原理图Schematic上的变化立即反映在PCB Layout、设计资源管理器和元器件清单中。同理,在PCB Layout中的参数改变也会立即反映到原理图Schematic Capture、设计资源管理器和元器件清单中,具体操作请参阅9.4.5节。

(4) 新的3D预览方案也支持PCB Layout和3D Viewer之间实施更新数据,请参阅第13章。

(5) Proteus 8提供了一个全新的所见即所得的元器件清单(Bill of Materials,BOM)窗口,与Schematic Capture之间实时更新,可以对BOM报表中的内容进行修改,如可视化的页眉页脚编辑器等;还可以对原理图进行反标注;设置元器件器件的订单代码、价格等参数;支持打印输出和生成多种文件格式输出。详细操作请参阅8.2节。

(6) 新的VSM Studio集成开发环境,使嵌入式微处理器编程与硬件调试更方便快捷。在Proteus 8中,VSM Studio成为一个独立的应用程序,这样的好处主要有:固件自动加载成功后,自动编译生成目标处理器;新建项目向导,在选择目标处理器后,会自动生成一些固件基本的电路(如电源电路、复位电路等);既可以在原理图中调试,也可以在VSM集成环境中调试。

关于更多的 VSM Studio 操作，请参阅第 14 章。

Proteus 8 还有其他特点，更多内容请参阅 http://www.labcenter.com 和 http://www.windway.cn/（广州风标电子技术有限公司网站）。

1.3.1 Proteus VSM的主要功能

Proteus VSM（Virtual System Modeling，虚拟系统模型）是一个基于 PROSPICE 的混合模型仿真器，主要由 SPICE3F5 模拟仿真其内核和快速事件驱动数字仿真器（fast event-driven digital simulator）组成。在 Schematic Capture 平台中，利用具有动态演示功能的元器件或具有仿真模型的元器件，当电路连接完成无错误后，单击运行按钮，可以实现声、光等动态逼真的仿真。打开本书配套电子资源实例 chap1 中的 Cap.pdsprj 示例，如图 1-2 所示。先闭合 SW1 键（单击 SW1 的图标处），断开 SW2 键（单击 SW2 的图标处），单击 Schematic Capture 窗口最下面的（运行仿真）按钮，运行原理图仿真，注意观察电解电容的电荷变化，电解电容开始充电，接电源的正极板带上了正电荷，接电源的负极带上了负电荷，随着通电时间的延长，电荷量也在逐渐增加，根据 RC 构成的电路原理，修改 R1 和 C1 的值，充电时间也会发生变化。导线上的箭头表示电流的方向，当 C1 上的电压值（即 VM1 的值，VM1 为虚拟直流电压表）等于直流电压源的电压值时，停止充电，AM1（虚拟直流电流表）的电流值由开始的最大值逐渐变小，最终为 0mA。断开 SW1 键，闭合 SW2 键，电容开始放电，灯炮的亮度由亮逐渐变暗（因为电容上的电荷在减少，灯泡的端电压在逐渐降低），当电容放电结束后，灯炮就灭了或者灯泡就不发光了。AM2 的电流值逐渐由大变小，最后变为 0mA。

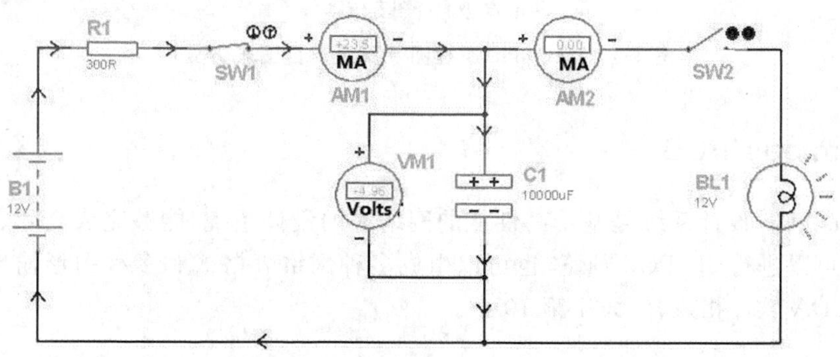

图 1-2 电容充放电交互式仿真

Proteus VSM 仿真有交互式仿真和高级图表仿真（Advanced Simulation Feature，ASF）两种仿真方式。交互式仿真是一种直观地反映电路设计的仿真，如图 1-2 所示。高级图表仿真是把电路中某点对地的电压或电流相对时间轴或其他参数的波形绘制出来，打开配套电子资源实例 chap1 中的 DAC0808.pdsprj，其仿真效果如图 1-3 所示。

为了实现交互式仿真，Proteus 提供了上万种具有 SPICE 模型的元器件、3 种探针、14 种可编程的激励源、13 种虚拟仪器等，具体的使用情况详见第 7 章。

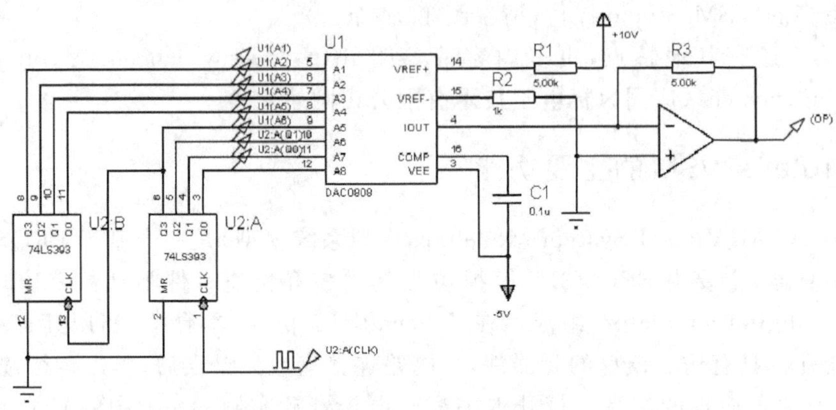

(a) DAC0808数模转换原理图

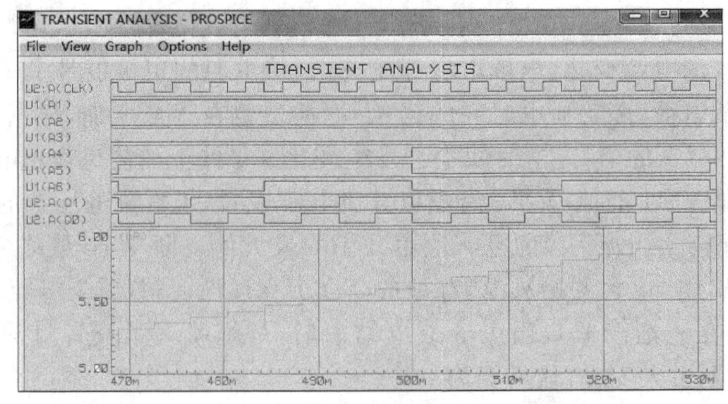

(b) 高级混合图表仿真

图 1-3 DAC0808 原理图及高级混合图表仿真

1.3.2 Proteus PCB

Proteus PCB 设计系统是基于高性能的网络表的设计系统,能够完成高效、高质量的 PCB 设计,可以进行 3D PCB 预览,也可以生成多种网络表格式和多种图形输出格式,以便与其他 EDA 软件相兼容,详见第 10 章。

1.3.3 嵌入式微处理器交互式仿真

Proteus Studio 是能够对目前多种型号的微处理器,如 8051/52、ARM7、AVR、PIC10、PIC12、PIC16、PIC18、PIC24、dsPIC33、HC11、BasicStamp、8086、MSP430、Micro、MAXIM(美信)系列、Cortex-3、TMS320C28X 等系列进行实时仿真、协同仿真、调试与测试的 EDA 工具。随着版本的提高,嵌入式微处理器还在不断增加,对嵌入式微处理器的交互式仿真参见第 14 章。

1.4 Proteus 8的安装、启动和退出

1.4.1 安装 Proteus 8

Proteus有单机版和网络版,这里主要介绍单机版的安装。安装过程如下。

(1) 单击 Proteus 8 Setup. exe 文件,弹出 Proteus 8 安装向导对话框,如图 1-4 所示。

(2) 单击 Next 按钮,打开 Licence 协议确认对话框,勾选 I accept the terms of this agreement 选项,如图 1-5 所示。单击 Next 按钮,打开 License 类型选择对话框。

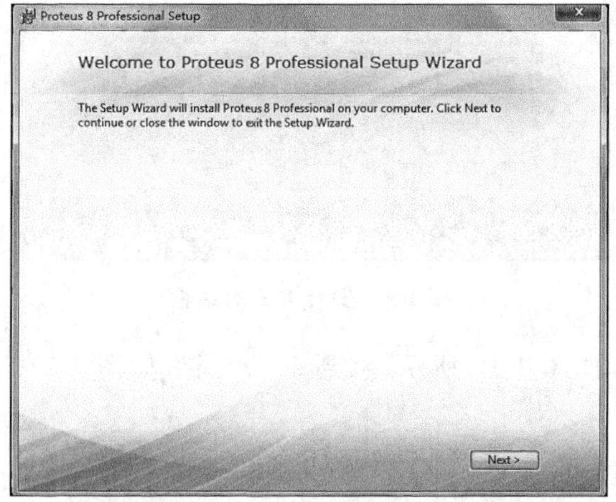

图 1-4 Proteus 8 欢迎安装对话框

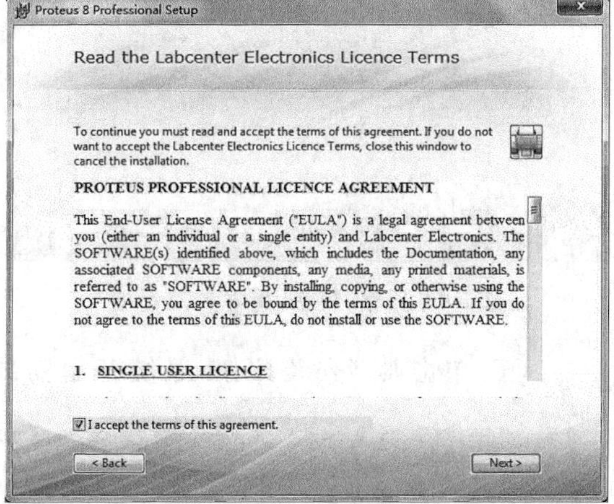

图 1-5 Labcenter Licence 协议对话框

(3) 勾选 Use a locally installed license key 选项,选择单机版密钥选项,如图 1-6 所示。单击 Next 按钮,进入密钥选择对话框,安装合法密钥,如图 1-7 所示。单击 Next 按钮,进入 Proteus 7 风格、模板、库导入到 Proteus 8 中对话框,如图 1-8 所示。

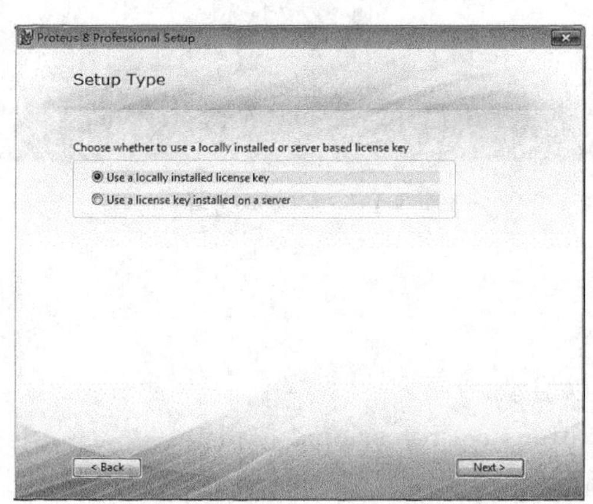

图 1-6 License 类型选择对话框

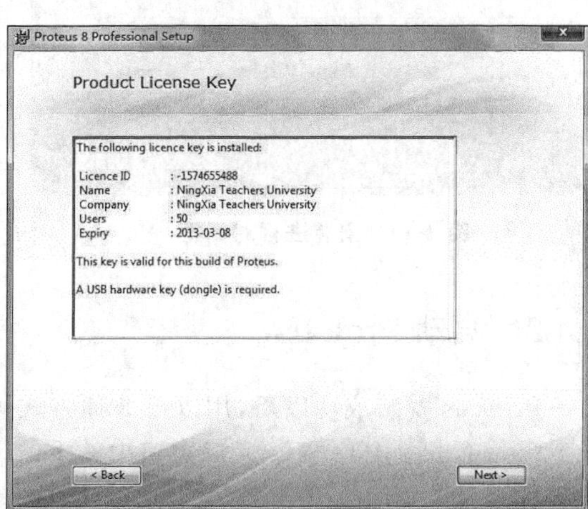

图 1-7 License 信息对话框

(4) 如果导入 Proteus 7 的相关风格、模板、库等文件，则勾选相应的选项，相反不勾选。单击 Next 按钮，进入安装方式选择对话框。

(5) 选择典型安装(Typical)或者用户自定义安装(Custom)方式，如图 1-9 所示。如果要设置安装路径和安装项目，请选择用户自定义安装(Custom)。

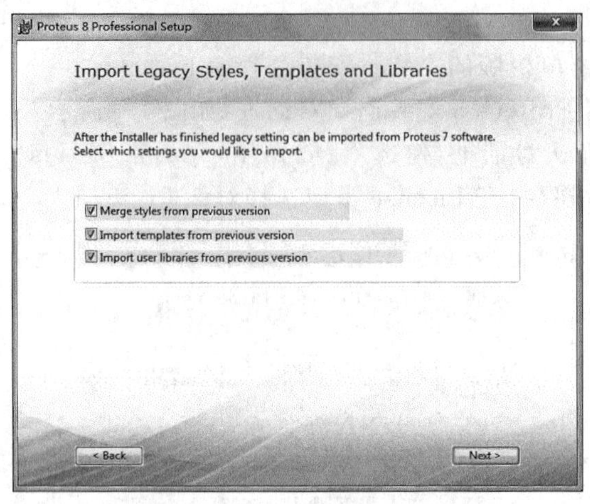

图 1-8　风格、模板、库导入对话框

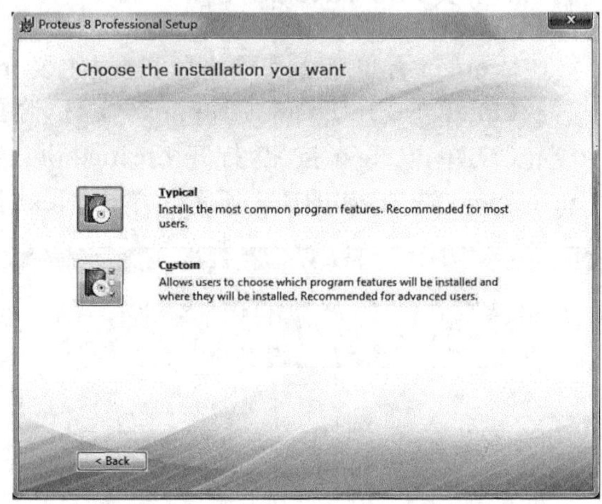

图 1-9　安装方式对话框

(6) 单击典型安装按钮，系统开始安装，如图 1-10 所示，直到完成安装，如图 1-11 所示。

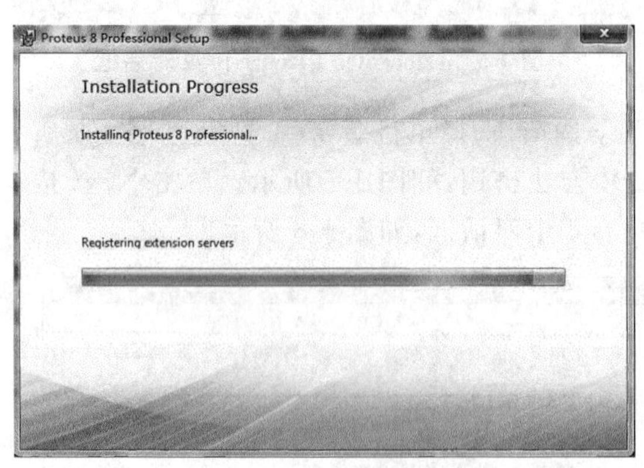

图 1-10　安装进程对话框

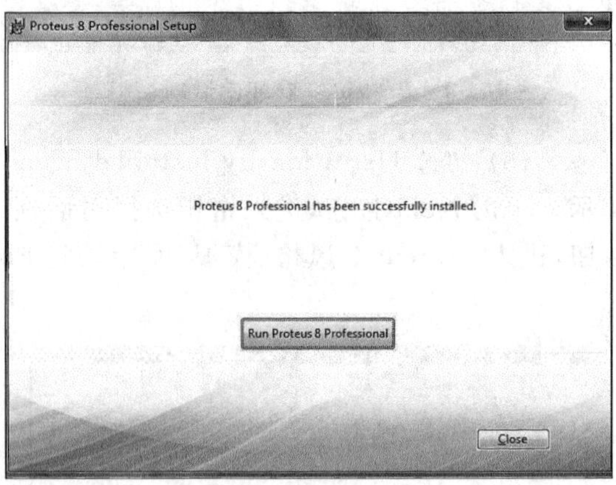

图 1-11　安装完成窗口

1.4.2　启动 Proteus

Proteus 安装成功以后，用以下 3 种方式可以启动。

(1) 单击图 1-11 安装完成窗口中的 Run Proteus 8 Professional 按钮。

(2) 双击桌面的 Proteus 8 Professional 图标。

(3) 单击任务栏"开始"→Proteus 8 Professional→Proteus 8 Professional 菜单命令，如图 1-12 所示。

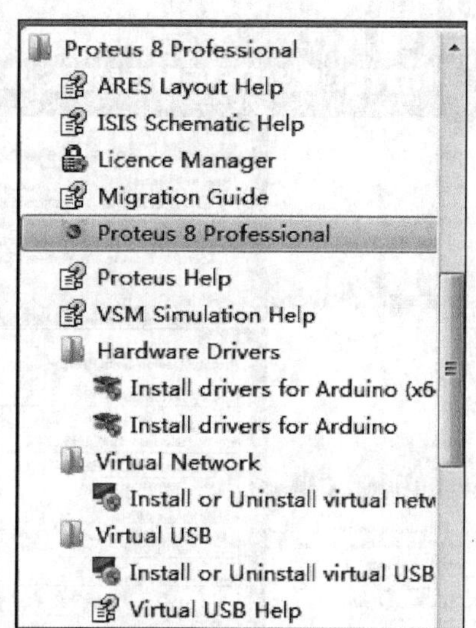

图 1-12　Proteus 8 菜单

启动 Proteus 8，如图 1-13 所示。数秒后进入 Proteus 8 软件窗口，如图 1-14 所示。由图 1-14 可以看出，Proteus 8 软件改变了以前的格式，成为真正一体化的 EDA 软件。

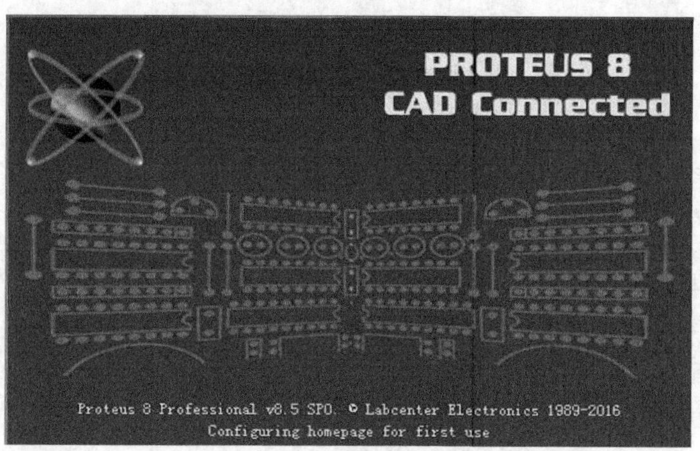

图 1-13　Proteus 8 启动窗口

1.4.3　关闭 Proteus

关闭 Proteus 有以下两种方式。

(1) 单击标题栏中的关闭按钮。

(2) 选择 File 菜单中的 Exit Application 命令，或者直接按快捷键 Alt+F4。

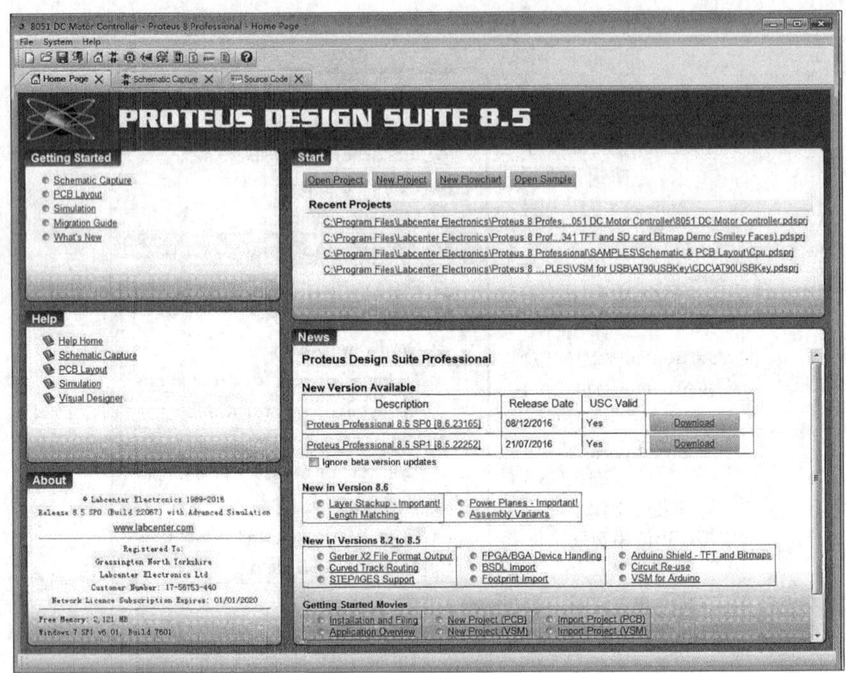

图 1-14 Proteus 的主页(Home Page)窗口

1.5 Proteus 8 窗口操作

启动 Proteus 后,进入 Proteus 主窗口,如图 1-14 所示。主窗口主要包括主菜单栏、主工具栏和主页三大部分。

1.5.1 主菜单栏

主菜单栏包括 File 菜单、System 菜单和 Help 菜单,下面讲解各菜单的功能。

1.5.1.1 File 菜单

File 菜单的主要功能是新建项目和对项目的其他操作,具体功能如图 1-15 所示。

1.5.1.2 System 菜单

System 菜单的主要功能是系统参数设置、更新管理和语言版本更新。System 菜单的主要功能如图 1-16 所示。

1. System Settings(系统设置)

单击该命令,弹出系统参数设置对话框,如图 1-17 所示,主要包括 Global Settings、Simulator Settings、PCB Design Settings 和 Crash Reporting 共 4 项参数设置。

图 1-15 File 菜单栏

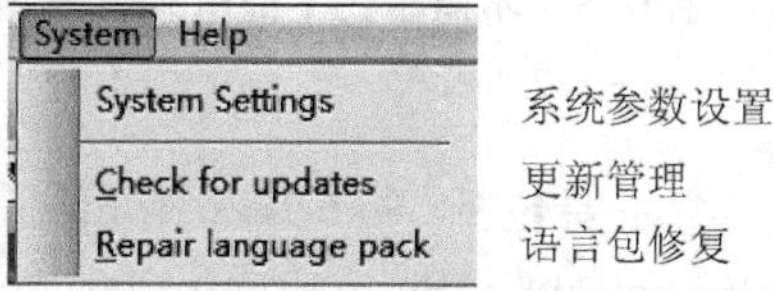

图 1-16 System 菜单

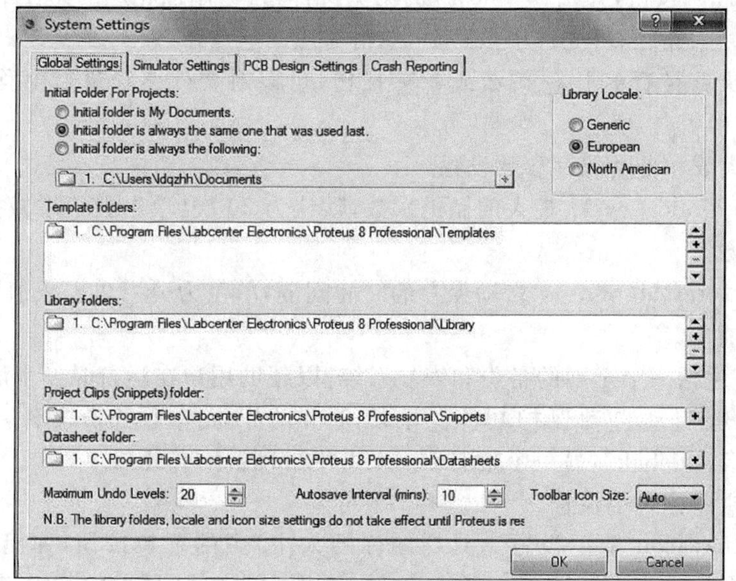

图 1-17 System Settings 对话框

1) Global Settings(全局参数设置)

全局参数设置主要包括 Initial Folder For Projects、Template folders、Library folders、Datasheet folder、Maximum Undo Level 和 Autosave Interval 共 6 项参数，各参数的功能如下。

(1) Initial Folder For Projects(设置项目初始化路径)。

Initial Folder For Projects 设置用户项目(＊.pdsprj)保存/打开的默认路径，勾选其下面的 3 种方式之一。

Initial folder is My Documents：取自 Windows"我的文档"。

Initial folder is always the same one that was used last：同上一次打开的文件路径。

Initial folder is always the following：默认文件路径如下。选择该方式时，其下的路径设置文本处于可操作状态，单击右侧的 + 按钮，弹出 Windows 浏览文件窗口，设置相应路径。

(2) Library Locale：元器件库符号表示法选择。有 3 种模式：Generic(通用)、European(欧洲)和 North American(北美)。

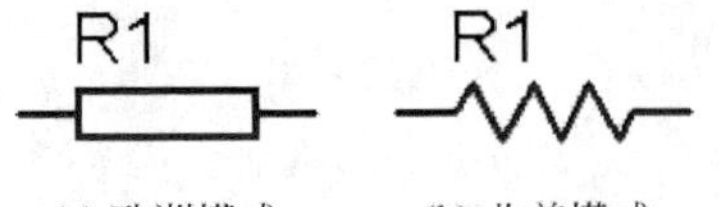

(a) 欧洲模式　(b) 北美模式

图 1-18　不同模式下的电阻符号

默认为通用模式，在此模式下，如果器件有欧洲模式和北美模式，则在元器件库中同时显示。欧洲模式和北美模式只是显示时的器件外形不同而已，功能相同。如图 1-18 所示为电阻的显示符号。

(3) 文件夹路径的添加、删除和排序。

主要包括 Template folders(模板文件夹路径)、Library folders(库文件夹路径)、Project clips(Snippets)folder 和 Datasheet folder(下载元器件说明文件默认保存路径)4 个路径的设置，这些路径既可以添加，也可以删除。

单击右侧的 + 按钮，弹出 Windows 的浏览文件窗口，添加相应的路径。

若要删除某一路径，可先选中该路径，单击对应的 - 按钮。

选中文件夹路径后单击 ▲ 按钮或者 ▼ 按钮，可以对文件路径进行上移或下移排序操作。

(4) 撤销次数和自动保存参数设置。

Maximum Undo Level：最大的撤销次数，默认为 20 次，单击数值增减按钮，修改最大的撤销次数。

Autosave Interval(mins)：自动保存的时间间隔，单位为分。单击数值增减按钮，设置自动保存时间。

Proteus 8 包括一个全面的备份和恢复系统，以帮助用户在运行时发生崩溃或应用程序被挂起时能够启动自动保护功能。系统会自动生成两个备份文件，一个是 Last Loaded“项目名.pdsbak”，另一个是 Backup of“项目名.pdsbak”。

(5) 工具栏图标大小设置。

单击 Toolbar icon Size(设置工具栏图标的大小)旁的下拉按钮，弹出 Auto、16px、24px、32px 等图标大小参数选项。默认为 Auto，即根据电脑显卡的 DPI 参数改变而改变。该参数只有 Proteus 软件重新启动后才有效。

(6) N. B. (Nota Bene 缩写)。

注意：元件库路径和局部设置必须等 Proteus 软件重启后才能生效。

2) Simulator Settings(仿真模型路径设置)

Simulator Settings 选项卡如图 1-19 所示，主要参数如下。

Simulation Mode and Mudule Folders(仿真模型路径)和 Path to folder for simulation results(仿真结果路径)：设置方法与前面的文件夹路径的添加、删除和排序方法相同。

Limit maximum disk space used for simulation results to：用于设置保存仿真结果的最大空间，默认为 10 000KB，单击右侧的数值增减按钮可以修改保存空间的大小。

3) PCB Design Settings(PCB CAD/CAM 文件输出路径设置)

PCB CAD/CAM 文件输出路径设置对话框如图 1-20 所示，其主要参数如下。

Use project directory：使用项目文件路径，当该选项有效时，路径采用当前项目所在

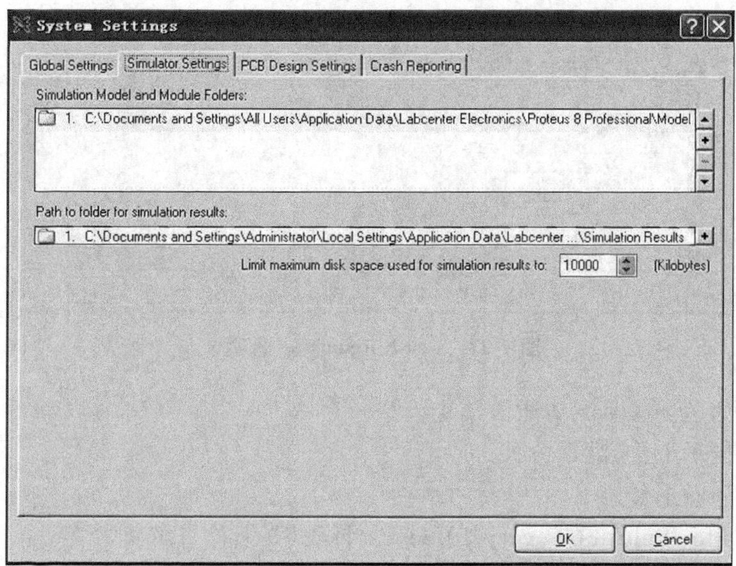

图 1-19　Simulator Settings 选项卡

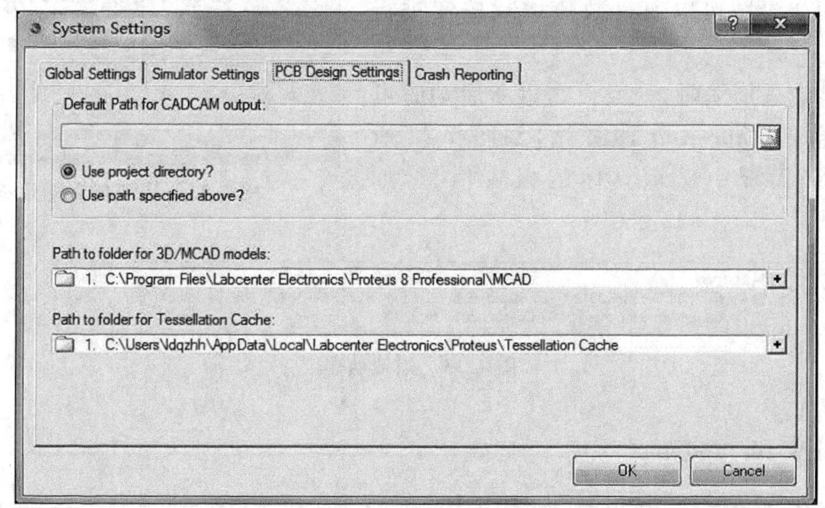

图 1-20　PCB CADCAM 文件输出路径设置对话框

的文件路径，上面的路径文本框不可设置。

Use path specified above：自定义路径，当该项有效时，其上的路径文本框可以设置，单击按钮，弹出浏览文件夹对话框，在其中设置自定义路径。

Path to folder for 3D/MCAD modes：设置3D/MCAD模型文件路径。

Path to folder for Tessellation Cache：设置缓存路径。

4) Crash Reporting(崩溃报告设置)

Crash Reporting 选项卡如图1-21所示，其主要参数如下。

(1) Upload Reports to Labcenter(向 Labcenter 上传错误报告)。

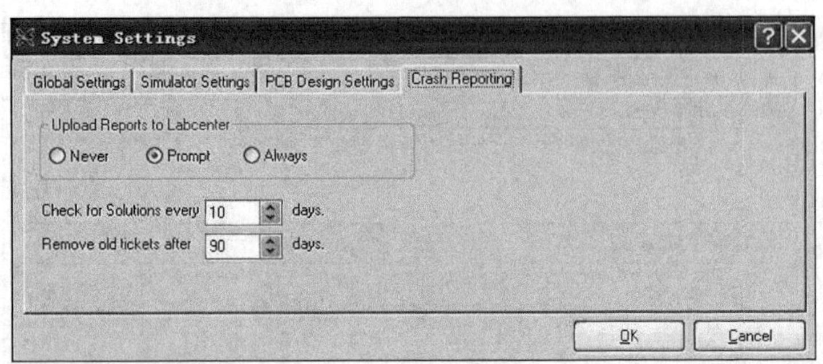

图 1-21 Crash Reporting 选项卡

Never：从不上传，即该功能被禁止。

Prompt：提示上传，默认方式。

Always：随时上传。

(2) Check for Solutions every 10 days：每隔 10 天检查解决方案。

(3) Remove old tickets after 90 days：每隔 90 天移除旧的信息。

最后两个参数可以通过数值增减按钮进行修改。

当软件意外崩溃时，一般会在重新启动时发送崩溃信息到 Labcenter 服务站，如图 1-22 所示。在 New 面板中显示具体的报告信息，如图 1-23 所示。

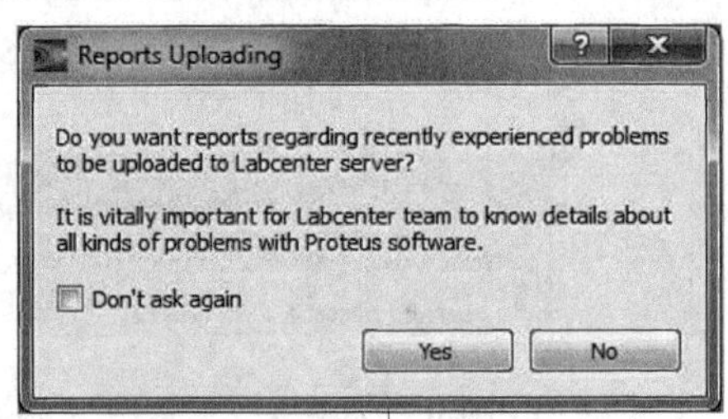

图 1-22 崩溃信息对话框

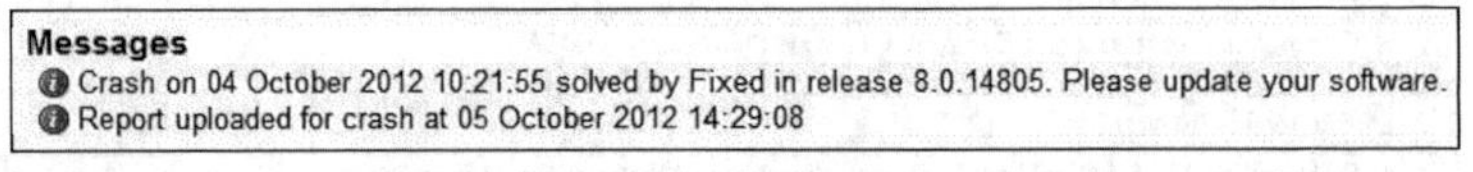

图 1-23 崩溃信息

2. Check for updates

该菜单命令实现自动更新，等价于主页(Home Page)中 New 面板中的更新，详见 1.5.3 节。

3. Repair language pack

该命令修复或者更新语言版本。这将删除现有的语言包，然后提示一个文件的位置或检查更新的语言包的更新服务器。选择该命令，弹出如图 1-24 所示的语言修复对话框，单击 Download 按钮进行下载；也可以单击 Select File 按钮，选择语言安装包的存放路径后进行安装；单击“取消”按钮放弃语言修复。

图 1-24　语言修复对话框

1.5.1.3　Help 菜单

Help 菜单主要提供帮助信息，其功能如图 1-25 所示。

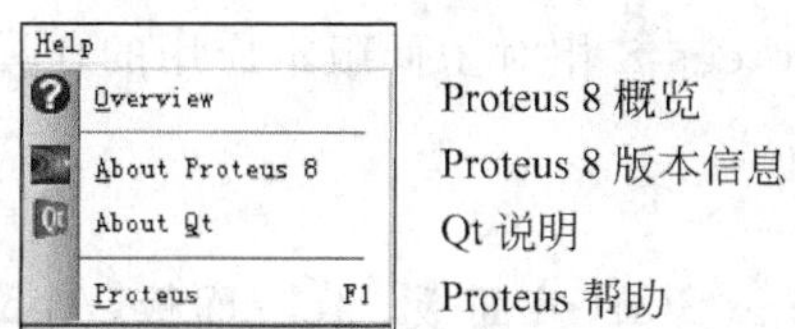

图 1-25　Help 菜单

1.5.2　主工具栏

主工具栏是显示位图式按钮的控制条，位图式按钮用来执行命令功能，如图 1-26 所示，主要包括项目工具栏（project toolbar 或者 file I/O toolbar）和应用模块工具栏（application module toolbar）。为了与后面章节中的工具栏区别，统称该工具栏为主工具栏。主工具栏的具体功能如表 1-2 所示。

图 1-26　主工具栏

表 1-2　主工具栏功能

主工具栏	图　标	功　能	说　明
项目工具栏		新建项目	同 File→New Project
		打开项目	同 File→Open Project
		保存项目	同 File→Save Project
		关闭项目	同 File→Close Project
应用模块工具栏		主页	Home Page
		原理图设计	Schematic Capture
		PCB 设计	PCB Layout
		3D 预览	3D Visualizer
		Gerber	Gerber Viewer
		设计浏览器	Design Explorer

续表

主工具栏	图　标	功　能	说　明
应用模块工具栏		元器件清单	Bill of Materials
		程序代码	Source Code
		项目说明	Project Notes
		帮助预览	同 help→Overview

1.5.3　主页

主页(Home Page)是 Proteus 8 相对于低版本应用的新模块,其主要功能如下。

(1) 快速的超链接帮助信息。

(2) 系统快捷操作面板。

操作面板主要包括 Getting Started 面板、Help 面板、About 面板、Start 面板和 News 面板,下面详细介绍这些面板的功能。

1.5.3.1　Getting Started 面板

Getting Started 面板主要提供系统功能的帮助信息。

Schematic Capture:ISIS 教程。同 Schematic Capture 环境下的菜单 Help→Schematic Capture Tutorial 命令。

PCB Layout:ARES 教程。同 PCB Layout 环境下的菜单 Help→PCB Layout Tutorial 命令。

Simulation:Proteus VSM 教程。

Migration Guide:Proteus 8 新增功能说明以及 Proteus 7.X 版本的新增超链接说明。

1.5.3.2　Help 面板

Help 面板提供了系统功能的详细参考手册。主要内容如下。

Help Home:Proeus 8 框架帮助信息。

Schematic Capture:ISIS 使用说明。同 Schematic Capture 环境下的菜单 Help→Schematic Capture Help 命令。

PCB Layout:ARES 使用说明。同 PCB Layout 环境下的菜单 Help→PCB Layout Help 命令。

Simulation:Proteus VSM 帮助信息。

1.5.3.3　About 面板

About 面板主要显示 Proteus 的版本信息、用户信息、操作系统信息和官方网址等信息。

1.5.3.4　Start 面板

Start 面板提供创建项目、打开项目、导入项目、打开系统项目实例等功能，并显示最近的项目名称及路径。

1. Open Project(打开项目)

打开用户已创建的项目有两种方式。

(1) 对于最近操作过的项目，可以双击 Recent Projects 列表中的对应的项目行，如图 1-27 所示，或者单击 More 按钮，展开最近操作的所有项目。

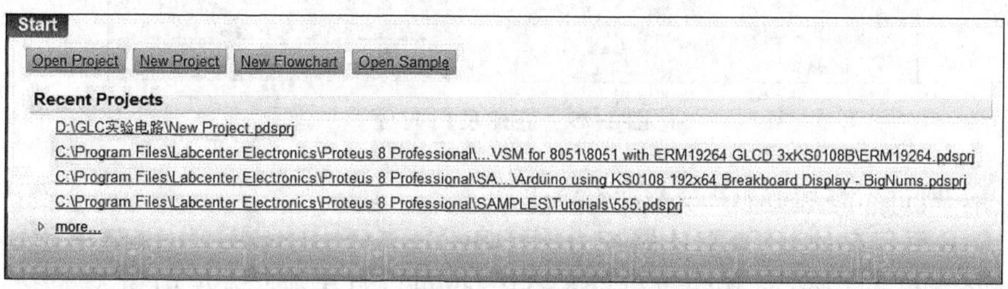

图 1-27　打开最近项目

(2) 单击 Open Project 按钮(相当于菜单 File→Open Project 命令)，弹出打开项目对话框，选择具体路径和文件名，单击“打开”按钮即可打开用户创建的项目文件，如图 1-28 所示。

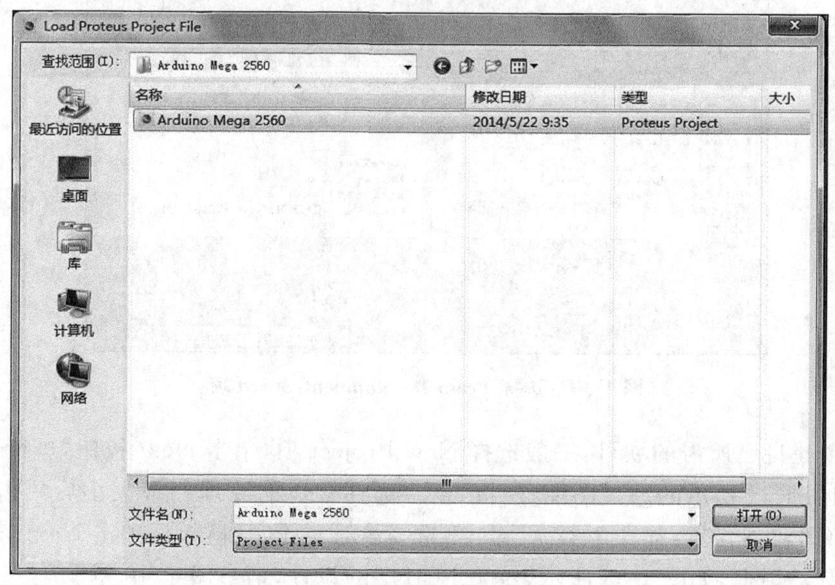

图 1-28　打开用户项目窗口

2. New Project(新建项目)

单击 New Project 按钮(相当于菜单 File→New Project 命令),弹出创建新项目向导对话框,如图 1-29 所示。

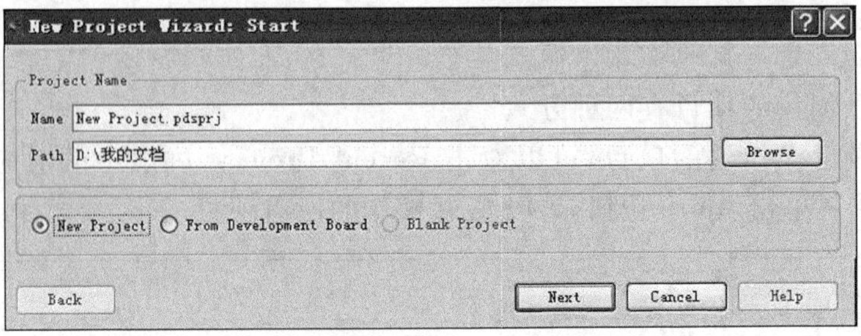

图 1-29 新建项目向导

Name:项目名称,其后缀为 *.pdsprj。

Path:项目保存的路径,默认路径为执行 System→System settings 菜单命令时设置的初始路径。单击 Browse 按钮可以设置路径,也可以直接在文本框中输入路径。

New Project:新建项目。

From Development Board:从开发板实例上快速创建项目,如图 1-30 所示。选择相应的模板,单击 Finish 按钮,完成项目创建。

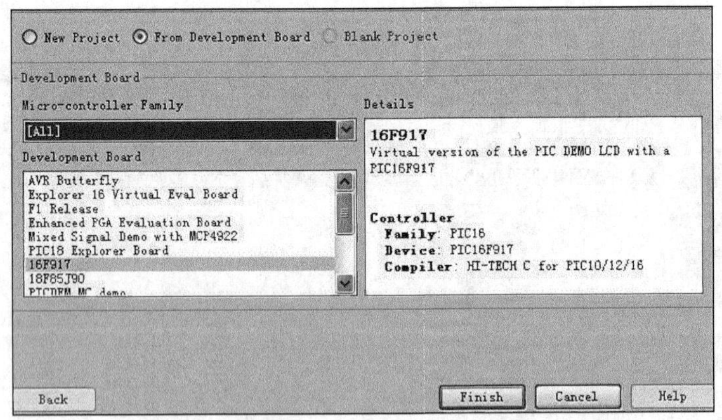

图 1-30 选择 From Development Board 项

如果创建自己所需的项目,一般选择 New Project 项,单击 Next 按钮,进行下一步设置,弹出如图 1-31 所示的原理图配置对话框。选择合适的原理图纸大小后单击 Next 按钮,进行 PCB 参数设置,如图 1-32 所示。[①] 选择合适的 PCB 模板后单击 Next 按钮,进入 PCB 层设计对话框,如图 1-33 所示,对于 PCB 层的设计,请参阅第 10 章。

① Eurocard: European standard format for PCB card(欧洲标准 PCB 格式),参阅 http://en.wikipedia.org/wiki/Eurocard_(PCB)。

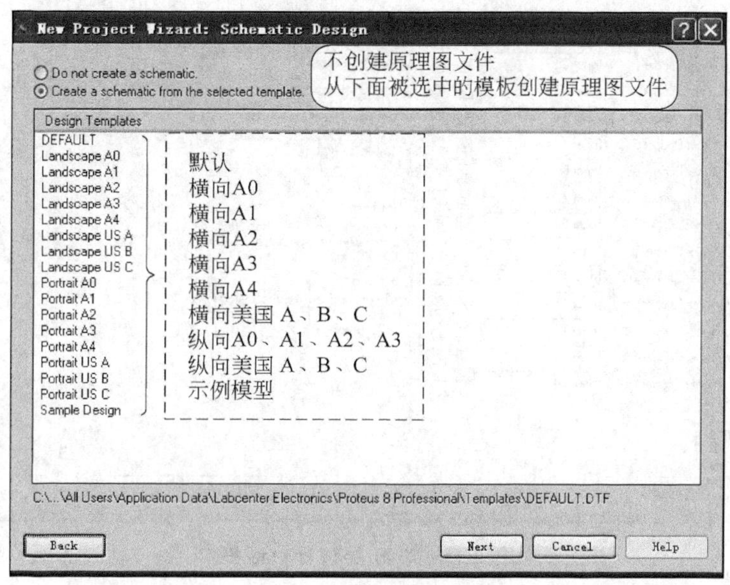

图 1-31 原理图配置对话框

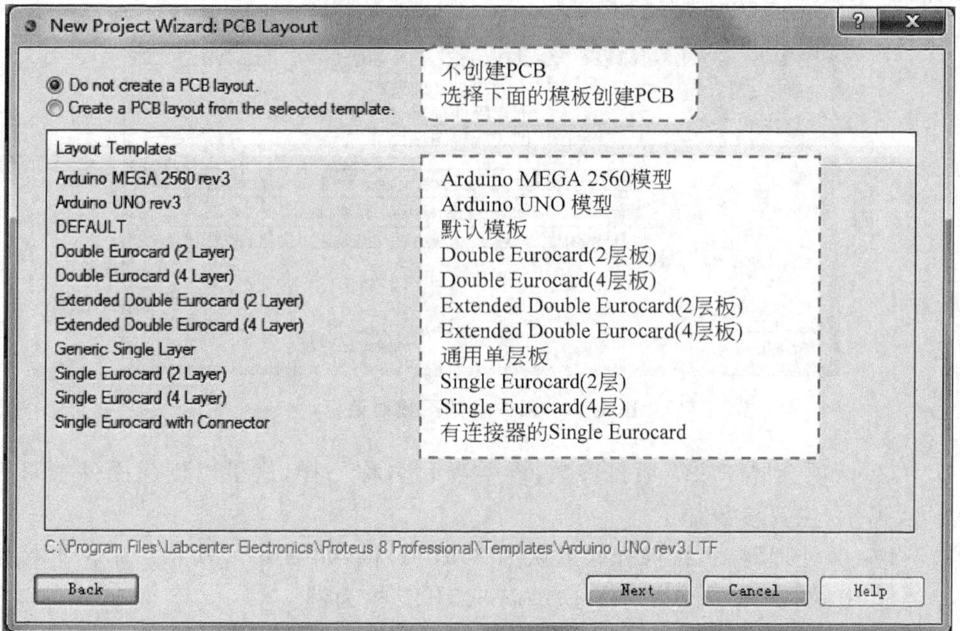

图 1-32 PCB 设置向导

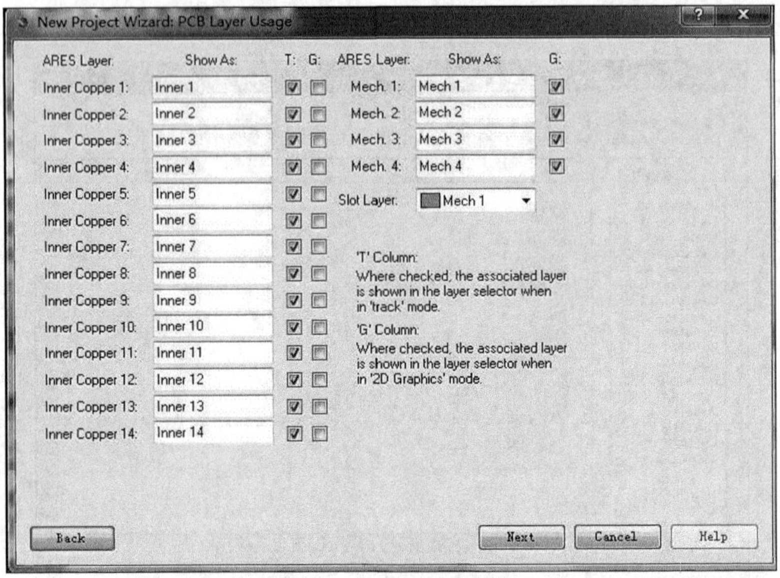

图 1-33　PCB 层设计对话框

单击 Next 按钮，打开嵌入式微处理器参数配置对话框，如图 1-34 所示。其中，No Firmware Project 是不创建固件项目；Create Firmware Project 是创建固件项目；Create Flowchart Project 是创建流程图项目。

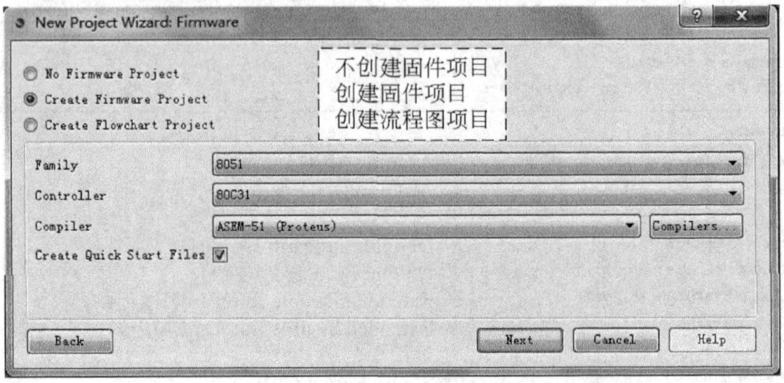

图 1-34　固件参数配置对话框

其中，后两项会展开二级项目参数，参数项目名称一样，这里以创建固件项目为例，如图 1-34 所示，主要参数如下。

Family：微处理器 IP 核选择。默认为 8051 IP 核，如图 1-35 所示。单击下拉按钮，可选择其他 IP 核，如图 1-35 所示。这里以 8051 IP 核为例。

Controller：微处理器选择。单击下拉按钮，选择支持 8051 IP 核的具体微处理器，IP 核对应的微处理器见附录 A。

Compiler：编译器选择。单击 Compilers 按钮，选择 Proteus VSM 支持的编译器，如果该编译器没有匹配安装，则在其编译器后面备注 not configured 字样，如图 1-36 所示。单击 Compilers... 按钮可以对编译器进行配置，详见第 14 章。

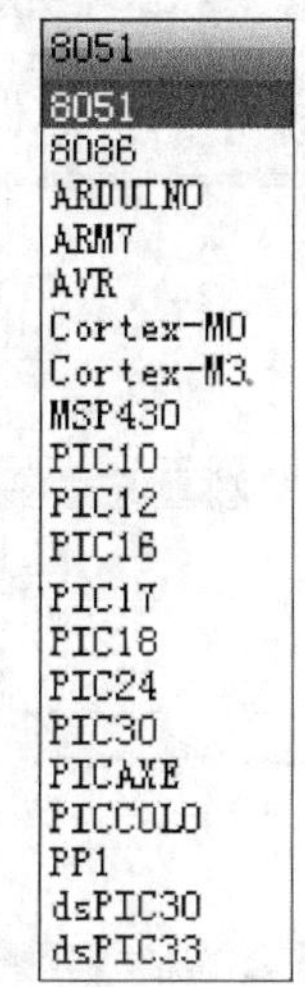

图 1-35 IP 核列表

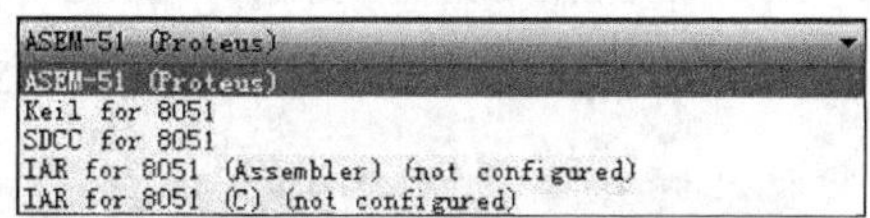

图 1-36 Proteus 支持的 51 编译器

Create Quick Start Files：是否快速生成 Code 格式文件，勾选表示快速创建程序代码，如图 1-37 所示；否则创建空白 Code 文件，如图 1-38 所示。

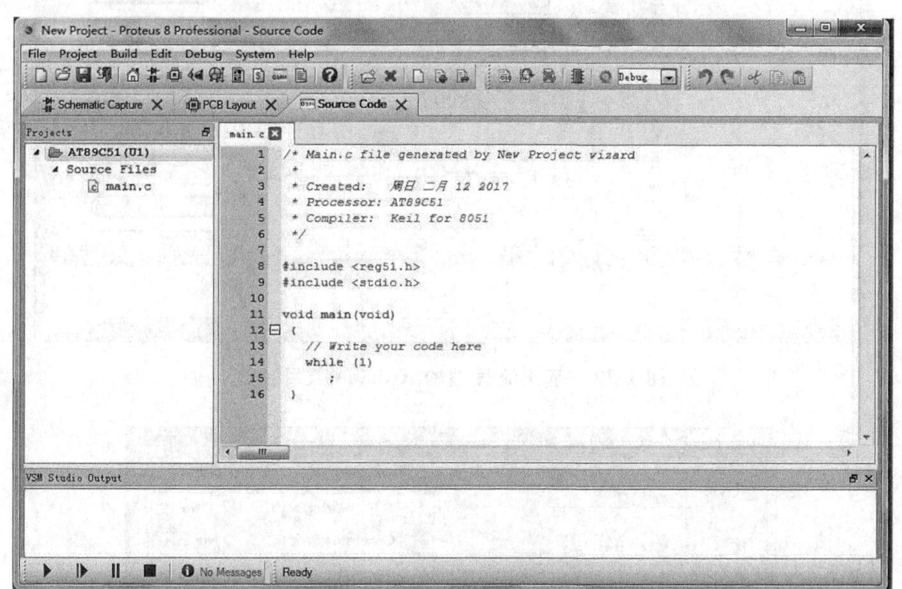

图 1-37 快速代码格式文件

Proteus 目前只支持基于 Arduino 的流程框图项目的创建与仿真，创建好的项目如图 1-39 所示。当然，也可以单击 New Flowchart 按钮，快速创建 Arduino 的基于流程图的项目。

3. Open Project（打开系统项目实例）

单击 Open Sample 按钮，弹出系统实例浏览对话框，如图 1-40 所示。

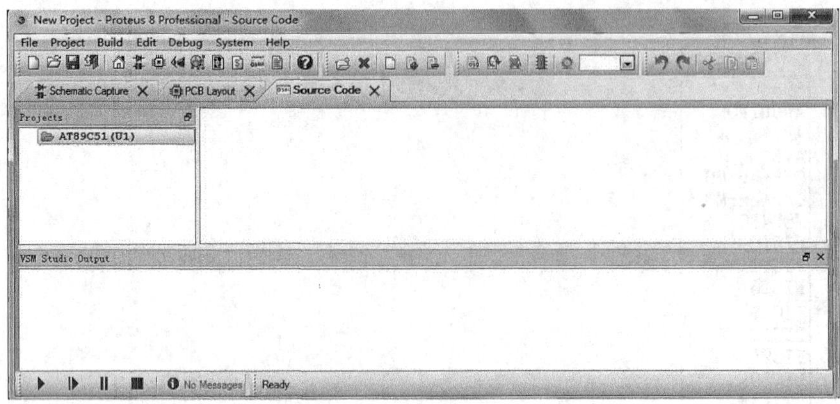

图 1-38 空白代码文件

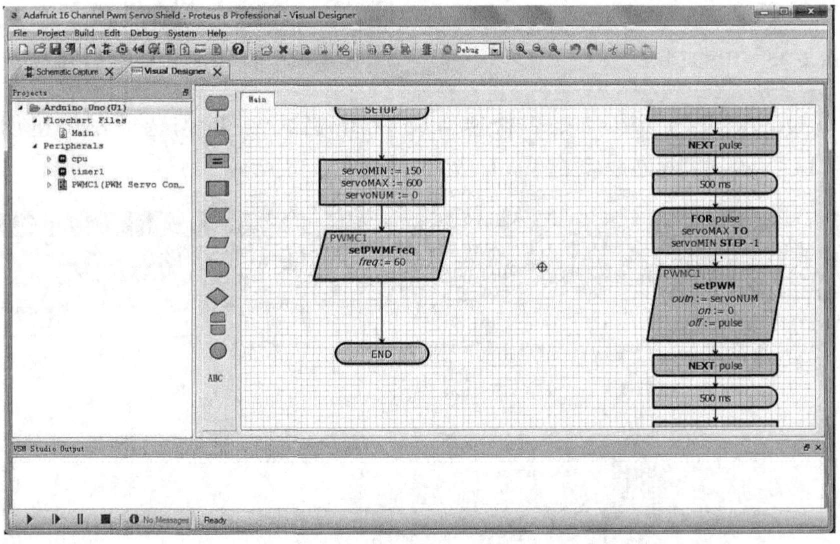

图 1-39 基于流程图的 Arduino 项目创建

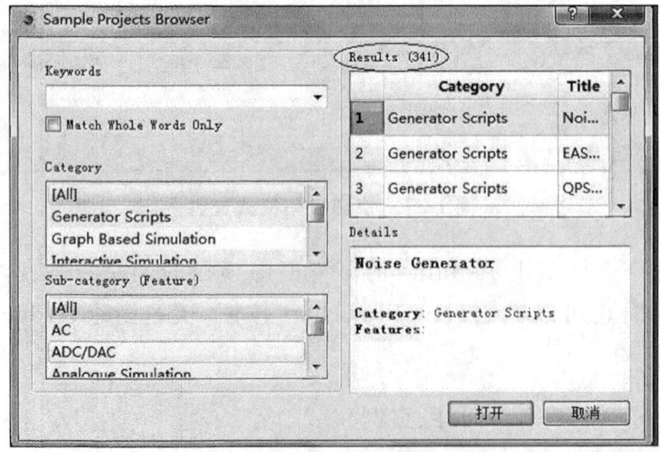

图 1-40 系统示例浏览对话框

1) Keywords(关键字)

输入要打开的相关示例的关键字,或者单击下拉按钮,选择系统提供的关键字,如图 1-41 所示。用关键字查找时,可以勾选 Match Whole Words Only(只查找关键字完全

Keywords
Animated Circuits
AC
Motor Control
Pattern Generator
RS232 Comms
Layout
CD4047
12Vdc to 220Vac Voltage Inverter
555
Timer
SDK
Active
Switch
Analogue Simulation
Schematic
ADC/DAC
LCD Control
Temperature Sensing
ERM19264
KS0108B
8051
Keypad Control
SPI Comms
Application Note
Arduino
PCA9685 16-channel 12-bit PWM
Adafruit 16-channel PWM/Servo Shield
DDS Sinewave
4 Channel Relay
74HC595 Shift Register
7-segment
Terminal
AD8495 K-Type Thermocouple Amplifier
Adafruit Trellis Shield
DS1307 RTC
Data Logger
Data Logger Shield
BMP180
Pressure Transducer
DHT22 HR/Temp sensor
Real Time Clock
DS18B20
ACS712
HYT271
16x2 LCD
I2C
20x4 LCD
IOX-16 Expander
MCP23017
KS0108
LED Matrix 8x8
MCP3208 12bit ADC
MCP3304
MCP3421 18-bit ADC
MCP4921 12bit DAC
MPX4250AP pressure sensor
PCD8544 controller
Nokia 5110/3310
Thermistor
SRF04 Ultrasonic Ranger
SSD1306
SD Card
EA DOGS102
UC1701
MCP23008
PCA9555 I2C Expander
Weather Station Shield
MCP9700A
MPXA6115
HIH-5030
Ethernet
Adafruit Motor Shield V2
LED Control
I/O Expander

图 1-41 系统关键字

匹配)项进行精确选择。输入关键字后,系统自动按照关键字查找,如果查找到项目,则在 Category、Sub-category 和 Results 列表中显示相应的搜索结果,并且 Results 中会显示搜索到的项目的总数,如图 1-40 中的圆圈所示。

2) Category(类)和 Sub-category(子类)

类和子类主要显示与关键字有关的项目保存的类和子类,单击相应的类和子类可以快速定位搜索到的系统实例,主要的类和子类如图 1-42 所示。

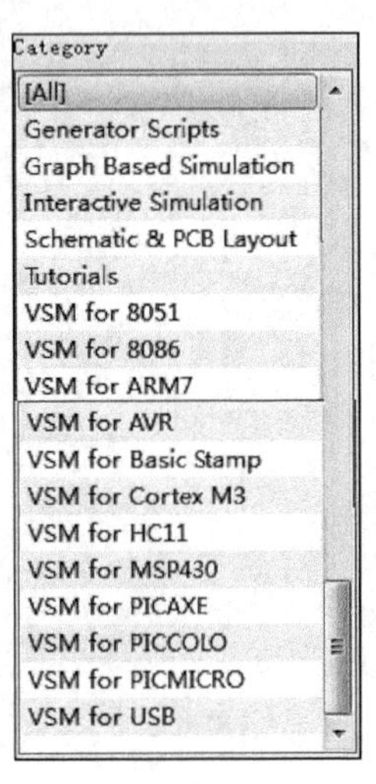

(a) 类选项

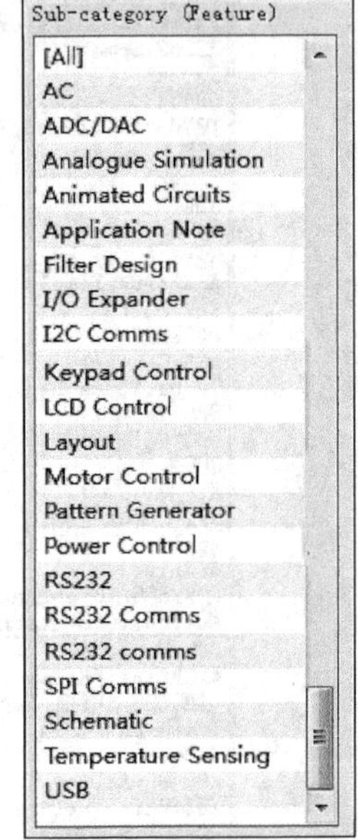

(b) 子类选项

图 1-42 类和子类

3) Results(结果)

Results 列表列出了与关键搜索有关的结果,双击对应的行可以打开实例,或者选中所在的行后单击"打开"按钮,也可以打开实例。

4) Details(详细信息)

Details 列表列出了对 Results 中选中的实例的说明,主要包含其项目名称以及所属的类和子类,如果示例中有微处理芯片,则对应的 IP 核、微处理器名称和编译器等信息也会显示。

5) 按钮

单击"打开"按钮,打开 Results 列表中所选中的项目;单击"取消"按钮,取消打开并退出系统示例浏览对话框。

1.5.3.5 News 面板

News 面板主要提供自动更新、手动更新、新版本特性、快速入门视频和信息显示等功能,单击相应的命令或者超链接,进行相应的操作。Proteus 的官方网站也提供了很多学习视频。

当系统启动后自动检测版本更新，如果有更高版本，则会在 News 面板中显示，如图 1-43 所示，并且 News 面板的底部显示相关状态信息。News 面板中还提供了大量的视频超链接，为学习 Proteus 提供了很好的平台，如图 1-44 所示。

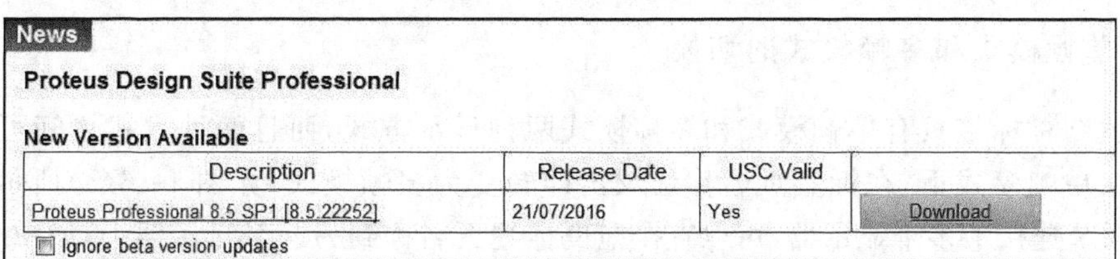

图 1-43 News 面板中的更新安装

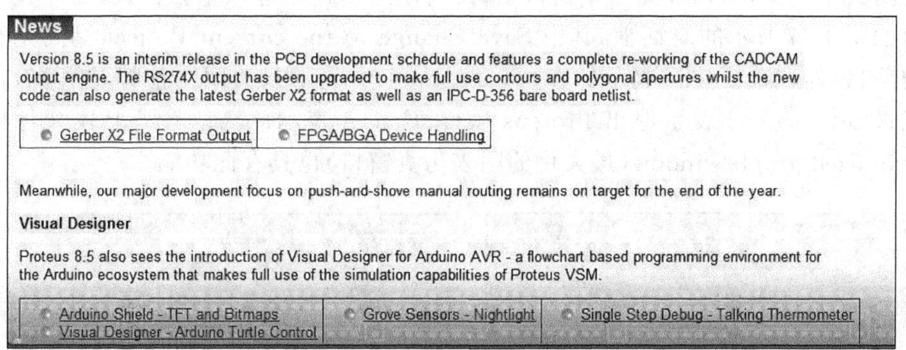

图 1-44 News 面板中的学习平台

1.6 Application Framework

在 Proteus 8 中，所有的窗口都集成在一个框架(Framework)里，包含 Home Page、Schematic Capture、PCB Layout、3D Visualizer、Bill of Materials、Design Explorer、Gerber Viewer、Source Code 和 Project Notes 9 种标签页，如图 1-45 所示。这 9 种标签页可以通过相应工具栏上的按钮打开，详见 1.5.2 节。

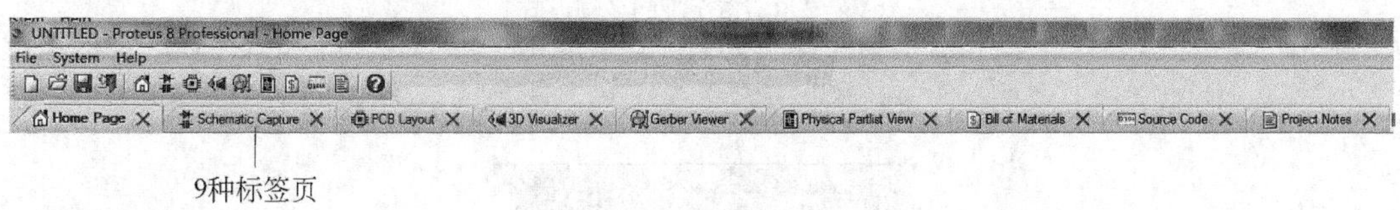

图 1-45 Framework 窗口

1. 标签页的打开

标签页的打开有以下两种方式。

(1) 新建项目时，如果创建了标签页，如 Schematic Capture、PCB Layout、Source Code(创建固件 IP)，则新建项目后会自动打开相应的标签页。

(2) 单击工具栏上的按钮，即可打开标签页。

2. 标签页的关闭

单击标签页上的 Schematic Capture ⊗ 按钮,即可关闭标签页。

3. 单帧模式和多帧模式的切换

上述 9 种标签页有单帧模式和多帧模式两种显示方式,而且两种方式之间可以进行切换。在单帧模式下,在标签页名称处双击即转变为多帧模式,如图 1-46(a)所示。如果用户的系统连接了多个显示器,可以直接拖曳标签页名称到另一个显示器中,如图 1-46(b)所示。在多帧模式下,将一个窗口拖到另一窗口内,则窗口自动合为一体,变为单帧模式。如果关闭其中一个窗口,在另一个窗口中再次打开,则自动进入单帧模式,后一种方式中会弹出如图 1-47 所示的对话框,其中 Save Change to the current Project 询问是否保存到当前项目,勾选该项选择表示保存;Close Window 表示只关闭当前标签页窗口,为默认方式;Quit Proteus 表示退出 Proteus 软件;Cancel 表示放弃。除了上述 9 种标签页外,Maximized graph window(最大化的图表仿真窗口)也具有此功能。

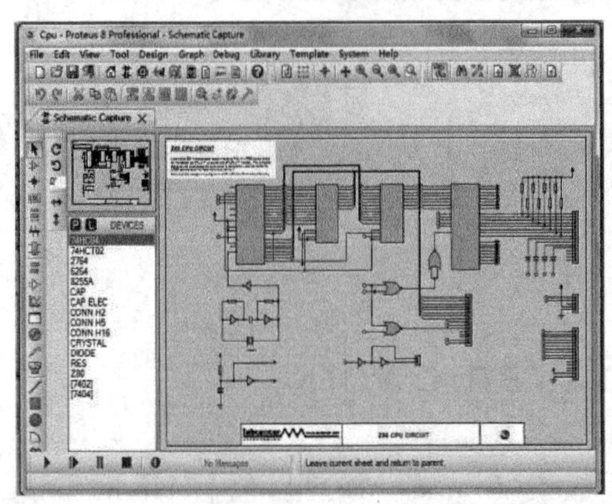

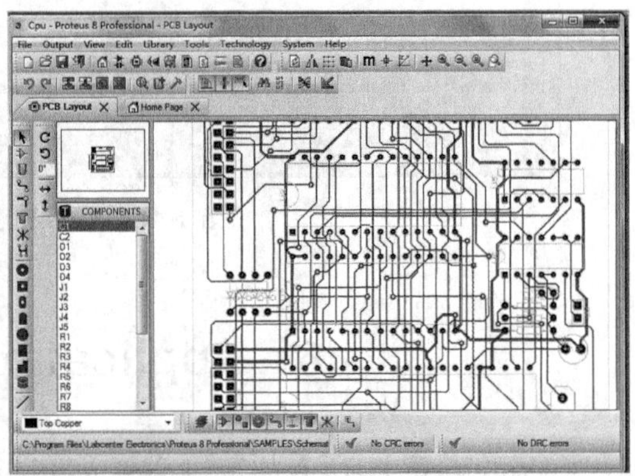

(a) 单显示器情况下的多帧模式

(b) 多显示器情况下的多帧模式

图 1-46　多帧模式

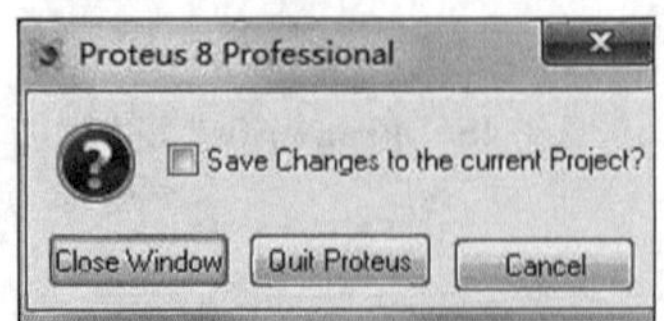

图 1-47　关闭单帧模式

1.7 应用实例

将 Proteus 7.10 版本系统实例中的 8051 Stepper Motor Controller 导入到 Proteus 8 中，并保存为 Stepper. pdsprj 项目，并在单帧模式和多帧模式下观察程序的运行情况。

启动 Proteus 8，选择 File→Import Legacy 命令，在弹出的 Import Legacy Project 对话框中分别输入相关参数(一般情况下，输入原理图时，如果其带有 VSM Studio 文件，则会自动导入)，如图 1-48 所示。单击 Import 按钮，完成数据的导入，并自动进入 Proteus 单帧模式，如图 1-49 所示。

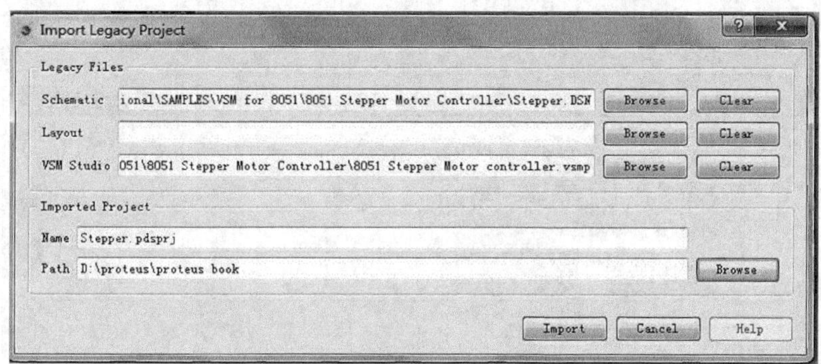

图 1-48　导入项目文件

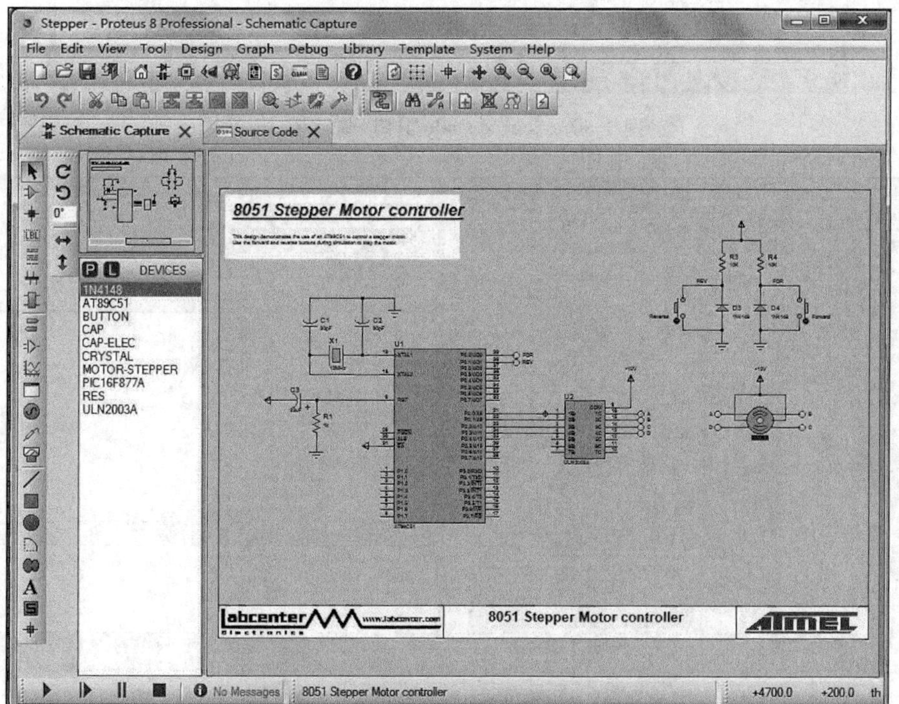

图 1-49　Stepper 项目(单帧模式)

单击▶按钮，启动交互式仿真。单击原理图中的 Reverse 或者 Forward 按钮，可以观察到按钮控制步进电机顺时针转动或者逆时针转动。单击▶按钮，打开 Source Code。在窗口观察程序的执行情况(具体参考第 14 章)，如图 1-50 所示，此时 Source Code 和 Schematic Capture 在同一窗口，即单帧模式，单击其中一个标签，实现单帧模式与多帧模式的切换。多帧模式窗口如图 1-51 所示。以电机按钮为中心放大原理图，在 Source Code 窗口中执行程序，当执行到键盘扫描程序时，单击相应的按钮，执行对应的键盘程序，并观察电机的转动情况。

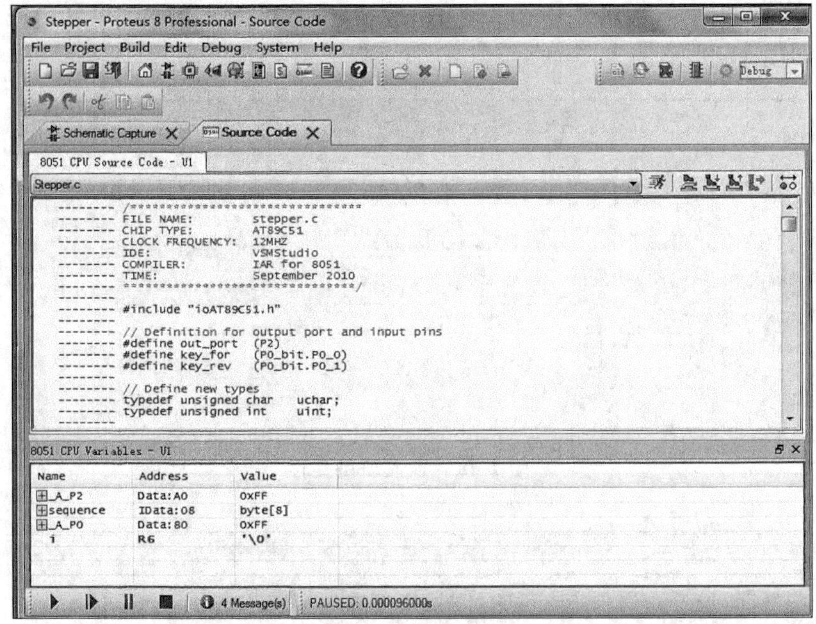

图 1-50 Source Code 窗口(单帧模式)

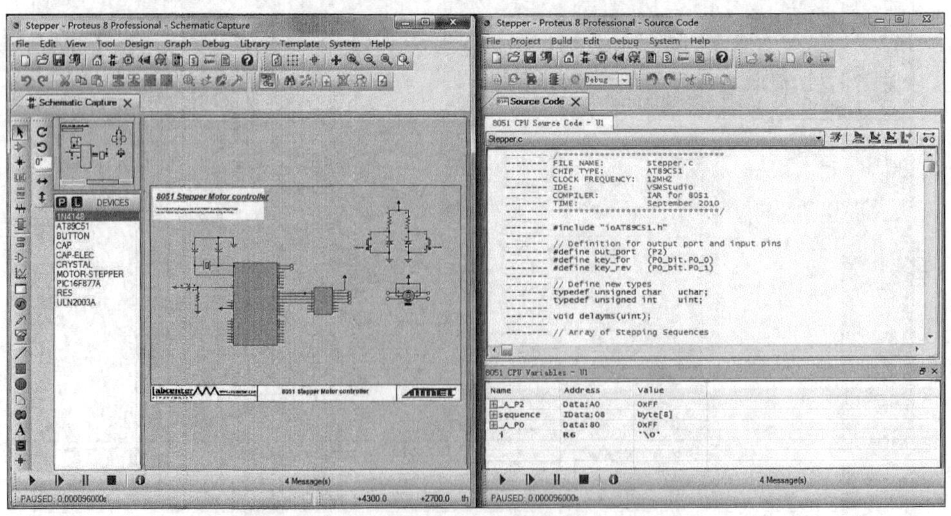

图 1-51 多帧模式

第2章 chapter 2

Schematic Capture 电路设计与仿真

Proteus 和其他 EDA 工具一样，提供了功能强大的原理图编辑工具，但它还提供了交互式仿真和图表仿真，这是其他 EDA 软件无法媲美的。Proteus 8 Schematic Capture 的主要特点如下。

(1) 个性化的编辑环境。用户可以根据自己的爱好设置线宽、颜色、字体、填充类型、自动保存时间和仿真参数等设置。

(2) 自动捕捉、自动连线和自动标注。

(3) 丰富的元器件库。系统启动后，元器件库自动装载。可以实现单片机仿真和 SPICE 电路仿真结合，可以仿真模拟电路、数字电路、单片机、嵌入式和外围电路组成的系统、RS232 动态仿真、I^2C 调试器、信号源、键盘、数码管、LCD 显示器和点阵显示器等。

(4) 支持总线和网络标号。

(5) 层次化电路设计。

(6) 属性分配工具(PAT)。

(7) 电路规则参数检测(Electric Rules Check，ERC)，元器件清单(Bill of Material，BOM)和多种图形格式输出。

(8) 输出多种网络表格式。

(9) 提供软件调试功能，参阅第 14 章。

总之，Proteus 是一款功能强大、性能稳定的 EDA 设计软件。

2.1 Schematic Capture 窗口

打开 Schematic Capture 原理图绘制窗口的方法主要有以下两种。

(1) 选择主菜单栏的 File→New Project，或者选择主页中的 New Project 命令进行创建，详见 1.5 节。

(2) 单击主工具栏上的按钮(Intelligent Schematic Input System，智能原理图输入系统)。

上述两种方法都可以进入 Schematic Capture 原理图绘制窗口，如图 2-1 所示。

从图 2-1 可以看出，Schematic Capture 窗口主要包括标题栏、菜单栏、命令工具栏、预览窗口、旋转工具、对象选择器、模式工具栏、仿真按钮、原理图编辑区和信息栏等。下面详细介绍这些模块的功能。

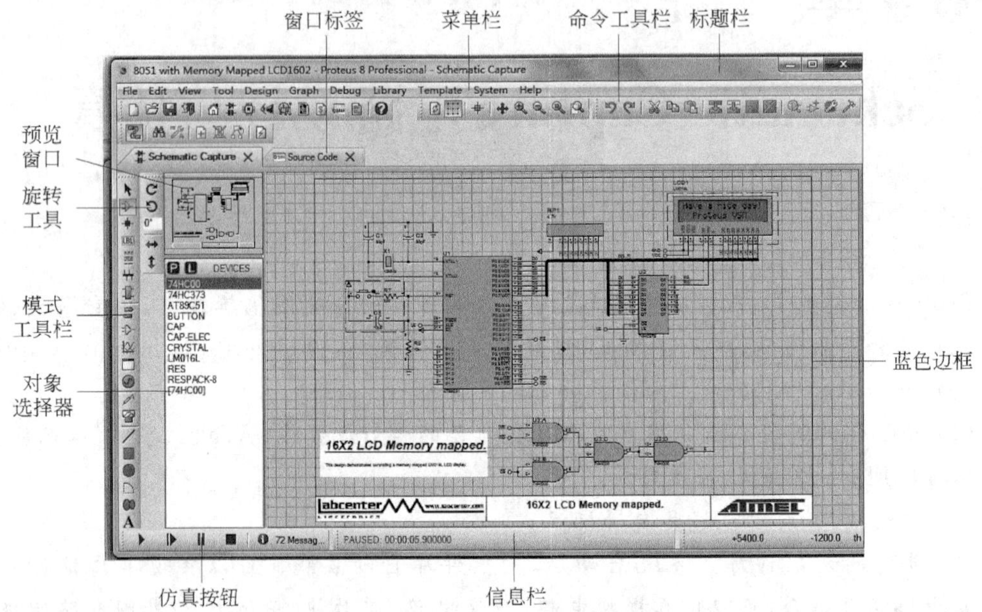

图 2-1 Schematic Capture 窗口

2.1.1 原理图编辑区

点状的栅格(或直线式栅格，有时无栅格)区域为原理图绘制区域，其主要用于放置元器件并进行连线绘制原理图、制作元器件模型、设计制作各种符号和 ASF 图表生成等，是各种电路仿真效果显示的平台。原理图编辑窗口中蓝色的方框(用户可以定义大小)内为原理图编辑区，所有的电路设计必须在此框内完成，在以后的章节中，原理图编辑窗口一般指的是原理图编辑区。原理图编辑区的主要操作如下。

1. 编辑窗口的移动

Schematic Capture 编辑窗口内没有滚动条，可通过以下几种方式实现对编辑窗口的移动。

(1) 单击预览窗口后，移动鼠标可改变电路图区域的视野，详见 2.1.4 节。

(2) 在编辑窗口中通过滚动鼠标中间滑轮实现编辑窗口以鼠标为中心的放大或者缩小，此模式称为 Track-Pan 模式。

(3) 在编辑窗口中按住 Shift 键，鼠标向编辑区的上、下、左、右边框移动，可以实现编辑区的相应移动，此模式称为 Shift-Pan 模式。

2. 编辑窗口的缩放

使用编辑窗口的缩放命令也可以实现编辑区的缩放，这些命令主要包括 View 菜单下的 Zoom In(放大,快捷键 F5)、Zoom Out(缩小,快捷键 F6)、Zoom To View Entire(全局缩放,快捷键 F8)、Zoom to Area(区域缩放)4 条命令;或者使用工具栏内的(分别为 Zoom In、Zoom Out、Zoom To View Entire 和 Zoom to Area)缩放命令进行缩放。其中要进行区域缩放时,首先触发 Zoom to Area 命令,鼠标变为形状,按住左键拖动,选择要缩放的区域,然后释放左键,则以选择区域为中心进行缩放;其余缩放都是触发命令后以编辑区中心(或者坐标原点,以符号⊕为标识)为中心进行缩放。

3. 编辑窗口网格线格式设置

编辑窗口中的栅格可以帮助对齐元器件,选择菜单栏中的 View→Grid 命令,实现直线式网格、点栅格线和无网格之间的切换,或者直接使用快捷键 G 实现切换。网格之间的距离可以通过菜单 View→Snap 命令改变当前的捕捉设置。直线式网格、点栅格线和无网格的效果如图 2-2 所示。

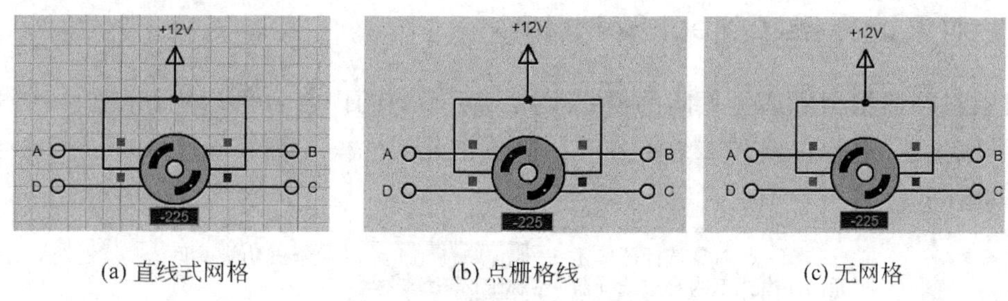

(a) 直线式网格 (b) 点栅格线 (c) 无网格

图 2-2 网格线格式显示

2.1.2 预览窗口(Overview Window)

预览窗口用于显示对象选择器中选中的对象或者改变编辑窗口的预览视野。预览窗口的具体功能如下。

(1) 通过预览窗口显示编辑窗口对象(包括电路图、二维符号和图片等)的视野,在 Schematic Capture 启动后,预览窗口默认显示编辑窗口对象的布局。预览窗口中有两个框,蓝色框表示当前编辑区域的边界,绿色框表示当前编辑窗口显示区域(这两个区域边界使用蓝色还是绿色可以由用户设定,参见图 2-30 中的 Work Area Box Colour 和 World Box Colour 选项)。在预览窗口上单击,编辑窗口则以单击位置为中心重新刷新编辑窗口,形成新的视野区域。此时移动鼠标(注意单击后再移动,如果直接移动,编辑窗口不会刷新),绿色框也会随着鼠标的移动而移动,而编辑窗口的视野区域也不断地刷新,如图 2-3(a)所示。

(2) 在对象选择器中选中一个对象时,预览窗口显示选中对象的符号,如图 2-3(b)所示。

(3) 选中对象选择器中的某一对象,单击旋转工具按钮旋转对象时,预览窗口显示旋转后的对象的符号,如图 2-3(c)所示。

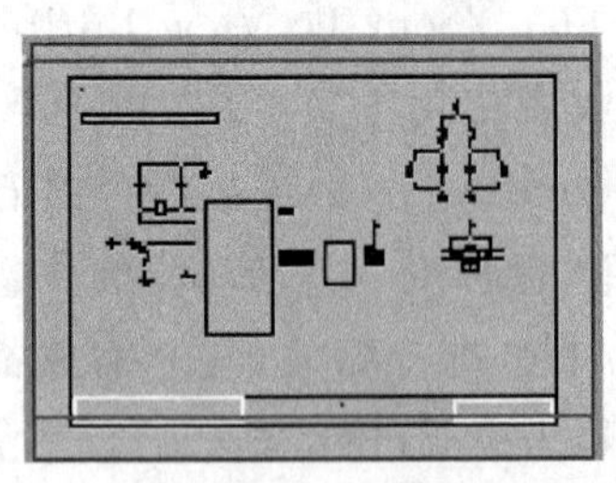
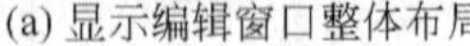

(a) 显示编辑窗口整体布局

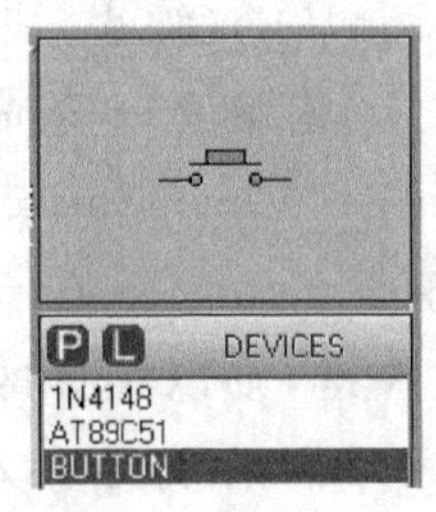

(b) 显示Button符号

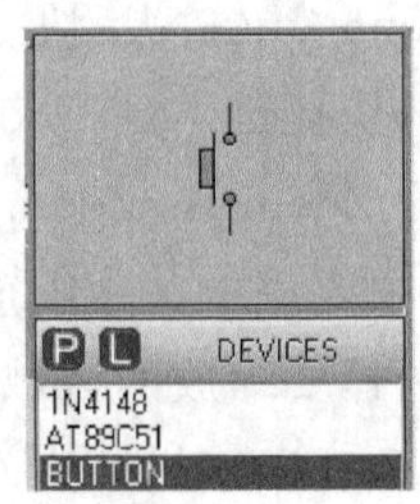

(c) Button符号逆时针旋转90°

图 2-3　对象选择器的功能

上述(2)和(3)的功能可以看成对对象选择器中选中的对象进行操作,因此对象选择器总体来看有两大功能,这两种功能在单击对象选择器中的某一对象或者单击编辑窗口时实现自动切换。

2.1.3　对象选择器(Object Selector)

对象选择器根据所选择不同的模式工具显示不同的内容,可以显示元器件、终端、图表、信号发生器、虚拟仪器和二维符号等。以单击元器件模式 (component mode)为例,如图 2-4 所示。

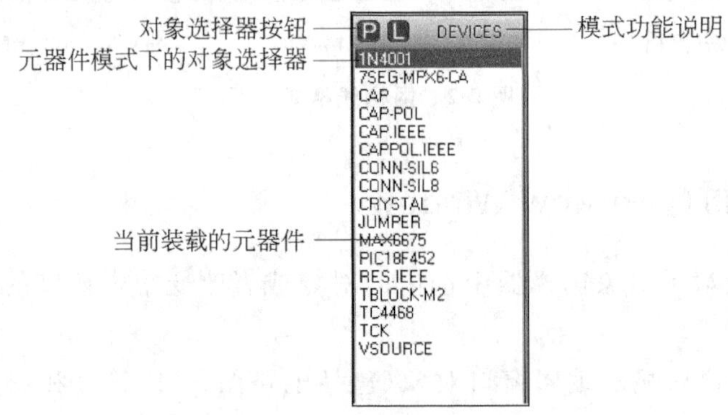

图 2-4　元器件模式下的对象选择器

根据所选择的不同的模式工具,对象选择器中的按钮显示也不相同,主要按钮有以下几个:P 按钮,表示从元器件库中选择元器件(Pick from Libraries);L 按钮,表示打开元器件库管理(Library Manager);C 按钮,表示创建(Create);E 按钮,表示编辑(Edit)。

对象选择器窗口在默认情况下是显示的,当然也可以隐藏,具体操作如下。

在对象选择器窗口右击,在弹出的快捷菜单中选择 Auto hide 命令,该项被勾选,表示隐藏对象选择器,当鼠标移动到其他位置时,对象选择器自动隐藏;当鼠标放在隐藏位置处时,对象选择器自动展开。隐藏对象选择器的操作及显示情况如图 2-5 所示(以元器件模式为例)。

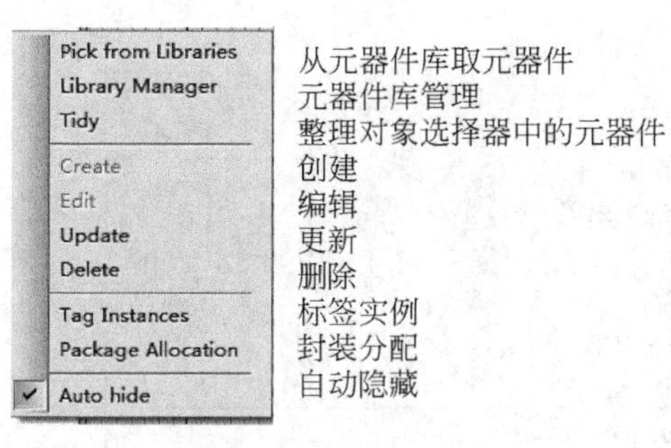

(a) 勾选Auto hide

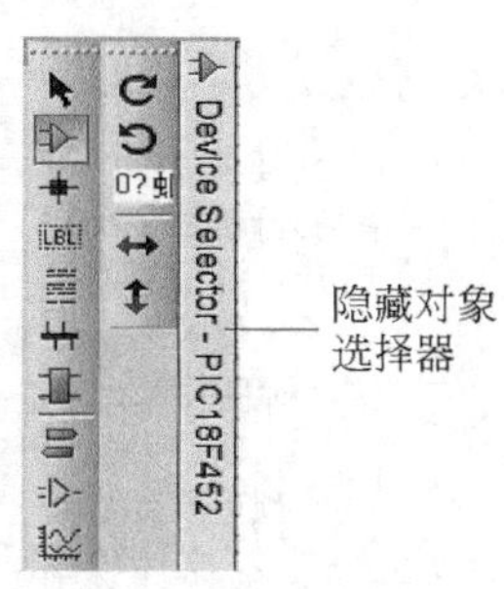

(b) 隐藏对象选择器

图 2-5 隐藏对象选择器

2.1.4 标题栏

标题栏位于窗口的最顶部，用于指示当前设计的项目名称，标题栏也包含程序图标、项目名称、最小化、最大化/还原和关闭按钮。单击图标，弹出下拉菜单，或者在标题栏上右击，在弹出的快捷菜单中选择相应的命令，也可以实现窗口的改变，如图 2-6 所示。

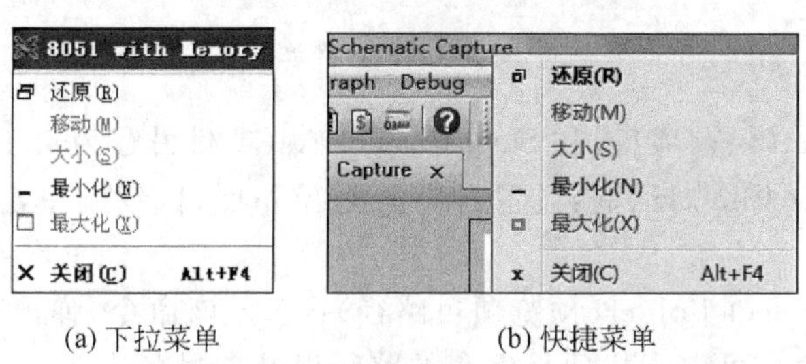

(a) 下拉菜单 (b) 快捷菜单

图 2-6 改变窗口大小的操作

2.1.5 菜单栏

菜单栏中的各种命令可以实现 Schematic Capture 操作的所有功能，主要包括 File(文件)菜单、Edit(编辑)菜单、View(视图)菜单、Tools(工具栏)菜单、Design(设计)菜单、Graph(绘图)菜单、Debug(调试)菜单、Library(元器件库)菜单、Template(模板)菜单、System(系统)菜单和 Help(帮助)菜单共 11 个下拉菜单。本节主要介绍各个菜单的功能，部分菜单的详细功能将在后续章节中介绍。

2.1.5.1 File 菜单

File 菜单主要包含如图 2-7 所示的命令，快捷键为 Alt+F，其主要功能是对项目进行相关操作，包括新建、打开、另存为以及打印输出等。

File 菜单中的 New Project、Open Project、Project Legacy Project 和 Open Sample Project 命令的介绍见 1.5.3.4 节，下面主要介绍其他 File 菜单命令。

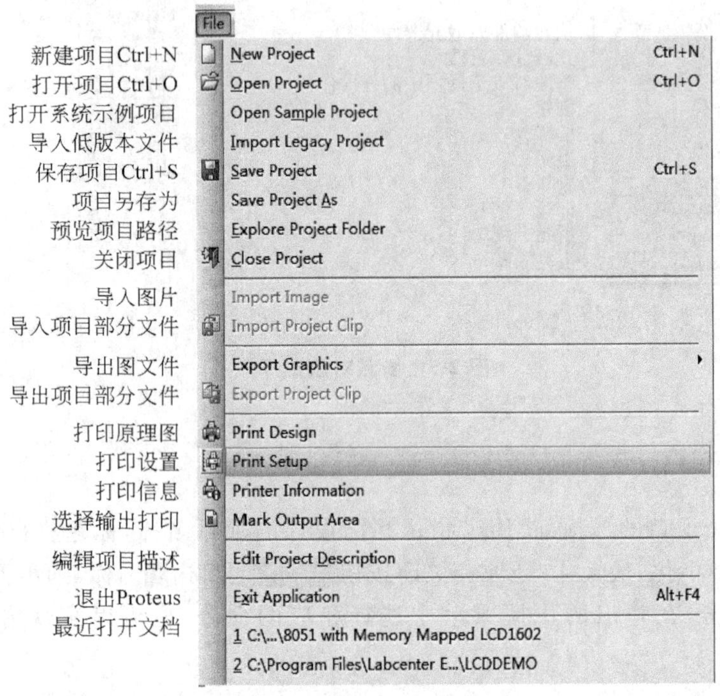

图 2-7 File 菜单

(1) Save Project(保存项目)和 Save Project As(项目另存为):这两条命令都会弹出 Save Proteus Project File 对话框,设置对应的路径和项目名称,单击“保存”按钮即可完成操作。

(2) Explore Project Folder(预览项目路径):选择该命令,弹出项目路径预览窗口,如图 2-8 所示。该命令可以查找项目保存的路径以及项目名称。

(3) Close Project(关闭项目):在关闭项目前如果没有保存项目,则弹出如图 2-9 所示的对话框。单击 Yes 按钮保存项目并关闭项目,单击 No 按钮放弃保存并关闭项目,单击 Cancel 按钮表示不关闭项目。

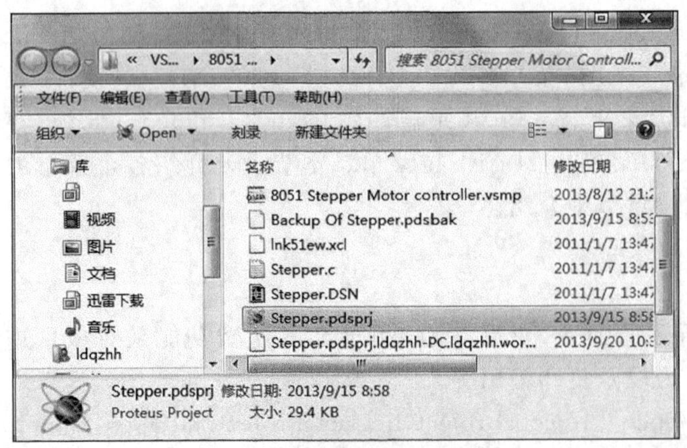

图 2-8 项目路径预览窗口

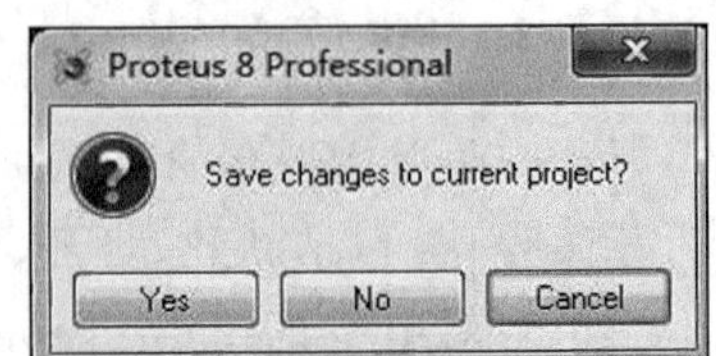

图 2-9 保存项目对话框

(4) Import Image(导入图片):选择该命令弹出导入图片选择窗口,Schematic Capture 支持的图片格式包括 PNG、BMP、JPEG 和 GIF 共 4 种。

其他命令的功能请参阅 8.4 节和 8.5 节。

2.1.5.2 Edit 菜单

Edit 菜单的主要功能是对原理图编辑窗口中的对象进行剪切、复制、粘贴等操作,具体如图 2-10 所示,快捷键为 Alt+E。

下面介绍 Edit 菜单的主要功能。

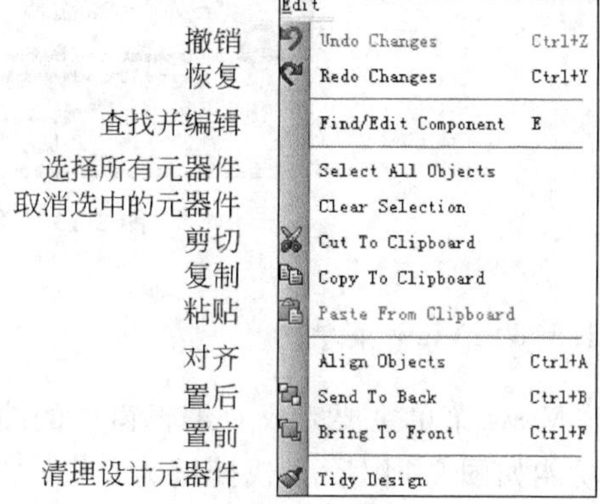

图 2-10 Edit 菜单

(1) Undo/Redo Changes:撤销/恢复命令是专为防止用户误操作而设计的"反悔"机制,它们是相互对应的,撤销可以取消前一步(或几步)的操作,而恢复可以取消刚做的撤销操作。快捷键分别为 Ctrl+Z 和 Ctrl+Y。最大撤销/恢复次数的设置参考 1.5.1.2 节 System 菜单的介绍。

(2) Find/Edit Component:查找并编辑元器件属性命令,选择该命令或者按快捷键 E,弹出查找元器件属性对话,如图 2-11 所示。在 Component 文本框中输入元器件名称,例如 U1,单击 OK 按钮进行查找,如果查找到所对应的元器件,则弹出元器件属性对话框,如图 2-12 所示,进行属性修改后单击属性对话框上的 OK 按钮,保存并退出属性修改,则原理图绘制区域以该元器件为中心进行刷新。

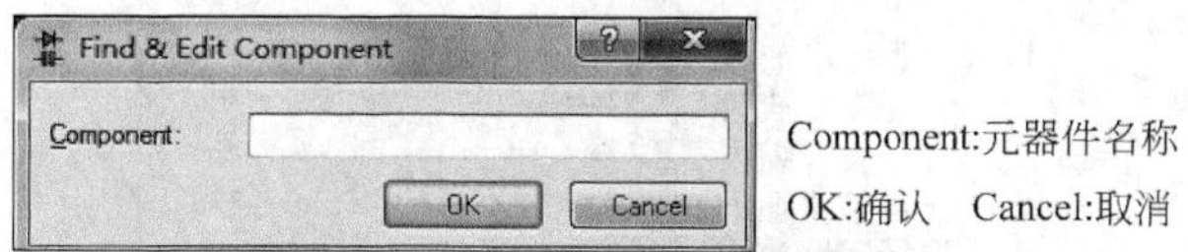

图 2-11 查找元器件属性对话框

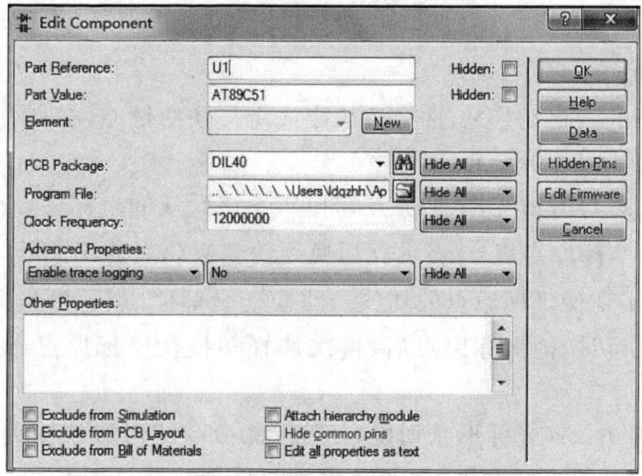

图 2-12 AT89C51 元器件属性对话框

(3) 剪切、复制和粘贴的功能同其他软件,不再赘述。本书以后的章节对常用的菜单也不再讲解。

(4) Tidy Design 命令主要用于对项目设计中没有用到但已装载到对象选择器中的元器件进行清理。选择该命令,弹出如图 2-13 所示的确认清除操作对话框。单击 OK 按钮,完成清除操作,单击 Cancel 按钮,放弃清除操作。

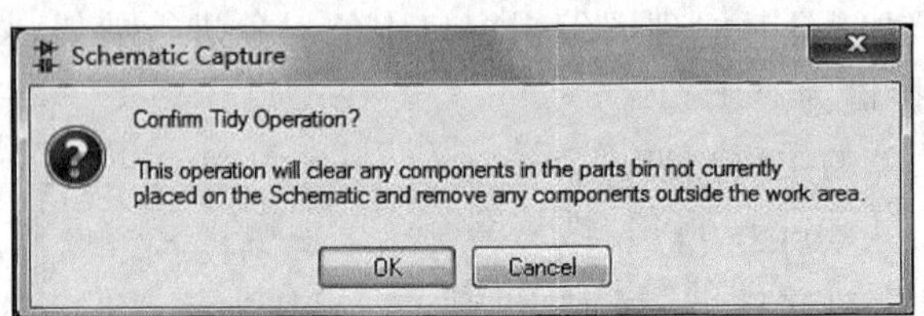

图 2-13 确认清除操作对话框

2.1.5.3 View 菜单

View 菜单主要完成对编辑窗口的缩放、栅格的调整和实时捕捉精度设置等操作,具体功能如图 2-14 所示,快捷键为 Alt+V。

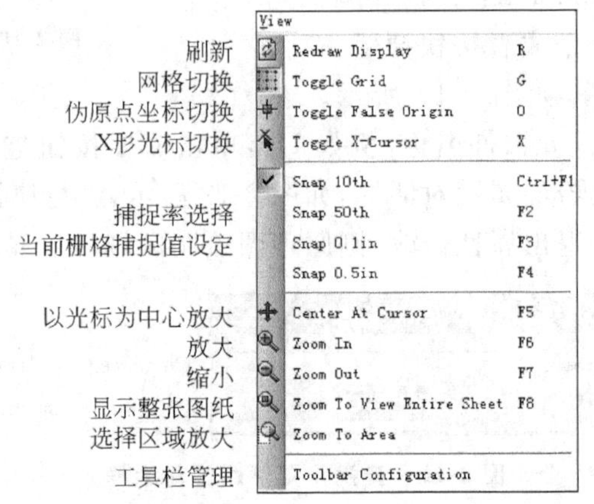

图 2-14 View 菜单

各命令的功能如下。

(1) Toggle Grid(网格切换):选择该命令或者按快捷键 G,在直线式网格、点栅格线和无网格之间切换,如图 2-2 所示。

(2) Toggle False Origin(伪坐标原点切换):系统默认的坐标原点在原理图绘制区域中心,以 ⊕ 表示,伪坐标原点以 ⊞ 表示。切换到伪坐标原点的快捷键为 O。单击工具栏上的 按钮也可以实现伪坐标原点的切换。切换伪坐标原点后,则坐标参考值以伪坐标原点为原点计算。当切换伪坐标原点后,再次选择切换伪坐标原点命令,即可取消伪坐标原点。

(3) Toggle X-Cursor(光标形状切换):选择此命令或者按快捷键 X,使光标形状在大 X( )形状、小 x( )形状和没有( )三者之间切换。

(4) 捕捉栅格选择：在设计原图时，栅格线为放置元器件、连接线路等设计工作带来极大的方便，Schematic Capture系统中捕捉网格的单位包括in(inch，英寸)、th(1th＝10^{-3} in)、m(meter，米)、mm(毫米，1in＝25.4mm)和cm(厘米)。

(5) 原理图区域预览命令包括：

Center At Cursor：以当前光标为中心进行刷新，快捷键为F5。

Zoom In：以光标当前位置为中心进行放大，快捷键为F6。

Zoom Out：以光标当前位置为中心进行缩小，快捷键为F7。

Zoom To View Entire Sheet：全局缩放，显示整个原理图，快捷键为F8。

Zoom To Area：选择区域放大。

(6) Toolbar Configuration(工具栏管理)：详见2.1.6节。

2.1.5.4 Tools菜单

Tools菜单的功能主要有自动布线、属性分配工具、查找与标记等，如图2-15所示，快捷键为Alt＋T。

各菜单功能如下。

(1) Wire Autorouter(自动连线器)：系统默认自动连线器始终处于启动状态。

(2) Search &Tag、Property Assignment Tool和Global Annotator菜单的功能参见4.1节至4.3节。

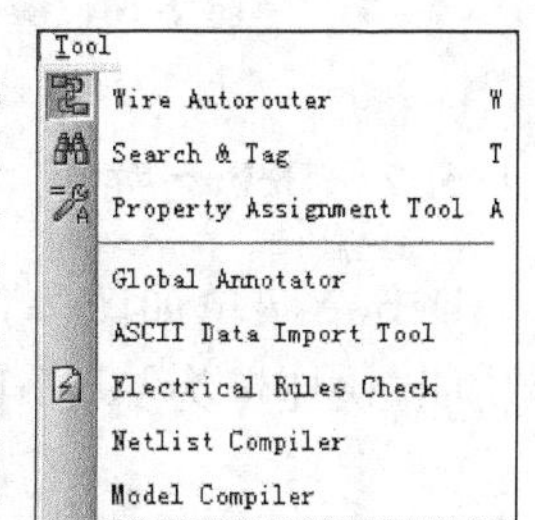

图2-15 Tools菜单

(3) ASCII Data Import Tool(ASCII数据导入工具)：该工具主要用于导入用户ADI脚本编写的元器件属性分配文件，对于大部分用户而言，没有必要掌握这种用法，有兴趣的读者可查阅Help→Schematic Help中的ASCII Data Import帮助文件。

(4) Electrical Rules Check(ERC，电气规则检测)：参见8.1节。

(5) Nelist Compiler(网络表编译器)：用以产生网络报表，参见8.3节。

(6) Model Compiler(模型编译器)：生成元器件的模型文件，参见6.2节。

2.1.5.5 Design菜单

Design菜单包括编辑设计属性、编辑当前图层的属性、进行设计注释和电源端口配置等操作，具体如图2-16所示。

菜单功能如下。

(1) Edit Design Properties、Edit Sheet Properties和Edit Design Notes：请参见4.5节。

(2) Configure Power Rails(电源配置)：请参见8.3.1.6节。

(3) New(Root) Sheet、Remove/Delete Sheet、Goto Previous Root or Sub-sheet、Goto Next Root or Sub-sheet、Exit to Parent Sheet和Goto Sheet：请参见第4章。

2.1.5.6 Graph 菜单

Graph 菜单具有编辑图形、添加跟踪曲线、仿真图形、查看日志、一致性分析和批处理一致性分析等,具体功能如图 2-17 所示。详见 7.4 节。

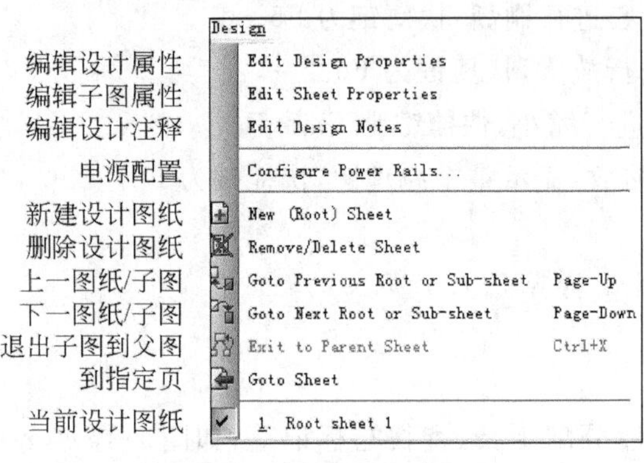

图 2-16 Design 菜单

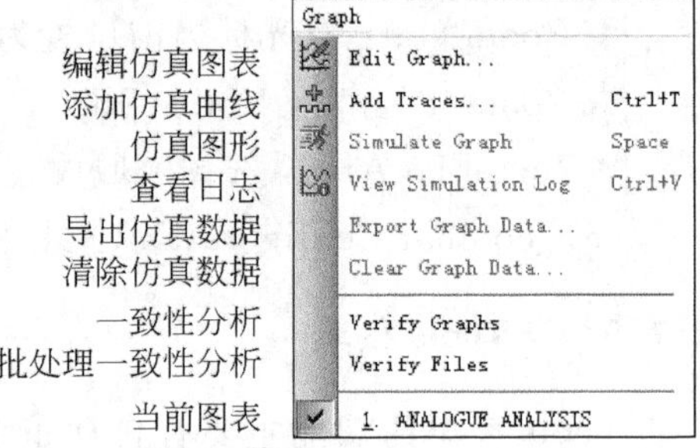

图 2-17 Graph 菜单

2.1.5.7 Debug 菜单

Debug 菜单如图 2-18 所示,主要用于微处理具仿真,具有调试、运行/停止、断点运行等功能,快捷键为 Alt+D,详见第 14 章。

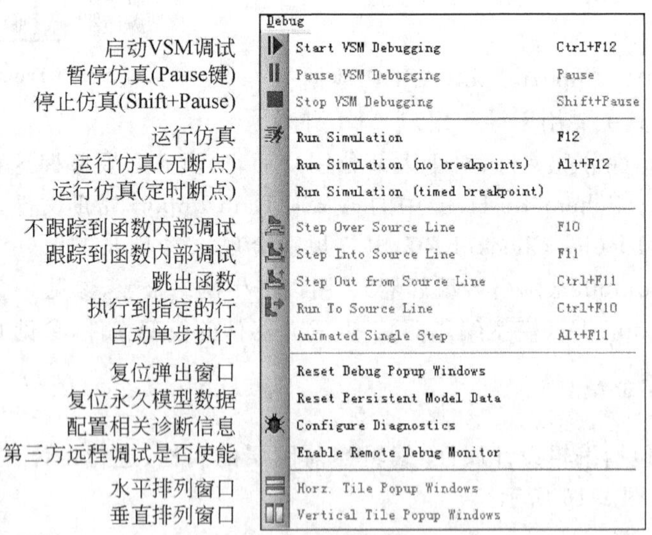

图 2-18 Debug 菜单

2.1.5.8 Library 菜单

Library 菜单具有选择元器件/符号、制作元器件/符号、封装工具、分解元器件、编译到库、验证管理和库管理等功能,具体如图 2-19 所示,快捷键为 Alt+L。详见第 3 章和第 5 章。

2.1.5.9 Template 菜单

Template 菜单包括跳转到母版、设置图纸风格、设置图表颜色、设置二维图形风格和设置本格风格等，具体功能如图 2-20 所示。快捷键为 Alt＋M。详见 2.2 节。

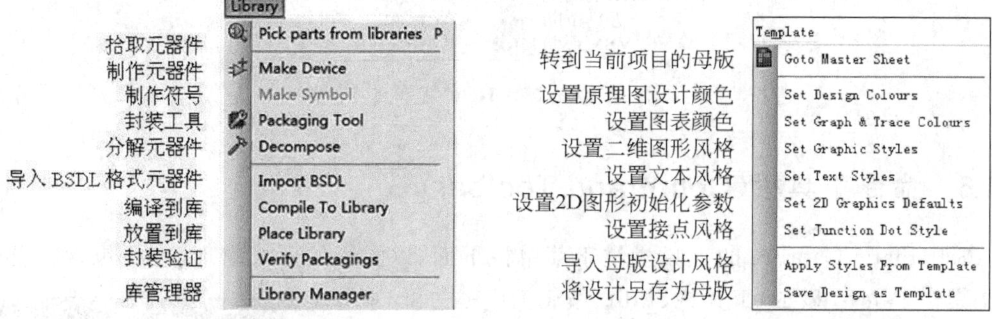

图 2-19 Library 菜单　　图 2-20 Template 菜单

2.1.5.10 System 菜单

System 菜单包括系统设置、检查更新、文本浏览器、设置显示属性、设置快捷键和设置属性定义等功能，具体功能如图 2-21 所示，快捷键为 Alt＋Y。详见 2.2 节和 2.3 节。

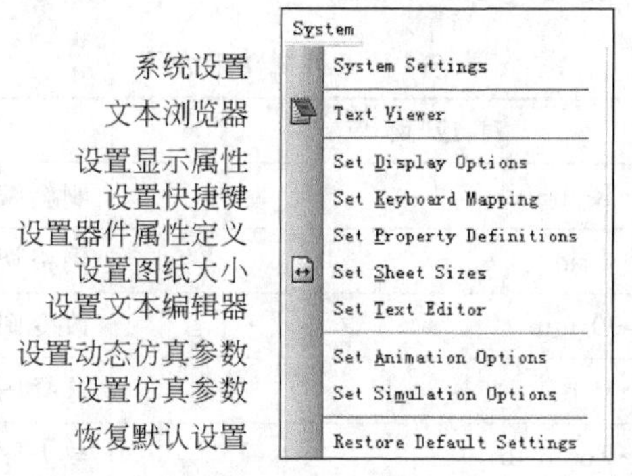

图 2-21 System 菜单

2.1.5.11 Help 菜单

Help 菜单包括 Proteus 8 Framework Help、版本说明、Qt、Schematic Capture 帮助、Schematic Capture 手册等信息。还可以通过属性中的 Help(以"?"的形式表示)获得上下文帮助(图 2-22)，快捷键为 Alt＋H，与主页中的帮助信息功能相同，具体功能如图 2-23 所示。

帮助：单击?按钮，鼠标变成 形状，单击需要帮助的地方，如果系统有帮助信息，就会弹出帮助信息窗口

图 2-22 上下文帮助

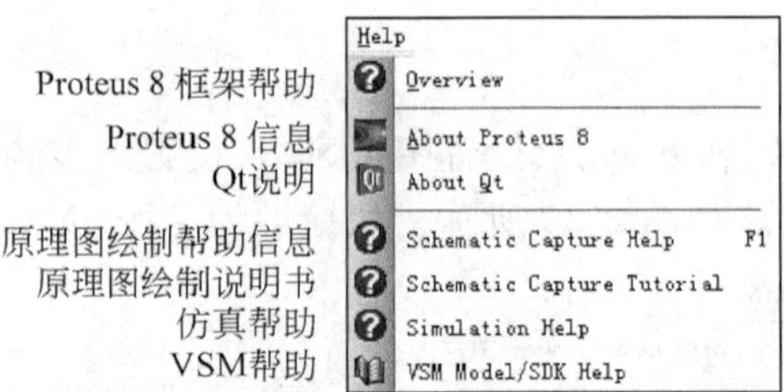

图 2-23 Help 菜单

2.1.6 命令工具栏(Command Toolbar)

Schematic Capture 的工具栏位于菜单栏下面,以图标的形式出现,主要包含 4 部分:主工具栏、View(显示)工具栏、Edit(编辑)工具栏和 Design(设计)工具栏,主工具栏请阅参阅 1.5 节。后面 3 种工具栏的显示与隐藏可通过 View→Toolbars 菜单命令实现,如图 2-24 所示,标有√表示显示,无√表示隐藏。修改完成后单击 OK 按钮保存退出,单击 Cancel 按钮表示放弃修改,系统默认所有工具栏都显示。

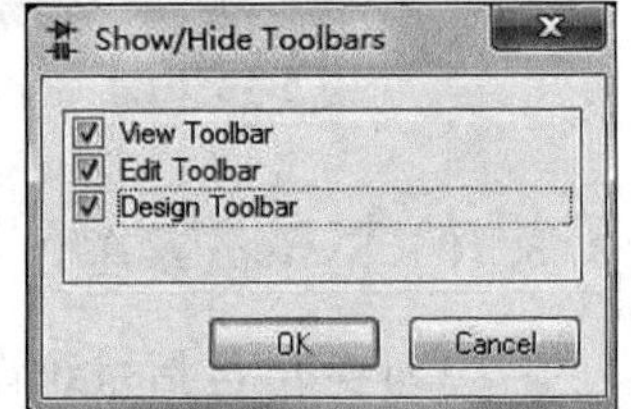

图 2-24 Toolbars 菜单

各个工具栏的具体含义如表 2-1 所示。

表 2-1 工具栏功能介绍

工具栏	按钮	对应菜单	功能
View		View→Redraw	刷新编辑窗口
		View→Grid	网格切换
		View→Origin	改变图纸原点
		View→Pan	选择图纸显示中心
		View→Zoom In	放大图纸
		View→Zoom Out	缩小图纸
		View→Zoom All	显示整张图纸
		View→Zoom To Area	以选中区域为中心放大
Edit		Edit→Undo	撤销
		Edit→Redo	恢复
		Edit→Cut To Clipboard	剪切
		Edit→Copy To Clipboard	复制
		Edit→Paste from Clipboard	粘贴
		Copy Tagged Objects	块复制选中的对象

续表

工具栏	按钮	对应菜单	功 能
Edit		Move Tagged Objects	块移动选中的对象
		Block Rotate	旋转选中的对象
		Edit→Block Delete	删除所有选中的对象
		Library→Pick Device/Symbol	从元器件库中选择元器件或符号
		Library→Make Device	制作元器件
		Edit→Packing Tools	显示可视的封装工具
		Edit→Decompose	分解元器件
Design		Tools→Wire Autorouter(WAR)	实时捕捉/自动布线
		Tools→Search And Tag	查找并标记
		Tools→Property Assignment Tool(PAT)	属性分配工具
		Design→New Sheet	新建原理图
		Design→Remove Sheet	删除原理图
		Design→Goto Parent Sheet	转到父图
		Tools→Electrical Rule Check	电器规则检查

2.1.7 模式工具栏(Mode Selector Toolbar)

模式工具栏由主模式工具栏(Main Mode)、小工具箱(Gadgets)和 2D 绘图工具栏(2D Graphics)3 部分组成。在绘制原理图时,根据需要选择不同的模式(选中的模式四周有一个矩形框,如表 2-2 中的选择模式),默认状态为选择模式。在不同模式下,对象选择器和预览窗口会显示不同的内容。模式工具栏与工具栏的区别如下:

(1) 模式工具栏没有对应的菜单栏,而工具栏有对应的菜单栏。

(2) 模式工具栏总呈现在窗口中,不能隐藏,而工具栏可以隐藏。

各个模式工具栏的功能如表 2-2 所示。

表 2-2 模式工具栏的主要功能介绍

类 别	图 标	功 能
Main Mode(主模式工具栏)	Selection Mode	选择模式,用于选择对象
	Component Mode	元器件选择模式,用于拾取和放置元器件以及进行元器件库管理
	Junction Dot Mode	接点模式,用于放置连接点
	Wire Label Mode	网络标号模式,给导线或者总线分支放置标号
	Text Script Mode	脚本模式,用于输入新的脚本或编辑已存在的脚本

续表

<table>
<tr><th>类别</th><th colspan="2">图标</th><th>功能</th></tr>
<tr><td rowspan="2">Main Mode
(主模式工具栏)</td><td colspan="2">Buses Mode</td><td>总线模式,用于绘制总线</td></tr>
<tr><td colspan="2">Subcircuit Mode</td><td>子电路模式,用于绘制子电路框图</td></tr>
<tr><td rowspan="9">Gadgets
(小工具箱)</td><td colspan="2">Terminals Mode</td><td>终端模式,对象选择器列出电源、地等 8 种终端</td></tr>
<tr><td colspan="2">Device Pins Mode</td><td>元器件引脚模式,用于绘制元器件,系统提供了 20 种元器件引脚类型,对象选择器列出了常用的 6 种,可以从引脚库选择其他类型(在此模式下单击对象选择窗口的 P 按钮)</td></tr>
<tr><td colspan="2">Graph Mode</td><td>图表仿真模式,系统提供了 13 种基于图表的仿真模式</td></tr>
<tr><td colspan="2">Active Popup Mode</td><td>Schematic Amination,在 VSM Studio 调试时,Active Popup Mode 工具选中的原理图会在源码调试窗口显示以方便调试</td></tr>
<tr><td colspan="2">Generator Mode</td><td>激励源模式,系统提供了直流电源、正弦激励源等 14 种激励源</td></tr>
<tr><td rowspan="3">Probe Mode</td><td>Voltage Probe Mode</td><td>电压探针,在模拟电路中记录电压值,在数字电路中实时记录逻辑电路电平及其强度</td></tr>
<tr><td>Current Probe Mode</td><td>电流探针,只能用于模拟电路中,用于显示电路中的电流值,注意电流探针的电流参考方向</td></tr>
<tr><td>Tape Recorder Mode</td><td>磁带记录模式,对原理图进行分割仿真时采用的模式,用来记录前一步仿真的输出,并作为下一步仿真的输入</td></tr>
<tr><td colspan="2">Virtual Instruction Mode</td><td>虚拟仪器模式,系统提供了示波器、逻辑分析仪等 12 种虚拟仪器</td></tr>
<tr><td rowspan="8">2D Graphics
(2D 绘图工具栏)</td><td colspan="2">2D Graphics Line Mode</td><td>直线模式,用于创建元器件时画线或在原理图中画线</td></tr>
<tr><td colspan="2">2D Graphics Box Mode</td><td>绘制方框模式,用于创建元器件时画方框图或在原理图中画方框图</td></tr>
<tr><td colspan="2">2D Graphics Circle Mode</td><td>绘制圆模式,用于创建元器件时画圆或在原理图中画圆</td></tr>
<tr><td colspan="2">2D Graphics Arc Mode</td><td>绘制圆弧模式,用于创建元器件时画弧线或在原理图中画弧线</td></tr>
<tr><td colspan="2">2D Graphics Closed Path Mode</td><td>绘制任何闭合曲线模式,用于创建元器件时画任何闭合曲线或在原理图中画任何闭合曲线</td></tr>
<tr><td colspan="2">2D Graphics Text Mode</td><td>文本模式,用于在原理图中插入说明文字</td></tr>
<tr><td colspan="2">2D Graphics Symbols Mode</td><td>符号模式,用于从符号库中选择各种符号</td></tr>
<tr><td colspan="2">2D Graphics Markers Mode</td><td>各种标记模式,用于创建或编辑元器件、符号、各种终端和引脚时产生各种标记符号</td></tr>
</table>

2.1.8　旋转工具

Schematic Capture 提供了旋转工具，用来改变对象选择器中选中对象的方向。旋转角度只能是 90°的整数倍数，旋转时逆时针为正的角度，顺时针为负的角度(0°、±90°、±180°、±270°)。使用方法是：先在对象选择器内单击选中要进行旋转的对象，在编辑框内输入旋转的角度值后按回车键，或者直接单击旋转按钮，即可完成对象的旋转操作。旋转工具的功能如表 2-3 所示。

表 2-3　旋转工具功能

类　别		图标	功　能
Rolation (旋转按钮)	旋转按钮		对对象选择器中选中的对象以－90°间隔进行顺时针旋转
			对对象选择器中选中的对象以 90°间隔进行逆时针旋转
	旋转角度编辑框	0°	直接输入 0°、±90°、±180°、±270°进行旋转，顺时针为＋，逆时针为－，如果值输入错误，则按系统的默认值进行旋转
Reflection (镜像按钮)	水平镜像		对对象选择器中选中的对象以 Y 轴为对称轴进行水平镜像操作
	垂直镜像		对对象选择器中选中的对象以 X 轴为对称轴进行垂直镜像操作

2.1.9　仿真按钮

仿真按钮由一个类似于播放机操作按钮的控制面板组成，用户可以通过交互式按钮操作并观测电路的各种状态和输出。仿真按钮主要用于交互式仿真过程中的实时控制，功能如表 2-4 所示。

表 2-4　交互式控制按钮功能

按　钮	功　能
Play	开始仿真按钮，快捷键为 Shift＋F12
Step	单步仿真按钮，单击此按钮可以使仿真按照设定的时间(默认值是 50ms)进行单步仿真，每单击一下，仿真进行一个步长的时间后停止，如按此键后不放开，仿真将继续进行，直到停止按此键时结束，步长时间可以通过菜单 System→Set Animation Potions 命令修改，请参阅 2.2.3.5 节
Pause	暂停按钮，暂停交互式仿真。可以单击暂停按钮后以单步仿真形式继续仿真。当程序中设置了断点之后，程序执行到断点也会停下来，可以单击暂停按钮继续仿真。暂停按钮也可以通过键盘上的 Pause 键实现，但要恢复运行需要单击交互式控制面板上的运行按钮实现
Stop	停止按钮，停止当前的仿真，也可以通过快捷键 Shift＋Break 完成(输入法必须在英文输入状态下)

2.1.10 状态栏

Proteus 状态栏位于窗口的最下面，主要由信息栏(message)、状态指示器(status indicator)和光标坐标栏(cursor coordinates)三部分组成，如图 2-25 所示。

1. 信息栏

信息栏记录仿真或仿真结束后的信息。单击信息栏或者单击运行仿真按钮，就会弹出 Simulation Log 信息框，如图 2-26 所示。其中 表示正确， 表示错误， 表示严重警告。根据错误信息，单击 Source 下面的元器件名称，则自动切换到 Schematic Capture 环境，并且以该元器件为中心进行显示(元器件高亮态显示)。只有在没有任何错误信息时才能正确地进行仿真。详细的应用见 14. 6. 2 节或者仿真信息帮助文件(在 Proteus VSM Help 中输入 message 关键字)。

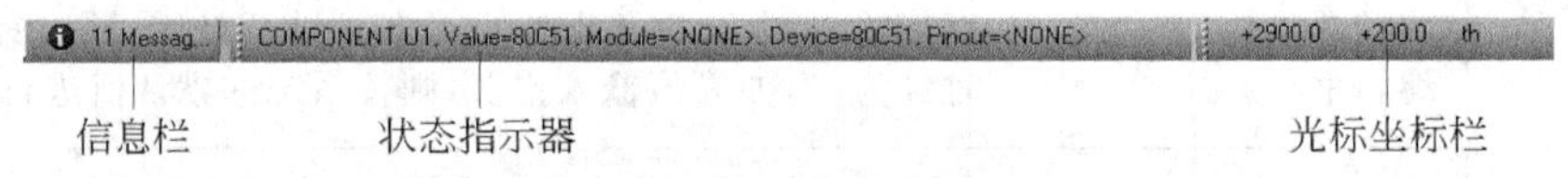

图 2-25 状态栏功能

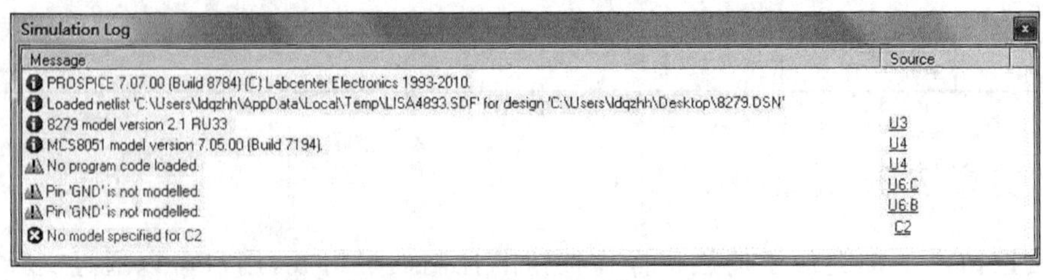

图 2-26 Simulation Log 信息框

2. 状态指示器

当鼠标单击编辑窗口中的元器件，或者选中对象显示器中的对象，或者单击菜单栏中的菜单，或者单击工具栏中的工具按钮等时，状态指示器用于显示相应的功能信息或说明，如图 2-27 所示，图中是单击编辑窗口中的 DAC0808 元器件的信息显示(包括元器件的名称、仿真模型和封装等)。

COMPONENT U1, Value=DAC0808, Module=DAC0808, Device=DAC0808, Pinout=<NONE>

图 2-27 DAC0808 元器件的相关信息

3. 光标坐标栏

光标坐标栏用于实时显示鼠标在编辑窗口所在的坐标位置。系统默认的原点在页面中心，默认用⊕符号表示，坐标值以黑色显示。当然，用户可以设计自己的原点，称此原点为“伪原点”，通过选择菜单 View→Origin 命令或者单击工具栏中的 按钮放置伪原点，当放置伪原点（原理图中用⊕表示）后，坐标值以洋红色显示。

注意：命令工具栏、模式工具栏、旋转工具、仿真按钮和状态栏的位置可以改变。改变的方法是将鼠标放置到每一个模块的两头，鼠标变成✥或者↕形状，按住左键拖动到窗口的四边位置，到达感应区时鼠标变成形状，释放左键即可完成位置的移动。

2.2 Schematic Capture 电路设计

前面介绍了 Schematic Capture 的主窗口、菜单栏、工具栏和模式工具等，本节主要讲解原理图设计，这也是进行仿真和 PCB 设计的前提条件。Proteus 8 原理图设计中常用文件的格式如下。

(1) 项目文件(.pdsprj)。

(2) 框架文件 (.workspace)。

(3) 项目部分图文件 (.pdsclip)。

(4) 模型文件 (.mod)。

(5) 库文件(.lib)。

2.2.1 电路原理图设计流程

电子线路设计的第一步是进行原理图设计，Proteus 8 设计电路原理图的流程如图 2-28 所示，各步骤说明如下。

(1) 新建原理图文件。根据构思好的原理图选择图纸模板。

(2) 设置编辑环境。根据电路设计仿真参数设置、图表颜色属性和字体等，在设计中随时调节图纸的大小。在没有特殊要求的情况下，一般采用默认模板。

(3) 放置元器件。从元器件库中添所需要的元器件，放置在原理图编辑窗口合适的位置处，并对元器件相关参数进行设置。

(4) 原理图布线。利用导线、总线和标号等形式连接元器件，最终使原理图绘制正确、美观。

(5) 参数测试或图表仿真。电路图布线完成以后，根据电路功能进行相关的参数测试或者进行图表仿真。例如设计放大电路，可以在输入端添加虚拟信号源，在输出端添加虚拟示波器，观察信号是否被放大；也可以进行混合图表仿真，将输入、输出信号进行对比，观察信号是否被放大。

(6) 电气规则检测。

(7) 调整。

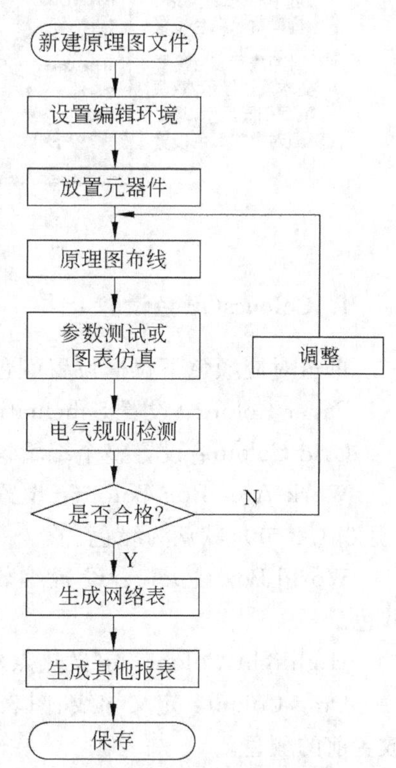

图 2-28 原理图设计流程

(8) 生成网络表。

(9) 生成其他报表。如果电路设计没有问题,则输出相关的报表,例如BOM(元器件清单)报表。

(10) 保存。保存系统原理图及相关文件,完成原理图设计。

2.2.2 Schematic Capture 编辑环境设置

Schematic Capture编辑环境设置主要包括模板选择、图纸选择、图纸设置、网格点设置、图形颜色设置和图形格式设置等。

2.2.2.1 模板设置

新建文件时,首先选择合适的模板,选择Template→Set Design Defaults命令,打开Edit Design Defaults对话框。该对话框打开时的设置即系统默认设置,用户根据需要设置相关的参数,设置完成后单击OK按钮保存设置,单击Cancel按钮放弃此次设置。具体参数功能如图2-29所示。对于一般用户,这些参数采用默认设置即可。

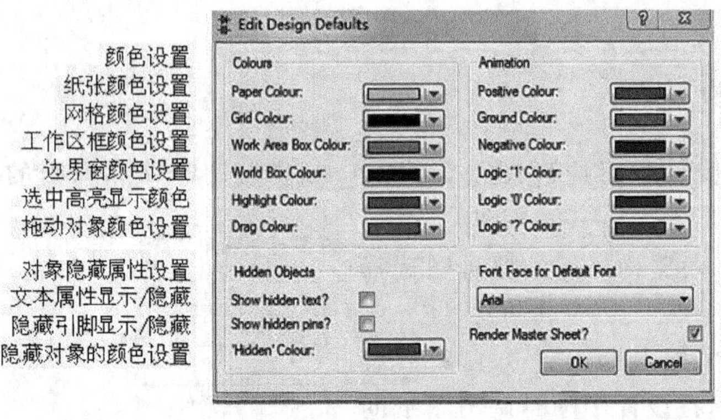

图2-29 模板设置窗口

1. Colours(颜色设置)

单击对应颜色下拉框设置颜色,颜色属性主要包括以下几项:

Paper Colour:设置Schematic Capture的编辑窗口和预览窗口的背景色。

Grid Colour:设置整个编辑窗口内网格的颜色。

Work Area Box Colour:设置预览窗口中进行编辑窗口视野改变的矩形边框的颜色(见2.1.2节),默认为绿色。

World Box Colour:设置编辑窗口和预览窗口中最大的图纸边框颜色。默认为蓝色。

Highlight Colour:定义热点对象的颜色。

Drag Colour:定义导线、图表、子电路图和元器件等被拖动时的颜色或者元器件在放置前的颜色。

2. Hidden Objects(隐藏属性的修改)

隐藏属性前如果有√表示显示,反之表示隐藏。

Show hidden text ?:是否在原理图中显示隐藏的文本。如图 2-30 所示。系统默认显示隐藏的文本。

Show hidden pins?:是否在原理图中显示隐藏的电源引脚,系统默认隐藏电源引脚。

'Hidden' Colour:定义被隐藏的器件的颜色。

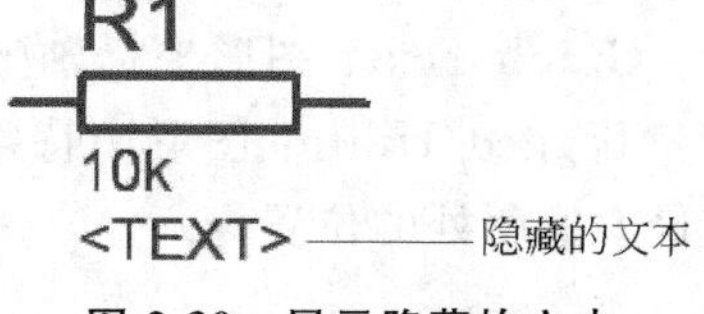

图 2-30 显示隐藏的文本

3. Animation(仿真动态参数设计)

Positive Colour:定义导线接正极性或者高电位时的颜色,是零电势与最高电势之间的导线的颜色设置。

Ground Colour:定义零电势导线的颜色。

Negative Colour:负极性导线颜色设置,定义零电势和最小电势之间的导线颜色。

Logic '1' Colour:逻辑电平 1 的状态颜色。

Logic '0' Colour:逻辑电平 0 的状态颜色。

Logic '?' Colour:定义不定状态或者浮动状态时的颜色。

4. Font Face for Default Font(字体的默认设置)

单击字体下拉列表框,选择自己需要的字体。

5. Render Master Sheet

若勾选该项,表示当一个设计项目有多页时,对母页的相关参数设置也应用到所有的页,反之只应用到当前页。

2.2.2.2 编辑图形颜色

选择 Template→Set Graph Colors 命令,设置图形颜色,打开图形颜色配置对话框,如图 2-31 所示,关于图形颜色设置效果的内容参见 7.4.3.3 节。

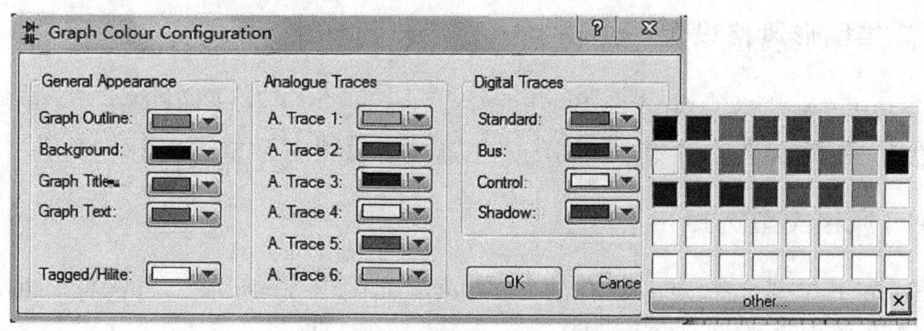

图 2-31 图形颜色配置对话框

1. General Appearance(一般外观设置)

Graph Outline：图形轮廓设置。

Background：背景色设置。

Graph Title：图形标题背景颜色设置。

Graph Text：图形坐标轴坐标值的标注色设置。

Tagged/Hilite：图形中特殊的位置或特殊轨迹的颜色设置(如基本指针经过图形轨迹最大值所处的位置等)。

2. Analogue Traces(模拟路径图形颜色设置)

Trace 1：第一条轨迹的颜色。

Trace 2：第二条轨迹的颜色。

Trace 3：第三条轨迹的颜色。

Trace 4：第四条轨迹的颜色。

Trace 5：第五条轨迹的颜色。

Trace 6：第六条轨迹的颜色。

当模拟路径超过6条时，系统自动又按第一条的颜色开始排列。默认按照路径加入的顺序排列。

3. Digital Traces(数字路径颜色设置)

Standard：标准线颜色设置。

Bus：总线颜色设置。

单击对应颜色的下拉按钮，弹出颜色拾取窗口拾取颜色，单击Other按钮，用户可以自己定义颜色。

4. 按钮

OK：保存颜色参数设置并退出颜色配置窗口。

Cancel：取消设置并退出。

2.2.2.3 二维图形风格设置

选择Template→Set Graphics Style命令，可设置全局2D图形的线型、颜色、填充类型和填充色等，选择该菜单命令，弹出图形全局风格设置对话框，如图2-32所示。

1. Style(风格类型选择)

单击Style下拉列表框列出所有的2D风格，如图2-33所示。当选择一种风格类型时，前一种风格类型参数自动更新保存。

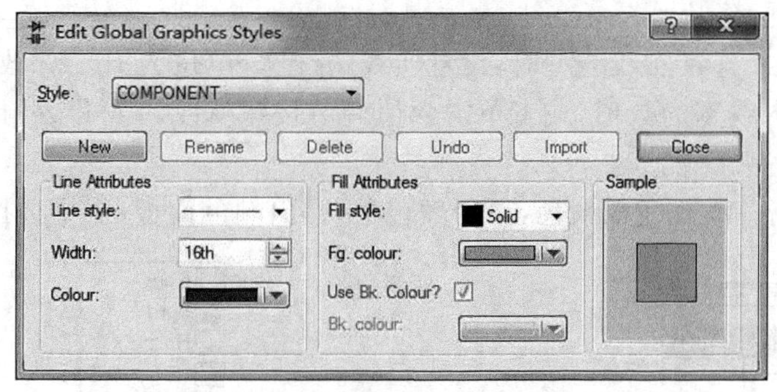

图 2-32 图形全局风格设置对话框

元件 COMPONENT
引脚 PIN
端口 PORT
标志 MARKER
激励源 ACTUATOR
指示器 INDICATOR
电压探针 VPROBE
电流探针 IPROBE
录音带 TAPE
发生器 GENERATOR
终端 TERMINAL
子电路 SUBCIRCUIT
2D图形 2D GRAPHIC
接点 WIRE DOT
导线 WIRE
总线 BUS WIRE
边框 BORDER
模板 TEMPLATE

图 2-33 2D 图形风格类型

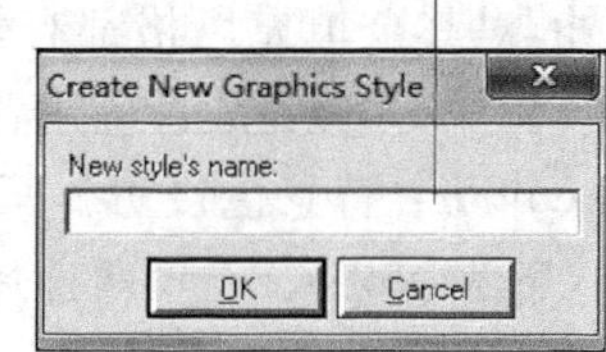

图 2-34 新建图形风格对话框

2. 按钮功能

New：新建风格(也称为自建风格)。单击 New 按钮，弹出新建图形风格对话框，在 New style's name 文本框中输入新建风格的名称，单击 OK 按钮完成新建风格操作，单击 Cancel 按钮取消新建风格操作，如图 2-34 所示。

Rename：重命名。单击该按钮对自建风格类型重命名。

Delete：删除。单击该按钮删除自建风格。

Undo：撤销。单击该按钮撤销对风格的修改。

Import：导入。单击该按钮导入全局风格。

Close：关闭。单击该按钮确认对风格的设置并关闭对话框。

在 6 个按钮中，重命名和删除命令只对用户创建的风格有效，对系统预定义风格无效；撤销命令只对风格修改有效，对新建和删除等操作无效。

3. Line Attributes(线性属性设置)

Line style：线型。单击下拉菜单，选择所需线型，若选择 None，表示填充图形没有边框,如图 2-35 所示。

Width：线宽。选择实线线型时,设置实线的线宽,单位为 th。修改方法有两种：直接在文本框中输入线宽的数值,或者单击数值调节按钮修改。该参数的修改只对实线线型有效,对其他线型无效。

Colour：颜色。修改线框颜色,单击颜色框,弹出颜色面板,从中选择所需的颜色。

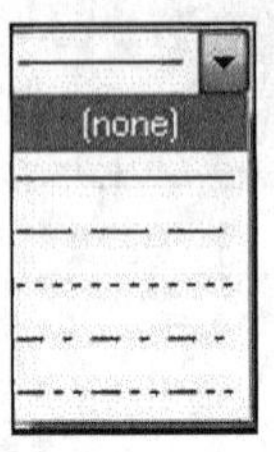

图 2-35 线型

图 2-36 填充风格类型

4. Fill Attributes(填充属性设置)

Fill style：填充风格类型。具体风格类型如图 2-36 所示。

Fg. colour：前景色设置。用于设置填充色,单击色板进行设置。除 Fill style 为 None 以外,对其余填充风格都有效。

Use Bk. Colour：是否应用背景色。选中该项表示使用背景色,反之表示禁止使用。

Bk. colour：背景色设置。只有应用背景色选项有效时才能通过色板来修改颜色。除 Fill style 为 None、Solid 两种风格外,对其余填充风格都有效。

Sample：预览窗口。以 1in×1in 正方形框显示当前设置的线型和填充风格下的效果。

2.2.2.4 设置文本风格格式

选择 Template→Set Text Style 命令,弹出编辑全局文本风格对话框,如图 2-37 所示。

图 2-37 编辑全局文本风格对话框

1. Style(风格)

单击下拉框选择所需风格,具体风格如图 2-38 所示。

2. 按钮功能

New：新建。单击该按钮，弹出新建文本风格对话框，在 New style's name 栏内输入风格名称，单击 OK 按钮保存，单击 Cancel 按钮放弃。

Rename：重命名。单击该按钮对自建风格重命名。

Delete：删除。单击该按钮删除用户自定义的风格。

Undo：撤销。单击该按钮撤销对风格属性的修改。

Close：关闭。单击该按钮确认当前对风格的修改并关闭对话框。

COMPONENT ID	元件ID号
COMPONENT VALUE	元件值
PROPERTIES	属性
TERMINAL LABEL	终端标签
WIRE LABEL	线标签
SUBCKT ID	子电路ID号
SUBCKT NAME	子电路名
SCRIPT	脚本
PIN NAME	引脚名
PIN NUMBER	引脚号
VPROBE LABEL	电压探针标签
IPROBE LABEL	电流探针标签
GENERATOR LABEL	信号源标签
TAPE LABEL	磁带标签
ACTIVE READOUT	动态显示信息
ACTIVE REGION	动态区域

图 2-38 风格类型下拉列表

3. 字体风格属性设置

Font face：字体选择。单击下拉按钮选择合适的字体。

Height：字高。该数值范围为 10th～10in。

Width：字宽。字宽只适应于字体 Vector Font，对其他字体不适用。该数值范围为 10th～10in。

Colour：文本颜色设置。

Effects：字体效果。设置字体效果，主要有 Bold(粗体)、Italic(斜体)、Underline(下画线)和 Strikeout(删除线)。

Sample：预览。预览当前设置的效果。

2.2.2.5 设置图形文本属性

选择 Template→Set Graphics Text 命令，弹出 2D 图形初始化设置对话框，如图 2-39 所示。

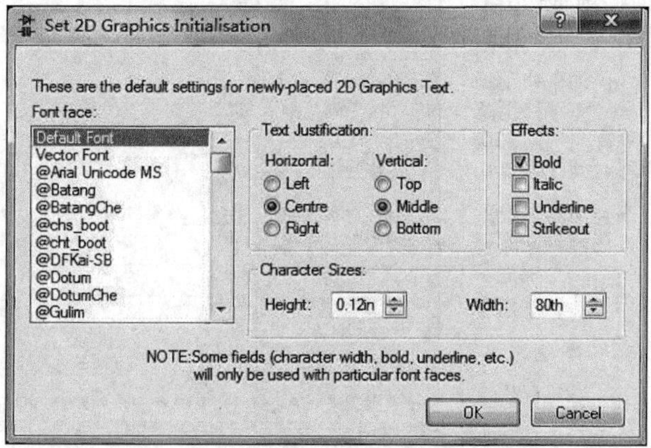

图 2-39 2D 图形初始化设置对话框

Font face：字体格式设置。选择需要的字体格式。

Text Justification：文本对齐方式。有水平(Horizontal)和垂直(Vertical)两个方向。水平方向有 Left(左边)、Center(中间)和 Right(右边)3 种对齐方式，垂直方向有 Top(顶部)、Middle(中间)和 Bottom(底部)3 种对齐方式。

Effects：效果。设置字体效果，主要有 Bold(粗体)、Italic(斜体)、Underline(下画线)和 Strikeout(删除线)。

Character Sizes：字体大小。设置字体的大小，主要有 Height(高)和 Width(宽)两个参数，可以直接在文本框中添加数字(单位为 th)，或者单击数值调节按钮进行调节。

注意：某些字体的效果(如字体的宽度、粗体和下画线等)只对特殊的字体有效。

2.2.2.6 设置接点风格

选择 Template→Set Junction Dots 命令，弹出接点属性配置对话框，如图 2-40 所示。

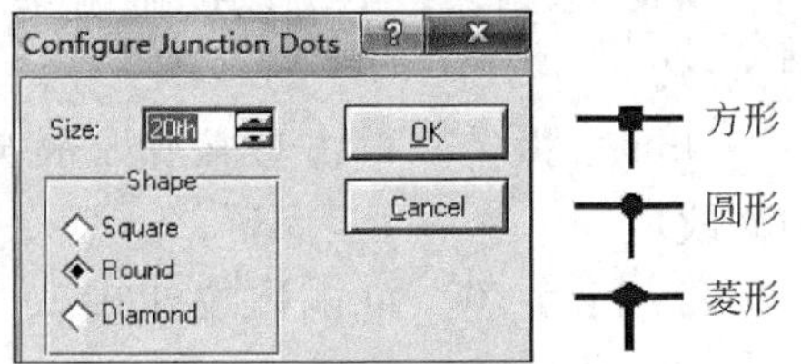

图 2-40 接点属性配置对话框以及接点在电路中的形状

2.2.3 Schematic Capture 系统参数设置

Schematic Capture 系统参数设置主要包括系统环境、路径、快捷键、显示选项和标注选项的设置等。

2.2.3.1 设置显示属性

选择 System→Set Display Options 命令，弹出如图 2-41 所示的设置显示选项对话框，可以对显示模式和动画参数进行设置。

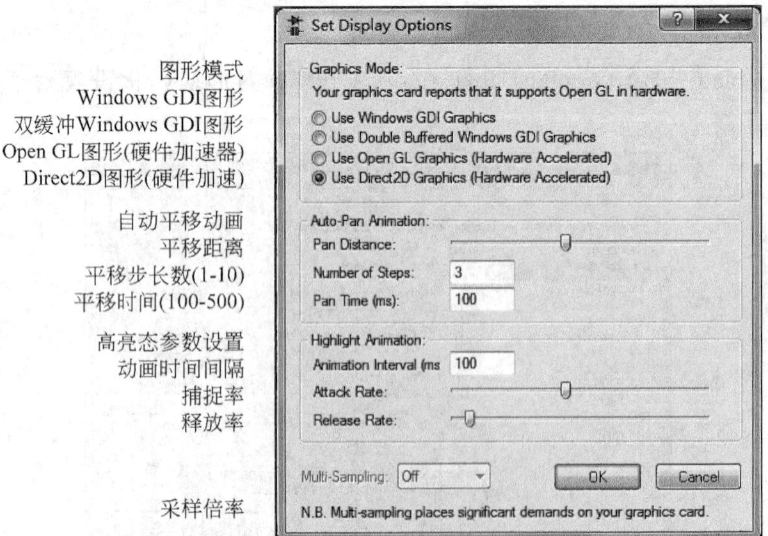

图 2-41 设置显示属性对话框

1. Graphics Mode(图形模式)

图形模式主要设置软件显示模式与计算机显卡的兼容模式,主要有以下 4 个选项:

Use Windows GDI Graphics:使用 Windows GDI 显卡。

Use Double Buffered Windows GDI Graphics:使用双缓冲 Windows GDI 显卡。

Use Open GL Graphics(Hardware Accelerated):使用 Open GL 显卡,支持硬件加速。

Use Direct2D Graphics(Hardware Accelerated):使用 Direct2D 显卡,支持硬件加速。

2. Auto-Pan Animation(自动平移动画)

主要用于设置板卡平移控制参数。

Pan Distance:平移距离。设置平移的距离。

Number of Steps:平移步长。数值越大,滚动得越平滑。

Pan Time:平移时间。设置平移的速度,设置参数为 100~500ms。

3. Highlight Animation(高亮态动态参数)

当鼠标放在器件上使器件处于高亮态时的参数设置。

Attack Rate:设置鼠标放到元器件上时元器件转为高亮状态的速度。

Release Rate:设置鼠标离开处于高亮元器件时高亮态消失的速度。

4. Multi-Sampling(采样率设置)

由于 3D 图形中的物体边缘总会或多或少地呈现锯齿,而抗锯齿就是使画面平滑自然,提高画质以使之柔和的一种方法。抗锯齿采样率参数只适用于第三种 Open GL 图形(硬件加速器)设置。ISIS 系统提供的抗锯齿采样率参数主要有:Off(关闭)和 2x 到 8x,分别表示 2 倍速到 8 倍速,如图 2-42 所示。

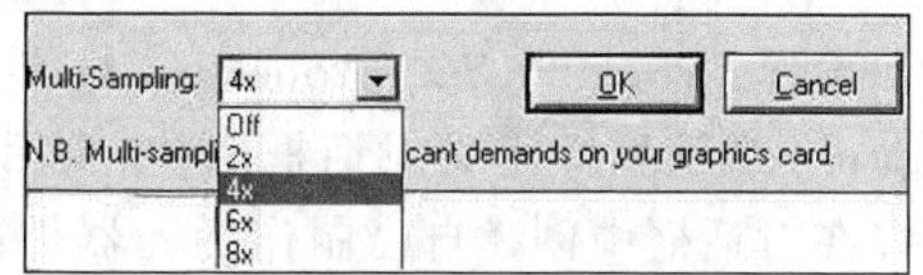

图 2-42 采样率设置

2.2.3.2 快捷键设置

选择 System→Set Keyboard Mapping 命令,弹出如图 2-43(a)所示的键盘映射对话框。单击 Command Group(命令组)下拉列表,选择不同的命令组,如菜单命令、工具命令、图表相关命令和子电路命令等,如图 2-43(b)所示。选中一个命令,在下面的 Key sequence for selected command(选中命令的键序列,即快捷键)输入框中直接在键盘上按下自己需要的快捷键或者快捷键组合,输入框中会自动显示出来。例如,设置快捷键 Ctrl+P,将光标置于输入框中,直接按键盘上的 Ctrl 键和 P 键,则输入框中自动显示 Ctrl+P Assign Unassign,单击 Assign 按钮表示确定。如果选中一个命令,单击 Unassign 按钮表示取消快捷键配置。所有快捷键设置完成后,单击 OK 按钮保存设置并退出,单击

Cancel 按钮放弃设置。单击 Options 按钮，弹出下拉菜单，如图 2-44 所示，可以恢复到系统默认值，也可以将设置好的快捷键参数保存为 *.kmf 文件。

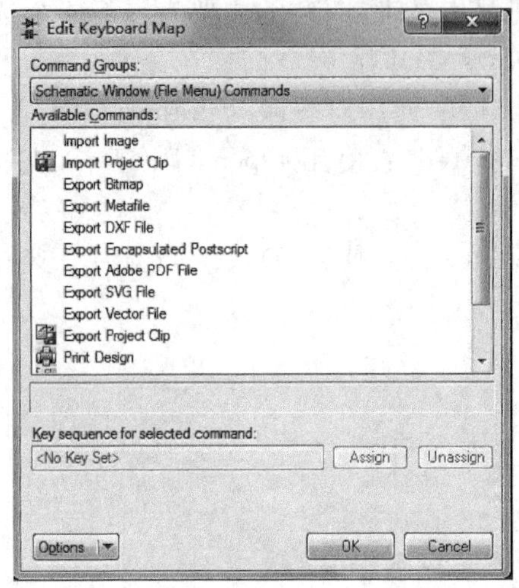

(a) 键盘映射对话框

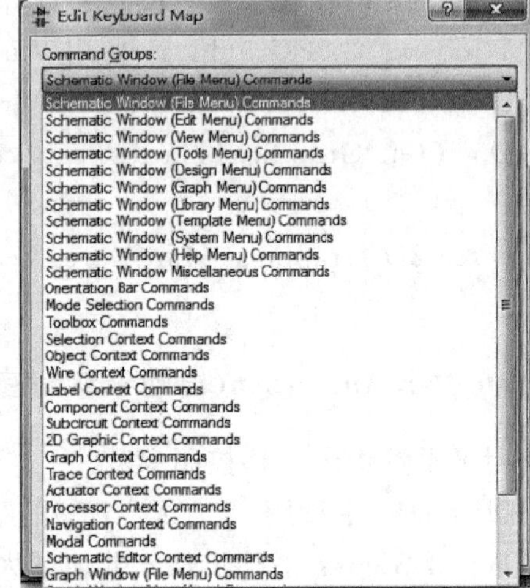

(b) 命令组下拉列表

图 2-43 快捷键的设置

恢复到系统默认映射
导出菜单设置信息到*.kmf文件中
从*.kmf文件中导入菜单设置

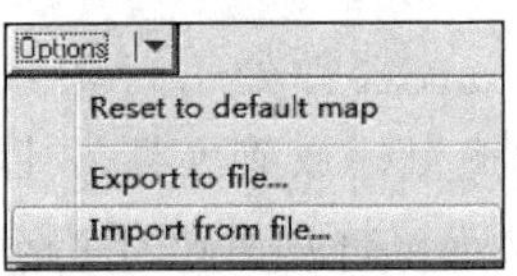

图 2-44 Options 菜单

2.2.3.3 设置元器件的属性

选择 System→Set Properties Definitions 命令，弹出如图 2-45 所示的 Schematic Capture 默认属性定义对话框，它主要用于定义元器件的仿真参数或 PCB 封装参数，也可以在对话框中创建自己制作的元器件的相关属性。整个窗口分为左侧的系统属性关键字和右侧的属性关键字相关参数定义。

1. 系统属性关键字

带有滚动条的矩形框显示了系统默认的属性关键字，主要有 DESC(description，描述)、CAT(category，类)、SUBCAT(sub-category，子类)、TYPE(package type，封装类型)、MFR(manufacturer，制造商)、CODE(stock code，订单号)、RoHS(RoHS Compliant，ROHS 标准①)、SUPPLIER(supplier，供应商)、COST(cost，价格)、

---

① RoHS 是《电气、电子设备中限制使用某些有害物质指令》(The Restriction of the Use of Certain Hazardous Substances in Electrical and Electronic Equipment)的英文缩写，RoHS 一共列出 6 种有害物质，包括铅(Pb)、镉(Cd)、汞(Hg)、六价铬(Cr^{6+})、多溴二苯醚(PBDE)、多溴联苯(PBB)。详细信息请查阅 http://baike.baidu.com/link? url=-EIcm6WBAnX6Z2AmfthVvo6xbiRYtkAlNzLkLRWF8AisXFGwIokDKObjHUj014rMvB0IHhuF0VpUtQMXryj_q。

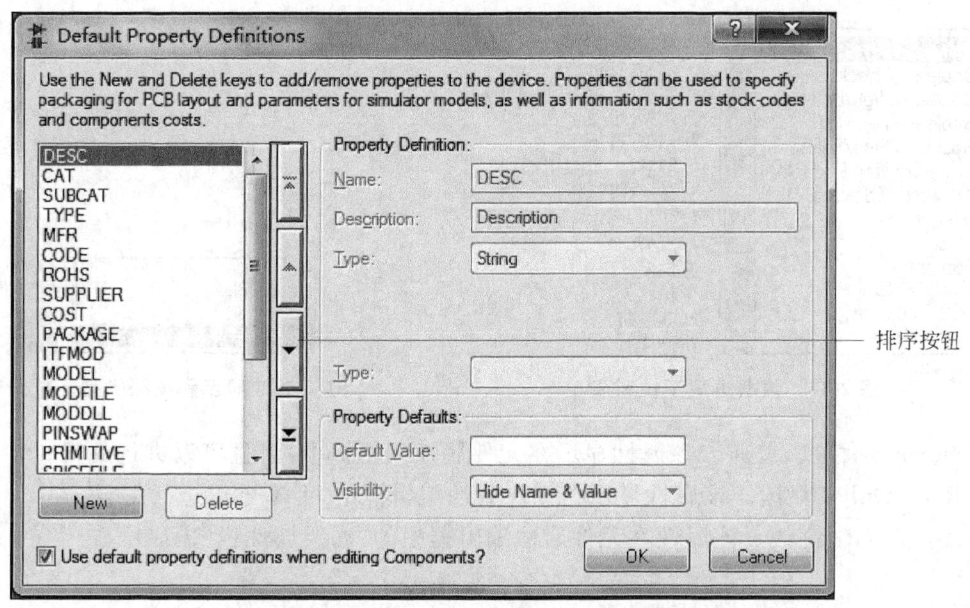

图 2-45 系统默认属性定义对话框

PACKAGE(PCB Package,PCB 封装)、ITFMOD(interface model,接口模型)、MODEL(LISA model,LISA 模型)、MODEFILE(LISA mode file,LISA 模型文件)、MODLL(VSM mode DLL,虚拟仿真模型文件)、PINSWAP(pin swap list,引脚交换列表)、PRIMITIVE(primitive type,原始模型)、SPICEFILE(SPICE model file,SPICE 模型文件)、SPICELIB(SPICE library,SPICE 库)、SPICEMODE(SPICE model,SPICE 模型)、SPICEPINS(SPICE SUBCKT pin list,SPICE 网表 SUBCKT 头中的引脚列表)、STATE(active state,当前状态)、TRACE(trace event,跟踪事件)、VALUE(component &value,元器件值)等系统默认的 21 种属性关键字。可以通过 New 按钮进行新建,通过 Delete 按钮可以删除属性关键字。通过排序按钮可以进行排序,排序按钮的功能如图 2-46 所示。

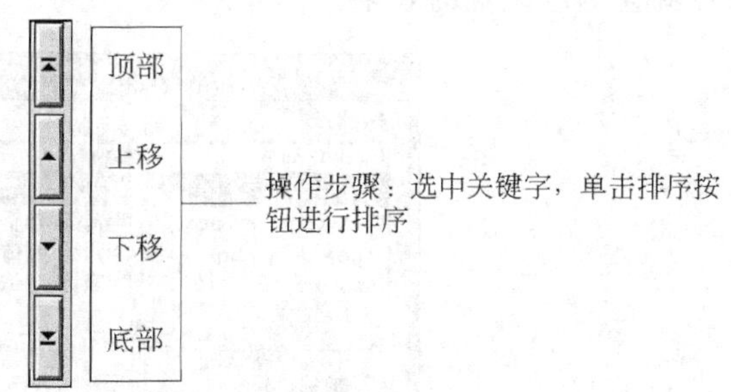

图 2-46 排序按钮

2. 属性关键字相关参数

Name：名字。

Description：描述。

Type：数据类型,主要的数据类型如图 2-47 所示。

Type：图 2-47 中的第 2 个 Type 下拉列表,确定属性的显示和编辑类型,主要的显示和编辑类型有以下 4 种,如图 2-48 所示。

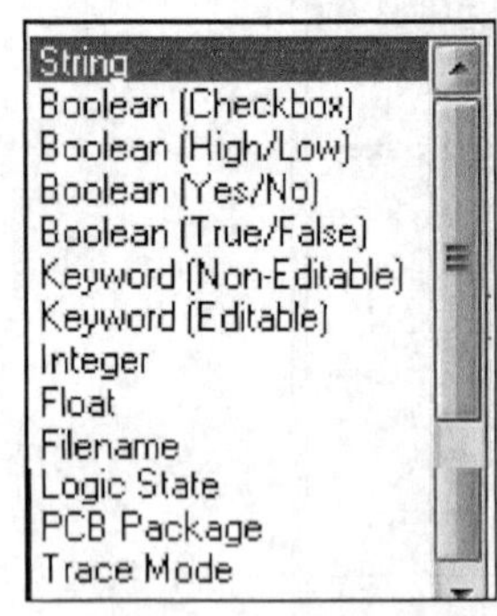

图 2-47 数据类型下拉列表

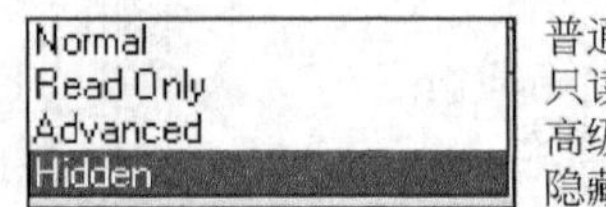

图 2-48 显示和编辑类型下拉列表

Normal：标准、普通。该属性显示在元件属性编辑框中，而且可以进行编辑。

Read Only：只读。该属性显示在元件属性编辑框中，但不可以进行编辑。

Advanced：高级。该属性在元件属性编辑框中的“高级属性栏”内显示。

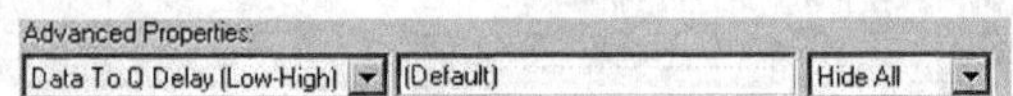

Hidden：隐藏。该属性在元件属性编辑框中一般不显示，只有当元件属性编辑框中 ☑ Edit all properties as text (用文本编辑所有属性)被选中时才可以进行编辑。

2.2.3.4 文本编辑选项设置

选择 System→Set Text Editor 命令，弹出如图 2-49 所示的“字体”对话框，其中主要设置文本编辑器中文本对象的字体、字形、大小和颜色等属性。设置完成后，元件的文本属性就会响应设置的效果。

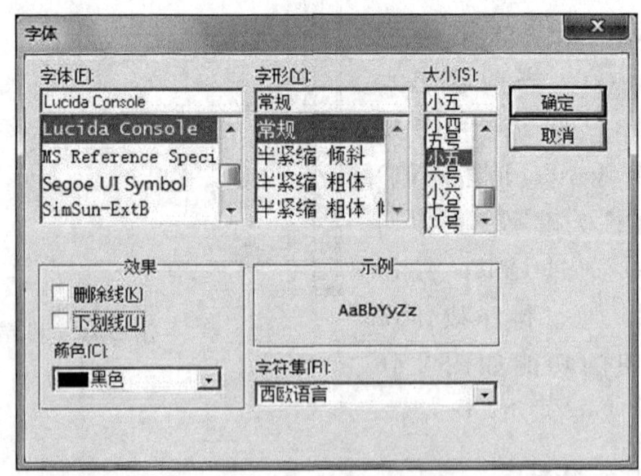

图 2-49 “字体”对话框

2.2.3.5 动态仿真选项设置

选择 System→Set Animated Options 命令，弹出如图 2-50 所示的动态仿真电路属性配置对话框。

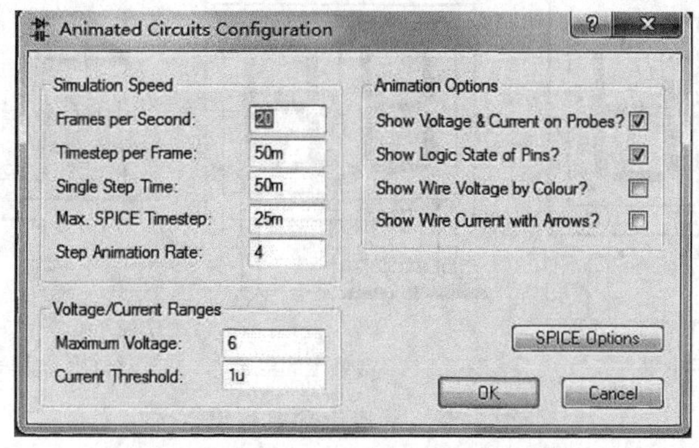

图 2-50　动态仿真电路属性配置对话框

该对话框主要由 3 部分组成，即 Simulation Speed（仿真速度参数设置）、Animation Options（动态选项参数设置）和 Voltage/Current Ranges（电压/电流值范围设置），各部分的功能如下。

1. Simulation Speed（仿真速度设置）

Frames per Second：每秒进行的帧数，主要用于设置每秒钟仿真的帧数，该值范围为 1～50 的正整数，单位是 s。值越大，仿真速度越快，默认值为 20。

Timestep per Frame：每帧时间间隔，通过该参数的设置可以进行实时仿真控制，单位为 ms。

Single Step Time：单步仿真时间，是指当单击动态仿真按钮中的▶按钮时单步执行的时间。在逻辑电路仿真中，该值一般设置为时钟信号周期的半周期值，这样更有利于信号的观察。

Max. SPICE Timestep：最大 SPICE 时间步长。

Step Animation Rate：单步仿真执行速率，主要设置程序单步执行时每秒执行几条命令语句，默认为 4。

2. Animation Options（动态选项设置）

Show Voltage & Current on Probes：是否显示电压和电流探针的值。选中该项表示显示电压探针或者电流探针相关的数值，详见 9.2 节；若不选该项则不显示。

Show Logic State of Pins：是否显示引脚上的逻辑状态电平（逻辑状态的颜色显示设置如图 2-29 所示）。勾选该项表示用不同的颜色显示元器件引脚上的电平，主要用于逻辑电路中，如图 2-51(a)所示。

Show Wire Voltage by Colour：是否用不同颜色显示导线上的电压。勾选该项表示显示，反之表示不显示，如图 2-51(b)所示，注意总线上的颜色显示（用虚线框框选的区域）。

Show Wire Current with Arrow：是否用箭头表示电流方向。勾选该项表示显示，反之表示不显示，如图 2-51(c)所示。

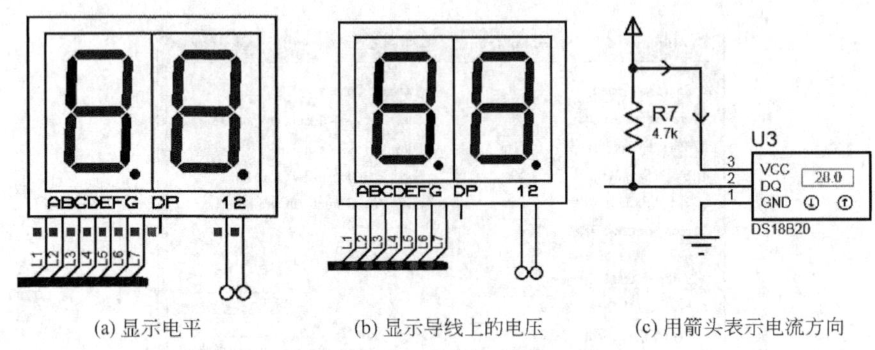

(a) 显示电平　(b) 显示导线上的电压　(c) 用箭头表示电流方向

图 2-51　动态选项参数设置

3. Voltage/Current Ranges(电压/电流值范围设置)

Maximum Voltage：最大电压值，一般设置为电路中的最大电压值，单位为伏(V)。

Current Threshold：电流触发，设置电路中电流方向能够用箭头表示显示触发的最小电流，一般在实际设计中应高于最小值，这是因为计算机设置的电路都是理想电路。单位为安(A)。

4. SPICE Options(SPICE 仿真选项设置)

单击 SPICE Options 按钮，可以进行 SPICE 仿真选项设置，具体如图 2-52 所示。单击 OK 按钮，保存参数修改并退出，单击 Cancel 按钮，取消设置并退出。

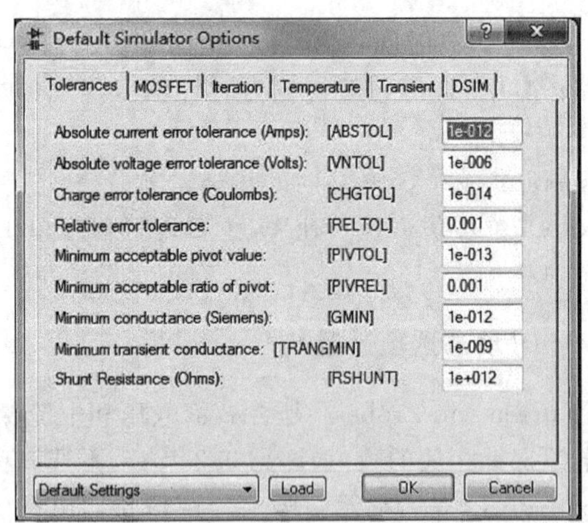

图 2-52　SPICE 仿真选项设置对话框

2.2.3.6 仿真选项设置

选择 System→Set Simulation Options 命令，弹出如图 2-52 所示的默认仿真参数设置对话框。该对话框包含 Tolerances(容差)、MOSFET(金属氧化物半导体场效应晶体管)、Iteration Temperature(温度)、Transient(瞬变)和 DSIM 等 6 个选项卡。

1. Tolerances(容差)参数设置

Tolerances 选项卡如图 2-52 所示，该项中的参数都是用科学计数法表示的，参数如下：

Absolute current error tolerance(Amps)[ABSTOL]：绝对电流误差，单位为安(A)。

Absolute voltage error tolerance(Volts)[VNTOL]：绝对电压误差，单位为伏(V)。

Charge error tolerance(Coulombs)[CHGTOL]：充电误差。

Relative error tolerance[RELTOL]：相对误差。

Minimum acceptable pivot value[PIVTOL]：最小中心值。

Minimum acceptable ratio of pivot[PIVREL]：最小中心比率。

Minimum conductance(Siemens) [GMIN]：最小电导，单位为西(S)。

Minimum transient conductance[TRANGMIN]：最小瞬态电导。

Shunt Resistance(Ohms)[RSHUNT]：分流电阻，单位为欧(Ω)。

2. MOSFET 参数设置

MOSFET 选项卡如图 2-53 所示，参数如下。

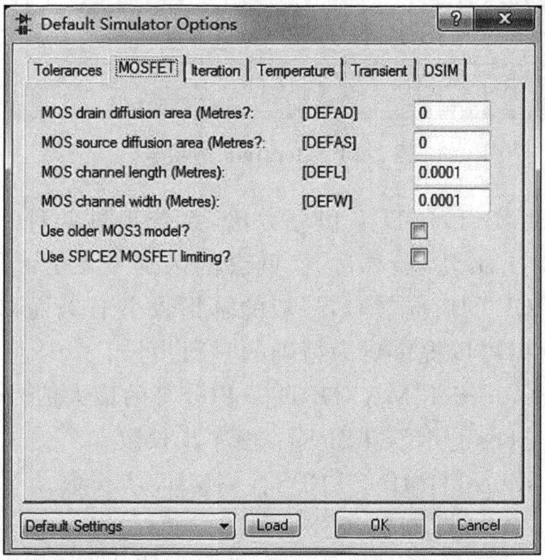

图 2-53　MOSFET 选项卡

MOS drain diffusion area(Metres)[DEFAD]：MOS 管漏极扩散面积，单位为平方米(m^2)。

MOS source diffusion area(Metres)[DEFAS]：MOS 管源极扩散面积，单位为平方米(m^2)。

MOS channel length(Metres)[DEFL]：MOS 管沟道长度，单位为米(m)。

MOS channel width (Metres)[DEFW]：MOS 管沟道宽度，单位为米(m)。

Use older MOS3 model [BADMOS3]：是否使用旧版的 MOS3 模型，通过勾选来确

定使用/禁止。

Use SPICE2 MOSFET limiting [OLDLIMIT]：是否使用 SPICE2 MOSFET 模型，通过勾选来确定使能/禁止。

3. Iteration(迭代)参数设置

Iteration 选项卡如图 2-54 所示，参数如下。

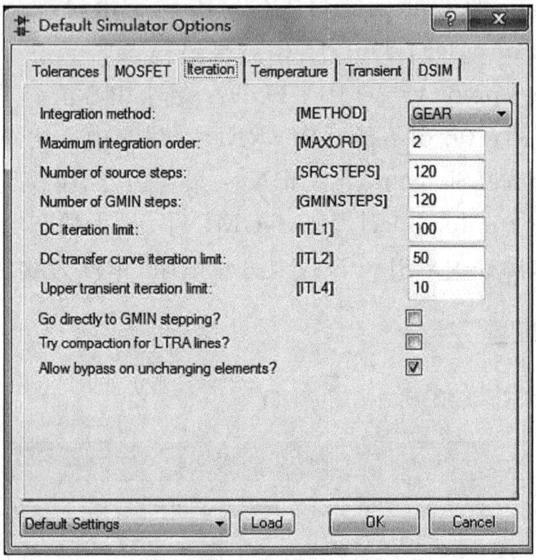

Integration method:	[METHOD]	GEAR
Maximum integration order:	[MAXORD]	2
Number of source steps:	[SRCSTEPS]	120
Number of GMIN steps:	[GMINSTEPS]	120
DC iteration limit:	[ITL1]	100
DC transfer curve iteration limit:	[ITL2]	50
Upper transient iteration limit:	[ITL4]	10
Go directly to GMIN stepping?		☐
Try compaction for LTRA lines?		☐
Allow bypass on unchanging elements?		☑

图 2-54 Iteration 选项卡

Integration method[METHOD]：积分方法，系统提供两种积分方法，即 GEAR 法(齿轮法)和 TRAPEZOIDAL 法(阶梯法)。两者的区别主要是：TRAPEZOIDAL 法(阶梯法)主要提供旧版 SPICE 的后向兼容，一般的幂指数小于 2；而 GEAR 法(齿轮法)最大的幂指数可以大于 2，所以可以提供更为精确的时间步长。

Maximum integration order[MAXORD]：积分幂的最大值。

Number of source steps [SRCSTEPS]：程序步长数。

Number of GMIN steps [GMINSTEPS]：GMIN 步长数。

DC iteration limit [ITL1]：直流积分极限。

DC transfer curve iteration limit[ITL2]：直流转移曲线极限。

Upper transient iteration limit[ITL4]：瞬态积分上线。

Go directly to GMIN stepping[NOOPITER]：是否直接进入 GMIN 步进。

Try compaction for LTRA lines[COMPACT]：是否尝试压缩 LTRA 线。

Allow bypass on unchanging elements[BYPASS]：是否允许旁路不可变的元器件。

4. Temperature(温度)参数设置

Temperature 选项卡如图 2-55 所示，参数如下。

Operating temperature[TEMP]：运行温度，单位为℃。

Parameter measurement temperature[TNOM]：参数测量温度。

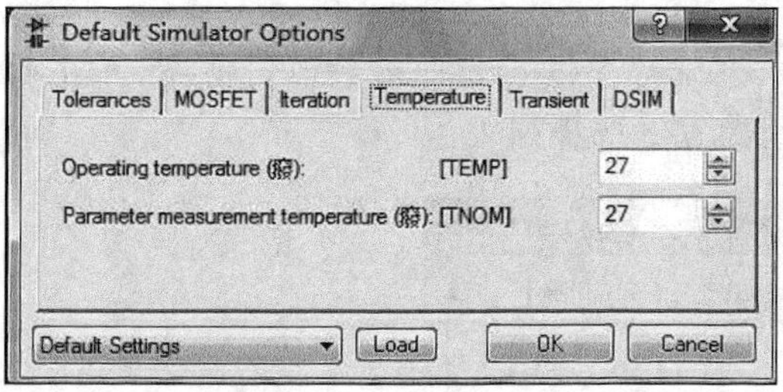

图 2-55 Temperature 选项卡

5. Transient(瞬变)参数设置

Transient 选项卡如图 2-56 所示，参数如下。

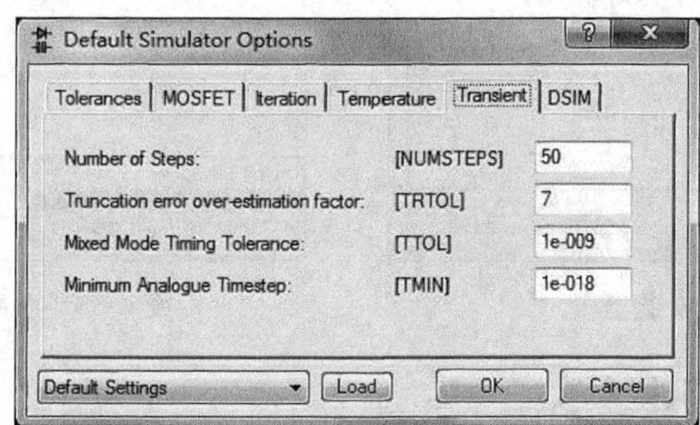

图 2-56 Transient 选项卡

Number of Steps[NUMSTEPS]：步数。

Truncation error over-estimation factor[TRTOL]：截断误差过高估计因子。

Mixed Mode Timing Tolerance[ITOL]：混合模式时间容差。

Minimum Analogue Timestep[TMIN]：最小模拟时间步长。

6. DSIM 参数设置

DSIM 选项卡如图 2-57 所示，对话框主要包括两部分：Random Initialisations Values(随机初始值)和 Propagation Delay Scaling(传播延迟缩放比例)，各功能如下。

1) Random Initialisations Values(随机初始值)

Full random values：完全随机数，默认选项。

Pseudo-random values based on seed：基于种子的伪随机数，其参数的修改有两种方法，可以直接在文本框中输入数值，也可以单击数值调节按钮。

2) Propagation Delay Scaling(传播延迟缩放比例)

Scale all values by constant amount：以恒定的量缩放所有的值。

Pseudo-random scaling based on seed：基于种子的伪随机缩放。

Fully random scaling：完全随机缩放比例。若选中此项，Lower scaling limit(缩放

比例下限)和 Upper scaling limit(缩放比例上限)参数就可以进行设置,以确保随机延迟有合理的边界。

在每一个选项卡中,系统都提供了3种参数设置方案,单击页面最下面的下拉按钮,弹出如图2-58所示的参数方案选择列表。

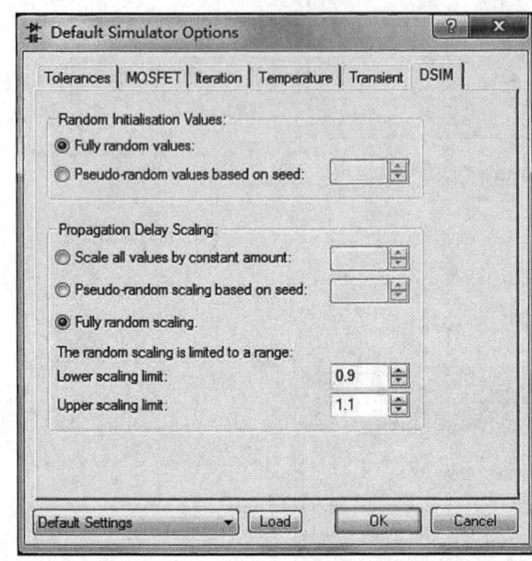

图 2-57 DSIM 选项卡

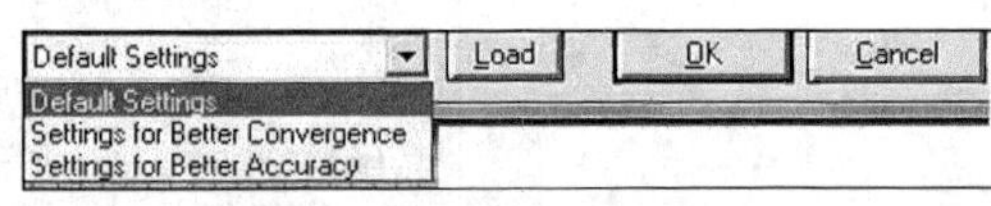

图 2-58 参数方案选择列表

Default Settings:默认设置。

Settings for Better Convergence:收敛性更好的设置方案。

Settings for Better Accurancy:精确性更好的设置方案。

选择其中一种方案,单击 Load 按钮即可装载各项参数。

2.3 电路原理图设计

前面介绍了 Schematic Capture 系统参数的设置,本节主要讲解 Schematic Capture 环境下的原理图绘制。

2.3.1 新建原理图文件

进入 Proteus 8 窗口以后,有两种创建原理图文件的方式。

(1) 通过新建项目创建,参见1.5.3节。

(2) 单击主工具栏上的按钮,系统启动 Schematic Capture 软件,创建原理图后,选择 Save Project 命令或者单击按钮保存项目。

2.3.2 从库中查找和选取元件

Schematic Capture 电路设计前要拾取元器件,均在相应的操作模式下完成,与原理图设计有关的模式有 Component Mode、Wire Label Mode、Buses Mode 和 Terminal Mode 等，这些模式的功能详见表 2-2。

2.3.2.1 元器件查找

要从元器件库中拾取元器件，首先打开元器件拾取库，打开元器件拾取库的方法主要有以下几种。

(1) 单击模式工具栏中的按钮，在对象选择器中单击P键。

(2) 选择 Library→Pick device/symbol 命令或者按快捷键 P。

(3) 在编辑区内空白处右击，在弹出的快捷菜单中选择 Place→Component→From Library 命令。

(4) 在对象选择器或者预览窗口中右击，在弹出的快捷菜单中选择 Pick from Libraries 命令。

(5) 单击工具栏上的按钮。

利用上述方法都可以弹出如图 2-59 所示的元器件拾取窗口。Schematic Capture 中的元器件库按照"类→子类→生产商"的顺序排列，从元器件库中查找元器件有以下 4 种途径。

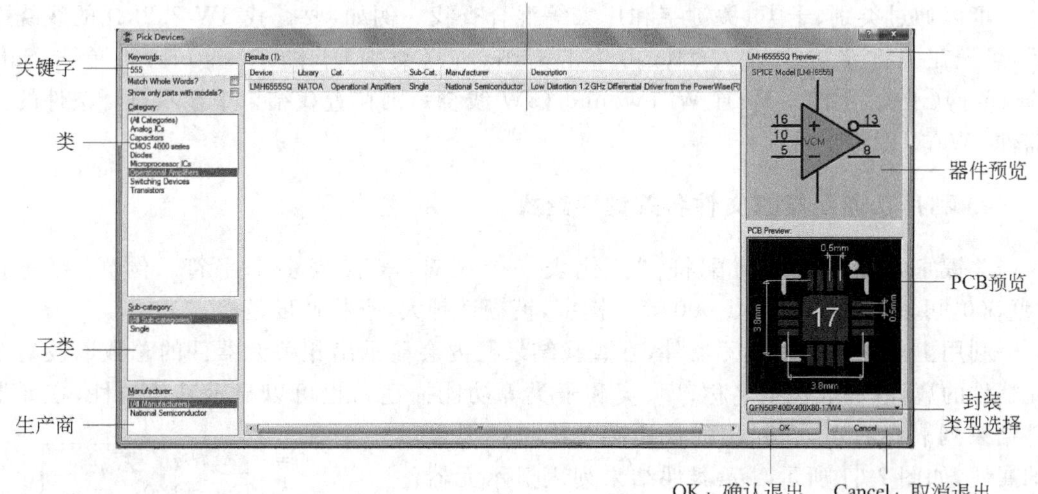

图 2-59 元器件拾取窗口

1. 通过关键字查找

一般通过关键字(keywords)查找元器件，关键字可以是部分或者全部元器件的名称、元件描述性字符和参数值等。

1) 全字段关键字查找

例如，要查找 74LS00(与非门)器件，可以直接在元器件拾取窗口的 Keywords 栏输入 74LS00，进行全字段精确查找。

2) 模糊查找

也可以输入部分关键字,如7400、74、nand、TTL或者使用通配符进行模糊查找。例如,74＊表示前缀为74的元器件,＊74表示后缀为74的元器件。

3) 匹配条件查找

有时为了迅速找到所需的元器件,也可以结合下面两个匹配条件进行查找。

(1) Math Whole Words(完全匹配):选取器件名与关键字完全匹配的器件,打钩表示完全匹配,否则为模糊查找。

(2) Show only parts with models(只显示具有仿真模型的器件),如果打钩表示只选择有仿真模型的器件,在制作电路原理图时,如果要进行仿真,必须选择具有仿真模型的器件,否则仿真时系统会提示如图2-60所示的错误(X1无仿真模型)。

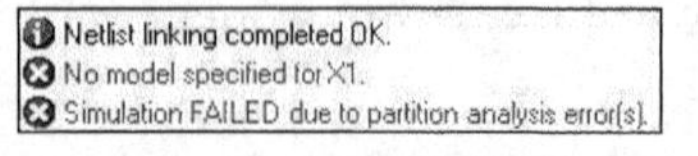

图2-60 无仿真模型

2. 通过类和子类等查找

例如,要查找74LS00,可以先单击Category(类别)下的TTL 74LS series,再单击Sub-Category(子类)下的Gates & Inverters,即可查找到74LS00元器件。

3. 混合查找

可以通过类别、子类、关键字和厂家等混合查找。例如,要查找3W 2.2kΩ的线绕电阻,可先在关键字栏中输入2K,再单击Category(类别)下的Resistors,再单击Sub-Category(子类)下的3 Watt Wirewound (3W线绕),则在查找结果中显示符合条件的元器件3WATT2K2。

4. 利用带通配符的文件名关键字查找

关键字中可以出现通配符,"?"代表一个字符,＊代表多个字符。例如,要查找74LS00,可以输入74＊00、＊00等关键字,模糊性越大,查找速度越慢。

利用上面的方法查找元器件,在查找结果栏内会显示出相关元器件的总数以及每个元器件的属性(一般包括名称、库、类和子类等功能描述),也可以显示其他属性,在元器件结果列表中右击,在弹出的快捷菜单中选择要显示的属性,如图2-61所示。元器件结果列表显示元器件的仿真模型和PCB封装(一个元器件可能有多个封装,单击封装选择下拉按钮选择自己需要的封装)。

图2-61 元器件结果列表快捷菜单

2.3.2.2 元器件选择

在查找结果列表栏中双击元件所在的行,可将元器件添加到对象选择器中,这种方法适用于一次选择多个元器件;也可以单击选中查到的元器件,再单击OK按钮退出元器件选择对话框,这种方法只能添加一个元器件。

2.3.2.3 查找结果排序

单击查找结果列表上方的列标题，如 Device、Library、Cat. 等，则搜索结果自动按照列内容的字母顺序重新排序。

2.3.2.4 常用元器件的关键字

Schematic Capture 常用元器件的关键字如表 2-5 所示。

表 2-5 常用元器件的关键字

关键字	元 器 件	关键字	元 器 件	关键字	元 器 件
And	与门	Motor-servo	伺服电机	Cell	干电池
AERIAL	天线	Moto-pwmservo	PWM 电机	Respack	排电阻
AVR	AVR 微控制器	PIC10/12/16/18/24	PIC 微控制器	transducer	换能器
CAP	电容	opamp	放大器	Relay	继电器
Capacitor	充电电容	Or	或门	7seg	7 段数码管
Cap-elce	极性电容	PNP	PNP 型三极管	Diode	二极管
Cap-var	可调电容	POT-	电位器	TRAN-	变压器
Display	显示器	RES	电阻	Connectors	连接器
Fuse	保险丝	SCR	晶闸管	Matrix	点阵
Inductor	电感	Source	电源类	Crystal	晶振
led	发光二极管	Switch	开关	Button	按钮
Lamp	灯泡	Socket	插座	LCDS	液晶显示器
Motor	直流电机	Buffer	缓冲器	LEDS	发光二极管
buzzer	蜂鸣器	NPN	NPN 型三极管	clock	数字方波
bridge	电桥	Not	非门	Sounder	喇叭

对元器件库的详细介绍请参阅第 3 章。

2.3.3 编辑区内元器件操作

2.3.3.1 可视化助手(Visual Aids to Design)

Schematic Capture 编辑区内的元器件操作都要用到鼠标，系统提供了两种可视化方法，帮助用户进行元器件操作。

一是当光标悬停在元器件上时，元器件处于“热”对象状态，此时对象被红色虚线框包围或者对象以深红色(默认)显示，如图 2-62 所示。

二是以光标不同的形状来表示不同的状态，即鼠标左键将要触发的命令，总结如下。

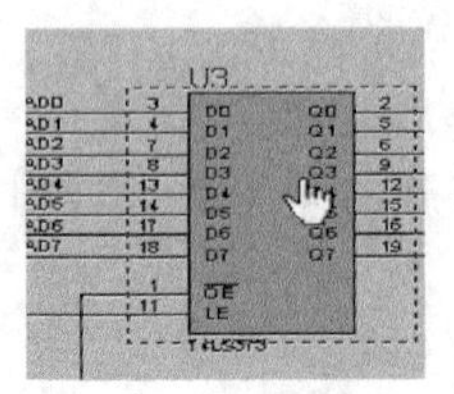

(a) 红色虚线框表示热对象

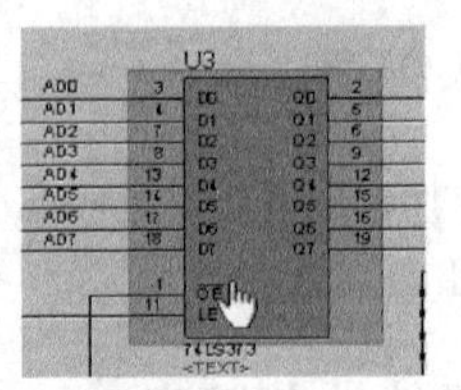

(b) 红色显示表示热对象

图 2-62　热对象的表示方法

1. 鼠标操作特点

单击左键(简称单击)：放置元器件、连线或者选中元器件。

单击右键(简称右击)：放弃放置元器件，选择元器件并弹出快捷菜单，选中导线，弹出快捷菜单等。

双击右键：删除对象等操作。

块选择：按住鼠标左键或者右键拖动形成虚线框，被包围在内的元器件被选中。

双击左键：编辑对象属性。

移动对象：按住左键不放并拖动。

中间滑轮滚动：缩放显示画面。中间滑轮向前滚，以光标为中心放大；中间滑轮向后滚，则以光标为中心缩小。

2. 多种光标形状

Schematic Capture 系统提供了不同光标形状，代表不同的功能，如表 2-6 所示。

表 2-6　光标形状及对应功能

光标形状	功能描述
	标准光标(standard cursor)，在选择模式下，光标处于空白编辑区的形状
(白色)	放置光标(placement cursor)，单击进入放置对象状态
(绿色)	放置导线光标(hot placement cursor)，单击开始连线，右击结束放置导线
(蓝色)	放置总线光标(bus placement cursor)，单击开始连线，右击结束放置总线
	选择光标(selection cursor)，处于光标下的元器件称为“热”对象，单击则元器件被选中
	移动光标(move cursor)，当前被选中的对象可以移动
	拖动光标(drag cursor)，按下鼠标左键拖动导线到目的位置
	属性分配光标(assignment cursor)，触发 PAT 属性工具后，当鼠标移至被修改对象上时，变成属性分配光标图形，此时单击完成对象属性的修改

2.3.3.2　元器件的相关操作

对元器件的操作主要包括元器件的放置、标注、替换、选中、拖动、删除以及属性修改等。

1. 放置元器件

从元器件库中选择好元器件后，就要在原理图编辑区中放置元器件，放置元器件有以下两种方法。

(1) 单击对象选择器中的元器件，如图 2-63(a)所示，同时该元器件也出现在预览窗口中，单击旋转工具按钮可以进行调整。将光标移动到编辑窗口，单击，则进入放置元器件模式，光标边出现元器件轮廓，如图 2-63(b)所示，移动光标，元器件轮廓也随之移动，如图 2-63(c)所示到希望放置处单击，即可完成元器件的放置操作。此时仍处于放置元器件的状态，单击连续放置元器件，右击取消放置。

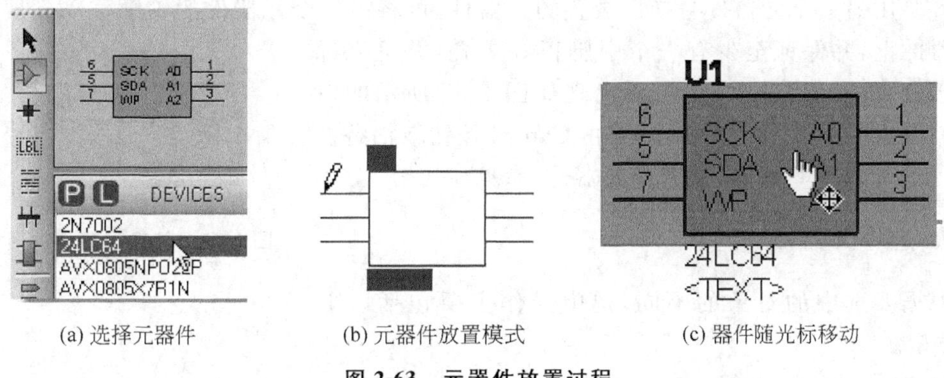

(a) 选择元器件 (b) 元器件放置模式 (c) 器件随光标移动

图 2-63 元器件放置过程

(2) 在编辑区空白处右击，弹出快捷菜单，如图 2-64 所示，将光标移到 Place 项，自动弹出下级菜单 Component，光标移到其上又弹出下级菜单，单击要放置的元器件名称项，光标下就会出现元器件轮廓，移动光标到合适位置，单击完成放置。

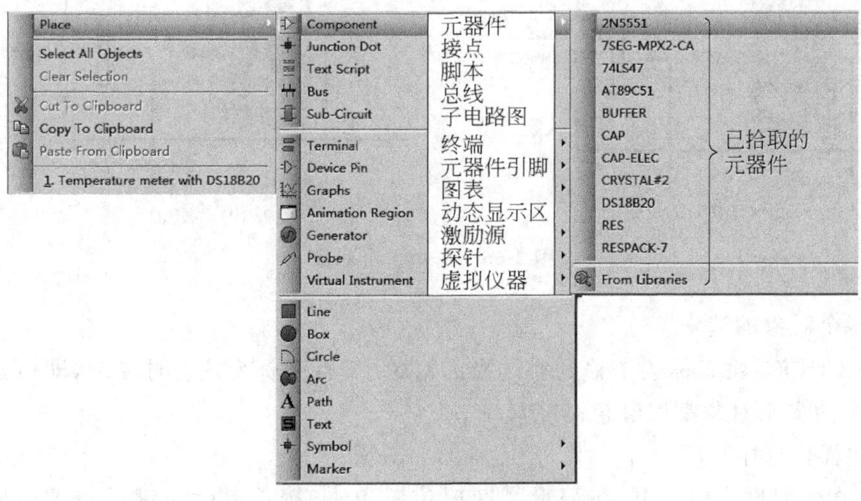

图 2-64 放置元器件快捷菜单

2. 元器件标号自动标注

放置元器件时,Proteus 8 默认为系统 Real Time Annotation 始终有效,元器件标号实时自动标注。在绘制电路图时,每一个元器件应该有唯一的元件标号,而且不能为空(无标号)。有些元器件是由多个器件组成的,在某些情况下,原理图中的多个元器件在 PCB 中属于一个物理器件(即封装在一块芯片上),在这种情况下,逻辑元器件自动标注为 U2: A、U2: B、U2: C 等,表示它们属于一个元器件 U2,Schematic Capture 可以正确地为每一个元器件自动分配引脚。

3. 元器件替换

若要用另一个元器件替换已放置的元器件,可将另一个元器件的轮廓移动到要替换的元器件上,并保证至少有一个引脚正好重叠,并且光标处于已放置的元器件上,单击则出现如图 2-65 所示的对话框。单击 OK 按钮完成替换,单击 Cancel 按钮取消替换操作。也可以用 PAT 属性替换元器件,参见 4.1 节。

图 2-65 替换元器件对话框

4. 选中元器件

根据要选中的对象的不同,选中操作主要包括以下 3 种类型。

1) 单个对象的选中

将光标移动到单个对象上方时,对象成为"热"对象(即光标已捕捉到该对象)且光标变成👆时,单击选中该对象,如图 2-66 所示。

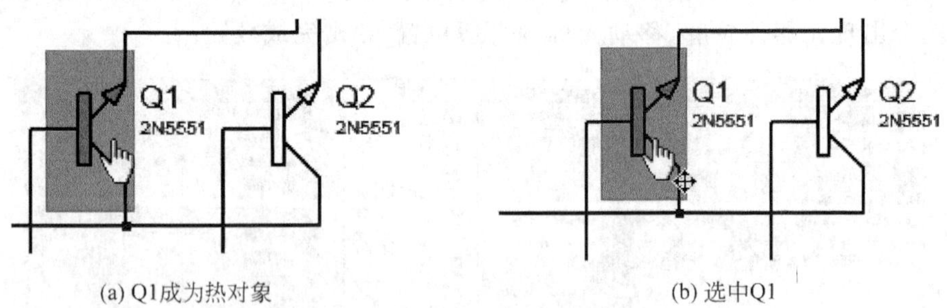

(a) Q1成为热对象　　(b) 选中Q1

图 2-66 选中单个对象

2) 多个对象的选中

按住 Ctrl 键,将光标逐个移到要选择的对象上,且光标变成👆时单击,即可选中多个对象,选中的多个对象都以红色高亮显示。

3) 块操作选中

无论在任何操作模式下,在编辑区期望位置单击,按住鼠标左键或右键拖出一个矩形框,再松开,则完全处于框内的对象被选中并以高亮显示,当然也可以用此方法选中单个对象,如图 2-67 所示。注意光标状态可视化形状的改变,选中对象以后,选择框四周出现手柄，将光标移动到手柄处，按住左键拖动，可以改变选择区域。

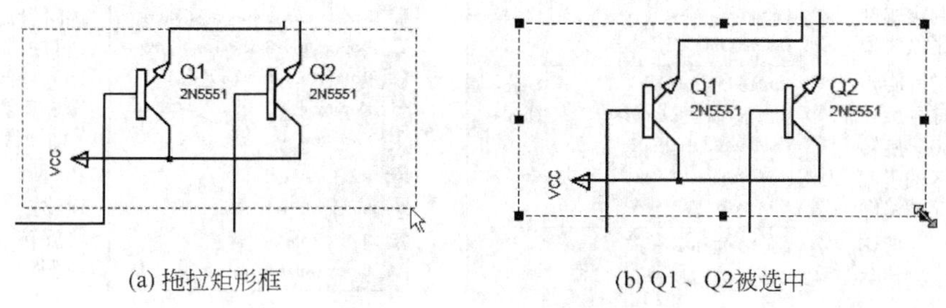

(a) 拖拉矩形框 (b) Q1、Q2被选中

图 2-67 块操作选中对象

注意：

(1) 在 2D 图形操作模式下，当光标移至对象上，只出现包围对象的虚线轮廓而光标未变成“手掌型”时，可按 Ctrl 键，光标变成手掌型时再单击选中对象，例如，在选中接点时可采用这种方法，如图 2-68(a)所示。

(2) 有少量对象，当光标移动到其上时会出现包围它的虚线轮廓且光标也变成手掌型，但单击不能选中该对象，此时，可采用块操作方法选中该对象，如 DS18B20(温度传感器)、POT-HG(滑动变阻器)、SWITCH、BUTTON、RELAY 等元器件，这些元器件双击也打不开属性对话框，如图 2-68(b)所示。

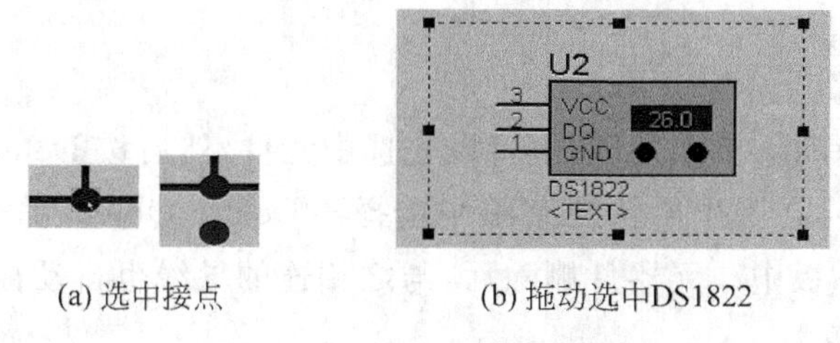

(a) 选中接点 (b) 拖动选中DS1822

图 2-68 特殊元器件的选中

5. 复制、粘贴对象

1) 利用复制、粘贴按钮实现复制与粘贴

选中对象(单个或者多个)，单击工具栏上的(复制)按钮，再单击(粘贴)按钮，在编辑区期望的位置单击即可复制。系统自动对复制的元器件进行标注，使用这种方式，被复制的元器件仍存在。也可以利用(剪切)和(粘贴)按钮实现剪贴和粘贴，但被剪切的元器件就被删除了。当然，也可以右击元器件，在快捷菜单中选择 Cut to Clipboard、Copy to Clipboard 和 Paste from Clipboard(图 2-69)命令实现剪切、复制和粘贴。

2) 通过块操作按钮实现复制与粘贴

选中对象(单个或者多个)，单击按钮，则出现红色的复制块，移到期望位置单击即可。若在操作过程中右击即可撤销本次操作。块操作复制与粘贴不会导致元器件编号的重叠。

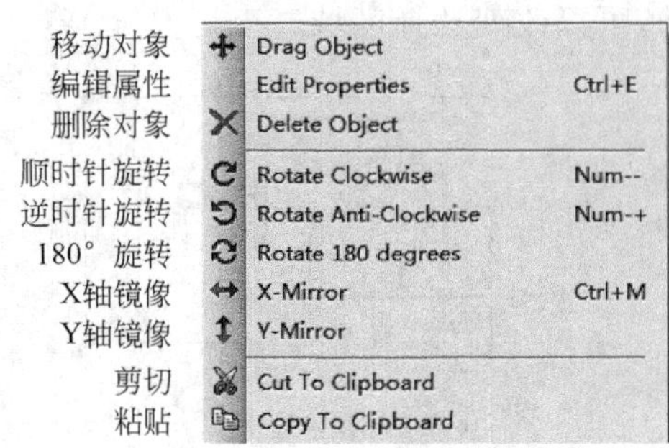

(a) 单个器件操作右击快捷菜单

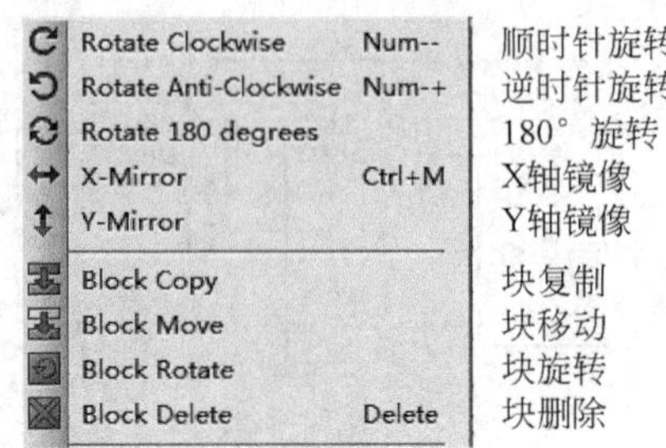

(b) 块器件操作的快捷菜单

图 2-69 元器件操作的快捷菜单

6. 取消选中对象

取消刚才选中的对象有以下 3 种方法。

(1) 在编辑区空白处单击。

(2) 单击刷新工具按钮。

(3) 选择 Edit→Clear Selection 命令。

7. 删除对象

1) 删除单个对象

右键双击可快速删除单个元件，也可以先选中元件，然后按 Delete 键删除，或者将光标放到元器件上右击，在弹出的快捷菜单中选择 Delete Object 命令(图 2-69(a))。也可以用剪切到剪贴板中。元器件删除后，与之相连的导线也自动被删除。

2) 删除多个对象

对于多个对象的删除，可以用(Block Delete)删除，也可以按 Delete 键删除，还可以右击，在快捷菜单中选择 Block Delete 命令删除(图 2-69(b))。

8. 移动对象

1) 移动单个/多个元器件

方法 1：选中对象，将鼠标移到选中区域，变成或者形状，按住左键拖动，移到期望位置松开左键即可，与元器件相连的导线也被一起移动。

方法 2：选中对象，单击按钮，移动到期望位置单击即可。

方法 3：选中对象，右击，在弹出的快捷菜单中选择 Drag Object 命令(单个器件)(图 2-69(a))或者单击 Block Move(多个器件，如图 2-69(b)所示)移动到期望位置单击即可。若移动有误，可以单击撤销按钮撤销。

2) 移动元器件标签

许多元器件都带有标签，如电阻，带有 Ref(Reference)标签和 Valu(Resistance)标签。有时为了使 Schematic Capture 原理图看起来整齐有序，需要对标签进行移动，具体步骤如下：使要移动的标签成为热对象，拖动标签到所需要的位置，松开鼠标按钮完成移动。在移动的过程中要非常精细地定位，可以使用快捷键(默认为 F4、F3、F2 和 Ctrl＋F1)来实现。具体操作过程如图 2-70 所示。

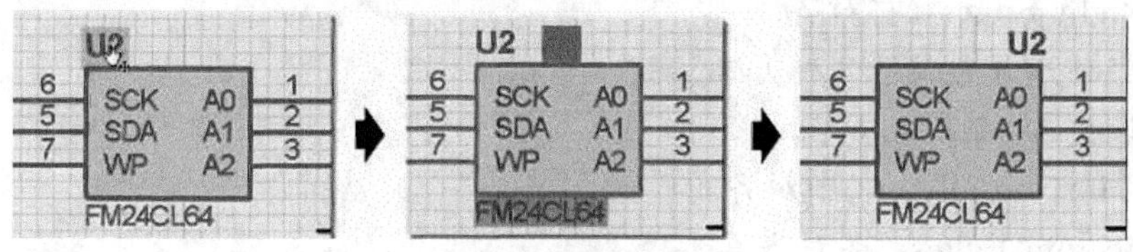

图 2-70　拖动标签

9. 旋转对象

旋转对象的方法主要有以下 3 种。

(1) 在原理图中选中要旋转的对象，按数字小键盘中的＋和－键进行逆时针、顺时针旋转。

(2) 对象成为“热”对象后，右击，在弹出的快捷菜单中选择旋转命令进行旋转操作。

(3) 选中对象，单击工具栏中的按钮，弹出如图 2-71 所示的块旋转对话框，其中：

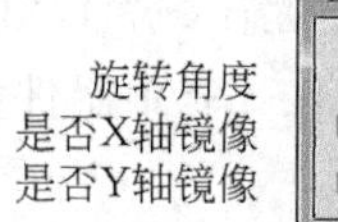

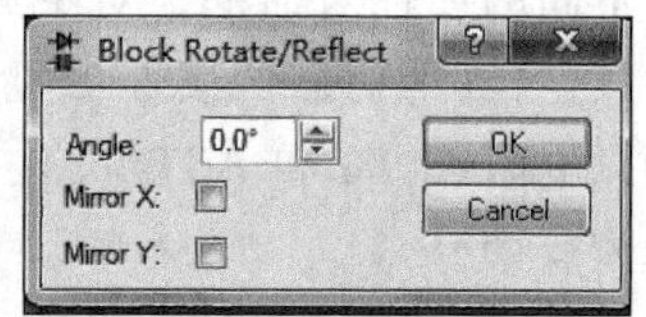

图 2-71　块旋转对话框

Angle：角度，在其右侧的文本框中输入±90、±180、±270，进行顺时针或者逆时针旋转。

Mirror X/Y：是否进行 X/Y 轴镜像。

放置元器件之前，可以根据放置的需要选中对象选择器中的元器件，单击旋转按钮，同样也可以实现元器件的旋转操作。

10. 对齐对象

选中对象，选择 Edit→Align 命令，弹出如图 2-72 所示的对话框。其参数功能如下。

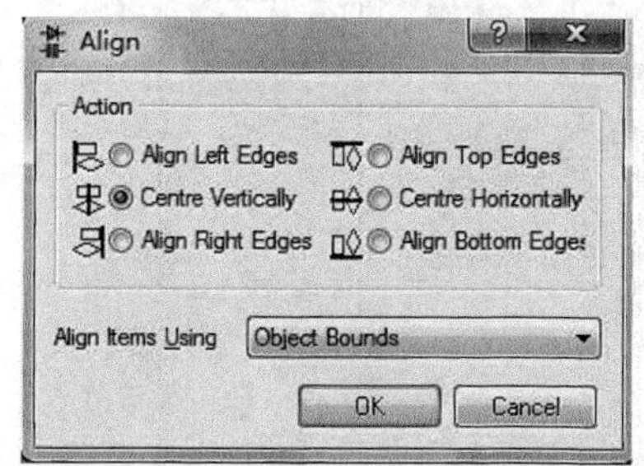

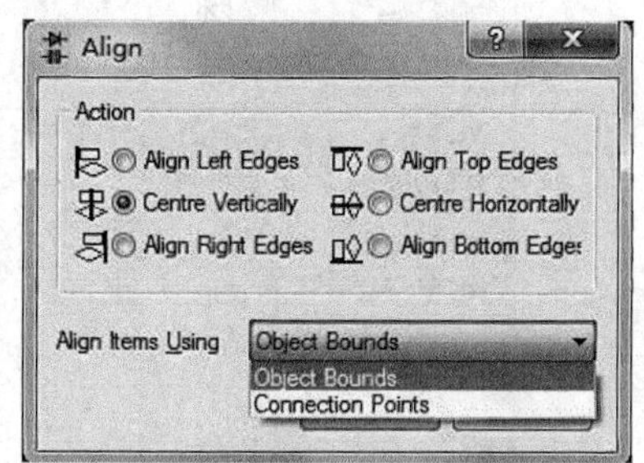

图 2-72　Align 对话框

1) Action(对齐方式选择)

Schematic Capture 提供了水平对齐和垂直对齐。

(1) 水平对齐有以下3种对齐方式。

Align Left Edges：左对齐。

Centre Vertically：居中对齐。

Align Right Edges：右对齐。

(2) 垂直对齐分为以下3种方式。

Align Top Edges：顶对齐。

Centre Horizontally：居中对齐。

Align Bottom Edges：底对齐。

2) Align Items Using(对齐的基准)

Connection Points：以链接的引脚为基准。

Object Bounds：以对象的边框为基准。

11. 编辑对象属性

原理图中包含元器件、接点、标签、脚本、总线、终端、引脚和图形等对象,不同的对象有不同的属性对话框。对象属性一般包括系统属性和用户属性。这里主要介绍元器件的属性(其他对象的属性参见第4章),对于功能不同的元器件,属性对话框也不一样,这里以电阻、8086和AT89c51三个元器件为例讲解(当然这三个元器件必须已经放置到编辑窗口中)。

打开属性窗口有以下两种方法。

(1) 鼠标放置在元器件上双击。

(2) 右击元器件,在弹出的快捷菜单中选择Edit Properties命令,或者使元器件成为热对象后按Ctrl+E键。

1) 电阻属性

电阻属性对话框如图2-73所示,主要参数如下。

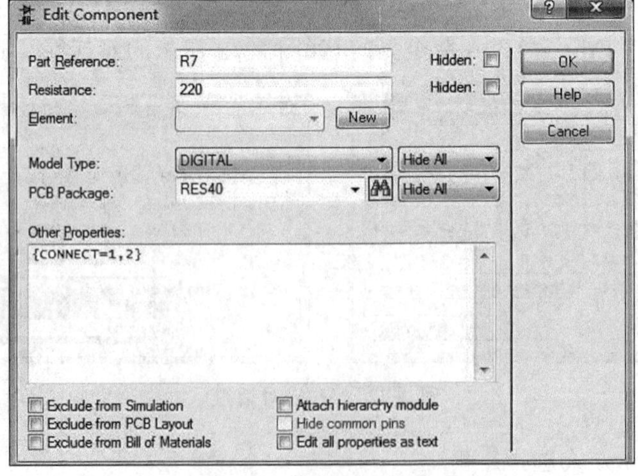

图2-73 电阻属性对话框

(1) Part Reference：元器件名称(参考号/编号)。

Hidden：勾选该项，则元器件编号在原理图中隐藏不可见。

(2) Resistance：电阻值，默认单位为欧姆(ohm)，默认省略单位，如 10k 表示阻值为 10kΩ。

Hidden：勾选该项，则电阻值在原理图中隐藏。

(3) Element：如果元器件是单一元器件，如电阻、电容等，Element 下拉框不可操作。单击 New 按钮，自动分配一个新的参考编号，即 Part Reference 的值自动分配一个新的编号。例如，原来的元器件编号为 R1，原理图中有 R1～R7 共 7 个电阻，则单击 New 按钮后自动分配编号，即 R8。如果元器件是多组元器件，如 7400 是两输入四与非门器件，其内包含 4 个与非门，设其 Part Reference 为 U1，则 4 个与非门分别表示为 U1:A、U1:B、U1:C 和 U1:D，单击 Element 下拉框，可以在 U1:A 至 U1:D 之间实现元器件引脚交换，当然也可以实现与其他 7400 器件之间的交换，如图 2-74 所示(U2 表示另一个 7400)。

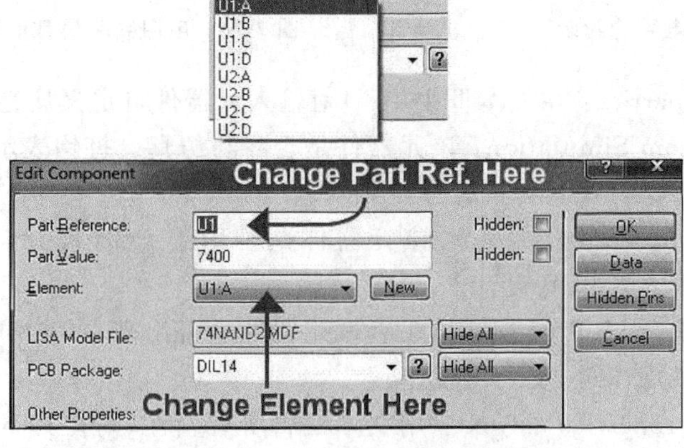

图 2-74 Element 参数修改

(4) Model Type：仿真模型类型。单击下拉框显示 ANALOG(模拟)和 DIGITAL(数字)。模拟电阻主要用于模拟电路的设计，数字电阻用于数字电路中，主要作为上拉电阻或者下拉电阻，因为在数字电路中，对于只有两个引脚的器件，一个强信号通过一个有极性的引脚，其另一个引脚信号也呈现强信号；但是一个弱信号通过一个引脚，则另一引脚呈现悬空状态。一般情况下，电路中的电阻如果有大小数值之分，就设为模拟型；如果只是为了上拉(如 IC 的上拉电阻和复位电阻)或下拉，就设置成数字型。特别要说明的是，在有些 IC 仿真中，如果把上拉电阻设置成模拟型，仿真时提示错误又找不到其他原因时，请注意这一点。Schematic Capture 库中提供了专用的 PULLDOWN(下拉)和 PULLUP(上拉)电阻。

(5) PCB Package：PCB 封装。一个元器件有多个封装时，单击下拉按钮可以显示其所有封装，电阻的封装如图 2-75 所示。单击其右侧的 ? 按钮，打开 PCB 封装库对话框，可以更改封装并进行预览，具体操作参见 10.1 节。

(6) Hide：是对模型和封装文本属性参数的隐藏，主要有 Show All、Hide All、Hide

Value 和 Hide Name 四个参数,下面以封装为例介绍其含义。设电阻元器件的封装为 RES40,则封装文本属性表示为{PACKAGE=RES40},其中 PACKAGE 为其名称(name),RES40 为其值(value)。Show All 就是名称和值都显示,如图 2-76(a)所示;Hide All 就是名称和值都不显示,如图 2-76(b)所示;Hide Value 就是只显示其名称,隐藏其值,如图 2-76(c)所示;Hide Name 就是显示其值,隐藏其名称,如图 2-76(d)所示。默认为 Hide All。

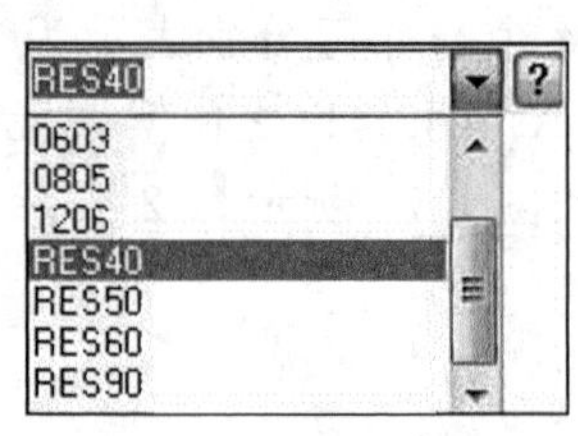

图 2-75 电阻的封装

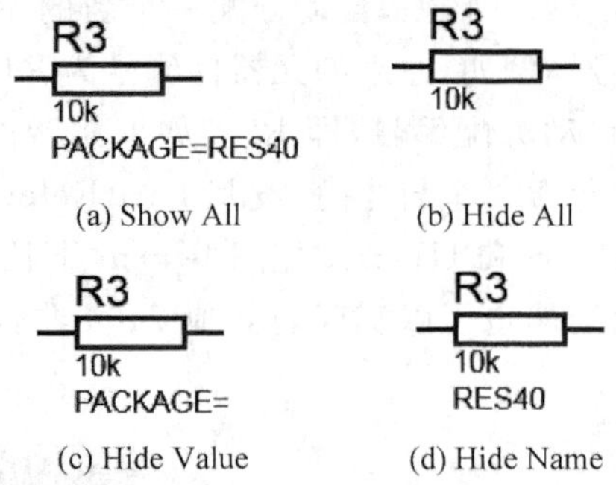

图 2-76 电阻封装属性的隐藏与显示

(7) Other Properties:在文本框中用{ }对输入元器件自定义属性。

(8) Exclude from Simulation:该元器件是否参与仿真。打钩表示不参与仿真,反之表示参与仿真。

(9) Exclude from PCB Layout:该元器件是否用于 PCB 设计。打钩表示不参与 PCB 设计,反之表示参与 PCB 设计。

(10) Exclude from Bill of Materials:该元器件是否出现在 BOM(元器件清单)中。打钩表示不在 BOM 中出现,反之出现。

(11) Edit all properties as text:用文本编辑所有属性,则在 Other Properties 的文本框中显示元器件的所有属性,如图 2-77 所示。每一行只能显示一个属性,属性写在一对{}内,用户可以添加属性,还可以对原来的属性进行修改。

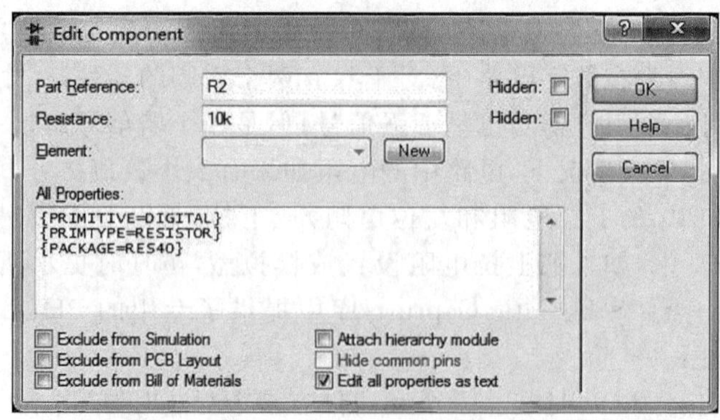

图 2-77 元器件所有属性

(12) Attach hierarchy module:是否捆绑模块电路,勾选表示捆绑模块电路,反之不捆绑，主要用于元器件制作，参见第 6 章。

(13) Hide common pins：隐藏通用引脚，如 VCC、GND、VEE 等引脚。该项对电阻不可操作。

(14) 按钮功能如下。

OK 按钮：确认属性修改，退出属性修改对话框。

Help 按钮：单击该按钮，弹出元器件模型参数帮助文件。

Cancel 按钮：单击该按钮，放弃属性修改并退出属性修改对话框。

2) 8086 属性对话框

8086 微处理器属性窗口如图 2-78 所示，其中各选项及按钮的功能如下(与电阻属性相同的不再阐述)。

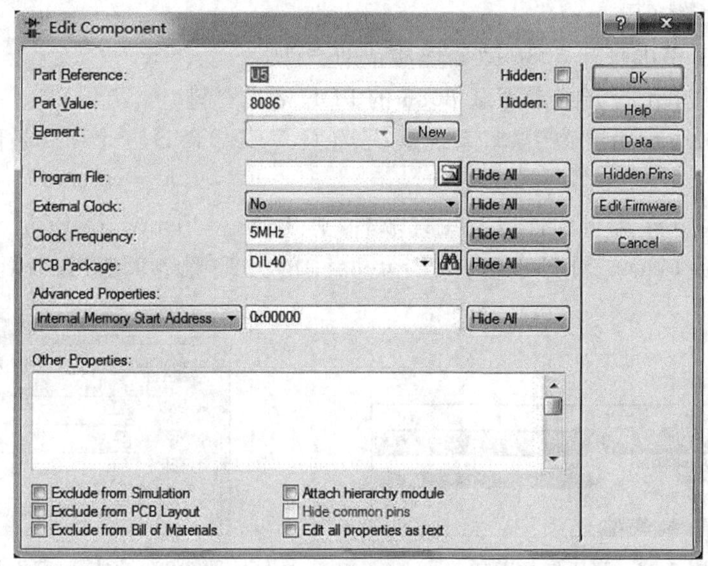

图 2-78 8086 属性对话框

(1) Program File：程序文件。主要用于加载 8086 微处理器运行的程序，单击右侧的按钮装载目标程序。8086 支持 3 种格式的目标文件：.bin、.com 和.exe。常用的 8086 微处理器的编译软件如表 2-7 所示。8086 的详细信息请查看 8086 的帮助文件，保存在安装目录下的 Help 文件下的 8086 Mode Help。

表 2-7 Proteus VSM 支持的 8086 编译器

编 译 器	许可证	调试格式	网 址
MASM	免费	Codeview	www.masm32.com
Borland Turbo Assembler(TASM)	收费	Borland	www.odegear.com
Digital Mars C++ Compiler	免费	Codeview	www.digitalmars.com
Microsoft C/C++ Compiler 7.0	收费	Codeview	www.microsoft.com
Borland C++ Compiler for Windows 5.02	收费	Borland	www.odegear.com

(2) Clock Frequency：时钟频率。定义处理器的时钟频率。默认值为1MHz。

(3) External Clock：外部时钟。该项确定处理器的时钟是否由外部时钟提供。当设置为No时，处理器时钟由Clock Frequency参数值提供；当设置为Yes时，外部时钟有效。

(4) Advanced Properties：高级属性。单击下拉按钮，弹出高级属性菜单，如图2-79所示，其中各选项的含义如下。

Internal Memory Start Address：内部存储器起始地址。默认值为0X0000。

Internal Memory Size：内部存储器空间大小。

BIN Entry Point：程序起始地址。

Stop on Ont3：停止在Int3。

(5)按钮功能如下。

Help按钮：单击打开8086微处理器帮助文件。

Data按钮：单击打开或者下载8086的PDF格式资料。

Hidden Pins：编辑隐藏引脚，系统默认VCC、VEE、GND三个引脚被隐藏，如图2-80所示。

Edit Firmware：编辑固件以及编译软件，弹出New Firmware Project对话框，其具体功能请参阅第14章。对于8080在Proteus中的仿真，请参阅参考文献[21]和[22]。

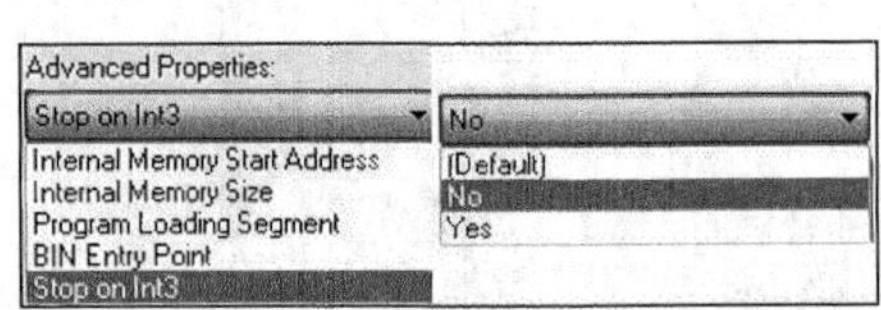

图2-79 高级属性菜单

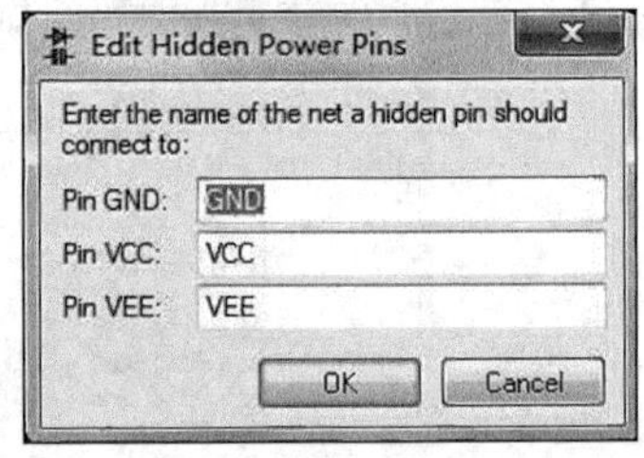

图2-80 编辑隐藏引脚对话框

3) AT89C51属性对话框

双击AT89C51元器件，弹出AT89C51属性对话框，如图2-81所示。除了Advanced Properties与前面的含义不同外，其他属性都相同，所以只介绍高级属性。

(1) Program File：AT89C51单片机支持OMF51、Hex和Bin等格式。

(2) Clock Frequency：指定单片机微处理器的时钟频率。由于效率的原因，时钟电路是不能模拟的，处理器的时钟频率完全由该值决定。

(3) Enable trace logging：启动跟踪日志，默认为No。在属性参数中用DBG_TRACE表示。

(4) Simulate Program Fetches：设置为Yes，表示读取外部的程序，该操作过程有点慢，但是可以测试外部程序存储器解码电路的电路性能。默认为No。在属性参数中用DBG_FETCH表示。

(5) Code Memory Map：定义外部ROM地址空间的映射，在属性参数中用CODERAM表示。默认情况下，所有的外部数据存储器的访问完全可以仿真，也就是

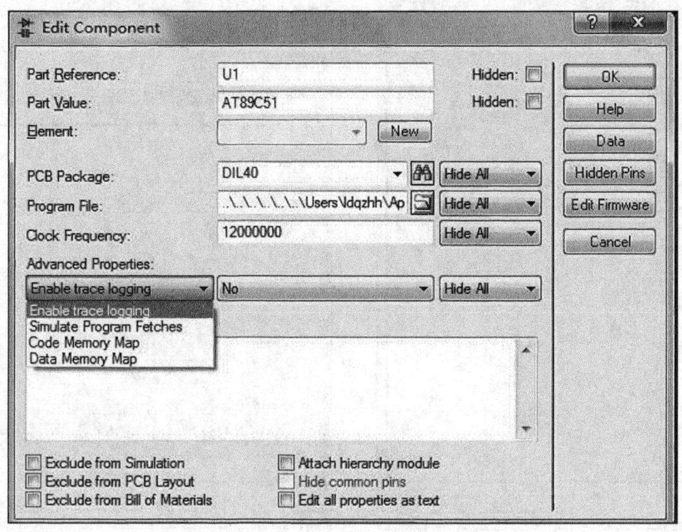

图 2-81 AT89C51 属性对话框

说，每个外部数据存储器周期涉及读取 ALE、P0 和 P2 端口引脚的数据。一个典型的时钟周期将涉及大约 50 个引脚的状态转换，从而大大增加了仿真时间。因此默认 CODERAM＝False。

外部存储器的地址映射遵循冯·诺依曼配置（外部数据存储器和代码存储器的地址分配是相同的），只是通过 MOVC 和 MOVX 指令加以区别。外部存储器的地址映射可以通过{CODERAM＝0000-7FFF}来实现。

(6) Data Memory Map：定义外部 RAM(XRAM)的地址匹配空间，在属性参数中用 DATARAM 表示，如在属性框中添加属性{DATARAM＝0000-7FFF，C000-FFFF}，则表示定义了 0X0000～0X7FFF 和 0XC000H～0XFFFF 两个外部 RAM 存储区域。

4）元器件标签属性修改

对于一般元器件，Schematic Capture 自动显示 Component ID 和 Component Value 两种属性，这里以 Component Value 标签属性的修改为例，鼠标移到 Component Value（如 10k）上双击，弹出 Edit Part Value 对话框，如图 2-82 所示，该对话框有 Label 和 Style 两个选项卡，功能如下。

(1) Label 选项卡，主要设置 Value 属性值。

String：字符关键字，主要输入 Value 值，如 10k、22μF 等。

Rotate：字符关键字显示的方向，Horizontal 为水平显示，Vertical 为垂直显示。

Justify：字符关键字显示时的对齐方式，Left、Center 和 Right 设置水平方向的对齐方式；Top、Middle 和 Bottom 设置垂直方向的对齐方式。

(2) Style 选项卡主要设置字体风格和格式。取消 Follow Global 属性，其 Font face（字体格式）、Height（高度）、Width（宽度）、Bold（粗体）、Italic（斜体）、Underline（下画线）、Strikeout（删除线）、Visible（显示）和 Colour（颜色）属性就可以修改。

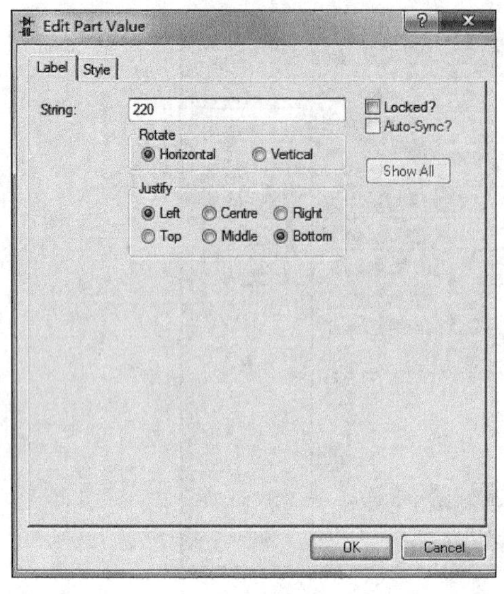

(a) Label选项卡

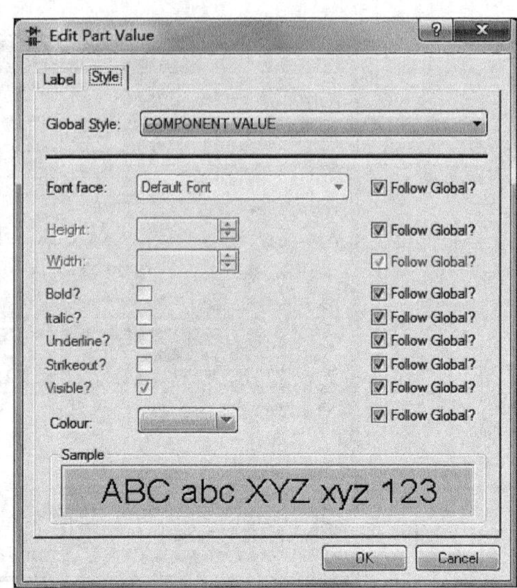

(b) Style选项卡

图 2-82 Edit Part Values 对话框

2.3.4 导线和总线操作

2.3.4.1 绘制导线

1. 自动捕捉(Real Time Snap)

Schematic Capture 未设置连线模式,只要将光标移动到包含对象的引脚或者电气连线上或连线的默认捕捉范围内,就会自动捕捉并且光标变成绿色铅笔,表示已捕捉到电气连线点。

2. 自动连线(Wire Auto-Router,WAR)

当自动连线功能有效时(默认有效,工具中按钮处于按下状态),在第一个对象的连接点(起点)处单击,此时光标变成无色的,移动光标到终点,又变成绿色的铅笔,单击完成连线,此时称为自动连线模式,一般情况下以直线或直角形式走线,如图 2-83 所示。在连线的过程中双击,则终止连线并放置接点,右击则取消走线。走线的过程中遇到对象障碍时自动绕开。自动连线时,如果将鼠标移动到不能连线的区域时,连线自动消失,且以红色圆圈符号表示,如图 2-84 所示。此时有以下几种解决方案:

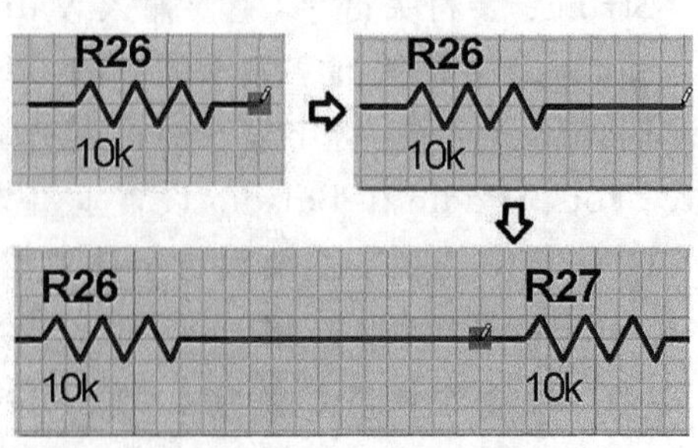

图 2-83 自动连线过程

(1) 改变元器件位置,元器件的移动操作请参阅 2.3.3.2 节。

(2) 提高捕捉率,捕捉率值越小,捕捉越精确,捕捉率设置参阅 2.1.5.3 节。

进行复杂的连线时，比如要多次改变线的走向，用鼠标单击放置一个×形状的锚点，系统自动认为锚点之间的线路是一段独立的路径，可以用键盘上的Backspace键撤销，连线绘制完成后锚点将自动消失，如图2-85所示。

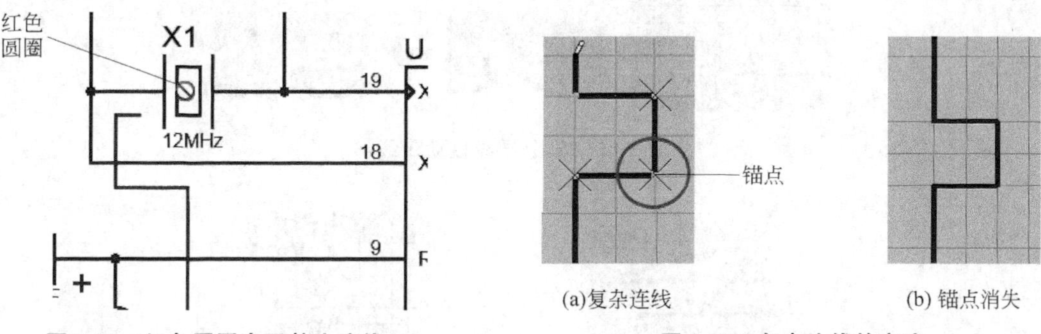

(a)复杂连线　(b)锚点消失

图2-84　红色圆圈表示禁止连线　　**图2-85　复杂连线的方法**

3. 手工连线

手工连线模式与自动连线模式之间的切换方法有以下几种。

(1) 单击工具栏中的按钮使之处于弹起状态。

(2) 通过热键W切换。

(3) 选择菜单Tools→Write Auto Router命令进行切换。

(4) 在自动走线时按Ctrl键实现手动切换。

手工走线时可沿任意角度走线，在手工走线中双击则自动放置接点并结束连线，右击则取消走线。

4. 重复连线

绘制原理图时，常常碰到重复连线的情况，如图2-86所示，AT89C51的单片机P0口作为输出口时，需要上拉电阻。先选起点，比如从单片机的第39脚连线到排电阻的2脚，再将光标移动到38脚处，当光标变成绿色铅笔时双击，则完成单片机38脚与排电阻的3脚连接，用同样的方法完成重复连线。这种情况一般只适用于自动连线模式下的走直线。

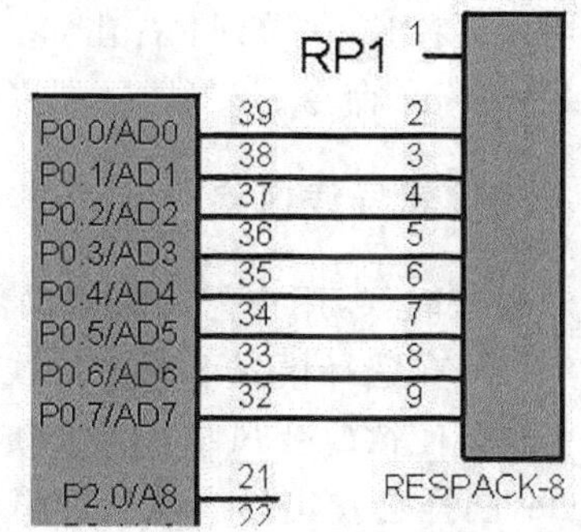

图2-86　重复走线

2.3.4.2　编辑导线

1. 移动导线

移动导线有以下3种方法。

(1) 在选择模式下，将鼠标移动到导线附近，光标变成手形且导线变成热对象，单击导线，此时导线变成红色选中状态(为默认颜色，用户可以修改颜色)且光标变成水平双向箭头或垂直双向箭头，则可以沿水平或者垂直方向移动导线，如图2-87所示。

(2) 当导线处于选中状态时,将鼠标放置于直角处或者导线起始点处,光标处于移动状态时,按住鼠标左键则直角或起始点会随鼠标指针移动而移动,如图2-88所示。

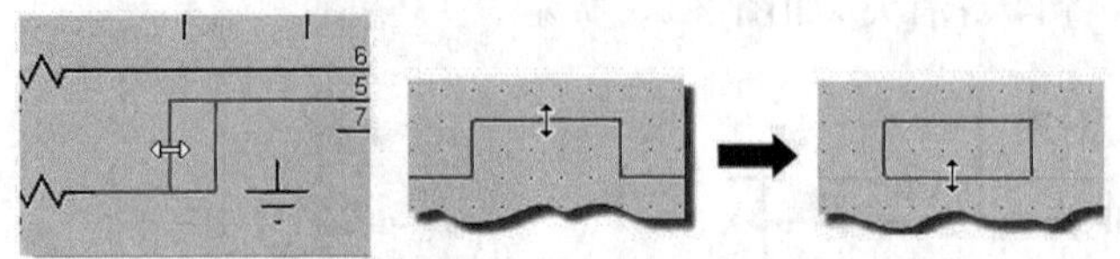

图 2-87　单个导线移动走线

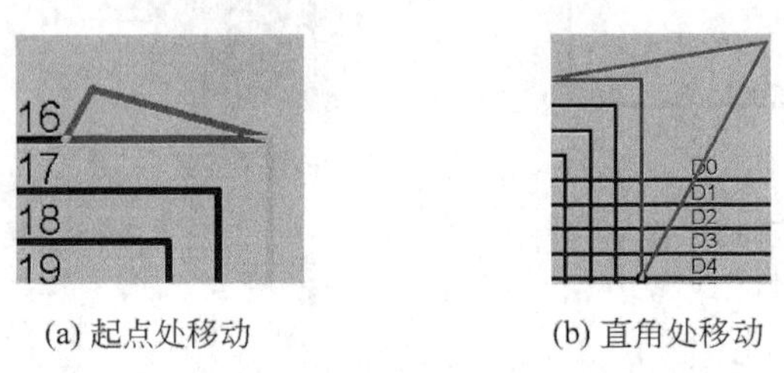

(a) 起点处移动　(b) 直角处移动

图 2-88　移动导线的直角或起始点

(3) 在需要移动的线段周围拖出一个方框,按住鼠标左键拖动或者使用按钮拖动,则可实现选中导线的移动,如图2-89所示。

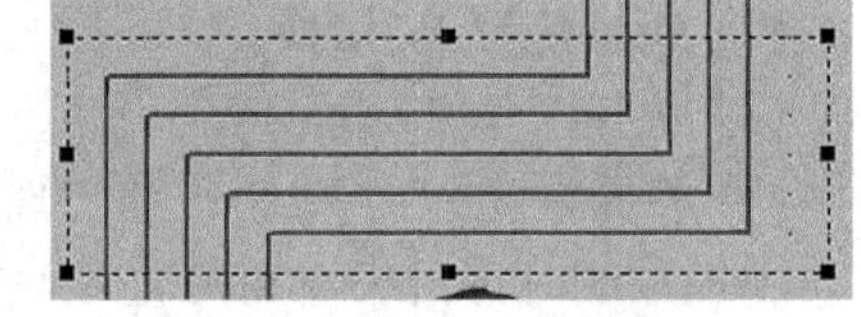

图 2-89　多个导线移动

2. 删除导线

在任何模式下,使导线成为热对象,双击鼠标右键即可删除导线;也可以选中导线后按 Delete 键删除;或者选中导线,右击,在快捷菜单中选择 Delete Wire 命令。

3. 编辑导线风格

有些时候,用户需要设置局部导线的风格,具体操作如下:

(1) 在选择模式下双击导线,弹出导线风格编辑对话框,如图2-90所示。

(2) 使欲改变风格的导线成为热对象,右击,在弹出的快捷菜单中选择 Edit Wire Style,同样会弹出导线风格编辑对话框。

导线风格编辑对话框的主要参数如下。

Follow Global(遵循全局风格):取消勾选,左边的 Line Attributes 属性就可以修改。

Lock control to global style's current setting:是否锁定当前设置参数的正确性检测。如果勾选(默认),则进行检测;如果取消勾选,则弹出不检测确认对话框,如图2-91所示。

Line style:线的类型。单击下拉列表框选择所需的线型。

Width:线宽,单位为 th 或 in,可以直接输入数据或单击数字调节按钮,数值范围为 0th～1in。

图 2-90 导线风格编辑窗口

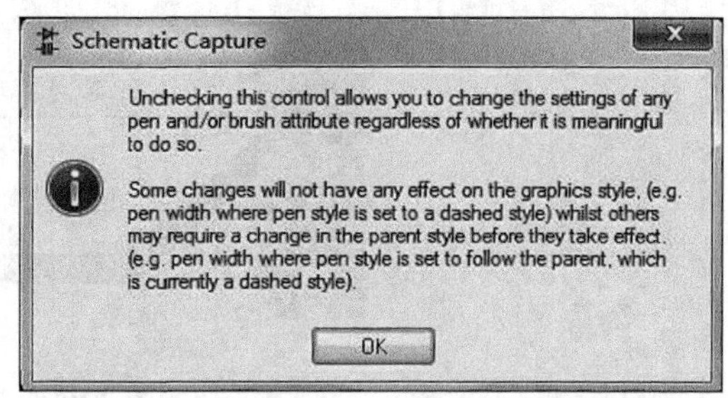

图 2-91 不进行参数正确性检测的确认对话框

Colour：颜色设置。单击颜色框，弹出颜色选择框，选择合适的颜色。

单击 OK 按钮，保存设置并退出，单击 Cancel 按钮取消设置并退出。

2.3.4.3 总线操作模式

总线是多根导线的一种简化形式，常用在微处理或者集成电路中，总线一般包括数据总线、地址总线和控制总线。Proteus 既支持在层次模块间运行总线，还支持定义库元器件为总线型引脚。总线操作包括总线绘制、总线分支绘制和总线属性的修改。

1. 自动放置总线

(1) 单击模式工具箱中的 Buses Mode 按钮。

(2) 在期望放置总线的起始点处单击绘制总线起始点，起始点可以是总线引脚。

(3) 在总线的终点双击完成总线的放置，双击右键退出绘制总线。

(4) 在期望绘制总线路径的拐点处单击。

2. 手动绘制总线

手动绘制总线与自动绘制总线的切换方式与手动绘制导线与自动绘制导线的切换方式一样。手动绘制总线的方法与手动绘制导线相同。

3. 总线的编辑

当总线成为热对象后，就可以对总线进行自动捕捉、连线、移动、删除和属性修改等操作，这些操作与导线操作类似，参见 2.3.4.2 节。

4. 放置总线分支

总线与导线有时要进行连接，此时就要放置总线分支。为了使图纸美观，一般将总线分支绘制成 45°的相互平行的斜线，如图 2-92 所示，具体画法如下：

(1) 在元器件 U9 的左侧绘制一条自上而下的总线。

(2) 从 U9 的 D0 引脚开始绘制连线，快到期望绘制总线分支的地方单击，然后按住 Ctrl 键并向上移动鼠标，在与总线以 45°角相交时(总线上出现红色矩形框)单击确认，即完成一条总线分支的绘制，重复本步即可完成总线其余分支的绘制。

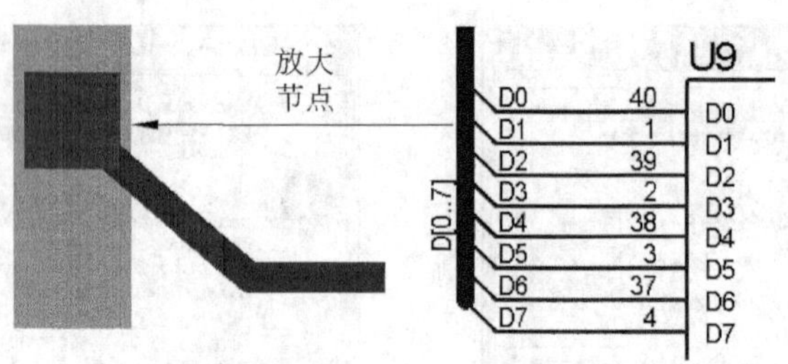

图 2-92 总线分支绘制

5. 标注总线和总线分支

(1) 总线命名格式如下。

总线名[起始值..终值]

其中,起始值和终值都是正值,且终值一般大于起始值。例如,D[0..7]表示定义了一根8位总线D,其8个分支表示为D0、D1、D2、D3、D4、D5、D6和D7,即总线的8个网络标号。

(2) 总线分支必须与总线的网络标号同名,其电路特性参数为NET,即NET参数相同的连接在一起。

(3) 给总线和总线分支放置NET参数(导线标签),详见2.3.5节。

6. 总线快捷菜单

选中总线,右击,弹出快捷菜单,如图2-93所示。

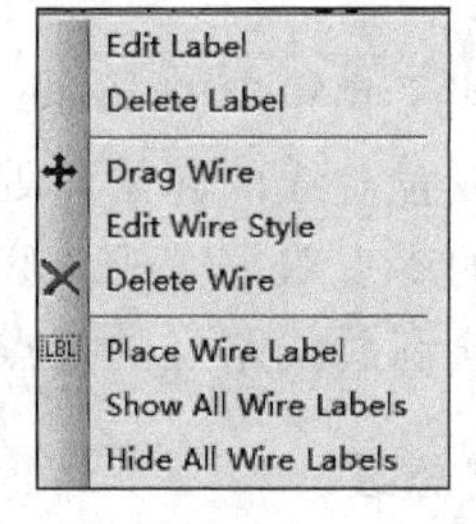

图 2-93 总线快捷菜单

2.3.5 导线标签模式

导线标签模式(Wire Label Mode)主要用来放置网络标号,Schematic Capture系统认为同名网络标号表示它们之间有电气连接关系,可以代替导线连接。在绘制总线时,必须告诉系统总线分支具体与总线中的哪个导线连接,因此对总线分支要进行标注。

2.3.5.1 放置导线标签

放置导线标签的操作步骤如下。

(1) 单击模式工具栏中的LBL按钮,进入标签模式。

(2) 将光标(白色铅笔)移到要放置标签的线上,光标下出现一个×图标,左击弹出导线标签属性编辑对话框,如图2-94所示。输入标签名,单击OK按钮或者按回车键完成标签放置。当然,也可以先选中导线,右击,在弹出的快捷菜单中选择Place Wire Label命令,如图2-95所示,同样弹出图2-94对话框,设置相关参数,实现标签的放置。

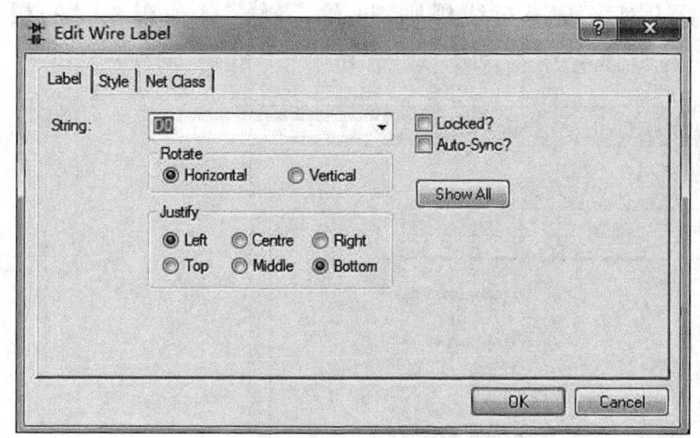

图 2-94 导线标签属性编辑对话框

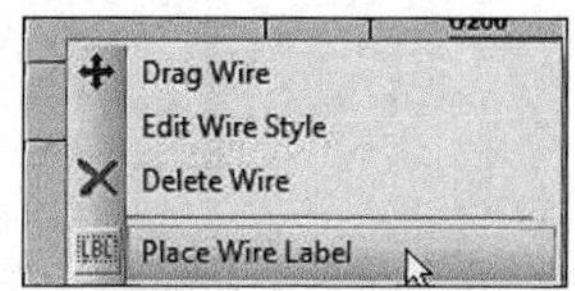

图 2-95 放置导线标签快捷菜单

2.3.5.2 导线标签属性

在图 2-94 中，导线标签属性编辑对话框包括 Label、Style 和 Net Class 3 个选项卡。

1. Label 选项卡

String：标签名。在电路图中具有相同标签名（即相同网络名）的导线具有相连的电气参数。可以直接输入标签名，也可以单击下拉框，选取原理图中已经定义过的标签。String 文本框还支持复制、粘贴和删除的功能。

Auto-Sync：是否自动同步。勾选时，表示所有网络上的标签具有相同的文本。

Rotate：标签放置方向。Horizontal 为水平，Vertical 为垂直。

Justify：对齐方式。Left、Center 和 Right 用于设置水平方向的对齐方式，Top、Middle 和 Bottom 用于设置垂直方向的对齐方式。

Show All 按钮：显示所有的网络名，包括隐藏的网络名。

具有规律的网络标号可以使用 PAT 工具进行标注（只能在单击模式触发），具体参见 4.1 节。

2. Style 选项卡

Style 选项卡主要设置标签字体格式等参数，如图 2-96 所示。取消 Follow Global 项，则所有参数可以修改。

Font face：字体格式。下拉列表中的选项有 Height（高度）、Width（宽度）、Bold（粗体）、Italic（斜体）、Underline（下画线）、Strikeout（删除线）、Visible（显示）和 Colour（颜色）。

3. Net Class 选项卡

Net Class 选项卡用于分配网络属性，如图 2-97 所示。通过 Net Class 项为 PCB Layout 布线指定布线风格，该网络风格可以是系统风格，如 POWER、SIGNAL 等，也可以单击 New 按钮创建新的网络，为新的网络设置布线规则、过孔、飞线、自动布线时的层对，因此标签具有 NET 属性，该属性的具体应用参阅第 10 章和第 11 章。

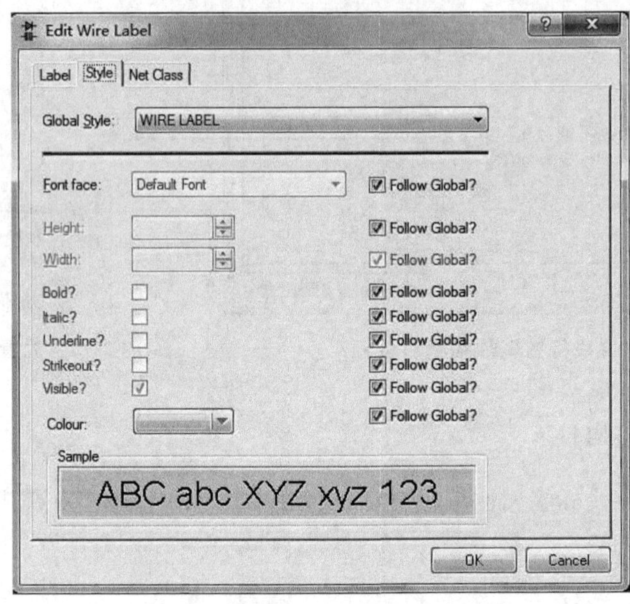

图 2-96 Style 选项卡

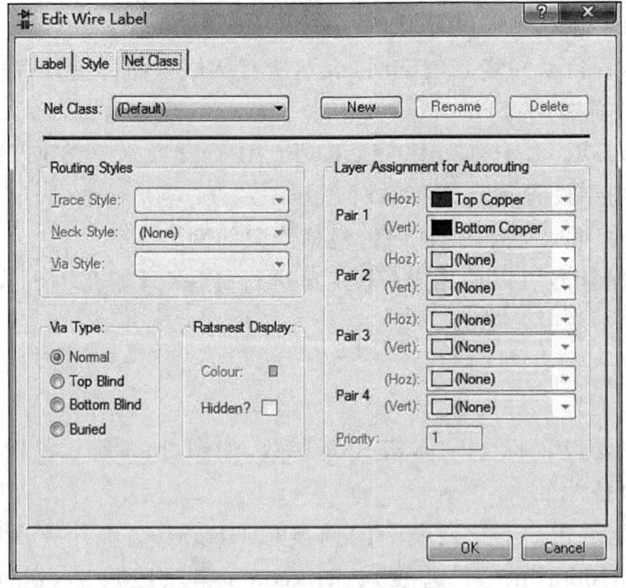

图 2-97 Net Class 选项卡

由此可见导线标签属性对话框有以下两大功能：

(1) 设置总线分支。

(2) 为导线设置网络名称。

2.4 Schematic Capture 其他模式的工具

前面已经介绍了 Component Mode、Buses Mode 和 Wire Label Mode，本节继续学习其他与原理图绘制有关的模式，即 Selection Mode（选择模式）、Junction Dot Mode（接点模式）、Text Script Mode（文本脚本模式）和 Terminal Mode（终端模式），这些模式的放置、属性修改等操作与前面介绍的模式基本相同，此处不再阐述，下面主要讲解这些模式的功能。

2.4.1 Selection Mode（选择模式）

选择模式主要用于选择元器件，系统默认为选择模式。

2.4.2 Junction Dot Mode（接点模式）

接点主要表示线与线之间的连接关系，一般情况下，Schematic Capture 会自动根据连线情况放置接点，删除导线，则与其相连的接点也自动被删除。但是，在某些情况下，可以先绘制接点，后绘制连线。用户可以设置接点属性，如图 2-41 所示。

1. 放置接点

单击模式工具栏上的+按钮，将光标移到原理图编辑区（光标变为白色铅笔），在期望放置接点的地方双击即可。

2. 接点的选中

当光标移至接点处，出现包围对象的虚线轮廓，光标为绿色铅笔形状时，按 Ctrl 键，光标变成选择光标，单击选中接点，释放 Ctrl 键，光标变成移动光标。移动接点时，与接点相连接的导线也随着移动。

2.4.3 Text Script Mode（文本脚本模式）

Schematic Capture 支持多种格式的文本脚本，主要功能如下。

（1）用于定义变量的属性表达式和参数映射。

（2）定义 VSM 模拟器中的原始模型和脚本。

（3）当设计文件中有大量文本标注信息时，可以采用脚本模式。

（4）当一个元器件被分解时保存元器件的属性、封装等信息。

1. 放置脚本

单击模式工具栏上的≣按钮，进入文本模式，将光标移到编辑区左击，弹出文本脚本编辑窗口，如图 2-98 所示，主要包括 Script（脚本）和 Style（格式）两项参数。

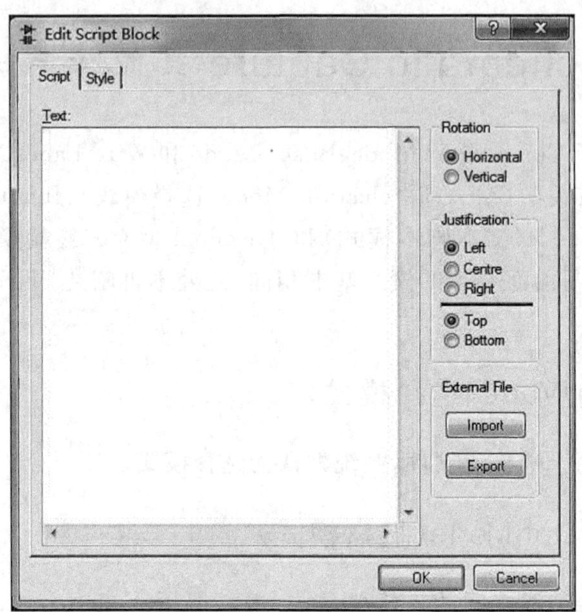

图 2-98　文本脚本编辑窗口

2. 脚本属性

1) Script 脚本属性

Text：脚本输入文本框。

Rotation：旋转。设置文本放置的方向，有 Horizontal(水平)和 Vertical(垂直)两种。

Justification：对齐。水平方向的对齐方式有 Left、Right 和 Centre，垂直方向的对齐方式有 Top 和 Bottom。

External File：外部文件。有两个命令按钮：Import(导入)，将外部格式为.TXT 的文本导入脚本中；Export(导出)，将脚本文件导出保存为.TXT 文件。

2) Style 风格属性

Style 选项卡如图 2-99 所示。

取消 Follow Global 属性后就可以对字体格式、高、宽、粗体、斜体、下画线、删除线、是否隐藏以及颜色等参数进行修改。

3. 编辑脚本

使要修改的脚本成为热对象，双击，或者右击，在快捷菜单中选择 Edit Properties 命令，或者按快捷键 Ctrl+E，都可以打开图 2-98 所示的文本脚本编辑窗口。

4. 调节文本框

将光标放在 Edit Script Block 属性对话框的 4 个边框线或者 4 个角上，光标变成箭头时，拖动左键就可以改变该对话框的大小，然后单击 Edit Script Block 对话框左上角的

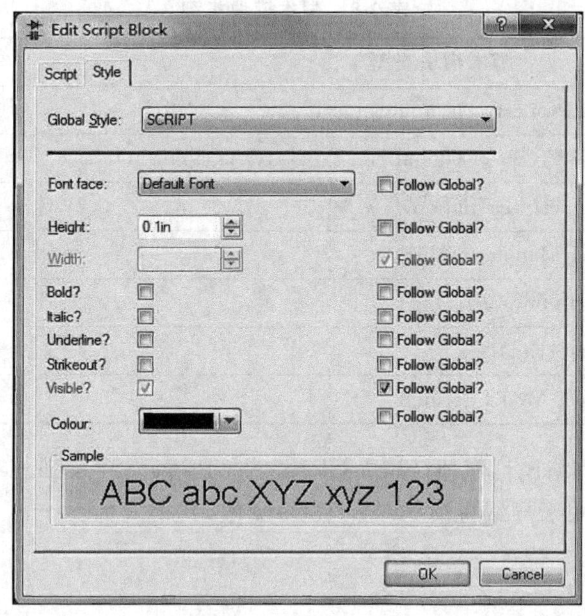

图 2-99 Style 选项卡

Schematic Capture 图标，在菜单中选择 Save Window Size 命令保存重置的尺寸。

5. 退出脚本编辑器

单击 OK 按钮或者按 Ctrl+Enter 键保存脚本并退出；单击 Cancel 按钮或者按 Esc 键放弃修改并退出。

6. 脚本模块类型及应用

Schematic Capture 目前支持的脚本类型如表 2-8 所示，下面介绍常用的 * FIELD、* NETP-ROP 和 * DEFINE 属性。

1）元器件属性分配(Part Property Assignment，* FIELD)

元器件属性分配在 Proteus 8 中基本被抛弃了，因为非物理器件(non-physical)的属性可以直接在 PCB Layout 中修改或者通过 BOM 编辑器直接添加。在这里只是为低版本到高版本的过渡才保留下来。更多的元器件属性参见有关章节(物理终端见 2.4.4 节，PAT 属性分配工具见 4.1 节，BOM 属性修改见 8.2 节)。

例如，以下语句

```
* FIELD
J1,PACKAGE= CONN-D9
J2,PACKAGE= CONN-D25
```

将连接器 J1 的 PCB 封装为一个 9 针 D 型连接器，J2 的 PCB 封装为 25 针 D 型连接器。

表 2-8 脚本模块类型

脚本模块类型	模块头定义
元器件属性分配(Part Property Assignment)	* FIELD
页设计全局网络属性赋值(Sheet Global Net Property Assignment)	* NETPROP
页属性定义(Sheet Property Definition)	* DEFINE
参数匹配表(Parameter Mapping Table)	* MAP ON varname
模型文件定义(Model Definition)	* MODELS
脚本类型定义(Named Script)	* SCRIPT type name
SPICE 模型脚本(SPICE Model Script)	* SPICE type name

2) 页设计全局网络属性赋值(Sheet Global Net Property Assignment, * NETPROP)

NET 属性主要用于导线标签(wire label)赋值,其格式为

```
<prop> = <value>
```

例如:

```
* NETPROP
CLASS=POWER
```

在设计中被标注 CLASS 的网络在 PCB 布线时遵循 POWER 的布线规则,更多的 NET 属性参见 2.3.5 节、5.3 节和 8.3.1 节。

3) 页属性定义(Sheet Property Definition, * DEFINE)

页属性定义是一个非常有用的变量定义工具,该变量可以定义在已给出的设计页上,也可以通过该设计页上的元器件属性构成一个复杂的属性表达式。当然,该变量也可以在网络报表(netlist)中,通过软件(如 VSM Simulator)来控制变量。

例如:

```
* DEFINE
TEMP=40
MINSTEPS=100
```

上述语句定义了 TEMP 和 MINSTEP 两个变量。

4) 模型文件定义(Model Definition Tables, * MODELS)

模型文件定义只能使用在 VSM Simulator 中,用于定义模型文件的参数。

例如:

```
* MODELS
741_NPN : BETAF=80,ISAT=1E-14,RB=100,VAF=50,\
          TAUF=0.3E-9,TAUR=6E-9, CJE=3E-12,CJC=2E-12
741_PNP : BETAF=10,ISAT=1E-14,RB=20, VAF=50,\
          TAUF=1E-9, TAUR=20E-9,CJE=6E-12,CJC=4E-12
```

上述语句定义了两个三极管 741IC 模型参数，模型文件的定义请参阅 VSM 手册中的 primitive models 内容。

2.4.4 Terminal Mode（终端模式）

1. 终端端口功能及放置

单击模式工具栏内的按钮，预览窗口显示 8 种基本终端，如图 2-100 所示，其功能如下。

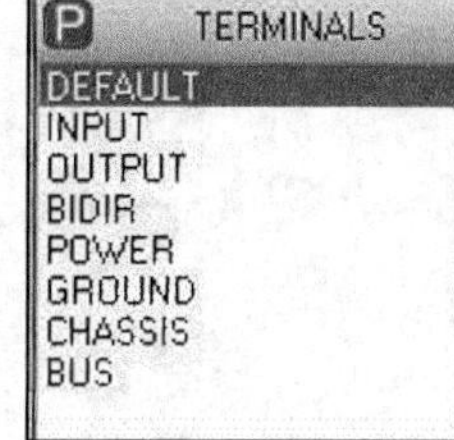

图 2-100 终端模式

DEFAULT：默认端口。可以作为信号的输入或者输出端口。

INPUT：输入端口。作为信号的输入端口。

OUTPUT：输出端口。作为信号的输出端口。

BIDIR：双向端口。既可以作为信号的输入端口，也可以作为信号的输出端口。

POWER：电源。在原理图中作为直流电源使用，可以在其 String 属性中修改值电压值，如+5V，-5V 等。

GROUND：数字地。在原理图中作为地信号使用。

CHASSIS：模拟地。

BUS：总线。作为总线端口。

电源和地信号直接为原理图或者模块电路提供电源，其他终端主要用于模块电路设计和子电路图设计。

单击 P 按钮弹出终端选择库窗口，可以从库（系统库和用户库）中选择其他终端。

终端的放置与元器件的放置基本相同，相关操作请参阅 2.3.3 节。

2. 终端局部属性修改

终端放置后必须对终端进行标注，因为没有标注的终端在网络表编译时会被忽略，有时出现 Netlist Error 提示信息。Schematic Capture 认为具有相同网络标号的终端具有电气连接关系。终端标注有以下几种方式。

(1) 通过终端属性修改对话框中的 String 关键字输入终端名。终端名即终端网络标号，如图 2-101(a)所示。

(2) 单击 String 关键字右侧的下拉按钮，列出目前项目原理图中的所有网络名称，选择所需的名称即可，如图 2-101(c)所示。

(3) 利用 PAT 属性工具的 Net 属性进行操作，详见 4.1 节。

打开终端属性修改对话框，如图 2-101(a)和图 2-101(b)所示，其属性参数关键字功能与前面模式工具的关键字功能相同，此处不再赘述。

Schematic Capture 提供了逻辑终端和物理终端两种终端模式，这两种终端以其标号语法进行区别。

(1) 逻辑终端：仅用做网络标号。在层次电路设计中作为父图和子图之间的电气连接，Schematic Capture 认为同名的网络标号连接在一起。逻辑终端名可以是文字、数字、字符及连字符、下画线或者空格等混合构成。导线标号、总线标号及网络标号均属于逻辑终端。这也是最常用的一种方式，如图 2-102(a)所示。

(2) 物理终端：表征一个物理连接器引脚。例如，J3:2 表示与 J3 元器件的第 2 引脚相连，如图 2-102(b)所示。物理终端将作为 PCB Layout 的元器件被导入，如果没有封装，就会提示添加封装。

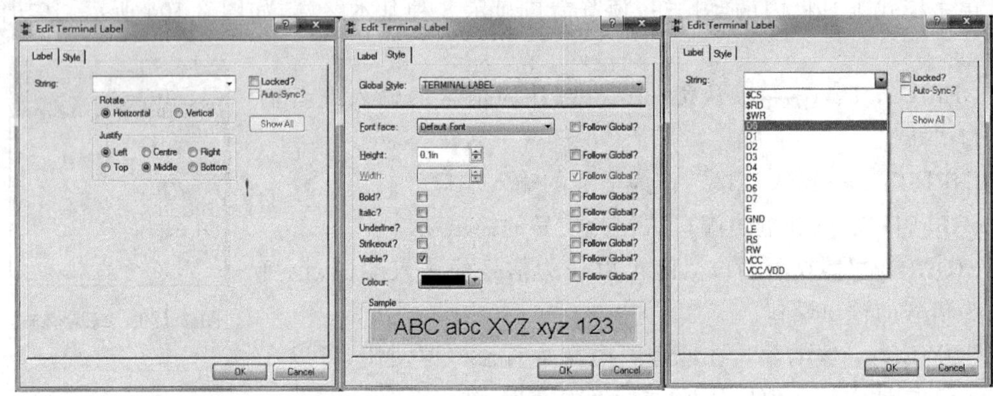

(a) Label选项卡　　(b) Style选项卡　　(c) String下拉框

图 2-101　终端属性对话框

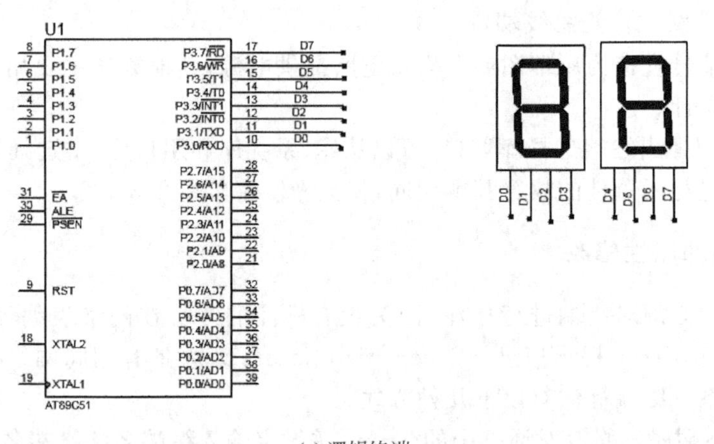

(a) 逻辑终端

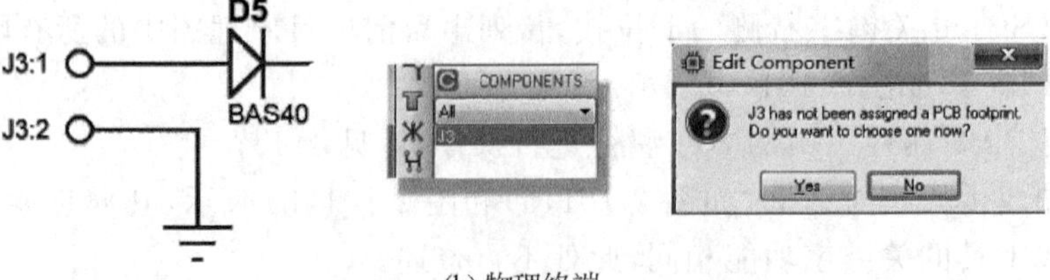

(b) 物理终端

图 2-102　逻辑终端和物理终端

3. 终端全局属性修改

选择 Template→Set Graphic Styles 命令，弹出编辑全局图形风格属性对话框，在 Style 下拉列表中选择 TERMINAL，进行属性修改，如图 2-103 所示。

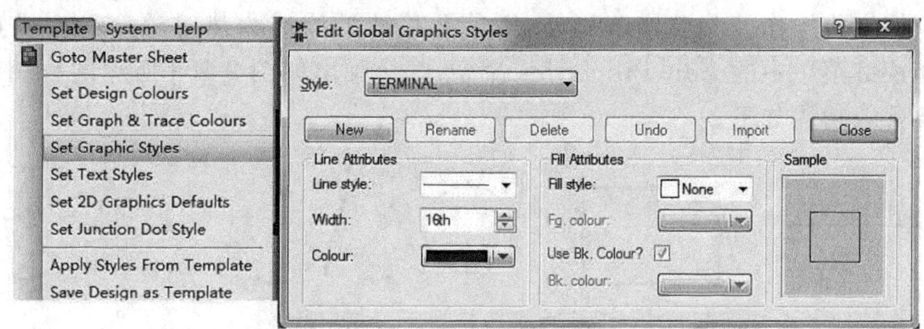

图 2-103 编辑全局图形风格属性对话框

2.5 二维绘图工具

二维绘图工具包括 Line(线)、Box(矩形)、Circle(圆)、Arc(弧)、Closed Path(闭合路径曲线)、Text(文本)、Symbols(符号)和 Makers(标号)。

2.5.1 直线及其风格设置

1. 画直线和局部属性修改

单击模式工具栏内的(2D Graphic Line Mode)按钮，进入 2D 图形绘制直线模式，在对象选择器内显示直线风格，如图 2-104 所示。

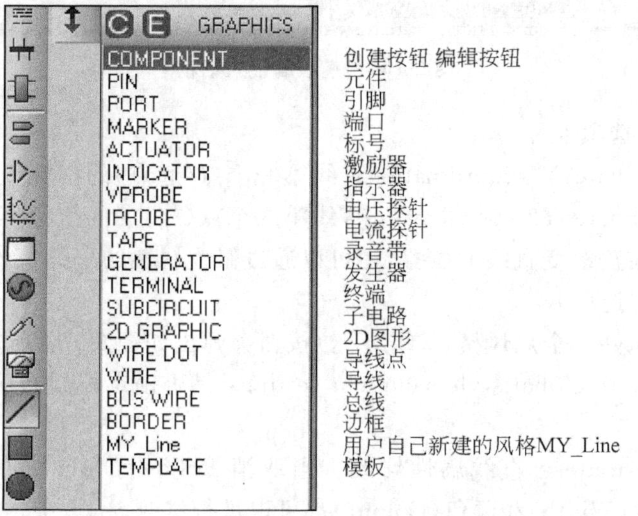

图 2-104 2D 直线风格

在对象选择器中选择一种直线风格，在编辑区的期望位置处单击放置直线的起点，在终点处单击结束画线。当直线成为热对象时，单击则直线被选中，这时直线两端出现黑色小方块(称为控点，直线有两个控点，如图 2-105(a)所示)，要改变线的长短或者方向，把鼠标移动到控点处，光标变成 ✥ 时，按住左键移动控点的位置或者改变直线的走向，释放左键完成操作。若要修改属性，则使要修改的线成为热对象，双击，或者选中后右击，选择快键菜单中的 Edit Properties 命令，都会弹出如图 2-106 所示的直线属性对话框，其主要参数功能如下。

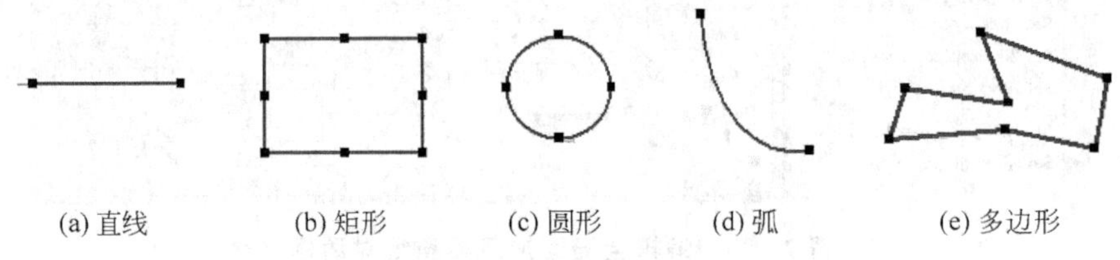

图 2-105　二维图形的控点

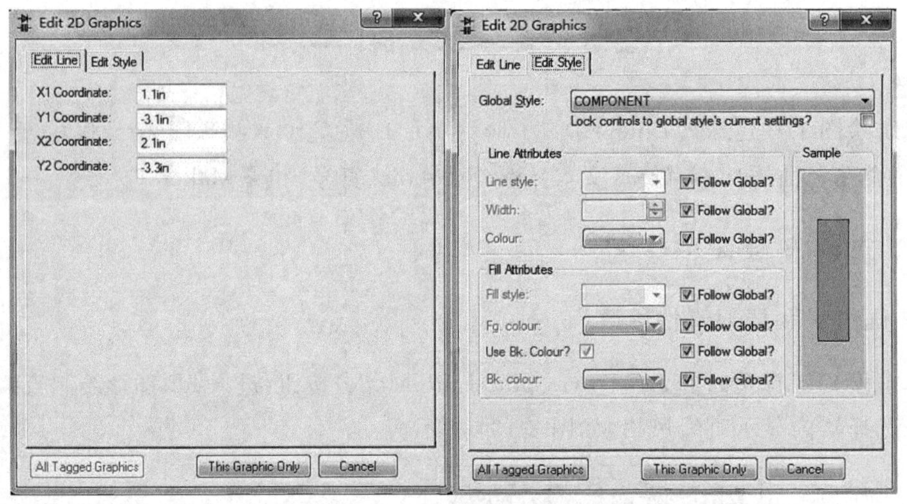

图 2-106　直线属性对话框

1) Edit Line 选项卡

(1) X1 coordinate，Y1 coordinate：直线第一个点(起点)的坐标值。

(2) X2 coordinate，Y2 coordinate：直线第二个点(终点)的坐标值。

除了利用拖拉法改变直线的位置，还可以通过修改属性的坐标值改变直线的位置。

2) Edit Style 选项卡

(1) Global Style：全局风格。单击下拉按钮会弹出如图 2-104 所示的所有风格。

Lock controls to global style's current setting：是否锁定控制当前全局设置，一般勾选该项。

(2) Line Attributes：直线属性修改。当取消 Follow Global 的勾选时，线的风格(Line style)、宽度(Width)和颜色(Colour)都可以进行修改。

(3) 按钮功能。

This Graphic Only：仅用于本图形。

All Tagged Graphics：用于所有选中的图形。

Cancel：取消编辑。

(4) Sample 图形区域用于预览直线的效果。

2. 新建直线

在 2D Graphic Line Mode 模式下单击对象选择器上的C按钮，可以创建新的 2D 直线类型模型，如图 2-107 所示。在 New style's name 文本框中输入创建的类型名称，如 MY_line，单击 OK 按钮保存并退出，对象选择器中出现新建直线类型风格，如图 2-104 所示。

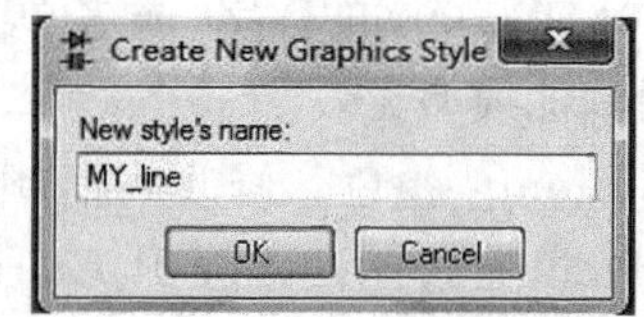

图 2-107 新建直线类型风格对话框

3. 全局属性修改

在 2D Graphic Line Mode 模式下单击对象选择器上的E按钮，可以对系统或者用户自建的风格属性进行修改，弹出如图 2-108 所示的全局图形风格属性对话框，主要参数如下。

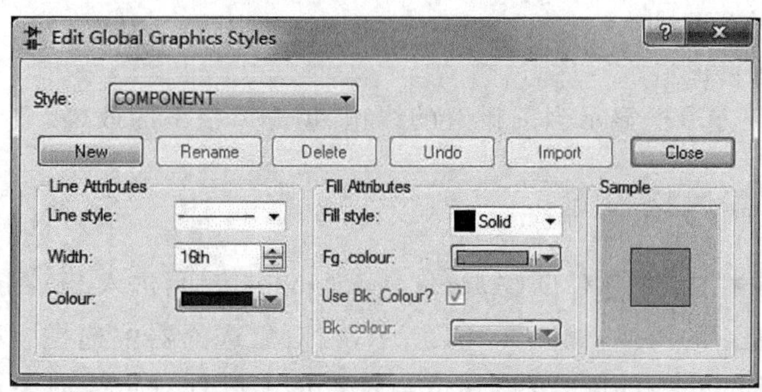

图 2-108 全局图形风格属性对话框

1) Style

单击 Style 后的下拉按钮，弹出对象选择器中的所有对象，选择某一对象开始编辑其属性。

2) 按钮

New：新建。创建新的风格，其属性为默认设置。新建风格不能与已创建的或者系统预定义的风格重名。

Rename：重命名。只能对用户创建的风格进行重命名操作。

Delete：删除。删除用户创建的风格。单击该按钮会弹出确认删除对话框，单击 Yes 按钮表示删除，单击 No 按钮表示放弃删除。删除操作是不能被"撤销"的。

Undo：撤销。当对当前风格的线属性和填充属性修改后，可以单击该按钮撤销修改操作。

Import：导入。导入全局的2D图形风格。

Close：关闭。保存格式设置并退出，并更新原理图中的2D图形。

3) 线性属性设置(Line Attributes)

Line style：线型。单击其后的下拉列表，选择所需的线型，若选择None，表示填充图形没有边框。

Width：线宽。为实线型直线指定线宽，单位为th。修改方法有两种：直接在文本框中输入0～100 000的数字，或者单击数值调节按钮进行修改。该参数的修改只对实线型有效，对其他线型无效。

Colour：颜色。修改线框颜色，单击颜色框，弹出颜色面板，选择所需的颜色。

4) 填充属性设置(Fill Attributes)

Fill style：填充风格。具体风格类型如图2-109所示。

Fg. colour：前景色。用于设置填充色。单击颜色框，通过色板来设置。除None风格外，前景色对其余填充风格都有效。

Use Bk. Colour：应用背景色。勾选表示使用，反之表示禁止使用。

Bk. colour：背景色。只有应用背景色选项有效时才能通过色板来修改颜色。除None、Solid两种风格外，背景色对其余填充风格都有效。

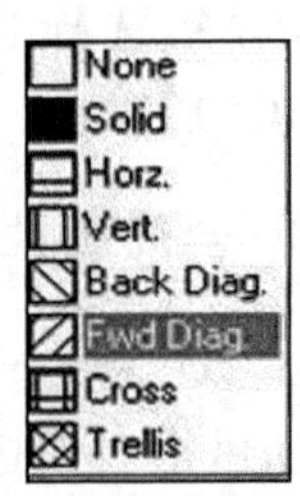

图2-109 填充风格

5) Sample(预览窗口)

以1in×1in正方形框显示当前设置的线型、填充风格下的效果。

2.5.2 矩形及其风格设置

单击模式工具栏内的■(2D Graphic Box Mode)按钮，进入2D图形画矩形模式，对象选择器内显示矩形的风格，如图2-104所示，在对象选择器中选择一种风格，在期望位置处单击选择矩形对角线的起点，移到适当位置单击放置对角线的终点，即以这两点为对角线形成矩形的二维图形。矩形有8个控点(图2-105(b))，将鼠标移到控点，拖动可以改变矩形的大小，释放鼠标结束。矩形的属性对话框如图2-110所示。

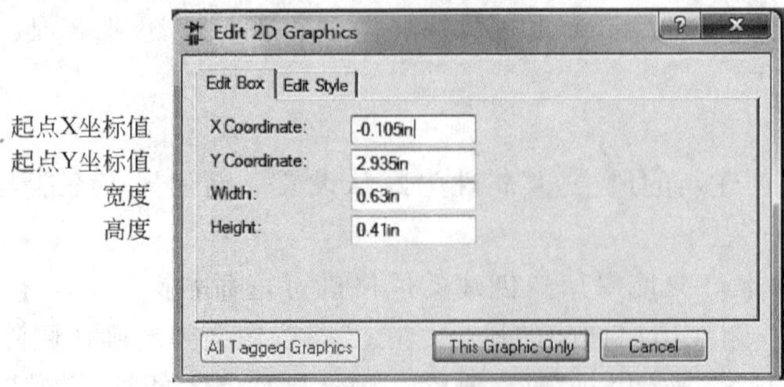

(a) Edit Box属性

图2-110 矩形属性对话框

(b) Edit Style属性

图 2-110 （续）

2.5.3 圆及其风格设置

单击模式工具栏内的●(2D Graphic Circle Mode)按钮，进入 2D 图形画圆模式，对象选择器内显示了圆的风格，如图 2-104 所示，在对象选择器中选择一种风格，在期望位置单击放置圆心，拖动鼠标确定圆的半径，再单击结束画圆。中途如果要取消画圆，可右击或按 Esc 键。圆形有 4 个控点，如图 2-105(c)所示。

圆的属性设置与矩形的属性设置类似，主要包括原点坐标(X Coordinate，Y Coordinate)和圆的半径 Radius。

2.5.4 弧及其风格设置

单击模式工具栏内的◟(2D Graphic Arc Mode)按钮，进入 2D 图形画弧模式，对象选择器内显示弧线风格，如图 2-104 所示，在对象选择器中选择一种风格，在编辑区内期望位置单击设定弧线的起点，在终点单击结束画弧，如果起点和终点不在一条直线上，则画出 1/4 的椭圆弧，否则形成一条直线。中途如要取消画弧可右击或按 Esc 键。弧线有 4 个控点，两头黑色的圆点可以控制弧线的长和方向，中间两个黄色的点可以改变弧的弯度，如图 2-105(d)所示。

弧线的属性设置与直线的属性设置类似，主要包括弧的起点坐标(X1 Coordinate，Y1 Coordinate)和终点坐标(X2 Coordinate，Y2 Coordinate)，这两个参数只改变弧度起点和终点的坐标值，但不能改变弧度的弯度。

2.5.5 多边形(封闭曲线)及其风格设置

单击模式工具栏内的 (2D Graphic Closed Path Mode)按钮,进入2D图形画多边形模式,对象选择器内显示多边形风格,如图2-104所示,选择合适的风格。在编辑区内单击放置多边形第一个顶点,移动鼠标再单击放置第二个顶点……最后一个顶点必须与第一个顶点重合,才能完成多边形绘制。在画多边形时,按住Ctrl键可以画弧线,如果要画直线,直接拖拉即可(默认为直线)。在画多边形时可以按Backspace键取消最近的轨迹,中途要取消画多边形,可以右击或按Esc键。

多边形每一个顶点就是一个控点,如图2-105(e)所示,单击控点可以改变多边形的形状。多边形的属性框与圆、矩形的属性基本相同。

2.5.6 2D图形文本及其风格设置

单击模式工具栏内的A(2D Graphic Text Mode)按钮,进入2D图形文本模式,对象选择器内显示文本模式风格,如图2-104所示。选择合适的风格,在编辑区单击,弹出文本属性对话框,如图2-111所示。

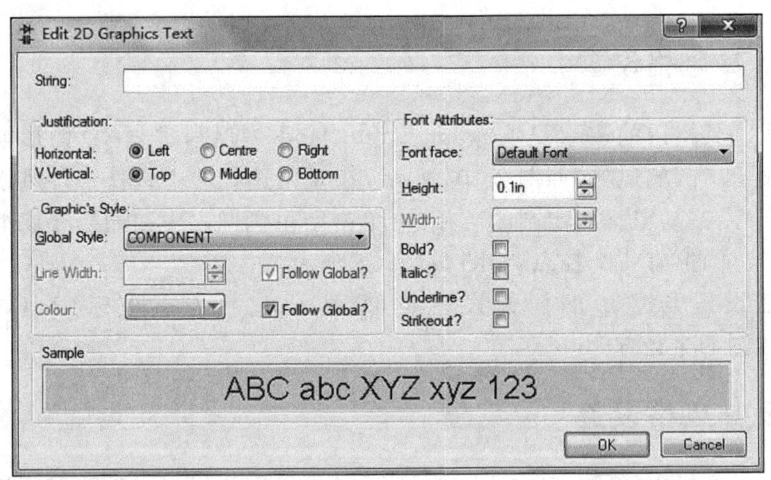

图2-111 文本属性对话框

主要参数包括如下内容。

String:输入文本信息。

Justification:对齐方式。有水平和垂直两个方向。

Graphic's Style:图形风格。取消Follow Global属性的勾选,可以对颜色属性进行修改。

Font Attributes:字体属性。主要包括字体、高度、粗体、斜体、下画线等属性。

2.5.7 符号

单击模式工具栏内的 (2D Graphic Symbols Mode)按钮,进入2D符号模式,默认模式下对象选择器内没有任何符号，单击对象选择器的P按钮，打开拾取符号库对话框，如图 2-112 所示。

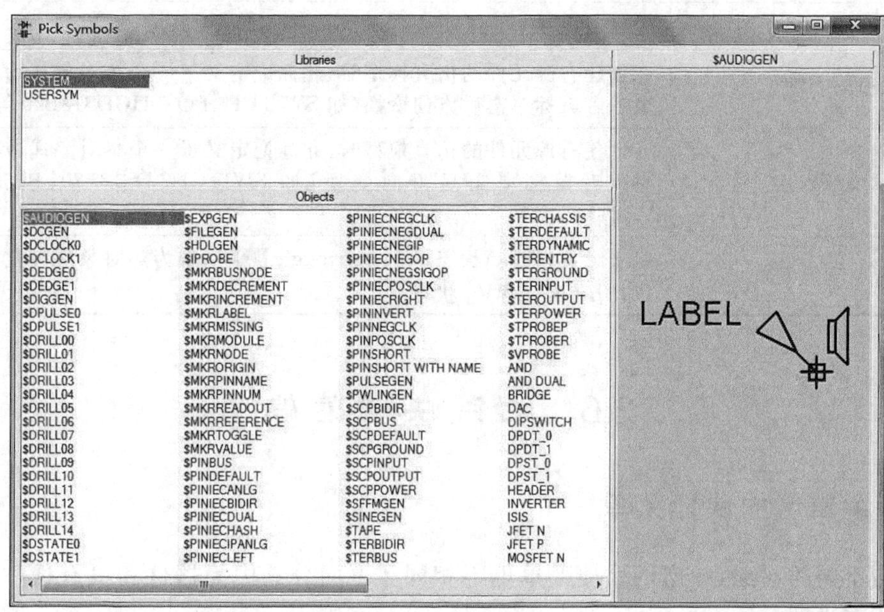

图 2-112 拾取符号对话框

Libraries：库。包括系统符号库和用户库，单击其中一种库，则 Objects 列表列出所有的符号。

Objects：符号列表。列出库中所有的符号，双击自己需要的符号，则在对象选择器中显示刚才双击的符号，符号在原理图中的放置、旋转、删除等操作与元器件的相关操作类似。

2.5.8 标号

标号主要用于创建和编辑的元器件、符号、终端和引脚。Schematic Capture 系统提供了 9 种标号。单击模式工具栏内的(Marker Mode)按钮，进入标号模式，对象选择器列出了 9 种标号，其含义如表 2-9 所示。

表 2-9 标号

标号类型	说明
ORIGIN(起点)	定义任何元器件的定位点，定位点是元器件旋转或者元器件放置时的光标位置
NODE(接点)	定义接点的引脚或端子的位置
BUSNODE(总线接点)	定义引脚或终端为总线类型。总线总是从总线接点开始
LABEL LABEL(标签)	定义引脚或者终端的标签
NAME PINNAME	定义引脚名称

续表

标号类型	说明
99 PINNUM	定义引脚编号
INCREMENT	在创建有源元件的仿真模型时，此标记定义了一个热对象递增状态变量或者鼠标单击后方向变换(如 SWITCH、POT-HGDS18B20 等)
DECREMENT	在创建有源元件的仿真模型时，此标记定义了一个热对象递减状态变量或者鼠标单击后方向变换(如 SWITCH、DS18B20、BUTTON、POT-HG 等)
TOGGLE(触发)	定义触发(翻转)状态，如 Logictoggle，成为热对象后按空格键可以切换触发(翻转)状态

2.6 右键快捷菜单

2.6.1 编辑区的快捷菜单

右击不同的对象，弹出的快捷菜单也不相同。下面分选中元器件和没有选中元器件这两种状态讲解。

1. 选中元器件时的快捷菜单

以选中 AT89C51 元器件为例，快捷菜单如图 2-113 所示。

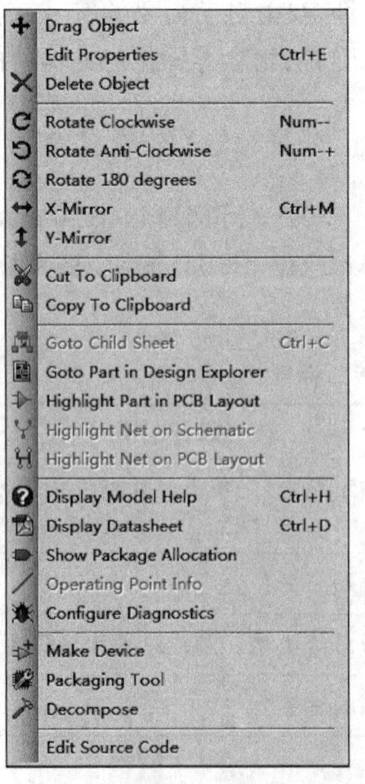

图 2-113 选中元器件时的快捷菜单

2. 编辑区空白区域快捷菜单

在空白区域右击时弹出的快捷菜单如图 2-114 所示。可进行放置、选择、复制和粘贴等操作，有的还有下级菜单。

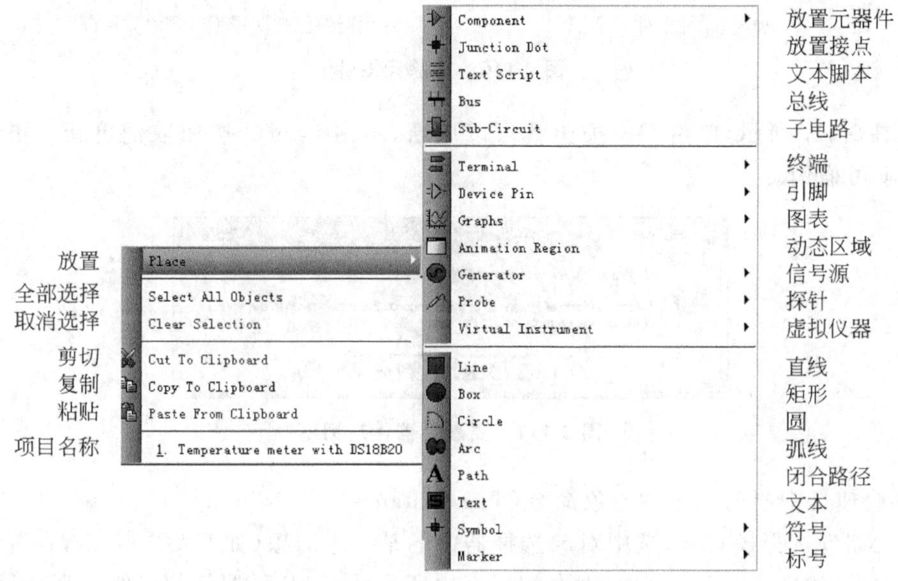

图 2-114　空白区域右击快捷菜单

2.6.2 预览区、对象选择器快捷菜单

在预览区或者对象选择器的任何地方右击，弹出的快捷菜单如图 2-115 所示。

1）清理未用元器件命令(Tidy、Delete)

清理元器件的功能主要是清理已经从元器件库选取但没有放置到原理图编辑区的元器件，选择快捷菜单中的 Tidy 命令或 Edit→Tidy 命令，弹出是否要清除选择器中未用元器件对话框，如图 2-116(a)所示，单击 OK 按钮清除不用的元器件，单击 Cancel 按钮取消清除操作。Tidy 命令删除未用元器件时自动进行选择，而且一次性删除所有未用的元器件。如果选中未用元器件后按 Delete 键也可以删除未用元器件，如果选中的元器件已经被放置，则会提示不能删除对话框，如图 2-116(b)所示，单击 OK 按钮退出删除操作。按 Delete 键一次只能删除一个未用的元器件。

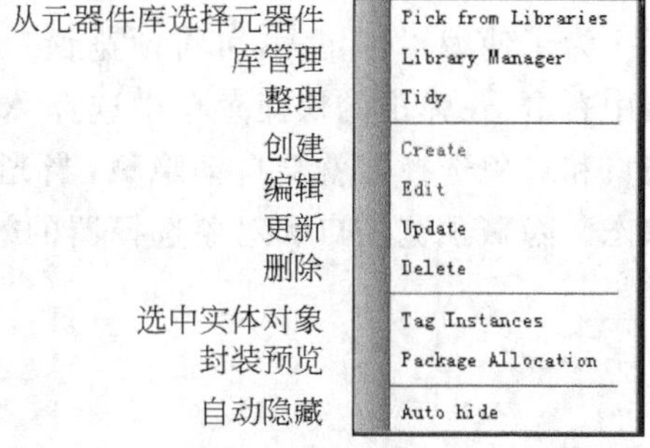

图 2-115　预览区、对象选择区的快捷菜单

2）更新元器件命令(Update)

如何将第三方元器件库更新到元器件库中？Schematic Capture 提供了 Update 命令。该命令将对象选择器中选定的元器件(如 1N4001)以当前版本库中的对应元器件替

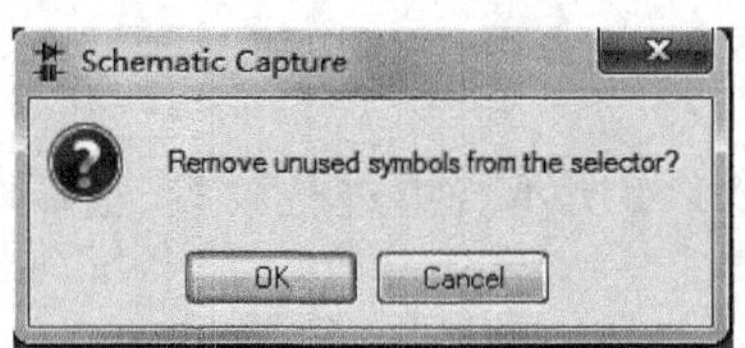

(a) 清除元器件对话框

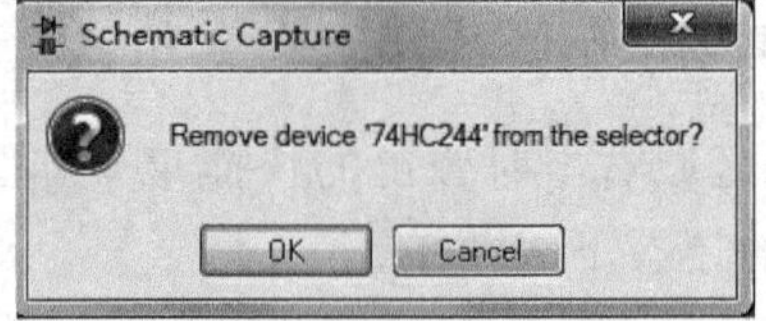

(b) 元器件已被使用不能删除对话框

图 2-116 清除元器件

代。如图 2-117 所示,单击 OK 按钮就可以更新,单击 Cancel 按钮取消更新。更新操作执行后不可撤销。

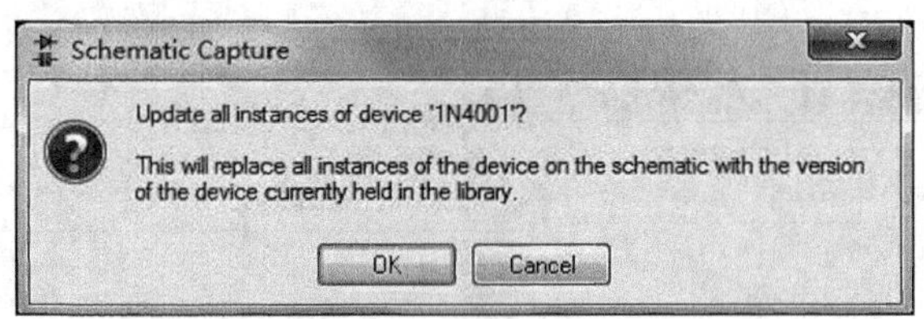

图 2-117 更新元器件对话框

3) 快速选中当前页中的对象命令(Tag Instance)

在元器件选择模式下,选中对象选择器中的某一个对象(如 CAP),右击,在弹出的快捷菜单中选择 Tag Instance 项,则在编辑区内所有的 CAP 元器件都呈红色高亮显示。

4) 查看某类元器件的封装命令(Package Allocation)

在元器件选择模式下,在对象选择器中选中元器件,例如 CRYSTAL,右击,在弹出的快捷菜单中选择 Package Allocation 项,就会弹出编辑区中所有 CRYSTAL 元器件的封装。如图 2-118 所示。

5) 自动隐藏预览窗口和对象选择器命令(Auto Hide)

为了使编辑区更大,可将预览窗口和对象选择器隐藏起来,在预览窗口或对象选择器中右击,在弹出的快捷菜单中选择 Auto Hide 命令,当光标放到编辑区窗口时,则预览窗口和对象选择器就会自动隐藏;当光标移动到隐藏条上,选择器就会自动展开为正常状态。隐藏预览窗口和对象选择器的效果如图 2-119 所示。

图 2-118 原理图中晶体振荡器 CRYSTAL 的封装

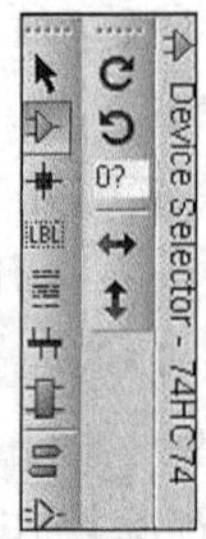

图 2-119 隐藏预览窗口和对象选择器

2.7 0～33V可调电源设计

电源电路是模拟电路中的典型电路，本节以图 2-120 所示的可调电源电路（0～33V）为例讲解 Schematic Capture 原理图绘制（示例见配套电子资源 chap2 中的 0～33V.pdsprj），其所需的元器件清单如表 2-10 所示。

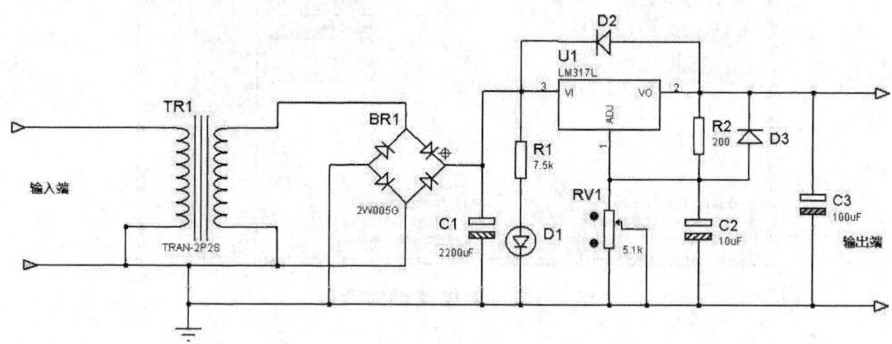

图 2-120 可调电源原理图

具体步骤如下。

(1) 按表 2-10 所示在元器件库中拾取元器件。

表 2-10 元器件列表

元器件名称	类	子　类	元器件名称	类	子　类
TRAN-2P2S	Inductor	Transforms	LED-GREEN	Optoelectric	LEDs
2W0050	Diodes	Bridge Rectifier	LM317L	Analog ICs	Regulator
CAP-ELEC	Capacitors	Generic	POT-HG	Resistors	Variable
CAP	Capacitors	Generic	Res	Resistors	Variable
Diode	Diodes	Generic			

(2) 按图 2-120 所示放置元器件并修改元器件属性，电感元器件的属性如图 2-121 所示。

(3) 放置输入、输出终端。

(4) 连线。

(5) 虚拟仿真测试，按图 2-122 添加交流源（ALTERNATOR）、DC VOLTMETER（直流电压源）、AC VOLTMETER（交流电压源）。其中交流电压源在元器件库拾取，直流电压源和交流电压源在 Virtual Instruments Mode（虚拟仪器模式）下在对象选取器中拾取。设置 Set Animation Options 参数，使电流方向用箭头显示，用不同颜色显示电压。运行仿真，观察电流方向、交流信号源的方向变化以及输入交流电压、直流电压表示数的变化情况。

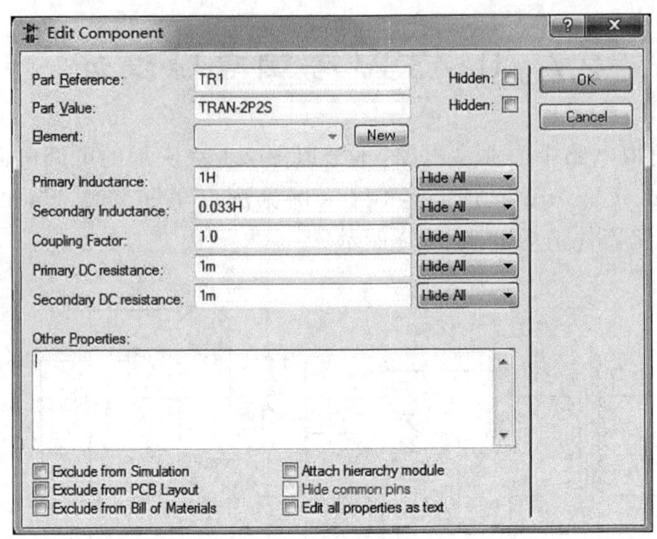

图 2-121 电感属性对话框

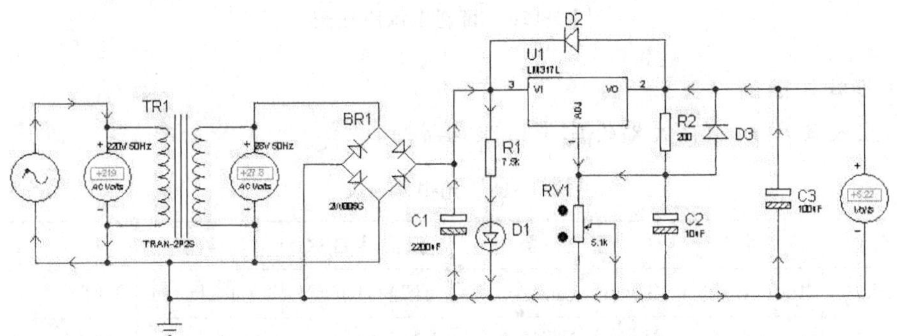

图 2-122 可调电源电路图仿真

2.8 原理图风格设置综合应用

设计电路原理图时，需要设置个性化的原理图风格，结合前几节介绍的原理图参数设置，设计如图 2-123 所示风格的原理图(示例见配套电子资源 chap2 中的 schematic style. pdsprj)，该原理图的配色方案是，元器件的轮廓为蓝色，填充色为黄色；终端颜色为红色；背景色为浅灰色；字体为 Vector Font。

2.8.1 编辑全局风格

全局风格的设置会影响整个项目的风格，因此全局性的设置可以保存成母版，以便以后直接加载，母版的设计请参阅 4.5 节。

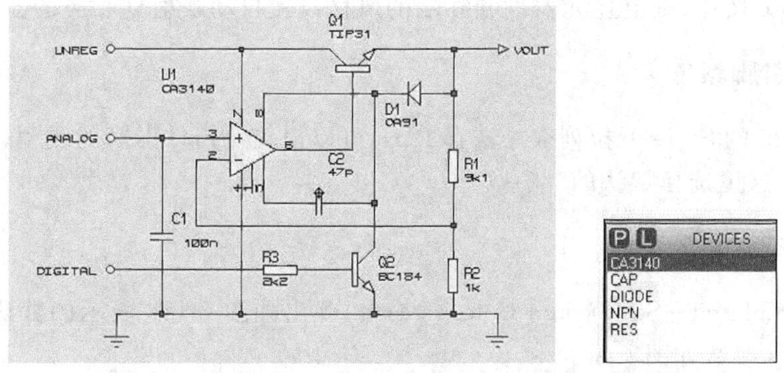

图 2-123 Schematic style 原理图及所需元器件

1. 元器件风格设置

选择 Templated→Set Graphic Styles 命令，弹出如图 2-124 所示的全局图形风格编辑对话框，在 Style 中选择 COMPONENT，设置相关的属性。

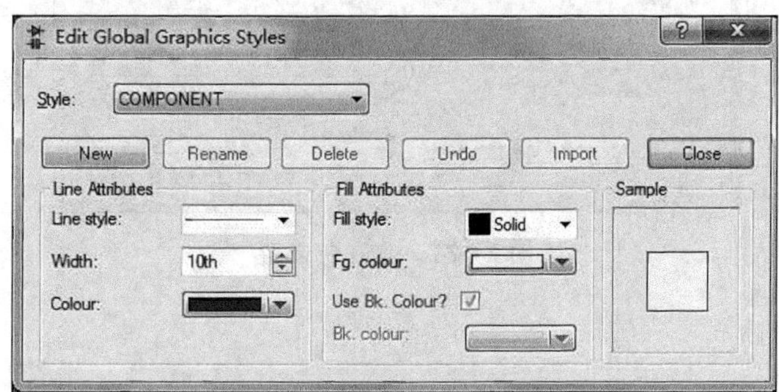

图 2-124 元器件风格设置

2. 设置 Terminal 全局风格

在 Style 中选择 TERMINAL 设置终端风格，风格参数如图 2-125 所示。

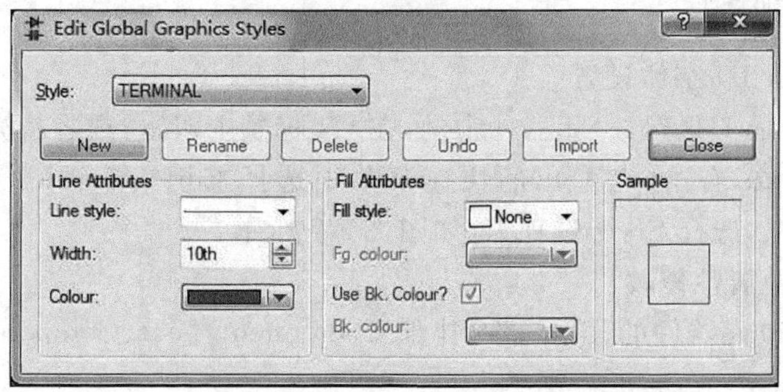

图 2-125 终端风格设置

单击 Close 按钮，则上述元器件和终端的风格设置自动映射到相应的器件上。

3. 设置引脚颜色

在图 2-125 的 Style 下拉列表中选择 PIN，可以设置元器件引脚的线型、宽度、颜色以及填充色等。这里选择默认的“蓝色”。

4. 设置纸张背景色

选择 Templated→Set Design Colours 命令，弹出如图 2-126 所示的默认设计编辑属性对话框，具体参数如图所示。

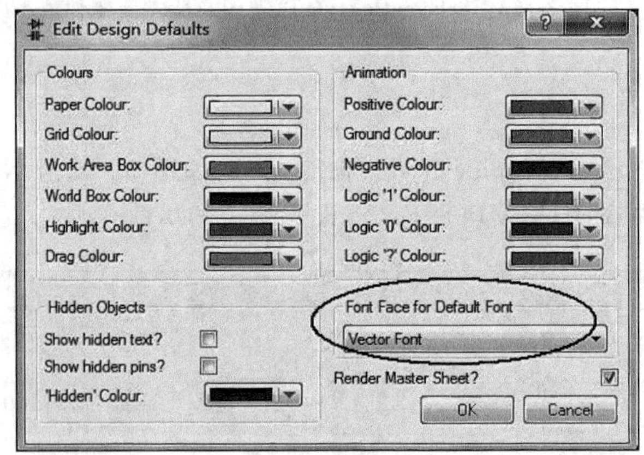

图 2-126 背景色设置

5. 字体设计

在图 2-126 所示对话框的 Font Face for default Font 下拉列表中选择 Vector Font 字体。

2.8.2 局部风格设置

1. 元器件局部属性

1）Component ID 字体设置

以图 2-123 中的 U1(运放)元器件为例，在 U1 标签上双击，或者将光标放到 U1 标签上，使其成为热对象，右击，在弹出的快捷菜单中选择 Edit Label 命令，都会弹出 Edit Part Id 属性对话框，选择 Style 选项卡，如图 2-127 所示。

2）元器件其他属性修改

同理，可以修改元器件的其他属性，比如 Component Text、Component Value 等。

2. 其他对象属性的修改

对于其他对象(如二维图形、导线和总线等)属性的修改可以参阅前面的知识。

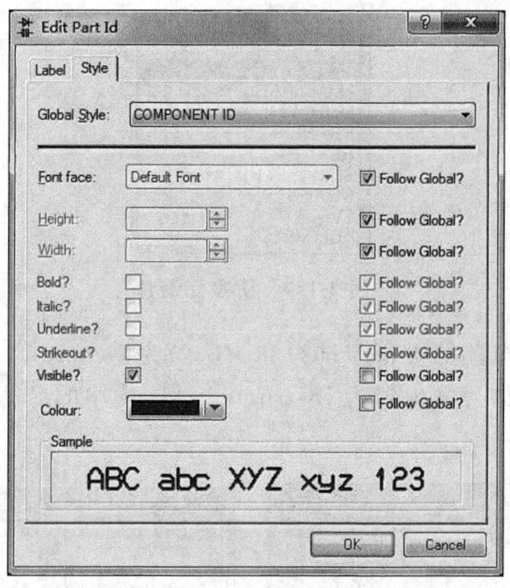

图 2-127　Component ID 字体设置

到此，一个具有独特风格的电路设计就完成了。为了使下一次绘制电路时该效果继续有效，可以将这些风格设置成母版（注意，只有全局风格可以被保存，而局部风格只适用于当前电路），对于母版的设计、保存和调用，请参阅 4.5 节。

2.9　LM3914 驱动 Bargraph 电路设计

设计如图 2-128 所示的电路图（实例见配套电子资源 chap2 中的 LM3914.pdfprj），所需元器件如图 2-129 所示。

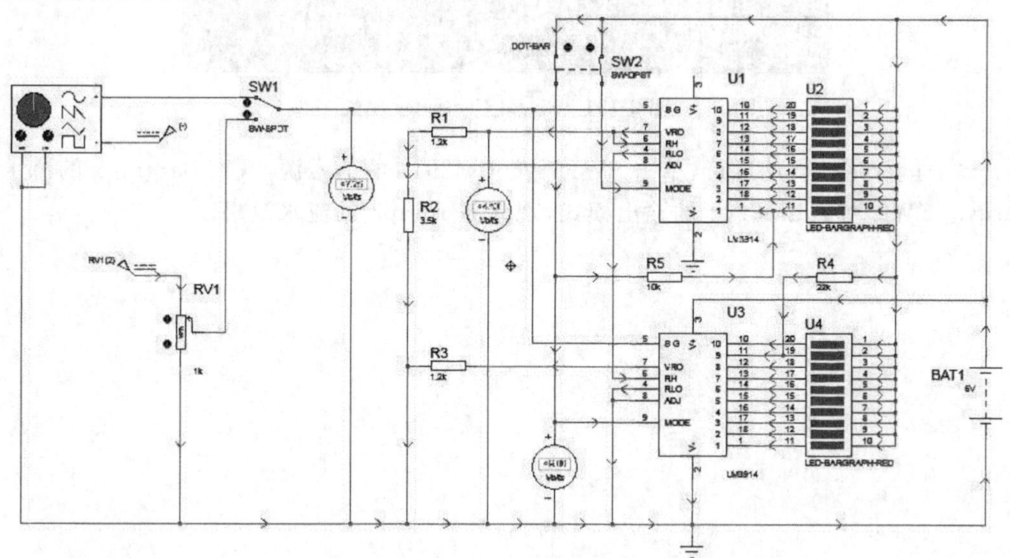

图 2-128　LM3914 控制 Bargraph 原理图

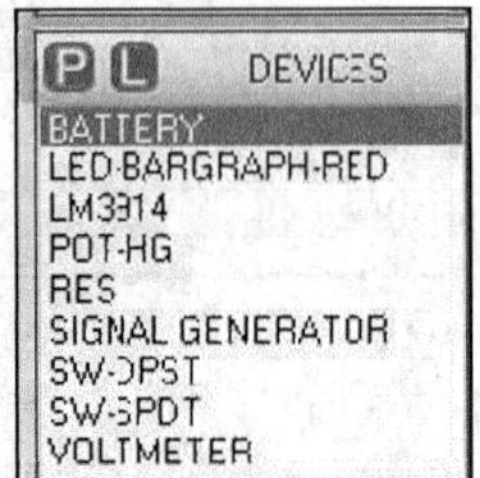

图 2-129 所需元器件

在图 2-128 所示的电路图中,RV1(2)和 V(—)为 Generator Mode 中的 DC Source,属性如图 2-130 所示。信号发生器为 Instrument Mode 中的 Signal Generator,属性设置如图 2-131 所示。

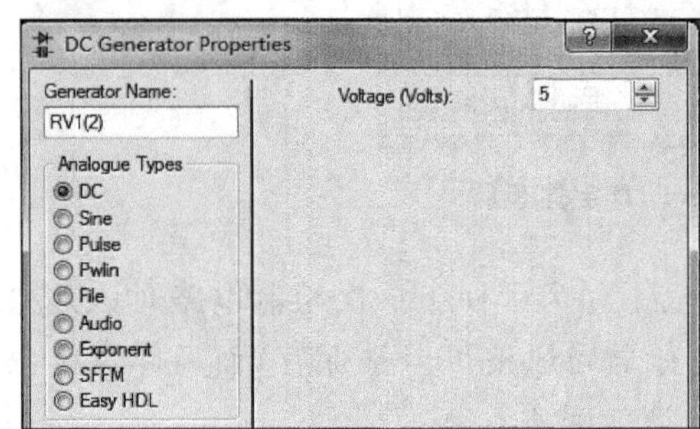

(a) RV1(2)属性对话框

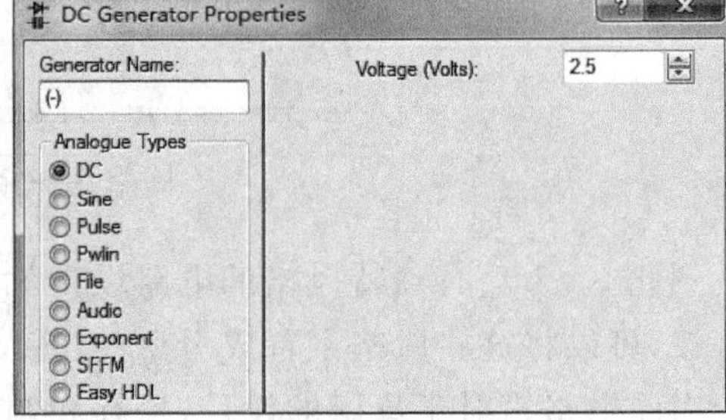

(b) V(—)属性对话框

图 2-130 RV1(2)和 V(—)属性对话框

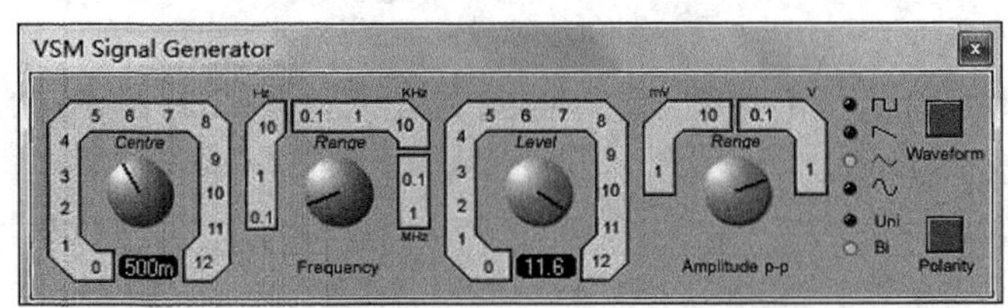

图 2-131 Singal Generator 属性

单击运行按钮启动运行,单击 SW1 改变 LM3914 的信号源,观察 Bargraph 的流水效果;单击 SW2 改变 LM3914 的输出模式,观察 Bargraph 的流水效果。

第3章 chapter 3

Schematic Capture 元器件库及库管理

Proteus 8 提供了很多种库文件，不同的库文件后缀如下：

(1) 元器件库(Library)，库文件后缀为(.lib)。

(2) Index，库文件后缀为(.idx)。

(3) 3D Model，库文件后缀为(.vml 或 .3ds)。

(4) Master Style，库文件后缀为(.sty)。

(5) Configuration，库文件后缀为 (.ini)。

本章主要讲解元器件库。

3.1 Schematic Capture 元器件库

Schematic Capture 提供了丰富的元器件库，熟悉元器件库中的元器件对于绘制原理图是非常重要的。Schematic Capture 元器件库如图 3-1 所示。从图中可以看出元器件库是按照 Category(类)、Sub-category(子类)和 Manufacturer(生产商)的顺序进行元器

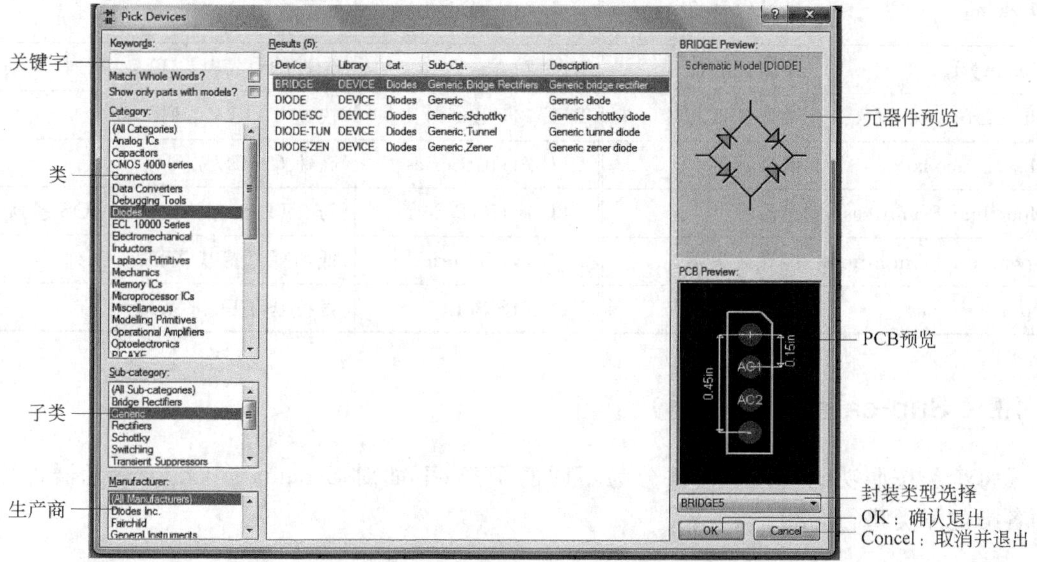

图 3-1 Schematic Capture 元器件库

件管理的。通过关键字或者上述3个方面进行查找并显示查找结果,单击其中的元器件,可以进行元器件预览和PCB预览。

3.1.1 Category(类)

Schematic Capture元器件共有36个子类,包括34 858个元器件,各类的功能如表3-1所示。

表3-1 元件库类及功能

类	功 能	类	功 能
Analog ICs	模拟集成器件	PICAXE	PICAXE单片机
Capacitors	电容	PLDs and FPGAs	可编程器件
CMOS 4000 Series	CMOS 4000系列	Resistors	电阻
Connectors	连接器/接头	Simulator Primitives	仿真源
Data Converters	数据转换器	Speaker and Sounders	扬声器和音响
Debugging Tools	调试工具	Switches and Relays	开关和继电器
Diodes	二极管	Switch Devices	开关器件
ECL 10000 Series	ECL 10000系列	Thermionic Valves	热离子真空管
Electromechanical	电机	Transducers	传感器
Inductors	电感	Transistor	晶体管
Laplace primitives	拉普拉斯模型	TTL74 Series	标准TTL74系列
Mechanics	机械电动机	TTL 74ALS Series	先进的低功耗肖特基TTL74系列
Memory ICs	存储类芯片	TTL 74AS	先进的肖特基TTL74系列
Microprocessor ICs	微处理器芯片	TTL 74F Series	快速TTL74系列
Miscellaneous	混杂器件	TTL 74HC Series	高速CMOS系列
Modelling Primitives	建模源	TTL 74HCT Series	与TTL兼容的高速CMOS系列
Operational Amplifiers	运算放大器	TTL 74LS Series	低功耗肖特基TTL74系列
Optoeletronics	光电器件	TTL 74S Series	肖特基TTL74系列

3.1.2 Sub-category(子类)

每个类按照功能又将元器件分为不同的子类,下面对Schematic Capture元器件库中各类的子类进行介绍。

3.1.2.1 Analog ICs

模拟集成元器件共有9个子类,如表3-2所示,总计686种模拟集成元器件。

表3-2 Analog ICs子类

子　类	说　明	子　类	说　明
Amplifiers	放大器	Miscellaneous	混杂器件
Comparators	比较器	Multiplexers	多路开关/多路复用器
Filters	滤波器	Regulators	三端稳压器
Display Drivers	显示器驱动	Timers	555定时器
Voltage Reference	基准电压源		

3.1.2.2 Capacitors

Capacitors(电容)总计36个子类,如表3-3所示,总计6561种电容元器件。

表3-3 Capacitors子类

子　类	说　明
Animated	可显示充放电的电容(动态电容)
Audio Grade Axial	音响专用电容器
Axial Leda Polypropene	聚苯丙烯薄膜径向电容
Axial Leda Polystyrene	聚苯乙烯薄膜径向电容
Geramic Disc	陶瓷圆片电容
Decoupling Disc	解耦圆片电容
Electrolytic Aluminum	铝电解电容
Generic	普通电容
High Temperature Radial	高温径向电容
High Temperature Axial Electrolytic	高温径向电解电容
Metallised Polyester Film	金属化聚酯薄膜电容
Metallised Polypropene	金属化聚丙烯电容
Metallised Polypropene Film	金属聚丙烯薄膜电容
Mica RF Specific	RF云母电容
Miniture Electrolytic	微型电解电容
Multilayer Ceramic	多层陶瓷电容(积层陶瓷电解电容)
Multilayer COG	COG材料贴片多层电容(COG贴片电容)
Multilayer NPO	NPO材料贴片多层电容
Multilayer X5R	X5R材料贴片多层电容

续表

子　类	说　明
Multilayer X7R	X7R材料贴片多层电容(温度稳定型的陶瓷电容)
Multilayer Y5V	Y5V材料贴片多层电容
Multilayer Z5U	Z5U材料贴片多层电容
Multilayer Metallised Polyester Film	多层金属化聚酯膜电容
Mylar Film	聚乙酯薄膜电容
Nickel Barrier	镍栅电容
Non Polarized	无极性电容
Poly Film Chip	工业片式有机电容
Polyester Layer	聚乙酯层电容
Radial Electrolytic	径向电解电容
Resin Dipped	树脂蚀刻电容
Tantalum Bead	钽电容
Tantalum SMD	钽片SMD电容
Thin Film	薄膜电容
Variable	可变电容
VX Axial Electrolytic	VX轴电解电容

3.1.2.3　CMOS 4000 Series

CMOS 4000 Series(CMOS 4000系列)共有16个子类,具体功能如表3-4所示,总计234种CMOS 4000元器件。

表3-4　CMOS 4000 Series子类

子　类	说　明	子　类	说　明
Adders	加法器	Gate & Inverters	门电路和反相器
Buffer & Drivers	缓冲和驱动器	Memory	存储器
Comparators	比较器	Misc. Logic	混杂逻辑器件
Counters	计数器	Multiplexers	数据选择器
Decoders	译码器	Multivibrators	多谐振荡器
Encoders	编码器	Phase-Locked Loops	锁相环(PLL)
Flip-Flop & Latches	触发器和锁存器	Registers	寄存器
Frequency Dividers & Timer	分频器和定时器	Signal Switches	信号开关

3.1.2.4 Connectors

Connectors(连接器/接头)主要用于各种接口,Schematic Capture 的连接器共有 15 个子类,如表 3-5 所示,总计 3154 种连接器元器件。

表 3-5 Connectors 子类

子 类	功能说明
Audio	音频接头
D-type	D 型接头
DIL	双排插座 DIP(dual in-line)的别称,数字电路中 DIL 是 Digital Integrated Logic
FFC/FPC Connectors(Flexible Flat Cable/Flexible Print Circuit)	柔性扁平电缆连接器/柔性印制线路连接器
Header Blocks	插头
Headers/Receptacles	插座
IDC Header	IDC 接头
Miscellaneous	各种接头
PCB Transfer	PCB 传输接头
PCB Transition Connectors	PCB 连接器/印制板连接器
Ribbon Cable	带状电缆(蛇皮电缆)
Ribbon Cable/Wire Trap Connectors	带状 U(或 S)连接器
SIL	单排插座
Terminal Blocks	接线端子
USB PCB Mounting	USB PCB 安装接线端子

3.1.2.5 Data Converters

Data Converters(数据转换器)有 5 个子类,如表 3-6 所示,总计 283 种数据转换器元器件。

表 3-6 Data Converters 子类

子 类	功能说明	子 类	功能说明
A/D Converters	模数转换器	Sample & Hold	采样与保持
D/A Converters	数模转换器	Temperature Sensors	温度传感器
Light Sensors	光传感器(将光转换为电压)		

3.1.2.6 Debugging Tools

Debugging Tools(调试工具)包含3个子类。如表3-7所示,总计20种调试元器件。

表3-7 Debugging Tools子类

子　类	功能说明
Breakpoint Triggers	断点触发器,在电路中产生实时断点
Logical Probes	逻辑探针(测试信号输出的逻辑电平)
Logical Stimuli	逻辑激励源(输出逻辑状态值0/1)

3.1.2.7 Diodes

Diodes(二极管)共有8个子类,如表3-8所示,总计2709种二极管元器件。

表3-8 Diodes子类

子　类	功能说明	子　类	功能说明
Bridge Rectifier	整流桥	Schottky	肖特基二极管
Generic	普通二极管	Switching	开关二极管
Rectifiers	整流二极管	Varicap	变容二极管
Tunnel	隧道二极管	Zener	稳压二极管
Transient(Voltage) Suppressors	瞬态电压抑制二极管(TVS)		

3.1.2.8 ECL 10000 Series

ECL(Emitter Coupled Logic)即发射极耦合逻辑门,有时也称为电流开关型逻辑门(CSL,其特点是速度快、传输延迟很小。ECL 10000 Series(ECL 10000系列)没有子类,只有28个常用元器件,主要包括异或门、D触发器、十进制计数器、JK主存触发器和二进制计数器等,这些器件都没有仿真模型。

3.1.2.9 Electromechanical

Electromechanical(电机)没有子类,只有10种元器件,电机在电子专业中应用得非常广泛,在此一一列出,如表3-9所示。

表 3-9 Electromechanical 元器件

元 器 件	功能说明
FAN-DC	高级直流电机
MOTOR-ACTIVE	动态电机
MOTOR	普通直流电机
MOTOR-BISTEPPER	动态、双极性步进电机
MOTOR-BLDCM	无刷直流电机
MOTOR-DC	具有转动惯量和启动转矩的直流电机
MOTOR-ENCODER	具有转动惯量、启动转矩和位置编码的直流电动机
MOTOR-PWMSERVO	PWM 控制的伺服电机
MOTOR-SERVO	伺服电机
MOTOR-STEPPER	单极性步进电机

3.1.2.10 Inductors

Inductors(电感)类包含 7 个子类，各子类功能如表 3-10 所示，总计 283 种电感元器件。

表 3-10 Inductors 子类

子 类	功能说明	子 类	功能说明
Fixed Inductor	固定值电感	Surface Mount Inductor	表面贴装电感
Generic	普通电感	Tight Tolerance RF Inductor	小公差的 RF 电感
Multilayer Chip Inductor	多层电感	Transforms	变压器
SMT Inductor	声表面安装电感		

3.1.2.11 Laplace Primitives

Laplace Primitives (拉普拉斯模型)有 7 个子类，各子类的功能如表 3-11 所示，总计 48 种拉普拉斯模型。

表 3-11 Laplace Primitives 子类

子 类	功能说明	子 类	功能说明
1st Order	一阶模型	Operators	算子
2nd Order	二阶模型	Poles/Zeros	极点/零点
Controllers	控制器	Symbols	符号
Non-Linear	非线性模型		

3.1.2.12 Mechanics

Mechanics(机械电动机)只包含两个元器件,没有子类和商家信息,两种元器件如表3-12所示。

表3-12 Mechanics子类

元器件	功能说明
BLDC-Star	星形交流三相电动机
BLDC-Triangle	三角形交流三相电动机

3.1.2.13 Memory ICs

Memory ICs(存储类芯片)共有8个子类,如表3-13所示,总计282种存储类元器件。

表3-13 Memory ICs子类

子类	功能说明	子类	功能说明
Dynamic RAM	动态RAM	Memory Cards	存储卡
EEPROM	电可擦除的ROM	SPI Memories	SPI总线存储器
EPROM	可擦除的ROM	Static RAM	静态RAM
I^2C Memories	I^2C总线存储器	UN I/O Memories	1-Wire总线的EEPROM

3.1.2.14 Microprocessor ICs

Schematic Capture提供了大量的微处理器,包含18个子类,如表3-14所示,总计892种微处理芯片。

表3-14 Microprocessor ICs子类

子类	功能说明	子类	功能说明
68000 Family	68000系列	Peripherals	外设
8051 Family	8051系列	PIC10 Family	PIC10系列
ARM Family	ARM系列	PIC12 Family	PIC12系列
AVR Family	AVR系列	PIC16 Family	PIC16系列
BASIC Stamp Modules	Parallax公司微处理器	PIC18 Family	PIC18系列
DSPIC33 Family	DSPIC33系列	PIC24 Family	PIC24系列
HC11 Family	HC11系列	Stellaris Family	ARM Cortex-M3系列
i86 Family	8086微处理	TMS320 Piccolo Family	TMS320系列
MSP430 Family	MSP430系列	Z80 Family	Z80系列

3.1.2.15 Miscellaneous

Miscellaneous(混杂器件)没有子类,只有 12 种元器件,如表 3-15 所示。

表 3-15 Miscellaneous 元器件

元 器 件	功能说明	元 器 件	功能说明
Aerial	天线(没有仿真模型)	Fuse(active)	具有动态效果的保险丝
ATAHOD	ATA 硬盘驱动器模型	Fuse(generic)	通用保险丝
Battery	电池组	IRLink	SIRC 兼容红外线接收模块
Cell	一节电池	Meter	模拟电压/电流表(无仿真模型)
COMPIM	串口物理接口模型	Torch_LDR	手电筒和光敏电阻
Crystal	晶体振荡器	Traffic Lights	交通灯模型

3.1.2.16 Modelling Primitive

Modelling Primitive(建模源)有 9 个分类,如表 3-16 所示,总计 197 种建模源元器件。

表 3-16 Modelling Primitive 子类

子 类	功能说明	子 类	功能说明
Analogy(SPICE)	模拟仿真模型	Mixed Mode	混合模式
Digital(Buffer & Gate)	数字(缓冲器和门电路)	PLD Elements	PLD 单元
Digital(Combinational)	数字(组合电路)	Realtime(Actuator)	实时激励源
Digital(Miscellaneous)	数字(混杂)	Realtime(Indicators)	实时指示器
Digital(Sequence)	数字(时序电路)		

3.1.2.17 Operational Amplifiers

Operational Amplifiers(运算放大器)包含 7 种子类,如表 3-17 所示,总计 1946 种运算放大器元器件。

表 3-17 Operational Amplifiers 子类

子 类	功能说明	子 类	功能说明
Dual	双运算放大器	Quard	四运算放大器
Ideal	理想运算放大器	Single	单运算放大器
Macromodel	大量使用的运算放大器	Triple	三运算放大器
Octal	八运算放大器		

3.1.2.18 Optoelectronics

Optoelectronics(光电器件)有 17 个子类,如表 3-18 所示,总计 188 种光电器件。

表 3-18 Optoelectronics 子类

子　类	功能说明	子　类	功能说明
14 Segment Displays	14 段数码管显示器	Bargraph Displays	条状显示器
16 Segment Displays	16 段数码管显示器	Dot Matrix Displays	点阵显示器
7 Segment Displays	7 段数码管显示器	Graphical LCDs	图形 LCD 显示器
Alphanumeric Displays	字母数字 LCD 显示器	Lamps	灯
LCD Controllers	LCD 控制器	Optocouplers	光电耦合器
LCD Panels Displays	LCD 面板显示器	Serial LCDs	串行 LCD 显示器
LEDs	发光二极管		

3.1.2.19 PICAXE

PICAXE 单片机含有 1 个子类 PICAXE ICs 器件,总计 14 种元器件,如表 3-19 所示。PICAXE 是英国微处理器芯片,支持 BASIC 语言,通常用于机器人开发中。

表 3-19 PICAXE 元器件

元　器　件	功能说明	元　器　件	功能说明
PICAXE Socket	PICAXE 单片机下载线接口	PICAXE 28	PICAXE 28 单片机
PICAXE 08	PICAXE 08 单片机	PICAXE 28A	PICAXE 28A 单片机
PICAXE 08M	PICAXE 08M 单片机	PICAXE 28X	PICAXE 28X 单片机
PICAXE 14M	PICAXE 14M 单片机	PICAXE 28X1	PICAXE 28X1 单片机
PICAXE 18	PICAXE 18 单片机	PICAXE 40X	PICAXE 40X 单片机
PICAXE 18A	PICAXE 18A 单片机	PICAXE 40X1	PICAXE 40X1 单片机
PICAXE 18X	PICAXE 18X 单片机	PICAXE 20M	PICAXE 20M 单片机

3.1.2.20 PLDs & FPGAs

PLDs & FPGAs(可编程逻辑器件)没有子类,只有 12 种元器件,都是超威半导体有限公司(Advanced Micro Devices,AMD)的 TTL 型可编程逻辑阵列,如表 3-20 所示。

表 3-20 AMD 元器件

元器件	功能说明	元器件	功能说明
AM16L8	AM16L8 可编程逻辑阵列	AM20RA10	AM20RA10 可编程逻辑阵列
AM16R4	AM16R4 可编程逻辑阵列	AM20R8	AM20R8 可编程逻辑阵列
AM16R6	AM16R6 可编程逻辑阵列	AM20RA10	AM20RA10 可编程逻辑阵列
AM16V8	AM16V8 可编程逻辑阵列	AM20V8	AM20V8 可编程逻辑阵列
AM20R4	AM20R4 可编程逻辑阵列	AM22V10	AM22V10 可编程逻辑阵列
AM20R8	AM20R8 可编程逻辑阵列	AM29M16	AM29M16 可编程逻辑阵列
AM29MA16	AM29MA16 可编程逻辑阵列		

3.1.2.21 Resistors

Resistors(电阻)是原理图中最常用的元器件,Schematic Capture 提供 30 个子类,包含 11 743 种元器件,各个子类如表 3-21 所示。

表 3-21 Resistors 子类

子类	功能说明
0.6W Metal Film	0.6W 金属膜电阻
2W Metal Film	2W 金属膜电阻
3W Wirewound	3W 线绕电阻
7W Wirewound	7W 线绕电阻
10W Wirewound	10W 线绕电阻
Chip Resistor	表面贴片电阻
Chip Resistor 1/10W 0.1%	1/10W 0.1%的表面贴片电阻
Chip Resistor 1/10W 1%	1/10W 1%的表面贴片电阻
Chip Resistor 1/10W 5%	1/10W 5%的表面贴片电阻
Chip Resistor 1/16W 0.1%	1/16W 0.1%的表面贴片电阻
Chip Resistor 1/16W 1%	1/16W 1%的表面贴片电阻
Chip Resistor 1/4W 1%	1/4W 1%的表面贴片电阻
Chip Resistor 1/4W 10%	1/4W 10%的表面贴片电阻
Chip Resistor 1/4W 5%	1/4W 5%的表面贴片电阻
Chip Resistor 1/8W 0.05%	1/8W 0.05%的表面贴片电阻
Chip Resistor 1/8W 0.1%	1/8W 0.1%的表面贴片电阻
Chip Resistor 1/8W 0.25%	1/8W 0.25%的表面贴片电阻

续表

子　类	功能说明
Chip Resistor 1/8W 0.5%	1/8W 0.5%的表面贴片电阻
Chip Resistor 1/8W 1%	1/8W 1%的表面贴片电阻
Chip Resistor 1/8W 5%	1/8W 5%的表面贴片电阻
Chip Resistor 1W 5%	1W 5%的表面贴片电阻
Chip Resistor anti-surge 5%	anti-surge 5%的表面贴片电阻
Generic	普通电阻
Resistor Network	电阻网络
High Voltage	高压电阻
Resistor Packs	片电阻
NTC	负温度系数热敏电阻
Variable	滑动变阻器
PTC	温度热敏电阻

3.1.2.22 Simulator Primitive

Simulator Primitive(仿真源)主要提供常用器件的仿真模型,主要包括 Flip-Flops、Gates 和 Sources 共 3 个子类,这些子类中的元器件非常有用,所以也罗列出来,如表 3-22 所示。

表 3-22 Simulator Primitive 元器件

子　类	元器件	功能说明
Flip-Flops 触发器	DTFF	D 触发器
	JKFF	JK 触发器
Gates 门器件	AND	与门
	NAND	与非门
	NOR	或非门
	NOT	非门
	OR	或门
	XOR	异或
Sources 信号源	Alternator	动态交流电压源
	Battery	电池组
	Clock	时钟信号源(具有动态的数字时序源)
	Csource	直流电压源

续表

子　　类	元　器　件	功能说明
Sources 信号源	Generator	数字逻辑位发生器
	IEC1000-3-5	CCITT/IEC 1000-3-5 测试脉冲
	IEXP	指数电流源
	IPulse	脉冲电流源
	IPWLIN	分段线性电流激励源
	ISFFM	单频率 FM 电流源
	ISine	正弦波交流电流源
	V3Phase	三相电压源
	VEXP	指数电压源
	VPulse	脉冲电压源
	VPWLIN	分段线性电压激励源
	VSFFM	单频率 FM 电压源
	VSine	正弦波交流电压源

3.1.2.23 Speakers & Sounders

Speakers & Sounders(扬声器和音响)没有子类,只包含 5 种元器件,各元器件的功能如表 3-23 所示。

表 3-23 Speakers & Sounders 元器件

元　器　件	功能说明
Buzzler(Active)	蜂鸣器(直流驱动,声卡输出)
Buzzler(Device)	通用的蜂鸣器
Sounder(Active)	压电式音响(数字式,声卡输出)
Speaker(Active)	扬声器(喇叭)模型(模拟式,声卡输出)
Speaker(Device)	通用扬声器

3.1.2.24 Switches & Relays

Switches & Relays(开关和继电器)包含 4 个子类,各子类的具体功能如表 3-24 所示,总计 342 种开关和继电器元器件。

表 3-24 Switches & Relays 子类

子 类	功能说明
Keypads	键盘(包含计算机键盘和电话键盘)
Relays(Generic)	继电器(普通)
Relays(Specific)	继电器(专用)
Switches	开关

3.1.2.25 Switch Devices

Switch Devices(开关器件类)主要包括具有连续开关过程的器件,包括 5 个子类,总计 502 种元器件,具体分类如表 3-25 所示。

表 3-25 Switch Devices 子类

子 类	功能说明
DIACs	双向开关二极管,相当于两种背靠背的肖特基二极管并联
Generic	普通开关器件
SCRs	可控硅整流器简称可控硅(SCR),又称固体闸流管,当正向电压超过正向转折电压并且有正向脉冲电流流进门极(又称栅极 G 或者控制极 G),SRC 才导通,此后门极电压不再控制电流大小,只有 A、K 间电压反向或小到不能维持一定电流时 SCR 才断开
TRIACs	三端开关可控硅开关元件,是双向开关,可使电流双向流过该元件,可把其看做两个单向可控硅背靠背并联。只有在阳极、阴极间的双向电压大于转折电压及正向脉冲电流流进门极时允许电流流过元件

3.1.2.26 Thermionic Valves

Thermionic Valves(热离子真空管)含有 4 个子类,如表 3-26 所示,总计 25 种热离子真空管元器件。

表 3-26 Thermionic Valves 子类

子 类	功能说明	子 类	功能说明
Diode	二极管	Tetrodes	四极管
Pentodes	五极真空管	Triodes	三极管

3.1.2.27 Transducers

Transducers(传感器)类包含 5 个子类,30 种元器件,具体如表 3-27 所示。

表 3-27　Transducers 子类

子　　类	功能说明	子　　类	功能说明
Distance	距离传感器	Pressure	压力传感器
Humidity/Temperature	湿度/温度传感器	Temperature	温度传感器
Light Dependent Resisitor(LDR)	光敏电阻		

3.1.2.28　Transistor

Transistor(晶体管)有 8 个子类,总计 2385 种元器件,具体如表 3-28 所示。

表 3-28　Transistor 子类

子　类	功能说明	子　类	功能说明
Bipolar	双极性晶体管	MOSFET	金属氧化物场效应管
Generic	普通晶体管	Unijunction	单结晶体管
IGBT	绝缘栅双极晶体管	RF Power LDMOS	横向扩散金属氧化物半导体场效应晶体管(射频横向功率管)
JFET	结型场效应管	RF Power VDMOS	垂直双扩散金属氧化物半导体场效应晶体管(射频纵向功率管)

3.1.2.29　TTL 74 Series

TTL 74 Series(TTL 74 系列)的子类与 CMOS 4000 系列的子类名相同,只是元器件电平、驱动等参数不同,具体如表 3-29 所示。一般情况下,只要后面的编号相同,其逻辑功能和管脚排列也相同。

表 3-29　TTL 74 系列和 CMOS 系列

系　列	子系列	型　号	名　　称
TTL	TTL	74	标准型的 TTL 系列,总计 262 种
	HTTL	74H	高速 TTL 系列
	LTTL	74L	低功耗 TTL 系列
	STTL	74S	肖特基 TTL 系列,总计 137 种
	ASTTL	74AS	先进肖特基 TTL 系列,总计 136 种
	LSTTL	74LS	低功耗肖特基 TTL 系列,总计 356 种
	ALSTTL	74ALS	先进低功耗肖特基 TTL 系列,总计 198 种
	FTTL	74F	快速型 TTL 系列,总计 112 种
CMOS	CMOS	40/45	互补性场效应管系列
	HCMOS	74HC	高速 CMOS,总计 304 种
	HCTMOS	74HCT	与 TTL 电平兼容的 HCMOS,总计 214 种
	ACMOS	74AC	先进 CMOS 系列
	ACTMOS	74ACT	与 TTL 电平兼容的 ACMOS

3.2 元器件库管理

Schematic Capture库包括元器件库、符号库和封装库，从结构上可以分为系统库和用户库。系统库为只读，不能进行修改操作。本节只介绍元器件库。

在元件模式下单击对象选择器中的L按钮，或者选择Library→Library Manager命令，弹出如图3-2所示的元器件库管理窗口。

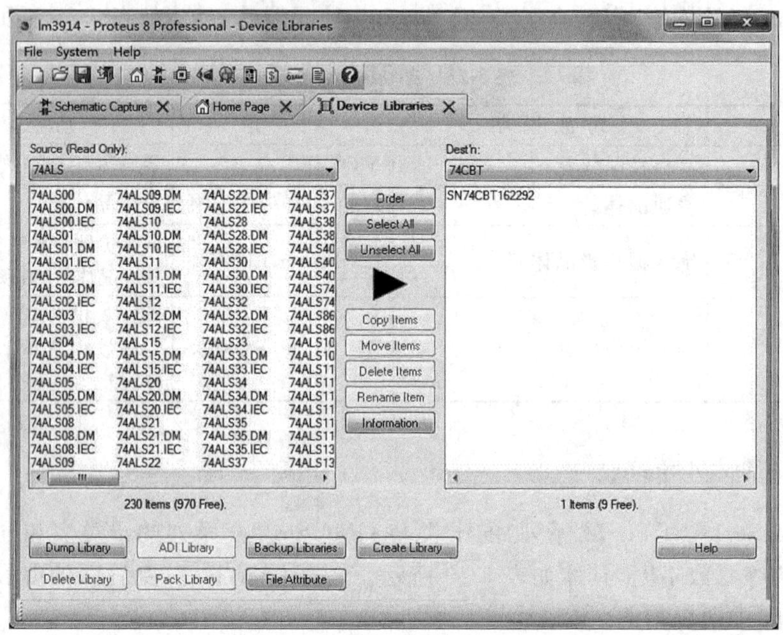

图3-2 元器件库管理窗口

窗口左侧为源库，右侧为目标库，默认情况下，目标库自动装载源库和默认用户库(USERDEVICE.lib)。根据按钮功能的不同，图3-2中的按钮主要分为库操作按钮和元器件操作按钮。下面主要通过按钮功能说明元器件库的管理。

3.2.1 库操作按钮

1. 新建库

单击Create Library按钮，弹出如图3-3所示的新建库对话框，在“保存在”栏内选择要保存的路径，在“文件名”栏内输入保存的库名，后缀为*.LIB。单击“保存”按钮后就弹出新库容量设置对话框，如图3-4所示，默认容量为100，用户可以根据需要设置容量。新建库为空，可以对库进行复制元器件、移动元器件、删除元器件和元器件库重命名等操作。

2. 删除库

单击Delete Libaray按钮，可以删除用户建立的库，库被删除后不可恢复。

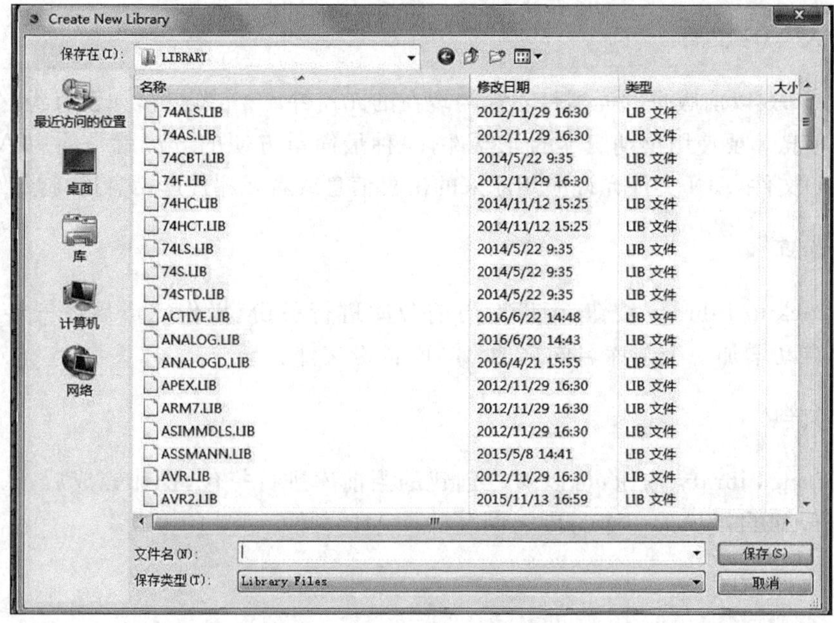

图 3-3 新建库对话框

3. Dump Library

图 3-4 库容量设置对话框

单击 Dump Library 按钮，弹出源库中当前的相关信息以及选中的元器件信息，如图 3-5 所示。单击窗口中的 Clipboard 按钮，可以将库信息保存到剪贴板上；单击 Save As 按钮，可以将库信息保存为 TXT 格式文件。

```
Library Dump - Library Manager
====================
Library file......: C:\Documents and Settings\All Users\Application Data\Labcente
Library version...: 4.00.
Number of objects.: 230
Maximum objects...: 1200
Number of prefixes: 0
Maximum prefixes..: 0

1 SELECTED OBJECTS
==================
Object name.......: 74ALS34.IEC
Last modified.....: 2012年11月27日 星期二 3:13:37
File offset (hex).: 00021DEB (Hex).
Checksum (hex)....: 93A4 (Hex).
Size (bytes)......: 592
Properties........: {*DEVICE}
                    PREFIX=U
                    PINOUT=74ALS34
                    {*PROPDEFS}
                    {PACKAGE="PCB Package",PACKAGE,2,DIL14,SO14}
                    {*COMPONENT}
                    {PACKAGE=DIL14}
                    {*INDEX}
                    {DESC=Hex Noninverters}
                    {CAT=TTL 74ALS series}
                    {SUBCAT=Buffers & Drivers}

Clipboard    Save As    Close
```

图 3-5 库信息显示

4. 导入 ADI 文件

Proteus 6.5 以前版本的元器件不能与现在的元器件库格式兼容，如没有类、分类、生产商、描述等信息。要使用早期版本的元器件，一种最简单方便的方法就是使用 ADI(ASCII Data Import)文件，ADI 文件允许应用原来的仿真信息或者元器件库信息进行修改。

5. 备份库

单击 Backup Library 按钮，可以对当前源库进行备份，操作完成后在安装目录下的 Library 里自动增加一个与库名同名的.BAK 备份文件。

6. 库打包

单击 Pack Library 按钮，可以对户创建的当前库进行打包，操作完成后，在安装目录下的 Library 里自动增加一个与库名同名的.TMP 文件。

7. 库属性修改

单击 File Attribute 按钮，可以对源库中的元器件读/写属性进行修改，如图 3-6 所示。

3.2.2 元器件操作

选中源库中的元器件时，方向指向器变成▶，表示元器件按钮操作是对源库中的元器件操作。对于系统库，此时 Order、Select All、Unselect All、Copy Items 和 Information 按钮有效，单击 Order 按钮，弹出元器件排序对话框，如图 3-7 所示，可以对元器件进行排序；Copy Items 命令可以将源库中选中的元器件复制到目标库中。Information 按钮用于显示源库的信息。对于用户库，除了上面的按钮外，还有 Deleted Items 和 Rename Items 按钮有效，用于删除元器件和元器件重命名操作。当选中目标库中的元器件时，方向指向器变成◀，表示元器件操作按钮是对目标库中的元器件操作的。目标库按钮功能和源库按钮功能基本一样，此处不再重述。

图 3-6 读/写属性修改

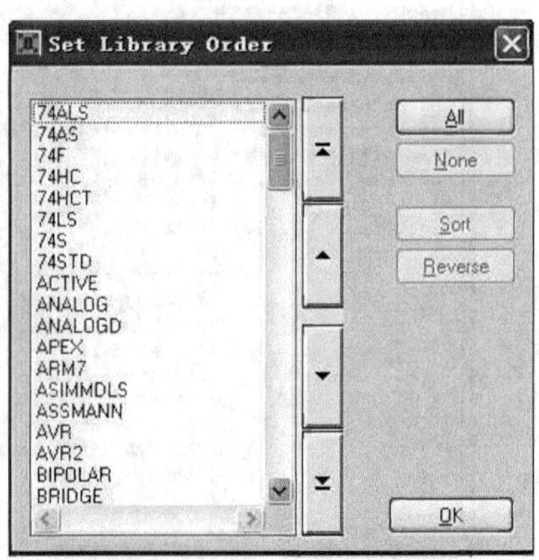

图 3-7 元器件排序对话框

3.3 常用元器件

3.3.1 电解电容

Schematic Capture 元器件库提供的电容包括普通电容和电解电容两种类型，其中电解电容又包括 CAP-ELEC 和 CAPACITOR 两种模型。CAP-ELEC 有栅格的一端为负极，没有栅格的一端为正极，如图 3-8 中的 C2 元器件。CAPACITOR 没有具体极性要求，是可以动态显示充放电效果的电容，与电源正极相接的一端为正极，显示正电荷，与电源负极相接的一端为负极，显示负电荷，随着充放电时间的不断变化，电荷不断地增加/减少，如图 3-8 中的 C1 元器件。电容的应用如图 3-8 所示（配套电子资源实例 chap3 中的 cap1. pdsprj、cap2. pdsprj）。

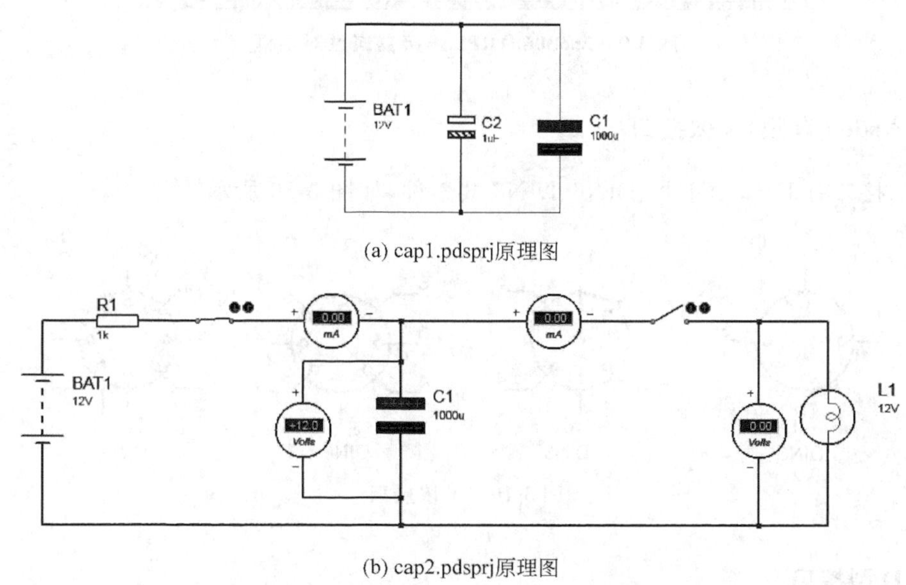

(a) cap1.pdsprj原理图

(b) cap2.pdsprj原理图

图 3-8 电容的应用

3.3.2 连接器

在 Schematic Capture 中，大部分的连接器都没有仿真模型，进行仿真时会提示没有仿真模型错误，所以要对连接器属性进行设置。如图 3-9 所示（以 26630601RP2 连接器为例），勾选 Exclude from Simulation，表示不参与仿真；有的连接器没有封装，则直接在 Other Properties 属性中添加{Package＝×××}；或者勾选 Edit all properties as text（用文本编辑属性）选项，在 Other Properties 属性中添加{Package＝×××}属性。上面的×××代表封装类型。

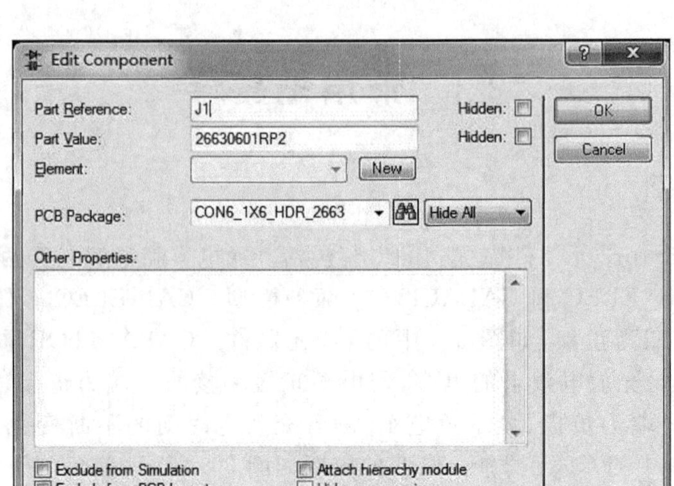

图 3-9　26630601RP2 连接器属性对话框

1. Audio(音频)卡侬接口

卡侬接口有 DIN3、DIN5、DIN6、DIN8 共 4 种,如图 3-10 所示。

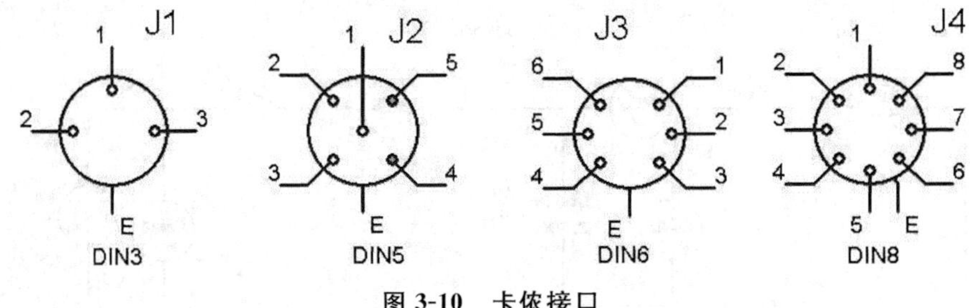

图 3-10　卡侬接口

2. D 型接口

D 型接口分为母接口和公接口,用字母 F(Female)和 M(Male)表示,例如,元器件 CoNN-D15F 表示 15 针 D 型母接口,而 CoNN-D15M 表示 15 针 D 型公接口。

3.3.3 调试工具

Schematic Capture 提供了 3 种调试工具,即逻辑探针(Logic Probes)、逻辑激励源(Logic Stimuli)和实时断点触发器(Breakpoint Triggers)。

1. 逻辑探针

逻辑探针主要用于数字电路输出端,显示逻辑状态。Schematic Capture 系统提供了两种逻辑探针:Logicprobe(普通逻辑状态指示器)和 Logicprobe(Big)(显示状态字体稍微大一点的逻辑状态指示器)。例如,在图 3-11(a)所示的数字电路中,逻辑探针用于输出端。

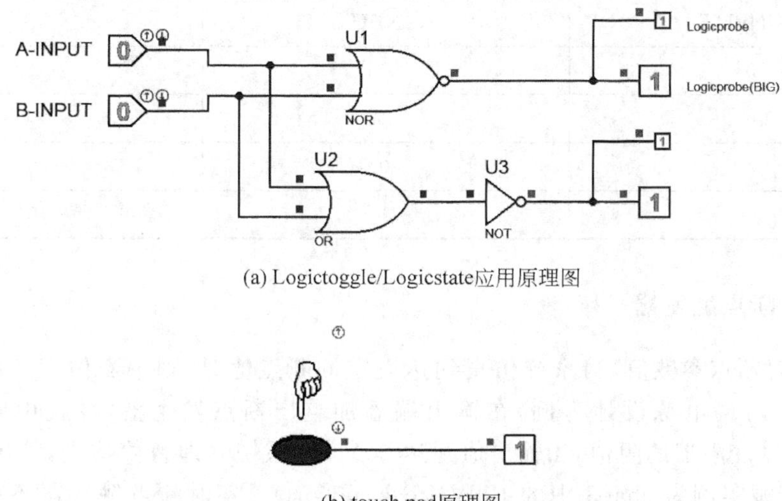

(a) Logictoggle/Logicstate应用原理图

(b) touch pad原理图

图 3-11 逻辑状态源和逻辑状态指示器的应用

2. 逻辑激励源

逻辑激励源用于数字逻辑电路中提供逻辑状态(0、1)的信号源,Schematic Capture 系统提供了 2 种逻辑状态源。

(1) Logictoggle(Momentary Action):瞬时状态激励源。鼠标移至 Logictoggle 上,鼠标变成时,单击就可以实现状态从 0(默认状态)变成 1 状态,放开左键,又恢复到 0 状态,即在单击瞬间发生电平变化。

(2) Logicalstate(Latched Action):具有逻辑锁存功能的逻辑状态激励源。它与 Logictoggle 的区别是:当单击发生电平改变后,松开左键电平保持不变,直到再次单击时电平又发生转变。逻辑状态源的使用如图 3-11(a)中的 A-INPUT 和 B-INPUT 所示(配套电子资源实例 chap3 中的 logictoggle. pdsprj、touch pad. pdsprj)。

注意:逻辑状态的改变除了通过上述方法实现外,也可以使用以下 2 种方法。

(1) 鼠标移至逻辑状态源后变成时,按键盘上的 Backspace 键实现电平的切换。

(2) 鼠标移至逻辑状态源后变成时,按键盘上的 PgUp 键实现 0 到 1 电平的转换,按 PgDn 键实现 1 到 0 的转换。

在图 3-11(a)中,改变 A-INPUT 和 B-INPUT 的逻辑激励源输入信号,可以看到其输出端 Logicprobe 的状态值变换,如表 3-30 所示。在图 3-11(b)中,单击↓按钮使手指下移,当移动到触摸盘一定距离时,逻辑输出端显示逻辑 1;单击↑按钮使手指上移,当离开触摸盘一定距离时,逻辑输出端显示逻辑 0。1 和 0 电平之间有一个不确定的状态"?"会被显示。

表 3-30 NOT真值表

输　入		输　出
A-INPUT	B-INPUT	Q
0	0	1
0	1	0
1	0	0
1	1	0

3. 实时断点触发器

通过设置断点参数值，当系统仿真到达设定的断点值时，则中断仿真。以第 2 章介绍的 0～33V 可调电源设计为例，在输出端添加电压断点发生器，设置中断电压值为 20V，调节滑动变阻器的阻值，当输出值到达 20V 时，系统立即暂停仿真，如图 3-12 所示(配套电子资源实例为 chap3 中的 RTVBreak. pdsprj)。实时断点触发器还可以进行微处理器仿真程序调试，具体操作见 14.7 节。

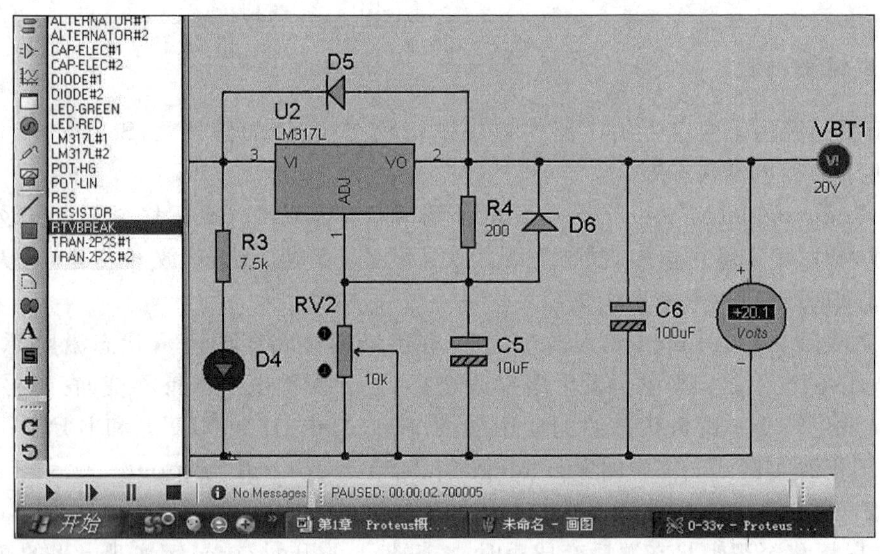

图 3-12 电压断点发生器应用

3.3.4 电感元器件

常用电感元器件分为两大类，一类是自感作用的电感线圈(简称为电感器或者电感，inductor)，另一类是互感作用的变压器(transform)。电感是储能元器件，如图 3-13 所示(配套电子资源实例 chap3 中的 inductor. pdsprj)。在图 3-13(a)中，开关处于左侧时开始给电感充电，电流表示数逐渐增大，电感存储的能量(电压表示数)随着电流值的增加而增加。如图 3-13(b)所示，开关处于 LED 这边，电感存储感应电动势开始放电，从图中可以看出，感应电动势的方向与电源的方向相反，符合电感的物理特性，回路中的电流（电流表示数）随着电动势（电压表示数，有负号）的减小而减小。

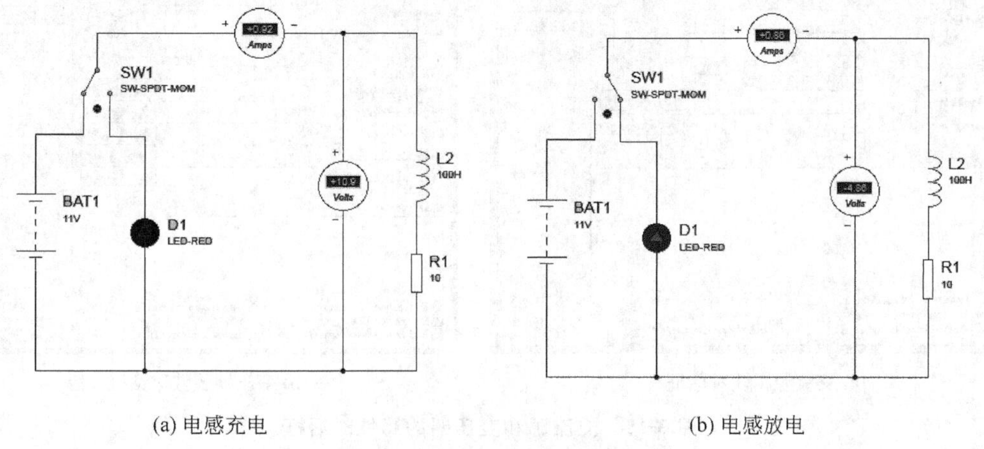

(a) 电感充电　(b) 电感放电

图 3-13　电感充电和放电

变压器是变换电路中的电压、电流和阻抗的器件，按工作频率可以分为低频变压器、中频变压器和高频变压器。Schematic Capture 系统提供了 7 种变压器，前 4 种——TRAN-1P2S、TRAN-2P2S、TRAN-2P3S 和 TRAN-2P5S 为通用变压器。现在以 TRAN-1P2S 为例来说明含义，P 是 Primary（原级）的意思，S 是 Secondary（次级）的意思，因此 TRAN-1P2S 是具有单原级，两个互相绝缘的次级的变压器。后面 3 种——TRSAT2P2S、TRSAT2P2S2B 和 TRSAT2P3S 是饱和型变压器，TRSATSP3S 是 Saturated Transformer With center Tapped secondary，意思是具有中间抽头的饱和变压器。变压器的应用如图 3-14 所示（配套电子资源实例 chap3 中的 transform. pdsprj）。交流源、TRAN2P2S 变压器的属性对话框如图 3-15 所示。

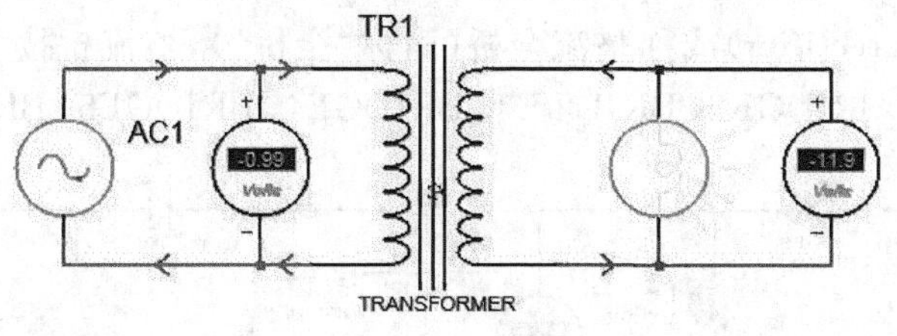

图 3-14　变压器电路

Primary Inductance：原边电感值，单位为 H。

Secondary Inductance：副边电感值，单位为 H。

Coupling Factor：耦合系数。

Primary DC resistance：原边直流电阻。

Secondary DC resistance：副边直流电阻。

变压器的匝比是通过原、副边的电感值来改变的，设原边的电压为 U_1，电感值为 L_1，副边的电压为 U_2，电感值为 L_2，则它们之间满足 $U_1/U_2=\sqrt{L_1}/\sqrt{L_2}=n$（原、副边的电压比值等于原边电感值与副边电感值的平方根之比）。

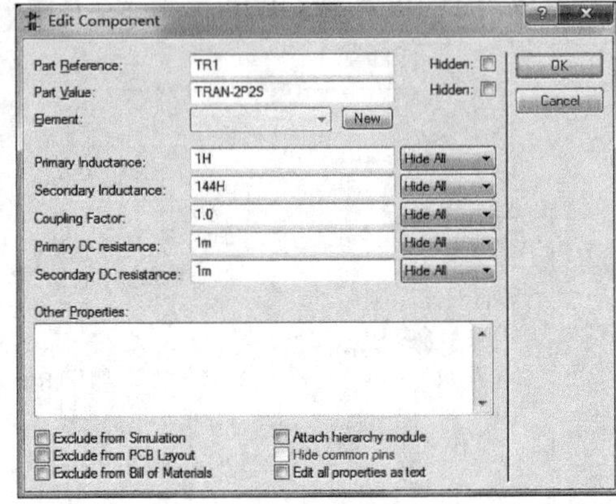

(a) 交流源属性对话框　　(b) 变压器属性对话框

图 3-15　交流源和变压器的属性对话框

3.3.5　二极管

二极管有多种类型，按材料分有锗二极管、硅二极管、砷化镓二极管等；按用途不同又可以分为整流二极管、检波二极管、稳压二极管、变容二极管、光电二极管、发光二极管、开关二极管和快速恢复二极管等；按照工艺可以分为面接触二极管和点接触二极管。这里以整流二极管为例，其余的二极管使用请看参考文献[12-14]。整流二极管是将交流电源整流成脉动直流电的二极管，它是利用二极管的单向导电特性工作的，如图 3-16 所示（配套电子资源实例为 chap5 中的 diode. pdsprj、diodeac. pdsprj）。整流二极管主要有全密封金属结构和塑料封装两种形式，一般情况下，额定正向工作电流大于 1A 时采用金属壳封装。由于整流电路通常采用桥式整流电路，故有时将 4 个整流二极管封装在一起，称为整流桥(bridge rectifier)或称整流全桥（简称“全桥”），整流桥按 PCB Layout 中的封装分为 BRIDGE1、BRIDGE2、BRIDGE3、BRIDGE4、BRIDGE5、BRIDGE6、BRIDGE7、

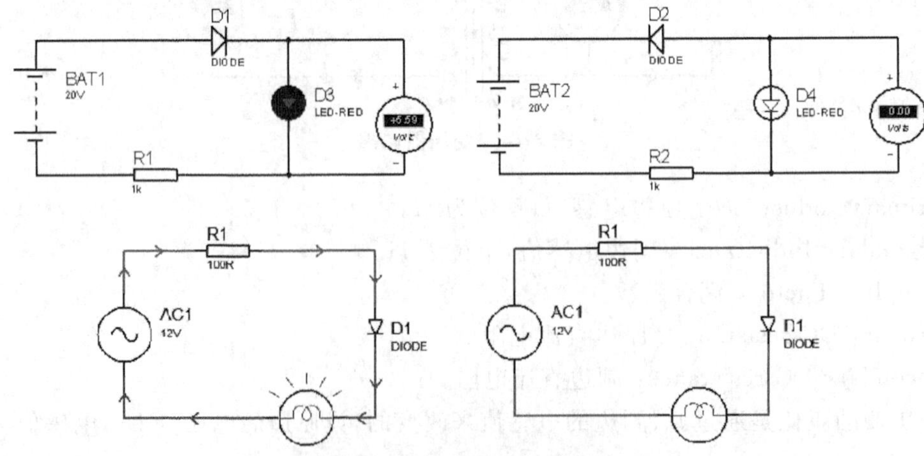

图 3-16　二极管的单向导电性

BRIDGE8、DFM 和 DFS(贴片),整流桥电路符号如图 3-17 所示。整流桥的应用见 2.7 节。

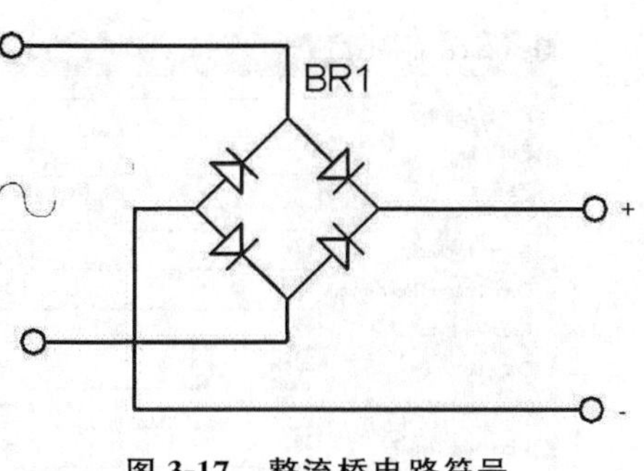

图 3-17 整流桥电路符号

3.3.6 电机

电机是依据电磁感应定律实现电能的转换或者传递的一种电磁装置,根据功能不同,主要分为电动机和发电机。电动机的主要作用是产生驱动转矩,作为用电器和机械的动力源;发电机的主要作用是把机械能转换为电能。在 Schematic Capture 中,电动机在 Electromechanical 类中,发电机在 Mechanical 类中。电机的原理图符号如图 3-18 所示。

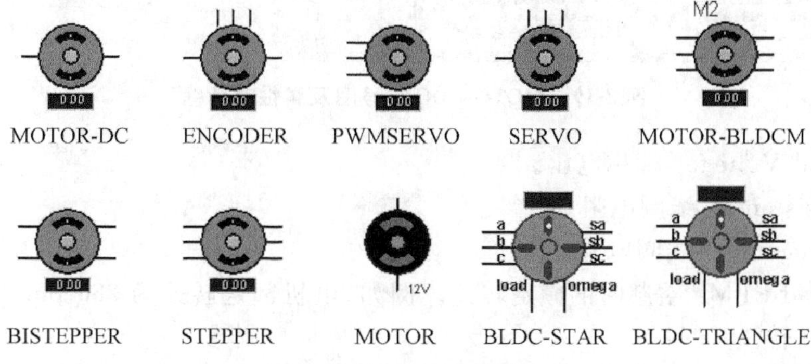

图 3-18 电机原理图符号

其中,MOTOR、MOTOR-DC 为直流电动机,FAN-DC 为直流风扇电动机,SERVO 为伺服电动机,PWMSERVO 为 PWM 控制的伺服电动机,BLDCM 为无刷直流电动机,STEPPER 为单极性步进电动机,BISTEPPER 为双极性步进电动机,ENCODER 为 Inertia(惯性)、Torque(扭矩)和 Position(位置)可以修改的电动机,BLDC-STAR 为星形发电机,BLDC-TRIANGLE 为三角形发电机。本节以直流电机为例说明,在元器件库中,直流电机有两种模型,其中 MOTOR-DC 可以显示转速,正值为顺时针旋转,负值为逆时针旋转。

1. 直流电动机工作原理

直流电动机把直流电能转换为机械能。作为机电执行元器件,直流电机内部有一个闭合的主磁路,主磁通在主磁路中流动,同时与两个电路交联,其中一个电路是用以产生磁通的,称为激励电路;另一个电路是用来传递功率的,称为功率回路或电枢回路。

2. 直流电动机符号及属性对话框

MOTOR-DC 原理图符号及属性对话框如图 3-19 所示,属性参数如下。

LISA Model File:模型文件,该选项一般不可编辑。

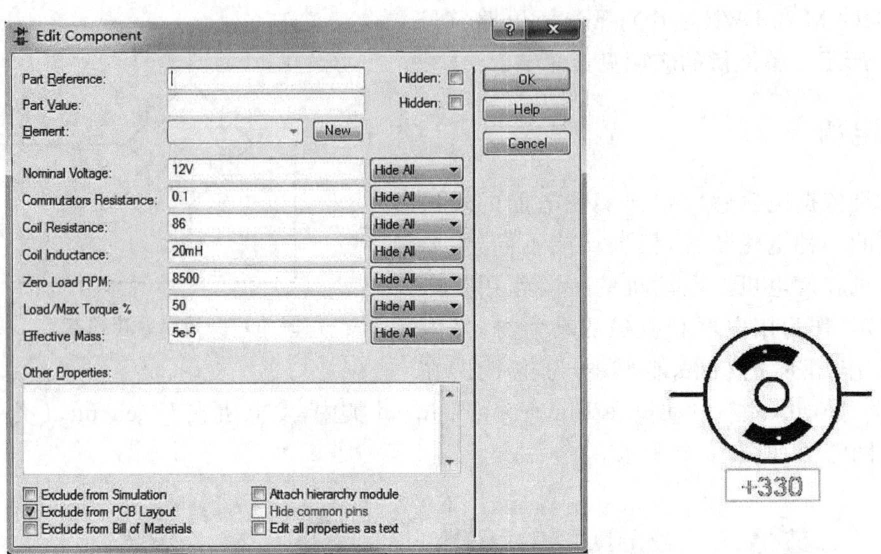

图 3-19 MOTOR-DC 符号图及属性对话框

Norminal Voltage：标称电压。

Coil Resistance：线圈电阻。

Coil Inductance：线圈电感。

Zero Load RPM：空载时的额定转速。例如，电机额定转速为 280rpm，即该电机转速为每分 280 转。

Load/Max Torque %：装载/最大的扭矩。

Effective Mass：有效质量。

3. 直流电机的应用

直流电机的应用如图 3-20 所示(配套电子资源实例 chap3 中的 Dcmotor. pdsprj)。

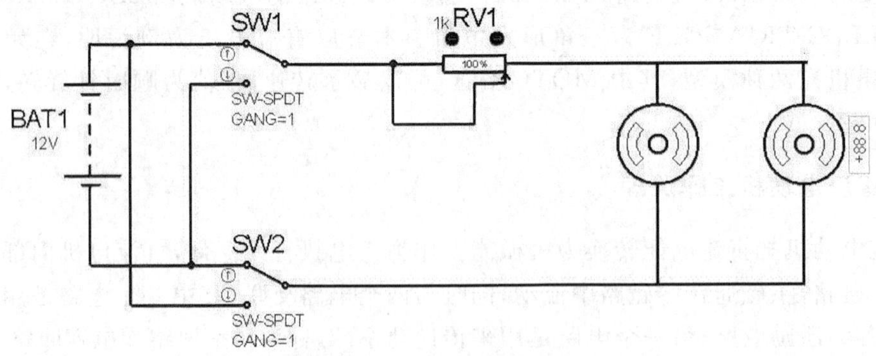

图 3-20 直流电机应用

更多电机的使用参数请参阅安装目录下 HELP 文件中的 Motors. chm 文件。

3.3.7 简单发光器件

1. 发光二极管

发光二极管也具有单向导电性，广泛应用于各种电子电路、家电、仪表等设备中，作为电源指示等各种指示信号，属于电流控制型半导体，一般使用时需要串接合适的限流电阻。发光二极管还可分为普通单色发光二极管、高亮度发光二极管、超高亮度发光二极管、变色发光二极管、闪烁发光二极管、电压控制型发光二极管、红外发光二极管和负阻发光二极管等。

1）普通单色发光二极管

普通单色发光二极管的发光强度小于10mcd，具有体积小、工作电压低、工作电流小、发光均匀稳定、响应速度快、寿命长等优点，可用各种直流、交流、脉冲等驱动点亮。

普通单色发光二极管的发光颜色与发光的波长有关，而发光的波长又取决于制造发光二极管所用的半导体材料。红色发光二极管的波长一般为650～700nm，琥珀色发光二极管的波长一般为630～650nm，橙色发光二极管的波长一般为610～630nm，黄色发光二极管的波长一般为585nm左右，绿色发光二极管的波长一般为555～570nm。

2）高亮度单色发光二极管和超高亮度单色发光二极管

高亮度单色发光二极管（发光强度为10～100cdm）和超高亮度单色发光二极管（发光强度大于100cdm）使用的半导体材料与普通单色发光二极管不同，所以发光的强度也不同。

通常，高亮度单色发光二极管使用砷铝化镓（GaAlAs）等材料，超高亮度单色发光二极管使用磷铟砷化镓（GaAsInP）等材料，而普通单色发光二极管使用磷化镓（GaP）或磷砷化镓（GaAsP）等材料。

3）变色发光二极管

变色发光二极管是能变换发光颜色的发光二极管。变色发光二极管按发光颜色种类可分为双色发光二极管、三色发光二极管和多色（有红、蓝、绿、白4种颜色）发光二极管。

变色发光二极管按引脚数量可分为二端变色发光二极管、三端变色发光二极管、四端变色发光二极管和六端变色发光二极管。

4）闪烁发光二极管

闪烁发光二极管（BTS）是一种由CMOS集成电路和发光二极管组成的特殊发光器件，可用于报警指示及欠压、超压指示等功能。闪烁发光二极管在使用时，无须外接其他元件，只要在其引脚两端加上适当的直流工作电压（5V）即可闪烁发光。

5）电压控制型发光二极管

普通发光二极管属于电流控制型器件，在使用时需串接适当阻值的限流电阻。电压控制型发光二极管（BTV）是将发光二极管和限流电阻集成为一体，使用时可直接并接在电源两端。

2. 单色发光二极管的基本应用

单色发光二极管的基本属性如图3-21所示,主要属性参数如下。

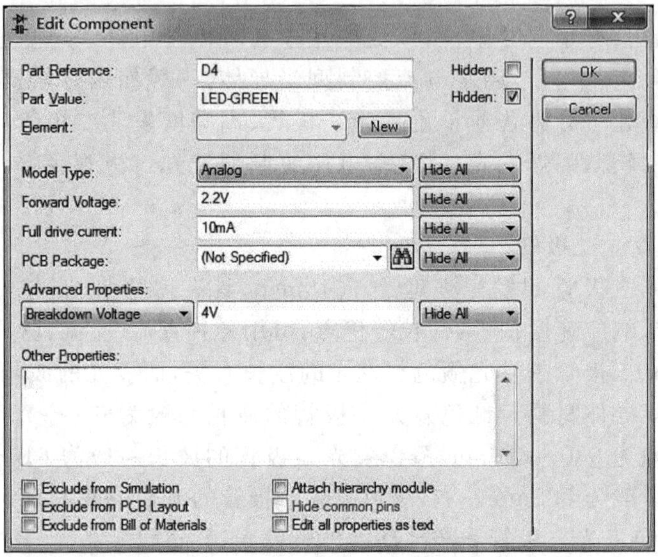

图3-21 单色发光二极管属性

Model Type:模型类型,系统提供两种类型,Analog(模拟)和Digital(数字)。

Forward Voltage:导通电压(正向电压),默认为2.2V。

Full drive current:最大正向电流,单位为mA。

Breakdown Voltage:击穿电压,默认值为4V。

Series Resistance:串联阻值。

Minimum on time light:最小发光时间。

1) 单色发光二极管的应用

单色发光二极管的典型电路如图3-22所示(配套电子资源实例chap3中的led.pdsprj)。

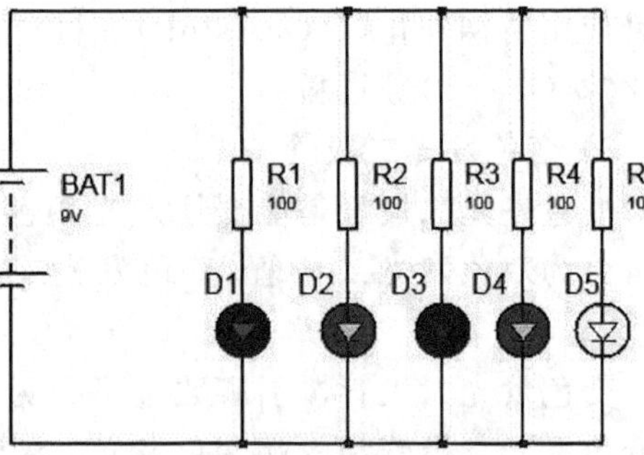

图3-22 单色发光二极管应用电路

2) 条状发光二极管

有时候将几十个甚至几百个发光二极管组合在一起,构成发光组件,有串联式和并联式。Schematic Capture平台提供了10个二极管并联的Bargraph-RED和Bargraph-GREEN两种类型,其中小号引脚为阳极,大号引脚为阴极,通常用在需接多个发光二极管的电路中,如图3-23所示。

3) 双色发光二极管

Schematic Capture系统提供了红绿(RG)、红黄(RY)、蓝黄(BY)、绿黄(GY)4种双

色发光二极管,双色发光二极管的属性对话框如图 3-24 所示。

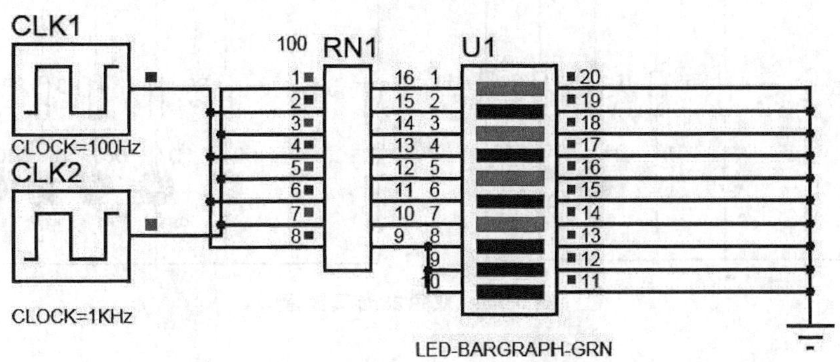

图 3-23 LED-Bargrapg 原理图

Edit Component

Part Reference:	D6	Hidden:	OK
Part Value:	BY	Hidden:	Cancel
Element:		New	
Model Type:	LEDBIA	Hide All	
Forward Voltage:	2.2V	Hide All	
Full drive current:	10mA	Hide All	
Self-Flashing:	Yes	Hide All	
PCB Package:	(Not Specified)	Hide All	
Advanced Properties:			
Breakdown Voltage	4V	Hide All	

Other Properties:

Exclude from Simulation　Attach hierarchy module
Exclude from PCB Layout　Hide common pins
Exclude from Bill of Materials　Edit all properties as text

图 3-24 双色发光二极管属性

Forward Voltage:导通电压(正向电压),默认为 2.2V。

Full drive current:最大正向电流,单位为 mA。

Self-Flashing:是否自动换色,单击下拉框有 Yes 和 No 两种属性,选择 Yes 表示自动进行颜色切换,选择 No 则不进行切换,此时 RG 型显示为绿色,其余的 RY、GY 和 BY 型都显示为黄色。默认为 No。

Breakdown Voltage:击穿电压,默认值为 4V。

Series Resistance:串联阻值。

Flashing Rate(Hz):闪烁频率,默认为 1Hz。

双色发光二极管的典型电路如图 3-25 所示。

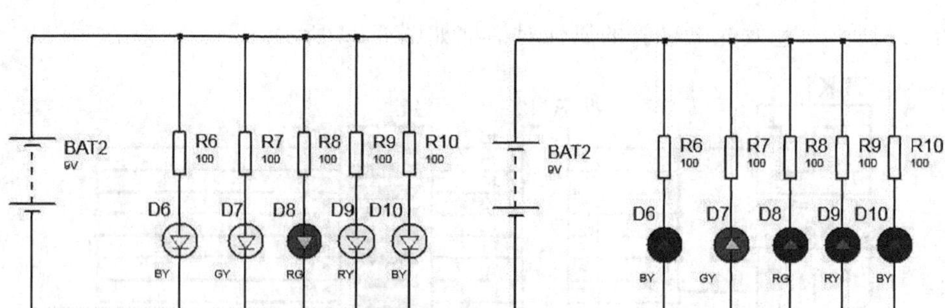

图 3-25 双色发光二极管

3. 数码管

1) 数码管基础知识

数码管是单个发光二极管的组合发光器件，按段数分为七段数码管、八段数码管(八段数码管比七段数码管多一个小数点显示单元)、十四段数码管和十六段数码管等，如图 3-26 所示。按显示的位数分为 1 位、2 位、4 位和 8 位等数码管，如图 3-27 所示。按发光二极管单元连接方式分为共阳极数码管和共阴极数码管。共阳极数码管(Common Anode,CA)是指将所有发光二极管的阳极接到一起形成共阳极(COM)的数码管。共阳极数码管在应用时应将共阳极 COM 接到+5V 或者高电平，当某一字段发光二极管的阴极为低电平时，相应字段点亮；当某一字段的阴极为高电平时，相应字段不亮。共阴极数码管(Common Cathode,CC)是指将所有发光二极管的阴极接到一起形成共阴极(COM)的数码管。共阴极数码管在应用时应将共阳极 COM 接到地线 GND 或者低电平，当某一字段发光二极管的阳极为高电平时，相应字段点亮；当某一字段的阳极为低电平时，相应字段不亮。

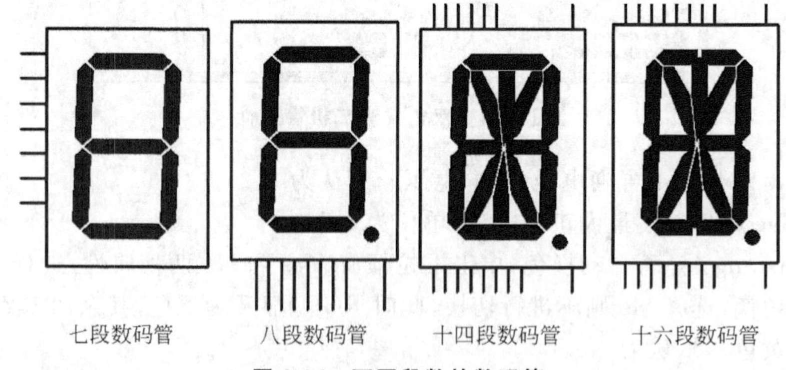

图 3-26 不同段数的数码管

按显示的数值可以分为 BCD 数码管和通用数码。BCD 数码即用四位二进制显示 0～9 十个数。通用数码管根据内部结构不同可以显示数字 0～9、字母 A～F 和简单符号等。

数码管基本按上述 3 种分类方式命名，例如数码管 14SEG-MPX3-CA-GRN 代表的

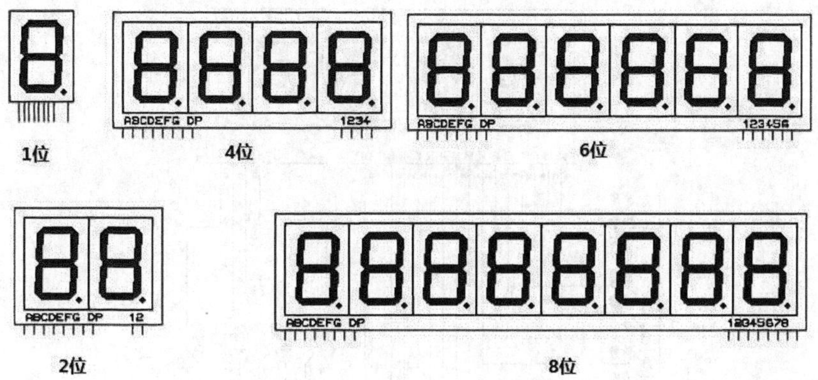

图 3-27　数码管按位数分类

含义为Green，4-Digit，14-Segment Common Anode Display，即绿色4位14段共阳极数码管。

2）数码管引脚测试

BCD数码管引脚如图3-28所示（配套电子资源实例chap3中的BCD SEG BIN. pdsprj）。

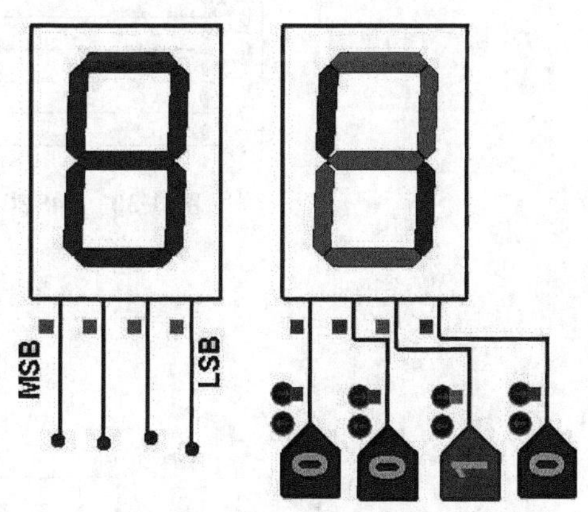

图 3-28　BCD数码管引脚测试

共阴极数码管引脚如图3-29所示（配套电子资源实例chap3中的7SEGBCD. pdsprj）。

共阳极数码管引脚与共阴极数码管引脚相同，不同的是COM端接V_{CC}。其结构图如图3-30所示（配套电子资源实例chap3中的LED. pdsprj）。

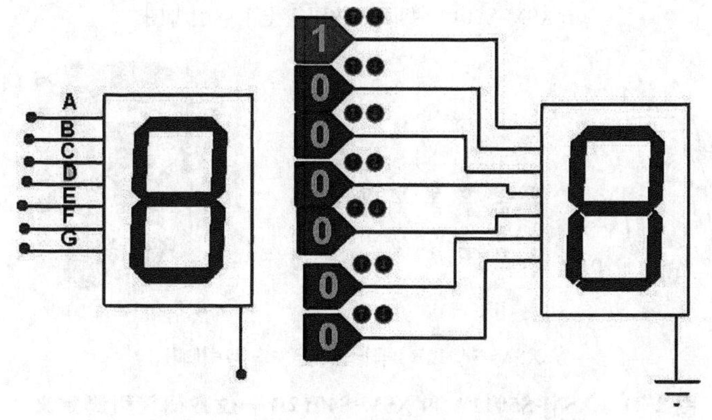

图 3-29　7SEG共阴极数码管引脚测试

实际的一位数码管引脚排放有上下型和左右型，这里以XSM-S5011A和XSM-S4012B为例，其实际的引脚排序如图3-31所示。

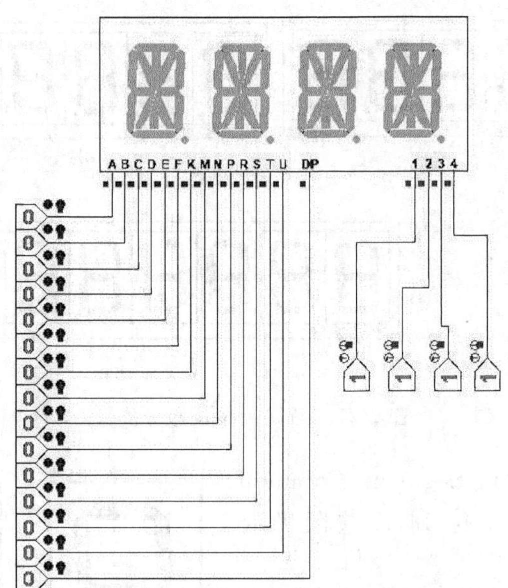

图 3-30　14SEG 共阳数码管引脚测试

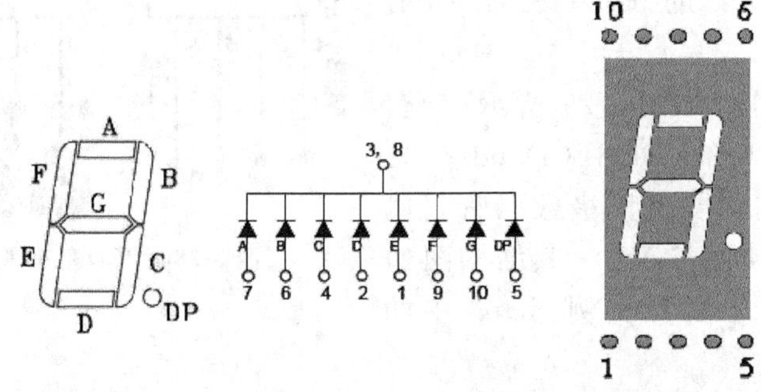

(a) XSM-S5011A共阴极数码管上下型引脚图

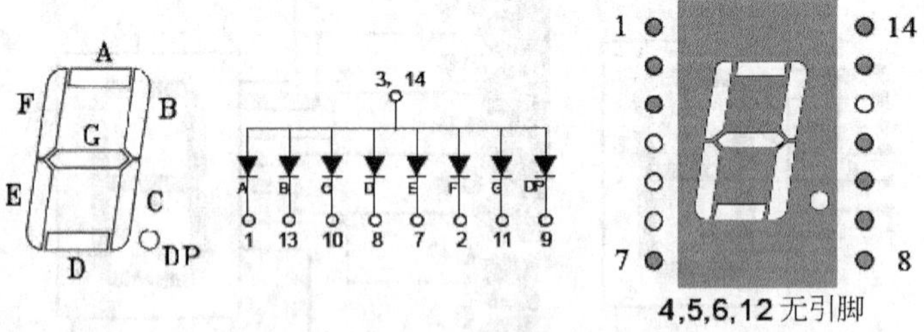

(b) XSM-S4012B共阳数码管左右型引脚图

图 3-31　XSM-S5011A 和 XSM-S4012B 一位数码管引脚定义

在 PCB Layout 中,一位数码管的封装为 7SEG-56,为 10 引脚封装,基本符合 XSM-S5011A(只是它们的引脚名称不同),但不符合 XSM-S4012B,如图 3-32 所示。所以在原理图中给元器件添加封装时,一定要保证实物的封装形式与 PCB 库中的封装一致。

更多的数码管信息参看网站 http：//www. sz-xsm. com/Ch/downView. asp?ID=48&SortID=4。

3）数码管显示电路应用

按照图 3-33 连接电路图（配套电子资源实例 chap5 中的 7SEGBCD. pdsprj）进行仿真，可以看到 THUMBSWITCH-BCD 码值用 7SEG-BCD 数码管显示。

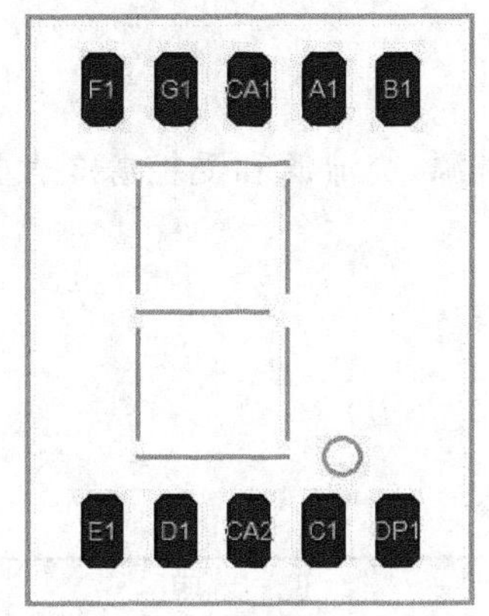

图 3-32　7SEG-56 封装形式

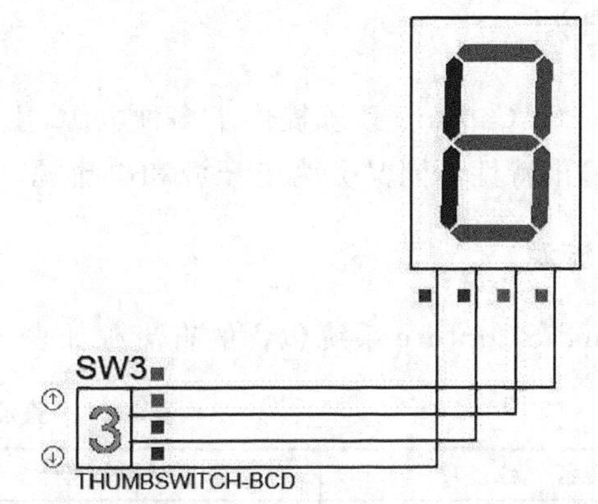

图 3-33　THUMBSWITCH-BCD 码 7SEG-BCD 数码管显示

将图 3-33 中的 BCD 数码管码换成 7SEG 数码管显示，如图 3-34 所示，这里用到了译码器 74LS47，它是 7SEG-BCD 段数码管译码器/驱动器。74LS47 的功能用于将 BCD 码转化成数码块中的数字，通过它解码可以直接把数字转换为数码管的显示数字。其引脚功能如下。

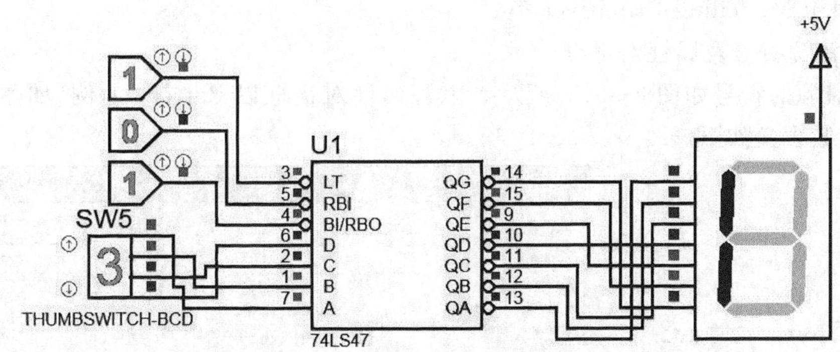

图 3-34　THUMBSWITCH-BCD 码 7SEG 数码管显示

（1）LT：测试灯输入，是为了检查数码管各段是否能正常发光而设置的。当 LT=0 时，无论输入 A3，A2，A1，A0 为何种状态，译码器输出均为低电平，若驱动的数码管正常，显示 8。

（2）BI：灭灯输入，是为控制多位数码显示的灭灯所设置的。BI=0 时，不论 LT 和输入 A3，A2，A1，A0 为何种状态，译码器输出均为高电平，使共阳极 7 段数码管熄灭。

（3）RBI：灭零输入，它是为使不希望显示的 0 熄灭而设定的。当每一位 A3=A2=A1=A0=0 时，本应显示 0，但是在 RBI=0 的作用下，使译码器输出全 1，其结果和加入灭灯信号的结果一样,将0熄灭。

(4) RBO:灭零输出,它和灭灯输入(BI)共用一端,两者配合使用,可以实现多位数码显示的灭零控制。

运行仿真,改变LT、RBI、BI/RBO引脚上的电平和改变THUMBSWITCH-BCD开关的值,观察结果。

3.3.8 电源

Schematic Capture系统提供了多种电源,主要包括直流源、交流源和受控源3大类,每类根据输出特性不同又分为电压源和电流源。

1. 直流源

Schematic Capture系统包含的直流源如表3-31所示。

表3-31 直流源

名称	类型	说明
Battery	Voltage	直流电压源(电池组)
Cell	Voltage	直流电压源(单电池)
Vsource	Voltage	直流电压源
Csource	Current	直流电流源

Battery和Cell在Misellaneous类或Simulator Primitives类中。Csource和Vsource属于Modelling Primitives类。

1) 直流源符号及属性对话框

各直流源的符号如图3-35(a)所示。电源属性对话框以Battery为例,如图3-35(b)所示,各参数含义如下。

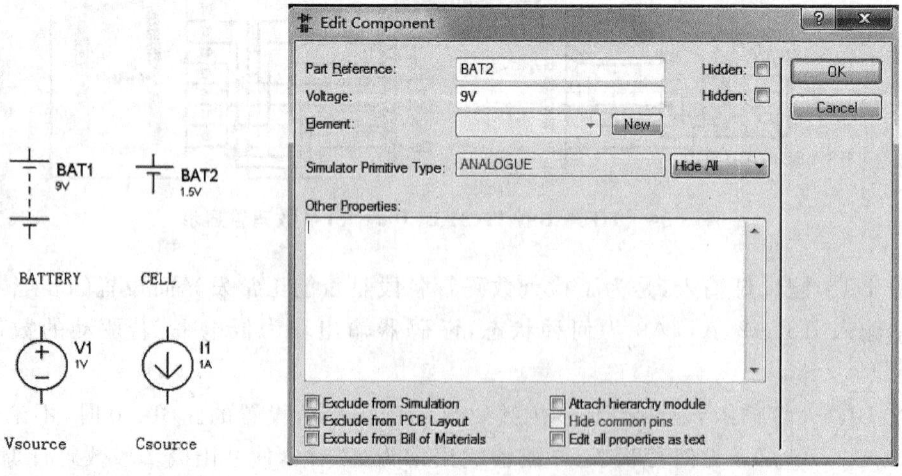

(a) 直流源符号　　(b) Battery电源属性对话框

图3-35 直流源符号和Battery电源属性对话框

Voltage：直流电压值，单位为伏特（V）。

Battery、Cell 和 Vsource 属性基本一致。Csource 的属性只是变成了 Current 属性，单位为安培（A）。

2）直流源的应用

直流源的典型应用原理图如图 3-36 所示。设电源的电压值为 12V，Lamp 的额定电压值为 12V，改变滑动电阻的阻值，则 Lamp 的额定电压值就会发生变换，如果低于其额定电压值，则灯亮，否则灯灭。

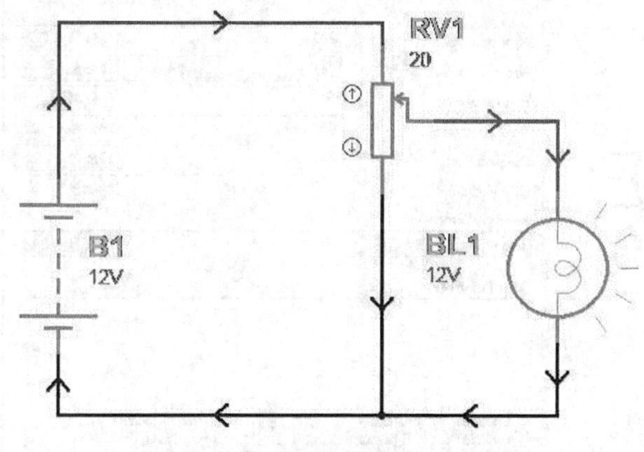

图 3-36 直流源的典型应用原理图

2. 交流源

Schematic Capture 提供了单向交流源和三相交流源，属于库中的 Simulator Primitives 类。

1）单向交流源符号和属性对话框

单向交流源符号和属性对话框如图 3-37 所示，主要参数如下。

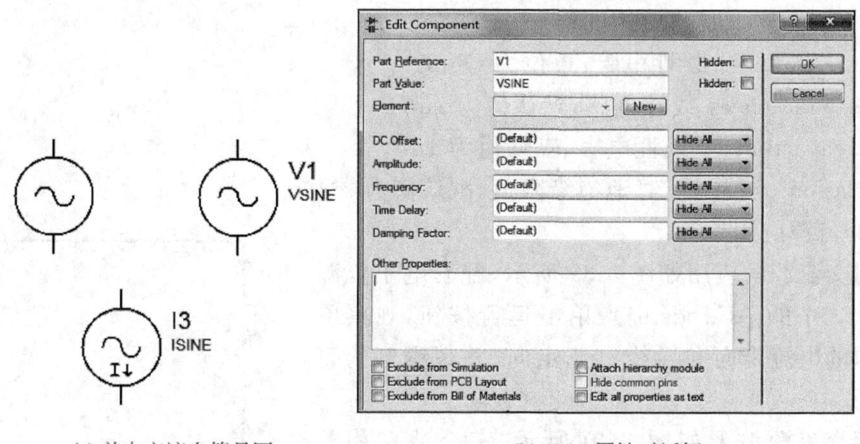

(a) 单向交流电符号图　　(b) Vsine属性对话框

图 3-37 单向交流源符号和属性对话框

Amplitude：幅值(有效值)，单位为 V。

Frequency：频率，单位为 Hz。

2) 三相交流源符号和属性对话框

三相交流源符号和属性对话框如图 3-38 所示，参数含义如下。

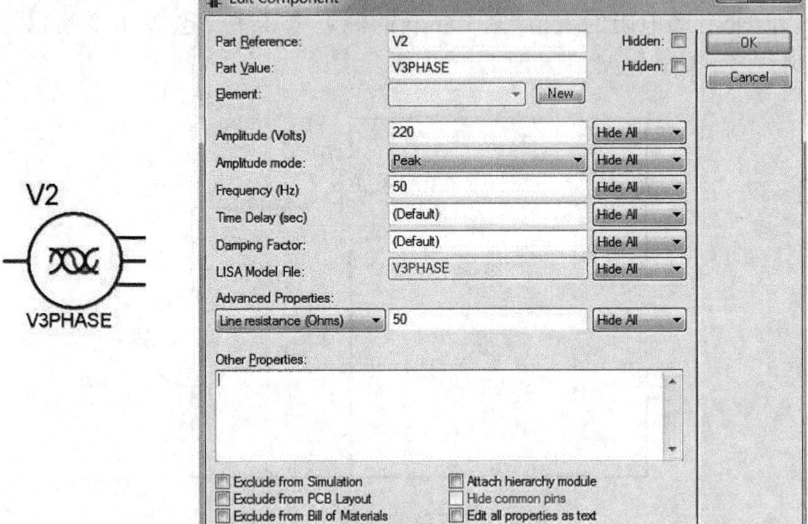

图 3-38 三相交流源符号和属性对话框

Amplitude：振幅，单位为 V。

Amplitude mode：幅度值。其下拉列表中的选项有 Peak(峰值)、Peak to Peak(峰峰值)、RMS(有效值)。

Frequency：频率，单位为 Hz。

Time Delay：延迟时间。

Dampling Factor：抑制因子。

Line resistance：线性电阻，单位为 Ohm。

Line inductance：线性电感，默认值为 1mH。

Line capacitance：线性电容，默认值为 1nF。

Insulation to earth：对地绝缘阻值，默认值为 2MΩ。

3) 交流源应用

单向交流源的应用如图 3-39 所示(配套电子资源实例 chap3 中的 AC. pdsprj)，单击运行按钮，观察单相交流源的电流走向和导线电流走向，并观察灯的亮灭程度。

三相交流源波形如图 3-40 所示，三个波形相差 120°(配套电子资源实例 chap3 中的 3phase. pdsprj)。

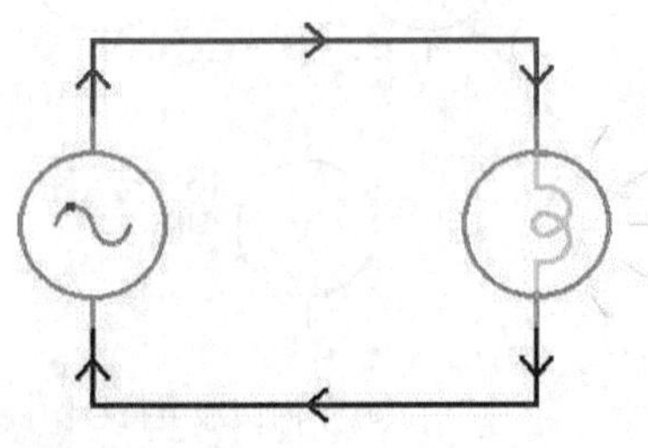

图 3-39 单向交流源的典型应用

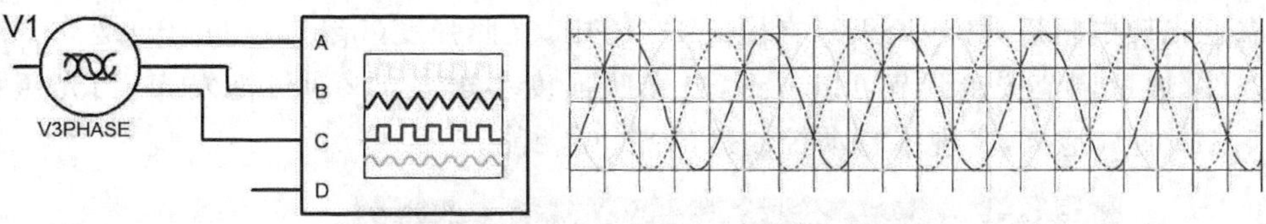

图 3-40 三相交流源仿真图与仿真波形

3.3.9 电阻

1. 电阻基本概念

电阻器是对电流流动具有一定阻抗力的器件，一般将电阻器简称为电阻。常用的电阻分为 3 类：阻值固定的电阻称为普通电阻或者固定电阻，阻值可持续可变化的电阻称为可变电阻(包括微调电阻和电位器)，具有特殊作用的电阻器称为敏感电阻或者特种电阻(如热敏电阻、光敏电阻和压敏电阻等)。

Schematic Capture 中的敏感电阻有光敏电阻(Light Dependent Resistor，LDR)、负温度系数电阻(Negative Temperature Coefficient，NTC)、正温度系数电阻(Positive Temperature Coefficient，PTC)、线性电压控制的电阻(Linear Voltage Controlled Resistor，LVCR)和线性电流控制的电阻(Linear Current Controlled Resistor，LCCR)等，如图 3-41 所示。

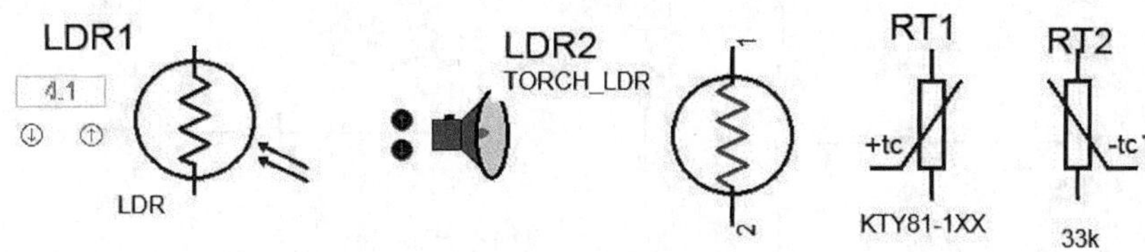

图 3-41 敏感电阻符号

在 Schematic Capture 中，普通电阻是 RES，滑动变阻器为 POT 和 POT-HG(线性、对数和反对数(指数))，其中 POT-HG 具有动态效果。下面以 POT-HG 为例，其属性对话框如图 3-42 所示，该元器件没有封装属性。

Law Type：阻值类型，有 LINEAR(线性)、LOG(对数)和 ANTILOG(反对数)3 种类型。

Minimum Resistance：最小变换值，默认值为 0.1(10%)。

Switching Time 切换时间，默认值为 1ms。

2. 电阻的应用

按照图 3-43 连接光敏电阻，构成自动控制灯电路原理图(配套电子资源实例为 chap3 中的 LDR.pdsprj，光敏电阻的说明为 LDR.pdf)。图中 RV 电阻为调节电阻，通过 RV 的调节是选择合适的参数。参数设置好后，调节光线参数，从图 3-43(a)中可以看到，当手电筒远离光敏电阻或者关闭手电筒(相当于晚上的情况)时，灯泡发光；当发光的手电筒靠近光敏电阻后,灯泡熄灭。在图 3-43(b)中,光照强度(light intensity)是 5.1lx,为临界条件,通过调节按钮调节可以看到,当光照强度小于 5.1lx 时灯泡发光,当光照强度大于 5.1lx 时灯泡灭,实现了自动控制灯的亮、灭功能。

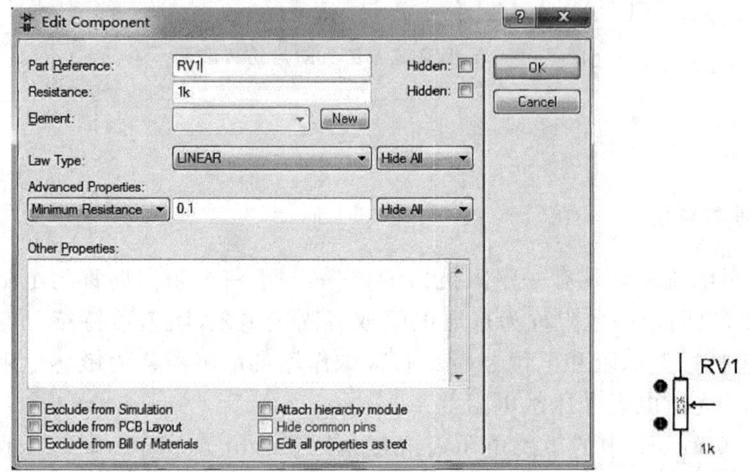

图 3-42 POT-HG 属性对话框

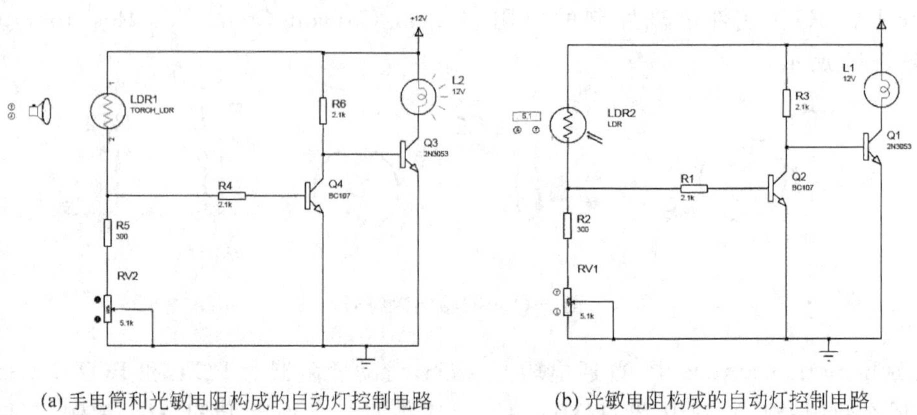

(a) 手电筒和光敏电阻构成的自动灯控制电路　　(b) 光敏电阻构成的自动灯控制电路

图 3-43 自动灯控制电路

3.3.10 网络电阻和排阻

1. 网络电阻(Resistor Network)

网络电阻就是将多个电阻按照一定的结构封装在一起制成的电阻,属于电阻里的特殊电阻。Schematic Capture 元器件库提供了 9 种网络电阻,具体功能如表 3-32 所示。

2. 排阻(Resistor Packs)

排阻就是将若干个参数完全相同的电阻的一个引脚连到一起,作为公共引脚,其余引脚正常引出。所以,如果一个排阻是由 n 个电阻构成的,那么它就有 $n+1$ 只引脚,一般来说，最左边的那个是公共引脚，它在排阻上一般用一个色点标注出来。排阻的实例和原理图符号如图 3-44 所示。在原理图符号中 1 脚为公共脚，Schematic Capture 系统库提供了 RESPACK-7 和 RESPACK-8 两种排阻型号。

表 3-32 网络电阻

名 称	形 状	说 明
RES10SIPB	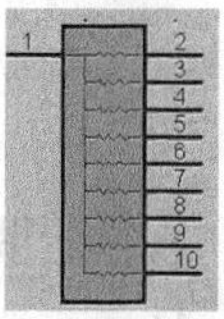	10 引脚、SIP 封装 B 型网络电阻，所有电阻阻值相同，其中 1 脚为公共引脚，2～10 为电阻引脚
RES10SIPD	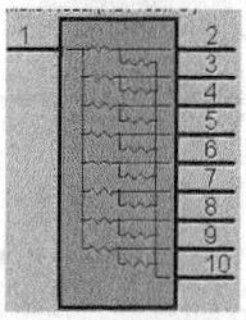	10 引脚、SIP 封装 D 型网络电阻，两个电阻值参数，其中 1 脚为公共引脚，2～9 脚为电阻引脚，10 引脚为两个电阻 R1 和 R2 串联后 8 对这样电阻的并联输出引脚
RES16DIPB	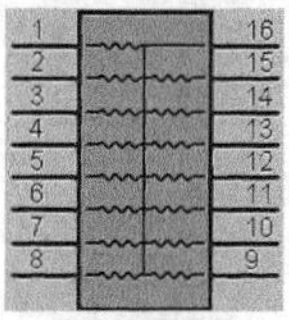	16 引脚、DIP 封装 B 型网络电阻，所有电阻值相同
RES16DIPD	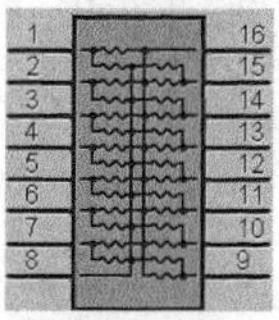	16 引脚、DIP 封装 D 型网络电阻
RES16DIPS	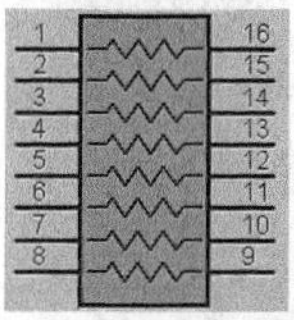	16 引脚、DIP 封装 S 型网络电阻，即 8 个网络电阻，所有电阻值相同
RES6SIPB	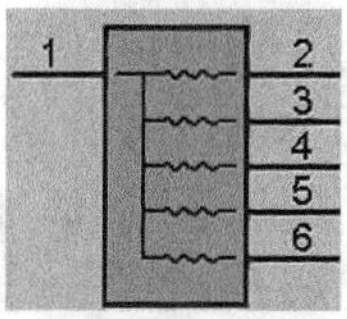	6 引脚、SIP 封装 B 型网络电阻，所有电阻值相同
RES6SIPD	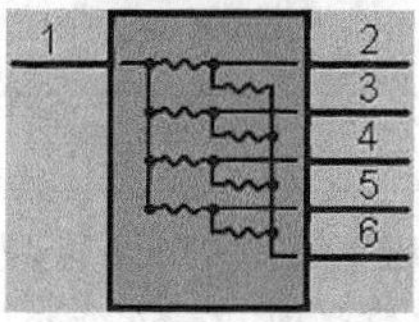	6 引脚、SIP 封装 D 型网络电阻，两个电阻值参数，结构与 RES10SIPD 相同

续表

名 称	形 状	说 明
RX8	RN1 RX8	16引脚、DIP16封装,即8个网络电阻,所有电阻值相同
RES8SIPB		8引脚、SIP封装B型电阻,所有电阻值相同,结构与RES6SIPB和RES10SIPB相同
RES8SIPD		8引脚、SIP封装D型网络电阻,两个电阻值参数,结构与RES10SIPD和RES6SIPD相同。

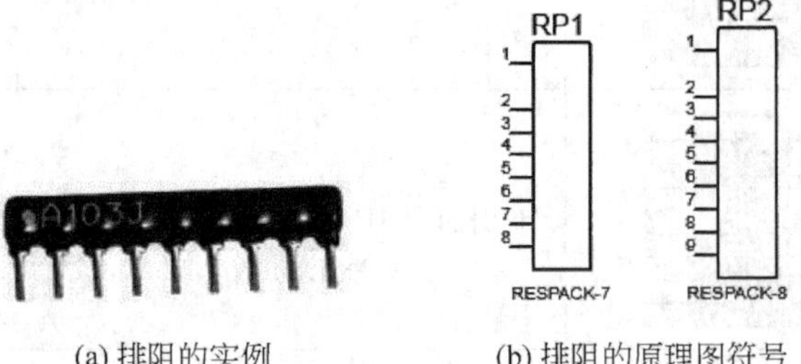

(a) 排阻的实例 (b) 排阻的原理图符号

图 3-44 排阻的实例和原理图符号

3.3.11 开关

开关是可以使电路开路、使电流中断或使其流到其他电路的电子元件。最常见的开关是由人工操作的机电设备中的一个或数个电子接点。开关的"闭合"(closed)表示电子接点导通,允许电流流过;开关的"开路"(open)表示电子接点不导通,形成开路,不允许电流流过。Schematic Capture 中的主要开关如表 3-33 所示。

表 3-33 开关功能说明

名 称	形 状	说 明
BUTTON		当按下时按键闭合,电路导通;松开时电路断开。主要参数包含 Off Resistance(开路电阻)、On Resistance(导通时电阻)和 Switching Time(切换时间)

续表

名　称	形　状	说　明
DIPSW-2	4 OFF ON 1 3 2	指拨开关，由多位组成，ISIS 提供了 DIPSW_2 至 DIPSW_10 共 9 个指拨开关。主要参数有 Set Value(预置数)，0 表示 OFF，1 表示 ON。可以通过↑↓控制多个开关同时处于 ON 状态或者 OFF 状态。也可直接在开关面板上单击，实现单个开关状态的切换
SW-SPDT (Single-Pole Double-Throw)	SW-SPDT　SW-SPDT-MOM	单刀双掷(Single-Pole Double-Throw)开关，SW-SPDT 为单刀双掷锁存开关，SW-SPDT-MOM 为单刀双掷不锁存开关，SW-ROT-3/4/5/6 为单刀三/四/五/六掷开关
SW-DPST	SW-DPST	双刀单掷(Double-Pole Single-Throw)开关
SW-DPDT	SW-DPDT	双刀双掷(Double-Pole Double-Throw)开关
SW-SPST		单刀单掷(Single-Pole Single-Throw)开关
JUMPER2		双路跳线，3 个引脚，可以通过单击↑↓使中间引脚与左边或右边的引脚接通或者 3 个引脚同时处于断开状态之间切换
JUMPER		单路跳线，可以通过单击↑↓接通左右引脚
THUMB switch	9　F	拨码开关，有 BCD 码开关和十六进制开关。主要参数为 Active State(初始状态)

通过定义{GANG=1}属性，可以使多个开关同时切换状态，如图 3-45 所示(配套电子资源实例为 chap3 中的 Switch. pdsprj)，给两个开关 SW1、SW2 定义{GANG=1}属性后，则两个开关绑定在一起，对其中的一个进行操作，另一个也会立即响应。

3.3.12 保险丝

保险丝是由电阻率比较大而熔点较低的铅锑合金制成的导线，也称为熔断器，IEC 127 标准将它定义为熔断体(fuse-link)。它是一种安装在电路中以保证电路安全运行的元器件。保险丝按保护形式可分为过电流保护与过热保护，用于过电流保护的保险丝(也叫限流保险丝)就是平常说的保险丝。用于过热保护的保险丝一般称为温度保险丝。

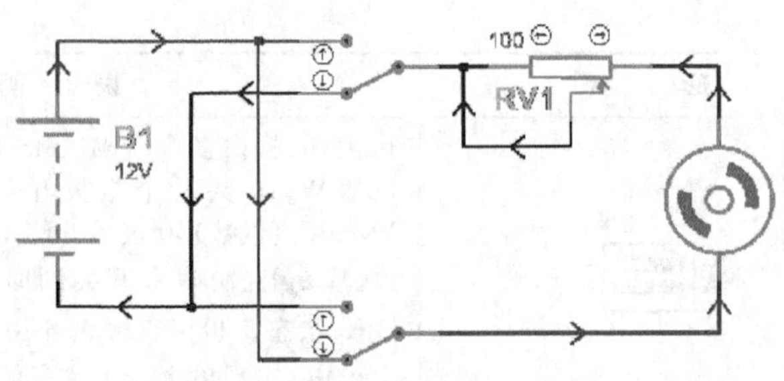

(a) 原理图

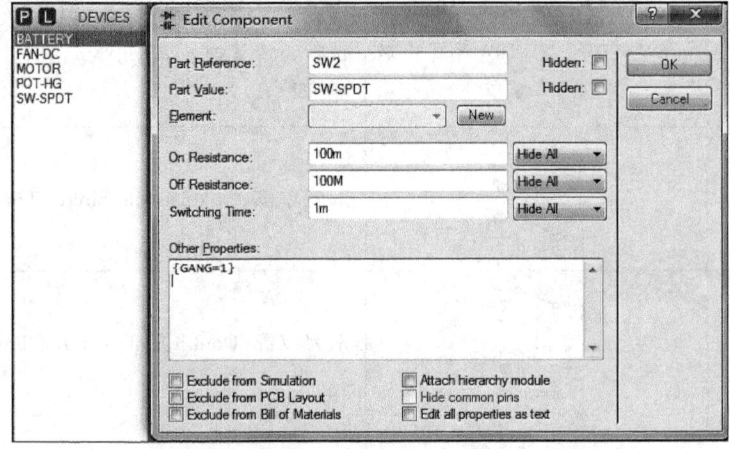

(b) 元器件及Switch属性设置

图 3-45 多个开关同时切换状态

Schematic Capture 系统元器件库提供了普通保险丝和动态保险丝(animated fuse)两种保险丝。

保险丝的应用如图 3-46 所示(配套电子资源实例为 chap3 中的 fuse. pdsprj),减小滑动变阻器的阻值,可以看出,当阻值小到一定值时,回路中的电流大于保险丝的额定电流(rated current),保险丝就熔断,整个电路就处于断路状态,灯熄灭。

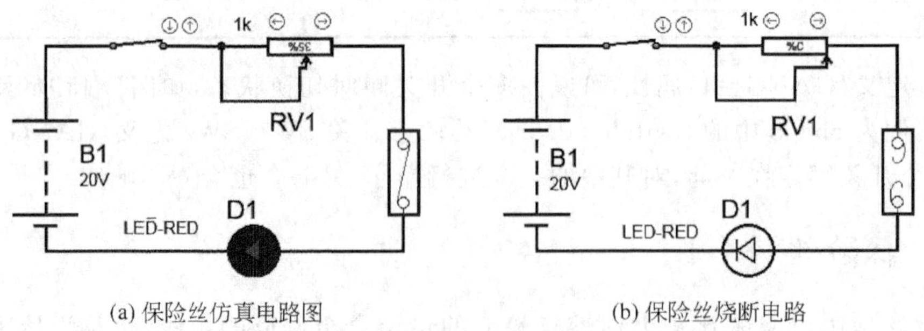

(a) 保险丝仿真电路图　　(b) 保险丝烧断电路

图 3-46 保险丝的应用

第4章 chapter 4

Schematic Capture 电路设计进阶

本章主要介绍 Schematic Capture 的 PAT 命令、Search and Tag 命令、Global Annotator 命令、Design Explorer 命令以及母版的设计。

4.1 PAT（属性分配工具）

绘制电路图或者制作元器件时，会遇到有规律的一组属性设置，此时利用属性分配工具(Property Assignment Tool，PAT)就可以很方便地实现。PAT 就是将一个常量或一个文本序列赋予单个或者多个对象。

4.1.1 PAT 属性对话框

打开 PAT 属性对话框的方法有以下几种。

(1) 选择 Tools→Property Assignment Tool 命令。

(2) 单击工具栏上的按钮。

(3) 按快捷键 A。

上述 3 种方法都会弹出 PAT 属性对话框，如图 4-1 所示。

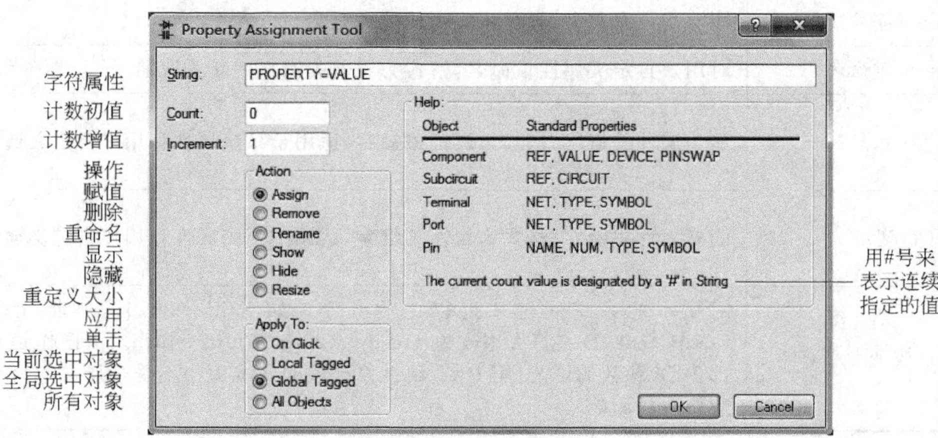

图 4-1　PAT 属性对话框

(1) String：字符属性，主要用于添加属性名称关键字或者属性赋值表达式，其基本格式为

系统属性=值

系统属性如表4-1所示。如果想使赋予的值按一定的序列增长，如A0、A1、A2、……增长的序列在关键字中以#号代替，即属性表达式可以写成

属性关键字=A#

初值设为0，增值设为1。

表4-1 系统属性

对　象	对象标准属性
元器件(Component)	编号(REF)、值(VALUE)、元器件(DEVICE)、引脚交换(PINSWAP)
子电路(Subcircuit)	编号(REF)、子电路内部实体名(CIRCUIT)
终端(Terminal)	网络(NET)、类型(TYPE)、符号(SYMBOL)
端口(Port)	网络(NET)、类型(TYPE)、符号(SYMBOL)
引脚(Pin)	名称(NAME)、引脚号(NUM)、类型(TYPE)、符号(SYMBOL)

(2) Count：计数的初值，设置Value的初始值。

(3) Increment：计数增量，每次执行PAT都会以初值开始，按计数增量进行赋值操作，即用实时的递增值代替#。

(4) Action：PAT的具体功能，如表4-2所示。

表4-2 PAT的具体功能

功能选项	说　明
Assign(赋值)	对属性赋值，格式为**属性关键字=值**，如果赋值的属性是有规律的序列值，则用#号代替。系统属性和用户属性都可以用Assign命令赋值
Remove(删除)	删除用户自定义属性，格式为**属性关键字**
Rename(重命名)	对用户自定义属性重命名，格式为**当前关键字=新关键字**
Show(显示)	显示属性关键字，格式为**属性关键字**，适用于系统属性和用户自定义属性
Hide(隐藏)	隐藏属性关键字，格式为**属性关键字**，适用于系统属性和用户自定义属性
Resize(改变大小)	对文本的系统属性才可以更改大小。如REF=20,16，则将元件的Component ID字符大小改为Height=20th，Width=16th。该操作是对局部REF参数的修改，用PAT属性修改后的文本大小不受全局文本风格参数修改的影响

(5) Apply to：应用到，选择PAT操作的触发条件，具体如表4-3所示。

表 4-3 PAT 应用模式

触 发 条 件	功 能
On Click	单击时响应 PAT 属性
Local Tagged	对当前选中的对象响应 PAT 属性
Global Tagged	对全局选中的对象响应 PAT 属性
All Objects	对所有对象响应 PAT 属性

(6) 系统属性的详细功能如表 4-4 所示。

表 4-4 元器件系统属性

属 性 名	描 述
REF	元器件编号属性(Component reference)标签
VAL	元器件值属性(Component value)标签
VALUE	元器件值属性(Component value)标签或者用户属性定义的 VALUE 属性(如电阻的阻值、电容值等)
DEVICE	元器件名属性,如 7400A、T89C51 等
PINSWAP	引脚交换属性,当一个元器件实际上包含同类的多组元器件时,在 Schematic Capture 或者 PCB Layout 中允许进行引脚交换以实现门优化

4.1.2 PAT 属性应用

4.1.2.1 PAT 修改参数

用 PAT 可以修改元器件的编号、值、名称和引脚交换参数。

下面以图 4-2 所示的电阻为例。

(1) 修改电阻 ID 号:将 R1～R4 的编号改为 R7～R10,可以利用单击响应 PAT 属性或者用当前选中对象响应 PAT 属性的方法实现。PAT 属性对话框如图 4-3 所示(以 On Click 触发),单击 OK 按钮,将鼠标移到编辑窗口所要修改的元器件(如 R1)上,鼠标变成时,单击即可改变。当采用当前选中对象响应 PAT 属性的方法时,必须先选中所要修改的元器件,再设置 PAT 属性对话框,单击 OK 按钮即立刻响应。第二种方法比第一种快捷。

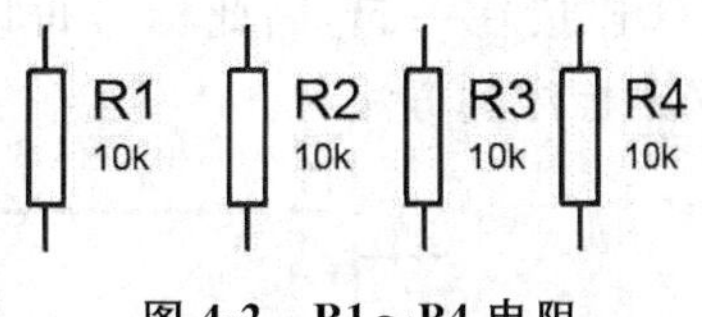

图 4-2 R1～R4 电阻

(2) 统一修改电阻的封装形式,将封装形式设置为 RES90。

利用上述方法,只是将 String 设置为 PACKAGE= RES90 即可。

(3) 元器件替换。将电阻改为滑动变阻器,再将 String 设置为 Device=POT-HG,利用(1)中的方法即可。

(4) 隐藏电阻的 REF 参数。将 String 设置为 REF,Action 设置为 Hide,Apply To 设置为 On Click 或 Location Tagged 即可。

(5) 改变电阻编号字体的大小。将 String 设置为 REF = 10. 6,Action 设置为

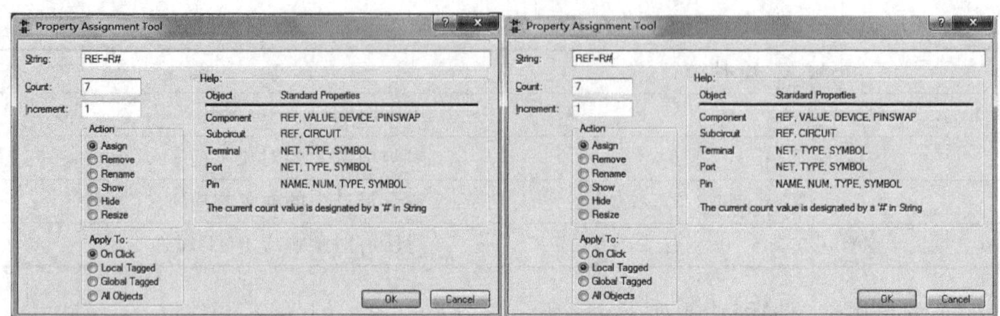

(a) 单击时触发　　(b) 当前选中对象触发

图 4-3　触发条件设置

Resize,Apply To 设置为 On Click 或 Location Tagged 即可。

(6) 隐藏电阻 REF 属性。将 String 设置为 REF,Action 设置为 Hide,Apply To 设置为 On Click 或 Location Tagged 即可。

(7) 显示电阻 REF 属性。将 String 设置为 REF,Action 设置为 Show,Apply To 设置为 On Click 或 Location Tagged 即可。

(8) 删除操作。打开电阻属性对话框,在 Other properties 中输入属性{TEXT=Resistor},则给电阻添加了 TEXT 属性。要将 TEXT 属性删除,可将 String 设置为 TEXT,Action 设置为 Remove,Apply To 设置为 On Click 或 Location Tagged 即可。执行 PAT 操作后,再次打开电阻属性对话框,可以看到 TEXT 属性已被删除。

4.1.2.2　PAT 标注

第 2 章里讲解了利用标号模式LBL对导线进行标注,利用 PAT 属性工具对导线(包括总线)和终端进行标注更为简捷。标注的名称称为网络标号,在电路中具有相同标号的导线连接在一起,因此标号可以代替导线。下面以图 4-4 所示的总线和分支为例介绍 PAT 标注的方法。

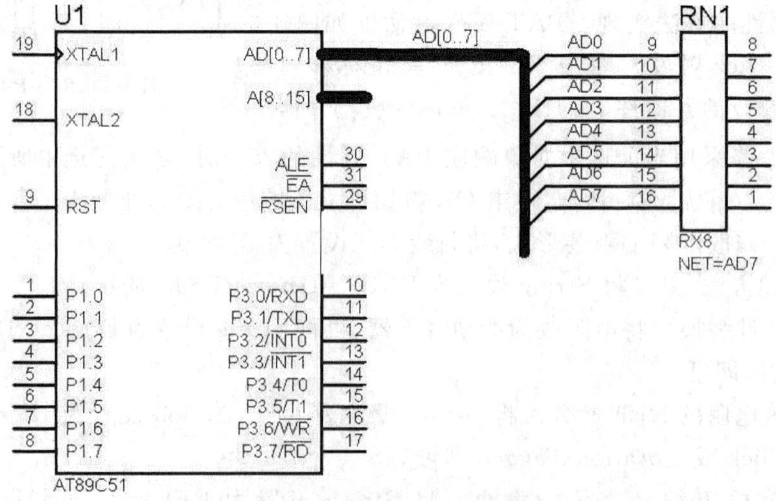

图 4-4　总线和总线分支标注

1. 总线标注

总线标注的PAT属性对话框如图4-5所示，单击OK按钮退出PAT属性对话框，将鼠标移至总线，使其成为热点，鼠标变成☝时单击即可完成标注。

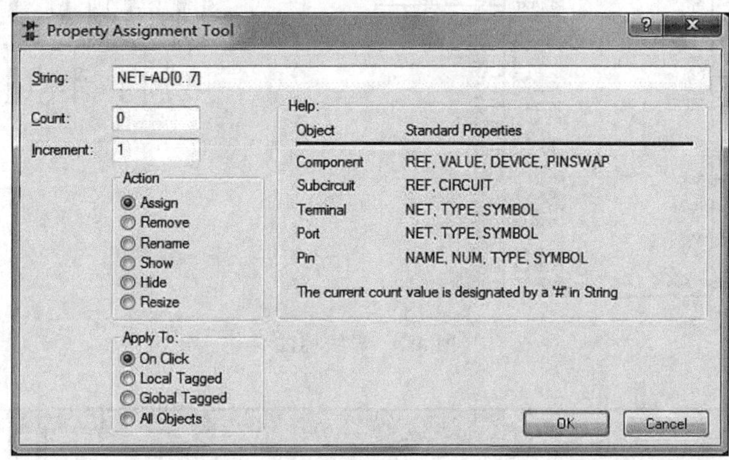

图4-5 总线标注时的PAT属性对话框

2. 总线分支标注

总线分支标注的PAT属性对话框如图4-6所示，设置完毕单击OK按钮退出PAT属性对话框，然后分别按顺序单击总线分支，完成总线分支标注。

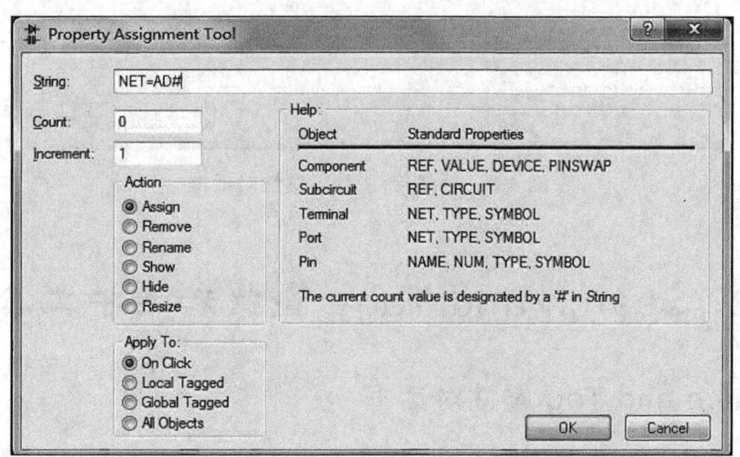

图4-6 总线分支标注时的PAT属性对话框

3. 导线标注

例如，要给图4-7所示的导线进行标注，只要按图4-8所示设置即可。标注方法与上述方法相同。在原理图中，具有相同网络标号的导线连接在一起。即AT89C51的P1口分别与两个数码管按照D0、D1、…、D7的顺序连接。

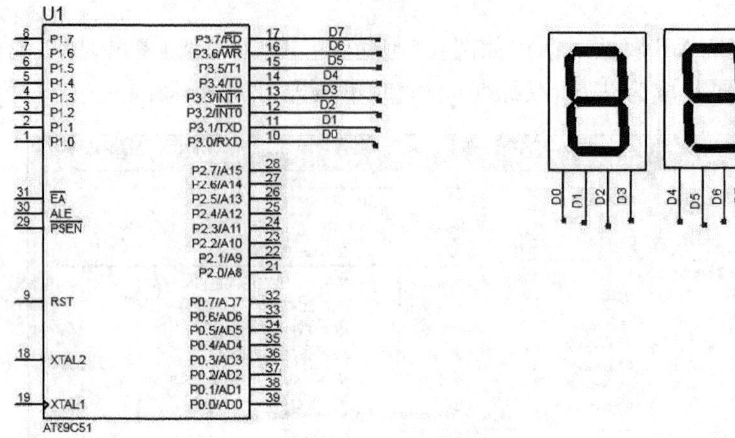

图 4-7 导线标注

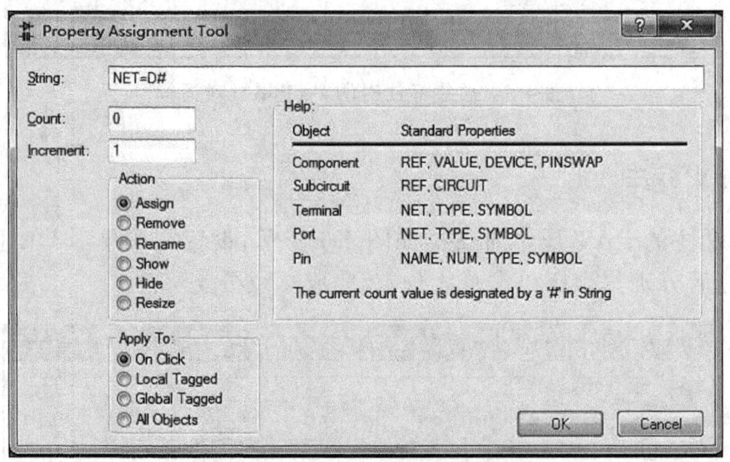

图 4-8 导线标注 PAT 属性对话框

4.2 Search and Tag(查找和选中工具)

4.2.1 Search and Tag 属性对话框

设计大型项目时,一个项目包含很多页或者子模块,要对某个元器件参数进行修改,很难查找到该器件,Schematic Capture 提供了 Search and Tag 工具。选择 Tools→Search and Tag 命令,或者单击工具栏上的🔍按钮,或者按快捷键 T,弹出 Search and Tag 属性对话框,如图 4-9 所示,其属性如下。

(1) Property:属性关键字,输入要进行查找的系统属性关键字,还可以是用户自定义的属性。元器件的系统属性关键字有 REF、Value、Device 等。

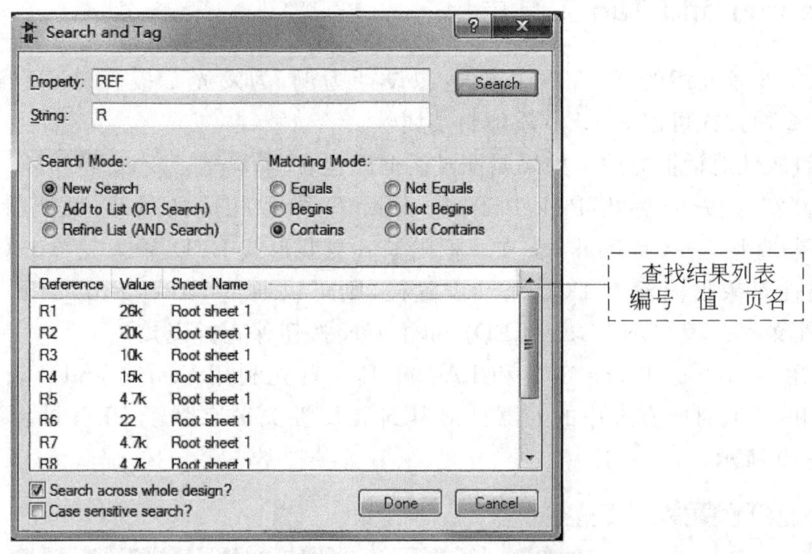

图 4-9 Search and Tag 属性对话框

(2) String：属性值关键字，输入需要查找的属性关键字对应的属性值关键字，如电容 C1，其 REF 属性值关键字为 C1。

(3) Search Mode：查找模式。

New Search：重新查找。

Add to List(OR Search)：或查找。

Refine List(AND Search)：与查找。

当要查找的属性在结果列表中时，可以选择后面两种查找方式快速查出所要查找的元器件。

(4) Matching Mode：属性值关键字匹配模型。

Equals：等于；Not Equals：不等于。

Begins：始于；Not Begins：不始于。

Contains：包含；Not Contains：不包含。

(5) Search across whole design：是否进行全局查找，勾选表示全局查找，反之只是对当前页进行查找。

(6) Case sensitive search：是否区分大小写。勾选表示区分大小写。

(7) 按钮。

Search 按钮：单击该按钮，则按选择条件进行查找，并将结果显示于查找结果列表中，如图 4-9 所示。

Done 按钮：单击该按钮，则在编辑区内选中查找结果列表中的所有元器件，并退出 Search and Tag 属性对话框。

Cancel 按钮：取消查找并退出 Search and Tag 属性对话框。

4.2.2 Search and Tag 工具应用

这里以第2章介绍的0～33V可调电源设计为例,为发光二极管(LED)添加封装。一般有以下2种方式可以为LED添加封装属性。

(1) 通过属性对话框修改。如果属性对话框里包含PCB Package: (Not Specified),则可以单击"?"号按钮,弹出Pick Package对话框,拾取相应的封装(数码管的封装为LED);也可与直接在PCB Package文本框内输入封装形式LED,输入完单击OK按钮保存。如果属性对象框内没有PCB属性设置栏,则可以通过Other Properties属性栏修改,添加属性文本:{PACKAGE=LED},单击OK按钮保存并退出。

(2) 利用Search and Tag工具和PAT工具。首先利用Search and Tag工具选中LED,再利用PAT对所有选中的元器件对其封装属性关键字赋予LED封装形式,具体操作如图4-10所示。

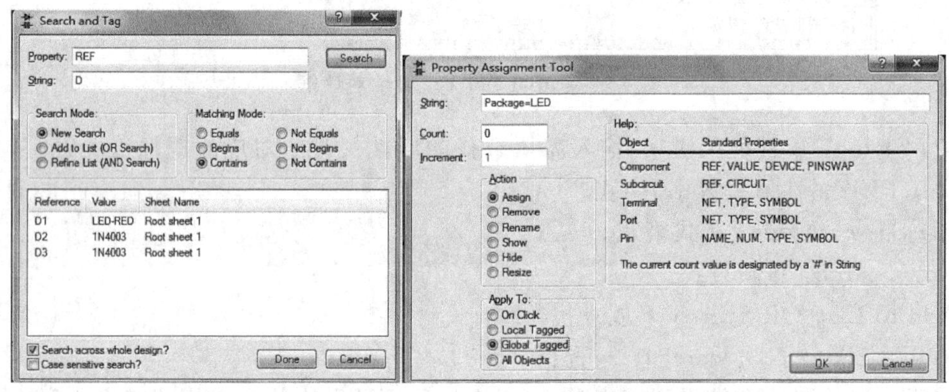

(a) 查找属性框　　(b) PAT属性框

图4-10　利用Search and Tag和PAT赋予发光二极管封装

4.3 Global Annotator(全局标注)

绘制完原理图后,有可能要对所有元器件进行重新编号,Schematic Capture系统提供了Global Annotator命令。选择Tools→Global Annotator命令,弹出Annotator对话框,如图4-11所示。

(1) Scope(范围)包括以下2个选项。

Whole Design:整个设计页。

Current Sheet:当前页。

(2) Initial Count:初始值。例如,设置其值为7,则有关的元器件就会以7、8、9、…为下标开始标注。

(3) 单击OK按钮表示设置完成,进行标注;单击Cancel按钮取消操作。

图4-11　全局标注属性对话框

4.4 Design Explorer（设计浏览器）

Schematic Capture 提供了一个强大、便捷的浏览工具——Design Explorer，用来导航和检查电路图、封装等。双击设计浏览器中的对象，可以直接跳转到原理图/PCB 图中的对应对象。Design Explorer 还支持单帧模式和多帧模式。

4.4.1 设计浏览器窗口

4.4.1.1 打开设计浏览器窗口

单击主工具栏中的▣按钮，或者选中元器件，右击，在快捷菜单中选择 GoTo Part in Design Explorer，都可以弹出设计浏览器窗口，如图 4-12 所示。设计浏览器窗口主要包含菜单栏、工具栏、导航栏和信息栏 4 部分(配套电子资源实例 chap4 中的 siggen.pdsprj)。

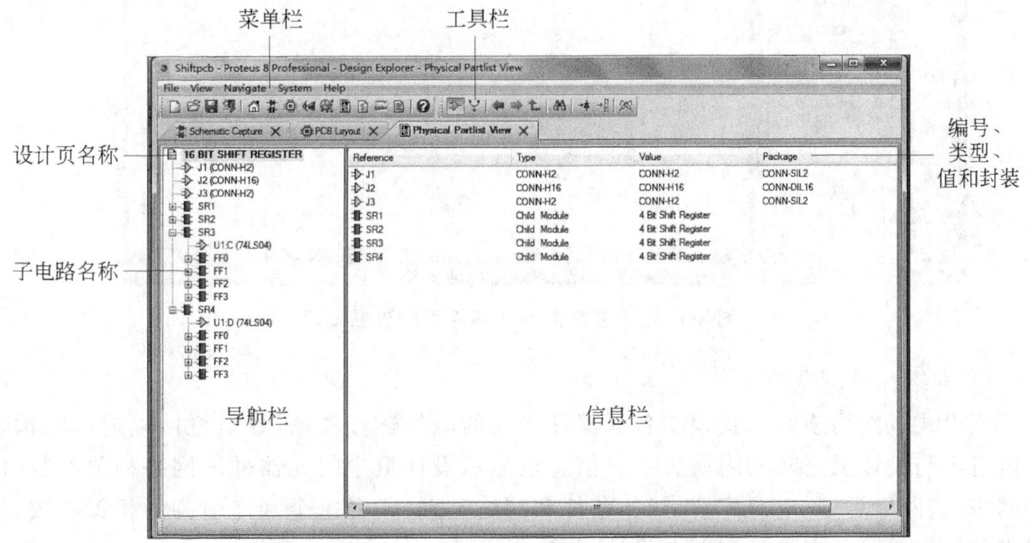

图 4-12 Design Explorer 多帧模式窗口

4.4.1.2 菜单栏

Design Explorer 窗口菜单栏主要包含 File 菜单、View 菜单、Navigate 菜单、System 菜单和 Help 菜单。其中 File 菜单、System 菜单和 Help 菜单与 Schematic Capture 主窗口菜单栏中的功能一样，具体参考第 2 章，下面主要讲解 View 菜单和 Navigate 菜单。

1. View 菜单

View 菜单的主要功能是实现浏览器窗口模式的切换，系统提供 Partlist View(元器件表浏览)和 Netlist View(网络表浏览)2 种模式。

1）元器件浏览模式

该模式主要为原理图提供了一种物理的表示形式，导航栏内以树形结构表示元器件与设计页之间的附属关系。对于无子页的设计页，可以像目录树一样展开当前页中所有元器件列表，单击导航栏内的某个元器件，则信息栏内显示其引脚信息（如引脚名、引脚电气类型、引脚编号和引脚网络标号等，如图 4-12 所示）；若包含子设计页，则单击子页名称前面的“＋”号可以展开子页中的元器件。单击导航栏内的页名称，则信息栏内显示元器件的相关参数（如参考号、类型、值和封装等），如图 4-13 所示。如果某个参数没有相关信息，系统以红色的 Missing 显示，如图 4-19 所示。

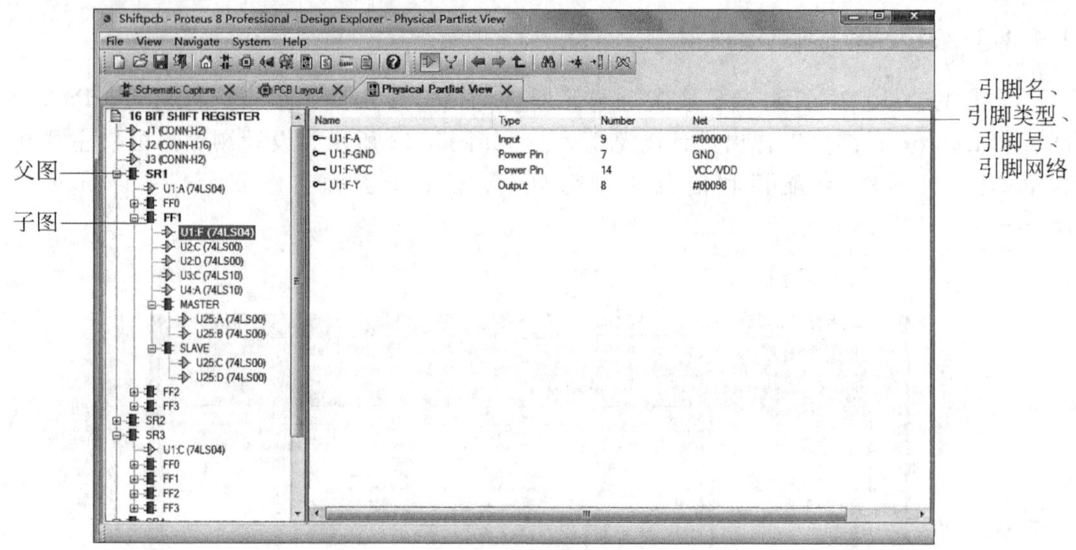

图 4-13 子电路图各元器件引脚参数显示

2）网络标号浏览模式

该模式以网络表的形式说明各元器件之间的电气连接关系，导航栏内以树形结构表示网络表与设计页之间的附属关系。信息栏显示设计页中的元器件的网络相关参数（例如网络名、网络类型、电源配置、初始条件和网络类别）或者每个网络引脚的相关参数（如引脚名、引脚类型、引脚号和所在设计页等）。

单击导航栏内的页名称，则信息栏内显示设计页中元器件的网络相关参数，如图 4-14 所示。单击信息栏内的网络名称，则显示网络引脚的相关参数，如图 4-15 所示。

3）浏览器中的图标

浏览器中用不同的图标直观地表示各列表之间的关系，具体如表 4-5 所示。

4）两种浏览模式的切换方式

两种模式之间有以下几种切换方式：通过 按钮切换；通过双击浏览器中的元器件切换；按快捷键 Ctrl＋P（元器件表浏览模式）和 Ctrl＋N（网络表浏览模式）。

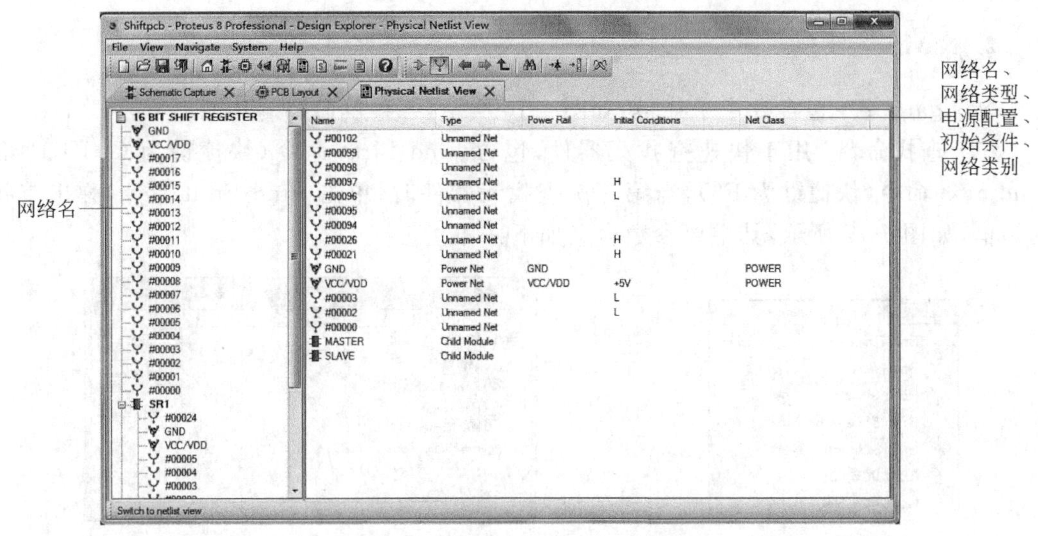

图 4-14　元器件网络相关参数显示

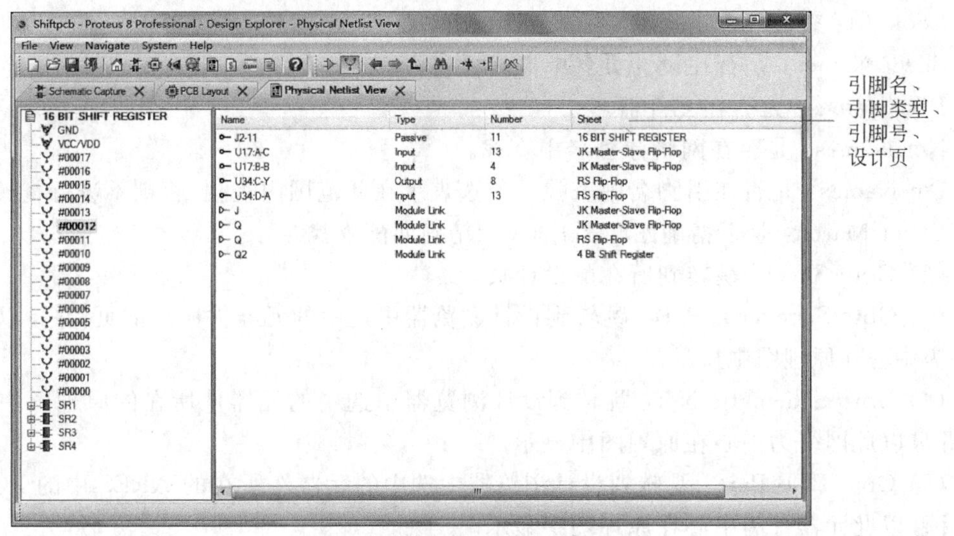

图 4-15　网络引脚相关参数显示

表 4-5　图标功能定义

图　标	说　　明
	代表设计页中的父图图标
	代表设计页中的子电路图、层次电路图和子模块电路图
	代表原理图中的单个元器件
	代表原理图中的元器件的单个引脚
	代表原理图中的终端
	代表 Schematic Capture 中的标准网络
	代表 Schematic Capture 中的全局网络
	代表该类网络中只包含一个引脚

2. Navigate 菜单

Navigate 菜单包含 8 个子菜单，如图 4-16 所示，各菜单命令的功能如下。

(1) 查找命令：用于快速查找元器件，包含 Find First 命令(快捷键为 Ctrl＋F)和 Find next 命令(快捷键为 F3)，当第一次查找元器件时，单击 Find First 命令，弹出查找对话框，如图 4-17 所示，其主要参数含义如下：

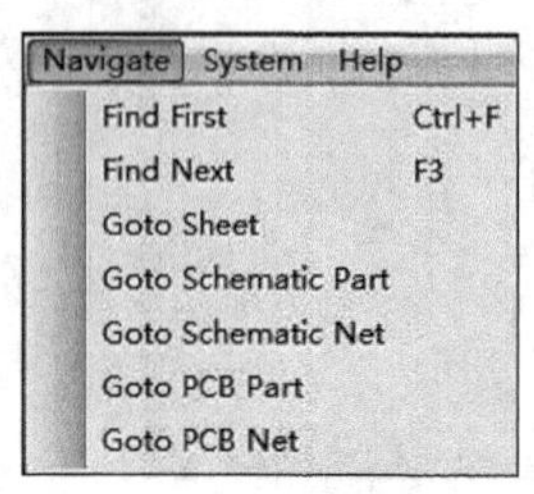

图 4-16 Navigate 菜单

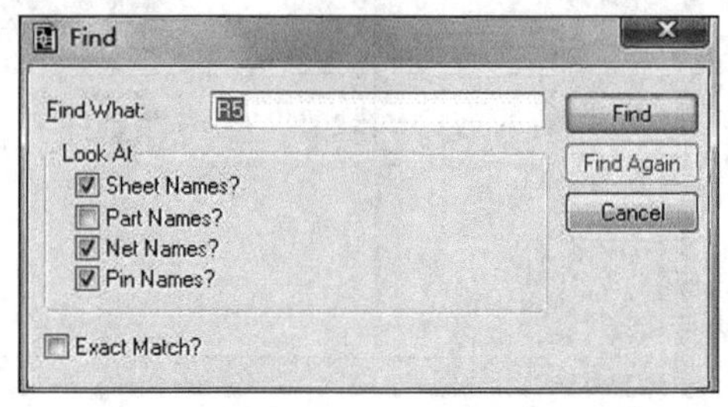

图 4-17 查找对话框

Look At：查找匹配的对象，主要包含以下 4 个匹配项。

Sheet Names：是否在设计页名中查找。

Part Names：是否在元件器名中查找。

Net Names：是否在网络标号名中查找。

Pin Names：是否在引脚名中查找。勾选表示在此范围内查找，否则不进行查找。

Exact Match：是否精确匹配，勾选表示精确匹配查找。

(2) Goto Sheet：跳转到所在的设计页。

(3) Goto Schematic Part：跳转到设计浏览器中选中的元器件所在的页，并且以此元器件为中心在原理图中显示。

(4) Goto Schematic Net：跳转到设计浏览器中选中的元器件所在的原理图中的网络，并且以此网络为中心在原理图中显示。

(5) Goto PCB Part：跳转到设计浏览器中选中的元器件所在的 ARES 中的 PCB 元件，并且以此元器件为中心在原理图中显示。

(6) Goto PCB Net：跳转到设计浏览器中选中的元器件所在的 ARES 中的网络，并且以此网络为中心在原理图中显示。

4.4.1.3 工具栏

设计浏览器的工具栏中提供了 8 个工具按钮，具体功能如表 4-6 所示。

表 4-6 工具栏按钮功能

按 钮	说 明
(元器件图标)	元器件浏览模式
(网络标号图标)	网络标号浏览模式

续表

按　钮	说　明
	跳到前一个浏览页，刚打开设计浏览器时该项无效
	跳到后一个浏览页，当没有前一次视图操作时该按钮不可操作
	跳到上一级目录处，当处于最顶层目录时该按钮不可操作
	查找按钮，在设计浏览器内快速查找元器件
	将设计浏览器中选中的元器件映射到 Schematic Capture 原理图中，并以该元器件为中心显示
	将设计浏览器中选中的元器件映射到 PCB Layout 图中，并以该元器件为中心显示
	现场交叉探针模式，相当于将 和 功能集于一体，可以灵活地在 Schematic Capture、PCB Layout 和 Design Explorer 中定位元器件，具体操作见 10.5 节。

4.4.2 Design Explorer 快捷菜单

在 Design Explorer 中选中根目录并右击，选中导航栏内的元器件并右击，选中信息栏内的元器件并右击，在导航栏内或者信息栏空白处右击，会弹出不同的快捷菜单，如图 4-18 所示。这些菜单的功能与 View 菜单、Negative 菜单相同。

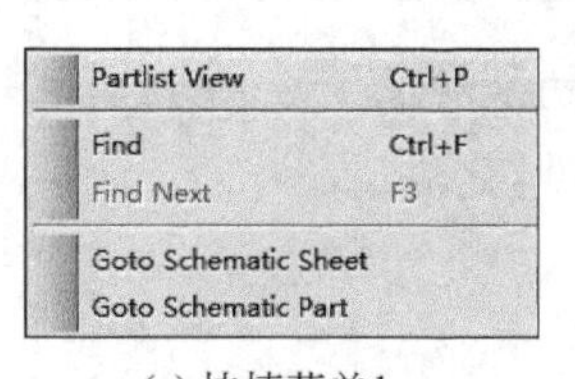

(a) 快捷菜单1

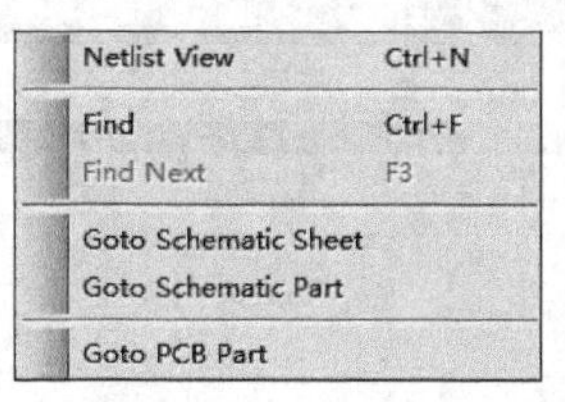

(b) 快捷菜单2

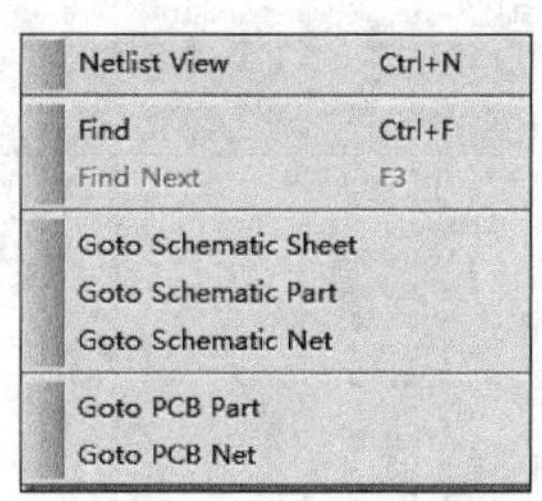

(c) 快捷菜单3

图 4-18　快捷菜单

4.4.3 Design Explorer 应用

1. 快速查找没有封装的元器件

启动 Design Explorer，进入 Partlist View 模式，单击导航栏内的根目录名，则信息栏会显示该目录下的元器件信息，当元器件没有封装时，以红色的 Missing 提示，如图 4-19 所示，在图中 J1 没有封装，在 Schematic Capture 原理图中给 J1 添加封装属性。

2. 检查由于连接错误导致的单引脚网络

启动 Design Explorer，进入 Netlist View 模式，信息栏内显示所有设计页的网络连接关系，通过单击引脚网络图标或者 Type 属性即可定位该引脚网络的元器件，如图 4-20 所示。选中引脚元器件，通过相关命令返回 Schematic Capture 原理图进行查看。

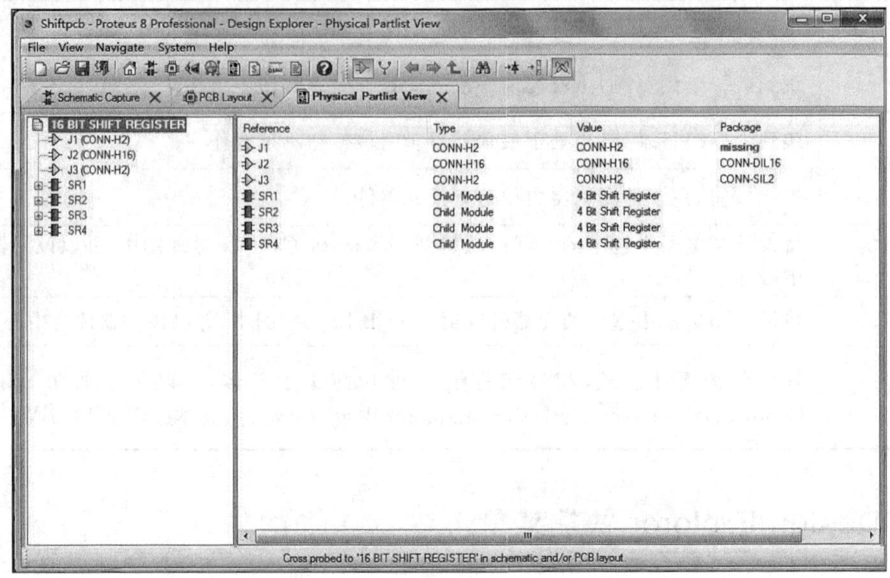

图 4-19 没有封装的元器件浏览

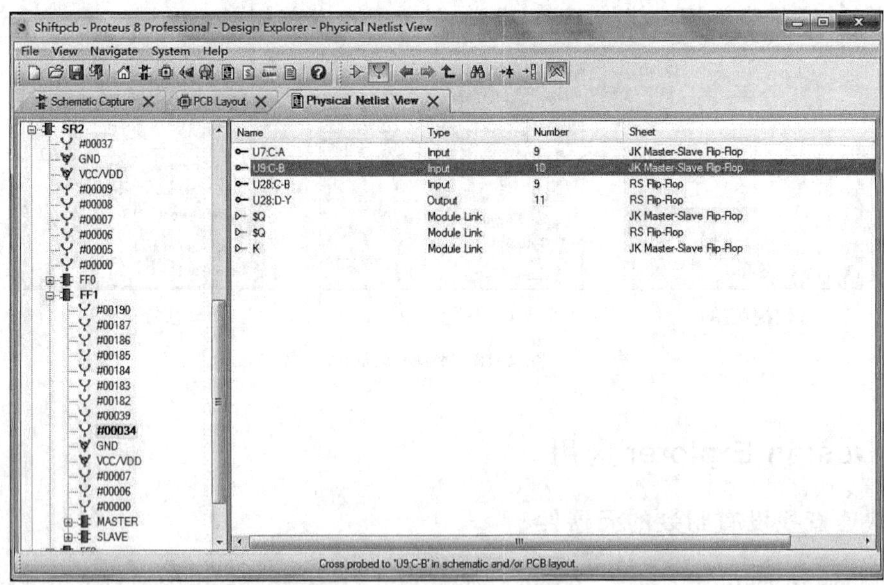

图 4-20 单引脚网络元器件

3. 快速查找原理图中具有相同网络的元器件

启动资源管理器并切换到 Netlist View 模式，在导航栏内选择要查看的网络，通过快捷菜单 Goto Schematic Net 命令返回 Schematic Capture 窗口，则具有相同网络的连接都处于高亮状态，如图 4-21 所示。

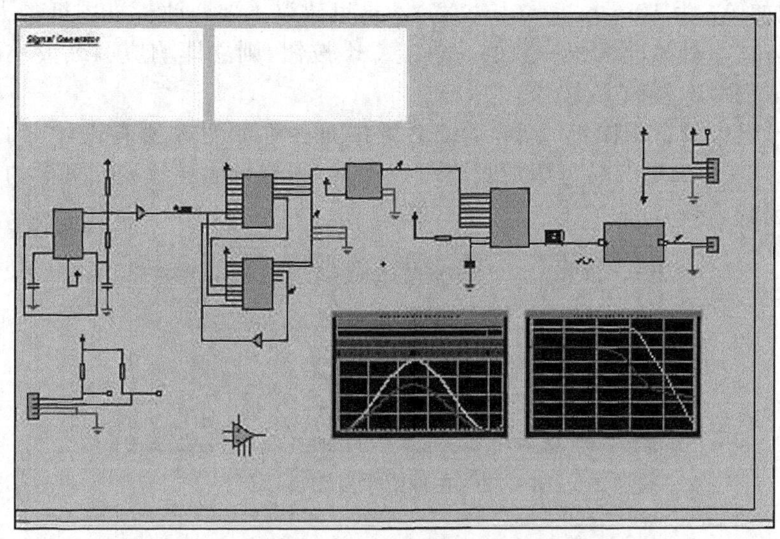

图 4-21 选中同一网络中的对象

4.5 母 版

母版(master sheet)设计是模板设计中的重要组成部分，母版上所有的对象在设计页面上均可见，只能在母版中对它们进行操作。母版上只允许有 2D 图形、位图和文本，不允许有元器件或其他对象，也不允许导入或者粘贴其他对象。

4.5.1 Schematic Capture 其他参数设置

第 2 章介绍了 Schematic Capture 参数设置，本节继续讲解其他一些参数的设置。

1. 更改设计页大小

第 2 章提到过，新建 Project 时要选择 Schematic Capture 设计图纸的大小，进入 Schematic Capture 系统后，也可以通过选择 System→Set Sheet Size 命令弹出图纸大小配置对话框，如图 4-22 所示，重新设置纸张的大小。

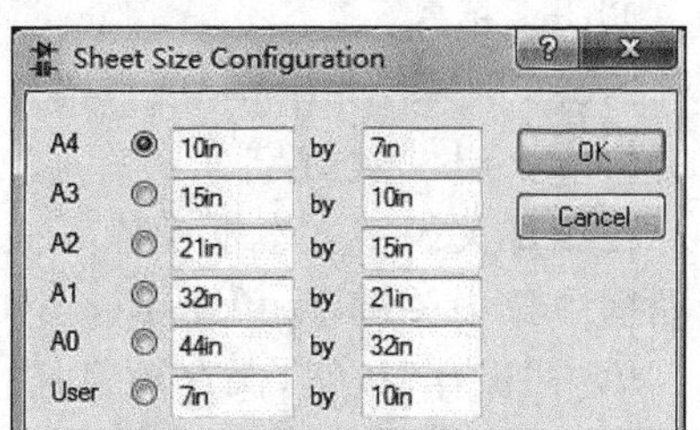

图 4-22 图张大小修改

在图 4-22 中，有两种方式可以改变图纸的大小。

(1) 单击所需的图纸尺寸选项。系统提供了 5 个标准的图纸尺寸(A4 到 A0)和 1 个非标准尺寸(User)，单击不同图纸选项即可选择与该按钮对应的图纸大小。

(2) 修改右侧的数值(默认单位是 in),也可以改变图纸的大小。数值分别对应图纸的长和宽,例如 A4 为 10in by 7in(长×宽)。这里建议不要修改标准图纸的大小,因为标准图纸都是与打印机标准纸张一致的。单击 OK 按钮,则立即响应图纸大小修改。单击 Cancel 按钮取消此次修改并退出。

如果在母版中设置了图纸大小,系统会弹出是否强制更改所有设计页的图纸大小,如图 4-23 所示。如果更改后母版的页小于设计页,则有可能导致设计页中的一部分元器件处于工作区域之外。

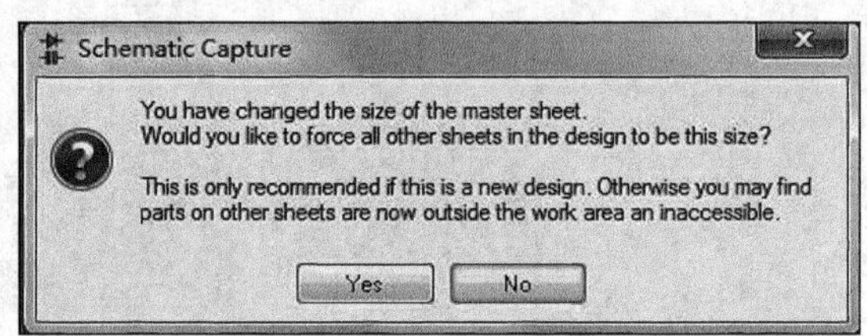

图 4-23 在母版中更改设计页

2. 项目描述属性修改

选择 File→Edit Project Description 命令,弹出项目描述对话框,如图 4-24 所示,参数含义如下。

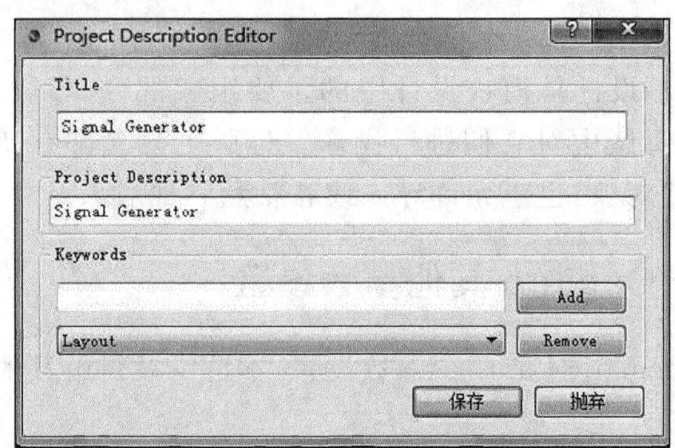

图 4-24 项目描述对话框

Title:标题。

Project Description:项目描述信息。

Keywords:关键字。

在添加关键字文本框中输入关键字,单击 Add 按钮即可添加关键字;在删除关键字下拉框中选中关键字,单击 Remove 按钮可以删除关键字。

单击“保存”按钮,保存项目描述信息并退出,单击“抛弃”按钮放弃操作并退出。

3. Design Properties(设计属性)

选择 Design→Edit Design Properties 命令,弹出如图 4-25 所示的设计属性对话框,参数如下。

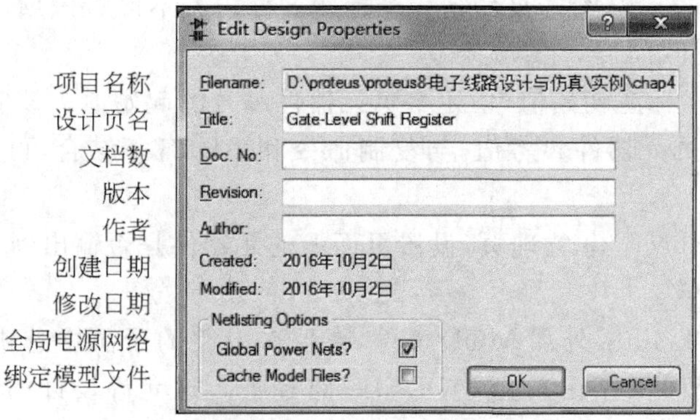

项目名称
设计页名
文档数
版本
作者
创建日期
修改日期
全局电源网络
绑定模型文件

图 4-25 设计属性对话框

Filename：项目名称，显示用户创建的项目具体的名称和保存的路径，该项一般不可修改。

Title：设计页标题，它不是项目名，是整个原理图设计页的名称，将出现在原理图设计文件中的BOM、网络表等表头的Design或者Design Title中，所以当在母版上放置标识文本@DTITLE，在设计页中就会显示设计页标题内容，当未指定设计页标题时，设计页标题与项目名相同。

Doc. No：文档数，一个大型的电路设计项目不可能将所有的电路图画在一张图纸上，更不可能由一个人单独完成。通常将这种庞大的设计项目划分为很多的功能模块，由不同的设计人员分别完成，然后通过层次电路图把整个设计综合在一起。一个功能模块就是一张图纸，所有图纸总数即文档数。

Revision：版本号，将出现在由原理图设计生成的各种报告中。若文档数、版本号和作者三项为空，即使放置了与此三项对应的标识文本@DOCNO、@REV和@AUTHOR，也只能显示为@DOCNO、@REV和@AUTHOR。

Global Power Nets(全局电源网络选项)：指定电源网络分配当前页还是所有页。

Cache Model Files(捆绑MDF文件选项)：指定模型文件是否保存在设计文件中，若选中该项，模型文件与设计文件捆绑在一起，表示可以在此模型的设计中装载并仿真。

4. Edit Sheet Properties(设计页属性)

在单页设计电路中选择Design→Edit Sheet Properties命令，弹出设计页属性对话框，如图4-26所示，用于设置当前设计页的相关属性。

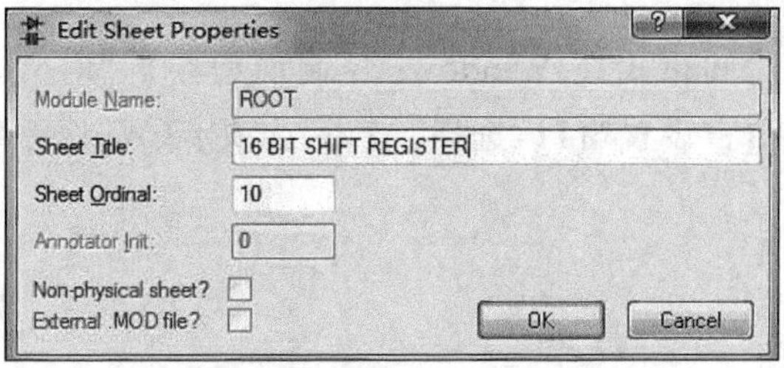

图 4-26 设计页属性对话框

Sheet Title：页标题，给本页命名一个标题名称。若不设置该项，即使放置了与此对应的标识文本@STITLE属性也无效。

Sheet Ordinal：标注初始值，指定本页元器件编号的起始值。该值用于自动注释，以确定当前设计页上的元器件参考值，与复制命令和ARES相结合，可以重复相同的电路块的布局。

Non-physical sheet：非物理页，设置页面上的元器件是否输出到PCB Layout。设计页为子页时该项有效。

External .MOD file：外部MOD文件，在层次电路的子页中选中该项，该页的电路生成一个MOD文件，保存在系统MODELS路径下。这允许设计的子电路之间进行共享，详见第5章。

5. 项目注释属性修改

选择Design→Edit Design Notes命令，弹出设计注释对话框，如图4-27所示。在空白的文本框中输入注释信息，Schematic Capture提供了两种注释方式，即Design Notes和Procurement Notes，单击Design Notes下拉按钮可以实现切换。

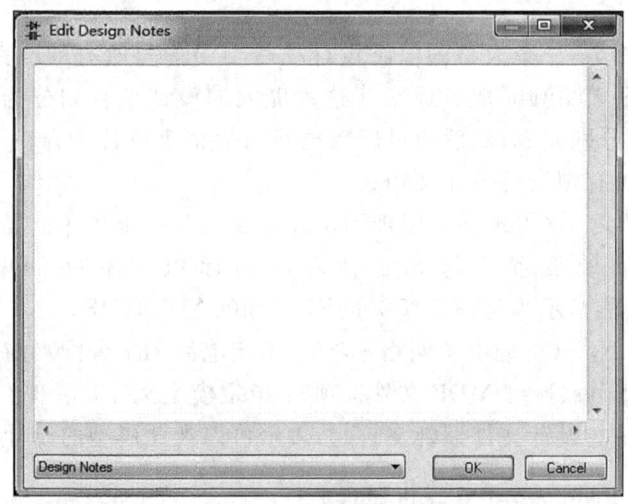

图4-27 项目注释对话框

6. 与计算机系统有关的设置

长日期、短日期和时间格式在Windows控制面板中的"时间、语言和区域设置"中。双击该项，弹出区域和语言设置窗口，选择"格式"选项卡(Win7系统)，如图4-28所示。

4.5.2 母版设计

1. 启动母版

选择Template→Goto Master Sheet命令，进入母版设计。母版设计包括标题、配置

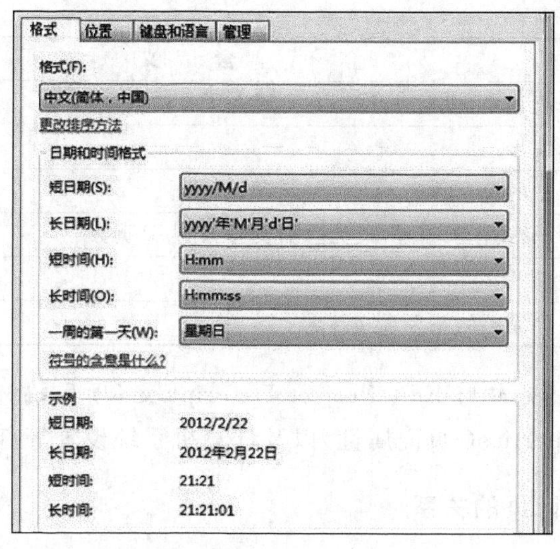

图 4-28　时间和日期格式设置

页面、外框大小等参数设置，主要用到 Design、Template、System 等菜单，这些参数的设置与前面系统环境参数的设置一样，在此不再讲解。

2. 母版中的标识文本

一般情况下，设计图每页都应该有一个头块来说明设计名、设计时间、修改时间、文档数、页数和作者等说明，Schematic Capture 为此设置了专业的标识文本，如表 4-7 所示。

表 4-7　标识文本及含义

标识文本	含　义
@DTITLE	设计标题，取自 Design→Edit Design Properties 对话框中的设计标题，无标题时同文件名
@STITLE	页面标题，取自 Design→Edit Sheet Properties 对话框中的文件名
@DOCNO	设计文档数，取自 Design→Edit Design Properties 对话框中的文档数
@REV	设计版本号，取自 Design→Edit Design Properties 对话框中的版本号
@AUTHOR	作者，取自 Design→Edit Design Properties 对话框中的作者
@CDATE	创建日期，以固定格式自动生成
@MDATE	创建日期，以固定格式自动生成
@WS_CDATA	设计创建日期，根据 Windows 短日期格式自动创建
@WL_CDATA	设计创建日期，根据 Windows 长日期格式自动创建
@WS_MDATA	设计修改日期，根据 Windows 短日期格式自动创建
@WL_MDATA	设计修改日期，根据 Windows 长日期格式自动创建
@CTIMER	设计创建日期，根据 Windows 时间格式自动创建

续表

标识文本	含　义
@MTIMER	设计修改日期，根据 Windows 时间格式自动创建
@PAGENUM	设计页编号
@PAGECOUNT	设计页中的总页数
@PAGE	以 X/Y 形式显示编号，X 为当前页号，Y 为总页数
@FILENAME	当前设计的文件名
@PATHNAME	当前文件完整的路径和文件名

表 4-7 中有些标识文本与 Edit Project Description(项目描述)、Design Properties(设计属性)、Sheet Properties(页面属性)以及计算机系统设置等有关。

3. 设置母版与设计页的关系

选择 Template→Set Design colours 命令，弹出 Set Design Colours 设计对话框，勾选 Render Master Sheet 选项，表示将母版设计应用到设计页中。

4. 母版保存为设计模板

选择 Template→Save as Design Template 命令，在弹出的 Save ISIS Template File 对话框中输入母版名称(默认扩展名为 *.DTF)并且选中 Save only master sheet 项。母版必须保存在系统路径下或者由菜单 System→Set Paths 命令添加的路径下，否则无法加载该母版。

5. 装载设计模板

将母版保存为设计模板后，新建项目，弹出新建项目向导，选择新建的模板创建电路图，如图 4-29 所示。

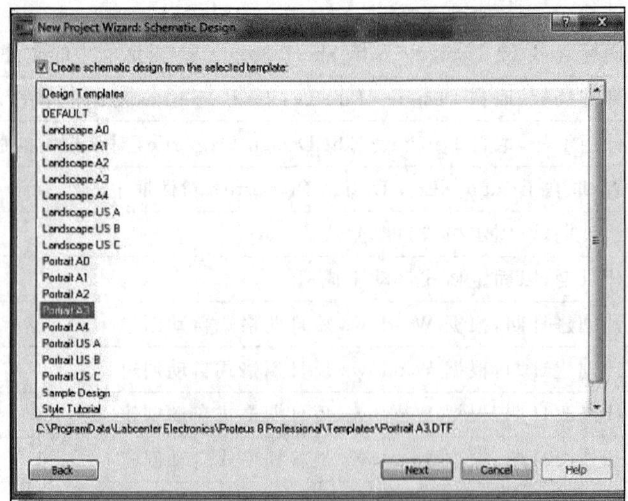

图 4-29　装载设计母版

6. 母版与设计页之间的切换

母版设计好后，会自动在设计页中应用，选择 Design 菜单下的设计页名称(如图 4-30 中的 Power 和 TUTORIAL SHEET)，即可进入设计页。

图 4-30 从母版中返回设计页

4.5.3 母版设计应用

在母版上设计如图 4-31 所示的标题栏(配套电子资源实例 chap4 中的 master. pdsprj)。

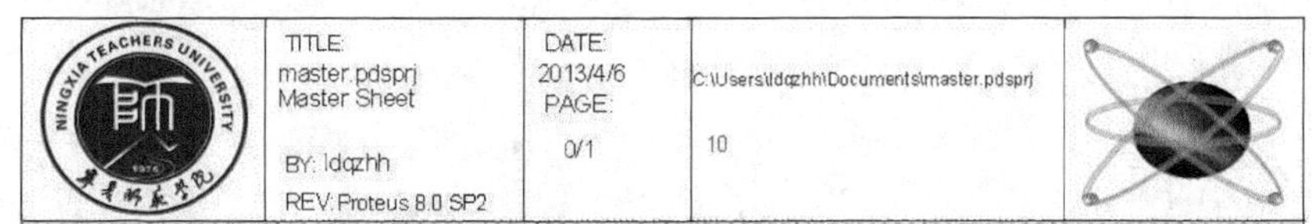

图 4-31 标题栏设计

下面介绍设计的具体步骤。

方法一：

(1) 绘制标题框，用 2D 绘图工具栏内的■和／画框，可以根据自己的爱好设置属性。

(2) 插入图片，选择 File→Import Image 命令，加入图片，Proteus 8 支持 PNG 格式、GIF 格式、BMP 格式和 JPEG 格式。

(3) TITLE、BY、REV、DATE 等项通过二维图标中的 Text Mode 输入，可以分别设计字体格式。

(4) 放置图形文本标识符。在 TITLE 文字后面添加 2D Graphic Text Mode，输入内容为@DTITLE。以下文本标识符的输入方法相同：在"BY"文字后面添加@AUTHOR 文本标识符在"REV："文字后面添加@REV 文本标识符，在"DATE："文字后面添加@MDATE 文本标识符，在"PAGE："文字后面添加@PAGE 文本标识符。

(5) 设置设计页属性。根据自己的需要设置设计页属性，选择 Design→ Set Design

Properties 命令即可。

方法二：

单击 2D 绘图工具栏内的 按钮，在对象选择器上单击 P 按钮，弹出 Pick Symbols 窗口，选取 HEADER 符号，则其上已经自带了标识文本并放置到原理图中对应的位置，选中 HEADER 图标，用工具 分解编辑。

第5章 chapter 5

Schematic Capture电路多页设计

和其他EDA软件一样，Schematic Capture可以进行多页设计，Proteus 8提供了多页平行电路设计和层次式电路设计两种多页设计方案。

5.1 多页设计基本概念

在一个大型、复杂的项目设计中，Schematic Capture编辑区相当于电路设计图纸，又称为设计页（简称页），一个设计页不可能绘制所有的电路图，此时必须用多页来完成，故称这种方式为多页设计，多页原理图之间通过网络标号进行电气连接，即具有相同的网络标号的电气特性是连接在一起的。

5.1.1 多页平行电路设计概念

多页平行电路设计就是将整个电路分解为几个部分，分别在各自的设计页上设计，各页之间通过网络标号连接并保存在同一个项目中。各页在设计中是平行的关系，所以称为多页平行设计。有时将多页也称为根页，每页的标题通过Design→Edit Sheet Properties命令设计。

5.1.2 层次电路设计概念

层次电路设计是一个设计页包含一层或者多层设计页，把具有下层页的设计页称为“父页”，其下层页称为“子页”，顶层的父页也称为顶层根页。Schematic Capture对层次的深度不限制，层次式电路设计有自顶向下和自底向上两种设计方法。

层次电路设计中有两种模块，即子电路和模块元件。它们以“实体”(device body)形式出现在电路中，它们的内部电路是它们所在页的下一层页（子页）电路，一般将相对独立的电路设计为子电路或者模块元件。

层次电路设计中的模块元件就是将子电路封装在一个元器件内并保存在元器件库中，只要设置了它的封装，即可以应用于电路设计和PCB设计，若模块元件内部的元器件均为仿真模型，并存入库中，则可以应用于各种电路设计、仿真、PCB Layout设计中。模块元件的详细设计参见第6章的相关内容，本章只讲解层次电路—子电路设计。

5.2 多页平行电路

5.2.1 多页平行电路命令

1. Design 菜单

Design 菜单如图 5-1 所示。

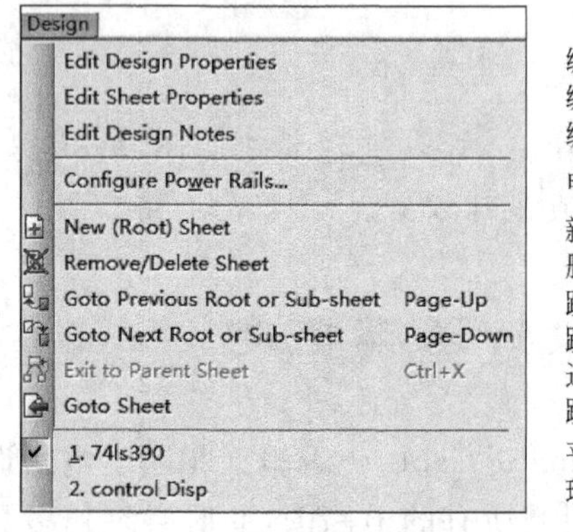

图 5-1 Design 菜单

2. 设计工具栏

多页设计工具栏如图 5-2 所示。

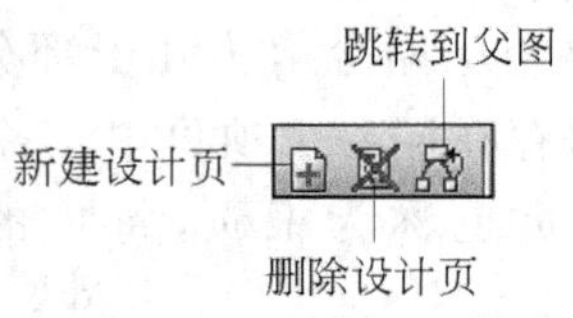

图 5-2 多页设计工具栏

5.2.2 多页平行电路图设计

本节通过 74LS390 芯片构成四位十进制计数器(配套电子资源实例 chap5 中的 decadecounter. pdsprj)来说明多页平行电路图设计方法。完整电路图如图 5-3 所示，现将该电路分成 74LS390 设计页和 control&Disp 设计页，下面具体介绍多页平行电路设计的方法。

5.2.2.1 74LS390 设计页创建

新建项目 TTL Counter. pdsprj(配套电子资源实例 chap5 中的 TTL Counter. pdsprj)，按照图 5-4 所示的电路图绘制原理图，为了调试方便，将 74LS390 芯片的清零信号 Reset 放置到 control & Disp 设计页中。

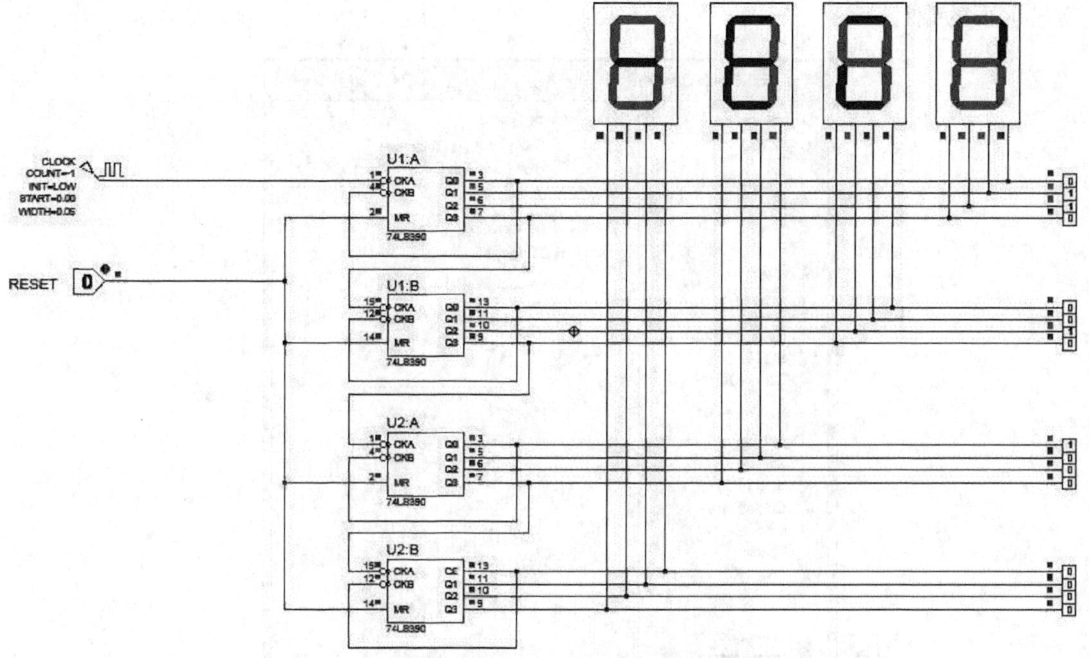

图 5-3　74LS390 构成的四位十进制计数器整体原理图

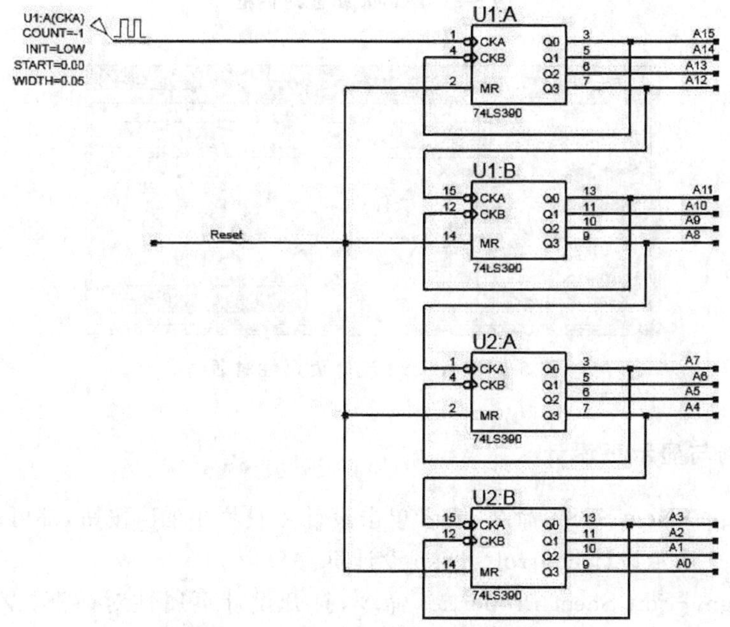

图 5-4　74LS390 设计页原理图

在图 5-4 中添加 Dclock 信号源（在 Generator Mode 中选择），其属性参数设置如图 5-5 所示。选择 Design→Edit Sheet Properties 命令，打开设计页属性对话框，设置相关属性,如图 5-6 所示。经过上述操作完成 74LS390 设计页的设计,下面继续进行控制与显示页的设计。

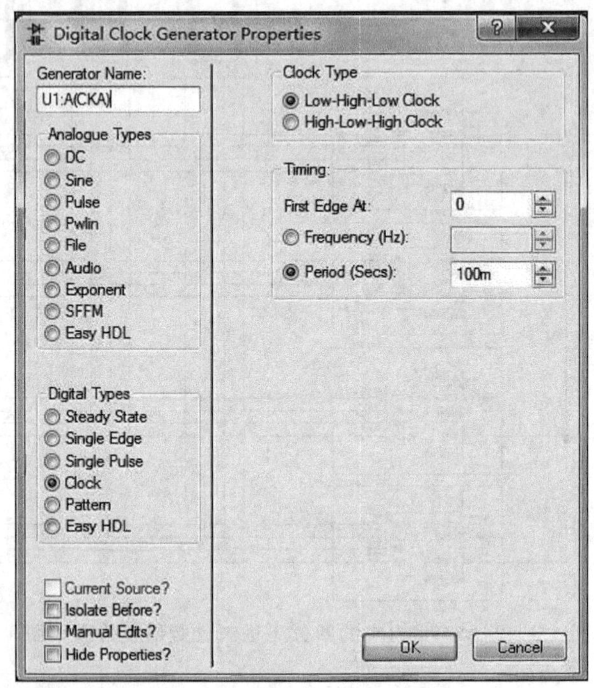

图 5-5 Dclock 属性对话框

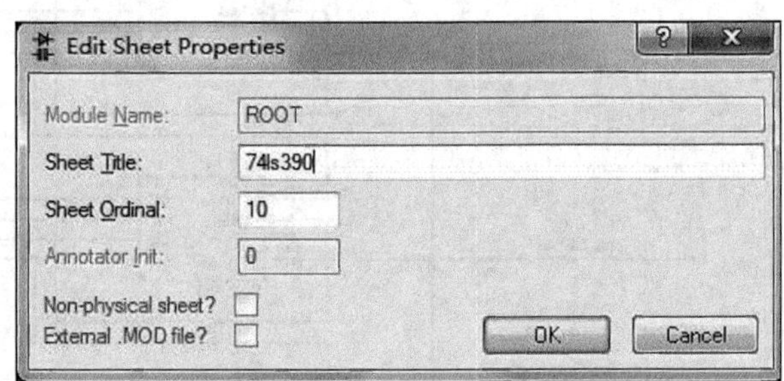

图 5-6 74LS390 设计页属性对话框

5.2.2.2 控制与显示页设计

选择 Design→New Sheet 命令,或者单击设计工具栏中的按钮,都可以打开新建设计页,按照图 5-7 所示设计 control&Disp 设计页。

选择 Design→Edit Sheet Properties 命令,打开设计页属性对话框,设置相关属性,如图 5-8 所示。至此,平行页设计已完成,单击运行按钮观察仿真结果,如图 5-7 所示。单击 Reset 按钮实现清零操作。

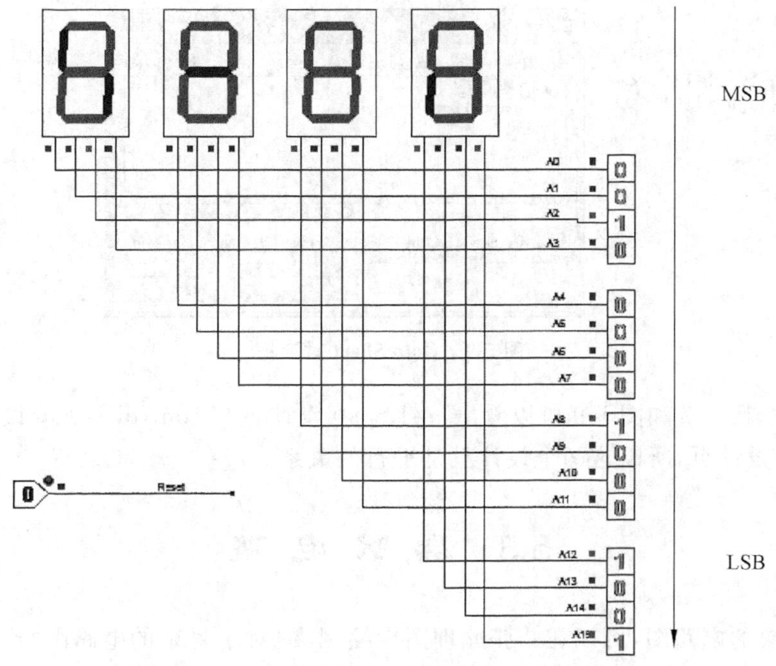

图 5-7 control&Disp 设计页原理图

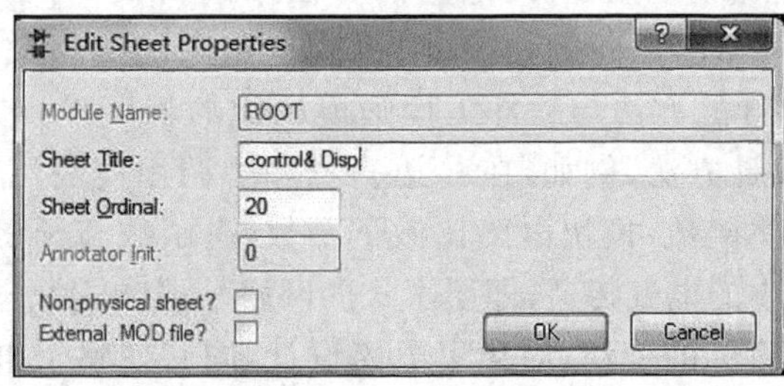

图 5-8 control&Disp 设计页属性

5.2.3 多页平行电路浏览

多页平行电路之间的切换浏览方法有以下几种。

(1) 利用快捷键 Page-Up 和 Page-Down 切换，或者利用 Design→Goto Previous Root or Subsheet 和 Goto Next Root or Subsheet 命令实现平行设计页之间的切换。

(2) 利用 Design Explorer 中的快捷菜单命令切换(见 4.4 节)。

(3) 单击 Design 下面的设计页名称(如 74LS390、Control&Disp)实现设计页切换，如图 5-1 所示。

(4) 利用 Goto Sheet 命令。

选择 Design→Goto Sheet 命令，弹出如图 5-9 所示的对话框。按住 Shift 键，单击设计页名称实现设计页切换，或者选中设计页名称后单击 OK 按钮，也可以进入到选中的设计页。

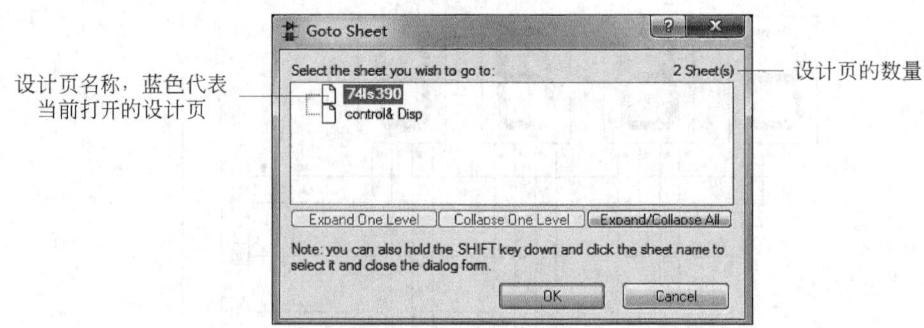

图 5-9 Goto Sheet 对话框

由图 5-4、图 5-7 和图 5-9 可以看出，74LS390 设计页与 control&Disp 设计页属于同一个 ROOT 设计页，所以这两个设计页是平行的关系。

5.3 层次电路

对于简单的电路图，可以在一张原理图中绘制，但对于复杂的电路图，这样将导致原理图的图纸尺寸变得很大。这样不便于浏览整个电路图，更重要的是很难把握整个电路的结构和层次。此时，常常采用层次式电路的方法来进行设计，本节主要介绍层次式电路的设计方法、层次式电路图之间的切换、层次式电路图的网络文件及层次式电路图的仿真等。层次式电路设计的方法与软件工程师模块化的程序设计方法非常相似，是一种化整为零、聚零为整的设计方法，例如，在 C 语言程序中调用模块化、功能唯一的函数。这里可以将整个电路比做主函数，模块电路比做子函数，主函数与子函数之间或者子函数之间的参数传递就是电路中的电气传递，即层次式的网络。层次式原理图的特点是将一个复杂的电路分成几个相对简单的模块，简化了电路设计，同时使整个电路的结构变得清晰明了，因此有的参考书也将这种方法形象地称为方块电路模式或者黑盒子电路模式。

5.3.1 层次式电路设计命令

层次式电路设计命令主要包括 Subcircuit Mode 和 Terminals Mode，模式工具的放置以及属性编辑等与前面讲的其他模式工具的应用一样，因此不再具体阐述。

1. Subcircuit Mode(子电路模式)

单击模式工具栏上的按钮，进入子电路模式，对象选择器中列出了方框电路的各类端口，如图 5-10 所示。

2. Terminals Mode(终端模式)

单击模式工具栏上的按钮，进入终端模式，对象选择器列出了常用的逻辑终端，如图 5-11 所示。终端模式主要用于模块电路中，与子电路端口进行电气参数传递，详细参见 2.4.4 节。

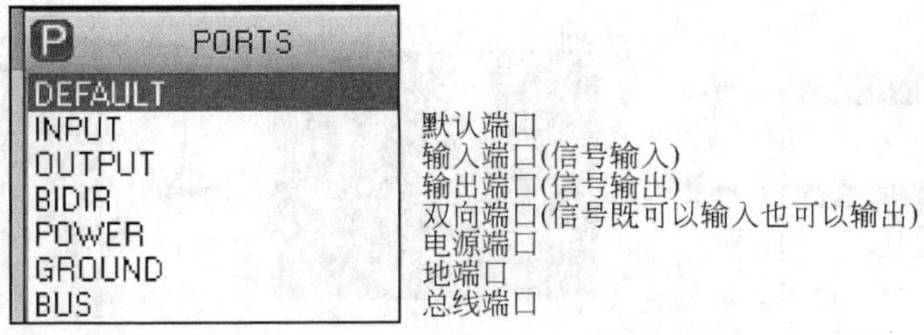

图 5-10　子电路模式及各端口功能

TERMINALS
DEFAULT　默认端口
INPUT　输入端口
OUTPUT　输出端口
BIDIR　双向端口
POWER　电源端口
GROUND　数字地
CHASSIS　模拟地
BUS　总线端口

符号	功能描述
○—	默认端口
▷—	输入端口
—▷	输出端口
◇	双向端口
↑	电源端口
⏚	数字地
⏚	模拟地
⬅	总线端口

图 5-11　终端模式及各端口的符号和功能

5.3.2　层次电路图——父图设计

1) 绘制方框图(实体框)

在子电路模式下,在 Schematic Capture 原理图编辑区单击(起点),此时有一个红色的框以当前单击处为对角线的起点随着光标移动,再次单击(终点)则以起点和终点为对角线画出一个矩形框,此过程如图 5-12 所示。

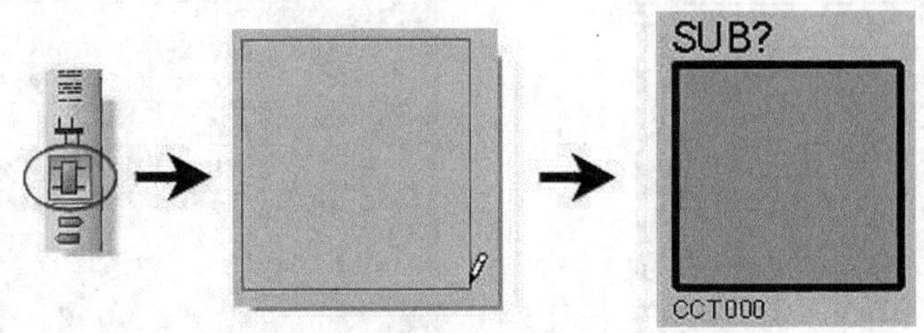

图 5-12　层次电路方框图的绘制

2) 为方框图添加端口

在子电路模式下,在对象选择器中选择相应的端口,将光标移至方框图蓝色边线处单击放置端口,分别放置在子电路实体框的左右两侧(对于 Schematic Capture 而言,逻辑端口只能放在左右两侧,不能放在上下两侧),一般情况下输入端口放置在左边,输出端口放置在右边,具体操作过程如图 5-13 所示。

3) 父图属性修改

父图属性修改包括方框图属性修改和端口属性修改。

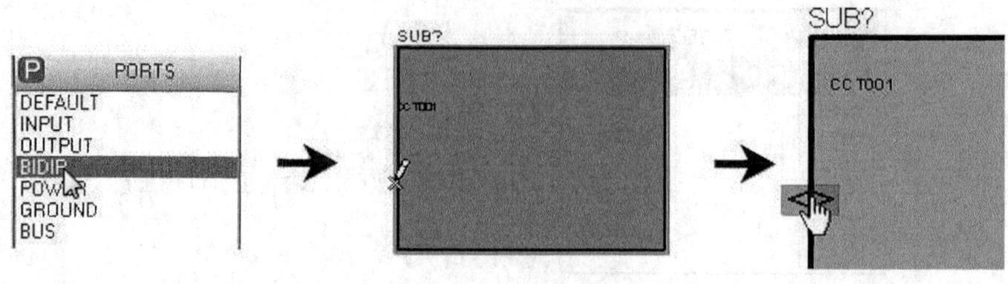

图 5-13 放置端口

(1) 方框图属性修改。

双击方框图,打开父图属性对话框,如图 5-14 所示,其主要功能参数如下。

Name:子电路实体名。

Circuit:子电路内部电路名,默认情况下系统将其自动命名为 CCT00X(其中 X 为序号,从 1 开始自动排序);如果多个子电路的内部电路相同,例如要设计立体声放大电路,设计两个子电路 LEFT 和 RIGHT 进行声道信号放大,如果两个声道放大电路相同,这时就可以具有相同的 Circuit 名称,如 AMP,但子电路实体名必须唯一。因此在同一个设计页中,多个子电路可以具有相同的 Circuit 名称,但是每个子电路的 Name 必须唯一,与其相关的操作请参考 11.6 节。

Properties:子电路属性说明,在其下面的文本框中输入说明文字即可。

(2) 端口属性修改。

双击方框图中的端口,弹出端口属性对话框,如图 5-15 所示,主要功能参数如下。

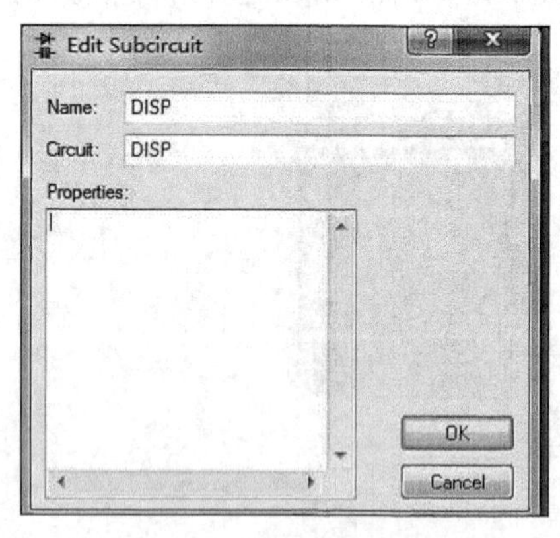

图 5-14 父图属性对话框

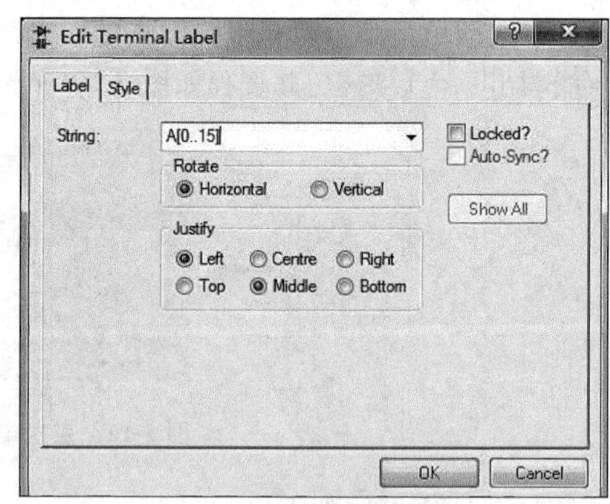

图 5-15 端口属性对话框

String:端口名称,注意端口名称必须与子电路中的逻辑终端名称一致。如果要输入 $\overline{P7}$,则输入 $P7 即可。

Rotate:旋转,主要包括 Horizontal(水平旋转)和 Vertical(垂直旋转)。

Justify:对齐,主要包括水平方向对齐和垂直方向对齐。

水平方向对齐方式有 Left(左对齐)、Center(水平居中)和 Right(右对齐)。

垂直方向对齐方式有 Top(顶对齐)、Middle(垂直居中)和 Bottom(底对齐)。

5.3.3 层次电路图——子图设计

要进行子电路图(简称“子图”)设计,必须进入子电路图设计页。

1. 从父图切换到子图

Schematic Capture 系统提供以下 3 种方式实现父图切换到子图。

(1) 鼠标放在父电路实体(方框图)上,按 Page Down 键进入子电路设计页,默认是一个空白的设计页,该页常称为子页或者子图,因而包含“子电路”的方框图实体又称为父页(父图)。

(2) 使方框图成为热点,右击,在弹出的快捷菜单中选择 Goto Child Sheet 命令进入子电路图。

(3) 鼠标放置到父图实体上,按 Ctrl+C 键进入子电路图。

2. 子电路设计及网络标注

子电路设计与 Schematic Capture 中设计电路一样,对子电路的输入、输出端口放置相应的逻辑终端并修改逻辑终端的属性,使逻辑终端与父图中的端口名称一致,实现父图与子图之间的电气连接。

3. 从子图返回父图

通过以下几种方式可以从子图返回父图。

(1) 在子电路图中,按 Page Up 键或者按快捷键 Ctrl+X 回到父图。

(2) 单击工具栏上的(Exit Parent Sheet)按钮。

(3) 在子电路图空白处右击,在弹出的快捷菜单中选择 Exit Parent Sheet 命令。

(4) 如果是首次在子图和父图间进行切换的话,可以单击按钮进行切换。

5.3.4 层次电路图的设计实例

总结上面的内容,得出层次电路设计的步骤如下。

(1) 选择子电路模式,并在编辑区合适的位置拖出一个父电路实体框(即父图)。

(2) 选择子电路模式,从对象选择器中选择合适的模块端口类型,并放置到 Schematic Capture 编辑环境中子电路实体框的左右两侧。一般情况下,输入端口放置在左侧,输出端口放置在右侧。

(3) 编辑父图属性,使用端口编辑对话框或者 PAT 属性工具编辑端口属性,但必须使端口名与子电路的逻辑终端名称一致。

(4) 连接父图,实现父电路之间的电气连接。

(5) 绘制子电路,并为其分配终端。

(6) 调试电路。

下面仍然以 decadecounter. pdspdj 电路为例进行层次电路图设计,将电路分成控制模块子电路(由 74LS390 构成)和显示模块子电路(由 BCD 数码管构成),创建 Hierarchical. pdsprj 项目(配套电子资源实例为 chap5 中的 Hierarchical. pdsprj)。

1. 新建父图

按照图 5-16 创建父图,并放置端口,为了调试方便,把 74LS390 构成的控制电路的清零信号放置在显示电路中。创建父图 74LS390 和 DISP,两个父图属性参数设置如图 5-17 所示。

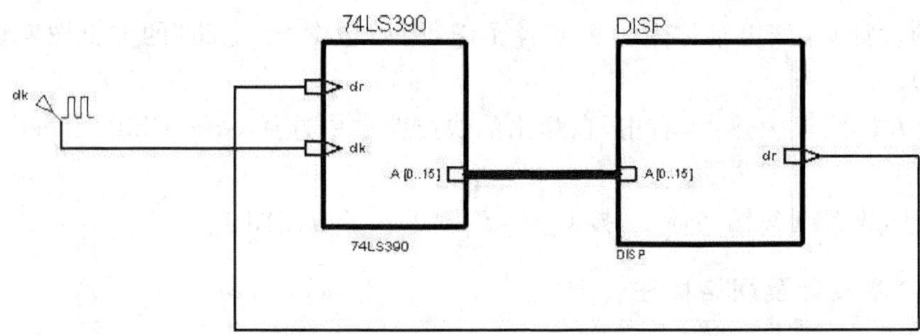

图 5-16 父图

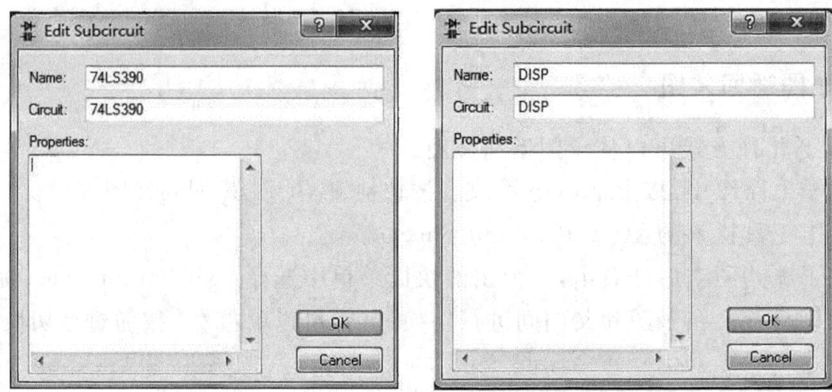

图 5-17 父图 74LS390 和 DISP 的属性对话框

2. 放置父图终端

(1) 父图 74LS390 应该有两个输入端口,分别输入子电路 74LS390 所需的时钟信号 clk 和清零信号 clr,其输出信号应该是 16 位的 BCD 码,为了绘图的方便,这里选择总线端口 A[0..15]。对其 2 个输入端口和 1 个输出端口分别修改关键字 String 属性为 clk、clr 和 A[0..15]。

(2) 父图 DISP 有 1 个总线端口接收父图 74LS390 输出的 16 位 BCD 码,其应该还有一个 clr 信号的输出端口,设置端口关键字 String 的属性分别为 A[0..15]和 clr。

3. 连接父图

最终效果如图 5-16 所示。

4. 设计子图

1）设计父图 74LS390 的子图

进入父图 74LS390 的子电路设计页，选取元器件并连线，最后放置与父图对应的终端，其对应的子电路图如图 5-18 所示。

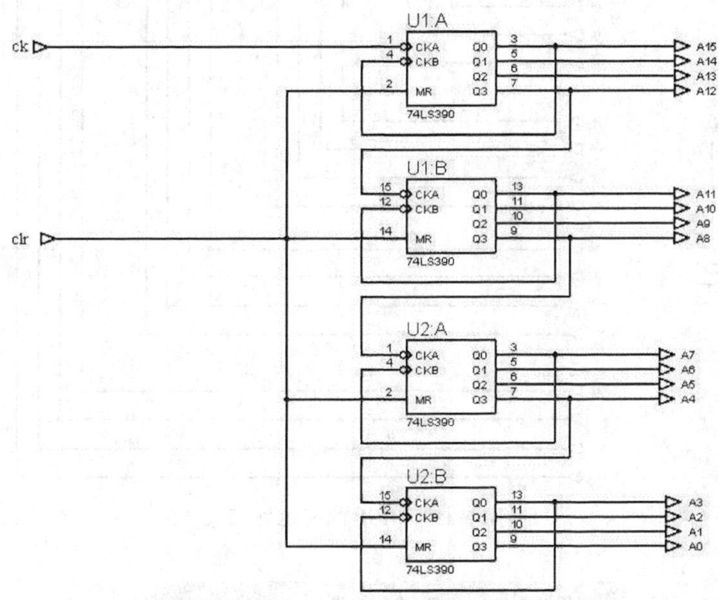

图 5-18　74LS390 的子电路图

2）设计父图 DISP 的子图

进入父图 DISP 的子电路设计页，选取元器件并连线，最后放置与父图对应的终端，其对应的子电路图如图 5-19 所示。

5. 调试电路

进入显示模块子电路，单击运行按钮观察运行情况，显示正常，说明电路设计合理。

5.3.5　层次电路浏览

(1) 利用快捷键进行切换浏览。

在父图或子图中按 Page Up 或 Page Down 键可实现电路之间的切换浏览。

(2) 利用 Goto Sheet 命令。

选择 Design→Goto Sheet 命令，弹出如图 5-20 所示的对话框。按住 Shift 键单击设计页名称，或者选中设计页名称单击 OK 按钮，实现设计切换。可以通过 Expand One

Level(展开一级)按钮、Collapse One Level(折叠一级)按钮和 Expand/Collapse All 按钮实现父图和子图树状结构的展开和折叠。从图 5-19 还可以看出(与图 5-9 对比),父图 Root sheet 1 包含两个子图 74LS390 和 DISP。

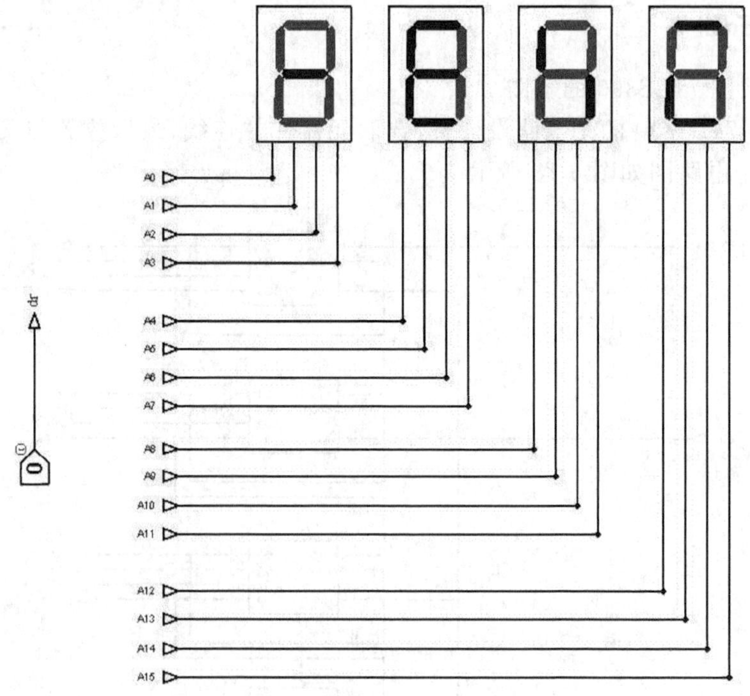

图 5-19 DISP 的子电路图

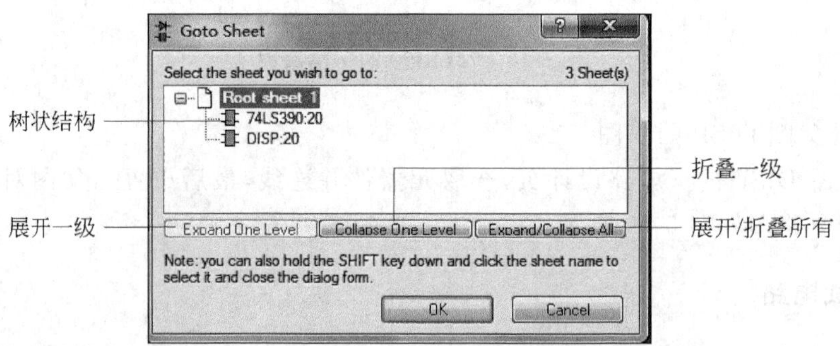

图 5-20 Goto sheet 层次电路切换属性对话框

(3) 通过浏览器工具进行层次电路的切换和元器件的浏览。

打开本项目的设计浏览器,如图 5-21 所示,为了使 DISP 层次电路能够显示出来,在其子电路中放置一个电阻元件,因为在 DISP 中的元器件都是虚拟仿真元器件,不能在设计预览器中显示,选中元器件物理终端,右击,在弹出的快捷菜单中选择 Goto Schematic Sheet 命令即可进入父图;选择 Goto Schematic Part 命令即可进入子图,子图以该元器件为中心显示并选中该器件。

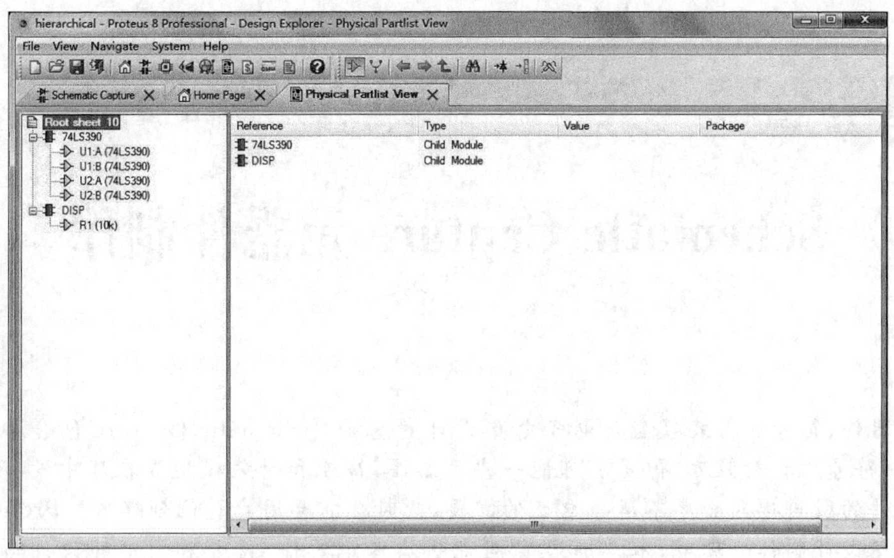

图 5-21 设计浏览器中进行父图和子图浏览

第6章

Schematic Capture 元器件制作

元器件、符号和封装模型是电子电路设计的基础，Schematic Capture 包含丰富的元器件库、符号库和封装库，但是有可能一些元器件、符号和封装模型等在库中没有或者库中元器件的引脚排列顺序不适合自己的需要，此时就需要用户自己创建库。Proteus 8 提供了模型设计制作的环境，本章通过实例说明基本元器件、符号和模型的设计与制作技术，封装模型的设计见第 10 章。

6.1 元器件制作

普通元器件制作流程如图 6-1 所示，6.1.1 节和 6.1.2 节对此展开论述。

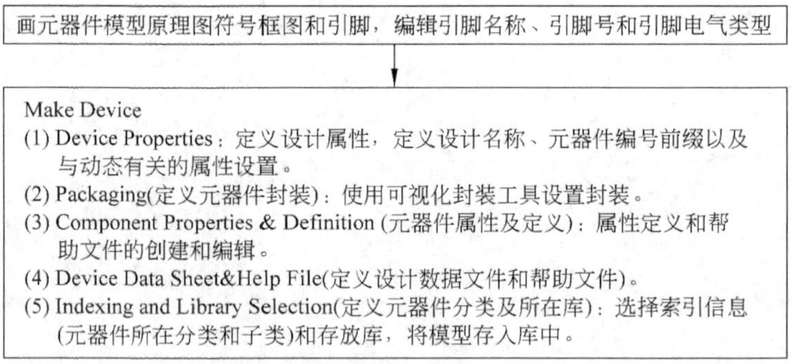

画元器件模型原理图符号框图和引脚，编辑引脚名称、引脚号和引脚电气类型

↓

Make Device
(1) Device Properties：定义设计属性，定义设计名称、元器件编号前缀以及与动态有关的属性设置。
(2) Packaging(定义元器件封装)：使用可视化封装工具设置封装。
(3) Component Properties & Definition (元器件属性及定义)：属性定义和帮助文件的创建和编辑。
(4) Device Data Sheet&Help File(定义设计数据文件和帮助文件)。
(5) Indexing and Library Selection(定义元器件分类及所在库)：选择索引信息(元器件所在分类和子类)和存放库，将模型存入库中。

图 6-1 制作元器件的流程

6.1.1 元器件制作工具栏和菜单栏

元器件制作要用到 Device Pins Mode 工具栏、2D Graphics Mode 工具栏、Design 工具栏和 Library 菜单等，下面作简单介绍。

1. Device Pins Mode

Device Pins Mode(元器件引脚模式)主要为制作元器件提供不同功能的引脚。单击模式工具栏中的按钮，进入元器件引脚模式，对象选择器列出了常用的元器件引脚，如图 6-2 所示。单击对象选择器上的 P 按钮，可以添加系统的其他引脚。系统提供了 20 种元器件引脚，各引脚功能如表 6-1 所示。

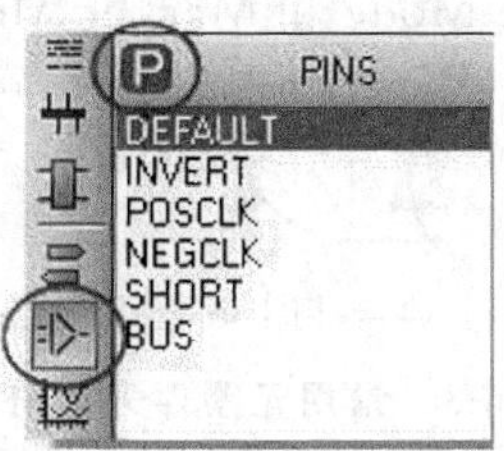

图 6-2 Device Pin Mode

表 6-1 引脚功能

符　　号	名　　称	功　　能
	DEFAULT	默认引脚：普通的输入输出引脚
	INVERT	取反引脚：电平输入此引脚时取反
	POSCLK	上升沿有效的时钟输入引脚，在时钟的上升沿引起触发事件
	NEGCLK	下降沿有效的时钟输入引脚，在时钟的下降沿引起触发事件
	SHORT	短引脚
	BUS	总线
	IECBIDIR	IEC① 标准双向引脚
	IECDUAL	IEC 标准双线引脚
	IECHASH	IEC 标准无用信息号
	IEC ANLG	IEC 标准非逻辑连接
	IECIPANLG	IEC 标准模拟输入
	IECLEFT	IEC 标准逻辑左移
	IECNEGCLK	IEC 标准下降沿时钟
	IECNEGDUAL	IEC 标准双向取反
	IECNEGIP	IEC 标准输入取反
	IECNEGOP	IEC 标准输出取反
	IECNEGSIGOP	IEC 标准负的输出信号
	IECPOSCLK	IEC 标准上升沿时钟
	IECRIGHT	IEC 标准右移
	SHORT With Name	带有引脚名称的短引脚

① 国际电工委员会(International Electrotechnical Commission，IEC)成立于 1906 年。它是世界上成立最早的国际性电工标准化机构，负责有关电气工程和电子工程领域的国际标准化工作。1947 年，IEC 作为电工部门并入国际标准化组织(ISO)，1976 年，它又从 ISO 中分立出来。

2. 2D Graphics Mode

二维绘图工具栏主要用于绘制元器件的外框图形(符号),图 6-3 给出了常用元器件的外形。主要用到 Box Mode、Arc Mode 和 Marker Mode 等二维工具栏。

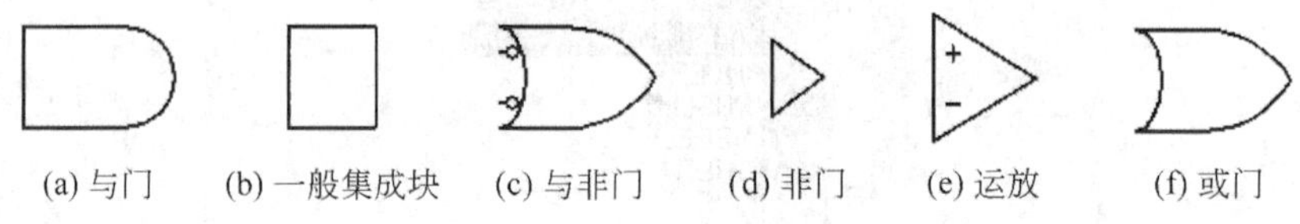

图 6-3 常用元器件外形符号

3. 制作元器件按钮

在工具栏上单击按钮或者选择 Library→Make Device 命令,弹出可视化制作元器件对话框,对元器件的属性等参数进行可视化设置,具体参数设置如图 6-4 所示。

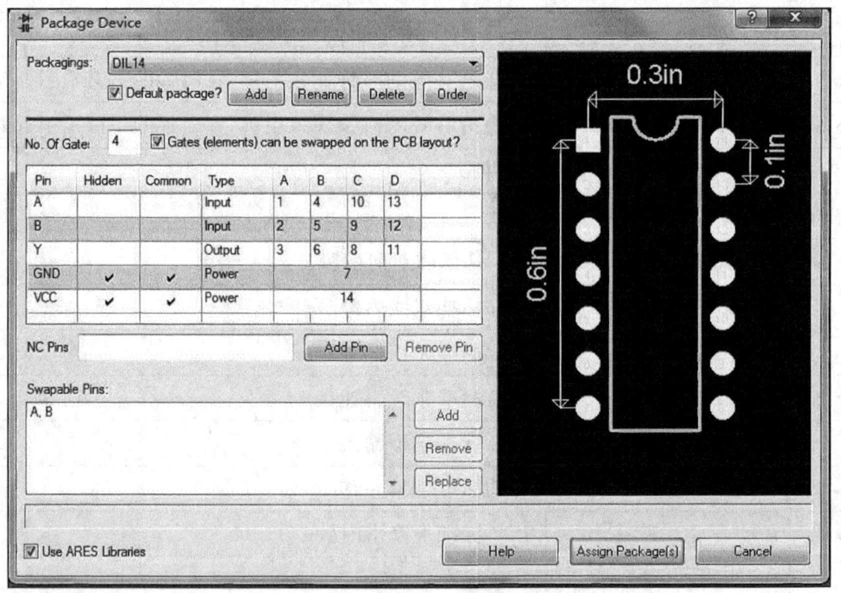

图 6-4 可视化封装工具

4. 菜单栏

Library 菜单命令有 Make Device(制作元器件)、Packing Tools(封装工具)和 Decompose(分解元器件)。

Design 菜单命令有 Edit Sheet Properties(编辑页属性)和 Goto Sheet(页浏览切换)。

Tools 菜单命令有 Mode Compile(模型编译),该命令为元器件生成模型编译文件,只用于制作仿真类型元器件。

Library 菜单命令有 Make Symbol(制作符号)。

5. 可视化封装工具

可视化封装工具(Packing Tools)为原理图符号指定 PCB 封装，PCB 封装就是为对应的一组引脚名配置引脚编号，对同一个元器件可以有多个不同的封装，如电阻的封装形式有 RES40、RES50、RES60、RES90、0402、0805 和 0603 等。封装不同，引脚编号也就不同，如 AT89C51 单片机的 DIP40(40 个引脚)封装和 PLCC44 封装(44 个引脚，其中 4 个引脚不用)。有的元器件可以是总线引脚，如元件库中的 AT89C51. BUS。

1) 打开可视化封装工具

(1) 在制作元器件模型过程中进行封装时，就会启动可视化封装工具。

(2) 在 Schematic Capture 编辑区选中需要进行封装预览的元器件或者组件，选择 Library→Packing Tools，或者单击工具栏中的按钮，或者右击，在弹出的快捷菜单中选择 Packing Tools 命令，都会启动可视化封装工具。

2) 可视化封装工具对话框

可视化封装工具对话框如图 6-4 所示(以 7400 元器件为例)，主要参数如下。

(1) Packagings：封装选择，单击下拉按钮选择已定义的封装形式。

Default package：勾选该项表示此封装形式为默认封装，下一次调用该元器件后自动采用默认封装。

Add：添加封装，单击该按钮弹出封装选择对话框，如图 6-5 所示。在关键字(Keywords)文本框中输入封装形式就可以查找封装。在查找信息列表中双击封装信息，则退出封装选择对话框，刚才选择的封装自动出现在 Packagings 栏内，并处于当前状态。

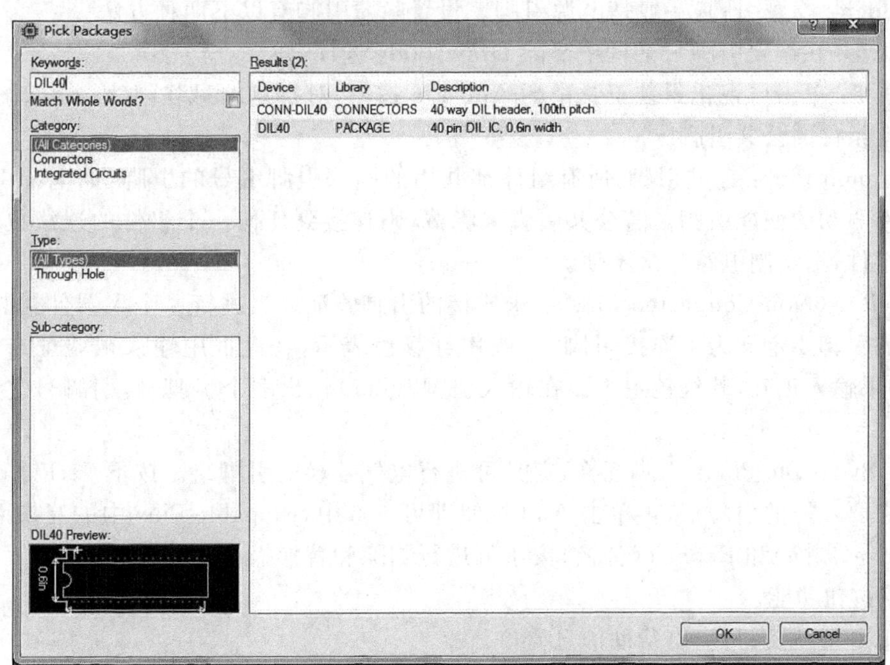

图 6-5 封装选择对话框

Rename：替换封装，单击该按钮弹出如图6-5所示的封装选择对话框，选择需要的封装形式代替当前的封装。

Delete：删除封装，删除当前封装。

Order：排序，对所有封装进行排序，单击Order按钮弹出如图6-6所示的封装排序对话框，可以对封装进行排序操作。

图6-6 封装排序对话框

(2) No. of Gate：组件数量，决定显示的引脚编号列的数目，对多组元件显示所有的列，一般以A、B、C、…表示。在图6-4中，有4个与非门A、B、C、D，放置元器件时显示为U1:A、U1:B、U1:C、U1:D。

Gates(elements)can be swapped on the PCB layout：是否允许进行引脚交换，勾选此项，在进行PCB设计时允许自动进行引脚交换。

引脚列表：显示引脚的引脚名、隐藏属性、公共引脚属性、电气类型、引脚编号和组号等信息。

封装预览：显示PCB封装预览，被分配的引脚的焊盘以白色高亮显示，由此可以判断非白色的焊盘还未分配引脚。当光标指向焊盘时，旁边显示焊盘编号，若焊盘已分配引脚且有引脚名时，则引脚名和编号同时显示。若将光标定位在编号的位置，单击预览视窗中的引脚焊盘，其编号自动输入编号名，同时该焊盘以白色显示。

Hidden：隐藏引脚，一般是电源引脚。设置隐藏引脚有以下两种方法。

方法1：在编辑引脚对话框中清除Draw Body选项。

方法2：单击可视化封装工具中的Add Pin按钮，对指定的封装创建一个隐藏引脚，它是所有组件的公共引脚。

Common Pins：公共引脚，所有组件都共用的同一引脚编号的引脚，如电源引脚、一个多组件驱动的使能引脚。若公共引脚未隐藏，则连接到任何一个组件的连线也将连接到其他组件，给绘制电路带来不便。

NC Pins(Non-Connected Pins)：未连接的引脚验证。当进行一个大器件封装时，对于多余的引脚要定义为未连接引脚，一般用红颜色表示，在此框中输入被验证未连接的引脚，如果输入正确，其红色退去。在输入引脚时可以输出多个引脚号，引脚号之间用逗号隔开。

(3) Swapable Pins：引脚互换，定义可进行电气互换的引脚组。按下Ctrl键，单击引脚列表中要互换的引脚行，再单击Add按钮即可。选中Swapable Pins中的互换引脚，单击Remove(删除)和Repalce(替换)按钮可进行删除和替换操作。

(4) 按钮功能。

Help：帮助按钮，弹出帮助信息窗口。

Assign Package(s)：封装验证，系统自动验证封装与元器件是否匹配，如果不匹配，则弹出错误提示框。

Cancel：取消按钮，取消对封装属性的修改。

6.1.2 模型分类和制作元器件模型参数

目前，Proteus 库提供了很多种元器件仿真模型，下面从模型的分类角度分析元器件。

1. 根据元器件有无仿真模型分类

根据元器件有无仿真模型，可将其分为有仿真模型和无仿真模型。Proteus 库中有 2 万多种元器件具有仿真模型，其余都没有仿真模型，无仿真模型的元器件只能进行 PCB 设计，若电路有仿真，则电路中的元器件必须有仿真模型。Schematic Capture 库中的仿真模型根据其属性不同又可分为以下 4 类。

(1) Primitive Models(仿真原型)。Proteus 提供了 Digital Primitive 和 Analog Primitive 两种基本仿真原型，其主要属性参数为 PRIMITIVE。

(2) Schematic Models(原理图模型)。该类模型由具有 Primative Model 的元器件搭建而成，元器件模型的主要属性参数为 MODFILE 属性。

(3) VSM 模型。该类型模型是使用 VSM SDK(Software Development Kit，软件开发工具包)在 C++ 环境下创建的 DLL 模型，一般用于设计 MCU 和比较复杂的微处理器，其主要属性参数为 MODDLL。

(4) SPICE 模型(SPICE Models)。这类仿真模型是基于元器件的 SPICE 参数构建的模型，其主要属性参数为 SPICEMODEL。

元器件模型既可以在元器件属性中查看，也可以在拾取元器件时在元器件库对话框的元器件预览窗口中查看，如图 6-7 所示。

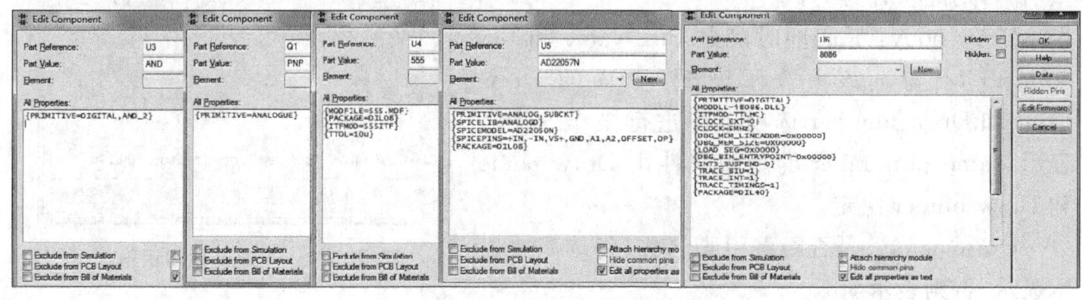

(a) 通过属性对话框观察

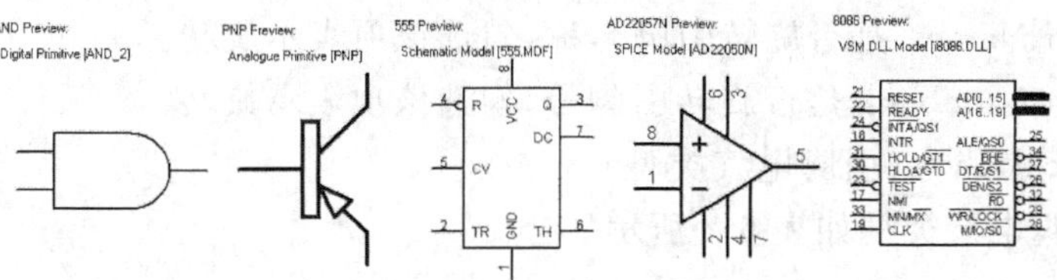

(b) 通过元器件库中的预览窗口观察

图 6-7 元器件模型

2. 根据元件模型内部结构分类

根据元器件模型的内部结构,可将其分为3种。

(1) 单组件元器件模型。该类元器件模型的原理图符号与PCB封装是一一对应的,每个引脚有一个名称及编号。

(2) 同类多组件元器件模型。该类模型是指在一个PCB封装中有几个相同的组件,例如,4个二输入与非门7400,其中电源引脚是公共的,其他每个组件的每个引脚均有自己的编号。

(3) 异类多组件元器件模型。该类模型是指在一个PCB封装中有几个不同的组件。例如,74LS164芯片内部集成8个RS触发器、1个与非门、1个输出非门、1个输入非门和1个输入/输出非门等。

除了上述分类外,Schematic Capture元器件结构还支持总线结构,使微处理器以及相关的外围器件连接电路图很容易绘制。总线引脚与其代表的多个物理引脚的对应关系在可视化封装工具中设置。

3. 引脚属性

在元器件框图上放置引脚,双击引脚,打开引脚属性对话框,如图6-8所示,参数如下。

1) 引脚名和引脚号编辑

Pin Name:引脚名称,一般由英文字母组成。

Default Pin Number:引脚号,一般由阿拉伯数字1,2,3,…组成。如果引脚是总线型或Pinout型引脚,则此项必为空。

Draw body:是否同时隐藏Pin Name和Pin Number,不勾选该项表示隐藏,下面的Draw name和Draw number选项不能进行操作。反之表示Name和number的隐藏属性由Draw name和Draw numer决定。

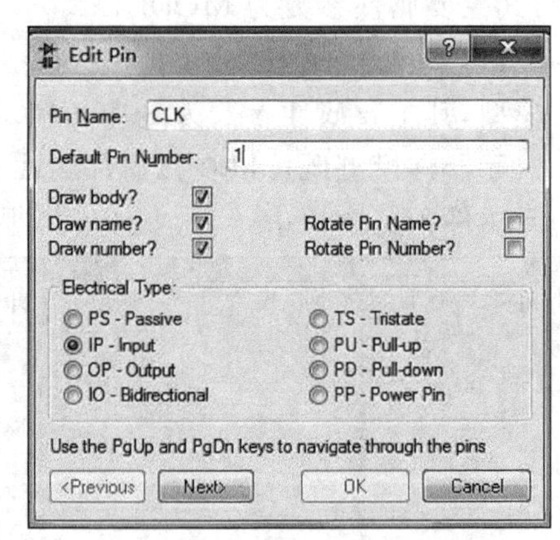

图6-8 引脚属性对话框

Draw name:是否隐藏引脚名称,勾选该项表示显示,否则表示隐藏。

Draw number:是否隐藏引脚号,勾选该项表示显示,否则表示隐藏。

Rotate Pin Name:是否旋转引脚名称,勾选该项表示旋转。

Rotate Pin Number:是否旋转引脚号,勾选该项表示旋转。

2) Electrical Type(引脚电气类型)

元器件引脚电气类型如表6-2所示。

3) 按钮

利用按钮可以在引脚之间快速切换和进行参数修改。

Previous:上一个引脚,或者用PageUp键。

表 6-2 引脚电气类型

引 脚 类 型	类型 ID	示 例
Passive(无源引脚)	PS	无源元器件的引脚
Input(输入引脚)	IP	模拟或者数字元器件的输入引脚
Output(输出引脚)	OP	模拟或者数字元器件的输出引脚
Bidirectional(双向引脚或输入/输出引脚)	IO	微处理器 RAM 数据线引脚
Tri-state(三态)	TS	ROM 输出引脚
Pull-Up(上拉)	PU	集电极/漏极开路输出引脚
Pull-Down(下拉)	PD	发射极/源极开路输出引脚
Power Pin(电源引脚)	PP	电源/地引脚

Next：下一个引脚，或者用 PageDown 键。

OK：确认并退出。

Cancel：取消并退出。

4. Device Properties(元器件属性)

选中元器件框图和所有的引脚，单击按钮，弹出 Make Device→Device Properties 对话框，如图 6-9 所示，属性参数如下。

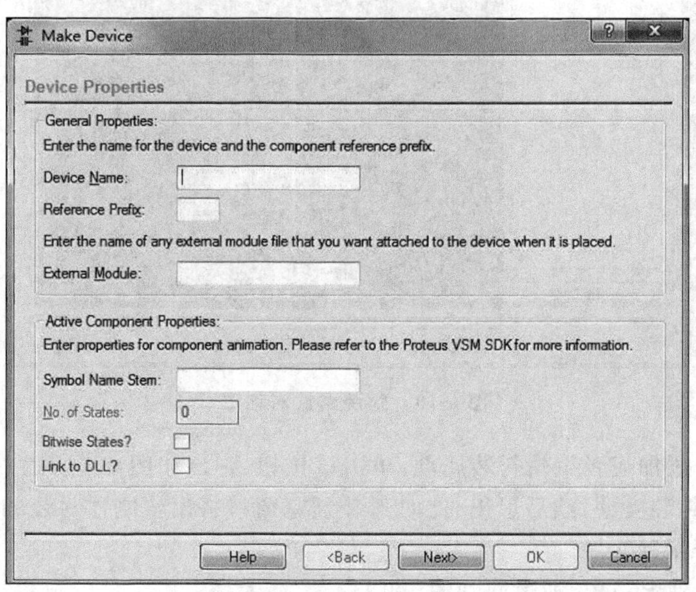

图 6-9 元器件属性对话框

1) General Properties(元器件普通属性)

Device Name：元器件名称，如 AT89c51、74LS00 等。

Reference Prefix：前缀符号，定义元器件放置时显示的前缀字符，如电阻的前缀定义为R,集成块元器件一般定义为U,等等。如果此时定义其前缀为空,则在放置次元器件后,该元器件的Reference、Value属性将被置空。

External Module:输入需要捆绑的外部模块文件,对于一般的物理器件,此项为空。

2) Active Component Properties(元器件动态属性)

创建或者修改VSM Model元器件时要设置的相应属性。

Symbol Name Stem:模型文件名称。

No. of States:状态数值,该数值一般由模型文件创建,如对于一个有Off和On状态的模型,该值为2。

Bitwise States:定义一个符号是否具有Off和On二值状态。通过元器件的STEM_N_0和STEM_N_1定义其二值状态。

Link to DLL:是否链接VSM Model DLL文件。

5. Packagings属性

修改元器件属性后单击Next按钮,打开Packagings属性对话框,如图6-10所示。

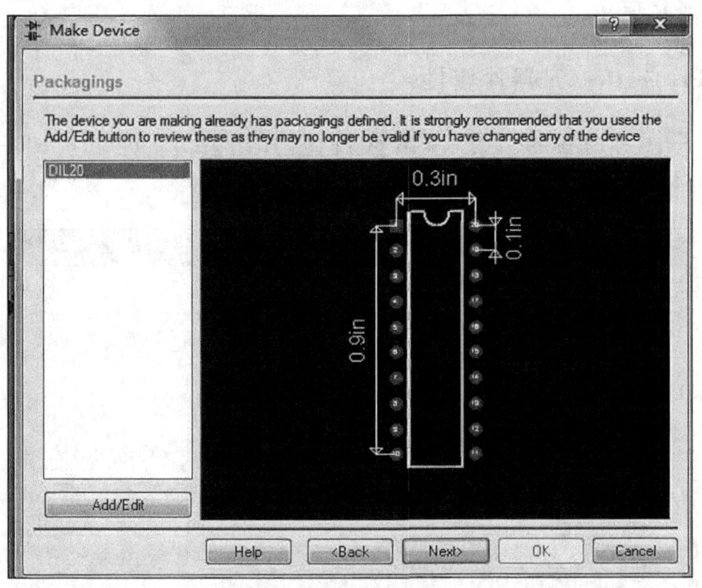

图6-10 封装属性对话框

Add/Edit:添加或者编辑封装属性,单击该按钮,弹出如图6-4所示的封装选择对话框,选择正确的封装类型,然后退出,此时封装预览窗口将出现刚才封装的形状。

Help:打开帮助文件。

Back:返回到上一步,即返回到图6-9。

Cancel:取消。

Next:下一步,单击该按钮打开Component Properties & Defintion对话框。

6. Component Properties & Defintion(元器件属性和定义)

元器件属性和定义对话框如图 6-11 所示。此对话框用来定义元器件属性和默认值，左侧显示已定义的属性，右侧为该属性相关的参数以及默认值，属性参数如下。

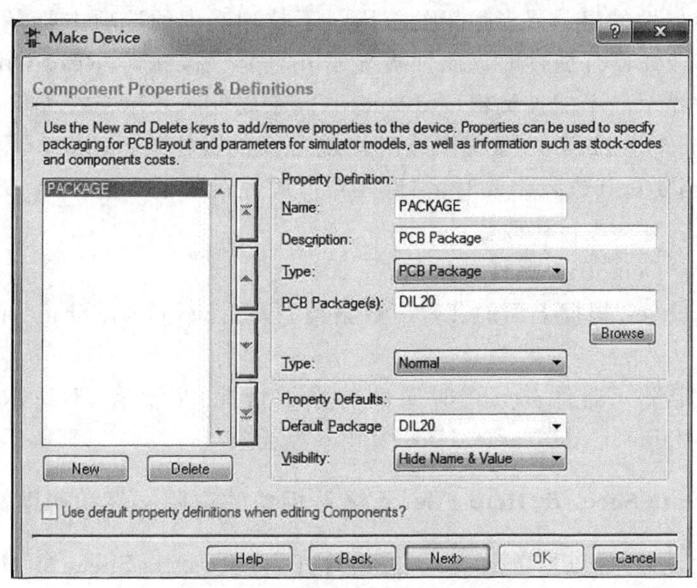

图 6-11 元器件属性和定义对话框

(1) New：添加属性按钮，单击此按钮弹出属性列表，选择对应的属性，可以在右侧修改对应的属性参数。属性列表如图 6-12 所示。

(2) Delete：删除已存在的属性。

(3) Property Definition：属性定义。

Name：属性名。

Description：描述，属性描述，一般显示属性名的全称。

Type：数据类型，从下拉列表中选择类型，主要包括 String(字符)、Boolean(checkbox)(布尔型(复选框))、Boolean(High/Low)(布尔型(高/低))、Boolean(Yes/No)(布尔型(是/否))、Boolean(True/False)(布尔型(真/假))、Keyword(Non-Editable)(关键字，(不可编辑))、Keyword(Editable)(关键字(可编辑))、Integer(整型)、Float(浮点型)、Filename(文件类名)、Logical State(逻辑状态)、PCB Package(PCB 封装)、Trace Mode(跟踪方式)。当选择 Keyword 数据类型时，其下面会显示 Keywords 文本框用于输入关键字。当选择 Integer 和 Float 数据类型时，有 Limits 下拉框选择数据的范围，主要包括 None(无)、Positive，Non-Zero(非 0 的正数)、Positive or Zero(包含 0 的正数)、Negative，Non-Zero(非 0 的负数)、Negative or Zero(包含 0 的负数)和 Specific(自定义)，

图 6-12 属性列表

会有 Minimum 和 Maximum 选项,默认值为 0。当选择 Filename 类型时,其下面会增加 Initial Directory、File Description 和 Extension 三项,分别是初始目录(打开文件对话框中输入初始目录)、文件描述(输入要打开的文件类型的描述)和扩展名(输入要打开的文件类型的扩展名)。

Type:指定属性的显示或者编辑的权限。下拉列表中的选项主要有:Normal(一般属性),表示在修改元器件属性时该属性被显示并且能够被编辑;Read Only(只读属性),表示该属性能被显示但不能被编辑;Advanced(高级属性),表示当在编辑元器件属性时,该属性在 Advanced 下拉列表中,选中该属性就可以进行修改;Hidden(隐藏属性),表示该属性被隐藏,当要对其进行修改时,勾选元器件属性对话框中的 Edit All Properties as Text Option,可以对其进行修改。

(4) Property Defaults:属性默认值。

Default Package:根据上面的 Type(数据类型)选择不同的默认值,单击下拉列表即可选择。

Visibility:定义元器件被放置时属性的显示情况,主要有 Hide Name & Value、Show Name & Value、Hide Name、Hide Value 等选项。

7. Device Data Sheet & Help File(元器件相关的说明文件和帮助文件)

元器件属性设计完成后,单击 Next 按钮打开 Device Data Sheet & Help File 属性对话框,如图 6-13 所示。其主要参数如下。

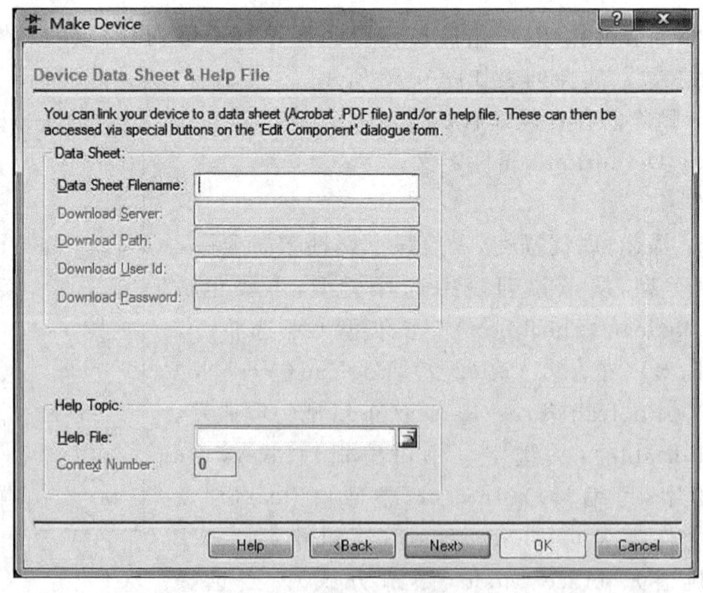

图 6-13 元器件的说明文件及帮助文件对话框

(1) Data Sheet 说明文件,使用这些选项来链接元器件制造商提供的使用说明书,可以指定到 CD 或 HTTP 或 FTP 站点等路径。

Data Sheet Filename:指定元器件说明文件,后缀为. PDF。当在此文档中输入说明文件时，Schematic Capture 会在元器件属性对话框中加载 Data 按钮。

Download Server：下载服务器，指定 HTTP 或 FTP 网站上，例如 http://downloads. labcenter. co. uk 或 ftp://ftp. microchip. com，可以找到数据文件。如果将此字段留空，数据表只能从 CD 安装。

Download Path：下载路径，指定说明文件位于 HTTP 或 FTP 服务器上的路径。此字段可能是大小写敏感的一些下载网站。

Download User Id：指定 HTTP 或 FTP 服务器登录的用户 ID。将此字段留空，则无须授权。

Download Password：指定 HTTP 或 FTP 服务器的登录密码。将此字段留空，则无须授权。

CD Title：指定位于 CD 上的数据文件的名称。当需要从 CD 安装时此标题将显示给最终用户。如果将此字段留空，数据表将只能通过网站下载安装。

CD Path：指定的说明文件位于 CD 上的具体路径(目录)。

(2) Help Topic：进行元器件属性修改时帮助信息的设置。

Help File：指定元器件仿真模型的相关参数的帮助文件，在此文本框中输入帮助文件名，在元器件属性对话框中会添加 Help 按钮。

Context Number：上下文编号，指定元器件的帮助上下文编号。

8. Indexing and Library Selection(索引和库的选择)

单击 Next 按钮，打开 Indexing and Library Selection 属性对话框，如图 6-14 所示。这是创建元器件的最后一步，主要用于保存元器件到系统库中或者用户库中。一般情况下不要保存在 Schematic Capture 系统库中，因为软件更新会使系统库信也更新，导致库

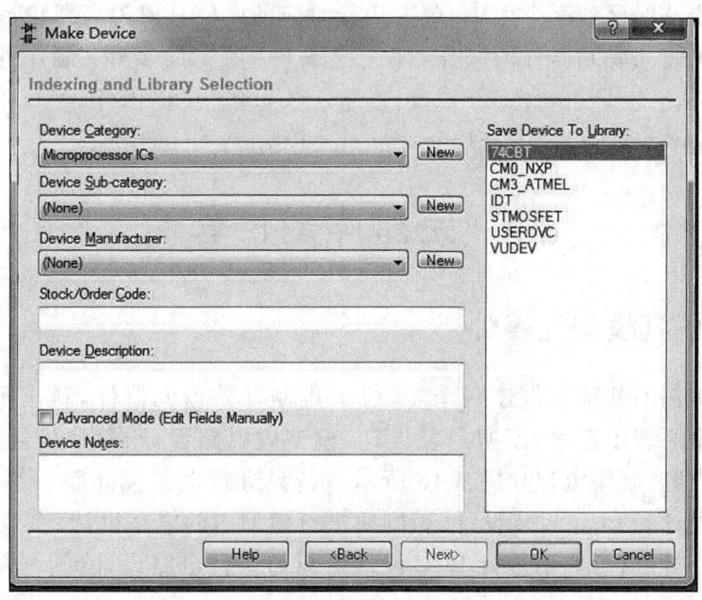

图 6-14 元器件库选择属性对话框

被覆盖。主要参数如下。

(1) Device Category：元器件类。

单击下拉按钮选择合适的元器件类，如果都不合适，可以单击右侧的 New 按钮创建新的元器件类。元器件必须指定到相应的类中。

(2) Device Subcategory：元器件子类。

单击下拉按钮选择元器件所在的子类。如果没有合适的子类，可以单击右侧的 New 按钮添加一个子类。另外，可以从下拉列表中选择"无"。

(3) Device Manufacturer：元器件制造商。

单击下拉按钮选择合适的元器件生产商，也可以单击右侧的 New 按钮创建新的生产商。另外，可以从下拉式列表中选择"无"。

(4) Stock/Order Code：订货代码。

为 BOM 清单中定义元器件的订货代码或者货号。

(5) Device Description：元器件描述。

通过此文本框输入元器件描述信息，该信息会在拾取元器件库窗口的查找结果中的 Description 栏显示。因此应谨慎使用术语，以便快速地进行元器件查找。

(6) Advanced Mode(Edit Fields Manually)：高级模式(手动编辑模式)。

当勾选此项时，上面的元器件类、子类、生产商、订货代码和元器件描述等信息就可以直接手动修改。

(7) Device Notes：元器件其他信息备注。

用于输入元器件的其他附属信息，在输入附属信息时，元器件属性对话框中自动添加 View Notes 按钮。

(8) Save Device to Library：将元器件保存到库中。

选择将元器件保存到哪个库中，单击选择对应的库使其成为高亮状态。

单击 OK 按钮完成元器件的制作，即完成图 6-1 所示的步骤：制作外形放置引脚→Make Device→Device Properties→Packagings→Component Properties & Definitions→Device Data Sheet & Help File→Indexing and Library Selection。

6.2 元器件制作实例

6.2.1 制作仿真模型元器件

在第 5 章实例的基础上创建一个 16 位十进制计数器元器件，制作元器件模型一般包括元器件模型原理图符号、模型封装设计、模型内电路设计、模型仿真验证、建立元器件模型文件等内容，制作流程如图 6-15 所示。若只进行电路设计而不参与仿真，只需进行原理图符号设计和 PCB 封装设计，否则要进行模型内的电路设计、模型仿真验证、建立元器件模型文件等过程，如不进行 PCB 设计而只需进行电路设计，则可以不定义元器件封装。

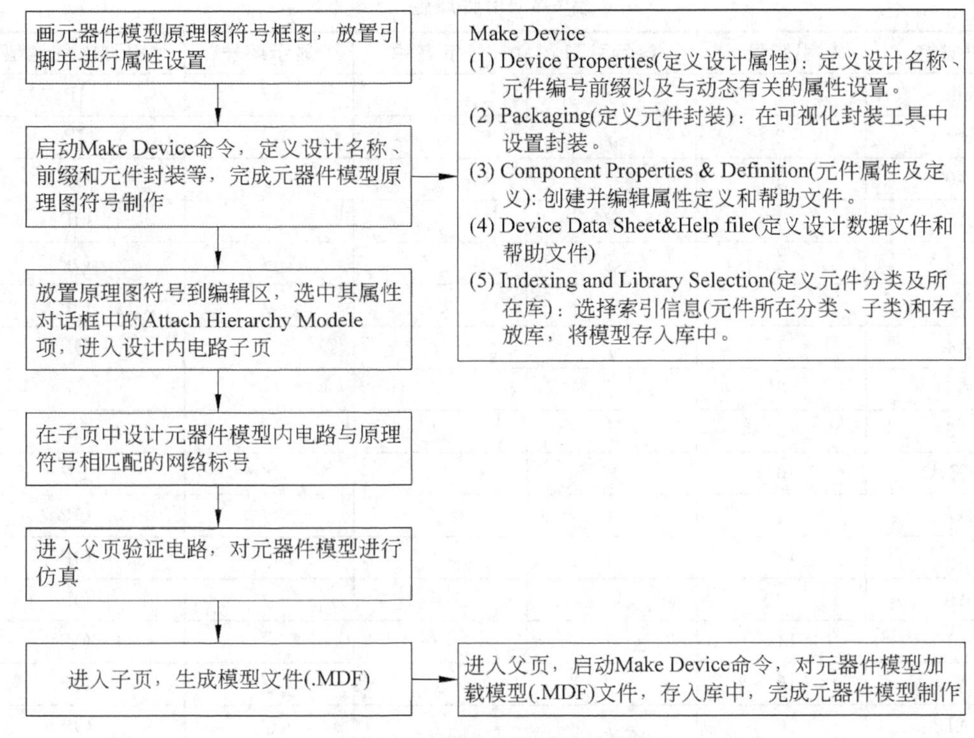

图 6-15　元器件模型设计流程

1. 16 BIT DECADE COUNTER 元器件设计

下面具体介绍 16 位十进制元器件设计的过程(配套电子资源实例为 chap6 中的 16 BIT DECADE COUNTER.pdsprj)。

新建项目文件 16 BIT DECADE COUNTER.pdsprj,在 Schematic Capture 中进行如下操作。

(1) 绘制元器件框图和引脚。

用 2D Graphic Box Mode 绘制 16 位十进制计数器元器件的外框图形,并添加 Default 引脚,放置引脚时带×一端为连接导线的引脚,因此放在元器件框图的外边,如图 6-16 所示,设该元器件的名称为 16 BIT DECADE COUNTER,封装为 DIL20。

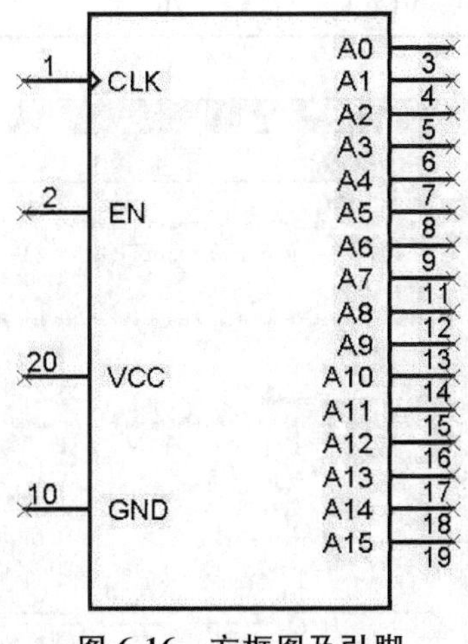

图 6-16　方框图及引脚

(2) 引脚属性编辑。

双击引脚,对各个引脚属性的设置如表 6-3 所示。

(3) 制作元器件。

选中元器件框图和所有的引脚,单击按钮,启动制作元器件,按照图 6-17 所示依次设置参数。完成元器件制作后,新建的元器件出现在对象选择器中。在元器件拾取窗口中找到刚才生成的元器件,可以看到它是没有仿真模型的,如图 6-18 所示。

表 6-3　引脚属性

引脚名	引脚号	显示引脚	显示名称	显示编号	引脚电气类型
clk	1	√	√	√	IP
clr	2	√	√	√	IP
A0	3	√	√	√	OP
A1	4	√	√	√	OP
A2	5	√	√	√	OP
A3	6	√	√	√	OP
A4	7	√	√	√	OP
A5	8	√	√	√	OP
A6	9	√	√	√	OP
GND	10	×	×	×	PP
A7	11	√	√	√	OP
A8	12	√	√	√	OP
A9	13	√	√	√	OP
A10	14	√	√	√	OP
A11	15	√	√	√	OP
A12	16	√	√	√	OP
A13	17	√	√	√	OP
A14	18	√	√	√	OP
A15	19	√	√	√	OP
VCC	20	×	×	×	PP

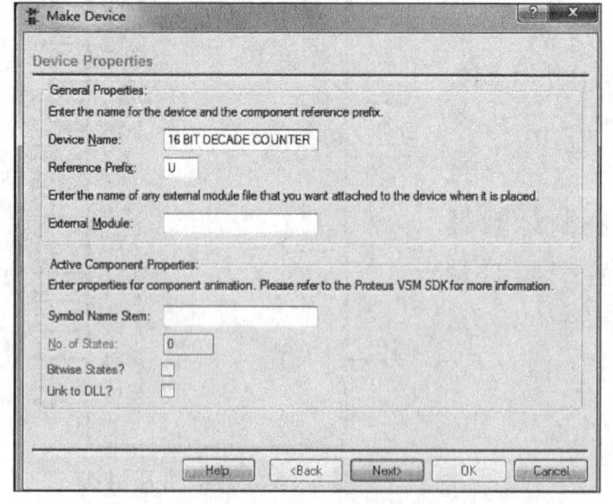

(a) 元器件属性设置对话框

(b) 元器件封装设置对话框

图 6-17　设置元器件主要参数

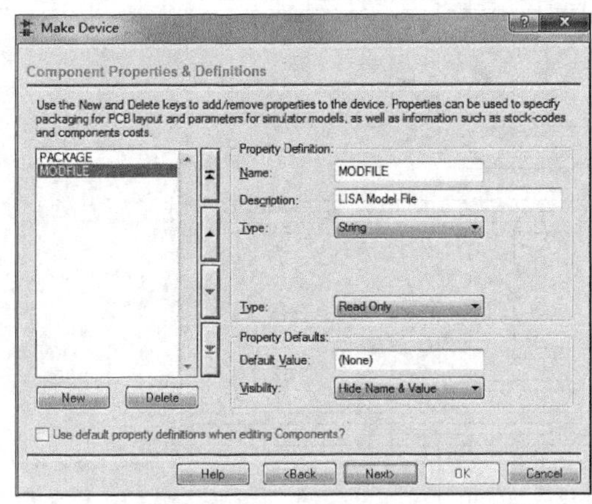

(c) 元器件属性定义

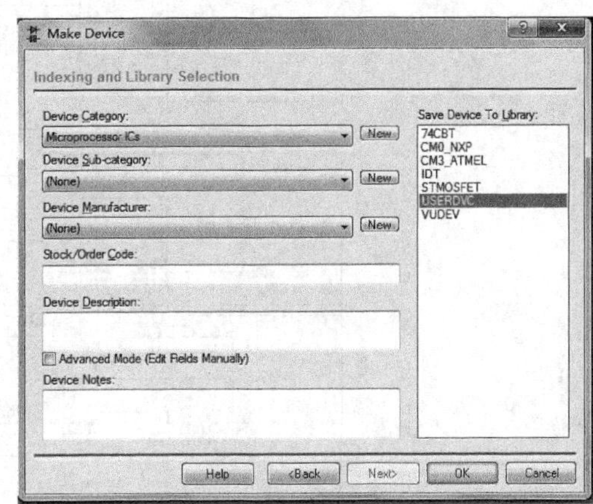

(d) 元器件库属性对话框

图 6-17 （续）

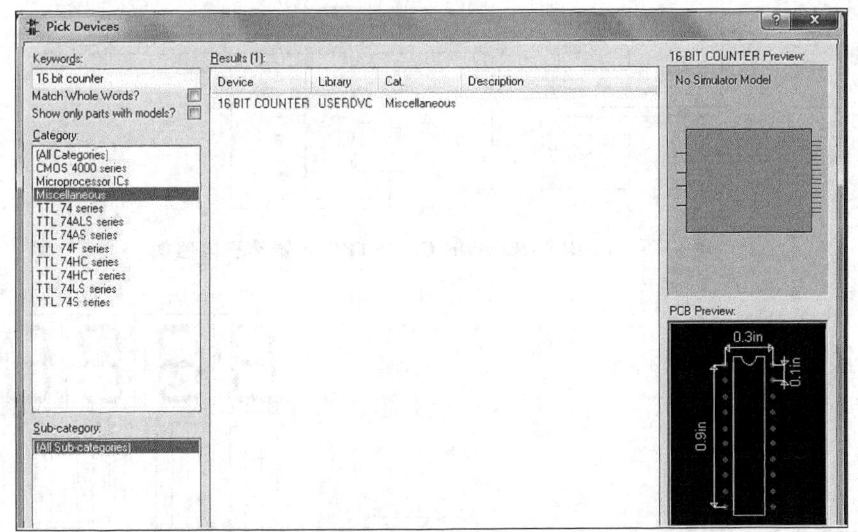

图 6-18 16 BIT DECADE COUNTER 没有仿真模型

(4) 为元器件添加模型文件。

将生成的 16 BIT DECADE COUNTER 元器件放到原理图绘制区，打开属性对话框，勾选 Attach hierarchy module(捆绑层次模块)，单击 OK 按钮退出。使元器件成为热点，按 Page Down 键进入子电路图设计页，设计如图 6-19 所示的电路图。

(5) 功能验证。

设计如图 6-20 所示的电路图，验证仿真结果，经过观察，完全实现了功能要求。

(6) 生成模型文件。

返回子电路中，执行菜单 Tool→Model Compiler 命令，弹出 Compiler Model 保存对话框，选择合适的路径和模型文件名(后缀为 *. MDF)，保存并退出，这里保存为 16BDC. MDF。

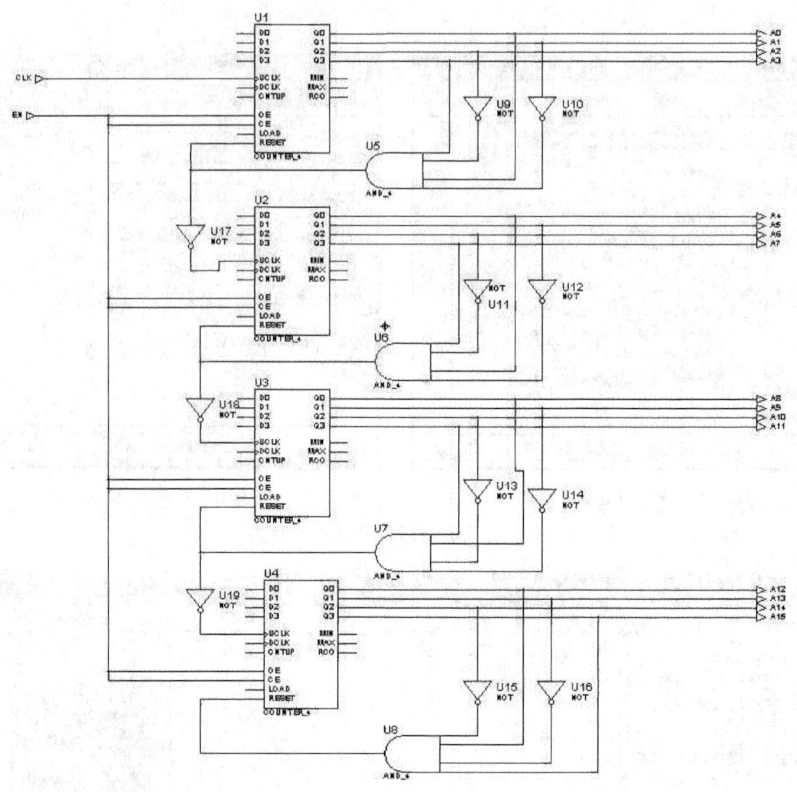

图 6-19　16 BIT DECADE COUNTER 元器件子电路图

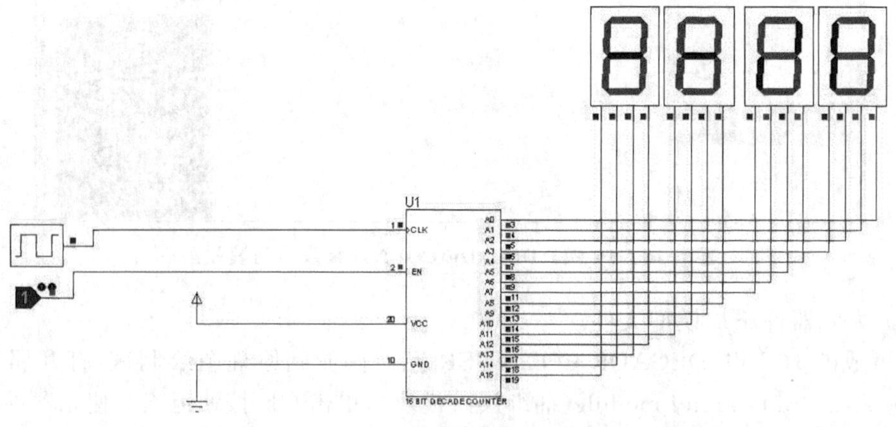

图 6-20　16 BIT DECADE COUNTER 验证原理图

(7) 为元器件加载模型文件。

在父图中选中生成的元器件，重新启动制作元器件，打开 Make Device 的 Component Properties & Definitions 对话框，添加刚才生成的模型文件，如图 6-21 所示。

最后完成元器件制作。在元器件拾取窗口中找到 16 BIT DECADE COUNTER 元器件，可以看到该元器件已经有仿真模型了，如图 6-22 所示。

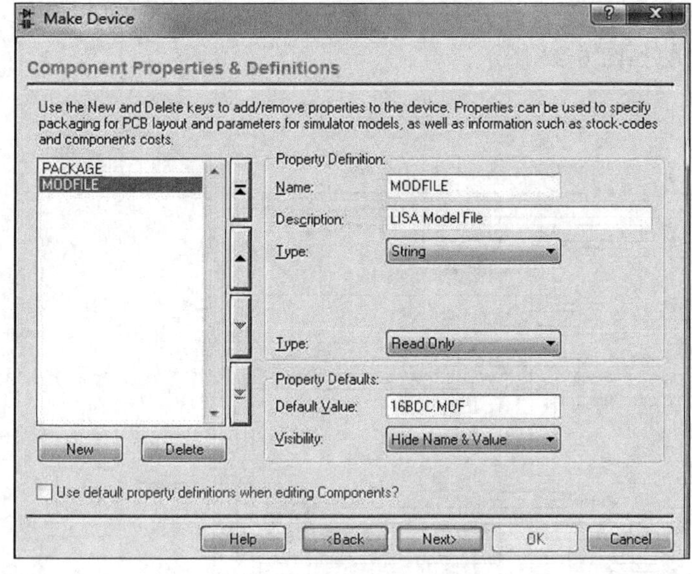

图 6-21 加载仿真模型对话框

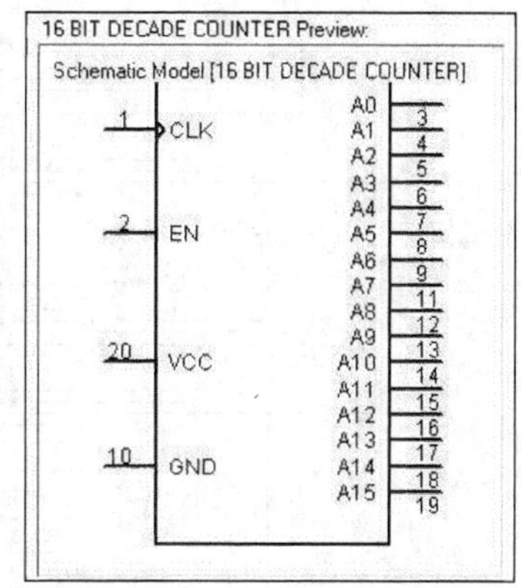

图 6-22 16 BIT DECADE COUNTER 仿真模型

2. 改进的 16 位十进制器件设计(配套电子资源实例 chap6 中的 16BDC. pdsprj)

对上面实现的简单 16 位计数器进行改进,功能要求如下。

① 具有置数功能,置数端子为 LOAD,预置数为 D [0..15]。

② 输出为 16 位总线 Q[0..15]。

③ 有溢出标志位(RCO)、最小标志位(MIX)、最大标志位(MAX)和复位标志位(RST)。

(1) 绘制元器件框图和引脚。

用 2D Graphic Box Mode 绘制改进的 16 位十进制计数器元器件的外框图形,并添加相应的元器件引脚,如图 6-25 中的 U1 所示。双击引脚,对各个引脚属性的设置如图 6-23 所示。

Package Device

Packagings: DIL40　☑ Default package?　Add　Rename　Delete　Order

No. Of Gates: 1　☐ Gates (elements) can be swapped on the PCB layout?

Pin	Hidden	Common	Type	A
CLK			Input	1
D[0]			Input	5
D[1]			Input	6
D[2]			Input	7
D[3]			Input	8
D[4]			Input	9
D[5]			Input	10
D[6]			Input	11
D[7]			Input	12
D[8]			Input	13
D[9]			Input	14
D[10]			Input	15
D[11]			Input	16
D[12]			Input	17
D[13]			Input	18
D[14]			Input	19
D[15]			Input	20
EN			Input	3
LOAD			Input	2
MAX			Passive	23
MIX			Output	22
Q[0]			Output	24
Q[1]			Output	25
Q[2]			Output	26
Q[3]			Output	27
Q[4]			Output	28
Q[5]			Output	29
Q[6]			Output	30
Q[7]			Output	31
Q[8]			Output	32
Q[9]			Output	33
Q[10]			Output	34
Q[11]			Output	35
Q[12]			Output	36
Q[13]			Output	37
Q[14]			Output	38
Q[15]			Output	39
RCO			Output	21
RST			Input	4
VCC	✓	✓	Power	40

NC Pins　Add Pin　Remove Pin

图 6-23 引脚分配与封装

(2) 启动 Make Device 命令,除封装设置为 DIL40(设该元器件的封装为 DIL40)以外,其余与前面一样,封装引脚匹配如图 6-23 所示。

(3) 模块子电路。

子电路图如图 6-24 所示。

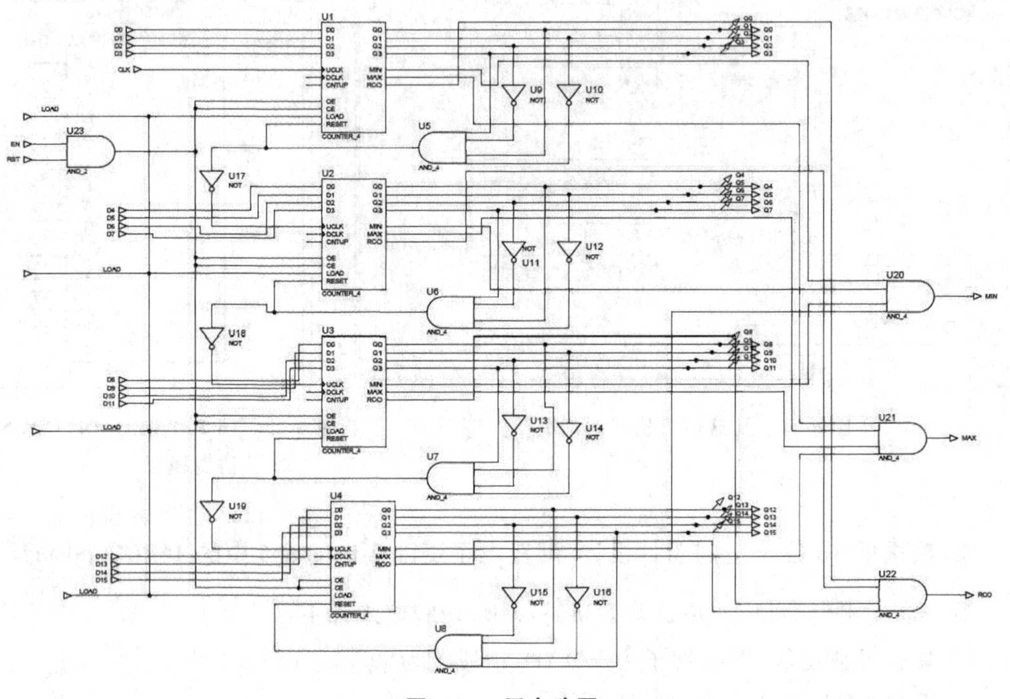

图 6-24 子电路图

(4) 验证功能。

设计如图 6-25 所示的电路图,验证仿真结果,经过观察,完全实现了功能要求。

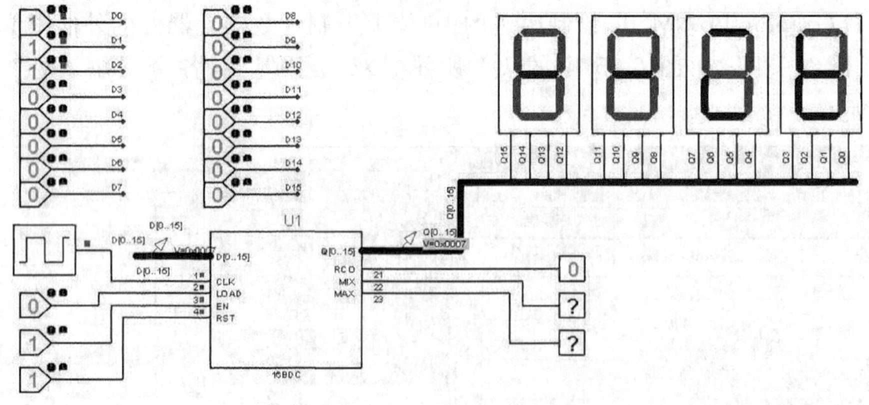

图 6-25 复杂计数器验证电路

(5) 生成模型文件并加载模型文件。

与前面的操作一样,不再重复讲解。

6.2.2 制作同类多组元器件 74LS04 元器件

74LS04 元器件是一个包含 6 个非门的 IC 集成电路，其引脚定义如图 6-26 所示，目前市场上的 74LS04 封装有 SOIC14（14-Lead Small Outline Integrated Circuit）、SOP14（14-Lead Small Outline Package）、DIP14（14-Lead Plastic Dual-In-Line）3 种，对应 PCB Layout 中的 SO14、SOP14 和 DIL14 三种封装。本节以 SOP14 引脚为例（配套电子资源实例 chap6 中的 74LS00. pdsprj）。

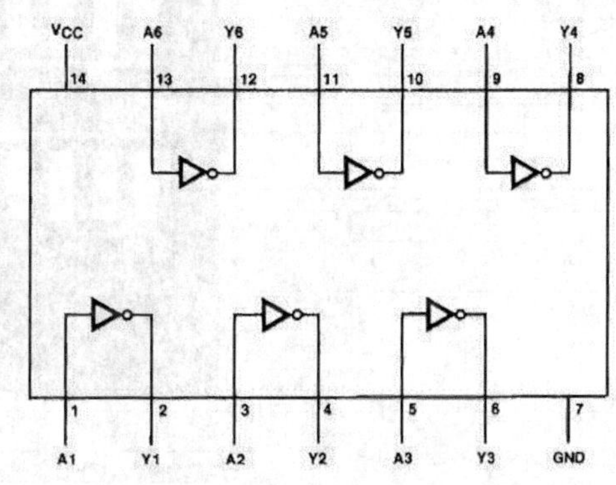

图 6-26 74LS04 引脚符号图

1. 绘制元器件框图和引脚

单击 2D Graphic Symbols Mode 工具，在对象选择器中单击 P 按钮，在弹出的 Pick Symbols 窗口中选取 INVERTER 符号，并放置在原理图编辑区，添加引脚，编辑引脚属性，如图 6-27 所示。

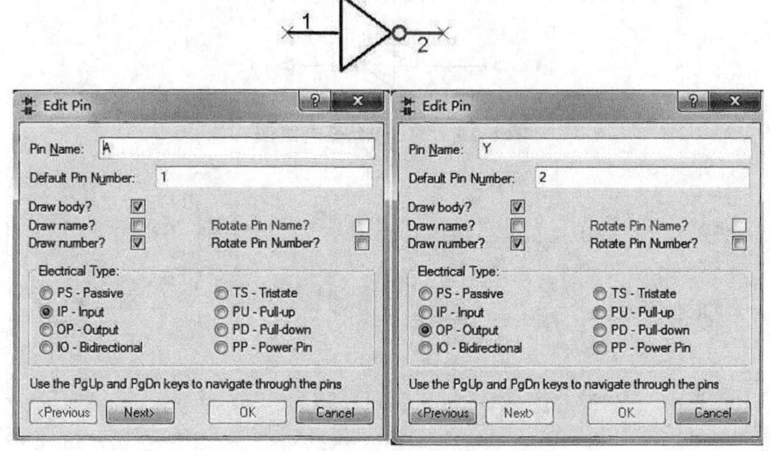

图 6-27 非门外形及引脚参数

2. 制作元器件

启动制作元器件，设置相关参数直到可视化封装窗口，单击 ADD 按钮添加 SOP14

封装,设置门数为6,并为6个门引脚按照图6-26所示分配引脚,添加GND和VCC引脚,如图6-28所示。单击Next按钮,直到完成元器件制作。

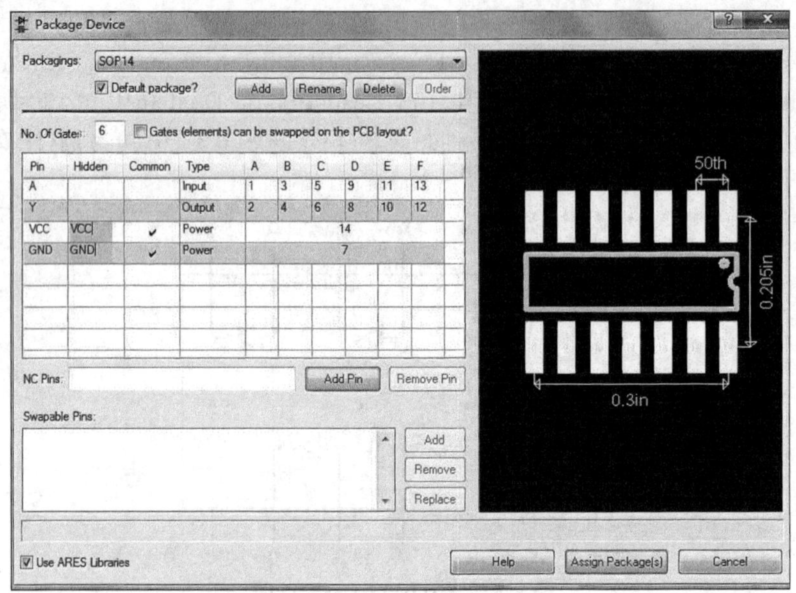

图6-28 74LS04封装

3. 设计验证电路

在对象选择器中选中刚生成的74LS00元器件,放置其内部集成的6个非门电路,设其名称为U1:A到U1:F,分别修改属性捆绑层次模块电路。为其中一个非门添加层次模块电路,如图6-29所示,并按照图6-30设计仿真电路,运行测试电路,结果完全满足要求。

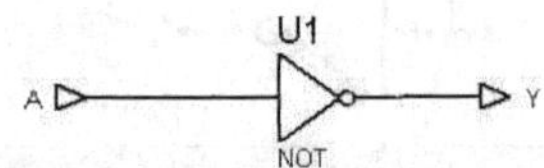

图6-29 74LS04子电路图

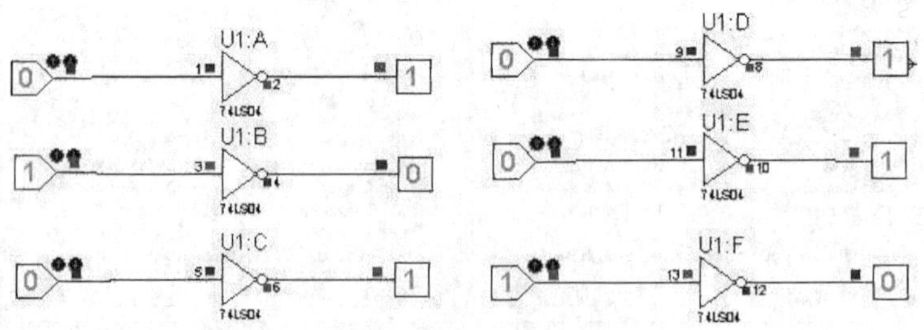

图6-30 仿真测试电路

4. 生成模型文件并加载模型文件

与前面的操作一样,不再重复讲解。

6.2.3 创建异类多组元器件 JWD-172-1 干弹簧继电器

异类多组元器件主要指一个元器件中包含多个不同的组件。例如，继电器一般包含一个线圈绕组和两个触点，如图 6-31 所示。这里以 JWD-172-1 干弹簧继电器为例(配套电子资源实例 chap6 中的 Relay.pdsprj)，其引脚分配如图 6-32 所示，其额定的启动电压为 9V，封装为 RLY-P&B-JWD。

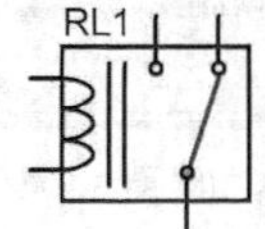

图 6-31 继电器符号

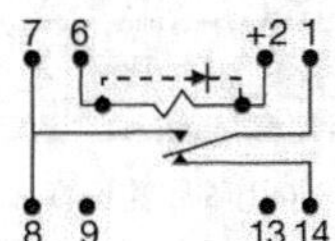

图 6-32 RLY-P&B-JWD 引脚

1. 绘制元器件框图并放置引脚

按照图 6-33 所示，利用二维模型工具绘制元器件外形，放置引脚并修改属性。在图中为了让大家看清引脚的分配情况，将引脚号和引脚名称都显示出来，导致元器件表面很乱，所以实际制作中常常将引脚号和引脚名称都隐藏。

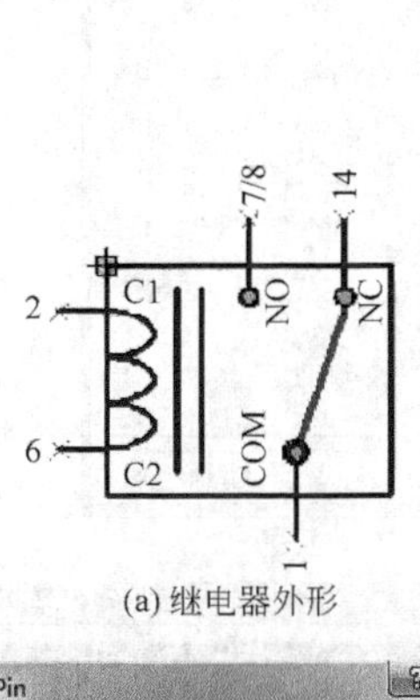

(a) 继电器外形

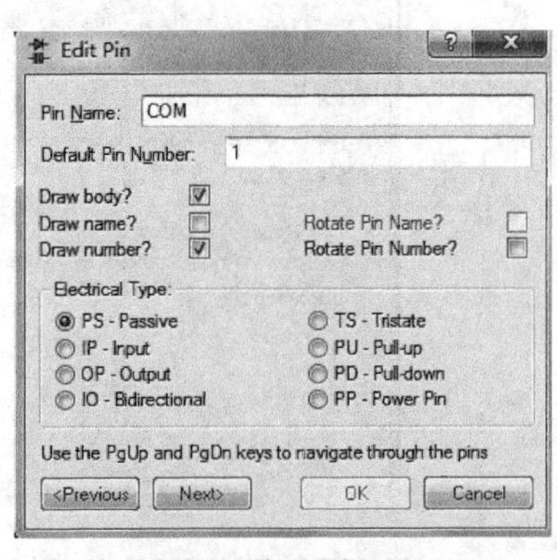

(b) COM引脚属性设置

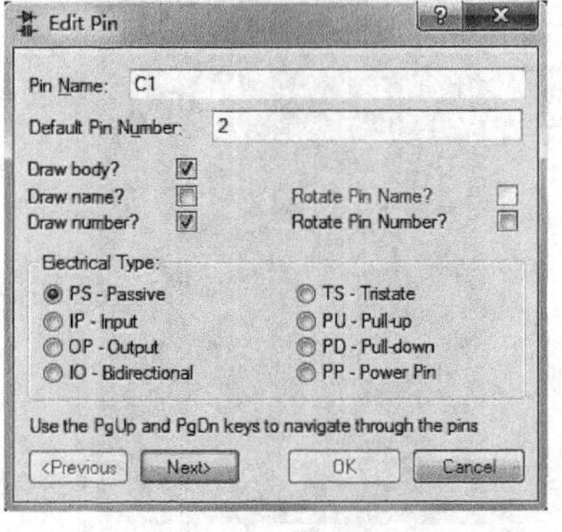

(c) C1引脚属性设置

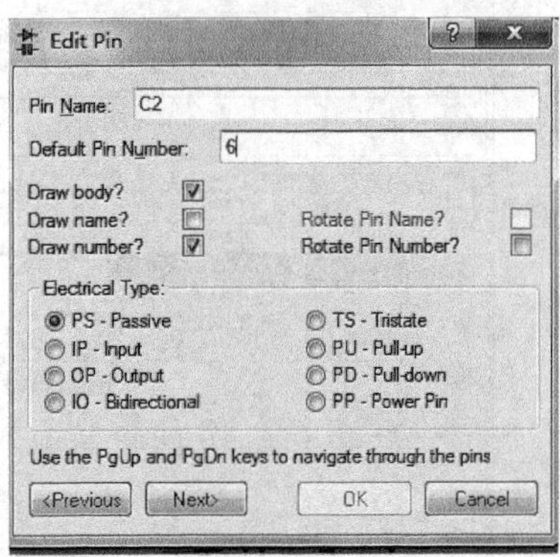

(d) C2引脚属性设置

图 6-33 元器件外形及引脚属性

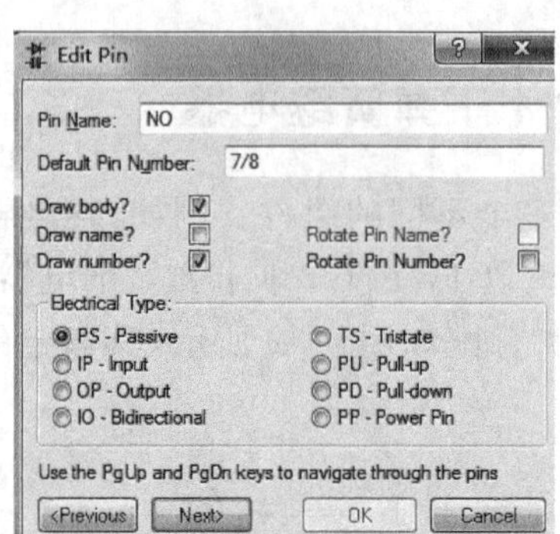

(e) NO引脚属性设置

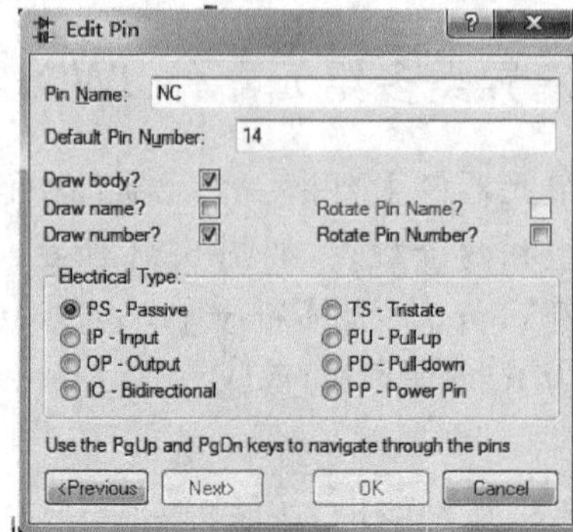

(f) NC引脚属性设置

图 6-33 (续)

2. 制作元器件

启动制作元器件,关键步骤参数如图 6-34 所示,其余同上。

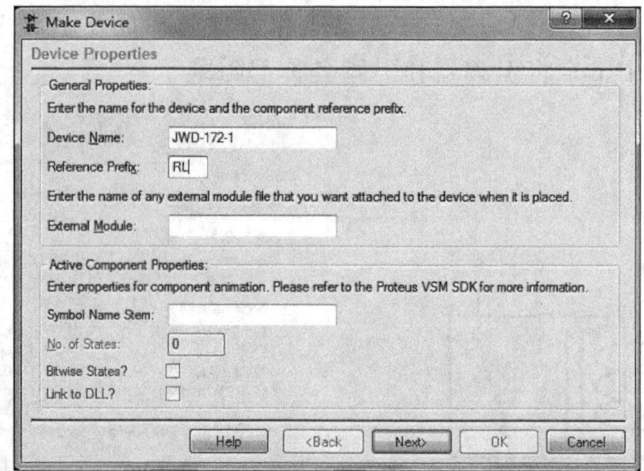

(a) 继电器属性设置

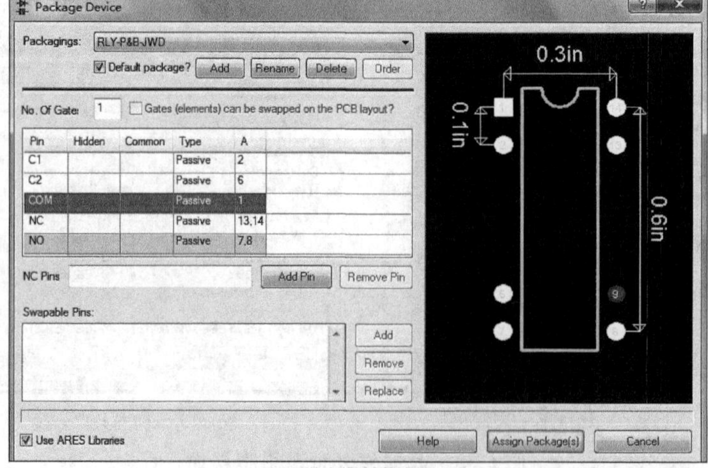

(b) 继电器封装设置

图 6-34 关键步骤参数

3. 设计验证电路并添加模型文件

在对象选择器中选中刚生成的JWD-172-1元器件，放置在原理图编辑区，修改属性捆绑层次模块电路，打开其子电路设计页，绘制如图6-35所示的子电路图。为其生成模型文件并为元器件捆绑模型文件。按照图6-36所示设计仿真电路，运行测试电路，从仿真效果可以看出，完全满足要求。

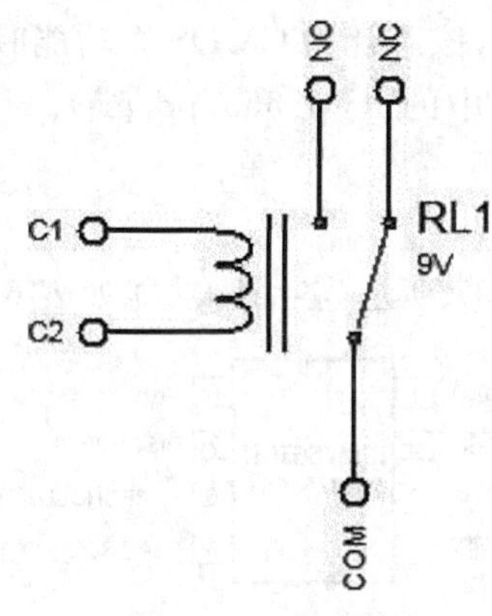

图6-35 子电路

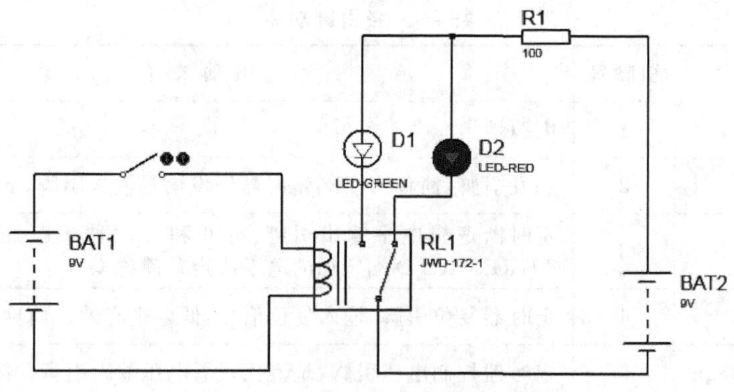

(a) 继电器断开D2灯点亮

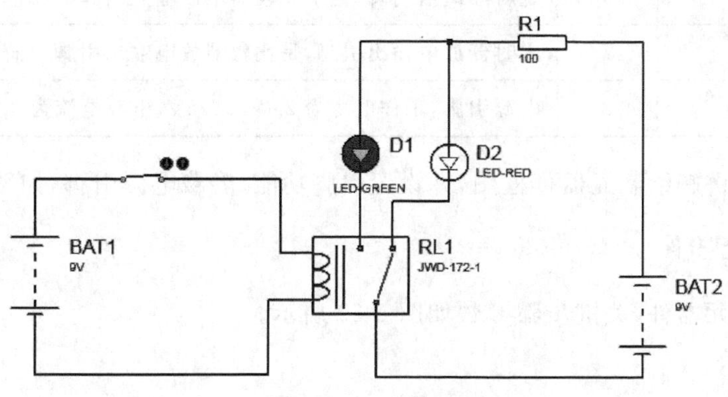

(b) 继电器吸合D1灯点亮

图6-36 JWD-172-1仿真测试电路及仿真效果

6.2.4 创建基于 SPICE 模型的元器件

Proteus 提供了基于 SPICE3F5 标准的 SPICE 模型的元器件创建工具，SPICE 文件可以从芯片生产商网站下载，一般添加 PRIMITIVE、SPICEFILE、SPICEMODEL 和 SPICEPINS 共 4 个属性。SPICE 文件有很多格式(*.TXT、*.CIR、*.LIB、*.MOD 等)，本实例以 NXP 公司的 ICM7555 芯片为例，该芯片在 Protues 库中没有仿真模型。下面通过 SPICE 文件进行创建，该芯片为 CMOS 多功能时基电路，采用 SOP8 或者 DIP8 封装(配套电子资源实例 chap6 中的 ICM7555.pdsprj)。

1. 绘制元器件框图、引脚

ICM7555 的引脚图如图 6-37 所示，各引脚功能如表 6-4 所示。

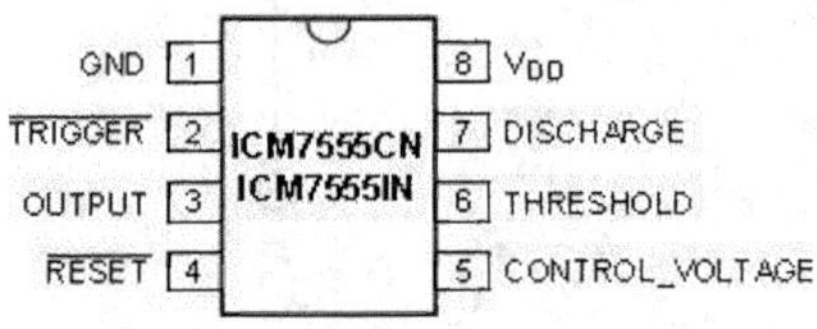

图 6-37 ICM 引脚图

表 6-4 各引脚功能

引脚名称	引脚号	引脚功能
GND	1	电源地
/TRIGGER	2	触发引脚，简称为 TR，定时器触发信号输入引脚，低电平有效
OUTPUT	3	定时器逻辑电平输出引脚，有 0 和 1 两种状态，由/TRIGGER 和 THRESHOLD 端所加的电平决定。简称 Q
/REST	4	定时器复位引脚，输入复位信号，低电平有效。简称 R
CONTROL_Voltage	5	定时器控制电压引脚，是上比较器电压输入引脚。简称 CV
THRESHOLD	6	定时器阈值引脚，是下比较器电压输入引脚。简称 TH
DISCHARGE	7	定时器放电输出引脚，是比较器放电输出引脚。简称 DC
VDD	8	电源引脚，工作电压为 2.0～16.5V，电源电流为 0.25mA

按照上述讲解绘制元器件框图，并设置引脚功能，隐藏电源引脚，如图 6-38 所示。

2. 制作元器件

启动制作元器件，关键步骤参数如图 6-39 所示。

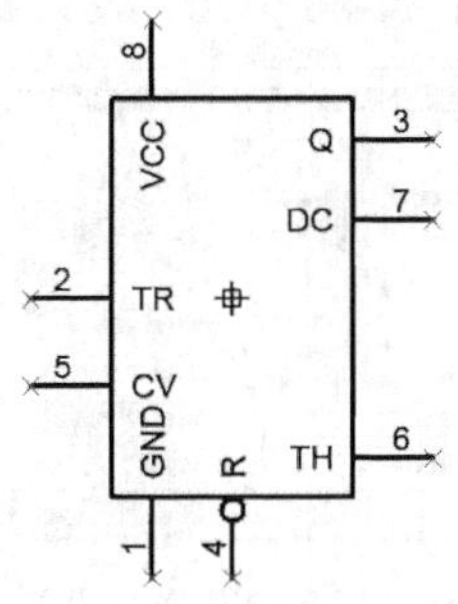

(a) ICM7555框图

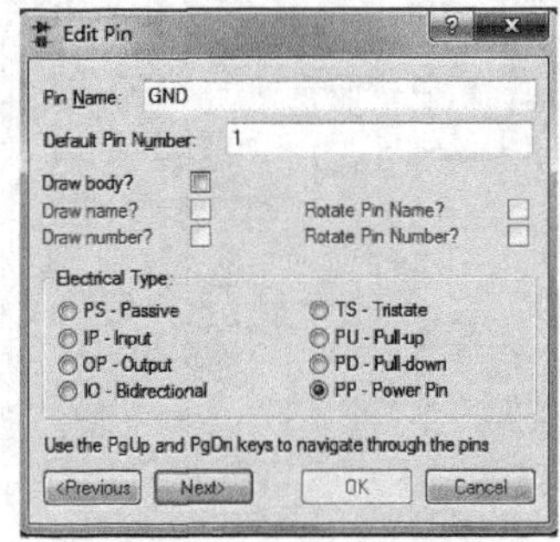

(b) GND引脚属性设置

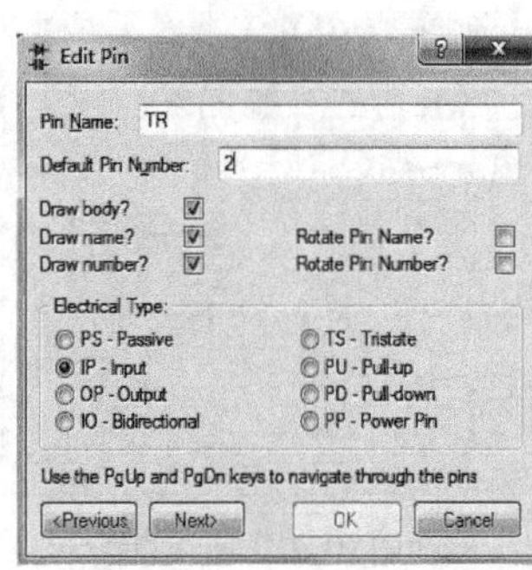

(c) TR引脚属性设置

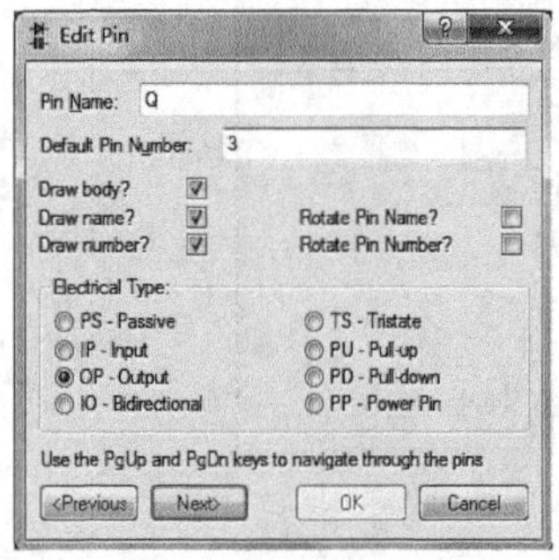

(d) Q引脚属性设置

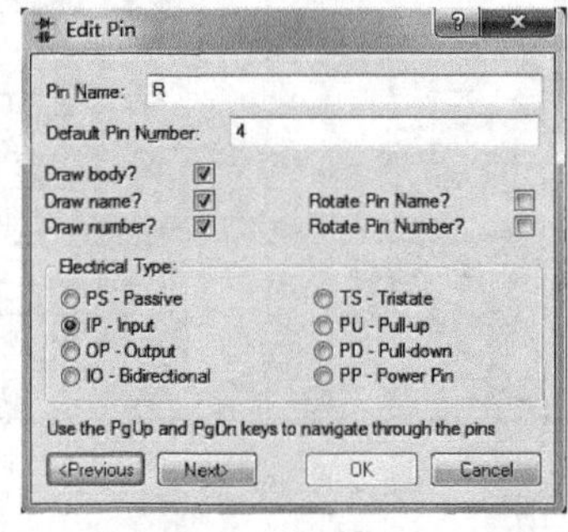

(e) R引脚属性设置

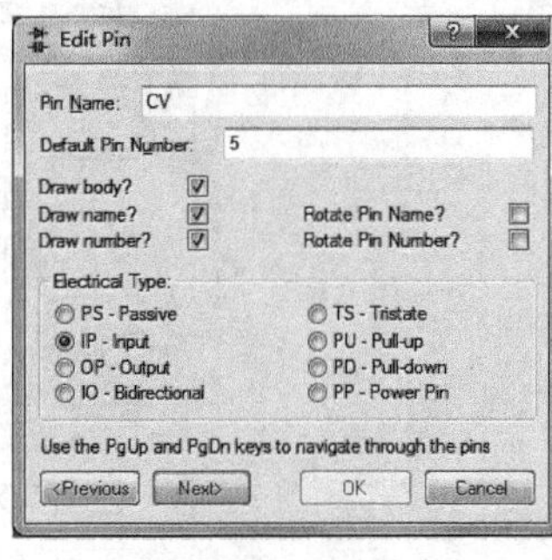

(f) CV引脚属性设置

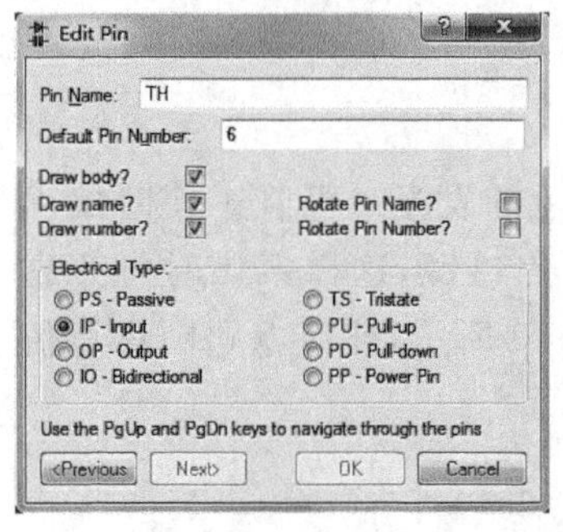

(g) TH引脚属性设置

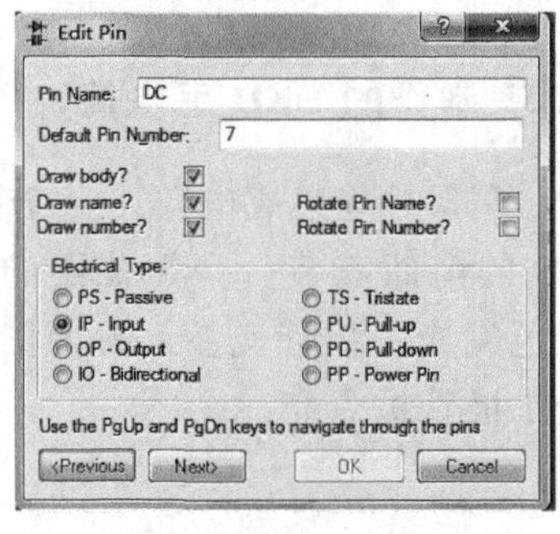

(h) DC引脚属性设置

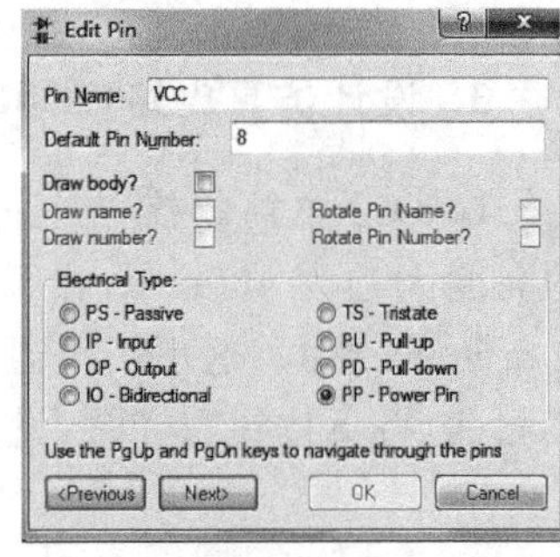

(i) VCC引脚属性设置

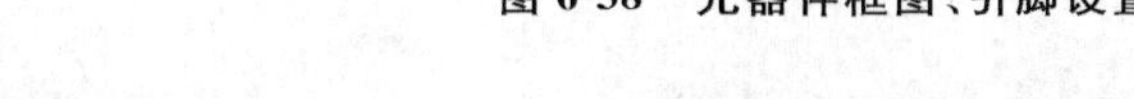

图 6-38　元器件框图、引脚设置

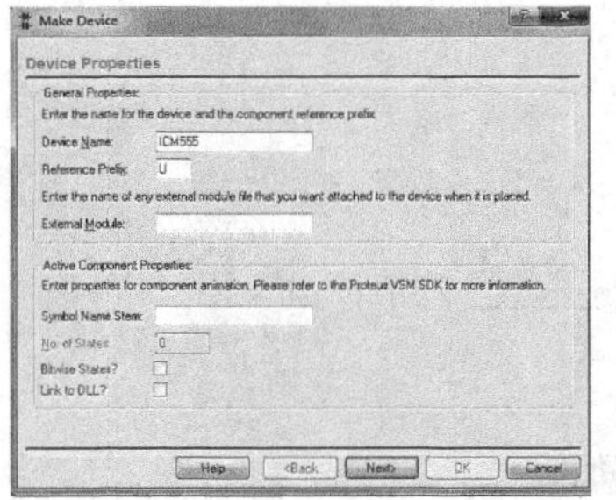

(a) ICM7555属性设置

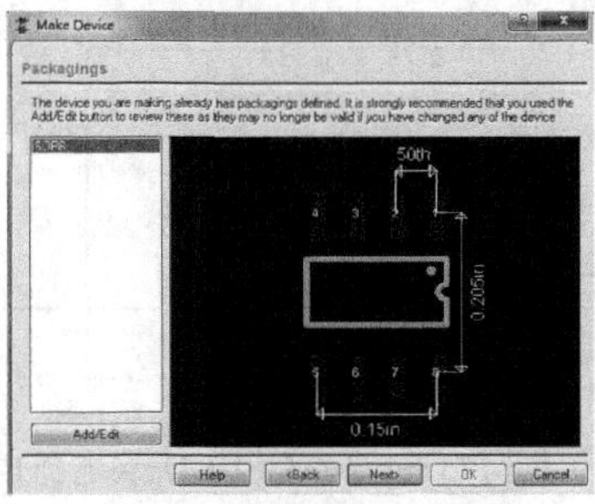

(b) ICM7555封装设置

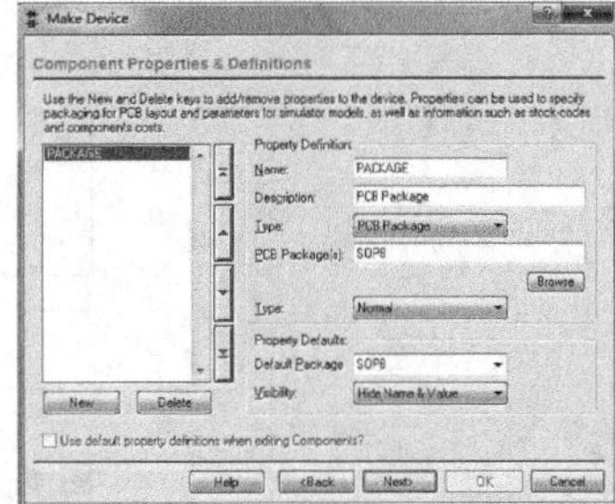

(c) PACKAGE属性设置

图 6-39　制作元器件关键步骤

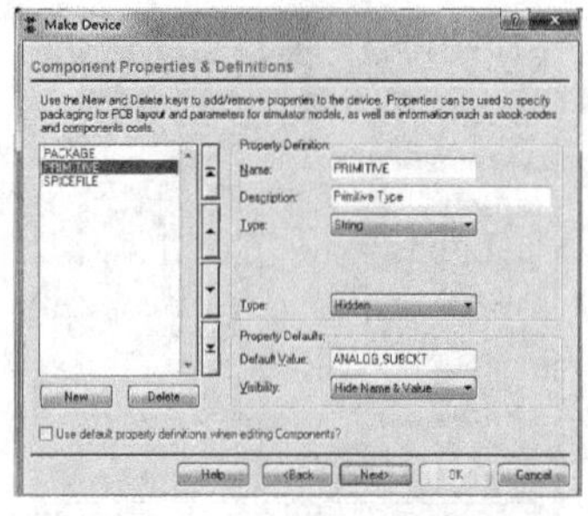

(d) PRIMITIVE属性设置

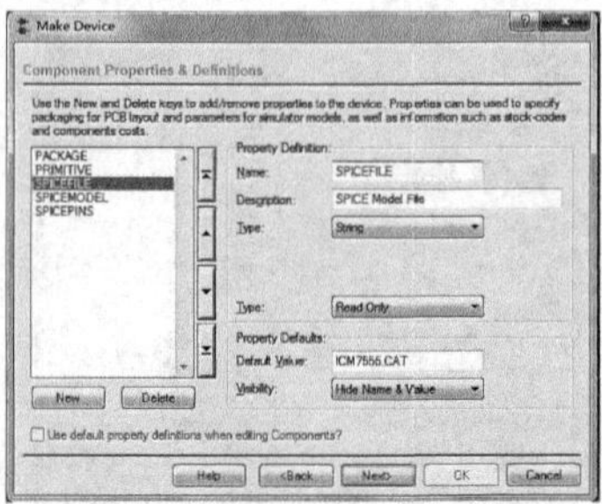

(e) SPICEFILE属性设置

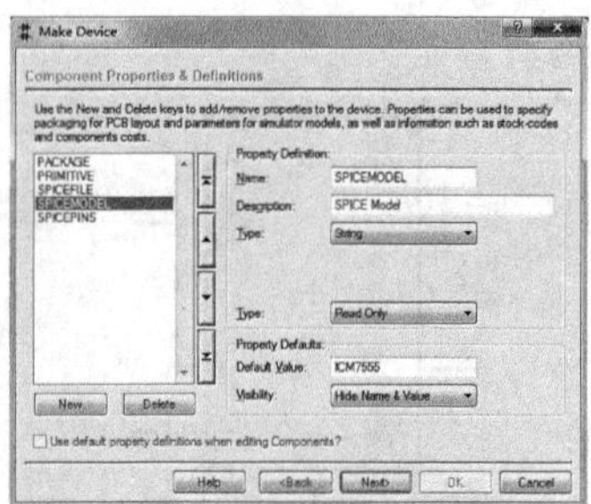

(f) SPICEMODEL属性设置

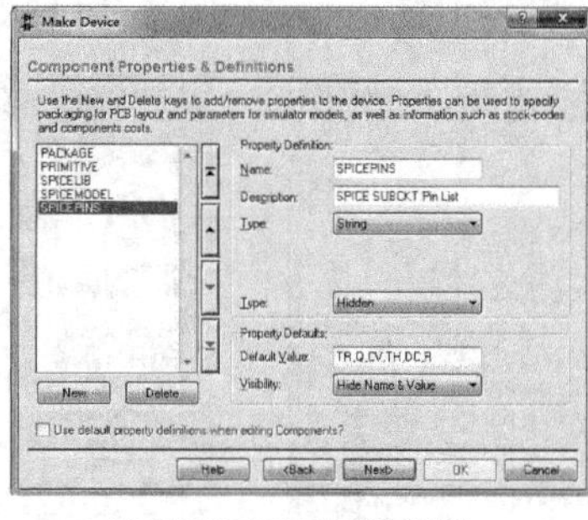

(g) SPICEPINS属性设置

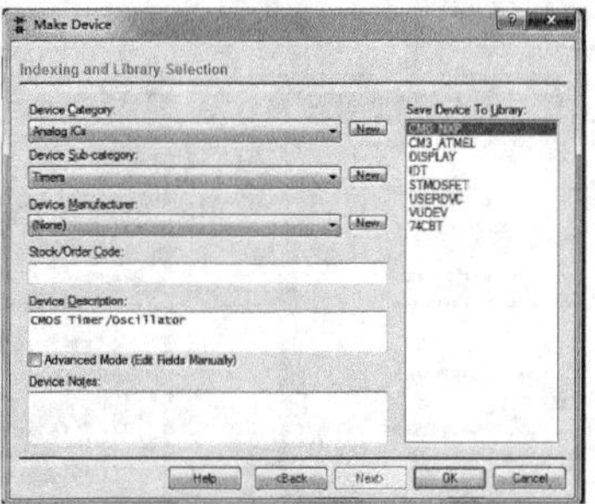

(h) 库索引属性设置

图 6-39 (续)

3. 设计仿真电路(ICM7555 制作的 LED 手电筒)

LED 手电筒的核心是一个 7555 时基集成电路。一个白色的发光二极管工作时发出的亮度大约为 400mcd,在 LED 的前面安装一个短焦距的聚焦透镜,这样聚焦时可照亮 30m 远的物体。这里用普通红色发光二极管代替。按照图 6-40 所示,连接电路图进行仿真测试,按下按钮"是"时,发光二极管被点亮。

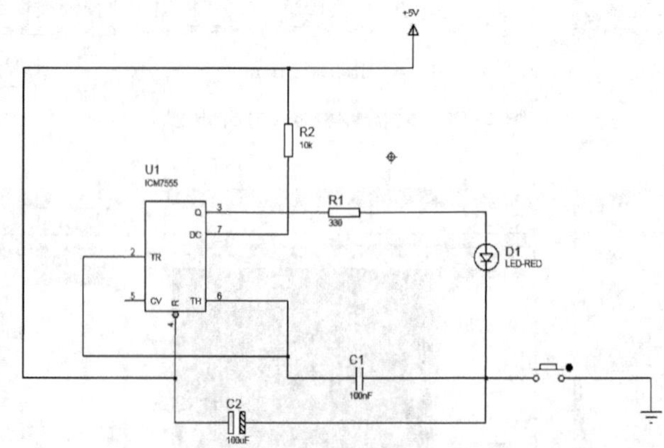

图 6-40 ICM7555 制作的 LED 手电筒电路图

6.3 基于BSDL语言创建元器件

为了能够创建更多的元器件，Proteus提出了基于BSDL语言创建元器件。

边界扫描描述语言(Boundary Scan Description Language，BSDL)是使用JTAG进行电路板级测试使用的硬件描述语言VHDL(Very-High-Speed Integrated Circuit Hardware Description Language)的子语言，现在已经添加到IEEE 1149.1标准文件的附件中。BSDL可以与其他软件工具结合起来，用于测试生成、结果分析和故障诊断。每个IC生产商都会提供元器件边界扫描生成的BSDL文件。

从原理图和PCB角度来看，BSDL文件格式有以下两大好处。

(1) 在BSDL文件中，元器件名称(part name)、引脚名称(pin names)、引脚号(number of pins)和电气类型(electrical type)等参数都已经定义，因此可以自动创建元器件。

(2) 原理图中的元器件引脚名称(pin name)和PCB封装中的焊盘名称之间的关系也已经定义，因此可以辅助或者自动创建元器件的封装。

BSDL文件可以在IC生产商官方网站或者其他网络上免费下载①。

1. 导入BSDL文件

以ATMEL公司的AT91SAM7A3芯片为例说明具体操作。AT91SAMA3拥有ARM7核的微处理，内部集成了CAN总线。下载AT91SAM7A3.bsdl文件，选择Library→Import BSDL命令，弹出Make device | Pins Configuration对话框，如图6-41所示。

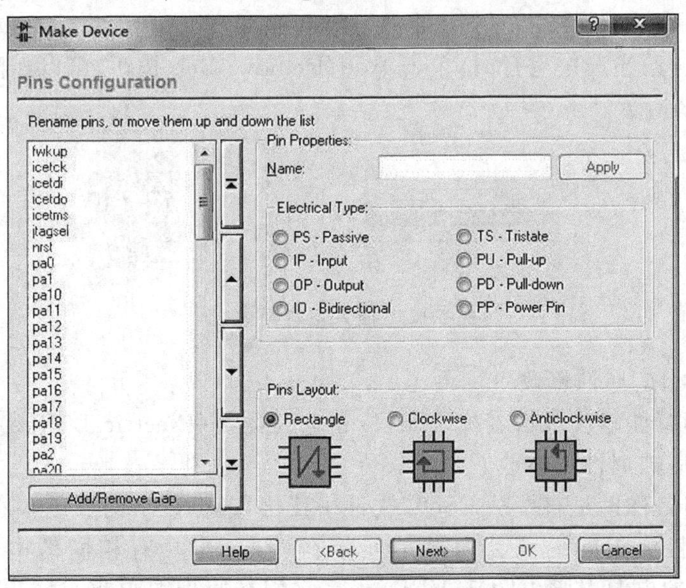

图6-41 BSDL制作元器件对话框

---

① http://www.bsdl.info；http://www.analog.com/cn/design-center/simulation-models/bsdl-model-files.html或http://datasheet.soiseek.cn/ATMEL/AT91SAM7A3_04/1.html等。

主要功能如下。

(1) Pin List(引脚列表)

引脚列表列出了从BSDL文件中导入的元器件引脚。为了方便连接原理图,有时对元器件引脚进行重新排序和对元器件进行“组队”。

重新排序:单击选中第一个引脚,按住Shift键后单击最后一个引脚(或者用鼠标拖动),这样可以选中连续的引脚。如果要选中不连续的引脚,可以按住Ctrl键并单击进行选择。选中引脚后,可以单击引脚列表右侧的移动按钮修改顺序,具体操作如图6-42所示。

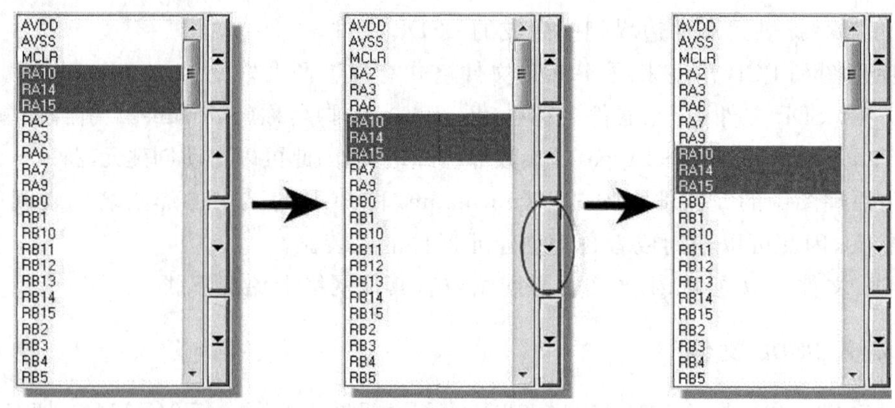

图6-42 元器件引脚排序

插入空行:元器件引脚布局时,有时为了使引脚之间或“组”引脚之间有一定的间隙,需要插入空行(Blank lines)。选中元器件引脚名称,单击Add/Remove Gap按钮,可以在引脚上面添加空行;当选中空行时,单击Add/Remove Gap按钮,可以删除空行。具体操作效果如图6-43所示。

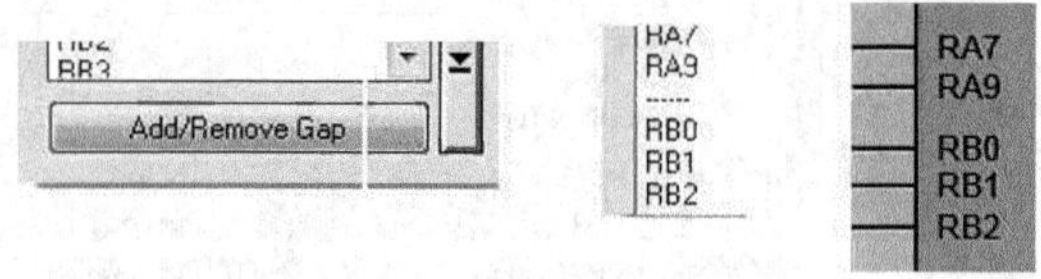

图6-43 插入空行及效果

(2) 元器件引脚属性修改

元器件引脚属性修改包括名称(Name)和电气类型(Electrical Type),修改属性后单击Apply按钮,完成属性的修改。

元器件引脚名称也是直接从BSDL文件中读出,遵循以下两点基本原则:

第一,引脚名称相同的认为内部是连接在一起的,具有相同的电气特性。例如,BSDL中有很多的电源引脚VDD1、VDD2……它们在原理图中都与同一个电源VDD相连,这时可以对VDD1、VDD2……赋予相同的名字。如图6-44所示。

第二,如果引脚名称前加NC前缀(如NC1、NC2等),则表示该引脚是悬空的,则在Schematic Capture窗口中,该引脚将被删除。

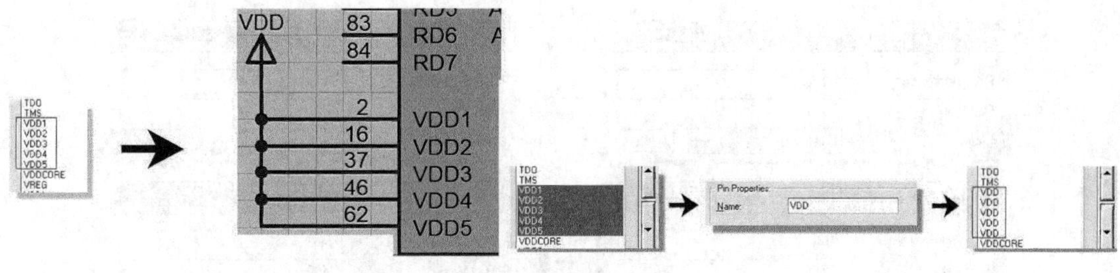

图 6-44 修改引脚名称

(3) 引脚布局

引脚布局决定了元器件引脚布局在元器件的两边(Rectangule)或者四边(Clocksewise 或 Anticlockwise)。

2. 元器件其他属性修改

完成 BSDL 文件的导入以及引脚属性配置,单击 Next 按钮,可以对元器件的 Device Properties、Component Properties& Definitions 和 Indexing and Library selection 等属性进行设置,最后单击 OK 按钮,完成从 BSDL 文件中导入元器件的操作。导入成功后,元器件自动加入到对象选择器中,从 BSDL 文件中导入的元器件是没有仿真功能的。

6.4 元器件引脚/门交换属性设置

Schematic Capture 原理图中提供了引脚/门交换操作功能,当然也可以直接在 PCB Layout 中实现引脚/门交换。在 Schematic Capture 中,可以通过元器件属性和可视化封装工具设置元器件引脚/门交换。PCB Layout 中的引脚/门交换参阅 11.1.4 节。

6.4.1 元器件属性设置引脚/门交换

对同类多组元器件,可以通过元器件属性对话框实现门交换和重新标注。同类多组元器件具有相同物理特性,因此可以实现引脚交换。对不同的组又具有相同的逻辑特性,因此可以实现门交换。例如,对一个 7400(U1)器件通过元器件属性修改实现门交换,如图 6-45 所示。打开 U1 元器件属性对话框,将其 Reference 属性修改为 U4,单击 Element 下拉框或单击 New 按钮使其变为 U4:C。这样就把 U1 的第 A 组与非门换成了 U4 的第 C 组与非门,这样实现了门交换。当然,也可以实现内部引脚/门交换,如果将 U4:A 改为 U4:C 则能够实现内部引脚/门之间的交换。

同理,可以通过修改异类多组元器件的属性实现引脚/门交换。如图 6-46 所示,一个继电器内部包括一个线圈和两个单刀双掷的开关,打开 RL1 元器件的属性对话框,修改 Element 的属性为 RL1:C,则可以实现引脚/门交换。

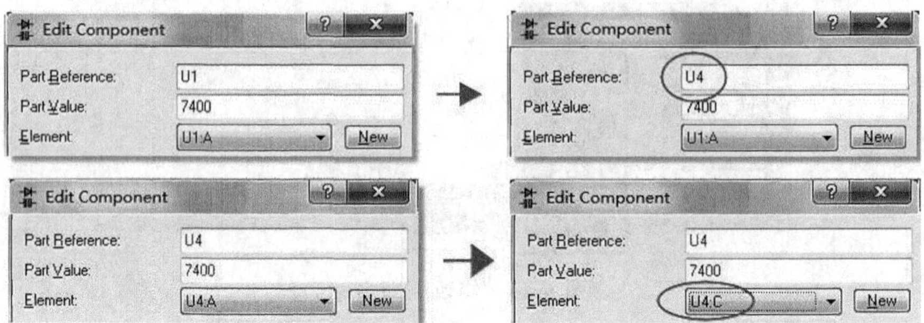

图 6-45 修改元器件属性实现引脚/门交换

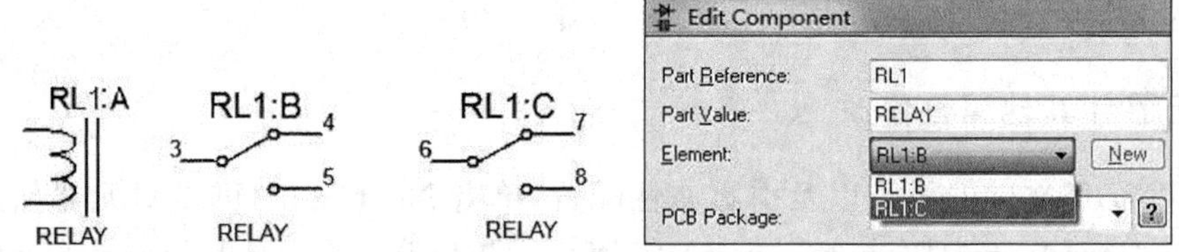

图 6-46 异类多组元器件引脚/门交换

6.4.2 可视化封装工具设置引脚/门交换

1. 单一元素引脚交换

例如，有两个引脚的单一元素的元器件(如电阻、电容等)，打开可视化封装工具，如图 6-47 所示，按住 Ctrl 键，选中 1、2 引脚；单击 Swapable Pins 栏右侧的 Add 按钮，则 1、2 引脚被加入到 Swapable Pins 列表框中，表示 1、2 脚可以进行引脚交换。

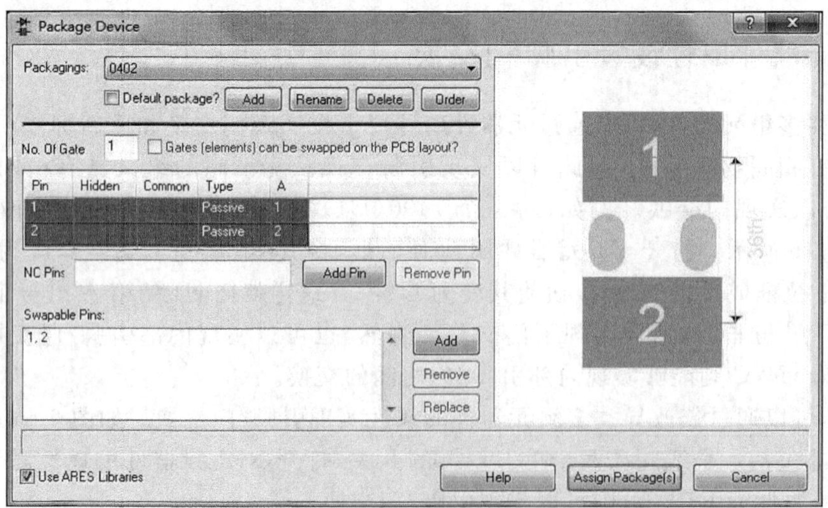

图 6-47 单一元素引脚交换

2. 同类多组元器件实现引脚/门交换

打开 7400 可视化封装对话框，按住 Ctrl 键，选中 A、B 引脚，然后单击 Add 按钮，即可实现引脚 A 和 B 交换。如果勾选 Gate(elements)can be swaped on the PCB layout 选项，则可以实现 A、B、C、D 四个门之间的门交换，如图 6-48 所示。

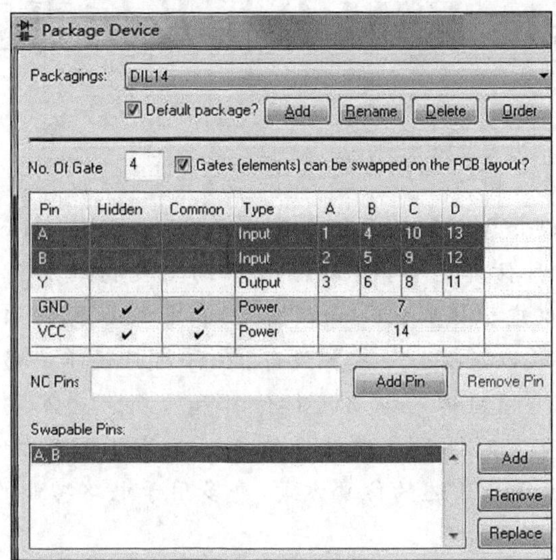

图 6-48 同类多组元器件引脚/门交换

第 7 章 chapter 7

Proteus VSM 分析及仿真工具

本章主要介绍 Proteus VSM 中的电路分析与仿真，Schematic Capture 系统提供交互式仿真和图表仿真两种仿真类型，Proteus 8 中的主要仿真工具包含 Generator（信号源）、Virtual Instrument（虚拟仪器）、Graph（图表）和 Probe（探针）4 种。通过在电路中添加激励源、虚拟仪器、图表以及探针等虚拟设备，在任何时候单击仿真工具（交互式仿真）或者按空格键（图表仿真）便可以对电路进行仿真和分析。交互式仿真主要对电路外部特性进行表述仿真，具有实时性和直观性等特点。而基于图表的仿真具有非实时性特点，是对电路的抽象特性进行表述的仿真方式，更多用于电路功能的描述。

7.1 激 励 源

Schematic Capture 提供了丰富的激励源（Generator），按照产生的信号种类，可以分为电压型激励源和电流型激励源；按照信号的表现形式，可以分为模拟激励源和数字激励源。本节介绍各激励源的功能和应用。

7.1.1 激励源的主要功能和操作

1. 激励源的主要功能

单击模式工具栏中的(Generator Model)按钮便进入到激励源模式。对象选择器中列出了 14 种激励源，每一个激励源的功能如表 7-1 所示。

表 7-1 激励源的主要功能

符 号	名 称	功 能
	DC（Constant DC Voltage/Current Source，直流激励源）	产生恒压源/恒流源
	Sine（正弦信号激励源）	产生幅度、频率和相位可控的正弦信号
	Pulse（脉冲激励源，其幅度、周期、上升沿/下降沿可控）	产生方波、锯齿波、三角波及单周期短脉冲信号源

续表

符号	名称	功能
	EXP(Exponential Pulse Generator,指数脉冲激励源)	产生与RC充电/放电相同的脉冲信号源
	SFFM(Single Frequency FM Generator,单频率调频波激励源)	产生正弦波形调制的单频率调频波信号源
	Pwlin(Piece-Wise Linear Generator,分段线性激励源)	产生任意分段线性信号
	File(文件信号激励源)	产生源于ASCII文件数据的信号源
	Audio(音频信号激励源)	使用格式为WAV的文件作为输入文件,结合音频分析图表可以听到电路对音频信号处理后的声音
	Dstate(Steady State Logic Level,数字单稳态逻辑电平激励源)	产生数字单稳态信号源
	Dedge(Single Logic Level Transition or Edge,数字单边沿激励源)	产生单边沿的上升沿或下降沿信号源
	Dpulse(Single Digital Clock Pulse,单周期数字脉冲激励源)	产生单周期数字脉冲信号源
	Dclock(Digital Clock Signal,数字时钟信号激励源)	产生数字时钟信号源
	Dpattern (An Arbitrary Sequence of Logic Levels,数字模式信号发生器)	产生任意逻辑电平的数字模式信号发生器
HDL	Scriptable(Easy HDL脚本发生器)	通过编写Easy HDL脚本产生的脚本信号源

2. 激励源的放置

激励源的放置与普通元器件的放置类似,包括以下步骤。

(1) 在激励源模式下,从对象选择器中选择合适的激励源。

(2) 光标移至编辑区变成白色铅笔,单击,激励源的图形就会随着光标移动,单击放置激励源。再次单击可以连续放置激励源。

也可以在编辑区空白处右击,在弹出的快捷菜单中选择Place→Generator命令,列出了所有的激励源,单击所需激励源,这时激励源的图形随着光标移动,单击即可放置。

3. 激励源属性修改

修改激励源的属性主要有以下两种方式。

(1) 使激励源成为热对象,双击激励源便弹出激励源属性对话框。

(2) 选中激励源,右击,在弹出的快捷菜单中选择Edit Properties,或者按Ctrl+E键,弹出激励源属性对话框。对于不同的激励源,属性对话框的参数不一样,具体在每个激励源中讲解。

4. 激励源的移动、旋转和删除

激励源的移动、旋转和删除与元器件的相关操作一致,请参阅前面的有关章节。

5. 激励源与其他电路的连接

激励源与其他元器件的连接操作如图7-1所示(以DEDGE信号源为例)。

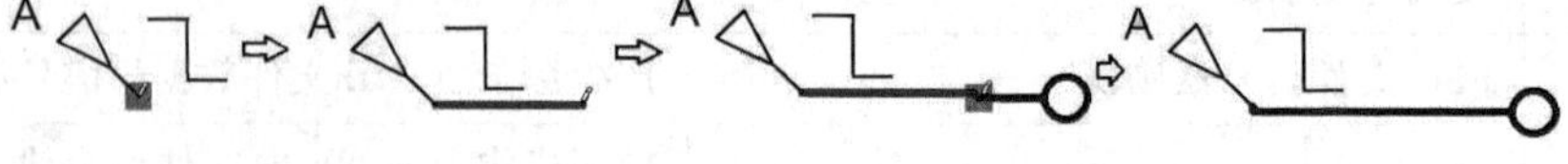

图7-1 激励源与其他元器件连接

7.1.2 直流信号激励源

1. 直流信号激励源属性

直流信号激励源用来产生模拟的直流电压或直流电流。属性对话框如图7-2所示。

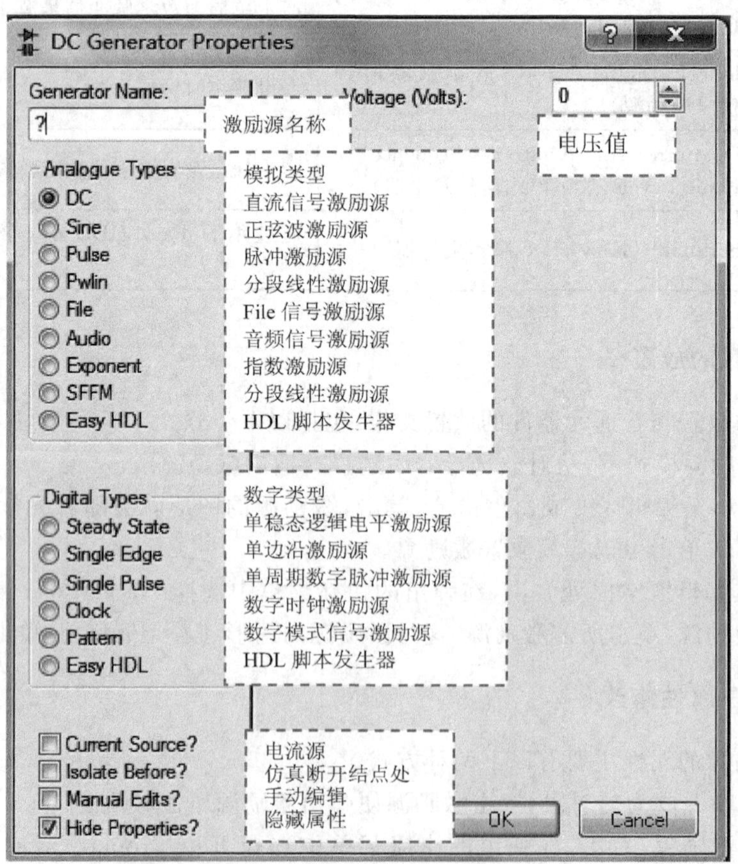

图7-2 DC激励源属性对话框

根据产生的信号不同，信号激励源有模拟信号激励源和数字信号激励源。选择模拟类型或者数字类型的激励源，可以实现激励源之间的转换。图中的参数含义如下。

Generator Name：信号源名称，主要功能是手动或者自动给信号源命名。

Current Source：电流源，勾选该项时，表示产生的信号是电流型，系统默认产生的是电压型的信号，该选项只适用于模拟信号激励源。

Isolate Before：该选项用于控制信号发生器是否在接点处把电路以接点的前级电路网络和后级电路网络断开，信号源作为后级电路网络的输入信号。但是当激励源通过一根导线和电路网络相连时，不具备该功能。

Manual Edits：通过文本属性手动编辑信号源的属性。

Hide Properties：是否隐藏信号源的属性，勾选表示隐藏其属性，反之表示显示，如图 7-3 所示。

图 7-3 DC Value 属性显示

Voltage(Volts)：直流电压源的电压值，默认单位为伏特(V)。勾选 Current Source 时，该参数就变成了 Current(Amps)，即直流电流源的电流值，默认单位为安培(A)。

2. 直流源 Value 值修改

修改直流信号激励源的电压值或者电流值的方法有以下两种。

(1) 在图 7-2 的 Voltage(Volts)栏内直接输入数值。

(2) 选中 Manual Edits 选项，则其属性对话框的右侧变成了 Properties 文本框，在其中输入{VALUE=数值}，如图 7-4 所示。

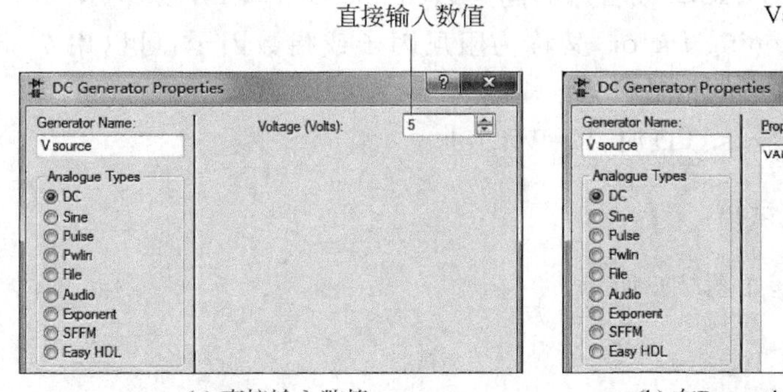

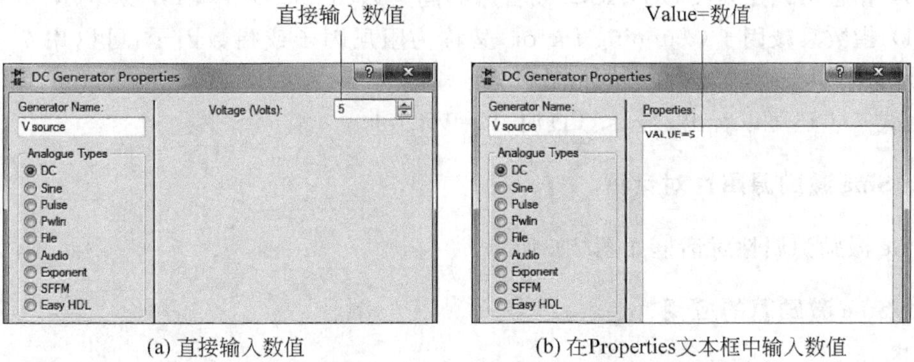

(a) 直接输入数值　　(b) 在Properties文本框中输入数值

图 7-4 直流信号激励源的电压值或者电流值的修改方法

3. 直流信号激励源的应用

设第一个信号源为直流电压源，值为 5V；第二个信号源为直流电流源，值为 2A，电路图如图 7-5 所示(配套电子资源实例 chap7 中的 DC generator. pdsprj)。这里使用了直流电压表和直流电流表(虚拟模式下的 DC Voltmeter 和 DC Ammeter)。

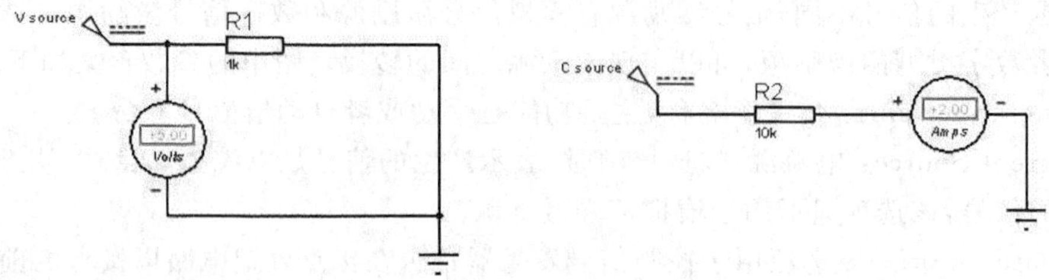

图 7-5 DC 信号源的应用

7.1.3 Sine 激励源

1. Sine 激励源的功能和主要参数

Sine 激励源可以产生幅度、频率和相位可控的正弦波信号,可以表示为

$$V = V_O + V_A \cdot e^{-(t-\mathrm{TD})\theta} \sin(2\pi \cdot \mathrm{FREQ}(t + \mathrm{TD})) \quad (t > TD) \tag{7.1}$$

式(7.1)中的参数说明如下:

(1) 其输出可以带有直流补偿量(DC offset)为 V_O、peak a 为 V_A 的正弦波信号,其幅度值还可以用有效值(Root Mean Squared,RMS)或者用峰峰值(peak-peak)表示。振幅与这两者之间的关系如下:

$$1V_A = \sqrt{2}\mathrm{RMS}; \quad \mathrm{Peak} = 2V_A$$

(2) 其振荡频率可以用频率(Frequency,FREQ)、周期(Period,PER)、一个周期内出现的完整的波形数(Cycles/Graph)来表示。

(3) 相移可以用角度(PHASE)或者用时间延迟(Time Delay,TD)来表示。

(4) 指数衰减因子(damping factor)又称为阻尼因子或指数因子,可以用 θ(指数因子)表示,指定振荡开始后波形的指数延迟。

由式 7.1 还可以看出,当 $t<\mathrm{TD}$ 时,$V=V_O$。

2. Sine 激励源属性对话框

Sine 激励源属性对话框如图 7-6 所示。

3. Sine 激励源的应用

Sine 信号源仿真如图 7-7 所示(配套电子资源实例 chap7 中的 Sine.pdsprj)。

各个 Sine 信号源的参数如表 7-2 所示,单击运行交互式仿真按钮 ▶ 启动仿真,示波器显示 4 个正弦波信号波形,波形打印效果如图 7-8 所示。

表 7-2 各正弦波信号源的参数

信号源	Offset/V	Amplitude	Timing	Delay	Dampling Factor/1/s
SIN1	0	AP=1	FREQ=10Hz	TD=0s	THEATA=0
SIN2	1	AP=1	FREQ=500mHz	TD=0s	THEATA=0

续表

信号源	Offset/V	Amplitude	Timing	Delay	Dampling Factor/1/s
SIN3	0	Peak=2	PER=2s	TD=1s	THEATA=0
SIN4	0	RMS=707.107mV	Cycles/Graph=3	Phase=30°	THEATA=0
SIN5	0	AP=1	FREQ=1Hz	Phase=30°	THEATA=4

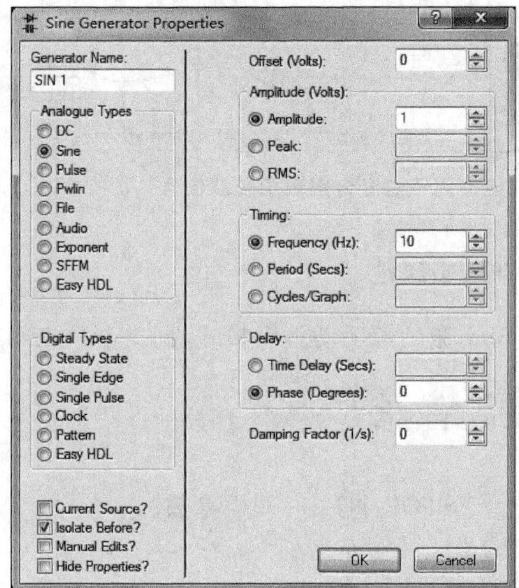

直流补偿(V或者A)
幅度参数(V或者A)
振幅(AP)
峰峰值(PEAK)
有效值(RMS)
时间参数
频率
周期
一个周期内的完整波形数
(TSTOP/N，N表示波形数)
延时参数
时间延迟
角度
阻尼因子

图 7-6 Sine 激励源属性对话框

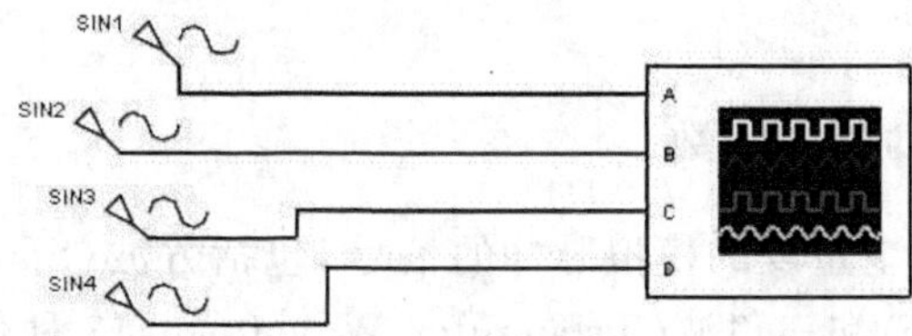

图 7-7 Sine 激励源应用

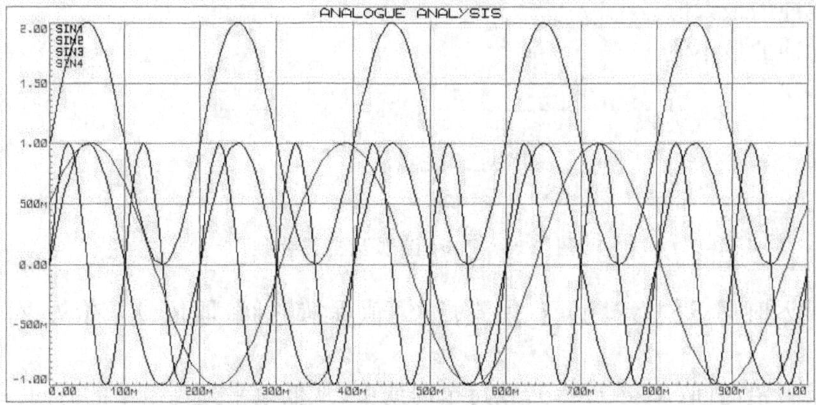

图 7-8 SIN1 至 SIN4 参数真波形

如果设置阻尼因子,则示波器有可能观察不到相关衰减图像,这时可以用基于图表的仿真方式(这里采用混合图表),如图 7-9 所示(配套电子资源实例 chap7 中的 Sine.pdsprj)。

从图 7-9 可以看出,经过一段时间后,信号衰减为 0。

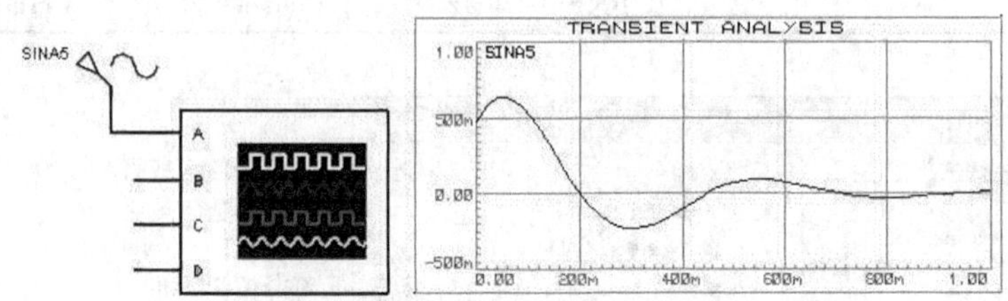

图 7-9 带有阻尼因子的混合图表正弦波信号

4. Sine 信号激励源的文本手动编辑属性

勾选 Manual Edits 选项,进入 Sine 激励源手动编辑模式,同类参数之间系统自动换算,主要参数如下。

{AP=1}/{Peak=2}/{RMS=707.107mV}:振幅类参数。

{Offset=0}:直流补偿。

{FREQ=1}/{PER=1}/{PER=TSTOP/N}:时间类参数。

{Phase=0}/{TD=0}:延迟类参数。

{THEATA=0}:阻尼因子参数。

7.1.4 Pulse 激励源

1. Pulse 激励源的功能及参数

Pulse 激励源可以产生重复的模拟脉冲的信号,包括方波(Square Waveforms)、锯齿波(Sawtooth Waveforms)和三角波(Triangular Waveforms)3 种信号。使用 Pulse 激励源时,主要参数如图 7-10 所示,其中:

V2:脉冲的最大值。

V1:脉冲的最小值。

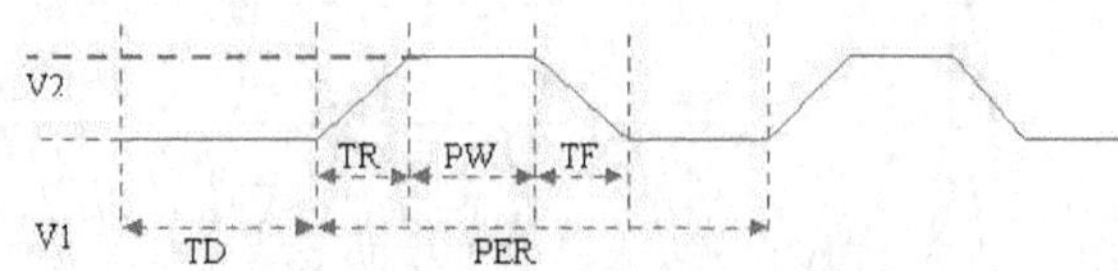

图 7-10 Pulse 波形及主要参数

TD:延迟时间(Delay Time),主要指 V_1 值保持时间,即信号开始为 V_1,持续 TD 时间。

TR:上升沿时间(Rise Time),在每个周期中,从低电平到高电平的时间。

PW：脉冲宽度，V_2 值持续的时间，不包括 RT 和 FT 的时间。

TF：下降沿时间(Fall Time)，在每个周期中，从高电平到低电平的时间。

PER：周期(Period)。

FREQ：频率(Frequency)，FREQ=1/ PER。

2. Pulse 激励源的属性对话框

Pulse 激励源的属性对话框如图 7-11 所示。主要参数如下。

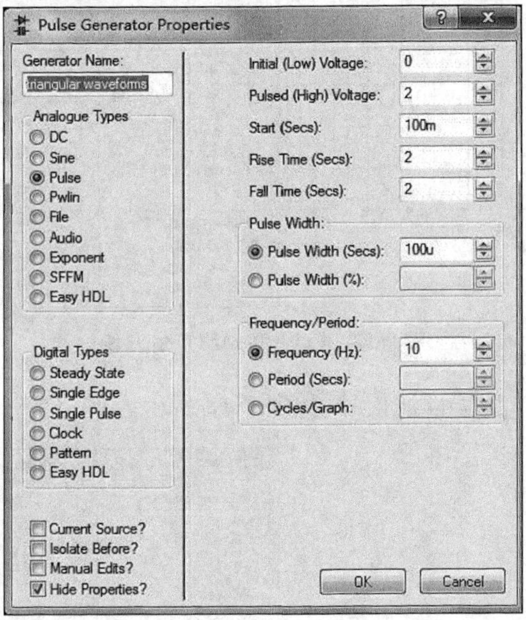

图 7-11 Pulse 激励源属性对话框

Generator Name：激励源名称。

Initial(Low)Voltage/Current：初始低电压值或低电流值。如果是脉冲电压源，单位为伏特(V)；如果是脉冲电流源，单位为安培(A)。对应图 7-10 中的 V_1。

Pulsed(High)Voltage/Current：高电压值或者高电流值，对应图 7-10 中的 V_2。

Start：起始时间。定义 Pulse 激励源信号的起始时间，单位为秒(s)，对应图 7-10 中的 TD。

Rise Time：上升沿持续时间 RT，单位为秒(s)。

Fall Time：下降沿持续时间 FT，单位为秒(s)。

Pulse Width：脉冲宽度，有 2 种表示方法：Pulse Width(Secs)脉冲持续时间，单位为秒(s)；Pulse Width(%)，占空比，取值范围为 0.0001～1000。

Frequency：频率，单位为 Hz。

Period：周期，单位为秒(s)。

Cycles/Graph：周期数/图形。

后面 3 个参数同一个时刻只能有 1 项有效。

3. Pulse 激励源的应用

(1) Pulse 激励源产生方波信号，如图 7-12 所示(配套电子资源实例 chap7 中的 Pulse. pdsprj)。

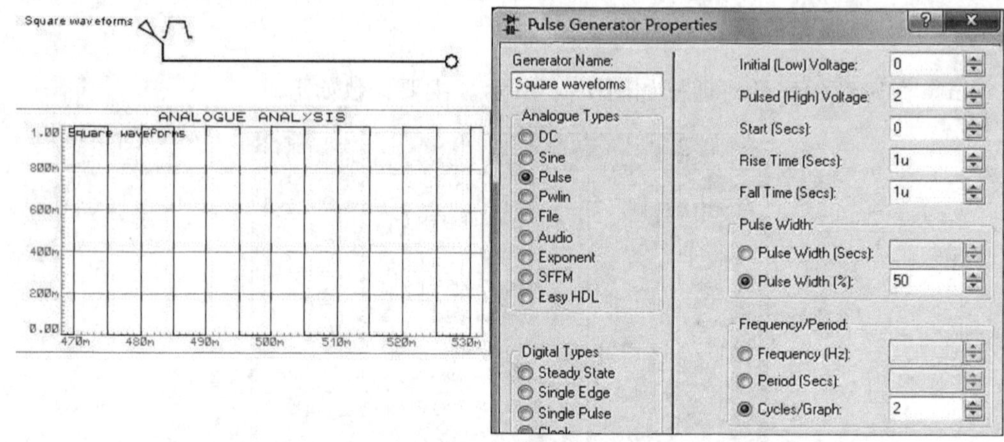

图 7-12 Pulse 激励源产生方波

(2) Pulse 激励源产生锯齿波信号，如图 7-13 所示。

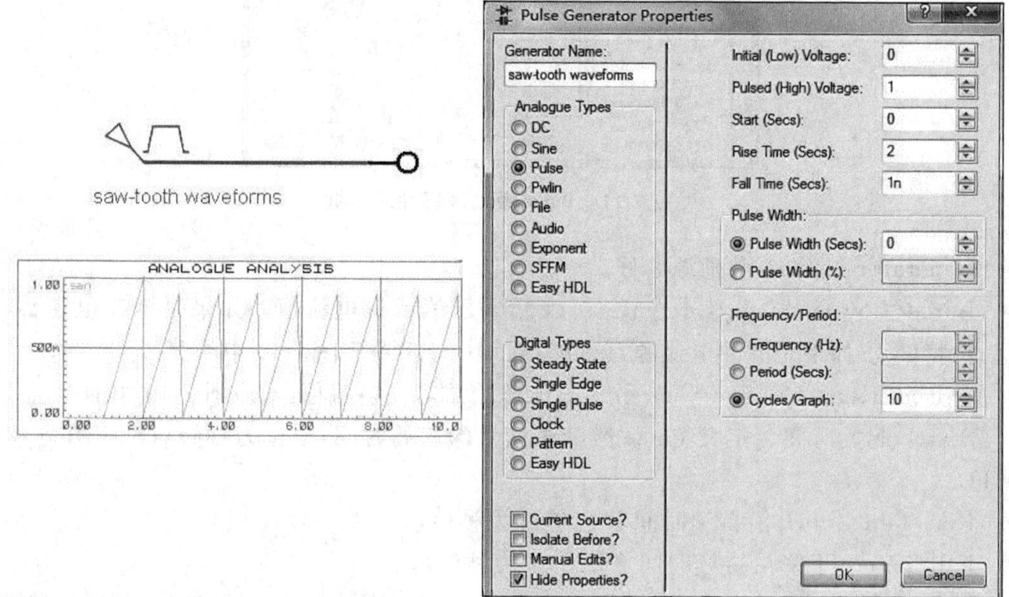

图 7-13 Pulse 激励源产生锯齿波

(3) Pulse 激励源产生三角波信号，如图 7-14 所示。

4. Pulse 激励源属性的手动编辑

以方波为例，可以手动输入以下属性值：

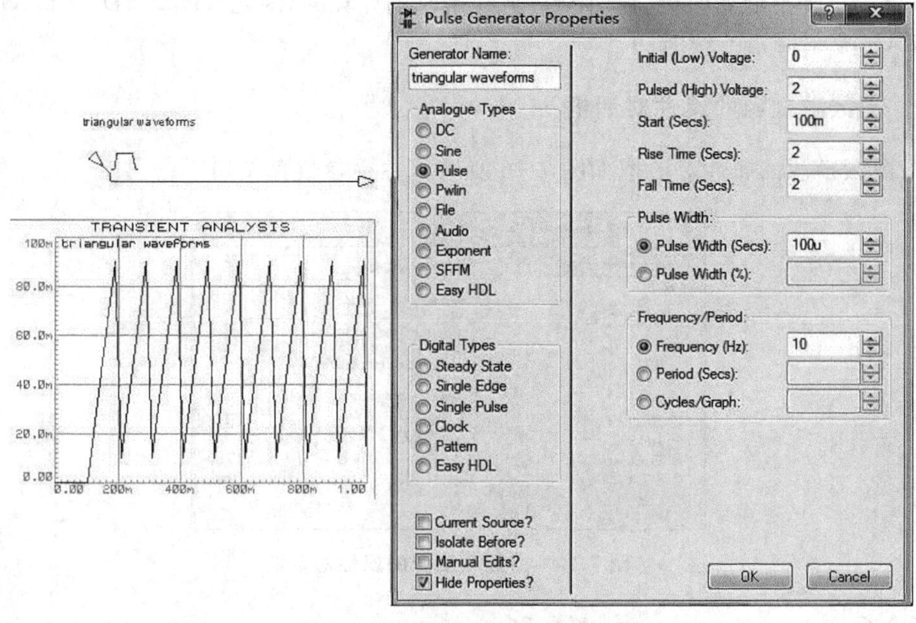

图 7-14 Pulse 激励源产生三角波

{TD=0}　{PW=50%}　{V2=1}

{TR=1u}　{FREQ=100}

{TF=1u}　{V1=0}

7.1.5 指数脉冲激励源

1. 指数脉冲激励源的功能及模型

指数脉冲激励源(EXP)产生一个与 RC 充放电路相同的波形,指数脉冲图形及其参数如图 7-15 所示,从图中可以看出:

(1) $0 \leqslant t \leqslant TD_1$ 时,$V=V_1$。

(2) $TD_1 \leqslant t \leqslant TD_2$ 时,$V=V_1+(V_2-V_1)(1-e^{\frac{-(t-TD_1)}{TAU_1}})$。

(3) $TD_2 \leqslant t \leqslant TSTOP$ 时,

$$V=V_1+(V_2-V_1)(1-e^{\frac{-(t-TD_1)}{TAU_1}})$$
$$+(V_1-V_2)(1-e^{\frac{-(t-TD_2)}{TAU_2}})$$

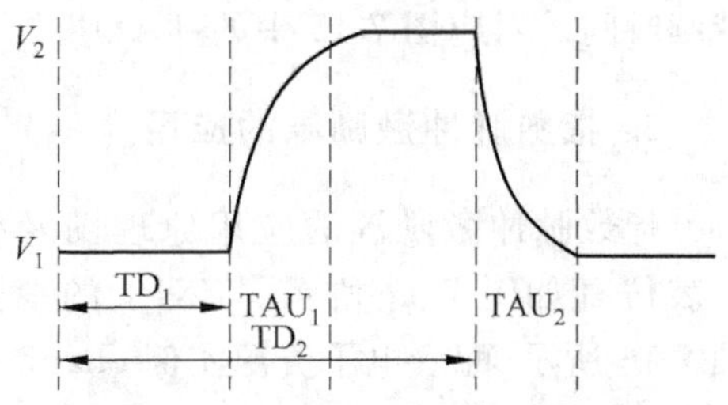

图 7-15 指数脉冲图形及其参数

其中各参数含义如下。

V_1:输出的最小值。

V_2:输出的最大值。

TD_1:上升沿的起始时刻。

TAU_1:上升沿持续时间,指达到 $0.63V_2$ 时所用的时间间隔。

TD_2：下降沿起始时刻，该时刻是从起始时刻计算的，因此 $TD_2 > TD_1 + TAU_1$。

TAU_2：下降沿持续时间。

2. 指数激励源的属性对话框

指数激励源的属性对话框如图 7-16 所示。主要参数含义如下。

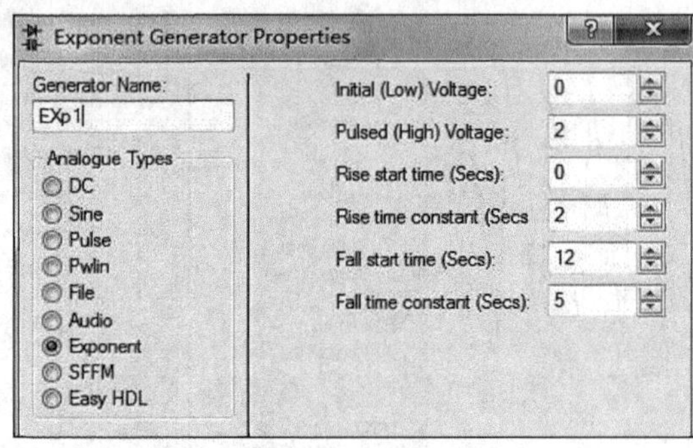

图 7-16　指数激励源的属性对话框

(1) Generator Name：激励源名称。

(2) Initial(Low)Voltage：初始低电压值或低电流值，如果是脉冲电压源，单位为伏特(V)；如果是脉冲电流源，单位为安培(A)。对应图 7-15 中的 V_1。

(3) Pulsed(High)Voltage：高电压值或者高电流值，对应图 7-15 中的 V_2。

(4) Rise start time(Secs)：上升沿起始时刻。定义 EXP 激励源信号的上升沿起始时间，单位为秒(s)，对应图 7-15 中的 TD_1。

(5) Rise time constant(Secs)：上升沿持续时间，对应图 7-15 中的 TAU_1。

(6) Fall Start Time(Secs)：下降沿起始时刻，对应图 7-15 中的 TD_2。

(7) Fall Time constant(Secs)：下降沿持续时间。对应图 7-15 中的 TAU_2。

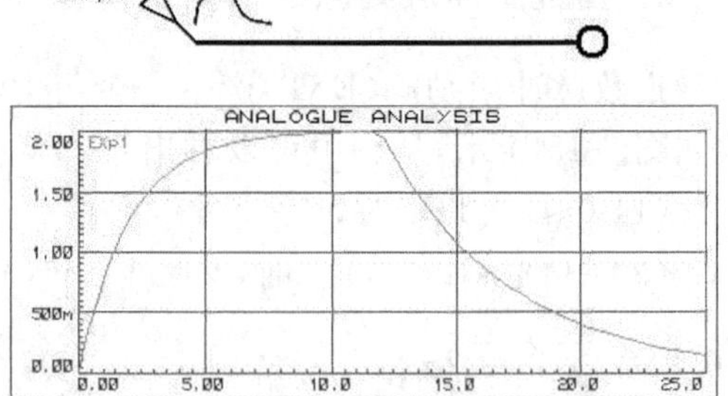

图 7-17　指数脉冲激励源应用

3. 指数脉冲激励源的应用

指数脉冲激励源的应用原理图及模拟图表仿真如图 7-17 所示。EXP1 的参数如图 7-16 所示(配套电子资源实例 chap7 中的 exp.pdsprj)。

4. 指数脉冲激励源属性手动编辑

{LOW=0}，相当于图 7-15 中的 V_1。

{HIGH=2}，相当于图 7-15 中的 V_2。

{TD_1=0}

{TAU_1=2}

{TD_2=12}

{TAU_2=5}

7.1.6 SFFM激励源

1. SFFM激励源的功能及模型

SFFM激励源(单频率FM激励源)产生以正弦波信号作为载波的调频信号,其数学模型如下:

$$V = V_O + V_A \sin(2\pi F_C t + \mathrm{MDI} \cdot \sin(2\pi F_S t))$$

其中:

V_O:直流补偿电压值。

V_A:载波的幅值。

F_C:载波频率。

F_S:信号频率。

MDI:调制指数。

2. SFFM激励源属性对话框

SFFM激励源属性对话框如图7-18所示。

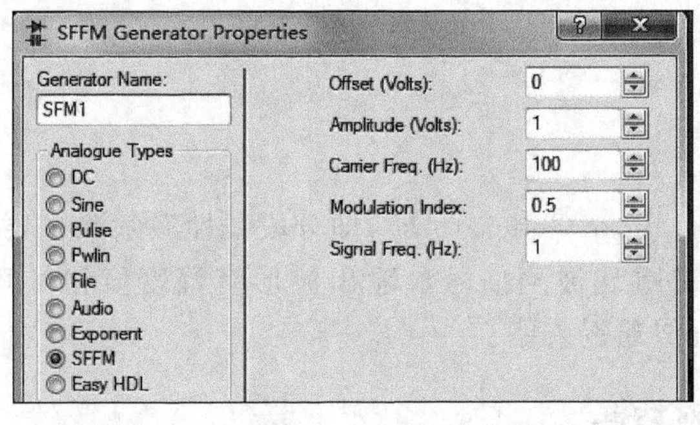

补偿电压V_O(V)
载波幅值V_A(V)
载波频率F_C(Hz)
调制因数MDI
信号频率F_S(Hz)

图7-18 SFFM激励源属性对话框

3. SFFM激励源的应用

SFFM激励源应用原理图及模拟图表仿真如图7-19所示。其中SFM1的参数如图7-18所示(配套电子资源实例chap7中的SFFM.pdsprj)。

4. SFFM激励源属性手动编辑

SFFM激励源属性手动编辑以图7-18为例,可以手动输入以下属性值:

{AMP=1},载波幅值V_A(V)。

{OFFSET=0},补偿电压V_O(V)。

{MDI=0.5}

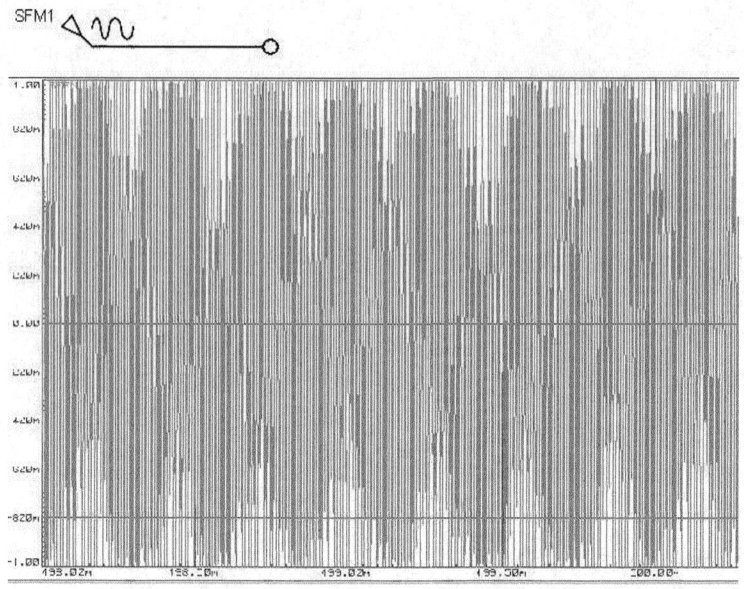

图 7-19 SFFM 激励源应用原理图及仿真图

{FC=1}

{FS=1}

7.1.7 Pwlin 激励源

1. Pwlin 激励源主要功能

Pwlin 激励源(Piece-wise Linear Generators),即分段线性激励源主要用于产生比较复杂的模拟脉冲信号,或者用来重现被测信号。输出波形有幅度值和时间 2 个参数,相邻时刻之间采用线性插值法近似逼近直线。

2. Pwlin 激励源的属性对话框

Pwlin 激励源的属性对话框如图 7-20 所示。该对话框右上方包含一个时间/电压幅值图形编辑器,在此对话框中可以拖放、删除和增加数据点,具体操作如下。

(1) 单击放置一个新的数据点。

(2) 鼠标移至数据点上,按住左键可以拖动数据点。

(3) 鼠标移至数据点上,右击删除数据点。也可以按住 Ctrl 键的同时右击删除所有数据点。

单击时间/电压幅值图形编辑器的按钮,可以使图形编辑器变成一个独立的窗口,如图 7-21 所示。在此窗口可以按上述方法进行数据点操作。

图 7-20 中的坐标扫描面参数如下。

X 轴:时间轴,为横坐标。

Y 轴:电压值/电流值,为纵坐标。

X Min,X Max：X 轴最小值和 X 轴最大值。

Y Min,Y Max：Y 轴最小值和 Y 轴最大值。

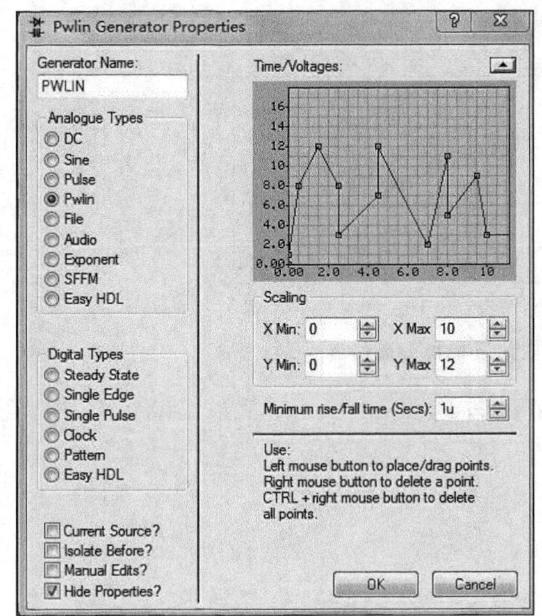

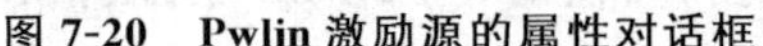
图 7-20 Pwlin 激励源的属性对话框

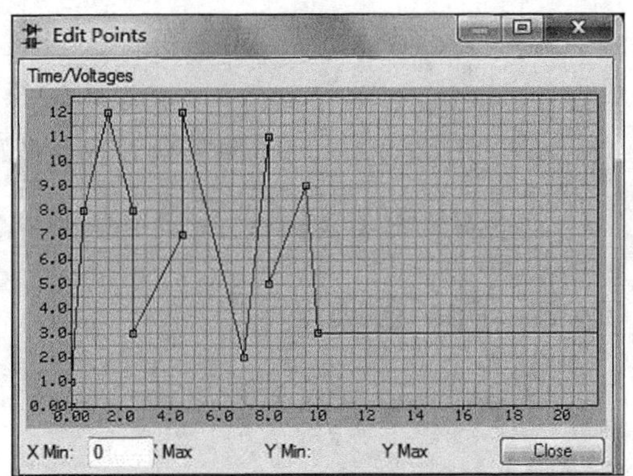

图 7-21 Pwlin 图形编辑窗口

Minimum rise/fall time(Secs)：上升/下降最小时间，通过该项设置可以在两个数据点之间形成一个垂直边缘。

在坐标扫描参数设置时应注意以下 2 点。

(1) 必须始终有一个零时间点，虽然可以改变其 y 值(只能向上或向下拖动)。

(2) 如果尝试创建一个垂直边缘，图形编辑器将以 Minimum rise/fall time(最小上升/下降时间)参数值分开两个数据点。

3. Pwlin 激励源应用

Pwlin 激励源应用及模拟图表仿真如图 7-22 所示(配套电子资源实例 chap7 中的 Pwlin. pdsprj)。参数设置如图 7-21 所示。

4. Pwlin 激励源属性的手动编辑

Pwlin 激励源属性的文本编辑格式为{V(t)=幅值}，以上例的 PWLIN 为例，文本属性如下：

{V(0)=0}	{V(2.500001)=3}	{V(8.000001)=5}
{V(0.5)=8}	{V(4.5)=7}	{V(9.5)=9}
{V(1.5)=12}	{V(4.500001)=12}	{V(10)=3}
{V(1e-06)=1}	{V(7)=2}	{V(15)=11}
{V(2.5)=8}	{V(8)=11}	

(a) Pwlin激励源仿真电路

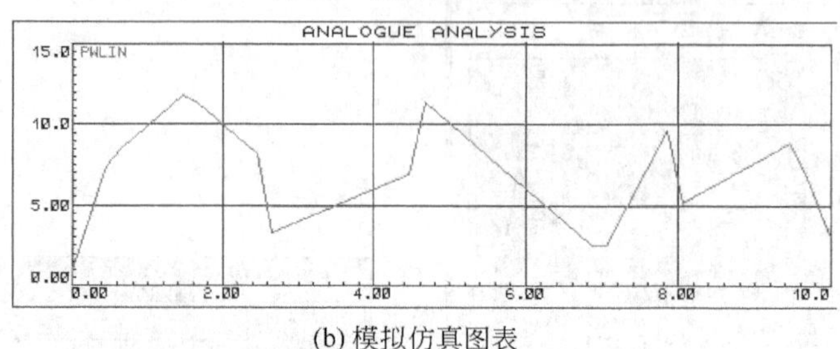

(b) 模拟仿真图表

图 7-22 Pwlin 激励源应用及模拟图表仿真

如果有更多的数据点，应用 File 激励源更为方便。

7.1.8 File 激励源

1. File 激励源的主要功能和属性

File 激励源是用 ASCII 文件定义的一系列时间和数值对，与 Pwlin 激励源类似；不同之处在于 ASCII 文件来自外部文件，而 Pwlin 激励源的数据来源于属性参数设置。ASCII 文件是一系列时间和数值对，每行一对数据，用空格或者 Tab 键分隔(不能用逗号)，时间必须按升序排列且时间必须是单精度浮点数(允许没有后缀)。

File 激励源属性对话框如图 7-23 所示。

Data File：数据源，ASCII 文件所在的路径，单击 Browse 按钮可以浏览相应的文件。该路径可以是相对路径(relative path)和绝对路径(absolute path)，绝对路径就是完整的路径，相对路径就是不完整的路径。如果设计文件和数据源文件在同一个目录，可以用相对路径，反之必须给出完整路径。

2. File 激励源应用

File 激励源应用及仿真图表如图 7-24 所示(配套电子资源实例 chap 7 中的

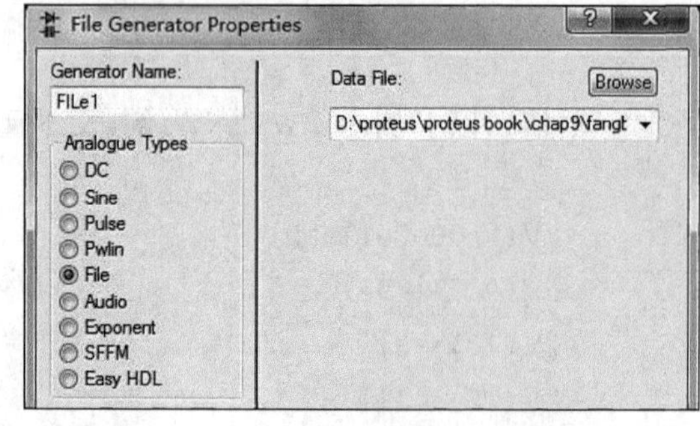

图 7-23 File 激励源属性对话框

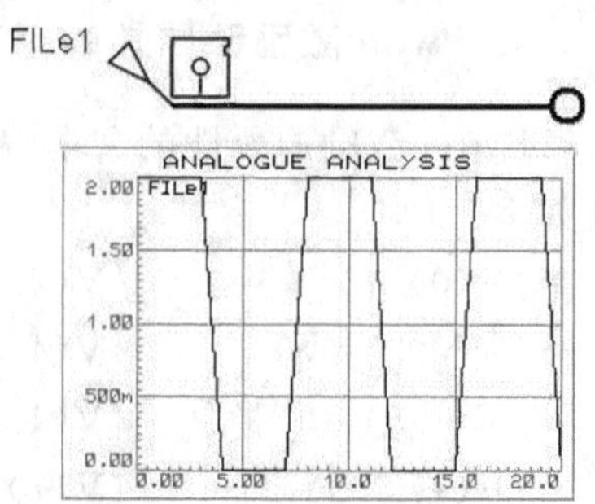

图 7-24 File 激励源应用

File. pdsprj)。用 UltraEdit 软件生成 ASCII 文件(fangbo. bak),具体时间/电压参数值如下。

0 2　2 2　4 0　6 0　8 2　10 2　12 0　14 0

1 2　3 2　5 0　7 0　9 2　11 2　13 0　15 0

7.1.9 Audio 激励源

1. Audio 激励源主要功能

Audio 激励源可以从音频 WAV 文件直接产生信号,结合音频图表仿真,使其作为电路的输入信号驱动电路。

2. Audio 激励源的属性对话框

Audio 激励源的属性对话框及其参数如图 7-25 所示。

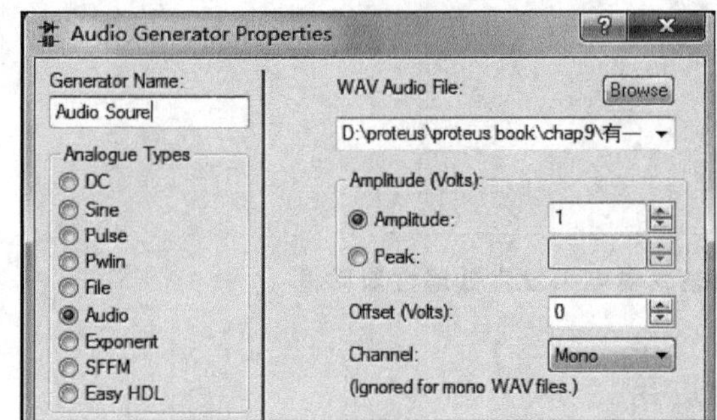

Wave Audio File:指定产生信号的WAVE文件，路径设置同File激励源路径设置。
Amplitude:幅值(伏特)
Amplitude:选择输出信号幅度是振幅偏移的绝对值
Peak: 选择输出信号幅度是峰峰值。
Offset(伏特):直流补偿电压大小。
Channnel:声道选择，Mono为单声道，right为右声道，left为左声道，Stereo为立体声，默认为Mono模式

图 7-25　AUDIO 激励源的属性对话框

3. Audio 激励源应用

Audio 激励源的应用原理图及 Audio 图表仿真如图 7-26 所示(配套电子资源实例 chap7 中的 Audio generator. pdsprj)。

(a) AUDIO激励源仿真电路图

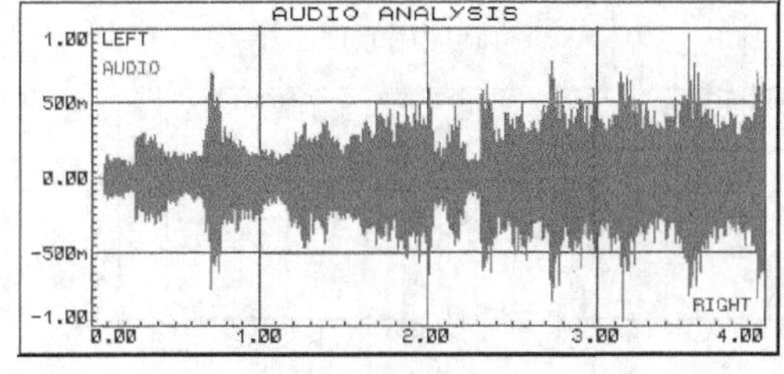

(b) Audio图表仿真图

图 7-26　Audio 激励源应用

7.1.10 Dstate 激励源

1. Dstate 激励源的主要功能和属性

Dstate 激励源也称为数字单稳态逻辑电平发生器，用于产生单稳态逻辑电平。属性对话框如图 7-27 所示。

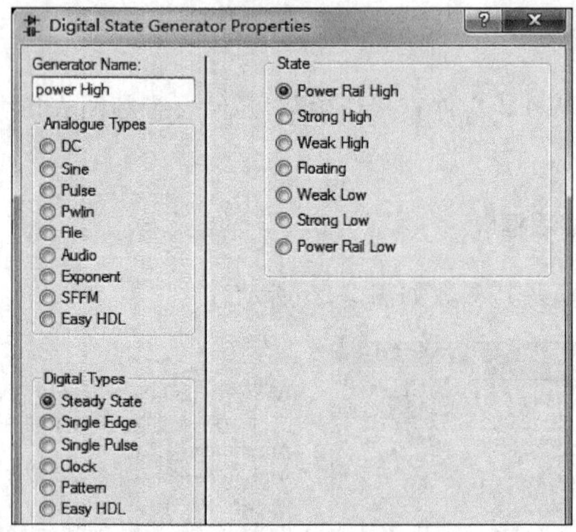

图 7-27　数字单稳态逻辑电平发生器属性对话框

2. 数字单稳态逻辑电平发生器的应用

数字单稳态逻辑电平发生器的应用原理图及数字图表仿真如图 7-28 所示(配套电子资源实例 chap7 中的 Dstate. pdsprj)。

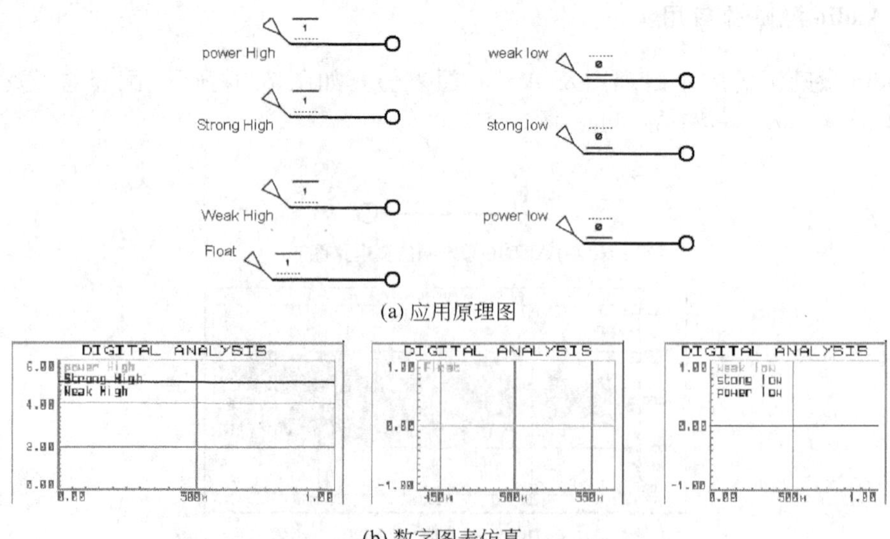

图 7-28　数字单稳态逻辑电平发生器的应用原理图及数字图表仿真

3. 数字单稳态逻辑电平发生器属性的文本编辑

(1) Power Rail High 状态：
{COUNT=0}
{INIT=IHI}

(2) Strong High 状态：
{INIT=HIGH}
{COUNT=0}

(3) Weak High 状态：
{INIT=WHI}
{COUNT=0}

(4) Floating 状态：
{INIT=FLOAT}
{COUNT=0}

(5) Weak Low 状态：
{INIT=WLO}
{COUNT=0}

(6) Strong Low 状态：
{INIT=LOW}
{COUNT=0}

(7) Power Low
{INIT=ILO}
{COUNT=0}

7.1.11 Dedge 激励源

1. Dedge 激励源的主要功能及属性

Dedge(数字单边沿信号)激励源主要用于产生数字单边沿脉冲信号，有正脉冲信号(低电平到高电平，上升沿信号)或者负脉冲信号(高电平到低电平，下降沿信号)。属性对话框如图 7-29 所示，主要参数如下。

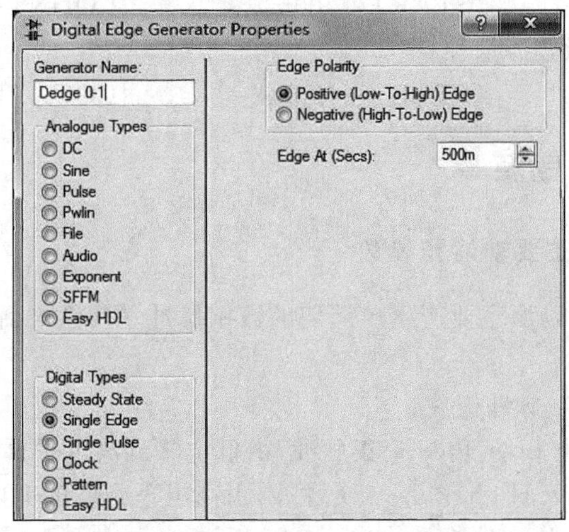

图 7-29 Dedge 激励源的属性对话框

Edge Polarity：脉冲极性。包括以下 2 项。

Positive (Low-To-High) Edge：正边沿，由低电平跳到高电平。用文本属性{INIT=LOW}表示。

Negative (High-To-Low) Edge：负边沿，由高电平跳到低电平。用文本属性{INIT=HIGH}表示。

Edge At(Secs)：边沿产生的时刻。翻转后就保持不变。用文本属性{START=边沿产生时刻}表示。

2. Dedge 激励源的应用

Dedge 激励源的应用原理图及图表仿真如图 7-30 所示(配套电子资源实例 chap7 中的 dedge. pdsprj)。

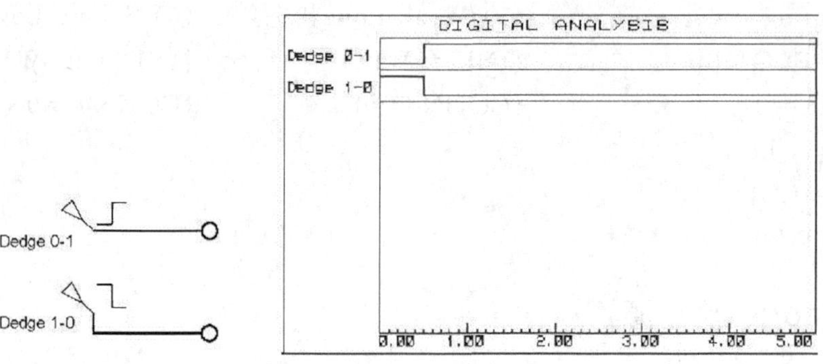

图 7-30 Dedge 激励源应用

3. Dedge 激励源属性的手动编辑

(1) Dedge(0-1)激励源属性:

{INIT=LOW}　　{START=500m}　　{COUNT=1}

(2) Dedge(1- 0)激励源属性:

{INIT=HIGH}　　{START=500m}　　{COUNT=0}

7.1.12 Dpulse 激励源

1. Dpulse 激励源主要功能和参数

Dpulse(单脉冲)激励源主要产生单周期的数字脉冲。属性对话框如图 7-31 所示,主要参数如下。

(1) Pulse Polarity: 脉冲极性。

Positive(Low-High-Low)Pulse: 正脉冲,由低电平到高电平再到低电平。

Negative(High-Low-High)Pulse: 负脉冲,由高电平到低电平再到高电平。

(2) Pulse timing: 脉冲时长。

Start Time(Secs): 开始时间,单位为秒(s)。

Pulse Width(Secs): 脉冲宽度,单位为秒(s)。

Stop Time(Secs): 停止时间,单位为秒(s)。

Start Time 和 Pulse Width 组合或者 Start Time 和 Stop Time 组合形成 2 种方式决定单脉冲的时长。单脉冲输出结束后保持最后的电平不变。

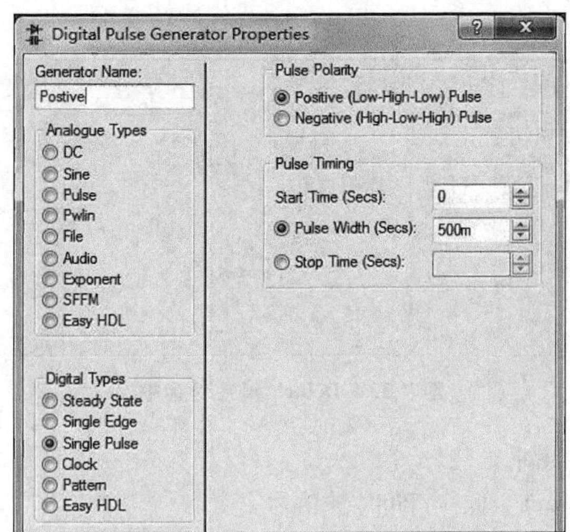

图 7-31 Dpulse 激励源属性对话框

2. Dpulse 激励源的应用

Dpulse 激励源的应用和数字图表仿真如图 7-32 所示(配套电子资源实例 chap7 中的 Dpulse. pdsprj)。

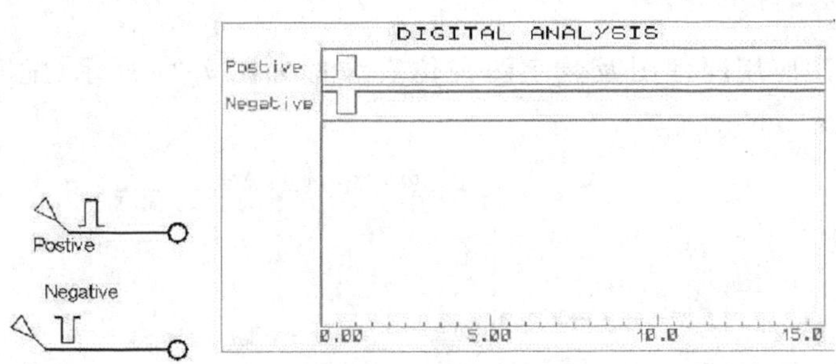

图 7-32 Dpulse 激励源的应用

3. Dpulse 激励源属性的手动编辑

(1) 上升沿单脉冲激励源文本属性。

{INIT=LOW}　　{COUNT=2}　　{START=0}　　{WIDTH=0.5}

(2) 下降沿单脉冲激励源属性。

{INIT=HIGH}　　{COUNT=2}　　{START=0}　　{WIDTH=0.5}

7.1.13 Dclock 激励源

1. Dclock 激励源主要功能和属性

Dclock(数字时钟)激励源主要用于产生数字时钟序列信号,属性对话框如图 7-33 所示，主要参数如下。

Digital Clock Generator Properties

Generator Name: Dclock

Digital Types: Steady State / Single Edge / Single Pulse / Clock / Pattern / Easy HDL

Clock Type: Low-High-Low Clock / High-Low-High Clock

Timing: First Edge At: 0; Frequency (Hz): ; Period (Secs): 1m

图 7-33　Dclock 属性对话框

(1) Clock Type：时钟类型。

Low-High-Low Clock：低-高-低时钟信号。

High-Low-High Clock：高-低-高时钟信号。

(2) Timing：时间。

First Edge At：第一个脉冲发生的时刻。

Frequency(Hz)：频率。

Period(Secs)：周期。

2．Dclock 激励源的应用

Dclock 激励源应用原理图及数字图表仿真波形如图 7-34 所示(配套电子资源实例 chap7 中的 Dclock. pdsprj)。

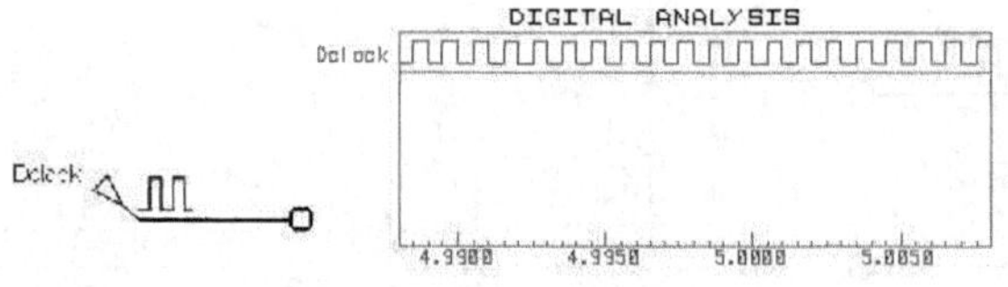

图 7-34　Dclock 激励源波形

7.1.14　Dpattern 激励源

1．Dpattern 激励源的主要功能

Dpattern(数字模式信号)激励源可以产生任意形式的逻辑电平序列，利用 Dpattern 激励源可以生成数字电路中的以下信号。

(1) 单边沿信号：可以产生低-高或者高-低的单边沿信号。

(2) 单脉冲信号，可以产生 Positive Pulse 和 Negative Pulse，可以设置脉冲的起始、结束时间和脉冲的宽度。

(3) 时钟信号，可以任意设置占空比的连续脉冲信号，可以设置初始值、第一个边沿的起始时间、周期(频率)、一个周期内的脉冲数等参数。

(4) 可以形成任意的时序。

2. Dpattern 激励源属性

Dpattern 激励源属性对话框如图 7-35 所示,主要有 5 大类参数,如表 7-3 所示。

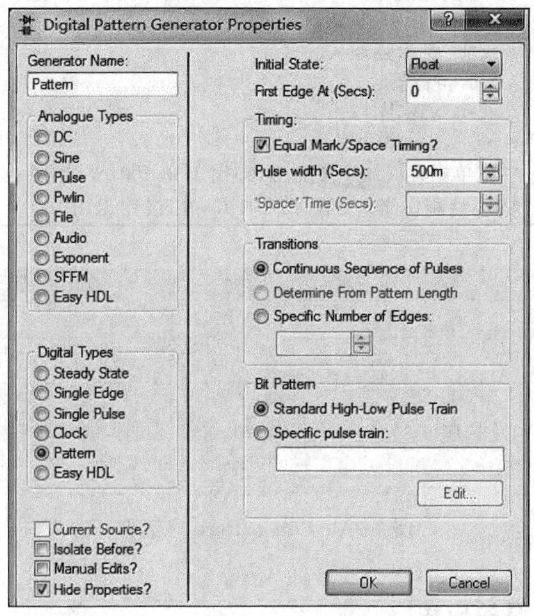

图 7-35 Dpattern 激励源属性对话框

表 7-3 Dpattern 激励源的主要参数

参 数	说 明
Initial State(初始状态)	选择零时刻信号的初始状态,系统提供了 7 种初始状态电平:Power Low(电源低 0)、Low(逻辑 0)、Weak Low(弱逻辑 0)、Float(悬空)、Weak High(弱逻辑 1)、Strong High(强逻辑 1)、Power High(电源高 1)
First Edge At(Secs)	选择信号第一个边沿出现的时刻。这个时刻是数字模式信号激励源的真正开始时刻,也就是说直到该时刻到达时才有信号输出
Timing(时间参数)	Equal Mark/Space Timing:高低电平时长是否相等,勾选则表示等长,则'Space' Time(Secs)参数不可操作。 'Mark' Time(Secs):高电平持续时间。 'Space' Time(Secs):低电平持续时间
Transitions(变换类型)	Continue Sequence of Pulse:直到仿真结束时一直输出连续脉冲。 Determine Form Pattern Length:根据图案长度决定,该子项在 Bit Pattern 中的 Specific pulse train 有效时才能选择。 Specific Number of Edges:边沿数目,当选择该项时,右边的文本框中用于输入边沿的数目,或者单击增减按钮实现数字的增减

续表

参　　数	说　　明
Bit Pattern(位模式)	Standard High-Low Pulse Train：标准的高-低脉冲序列。 Specific pulse train：自定义脉冲序列，有两种设置方式： (1) 直接在其下面的文本框输入脉冲序列值，这些序列值包括： 0 或 L 表示强逻辑 0； 1 或 H 表示强逻辑 1； l 表示弱逻辑 0； h 表示弱逻辑 1； F 和 f 表示浮动电平。 (2) 单击 Edit... 按钮，弹出 Edit Pattern 对话框，如图 7-36 所示，单击网格线绘制图形，设置完后单击 OK 按钮退出

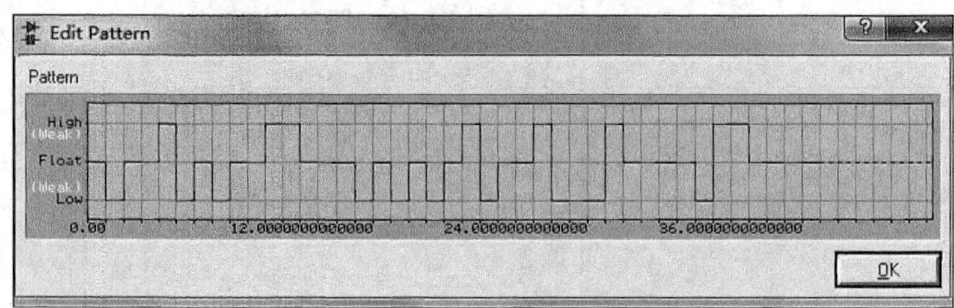

图 7-36　Edit pattern 对话框

3. Dpattern 激励源的应用

1) 生成 clock 信号

利用 Dpattern 激励源产生 clock 信号，原理图和相关参数如图 7-37 所示(配套电子资源实例 chap7 中的 Dpattern. pdsprj)。

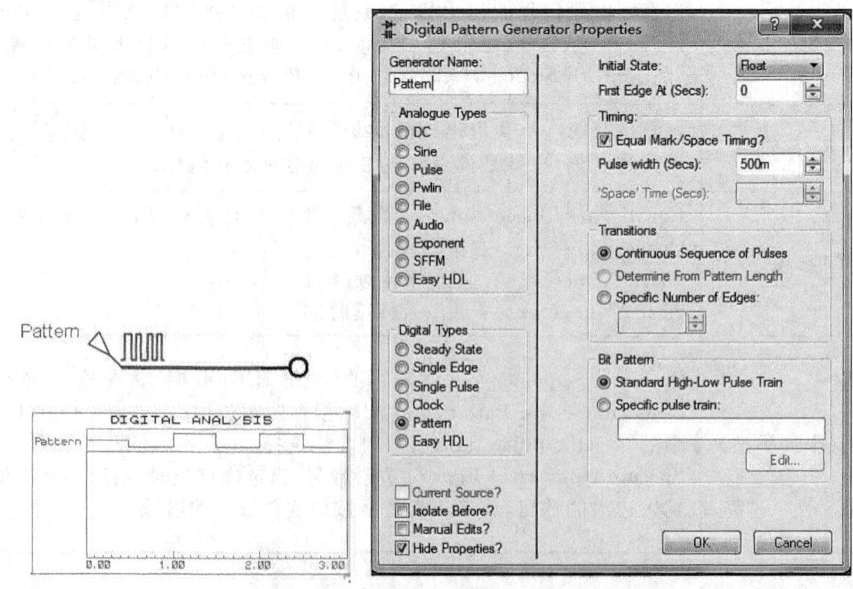

图 7-37　Dpattern 激励源产生 clock 信号

2）生成任意脉冲

利用 Specific Pulse Train 的文本属性，在文本框中输入任意的信号字符串。例如，输入 110fLhlF0HL，如图 7-38 所示。

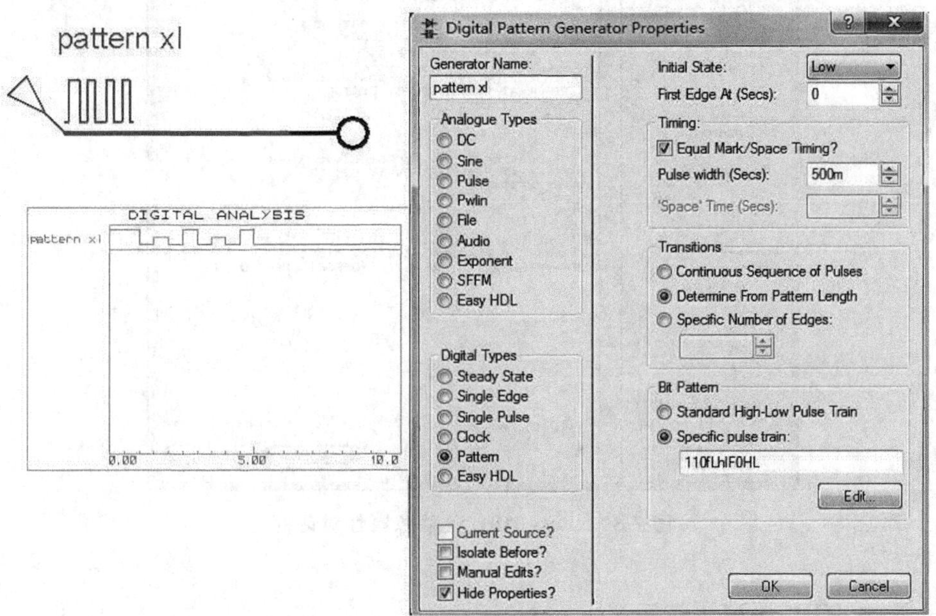

图 7-38　利用字符串产生数字脉冲序列

3）产生数字脉冲

利用 Edit Pattern 生成数字脉冲序列，如图 7-36 所示。

7.1.15　脚本激励源

1. 脚本激励源的功能

PROSPICE 支持一种可编程语言编写脚本程序产生复杂的测试信号。Proteus 中称为 Easy HDL 语言，学习和使用 Easy HDL 语言比通用硬件描述语言（如 Verilog 或 VHDL）要简单得多。Easy HDL 可以用来生成模拟和数字两种波形，可以在仿真过程中调试脚本，以验证电路设计的正确性。也可以用在原理图仿真中产生复合的信号源。

2. Easy HDL 激励源属性对话框

Easy HDL 激励源属性对话框如图 7-39 所示。

Assigned Script：指定脚本。

Local Script：局部脚本编辑器，在下面的文本框中输入脚本。

Debug this generator：勾选该项，表示在仿真中调试该脚本。

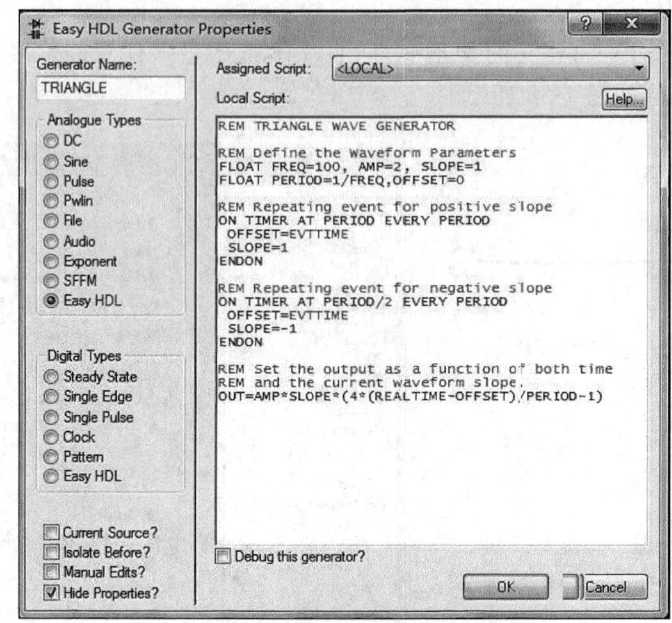

图 7-39 Easy HDL 激励源属性对话框

3. Easy HDL 语言语法定义

Easy HDL 是基于 BASIC 编程语言的脚本语言，但增加了其在指定的测试向量的应用程序中的附加功能。Easy HDL 脚本可以在局部使用，也可以放置在原理图中被多次调用，形成复杂的测试向量。

1) 用局部 Easy HDL 脚本创建一个脚本激励源的方法

第 1 步：打开脚本 Easy HDL 的属性对话框。

第 2 步：根据功能选择信号类型，即模拟信号或者数字信号。

第 3 步：在局部脚本编辑器中编写脚本。

2) 在原理图上用 Text Script 创建 Easy HDL 脚本

选择 Text Script Mode ≣，在原理图编辑区单击放置一个脚本对象，此时自动打开脚本属性对话框，如图 7-40 所示。在文本字段中输入新的脚本文本，还可以通过 Style 属性修改字体格式。单击 OK 按钮，保存新的脚本并退出，单击 Cancel 按钮取消脚本并退出。

用 Text script Mode 编写脚本时要注意以下几点。

(1) 第 1 行必须是

```
* SCRIPT GENERATOR script_name
```

关键字 SCRIPT 表示文本脚本将被包含在网络表中。关键字 GENERATOR 表明 PROSPICE 的脚本类型。script_name 是脚本的名称，可以是系统默认的脚本名称，也可以是由任意的字母、数字、下画线和空格等字符组成的脚本名称。

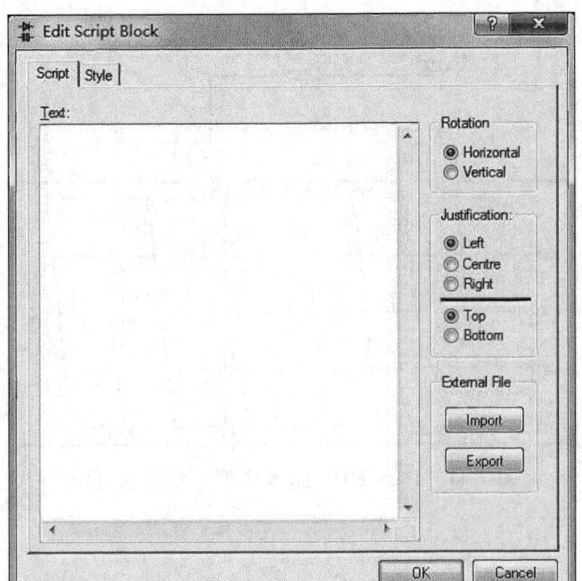

图 7-40 脚本属性对话框

(2) 最后 1 条语句必须是

```
* ENDSCRIPT
```

这表明网络表在 PROSPICE 的装载脚本已将结束。

(3) 在 * SCRIPT… * ENDSCRIPT 之间输入 Easy HDL 脚本,在脚本中必须定义脚本激励源的 NODE(节点)或 PIN(引脚)变量。

(4) 保存脚本,退出。

3) 脚本激励源与原理图中的 Text Script 的连接

放置激励源并选择激励源的信号模型(模拟或者数字),在 Easy HDL 中定义与 Text Script 中 NODE 和 PIN 相同的参数,且激励源的名称必须与 script_name 相同。

4) 在仿真中调试激励源脚本

第 1 步:勾选脚本激励源的 ☑ Debug this generator? ,表示允许调试。

第 2 步:设置断点,在源程序窗口中双击设置断点的行,单击仿真按钮进行仿真。

第 3 步:当仿真执行到断点处时暂停仿真,这时可以单步执行脚本,通过变量观察窗口查看变量值。

4. Easy HDL 应用

1) 产生三角波

用 Easy HDL 脚本编写一个模拟三角波信号源,如图 7-41 所示(配套电子资源实例 chap7 中的 Triangle Wave. pdsprj)。

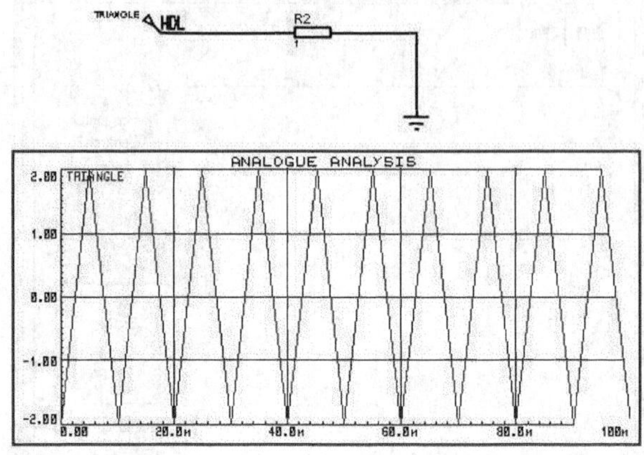

图 7-41　Easy HDL 脚本实现三角波信号源

Easy HDL 的脚本如下。

```
REM TRIANGLE WAVE GENERATOR
REM Define the Waveform Parameters
FLOAT FREQ=100, AMP=2, SLOPE=1
FLOAT PERIOD=1/FREQ,OFFSET=0
REM Repeating event for positive slope
ON TIMER AT PERIOD EVERY PERIOD
  OFFSET=EVTTIME
  SLOPE=1
ENDON
REM Repeating event for negative slope
ON TIMER AT PERIOD/2 EVERY PERIOD
  OFFSET=EVTTIME
  SLOPE=-1
ENDON
REM Set the output as a function of both time
REM and the current waveform slope
OUT=AMP * SLOPE * (4 * (REALTIME-OFFSET)/PERIOD-1)
```

2）产生正弦波

用 Text Script Mode 编写 Easy HDL 脚本，在 HDL 激励源中调用该脚本产生正弦波信号，如图 7-42 所示(配套电子资源实例 chap7 中的 Sine Wave. pdsprj)。Text Script Mode 和 Easy HDL 属性对话框如图 7-43 所示。

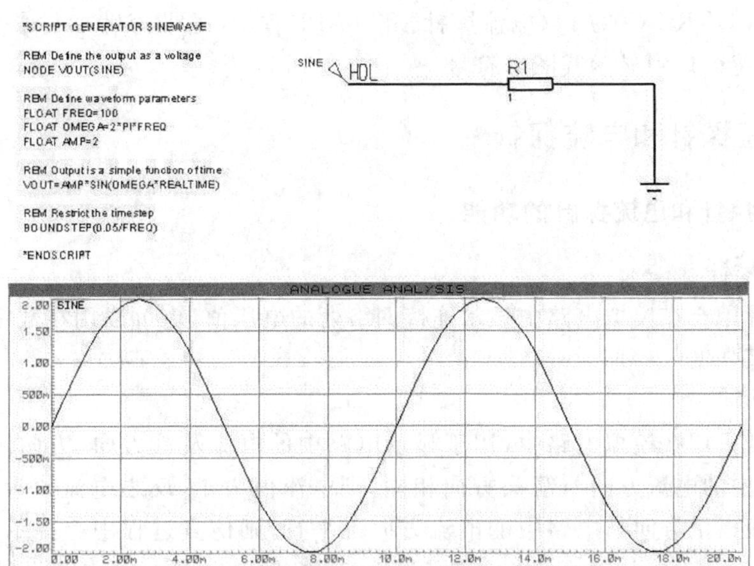

图 7-42　用 Text Script Mode 和 Easy HDL 产生正弦波信号

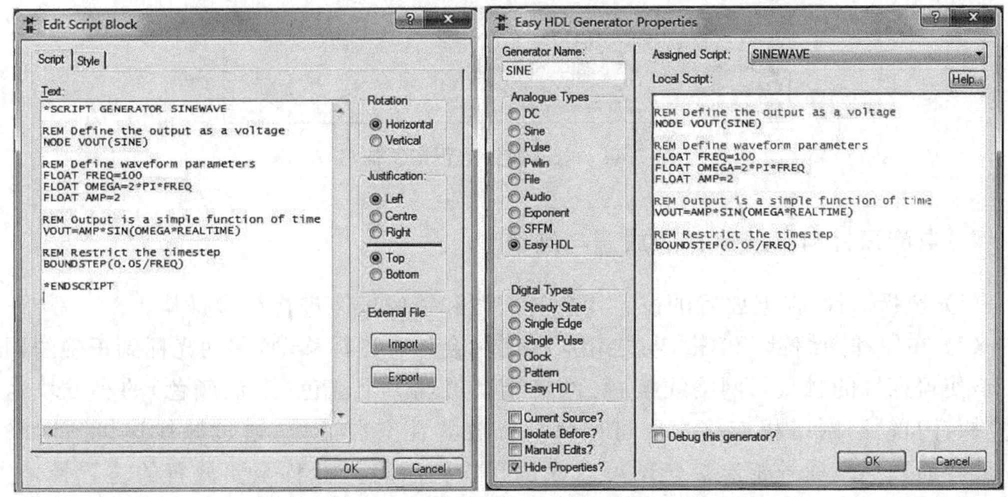

图 7-43　Text script Mode 和 EasyHDL 属性

7.2　探　　针

探针主要用于记录所连接网络的状态，Schematic Capture 平台提供了电压探针(Vlotage Probes)、电流探针(Current Probes)和磁带探针(Tape)3 种探针。电压和电流探针主要用于基于图表的仿真中，作为产生图表的轨迹信号，也可以用于交互式仿真中显示连接处的电压值或者电流值。磁带探针主要用于记录电路信息，并在下一个电路输入回放。

单击模式工具栏中的 Probe Mode 按钮，则在对象选择器中显示 VOLTAGE

(电压探针)、CURRENT ⊖↗(电流探针)和 TAPE (磁带探针)3 个探针,单击相应的探针,则预览窗口中显示其图形符号。

7.2.1 电压探针和电流探针

1. 电压探针和电流探针的功能

1) 电压探针

电压探针用于在模拟电路中显示连接网络处的电压值,也可以用在数字电路中显示逻辑电平及其强度。

2) 电流探针

电流探针只用在模拟电路中,用于显示电路中的电流及其方向(方向用箭头⊖↗表示,如果电路中的电流方向与箭头方向相同,则电流值为正,反之电流值为负)。如果电流探针的电流指示方向与电路中的电流方向不平行,则仿真过程中会提示 Probe object '电流探针名' is ambiguously placed 的错误信息,如图 7-44 所示。电流探针不能用于数字电路或者总线上。

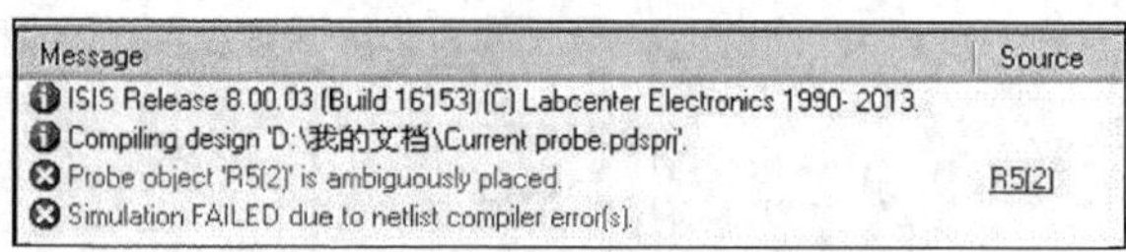

图 7-44 电流探针放置错误信息

2. 电流探针和电压探针的放置与连线

(1) 选择探针,根据放置的位置用旋转按钮和镜像按钮进行相应操作。

(2) 在原理图编辑区单击,与之相应的图标会随着光标移动,移动光标到正确的网络线上,使得探针的触点与网络线接触(网络线上出现一个红色(默认颜色)的小方块),单击则探针自动与网络相连接。也可以将探针放置在空白区域,通过导线连接到网络线上,或者通过网络标号相连接。还可以在选择探针后将光标移至要放置的位置处,光标变形状时,单击放置探针。具体操作过程如图 7-45 所示。

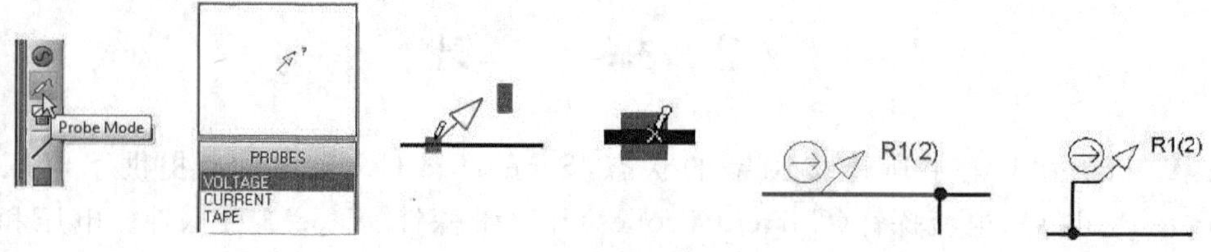

图 7-45 探针的连接方式

3. 电压探针和电流探针的属性

双击电压探针或者电流探针图标,打开探针属性对话框,下面分别介绍。

1）电压探针属性

电压探针属性对话框如图 7-46 所示，属性参数如表 7-4 所示。

表 7-4 电压探针属性参数

参数	描述
Probe Name(探针名称)	如果探针没有放置在连线上，Schematic Capture 自动分配给它的名称为"?"，表示此探针没有标注[15]。当探针与相应的网络连接后，系统自动分配网络名或元器件的编号或引脚名称作为探针名称。当探针移到别的网络时，探针名会自动更新。当然，也可以自己编辑探针名称，此时移动探针没有自动更新功能
Resistive Loading（负载电阻参数）	Load To Ground：是否含有负载电阻，如果勾选该项，表示含有负载电阻，则下面的 Load(Ohms)可操作。否则表示不含有负载电阻。 Load(Ohms)：输入负载电阻，单位为 Ω。还可以设置其隐藏属性，其属性表示为 Load=电阻值(Load 为其 name 属性，电阻值为其 Value 属性)。 右侧的下拉列表包含以下几项： Show all：表示 name 属性和 Value 属性都显示。 Hide name：表示显示 Value 属性，隐藏 name 属性。 Hide Value：表示显示 name 属性，隐藏 Value 属性。 Hide All：表示 name 属性和 Value 属性都隐藏。 这种方式适用于当探针连接没有到地的直流通路时，需要设置一个对地的负载电阻，以便构成回路
Waveform Recording 记录测量数据	Record To File：是否要记录数据，如果勾选表示记录。反之不记录，则下面的 Filename 参数不可操作。 Filename 记录数据的文件名。把记录的数据保存在文件中，作为 Tape Generator 的回放信号。即可以对一个电路创建测试波形，在另一个电路中回放进行测试
Real Time Breakpoint（实时断点）	Disabled：禁止。 Digital：数字的。 Analog：模拟的。 Trigger Value：触发值。 Arm at Time：从某个时刻后开始。 Isolate after：用于控制是否在连接点处把电路隔开

2）电流探针属性

电流探针属性对话框如图 7-47 所示。其参数与电压探针的参数含义相同。

图 7-46 电压探针属性对话框

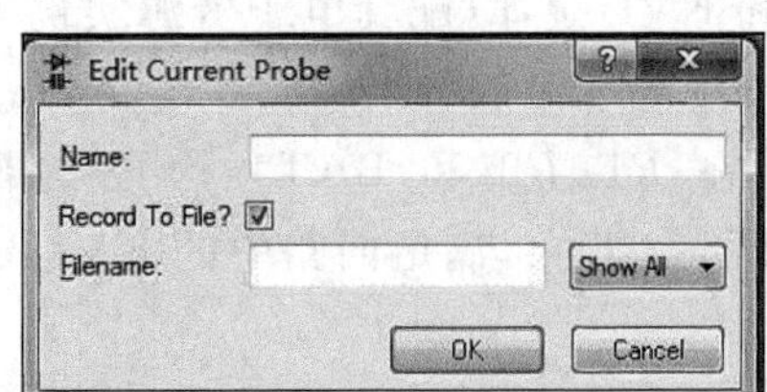

图 7-47 电流探针

7.2.2 电压探针与电流探针的应用

1）利用电压探针测试数字电路中的电平

在理想的数字逻辑状态中，只有 High 和 Low 两种状态，但在实际的 DSIM 模型中，总计有 9 种不同的逻辑状态，具体如表 7-5 所示。

表 7-5 9 种不同的逻辑状态

逻辑状态	关键字	描述
Power High(电源高逻辑状态)	PHI	Logic 1 Power Rail(电源高逻辑状态)
Strong High(强高逻辑状态)	SHI	Logic 1 Active Output(主动输出高逻辑状态)
Weak High(弱高逻辑状态)	WHI	Logic 1 Passive Output(被动输出高逻辑状态)
Floating(悬空逻辑状态)	FLT	Floating Output /High Impedance(悬空输出/高阻态)
Undefined(未定义逻辑状态)	WUD	Mid Voltage from Analogue Source(与模拟电压混联)
Contention (竞争逻辑状态)	CON	Mid Voltage from Digital Conflict(与数字电压冲突)
Weak Low(弱电低逻辑状态)	WLO	Logic 0 Passive Output(主动输出低逻辑)
Strong Low (强电低逻辑状态)	SLO	Logic 0 Active Output(被动输出低逻辑)
Power Low(电源低逻辑状态)	PLO	Logic 0 Power Rail(电源低逻辑)

按照图 7-48 所示的电路图连接电路并添加电压探针，单击仿真▶按钮，电压探针显示电路的输出电平高低(配套电子资源实例 chap7 中的 74ls393. pdsprj)。

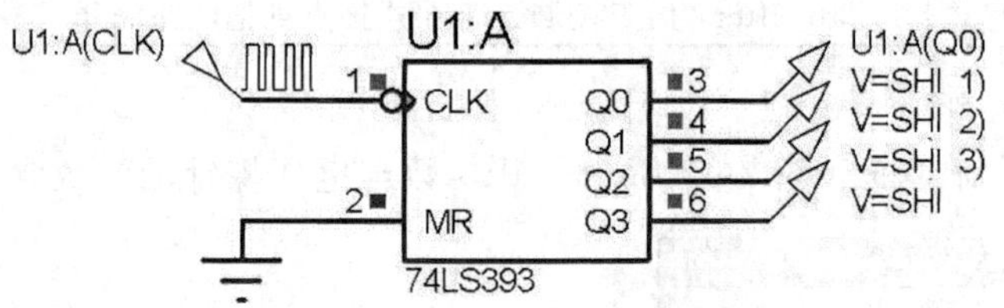

图 7-48 电压探针测试电平

2）验证电路中的 KCL、KVL 定律

按照图 7-49 所示的电路图连接电路，并放置电压探针和电流探针，启动仿真验证 KCL 和 KVL 定律(配套电子资源实例 chap7 中的 KCL KVL. pdsprj)。

由图 7-49 可以看出，$I_{R1}=2.4\text{A}$，$I_{R3}=1.6\text{A}$，$I_{R2}=0.8\text{A}$，即 $I_{R1}=I_{R2}+I_{R3}$，满足 KCL 定律。在 $R1$、$R2$ 和 BAT1 构成的回路中，$U_{R1}=12\text{V}$，$U_{R2}=8\text{V}$，$U_{\text{BAT1}}=20\text{V}$，$U_{R1}+U_{R2}=U_{\text{BAT1}}$，满足回路中的 KVL 定律。

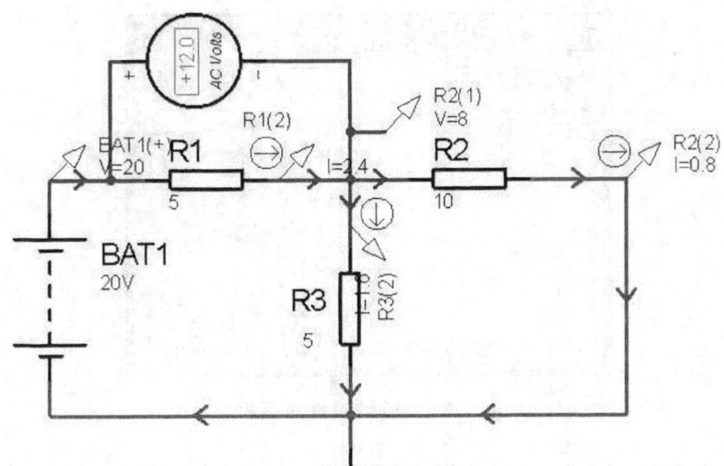

图 7-49 测试 KCL、KVL 定律的电路图

7.2.3 磁带探针

1. 磁带功能

磁带探针主要用于电路分割仿真，其在原理图中有以下 2 个不同的功能。

(1) 如果一个仿真电路被分成前后级两部分，当进行仿真后级电路时，希望忽略前级电路，这时希望前级电路具有低阻抗输出，后级电路具有高阻抗输入。这样的分割点可以通过放置独立的磁带探针实现。

(2) 提供一种方式获得前一级电路的输出，并保存作为后一级电路的输入驱动。

2. 放置磁带探针

磁带探针的仿真与电压探针和电流探针一样，不同的是，磁带探针中有一个小三角形▷，表示探针的方向，在正常的方向下（不进行旋转、镜像操作），输入在磁带的左边，输出在右边，如图 7-50 所示。

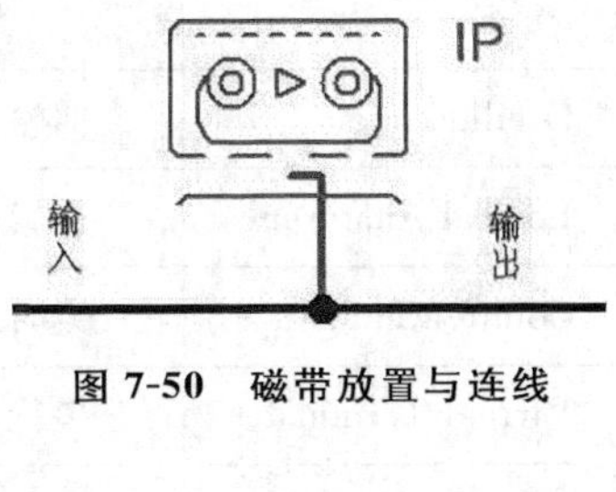

IP
输入
输出

图 7-50 磁带放置与连线

3. 磁带属性以及主要参数

双击磁带图标，打开其属性对话框，如图 7-51 所示，主要参数如下。

Name：磁带探针名称，如果探针没有放置在连线上，Schematic Capture 自动分配给它的名称为“?”，表示此探针没有标注。当探针与相应的网络连接后，系统自动分配网络名、元器件的编号或者引脚名称作为探针名称，当探针移到别的网络时，探针的名称会自动更新。当然，也可以自己编辑探针名称，此时移动探针没有自动更新功能。在下面的讨论中采用 input → output，left → right 的逻辑关系。

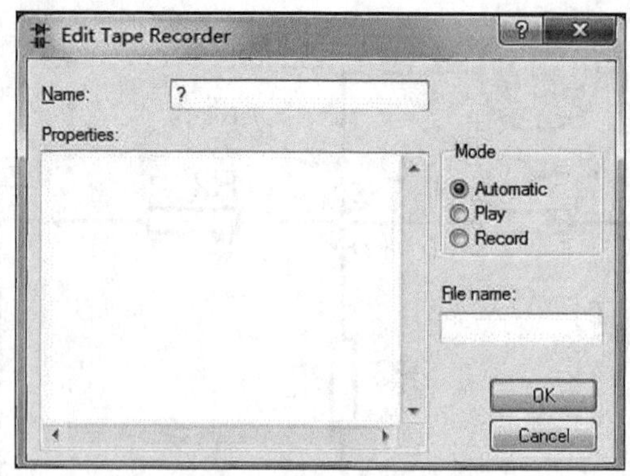

图 7-51 磁带属性对话框

Mode：磁带探针工作模式，系统提供了 Automatic、Play 和 Record 3 种模式，通过模式设置可以使使用者最大限度地控制 Tape 探针。3 种模式的功能如下。

(1) Automatic：自动播放模式，这是 Tape 的默认模式，这是最有用的一种模式。

(2) Play：播放模式，这种模式允许播放以前录制的文件，播放的文件要输入到 File name 文本框中。当 Tape 探针工作在播放模式下，其左侧的电路一般情况下视为断路或者被忽略，但是如果当前的图表中的探针包含在左侧电路中，此时该部分不能忽略。

(3) Record：录音模式，这种模式是将电路的数据复制到 File name 指定的文件中。如果没有输入文件名，运行仿真时会提示出错误。

7.3 Proteus VSM 虚拟仪器

Proteus VSM 包含多种虚拟仪器，单击模式工具栏中的 (Virtual Instrument Mode)按钮，对象选择器里显示了系统提供的 13 种虚拟仪器，如表 7-6 所示。

表 7-6 13 种虚拟仪器

名　称	功　能	名　称	功　能
Oscilloscope	四输入的示波器	Signal Generator	信号发生器
Logical Analyser	逻辑分析仪	Pattern Generator	模式发生器
Counter Timer	定时器/计数器	DC Voltmeter	直流电压表
Virtual Terminal	串行口虚拟终端	AC Voltmeter	交流电压表
SPI Debugger	SPI 调试器	DC Ammeter	直流电流表
I²C Debugger	I²C 调试器	AC Ammeter	交流电流表
Wattmeter	功率计		

虚拟仪器的放置有 2 种方式。

(1) 在 Virtual Instrument Mode 模式下,从对象选择器中选择合适的虚拟仪器,通过旋转工具进行旋转。光标移至编辑区变成白色铅笔,单击,虚拟仪器的图形就会随着光标移动,单击放置激励源。再次单击可以多次放置元器件。

(2) 也可以在编辑区空白处右击,在弹出的快捷菜单中选择 Place→Virtual Instrument 命令,列出所有的虚拟仪器,单击所需的激励源,这时激励源的图形随着光标移动,单击即可放置。

下面分别介绍每个虚拟仪器的功能。

7.3.1 示波器

1. 示波器的功能及电路图符号

Proteus VSM 示波器是一个四通道的示波器,可以分别工作在单模式(分别对 4 个通道波形测试),也可以工作在 X-Y 模式、A+B 和 C+D 模式。原理图符号如图 7-52 所示。

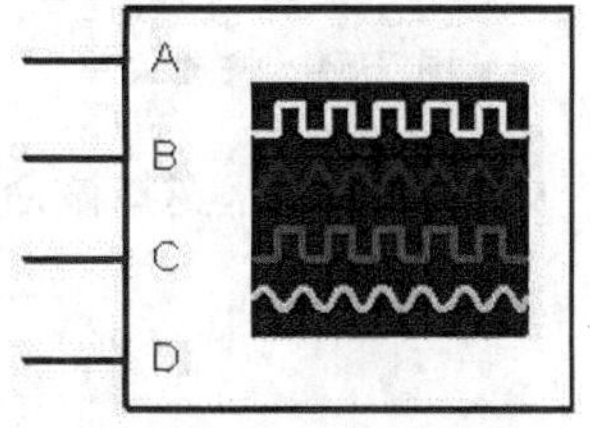

图 7-52 示波器符号

2. 示波器虚拟仿真窗口

单击交互式仿真按钮中的 Play 按钮,弹出示波器虚拟仿真窗口,也可以选择 Debug→Digital Oscilloscope 命令。虚拟仿真窗口如图 7-53 所示,主要由波形显示区、触发区、水平位置设置区和 4 个通道参数设置区 4 部分组成。

触发方式选择区

波形显示区

水平位置设置

4个通道参数设置区

图 7-53 示波器窗口

1) 波形显示区

主要用来显示四个通道的波形。默认A通道波形为黄色,B通道波形为蓝色,C通道波形为红色,D通道波形为绿色。可以对其波形颜色和背景色等参数进行修改,在示波器虚拟仿真窗口的任何位置右击,弹出快捷菜单,如图7-54所示,其中:

Delete Cursor:删除当前指针坐标。

Clear All Cursor:删除所有指针坐标。

Print:打印波形。选择该命令弹出选择打印机对话框(操作系统必须安装了打印机)。除了能打印波形外,还可以打印出各通道及示波器的相关信息,如图7-55所示。

Delete Cursor
Clear All Cursors
Print...
Setup...

图 7-54 快捷菜单

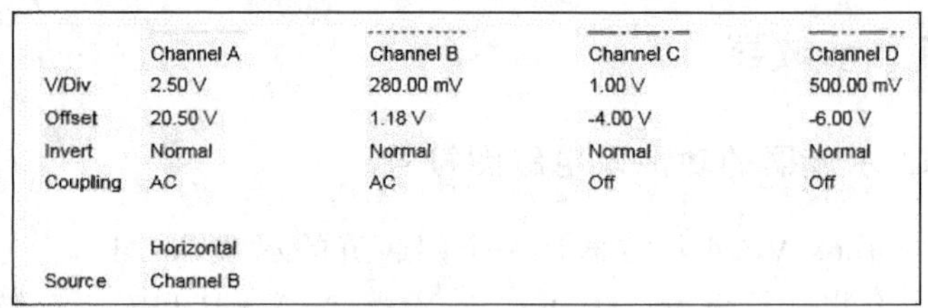

	Channel A	Channel B	Channel C	Channel D
V/Div	2.50 V	280.00 mV	1.00 V	500.00 mV
Offset	20.50 V	1.18 V	-4.00 V	-6.00 V
Invert	Normal	Normal	Normal	Normal
Coupling	AC	AC	Off	Off
	Horizontal			
Source	Channel B			

图 7-55 各通道及示波器的相关信息

Setup:设置,选择该命令弹出颜色设置对话框,如图7-56所示,其主要参数功能如下。

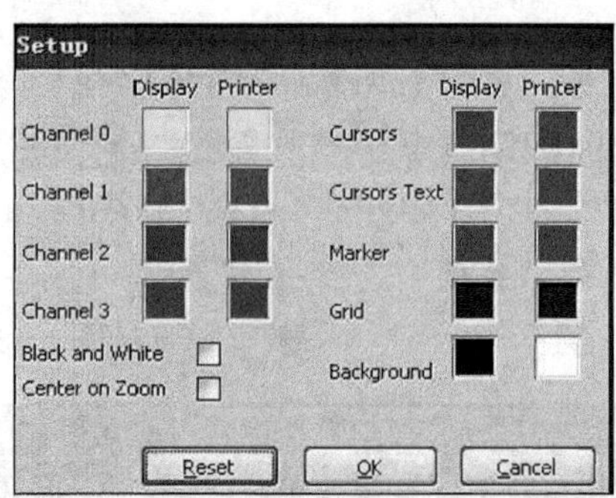

图 7-56 设置对话框

Channel 0至Channel 3:设置4个通道的显示(Display)和打印(Printer)颜色。单击相应的颜色框,弹出Windows颜色设置对话框,拾取颜色后单击“确定”按钮,退出Windows颜色设置对话框,完成颜色设置。

Cursors:指针坐标显示和打印颜色设置。

Cursors Text:坐标值显示和打印颜色设置。

Marker:标记线(零起点线)显示和打印颜色设置。

Grid:网格线显示和打印颜色设置。

Background:背景色显示和打印颜色设置。

Balck and White:勾选该项表示黑白色打印。

Center on Zoom :以光标为中心放大到整张图纸打印。

2) 触发区

触发区主要由Level旋钮、触发信号选择(Source)、触发耦合方式选择(AC和DC)、触发极性选择(■、■)和捕捉方式选择(Auto、One-shot)以及光标显示(Cursors)5部分组成,按照功能可以分为操作模式(Modes of Operation)、触发(Triggering)、输入耦合方式(Input Coupling)和测试(Taking Measurements)。

Level旋钮:触发电平调节电位器旋钮。用于选择输入信号波形的触发点。具体地说,就是调节开始扫描的时间,决定扫描在触发信号波形的哪一点上被触发。鼠标移至旋钮上,按住左键上下拖动就可以实现触发电平的改变。

Y轴触发耦合方式选择:触发信号到触发电路的耦合方式有多种,目的是为了触发信号的稳定、可靠。仿真窗口提供了的DC(直流触发)和AC(交流触发)两种方式。

直流耦合(DC)是不隔断触发信号的直流分量。当触发信号的频率较低或者触发信号的占空比很大时,使用直流耦合较好。

交流耦合(DC)又称电容耦合,它只允许用触发信号的交流分量触发,触发信号的直流分量被隔断。通常在不考虑DC分量时使用这种耦合方式,以形成稳定触发。但是如果触发信号的频率小于10Hz,会造成触发困难。

触发极性的选择:为了使扫描信号与被测信号同步,可以设定一些条件,将被测信号不断地与这些条件相比较,只有当被测信号满足这些条件时才启动扫描,从而使得扫描的频率与被测信号相同或存在整数倍的关系,也就是同步。称这些条件为触发条件。仿真窗口提供了■上升沿触发和■下降沿触发2种触发方式,通过单击实现触发条件的选择。

捕捉方式有2种:Auto ■自动捕捉,当鼠标单击小按钮使其成为红色时,表示该触发方式有效,自动捕捉方式适用于实时观察信号。One-Shot ■单次捕捉,捕捉完成以后显示区波形保持不变,因此这种方式适用于波形的测量。

Cursors:测量游标显示,单击该按钮,使其变成红色,将鼠标移到显示区,则出现测量游标,如果要测量某点的坐标值,则直接单击就会显示出该点的坐标值;如果要测量两点间的时间差,则单击起点,按住左键不放,水平拖到终点,释放鼠标,即可测量出两点间的时间差;如果要测量两点间的电压差,则单击起点,按住左键不放,垂直拖动到终点,释放鼠标,自动测出两点间的压差并显示。如图7-57所示。

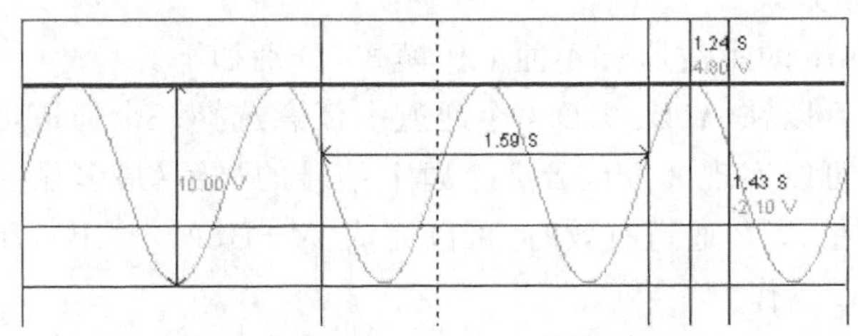

图7-57 坐标参数的测试

Source:■触发信号的选择,默认为A通道信号,通过单击滑块实现触发信号在A、B、C、D之间的选择。正确选择触发信号对波形显示的稳定、清晰有很大关系。

3) Horizontal水平位置设置

■:*X*轴参数设置,默认为时间轴。也可以是A、B、C、D 4个通道的信号源,主要用于形成 X-Y 模式。

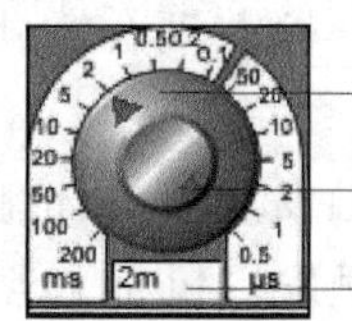

图 7-58 时基控制旋钮

Position：垂直坐标轴选择(Y 轴)，鼠标移至滚轮上，按住左键左右拖动就可以实现 Y 轴位置的改变。X 轴和 Y 轴交叉处坐标为(0,0)。

时基控制按钮，如图 7-58 所示。其范围为 200ms/div～0.5μs/div，以 2.5 倍增益精确设置。通过调节粗调旋钮或者细调旋钮改变每格扫描的时间基数，并自动将每格所代表的时间在下面的文本框中显示出来，也可以直接在文本框中输入时间值。通过时基可以算出信号的频率和周期。如果时基参数设置不合适，不会得到正确的波形。

4）通道参数设置

该示波器提供了 A、B、C、D 4 个通道，各通道的参数相同，这里以 A 通道为例。

Position：通道在垂直方向的位置选择，鼠标移至滚轮上，按住左键上下拖动就可以实现垂直位置的改变。

耦合方式：有直流(DC)耦合和交流(AC)耦合。

GND：输入端接地，在测量前，将输入信号接地，可以将输入信号和基准线对准。

Off：关闭信号。

Invert：将输入信号反向操作。

A+B 按钮：结合 Invert 按钮可以实现 A＋B、A－B、B－A 操作，同理可以完成 C＋D、C－D、D－C 操作。

5）Y 轴增益调整旋钮

Y 轴增益调整旋钮如图 7-59 所示，用来调整 Y 轴每格代表的电压值。其增益范围为 20v/div～2mv/div，以 2.5 倍增益精确设置。通过调节粗调旋钮或者细调旋钮改变每格所代表的电压值，并自动将每格所代表的电压值在下面的文本框中显示出来，也可以直接在文本框中输入电压值。通过该值可以算出波形的幅值、峰值和 RMS(有效值)。

粗调旋钮
细调旋钮
电压显示

图 7-59 Y 轴增益调节旋钮

6）示波器的工作方式

Schematic Capture 的示波器有 4 种工作模式，分别如下。

(1) 单踪方式：可以在 A、B、C、D 4 个通道中任意选择一个通道信号显示。

(2) 多踪方式：可以实现 2 个或者 2 个以上信号的显示(最多显示 4 个通道)。

(3) 叠加方式：在 A、B 通道有效时，可以完成 A＋B、A－B、B－A 操作，同理可以完成 C＋D、C－D、D－C 操作。

(4) X-Y 模式：在水平源中选择 4 个通道的一个信号作为 X 轴信号，另一个输入通道作为输入信号，可以实现 X-Y 模式。

3. 示波器的应用

利用 X-Y 模式产生李沙育波形(配套电子资源实例 chap7 中的 lishayu.pdsprj)。

原理图、示波器参数如图 7-60(a)和(b)所示，测量参数设置如表 7-7 所示，波形如

图 7-61 所示。

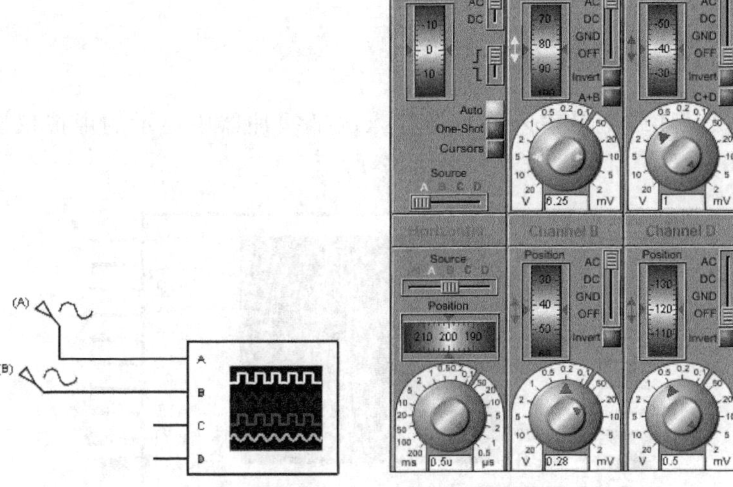

(a) 原理图　　(b) 示波器面板参数设置

图 7-60　示波器的应用

表 7-7　测量参数设置

$f_A : f_B$	f_A/Hz	f_B/Hz	波　形
1 : 2	100	200	图 7-61(a)
1 : 3	100	300	图 7-61(b)
2 : 3	200	300	图 7-61(c)
3 : 2	300	200	图 7-61(d)
3 : 4	300	400	图 7-61(e)
2 : 1	200	100	图 7-61(f)

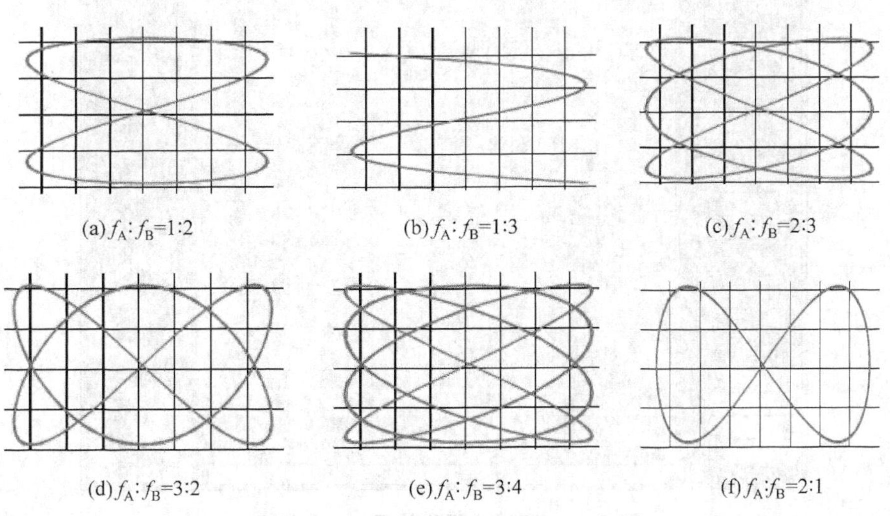

(a) $f_A:f_B$=1:2　(b) $f_A:f_B$=1:3　(c) $f_A:f_B$=2:3

(d) $f_A:f_B$=3:2　(e) $f_A:f_B$=3:4　(f) $f_A:f_B$=2:1

图 7-61　李沙育波形

7.3.2 逻辑分析仪

1. 逻辑分析仪的主要功能

逻辑分析仪是连续记录输入信号并存入内部缓冲器中显示的虚拟仪器。Schematic Capture 的逻辑分析仪原理图符号如图 7-62 所示。

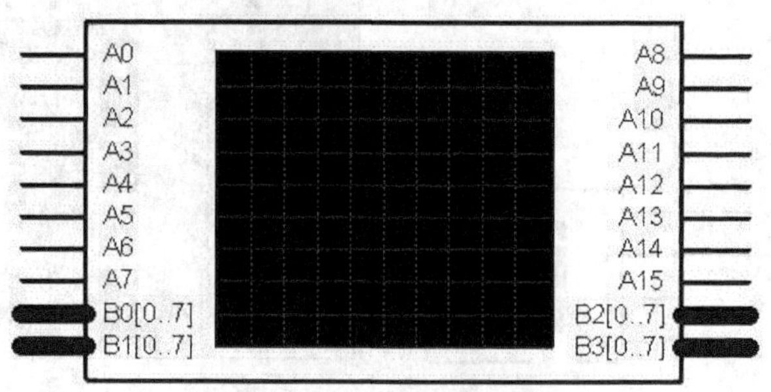

图 7-62 逻辑分析仪原理图符号

从图中可以看出,逻辑分析仪有 A0～A15 共 16 位数字信号输入端口和 B0～B3 共 4 个 8 位数据总线输入端口。

2. 逻辑分析仪仿真虚拟窗口

单击交互式仿真按钮中的 Play 按钮,或者放置逻辑分析仪后按 Pause 键,都会弹出逻辑分析虚拟仿真窗口(如果没有弹出该窗口,可以选择 Debug→VSM Logical Analyser 命令),如图 7-63 所示。

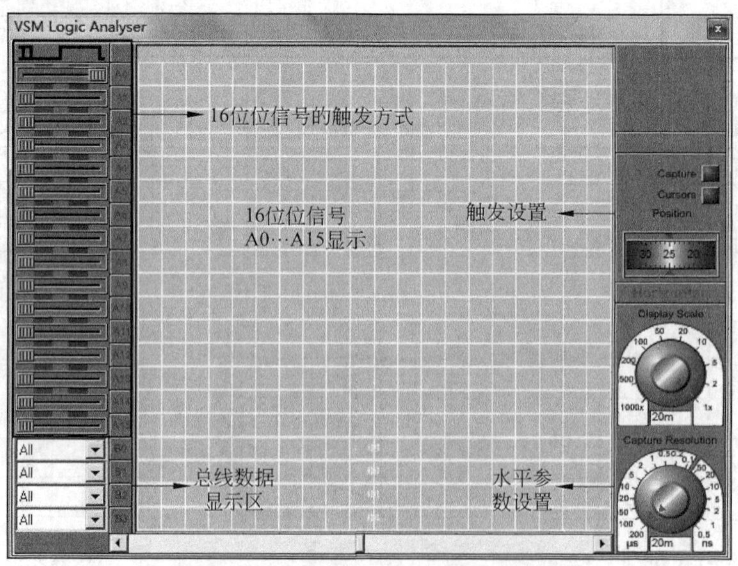

图 7-63 逻辑分析仪的虚拟仿真窗口

1）显示区

显示区位于逻辑分析仪仿真窗口的中间栅格区域，主要用于48位数据的显示，包括两个区，分别为16位数据显示区和B0～B3总线数据显示区。

位显示区为A0～A15，总计16位，每一位有自己独立的触发方式。

总线显示区为B0～B3，共4个8位总线，单击每个总线的下拉按钮，可以设置显示全部数据或者显示某地址单元数据，8位总线可以形成256个地址，分别为00H～FFH，默认为ALL（显示全部数据）。在显示区右击，弹出的快捷菜单和示波器波形显示区快捷菜单一样，如图7-64所示，参数功能如下。

Delete Cursor：删除当前坐标。

Clear All Cursor：删除所有坐标。

Print：打印。

Setup：颜色设置，选择该命令弹出颜色设置对话框，如图7-65所示，可以对16位通道和4个总线通道的显示和打印颜色参数进行设置。

Delete Cursor
Clear All Cursors
Print...
Setup...

图7-64 显示区快捷菜单

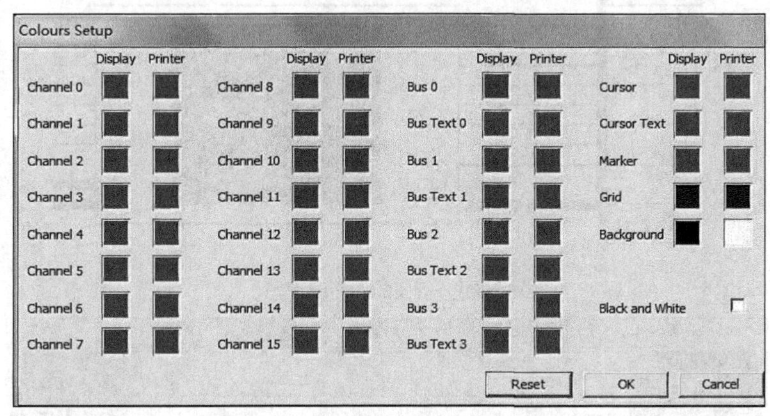

图7-65 逻辑分析仪颜色设置

2）Trigger（触发设置）

16位触发方式：每个通道的左侧都有一个触发方式选择图标，单击触发按钮，按钮会移动，主要触发方式从左到右有Any（任意电平触发，默认方式）、Low（低电平触发）、Low-High（上升沿触发）、High（高电平触发）和High-Low（下降沿触发）。

Capture：捕捉，单击Capture按钮，开始按捕捉频率进行采样，此时捕捉按钮为粉红色，表示逻辑分析仪正在等待触发条件，当满足触发条件时，开始连续捕捉输入的数据，捕捉按钮会变成绿色，此时数据采集将继续下去，直到捕捉缓冲区已满（逻辑分析仪有40000×52b缓冲区），则完成数据的捕捉，这时捕捉按钮将变成灰色，捕捉的数据随后将出现在显示屏上，整个数据采样和数据显示完成。

Cursors：光标显示，除了测量某一点的参数外，还可以测量水平两点间的差值。

Position：水平位置移动，鼠标放到滚轮上，按住左键左右移动。

3）Horizontal（水平参数设置）

Display Scale：水平显示分辨率。由于捕捉缓冲区拥有10 000个样本，显示只有400像素宽，意味着需要捕捉缓冲区内的平移和缩放。显示刻度盘的数量决定了水平像素显示的分辨率,而显示区内的滚动条也允许左右平移观察显示的数据。

Capture Resolution:采样捕捉频率设计。当单击捕捉按钮后,没有波形显示,此时可以再次调整捕捉频率,重新单击捕捉按钮开始捕捉。

3. 逻辑分析仪的应用

按照图 7-66(a)所示连接原理图(配套电子资源实例 chap7 中的 logical analyser. pdsprj)。其中 Clock 激励源的频率没有特殊要求,如果要使总线的数据显示有规律,可以根据情况设置 Clock 激励源的频率。另外,Clock 激励源的名称可以通过 PAT 属性修改,关键字为:NAME=网络名。启动仿真按钮,在逻辑分析仪虚拟仿真窗口中设置捕捉率和水平显示分辨率,单击 Capture 按钮启动数据的捕捉,最后仿真结果如图 7-66(b)所示。单击 Cursors 按钮可以对显示的数据进行测量。总线数据以十六进制数显示。

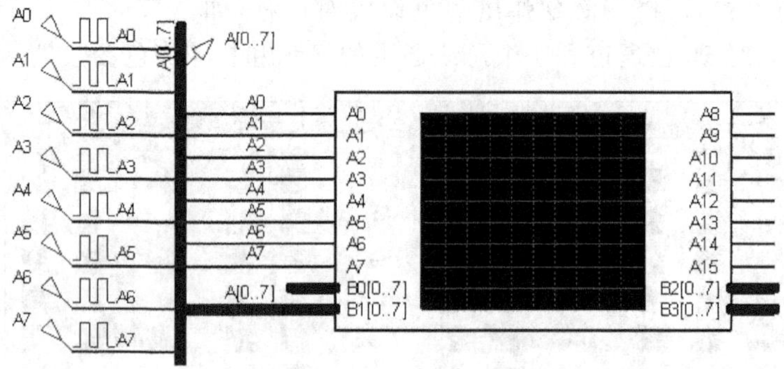

(a) 逻辑分析仪的应用原理图

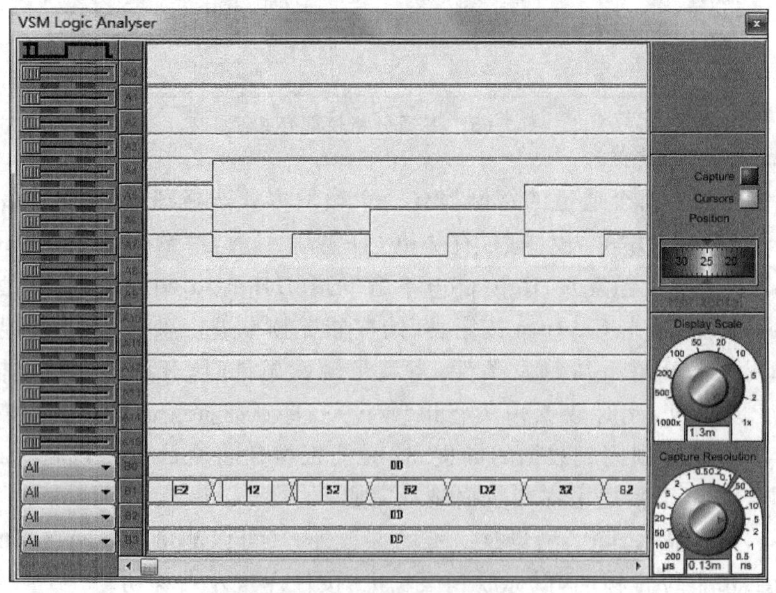

(b) 逻辑分析捕捉并显示数据

图 7-66 逻辑分析仪的应用

7.3.3 计数器/定时器

1. 计数器/定时器功能

计数器/定时器是一种多用途的数字式仪表，可以用来测量时间间隔、信号频率和脉冲计数。计数器/定时器原理图符号如图7-67所示。测量的数值既可以直接显示在原理图符号中，也可以显示在虚拟仿真图面板中。在原理图符号中，有CLK、CE和RST三个引脚，各个引脚功能如下。

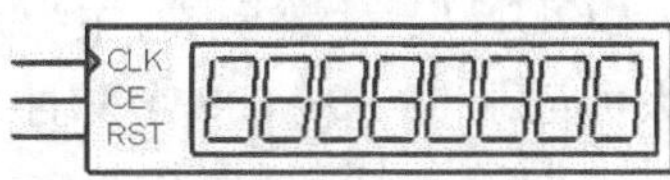

图 7-67 计数器/定时器原理图

CLK：计数和测频模式下被测信号的输入端。

CE(Clock Enable)：使能端。如果在计数器/定时器的属性中设置CE信号有效，则在使能信号有效时开始计数；当使能信号无效时暂停计数，保持目前计数值不变；一旦CE有效，又开始接着计数。当不需要CE信号时，此引脚悬空。

RST(Reset)：复位端，如果在计数器/定时器的属性中设置RST信号有效，则在有效的复位信号到来时，计数值被清零。系统还提供了手动复位。

2. 计数器/定时器属性对话框

双击计数器/定时器原理图符号，弹出其属性对话框，如图7-68所示，主要参数如下。

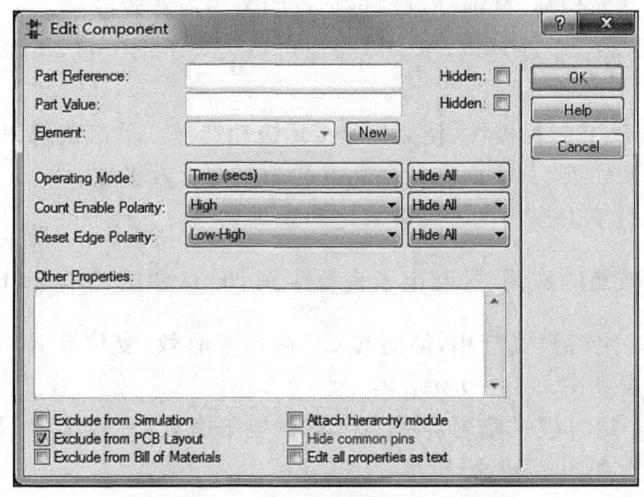

图 7-68 定时器/计数器属性对话框

(1) Operating Mode：工作模式选择，计数器/定时器有4种工作模式。

Default：默认模式，计数器模式。

Time(secs)：定时模式，相当于秒表，取值范围为0～99.999s，精确到1μs，即小数点后面3位有效数字。在此模式下，CLK无须输入信号，内部自动计时。由CE信号控制定时/暂停，RST信号控制复位。

Time(hms)：定时模式，相当于一个时、分、秒的时钟，最多计1个小时，精确到1ms

(即最低3位用于毫秒显示,以50ms为间隔进行)。在此模式下,CLK无须加输入信号,内部自动计时。由CE信号控制定时/暂停,RST信号控制复位。

Frequency:频率模式,主要测试CLK端信号的频率(CE和RST有效),并显示其频率值,单位为Hz,一般适用于频率小于10kHz的信号,大于10kHz的信号选择示波器进行测量。

COUNT:计数模式,主要对CLK信号脉冲计数,每来一个CLK,计数值自动加1,最大可记录99 999 999个脉冲,计满后自动清零。

(2) Count Enable Polarity:CE使能极性设置,有High(高电平有效,默认方式)和Low(低电平有效)两种使能方式。

(3) Reset Edge Polarity:RST复位边沿极性设置。系统提供Low-High(上升沿,默认方式)和High-Low(下降沿)两种复位方式。

3. 定时器/计数器虚拟仿真窗口

单击交互式仿真按钮中的Play按钮或者Pause按钮都会弹出定时器/计数器虚拟仿真窗口(如果没有弹出该窗口,选择Debug→VSM Counter Timer,或者启动仿真后在定时器/计数器原理图符号上单击),如图7-69所示,面板参数如下。

(1) 显示面板:主要用于定时、测频、脉冲计数等数值的显示。

(2) Reset Polarity:手动改变复位极性选择。单击此按钮,可以在上升沿复位和下降沿复位两种方式之间切换,其前面有绿色亮点的为当前有效极性。

(3) Manual Reset:手动复位,单击该按钮可以实现手动复位,不需要任何外界的复位信号。

(4) Gate Polarity:门控极性,使能信号CE极性选择。单击该按钮可以在低电平有效和高电平有效之间切换,其前面有绿色亮点的为当前有效极性。

(5) Mode:通过单击按钮在4种模式之间手动切换。

4. 定时器/计数器的应用(配套电子资源实例chap7中的Counter timer.pdsprj)

(1) Time(secs)定时模式应用,使能端CE高电平有效,复位端RST为上升沿有效。原理图以及运行情况如图7-69(a)所示。

(2) Time(hms)定时模式应用,使能端CE低电平有效,复位端RST为下降沿有效。原理图以及运行情况如图7-69(b)所示。

(3) Frequency模式应用。设Clock频率为100Hz,使能端CE为低电平有效,复位端RST为上升沿有效。原理图以及运行情况如图7-69(c)所示。

(4) Frequency模式应用。设Clock频率为100Hz,使能端CE为高电平有效,复位端RST为下降沿有效。原理图以及运行情况如图7-69(d)所示。

(5) Counter模式应用。设Clock频率为1Hz,使能端CE为低电平有效,复位端RST为上升沿有效。原理图以及运行情况如图7-69(e)所示。

(6) Counter模式应用。设Clock频率为1Hz,使能端CE为高电平有效,复位端RST为下降沿有效。原理图以及运行情况如图7-69(f)所示。

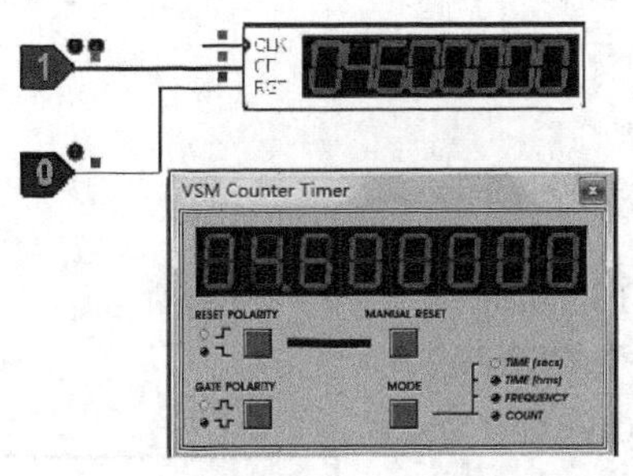

(a) Time(secs)定时模式

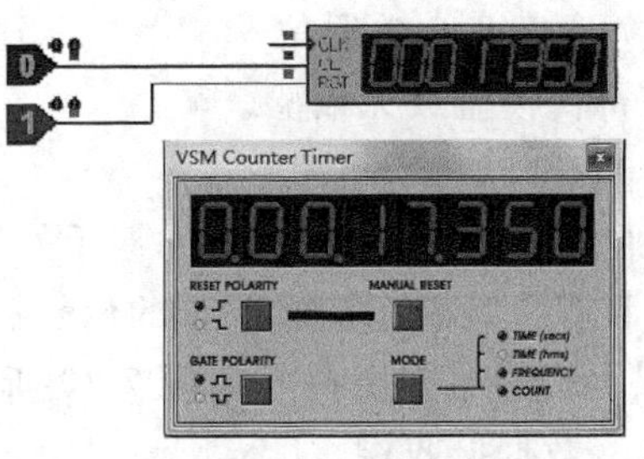

(b)Time(hms)定时模式

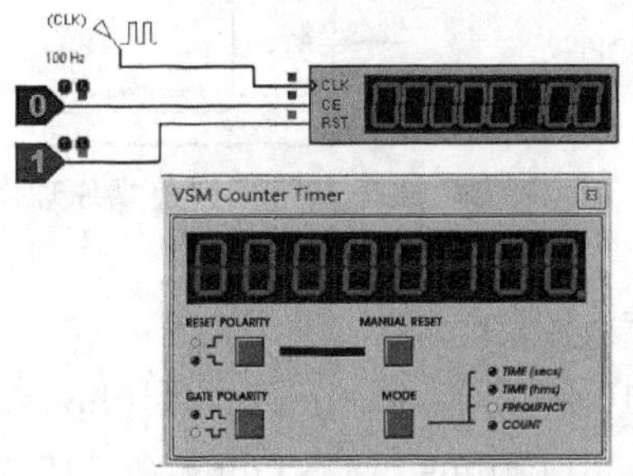

(c) Frequency模式，CE低电平，RST上升沿

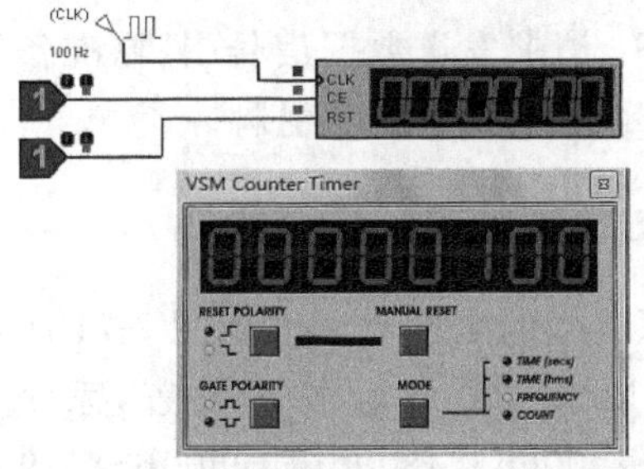

(d) Frequency模式，CE高电平，RST下降沿

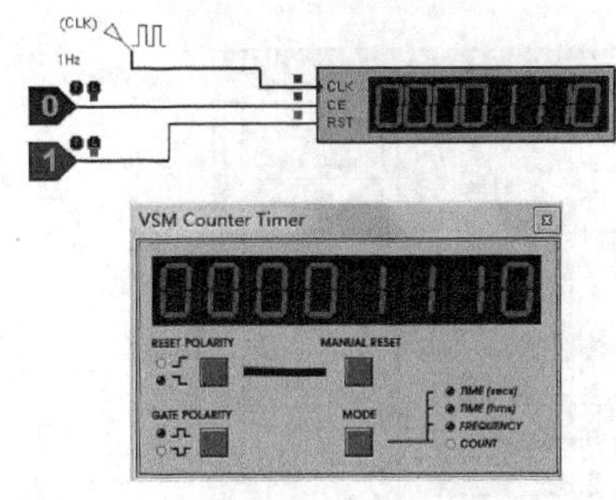

(e) Counter模式，CE低电平，RST上升沿

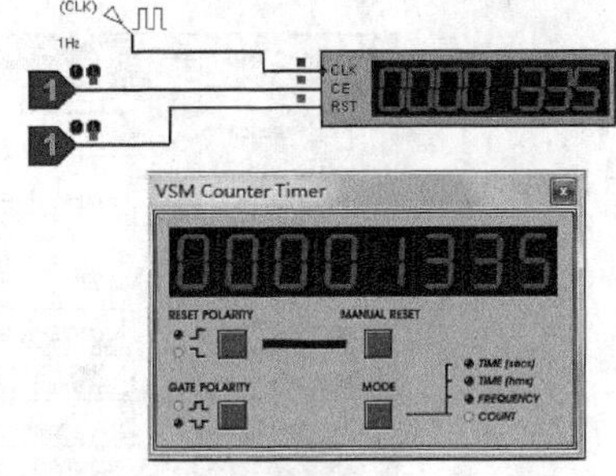

(f) Counter模式，CE高电平，RST下降沿

图 7-69 定时器/计数器应用

7.3.4 虚拟终端

1. 虚拟终端的功能及原理图符号

虚拟终端可以通过计算机键盘和显示器发送和接收 RS-232 标准的异步串行通信(接收或者发送数据)，这在模拟微处理器系统中是特别有用的调试器，可以用它来显示用户开发的软件所产生的调试/跟踪消息。主要功能如下。

(1) 全双工通信，接收串行数据并以 ASCII 码显示，同时通过键盘输入发送的 ASCII 数据进行发送。

(2) 简单的两线串行数据通信：RXD 端口用于接收数据，TXD 端口用于传输数据。

(3) 简单的两线硬件握手通信：RTS 端口准备发送数据，CTS 撤销发送。

(4) 波特率为 110～115 200bps。

(5) 7 个或 8 个数据位。

(6) 奇偶校验或无校验。

(7) 0,1 或 2 个停止位。

(8) 除了 XON/ XOFF 软件握手外还有硬件握手。

(9) RX/ TX 和 RTS/CTS 的信号极性“正常”或“取反”。

虚拟终端的原理图符号如图 7-70 所示,引脚功能如下。

RXD：数据接收端。

TXD：数据发送端。

RTS：请求发送数据信号引脚(准备发送数据)。

CTS：清除发送信号引脚。

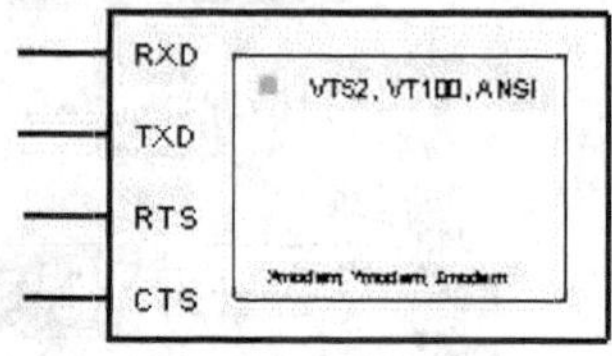

图 7-70 虚拟终端原理图符号

2. 虚拟终端的属性参数

虚拟终端的属性对话框如图 7-71 所示,主要参数如下。

(1) Baud Rate：波特率设置,系统提供了 10 种比特率,分别为 110bps、300bps、1200bps、2400bps、4800bps、9600bps、19 200bps、38 400bps、57 600bps 和 115 200bps。默认为 9600bps。

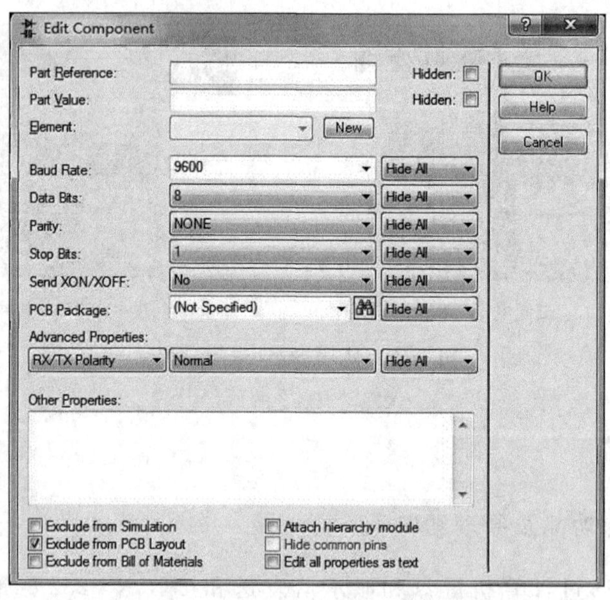

图 7-71 虚拟终端的属性对话框

(2) Data Bits：设置传输的数据位数,有 7 位和 8 位数据,默认为 8 位数据。

(3) Parity：奇偶校验设置,有 NONE(默认方式,没有效验位),ODD(奇效验位)和 EVEN(偶效验位)3 种。

(4) Stop Bits：停止位设置,有 1 位(默认)或者 2 位停止位。

(5) Send XON/XOFF：第 9 位发送允许/禁止设置,为软件握手协议。No 表示禁止

(默认),Yes 表示发送。

(6) Terminal Type：虚拟终端类型选择。主要包括 TELETYPE、DUMB、ANSI、VT52 和 VT100 共 5 种终端类型。

串行端口终端(Serial Port Terminal)是使用计算机串行端口连接的终端设备。计算机把每个串行端口都看作一个字符设备。有段时间这些串行端口设备通常被称为终端设备,因为那时它的最大用途就是用来连接终端。Teletype 终端(简称 tty)是最早出现的一种终端设备,很像电传打字机,是由 Teletype 公司生产的。DUMB 意为哑终端,在计算机科学中,哑终端是相对于其他比较"聪明"的计算机终端而言的,是功能较为有限的计算机终端。其具体的含义根据不同的语境(场合)而变化,在老式的采用 RS-232 连接的计算机终端里,哑终端指不能执行诸如"删行"(clearing a line)、"清屏"(clearing a screen)或"控制指针位置"(control cursor position)的一些特殊换码顺序(escape sequences)的计算机终端。在更宽泛的意义上,哑终端包含计算机通信中所有带键盘和显示器的设备,如个人计算机(personal computer)、无盘工作站(diskless workstation)、网络计算机(network computer)、瘦客户端(thin client)①和 X 终端(X Terminal),因此也称为非智能终端。VT52、VT100 也称为智能终端,现在的终端几乎都兼容 VT100 这种终端。

(7) Advance Properties(高级属性)。

RX/TX Polarity：RX/TX 极性设置。Normal 表示正常(默认),Invert 表示取反。

RTS/CTS Polarity：RTS/CTS 极性设置。Normal 表示正常(默认),Invert 表示取反。

Trance Events：不确定信息处理方法。Disables 表示禁止,Waring only 表示只警告,Trance message 表示不确定的信息,Debug message 表示调试信息。

Auto Line Feed：是否换行。No 表示不换行(默认),Yes 表示换行。

Local Echo：本地回显。No 表示本地不回显(默认),Yes 表示本地回显。

Cursor Visible：光标显示。Yes 表示显示光标(默认),No 表示不显示光标。

Show Hints：显示提示。Yes 表示显示提示(默认),No 表示不显示提示。

Column Num：列数,80 列(默认)。

Hide Toolbar：隐藏工具栏。No 表示不隐藏(默认),Yes 表示隐藏。

3. 虚拟终端仿真窗口

单击交互式仿真按钮中的 Play 按钮或者 Pause 按钮,都会弹出 Virtual Terminal 仿真窗口(如果没有弹出该窗口,选择 Debug→Terminal 命令)。该窗口主要用于接收和发送数据的显示。

在虚拟仿真区右击,弹出快捷菜单,如图 7-72 所示,各菜单功能如下。

(1) Clear Screen：清屏操作。

(2) Pause：暂停接收或者发送数据。

① 目前常见的客户端设备分为两类：一类是胖客户端,另一类是瘦客户端。把以 PC 为代表的基于开放性工业标准架构、功能比较强大的设备叫做胖客户端,其他归入瘦客户端。

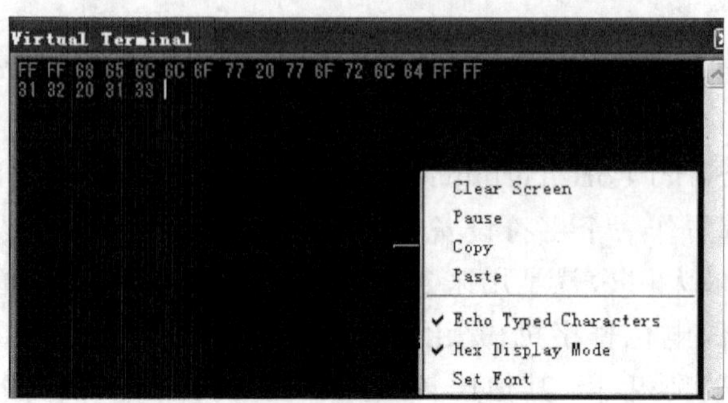

图 7-72 虚拟终端的仿真窗口

(3) Copy：复制数据。

(4) Paste：粘贴。

(5) Echo Typed Characters：显示输入的字符，在默认的情况下，虚拟终端不会显示用户输入的数据，如果要显示用户输入的数据必须选择此项。

(6) Hex Display Mode：十六进制显示模式。

(7) Set Font：设置字体，弹出字体设计窗口进行字体设置。

4. 虚拟终端应用

按照图 7-73 连接原理图(配套电子资源实例 chap7 中的 Virtual terminal. pdsprj)，使得两个虚拟终端的参数设置一致。单击 Play 按钮，在要发送的 Virtual Terminal 虚拟仿真窗口中勾选 Echo Typed Characters 选项，输入“大家好！欢迎使用 Proteus 8.5！祝大家学习愉快!!”可以看到，随着信息的输入，另外一个虚拟器实时接收数据并显示。

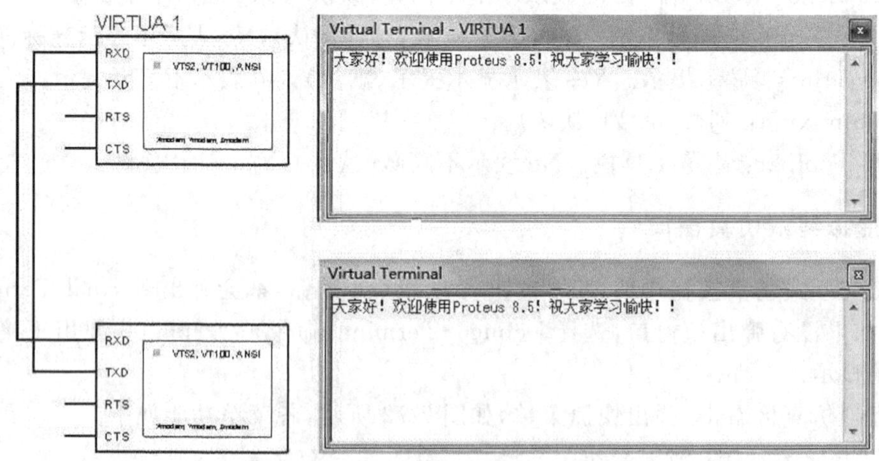

图 7-73 虚拟终端之间的互相通信

7.3.5 SPI调试器

1. SPI调试器的主要功能及属性

串行外设接口(Serial Peripherial Interface,SPI)总线是Motorola公司提出的一种同步串行外设接口,允许微处理器与各种设备以同步串行通信方式交换信息。SPI调试器不仅可以观测SPI总线上的数据,还可以直接给SPI总线发送数据。除了上述两大功能外,SPI还可以作为监视器,监视SPI接口。SPI总线的原理图符号如图7-74所示,各引脚功能如下。

图7-74 SPI原理图符号

(1) DIN:数据的输入端,把外部SPI总线上的数据传送给调试器终端。

(2) DOUT:数据的输出端,把调试器终端的数据传送到外部SPI总线上。

(3) SCK:时钟端,是一个双向引脚,在从模式时是同步时钟的输入端,在主模式时是同步时钟的输出端。

(4) $\overline{SS}$:从模式使能端,在从模式下,必须接低电平;在主模式下,当正在发送数据时此引脚为低电平。

(5)TRIG:触发引脚,是信号的输入端,高电平有效,把下一个存储序列缓冲到SPI输出队列。

双击SPI调试器原理图符号图,弹出属性对话框,如图7-75所示。主要参数如下。

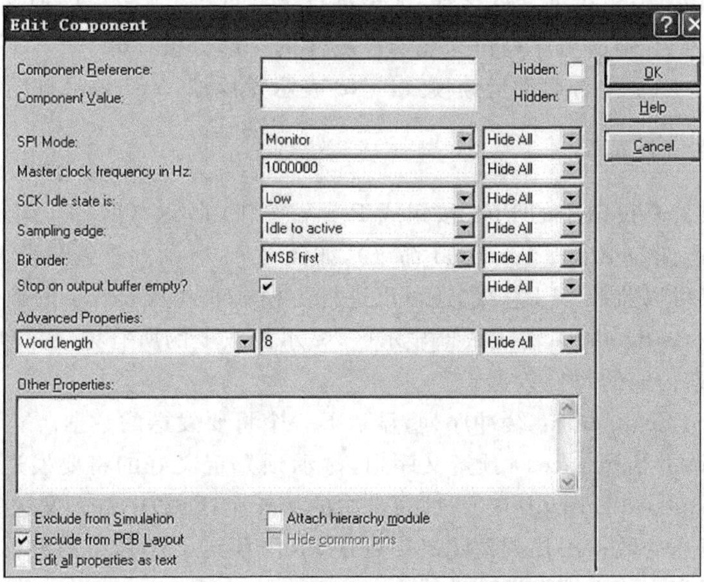

图7-75 SPI调试器属性对话框

(1) SPI Mode:SPI工作模式选择。单击下拉按钮选择对应的工作模式,SPI调试器有以下3种工作模式。

① Monitor：监控模式(默认)。监控SPI总线的数据。

② Master：主模式，此时SPI调试器的功能与主SPI设备相同。

③ Slave：从模式，此时SPI调试器的功能与从SPI设备相同。

(2) Master clock frequency in Hz：主模式时钟频率设置，单位为Hz。默认值为1MHz。

(3) SCK Idel state is：SCK空闲状态设置。Low为低电平状态(默认方式)，High为高电平状态。

(4) Sampling edge：采样边沿设置。Idle To active，从空闲状态到激活状态；Active to idel，从激活状态到空闲状态。

(5) Bit order：位顺序，指数据按位传送的顺序。MSB first，先传送高位后传送低位；LSB first，先传送低位后传送高位。

(6) Stop on output buffer empty：缓冲器空时是否停止，勾选该项表示缓冲器空时停止串行通信。

(7) Advance Properties：高级属性。

Word length：数据字长，设定发送数据的长度，可以在1～16位字长之间选择。默认为8位。

Time display precision：显示时间精度设置，即设置显示时间的小数位数。

New line after：字数限制，限制一条传输线上最多的字数。

Queue stored sequency at startup：是否自动下载序列。如果设置为Yes，则将预先定义的数据序列在仿真开始时立即缓冲到发送序列队列中。

Sequency file：输出序列文件名称，如果是具体文件名，则输出序列被保存到该文件里；如果文件名为空，则输出序列作为元器件属性的一部分被存储。

Loopback mode：是否启动反馈模式。No表示无反馈，Yes表示有反馈。

2. SPI属性调试窗口

单击交互式仿真按钮中的Play按钮或Pause按钮，都会弹出SPI调试窗口(如果没有弹出该窗口，选择Debug→Terminal命令)，如图7-76所示。该窗口分成5大区域，通过这些区域不仅可以监控SPI总线，还可以进行主模式或者从模式下的数据通信仿真。

(1) Input data display：输入数据显示区，显示总线上的所有记录。单击每个数据前面的"+"号，观察传输的每位数据。

(2) Buffered Sequences：缓冲序列，显示下一个将要发送的数据。

(3) Predefined Sequences：预定义序列，显示预先定义好的将要发送到总线上的数据，可以通过Sequence Entry Box(调试窗口中的第4个区域)中输入发送序列，单击Add按钮可以将要发送的数据添加到预定义序列中，双击预定义序列中的数据可以直接将数据添加到缓冲序列中并立即发送到总线上。

(4) Sequence Entry Box：序列输入框，用户在该文本框中输入数据序列。数据可以是单个字符，或是用逗号和空格隔开的列，或者是用单引号或双引号括起来的字符串。

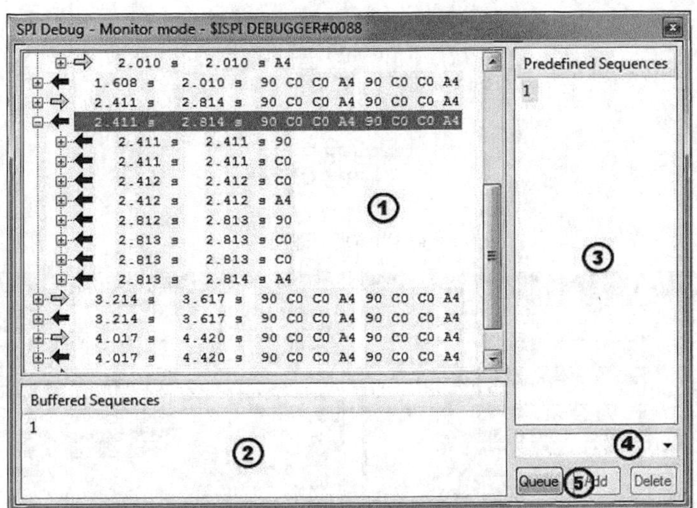

图 7-76 SPI 调试仿真窗口

可用十进制、二进制、十六进制表示。十六进制用 0x 或 $ 前缀表示，或者用 h 后缀表示。二进制用%前缀或者用 b 后缀表示。十进制可以不要前缀和后缀，也可以用 d 后缀表示。具体数据格式如表 7-8 所示。

(5) Control Buttons：控制按钮。

Queue：队列按钮，将预定义序列中的数据或者序列输入框中的数据排序到缓冲序列中。

Add：添加按钮，将用户的数据添加到预定义序列中。

Delete：删除按钮，删除预定义序列中的数据。

表 7-8 数据格式

语法	描　述	语法	描　述
0x	用 0X 前缀表示十六进制数值，如 0xFE	%	用%前缀表示二进制数值，如%1101
$	用 $ 前缀表示十六进制数值，如 $ FE	b	用 b 后缀表示二进制数值，如 1101b
h	用 h 后缀表示十六进制数值，如 FEh	d	用 d 后缀表示十进制数值，如 47d

3. SPI 调试器的应用

按照图 7-77(a)连接原理图(配套电子资源实例 chap7 中的 SPI. pdsprj)，并设置其参数，如图 7-77(b)所示。

单击仿真按钮，在主模式的 SPI1 中输入不同格式的数据，观察 SPI2 中接收到的数据，如图 7-77(c)所示。

如果接收到的数据是不完整的，则以特殊的形式显示。例如，在 $\overline{SS}$ 引脚变为无效之前整个字被接收，将以“ * ”的形式显示，而不是一个十六进制值。如果在 DIN 引脚接收到的数据是浮动状态，则以“?”的形式显示，而不是一个十六进制值。

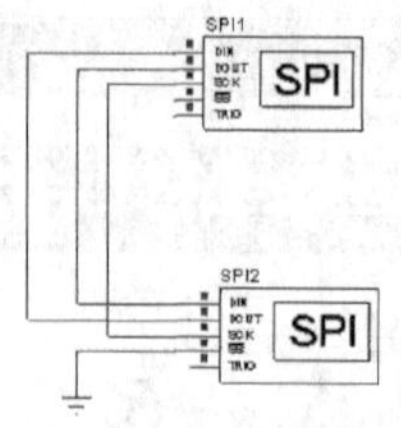

(a) SPI仿真原理图

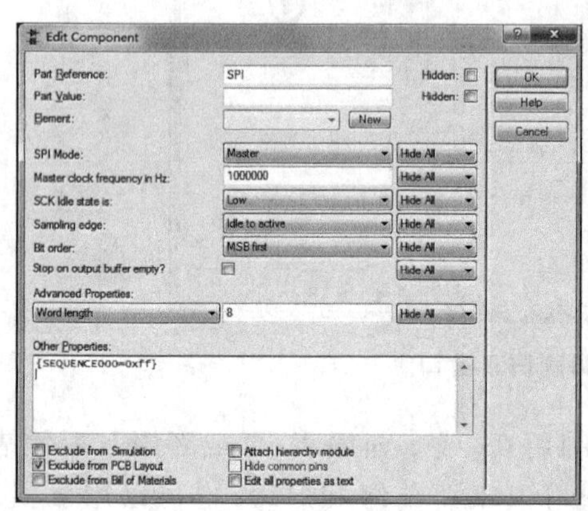

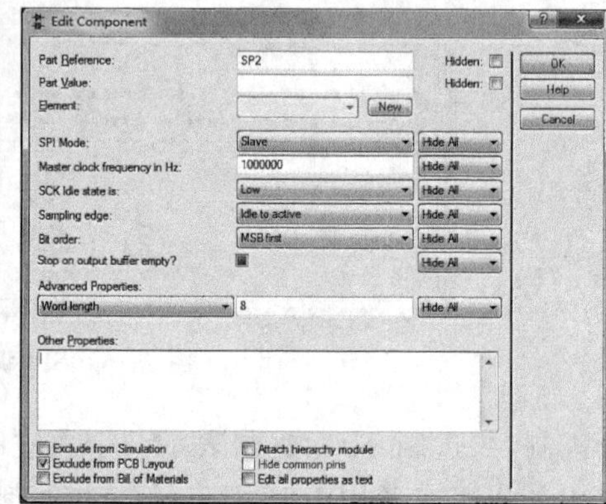

(b) SPI属性参数设置

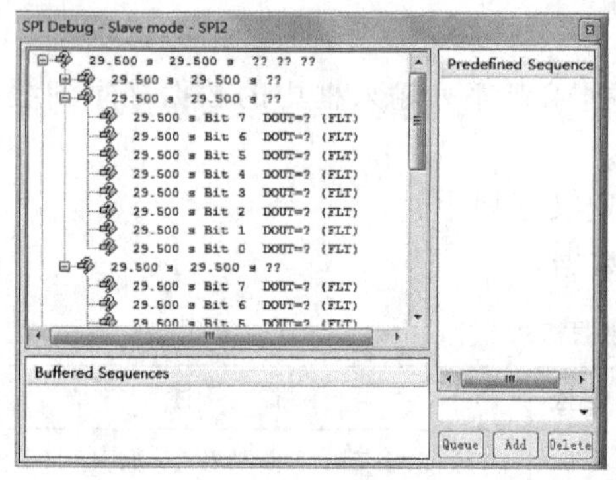

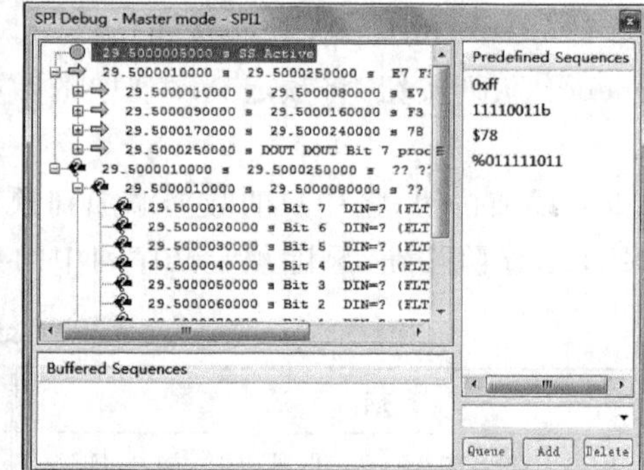

(c) SPI仿真结果

图 7-77 SPI 调试器的应用

7.3.6 I²C 调试器

1. I²C 调试器的主要功能及属性

I²C(Inter-Integrated Circuit)总线是飞利浦公司推出的芯片级的串行通信协议，I²C 由数据线和时钟信号构成一个全双工的同步串行通信。Proteus Schematic Capture 提供的 I²C 总线调试器原理图符号如图 7-78 所示。引脚含义如下。

图 7-78 I²C 调试器原理图符号

SDA：双向数据线。

SCL：双向的时钟线。

TRIG：触发引脚，输入引脚，把连续存储的序列放大输出到队列中。

I^{2}C 调试器有两大功能，一是用户查看 I^{2}C 总线发送的数据；二是作为 I^{2}C 外设在主模式或者从模式下发送或者接收数据。编写 I^{2}C 程序时，I^{2}C 调试器既可以作为调试工具，也可以作为开发和测试的辅助工具。

双击 I^{2}C 调试器原理图符号，弹出属性对话框，如图 7-79 所示。主要参数如下。

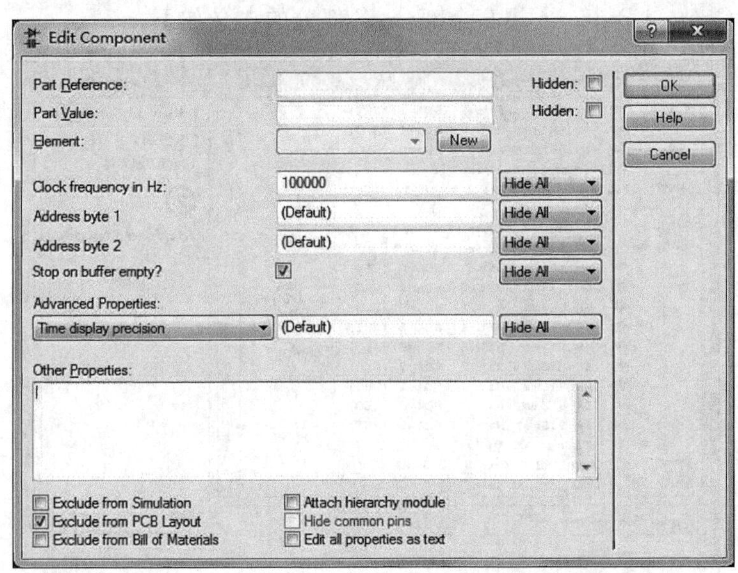

图 7-79 I^{2}C 调试器属性对话框

(1) Clock frequency in Hz：时钟频率，在主模式下，该频率值直接通过 SCK 引脚输入。

(2) Address byte 1：第一字节地址。当 I^{2}C 总线工作在从模式时，此属性指定从设备的第一个地址，通过该地址的最低位，主机可以判断当前是读操作还是写操作，在进行寻址时，该位被忽略。如果该属性没有被设置，I^{2}C 调试器工作在主模式(默认)。

(3) Address byte 2：第二字节地址。I^{2}C 总线工作在从模式时，此属性指定从设备的第二个地址字节，且用 10b 地址表示。如果该值没有被设置，默认为 7 位地址寻址。

(4) Stop on buffer empty：表示当缓冲器输出为空时是否停止当前仿真，或者在要发送字节数据时是否清空缓冲器。

(5) Advanced Properties：高级属性。

Time display precision：显示时间精度设置，即设置显示时间的小数位数。

New line after：字数限制，限制一条传输线上最多的字数，默认为 64 位。对应文本编辑中的 WRAPLENGTH 属性。

Queue stored sequency at startup：是否自动下载序列，如果设置为 Yes，则预先定义的序列在仿真开始时立即排到序列队列中。对应文本编辑中的 Autoload 属性。

Sequence File：输出序列文件名，如果是具体文件名，则输出序列被保存到该文件里；如果文件名为空，则输出序列作为元器件属性的一部分被存储。

2. I²C 虚拟仿真窗口

单击交互式仿真按钮中的 Play 按钮或者 Pause 按钮,都会弹出 I²C 调试器虚拟仿真窗口(如果没有弹出该窗口,选择 Debug→I²C Debugger 命令),如图 7-80 所示。该区域包括 Input Data Display、Predefined Sequences List、Buffered Sequences List、Sequency Entry Box 和 Control Buttons 共 5 个部分,各部分的含义如下。

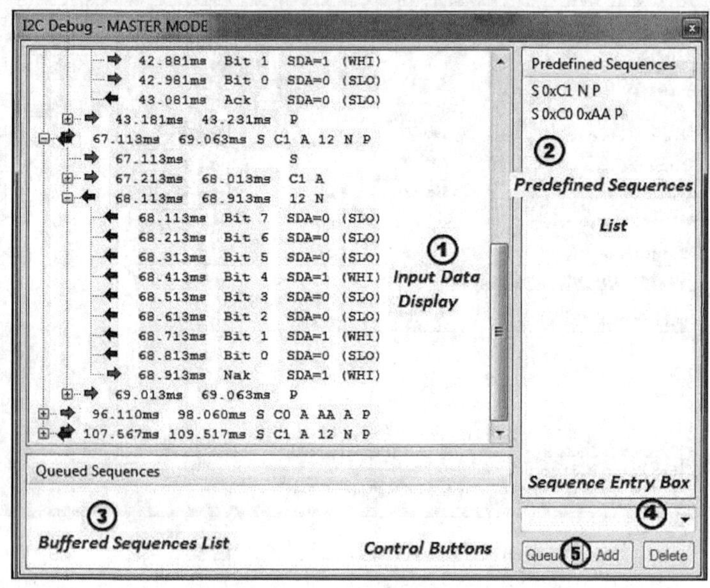

图 7-80 I²C 虚拟仿真窗口

(1) Input Data Display:数据显示区,显示记录总线的全部状态。可以单击每个数据前面的"+"号,观测传输的每个数据位信息。当以字节或者更长数据位观察数据时,显示数据传输的起始时间、结束时间以及其他条件和数据等;当以位进行数据观察时,显示位传输的起始时间、位标号(第几位)和逻辑状态等信息。

(2) Predefined Sequences List:预定义序列,显示预先定义的要发送到总线上的数据,可以在 Sequence Entry Box 中输入发送序列,单击 Add 按钮将要发送的数据添加到预定义序列中,双击预定义序列中的数据可以直接将数据添加到 Queued Sequences 中并立即发送到总线上。

(3) Buffered Sequences List:缓冲序列列表,显示下一个时钟周期将要发送的数据。

(4) Sequence Entry Box:序列输入文本框,在该框内输入数据序列,发送的数据可以是单个字符,或者是用逗号和空格隔开的列,或者是用单引号或双引号括起来的字符串。可用十进制、二进制和十六进制表示。十六进制用 0x 和 $ 前缀表示或者用 h 后缀表示;二进制用%前缀或者用 b 后缀表示;十进制可以不要前缀和后缀,也可以用 d 后缀表示。单击下拉按钮选择 I²C 读/写操作序列中的专用字符,具体含义如表 7-9 所示。

表 7-9 I²C 读/写操作序列中的专用字符

字符	说　明	字符	说　明
S	用来表示开始条件	A	用来表示一个应答条件
Sr	用来表示重新开始的条件	L	用来表示该仲裁已丢失，切换到主模式
P	用来表示一个应答条件	*	用来表示收到的部分数据
N	用表示一个否定应答条件	?	用来表示无效的逻辑电平

(5) Control Buttons：控制按钮。

Queue：将预定义中的数据或者 Sequence Entry Box 中的数据缓冲到 Buffered / Queued Sequences List 中。

Add：将用户的数据添加到预定义序列中。

Delete：用于删除预定义序列中的数据。

3. I²C 总线的应用

用 I²C 调试器检测 I²C 总线的数据，将 I²C 调试器的 SCL 引脚和 SDA 引脚接入 I²C 设备对应的引脚上，运行交互式仿真后，I²C 总线上的数据将以十六进制值和特殊序列字符显示在 I²C 调试器的数据显示区。打开 I²C Communications 实例(配套电子资源实例 chap7 中的 I²C Communications. pdsprj)。原理图和仿真效果如图 7-81 所示。

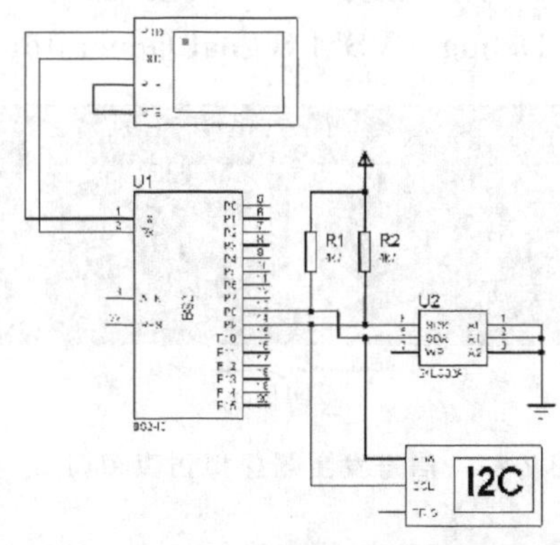

(a) 原理图

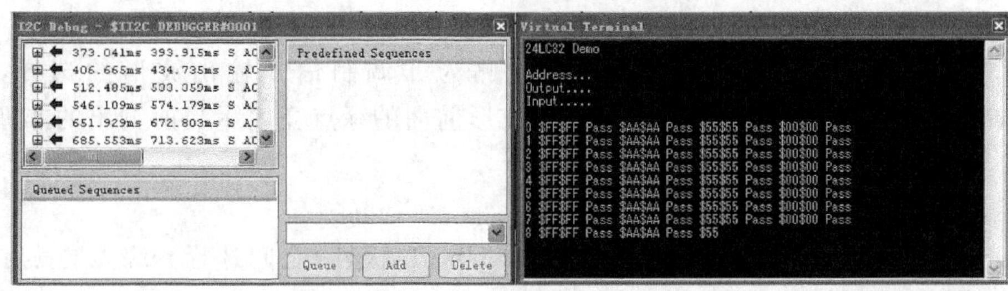

(b) 仿真效果

图 7-81 I²C Communications 原理图和仿真效果

7.3.7 信号发生器

1. 信号发生器的主要功能及引脚功能

信号发生器可以产生非调制和调制两大类信号,非调制信号包括方波(square,)、锯齿波(saw-tooth,)、三角波(triangle,)和正弦波(Sine,)4种信号;调制信号包括FM信号和AM信号。其频率分为8个波段(0.1Hz、1Hz、10Hz、0.1kHz、1kHz、10kHz、0.1MHz和1MHz),频率范围为0～12MHz,幅度分为4个波段(1mV、10mV、0.1V和1V),范围为0～12V。其原理图符号如图7-82所示。

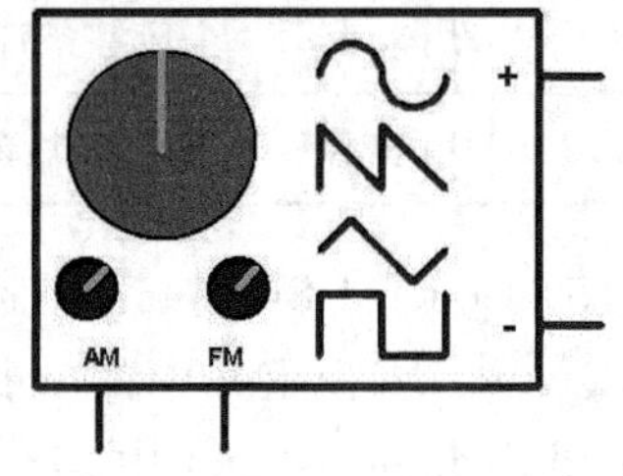

图7-82 信号发生器原理图符号

信号发生器的引脚功能如下。

(1) 非调制信号输出时,+、-两端输出非调制信号,即方波、锯齿波、三角波和正弦波4个信号。正端接输出信号,负端接地,AM和FM悬空。

(2) 调制信号输出时,AM为调幅信号输入端,FM为调频信号输入端,调制信号从+端输出。

2. 信号发生器的虚拟仿真窗口

单击交互式仿真按钮中的Play按钮或Pause按钮,都会弹出信号发生器虚拟仿真窗口(如果没有弹出该窗口,选择Debug→VSM Signal Generator命令),如图7-83所示。

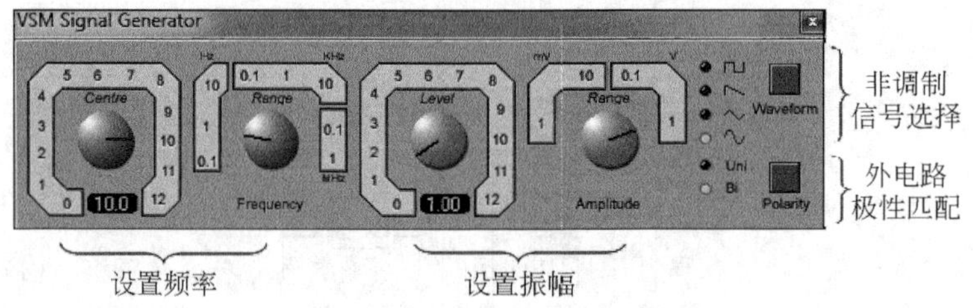

图7-83 信号发生器虚拟仿真窗口

1) 非调制信号的参数设置

(1) 非调制信号波形的选择。

在图7-83所示的虚拟仿真窗口中,右侧为非调制信号输出波形的选择,单击Waveform按钮,可以实现信号波形的选择,波形前面的绿点亮表示当前输出的非调制信号波形。

(2) 非调制信号的外电路极性匹配。

单击Polarity按钮,可以在Bi(双极性)和Uni(单极性)之间选择。绿点亮表示当前的极性状态。

(3) 非调制信号的频率设置。

通过旋转 Center 转盘和 Range 转盘实现输出信号频率的改变,最终输出信号的频率符合如下公式:

$$f_{输出信号}=\text{Frequency Range 的值}\times\text{Center 面板的值}$$

当 Center 面板的值为 1 时,Frequency Range 的值就是输出信号的频率,最后将频率值在 Center 面板下的文本框中输出。

(4) 非调制信号的幅度设置。

通过 Level 转盘和 Amplitude Range 转盘实现输出信号幅度的改变,输出信号的幅度符合如下公式:

$$A_{输出信号}=\text{Amplitude Range 的值}\times\text{Level 面板的值}$$

2) 调制信号的参数设置

调制本身是一个电信号变换的过程,是用 A 信号的特征改变 B 信号的某些特征值(如振幅、频率和相位等),导致 B 信号的这个特征值发生有规律的变化,当然这个规律是由 A 信号本身的规律所决定的。由此,B 信号就携带了 A 信号的相关信息,有调幅、调相和调频 3 种调制方式。把 A 信号称为调制信号,用 $U_{\Omega}(t)$表示,一般为低频信号;把 B 信号称为载波,用 $U_C(t)$表示,一般为高频振荡信号;被调制以后的信号称为已调波,用 $U(t)$表示。

信号发生器产生 AM(Amplitude Modulation)调制信号或者 FM(Frequency Modulation)调制信号,其特点如下。

(1) 载波信号为内置的信号,增益单位为 Hz/V 或者 V/V,增益值分别由 Frequency Range 面板和 Amplitude Range 面板控制,其参数设置与非调制信号参数设置一致。

(2) 调制信号的电压不能超过±12V。

(3) 调制输入阻抗为无穷大。

(4) 调制信号从 AM 或 FM 端输入,调制波从+极端输出。

3. 信号发生器的应用

1) 用信号发生器产生非调制信号

非调制信号输出原理图如图 7-84 所示(配套电子资源实例 chap7 中的 Signal.pdsprj),单击 Play 按钮启动仿真,通过信号发生器面板改变信号的波形、幅度和频率,从示波器上观察不同的波形。

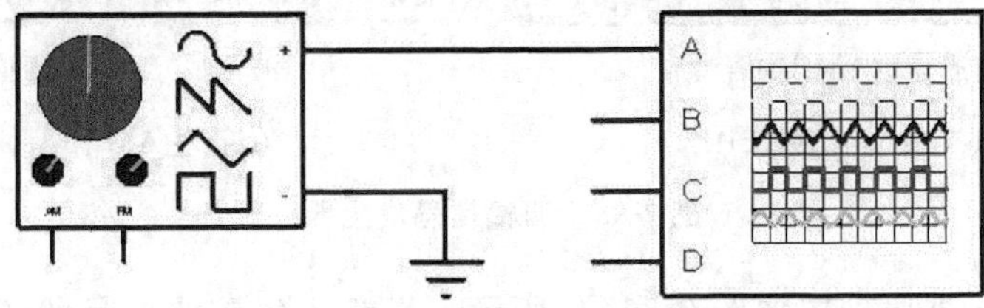

图 7-84 非调制信号原理图

2) 用信号发生器产生调制信号

下面用信号发生器产生调幅和调频信号(配套电子资源实例 chap7 中的 Singal AM. pdsprj)。

调幅信号发生器原理图如图 7-85(a)所示。设输入正弦波信号的频率为 1Hz,幅度为 1V;载波信号的频率为 94kHz,幅度为 1.9V。单击 Play 按钮启动仿真,设置载波信号的频率和幅度,将载波信号的极性分别设置为 Bi 和 Uni,调幅信号的产生波形如图 7-85(b)和(c)所示。

从图 7-85(b)可以看出,已调信号的幅度随着调制信号的变化而变化。

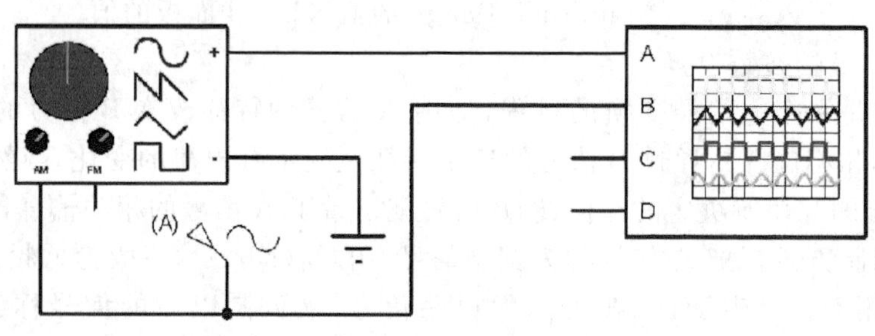

(a) AM信号原理图

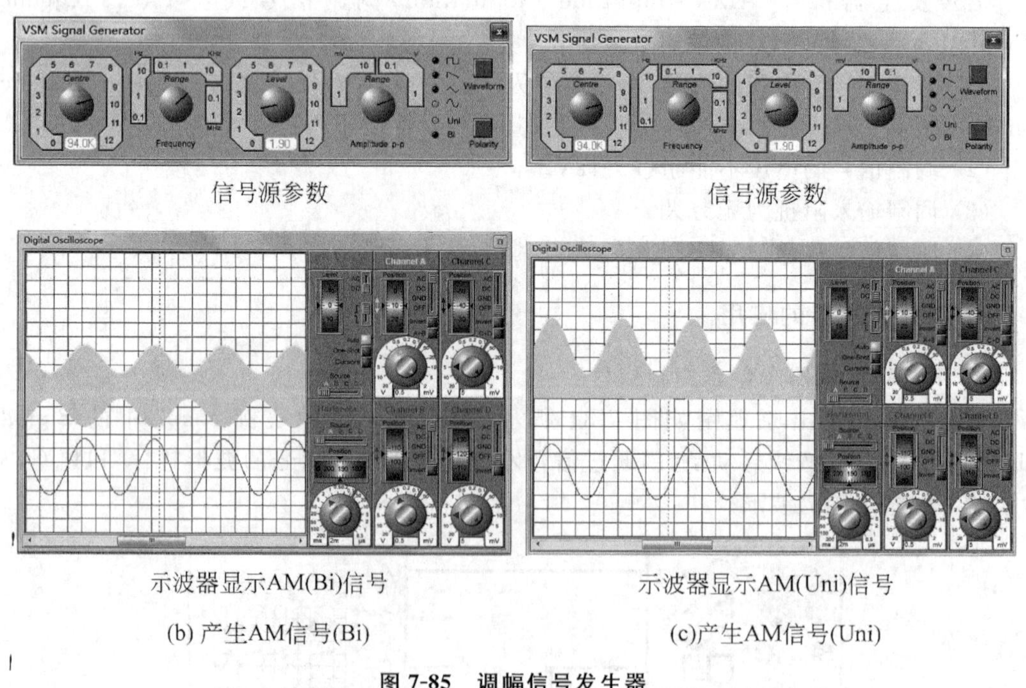

信号源参数 信号源参数

示波器显示AM(Bi)信号 示波器显示AM(Uni)信号

(b) 产生AM信号(Bi) (c)产生AM信号(Uni)

图 7-85 调幅信号发生器

调频信号发生器原理图如图 7-86(a)所示。设输入正弦波信号的频率为 100Hz,幅度为 1V,载波信号的频率为 10kHz,幅度为 3V。单击 Play 按钮启动仿真,设置载波信号的频率和幅度,调节示波器,观察调频波形,如图 7-86(b)所示。

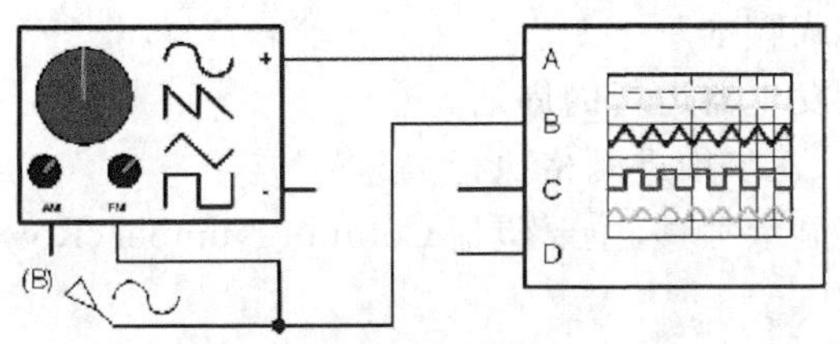

(a) 调频信号原理图

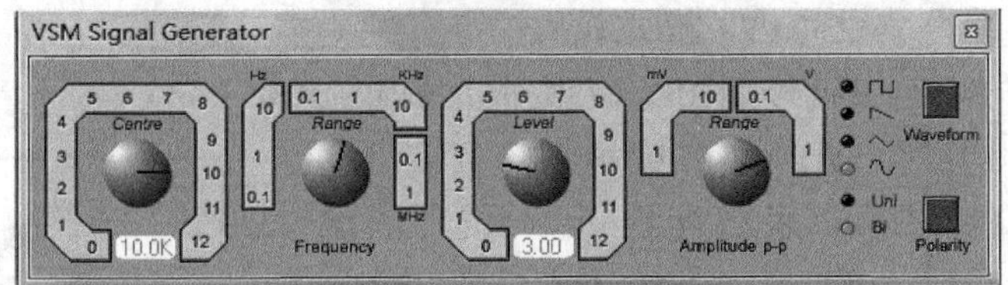

信号源参数

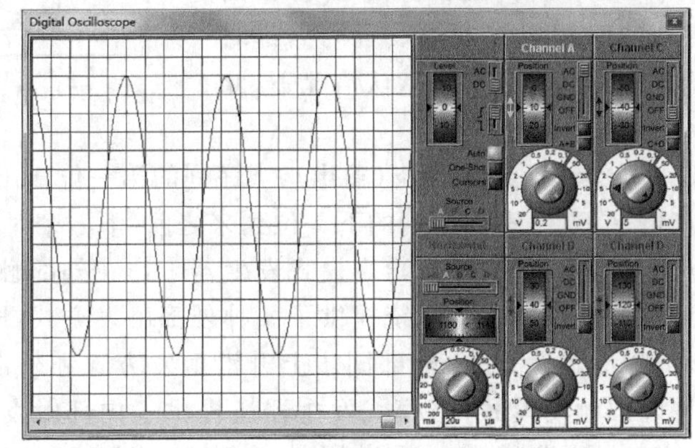

示波器显示调频信号

(b) FM信号

图 7-86 调频信号发生器

7.3.8 模式发生器

1. 模式发生器的功能及符号

Proteus VSM 模式发生器是数字等效的模拟信号发生器，可以生成专业版本提供的所有标准模拟信号。

模式信号发生器支持容量为 8K×8b 的位模式，对应的位地址空间为 0X00～0X3FF，主要特点如下。

(1) 既可以用于高级图标仿真中，也可以用于交互式仿真中。

(2) 内、外时钟模式和触发模式。

(3) 精细可调的时钟面板和触发面板。

(4) 十六进制或十进制的网格显示模式。

(5) 双击旋转按钮或直接输入具体数值可以获得更高的精度。

(6) 载入和保存模式脚本。

(7) 手动设置模式发生器运行的周期。

(8) 允许单步控制,逐步推进网格执行。

(9) 实时参数数值显示工具,主要包括 Column Number、Row Number 和 Hoz. Byte Counter。

(10) 能够从外部保持模式发生器的当前模式。

(11) 块操作编辑命令简化了模式设置。

模式发生器的原理图符号如图 7-87 所示,引脚含义如下。

(1) 数据输出引脚(Tri-State Output,三态输出)。

模式发生器的信号可以以总线 B[0..7]的形式输出,也可以以 Q0、Q1、…、Q7 的 8 位数据形式输出。

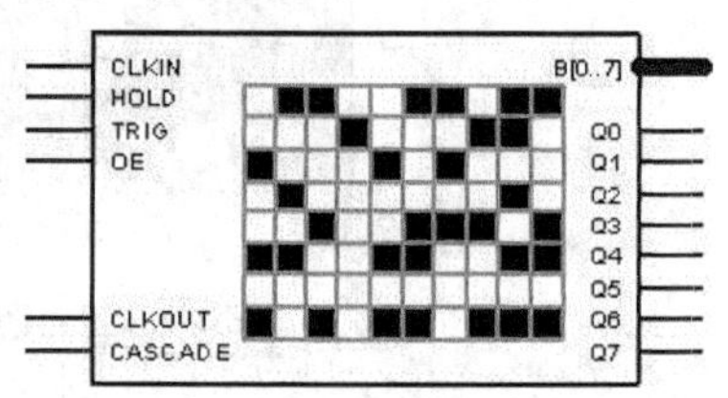

图 7-87 模式发生器原理图

(2) CLKOUT(Output,输出型引脚):时钟输出引脚,如果模式发生器的时钟属性参数设置为内部时钟模式,该引脚用于输出内部的时钟。默认情况下,此选项被禁用(No)。

(3) CASCADE (Output):级联引脚(输出),当序列的第一位输出时,CASCADE 引脚为高电平并保持高电平不变,直到序列的下一位到来之前(下一个时钟周期)。

(4) TRIG(Input):触发引脚(输入),当模式发生器工作在外部触发模式时,将外部触发脉冲信号输入到模式发生器中。系统提供了 4 种外部触发方式,即外部异步上升沿触发方式、外部异步下降沿触发方式、外部同步上升沿触发方式和外部同步下降沿触发方式。除了上述 4 种外部触发模式外,模式发生器还提供了内部触发方式,因此模式发生器系统共提供了 5 种触发模式。通过属性关键字{TRIGGERMODE=0}或者{TRIGGERMODE=1}设置为内部触发或者外部触发。

(5) CLKIN(Input):外部时钟信号输入端,当模式发生器工作在外部时钟模式时,此引脚为外部时钟信号的输入引脚。模式发生器提供了外部上升沿时钟和外部下降沿时钟两种方式。当只有正确的信号时钟到时,才将已经存储的数据输出。

(6) HOLD(Input):保持引脚(输入),当该引脚为高电平时,用于暂停模式(Pause Mode),即保持目前状态,直到保持引脚变成低电平。对于 1Hz 的内部时钟,如果模式暂停时间为 3.6s,在 5.2s 内恢复,然后在下一个时钟下降沿将发生在 5.6s。

(7) OE(Input):输出使能引脚(输入),高电平有效,此时模式发生器可输出模式信号。

2. 模式发生器的属性对话框

模式发生器的属性对话框如图 7-88 所示,主要参数功能如下。

(1) Clock Rate:内部时钟频率。默认值为 50kHz。

(2) Reset Rate:复位频率。默认值为 500MHz。

(3) Clock Mode:时钟模式,系统提供 3 种模式:

① Internal:内部时钟,是一个下降沿时钟,即 high-low-high。内部时钟模式可以在

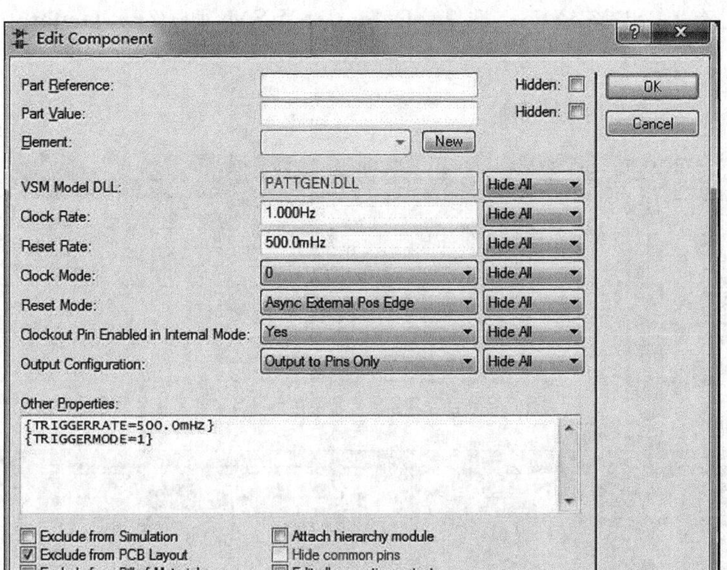

图 7-88　模式发生器属性对话框

仿真前通过模式发生器的属性对话框修改，或者在仿真时通过虚拟仿真窗口上的时钟模式按钮进行设置，如图 7-89 所示。当 CLKOUT 引脚输出有效时，输出内部时钟。默认情况下，该引脚被禁用，因为它会导致一些性能降低或者被禁止(特别是高频时钟下)，但它可以通过编辑属性对话启用。

② External Pos Edge：外部上升沿时钟(低-高-低)。

③ External Neg Edge：外部下降沿时钟(高-低-高)。外部时钟脉冲从 CLKIN 引脚输入。

(4) Reset Mode：复位模式，系统提供 5 种方式。

Internal：内部触发方式。

Async Exteral Pos Edge：外部异步上升沿触发方式。

Async Exteral Neg Edge：外部异步下降沿触发方式。

Sync Exteral Pos Edge：外部同步上升沿触发方式。

Sync Exteral Neg Edge：外部同步下降沿触发方式。

(5) Clock Enabled in Internal Mode：内部模式下时钟输出使能端。设置为 Yes 表示内部时钟可以从 CLKOUT 引脚输出，设置为 No 表示禁止输出(默认)。

(6) Output Configuration：输出方式，系统提供 3 种输出方式。

Output To Both Pins and Bus：引脚(Q0～Q7)和总线(BUS[0..7])均输出。

Output to Pins only：仅在引脚上输出。

Output to Bus only：仅在总线上输出。

(7) Pattern Generator Script：模式器脚本文件，用于装载或者保存模式脚本文件。

3. 模式发生器的虚拟仿真窗口

单击交互式仿真按钮中的 Play 按钮或者 Pause 按钮，都会弹出信号发生器虚拟仿真窗口(如果没有弹出该窗口,选择 Debug→VSM Pattern Generator 命令),如图 7-89 所示。

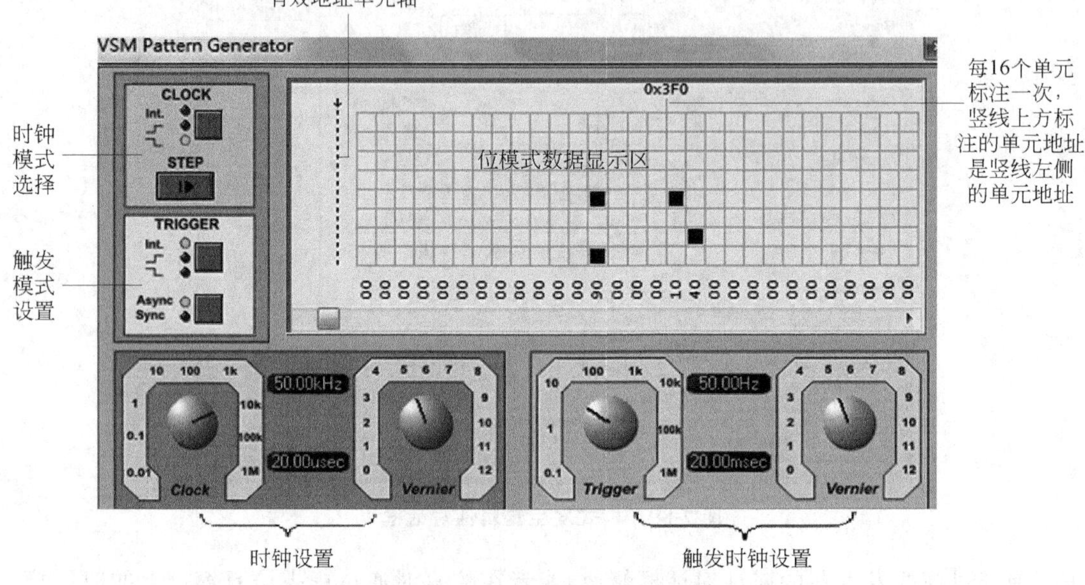

图 7-89 模式发生器虚拟仿真窗口

(1) 时钟模式选择:单击 CLOCK 中的■按钮,可以在内部时钟、外部上升沿脉冲和外部下降沿脉冲之间切换。单击 STEP 按钮,可以进行单步执行,栅格向左移动。

(2) 触发模式设置:单击 TRIGGER 中的■,可以在内部触发方式、外部异步上升沿触发方式、外部异步下降沿触发方式、外部同步上升沿触发方式和外部同步下降沿触发方式之间切换。

(3) 时钟设置和触发时钟设置通过粗调按钮和细调按钮进行,并显示其频率值和周期值。也可以双击粗调按钮或者细调按钮,弹出一个浮动的文本框,在其中输入所需的频率值进行精确设置,取值范围为 0~12MHz。如图 7-90 所示。

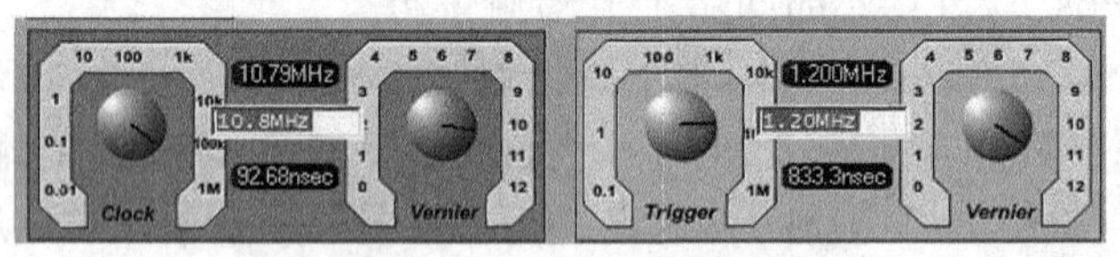

图 7-90 双击精确设置

在图 7-90 中,设置参数后按回车键确认,默认单位为 Hz,可以通过合适的后缀(如 sec、msec、usec、nsec 等)来指定输入的单位。如果希望触发的时钟为当前的倍频程,可以附加期望的倍频乘后缀 bits(如 2 bits)。例如,在时钟设置面板弹出的浮动面板中输入 2usec 后再输入 2bits 后的结果如图 7-91 所示。当输入数据超出其范围或者数据单位错误时,数据显示为 OFF,如图 7-92 所示。

(4) 位模式数据显示区:位于仿真窗口的最上面,为 8KB 的地址区,地址单元为

(a) 输入2usec

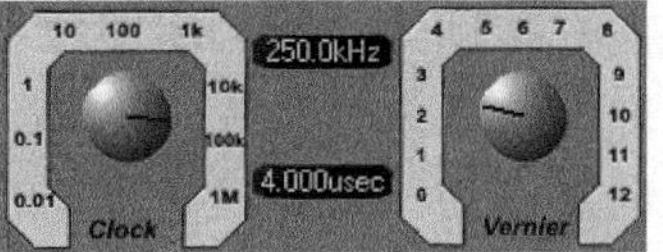

(b) 输入2bits

图 7-91　输入精确数据

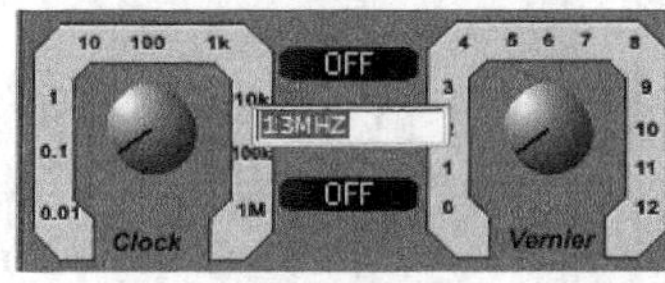

(a) 输入数据超出范围

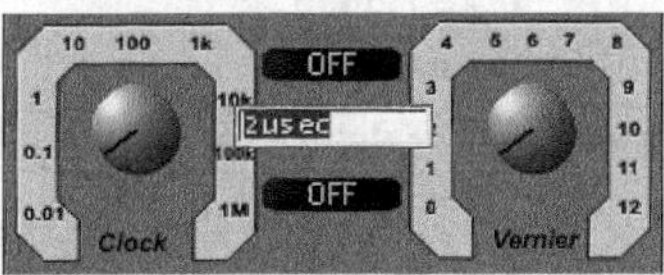

(b) 输入数据单位错误

图 7-92　输入数据错误的显示 OFF

0X00～0X3FF,每一列代表一个地址单元,每隔 16 个单元标注一次。每个单元有 8 个小方格,代表 8 位二进制数,单击小方格可以改变其值,黑色代表 1,反之代表 0,8 位二进制数上为 LSB,下为 MSB,二进制数值可以以十进制数或者十六进制数显示在每列的最下方。也可以单击该栏的值,出现一个浮动的数值输入框,可以输入十进制值(如 255)、十六进制的值(如 0XFF 或者 0xff)、二进制数(0b11111111 或者 0B11111111),按回车键表示确认,按 Esc 键或者在模式发生器虚拟仿真窗口其他任何地方单击表示取消操作。

数据有效的地址单元默认为所有单元地址有效,其有效地址单元轴位于位模式显示区的最左侧,如图 7-89 中带箭头的虚线轴,将鼠标放在有效单元地址轴上拖动箭头即可实现有效单元地址的改变,具体操作如图 7-93 所示,则位于有效单元地址轴右侧的单元地址为有效输出数据地址。或者在希望结束的地址单元栏上方(显示地址单元的地方)单击,可以改变模式数据输出单元。

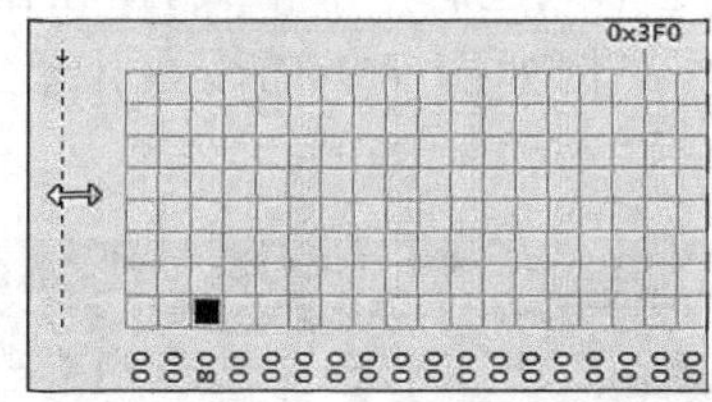

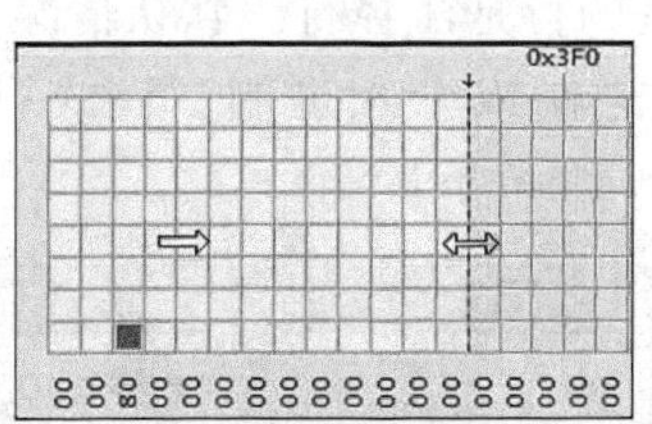

图 7-93　拖动有效地址单元轴改变数据输出单元

位模式数据显示区的最下面是滑动游标,拖动可以改变数据地址,即可以改变位区数据显示,在此滑动游标上右击,弹出的快捷菜单如图 7-94 所示。

滚动至此
左边缘
右边缘
向左翻页
向右翻页
向左滚动
向右滚动

图 7-94　游标快捷菜单

滚动至此:移动到鼠标所在游标的位置处。

左边缘:向左边缘移动。

右边缘:向右边缘移动。

向左翻页:向左移动 32 个单元,即新单元地址与原单元地址之间相差 20H。

向右翻页：向右移动 32 个单元，即原单元地址与新单元地址之间相差 20H。

向左滚动：向左移动一个单元地址。

向右滚动：向右移动一个单元地址。

在位模式数据显示区方格任意位置处右击，弹出的快捷菜单如图 7-95 所示。

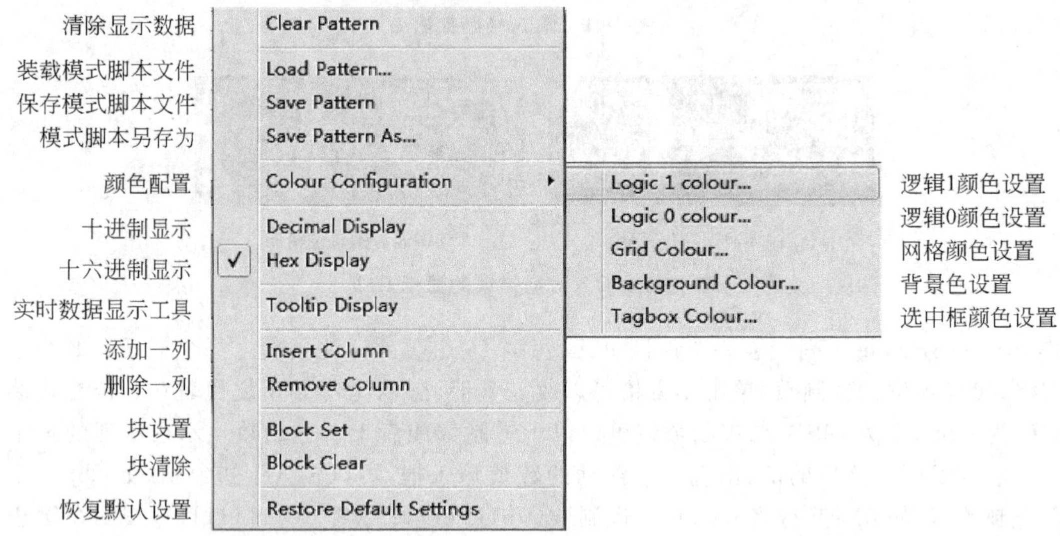

图 7-95 快捷菜单

Clear Pattern：将所有单元数值清零。

Load Pattern/Save Pattern：装载/保存模式脚本文件。通过该命令可以装载以前保存的模式脚本文件(*.ptn)或者将当前模式数据保存为模式脚本文件。模式脚本是纯文本的字节数值，每一个字节数值对应"位模式显示区"中的一列，字节数值之间用逗号分隔。分号开头的行是注释行。默认情况下是十六进制字节格式，但在创建脚本时可以输入十进制、二进制或十六进制。模式脚本实例如图 7-96 所示(配套电子资源实例 chap7 中的 NSpattern.pdsprj)。

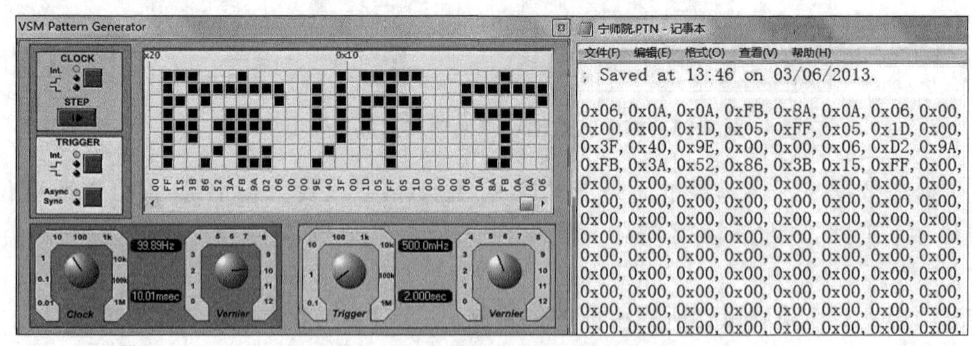


```
; Saved at 13:46 on 03/06/2013.

0x06, 0x0A, 0x0A, 0xFB, 0x8A, 0x0A, 0x06, 0x00,
0x00, 0x00, 0x1D, 0x05, 0xFF, 0x05, 0x1D, 0x00,
0x3F, 0x40, 0x9E, 0x00, 0x00, 0x06, 0xD2, 0x9A,
0xFB, 0x3A, 0x52, 0x86, 0x3B, 0x15, 0xFF, 0x00,
0x00, 0x00, 0x00, 0x00, 0x00, 0x00, 0x00, 0x00,
0x00, 0x00, 0x00, 0x00, 0x00, 0x00, 0x00, 0x00,
0x00, 0x00, 0x00, 0x00, 0x00, 0x00, 0x00, 0x00,
0x00, 0x00, 0x00, 0x00, 0x00, 0x00, 0x00, 0x00,
0x00, 0x00, 0x00, 0x00, 0x00, 0x00, 0x00, 0x00,
0x00, 0x00, 0x00, 0x00, 0x00, 0x00, 0x00, 0x00,
0x00, 0x00, 0x00, 0x00, 0x00, 0x00, 0x00, 0x00,
0x00, 0x00, 0x00, 0x00, 0x00, 0x00, 0x00, 0x00,
0x00, 0x00, 0x00, 0x00, 0x00, 0x00, 0x00, 0x00,
```

图 7-96 "宁师院"对应的脚本

Save Pattern As：模式另存为。选择该命令，在弹出的窗口中可以将当前模式数据另存为其他格式文件，如.TXT 文件。

Colour Configuration：颜色配置。该命令用于对位模式数据显示区内的颜色进行设置，具有二级菜单，包括逻辑1颜色设置、逻辑0颜色设置、网格颜色设置、背景颜色设置和选中框颜色设置（块操作选中）命令。单击某个二级菜单命令，弹出颜色拾取窗口，选择自己需要的颜色。

Decimal Display/ Hex Display：十进制显示或者十六进制显示。该命令用于设置属性单元值的显示方式是十进制还是十六进制。

Tooltip Display：选择该命令（快捷键为Ctrl＋Q），将鼠标移至位模式数据显示区，则实时数据随着鼠标的移动而移动，如图7-97所示。

Insert Column/Delete Column：添加/删除列。Insert Column在鼠标当前位置添加1列，则相应的删除列减少1列。Delete Column用于删除1列，删除列位于左侧，并随机装载数值，如图7-98所示。

Column Number	: 13	列数
Row Number	: 2	行数
Hoz. Byte Count	: 1<5>	水平字节计数

图7-97 实时数据显示

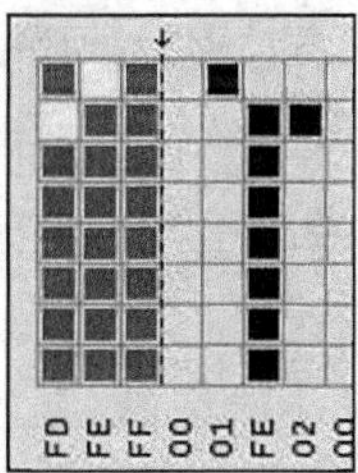

图7-98 删除列

Block Set/Clear：块设置/块删除命令。块操作命令主要用于所选择的区域快速填充1信号（Ctrl＋1）或者删除操作（Ctrl＋Shift＋1）。

Restore Default Settings：恢复默认设置。该命令用于恢复模式数据的参数默认值。

4. 模式发生器的应用

1）模式发生器保持模式应用

按照图7-99(a)设计原理图（配套电子资源实例chap7中的PauseModes. pdsprj），并添加探针，设置模式发生器的属性和HOLD脉冲信号的属性，如图7-99(b)所示。放置Mixed图表，将HOLD信号和CLKOUT信号添加到图表中，按空格键启动图表仿真，生成HOLD和CLKOUT信号波形，如图7-99(c)所示；单击仿真按钮中的Ⅱ按钮，打开Pattern仿真窗口，在仿真窗口中设置“Proteus VSM”显示字样，如图7-99(d)所示，单击仿真按钮中的▶按钮，可以看到，随着位数据的移动，其数据从Q0～Q6输出，并在LogicalProbe(BIG)上显示出来，如图7-99(a)所示。

2）模式发生器外部触发方式应用

按照图7-100(a)连接电路图（配套电子资源实例chap7中的TriggerMode. pdsprj），添加外部触发源（单脉冲信号）并设置属性，如图7-100(b)所示，添加电压探针分别命名为CLOCKOUT、TRIGGER和CASCADE，将3个探针添加Mixed图标中，这里以外部异步上升沿触发方式为例，设置模式发生器属性对话框，如图7-100(c)所示。按空格键启动图表仿真，如图7-100(d)所示。按照上述方法设置模式发生器属性，分别产生外部异步下降沿触发方式波形(图 7-100(e))、同步上升沿触发方式波形(图 7-100(f))、同步下降沿触发方式波形(图 7-100(g))。

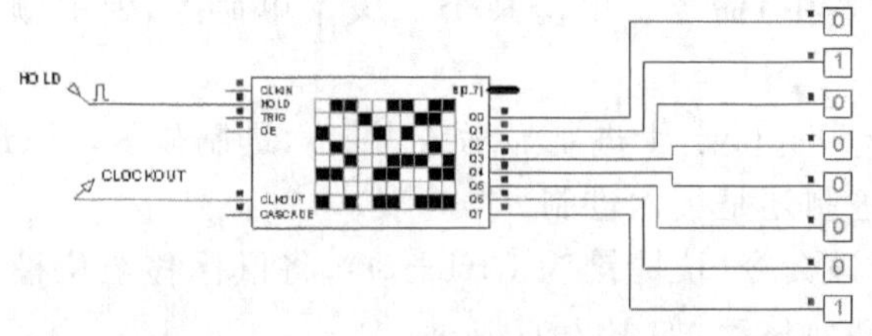

(a) pattern内部触发应用原理图

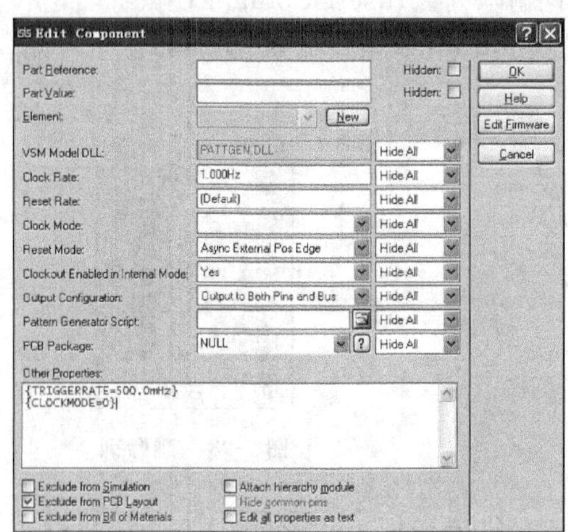

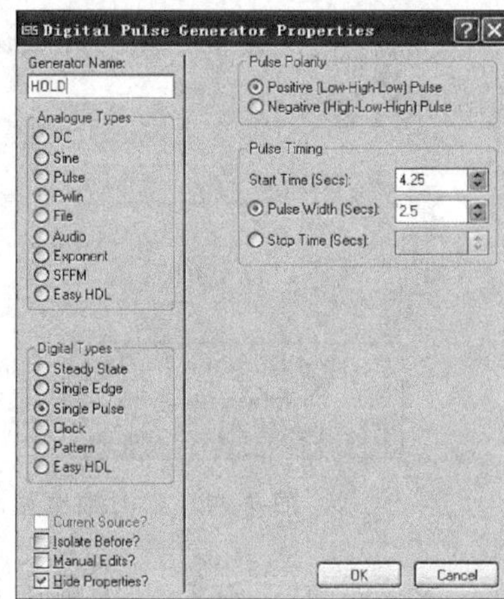

(b) Pattern、HOLD属性设置

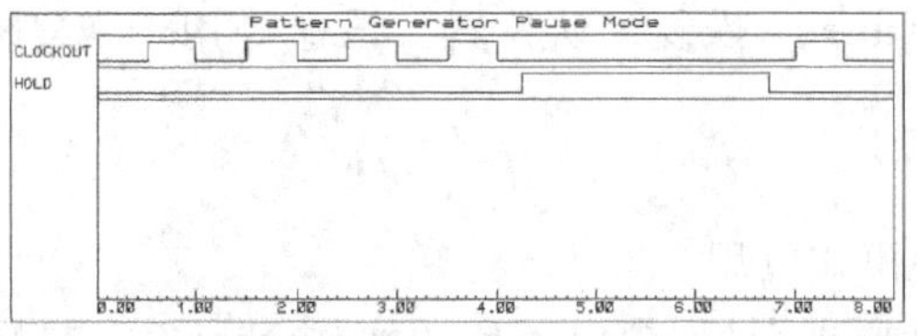

(c) CLOCKOUT、HOLD波形

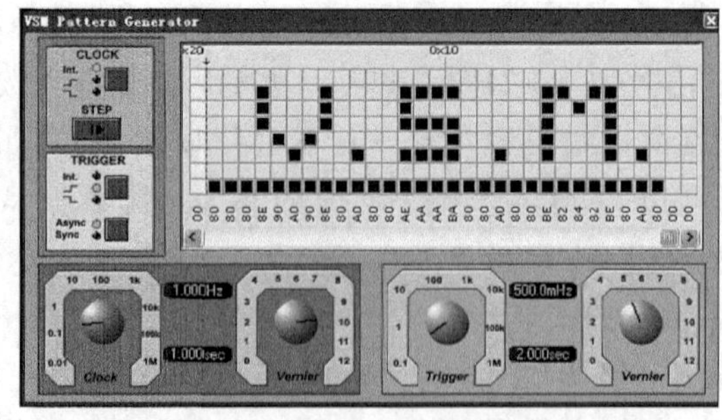

(d) Pattern仿真界面设置

图 7-99 模式发生器保持模式的应用

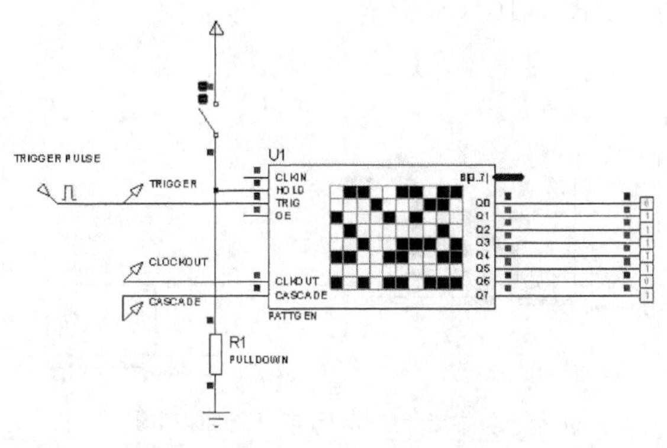

(a) 原理图

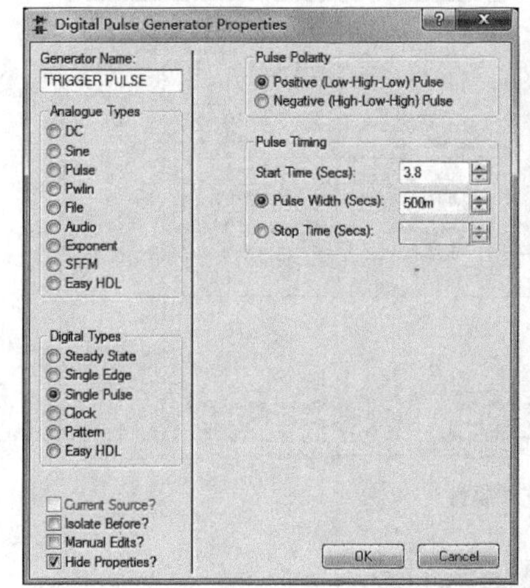

(b) TRIGGER PULSE属性设置

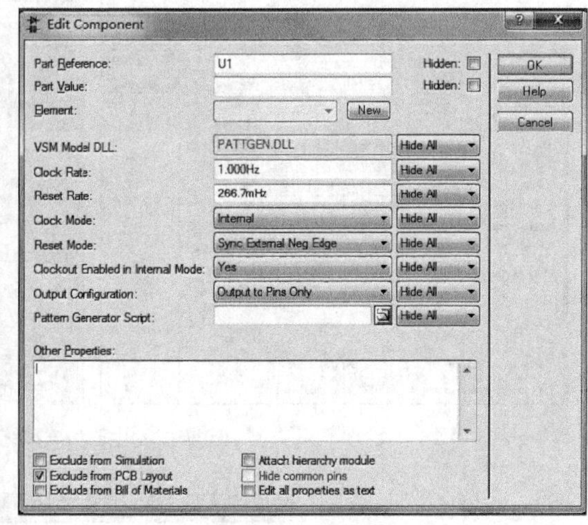

(c) Pattern属性设置对话框

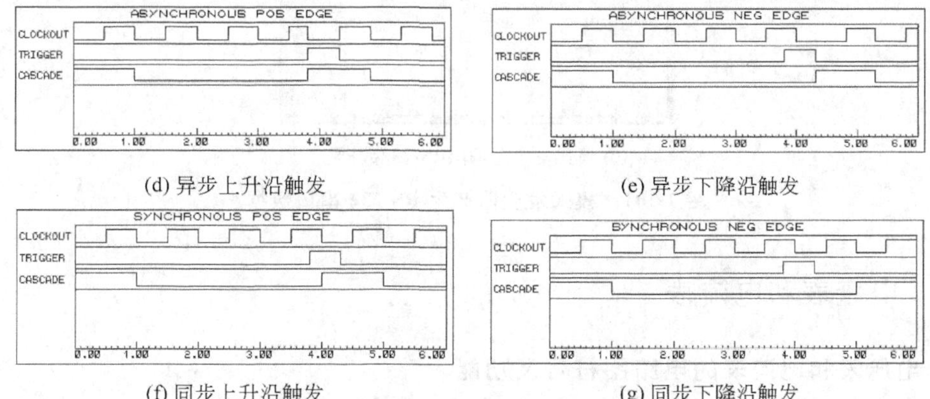

(d) 异步上升沿触发

(e) 异步下降沿触发

(f) 同步上升沿触发

(g) 同步下降沿触发

图 7-100 模式发生器外部触发方式应用

3）利用模式发生器产生 RS-232 串口数据

绘制如图 7-101(a)所示的原理(配套电子资源实例 chap7 中的 Rs232. pdsprj)，设置模式发生器的属性(RS232. ptn 文件在同一目录下)和虚拟终端，如图 7-101(b)所示，单击▶按钮，观察仿真结果，如图 7-101(c)所示。

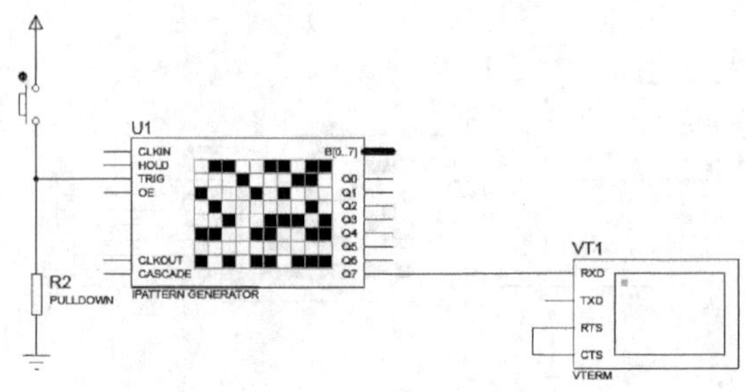

(a) 模式发生器产生RS-232串口数据原理图

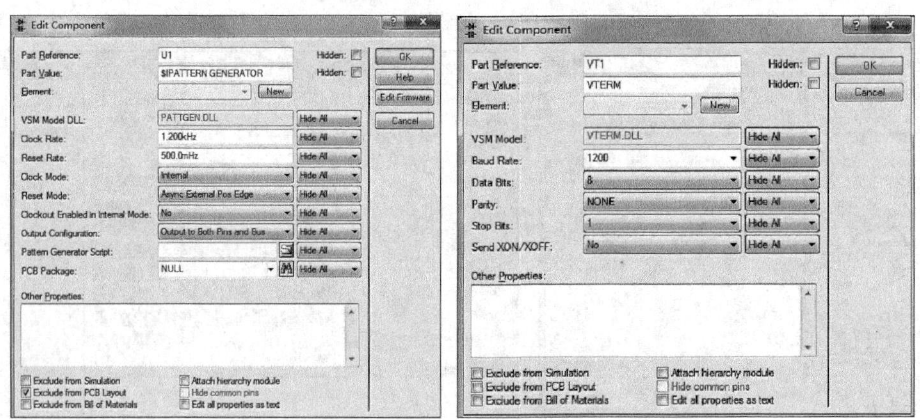

(b) 模式发生器和虚拟终端属性

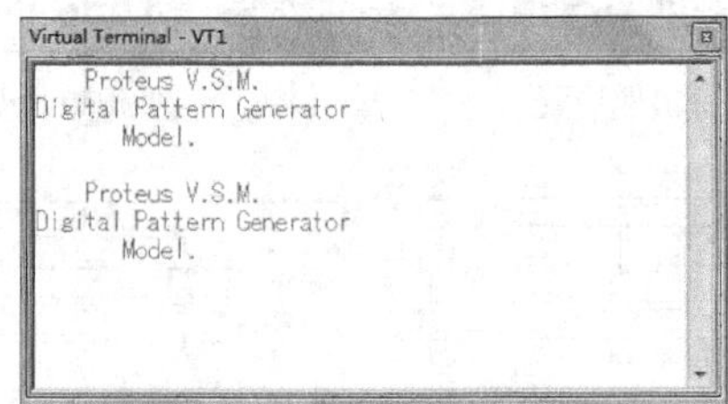

(c) 模式发生器输出RS-232数据

图 7-101 模式发生器产生 RS-232 串口数据

7.3.9 电压表和电流表

1. 电压表和电流表的电路图符号及功能

Proteus VSM 提供了 AC Voltmeter(交流电压表)、AC Ammeter(交流电流表)、DC Voltmeter(直流电压表)和 DC Ammeter(直流电流表)4 种表，这 4 种表的原理图符号如图 7-102 所示。各表的功能如表 7-10 所示。

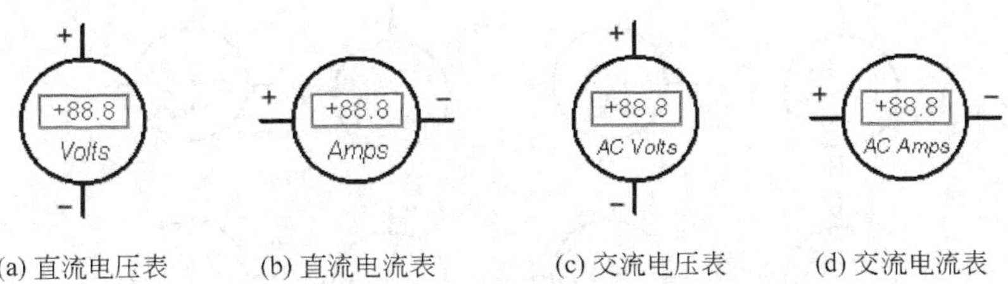

(a) 直流电压表　(b) 直流电流表　(c) 交流电压表　(d) 交流电流表

图 7-102　4 种表原理图符号

表 7-10　各表的功能

表名		功能
交流表	交流电压表	交流表主要用于交流电路中测量电压值和电流值，其读数为有效值(RMS)
	交流电流表	
直流表	直流电压表	直流表主要用于直流电路中电压和电流的测量
	直流电流表	

电压表和电流表的使用与实际的表一样，电压表并联在电路中，电流表串联在电路中，如果电路中的参考方向与表的参考方向相同，则读数为正值，反之读数为负值。可以通过属性修改其显示范围，如果超出了表显示范围的最大值则显示为 MAX，低于其最小值显示为 0，此时就要修改表的单位，如果显示的是 MAX，则单位要变大；如果显示为 0，则单位要变小。

2. 电压表和电流表的属性

电压表和电流表的属性参数很相似，这里以交流电压表和直流电压表为例来介绍，其属性参数对话框如图 7-103 所示，主要参数功能如下。

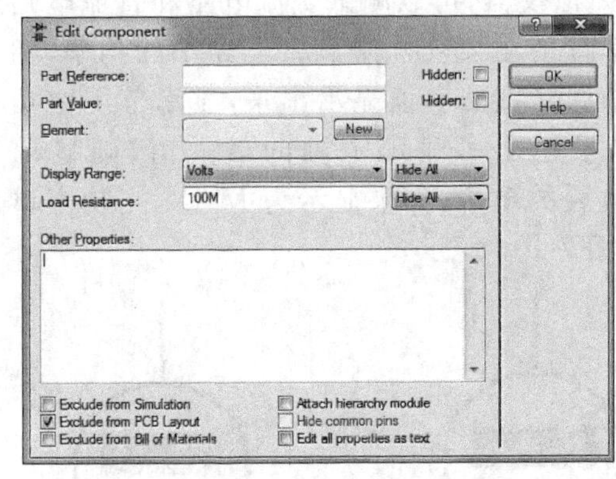

(a) 交流电压表属性

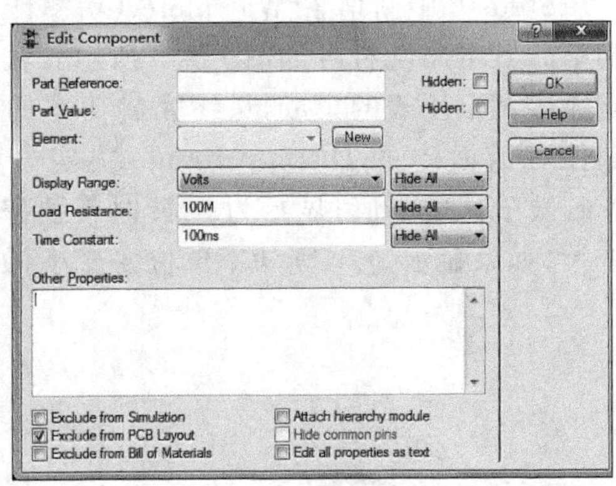

(b) 直流电压表属性

图 7-103　电压表属性对话框

(1) Display Range：显示范围设置，通过下拉按钮选择不同的单位以定义不同的显示范围，每个表的显示面板下面都标注其单位，如图 7-104 所示。单位如下。

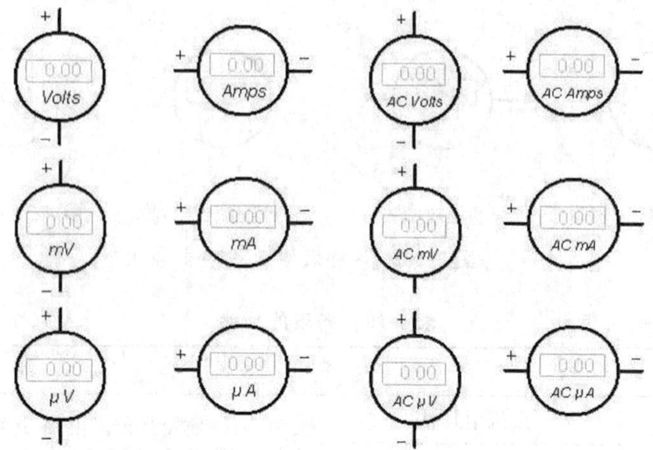

图 7-104 不同单位时的显示面板

Volts：伏特(V)，其范围为 100V 的伏特表。

Milli Volts：毫伏(mV)，其范围为 100mV 的伏特表。

MicroVolts：微伏(μV)，其范围为 100μV 的伏特表。

电流表的单位为 Amps(安培表)、Milliamps(毫安表)、Microamps(微安表)，范围的数值都是 100。

(2) Load Resistor：内阻值。

(3) Time Constant：时间常数。

7.3.10 功率计

1. 功率计的电路图符号及功能

Proteus 8 中新增了 Wattmeter(功率计)虚拟仪器，可以测试交流电路和直流电路的电功率。其电路图符号如图 7-105 所示。功率计的主要功能是测试电路中的功率，相当于电流表和电压表的集成，最终完成功率的计算并将功率值显示出来，显示范围由功率计属性对话框中的 Display Range 决定。如果超出了显示范围的最大值，则显示为 MAX，低于其最小值，显示为 0，此时就要修改表的单位，如果显示为 MAX，则功率单位要变大，如果显示为 0，则功率单位要变小，如图 7-106 所示。

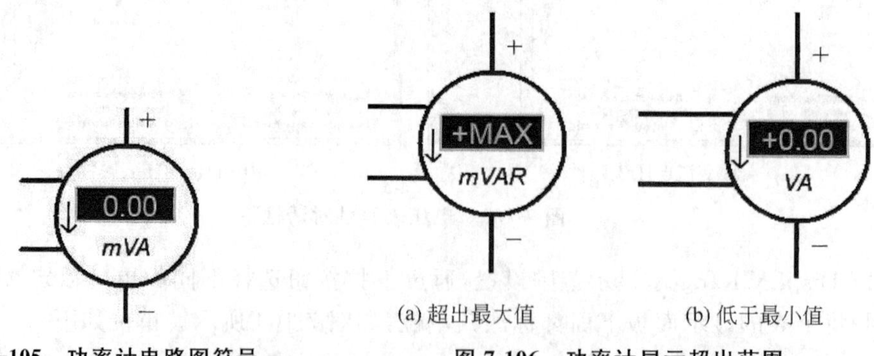

图 7-105 功率计电路图符号

(a) 超出最大值 (b) 低于最小值

图 7-106 功率计显示超出范围

功率计的引脚功能如下。

垂直箭头边的引脚为电流输入引脚，且箭头表示电流的流向。电流引脚串联接入待测元器件。

＋、－引脚为电压输入引脚，＋端表示电压参考方向的正极，－端表示电压参考方向的负极。电压引脚并联接入待测元器件。

2. 功率计的属性对话框

功率属性对话框如图 7-107 所示，主要参数功能如下。

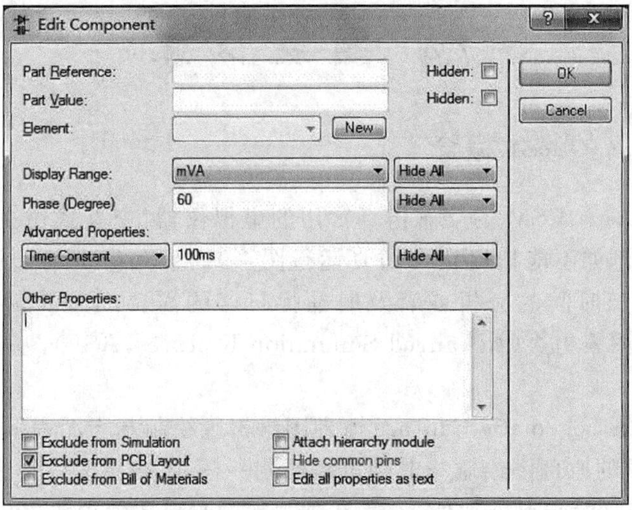

图 7-107 功率计属性对话框

Display Range：数值显示范围，单击下拉列表，选择对应的数值显示范围，包括 mVA(毫伏安)、VA(伏安)、kVA(千伏安)、mW(毫瓦)、kW(千瓦)、mVar(毫乏)、Var(乏)、kVar(千乏)。在三相电中，VA 是视在功率的单位，W 是有功功率的单位，Var 是无功功率的单位。这 3 个功率满足以下关系：

$$有功功率=\sqrt{视在功率^2-无功功率^2}$$

Phase(Degree)：相位，单位为度。

Time Constant：时间常数，单位为 ms。

3. 功率计的应用

按照图 7-108 所示绘制简单的电阻串联电路，并测试电阻 R2 消耗的功率，将功率计的引脚与 R2 串联接入电路，电压引脚并联接入 R2 中(配套电子资源实例 chap7 中的 WatterMeter. pdsprj)。

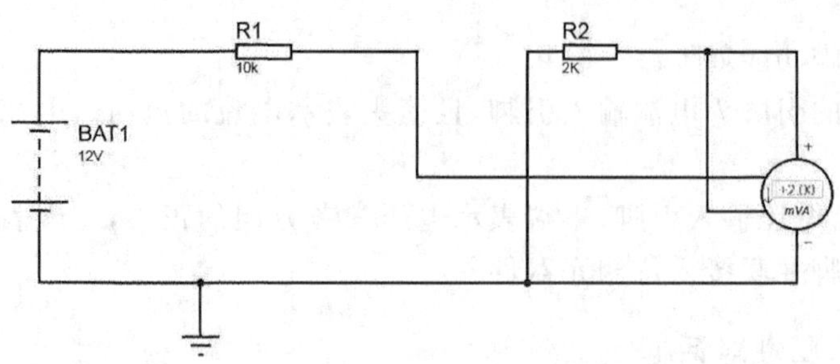

图 7-108 功率计的应用

7.4 图表仿真

7.4.1 图表仿真的基本概念

前面讲了 Proteus VSM 的动态仿真常用的虚拟仪器，交互式仿真虽然有许多优点，但仍有一些缺点，例如不能捕捉整个仿真运行图形，而且其仿真结果随着仿真结束也就消失了，不能满足长时间的分析或者及时捕捉打印的需要。为了解决该问题，Proteus VSM 提供了高级图表仿真(Advanced Simulation Features，ASF)，基于图表的仿真一般需要以下 5 步。

(1) 在 Proteus Schematic Capture 原理图编辑区绘制基于图表仿真的原理图。

基于图表仿真的原理图绘制与其他电路绘制一样，不再重复叙述。

(2) 在需要仿真的端点添加信号源，在被观察的端点放置探头(电压探针或者电流探针)，然后编辑信号源和探针的属性(具体见 7.2 节)。在这个阶段，还可以隔离部分的设计，使得只有某些组件在参与仿真，这是通过勾选信号源和探针的隔离前(Isolate Before)和隔离后(Isolate After)属性实现的。这种仿真方式提供了更快的仿真，但也意味着有可能发生潜在的错误，在仿真结束时应该撤销该参数设置，以防止后续电路(如制作 PCB)发生断路。

(3) 放置对应的 ASF 仿真图表，如频率图形显示的频率分析。

(4) 给图表添加相应的信号发生器和测试探针，以显示它们所产生的数据/记录。

(5) 设置仿真参数(如运行时间)，按空格键或者选择系统菜单 Graph→Simulate Graph 执行图表仿真。

7.4.2 ASF 图表

1. ASF 图表类型

在 Schematic Capture 主窗口模式工具栏上单击按钮，对象选择器列出 13 种图表仿真类型，如表 7-11 所示。

表 7-11 基于图表仿真类型及功能

仿真图表	含 义	功 能
Analogue	模拟图表	在瞬态仿真中绘制一条或多条电压/电流随时间变化的曲线，也可以绘制功率变化图表，又称瞬态分析
Digital	数字图表	绘制逻辑电平随时间变化的曲线，数据可以 1b 显示或者以总线型十六进制数值显示，很像实际中的逻辑分析仪
Mixed	混合模式图表	相当于模拟图表和数字图表的结合，可以在同一图表中绘制模拟信号和数字信号
Frequency	频率图表	主要分析在不同频率下电路中的小信号电压/电流的增益，绘制波特图、幅频特性曲线和相位特性曲线，还可以结合轨迹表达式产生输入输出阻抗特性曲线
Transfer	转移特性分析图表	测量电路的转移特性曲线(如三极管的转移特性曲线)，由一个或两个信号源作为输入信号，交互式扫描产生稳定的电压曲线或电流曲线，以第一个信号作为 X 轴变量，电压值或电流值作为 Y 轴变量
Noise	噪声分析图表	对电阻或半导体器件在电路中产生的噪声对输出信号的影响进行数字化处理。输入/输出电压与频率的关系
Distortion	失真分析图表	测试电路所引起的电平失真程度，显示随频率变化的二次和三次谐波失真，也可以绘制互调失真
Fourier	傅里叶分析图表	用于分析一个时域信号的直流分量、基波分量和谐波分量
Audio	音频图表	将 WAV 格式的音频信号转变成音频波形，并通过声卡回放该信号
Interactive	交互式分析图表	结合交互式仿真与图表仿真的特点，在仿真过程中用一个瞬态分析图表记录和显示数据。可以观察某个单独操作对电路的影响
Conformance	一致性分析图表	用于比较两组数字仿真的结果，快速测试电路参数修改后的设计是否会带来不期望的副作用。一致性分析是测试策略的一部分，主要用于嵌入式系统的分析
DC Sweep	直流扫描分析图表	主要分析电路在稳态/静态工作时，电流/电压在一定范围内变化的信号曲线图。如三极管的直流工作点的分析
AC Sweep	交流扫描分析图表	用于反映电路元器件参数值发生线性变化时的频率特性曲线族

2. ASF 图表的放置

ASF 图表的放置方法有以下 2 种。

(1) 在对象选择器中选择合适的图表。

(2) 在编辑区单击(起点),移动鼠表到期望的位置单击(终点),以起点和终点为对角线构成一个矩形框,即放置一个图表到电路图中。使 ASF 图表成为热对象,其四周出现 8 个控制点,鼠标放置于控制点上变成+字形状,拖动可以改变其大小。以已经添加逻辑轨迹并显示图形的 Analogue 图表为例,其图表如图 7-109 所示。

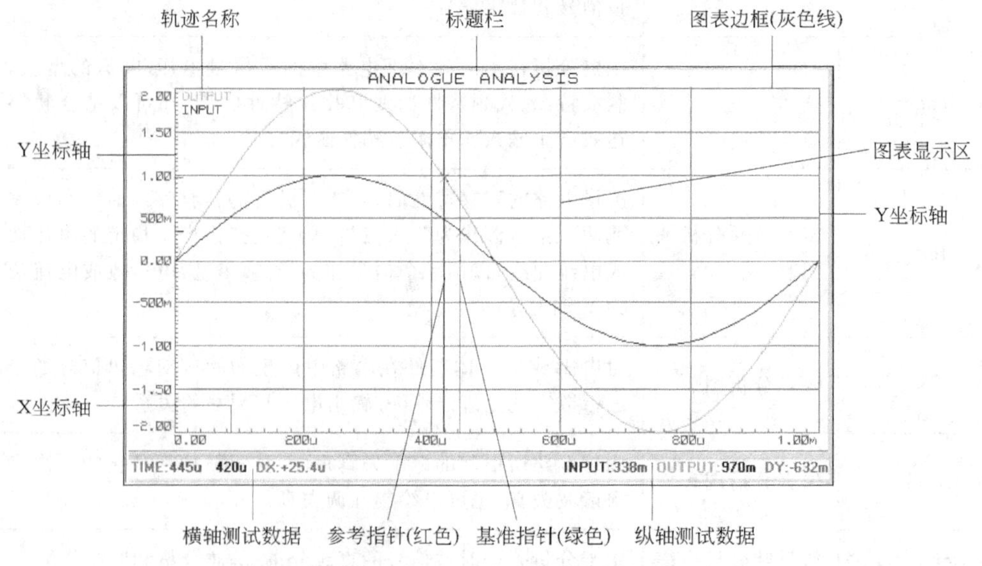

图 7-109　Analogue 图表的图形显示

从图 7-109 可以看出,图表主要由标题栏、坐标轴、图表显示区和信息栏 4 部分组成,各部分功能如下。

(1) 标题栏:显示图表的标题,默认显示图表的英文名称。可以通过图表属性对话框中的 Graph title 属性修改标题栏名称。

(2) 坐标轴,Y 坐标轴在图表的左右两侧,可以通过图表属性对话框修改坐标轴是在右侧(Right)还是在左侧(Left)。也可以按照就近原则自动分配。

(3) 图表显示区:是一个坐标区域,横坐标一般为时间或频率等,纵坐标轴可以设置在显示区的左右两侧,根据不同的图表显示不同的单位,如电压、电流、相位或幅值等。图表显示区可以显示一条或多条曲线。

(4) 信息栏:主要显示测试数据。

3. ASF 图表属性的修改

不同图表的属性对话框也不一样,这里以 Analogue 图表为例,在图表上双击,或者右击,并在弹出的快捷菜单中选择 Edit Properties 命令,或者按 Ctrl+E 键,都可以打开其属性对话框,如图 7-110 所示。各属性的含义如表 7-12 所示。

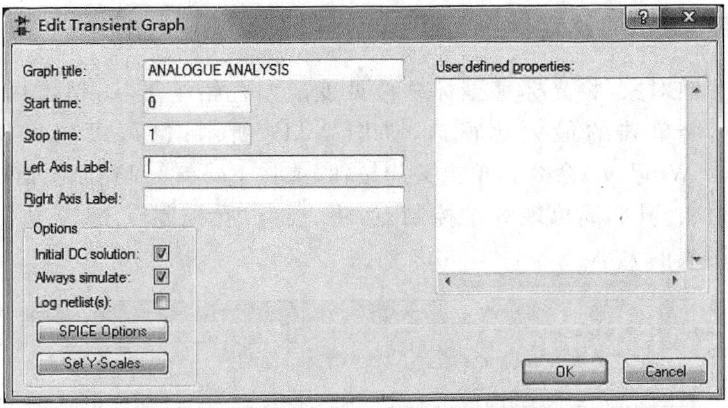

图 7-110 Analogue 图表属性对话框

表 7-12 Analogue 图表的属性

属 性	含 义
Graph Title	图表标题
Start Time	仿真起始时间
Stop Time	仿真停止时间
Left Axis Label	左边 Y 轴标签(名称)
Right Axis Label	右边 Y 轴标签(名称)
Log netlist(s)	是否产生仿真日志。勾选该项表示产生仿真日志。则当按空格键仿真时生成仿真日志,可以选择菜单 Graph→View Log 命令或者按 Ctrl+V 键查看仿真日志
Initial DC Solution	是否初始化 DC 配置方案,如果勾选该项表示零时刻电容和电感等元器件处于稳定状态;如果没有勾选,当仿真开始时,电感和电容就会有电荷发生变化
SPICE Options	SPICE 参数设置按钮,单击弹出 SPICE 参数设置对话框,对其相关参数进行设置
Always Simulate	是否总是仿真,勾选该项表示进行仿真的条件发生变化时,系统会重新执行仿真更新图表
Set Y-Scales	设置 Y 坐标轴参数,单击该按钮弹出 Y 坐标轴设置对话框,如图 7-111 所示。Minimum Value 为最小值,Maximum Value 为最大值,Lock values 用于确定是否锁定坐标值
Use defined properties	用户定义属性,在此可以输入用户自定义表达式产生信号驱动仿真

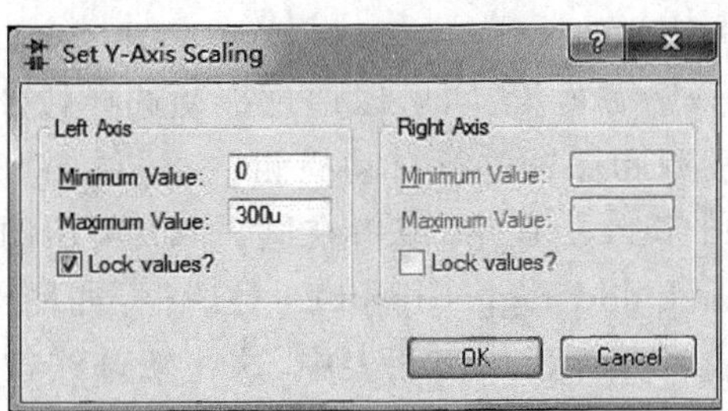

图 7-111 *Y* 轴参数设置对话框

4. 图表窗口大小的改变

使图表成为热对象,将光标移至标题栏处变成白色铅笔形状,单击可以使图表脱离原理图,变成一个单独的最大化窗口,如图7-112所示;也可以选择快捷菜单命令Maximize(Show Window)命令。单击关闭按钮(或按Eec键)回到原图窗口,或者使缩小的图表成为热对象,其四周出现8个控制点,将光标放在控制点上,变成白色铅笔形状,拖动可以改变图表的大小。

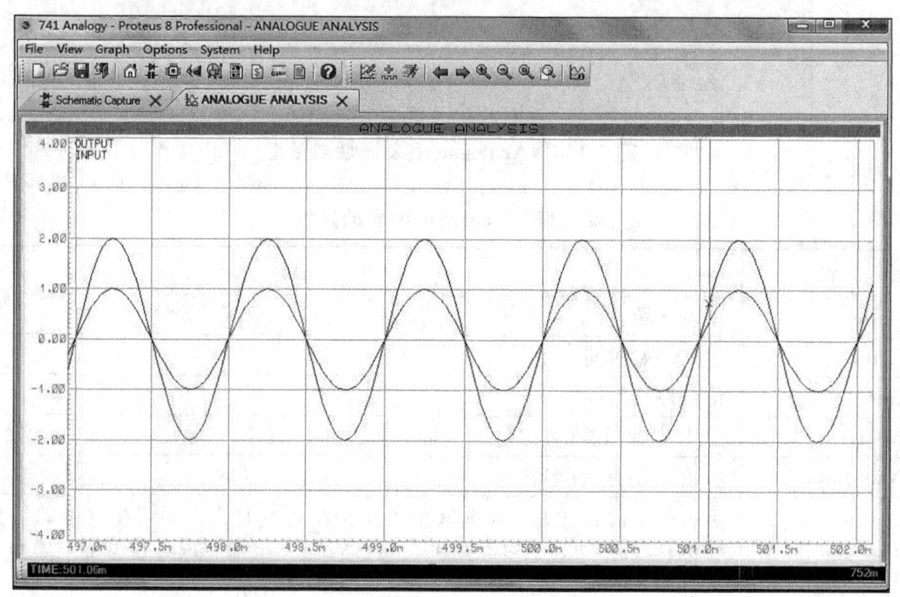

图7-112 图表最大化窗口

5. 图表轨迹添加方法

图表显示区轨迹线添加的方法主要有3种。

方法1:把激励源或探针的名称直接拖放到图表中。

(1) 选择要添加的激励源或探针。

(2) 按住激励源名称或探针名称拖到图表中,Y轴在图表左边还是右边按照拖动到图表的位置的就近原则确定。

方法2:利用快速法添加多个轨迹线。

(1) 使要添加轨迹线的图表成为当前图表(可以在Graph菜单下看是否勾选该图表,如果勾选表明是当前图表)。

(2) 选择需要添加的激励源或探针,可以通过拖动选择,这时如果选择了其他的器件也没有关系,系统只对激励源和探针进行自动检测。

(3) 选择Graph→Add Traces命令,或者在图7-112所示的窗口中选择Graph→Add Traces命令,都会弹出Quick-add tagged probes对话框,如图7-113所示。单击OK按钮,将所有选中的激励源或者探针添加到图表中,这些轨迹线按照字母顺序排列,也可以手动拖动轨迹名上移或者下移改变其轨迹线的位置。

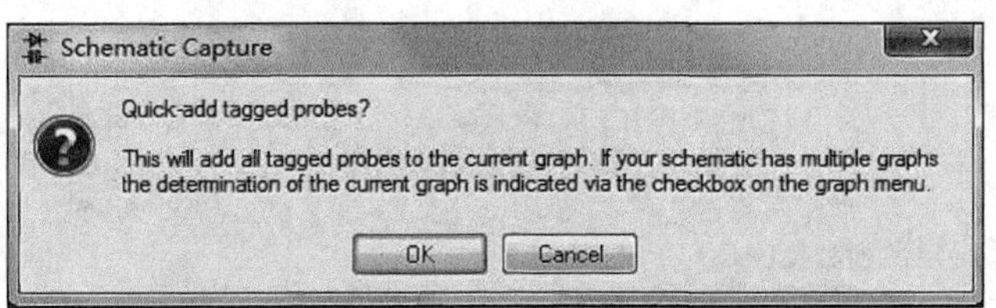

图 7-113 Quick-add tagged probes 对话框

方法 3：利用 Add Trances 命令对话框添加轨迹。

选择 Graph→Add Traces 命令，或者在图 7-112 所示的窗口中选择 Graph→Add Traces 命令，或者在方法 2 中的第(3)步单击 Cancel 按钮，都会打开 Add Transient Trace 对话框，如图 7-114 所示，参数如下。

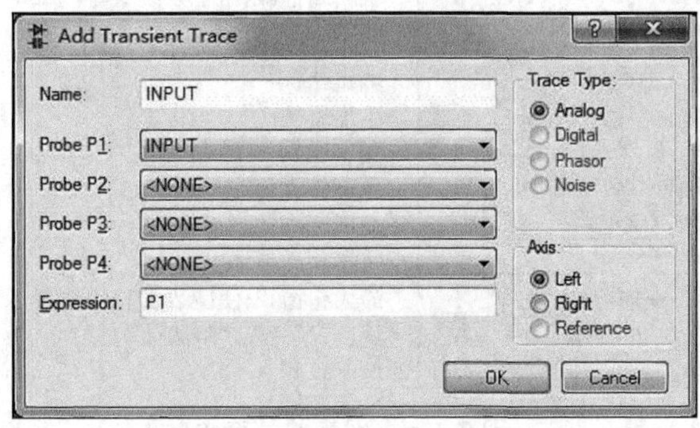

图 7-114 Add Transient Trace 对话框

(1) Name：轨迹线名称，即坐标轴上显示的名称，如图 7-112 中的 INPUT。

(2) Trace Type：轨迹类型选择，有 Analog(模拟)、Digital(数字)、Phasor(相位)和 Noise(噪声)。

(3) Axis：*Y* 轴位置选择，有 Left(左边)、Right(右边)和 Reference(参考)。

(4) Probe P1～P4：系统分配了 4 条轨迹线，分别是 P1、P2、P3 和 P4，单击下拉按钮，选择激励源或探针名称，或者直接在 Expression 文本框中输入关于 P1、P2、P3 和 P4 的表达式。例如，要显示功率，则一个数据来源于一个电压探针(P1)，另一个数据来源于电流探针(P2)，则其表达式为 P1 * P2。单击 OK 按钮完成功率的显示。

7.4.3 图表仿真有关的菜单和命令

7.4.3.1 系统 Graph 菜单

系统 Graph 菜单的功能如图 7-115 所示。

7.4.3.2 图表快捷菜单

在图表上右击，弹出快捷菜单，功能如图 7-116 所示。

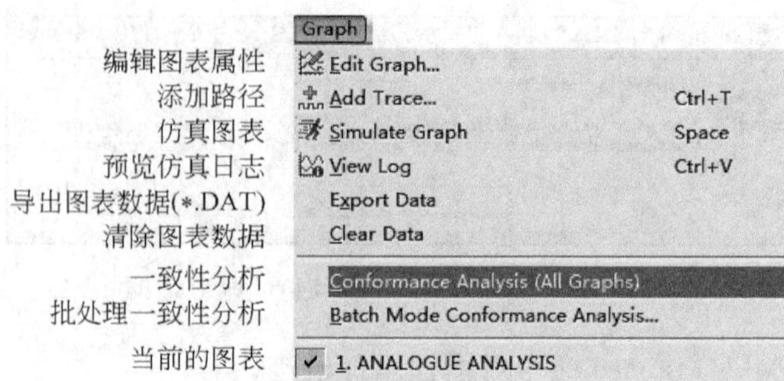

图 7-115 系统 Graph 菜单

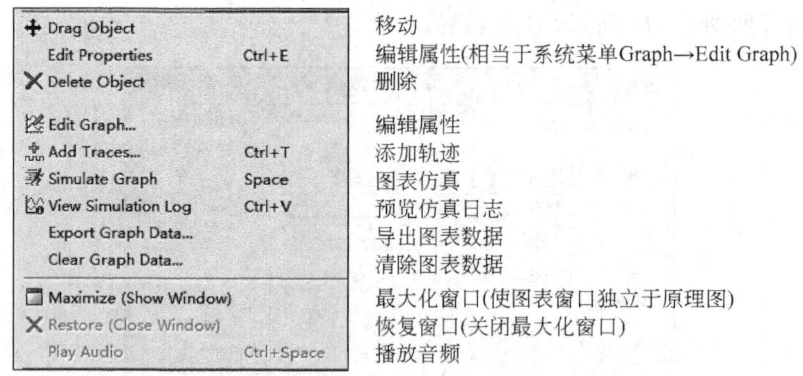

图 7-116 图表快捷菜单

7.4.3.3 最大化图表菜单栏

使图表窗口最大化后，系统菜单变为图表菜单，各菜单功能如下。

1. File 菜单栏

File 菜单与图表有关的命令如图 7-117 所示。

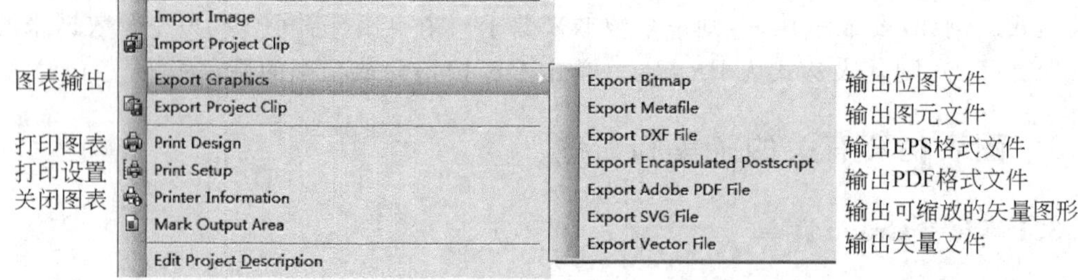

图 7-117 File 菜单

1) Export Graphics

输出图形文件命令包括 Bitmap、Metafile、DXF File、Encapsulated Postscript 和 Vector File 共 5 种格式。

(1) 位图文件(Bitmap)[20],扩展名是.bmp或.dib,在Proteus中为.bmp格式。位图是Windows标准格式图形文件,它将图像定义为由点(像素)组成,每个点可以由多种色彩表示,包括2、4、8、16、24和32位色彩。选择该命令,弹出如图7-118所示的格式输出对话框。

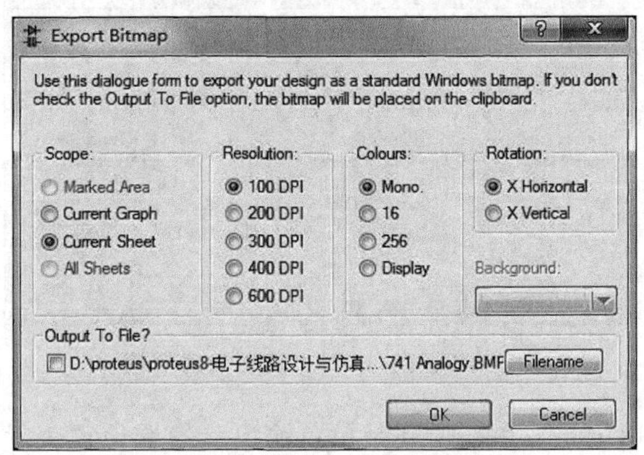

图7-118 Bitmap格式输出对话框

① Scope:范围,包括以下4个单选按钮。

Marked Area:选中区域,首先在原理图操作窗口下选择File→Make Output Area命令,选中要输出的图表区域。撤销选中区域的方法是:再一次选择Make Output Area命令后,在原来选中的区域右击。

Current Graph:当前图表,输出当前处于最大化的图表或者最近一次选中的图表。

Current Sheet:当前设计页,此选项只有在没有最大化图表时有效,输出当前设计页所有信息。

All Sheets:所有设计页,该选项只有当设计页包含层次电路和子电路时有效。

② Resolution:分辨率,包括5个分辨率单选按钮。

100DPI:代表像素为100×100。其他单选按钮依此类推。

③ Colours:色彩深度,有以下4个选项。

Mono.:图形单色显示,它是monochrome的缩写,以黑白颜色区别深浅。

16:16位色,以16种颜色输出位图。

256:256位色,以256种颜色输出位图。

Display:输出颜色与计算机的显示卡相匹配的位图。

④ Rotation:旋转,有以下两个选项。

X Horizontal,X轴在水平方向。

X Vertical,X轴在垂直方向。

⑤ Output To File:输出到文件,指定输出文件的路径,单击Filename按钮,可以重新设置路径和文件名称。

(2) Metafile是图元文件,分为普通图元文件和增强型图元文件两种,扩展名分别为.wmf和.emf。图元文件将图形定义为编码的线段和图形,也称做“绘图类型”的图形[21]。Proteus 提供的是增强型图元文件，选择该命令，弹出如图 7-119 所示的格式输出对话框。除了 Options 选项外，其他参数都与位图格式一致，因此下面主要讲解 Options 选项的功能。

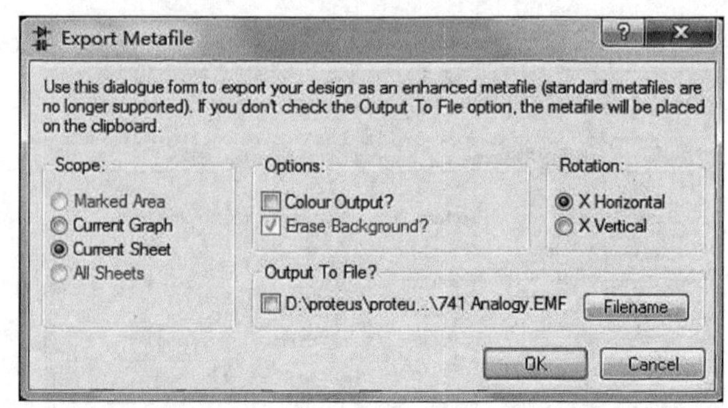

图 7-119　Metafile 格式输出对话框

Colour Output：指定是彩色输出还是单色输出。勾选该项表示彩色输出，否则黑白色输出。

Erase Background：是否擦除背景色，勾选该项表示擦除背景色，不勾选该项表示保留背景色。

(3) 绘图交换文件(Drawing Exchange File，DXF)是由很多"代码"和"值"组成的数据对构造而成的，这里的代码称为组码(group code)，指定其后的值的类型和用途。每个组码和值必须为单独的一行。DXF 文件被组织成为个段(section)，每个段以组码 0 和字符串 SECTION 开头，紧接着是组码 2 和表示段名的字符串(如 HEADER)。段的中间可以使用组码和值定义段中的元素。段的结尾使用组码 0 和字符串 ENDSEC 来定义[22,23]。选择该命令，弹出 DXF 格式输出对话框，如图 7-120 所示。下面主要讲解 Scale 和 Reflection 选项。

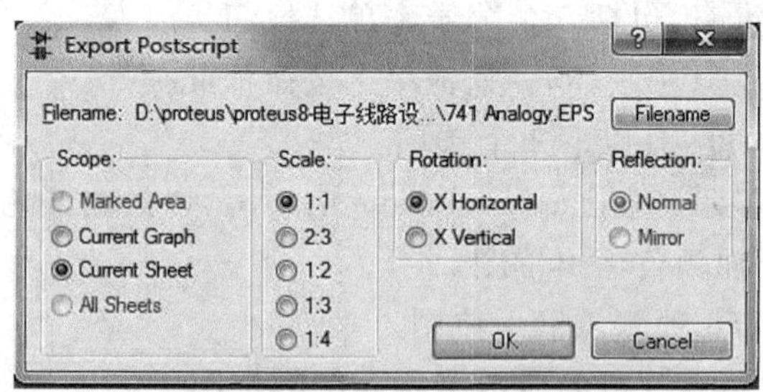

图 7-120　DXF 格式输出对话框

Scale：缩放，缩放比例从 1∶1 至 1∶4 可选。

Reflection：用于定义参数是正常(Normal)输出还是镜像(Mirror)输出。

(4) EPS(Encapsulated Postscript)称为封装的 Postscript 格式[24]，是目前桌面印刷系统普遍使用的通用交换格式中的一种综合格式。EPS 文件格式又被称为带有预视图像的 PS 格式，它由一个 Postscript 语言的文本文件和一个(可选)低分辨率的由 PICT 或 TIFF 格式描述的代表像组成。EPS 文件就是包括文件头信息的 Postscript 文件，利用文件头信息可使其他应用程序将此文件嵌入文档[25]。选择该命令,弹出如图7-121所示的EPS格式输出对话框,参数与前面几种格式一致。

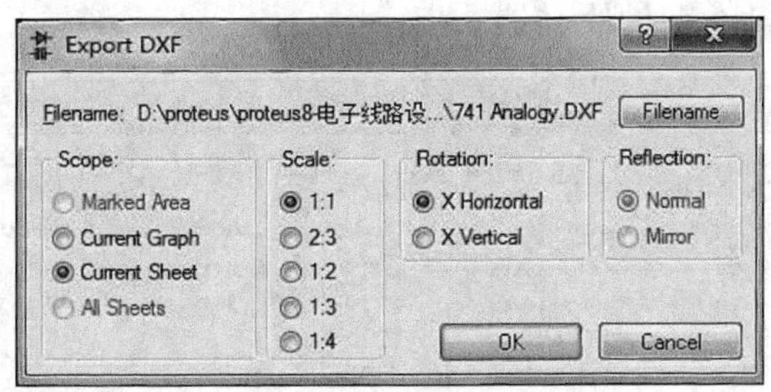

图7-121 EPS格式输出对话框

(5) Export Adobe PDF File,该命令用于生成PDF格式文件,选择该命令,弹出PDF格式输出对话框,如图7-122所示。该对话框中多出Launch Acrobat选项,勾选该选项,表示启动Acrobat并打开刚才创建的PDF文件。

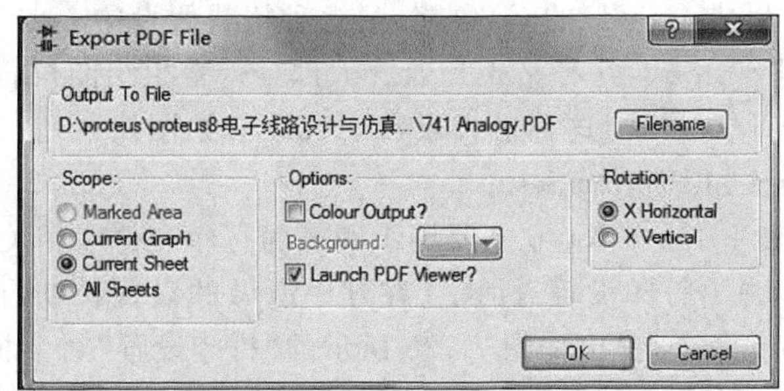

图7-122 PDF格式输出对话框

(6) SVG(Scalable Vector Graphics)为可缩放的矢量图形,是一种用XML定义的语言,用来描述二维矢量及矢量/栅格图形。它是由World Wide Web Consortium(W3C)联盟开发的。严格来说,它应该是一种开放标准的矢量图形语言,可以设计激动人心的、高分辨率的Web图形页面。用户可以直接用代码来描绘图像,可以用任何文字处理工具打开SVG图像,通过改变部分代码来使图像具有交互功能,并可以随时插入到HTML中,通过浏览器来观看。单击该命令,弹出SVG输出对话框,如图7-123所示,输出的文件格式为*.SVG。

图7-123 SVG格式输出对话框

(7) Export Vector File,该命令用于生成后缀为 *.hgl 的矢量图像格式文件。选择该命令,弹出其输出属性对话框,如图 7-124 所示。相对于其他格式,此格式多了 Device 参数,此项用于选择矢量类型的驱动器。

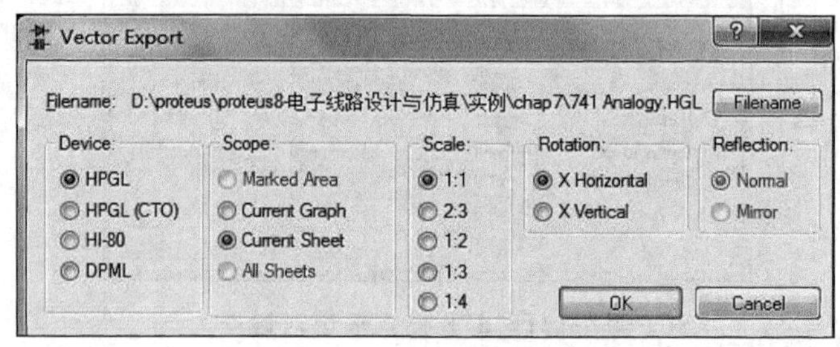

图 7-124 Vector 格式输入对话框

HPGL:生成 HPGL(Hewlett Packard Graphics Language,惠普公司开发的图形语言矢量文件格式)标准格式。这种格式假设左上角为中心原点。

HPGL(CTO):生成 HPGL 的 CTO 格式,这种格式假设中心点为原点。

HI-80:生成 HI-80 格式,这种格式是兼容大部分爱普生绘图仪。

DPML:生成 DPML 格式,这种格式兼容 Houston 绘图仪系列。

2) Printer Design 和 Printer Setup

Printer Design 和 Printer Setup 主要用于图表的打印和打印相关参数的设置。选择 Printer Design 命令,弹出打印设置对话框(在其中所做的设置长期有效),如图 7-125 所示,选择 Printer Setup 命令,弹出如图 7-126 所示的"打印设置"对话框(该对话框中所作的设置仅对本次打印有效)。这两个参数对话框与打印原理图一样,请参阅 10.6 节。

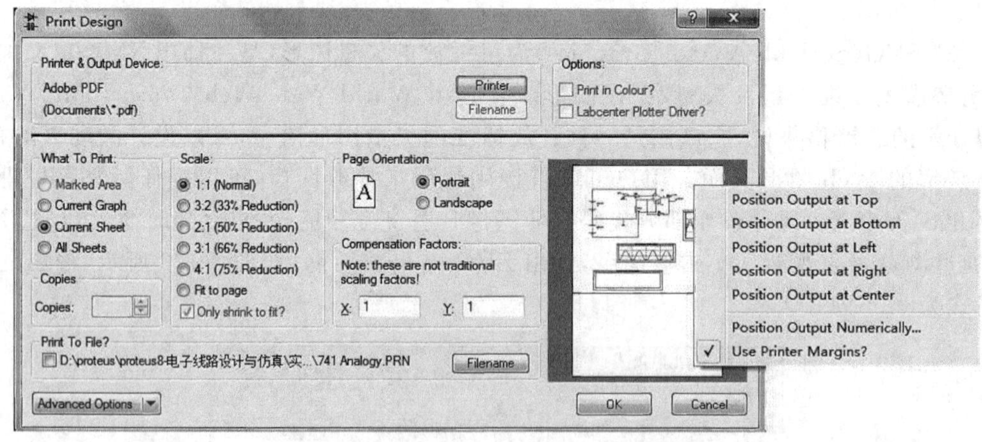

图 7-125 打印机参数设置(长期有效)

2. View 菜单

View 菜单的主要功能是实现图表移动、放大等操作,具体如图 7-127 所示。

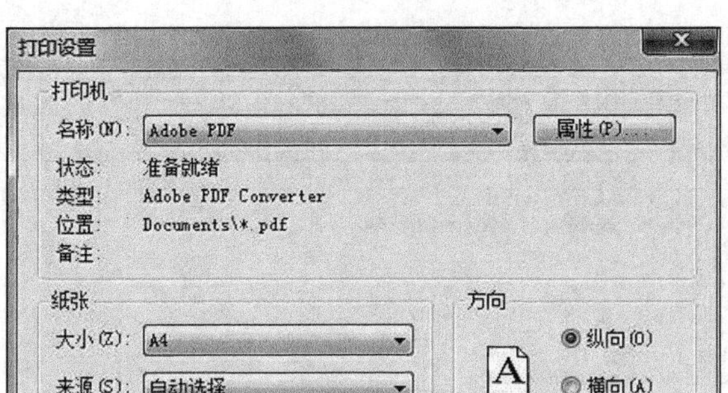

图 7-126 打印机设置(参数临时有效)

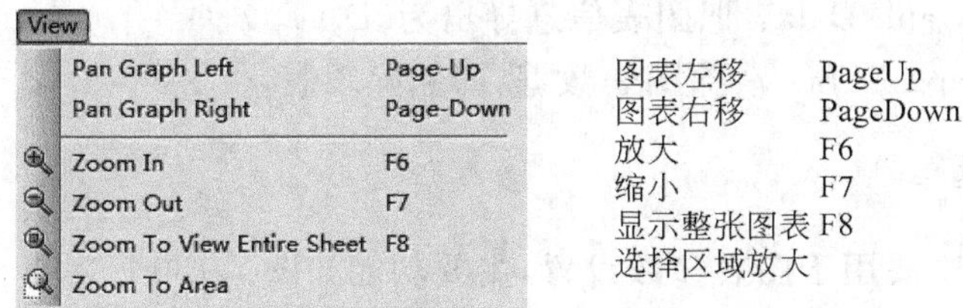

图 7-127 View 菜单

3. Graph 菜单

Graph 菜单主要实现图表的编辑、添加轨迹线、仿真图表、仿真日志、导出数据等功能,具体如图 7-128 所示。

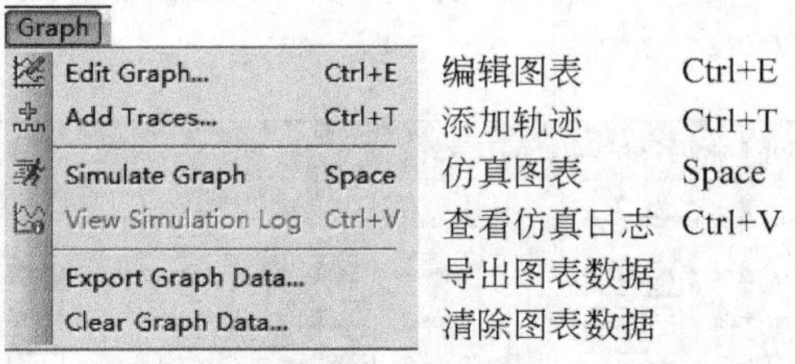

图 7-128 Graph 菜单

(1) Edit Graph:用于打开图表的属性对话框,请参阅 7.4.2 节。

(2) Add Trace:添加轨迹线。

(3) Simulate Graph:仿真图表,选择该命令可以产生图表数据。快捷键为空格键。

(4) View Simulation Log:查看仿真日志,此项只有在图表属性对话框中的 Log netlist(s): ☑ 选项勾选时才有效。仿真日志记录仿真时的一些信息,包括正确、警告和错误等信息。对于错误信息必须处理,否则得不到正确的图形或者根本不能生成图表。如图 7-129 所示,绿色符号代表正确,黄色符号代表警告,红色叉号符号代表错误(图中没有错误信息)。双击错误的信息可以直接定位到 Schematic Capture 中对应的元器件。

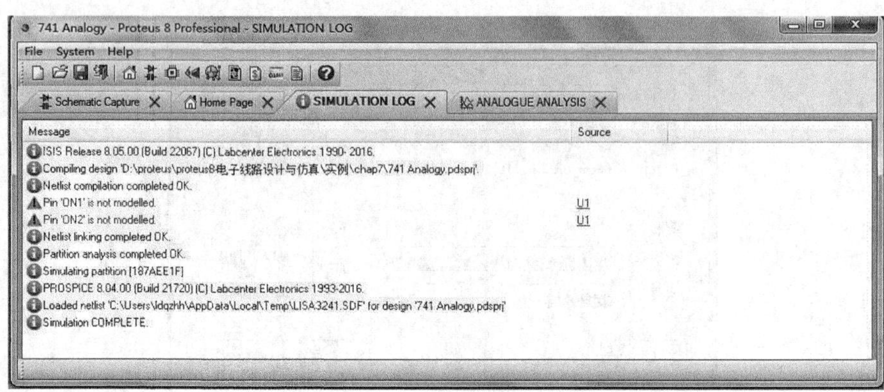

图 7-129 仿真日志

(5) Export Graph Data：把图表信息导出为.DAT 文件。

(6) Clear Graph Data：清除图表数据，即删除图表。

4. Options 菜单

Options 菜单主要用于图表参数设置，主要功能如图 7-130 所示。

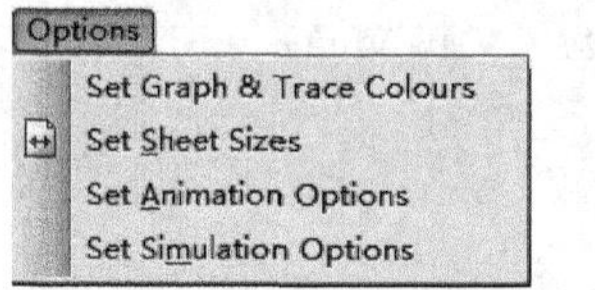

设置图表、轨迹线颜色
设置纸张大小
设置动态仿真参数
设置仿真参数

图 7-130 Option 菜单

选择 Set Graph & Trace Colours 命令，弹出图表和轨迹线颜色设置对话框，如图 7-131 所示。

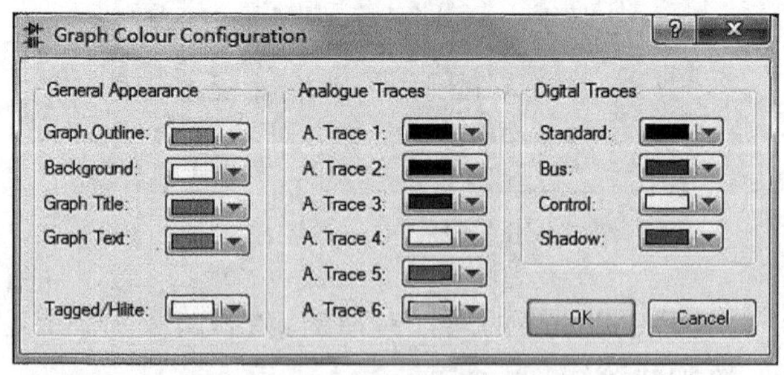

图 7-131 图表、轨迹线颜色设置对话框

(1) General Appearance：基本外观参数设置。

Graph Outline：二维图形边框线颜色。

Background：显示区背景色。

Graph Title：标题栏背景色。

Graph Text：图表中的文本颜色，如坐标值的标注颜色等。

Tagged/Hilite：图表中特殊位置或特殊轨迹的颜色。

(2) Analogue Traces：模拟轨迹线颜色设置，系统默认为 6 根轨迹线，当图表中的轨迹线超出 6 个时，超出部分从头开始按照 Trace1、Trace2、Trace3……的顺序分配颜色。

(3) Digital Traces：数字轨迹线颜色设置。

Standard：普通线颜色。

Bus：总线颜色。

Control：控制线颜色设置，具体参见 7.15 节。

Shadow：Shadow 线颜色设置，例如，对于 CLK(时钟)输入信号，由于这是一个外部输入信号，如果在不给外部信号时，直接用探针进行测量是没有任何波形的，所以在图表中可以看到 CLK 的波形是一个 Shadow 线颜色(默认为灰色)的线条。

7.4.3.4 快捷菜单

在轨迹名处右击，弹出的快捷菜单如图 7-132 所示。其中 Drag Trace Label 命令可以移动轨迹线，改变轨迹线显示的顺序。也可以将鼠标放置到轨迹名处，按住左键不放，此时轨迹名处于选中状态SR2(Q3)，上下拖动也可以改变轨迹的显示顺序。如果单击轨迹名后放开鼠标，则弹出轨迹线属性对话框，如图 7-133 所示，此时只能修改轨迹线名称。在图表处右击，弹出的快捷菜单如图 7-134 所示。

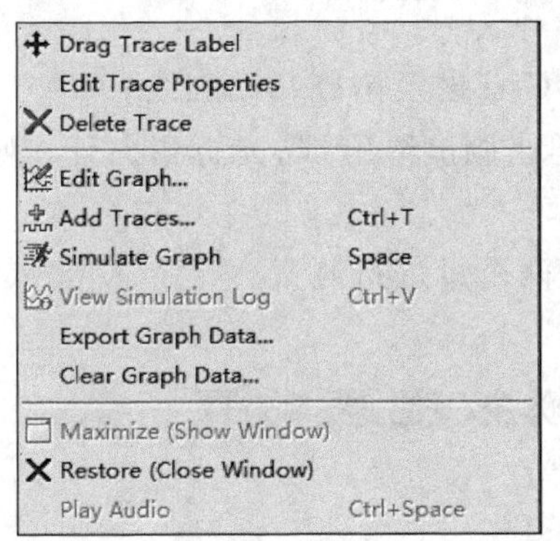

移动轨迹线
编辑轨迹线属性
删除轨迹线
编辑图表
添加轨迹线
仿真图表
查看仿真日志
导出图表数据
清除图表数据
最大化窗口
恢复(关闭最大化窗口)
播放音乐

图 7-132 单击菜单名快捷菜单

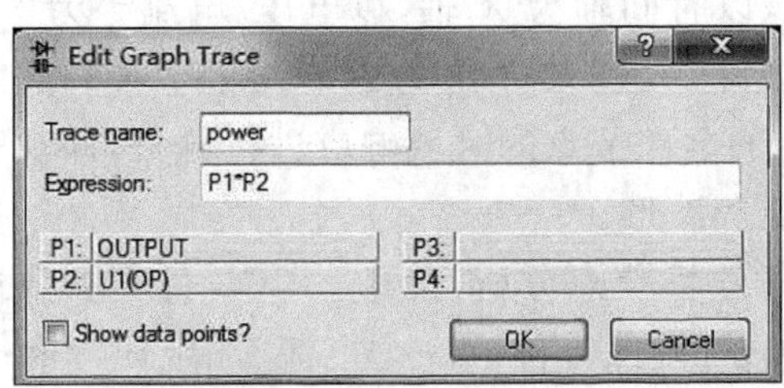

图 7-133 轨迹线属性修改

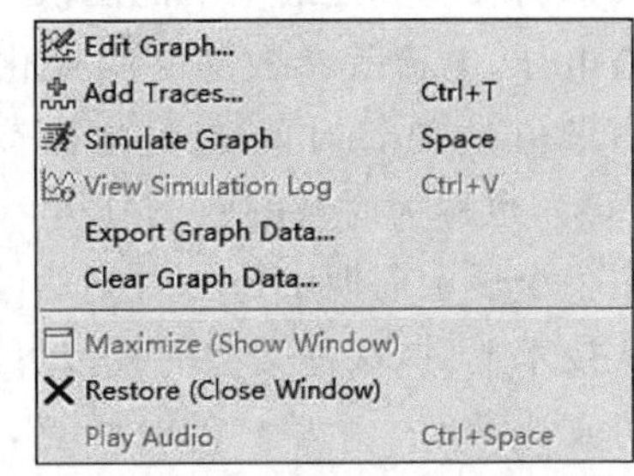

图 7-134 图表中右击快捷菜单

7.4.3.5 最大化窗口的工具栏

最大化窗口的工具栏如图 7-135 所示。

编辑图表属性 添加轨迹线 仿真图表 左移坐标轴 右移坐标轴 放大 缩小 整页显示 区域放大 预览仿真日志

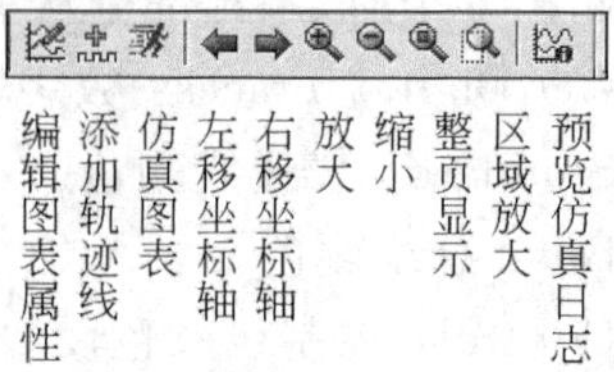

图 7-135 最大化窗口的工具栏

➡按钮是将图表相对于显示屏幕右移，而从使用者的观察方向来看是左移，这一点应注意。同理，⬅是将图表相对于显示屏幕左移，而从使用者的观察方向来看是右移。

7.4.3.6 图表参数测量

测量时需要放置两条平行于 Y 轴的测量线。在图表中单击，出现一条绿线(称为基线，其值默认为绿色显示)，按下 Ctrl 键单击，出现另一条红线(称为参考线，其值默认为红色显示)，测量值为基线值减去参考值，采样点可以位于同一曲线上(采样点处有一个小×)，也可以在不同的曲线上。测量的参数值在图表的最下方显示，如图 7-136 所示。

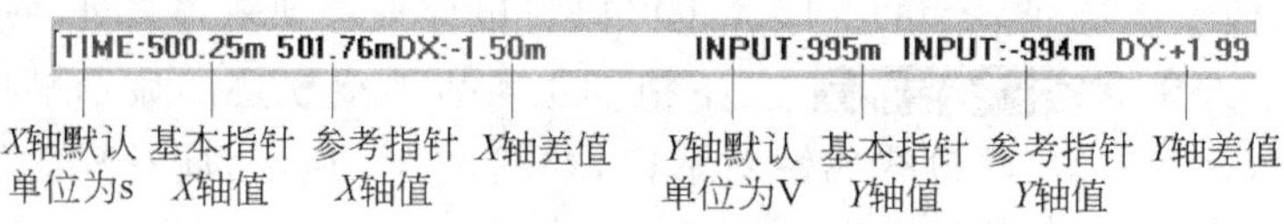

图 7-136 测量值显示

移动测量线：单击移动绿线，按下 Ctrl 键单击则移动红线。

删除测量线：光标指向任一竖轴单击则删除绿线；光标指向任一竖轴按下 Ctrl 键单击则删除红线。

每个图表只能出现两条测量线，对两个量进行测量。

7.5 模拟图表仿真

7.5.1 模拟图表仿真的基本概念

模拟图表仿真是最基本的图表仿真之一，主要应用在模拟电路中，用于绘制一条或者多条电压/电流等参数随时间变化的曲线，以时间轴为 X 轴，以电压/电流等为 Y 轴。因为测量值是随着时间的变化而变化，因此也称这种方法为瞬态分析法(Transient Analysis)，也称为时域的暂态分析，对所选定的电路节点的时域响应进行分析，即观察该节点在整个显示周期中每一时刻的电压、电流等波形。

从技术上讲，这种类型的模拟可以称为非线性节点分析，使用 SPICE 仿真参数进行计算仿真。考虑一个单一的时间点，把电路中的元件等价成一个电流源、电压源和电阻的组合，然后利用欧姆定理和基尔霍夫定理列出方程，利用高斯消去法求解方程组。最终得到一组稳定的结果，将其结果显示在图表上。

Schematic Capture 模拟图表的属性对话框如图 7-137 所示。

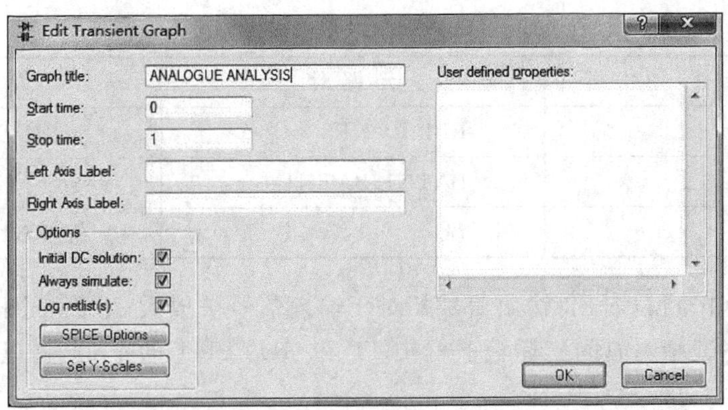

图 7-137 模拟图表属性对话框

7.5.2 模拟图表仿真测试电路的电压和电流

在原理图中绘制 741 放大器电路，原理图如图 7-138(a)所示(配套电子资源实例 chap7 中的 741Analogy. pdsprj)，所需元器件如表 7-13 所示。并对输入信号 Input(Sine 信号源)进行参数设置：AMP＝1V，FREQ＝1kHz；输出端添加电压探针，并在图表仿真中添加模拟分析图表，将 Input(激励源)和 Output(电压探针)信号添加到图表中，设置模拟图表参数，如图 7-110 所示。按空格键查看仿真结果，如图 7-138(b)所示。

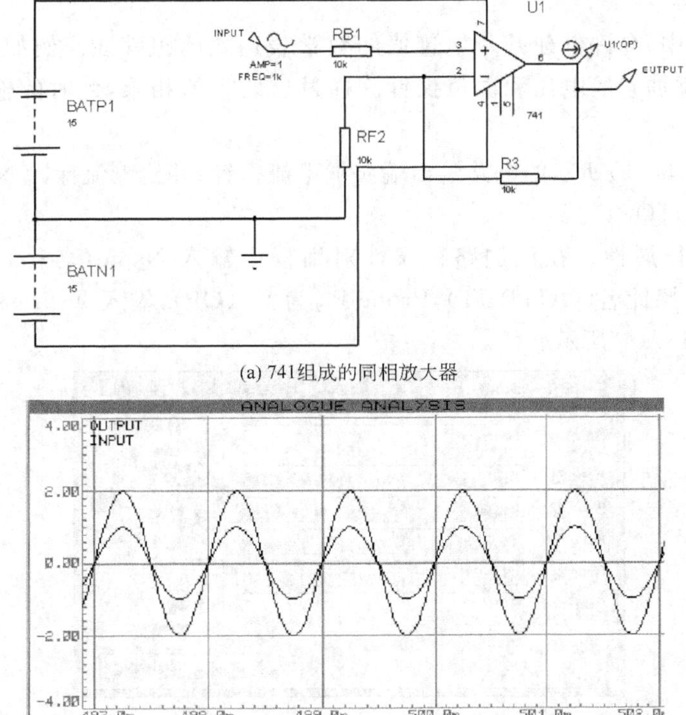

(a) 741组成的同相放大器

(b) 模拟图表仿真结果

图 7-138 利用模拟图表仿真测试电压波形

表 7-13 741 同相放大器电路所需元器件

库元件	元器件	说明
Resistor	RB1、RF2、R3	其阻值为 10kΩ
Battery	BATN1、BATN2	电压值为 15V
741	741	运算放大器

由图 7-138(b)可以看出,输出信号相对于输入信号被放大,下面来测量放大倍数,用基本指针分别测试相同时间坐标轴下 INPUT 和 OUTPUT 的 Y 值,这里测量其最大值,经测量得

$$Y_{\mathrm{MAXINPUT}}=999\mathrm{mV},\quad Y_{\mathrm{MAXOUTPUT}}=2\mathrm{V}$$

所以放大倍数为

$$A_{\mathrm{u}}=\frac{U_{\mathrm{OUTPUT}}}{U_{\mathrm{INPUT}}}=\frac{Y_{\mathrm{OUTPUT}}}{Y_{\mathrm{INPUT}}}=2.002$$

而理论放大倍数为

$$1+\frac{\mathrm{RB1}}{\mathrm{RF2}}=2$$

理论值与实际值在误差范围内相符。

7.5.3 模拟图表仿真测试电路的输出功率

在瞬态分析中,允许创建基于轨迹值的数学表达式的跟踪线。例如,测试电路的输出功率,要同时添加它的电压和电流探针。通过这两个值相乘,此时的输出功率将被绘制。具体步骤如下。

(1) 在图 7-138(a)所示的电路输出端添加电流探针,并给电流探针 Name 赋值(这里用系统默认名 U1(OP))。

(2) 添加路径属性。在添加路径属性对话框中输入 Name(名称)为 Power,选择 Probe P1 为电压探针名(OUTPUT),Probe P2 为 U1(OP),输入 Expression(表达式)为 P1 * P2,如图 7-139(a)所示。

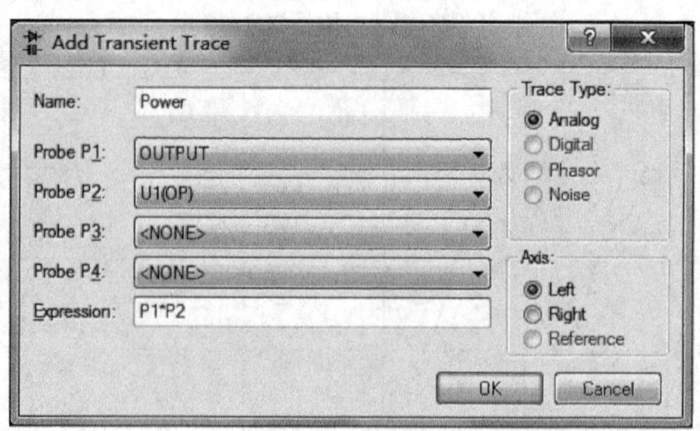

(a) 添加Power路径

图 7-139 利用模拟图表仿真测试电路的输出功率

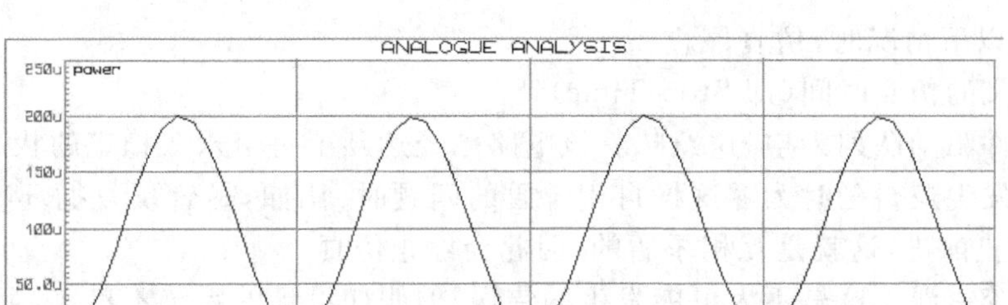

(b) 模拟图表仿真输出功率

图 7-139 （续）

(3) 按空格键仿真,结果如图 7-139(b)所示。

按照 7.5.2 节所述,将电流和电压探针加入同一图表中。

7.6 数字图表仿真

7.6.1 数字图表仿真的基本概念

数字图表显示的数据就像逻辑分析仪一样,以 X 轴为时间轴,Y 轴显示垂直方向信号的积累,这个信号可以是单个的位(1b,即一个二进制位)数据,也可以是总线信号。数字图表分析又称为数字暂稳态分析。采用事件驱动仿真(event driven simulation)技术来进行数字瞬态分析,它与 SPICE 中的模拟电路瞬态分析不同,后者仅当电路某些元素的状态发生改变时才进行。另外,数字瞬态分析只考虑离散逻辑,而元件功能则表示为一种更高层次的逻辑。例如,可以认为计数器是一个寄存器,它的值在每次时钟沿加一,而不认为计数器是几百个晶体管电路元器件。这样,针对同一个电路,采用事件驱动仿真分析比模拟电路仿真分析在速度上要快几个数量级。

数字暂稳态分析是利用事件驱动技术进行的,在进行分析之前系统首先对电路网络进行初始化定义,包括以下内容。

(1) 连接到 V_{CC} 或 V_{DD} 网络的所有输入引脚被认为是高电平。

(2) 连接到 GND 或 V_{SS} 的所有输入引脚网被认为是低电平。

(3) 所有与信号发生器相连的输入引脚的电平状态与信号发生器的初始属性(INIT 属性)值相同。

(4) 所有剩余引脚初始化是浮动状态。

(5) 所有模型都必须根据其逻辑对输入进行变换求得输出(模型调用无固定顺序)。

(6) 如果网络的状态发生改变,则与其相关联的模型将被要求重新计算得到它们的输出,该过程将重复进行,直到系统确认出现稳态。

当初始化完成后,就进行第二步操作——仿真。仿真是经过反复以下两个步骤循环来进行的。

(1) 读取当前所有发生改变的状态或者相关的网络,并将其组成新的状态表。

(2) 当网络状态发生变化时,与之相连的所有模型的输入引脚将被重新仿真;当模型输出状态改变时,为下一轮循环创造新事件。

当遇到以下情况时,仿真停止。

(1) 定义的仿真时间(即 Stop Time)到。

(2) 事件驱动队列为空,这意味着该电路已经达到了一个永久稳定的状态。

(3) 当发生逻辑延时为零这样自相矛盾的问题时,比如,尽管反复循环事件处理,但当前时间停止前进,这就是互相矛盾的,因此会停止仿真。

(4) 系统错误。这是不太可能发生的错误,但假如设计的系统不稳定,可能导致在某处高频率(如 100MHz)振荡,这时也会停止仿真。

7.6.2 数字图表仿真测试导线信号

绘制模 5 的计数器,具有自动复位功能。其原理图如图 7-140(a)所示(配套电子资源实例 chap7 中的 5bitcounter. pdsprj),所需元件器如表 7-14 所示。

表 7-14 模 5 计数器所需元器件

库元件	说　明	库元件	说　明
74ls393	2 个四位二进制计数器	74ls08	2 个两输入的与门
7 SEG-BCD	7 段 BCD 数码管	CLK 激励源	Low-High-Low,频率为 100Hz

单击交互式仿真运行按钮,可以观察到数码管的值从 0 到 4 循环显示,完成模 5 的计数器功能。

添加 4 个电压探针,分别命名为 Q0、Q1、Q2、Q3 和 RESET,如图 7-140(a)所示。

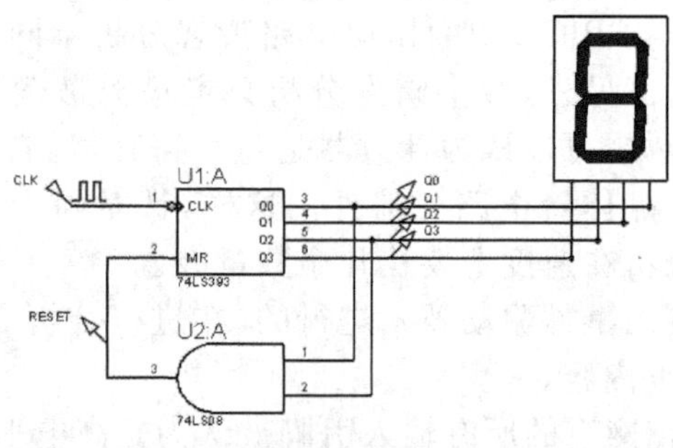

(a) 模5计数器原理图

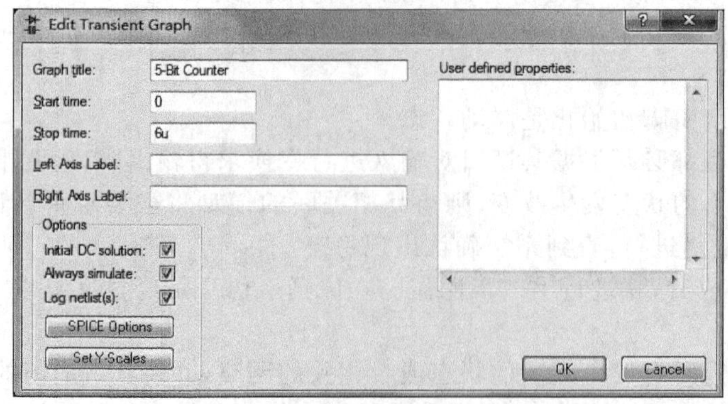

(b) 数字图表属性对话框

图 7-140 利用图表仿真生成导线信号

(c) 数字图表仿真导线信号

图 7-140 （续）

放置数字图表并设置属性，属性对话框参数设置如图 7-140(b)所示。

按空格键，生成数字图表，如图 7-140(c)所示。

在生成的导线数字图表中，每个信号系统有可能出现 6 种逻辑电平，各逻辑电平代表的含义如表 7-15 所示。

表 7-15 6 种逻辑电平表

逻辑状态	关键字	表示符号
Strong High	SHI	逻辑高电平，青绿色
Weak High	WHI	逻辑高电平，蓝色
Floating	FLT	浮动电平（中间电平），白色
Connection	CON	中间电平，黄色
Weak Low	WLO	逻辑低电平，蓝色
Strong Low	SLO	逻辑低电平，青绿色

测试逻辑电平的方法主要有以下 3 种。

(1) 观察颜色。

(2) 用基准指针测试，此时轨迹线名称处会显示逻辑状态，这时可以观察所有轨迹线的电平情况，如图 7-141(a)所示，Q3Q2Q1Q0＝LLLL(0000)。

(3) 用基准指针测试，在图表显示区观察，这种方法只能观察某一轨迹线的逻辑电平，如图 7-141(b)所示，Q1＝SHI(H 或者 1)。

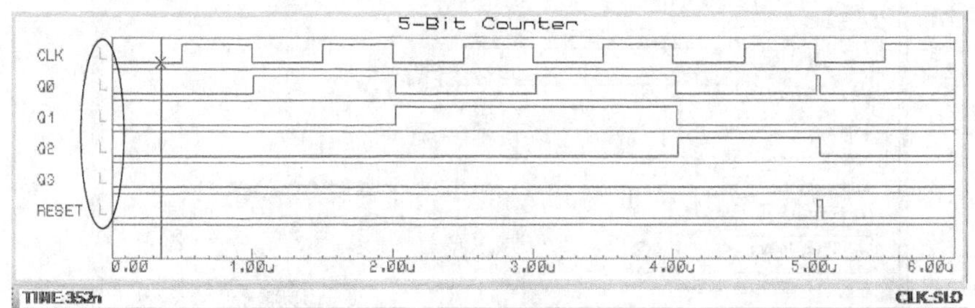

(a) 观察所有轨迹线的逻辑电平

图 7-141 逻辑电平测量

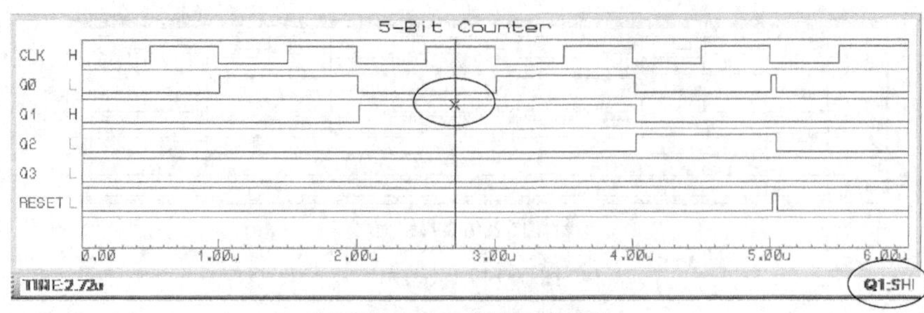

(b) 观察Q1轨迹线的逻辑电平

图 7-141 （续）

7.6.3 数字图表仿真测试总线信号

在原理图里添加总线并进行总线标注，添加总线电压探针，如图 7-142(a)所示(配套电子资源实例 chap7 中的 5bitcounterbus. pdsprj)。将电压探针添加到数字图表中，数字图表属性参数如图 7-142(b)所示，按空格键生成仿真图表，如图 7-142(c)所示。

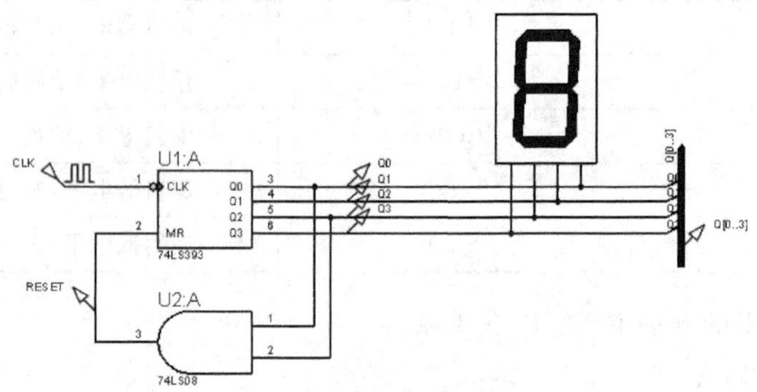

(a) 总线模式原理图

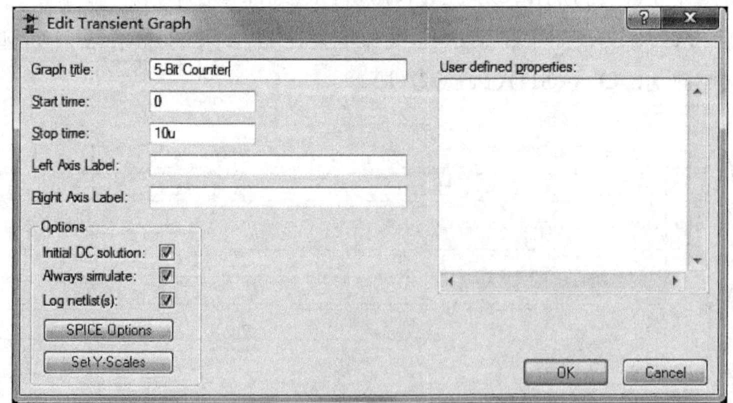

(b) 数字图表属性对话框

图 7-142 利用数字图表生成总线仿真

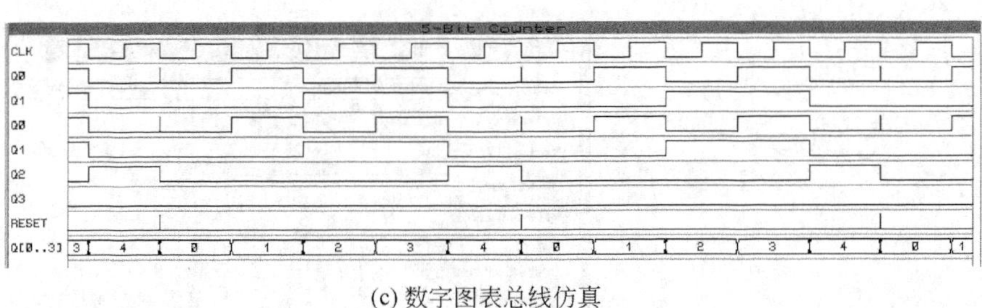

(c) 数字图表总线仿真

图 7-142 （续）

在总线图表中，总线值以十六进制数显示，从图表中可以看出，其输出信号的值在0～4之间循环输出，构成一个模5的计数器。

7.7 混合分析图表仿真

7.7.1 混合分析图表仿真的基本概念

混合分析图表以时间为 *X* 轴，同时将模拟信号和数字信号显示在同一图表上，以便观察和对比，只有混合分析图表具有这样的功能。混合分析图表又称为混合模式瞬态分析。

混合模式瞬态分析结合了 SPICE3F5 的非线性节点分析法和 DSIM 的事件驱动仿真。具体算法非常复杂，但基本的算法可归纳如下。

(1) 在仿真之前，对每个网络进行分析，看是模拟类型还是数字类型。如果是模拟电压驱动数字输入，PROSPICE 插入 ADC 接口；如果是数字输出驱动模拟组件，则插入 DAC 接口。

(2) 当几个数字的输入来自同一网络时，多个 ADC 对象被创建，这是因为不同的逻辑开关的特性要用不同的输入信号来表示。同样，当多个数字信号输出被连接在一起时，也会创建多个 DAC 对象。

(3) 建立工作点。

(4) 当 DAC 接口对象的数字仿真结果发生状态变化时，模拟仿真将被迫在转换时间上对此进行模拟。事实上，在 DAC 输出模型转换时间(上升或下降)上大量的时间点会被采样。

7.7.2 混合分析图表的应用

绘制利用 7404 将三角波信号转换为脉冲信号的电路(配套电子资源实例 chap7 中的 7404mixed. pdsprj)，原理图如图 7-143(a)所示，Pulse 属性设置如图 7-143(b)所示，添加电压探针和混合分析图表，将 U1：(A)和 U1：A(Y)探针加入混合分析图表。按空格键运行仿真，混合图表仿真结果如图 7-143(c)所示。

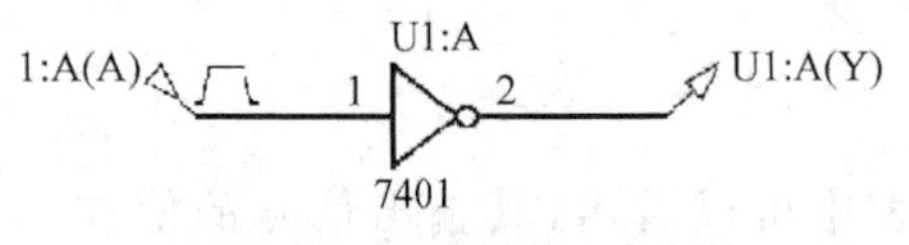

(a) 7404构成的脉冲信号发生器

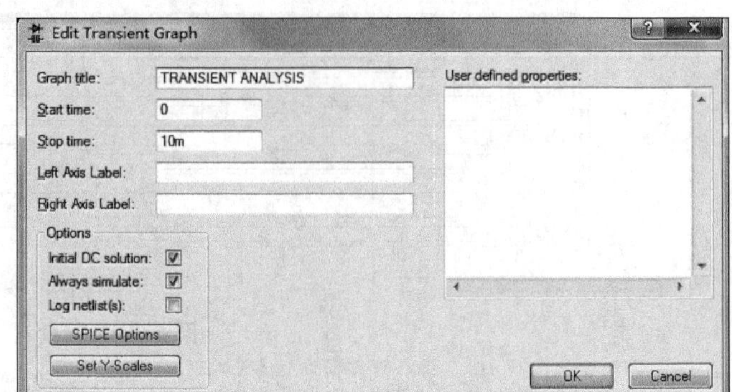

(b) Pulse信号源属性对话框

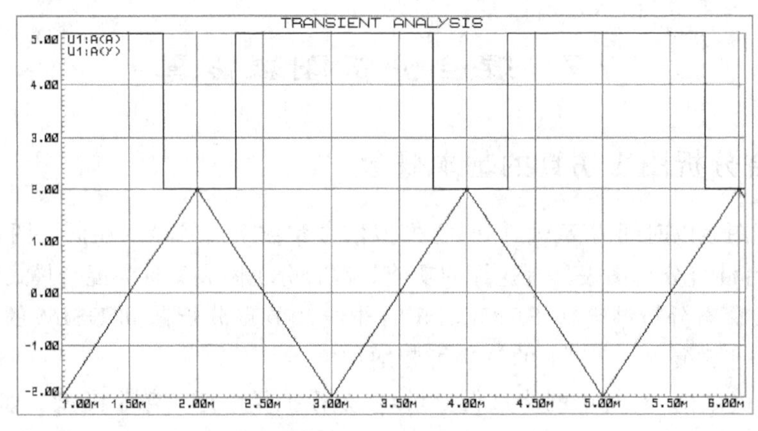

(c) 混合图表仿真结果

图 7-143 混合分析图表的应用

7.8 频率分析图表仿真

7.8.1 频率分析图表仿真的基本概念

频率分析图表的作用是分析电路在不同频率工作状态下的运行情况,但不像频谱仪那样对所有频率一起考虑,而是每次只能分析一个频率。所以频率特性分析相当于在输入端接一个可调的测试信号,在输出端接一个交流电表,测量不同频率所对应的输出,同时可得到输出信号的相位变化情况。频率分析仪还可以用来分析不同频率下的输入和输出阻抗。

Schematic Capture 的频率分析仪用于绘制小信号电压增益或者电流增益随频率变化的曲线,即绘制波特图,可描述电路的幅频特性(电压放大倍数和频率之间的关系称为幅频特性,放大电路对不同频率分量的信号放大能力是不相同的,而且不同频率分量的信号通过放大电路后还会产生不同的相移。因此,衡量放大电路放大能力的放大倍数也就成为频率的函数)和相频特性(相位随频率变化的曲线)。在绘制图形时,以输入信号为参考,X 轴代表频率,左纵轴表示幅值,右纵轴表示相位,所以需要把探针同时添加到左右两个 Y 轴上,才能同时显示输出信号幅频特性曲线和相频特性曲线。频率分析仪属性对话框如图 7-144 所示,主要参数如下。

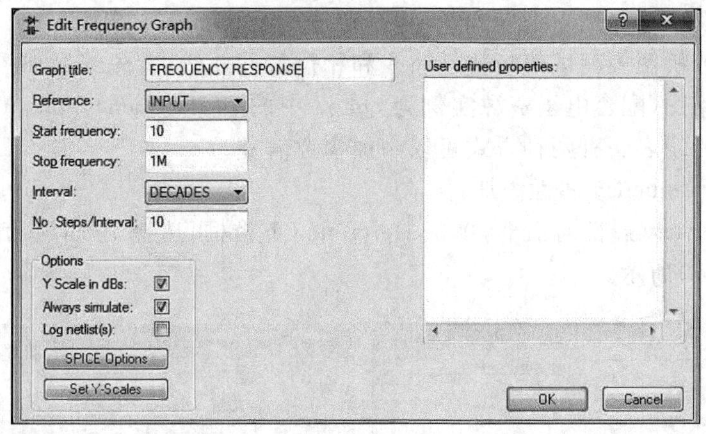

图 7-144　频率分析仪属性对话框

(1) Graph Title:图表名称。

(2) Reference:选择参考,默认为 None,单击下拉按钮选择系统的输入激励源作为参考。

(3) Start frequency:起始频率,默认值为 10Hz。

(4) Stop frequency:停止频率,默认值为 1MHz。

(5) Interval:步长/倍频,其下拉列表中有以下选项。

① DECADES:十倍频程,频率按×10 增加或按×1/10 减小,10~100Hz 为一个十倍频程。增益随频率变化的斜线可定义成以分贝表示,按+20dB/decade 增加或-20dB/decade 减小。

② Octaves:八倍频程,频率按×2 增加或按×1/2 减小,10~20Hz 为一个八倍频程。增益随频率变化的斜线可定义成以分贝表示,按+6dB/octave 增加或按-6dB/octave 减小。

③ Linear:线性关系。

No. Steps/Interval:步长数。

Option:参数,包含以下 3 个选项。

① Y Scale in dBs:Y 轴单位用分贝表示。

② Always Simulate:是否总是仿真,如果勾选表示进行仿真的条件发生变化时,系统会重新执行仿真更新图表。

③ Log netlist(s):是否启动仿真日志,勾选该项表示启动。则当按空格键仿真时生成仿真日志,可以通菜单 Graph→View Log 命令或者按 Ctrl+V 键查看仿真日志。

7.8.2 利用频率分析图表绘制幅频特性曲线和相位特性曲线

在频率分析中，幅值和相位都需要设一个参考值，通过设置参考发生器来实现这一点，也可以将原理图中的任何一个发生器设置为参考发生器，所以在进行仿真时一定要选择一个参考发生器并把它拖动到图中，否则仿真不能正确进行。

利用频率分析图表测试幅频特性曲线和相位特性曲线，首先绘制如图 7-138(a)所示的 741 放大电路图(配套电子资源实例为 chap7 中的 741frequency. pdsprj)，在原理图中添加频率特性曲线表。有两种方式可以添加参考信号。

(1) 利用 Frequency 属性添加。

打开 Frequency 属性对话框，单击 Reference 下拉框，选择 INPUT 信号作为参考信号，如图 7-145(a)所示。

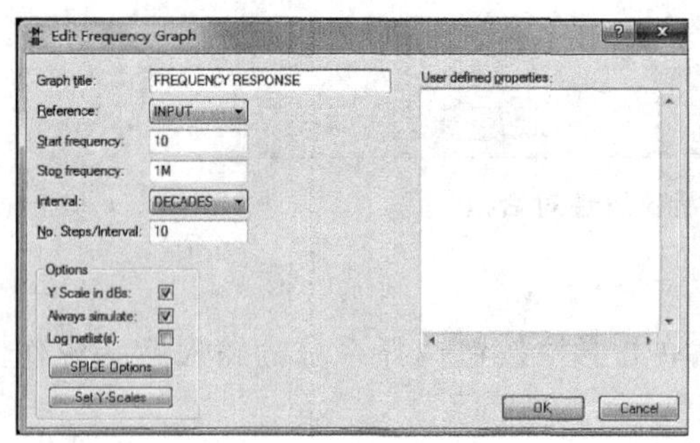

(a) Frequency属性对话框

Add Phasor Trace
Name: INPUT
Probe P1: INPUT
Probe P2: <NONE>
Probe P3: <NONE>
Probe P4: <NONE>
Expression: P1
Trace Type: Analog / Digital / Phasor / Noise
Axis: Left / Right / Reference
OK Cancel

(b)利用Add Trace命令添加参考信号

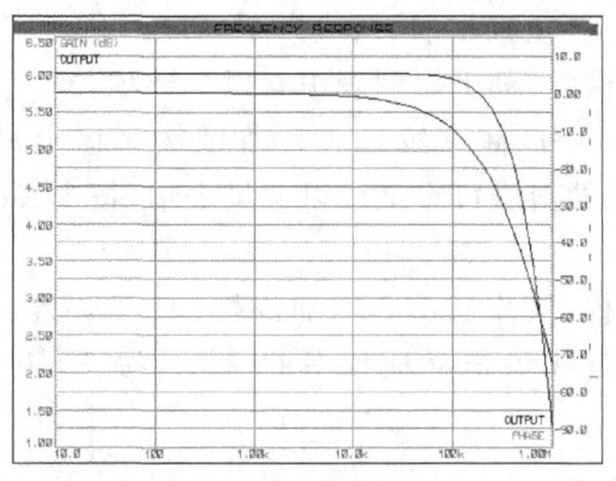

(c) 频率分析图表仿真结果

图 7-145 利用频率分析图表绘制幅频特性曲线和相位特性曲线

(2) 利用 Add Trace 命令添加。

选择菜单 Graph→Add Trace 命令添加 INPUT 信号，Axis 选择 Reference，单击 OK 按钮退出，如图 7-145(b)所示。

添加 OUTPUT 输出信号到频率分析图表的左、右轴中，按空格键启动仿真，仿真结束如图 7-145(c)所示。

7.8.3 利用频率分析图表测试小信号的输入/输出阻抗

7.8.3.1 输入阻抗测试

1. 输入阻抗的定义

输入阻抗就是从输入端看进去的等效阻抗。

2. 输入阻抗图表显示

绘制 741 放大电路，电路图如图 7-146(a)所示（配套电子资源实例 chap7 中的 Zin Resistor. pdsprj)，并设置各个参数，在输入端添加信号源、电压探针和电流探针。

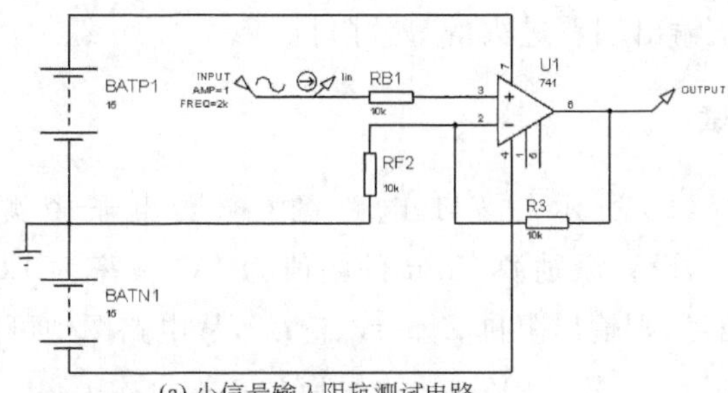

(a) 小信号输入阻抗测试电路

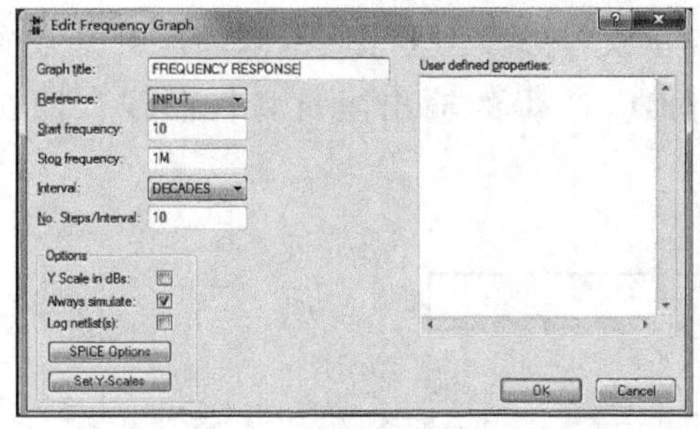

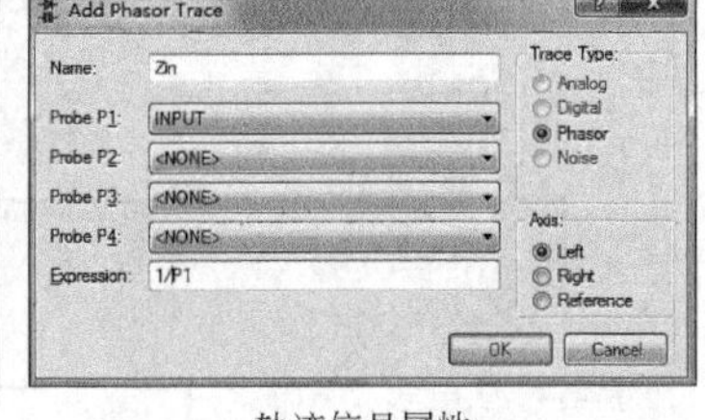

频率图表属性　　　　轨迹信号属性

(b) 轨迹信号相关参数

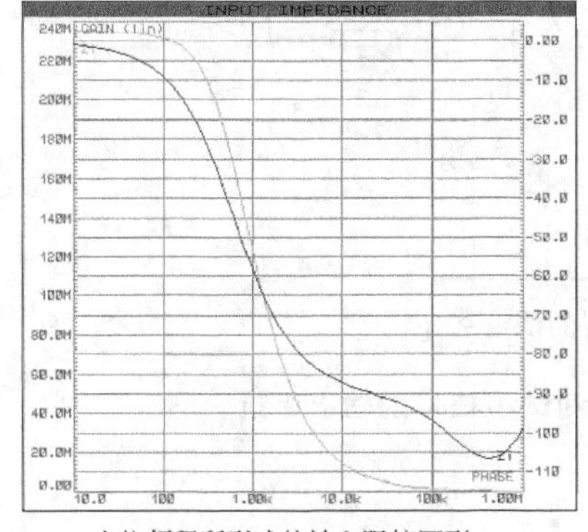

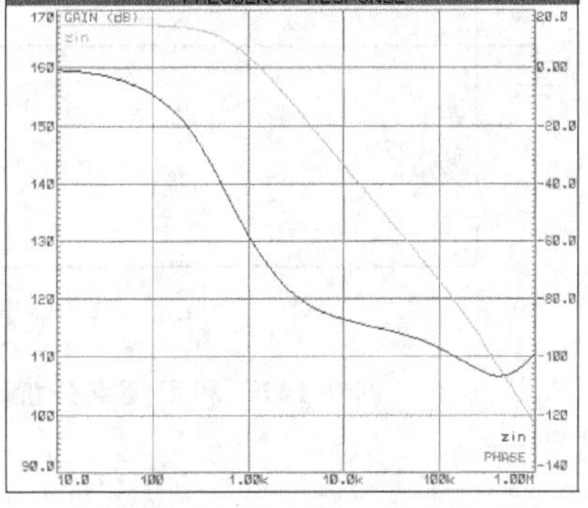

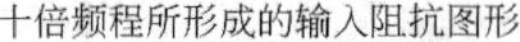
十倍频程所形成的输入阻抗图形　　　　十倍频程取分贝所形成的输入阻抗图形

(c) 输入阻抗仿真曲线图

图 7-146 利用频率分析图表测试小信号的输入阻抗

设置 INPUT 激励源的幅值为 1V,频率为 2kHz,将 INPUT 信号作为频率图表仿真的参考信号,则输入阻抗 $Z_{in}=V_{in}/I_{in}$,从电路图中可以看到:

$$V_{in}=V_{INPUT}=1V, I_{in}=I_{in(电流探针的电流值)}$$

所以

$$Z_{in}=V_{in}/I_{in}=1/I_{in(电流探针的电流值)}$$

放置频率分析图表,添加轨迹信号,设置相关参数,如图 7-146(b)所示,仿真结果如图 7-146(c)所示。

7.8.3.2 输出阻抗测试

1. 输出阻抗的定义

输出阻抗就是从输出端看进去的等效阻抗。

2. 输出阻抗测试

绘制如图 7-147(a)所示的 741 电路图(配套电子资源实例 chap7 中的 Zout(impedance).pdsprj),设置激励源 Vout 的幅值为 1V,频率为 1kHz,将 Vout 信号作为频率图表仿真的参考信号,则输出阻抗 $Z_{out}=V_{out}/I_{out}$,从电路图中可以看到:$V_{out}=1V$,所以

$$Z_{out}=V_{out}/I_{out}=1/I_{out(电流探针的电流值)}$$

在输出端放置电压探针和电流探针,并放置频率分析图表,添加探针并设置相关参数,如图 7-147(b)所示。按空格键运行仿真,产生的输出阻抗特性曲线如图 7-147(c)所示。

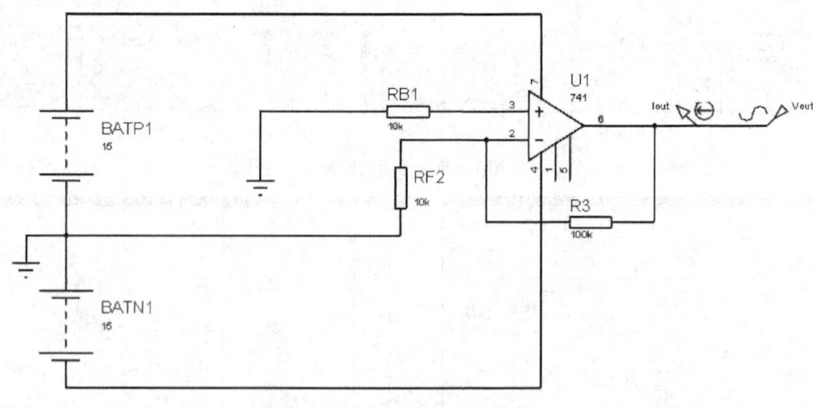

(a) 小信号输出阻抗测试电路

图 7-147 利用频率分析图表测试小信号的输出阻抗

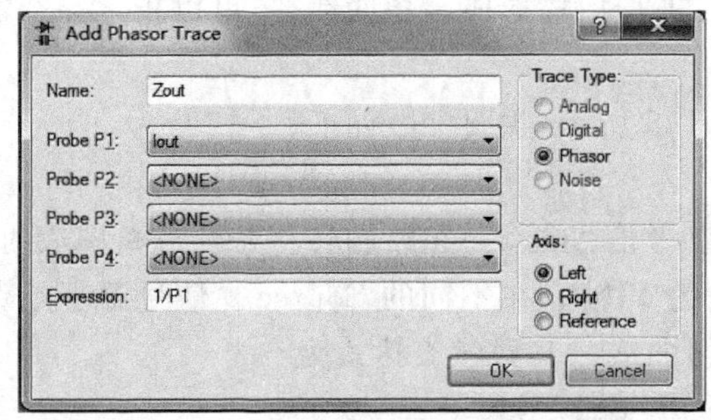

左轴轨迹信号属性

右轴轨迹信号属性

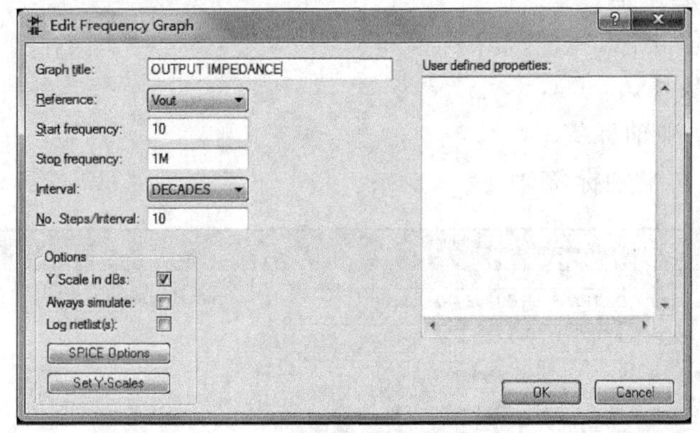

频率图表属性

(b) 轨迹线属性、频率特性曲线属性设置

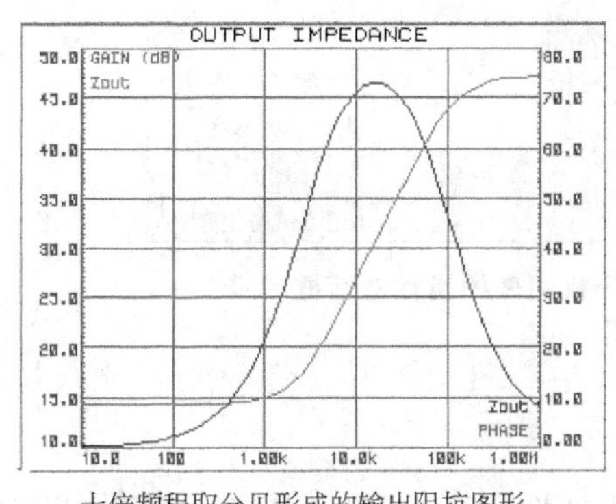

十倍频程取分贝形成的输出阻抗图形

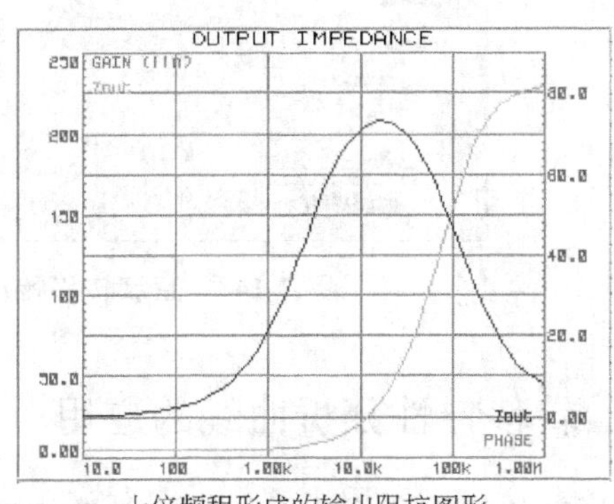

十倍频程形成的输出阻抗图形

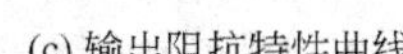

(c) 输出阻抗特性曲线

图 7-147　（续）

7.9　转移特性分析图表仿真

7.9.1　转移特性分析图表仿真的基本概念

转移特性分析图表用于绘制半导体器件的转移特性曲线，每条曲线的 Y 轴是工作点

电压或者电流值,X 轴为指定的信号,以 X-Y 进行扫描形成一条曲线,还可以指定一个激励源作为参考信号,以产生一组曲线。

转移特性分析图表的属性对话框如图 7-148 所示,主要参数如下。

Graph Title:图表标题。

Source 1 和 Source 2:参考信号源 1 和参考信号源 2。在绘制转移特性分析图表时,以 Source 1 为 X 轴,以添加的探针或信号源为 Y 轴。在不同的 Source 2 信号源下绘制 Y 和 Source 1 之间的曲线,这样就会形成一组曲线。其数学表达式为

$$Y=f(\text{Source 1})\big|_{\text{Source 2}=\text{常数}}$$

Start value:起始值。

Stop value:停止值。

No. Steps:步长。

Left Axis:左半轴标签。

Right Axis:右半轴标签。

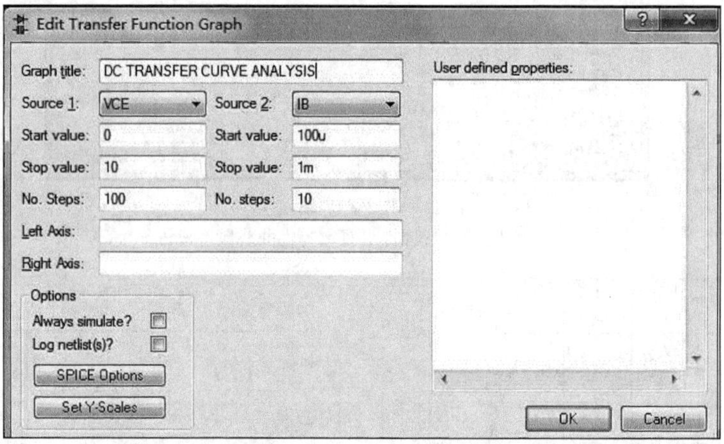

图 7-148　直流转移特性分析图表的属性对话框

7.9.2　转移特性分析曲线的应用

利用转移特性分析曲线绘制共射极的输出特性,共射极的输出特性曲线[16]是以晶体管基极电流(i_b)为参变量的集电极电流 i_c 与集电极-发射极间电压(U_{CE})之间的伏安特性曲线,其数学表达式为

$$i_c=f(U_{CE})\mid i_b=\text{常数}$$

因此通过公式对比可以看出:

$$\text{Source 1}=U_{CE},\quad \text{Source 2}=i_b$$

绘制如图 7-149(a)所示的电路图(配套电子资源实例 chap7 中的 Transfer. pdsprj),添加信号源和探针,并设置 IB=1mA 的直流电流源,VCE=1V 的直流电压源。放置转移特性曲线,设置其参数,如图 7-149(b)所示。将 IC 电流探针加入曲线轨迹中,设置转移特性曲线分析图表属性,如图 7-148 所示。按空格键仿真,观察三极管的输出特性曲

线，如图 7-149(c)所示。

同理，设计如图 7-150(a)所示的电路图(配套电子资源实例 chap7 中的 UJT.pdsprj)，利用转移特性图表生成单结晶体管(简称 UJT)的伏安特性曲线，转移特性图表属性设置如图 7-150(b)所示，生成的伏安特性曲线如图 7-150(c)所示。

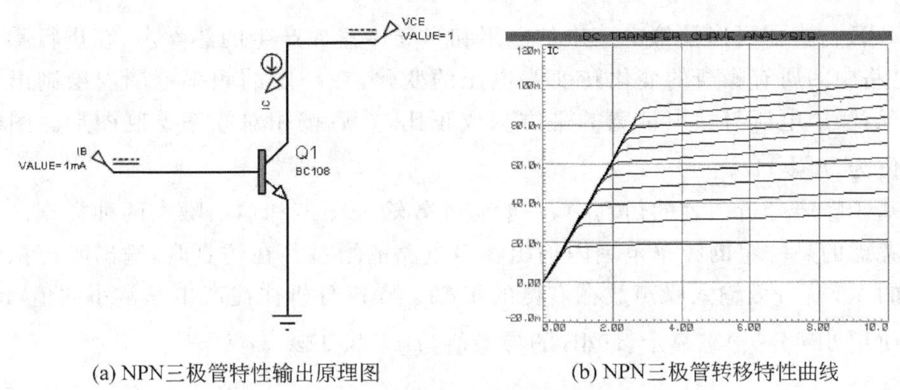

(a) NPN三极管特性输出原理图　　(b) NPN三极管转移特性曲线

图 7-149　绘制三极管的转移特性曲线

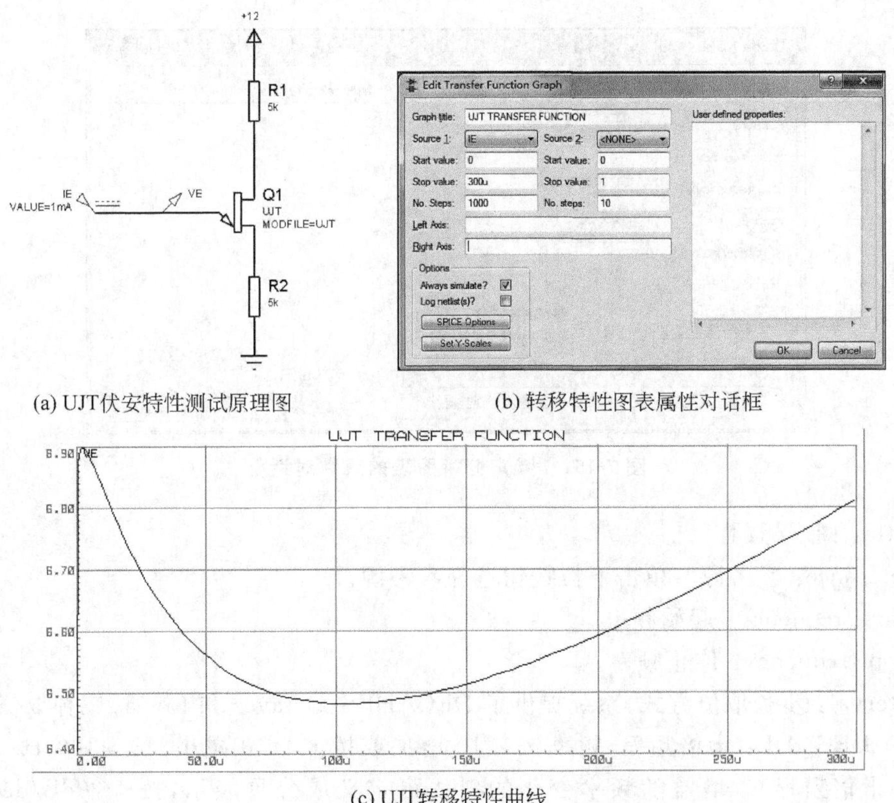

(a) UJT伏安特性测试原理图　　(b) 转移特性图表属性对话框

(c) UJT转移特性曲线

图 7-150　绘制 UJT 的伏安特性曲线

7.10 噪声分析图表仿真

7.10.1 噪声分析图表仿真的基本概念

SPICE 仿真器可以模拟电路中的电阻和半导体器件产生的热噪声，在进行噪声分析时，将电路中的所有噪声的变化转变为电压的变化，在一定的频率范围内绘制出该值的变化情况，噪声电压与噪声带宽的平方根成正比，然后按相对频率绘制图形。图表轨迹线的单位为 $V/\sqrt{Hz}$。

在基于噪声分析图表的仿真中，一般有等效输入噪声和输出噪声两种类型。在实际仿真中考虑的是一定的频率范围内输出噪声电路的增益。在仿真时，输出噪声探针放置在左侧的 Y 轴，等效输入噪声放在右侧的 Y 轴。噪声分析往往产生非常小的值(nV)，所以常常使用 dB(分贝)来显示。0dB 的参考值为 $1V/\sqrt{Hz}$。

7.10.2 噪声分析图表的属性

噪声分析图表的属性对话框如图 7-151 所示。

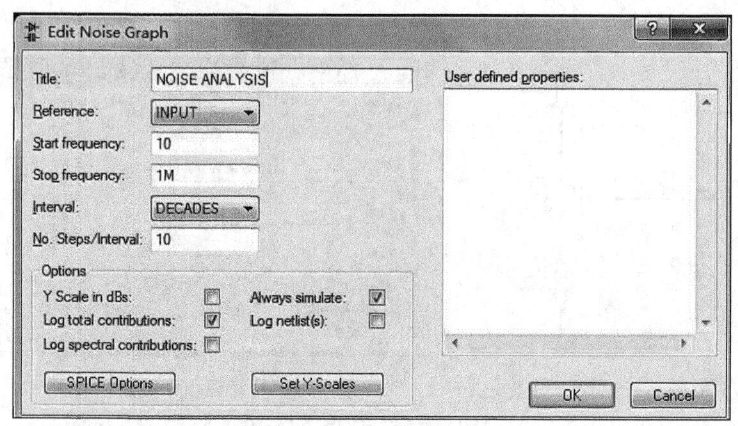

图 7-151 噪声分析图表的属性对话框

Title：图表标题。

Reference：参考源。单击下拉按钮选择参考源。

Start frequency：起始频率。

Stop frequency：停止频率。

Interval：步长取值方式，系统提供了 DECADES、Octaves 和 Linear 三种取值方式。

(1) DECADE：十倍频程，频率按×10 增加或按×1/10 减小，10～100 Hz 为一个 decade(十倍频程)。增益随频率变化的斜线可定义成分贝表示，按＋20dB/decade 或－20dB/decade 增加或减小。

(2) Octaves：八倍频程，频率按×2 增加或按× 1/2 减小，10～20Hz 为一个八倍频

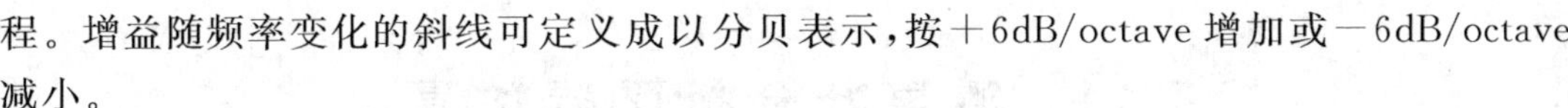

程。增益随频率变化的斜线可定义成以分贝表示，按+6dB/octave 增加或−6dB/octave 减小。

(3) Line：线性关系。

No. Steps/Interval：步长。

Options：选项，有以下 3 个选项。

(1) Y Scale in dBs：Y 轴单位用分贝表示。

(2) Log total contributions：仿真日志中显示所有元器件在某一频率点上产生噪声的总和。

(3) Log spectral contributions：仿真日志中显示每一个元器件在某一频率点上产生的噪声，与上一个选项相比会产生更大的数据，如图 7-152(c)所示。

7.10.3 基于噪声分析图表的应用

绘制 741 放大电路，如图 7-152(a)所示(配套电子资源实例 chap7 中的 741noise.pdsprj)。设 Sine 信号源的名称为 INPUT，幅度为 1V，频率为 1kHz。添加输出电压探针。放置噪声图表，将 OUTPUT 电压探针添加到图表的左侧作为输出噪声，将 OUTPUT 电压探针添加到图表右侧作为等效输入噪声。设置其属性，如图 7-151 所示。按空格键产生噪声图表，如图 7-152(b)所示。

比较 Log total contributions 和 Log spectral contributions 两种情况下的噪声仿真日志，如图 7-152(c)和图 7-152(d)所示。

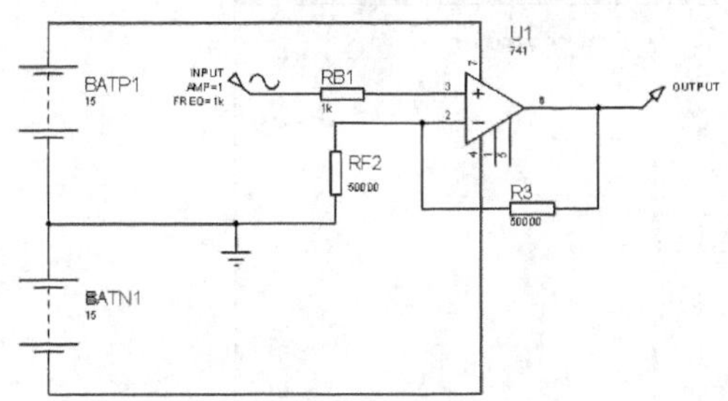

(a) 741放大电路噪声分析原理图

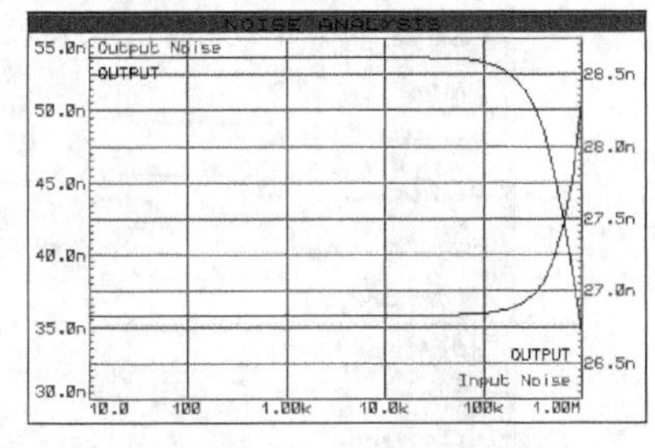

(b) 等效输入、输出噪声图表

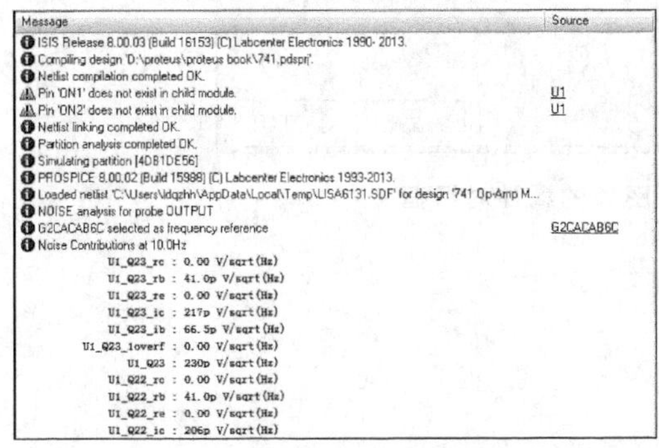

(c) Log total Contributions下的仿真日志

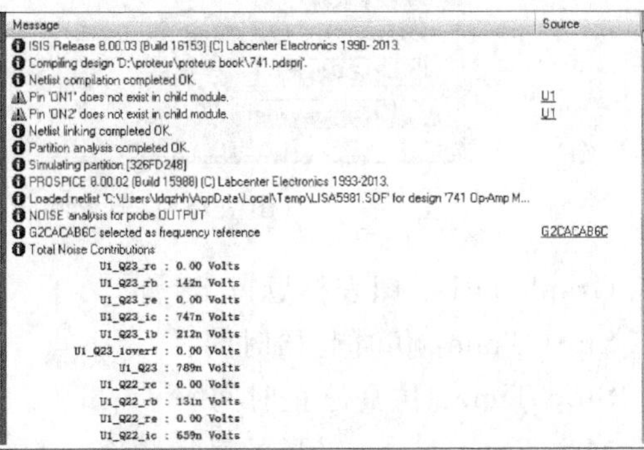

(d) Log Spectral Contributions下的仿真日志

图 7-152 基于噪声分析图表的应用

7.11 傅里叶分析图表仿真

7.11.1 傅里叶分析图表仿真的基本概念

傅里叶分析是把时域分析转换为频域分析的一种方法,并不像利用示波器测试频率那样,傅里叶分析用于分析一个时域信号的直流分量、基波分量和谐波分量,即把时域信号进行傅里叶分析转换为频域信号,把信号转换为一组幅度和相位各不相同的正弦信号的和。

傅里叶分析首先要进行瞬态分析,然后进行快速傅里叶变换,在这个过程中要对时间域进行采样,采样满足奈奎斯特采样定理。简言之,就是观察到的信号是采样频率的一半,由于其他原因有可能导致观察到的信号高于采样频率的一半,这时应该在进行傅里叶变换前选择不同类型的数据输入窗口。

在对电路进行傅里叶分析时,一般将电路中的交流激励源频率设置为基频,若电路中有多个交流激励源时,基频为这些信号频率值的最小公倍数。

7.11.2 傅里叶分析图表的属性

傅里叶分析图表的属性对话框如图 7-153 所示,主要参数如下。

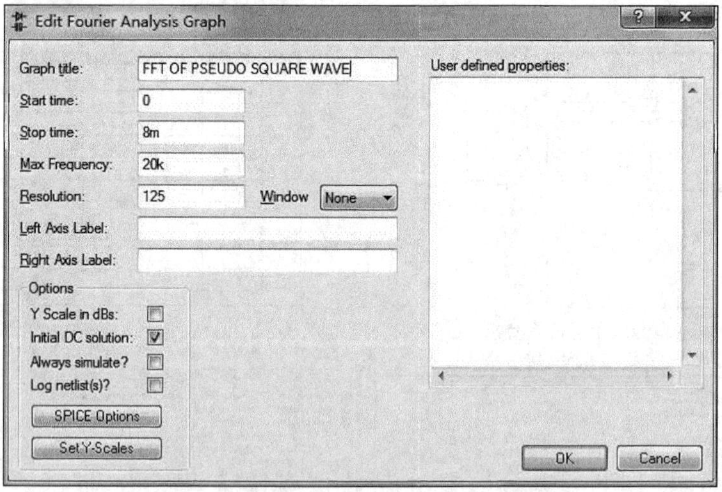

图 7-153 傅里叶分析图表的属性对话框

Graph Title:图表标题。

Start Time:仿真起始时间。

Stop Time:仿真停止时间。

Max Frequency:采样的最大频率。

Resolution:采样点。

Window：窗口函数，由于傅里叶分析是研究整个时域或者频域的关系，但是工程测试信号处理时，不可能再对无限域进行测量和运算，而是取其有限的时间片段进行分析，需加窗函数进行截取，加窗函数有可能导致频谱能量泄露。

(1) Bartlett：Bartlett 窗函数。

(2) Hanning：汉宁窗口，又称为升余弦窗[27]。

(3) Welch：Welch 窗函数。

(4) None：不加窗。

Left Axis Label：左边 Y 轴标签。

Right Axis Label：右边 Y 轴标签。

Initial DC solution：是否初始化 DC 配置方案，如果勾选该项表示零时刻电容和电感等元器件处于稳定状态；如果没有勾选，当仿真开始时，电感和电容就会有电荷发生变化。

Always simulation：是否总是仿真，如果勾选该项表示进行仿真的条件发生变化时，系统会重新执行仿真更新图表。

Log netlist(s)：是否启动仿真日志，勾选该项表示启动。则当按空格键仿真时生成仿真日志，可以通过选择菜单 Graph→View Log 命令或者按 Ctrl＋V 键查看仿真日志。

7.11.3 傅里叶分析图表应用

一个方波信号经过傅里叶分析后，其表达式为

$$V_{\mathrm{sq}}(t)=\sin t+\frac{\sin 3t}{3}+\frac{\sin 5t}{5}+\cdots$$

即可以近似用几个三角波信号的和来表示，如图 7-154(a)所示(配套电子资源实例 chap7 中的 Fourier. pdsprj)。各个正弦波信号源参数如图 7-154(b)所示。方波信号进行傅里叶变换的原理图如图 7-154(c)所示，方波参数如图 7-154(d)所示。

利用模拟图表观察 OUT 和 SQUARE 波形，如图 7-154(e)所示，它们频率分量也应该近似相同。对 SQUARE 信号进行傅里叶变换，频率分析图表属性设置对话框如图 7-153 所示。傅里叶分析图表仿真效果如图 7-154(f)所示。

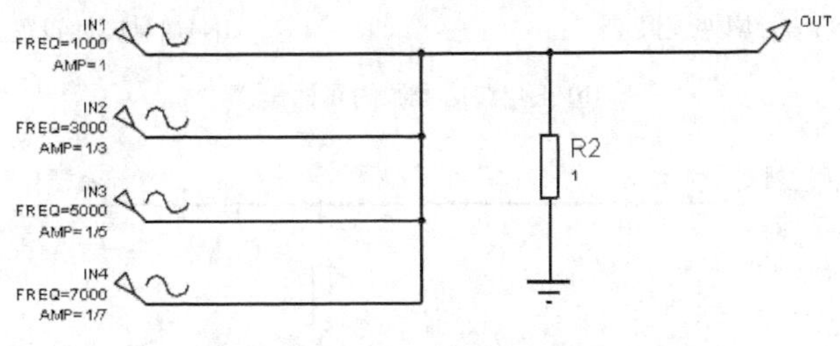

(a) 用正弦波拟合成方波

图 7-154 傅里叶分析图表的应用

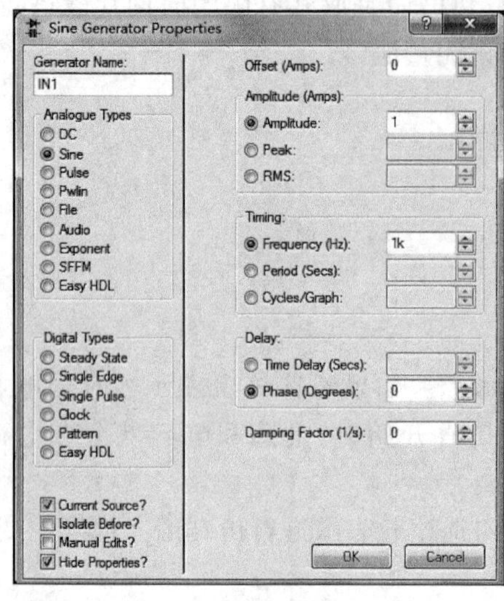

IN1信号属性设置

IN2信号属性设置

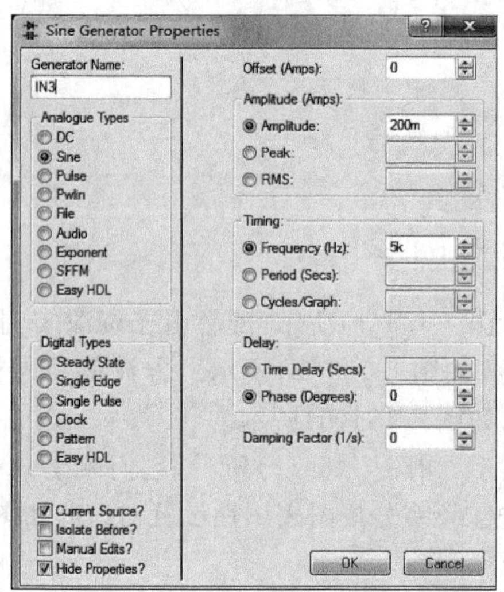

IN3信号属性设置

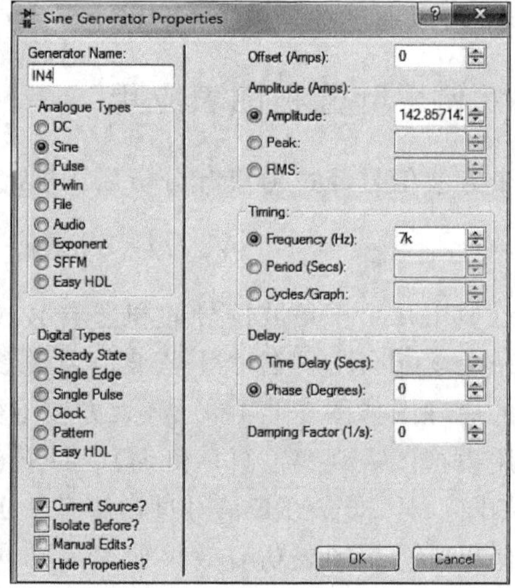

IN4信号属性设置

(b) 正弦波信号源的属性设置

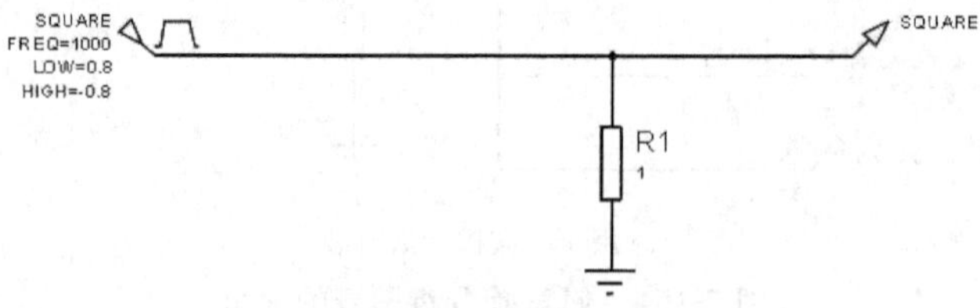

(c) 方波傅里叶变换原理图

图 7-154 （续）

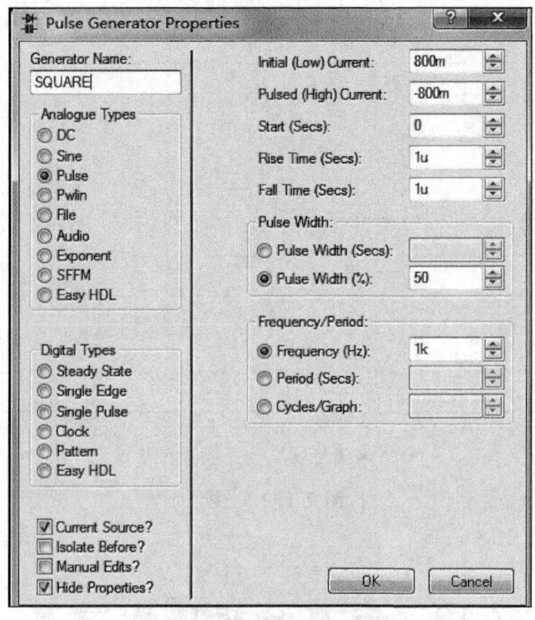

(d) 方波信号源的属性设置

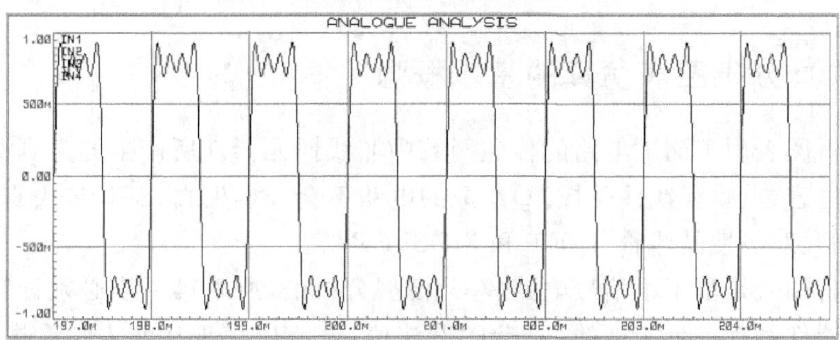

IN1、IN2、IN3、IN4叠加形成的波形

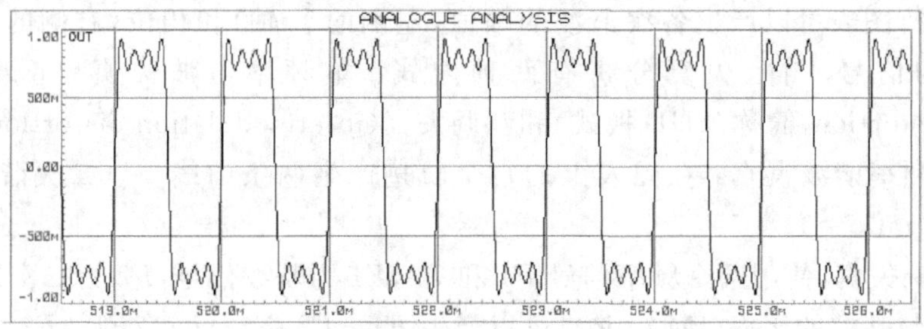

OUT信号模拟图表

(e) 基于频率分析图表的应用

图 7-154 （续）

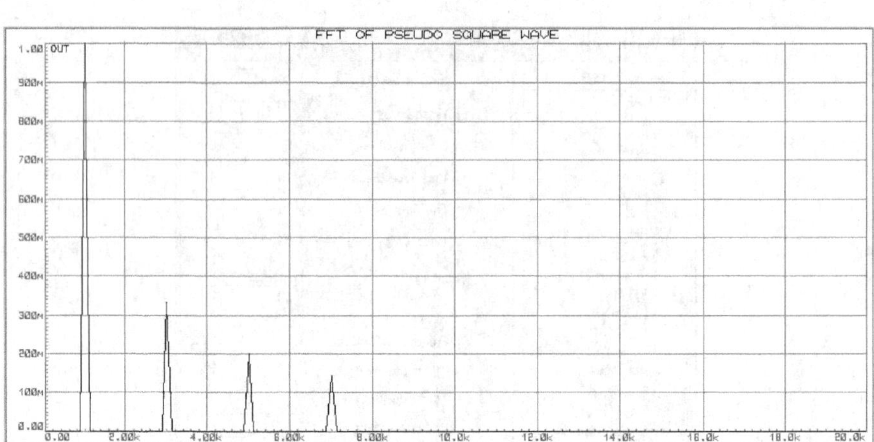

(f) 方波信号傅里叶变换后的波形

图 7-154 （续）

7.12 失真分析图表仿真

7.12.1 失真分析图表仿真的基本概念

失真分析图表用于测试电路的传递函数中非线性元器件所产生的失真谐波，线性元器件(电阻、电容、电感和线性受控源)组成的电路不会产生失真，SPICE 失真分析模型可以仿真二极管、双极性晶体管、JFET 和 MOSFET 等。

失真分析图表是基于小信号电路(AC)模型分析的，所以第一步必须计算工作点，每个非线性元器件都有一个相应的、复杂的谐波值，该值依赖于从输入端看进去的等效谐波失真值。这个过程的数学运算极为复杂，要进行泰勒级数的非线性运算。

失真分析图表可以产生各次谐波的幅值(左侧的 Y 轴)和相位(右侧的 Y 轴)信息。根据产生的信号不同，失真分析有两种方式：单频率谐波失真(single frequency harmonic distortion，简称 THD 模式)和互调失真(intermodulation distortion)。

(1) 单频率谐波失真：在图表上的每个轨迹产生两条曲线——二次谐波和三次谐波，此时 IM ratio＝0。

(2) 互调失真，使用两个频率信号 $F1$ 和 $F2$，$F1$ 为基波信号，$F2$ 为二次谐波信号，根据二次谐波与基波的比率(IM ratio)，可以产生 $F1+F2$、$F1-F2$、$2F1-F2$ 三条曲线。

失真分析图表属性对话框如图 7-155 所示。

Graph title：图表标题。

Reference：参考源。单击下拉按钮选择参考源(输入激励源)。

Start frequency：起始频率。

Stop frequency：停止频率。

Interval：步长取值方式，系统提供了 DECADES、Octavesh 和 Linear 三种取值方式。

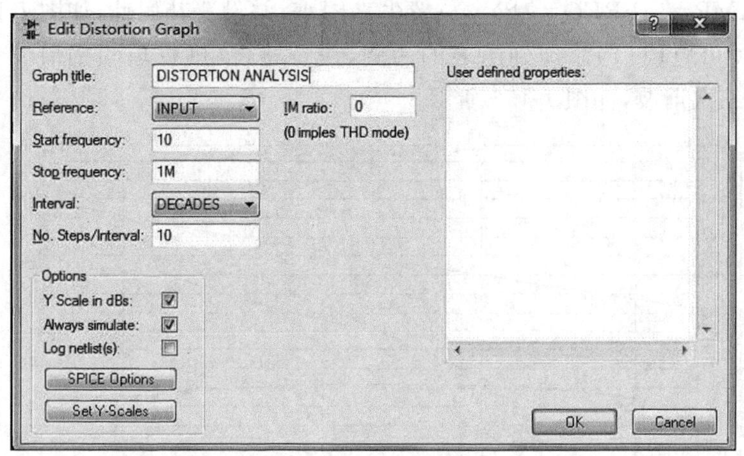

图 7-155 失真分析图表属性对话框

(1) DECADE：十倍频，频率按×10 增加或按×1/10 减小，10～100Hz 为一个十倍频程。增益随频率变化的斜线可定义成以分贝表示，按+20dB/decade 增加或－20dB/decade 减小。

(2) Octaves：八倍频，频率按×2 增加或按× 1/2 减小，10～20 Hz 为一个倍频程。增益随频率变化的斜线可定义成以分贝表示，按+6dB/octave 增加或－6dB/octave 减小。

(3) Line：线性关系。

No. Steps/Interval：步长。

IM ratio：二次谐波和基波的比率($F2/F1$)。当该值为 0 时，为 THD 模式(单频率谐波失真模式)，这时输出二次谐波和三次谐波两条信号。当 $F2/F1<1$ 时(注意 $F2/F1$ 为小于 1 的值，且是一个无理数)，为互调失真模式，在定义 $F2/F1$ 比值时要注意，比如当 $F2/F1=0.5$ 时，$2F2-F1=0$ 就没有意义了。无论在哪种模式下，将指针放置到曲线图表上后，在状态栏的右侧将会显示曲线类型(曲线窗口处于放大窗口)。

Options：选项，系统提供两个选项，具体功能如下：

(1) Y Scale in dBs：Y 轴单位用分贝表示。

(2) Always Simulate：是否总是仿真，如果勾选该项，表示进行仿真的条件发生变化时，系统会重新执行仿真更新图表。

(3) Log netlist(s)：是否产生仿真日志。勾选该项表示产生仿真日志，则当按空格键仿真时生成仿真日志，可以通过菜单 Graph→View Log 命令或者按 Ctrl+V 键查看仿真日志。

7.12.2 基于失真分析图表的单频率谐波失真模式应用

绘制 741 放大电路，电路图如图 7-152(a)所示(配套电子资源实例 chap7 中的 741distortion. pdsprj)，并设置电路参数，添加输出电压探针(OUTPUT)和信号源

(INPUT,其 AMP=1,FREQ=1k)。放置失真图表,并设置其属性,如图 7-155 所示。将输出电压探针(OUTPUT)添加到图表的两侧,按空格键,进行单频率谐波失真仿真,产生二次谐波和三次谐波,如图 7-156 所示。

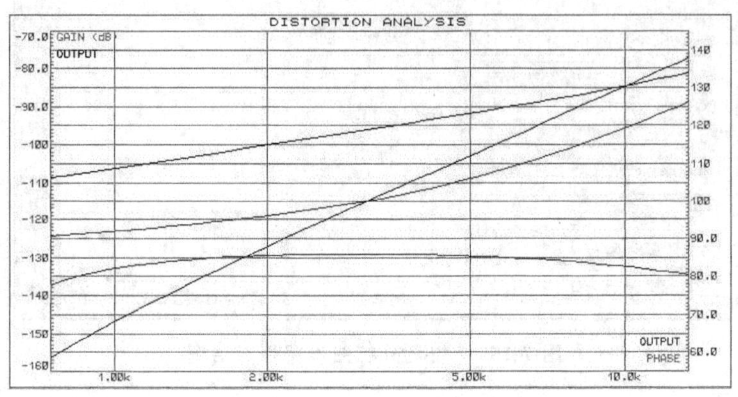

图 7-156 单频率谐波失真

7.12.3 基于失真分析图表的互调失真模式应用

在图 7-152(a)所示的电路图(配套电子资源实例 chap7 中的 741distortion. pdsprj)中添加失真分析图表,设置失真分析图表属性对话框,如图 7-157(a)所示,将输出电压探针(OUTPUT)添加到图表的两侧,产生互调失真,按空格键产生 3 条互调曲线,如图 7-157(b)所示。

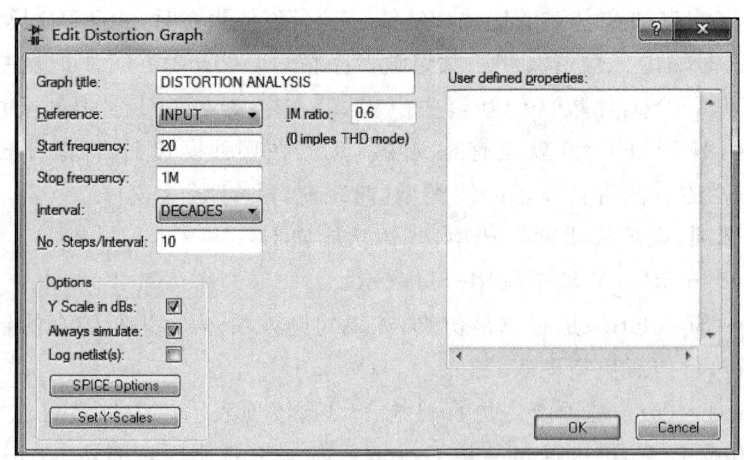

(a) 互调失真属性对话框

图 7-157 互调失真

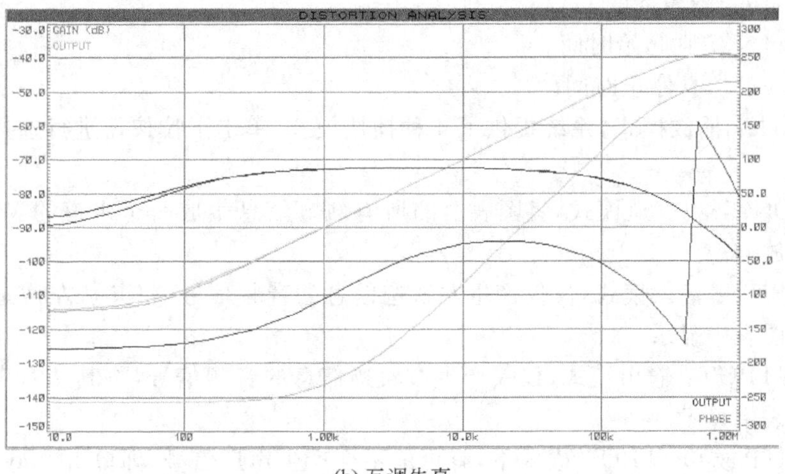

(b) 互调失真

图 7-157　(续)

7.13　音频分析图表仿真

7.13.1　音频分析图表仿真的基本概念

音频分析图表能够让设计者监听电路的输出(必须安装声卡),音频分析图表仿真与模拟图表仿真类似,不同之处在于音频分析图表仿真结束后会产生 Windows 的 WAV 格式的时域文件,并通过声卡(采样频率为 11 025Hz、22 050Hz、44 100Hz)回放出来。轨迹线必须加载图表的左侧 Y 轴。

音频分析图表属性对话框如图 7-158 所示,主要参数如下。

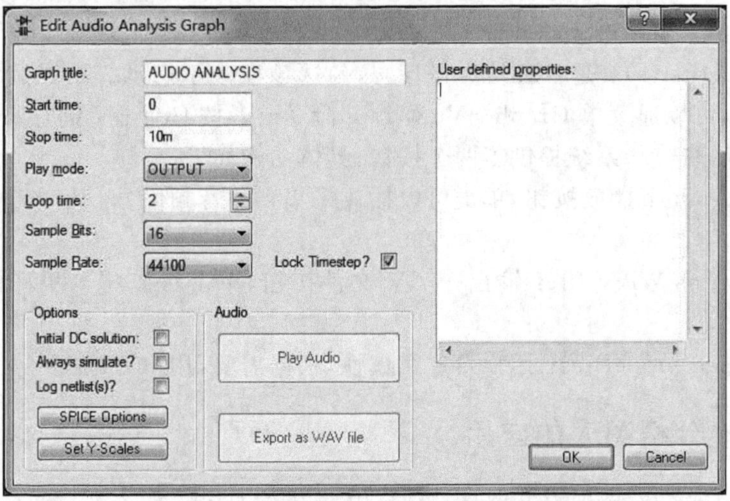

图 7-158　音频分析图表属性对话框

Graph title：图表标题。

Start time：仿真起始时间。

Stop time：仿真停止时间。

Play mode：播放模式，系统提供了4种播放模式，单击下拉按钮进行选择，各模式功能如下。

(1) MONO：单声道模式，将图表上的所有轨迹信息生成一个声道的WAV格式的文件进行播放。

(2) INPUT：输入模式，仅仅产生左轨迹信息的音频信号，将其从左声道播放，右轨迹信息仅在图表中显示。

(3) OUTPUT：输出模式，仅仅产生右轨迹信息的音频信号，将其从右声道播放，左轨迹仅在图表中显示。

在INPUT或OUTPUT模式下，有可能不会产生声道信号，即单击Play Audio按钮不会发生任何事情。

(4) STEREO：立体声模式，将图表上的所有轨迹信息生成两个声道：左声道和右声道。将含有左右声道的WAV格式的音频文件通过左右声道播放出来。

Loop time：循环时间，整个播放的时间 $T=(T_{\text{start}}-T_{\text{stop}})\times T_{\text{loop time}}$。

Sample Bits：采样位，系统有8位和16位两种采样位。

Sample Rate：采样频率，有11 025Hz、22 050Hz和44 100Hz三种采样频率。

Lock Timestep：是否锁定时间步长，勾选该项，表示启动内部时间步长控制采样频率，以提高仿真速度。

Options：参数选项，系统提供以下3个选项。

(1) Initial DC solution：是否初始化DC配置方案，如果勾选该项表示零时刻电容和电感等元器件处于稳定状态；如果没有勾选，当仿真开始时，电感和电容就会有电荷发生变化。

(2) Always simulate：是否总是仿真，如果勾选表示进行仿真的条件发生变化时，系统会重新执行仿真更新图表。

(3) Log netlist(s)：是否启动仿真日志，勾选该项表示启动。则当按空格键仿真时生成仿真日志，可以通菜单Graph→View Log命令或者按Ctrl+V键查看仿真日志。

Audio：音频选项，系统提供了两个按钮，具体功能如下。

(1) Play Audio：播放按钮，单击可以播放采集到的音频信号。相当于快捷键Ctrl+空格键。

(2) Export as WAV file：输出WAV文件按钮，单击可以将采集到的信号导出为WAV文件。

User defined properties：用户自定义属性，根据需要，用户可以自定义变量。

7.13.2 音频分析图表的应用

绘制图7-159(a)所示的电路图(配套电子资源实例chap7中的Audio Analyse.pdsprj)，其中AUDIO为振幅1V、频率1kHz的正弦波，AUDIO2为振幅1V、频率1kHz

的正弦波。放置音频分析图表，添加电压探针，命名为 AUDIO1 和 AUDIO2，设置属性，如图 7-158 所示，按空格键仿真生成音频图形，如图 7-159(b)所示，并产生回放声音。还可以设置不同的播放模式进行播放。

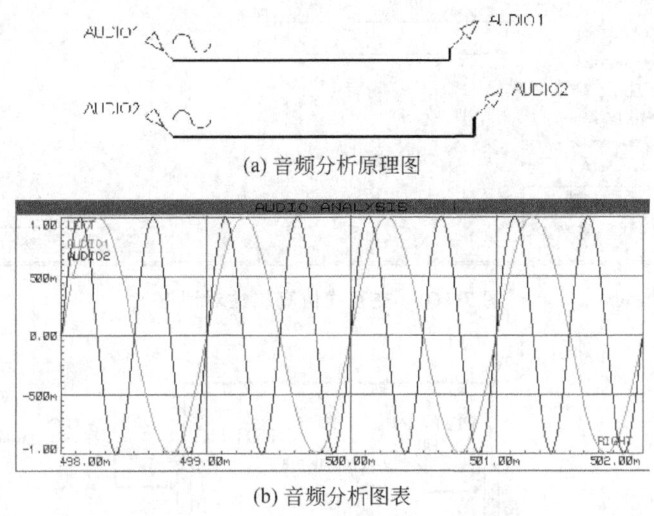

(a) 音频分析原理图

(b) 音频分析图表

图 7-159　音频分析图表的应用

7.14　交互式分析图表仿真

7.14.1　交互式分析图表仿真的基本概念

交互式分析图表有机地结合了交互式仿真和图表仿真的优点，在仿真过程中，系统会建立交互式仿真模型，但仿真结果使用瞬态混合图表记录和显示。交互式分析图表相当于一个具有存储功能的示波器以及一个逻辑分析的功能，可以实时观察电路中的某些器件单独操作对电路的影响。

交互式仿真是在交互模式下的瞬态混合仿真，因此在仿真过程中，键盘、鼠标和开关等各种激励源的操作都会对电路仿真产生影响。

交互式仿真图表属性对话框如图 7-160 所示，其属性参数与模拟图表、数字图表属性对话框中的参数一样，请参阅 7.4 节、7.5 节和 7.6 节。

7.14.2　基于交互式图表仿真的应用

绘制如图 7-161(a)所示的电路图(配套电子资源实例 chap7 中的 Interactive.pdsprj)，拾取出 POT-HG 电阻元器件，将第一个电阻命名为 POT-LIN，修改 LawType 属性为 LINEAR，使用同样的方法使 POT-HG 的 LawType 属性为 LOG。放置交互式图表，将 INPUT、LIN 和 LOG 探针拖入交互式图表，通过交互式观察改变滑动变阻器线性变化和对数变化对电路的影响。按空格键观察波形，如图 7-161(b)所示。

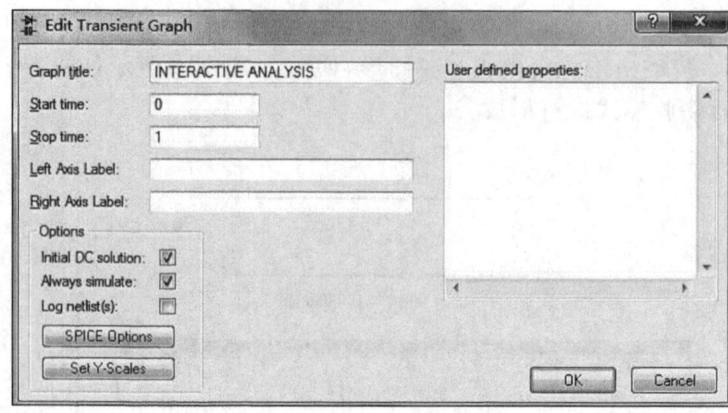

图 7-160 交互式仿真属性对话框

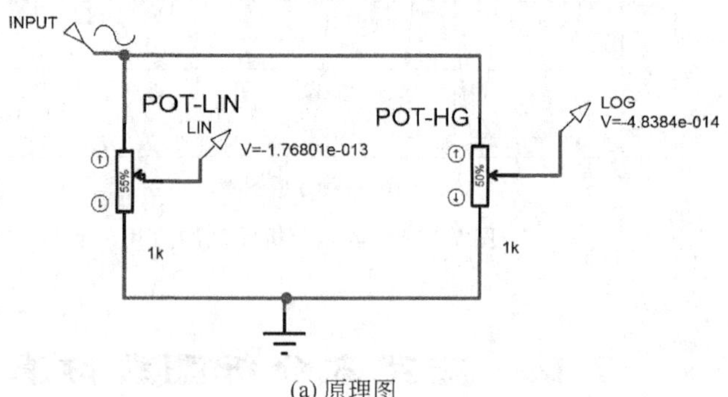

(a) 原理图

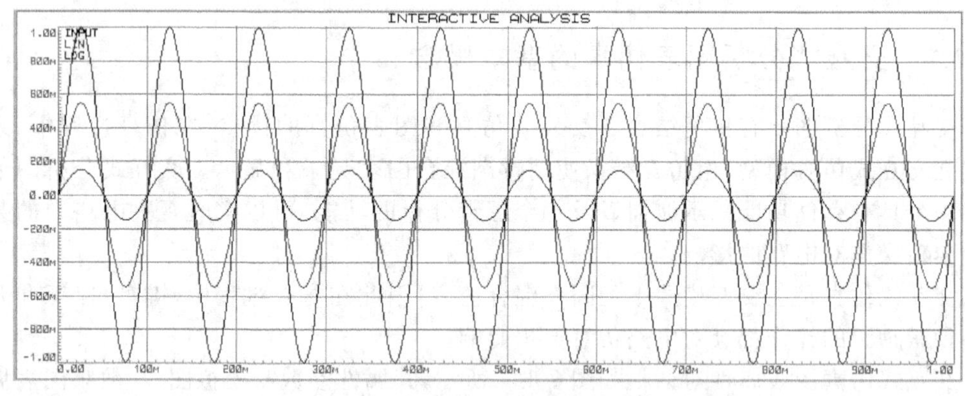

(b) 交互式图表仿真

图 7-161 基于交互式图表仿真的应用

7.15 一致性分析图表仿真

7.15.1 一致性分析图表仿真的基本概念

一致性分析图表将两组数字仿真结果保存在图表中，然后比较这两组数字仿真的结果，快速测试出改变后的设计是否给电路带来不期望的副作用。一致性分析图表主要用于嵌入式系统的测试。将两组数字仿真结果分别称为测试结果和参考结果。

电路是否具有一致性，由在初始轨迹线的每一个边沿处的测试结果与参考结果的比较情况来确定。初始轨迹线称为控制轨迹线，它以不同的颜色显示，以便与其他曲线区分。

一致性分析图表对话框如图7-162所示，主要参数功能如下。

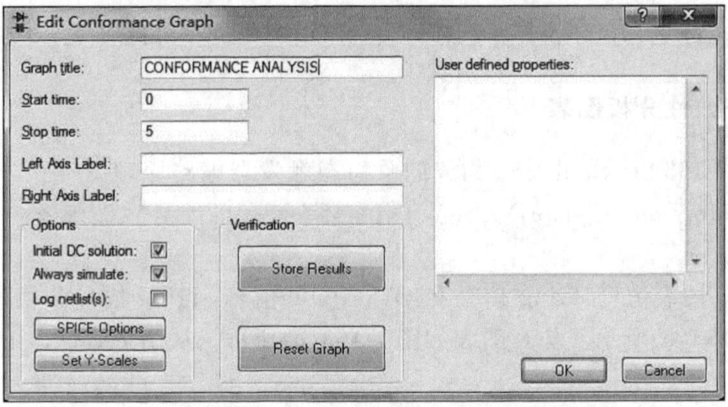

图 7-162 一致性分析图表属性对话框

Graph title：图表名称。

Start time：仿真起始时间。

Stop time：仿真停止时间。

Left Axis Label：左轴标签。

Right Axis Label：右轴标签。

Options：参数选项，系统提供以下3个参数。

(1) Initial DC solution：是否初始化DC配置方案，如果勾选该项，表示零时刻电容和电感等元器件处于稳定状态；如果没有勾选，当仿真开始时，电感和电容就会有电荷发生变化。

(2) Always simulate：是否总是仿真，如果勾选该项，表示进行仿真的条件发生变化时，系统会重新执行仿真更新图表。

(3) Log netlist(s)：是否产生仿真日志，勾选该项表示产生仿真日志，则按空格键仿真时生成仿真日志，可以通过选择菜单Graph→View Log命令或者按Ctrl＋V键查看仿真日志。

Verification：确认属性，系统提供以下两个按钮操作。

(1) Store Results：保存参考结果，或者用当前的结果覆盖上一次存储的结果，则当前保存的图表信息作为参考结果。

(2) Reset Graph：复位图表信息。

一致性分析步骤如下。

(1) 绘制需要做一致性分析的电路图。

(2) 通过其他图表观察触发点。

(3) 获取控制轨迹线。

(4) 将控制线、输出信号和触发信号添加到一致性分析图表。

(5) 按空格键生成一致性分析图表并保存。

(6) 修改电路参数,重新启动一致性分析。

(7) 查看仿真日志,确定修改后的电路和原电路是否具有一致性。

7.15.2 一致性分析图表的应用

1. 绘制一致性分析图表

绘制如图 7-163 所示的由 555 构成的单稳态触发器电路原理图(配套电子资源实例 chap7 中的 Conformance. pdsprj)。注意,电容不同,有可能导致波形不一样,这里选择 Capacitor 电容。

用模拟瞬态图表仿真 Tring 信号和 OUTPUT 信号,Tring 信号和模拟图表属性参数设置如图 7-163(b)所示。仿真图表如图 7-163(c)所示。从图 7-163(c)中可以看出:

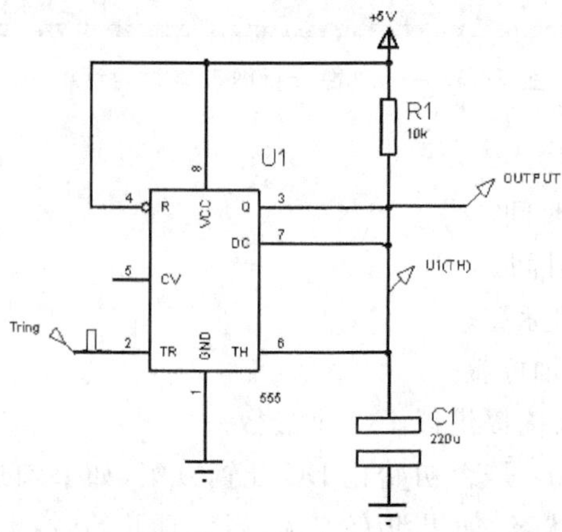

(a) 555构成的单稳态电路

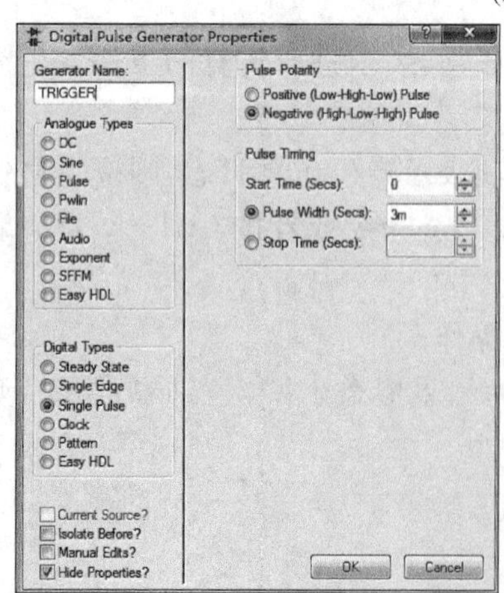

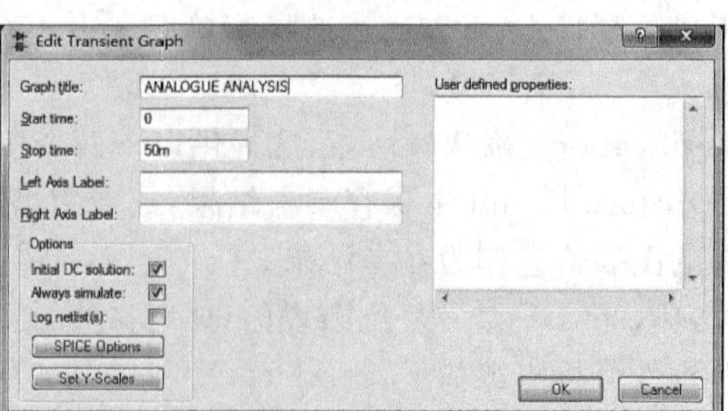

(b) Tring信号和模拟图表属性设置

图 7-163 绘制一致性分析图表

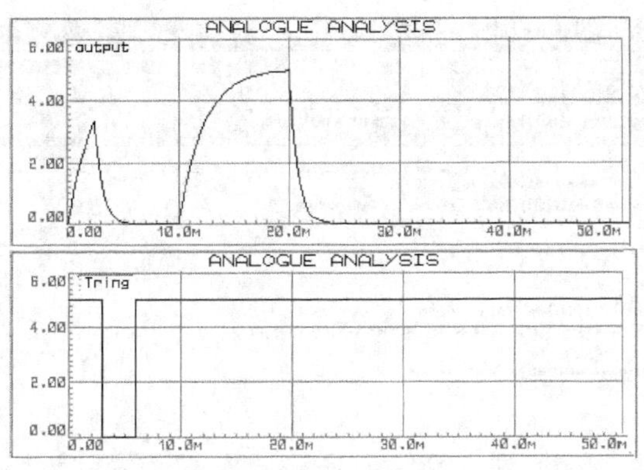

(c) 模拟图表观察OUTPUT和Tring轨迹

图 7-163 (续)

(1) 在零时开始,输出为低电平。

(2) 在触发信号变为高电平后,输出也逐渐变为高电平。

(3) 在触发信号回到低电平后,输出也逐渐变为低电平。

(4) 输出端保持高电平约 5ms 之后,输出变为低电平。

2. 一致性分析

将 Tring 和 OUTPUT 两个轨迹信号添加到一致性分析图表中,按空格键产生轨迹线,如图 7-164 所示。

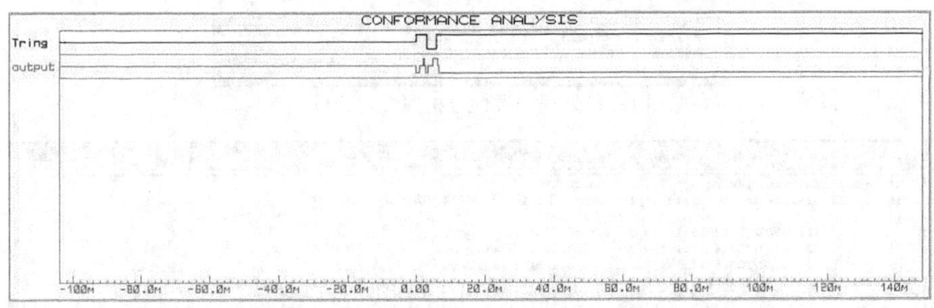

图 7-164 Tring 和 OUTPUT 两个轨迹信号的一致性分析图表

单击一致性分析图表仿真属性对话框中的 Store Results 按钮,使图 7-164 所示的曲线成为参考结果,这时轨迹线以暗色显示。

修改原电路参数,例如将 R1 值改为 50k,C1 的值改为 220μF,重新进行一致性分析并查看仿真结果,如图 7-165 所示。

如果修改后的电路与原电路具有一致性(或不具有一致性),则仿真日志提示为:

new and previous reseults are consistent(not consistent)

要进行一致性分析,还可以选择 Graphic→Verify Graphic 命令(一致性分析)和 Graphic→Verify File 命令(批处理一致性分析),生成一致性分析结果。按照 7.15.1 节介绍的一致性分析步骤中的第(6)步修改参数,如将 R1 值改为 100kΩ 后,选择 Graphic→

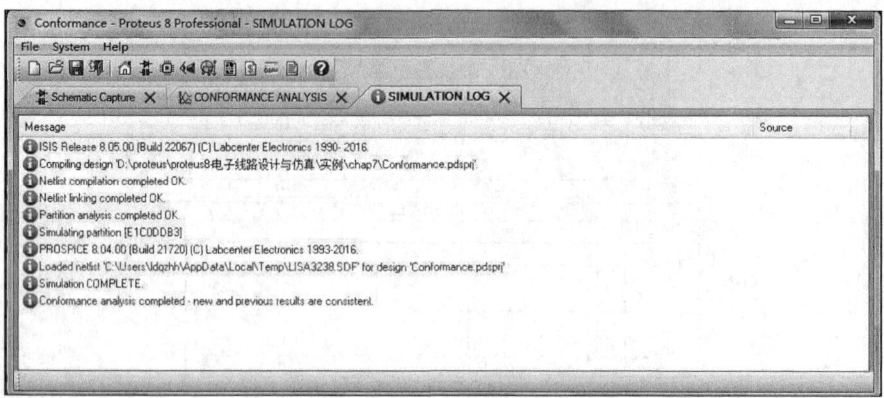

图 7-165　改变电阻 $R_1=100k\Omega$ 后电路有一致性

Verify Graphic 命令，则系统开始一致性分析，并弹出一致性分析结果。

选择 Verify File 命令，弹出批处理一致性分析对话框，如图 7-166(a)所示。其中 Root Path 为要进行一致性分析的文件路径；Recurse sub-directories：是否递归遍历子目录，如果勾选该项，则对路径下的子目录也进行批处理，否则不处理。Stop on error or non-conformance：当遇到错误或者不一致时是否停止仿真分析，勾选该项表示停止。Log detailed file information：是否产生仿真日志，勾选该项表示产生仿真日志，当仿真完成后，自动打开仿真日志，如图 7-166(b)所示。

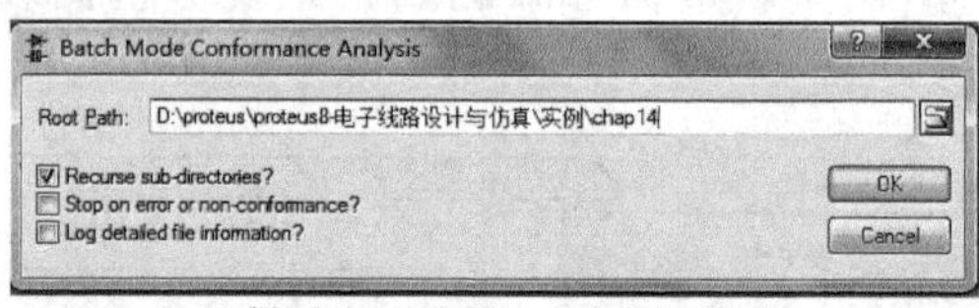

(a) 批处理一致性分析属性对话框

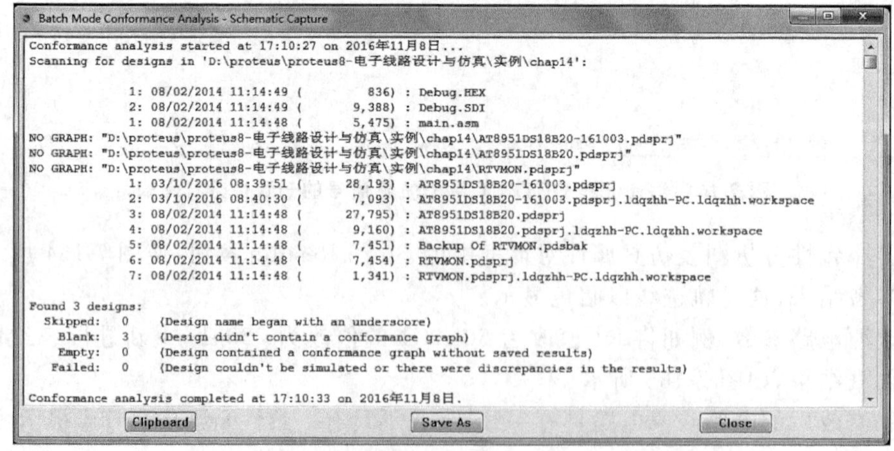

(b) 批处理一致性分析仿真日志

图 7-166　批处理一致性分析

7.16 直流扫描分析图表仿真

7.16.1 直流扫描分析图表仿真的基本概念

直流扫描分析主要观察电路的直流工作点，通过图表可以观察电路元件参数在定义范围内发生变化时对电路的工作状态所造成的影响，例如，观察晶体管的放大倍数、电路工作温度等参数发生变化时对电路状态的影响，也可以通过扫描激励源参数值实现直流传输特性曲线绘制。

直流扫描是对电路工作点中的某个变量进行变换，得到频率与变量之间的关系曲线，最后将频率-变量关系转换为时间-变量关系显示出来。

直流扫描分析图表属性对话框如图7-167所示，各属性参数功能如下。

Graph title：图表名称。

Sweep variable：扫描变量。

Start value：仿真起始值。

Stop value：仿真停止值。

Nominal value：标称值。

No. steps：步长。

Left Axis Label：左边 Y 轴标签。

Right Axis Label：右边 Y 轴标签。

图 7-167　直流扫描分析图表属性对话框

Options：选项，提供了以下两项。

(1) Always simulate：是否总是仿真，如果勾选该项，表示进行仿真的条件发生变化时，系统会重新执行仿真更新图表。

(2) Log netlist(s)：是否产生仿真日志。勾选该项表示产生仿真日志，则当按空格键仿真时生成仿真日志,可以通过菜单 Graph→View Log 命令或者按 Ctrl+V 键查看仿真日志。

SPICE Options:SPICE 参数设置按钮,单击弹出 SPICE 参数设置对话框,对其相关参数进行设置。

Set Y-Scales:设置 Y 坐标。

7.16.2 直流扫描分析图表的应用

绘制如图 7-168(a)所示的二极管电路(配套电子资源实例 chap7 中的 DC Sweep. pdsprj),放置直流电压源和电流探针,直流电压源的属性设置如图 7-168(b)所示。放置直流分析图表,将电流探针加入轨迹,并设置直流分析图表的属性,如图 7-167 所示,按空格键仿真,产生二极管直流特性曲线,如图 7-168(c)所示。

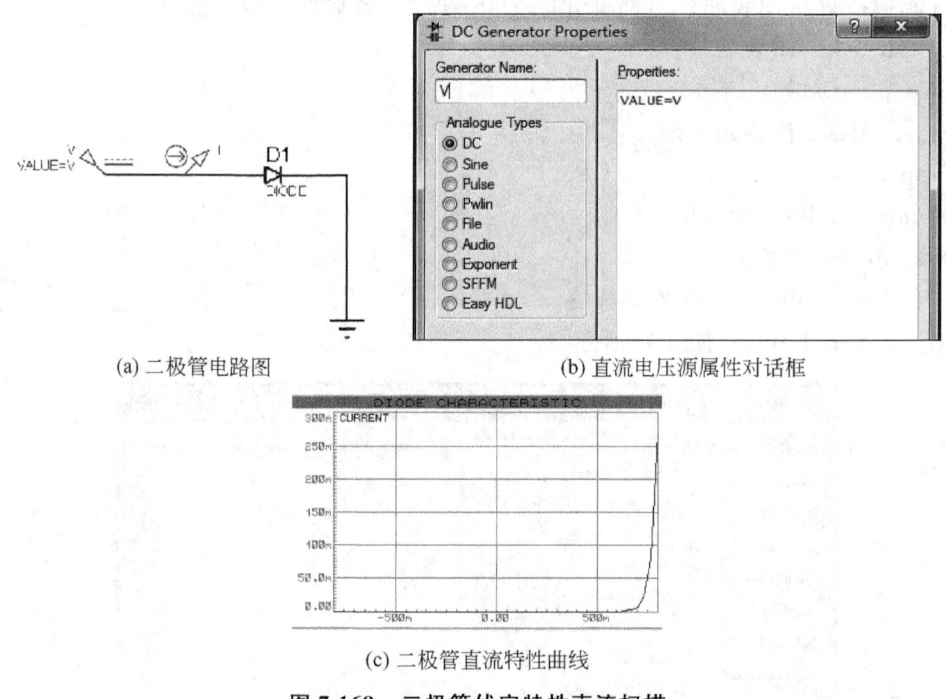

(a) 二极管电路图　　(b) 直流电压源属性对话框

(c) 二极管直流特性曲线

图 7-168　二极管伏安特性直流扫描

7.17 交流扫描分析图表仿真

7.17.1 交流扫描分析图表仿真的基本概念

交流扫描分析是对电路进行交流频率响应分析,并绘制反映元器件在参数值发生线性变化时的频率特性曲线。交流扫描分析时,系统内部完全按照普通的频率特性分析计算有关的值,所以交流扫描分析图表的 Y 轴左侧为幅值,右侧为相位,必须为系统设计参考点。交流扫描分析图表的属性对话框如图 7-169 所示。

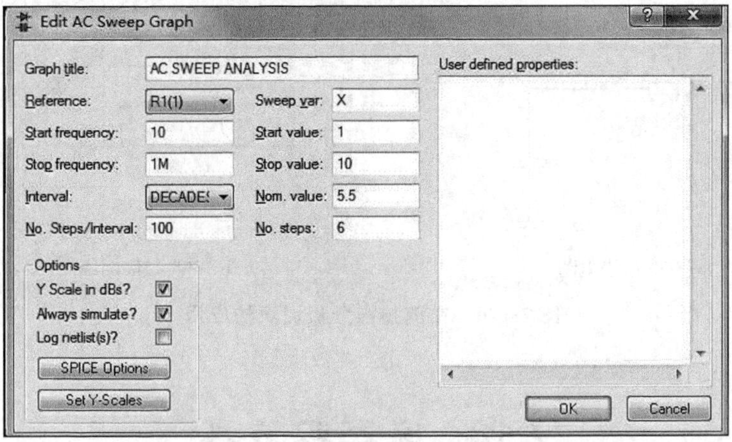

图 7-169　交流扫描分析图表的属性对话框

Graph title：图表标题。

Reference：参考源。单击下拉按钮选择参考源(输入激励源)。

Start frequency：起始频率。

Stop frequency：停止频率。

Interval：步长取值方式有以下 3 种。

(1) DECADE：十倍频，频率按×10 增加或按×1/10 减小，10～100Hz 为一个十倍频程。增益随频率变化的斜线可定义成以分贝表示，按＋20dB/decade 增加或－20dB/decade 减小。

(2) Octaves：八倍频，频率按×2 增加或按×1/2 减小，10～20Hz 为一个倍频程。增益随频率变化的斜线可定义成以分贝表示，按＋6dB/octave 增加或－6dB/octave 减小。

(3) Line：线性关系。

No. Steps/Interval：步长。

Sweep var：扫描变量。

Start value：扫描变量起始值。

Stop value：扫描变量停止值。

Nom. value：扫描变量的标称值。

No. steps：变量取值步长。

7.17.2　交流扫描分析图表的应用

绘制如图 7-170(a)所示的电路图(配套电子资源实例 chap7 中的 ACsweep. pdsprj)，设置相关参数，其中正弦信号源的幅度为 1V，频率为 10Hz；电子阻值为 10*X*(*X* 为扫描变量)。放置 AC Sweep 图表，设置图表属性，如图 7-169 所示。按空格键产生回路的交流扫描曲线图，如图 7-170(b)所示。

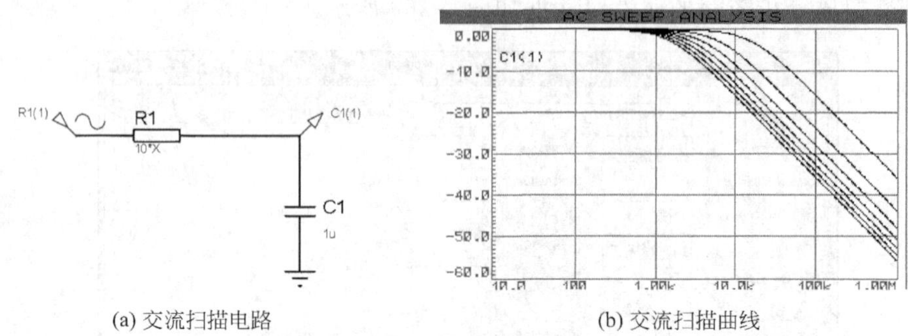

(a) 交流扫描电路　　(b) 交流扫描曲线

图 7-170　交流扫描分析图表的应用

7.18　交互式仿真

交互式仿真在前面的例子中已经提到过,如交互仿真工具 ▶ ⏯ ⏸ ■ 和菜单System→Set Animation Options 设置仿真参数,以及引脚电平颜色设置、电流流向是否显示等交互式属性设置,但没有正式提出"交互式仿真"这个概念。交互式电路仿真根据电路构成是否含有微处理器可以分成包含微处理器的交互式仿真和不包含微处理的交互式仿真。交互式电路的仿真应该是前面知识的综合应用,如图表、电压/电流探针、信号源和动态元器件等,本节主要讲解不包含微处理器的交互式仿真及其参数的测试,微处理器交互式仿真参阅第 14 章。下面以设计模拟电路中的运算放大器电路为例来介绍交互式仿真。

7.18.1　交互式原理图的绘制

交互式原理图的绘制除了放置的元器件必须具有仿真模型外,其他与普通原理图绘制一样。按照图 7-171 所示绘制原理图(配套电子资源实例 chap7 中的 interactive

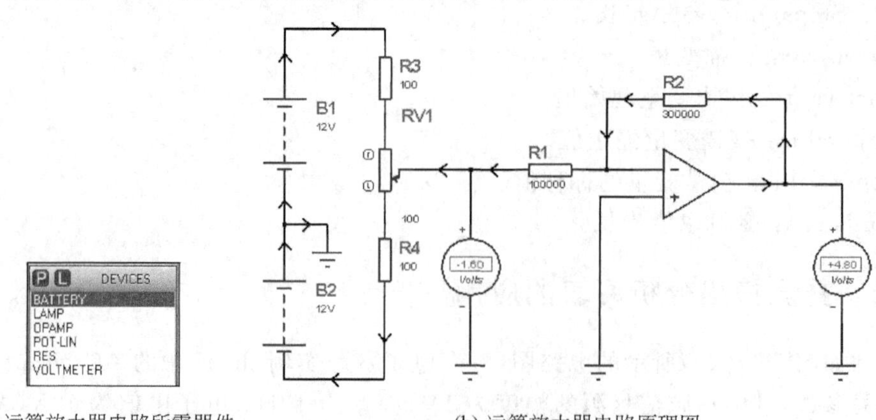

(a) 运算放大器电路所需器件　　(b) 运算放大器电路原理图

图 7-171　交互式原理图

simulation. pdsprj)，并设置交互式仿真参数，如用箭头显示电流、显示引脚电平、显示电压/电流探针的值等参数。

单击 按钮，启动交互式仿真，按钮由原来的蓝色变成绿色，表示当前处于交互式仿真模式下，当原理图处于交互式仿真中时，不能对原理图进行删除、添加等操作，但可以对具有 Animated/Active 的元器件进行修改，如图中的变阻器，通过上下按钮改变滑动抽头的位置，开关、温度传感器 DS18B20、光敏器件和 USB 等设备也都具有该功能。

7.18.2 交互式仿真数据的输入和输出

在交互式仿真时，数据的输入和输出主要有以下几种方法。

(1) 可以用激励源、开关量、按钮、Logical State 和 Clock 等作为实时输入信号，用虚拟仪器、LED 类、灯泡、LCD、点阵、Logical Probe、引脚上不同的电平和电压/电流探针等作为实时显示输出数据。

(2) 单击暂停按钮，将鼠标移动到元器件、虚拟仪器等上单击，弹出一组数据，该数据表示在暂停那一时刻的瞬态值，如瞬时电压/电流值、瞬时功率值等。如果暂停的时刻为 0，即刚开始就单击暂停按钮，此时的数据也称为直流工作点数据，如图 7-172 所示。

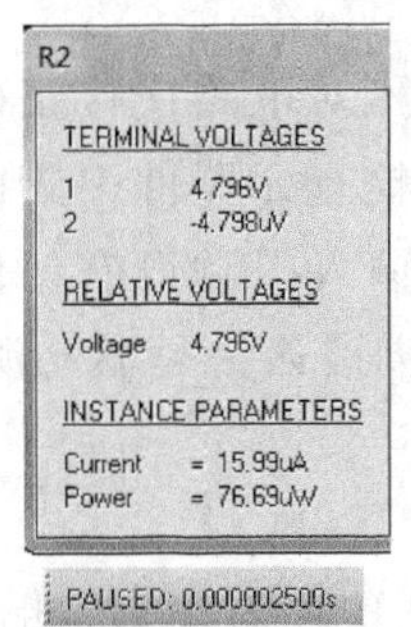

(a) 0时刻的R2参数值

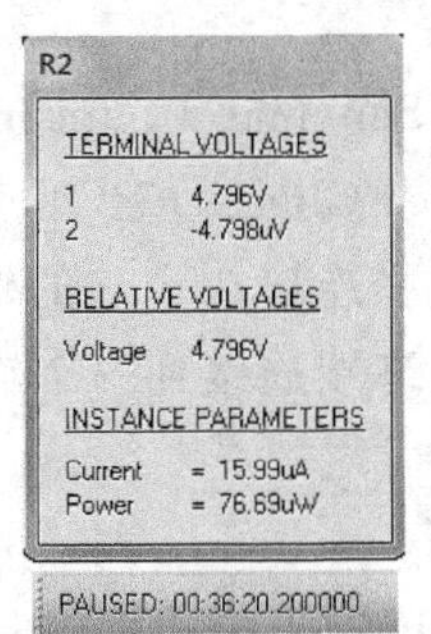

(b) 保持参数不变，0:36:20时刻的R2参数

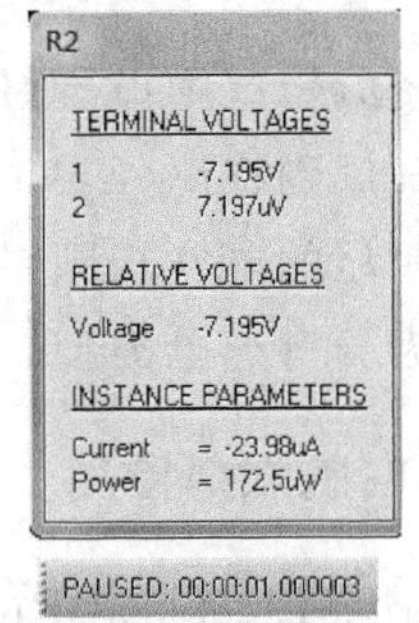

(c) 改变滑动变阻器后，重新暂停时的R2参数

图 7-172 暂停并观察元器件数据

第8章 chapter 8

Schematic Capture 原理图设计后续处理

学习完原理图绘制的方法和技巧以及虚拟仪器、图表仿真的应用，接下来介绍 Schematic Capture 原理图设计后续处理，主要包括电气规则检测报告(ERC)、元器件清单报表(BOM)、网络报表(Netlist)、块电路的导入/导出、电路图纸的输出和打印。

8.1 电气规则检测报告

在原理图编辑区中设置好电路后，Schematic Capture 提供了对电路连接正确与否进行简单的电气规则检测(Electrical Rules Check，ERC)，其主要检查元器件引脚的电气类型以及比较明显的电气规则错误(如一些连接在一起的输出或输入引脚没有任何驱动)。终端也被视为具有导电类型，一个输入终端连接到一个输入引脚被认为是驱动源。

1. 启动电气规则检测

选择 Tool→Electrical Rules Check 命令，或者单击工具栏上的按钮，都可以对电路进行电气规则检测并产生电气规则检测报告，可以将此报告复制到剪贴板，另存为 *.ERC 文件。以第14章中的 AT89C51DS18B20.pdsprj 为例，对其进行电气规则检测生成的报告如图 8-1 所示。

注意：ERC 只能作为电路错误检测的一种参考手段，有些错误不一定是真正的错误，比如有些输入引脚在原理图中设置为 NC，但在检测中会提示错误，没有 ERC 错误的电路在实际中不一定没有设计性的错误。

2. ERC 错误信息

Schematic Captute 系统通过检测每个网络的所有引脚类型来发现设计中的错误，这些错误可能是以下几种情况。

(1) 某个输出引脚连接到其他的输出引脚，有可能造成信号冲突。

(2) 连接在一起的输入没有驱动源(Undriven)。

(3) 元器件编号重复，导致不同的元器件无法区分。

(4) 终端也有电气类型，一个输入终端应连接到为它提供驱动源的输入引脚上。

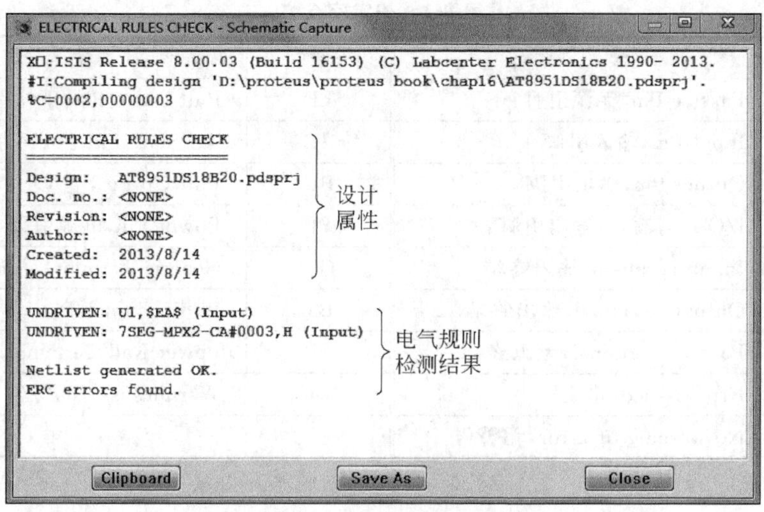

图 8-1 电气规则检测报告

上述这些错误都可以引起 ERC 出错。从本质上看，Schematic Capture 平台的 ERC 只有以下两种错误类型。

(1) 互联的网络导致竞争，如两个输出的驱动方式不同，导致大电流。

(2) 互联的网络无驱动源，一个网络只包含输入引脚，会引起 Undriven 的错误。

第一类错误主要由表 8-1 决定，表中的关键字含义如表 8-2 所示。

表 8-1 ERC 第一类错误检测表

	PS	IP	OP	IO	TS	PU	PD	PP	GT	IT	OT	BT	PR
PS	✓	✓	✓	✓	✓	✓	✓	✓	✓	✓	✓	▣	✓
IP	✓	✓	✓	✓	✓	✓	✓	✓	✓	✓	✓	✓	✓
OP	✓	✓	⊗	⚠	⊗	⊗	⊗	✓	✓	⊗	✓	⚠	⊗
IO	✓	✓	⚠	✓	✓	✓	✓	⚠	✓	⚠	✓	✓	⚠
TS	✓	✓	⊗	✓	✓	✓	✓	⊗	✓	⊗	✓	✓	⊗
PU	✓	✓	⊗	✓	✓	✓	✓	⚠	✓	⊗	✓	✓	⊗
PD	✓	✓	⊗	✓	✓	✓	✓	⚠	✓	⊗	✓	✓	⊗
PP	✓	✓	✓	⚠	⊗	⚠	⚠	✓	✓	✓	✓	⚠	✓
GT	✓	✓	✓	✓	✓	✓	✓	✓	✓	✓	✓	✓	✓
IT	✓	✓	⊗	⚠	⊗	⊗	⊗	✓	✓	⊗	✓	⚠	⊗
OT	✓	✓	✓	✓	✓	✓	✓	✓	✓	✓	✓	✓	✓
BT	✓	✓	⚠	✓	✓	✓	✓	✓	✓	✓	✓	✓	⚠
PR	✓	✓	⊗	⚠	⊗	⊗	⊗	✓	✓	⊗	✓	⚠	⚠

✓ No Warning or Error ⚠ Warning Issued ⊗ Error Issued

表 8-2 关键字含义

关键字	含 义	关键字	含 义
PS	Passive Pin,无源引脚	PD	Pull Down Pin,下拉引脚
IP	Input Pin,输入引脚	TS	Tri-State Pin,三态引脚
OP	Output Pin,输出引脚	PU	Pull Up Pin,上拉引脚
IO	I/O Pin,输入/输出引脚	PP	Power Pin,电源引脚
IT	Input Terminal,输入终端	GT	Generic Terminal,普通终端
OT	Output Terminal,输出终端	BT	Bi-directional Terminal,双向终端
PT	Passive Terminal,无源终端	PR	Power Rail Terminal,电源终端
er	Error issued,错误	wn	Warning issued,警告
Ok	No warning or error,无警告		

8.2 元器件清单

元器件清单(Bill of Materials,BOM)提供了当前设计电路图中的元器件列表(主要包括元器件名称、编号、数量、种类和封装等)信息,为元器件采购等提供元器件清单报表。所以一般情况下虚拟仪器、激励源和图表等不会出现在元器件清单内。BOM 在 Proteus 8 版本中是顶级应用模块,这意味它既可以工作在单帧模式,也可以工作在多帧模式。

8.2.1 BOM 报表的生成

单击主工具栏中的 BOM 命令按钮即可启动 BOM 报表窗口,操作过程如图 8-2 所示。

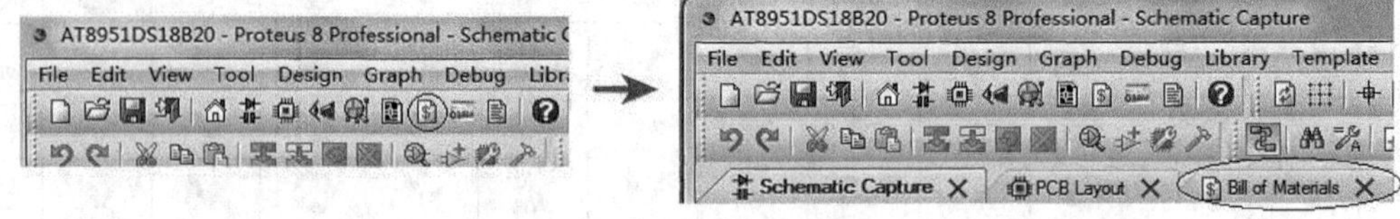

图 8-2 启动 BOM 报表

这里以第 14 章中的 AT89C51DS18B20. pdsprj 为例,其 BOM 报表窗口如图 8-3 所示,在该平台下可以预览和配置相关的 BOM 参数。下面具体讲解 BOM 报表的相关操作。

8.2.2 BOM 报表窗口的组成及功能

如图 8-3 所示,BOM 报表窗口主要由菜单栏、工具栏和 BOM HTML 格式预览及属性修改窗口 3 部分组成,下面分别介绍。

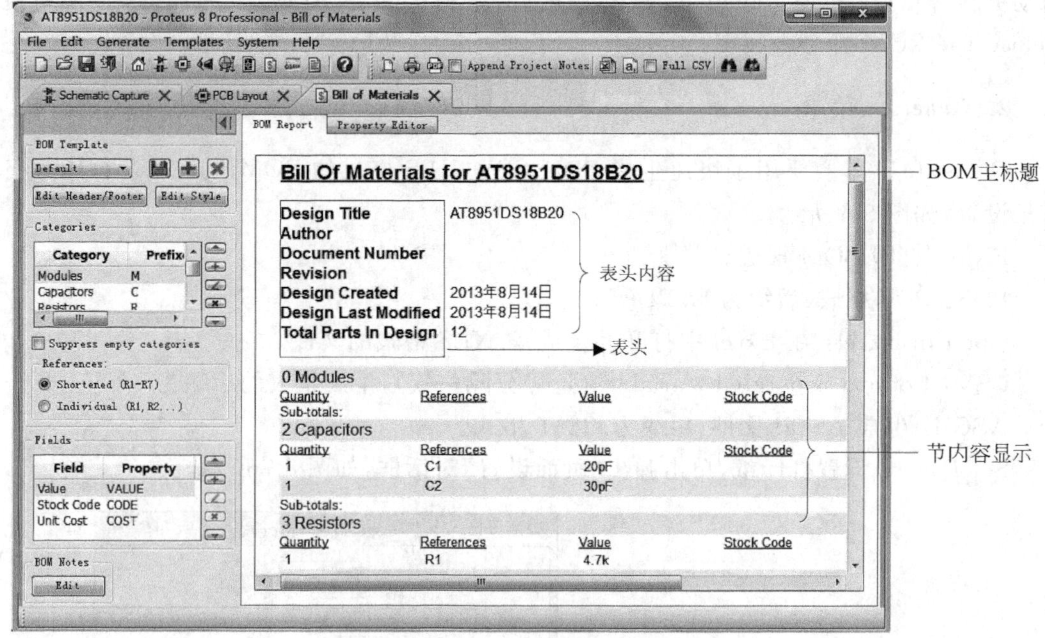

图 8-3 AT89C51DS18B20. pdsprj BOM 报表

8.2.2.1 BOM 报表菜单栏

BOM 报表窗口的菜单栏主要包括 Edit 菜单、Generate 菜单和 Templates 菜单。

1. Edit 菜单

Edit 菜单主要用于查找和替换 BOM 报表的属性，具体功能如图 8-4 所示。

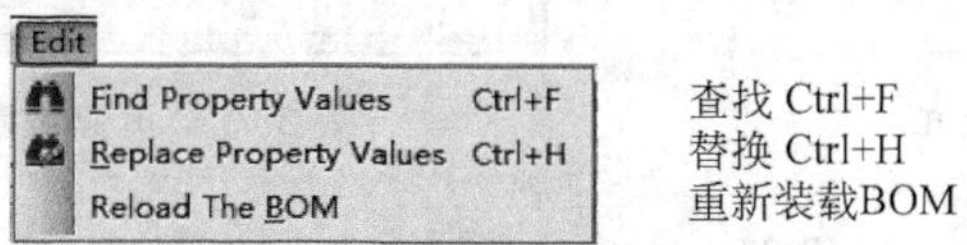

图 8-4 Edit 菜单

这两个菜单命令弹出的对话框相同，具体功能如图 8-5 所示。

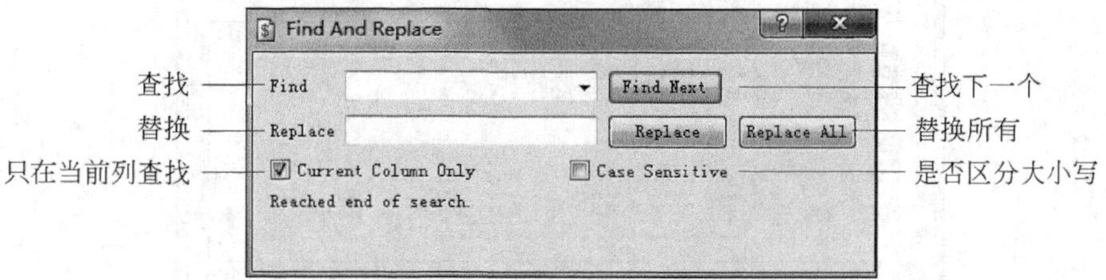

图 8-5 查找与替换对话框

Reload the ROM：ROM 报表中的数据会随着 Schematic Capture 中的数据变换而

自动更新,但当在 PCB Layout 中修改数据后,此时要更新 ROM 中的数据,必须通过 Reload the ROM 命令来实现。

2. Generate 菜单

Generate 菜单主要用于快速生成 PDF、CSV、XLS 格式的 BOM 报表以及打印和打印纸设置,如图 8-6 所示。

Print:打印 BOM 报表。

PDF:PDF 格式,后缀为 *.PDF。

Open In Excel:在 Excel 中打开并生成 *.XLS 格式的文件。

CSV:Comma Separated Variables(逗号分隔格式),生成报表的后缀为.CSV。

ASCII:生成 ASCII 文件,后缀为.TXT 格式。

Set Paper:设置打印纸,单击弹出"页面设置"对话框,如图 8-7 所示。

图 8-6 Generate 菜单

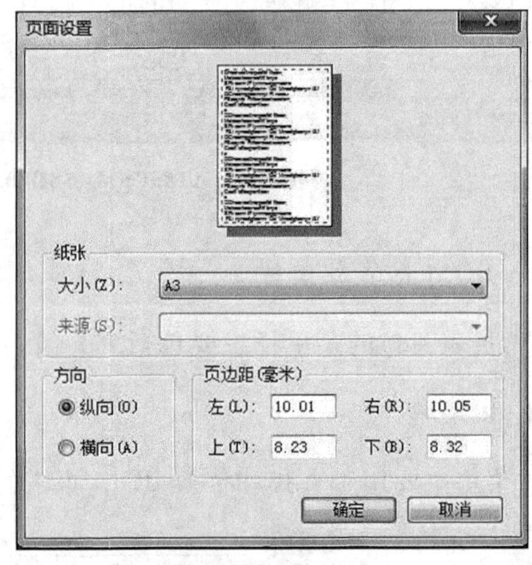

图 8-7 "页面设置"对话框

Advanced Settings:高级设置,主要对 BOM 中的列属性进行设置。对话框如图 8-8 所示。

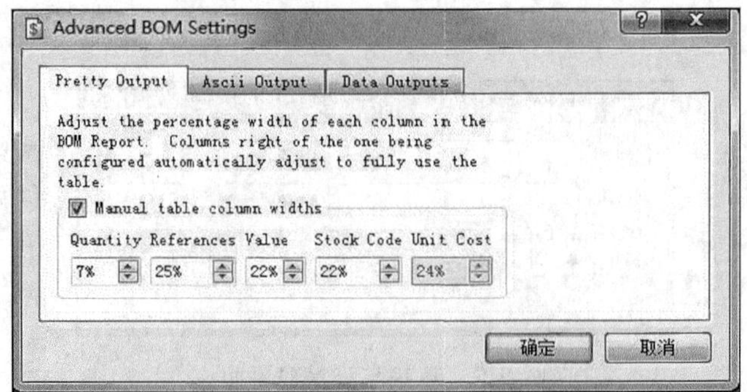

图 8-8 Advanced BOM Setting 属性对话框

其中，Pretty Output 项主要调节 BOM 报表中的 Quantity 列、References 列、Value 列、Stock Code 列和 Unit Cost 列所占宽度的比例。通过勾选 Manual table column widths 项进行手动修改，达到最好的输出效果。

Ascii Output 项主要设置 ASCII 格式输出时的 Quantity 列、References 列、Value 列、Stock Code 列和 Unit Cost 列所占字符的宽度。

Data Outputs：主要用于 SCV 和 ASCII 格式，为了保证低版本格式的兼容。

3. Template 菜单

Template 菜单主要用于模板设置，如图 8-9 所示。

图 8-9 Template 菜单

Save Template：保存模板，当对模板参数进行了设置后，选择该命令保存模板设置。

New Template：新建模板。

Delete Template：删除模板。

用户通过上述 3 条命令可以创建自己的模板、保存模板和删除模板，这 3 条命令的功能等同于 BOM 报表预览窗口中 3 个按钮的功能。

Import template：导入系统提供的 Default. bomt、Labcenter. bomt 和 Rustic. bomt 三个模板之一。

Export template：导出模板，允许用户自己创建 BOM 模板并保存，方便以后调用。

Reset Default Template：恢复到系统默认模板。

Import Legacy template：导入低版本 BOM 模板，弹出如图 8-10 所示对话框。主要参数如下。

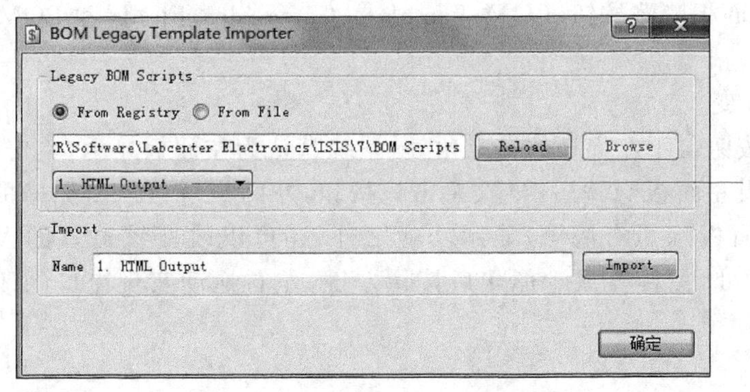

图 8-10 BOM 模板导入

Legacy BOM Script：低版本的 BOM 脚本（电脑中必须安装 7.10 以下版本），有 From Registry（来自系统）和 From File（来自文件）两项，当选择后一项时，可以单击 Browse 按钮添加用户的 BOM 脚本文件。若选择 From Registry 选项，单击下面的下拉按钮可以选择 BOM 格式，主要有 HTML Output（HTML 格式）、ASCII Output（ASCII 格式）、Compact CSV Output（压缩 CSV 格式）和 Full CSV Output（完整 SCV 格式）4 种

格式。单击 Reload 按钮可以重新装载 HTML 格式(系统默认为 HTML 格式)。当选某一中 BOM 格式时,Import 选项会显示出相应的格式名称。

Import:主要显示相应格式的名称。单击 Import 按钮,弹出 BOM 脚本导入成功的提示框,单击"确定"按钮退出。此时在 BOM 报表预览窗口中单击 BOM Template 中的下拉按钮,就可以看到相应的脚本,并对此脚本的相关参数进行设置。

8.2.2.2 BOM 报表工具栏

BOM 报表窗口工具栏的功能如图 8-11 所示。

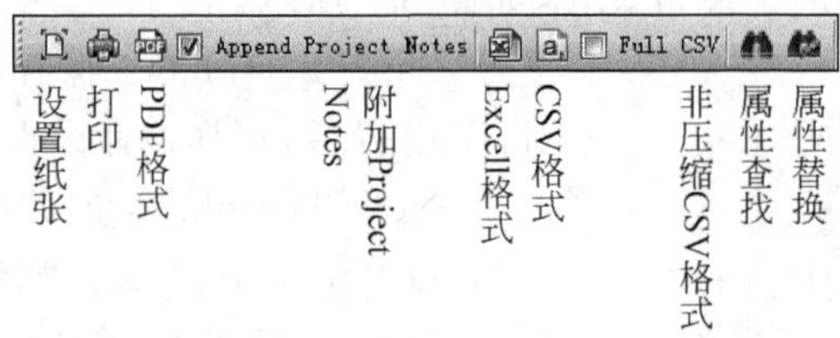

图 8-11 BOM 工具栏

8.2.2.3 BOM 窗口

该窗口主要分为左右两部分。左边主要用于 BOM 相关属性配置和 BOM 输出信息设置,右边主要用于 BOM 报表预览和相关属性的修改。为简便起见,以下叙述中分别称这两个部分为左面板和右面板。

1. 左面板

左面板主要包括左面板隐藏按钮、BOM Template、Categories、Fields 和 BOM Notes 四部分。

1) 左面板窗口的改变

左面板隐藏/显示按钮位于左面板的右上角处,系统默认为左面板显示,单击该按钮可以实现左面板隐藏;当左面板隐藏后,再次单击该按钮,左面板即可恢复原来的状态,如图 8-12(a)所示。左面板除了有隐藏/显示功能之外,还可以改变该窗口的大小,将鼠标移至左面板的边框处,鼠标变成⇹形状后按住左键,左右拖动实现窗口的改变,如图 8-12(b)所示。

2) BOM Template

该功能主要用于快速装载 BOM 脚本格式模板,下拉列表中列出了通过 Templates→Import Templates 命令导入的 BOM 脚本,当然也支持快速装载用户自己的 BOM 脚本格式模板。其中,💾按钮用于保存模板;➕按钮用于新建模板,单击该按钮弹出新建模板对话框,在 Template Name 栏输入新建模板名称,单击"确定"按钮完成模板创建;✖按钮用于删除用户创建的模板。

3) Categories

Categories 列出了常用器件的前缀符号,如电容以 C 开头,单击 Categories 窗口中的列标题关键字，如 Category、Prefixes 等，可以对显示的内容按列的升序或者降序排列，此时标题关键字显示为 Category（升序）或 Category（降序）（以单击 Category 标题为例）。除此之外，还可以通过单击按钮使选中的行内容上移，单击按钮使选中的行内容下移。单击按钮可以添加类和前缀，单击按钮可以对已添加的类和前缀进行修改，添加和修改类属性对话框如图 8-13 所示。单击按钮删除已经创建的类及其属性。

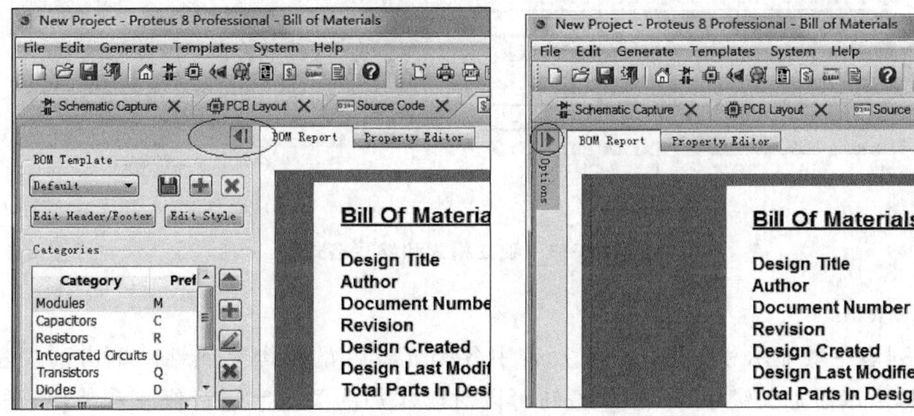

(a) 左面板窗口显示与隐藏

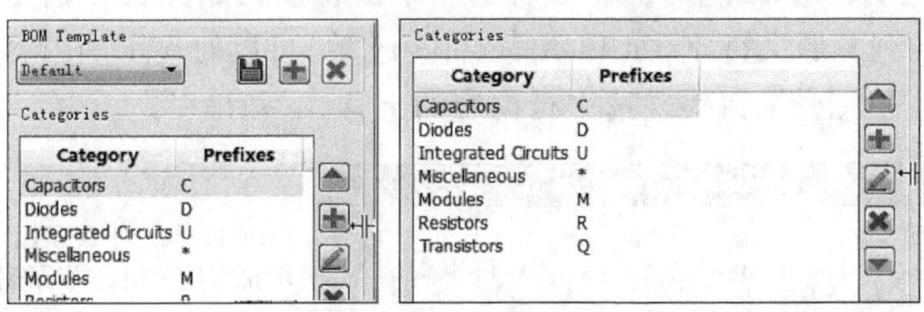

(b) 左面板窗口大小改变

图 8-12　左面板的隐藏/显示与窗口大小的改变

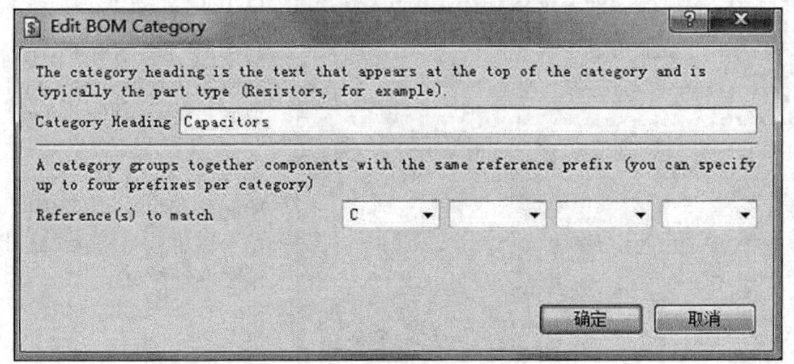

图 8-13　编辑类对话框

Supress Empty Categories：合并数量为 0 的元器件。当不勾选时，则显示数量为 0 的元器件，如图 8-14(a)所示；若勾选此项，则不显示数量为 0 的元器件，如图 8-14(b)所示。

Reference：为同类元器件的参考号显示格式选择，有 Shortened（缩写格式）和

Individual(独立格式)两种。如有 3 个电阻，可以用 R1、R2、R3 的独立格式显示，如图 8-14(a)所示；也可以用 R1-R3 的缩写格式显示，如图 8-14(b)所示。

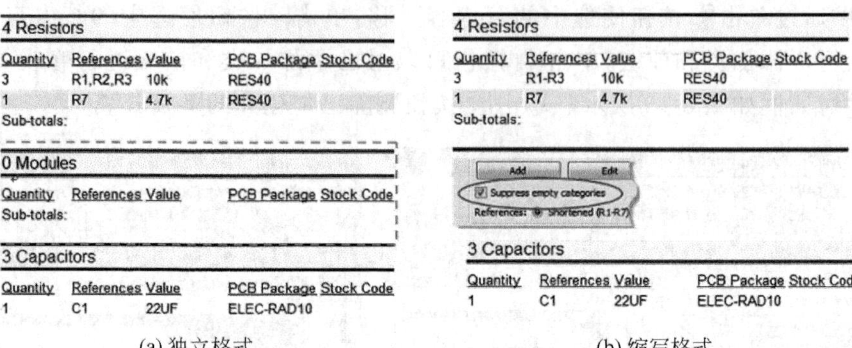

(a) 独立格式　　(b) 缩写格式

图 8-14　独立格式和缩写格式

4) Fields

该列表主要显示和编辑 BOM 报表中各类元器件的关键字属性。单击列表左侧的 按钮，可以添加关键字，单击 按钮可以对已添加的关键字进行修改和替换，添加、修改和替换关键字属性对话框如图 8-15 所示。单击 按钮删除已经创建的关键字。单击 Fields 窗口中的列标题关键字，如 Field、Property 等，可以对显示的内容按列的升序或者降序排列。单击 、 按钮实现选中行内容的上移、下移排序。

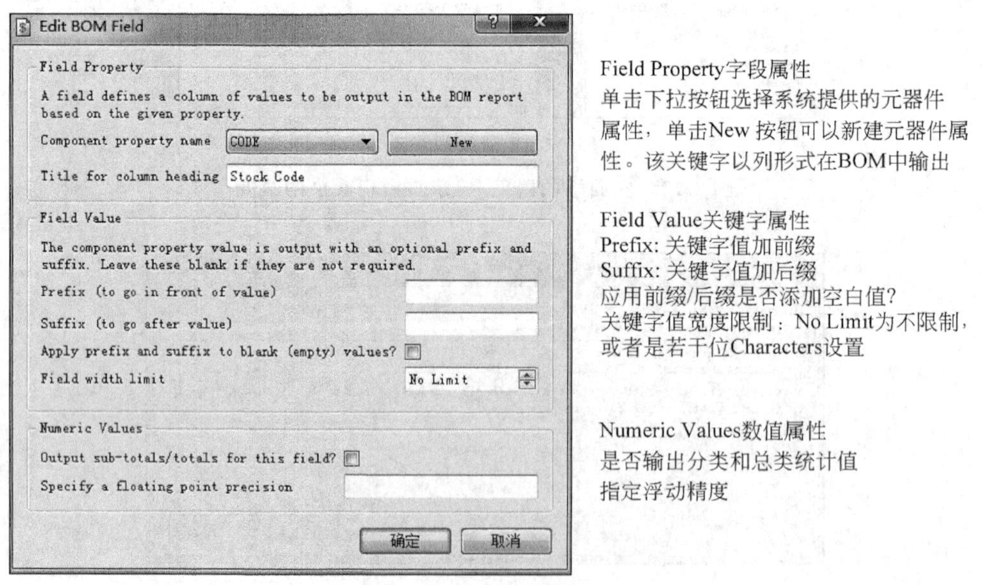

图 8-15　添加/修改/替换关键字窗口

5) BOM Notes

单击 BOM Notes 下的 Edit 按钮，弹出如图 8-16(a)所示的 BOM 报表注释编辑窗口，在窗口中输入需要注释的文字，单击“保存”按钮退出编辑，则在 BOM HTML 报表预览窗口中出现 Notes 项，如图 8-16(b)所示。

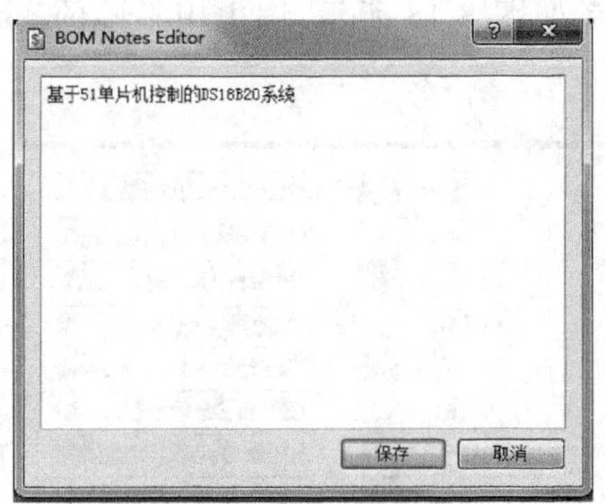

(a) BOM报表添加注释信息窗口

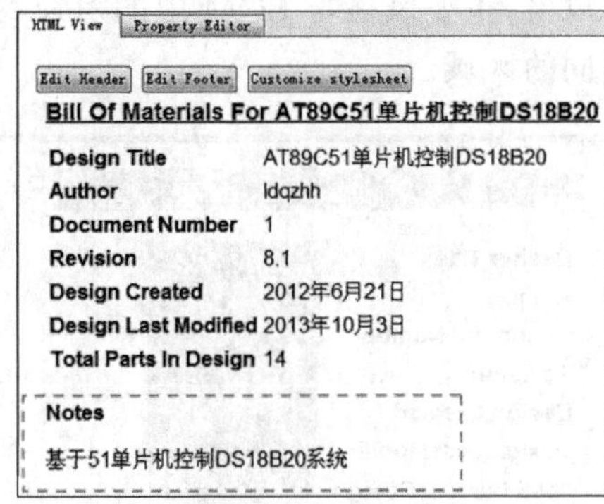

(b) 注释信息预览

图 8-16　在 BOM 报表中添加注释

2. 右面板

右面板主要包括 BOM Report 和 Property Editor 两个页标签。单击页标题可以实现页面切换。

1) BOM Report

BOM Report 的主要功能是 BOM 报表数据的预览显示。

2) Property Editor

在 BOM 报表中，属性编辑器的功能主要是结合左侧 BOM Temapate 中的 Edit Header/Footer 和 Edit Style 命令完成 BOM 报表属性的设置。

(1) 格式设置。

单击 Edit Style 命令，弹出 Style Editor 属性对话框，如图 8-17 所示。其功能主要包括以下几点。

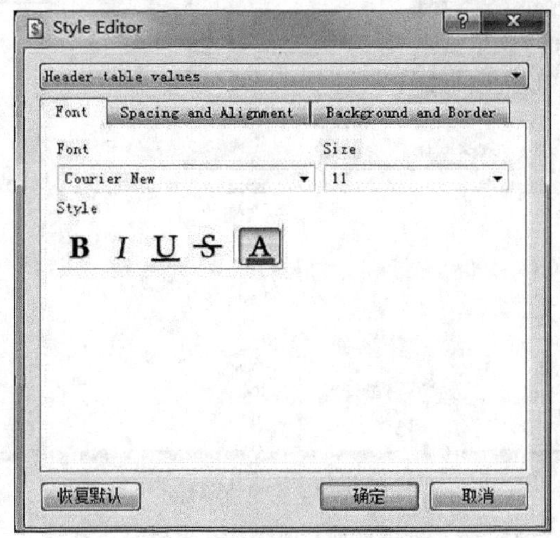

图 8-17　风格编辑属性对话框

① Style Selector(格式类型选择器),单击风格选择器下拉按钮,弹出下拉框,选择需要的编辑风格,主要风格与 BOM 中的对应关系如图 8-18 所示,图中用不同的颜色和数字表示不同的区域。

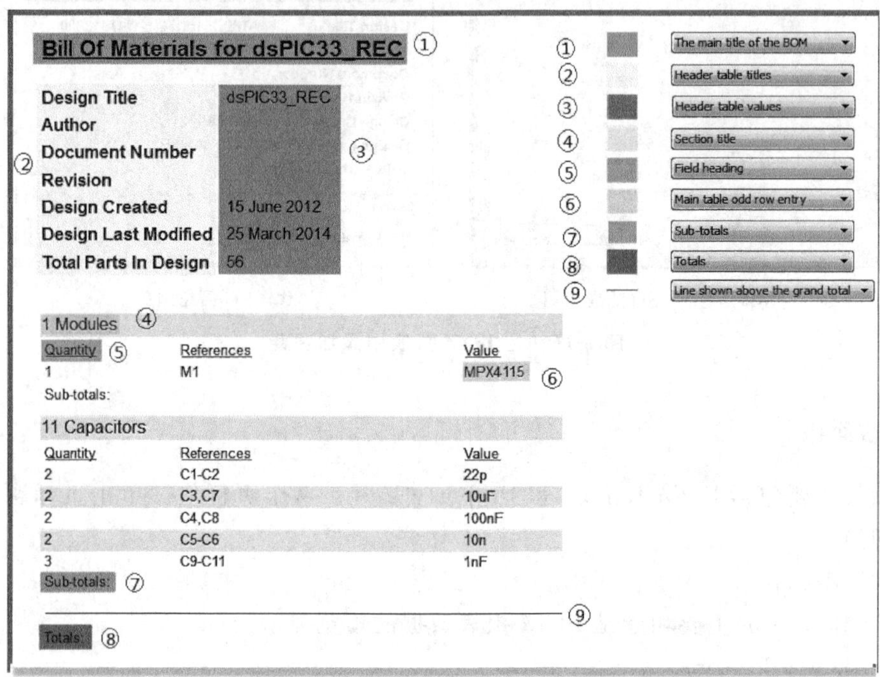

(a) 主要格式设置区域

Bill Of Materials for dsPIC33_REC
Design Title dsPIC33_REC
Author
Document Number
Revision ①
Design Created 15 June 2012
Design Last Modified 25 March 2014
Total Parts In Design 56
②
1 Modules
Quantity References Value
1 M1 MPX4115
Sub-totals:
11 Capacitors
Quantity References Value
2 C1-C2 22p
2 C3,C7 10uF
2 C4,C8 ③ 100nF
2 C5-C6 10n
3 C9-C11 ④ 1nF
Sub-totals:
① Header table cells
② Section title
③ Main table odd row
④ Main table even row

(b) 局部格式设置区域

图 8-18　格式类型与 BOM 之间的对应关系

② Front 字体属性修改，主要由字体(Font)、字号(size)和字形(Style)等参数设置组成。

③ Spacing and Alignment

间距和对其属性的主要设置如图 8-19 所示。其中 Text Alignment 主要包括左对齐、右对齐、居中和两头对齐。

间距(Spacing)项主要包括 Magins unit(单位)，有 pt(像素)、in(英尺)、mm(毫米)和 em(根据基准来缩放字体的大小)。是到顶部的距离。是到底部的距离。是到左边的距离。是到右边的距离。

④ Black and Border 属性设置

Border 属性中包括边框的风格(Style)、四边是否出现、宽度(Thickness)以及颜色(Clour)设置。Balckgroud 属性包括背景色的颜色(Colour)以及所处的位置设置，如图 8-20 所示。

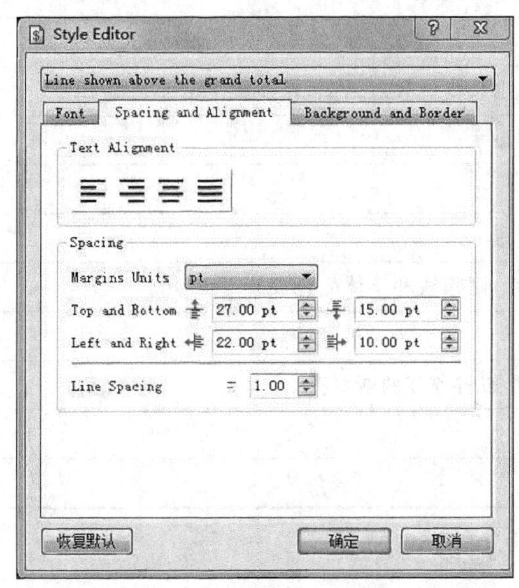

图 8-19 间距和对齐属性设置

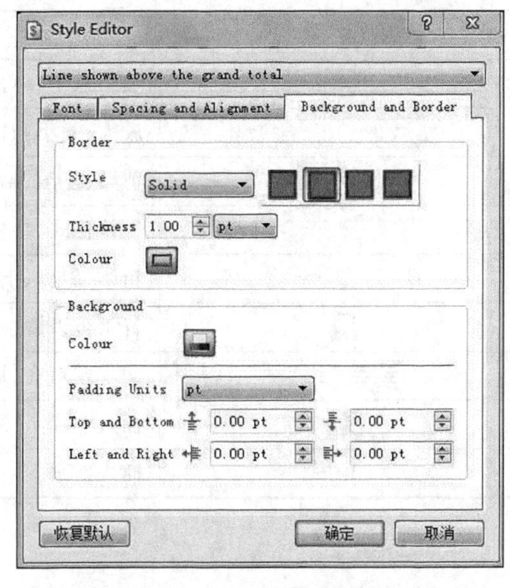

图 8-20 背景和边框设置对话框

(2) 页页眉/页脚属性设置。

单击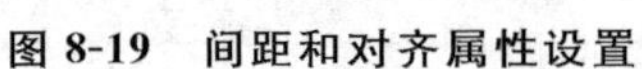按钮命令，打开 BOM 报表的页眉和页脚设置对话框，这里以页眉设置为例讲解，如图 8-21 所示。

图 8-21 中主要工具栏功能如表 8-3 所示。

(3) 其他格式设置。

在 BOM 报表中，属性编辑器的功能是把原理图中元件的属性/关键字(元器件属性中对应的是行)在 BOM(对应的是列)中显示，如图 8-22 所示。这里可以给任何属性赋值，也可以创建新的属性，然后自动将所有数据返回到原理图中元器件所对应的属性中。此处输入的信息将被应用到 BOM Report 中进行预览显示，各参数具体含义如下。

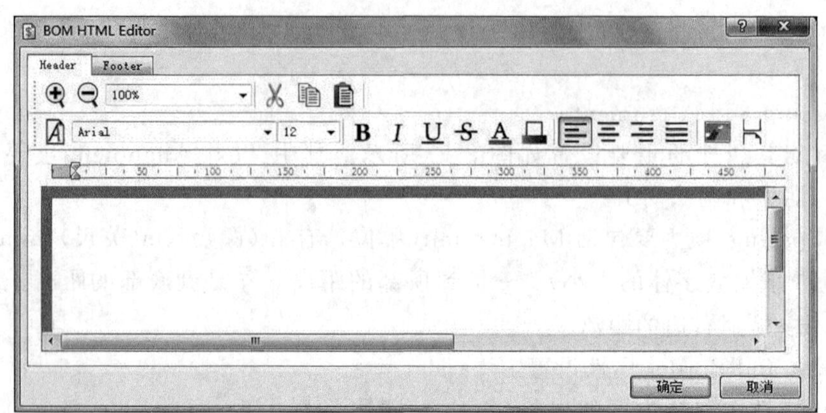

图 8-21 页眉/页脚编辑对话框

表 8-3 页眉/页脚工具栏功能说明

符 号	功 能
	编辑风格,单击弹出风格设置对话框,具体操作见 Edit Style
100%	放大、缩小和比例显示
	剪贴、复制、粘贴
Arial 12	字体格式、字号设置
B I U S A	粗体、斜体、下画线、删除线和字体颜色设置
	背景色设置
	文本左对齐、居中、右对齐和两端对齐
	插入图片
	插入新页

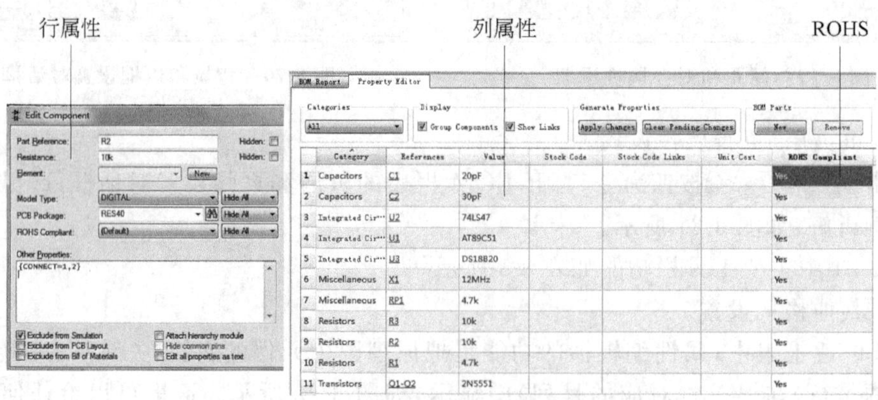

图 8-22 元器件行属性与 BOM 列表属性

①Gategories 属性:通过 Gategories 属性下拉框选项决定下表显示不同种类的元器件。主要元器件类有 Modules(模型)、Capacitors(电容)、Resistor(电阻)、Integrated

Circuits(集成块)、Diodes(二极管)和 Miscellaneous(混杂器件)。默认为 ALL,即所有的元器件都显示。

②Display 属性:●Group Compont 项决定下表中的 Reference 属性是按独立格式显示还是缩写格式显示,勾选 Group Compont 选项时为缩写格式显示。●Show Links,是否显示有超链接的选项。

③Generate Propertie 属性:此选项决定属性修改后的应用情况,单击 Apply Changes 按钮,将所有属性参数回注到原理图中对应元器件属性中。单击 Clear pending changes,则清除挂起的属性更改。例如,添加 ROHS 字段属性,并将所有元器件的属性修改为 Yes(表示元器件要进行 ROHS 认证),单击 Apply Changes 命令后弹出 Applied Succesfully(应用成功)对话框,单击确定退出。回到原理图,打开任何元器件的属性对话框,可以发现元器件属性中添加了 ROHS 属性,BOM Report 中也显示了 ROHS 属性,操作过程如图 8-23 所示。

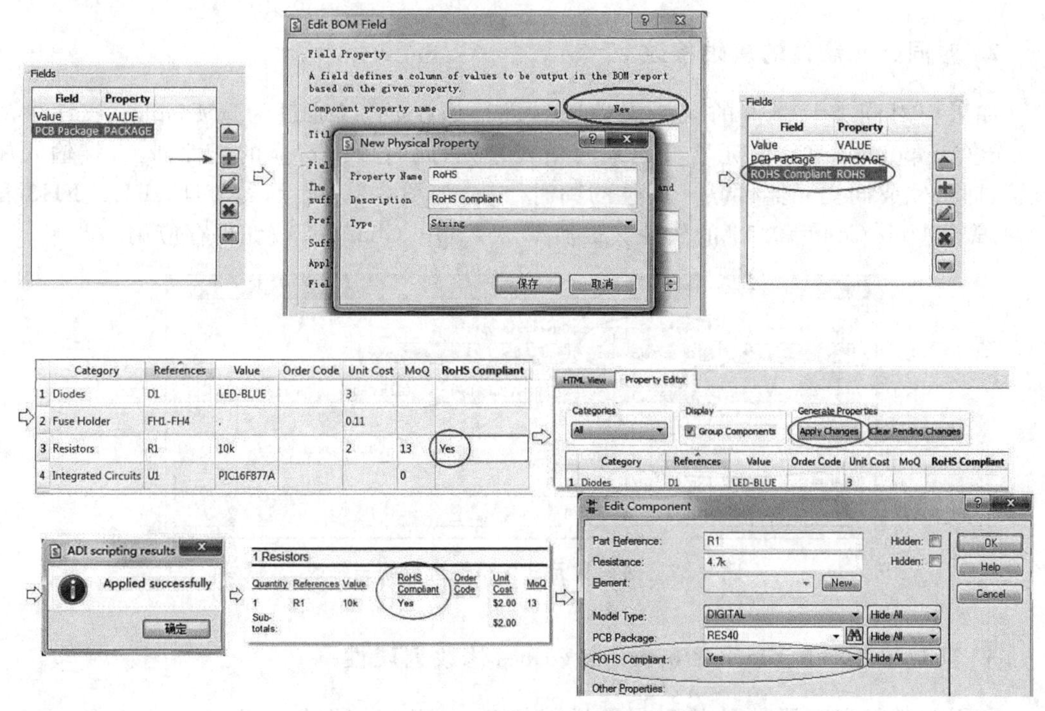

图 8-23 ROHS 关键字添加、修改等操作

单击 Property Editor 对话框中 Peferences 列中的元器件编号(如 R1),可以快速切换到 Schematic Capture 对话框,选中该元器件,以其为中心进行放大显示。

8.2.3 BOM 属性修改技巧

1. 修改整列数据

在图 8-23 中,如果要将所有元器件的 ROHS 属性都设置为 Yes,可以采用类似于

Excel 中拖拉复制的功能。首先选中第一个 Yes 文本框,然后按住鼠标左键向下拖动,松开左键完成整列数据的修改,如图 8-24 所示,最后单击 Apply Changes 按钮保存应用。

	Category	References	Value	RoHS Compliant	Order Code
1	Diodes	D1	LED-BLUE		
2	Fuse Holder	FH1-FH4	.		
3	Resistors	R1	10k	Yes	
4	Resistors	R2-R5	10k	Yes	
5	Resistors	R6-R9	120k	Yes	M120K
6	Resistors	R10,R14-R19	1.2	Yes	M1R2
7	Resistors	R11,R13	1k1	Yes	M1k1
8	Resistors	R12,R20-R22	150k	Yes	M150K
9	Integrated Circuits	U1	PIC16F877A		

图 8-24 ROHS 列设置相同的属性

2. 对同类元器件的属性修改

如果要对同类元器件的某一属性同时进行修改,可以通过勾选 Display 属性中的 Group Components 项,使元器件以缩写格式排列,此时单击对应的属性列,直接输入属性值,即可完成同类元器件某一属性的同时修改,如图 8-25 所示,给 FH1、FH2、FH3 和 FH4 赋予 Unit Cost=0.11 的属性。最后单击 Apply Changes 按钮保存应用。

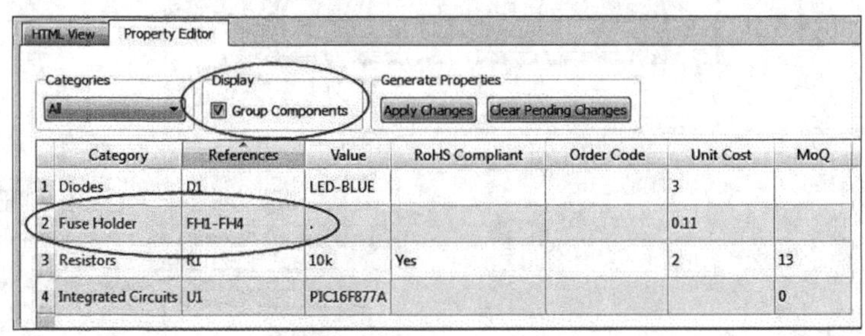

	Category	References	Value	RoHS Compliant	Order Code	Unit Cost	MoQ
1	Diodes	D1	LED-BLUE			3	
2	Fuse Holder	FH1-FH4	.			0.11	
3	Resistors	R1	10k	Yes		2	13
4	Integrated Circuits	U1	PIC16F877A				0

图 8-25 对同类元器件属性进行统一修改

3. 通过 Edit→Replace Properties Values 修改列属性

如果要对所有元器件的某列属性进行修改,可以直接选择 Edit→Replace Properties Values 命令(快捷键为 Ctrl+H)。假设要将 Cost 列中没有单价的元器件的列属性修改为 1.2,首先单击该列属性名,使其由原来未选中状态 Cost 变成选中状态 Cost / Cost ,按快捷键 Ctrl+H 打开属性替换对话框,勾选 Current Column Only 选项,输入要替代的值,单击 Replace All 按钮即可,最后单击 Apply Changes 按钮保存应用,如图 8-26 所示。

4. 对元器件按某列排序

单击某列属性名称使其处于选中状态,这时就会出现一个三角形图标, Cost 三角向上表示按升序排列，Cost 三角向下表示按降序排列，如图 8-27 所示。

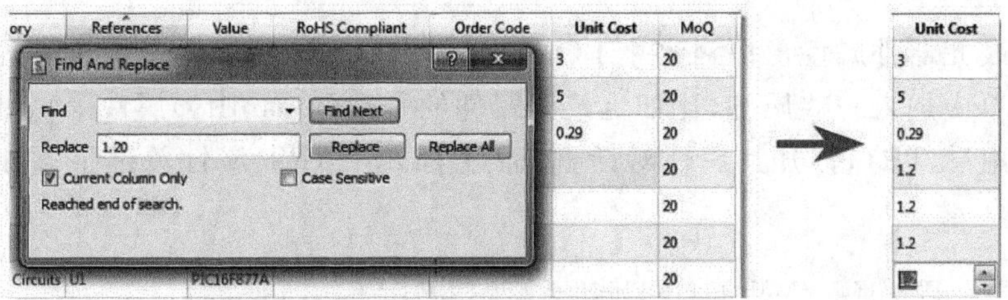

图 8-26 Replace All 按钮修改列属性

	Category	References	Value	PCB Package	Stock Code	Cost
1	Miscellaneous	X1	11.0592MHz	XTAL18	1.2	1.2
2	Integrated Cir···	U3	DS18B20	TO92	1.2	3.2
3	Transistors	Q1-Q2	2N5551	TO92	1.2	7.2
4	Miscellaneous	RP1	4.7k	RESPACK-7	1.2	1.2
5	Resistors	R1-R3	10k	RES40	1.2	1.2
6	Resistors	R7	4.7k	RES40	1.2	0.2
7	Capacitors	C1	22UF	ELEC-RAD10	1.2	1.2
8	Integrated Cir···	U1	AT89C51	DIL40	1.2	1.2
9	Integrated Cir···	U2	74LS47	DIL16	1.2	5
10	Capacitors	C2-C3	22pF	CAP10	1.2	0.2

(a) 未按Cost排序前

	Category	References	Value	PCB Package	Stock Code	Cost
1	Resistors	R7	4.7k	RES40	1.2	0.2
2	Capacitors	C2-C3	22pF	CAP10	1.2	0.2
3	Miscellaneous	X1	11.0592MHz	XTAL18	1.2	1.2
4	Miscellaneous	RP1	4.7k	RESPACK-7	1.2	1.2
5	Resistors	R1-R3	10k	RES40	1.2	1.2
6	Capacitors	C1	22UF	ELEC-RAD10	1.2	1.2
7	Integrated Cir···	U1	AT89C51	DIL40	1.2	1.2
8	Integrated Cir···	U3	DS18B20	TO92	1.2	3.2
9	Integrated Cir···	U2	74LS47	DIL16	1.2	5
10	Transistors	Q1-Q2	2N5551	TO92	1.2	7.2

(b) 按Cost升序排列

	Category	References	Value	PCB Package	Stock Code	Cost
1	Transistors	Q1-Q2	2N5551	TO92	1.2	7.2
2	Integrated Cir···	U2	74LS47	DIL16	1.2	5
3	Integrated Cir···	U3	DS18B20	TO92	1.2	3.2
4	Miscellaneous	X1	11.0592MHz	XTAL18	1.2	1.2
5	Miscellaneous	RP1	4.7k	RESPACK-7	1.2	1.2
6	Resistors	R1-R3	10k	RES40	1.2	1.2
7	Capacitors	C1	22UF	ELEC-RAD10	1.2	1.2
8	Integrated Cir···	U1	AT89C51	DIL40	1.2	1.2
9	Resistors	R7	4.7k	RES40	1.2	0.2
10	Capacitors	C2-C3	22pF	CAP10	1.2	0.2

(c) 按Cost降序排列

图 8-27 按 Cost 列排序

5. 通过元器件属性修改 BOM 属性

通过修改元器件属性可以对多个 BOM 属性进行修改，或者不想更改原理图，但可以在元器件清单中加入一些属性(比如更改元器件的个数(Quantity)属性等)。假设在原理图中有一个电感 TR1，打开其属性对话框，通过 BOMPART 属性关键字添加属性，其格式为

```
BOMPART= QTY,REF,VALUE[,PROPNAME= PROPVAL,...]①
```

选中元器件，右击，在弹出的快捷菜单中选择 Edit Properties 命令，如图 8-28(a)所示；在弹出的属性对话框中输入 BOMPART＝4，BL，4mL，COST＝0. 10，ROHS＝Yes，如图 8-28(b)所示；在 BOM 报表中可以看到出现 4 个变压器元器件 BL1～BL4，如图 8-28(c)所示，可以发现 ROHS 选项没有出现，此时可以在原理图中单击按钮刷新，一般会自动更新到 Properties Editor，还要注意，如果 Properties Editor 中没有对应的列属性，该列值也不会显示，此时需要在左侧的 Fields 项中添加对应的关键字。上述问题恰好是由于后者造成的，在 Fields 属性中添加 ROHS 属性，则 ROHS 列就会生成，如图 8-28(d)所示。

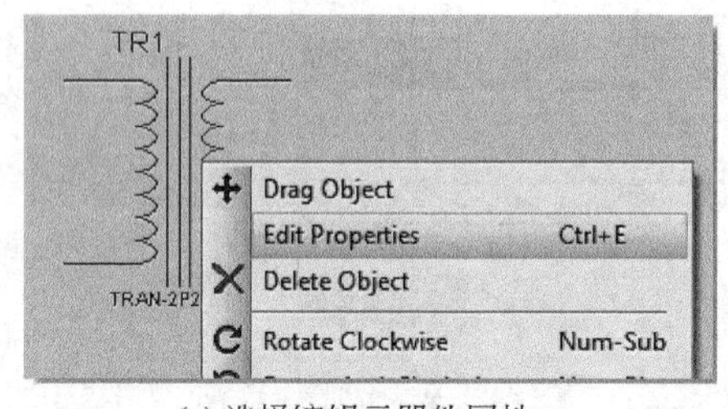

(a) 选择编辑元器件属性

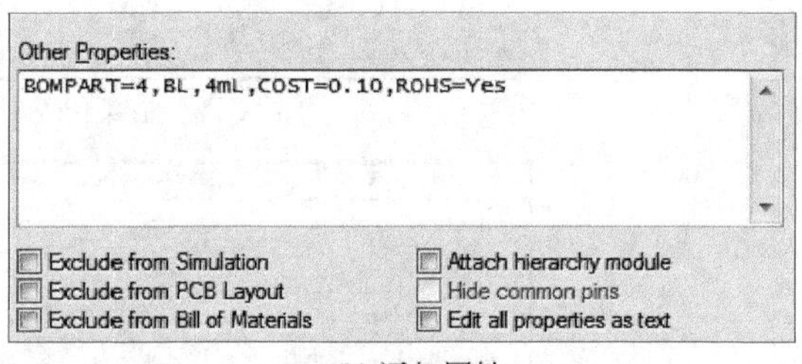

(b) 添加属性

	Category	References	Value	Stock Code	Unit Cost
1	Miscellaneous	BL1	4mL		0.10
2	Miscellaneous	BL2	4mL		0.10
3	Miscellaneous	BL3	4mL		0.10
4	Miscellaneous	BL4	4mL		0.10
5	Capacitors	C1	22UF		

(c) 没有ROHS属性列

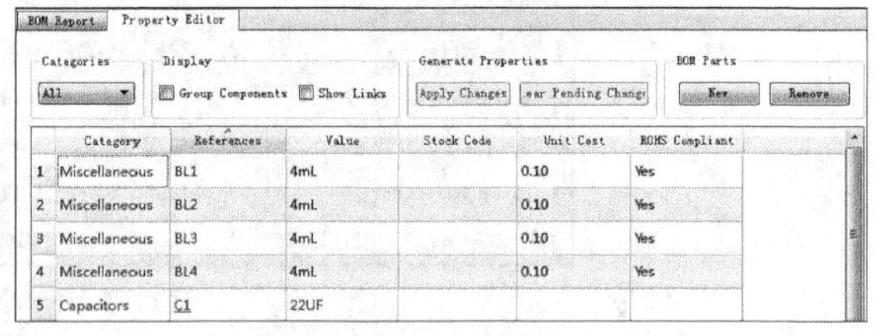

	Category	References	Value	Stock Code	Unit Cost	ROHS Compliant
1	Miscellaneous	BL1	4mL		0.10	Yes
2	Miscellaneous	BL2	4mL		0.10	Yes
3	Miscellaneous	BL3	4mL		0.10	Yes
4	Miscellaneous	BL4	4mL		0.10	Yes
5	Capacitors	C1	22UF			

(d) 显示ROHS属性列

图 8-28 通过元器件属性修改 BOM 属性

当然，也可以通过元器件属性中的 ☑ Exclude from Bill of Materials 选项来设置元器件属性是否在 BOM 中显示，如果勾选表示不显示。

更多的 BOM 操作请参阅 BOM Help 文件。

---

① 在该格式中，方括号中的内容是可选项，所有符号都要在英文输入状态下输入。QTY 表示数量，REF 表示参考号，VALUE 表示值，其余的要写成属性名＝属性值的格式。

8.3 网络报表

网络报表(netlist)提供了当前设计中电路图的连接信息,如网络报表名称、文件名以及逻辑引脚名称、引脚编号等参数,是电路图与PCB之间的桥梁。

8.3.1 网络报表的基本概念

8.3.1.1 网络命名规则

Schematic Capture网络名由字母、连字符和下画线组成,不区分大小写。网络名是通过对电路线或者逻辑终端标注而得到的。当多个不同名的网络连接在一起时,网络报表按以下优先级顺序自动选取网络名:电源、电源终端和隐藏的电源→双向终端→输出终端→输入终端→通用终端→总线输入和线标签。网络名可以由系统自动生成,也可以通过Label和Terminal名称由设计者手动命名。网络命名如图8-29所示。

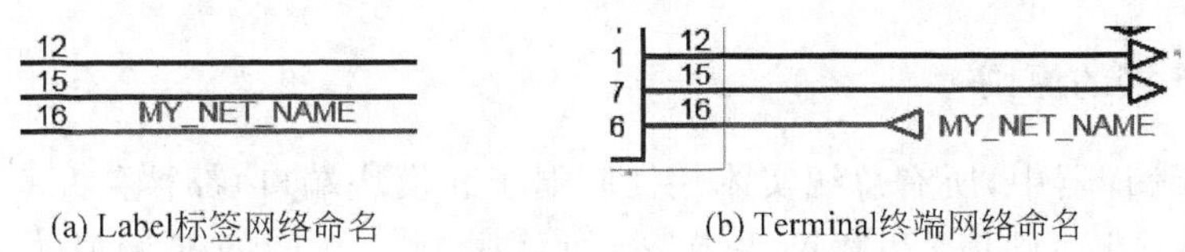

(a) Label标签网络命名　　(b) Terminal终端网络命名

图8-29 网络命名

8.3.1.2 重复定义引脚名称

如果一个元件器件具有名称相同的引脚,则这些引脚将被认为是内部互联。如图8-30所示的电路,仿真后灯泡发光,因为在CONNECTOR器件中两个引脚名都为X,则被认为是连接在一起的,相当于一根导线。通常情况下,器件内部或者绘制原理图时会有多个电源和地信号,此时可以使用相同的网络名称,比如键盘、点阵、多个发光二极管等与电源相连。也就是说,具有相同网络名称的网络系统默认为具有相同的电气关系。

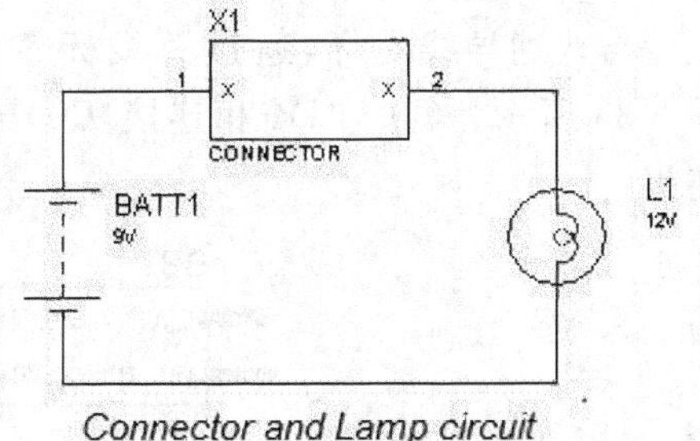

图8-30 相同的引脚名称

8.3.1.3 全局网络

根页(Root Sheet)的网络标号称为全局网络,即根页上的同名网络是互联的。子页电路中的网络只在子电路中有效,但可将子电路中的网络设为全局网络,实现根页与子页中同名网络的互联。全局网络的格式为“!网络名”。因此只要将子页中的网络名设置为这种格式,就可以将子页中的网络与根页中的同名网络连接起来。

电源网络默认为全局网络,无须加!,除非在选择 Design→Edit Design Properties 命令时,在弹出的对话框中取消 Global Power Nets 的勾选。

8.3.1.4 多组元器件共用同一电源网络或地网络

例如,运算放大器 1458 是一个双运放,其元器件 U1:A 和 U1:B 中共用同一组电源和地,如图 8-31 所示,而实际上 1458 元器件只有一个电源网络,在 U1:A 中,那么 U1:B 中的电源网络怎么定义?这里使用"∗"符定义,规定所有子页中名为∗V+的引脚或终端都连接在父页中的 V+引脚或终端上。

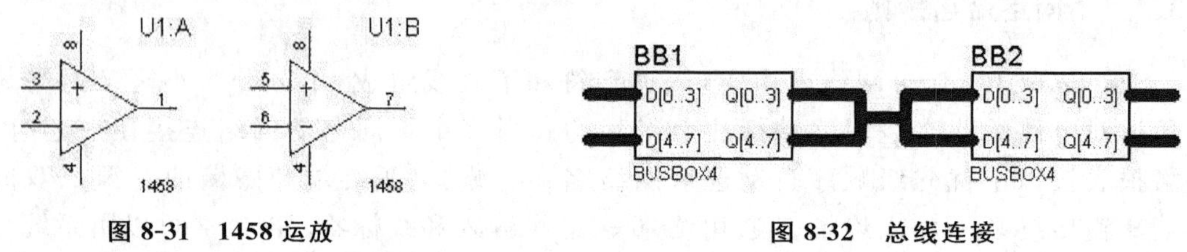

图 8-31 1458 运放　　图 8-32 总线连接

8.3.1.5 总线网络连接规则

1. 总线连接的原则

在网络表编译器中,所有总线实体(引脚、端子和模块端口)都被分配一个总线范围,总线由起始值(或基础值)和宽度决定,例如总线 D[0..7]的起始值为 0,宽度为 8。Schematic Capture 的总线连接基本原则是,总线上的所有实体(围绕一个接点的总线标签除外)由起始值对准连接,如图 8-32 所示,在图中,系统自动匹配为 Q0 与 D0 相连接,Q4 与 D4 相连接,其余以此类推。

2. 通过总线标注改变总线的连接

与普通导线一样,通过总线标签(Wire Label 模式工具)可以改变总线的连接,如图 8-33 所示。Q0 与 D4 相连接,Q1 与 D5 相连接……Q4 与 D0 相连接……Q7 与 D7 相连接。

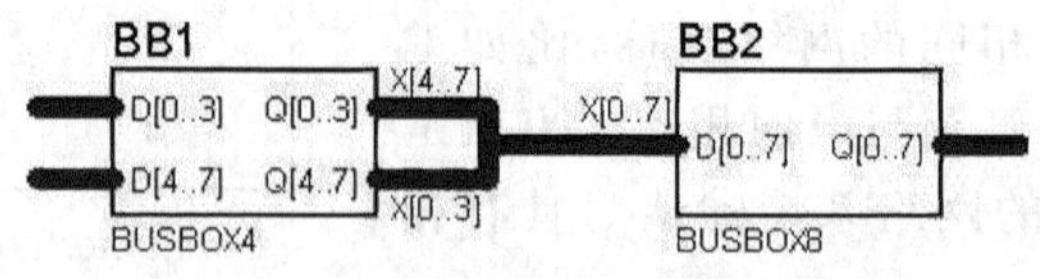

图 8-33 通过总线标注改变总线连接

3. 通过总线终端改变总线的连接

与普通导线一样,可以通过总线终端( )与总线连接,如图 8-34 所示。

如果忽略了总线宽度的标注,则总线范围按如下规则确定。

(1) 相连的同名总线进行合并。例如,X[0..3]和 X[4..7]将被合并成 X[0..7],

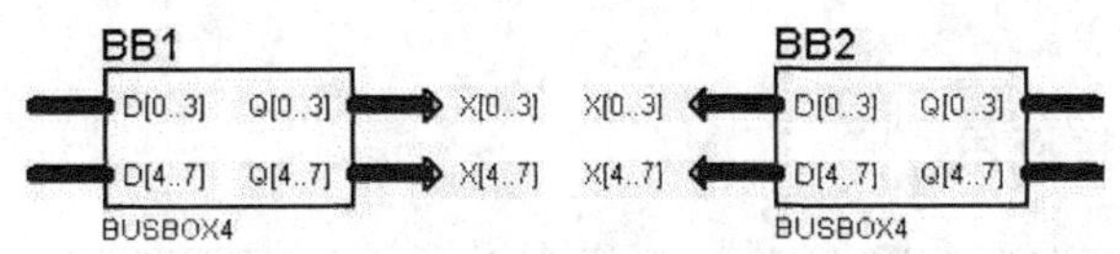

图 8-34　通过总线终端与总线连接

X[4..7]和 X[8..11]将被合并成 X[4..11]。

(2) 如果要连接的总线没有任何标注，则认为其起始值为 0，宽度与原理图中最宽的总线一致。

4. 总线与总线分支的连接

绘制原理图时，经常要用到集成电路，大部分集成电路都提供总线型结构，因此总线与分支的连接在电路中很常见。网络编译器是怎样进行分配的呢？当遇到总线标签或者总线终端时，根据其标签名或者终端名产生一组网络名，将具有相同网络名的网络连接在一起。例如，总线标签为 Q[0..7]，由此产生 Q0、Q1、Q2、Q3、Q4、Q5、Q6 和 Q7 共 8 个总线分支网络名。在如图 8-35 所示的电路中，A↔Q0，B↔Q1，C↔Q2，D↔Q3。U2 的 1 脚与 Q0 连接，也与 A 连接；U2 的 2 脚与 Q1 连接，也与 B 连接。

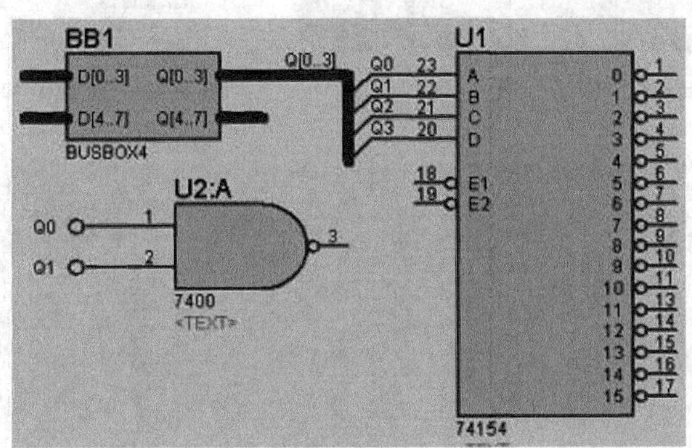

图 8-35　总线与总线分支连接

从图 8-35 可以看出：

(1) 总线与总线分支的连线实际上没有意义，只要给分支线标签按总线标签形成的网络名命名，则自动认为是连接在一起的。

(2) 总线标签 Q[0..3]是强制性的，总线引脚 Q[0..3]不会形成任何网络名，这是因为，如果有几个集成块总线引脚同名，可能导致不必要的连接错误。这种行为也与普通导线的网络标注是一致的。

5. 总线分支连接

有时候要把一个位宽比较大的总线与位宽比较小的总线相连接，如图 8-36 所示，BB2 器件的输出 Q[0..7]是一个 8 位的总线，将其分成两个 4 位的总线，分别与 M1 和 M2 相连，按照起始值对准原则，X[0..3]与 M1 的 D[0..3]相连接，X[4..7]与 M2 的

D[0..3]相连接。

6. 总线网络连接应用

当总线起始值和宽度一样，且总线上没有其他分立元器件相连接时，总线标号可以省略，如图 8-37 所示。图中 A[0]和 B[0]相连，A[1]和 B[1] 相连，其余依此类推。

当总线起始值和宽度一样，且总线上有其他分立元器件相连接时，总线标号不能省略。如图 8-38(a)所示，总线不能自动分配总线标号，因此电阻没有连接到总线上，这是在使用总线标注时常见的错误。如图 8-38(b)所示，当总线标注了 X[4..7]后，A[0]与B[0]和 X[4]相连接，A[1]与 B[1]和 X[5]相连接……电阻就与 A[0]、B[0]和 X[4]连接在一起了。

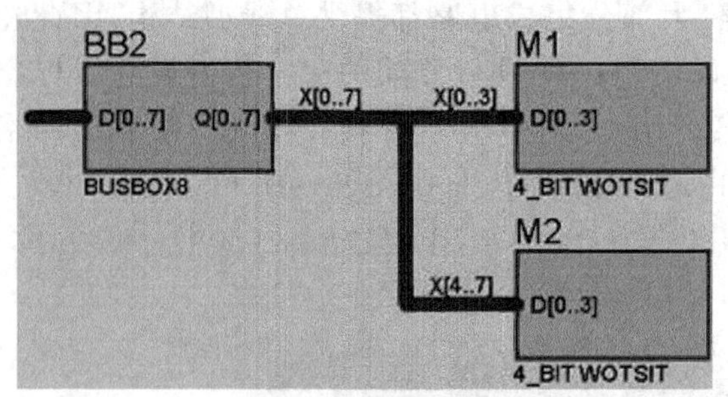

图 8-36 总线分接

图 8-37 起始值和宽度相等的总线相连

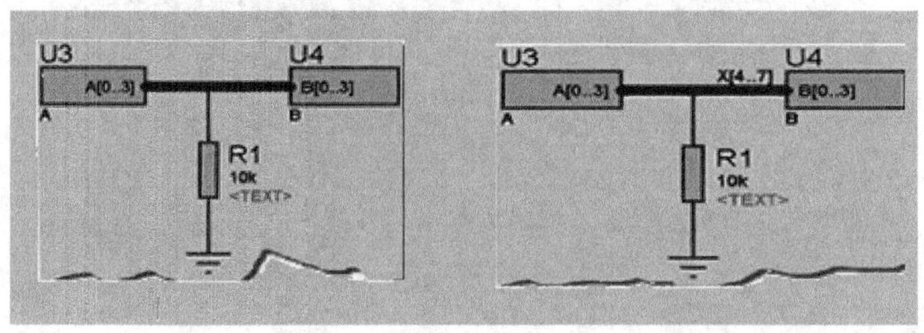

(a) 没有标注网络　　(b) 标注网络

图 8-38 总线上有独立元器件

下面介绍一个总线标注综合应用的例子。对于图 8-39 所示的电路，连接关系如下。

A[0]、B[0]、C[3]、Z10 相连接；

A[1]、B[1]、C[4]、Z11 相连接；

A[2]、B[2]、C[5]、Z12 相连接；

A[3]、B[3]、C[6]、Z13 相连接；

C[7]、Z14 相连接；

C[8]、Z15 相连接；

C[9]、Z16 相连接；

C[10]、Z17 相连接；

R2、Z10、A[0]、B[0]、C[3] 相连接；

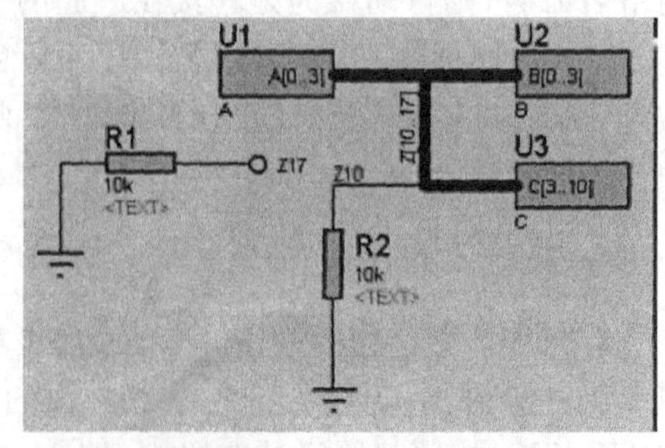

图 8-39 总线连接应用

R1、Z17、C[10](U3 上的)相连接。

8.3.1.6 电源网络

1. 系统默认电源网络

系统默认集成电路的电源引脚隐藏,默认 V_{CC} 引脚为+5V、GND 引脚为 0V。默认的逻辑终端 power 为+5V,GND 终端为 0V,可以单击其属性修改其值,如+15V、-15V 等。集成电路的电源引脚网络可以通过修改元器件的属性来修改连接,如图 8-40 所示。

2. 电源网络配置

选择 Design→Configure Power Rails 命令,弹出如图 8-41 所示的电源配置属性对话框,该对话框基本分成两大部分。

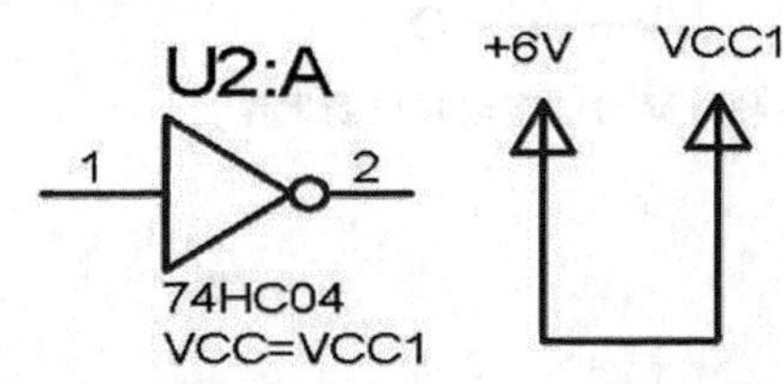

图 8-40 通过属性修改电源匹配

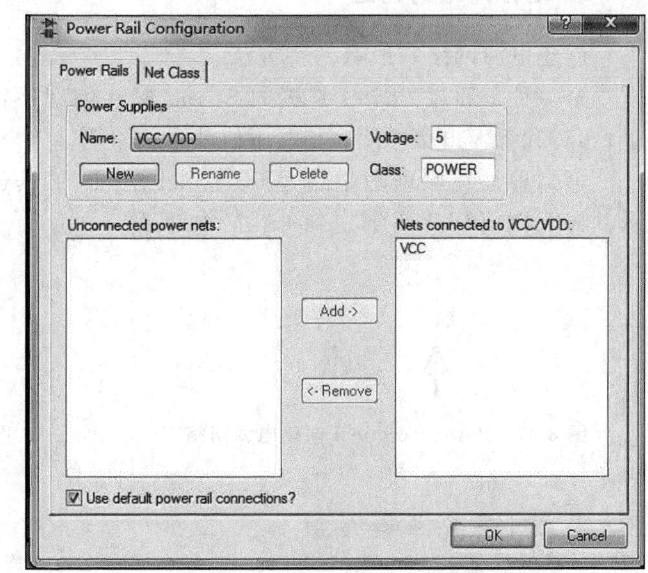

图 8-41 电源配置属性对话框

第一部分是 Power Supplies(电源应用),单击下拉按钮,下拉菜单列出了系统和原理图中创建的所有电源类。可以通过 New 按钮创建电源,可以通过 Rename 和 Delete 按钮对用户创建的电源进行重命名和删除操作。

Name:电源名,显示当前设计中现有的电源列表,本列表包含默认电源和电路中定义的电源。

Voltage:电源电压值,通过该文本框可以更改电源的电压值,但是对于已经明确电压值的电源,此属性不能修改,如 GND、+5V 等。

Unconnected Power nets:显示没有配置的电源,在电源网络配置正确时,该框应该为空;如果配置不正确,该框列出了未连接的电源,通过 Add 和 Remove 按钮可以使未连接的电源与 Name 栏中相应的电源相连接或者解除连接。

Use Default power rail connections:是否使用默认电源配置,勾选该项表示启用系统电源配置模式,如表 8-4 所示。

表 8-4　系统默认的电源配置

电　源	电　压/V	网络绑定	策　略
VCC/VDD	5.0	VCC/VDD	POWER
VEE	−5.0	VEE	POWER
GND	0	GND/VSS	POWER

第二部分是 Class(布线类),默认为 Power 型。主要定义电源轨迹布线时的策略,PCB Layout 中有 POWER、BUS 和 SIGNAL 3 种网络,这 3 种网络的布线策略各不相同,具体参阅第 10 章和第 11 章。

3. 电源网络的创建

创建电源网络一般有两种方法。

第一种是通过 Power 终端的 String 属性创建不同的电源网络。例如,图 8-42 创建了−6V 和 12V 电源网络,其电压值就是网络名。

第二种是在原理图中用 Wire Label Mode 工具创建不同的电源网络,如图 8-43 所示。将 VCC 和 VDD 绑定到+12V 电源上。

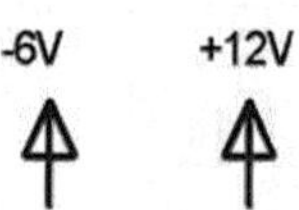

图 8-42　Power Terminal 创建电源网络

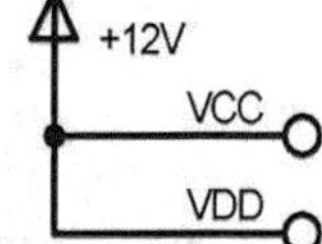

图 8-43　网络绑定创建电源网络

8.3.2　网络编译器设置

Proteus 8 提供了 Living NetList 功能,可以使 Schematic Capture 与 PCB Layout 实时连在一起,省去了低版本中原理图到 PCB 中创建网络表这一环节,实现了质的飞越。除此之外,Proteus 提供了与第三方 PCB 软件相连接的网络表格式,通过选择 Tools→Netlist Compiler 命令,弹出如图 8-44 所示的网络表编译器对话框。从图中可以看出,该对话框主要包括 Output、Mode、Scope、Depth 和 Format 5 大类参数。

图 8-44　网络表编译器对话框

1. Output

Output 选项定义了网络表的输出形式。View 以文本视图形式输出,供查看;File(s)以保存文件的形式输出，如图 8-45 所示。

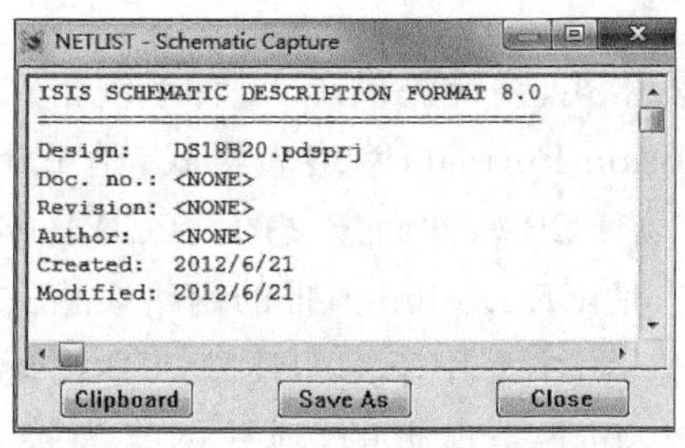

ISIS SCHEMATIC DESCRIPTION FORMAT 8.0

Design: DS18B20.pdsprj
Doc. no.: <NONE>
Revision: <NONE>
Author: <NONE>
Created: 2012/6/21
Modified: 2012/6/21

(a) Viewer格式

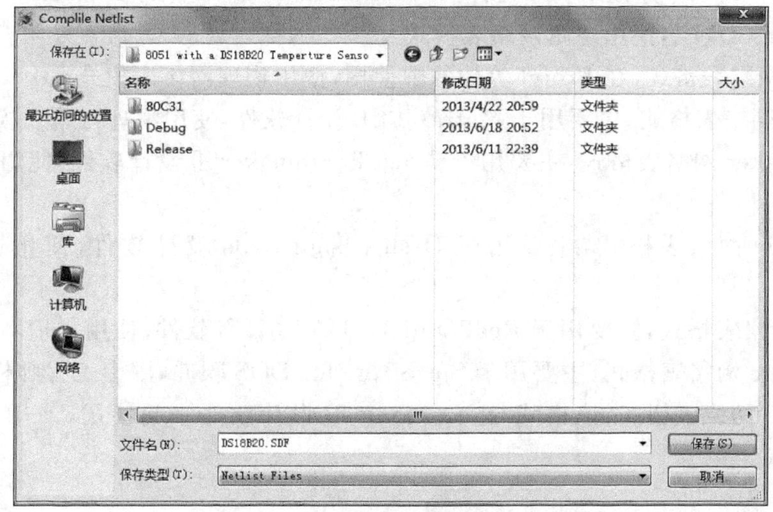

(b) 保存文件格式

图 8-45 Output 输出形式

2. Mode

系统有 Logical(逻辑网络表)和 Physical(物理网络表)两种网络表模式。逻辑网络表采用引脚名称，而物理网络表采用引脚编号。物理网络表中多组件元器件为一个元器件，而逻辑网络表中还保持各个分离的组件。一般情况下，逻辑网络表用于仿真，物理网络表用于 PCB 制作。

3. Scope

Scope 定义产生网络表的范围。Current 表示仅当前页输出到网络表中，Whole Design 表示将整个项目设计页输出到网络表中。

4. Depth

Depth(深度)有两个选项，This Level 表示子页设计内容不输出到网络表中，不参与 PCB 设计；Flatten 表示父页和子页全部输出。

5. Format

Format 用于指定网络表格式,系统提供了 11 种系统格式。

SDF(Schematic Description Format)网络表格式,是 Labcent 的网络表格式。其他格式的网络表是为配合第三方 PCB 软件而定义的。PCB Layout 中用物理网络表模式。

Eedesigner 网络表格式,是 EE Designer Ⅲ的网络表格式,使用物理网络表模式。

Multiwire/Eag 网络表格式,主要用于 EAGLE PCB 设计,使用物理网络表模式。

Spice 网络表格式,对 P-spice 是理想的,地线网络为接点 0,未命名的网络接点从 1000 开始,数字网络直接应用,文件 SPICE. LXB 可重命名为 SPICE. LIB。已获得 SPICE 兼容的模块集,使用逻辑网络表模式。

Tango 网络表格式,在 Protel 等软件中使用,使用物理网络表模式。

Vutrax 网络表格式,主要用于 Vutrax PCB 设计软件,使用物理网络表模式。

Boardmaker 网络表格式,主要用于 Tsien Boardmaker Ⅱ设计软件,使用物理网络表模式。

Futurenet 网络表格式,主要用于 Dash design tools 设计软件,使用逻辑网络表模式。

Racal 网络表格式,主要用于 RedBoard、CADATAR 等软件,使用物理网络表模式。

Spice-Age 网络表格式,主要用于 Spice-Age for DOS 软件,用于工程师模拟仿真器。

RealPCB 网络表格式,该格式与 Vutrax PCB 设计软件一起使用,使用物理网络表模式。

8.3.3 引起网络编译错误的常见问题

引起网络编译错误的原因主要有以下几个。

1. 元器件编号重命名

网络编译时会提示 Duplicate part reference: C1 [C1].错误,表示 C1 重复命名。每个元器件应该有唯一的编号。

2. 多组元器件的组件属性冲突

如一个 7400 含有 4 个与非门,假设用 U1：A、U1：B、U1：C 和 U1：D 表示,通过属性修改 U1：B 的封装为 SO14,其他的为默认封装 DIL14,则在网络表编译时就会提示:

Conflicting property values: had PACKAGE=SO14 and PACKAGE=DIL14 in multi-element device. U1:B

3. 电源网络没有正确匹配

主要是由于元器件在原理图上有隐藏的电源引脚,其网络没有分配,或者电源网络没有指定具体的匹配网络等造成的,该类问题的解决办法是配置 Power Rail Configuration 设置框,具体请参阅 8.3.1.6 节。

8.4　电路图纸输出

选择 File→Export Graphics 命令可以输出电路图纸。Schematic Capture 平台可以输出 Bitmap(位图)、Metafile(图元)、DXF、EPS、PDF、SVG 和 Vector File(向量文件)等 7 种电路图纸方式,下面以 AT89C51DS18B20. pdsprj 电路为例说明这 7 种方式的不同。

8.4.1　位图输出

选择 File→Export Graphics→Export Bitmap 命令,弹出如图 8-46 所示的输出位图属性对话框。

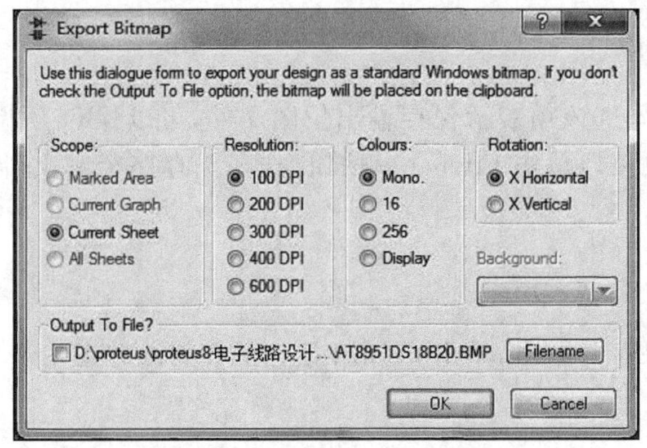

图 8-46　输出位图属性对话框

1. Scope

Scope 选择输位图出的区域,可以是以下的区域。

Marked Area：标识区域,该项只有在设置了输出区域且图表非最大化时才有效。选择菜单 File→Set Area 命令,鼠标变成形状,在编辑区拖拉出要选择的区域,框内有浅黑色背景色出现,则该框内为标识的输出区域。取消区域的设置,重新选择菜单命令,在编辑区右击即可。

Current Graph：当前图表,输出编辑区中选中的图表。

Current Sheet：当前页,输出当前页的所有对象。

All Sheets：所有页,包括多个根页和子页电路。在多页设计和子电路设计中该项有效。

2. Resolution

分辨率选择,有 5 种分辨率可以设置,DPI 表示 Dot Per Inch。分辨率越高,图形占用的空间越大,一般情况下,图形占用的存储量与分辨率的平方成正比。

3. Colours

颜色设置，有 Mono(单色)、16 色、256 色和 Display(与显示适配器一样的位图格式输出)4 种颜色配置。当选择了 16 色、256 色和 Display 时，可以通过 Background(背景色)选项设置输出图形的背景色。

4. Rotation

X 轴方向选择，有 X Horizontal(*X* 轴水平)和 X Vertical(*X* 轴垂直)两个选项。

5. Background

背景色，在非 Mono 模式下，单击颜色框可以修改颜色。

6. Output To File

输出文件设置，勾选该项表示保存输出位图文件，可以保存为默认路径和文件名(与设计文件名一样)，也可以单击 Filename 按钮，选择保存路径和文件名，否则保存到剪贴板中。

7. 按钮

单击 OK 按钮保存并退出，单击 Cancel 按钮放弃修改并退出。

8.4.2 图元输出

选择 File→Export Graphics→Export Metafile 命令，弹出图 8-47 所示的图元输出对话框，在此可设置图元图形的 Scope、Options、Rotation 和 Output To File 选项。Scope、Rotation 和 Output To File 参数设置请参考 8.4.1 节，下面主要讲解 Options 选项。

Colour Output：彩色输出，勾选该项表示彩色输出图纸和背景色。当勾选该项时，Erase Background 项可用。取消 Erase Background 时，表示输出透明图元，无背景色。

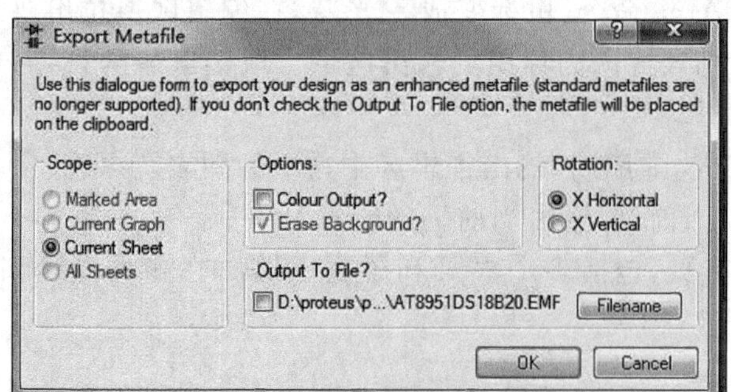

图 8-47 图元输出属性对话框

8.4.3 DXF 输出

DXF(Drawing Interchange Format)为图形交换格式,选择 File→Export Graphics→Export DXF File 命令,弹出如图 8-48 所示的 DXF 输出属性对话框。在此可设置 DXF 图形的属性。Scope、Rotation 和 Filename 项请参考 8.4.1 节。这里只讲解 Scale 和 Reflection 选项。

Scale:缩放比例。有 1∶1、2∶3、1∶2、1∶3 和 1∶4 共 5 种,主要是为各个图纸之间的切换而设计的。

Reflection:主要定义图纸输出的格式,Mormal 为正常输出,Mirror 为镜像输出。

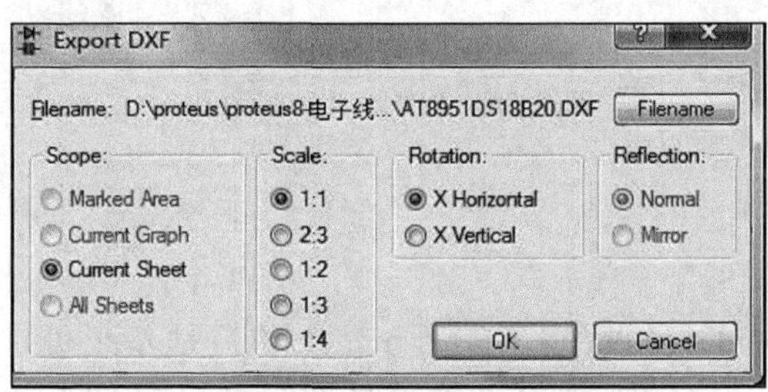

图 8-48 DXF 输出属性对话框

8.4.4 EPS 输出

选择 File→Export Graphics→Export Encapsulated PostScript 命令,弹出如图 8-49 所示的 EPS 输出属性对话框。

EPS 文件格式是 PostScript 上文件的一种格式。其属性参数基本上与 DXF 相同,只是文件输出格式不同而已。其中 Reflection 项在 Schematic Capture 中不能操作。在 PCB Layout 中可以操作,用于确定输出是正常输出还是镜像输出。

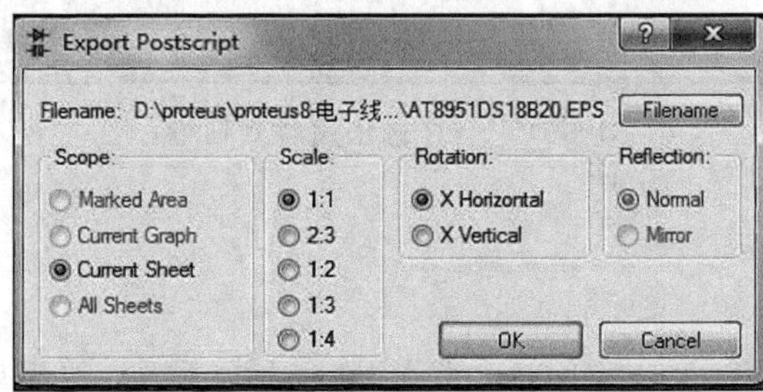

图 8-49 EPS 输出属性对话框

8.4.5 PDF 输出

选择 File→Export Graphics→Export Vector File 命令,弹出如图 8-50 所示的 PDF 输出属性对话框。在此可设置 Scope、Options、Rotation 和 Output To File。Scope、

Rotation 和 Output To File 请参考 8.4.1 节。下面主要讲解 Options 项中的 Launch Acrobat,如果勾选该项,表示生成后用 Acrobat 打开新生成的 PDF 格式的文件(计算机上必须已经安装了 Acrobat)。

图 8-50 PDF 输出对话框

8.4.6 SVG 输出

可缩放矢量图形(Scalable Vector Graphics,SVG)是基于可扩展标记语言(XML 标准通用标记语言的子集),是用于描述二维矢量图形的一种图形格式。它由万维网联盟制定,是一个开放标准。SVG 格式的图形具有任意缩放、文本独立、较小文件、超强显示效果、超级颜色控制、交互 X 和智能化等特点,选择该命令,弹出如图 8-51 所示的 SVG 输出属性对话框。

图 8-51 SVG 输出属性对话框

8.4.7 向量输出

选择 File→Export Graphics→Export Vector File 命令,弹出如图 8-52 所示的向量输出属性对话框。在此可设置向量图形的 Device、Scope、Scale、Rotation 和 Filename。Scope、Scale、Rotation 和 Filename 请参见 8.4.1 节。下面主要讲解 Device 项。

Device:输出具体格式选择,系统提供了 4 种格式。

(1) HPGL:以标准的 Hewlett Packard Graphics Language(HPGL)格式输出,原点默认在原点。

(2) HPGL(CTO):以 HPGL CTO 格式输出,原点在中心。

图 8-52 向量输出属性对话框

(3) HI-80：以 Hi-80 的格式输出，该格式多与 Epson 绘图仪兼容。

(4) DPML：以 DPML 格式输出，与 Houston 绘图仪系列兼容。

8.5 电路图纸打印输出

电路图可以输出到绘图仪、彩色打印机和专业制版机等设备上。有打印机长期设置和打印机临时设置两种打印设置方式。

8.5.1 长期设置

选择 File→Printer Setup 命令，可以设置打印机，该属性设置后长期有效。弹出的对话框如图 8-53(a)所示，该对话框主要包括属性、纸张、方向、网络和按钮 4 个部分。

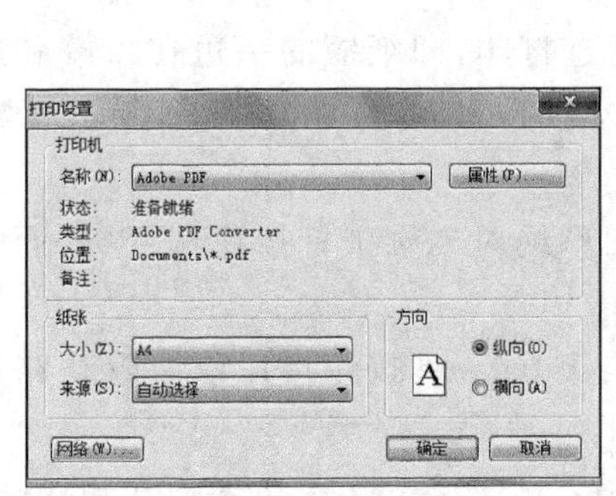

(a) 长期有效的打印机设置

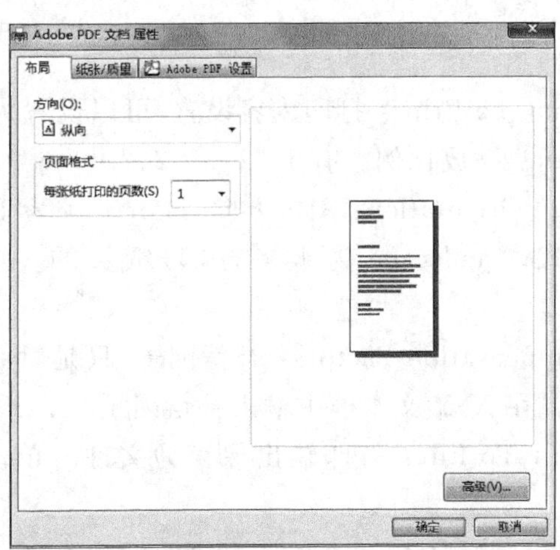

(b) 属性设置窗口

图 8-53 打印机设置

(1) 属性：设置打印机属性，单击"属性"按钮，弹出如图 8-53(b)所示的对话框。有页面、高级和关于三项，在页面选项里可以对图纸大小、宽度、高度和打印方向设置。在高级页里可以对输出格式进行设置，可以设置为 MDI(压缩文档格式)和 TIFF 格式(黑白传真，可以对其分辨率进行设置，标准型、精细型、超精细型)。可以对保存打印文件的路径和文件名进行修改，或者以默认路径和文件名保存。

(2) 纸张，可以对打印纸大小和来源进行设置。

(3) 方向，对打印图纸是横向打印还是横向打印。

(4) 网络，设置网络打印机。

(5) 按钮，单击“确定”按钮表示保存设置并退出，单击“取消”按钮表示放弃设置退出。

8.5.2 临时设置

选择 File→Print 命令，弹出 Print Design 对话框，如图 8-54 所示，主要参数如下。

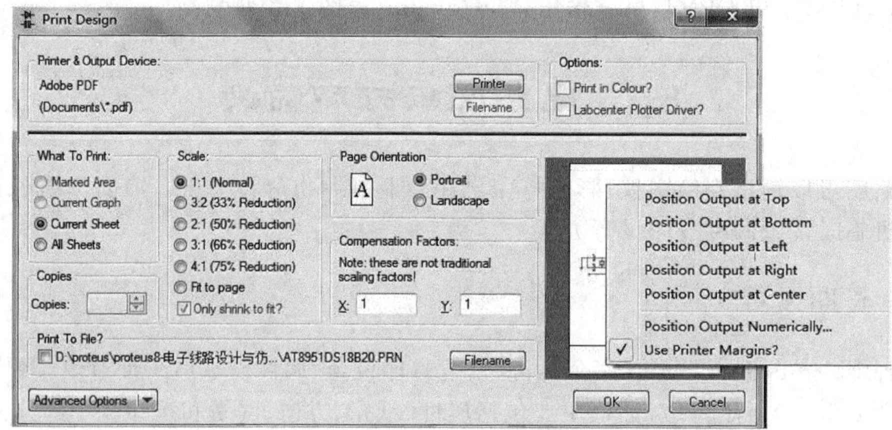

图 8-54 打印设置

What To Print：打印内容设置，可以设置为标识区域、当前图表、当前页和所有页。

Scale：缩放比例。有 1∶1、3∶2、2∶1、3∶1、4∶1 和 Fit to page 共 6 种。

Page Orientation：图纸方向。Portrait 为垂直打印，即纸短的一边在顶端和底端的打印方式；Landscape 为水平打印，纸长的一边做顶和底的一种打印方法。默认为 Portrait。

Compensation Factors：补偿因子，只是对图形绝对二维坐标按比例变更，而不影响其尺寸。在 *X*、*Y* 文本框中输入补偿因子。

Print To File：打印输出保存为文件。单击 Filename 按钮可以修改默认路径和文件名。

Advanced Options：单击该按钮，出现 Print in Colour(彩色打印)和 Labcenter Plotter support(Labcenter 绘图以驱动)。当这两项使能(即选中)后，Options 项就可以操作。

预览区：对打印图纸进行预览，右击可以设置输出定位。主要有 Position Output at Top(顶端输出)、Position Output at Bottom(低端输出)、Position Output at Left(左端对齐输出)、Position Output at Right(右端对齐输出)、Position Output at Center(以打印纸的中心位置对齐输出)、Use Printer Margin(使用打印机定义的页边距打印，这是默认方

式)以及 Position Output Numerically(手动定义打印页边距),单击 Position Output Numerically 命令,弹出如图 8-55 所示的页边距设置对话框,其主要功能如下。

(1) Top、Bottom、Left 和 Right:顶部、下部、左、右文本框允许以数字方式定义顶部、底部左和右的页边距。注意,无论怎样设置数据,则与其对应的另一边会自动调整,如果图纸大于打印纸,则多余的图纸部分将被丢弃。例如,输入左边距,则右边距的值会自动根据当前的纸张尺寸设置。

(2) 单击预览区周围的按钮(例如左上按钮、右下按钮等),则系统会自动进行电路图纸打印输出范围调整。

(3) Metric Units:该选项主要实现单位的切换。勾选该项表示单位为公制,否则为英制。

(4) 预览信息主要给出了当前打印纸的大小、打印机页边距的设置、图纸的大小和光标的位置。

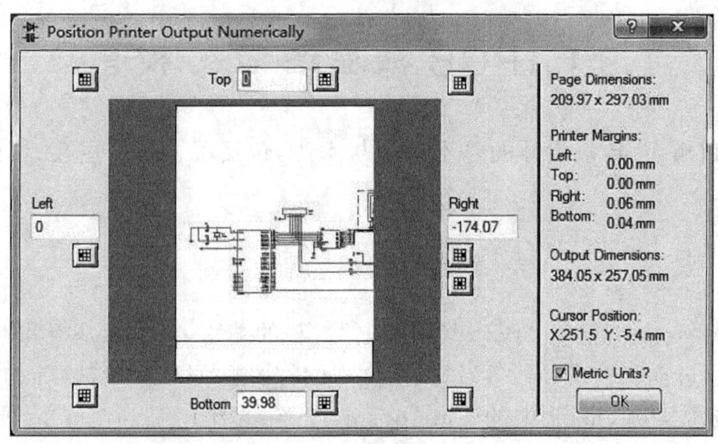

图 8-55 设置打印页边距

第 9 章 chapter 9

PCB Layout 设计基础

PCB Layout 是 Proteus 提供的一款高性能、快速制版软件。本章主要讲解 PCB Layout 设计基础知识。

9.1 PCB 板层结构及术语

本节主要讲解 PCB 板设计的基本结构与术语，包括层、焊盘、过孔、填充区、飞线和安全距离等概念。

9.1.1 PCB 板

PCB 板即 Printed Circuit Board（印刷电路板）的缩写，由绝缘基板和附在其上的印制导电图形（焊盘、过孔和铜模导线等）以及图文（元件轮廓、型号和参数）等构成，如图 9-1 所示（配套电子资源实例 chap9 中的 Cpu. pdsprj）。它的作用是为电子元器件提供支撑和定位，实现电路板上各元器件间的电气连接。没有焊接任何元器件的电路板称为裸板，也称为印刷线路板（Printed Wiring Board，PWB）。

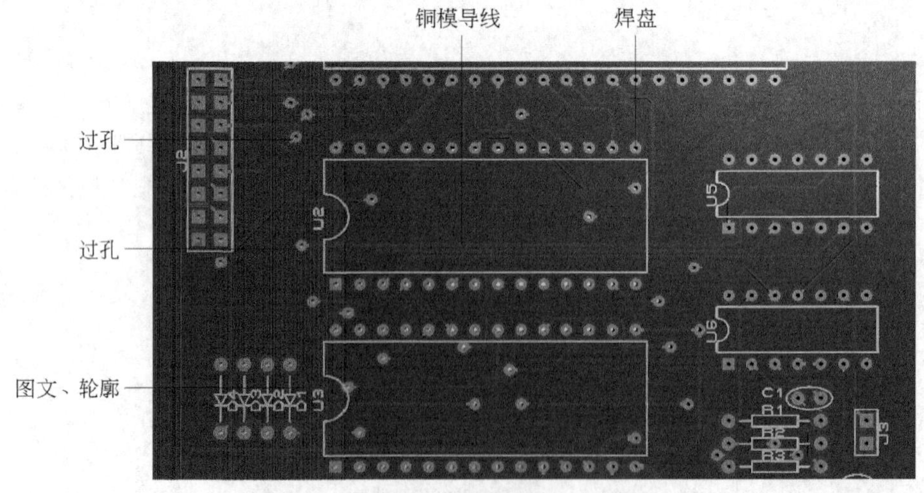

图 9-1 PCB 板

PCB板本身的基板是由绝缘隔热且不易弯曲的材质制作的。在表面可以看到的细小线路材料是铜箔,原本铜箔是覆盖在整个板子上的,而在制造过程中部分被蚀刻掉,留下来的部分就变成网状的细小线路了。这些线路被称做导线(conductor pattern)或称为布线,用来提供PCB上元件的电路连接。

通常PCB的颜色都是绿色或棕色,这是阻焊(solder mask)的颜色,是绝缘的防护层,可以保护铜线,也防止波峰焊时造成短路,并节省焊锡用量。在阻焊层上还会印刷上一层丝网印刷面(silk layer),通常在这上面会印上文字与符号(大多是白色的),以标示出各元件在板上的位置,丝网印刷面也被称做图标面(legend)。

9.1.2 PCB板层结构

印制电路板包括刚性、柔性和刚柔结合的单面板(Single Layer PCB或Single-Side Board,SSB),双面板(Double Layer PCB或Double-Side Board,DSB)和多层板(Multi Layer PCB或Multi-Layer Board,MLB)。

1. 单面板

单面板是指仅一面有导电图形的印制板,即电路板一面覆铜,覆铜面用来布线(设计电路导线)和元器件焊接,另一面用于放置直插式封装元器件。因此有布线的一面称为"焊锡面",另一面称为"组件面"。单面板用于设计比较简单的电路。

2. 双面板

顶层(top layer)和底层(bottom layer)都有铜模导线(track)的电路板,双面布线。元器件一般放在顶层,所以顶层也称为元件面(component side),底层为焊接面(solder side)。顶层与底层中间为一层绝缘层,顶层与底层通过过孔(via)和焊盘(pad)实现电气连接。用于设计较为复杂的电路。目前使用的双面板有两种,即有镀通孔连接的双面板(PTH)和无镀通孔的双面板(non-PTH)。

3. 多层板

由交替的导电图形层和绝缘材料层叠压粘合而成的电路板,除了顶层和底层外,内部还有一层或多层相互绝缘的导电层。各层之间通过金属氧化物过孔(via,简称金属化孔)实现电气连接。

9.1.3 封装和其他

1. 元件封装的概念

元器件的封装是指元器件的外形和尺寸,即在PCB中的实物大小,以便正确焊接到PCB板上。封装用特定的文字及数字描述。

元器件封装由元件的投影轮廓、引脚对应的焊盘、元器件标号和标注字符等组成。

元器件封装的编号规则一般为:元器件类型+焊盘距离(或焊盘数)+元器件外形尺

寸。根据元件封装编号可以区别元器件封装的规格。例如,RES40 表示该元器件封装为轴状,两个引脚焊盘的间距为 0.4 英寸(400mil);ELEC-AX120 表示极性电容类元器件封装,两个引脚焊盘的间距为 1.2 英寸(1200mil),如图 9-2 所示;DIL-16 表示双列直插式元器件的封装,两列共 16 个引脚。

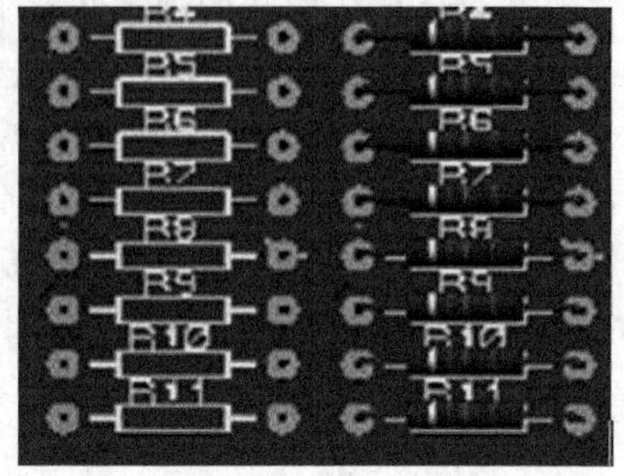

图 9-2 RES40 的封装

在原理图中,同类元器件的电气符号往往是相同的,而元器件的型号或者参数不同;但是在 PCB 图中,同类元器件的封装形式有可能不同,如二极管,其封装形式就有 DIODE25、DIODE30、DIODE40 等;不同类的元器件也可能具有相同的封装,如 2764(64K EPROM)和 6264(64K SRAM)具有相同的封装 DIP28。所以,在进行印刷电路板设计时,不仅要知道元器件的名称,而且要确定该元器件的封装,这一点是非常重要的。元器件的封装最好在进行电路原理图设计时指定。还要注意,对不同的 EDA 软件,其封装名称也是不一样的。例如,Altium Designer 中用 AXIAL-0.4 表示电阻的一种封装,而在 Proteus 中,这种封装表示为 RES40。

2. 常用的封装类型

封装的类型很复杂,从使用的包装材料来分,可以将封装划分为金属封装、陶瓷封装和塑料封装;从成型工艺来分,可以将封装划分为预成型封装(pre-mold)和后成型封装(post-mold);从封装外型来讲,则有 SIP(Single In-Line Package)、DIP(Dual In-Line Package,有的简称 DIL 封装)、PLCC(Plastic-Leaded Chip Carrier)、PQFP(Plastic Quad Flat Pack)、SOP(Small-Outline Package)、TSOP(Thin Small-Outline Package)、PPGA(Plastic Pin Grid Array)、PBGA(Plastic Ball Grid Array)、CSP(Chip Scale Package)等;若按连接的方式来分,则可以划分为 PTH(Pin-Through-Hole)和 SMT(Surface-Mount-Technology)两大类,即通常所称的插入式(Through Hole Technology,THT,也称通孔式)和表面贴装式。具体封装请参考第 10 章。

3. 焊盘(pad)与过孔(via)

元器件是通过焊盘连接到电路中的。下面分析焊盘与过孔的区别。

焊盘(pad)的作用是用来放置焊锡、连接导线和焊接元件的管脚。焊盘的主要作用是通过引脚来固定元器件,每个焊盘对一个引脚,在焊盘部位放置引脚和融化的焊锡,冷却后焊锡凝固从而将元器件固定住。Proteus 在模式工具栏内列出了不同形状和大小的焊盘,如圆形、方形和多边形焊盘等。根据元器件封装的类型,焊盘也分为针脚式和表面粘贴式两种,其中针脚式焊盘必须钻孔,而表面粘贴式无须钻孔。在选择元器件的焊盘类型时,要综合考虑元器件的形状、引脚粗细、放置形式、受热情况、受力方向和振动大小等因素。例如,对电流、发热和受力较大的焊盘,可设计成“泪滴状”。图 9-3 为常用的焊盘的形状和尺寸。

图 9-3 常见焊盘的形状与尺寸

对于双层板和多层板，各信号层之间是绝缘的，需在各信号层有连接关系的导线的交汇处钻上一个孔，并在钻孔后的基材壁上电镀金属以实现不同导电层之间的电气连接，这种孔称为过孔(via)。过孔有 3 种，一是从顶层贯通到底层的穿透式过孔，即通孔(through via)；二是从顶层通到内层或从内层通到底层的盲过孔，即盲孔(blind via)；三是在内层之间的电气连接，在顶层和底层看不见，好像隐藏在内层的过孔，即埋孔(buried via)。过孔的内径尺寸(hole size)与外径尺寸(diameter)一般小于焊盘的内外径尺寸。图 9-4 为过孔的尺寸与类型。

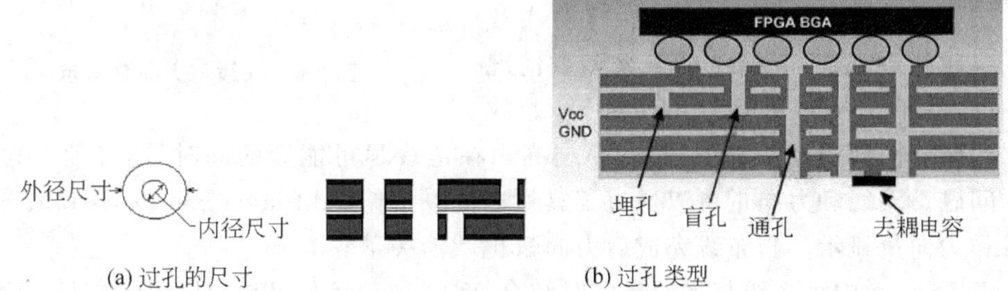

图 9-4 过孔的尺寸与类型

例如，8 层 PCB 板(用 L1～L8 表示)的示意截图如图 9-5 所示，试分析 A、B、C、D 分别属于哪种过孔。

分析：根据前面过孔的定义和分析，可以得出：A 为通孔，经过 L1～L8 层；B 为埋孔，经过 L2～L7 层；C 为盲孔，经过 L1～L3 层；D 为盲孔，经过 L7 和 L8 层。

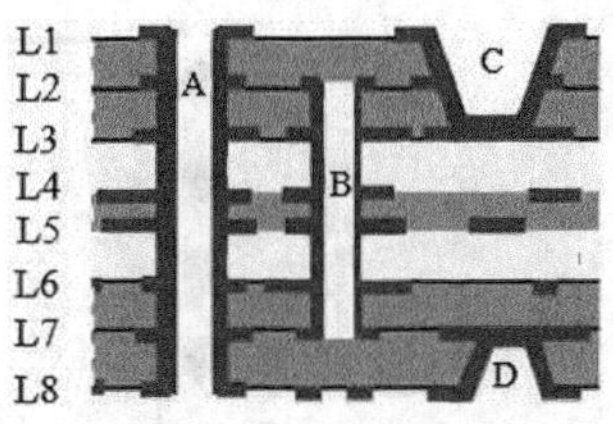

图 9-5 8 层 PCB 板示意图

9.1.4 铜膜导线、飞线与力向量

在印刷电路板上，焊盘与焊盘之间起电气连接作用的是铜膜导线，简称导线(track)。它可以通过过孔把一个导电层和另一个导电层连接起来。PCB 设计的核心工作就是围绕如何布置导线展开的。

在 PCB 设计过程中，还有一种与导线有关的线，它是在装入网络表后，系统根据规则自动生成的，用来指引系统自动/手动布线的一种连线，俗称飞线(Ratsnest)。飞线只在逻辑上表示各个焊盘间的连接关系，并没有物理的电气连接意义；导线则是利用飞线指示的各焊盘和过孔间的连接关系而布置的，是具有电气连接意义的连接线。所以导线与飞线是不同的。飞线在布线时可以起指导作用，特别是手工布线时。一般情况下，飞线在导入网络表后自动生成。当布线完成后，飞线自动消失。飞线显示为不带箭头的绿线,如图 9-6 所示。因此飞线一般具有以下两种功能。

(1) 手动/自动布局结束后,可以看到飞线网络连接的交叉状况,不断调整元器件的位置,使这种交叉最少,以获得最大的自动布通率。

(2) 自动布线结束后,还有哪些网络尚未布通,也可以通过该功能进行查找,找到未布通网络之后,可以手动补偿,实在补偿不了的,将来在 PCB 板上用导线连通这些网络,如果电路要批量生产,可将这种飞线视为 0Ω 的阻值且具有统一焊盘间距的电阻元件来设计。

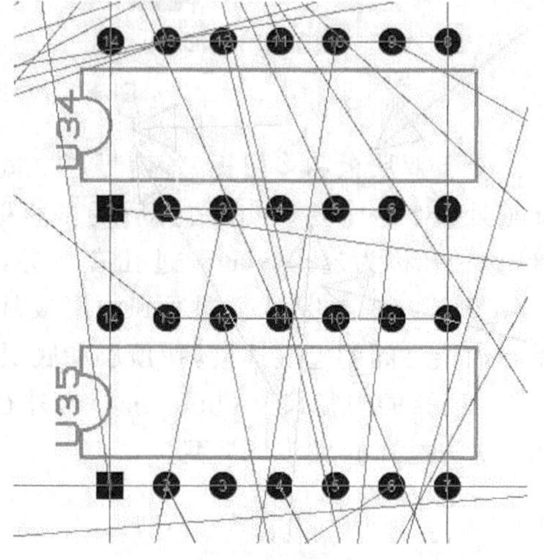

图 9-6 飞线与力向量显示

力向量(force vector)为元件布局、布线提供援助,它们显示为黄色的箭线,从每个组件的中心点指向飞线长度最短的方向,如图 9-6 所示。一般来说,飞线总长度越短,意味着布线总长度也越短(注意:这仅仅对于大多数情况是正确的,并不是绝对正确);走线越短,走线所占据的印制板面积也就越小,布通率越高。在走线尽可能短的同时,还必须考虑布线密度的问题。飞线和力向量可以通过工具栏内的按钮(edit layer color /visibility)可以使飞线和力向量显示。当布线完成后力向量也就消失了。

PCB Layout 中将飞线与飞向量实时结合,实时自动优化,以方便手工布线,如图 9-7 所示。

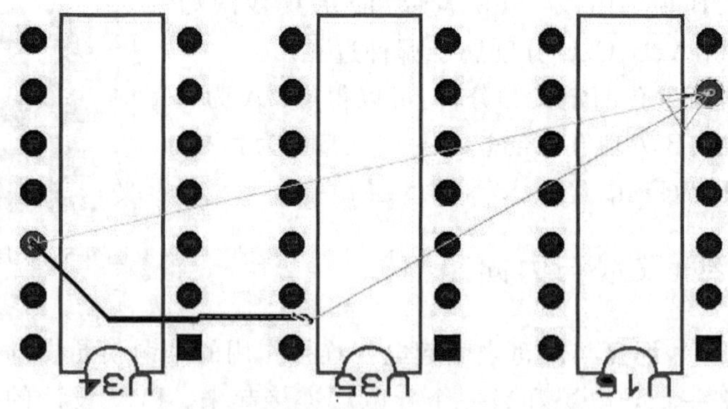
图 9-7 手工布线、飞线与力向量

9.1.5 安全间距

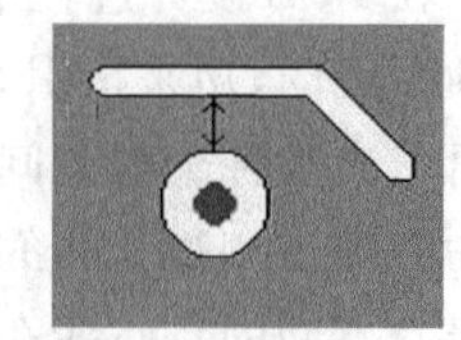
图 9-8 安全间距示意图

设计印刷电路板时,为了避免导线、过孔、焊盘及元器件间的距离过近而造成相互干扰,就必须在它们之间留出一定的间距,这个间距就称为安全间距(clearance)。图 9-8 为安全间距示意图。

9.1.6 布线拐角钝化

当PCB设计走线出现直角拐角时，拐角处会产生额外的寄生电容和寄生电感，这种不连续性会造成反射。

在PCB设计走线确实需要直角拐角的情况下，可以采取两种改进方法：一种是将90°拐角变成两个135°的斜角；另一种是用圆角，圆角方式是最好的。135°拐角可以用到10 GHz频率上，如图9-9所示。

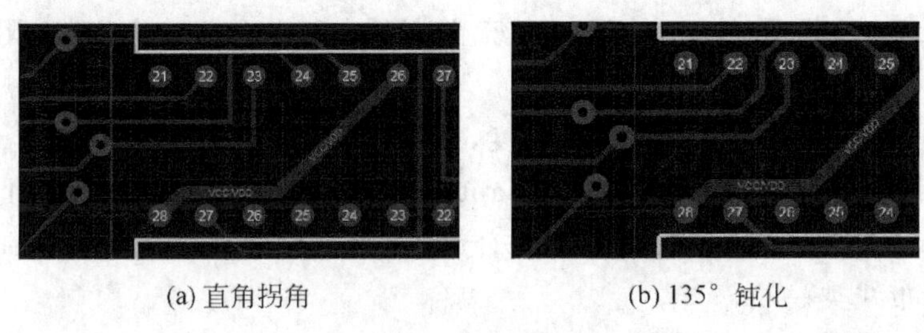

(a) 直角拐角　　(b) 135° 钝化

图9-9 布线钝化

Proteus通过选择Edit→Mitre All Tracks on Layout/Unmitre All Tracks on Layout命令进行钝化或者撤销钝化。选择Mitre All Tracks on Layout命令，弹出钝化设置对话框，如图9-10(a)所示，其中Minimum Distance为最小距离，Maximum Distance为最大距离，具体参数含义如图9-10(b)所示。选择Unmitre All Tracks on Layout命令，弹出如图9-10(c)所示的对话框，单击OK按钮撤销钝化，单击Cancel按钮表示放弃撤销钝化操作。

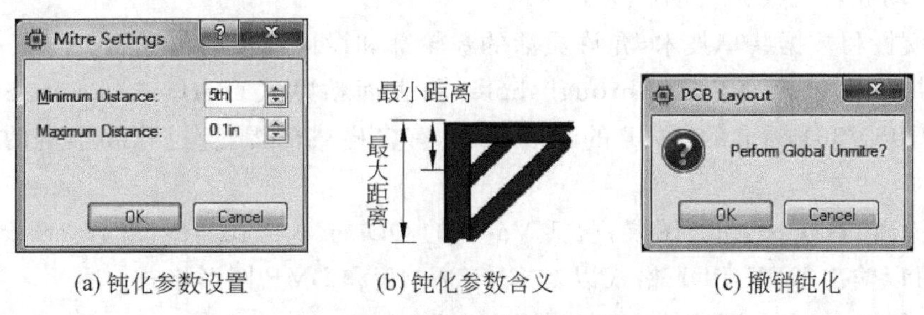

(a) 钝化参数设置　　(b) 钝化参数含义　　(c) 撤销钝化

图9-10 斜接设置与撤销

9.1.7 自动缩颈

在很多情形下，例如，当布线从两个焊盘之间穿过时，需要把布线类型变小，否则就会违反设计规则。PCB Layout中使用自动缩颈工具进行此类操作。

自动缩颈功能由系统菜单Technolgy→Design Rule Manager命令实现，这个对话框允许设置焊盘与焊盘(pad-pad)之间、焊盘与布线(pad-trace)之间和布线与布线(trace-trace)之间的距离，当然也可以设置缩颈的布线类型。默认的缩颈类型是T10，即10th的布线。

单击 PCB Layout 工具栏上的按钮,在自动缩颈与不缩颈之间进行切换。

9.2 PCB Layout的主要特性

Proteus 8 PCB Layout 的主要特点如下。

(1) 32 位高精度的数据库,提供 10nm 的线性分辨率,角分辨率为 0.1°,最大电路板尺寸为 10m×10m。16 个铜薄层(copper layer),2 个丝印层(silk layer),4 个机械层(mechanical layer)、板界(board edge)、禁止布线层(keep out layer)、阻焊和锡膏层(resist and paste mask layer)。

(2) 硬件加速显示,提高图形刷新速度,并提高真实层的透明度。

(3) 通过 Live netlist 和 Schematic Capture 共享数据,包括在原理图上的连线信息。使 PCB Layout 和对应的原理图有机地结合起来,而且可以在 Schematic Capture 原理图上定义特殊的布线类。

(4) 交互式的人机窗口,通过上下文菜单、快捷菜单和模式工具等快速便捷地操作。系统还提供了全自动回注功能、引脚交换和门交换优化功能。

(5) 实时的设计规则检查(Design Rule Checker, DRC)和电路连接规则检查(Connectivity Rule Checker, CRC)。

(6) 元器件自动放置和手工放置相结合、自动布线和手工布线相结合。提供便利的操作。具有强大的布线编辑功能,包括路由拓扑编辑、自动缩颈和弧形布线等;世界级的自适应的自动布线器能够实现自动布线,即使是非常复杂的电路板也可以自动完成;能够自动/手动放置飞线并自动产生力向量。

(7) 模板和数据共享技术,允许灵活的板轮廓和设计约束的再利用。

(8) 封装库包含通孔式(through hole)和表面粘贴式(surface mount, SMT, 包括 SM782 和 IPC7351 标准的 SMT 的封装)。具有多样式的焊盘/过孔和丰富的二维图形符号库。

(9) 输出到打印机和绘图仪,包括 Valor 的 ODB++格式和传统的 Gerber/Excellon 格式,还可以输出 DXF、PDF 格式以及 EPS、WMF 和 BMP 图形格式。

(10) 利用 Gerber 浏览器,可以预览和查看 Gerber 输出文件。

(11) 3D 可视化预览,可以输出 STL、3D DXF 和 3DS 格式。

9.3 PCB Layout 窗口

9.3.1 PCB Layout 启动

启动 PCB Layout 软件有以下两种方式。

(1) 新建项目时,创建 PCB Layout,具体操作见 1.5 节。

(2) 如果在创建项目时没有创建 PCB 文件，则可以单击主工具栏上 按钮，也可以创建 PCB Layout 文件。

9.3.2 PCB Layout 窗口

PCB Layout 的主窗口如图 9-11 所示。

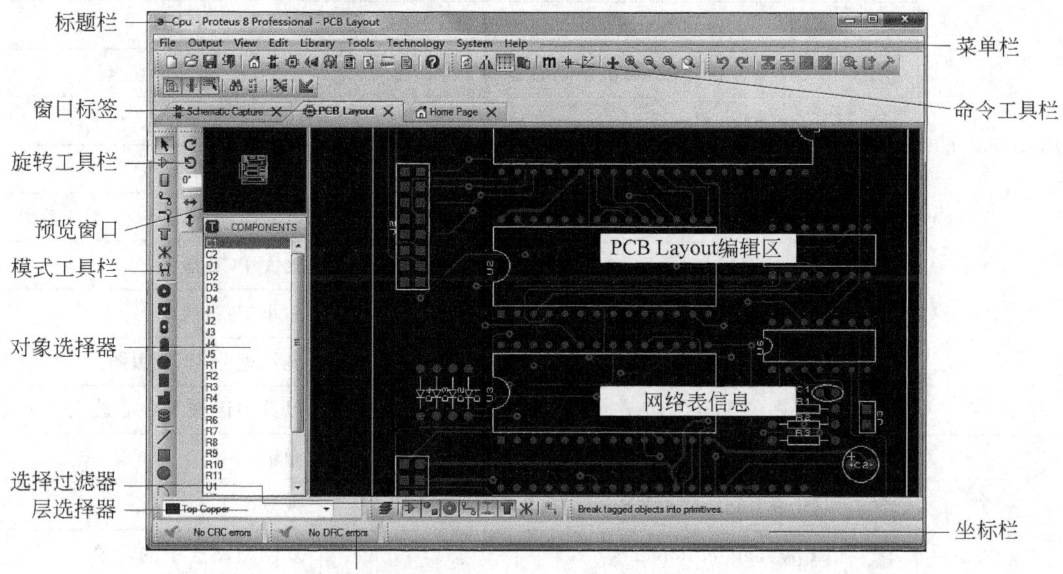

图 9-11　PCB Layout 窗口

1. 菜单栏

PCB Layout 菜单栏包含 File、Output、View、Edit、Library、Tools、Technology、System 和 Help 共 9 个菜单。

2. 命令工具栏

命令工具栏主要包括主工具栏、Edit 工具栏、View 工具栏和 Layout 工具栏。主工具栏的功能参见 1.5 节，其他工具栏的具体功能如表 9-1 所示。后面 3 种工具栏的显示与隐藏可通过 View→Toolbar Configuration 命令实现。如图 9-12 所示，打√号表示显示，去掉表示隐藏。修改完后单击 OK 按钮保存并退出，单击 Cancel 按钮表示放弃修改。系统默认所有工具栏都显示。

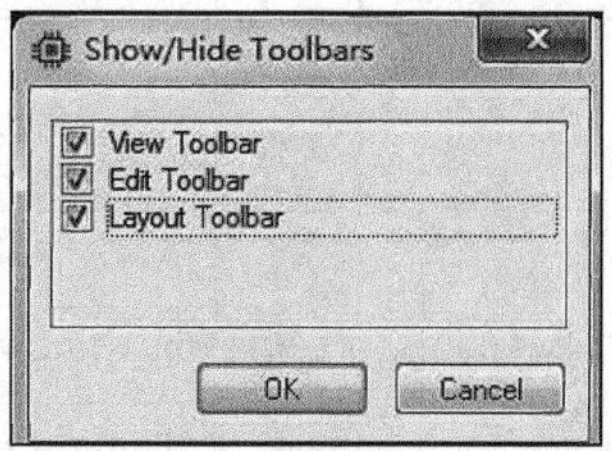

图 9-12　工具栏显示/隐藏

表 9-1 工具栏功能介绍

工具栏	按钮	对应菜单及快捷键	功　能
View Toolbar		View→Redraw Display,R	刷新编辑窗口
		View→Edit Layer Colours/Visibility,Ctrl+L	层颜色设置以及层设置
		View→Grid,G	网格切换
		View→Toggle Board Flip,F	电路板水平旋转
		View→Toggle Metric/Imperial,M	公制/英制单位切换
		View→Toggle False Origin,O	放置伪坐标原点
		View→Toggle Polar Co-ordinates,Z	放置极坐标原点
		View→Center At Cursor,F5	以光标的中心放大 PCB 版图
		View→Zoom In,F6	放大 PCB 版图
		View→Zoom Out,F7	缩小 PCB 版图
		View→Zoom To View Entire,F8	显示整张 PCB 版图
		View→Zoom To Area	以选中区域为中心放大
Edit Toolbar		Edit→Undo,Ctrl+Z	撤销
		Edit→Redo,Ctrl+Y	恢复
		Copy Tagged Objects	复制粘贴选中的对象
		Move Tagged Objects	移动选中的对象
		Block Rotate	旋转选中的对象
		Edit→Block Delete	删除所有选中的对象
		Library→Pick Parts From Libraries	从封装库中选择封装
		Library→Make Package	制作封装
		Edit→Decompose Tagged Objects	分解封装
Layout Toolbar		Trace Angle Lock	锁定轨迹角度
		Auto Track Necking	自动缩颈
		Auto Trace Style Selection	自动布线风格选择
		Tools→Search & Tag	查找并标注
		Tools→Automatic Annotator	自动标注
		Tools→Auto-router	自动布线
		Technology→Design Rule Manager	设计规则管理器

3. PCB Layout 编辑区

在编辑区内设计电路板边界,在板边界内可以放置元器件、封装及其他对象,进行布局、布线等操作，编辑区的放大、缩小、移动等操作与 Schematic Capture 操作一样，参见 3.1 节。在 PCB Layout 编辑区中提供了可视化的鼠标操作，具体鼠标功能如表 9-2 所示。

表 9-2 可视化鼠标

鼠　标	描　　述
	普通鼠标
	放置光标，单击放置元器件封装、二维图标等
	选择光标，单击选择鼠标下面的元器件
	移动光标，按住左键移动选中元器件

4. 对象选择器

单击模式工具栏中的某一模式按钮，可以显示该模式下的对象。如单击 Package Mode，对象选择器内显示所有已经从封装库取出的封装或者通过网络表导入原理图中的元器件的封装，如图 9-13 所示。

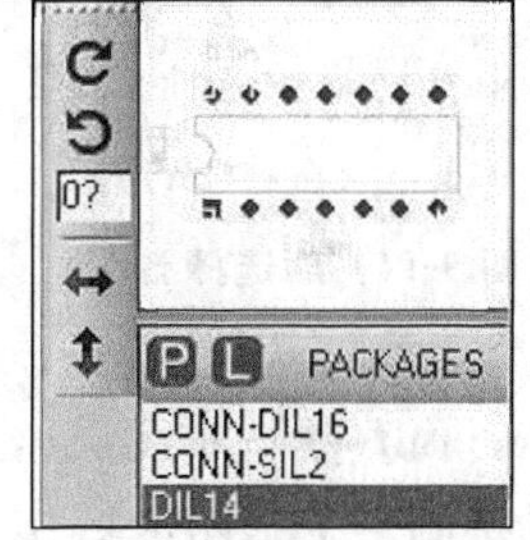

图 9-13 预览窗口与对象选择器

5. 预览窗口

预览窗口有以下 3 大功能。

(1) 在选择模式下，作为 PCB 编辑区预览窗口，光标移动可以预览编辑区，其中蓝色框表示工作区，绿色框表示当前编辑区的可见区域。具体操作参见3.2节。

(2) 单击非选择模式时，作为模式工具内容显示。例如，图 9-13 是选择 DIL14 封装时的预览情况。

(3) 单击旋转按钮时，用于旋转显示。

6. 控制工具栏

控制工具栏位于窗口的最下面，包括 Layer Selector(层选择器)、Selection Fileter(选择过滤器)、Status Bar(状态栏)、Conectivity/Netlist status(连接规则检查或网络表状态显示栏)、DRC Status(DRC 状态栏)和 Mouse Coordinates(坐标栏)6 大部分，功能如下。

1) 层选择器(Layer Selector)

单击下拉按钮，弹出 PCB Layout 的所有层，如图 9-14 所示。

铜箔层(Copper)：主要用于放置铜模走线，通过铜箔层的设置实现单面、双面、多层印制电路的设计。PCB Layout 包括 Top Copper(顶层铜箔层)、14 个内铜箔层(Inner1～Inner14)和 Bottom Copper(底层铜箔层)共 16 个铜箔层。

机械层(Mech)：一般用于设置电路板的外形尺寸、数据标记、对齐标记、装配说明以及其他的机械信息。这些信息因设计公司或 PCB 制造厂家的要求而有所不同。PCB

图 9-14　层选择器

Layout 提供了 Mech1～Mech4 共 4 个机械层。

丝印层(Silk)：丝印层主要用于放置印制信息，如元件的轮廓、标注和各种注释字符等。PCB Layout 提供了 Top Silk(顶层丝印层)和 Bottom Silk(底层丝印层)两个丝印层。一般，各种标注字符都在顶层丝印层，底层丝印层可关闭。

阻焊层(Resist)：PCB Layout 提供了 Top Resist(顶层阻焊层)和 Bottom Resist(底层阻焊层)两个阻焊层。阻焊层是指板上要上绿油的部分；因为它是负片输出，所以有的部分实际并不是上绿油，而是镀锡，呈银白色。阻焊层的主要作用是防止焊锡外溢造成电路短路，在进行波峰焊接时阻焊层显得尤为重要，可以防止非焊接点被焊锡沾污等。

锡膏层(Mask)：PCB Layout 提供了 Top Mask(顶层锡膏层)和 Bottom Mask(底层锡膏层)两个锡膏层。它和阻焊层的作用相似，该层一般用于贴片元器件的 SMT 回流焊过程时上锡膏，它是在过焊炉时用来对应 SMD 元器件焊点的，也是以负片的形式输出，板层上显示的焊盘和过孔部分代表电路板上不铺锡膏的区域，也就是不可以进行焊接的部分。

Keepout(禁止布线层)：用于定义在电路板上能够有效放置元器件和布线的区域。在该层绘制一个封闭区域作为布线有效区，在该区域外是不能自动布局和布线的。

Board Edge(边界层)：用于绘制封闭区域定义板边界，只有先绘制板边界才能放置元器件封装。下面以画一个方框的板的轮廓为例来说明放置板框的步骤。

(1) 单击 2D Graphics Box Mode ■按钮。

(2) 在层选择器(Layer Selector)中选择 Board Edge 层。

(3) 在 PCB Layout 编辑区合适的位置单击，确定方框的左上角。

(4) 拖拉鼠标，得到合适的板框大小，然后再次单击确定方框的右下角。

(5) 如果需要调整方框的大小，先使用右键(忽略弹出的菜单)选中它，然后拖拉绿色的调整大小的手柄到合适的位置，最后释放左键。

层选择器还可以通过快捷键操作，具体操作如表 9-3 所示。

表 9-3　层选择器快捷键操作

快捷键	描　　述	快捷键	描　　述
Space	选择当前层对中的另一个层	Ctrl+PgDn	选择列表中的最后一个层
PgDn	选择列表中当前层的下一个层	Ctrl+PgUp	选择列表中的第一层
PgUp	选择列表中当前层的上一个层		

2) Selection Filter(选择过滤器)

选中了整个版图后，可以通过选择过滤器来对已选择的对象进行精选。选择过滤器的具体功能如图 9-15 所示。

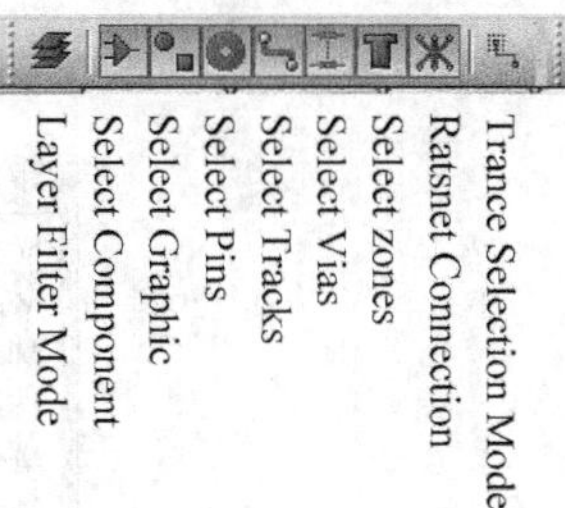

图 9-15 选择过滤器

Layer Filter：PCB 层过滤器，单击 PCB 层过滤器按钮可以使选中器件的范围在所有层和当前层之间切换。

Select Component：元器件选择模式，单击元器件过滤器按钮可在是否选中元器件之间切换。绿色状态表示可以选中元器件，并对其进行删除、编辑属性等操作，即选中元器件；灰色状态表示不能选中元器件。

Select Graphic：选择 2D 图形模式，单击 2D 图形过滤器按钮可以在是否选择 2D 图形之间切换。绿色表示选中 2D 图形，可以对其进行修改属性、删除等操作；灰色表示不能选择 2D 图形。

Select Pins：选择引脚模式，在是否可以选中器件的焊盘模式切换。绿色表示可以使其成为热点，灰色表示禁止。

Select Tracks：布线过滤器，在是否使铜导线成为热点之间切换。绿色表示可以成为热点，灰色表示禁止。

Select Vias：过孔过滤器，在是否使过孔成为热点之间切换。绿色表示成为热点，灰色表示禁止。

Select Zones：覆铜过滤器，在是否使覆铜成为热点之间切换。绿色表示覆铜可以成为热点，成为热点后在覆铜的边框单击可以对覆铜属性进行修改，按 Delete 键可以删除覆铜；灰色表示禁止。

Ratsnet Connection：飞线过滤器，在是否使飞线成为热点之间切换。绿色表示可以成为热点，灰色表示禁止。

Trance Selection Mode：导线选择过滤器，单击该按钮可以在 Fully enclosed 和 Partially enclosed 间切换。当选择全包围模式(Fully enclosed)时，布线必须整个都被包围才能选中；而选择部分包围(Partially enclosed)模式时，布线只要有一部分被包围即可被选中。

3) Status Bar(状态栏)

状态栏显示当前鼠标光标下的对象的相关信息。

4) Connectivity/Netlist status(连接规则检查或网络表状态显示栏)

主要用于 CRC 信息显示和网络表状态信息显示。如果是 CRC 错误信息，如图 9-16(a)所示，则双击错误信息栏或者单击菜单 Tools→Connectivity Report 命令，弹出 CRC 错误信息栏，如图 9-17 所示。双击错误行信息，可以在 PCB Layout 中查看丢失链接关系的引脚，通过手动布线方式解决 CRC 错误信息。如果是网络表状态信息显示，如图 9-16(b)所示，具体解决方法请参阅 9.4.5 节中的 Live Netlist 内容。

5) DRC Status(DRC 状态栏)

用于显示 DRC 检测结果，显示 NO DRC 表示设计正确，用绿色的√表示。如果 DRC 有错误，则以红色提示有多少个错误，双击弹出错误详细信息表，如图 9-18 所示。

(a) CRC信息显示　　(b) 网络表状态信息显示

图 9-16　CRC 信息和网络表状态显示栏

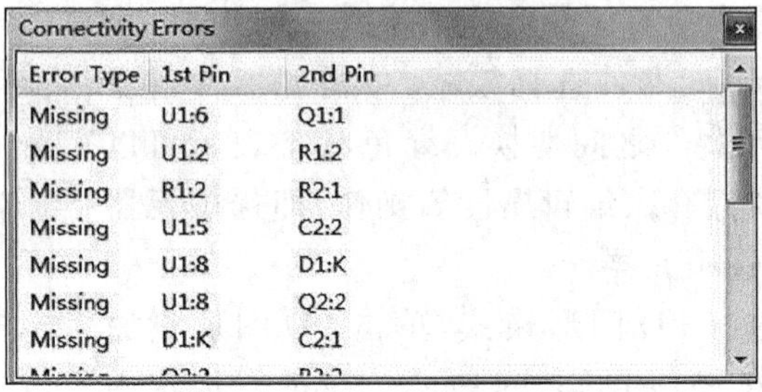

Connectivity Errors

Error Type	1st Pin	2nd Pin
Missing	U1:6	Q1:1
Missing	U1:2	R1:2
Missing	R1:2	R2:1
Missing	U1:5	C2:2
Missing	U1:8	D1:K
Missing	U1:8	Q2:2
Missing	D1:K	C2:1

图 9-17　CRC 错误信息

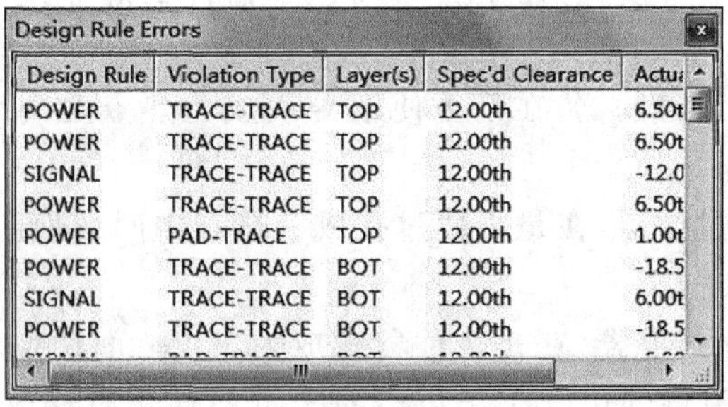

Design Rule Errors

Design Rule	Violation Type	Layer(s)	Spec'd Clearance	Actu
POWER	TRACE-TRACE	TOP	12.00th	6.50t
POWER	TRACE-TRACE	TOP	12.00th	6.50t
SIGNAL	TRACE-TRACE	TOP	12.00th	-12.0
POWER	TRACE-TRACE	TOP	12.00th	6.50t
POWER	PAD-TRACE	TOP	12.00th	1.00t
POWER	TRACE-TRACE	BOT	12.00th	-18.5
SIGNAL	TRACE-TRACE	BOT	12.00th	6.00t
POWER	TRACE-TRACE	BOT	12.00th	-18.5

图 9-18　DRC 错误信息

6）坐标栏

显示当前光标所在位置的坐标值，如图 9-19 所示。其默认单位为 th，可以按 M 快捷键实现公制与英制之间的切换，还可以通过 O 快捷键设置伪坐标点，改变原点的位置。

图 9-19　坐标显示

7. 模式工具栏

模式工具栏主要包括主模式工具栏、焊盘模式工具栏和二维模式工具栏，具体含义如表 9-4 所示。

表 9-4　模式工具栏

模　式	图标	功　能
Main Modes Selector Toolbar（主模式工具栏）		Selection Mode，选择模式，用于选择元器件
		Component Mode，元器件模式，用于放置、新建元器件
		Package Mode，封装模式，用于选取、放置和编辑封装

续表

模　式	图标	功　能
Main Modes Selector Toolbar（主模式工具栏）		Track Mode，导线模式，在手动模式放置铜模导线，可以创建、放置和编辑铜模导线，在对象选择器里列出了各种类型的铜模导线
		Via Mode，过孔模式，对象选择器列出了各种类型的过孔，可以放置、编辑和创建过孔
		Zone Mode，覆铜模式，放置和编辑覆铜
		Connectivity Highlight Mode，网络高亮模式，在对象选择器列出了网络名，双击网络名或者选中网络名单击T按钮选中网络
Pad Modes Toolbar（焊盘模式工具栏）		Ratsnest Mode，飞线模式，手工放置和编辑飞线
		Round Through-Hole Pad Mode，圆形直插式焊盘模式
		Square Through-Hole Pad Mode，方形直插式焊盘模式
		DIL Pad Mode，椭圆形直插式焊盘模式
		Edge Connector Pad Mode，边缘连接焊盘模式，放置板插头（金手指）
		Circuit SMT Pad，放置圆形 SMT 焊盘
		Rectangular SMT Pad，放置方形单面焊盘，具体尺寸可在对象选择器中选择
		Polygonal SMT Pad，放置多边形 SMT 焊盘
		Pad Stack Mode，焊盘栈模式，主要用于放置测试点
2D Graphics Modes Toolbar（二维模式工具栏）		2D Graphics Box Mode，绘制方框模式，用于创建封装、符号等时绘制矩形二维图形
		2D Graphics Circle Mode，绘制圆模式，用于创建封装、符号等时绘制圆形二维图形
		2D Graphics Arc Mode，绘制圆弧模式，用于创建封装、符号等时绘制圆弧二维图形
		2 D Graphics Closed Path Mode，绘制任何闭合曲线式，用于创建封装、符号等时绘制闭合曲线二维图形
		2D Graphics Text Mode，文本模式，用于在 PCB Layout 中放入文字
		2D Graphics Symbols Mode，符号模式，用于从符号库中选择各种符号
		2D Graphics Markers Mode，标记模式，用于在创建或编辑元器件、符号、各种终端和引脚时产生各种标记符号
		Dimension Mode，测距模式，用于测量两点间的距离

在不同的模式下，其对应的对象选择器有效项是不同的，选择 System→Set Selection

Filter 命令，弹出其设置对话框，如图 9-20 所示。下拉列表中的模式主要有 Selection & Editing Mode、Component Placement Mode、Route Placement Mode、Zone Placement Mode、Pad Placement Mode、Graphic Placement Mode 和 Ratsnest Editing Mode 共 7 种模式。选择每一种模式后，设置其对象选择器的有效项。例如，选择了 Graphic Placement Mode 时，默认 Components、Graphic Objects、Components Pins 有效，如果想使得其他项有效，直接勾选即可。

图 9-20 设置选择过滤器对话框

8. 选转、镜像工具栏

PCB Layout 中的旋转、镜像工具栏中的按钮与 Schematic Capture 中的旋转、镜像命令的功能相同，具体参阅 2.1.8 节。

9.4 PCB Layout 菜单栏

PCB Layout 菜单栏主要包括 File 菜单、Output 菜单、View 菜单、Edit 菜单、Library 菜单、Tools 菜单、Technology 菜单、System 菜单和 Help 菜单。

9.4.1 File 菜单

File 菜单中与 PCB Layout 有关的命令如图 9-21 所示。

选择 Board Information 命令，弹出板卡描述信息，如图 9-22 所示。主要描述了板卡引脚数、过孔数、铜模布线长度等信息。

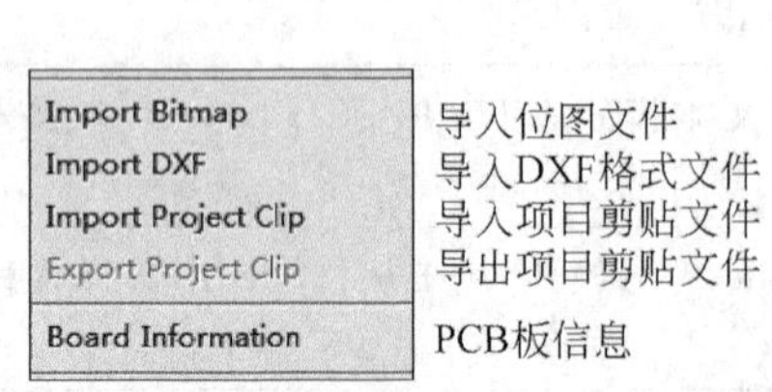

图 9-21 File 菜单中的 PCB Layout 命令

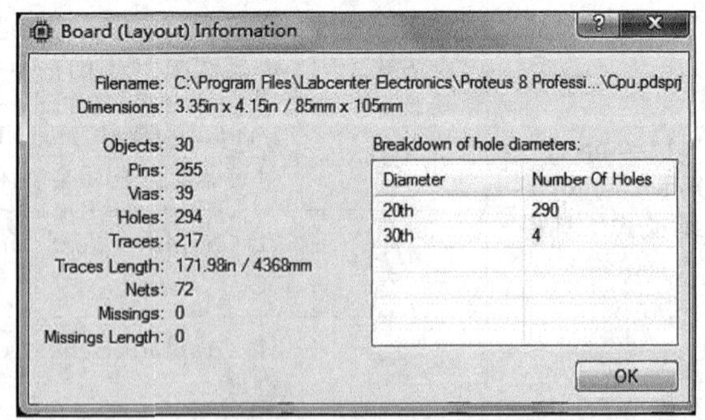

图 9-22 板卡信息

9.4.2 View 菜单

View 菜单的主要功能如图 9-23 所示。

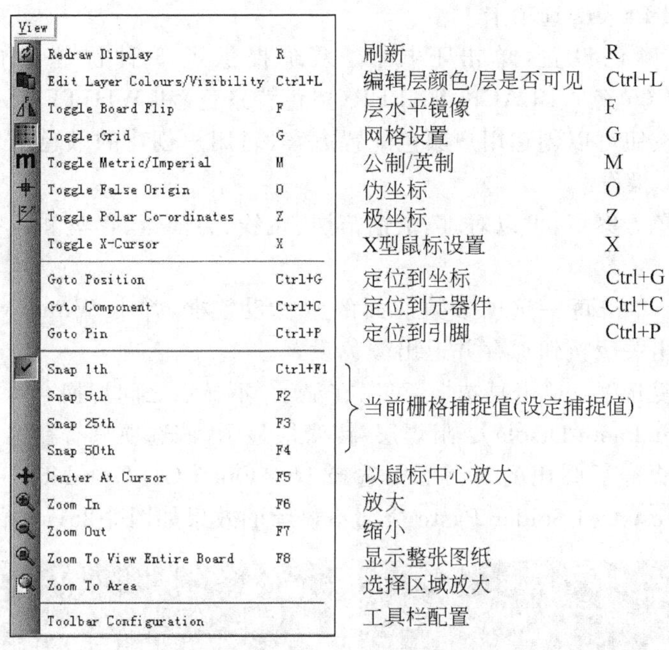

图 9-23 View 菜单

1. Edit Layer Colours/Visibility(编辑层显示颜色和层的可见性)

单击该命令弹出显示设置对话框,如图 9-24 所示,主要参数如下。

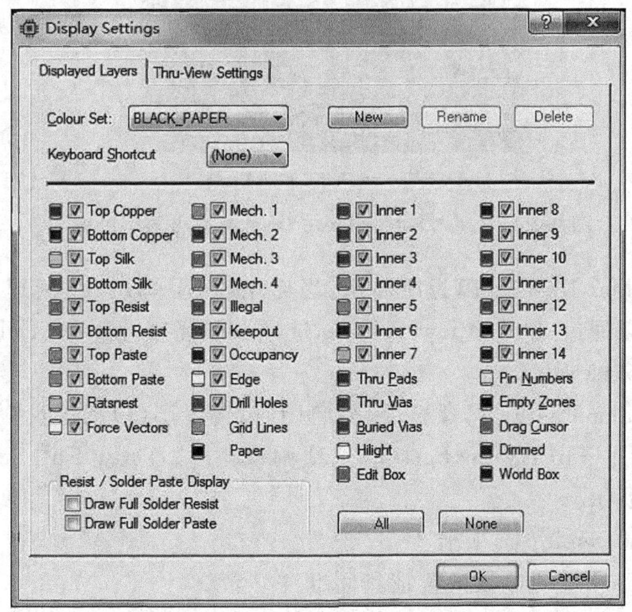

图 9-24 层颜色、可见性设置

1) Displayed Layers 选项卡

Colour Set：颜色设置，单击下拉框，系统提供了 3 种快速颜色配置方案，即 MONOCHROME(单色)、BLACK_PAPER(黑色背景色)和 WHITE_PAPER(白色背景色)。单击 New 按钮可以创建用户颜色配置方案，对用户创建的颜色配置方案可以进行 Rename 和 Delete 操作。

在每一种颜色方案下，可以对 17 个铜箔层、飞线、力向量、焊盘和盲孔等的颜色和可见性进行设置。

颜色设置框：单击每一选项参数前面的颜色设置框，弹出 Windows 颜色选择对话框，选择颜色，单击关闭按钮保存并退出颜色设置。

层是否显示复选框：单击复选框，可以在显示/不显示之间切换。

Resist/Solder Paste Display：阻焊层/锡膏层显示，该选项只有在选择 Systems→Set Display Options 命令后弹出的对话框中选择 Use Open GL Graphic(Hardware Accelerated)时有效。Resist 和 Solder Paste 全部不显示的效果如图 9-25(a)所示。

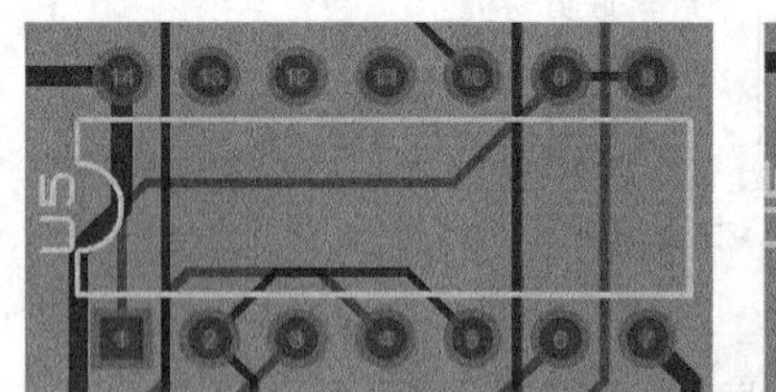

(a) 不勾选Draw Full Solder Resist/Paster

(b) 勾选Draw Full Solder Resist

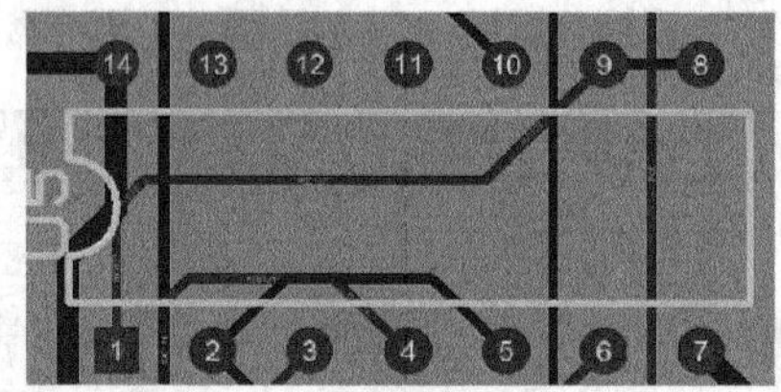

(c) 勾选Draw Full Solder Paste

图 9-25 Resist/Solder Paste Display 是否显示的效果

Draw Full Solder Resist：阻焊层显示，当启用时，阻焊层(包括焊盘扩展范围)全部显示在屏幕上，可以通过 Thru-View Setting 选项调整亮度。Draw Full Solder Resist 的显示效果如图 9-25(b)所示。

Draw Full Solder Paste：焊膏显示，当启用时，锡膏层(包括焊盘覆盖范围)全部显示在屏幕上。可以通过 Thru-View Setting 选项调整亮度。Draw Full Solder Paste 的显示效果如图 9-25(c)所示。

2) Thru-View Display 选项卡

Thru-View Display 的参数设置请查阅 9.4.7 节。

2. 快速定位查找命令

PCB Layout 命令提供坐标(Go To Position)、元器件(Go To Component)和引脚

(Go to Pin)3 种方式快速定位和查找。

选择 Go To Position 命令,弹出坐标设置对话框,如图 9-26 所示,其中 X Coordinate 输入 X 坐标值;Y Coordinate 输入 Y 坐标值;Relative to(相对坐标原点)有 Current Origin(当前坐标)、Output Origin(输出坐标)和 Database Origin(数据原点)3 个选项,默认情况下,系统的这 3 个坐标原点都默认为 PCB Layout 编辑区的中心。可以通过快捷键 O 设置伪坐标点来改变 Current Origin 的原点位置。

选择 Go To Component 命令,弹出快速定位并选中元器件对话框,在图 9-27 中,在 Component 文本框中输入元器件的参考号(如 U1、C3 等),单击 OK 按钮,则该元器件的封装被选中,以高亮态显示。

选择 Go To Pin 命令,弹出引脚定位对话框,如图 9-28 所示。在 Component ID-Pin 文本框中输入引脚号,其具体格式为"元器件参考号-引脚号"(如 U1-3,代表 U1 的第 3 个引脚)。单击 OK 按钮则对应器件的引脚焊盘被选中。

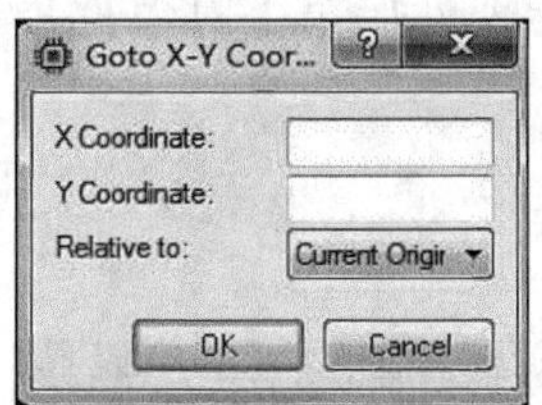

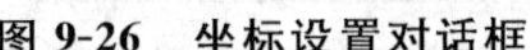
图 9-26 坐标设置对话框

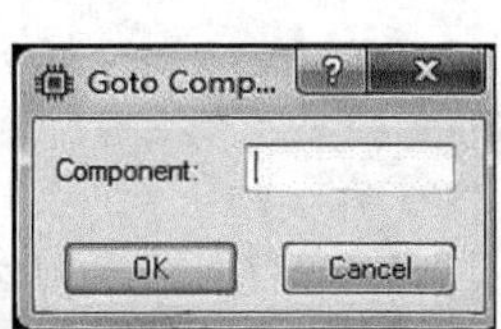

图 9-27 元器件对话框

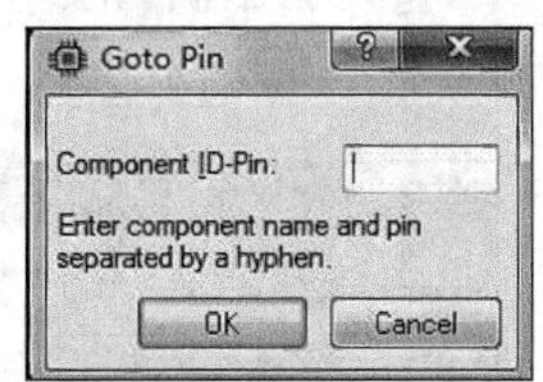

图 9-28 引脚定位对话框

其他命令的基本功能与 Schematic Capture 中的命令基本相同,参见 2.1.6 节。

9.4.3 Edit 菜单

Edit 菜单的主要功能包括撤销、恢复、剪切、复制、粘贴、选中和取消选中等功能,具体如图 9-29 所示。

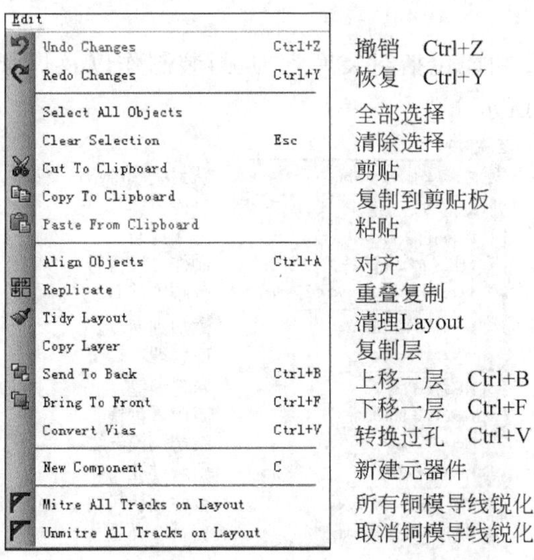

图 9-29 Edit 菜单

Edit 菜单中部分命令与 Schematic Capture 中的命令功能一样,这里主要介绍以下几个命令。

1. Copy Layer(复制层)

当选中某元器件时,选择 Copy Layer 命令,弹出层复制对话框,如图 9-30 所示。其中 Source 选项定义了要复制的元器件所在的层,Destination 选项定义了元器件要粘贴到哪一层;Object Types to Copy 选项定义要复制的对象,主要包括 Tracks、Graphics 和 Zones 三个选项,通过勾选表示选择相应对象。

2. New Component(新建元器件)

选择该命令,弹出新建元器件对话框,如图 9-31 所示。其中 Name 为元器件名称,该名称不能与现有的元器件名重复,否则创建不成功;Value 为元器件的值(例如 10K、30P 等);Package 为元器件的封装。该命令的功能相当于选择元器件后单击对象选择器上的 C 按钮。

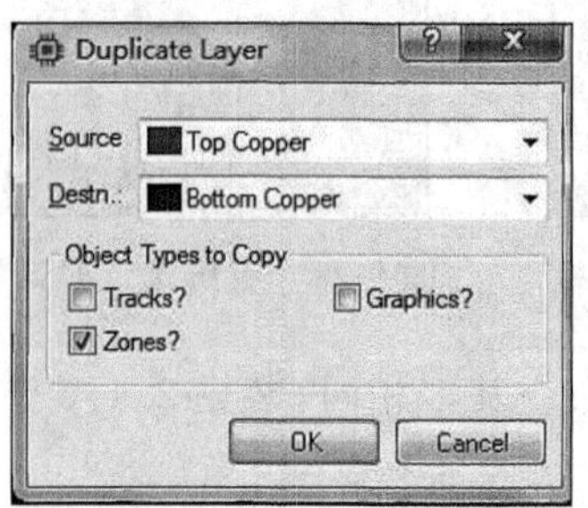

图 9-30 Copy layer 选项对话框

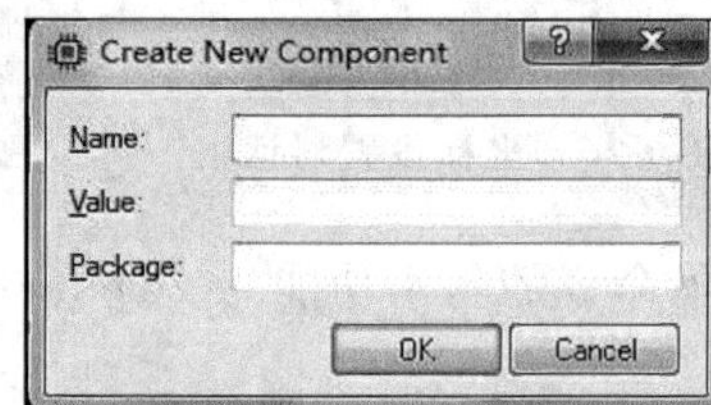

图 9-31 新建元器件对话框

9.4.4 Library 菜单

Library 菜单的主要功能包括封装库管理、封装制作以及焊盘、过孔和铜模导线等制作,具体功能如图 9-32 所示。

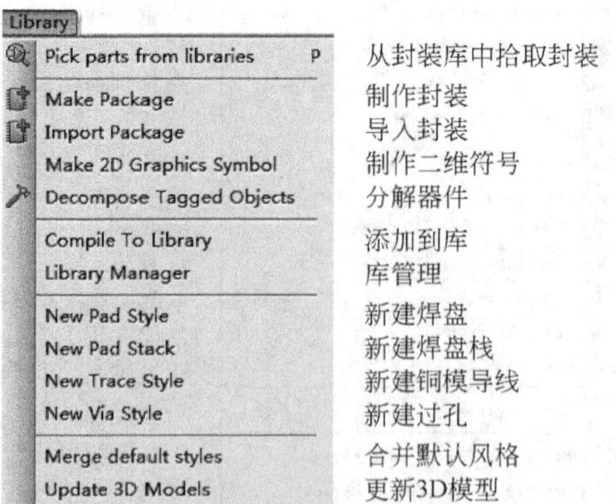

图 9-32 Library 菜单

9.4.5 Tools 菜单

Tools 菜单主要包含快速布线、布局和查找等功能，具体功能如图 9-33 所示。

图 9-33 Tools 菜单

1. Trace Angle Lock（TAL，锁定铜模导线角度）

TAL 在默认情况下处于使能状态，或者当 Follow Me Routing 选项有效时，TAL 项是不允许关闭的。TAL 功能主要使布线成直线或者 45°走线，如果要使布线成圆弧线或其他形式的布线，可以将 TAL 关闭即可。要使 TAL 关闭，首先使 Follow Me Routing 选项无效（即取消其前面的"√"），TAL 选项便可以修改，如图 9-34 所示。

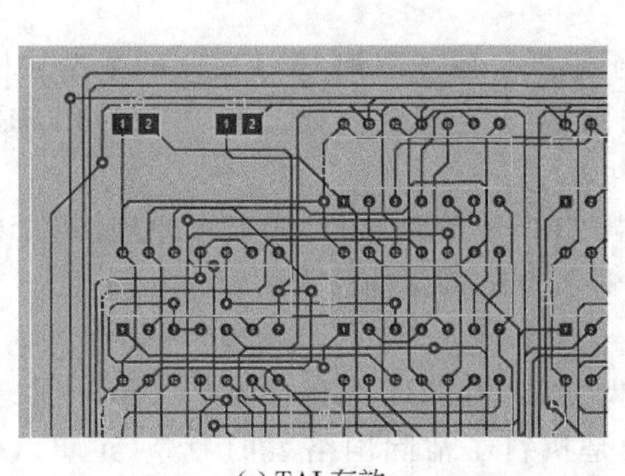

(a) TAL有效

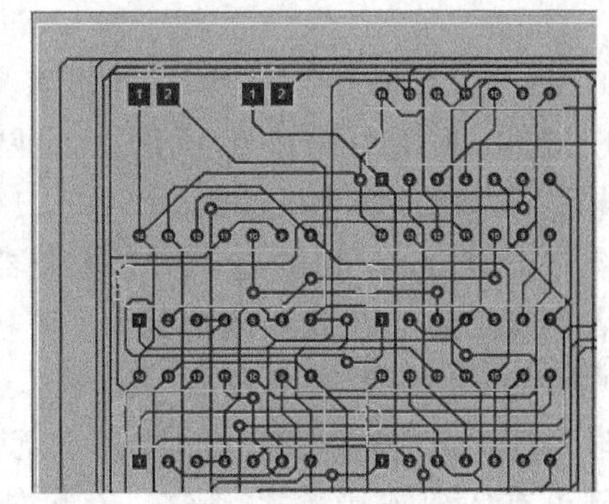

(b) TAL无效

图 9-34 TAL 对布线的影响

TAL 与实时捕捉结合具有更微妙的效果。如图 9-35 所示，要从位于网格线上的焊盘（左侧的第 88 引脚焊盘）手动布线到右侧的第 20 引脚的焊盘，首先选择 Track Mode，移动光标到 88 引脚焊盘处单击，移动鼠标到目标焊盘，实时捕捉到焊盘且鼠标锁定到焊盘上。如果此时TAL处于禁止状态，由于布线始于网格点，水平的布线与焊盘的中心位置不在一条水平线上，因此布线就违反了DRC规则；如果TAL处于使能状态，在这种情况下就会激活TAL对布线角度的修正，使布线正确。

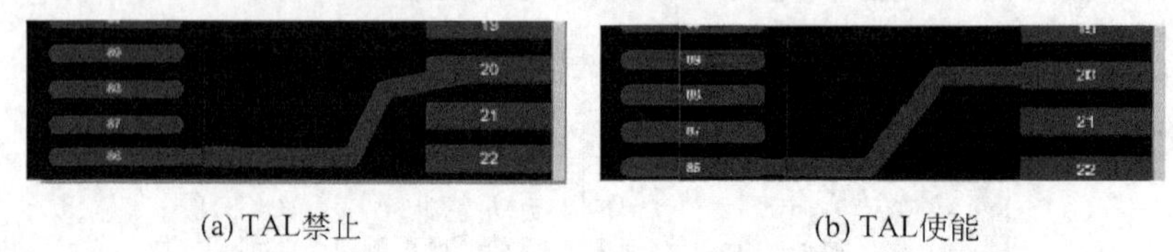

(a) TAL禁止　　(b) TAL使能

图9-35　TAL与实时捕捉

2. Live Netlist(实时网络表)

在低版本的Proteus中，ISIS与ARES是分离的两个单独的软件；而在Proteus 8版本中，提供了一个共享数据库而将两个软件的数据共享起来，其中Live Netlist功能就是把PCB Layout中的变动或者Schematic Capture中的变动实时自动更新，因此与传统的EDA软件相比，在生成PCB时就少了导入网络表这一步骤，因此称这种模式为Live Netlist模式。

在默认情况下，Live Netlist是有效的。如果将其前面的√取消，则Live Netlist功能失效，称为Batch Netlisting模式。在此模式下，如果在PCB Layout中修改器件属性时，信息栏会提示 Out of Sync ，此时单击该按钮相当于低版本中的Netlist To ARES命令，即将PCB Layout的修改参数更新到Schematic Capture中；如果在Schematic Capture中修改参数时，同样在PCB Layout信息栏显示Out of Sync提示信息，单击该按钮会实现其参数的自动更新。当在Schematic Capture中删除元器件时，在PCB Layout信息栏内显示 Changes Pending ，单击Changes Pending按钮，原理图删除信息将自动更新到PCB Layout中。

注意，当把低版本的Proteus导入到8.0以上版本时，Live Netlist命令必须靠手动启动。

Netlists and Synchronization(网络表与同步)：原理图和PCB之间的数据通信是通过从原理图和PCB布局中生成同步的网络表来实现的。如上所述，这可以是Live Netlist模式或Batch Netlist模式。

系统在PCB Layout的连接状态控制器(ERC检测信息栏)内显示原理图与PCB板的网络表同步信息。在默认的情况下，有4种不同的同步信息提示。

(1) No Netlist(无网络表)。

当显示 No Netlist 状态时，表示无网络表，其原因主要有两个：第一，原理图中的元器件没有任何连接关系；第二，有可能是执行了清除网络表的命令(菜单Tools→Clear Netlist命令)，且Live Netlist处于关闭/禁止状态。

(2) Locked(锁定状态)。

当Live Netlist处于禁止状态时，有时会显示 Out of Sync ，表示处于锁定状态，导致产生这种状态的原因是：在PCB或者原理图中对元器件的参数进行修改后，没有及时更新参数，此时单击 Out of Sync 按钮即可完成更新。

(3) Changes Pending。

这种状态表示当前原理图的修改信息已经传递到了PCB Layout,需要使用者进行信息的确认。例如,在原理图中删除元器件后,会发现在PCB Layout中相应的元器件、焊盘或轨迹线以灰色显示,此时有两种处理方式。

方式一：单击Changes Pending按钮,确认信息的更新。以Ppsu例子为例(配套电子资源实例为chap9中的Ppsu.dsprj),删除原理图中的Q1元器件,切换到PCB Layout窗口,会发现Q1颜色变成灰色,如图9-36(a)所示。单击Changes Pending按钮,确认信息的更新,则Q1对应的封装被删除,如图9-36(b)所示。

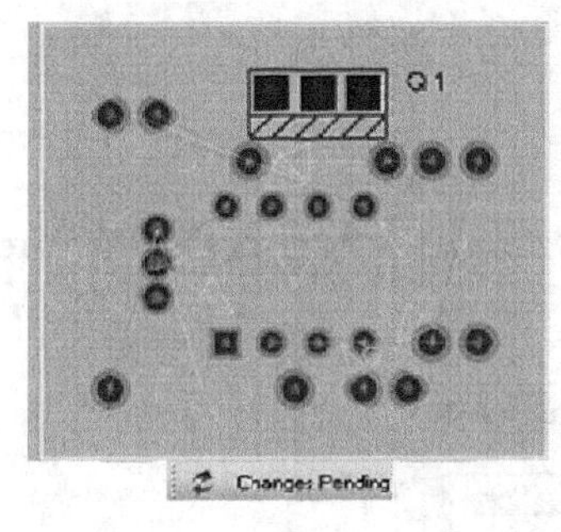

(a) Q1为灰色

(b) 单击Changes Pending, Q1被删除

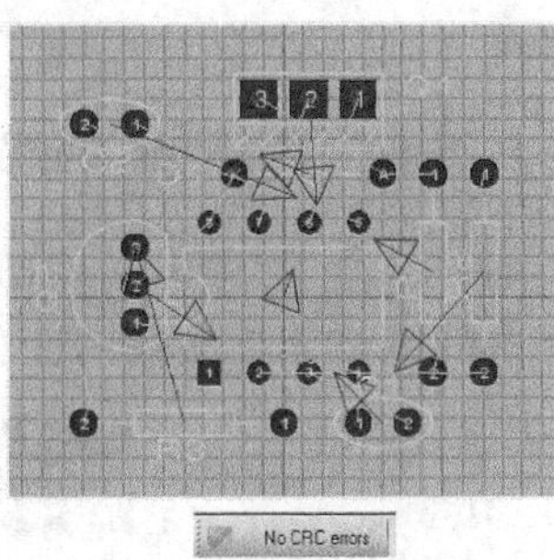

(c) 撤销删除，恢复原状态

图9-36 Changes Pending操作

方式二：手动恢复或者在原理图中单击Undo按钮撤销。变成灰色的对象将自动进行同步更新,如图9-36(c)所示。

(4) Netlist Errors。

这种状态表示网络表连接存在问题,这些问题必须解决。单击错误按钮,弹出错误信息,按照错误信息进行修改,直到没有网络表错误,如图9-37所示。

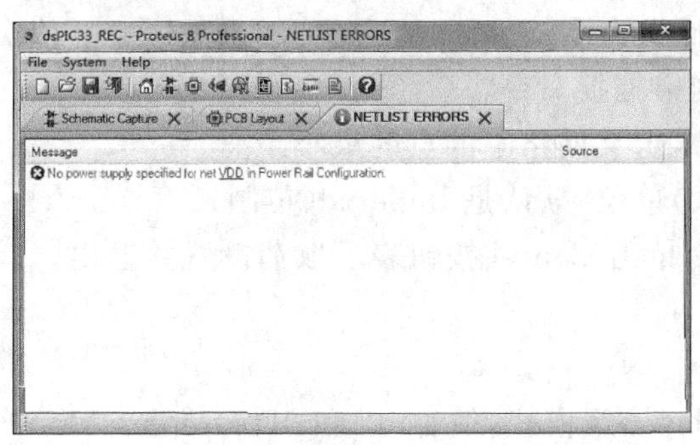

(a) VDD网络没有创建

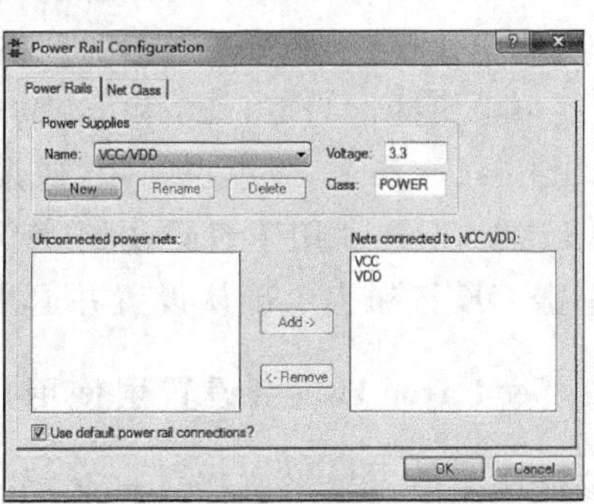

(b) 配置VDD网络

图9-37 网络表错误及修改

9.4.6 Technology菜单

Technology菜单主要包括Design Rule Manager(设计规则管理器)、Set Grid Snaps(捕捉网格设置)等,具体功能如图9-38所示。

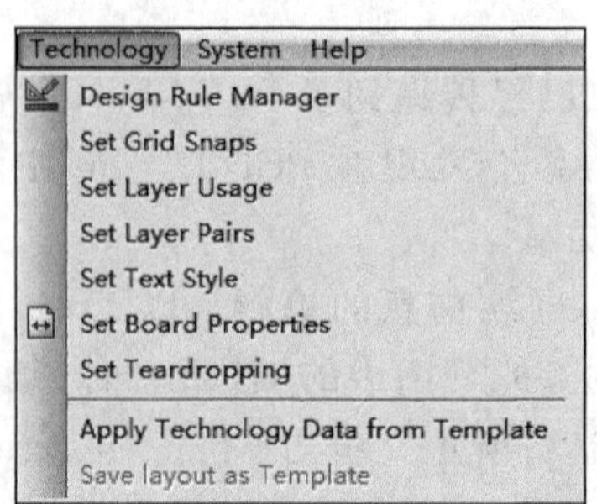

图 9-38 Technology 菜单

1. Set Grid Snaps(捕捉网格设置)

选择该命令,弹出网格捕捉设置对话框,如图 9-39 所示。该命令的设置将影响 View 菜单中的网格捕捉参数的变化。

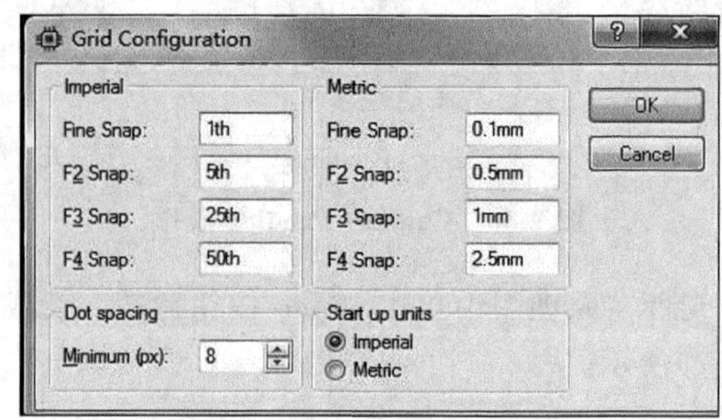

图 9-39 网格捕捉设置

Imperial/Metric: 英制或者公制捕捉率,主要包括: Fine Sanp(精确捕捉),相对于 View 菜单中快捷键为 Ctrl+F1 的网格捕捉命令;F2 Snap,F3 Snap 和 F4 Snap 依次对应 View 菜单中快捷键为 F2、F3 和 F4 的网格捕捉命令。

Minimum (px): 最小点间距(像素),定义网格上的点的最小距离。

Start up units: 用于设置初始(默认)单位,默认是 Imperial(英制)。

单击 OK 按钮表示确认设置并退出,单击 Cancel 按钮表示取消设置并退出。

2. Set Layer Usage(设置层使用)

该命令主要设置当选择 Track Mode(导线模式,简称 T)和 2D Graphic Mode(二维图形模式,简称 G)时,层选择器内哪些层有效,如图 9-40 所示,可以看出主要包括 Inner Copper 1 到 Inner Copper 14 和 Mech 1 到 Mech 4 层是否显示,勾选表示显示,不勾选表示不显示。Slot Layer(开槽层)在 None(没有)和 Mech 1 到 Mech 4 中选择,默认为 Mech 1。

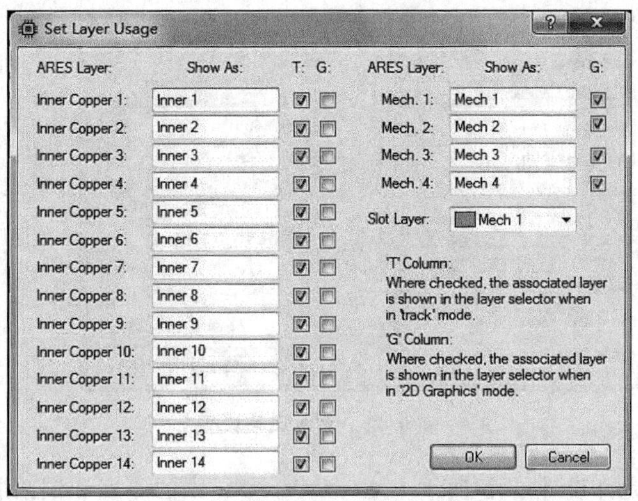

图 9-40　层选择器层显示设置

3. Set Layer Pairs(设置层对)

此命令主要用于层对设置,单击弹出层对设置对话框,如图 9-41 所示。从图中可以看出,系统默认有两层层对和三层层对,单击每层层对的下拉框可以选择不同的层对。当设置好层对后,在手动布线时按空格键可以在层对之间切换,实现快速的手动布线。

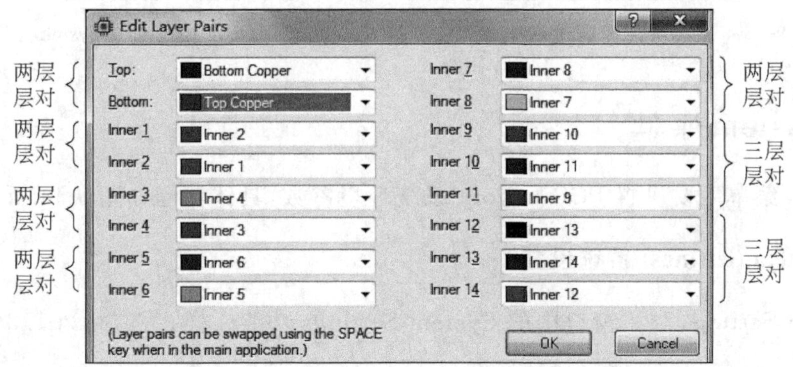

图 9-41　层对设置

4. Set Text Style(设置文本风格)

该命令主要设置元器件编号/参考号(Reference)、元件值(Value)和二维图形(Graphics)的参数,具体如图 9-42 所示。

5. Set Board Properties(设置 PCB 板属性)

该命令主要用于设置 ARES 工作区域(默认为蓝色区域)的大小,最大可达 10m×

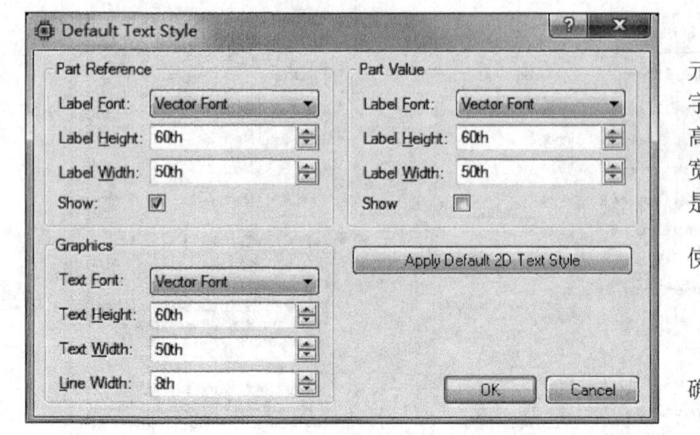

图 9-42 文本风格设置

10m。另外,它还允许设计一个 PCB 板在 3D Viewer 中的厚度和铜箔层的厚度。具体含义如图 9-43 所示。

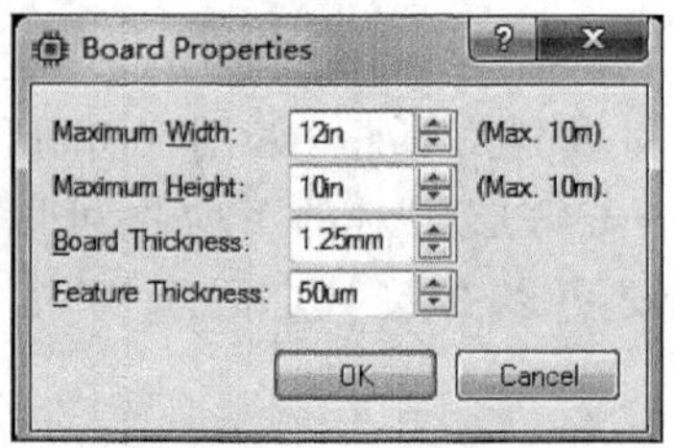

图 9-43 板卡属性设置对话框

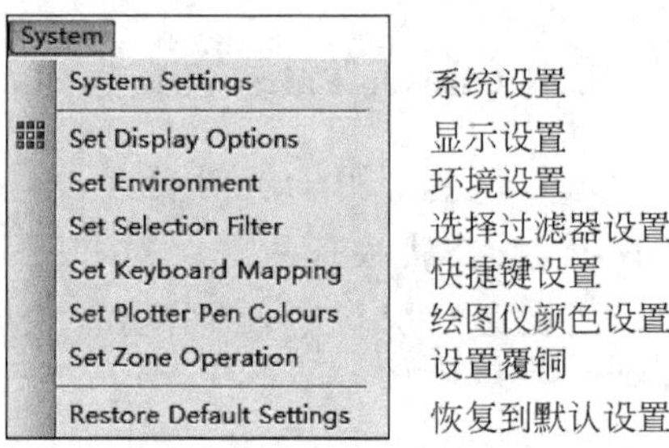

图 9-44 System 菜单

9.4.7 System 菜单

System 菜单主要设置 PCB Layout 系统环境参数,具体功能如图 9-44 所示。

1. System Settings(系统设置)

System Settings 与主窗口中的 System Settings 功能一样,请参阅 2.1.2 节。

2. Set Display Options(显示设置)

该命令主要用于设置显卡、层的不透明度、自动平移和高亮动画等参数,具体如图 9-45 所示。

1) Graphics Mode(显卡模式)

根据计算机的显卡配置,选择合适的显卡模式。此选项设置将影响其下面参数的选择以及执行菜单 View→Edit Colours /Visibility 命令后弹出的 Display Setting 对话框中的 Thru-View Setting 选项设置。

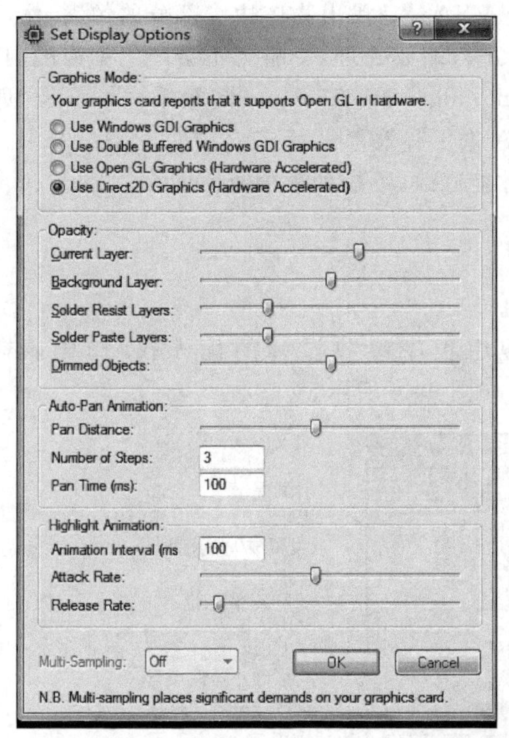

显卡设置
Windows GDI 图形
双缓冲Windows GDI 图形
Open GL 图形(硬件加速)
Direct 2D 图形(硬件加速)
不透明度设置
当前层
背景层
阻焊层
锡膏层
变暗的对象
自动平移动画
平移距离
平移步长(1~10)
平移时间(100~500)
高亮动画
动画时间间隔
捕捉率
释放率
多重采样抗锯齿

图 9-45 显示设置

2) Opacity(不透明度)

选择在 PCB 板上各层的不透明度,调整这些值会影响其突出显示。

3) Auto-Pan Animation

此选项提供鼠标平移时的平滑参数。

Pan Distance:设置平移的距离。

Number of Steps:平移步长,其值越大越平滑。

Pan Time:平移时间,它决定了平移的速度。

4) Highlight Animation

此选项参数决定鼠标放置在一个对象上面使其成为热点的动态参数。

Attack Rate:捕捉率,鼠标放置在对象上使其成为热点的速度。

Release Rate:鼠标移开后对象恢复正常状态的速度。

5) Multi-Sampling

抗锯齿(Anti-aliasing)也可以译为抗图像折叠失真,由于3D图像受分辨率的制约,物体边缘总会或多或少地呈现三角形的锯齿,而抗锯齿就是指对图像边缘进行柔化处理,使图像边缘看起来更平滑,更接近真实的物体。它是提高画质的一种方法。多重采样抗锯齿(Multi-Sampling Anti-Aliasing,MSAA)可以使画面更加平滑。多重采样抗锯齿的原理就是把当前分辨率成倍提高,然后再把画面缩小到当前的显示器上。这样的做法实际上就是在显示尺寸不变的情况下提高分辨率,让单个像素变得极小,这样就能够大幅减轻画面的锯齿感了。不过,由于是对整个显示画面进行放大,因此它消耗的显示资源也是非常大的。尽管如此,由于 MSAA 是找出物体边缘部分的像素,然后对它们进行缩放处理,即只对物体的外层像素进行缩放处理,忽略了不会产生锯齿的内部像素,所以显卡不会像处理 SSAA(Super-Sampling Anti-Aliasing,超级采样抗锯齿)那样需要庞大的计算量,因此 MSAA 比起 SSAA 来更有效[26]。

此选项只在 OpenGL Mode 下才能修改,下拉列表中有 OFF、2×、4×、6× 和 8×这几个选项。

3. Set Environment(环境设置)

该命令主要用于配置多个应用程序参数设计的优先权,选择该命令,弹出 Environment Configuration 对话框,如图 9-46 所示。

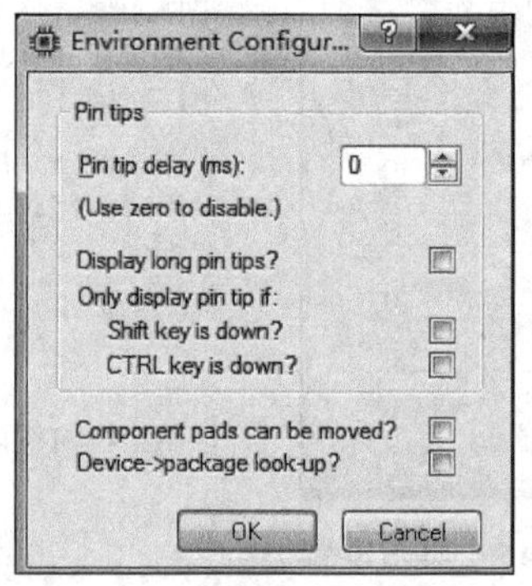

图 9-46 环境设置对话框

1) Pin Tips(引脚信息提示)

Pin Tip Delay(ms):引脚提示延时(ms),若为 0 表示信息不提示,即当鼠标放到元器件焊盘上时没有任何提示信息。当时间参数不为 0 时,下面的参数设置有效,如果任何参数都没有勾选,则处于正常显示状态,元器件焊盘以"元器件参考号:引脚号"格式显示,其详细信息显示在信息栏内。勾选 Display long pin tips 时,鼠标放到元器件焊盘上时,则显示长提示信息,如图 9-47 所示。

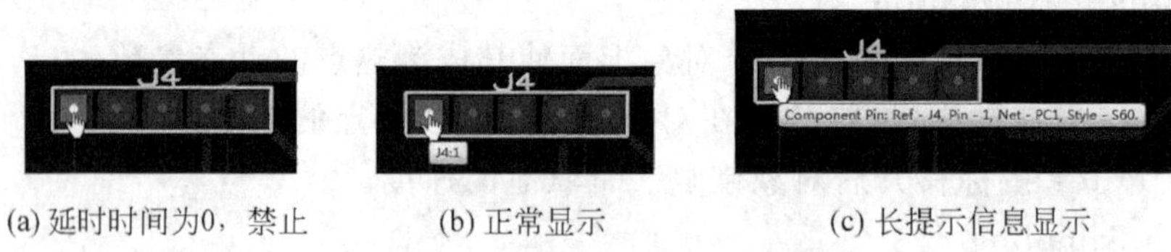

(a) 延时时间为0,禁止　(b) 正常显示　(c) 长提示信息显示

图 9-47 引脚信息禁止与显示

2) Device -> Package look up(元器件封装查找)

勾选该项时,从 Device. xlt 文件中查找元器件封装。

4. Set Plotter Pen Colours(绘图仪颜色设置)

选择此命令,弹出 Set Plotter Pens 对话框,可以设置笔式绘图机(pen plotter)绘制

PCB层的颜色以及配置 Labcenter 绘图仪，如图 9-48 所示。

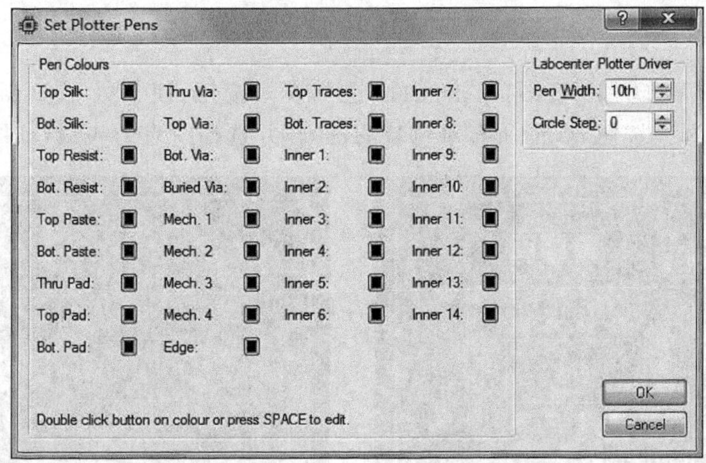

图 9-48 Set Plotter Pens 对话框

(1) Pen Colours：笔的颜色，单击颜色框或将鼠标放置在颜色框上按空格键，弹出颜色设置对话框，选择所需颜色即可。

(2) Labcenter Plotter Driver：配置 Labcenter 绘图仪驱动程序，主要包括以下选项：

Pen Width：指定在绘图仪中使用的笔尖宽度。

Circle Step：此值决定 Labcenter 绘图仪绘制时的平滑度。

5. Set Zone Operation（设置覆铜）

选择此命令，弹出 Zone Configuration 对话框，如图 9-49 所示。主要用于设定覆铜速度和刷新率，建议用户一般不要修改此值，除非 Proteus 的执行速度非常慢。

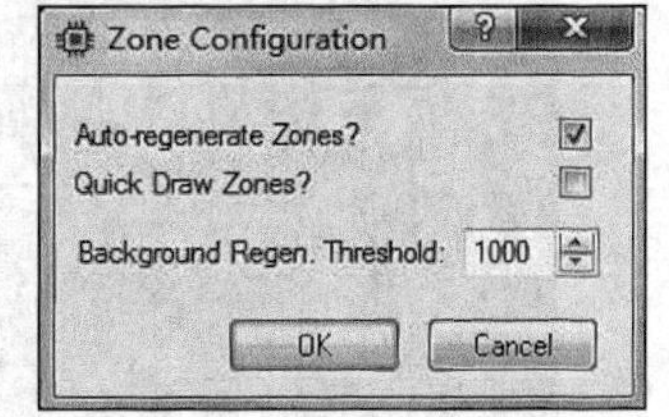

图 9-49 Zone Configuration 对话框

(1) Auto regenerate Zones：当该项使能时，允许根据 Background Regen. Threshold 规则手动控制覆铜区重新覆铜。

(2) Quick Draw Zones：快速绘制区域，当该项使能时，快速进行覆铜。

(3) Background Regen. Threshold：放置、移动和删除铜模导线、过孔以及一个或多个电源层（power planes）时，PCB Layout 检测电源层是否需要重新生成覆铜。

9.5 选择过滤器的使用实例

以实例 Ppsu 为例（配套电子资源实例 chap9 中的 Ppsu. pdsprj），打开此项目文件，切换到 PCB Layout，选中整个 PCB 图后，可以通过选择过滤器来对已选择的对象进行精选。

1. 选择飞线

在默认状态下选中 PCB 图，单击元件，选择模式按钮，使其处于 Disable 状态，打开飞线(Ratsnest)选择按钮，取消所有对封装的选择，并选择所有的飞线，如图 9-50 所示。

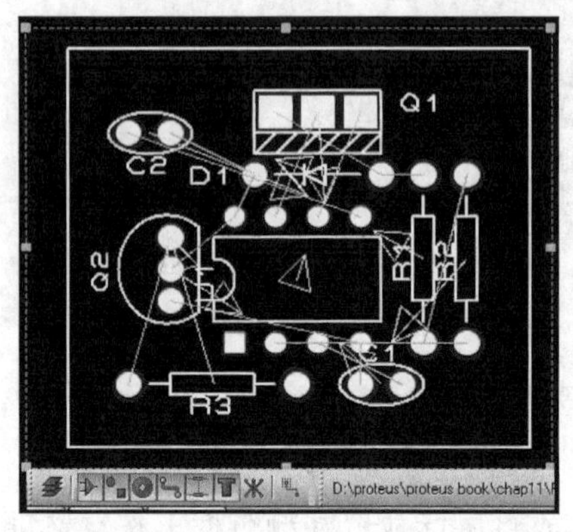

(a) 默认的选择过滤器

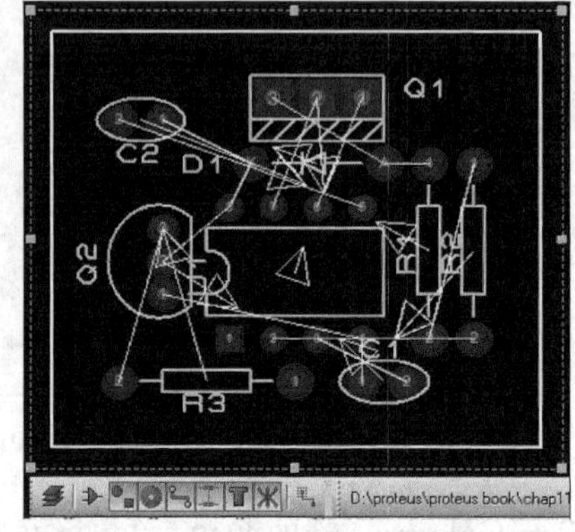

(b) 打开飞线选择和关闭元件选择按钮

图 9-50　选择飞线

2. 不同层选择

利用层过滤器，可以在所有层(默认状态)和只有当前层(测选择显示的层)之间进行切换，如图 9-51 所示。

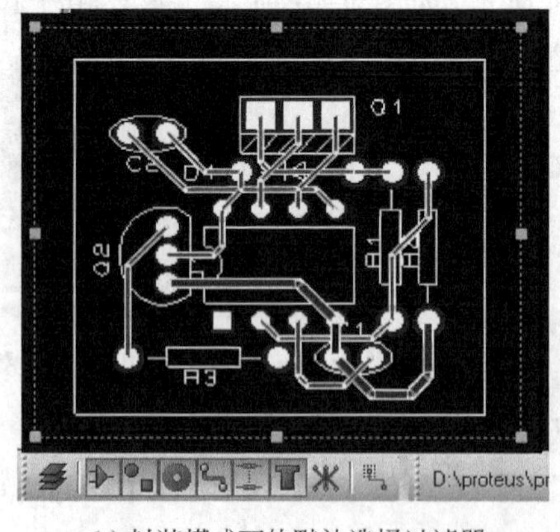

(a) 封装模式下的默认选择过滤器

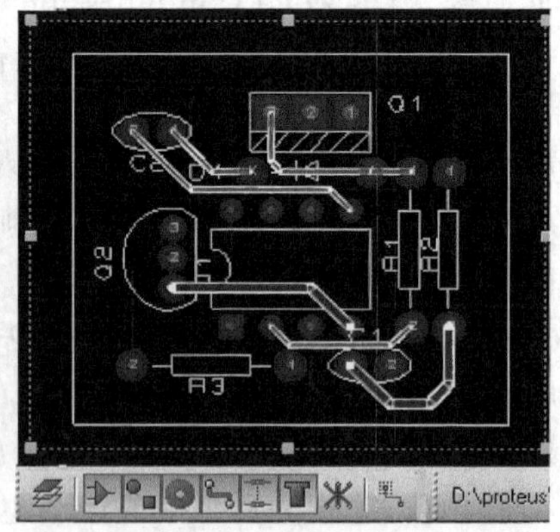

(b) 选择当前层(Top Copper)

图 9-51　当前层选择

3. 自定义选择过滤器组合

层选择与对象选择的组合是功能最强大的。选择过滤器根据所选择的模式(如布线模式、封装模式和焊盘模式等)有不同的默认值。设计者可以非常简单快捷地定制自己的选择过滤器组合，以符合需要。可以通过 System 菜单的设置选择过滤器(Set Selection Filter)命令定制默认的过滤器。但是，除非设计者对整个系统非常熟悉，否则不建议这么做，具体设置请参阅 9.3 节。

4. 使用拖曳手柄进行精选

可以通过改变选框的大小来对当前选中的对象进行精选。拖曳手柄是一些绿色的小方框，把鼠标放到这些手柄上，然后按住左键进行拖动以改变选择选框的大小，可以进行对象精选，如图 9-52 所示。

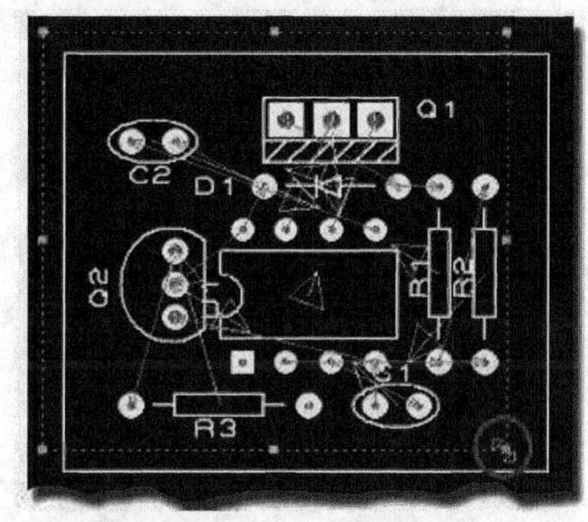

图 9-52 选择区域的改变

另外，布线的选择还有一个 Trace Selection Mode 选择过滤器。选择全包围模式(Fully enclosed)时，布线必须整个都被包围起来才能选中；而选择部分包围(Partially enclosed)模式时，布线只要有一部分被包围起来即可被选中，如图 9-53 所示。很显然，只有在布线选择过滤器选中时这个选项才起作用。当选择一个单独的对象时，通过单击使对象成为热点来进行选择。

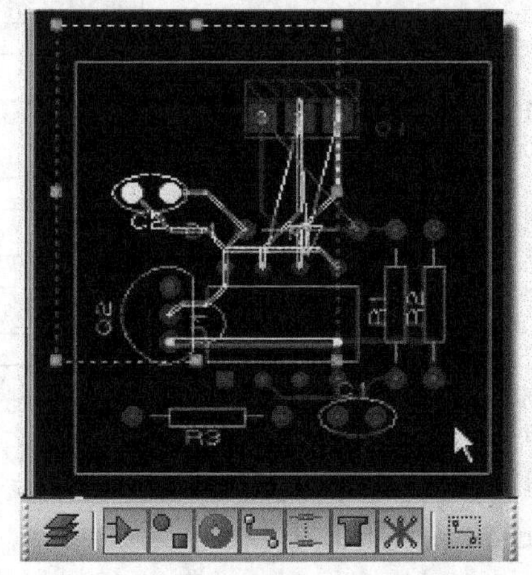

(a) 全包围模式

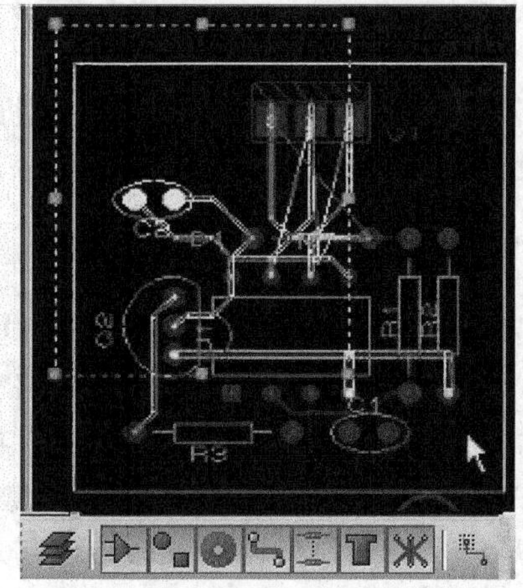

(b) 部分包围模式

图 9-53 Trace Selection Mode 选择过滤器

第 10 章 chapter 10

PCB Layout 结构设计

PCB 的一般设计流程为：前期准备→PCB 结构设计→PCB 布局→布线→布线优化和丝印→网络检查、DRC 检查和结构检查→制版。如图 10-1 所示。

1. 前期准备

这一阶段主要包括绘制正确电气连接的原理图并根据实际电路要求为元器件正确分配相应的封装。这是保证后续环节能够进行的非常关键的一步。

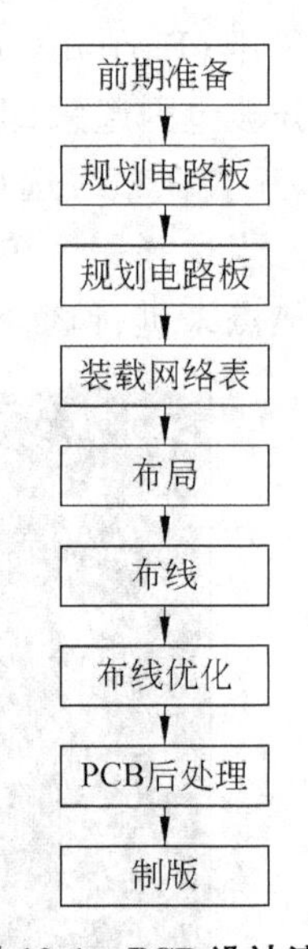

图 10-1　PCB 设计流程

2. PCB 结构设计

根据已经确定的电路板尺寸和各项机械定位，在 PCB 设计环境下设置环境参数，有可能还要制作封装。

3. PCB 布局

布局就是在电路板上放置元器件。这时如果前面的准备工作都做好了，就可以在原理图上生成网络表之后在 PCB 图上导入网络表，Proteus 8 提供了 Live Netlist 功能，生成网络表这一步可以省略(具体参见 9.4.5 节)。然后就可以对元器件进行布局，一般是将手动布局与自动布局结合起来，遵循以下几个基本规则。

(1) 按电气性能合理分区，一般分为数字电路区(既怕干扰，又产生干扰)、模拟电路区(怕干扰)和功率驱动区(干扰源)。

(2) 共同完成同一功能的电路应尽量靠近放置，并调整各元器件的位置，以保证连线最简洁。同时，调整各功能块间的相对位置，使功能块间的连线最简洁。

(3) 对于质量大的元器件应考虑安装位置和安装强度；发热元器件应与温度敏感元器件分开放置，必要时还应考虑热对流措施。

(4) I/O 驱动元器件尽量靠近印刷板的边并靠近引出接插件。

(5) 时钟产生器(如晶振或钟振)要尽量靠近用到该时钟的元器件。

(6) 在每个集成电路的电源输入脚和地之间需要加一个去耦电容(一般采用高频性能好的独石电容);电路板空间较密时,也可在几个集成电路周围加一个钽电容。

(7) 继电器线圈处要加放电二极管(1N4148 即可)。

(8) 布局要求要均衡,疏密有序,不能头重脚轻。

需要特别注意的是,放置元器件时,一定要考虑元器件的实际尺寸(所占面积和高度)以及元器件之间的相对位置,在保证电路板的电气性能和生产安装的可行性和便利性的同时,应该适当注意元器件的摆放整齐美观。例如,同样的元器件要摆放整齐、方向一致,不能摆得凌乱无序。这个步骤关系到电路板整体形象和下一步布线的难易程度,所以要花一点精力去考虑这个问题。布局时,对不太确定的地方可以先作初步布线,再逐步调整。

4. 布线

布线是整个 PCB 设计中最重要的工序,将直接影响 PCB 板的性能。在 PCB 的设计过程中,布线有 3 种境界:首先是布通,这是 PCB 设计最基本的要求;其次是满足电气性能,这是衡量一块印刷电路板是否合格的标准;最后就是布线要整齐划一,不能纵横交错、毫无章法,否则会给测试和维修带来极大的不便。但是最后一个要求要在保证电气性能和满足其他个别要求的前提下实现,否则就是舍本逐末了。

布线时主要按以下原则进行。

(1) 一般情况下,首先应对电源线和地线进行布线,以保证电路板的电气性能。在条件允许时,尽量加宽电源线和地线宽度,最好是地线比电源线宽,它们与信号线在宽度上的关系是:地线>电源线>信号线,通常信号线宽为 0.2~0.3mm,最小宽度可达 0.05~0.07mm,电源线一般为 1.2~2.5mm。对数字电路的 PCB 可用宽的地线组成一个回路,即构成一个地网来使用(模拟电路的地线则不能这样使用)。

(2) 预先对要求比较严格的线(如高频线)进行布线。输入端与输出端的边线应避免相邻平行,以防止产生反射干扰。必要时应加地线隔离。相邻两层的布线要互相垂直,平行容易产生寄生耦合。

(3) 振荡器外壳接地。时钟线要尽量短,且不能引得到处都是。时钟振荡电路下面以及特殊高速逻辑电路部分要加大地的面积,而不应该走其他信号线,以使周围电场趋近于零。

(4) 尽可能采用 45°的折线布线,不可使用 90°折线,以减小高频信号的辐射(要求高的线还要用双弧线)。

(5) 任何信号线都不要形成环路,如不可避免,环路应尽量小。信号线的过孔数要尽量少。

(6) 关键的线尽量短而粗,并在两边加上保护地。

(7) 通过扁平电缆传送敏感信号时,要用“地线-信号-地线”的方式引出。

(8) 关键信号应预留测试点,以方便生产和维修检测。

(9) 原理图布线完成后,应对布线进行优化。同时,经初步网络检查和DRC检查无误后,对未布线区域进行地线填充,用大面积铜层作地线,在印制板上把未被用上的地方都与地相连接作为地线用。或是做成多层板,电源线和地线各占用一层。

5. 布线优化和丝印

设计的一般经验是:优化布线的时间是初次布线的时间的两倍。在确认没有需要修改的地方之后就可以覆铜。一般情况下,覆铜对地线铺(注意模拟地和数字地的分离),多层板时还可能需要铺电源线。放置丝印时,要注意不能被元器件挡住或者被过孔和焊盘去掉。同时,设计时正视元件面,底层的字应做镜像处理,以免混淆层面。

6. 网络检查、DRC检查和结构检查

首先,在确定电路原理图设计无误的前提下,将所生成的PCB网络文件与原理图网络文件进行物理连接关系的网络检查,并根据输出文件结果及时对设计进行修正,以保证布线连接关系的正确性。网络检查正确通过后,对PCB设计进行DRC检查,并根据输出文件结果及时对设计进行修正,以保证PCB布线的电气性能。最后需进一步对PCB的机械安装结构进行检查和确认。

7. 制版

制版之前,最好还要有一个审核的过程。

PCB设计是一个耗费心思的工作,心思细密、经验丰富的人设计出来的电路板就好。所以设计时要极其细心,充分考虑各方面的因素(例如,便于维修和检查这一项就非常容易被忽视),精益求精,就一定能设计出一个好的PCB板。

10.1 封装库及库管理

Proteus 8系统提供了两个符号库用于封装管理,即系统符号库SYSTEM.LIB和用户符号库USERSYM.LIB。系统库中还提供了PACKAGE.LIB、CONNECTORS.LIB、SMTCHIP.LIB、SMTDISC.LIB、SMTBGA.LIB和USERPKG.LIB共6个封装库。

系统盘符下的ProgramData/Labcenter Electronics/Library文件夹中与库文件有关的文件类型主要有以下几种。

Library Files(.LIB)

Index Files(.IDX)

3D Model Files(.VML或.3DS)

Master Style File(.STY)

Configuration Files(.INI)。

10.1.1 封装库

启动封装主要有以下 4 种方式。

(1) 在 Schematic Capture 窗口中,打开元器件的属性对话框,单击 PCB Package: DIL28 中的问号按钮。

(2) 在 PCB Layout 窗口中选择 Library→Pick Parts from Library 命令(快捷键为 P)。

(3) 在 PCB Layout 窗口中,单击模式选择工具栏中的按钮,在对象选择器中单击 P 按钮。

(4) 在 PCB Layout 编辑区右击,在快捷菜单中选择 Place→Package→From Library 命令。

以上 4 种方式都可以打开元器件封装库,如图 10-2 所示。

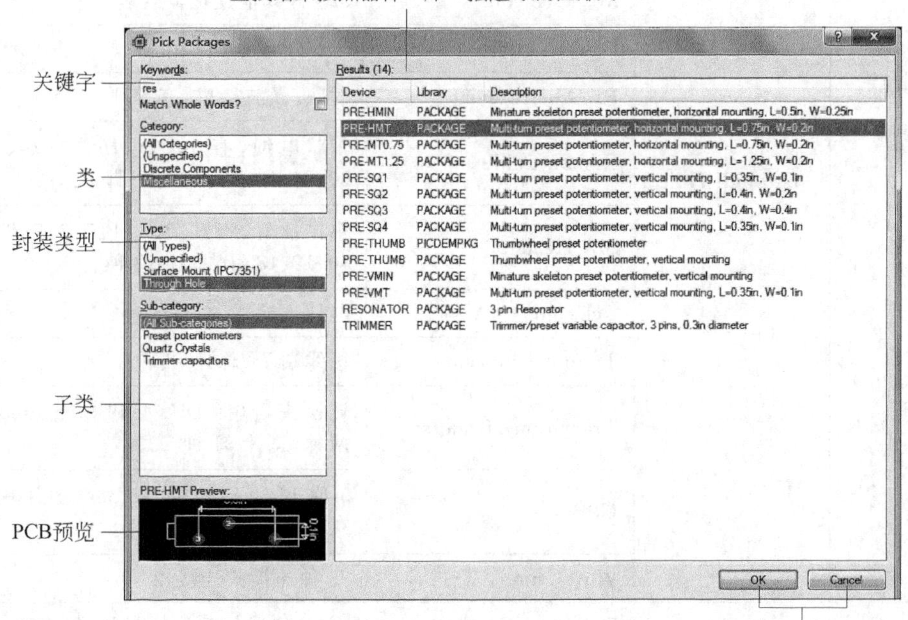

图 10-2 元器件封装库

封装库的基本操作方式类似于元器件库操作,具体参阅 5.1 节。下面总结封装库的主要类和子类,封装类主要有以下 3 大类。

Surface Mount：普通 SMT。

Surface Mount IPC7351：IPC7351 标准 SMT。

Through Hole：直插式封装。

封装类和子类如表 10-1 所示。

表 10-1 封装类

类	类　型	子　类	说　明
Connectors（连接器封装）	Surface Mount	Miscellaneous	514 种其他连接器封装
		Stack	16 种堆叠式连接器
		USB	2 种 Universal Serial Bus（通用串行总线）连接器
		Wire Crimp	11 种压接式连接器
	Through Hole	Audio	6 种音频接口端子
		D-Type	包含 9、15、25、37 针的 female/male，总计 16 种
		DIL Header	双排插针，有 8、10、14、16、20、26、30、34、40、50、60 针，总计 11 种
		Miscellaneous	523 种其他连接器封装
		Power Crimp	电源压接连接器
		RF/Microwave	射频/微波接口，有 5 种
		Ribbon Cable	带状电缆，有 10、14、16、20、24、26、30、34、40、50、64 个引脚，总计 24 种
		SIL Header	单排插针，有 1、2、3、4、5、6、7、8、9、10、12、18 针，总计 12 种
		Telecoms	电信连接器，总计 8 种
		Terminal Blocks	接线端子，总计 11 种
		Transition Headers	转换头，包括 DIL 型和 Staggered 型两种，总计 31 种
		USB	5 种 Universal Serial Bus（通用串行总线连接器）
		Wire Crimp	39 种压接式连接器
Discrete Components（分立元器件封装）	Surface Mount	Bridge	DF-S 格式的整流桥封装，仅 1 种
		Diodes	二极管贴片式封装，总计 72 种
		Electrolytics	电解电容贴片式封装，总计 17 种
		General	通用贴片式封装，总计 43 种
		Inductors	电感贴片式封装
		Rectifiers	DIRECTFET 格式的整流桥封装，总计 11 种
		Small Outline Transistor	SOT 型晶体管封装，总计 6 种
		Switches	四引脚按钮封装，仅 1 种

续表

类	类　型	子　类	说　明
Discrete Components (分立元器件封装)	Surface Mount	Tantalum Capacitor	钽电容封装,总计 10 种
		Transistor	晶体管封装,总计 50 种
		Trimmers	微调封装,总计 8 种
		Varistors	2 引脚的可变电阻封装,总计 2 种
	Surface Mount (IPC7351)	Capacitors	电容封装,总计 17 种
		Crystals	晶体振荡器封装,总计 10 种
		Diodes	二极管封装,总计 34 种
		Electrolytics	铝电解电容封装,总计 30 种
		Fuses	保险丝封装,仅 1 种
		Inductors	电感封装,总计 20 种
		Light Emitting Diodes	发光二极管封装,总计 8 种
		Non-Polarized Capacitors	普通电容封装,总计 132 种
		Oscillators	振荡器的封装,总计 42 种
		Polarized Capacitors	电解电容封装,总计 26 种
		Resistors	贴片式电阻封装,总计 51 种
		Small Outline Transistor	SOT 型晶体管封装,总计 6 种
		Transistors	有散热器的电子元器件封装,总计 37 种
	Through Hole	Axial Capacitors	轴向普通电容封装,总计 12 种
		Axial Electrolytics	轴向电解电容封装,总计 10 种
		Bridge Rectifiers	桥式整流器封装,总计 9 种
		Diodes	二极管封装,总计 30 种
		Radial Capacitors	径向普通电容封装,总计 20 种
		Radial Electrolytics	径向电解电容封装,总计 20 种
		Resistor Packs	排电阻封装,总计 2 种
		Resistor	常用电阻封装,总计 6 种
		Transistors	三极管封装,总计 44 种
		Varistors	可变电阻封装,总计 5 种

续表

类	类　型	子　类	说　明
Integrated Circuits (集成电路封装)	Surface Mount	Ceramic Flat Packs	陶瓷扁平封装,即 CFP 封装,总计 329 种
		Ceramic Leadless Chip Carriers	陶瓷无引线芯片载体封装,即 CLCC 封装,总计 4 种
		Ceramic Quad Flat Packs	具有保护环的四侧引脚扁平封装,即 CQFP 封装,总计 15 种
		Dual Inline Packages	双列贴片式封装,即 DIP 贴片式封装,总计 13 种
		Leadless Chip Carriers	无引线片式载体封装,即 LCC 封装,总计 11 种
		Mini Small Outline Packages	迷你型小外形封装,即 Mini-SOP 封装,仅 1 种
		Miscellaneous	其他类封装,总计 2 种
		Plastic Leaded Chip Carriers	塑料芯片载体封装,即 PLCC 封装,总计 13 种
		Plastic Quad Flat Packs	塑料四边引线封装,即 PQFP 封装,总计 13 种
		Quad Flat Packs	四方扁平封装,即 QFP 封装,总计 11 种
		Shrink Quad Flat Packs	缩小方形扁平封装,即 SQFP 封装,总计 128 种
		Small Outline J-Lead Packages	J 形引脚小外形封装,即 SOJ 封装,总计 32 种
		Small Outline Packages	小外形封装,即 SOP 封装,总计 46 种
		Thin Quad Flat Packs	纤薄四方扁平封装,即 TQFP 封装,总计 4 种
		Thin Small Outline Packages	薄型小尺寸封装,即 TSOP 封装,总计 25 种
	Surface Mount (IPC7351)	1.5mm Pitch BGAs	1.5mm 间距 BGA 封装,总计 3 种
		2.5mm Pitch BGAs	2.5mm 间距 BGA 封装,总计 3 种
		50th Pitch BGAs	50th 间距 BGA 封装,总计 957 种
		50th Pitch LGAs	50th 间距 LGA 封装,总计 18 种
		Ceramic Flat Packs	陶瓷扁平封装,总计 17 种

续表

类	类　型	子　类	说　明
Integrated Circuits (集成电路封装)	Surface Mount (IPC7351)	Ceramic Quad Flat Packs	保护环的四侧引脚扁平封装，即 CQFP 封装，总计 11 种
		Leadless Chip Carriers	无引线片式载体封装，即 LCC 封装，总计 13 种
		Plastic Leaded Chip Carriers	塑料有引线芯片载体封装，即 PLCC 封装，总计 21 种
		Quad Flat Non-Leaded Packages	方形扁平无引脚封装，即 QFN 封装，总计 44 种
		Quad Flat Packs	四侧引脚扁平封装，即 QFP 封装，总计 299 种
		Small Outline IC Packages	小外形集成电路封装，即 SOIC 封装，总计 123 种
		Small Outline J-Lead Packages	J 形引脚小外型封装，即 SOJ 封装，总计 21 种
		Small Outline Non-Lead Packages	小外形无引线封装，即 SONP 封装，总计 80 种
		Small Outline Packages	小外形封装，即 SOP 贴片式封装，总计 274 种
	Through Hole	APEX Module	APEX 系列产品封装，总计 4 种
		Dual In Line	DIL 封装，总计 2 种
		LCC Sockets	LCC 封装带插槽，总计 13 种
		Miscellaneous	其他封装，总计 8 种
		Multiwatt	Multiwatt 封装，总计 3 种
		Pin Grid Array	栅格阵列封装，即 PGA 封装，总计 2 种
Miscellaneous (其他封装)	Surface Mount	Quartz Crystal	石英晶体封装，仅 1 种
	Through Hole	14 Segment Displays	14 段数码管显示封装，仅 1 种
		7 Segment Displays	7 段数码管显示封装，总计 4 种
		Dot Matrix Displays	点阵显示封装，仅 1 种
		LEDs	发光二极封装，总计 8 种
		Other	其他封装，总计 4 种
		Present Potentionmeters	可预置的电位器封装，总计 12 种
		Quartz Crystal	石英晶体封装，总计 5 种

续表

类	类　型	子　类	说　明
Miscellaneous(其他封装)	Through Hole	Relays	继电器封装,总计42种
		Switches	开关封装,总计7种
		Trimmer Capacitors	可调电容封装,仅1种
		Wire Links	线连接封装,总计3种

目前,传统的直插式安装技术已经被表面贴装技术取代,因为表贴面封装器件的焊接很适合自动装配。表贴面封装可以使产品更加合理、体积更小和可靠性更强。另外,表贴面安装技术可以使电路板面积更小,降低成本,增加封装密度,在电子产品小型化的今天更能满足市场的需求。SMT引脚类型常有翼形引脚、J形引脚、L形引脚、平直引脚、球状引脚和镀金属终端等。翼形引脚向下向外弯曲。J形引脚向下向外弯曲成字母"J"形。L形引脚向内弯曲成字母"L"形。I形引脚是通过切断直插式元器件引脚改成的SMT引脚。不同SMT的引脚形状如图10-3所示。

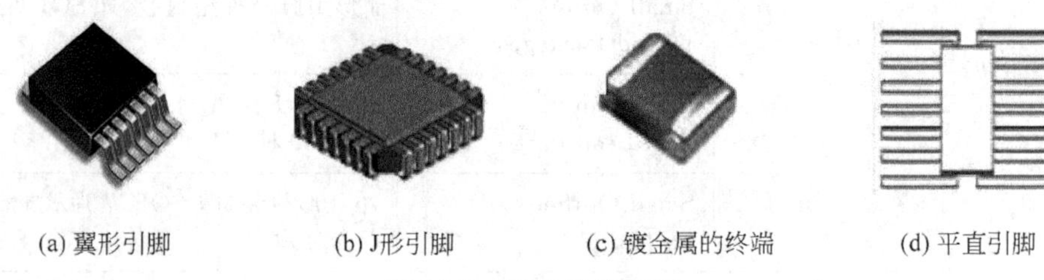

(a) 翼形引脚　(b) J形引脚　(c) 镀金属的终端　(d) 平直引脚

图10-3　SMT引脚形状

10.1.2　封装库的管理

在PCB Layout中,单击模式选择工具栏中的按钮,在对象选择器中单击按钮,打开Package Libraries窗口,其操作与Schematic Capture中的元器件库管理相似,请参阅3.2节。

10.1.3　符号库及符号库的管理

选择二维模式中的Line、Box、Circle、Arc、Path、Text和Symbols等图形模式,单击对象选择器按钮,可以打开符号库,与Schematic Capture中的符号库一样,请参阅4.6节。单击按钮可以对符号库进行管理。

10.1.4　库清理

Tidy命令有多种功能,其中之一是删除所有在对象选择器中列出但在PCB Layout中没有用到的封装和符号。这样可以节省内存,还方便了封装类型的快速查找和选择。选择Edit→Tidy PCB Layout命令,或者在对象选择器中右击,在弹出的快捷菜单中选择Tidy命令,都可以启动Tidy命令。

10.2 PCB Layout对象放置、编辑和新建

PCB Layout窗口中主要包含5种基本对象，即Components(元器件)、Packages(封装)、Pads(焊盘)、Graphics(二维图形)和Zones(覆铜)。这些元器件的放置基本相同，但又有细微不同之处，下面先讲解元器件、封装、焊盘和二维图形的放置与属性编辑，覆铜的放置与属性编辑请参阅11.3节。

10.2.1 放置元器件、编辑元器件和新建元器件

1. 放置元器件

在PCB Layout中，元器件和封装是有区别的。元器件是Netlist的重要组成部分，在网络表中，99%的电气关系通过元器件来描述，而封装没有连接到网络表中。元器件可以放置在Component Side(元件面)或者Solder Side(焊接面)，默认为元件面。放置元器件的具体步骤如图10-4所示。

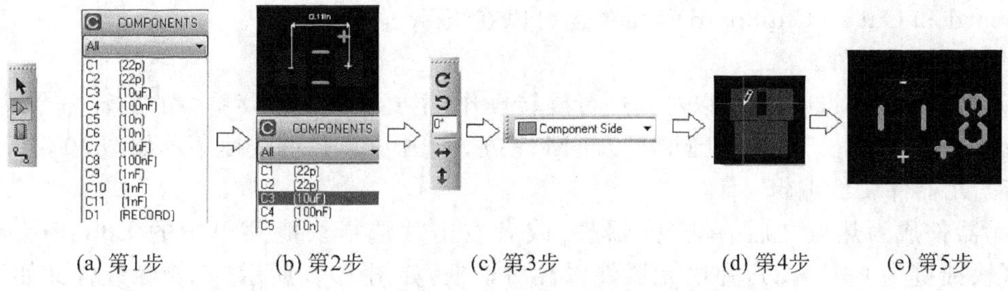

(a) 第1步 (b) 第2步 (c) 第3步 (d) 第4步 (e) 第5步

图10-4 放置元器件

(1) 选择模式 Compont Mode，对象选择器里列出了所有没有放置的元器件，也就是说，如果元器件被放到了PCB编辑区，该元器件就会在列表中消失，因此可以通过此步来观察元器件是否都被放置完。

(2) 在对象选择器里选择所需的元器件，并进行旋转操作。

(3) 选择合适的层。

(4) 在PCB Layout编辑区单击，元器件绿色框会随着鼠标的移动而移动。此时可以通过数字键盘上的“+”、“—”键对元器件进行逆时针、顺时针旋转。

(5) 在期望的位置单击完成放置。

如果一个元器件被放置在Solder Side(焊接面)，则它实际上是处于“翻转”的状态。这意味着，它出现在二维空间中，它的焊盘层是翻转到了元件面，具体如下所示。

(1) 丝印层的图表符号从顶层丝印层移到了底层丝印层。

(2) 如果焊盘只在顶层。则从顶层移动到底层，反之亦然，这符合在底层放置表面贴装元器件的原则。

2. 编辑元器件

对放置好的元器件,可以进行移动、删除、复制、旋转和属性修改等操作。

1) 移动元器件

将鼠标放到被移动的元器件上,使其成为热点(鼠标由✎变成☝),单击鼠标变成✥,按住左键不放,拖动到所需位置释放左键,完成元器件的移动。或者使其成为热点后右击,在弹出的快捷菜单中选择 Drage Object 命令,也可以进行拖动;选择 Move To 命令,输入坐标值,可以实现精确移位;也可以使用工具栏上的▣按钮进行块移动。

2) 删除元器件

元器件成为热点之后,按 Delete 键或者单击工具栏上的▣按钮,或者右击,在弹出的快捷菜单中选择 Delete Object 命令,都可以删除热点对象。也可以通过快捷菜单中的 Cut to Clipboard 命令将其剪切到剪贴板中。

3) 复制元器件

元器件成为热点之后,可以通过▣按钮实现复制,也可以右击元器件,在弹出的快捷菜单中选择 Copy to Clipboard 命令进行复制,然后在新的位置再一次右击,在弹出的快捷菜单中选择 Paste From Clipboard 命令实现粘贴。Copy to Clipboard、Paste from Clipboard 和 Cut to Clipboard 等命令也可以在 Edit 菜单下完成。

4) 旋转元器件

元器件成为热点后,就可以对其进行旋转操作,主要利用快键菜单中的旋转命令或者数字键盘中的"+"、"−"键或快捷键 Ctrl+M 完成。选中元器件的快捷菜单如图 10-5 所示。

5) 元器件属性编辑

元器件成为热点之后,单击元器件,或者右击并选择快捷菜单中的 Edit Properties 命令(快捷键为 Ctrl+E),弹出元器件属性对话框,如图 10-6 所示,主要参数含义如下。

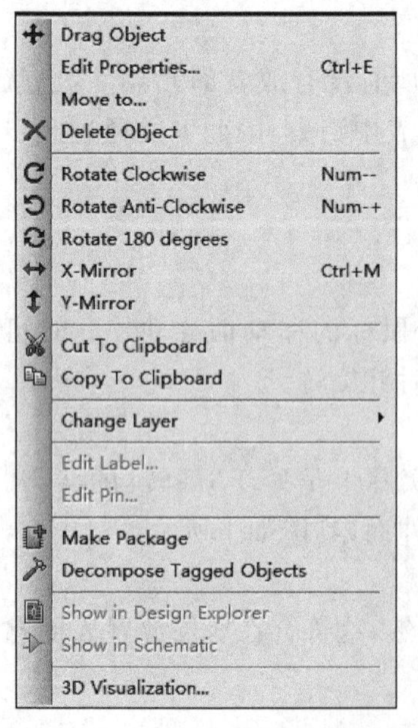

图 10-5 选中元器件快捷菜单

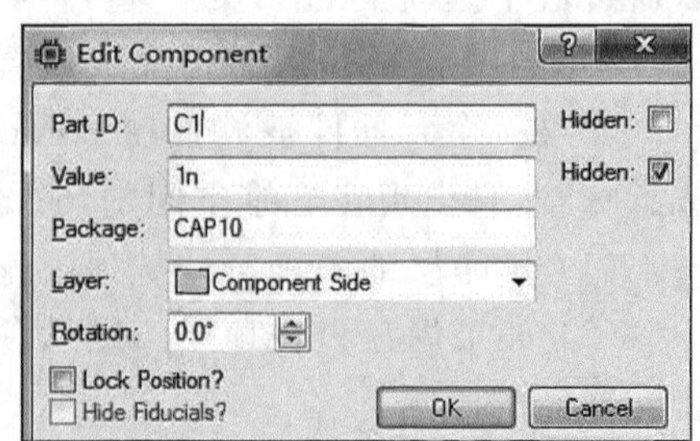

图 10-6 元器件属性对话框

Part ID：元器件 ID 编号。

Value：元器件值。

Package：封装。

Layer：元器件所在的层，下拉列表中有 Solder Side 和 Component Side 两个选项。

Rotation：旋转角度。

Lock Position：勾选该项，表示锁定元器件，锁定后的元器件不可以进行删除、移动、旋转等操作。

Hide Fiducials：隐藏基准标识，该功能只适用于已经定义了基准标标识的表贴面的焊盘，当勾选该项时，则隐藏基准标识。对元器件层的修改可以使用快捷菜单中的 Change Layer 命令快速实现。

3. 新建元器件

在图 10-4(a)中单击对象选择器中的 C 按钮，弹出新建元器件对话框，如图 10-7(a)所示。在 Name 栏内输入元器件的名称，Name 参数不能为空且与已有元器件不能重名，否则提示 Component'元器件名'already exists!，如图 10-7(b)所示。在 Value 栏内输入元器件的值。在 Package 栏内输入元器件的封装，Package 参数不能为空且封装必须正确，单击 OK 按钮完成创建元器件操作。创建元器件时，封装参数必须是库中存在的封装，否则提示封装找不到，如图 10-7(c)所示。完成元器件的创建后，就可以放置元器件，放置时会弹出重新分配封装提示框，如图 10-7(d)所示，单击 Yes 按钮弹出封装库，选择封装后完成元器件的放置。单击 No 按钮表示放弃放置。

(a) 新建元器件　(b) Name 属性重复

(c) Package不存在　(d) 封装分配确认

图 10-7　新建元器件操作

10.2.2　放置封装、编辑封装属性和新建封装

正如上面讨论的，封装没有被连接到网络表中。在 PCB Layout 中，这是非常有用

的。例如,设计PCB时没有网络表,或者做的是一个简单的PCB,此时可以直接放置封装。又如,进行PCB设计时,需要放置带有焊盘和图形的对象,但实际上并不存在电气关系,如散热器安装孔、PCB板安装孔等,这些都可以通过放置封装来完成。

封装的放置过程如图10-8所示。

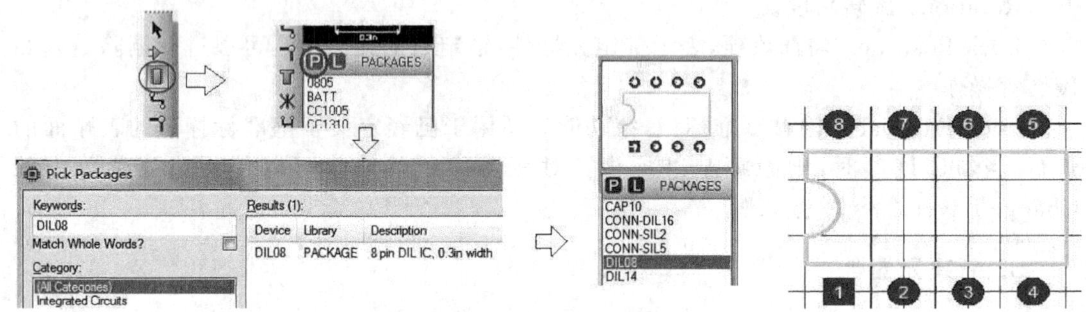

图10-8　放置封装

封装属性的设置与元器件的属性设置一样,此处不再论述。

封装的新建方法参考10.4节。

10.2.3　放置焊盘、编辑焊盘属性和新建焊盘

PCB Layout提供了Circle(圆形)、Square(方形)、DIL(椭圆形)、Edge Connector(D型)、Circular SMT、Rectangle SMT、SMT Polygonal和Pad Stack 8种类型的焊盘。

1. 放置焊盘

放置焊盘与放置元器件和封装的操作类似。首先根据需要选择合适的模式工具栏;然后在对象选择器中选择焊盘,并选择焊盘所在的PCB层,焊盘能放置的层主要有铜箔层(Top Copper、Bottom Copper)、Drill Hole(钻孔)和All(所有层);最后将鼠标移至PCB Layout窗口单击后,焊盘的绿色框随着鼠标的移动而移动,在需要放置的地方单击实现焊盘的放置。

2. 编辑焊盘属性

图10-9　焊盘属性对话框

打开焊盘属性对话框,如图10-9所示,其主要参数如下。

Layers:单击下拉按钮选择焊盘所在的层,根据焊盘的类型不同,其参数也不一样,主要包括Top Layer、Bottom Layer、All(所有层)和Drill Hole(钻孔)4种类型。

Style:选择焊盘的类型,在下拉框中选择焊盘的类型,其描述的是焊盘的大小,格式为“长×宽”或“焊

盘直径-孔径"等，例如，12×70 表示长为 12th，宽为 70th，C-100-50 表示焊盘直径为 100th，孔径为 50th，其中字母 C 代表焊盘为圆形，S 为长方形等。

Relief：焊盘散热类型，主要定义焊盘与覆铜之间的连接方式。有 Default(默认)、None(没有)、Solid(实)、Thermal 和 Thermal X 共 5 种。

Drill Hole：定义钻孔是否进行镀锡。Plated 表示镀锡，Unplated 表示不镀锡。

Net：网络，可以定义焊盘与哪个网络连接，单击下拉按钮选择网络。

Zone Clearance：定义覆铜与焊盘之间的间距。

Teardrop：定义焊盘与泪滴之间的参数，主要有 Follow Global(系统默认泪滴参数)、Disable(禁止)和 Enable(局部进行)3 种参数，具体功能参阅 11.4 节。

Number：引脚号。

Lock Position：是否锁定。

3. 新建焊盘

在焊盘模式下，单击对象选择器中的 C 按钮，或者在对象选择器中右击，在弹出的快捷菜单中选择 Create 命令，也可以选择 Library→New Pad Style 命令，都可以启动新建焊盘功能，如图 10-10(a)所示。在 Name 文本框中输入新建焊盘的名称，在 Normal(直插式)或 SMT(贴片式)中选择焊盘类型(Circular 为圆形，Square 为方形，DIL 为椭圆形，Edge 为金手指，Polygonal 为多边形)。单击 OK 按钮，弹出焊盘具体参数设置对话框，不同类型的焊盘，该对话框是不一样的，这里以选择 Normal→Circular 为例，如图 10-10(b)所示。其主要参数性能如下。

(a) 焊盘名称及类型选择

(b) 圆形焊盘参数设置

(c) 方形焊盘参数设置

(d) 椭圆焊盘

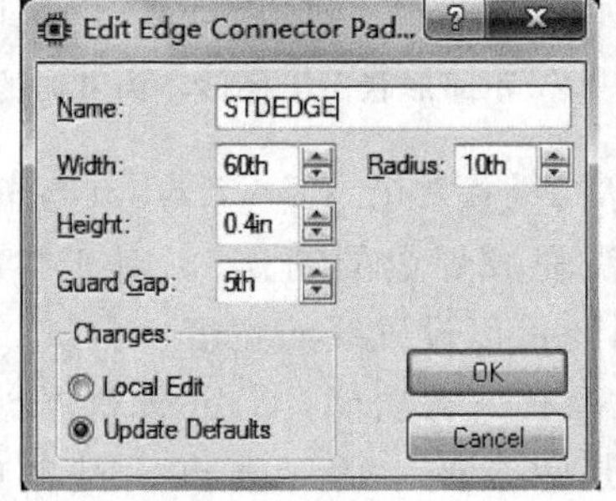

(e) 连接器

(f) 矩形SMT

图 10-10 新建焊盘

Diameter：焊盘直径。

Square：方形焊盘的边长。

Drill Mark：钻头标记，在 Drill 模式下，定义焊盘在打印机或绘制输出时的钻头直径，通常小于 Drill Hole 参数，其目的是为了确定钻头的位置。

Drill Hole：钻孔直径，指定在 CADCAM 输出命令时要选择的钻孔工具的直径。

Guard Gap：安全间距，主要定义阻焊层的半径。阻焊层由系统自动生成，如果该值小于 0(比如－1)，那么将不会出现阻焊层。还可以通过其右侧下拉列表中的 Present 和 Not Present 两个参数设置此焊盘类型作为焊盘栈层中的焊盘(参见 10.2.5 节，焊盘栈对应层的焊盘类型选择)时，其是否具有阻焊层，当选择 No Present 时，表示不出现。安全间距如图 10-11 所示。

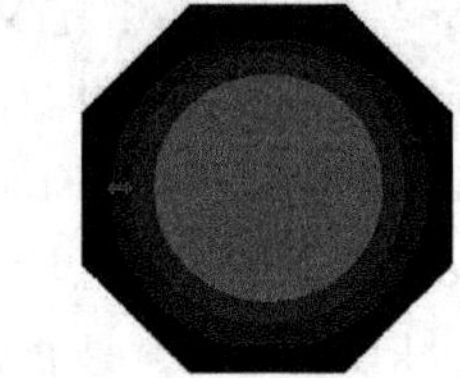

图 10-11　安全间距示意图

Changes：参数改变的范围，Local Edit 为局部编辑；Update Defaults 为更新到 DEFAULT.STY 焊盘库中。

Width 指定焊盘的宽度，Height 指定焊盘的高度。Radius 指定半径，当此参数不为零时，其形状变成圆弧形，如图 10-12 所示(以图 10-10(d)设置的椭圆形焊盘为例)。

参数设置完成后，单击 OK 按钮完成焊盘的新建。当然，也可以创建自己所要的其他风格的焊盘。下面以创建图 10-13(a)所示的焊盘为例说明。

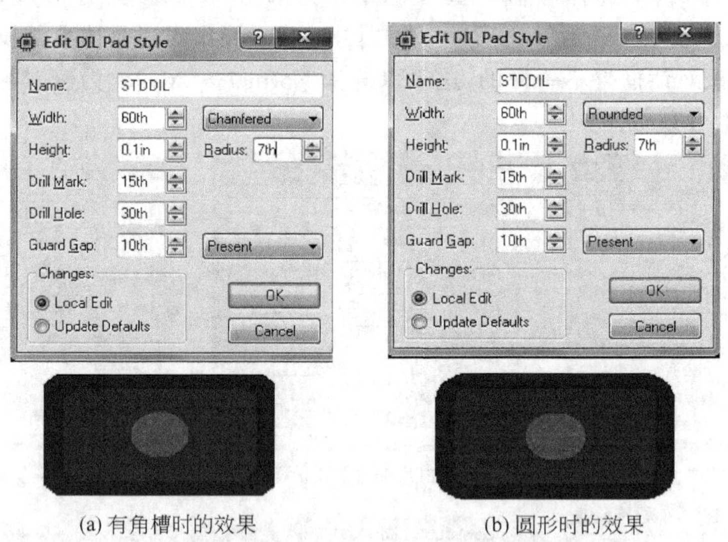

(a) 有角槽时的效果　　(b) 圆形时的效果

图 10-12　不同形状下半径值不为 0 时的效果

(1) 用 Line、Arc、Path 等二维模型在 PCB Layout 编辑区绘制图中的封闭曲线(注意，必须是封闭曲线，否则无法完成焊盘的制作)。对于封闭曲线所在层没有特殊的定义，一般默认为 Silk 层。此时还可以设置线的宽度。

(2) 放置 Origin 标记，主要有 3 大功能：①定义新焊盘的原点位置；②原点也是与铜模导线的连接点；③它还是焊盘栈中的对准点。因此 Origin 必须放置在封闭的曲线内。

(3) 按住左键拖动选中焊盘的二维图形和 Origin,选择 Library→New Pad Style 命令,弹出新建焊盘对话框,具体设置如图 10-10 所示。自定义焊盘的创建操作过程如图 10-13 所示。

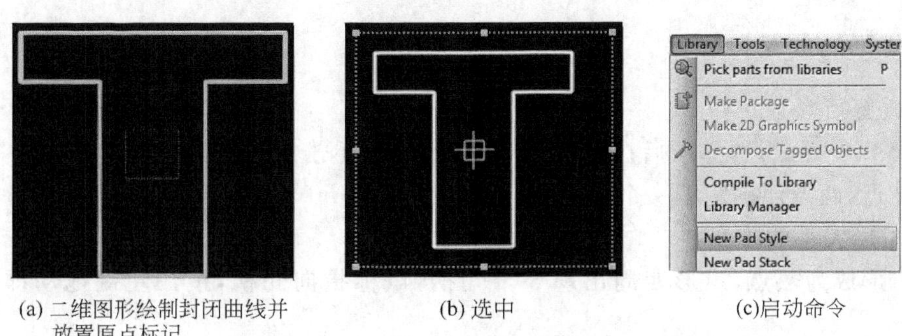

(a) 二维图形绘制封闭曲线并放置原点标记　(b) 选中　(c)启动命令

图 10-13　自定义焊盘类型

10.2.4　二维图形的放置与属性编辑

PCB Layout 提供了 Line(直线)、Box(矩形)、Circle(圆)、Arc(弧)、Path(闭合路径)、Text(文本)、Symbol(符号)、Marker(标记符号)和 Dimension Graphic Object(测距离)共 9 种二维图形。二维图形可以放置在丝印层、机械层、阻焊层、铜箔层、锡膏层、边框层、占有层和禁止布线层,常用于丝印层、边框层和禁止布线层中,系统默认在 Top Silk 层。

(1) 二维图形在丝印层中主要用于说明,如元器件的框图、文字等信息。

(2) 禁止布线层放置二维图形是为了在该二维图形区域内禁止布线。

(3) 边界层主要为了说明 PCB 的物理尺寸,即在什么区域内进行布线。

二维图形的编辑与元器件、封装和焊盘类似,此处不再展开论述,参阅 10.2.1 节。

1. 直线的放置与编辑

1) 放置直线

选择 Line Mode 模式,选择层后在 PCB Layout 编辑区单击放置直线起点,再次单击确定终点,两点便确定了一条直线。

2) 直线属性修改

打开直线属性对话框,如图 10-14 所示。取消勾选 Follow Global 选项,其 Width(线宽)参数就可以修改。下面两个按钮表示属性修改后应用的范围。

图 10-14　线图形属性对话框

This Graphic Only：表示仅对该直线进行修改。

All Tagged Graphics：对当前选中的图形有效。

单击 Cancel 按钮放弃修改。

2. 矩形的放置与编辑

1）放置矩形

选择 Box 模式，选择层后在 PCB Layout 编辑区单击放置矩形对角线的起点，再次单击确定终点，两点便确定了一个矩形。

2）矩形大小的改变

使矩形成为热点，矩形四周出现 8 个句柄，鼠标指向句柄，按住左键拖动即可改变大小。

3）属性修改

矩形属性的修改与直线属性的修改相同，参阅图 10-14。

3. 圆的放置与编辑

1）放置圆形

选择 Circle Mode 模式，选择层后在 PCB Layout 编辑区单击确定圆心，拖动形成圆的半径，再次单击完成圆的放置。

2）圆的属性修改

打开圆的属性对话框，如图 10-15 所示。与图 10-14 相比，圆的属性多了 Fill Style 选项，该项有 None（无填充）和 Solid（实心）两个选项，当选择 Solid 时，其填充色与其所在层的颜色一致。

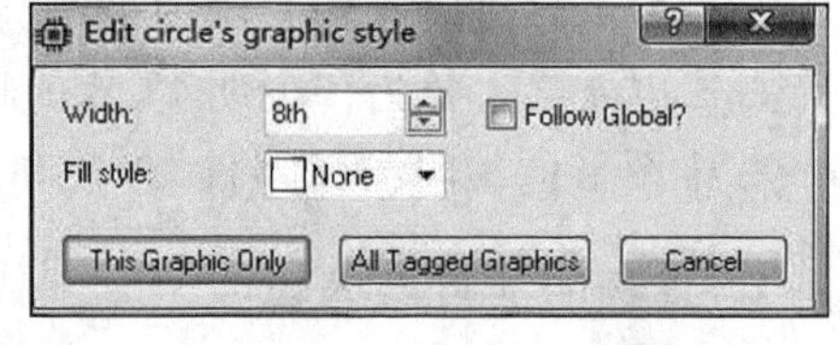

图 10-15　圆形属性对话框

4. 弧、闭合曲线、文本框、符号和标记

弧、闭合曲线、文本框、符号和标记这些二维图形与原理图中的相应二维图形绘制方法一样，其属性编辑与元器件、封装和焊盘等操作类似。

5. Dimension Mode（测距离模式）

Dimension 是测量距离和相对尺寸的有用工具。

1）测距离二维图形的放置

选择 Dimension Mode 模式，选择层（默认为 Keep Out Layer）后在 PCB Layout 编辑区单击放置起点，再次单击确定终点，两点便确定了一条直线，两点间的距离便显示出来，如图 10-16 所示。

2）Dimension 属性修改

打开 Dimension 属性对话框，如图 10-17 所示。

Format String：格式字符串，定义了测试距离的单位，其主要参数如表 10-2 所示。

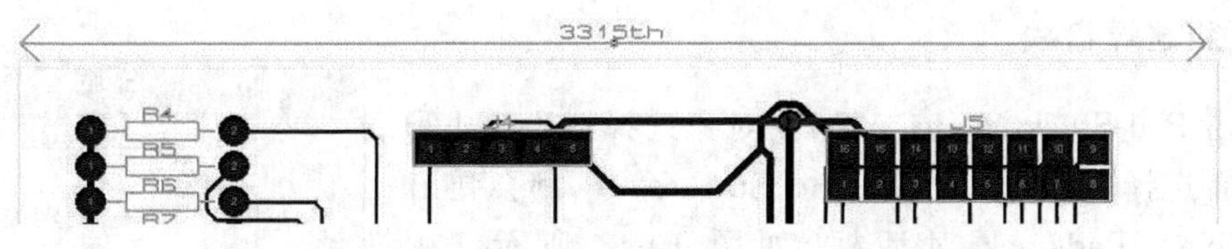

图 10-16 测距离

Edit Dimension Object
Format String
%A
See context sensitive help for formatting syntax.
Arrows
Height: 50th
Width: 50th
Draw Arrow At Start:
Draw Arrow At End:
Graphics Style
Width:
Follow Global?
OK
Cancel

图 10-17 Dimension 属性

Arrows：定义箭头的 Height(高度)和 Width(宽度)。

Draw Arrow At Start 和 Draw Arrow At End：这两项表示起点和终点是否出现箭头，勾选表示出现，反之不出现。

Graphics Style：定义线型的宽度，取消 Follow Global 选项的勾选，其 Width 参数便可以修改了。

表 10-2 格式字符串的参数

符 号	功 能
%A	自动模式，也是默认模式，与当前 ARES 单位的定义一致
%M	单位为 millimetre(毫米)
%C	单位为 centimetre(厘米)
%T	单位为 thou(th)
%I	单位为 Inch(in)

10.2.5 焊盘栈

普通的通孔式焊盘只能放置在单面板或者多面板的所有铜箔层上，而且也没有一个有效、合理的方法来定义其处于不同层的形状和风格，因此 PCB Layout 提供了焊盘栈。

1. 新建焊盘栈

单击 Pad Stack Mode 工具,在对象选择器中单击C按钮或者选择 Library→New Pad Stack 命令,都会弹出 Create New Padstack 对话框,如图 10-18 所示。在 Name 栏中输入焊盘栈名称,从 Initial Style 列表中选择初始风格(该参数可以不设置),单击 Continue 按钮,弹出 Edit Padstack 对话框,如图 10-19 所示。

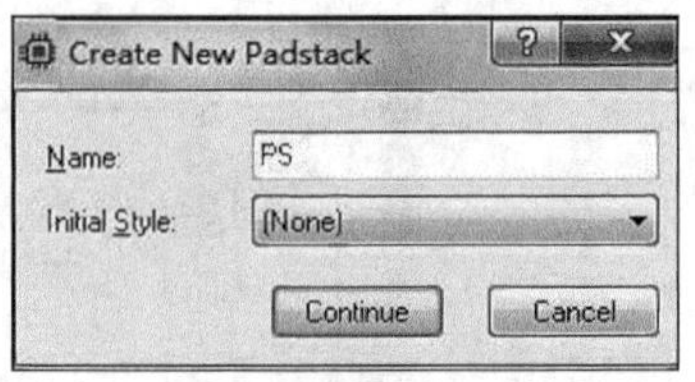

图 10-18 新建焊盘栈窗口

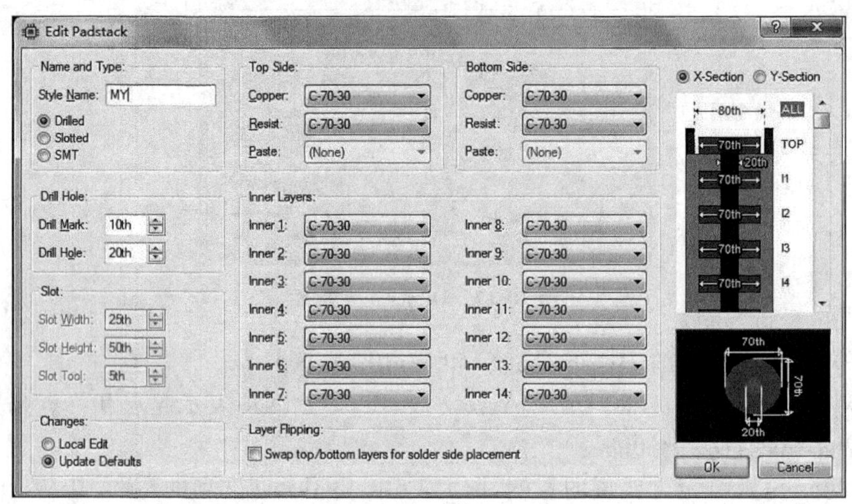

图 10-19 编辑焊盘栈属性

其主要参数如下。

(1) Name and Style:焊盘栈名称和类型,系统提供了 Drilled(钻孔)、Slotted(插槽)和 SMT(贴片)3 种格式,选择不同类型时对应的参数也不相同。

(2) Top Side:主要定义顶部的 Copper(铜箔层)、Resist(阻焊层)和 Mask(锡膏层)的焊盘栈风格,单击下拉按钮选择风格,默认为 None。

(3) Bottom Side:主要定义底部的 Copper(铜箔层)、Resist(阻焊层)和 Mask(锡膏层)的焊盘栈风格,单击下拉按钮选择风格,默认为 None。

(4) Inner Layers:指定焊盘栈在 14 个内层的风格。

(5) Drill Hole:指定钻孔的孔径和钻头的直径(只在选择钻孔风格时有效)。

Drill Mark:钻头的直径,它的目的是为了确定钻头的位置。

Drill Hole:钻孔孔径,其值要比 Drill Mark 大。

(6) Slot,指定插槽的 Width(宽)、Height(高)和 Slot Tool(刀槽)的大小。

2. 编辑焊盘栈

编辑焊盘栈与编辑元器件类似,请参考 10.2.1 节。

10.2.6 板界框

在 PCB 中放置元器件之前，必须定义 PCB 板的形状和大小，否则自动布局和自动布线无法自动完成。

1. 板界框绘制

(1) 单击 2D Graphic Box Mode 工具。

(2) 在层选择器中选择 Board Edge 层。

(3) 移动鼠标到 PCB 编辑区，按住左键，并按 O 键，此时在光标处放置了一个坐标点，单击开始放置矩形框，此时观察信息栏中的坐标值，该坐标显示值即 PCB 板的长与宽的值，达到所需的尺寸后单击，完成板界框的绘制，在绘制时可以按 M 键切换单位。要重新设置坐标点，可以再次按 O 键。具体过程如图 10-20 所示。

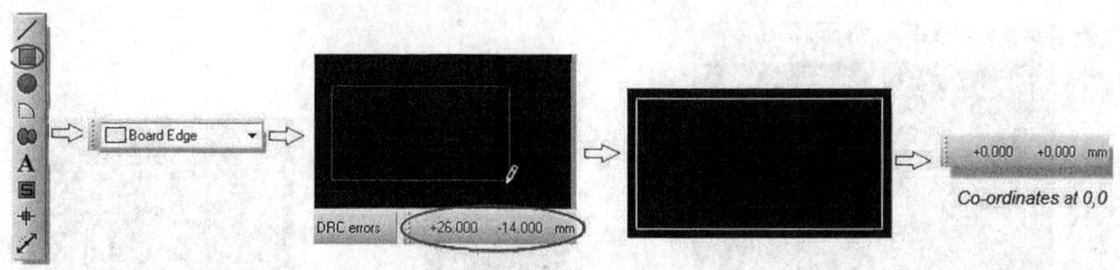

图 10-20 绘制板界边框

如果要绘制其他形状的板界框，可以采用其他的二维绘图工具。当然，也可以用测量工具(Dimension Mode)测出距离再绘制板界框，为了更精确地测量，最好按捕捉网格绘制，如图 10-21 所示。

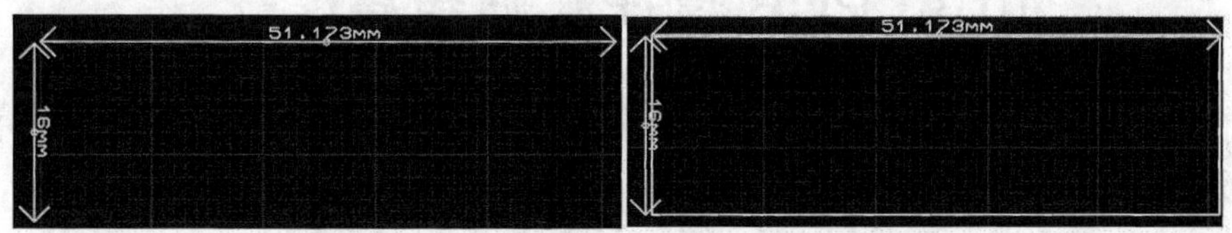

图 10-21 用测量工具测量距离后绘制板界框

也可以通过设置 PCB Layout 的编辑区域的大小快速设置板界框，使板界框与编辑区重叠(即黄线与蓝线重合)，编辑区的大小就是板界框的大小。设置板界框后可以根据需要重新设置编辑区。编辑区参数设置对话框可以通过菜单 Technology→Set Board Properties 命令打开。例如，设置 10cm×10cm 的 PCB 板的具体过程如图 10-22 所示。

2. 编辑板界框

1) 删除板界框

在 Selection Mode 模式下单击板界框，或者按住左键拖动选中板界框，右击，在弹出的快捷菜单中选择 Delete Object 命令，或者直接按 Delete 键，均可以删除板界框。

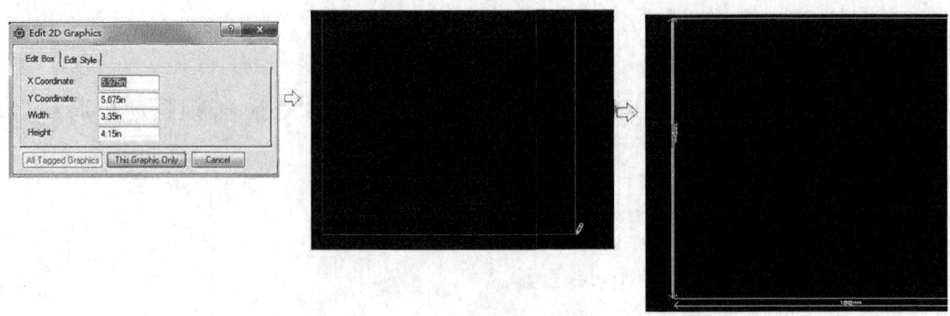

图 10-22　通过 Set Board Properties 辅助设计 PCB 板框

2) 改变大小和移动

选中板界框,鼠标移到绿色的手柄处拖动可以改变板界框的大小,鼠标移到板界框内部,按住左键拖动可以实现板界框的移动,如图 10-23 所示(注意鼠标的形状)。

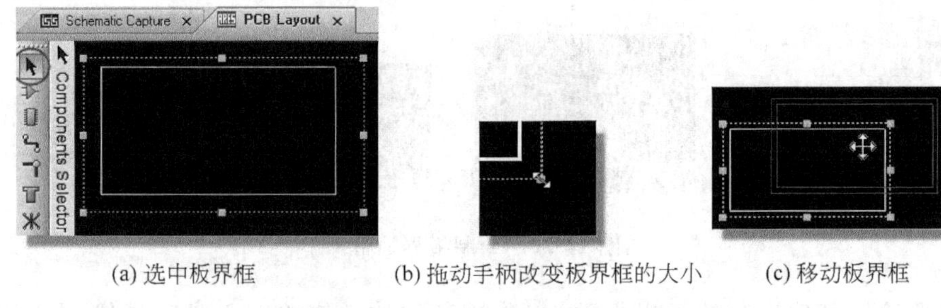

(a) 选中板界框　(b) 拖动手柄改变板界框的大小　(c) 移动板界框

图 10-23　板界框大小的改变和移动

10.3　PCB 设计规则和层设计

设计 PCB 板时,为了快速、准确地绘制 PCB,提高设计流程的效率,电路板设计规则管理工具愈发变得不可或缺。本节主要学习 PCB Layout 设计规则和层的设计。

10.3.1　Design Rule Manager(设计规则管理器)

1. 启动 Design Rule Manager

启动 Design Rule Manager 的方法主要有以下 2 种:

(1) 选择 Technology→Design Rule Manager 命令。

(2) 单击工具栏中的按钮。

上面两种方法都可以打开 Design Rule Manager 对话框,如图 10-24 所示。

2. Design Rule Manager 的主要参数

Design Rule Manager 的对话框有 Design Rules、Net Classes 和 Defaults 3 个选

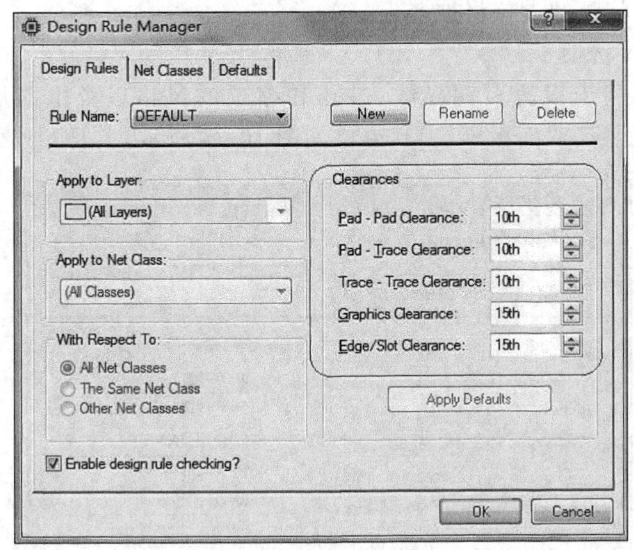

图 10-24　Design Rule Manager 对话框

项卡。

1）Design Rule 选项卡

Design Rule 选项卡如图 10-24 所示，主要参数如下。

Rule Name：该选项的主要功能是选择设计规则和规则编辑。默认为 DEFAULT 规则，这是系统规则，不允许编辑。用户可以根据自己的需求创建设计规则，单击 New 按钮创建一个新的设计规则；Rename 按钮为用户创建的设计规则重命名，对于系统规则禁止此操作；Delete 按钮删除用户创建的规则，对于系统规则禁止删除操作。

Apply to Layer：指定实施设计规则的层，单击下拉按钮选择层，默认为 All Layers。

Apply to Net Class：指定实施设计规则的网络，单击下拉按钮选择网络，默认为 All Classes。

With Respect To：用于进一步定义设计规则的应用范围，主要有 All Net Classes(所有的)、The Same Net Class(相同)和 Other Net Classes(其他)3 个选项。

Enable design rule checking：主要定义 DRC(Design Rule Checking，设计规则检测)是否有效，勾选表示启动 DRC 检测，则 DRC 信息栏中会实时显示检测结果。

Clearances：最小安全间距，定义创建设计规则时的最小安全间距。主要有 Pad-Pad Clearance(焊盘-焊盘最小间距)、Pad-Trace Clearance(焊盘与导线间的最小间距)、Trace-Trace Clearance(导线与导线间的最小间距)、Graphics Clearance(二维图形间的最小间距)和 Edge/Slot Clearance(边框/插槽最小间距)。

前面 3 个安全间距是不言自明的，在此对最后两个安全间距进行说明。

Graphics Clearance 主要用于设置丝印层上的二维图形与其他对象之间的安全间距，如丝印层上的元器件形状之间的安全间距。

Edge/Slot Clearance 用于设置电路板上板界层/插槽和其他对象之间的安全间距。

当在 With Respect to 选项中选择 The Same Net Class 或者 Other Net Classes 时，

上述最后两项安全间距的设置将被禁止。

2) Net Classes 选项卡

该选项卡主要用于设置覆铜导线、过孔和缩颈的风格以及电路层对的选择(决定PCB的板层,如单面板、双面板等)。其窗口如图10-25所示,主要参数如下。

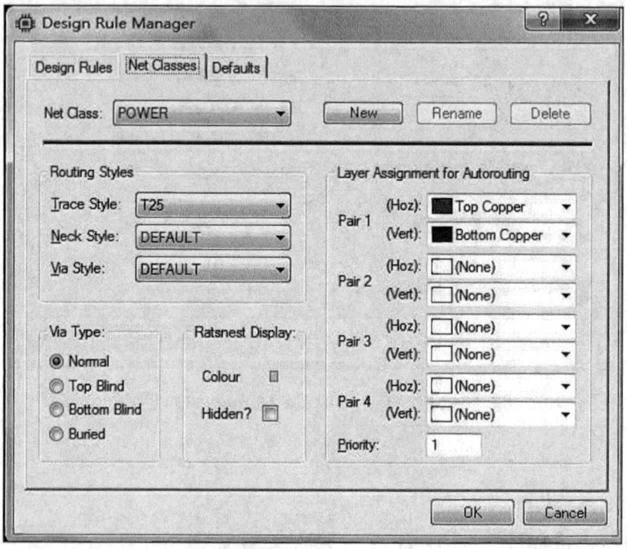

图 10-25 Net Classes 对话框

Net Class:主要定义不同网络中铜模导线和过孔的风格,单击下拉框选择不同的网络,系统默认的网络有SINGAL(信号网络)、Power(电源网络)和Buses(总线网络)。还可以通过单击New按钮新建网络,单击Rename按钮重命名,单击Delete按钮删除用户创建的网络。

Routing Styles:布线风格,该项主要决定铜模导线线宽、缩颈宽度和过孔风格等。

Trace Style:定义铜模导线的类型。单击下拉按钮选择所需铜模导线风格。

Neck Style,缩颈风格,默认为None,表示禁止。当有风格定义时,表示在自动布线时启动Auto Track Necking功能,并按设计的风格进行布线。

Via Style:定义过孔风格。

Via Type:过孔类型,选择当前网络上的过孔类型,主要有Normal(普通)、Top Blind(顶层盲孔)、Bottom Blind(底层盲孔)和Buried(埋孔)4种类型。

Ratsnest Display:定义飞线显示参数。Color用于设置飞线颜色;Hideen用于设定飞线是否隐藏,勾选该项表示隐藏飞线。

Layer Assignment for Autorouting:每一个网络允许设置8个层,即4个层对,在每个层对里有H层(Hoz)和V层(Vert),H层主要在水平(horizontal)方向布线,V层主要在垂直(Vertical)方向布线。通过该项参数设置可以实现不同板层的PCB设计。如果生成单面板,则使V层和H层设置的参数一致即可。图10-25为双面板的设置。

Priority:优先级,数值越小,优先级越高。优先级高的先布线,优先级相同的同时进行布线。

3) Defaults 选项卡

该选项卡主要用于定义布线时的默认风格，其选项参数主要适用于 Default Rule 中。如图 10-26 所示。主要参数如下。

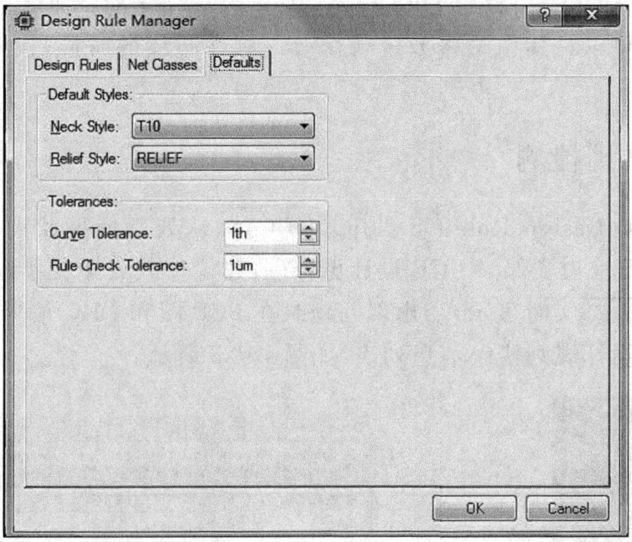

图 10-26 Defaults 对话框

Default Style：默认风格，有两个选项：Neck Style 设置自动缩颈功能；Relief Style 设置散热风格。

Tolerances：允许误差，有两个选项。

Curve Tolerance，曲线容差，直线逼近曲线和弧线的容差（曲线容差越小，逼近越精确）。

Rule Check Tolerance：主要定义违背设计规则的最大允许误差。

3. Net Classes 和 Netlist

Proteus 允许在 Schematic Capture 原理图通过创建网络表来创建 ARES 中的 Net Classes，具体过程如图 10-27 所示。

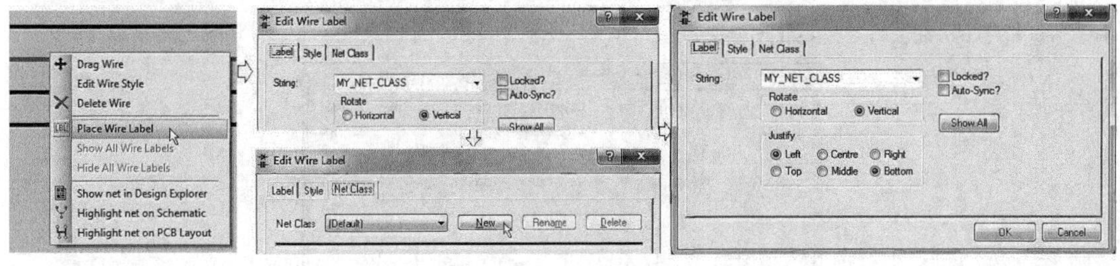

图 10-27 通过创建 Netlist 创建 Class

(1) 在 Schematic Capture 中选中导线，右击，在弹出的快捷菜单中选择 Place Wire

Label 命令，在弹出的 Edit Wire Label 对话框中的 Label 页标签中的 String 输入网络名称。

(2) 在 Edit Wire Label 窗口中切换到 Net Class 页标签，单击 New 按钮，新建与 Wire Label 同名的 Class，并设置其下面相关的参数，最后单击 OK 按钮保存退出。

(3) 在 PCB Layout 窗口中打开 Design Rule Manager 对话框，在 Net Class 中出现刚才新建的类，并可以对其相关参数进行修改。则在布线的时候，按照设计的网络规则进行布线。

10.3.2 设计规则检测

设计规则检测(Design Rule Checking，DRC)默认处于使能状态，可以通过 Design Rule Manager 关闭。为了保障 PCB 设计更合理，建议使其处于使能状态。DRC 实时检测结果通过 No DRC errors 实时显示，当出现问题时在 PCB 图和 DRC 信息内提示，单击 DRC 错误信息栏，弹出设计规则错误信息列表，如图 10-28 所示。

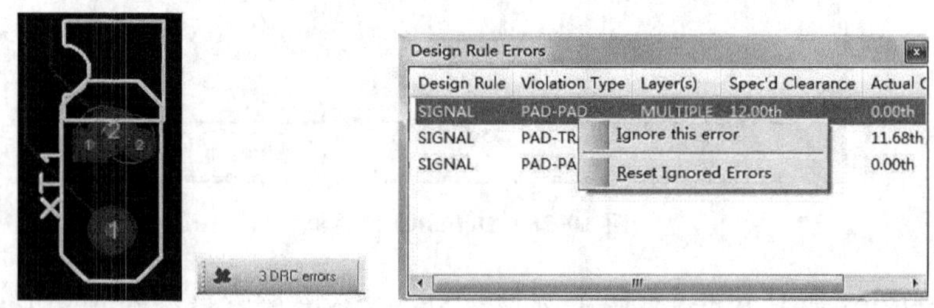

图 10-28 设计规则错误信息

设计规则错误信息列表列出问题所在的设计规则、层、违规类型和实际的容差信息等，单击列表中的一个条目，PCB Layout 将突出显示(默认以白色显示文字)该条目；双击一个条目，PCB Layout 将突出显示和放大它的 DRC 错误的位置。

当出现 DRC 错误提示信息时，应该对其错误进行处理，处理的方式有以下 2 种：

(1) 如果该错误确实已经影响到 PCB 板的正确设计，此时应该修正错误，直到提示 No errors 为止。

(2) 如果不影响 PCB 板的正确设计，则可以在错误信息条目上右击，在弹出的快捷菜单中选择 Ignore this error(忽略该错误)命令，即可忽略该错误，忽略的错误通过 Reset Ignore Errors 命令恢复，如图 10-29 所示。

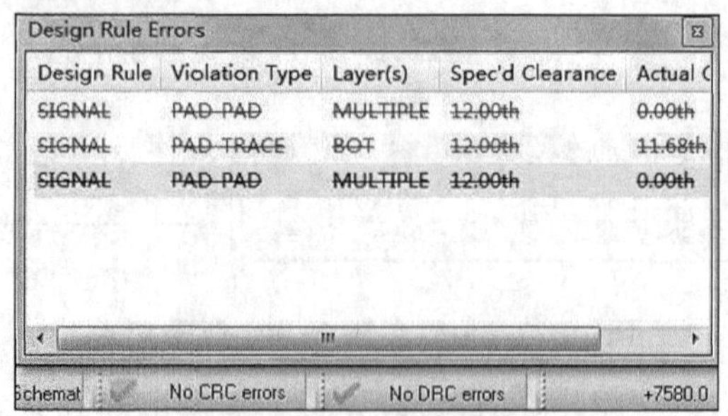

图 10-29 忽略所有错误

10.3.3 层使用设计

层使用(Layer Usage)主要定义在 PCB 板中哪些层可以使用,或者层重新命名,选择在 Track(T)模式或者 Graphic(G)模式下层的使用和显示情况。

1. 启动 Layer Usage 设置对话框

选择 Technology→Set Layer Usage 命令,弹出 Set Layer Usage 对话框,如图 10-30 所示。

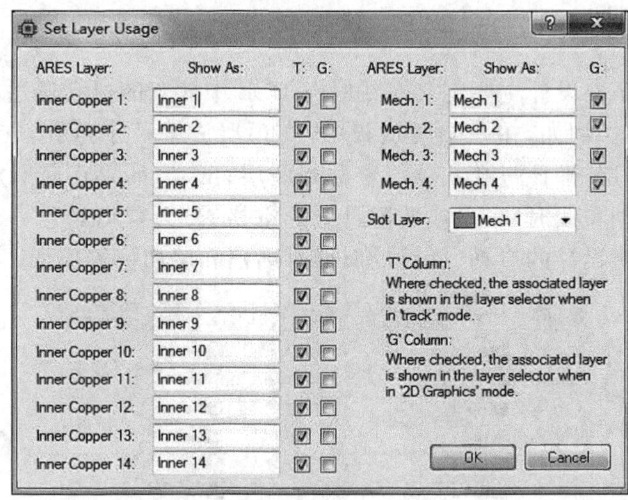

图 10-30 Set Layer Usage 对话框

2. Set Layer Usage 参数

(1) Layer:其下列出了系统层的名称,主要包括 Inner Copper 1(内层 1)~Inner Copper 14(内层 14)和 Mech 1(机械层 1)~Mesh 4(机械层 4),即 PCB Layout 包括 14 个内层和 4 个机械层。

(2) Show As:其下列出了这些层在层选择器中默认的显示名称,可以采用系统默认的名称,也可以根据需要在对应的文本框中输入相应的层名称。例如,将 Inner Copper 1 对应的层名称改为 In1,单击 OK 按钮退出,单击层选择器,可以看到,原来显示为 Inner 1 的层名称变为 In1,如图 10-31 所示。

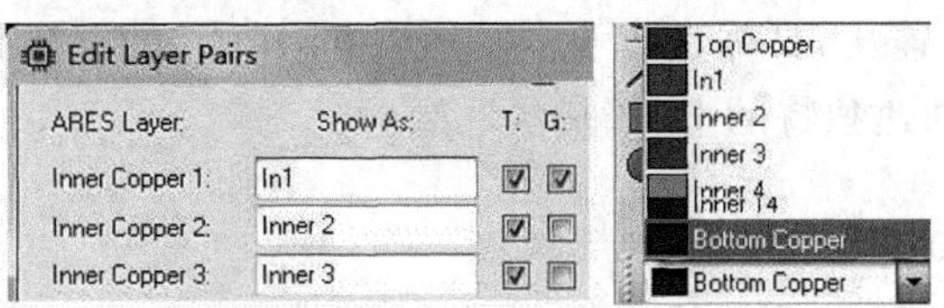

图 10-31 Inner 1 层重命名为 In1

(3) T/G：主要定义在 Track(T)模式或者 Graphic(G)模式下层的显示情况，在对应的列下面勾选 T 和 G，表示在对应的模式下层选择器中可以显示该层，或者说可以在 PCB 布线中使用此层，否则不显示。结合 Designer Rule Manager 中 Net Class 选项卡中的 Layer Assignment for Autorouting 实现快速的手动布线。例如，对单/双面板而言，Inner Copper 1(内层 1)～Inner Copper 14(内层 14)根本用不着，所以在 Trace 模式下布线可以禁用，这样在手动布线时可以快速实现布线。

(4) Slot Layer：插槽层的选择，单击下拉按钮，在 None(无)和 Mech 1(机械层 1)～Mesh 4(机械层 4)中选择。

10.3.4 层对设计

层对(Layer Pairs)设计主要定义布线时在 PCB 中放置的过孔通过哪些层，从哪一层开始，到哪一层结束。例如，在一个两层板中，在顶层放置一个过孔，在默认的层对设置下，该过孔终止于底层，即该过孔从顶层穿透到底层；反之，如果在底层放一个过孔，其将穿透到顶层。在手动布线时双击(或按键盘上的空格键)会自动放置一个过孔，并实现层对的自动切换。层对设计的启动、层对的属性对话框和层切换操作如图 10-32 所示。

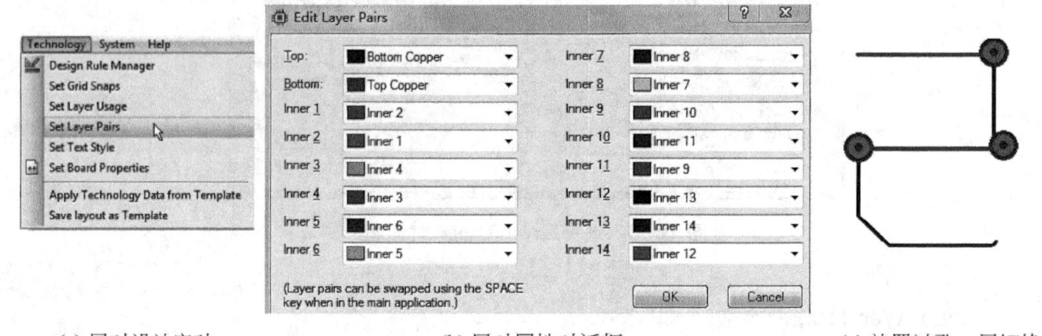

(a) 层对设计启动　　(b) 层对属性对话框　　(c) 放置过孔，层切换

图 10-32　层对操作

默认设置可以满足多数的制板情况，因此该参数一般采用默认值即可。

10.3.5 PCB 的基本框架定义

PCB 的基本框架包括 Board Edge、2D Graphic 和安装固定孔，安装固定孔是一个普通的焊盘，即没有连接关系的焊盘，中间不镀锡孔，有时为了提高抗干扰性和方便测试，固定孔也和 GND 网络连接，具体设置见 10.2.3 节。PCB 的基本框架如图 10-33 所示。当然也可以根据需要创建独特的 PCB 基本框架。

10.3.6 PCB Layout 设计模板

生成 PCB 时，有些参数是常用的，比如前面设计的层对、层的使用设置、字体、设计规则以及板卡的基本框架等，为设计方便，Proteus 提供了 PCB Layout 设计模板，允许用户

图 10-33 PCB 基本框架

直接使用系统模板或者自创模板。

1. 创建模板

单击 Technology→Save Layout As Template 命令，打开模板保存对话框，输入模板名，如 My_template_2(2 说明是两层板)，单击"保存"按钮退出，即可完成模板的创建。模板的后缀为.LTF。模板主要包括模板文件(包括 Boaed Edge、2D Graphic、Loose Pads(即安装孔)等)和 Technology Data(如 Design Rules and Net Classes、Grid Setting、Layer Usage、Layer Pairs、Text Styles 和 Board Properties 等数据)。

2. 模板的加载

新建项目时，创建 PCB 文件时直接选择模板，即可完成模板的加载。如图 10-34 所示。或者选择 Technology→Apply Technology Data FromTemplate 命令加载模板。

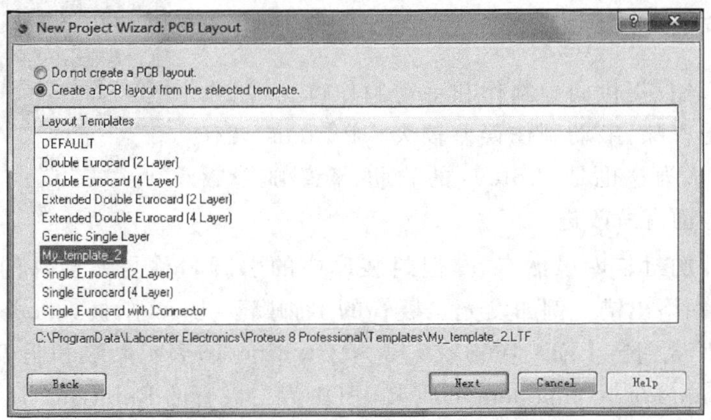

图 10-34 新建项目加载模板对话框

10.4 元器件封装制作与验证

有一些国产的元器件封装在 EDA 软件 PCB 库中没有对应的封装，此时就要自己制作封装。制作封装有两种思路，一是直接根据元器件的说明书或者实测引脚等参数进行创建；二是对库里已有的相似封装进行修改创建。为了能够保证生成正确的封装，需要满足以下条件。

(1) 封装参数必须正确,与实物尺寸在误差范围内必须吻合。

(2) 封装焊盘的引脚号必须与元器件的引脚定义一致。

常见的封装制作错误如下。

(1) 封装引脚间距画得过大或过小,导致无法装配。

(2) 封装画反了,导致元器件要装配在背面才能与原理图引脚相对应。

(3) 画的封装大号和小号引脚颠倒了,导致元件要翻转为四脚朝天才可以安装。

(4) 画的封装和买回来的元器件或者模块不一致,无法装配。

(5) 封装外框过大或过小,导致外观很难看。

(6) 封装外框与实际情况相比有错位,特别是有些安装孔位置没放对,导致无法拧上螺丝。

因此画好封装也不是一件简单的事情,要细心,画完以后要仔细检查。

10.4.1 封装的组成

一般情况下,封装由元器件外形、安装元器件引脚的焊盘和必要的注释3部分组成。元器件外形就是元器件安装到电路板上后在电路板上的投影。焊盘主要用于安装元器件的引脚,并通过它与电路板上其他的导电图形相连接。注释是为了安装、调试方便而设置的说明文字等信息。封装的组成如图10-35所示。

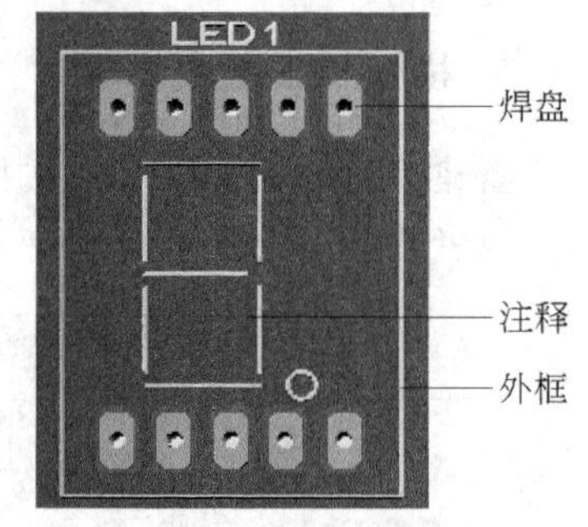

图10-35 封装的组成

10.4.2 封装的制作与验证

一般EDA软件提供向导制作和手动制作,向导制作精确、快速,很受青睐,手动制作误差较大。Proteus只有手动制作,有人认为这也是Proteus的软肋,希望随着版本的提高在这方面有所改进。

有时元器件的封装库虽然存在,但封装库中的引脚名称与元器件的引脚名称不一致,这也会导致网络出错。例如发光二极管的引脚默认为A(阳极,anode、anticathode)、K(阴极),而贴片式封装LEDC1608X60用A、C(cathode)表示阳极和阴极。则系统会提示Pin 'K' not found for component 'D1'(其中D1为二极管的Reference属性值)。此时可以通过以下方法解决。一是直接方式创建元器件的封装,二是在原库的基础上进行修改,使元器件的引脚名称与封装中的引脚名称相符合。

下面以佛山海力信电子有限公司生产的0.5英寸HLX5011AS共阳极数码管为例来说明封装的制作过程,其封装参数如图10-36所示。

具体步骤如下:

(1) 绘制元器件封装的外形尺寸。从图10-36可以看出,其外形尺寸为12.60mm×19.00mm,单击Box Mode工具,在PCB Layout编辑区绘制12.60mm×19mm大小的矩形框,并使其处于Top Silk层,如图10-37(a)所示。

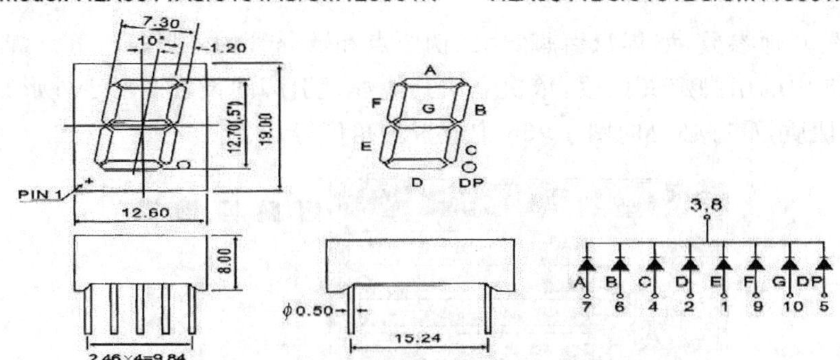

图 10-36 HLX5011AS 共阳极数码管封装参数

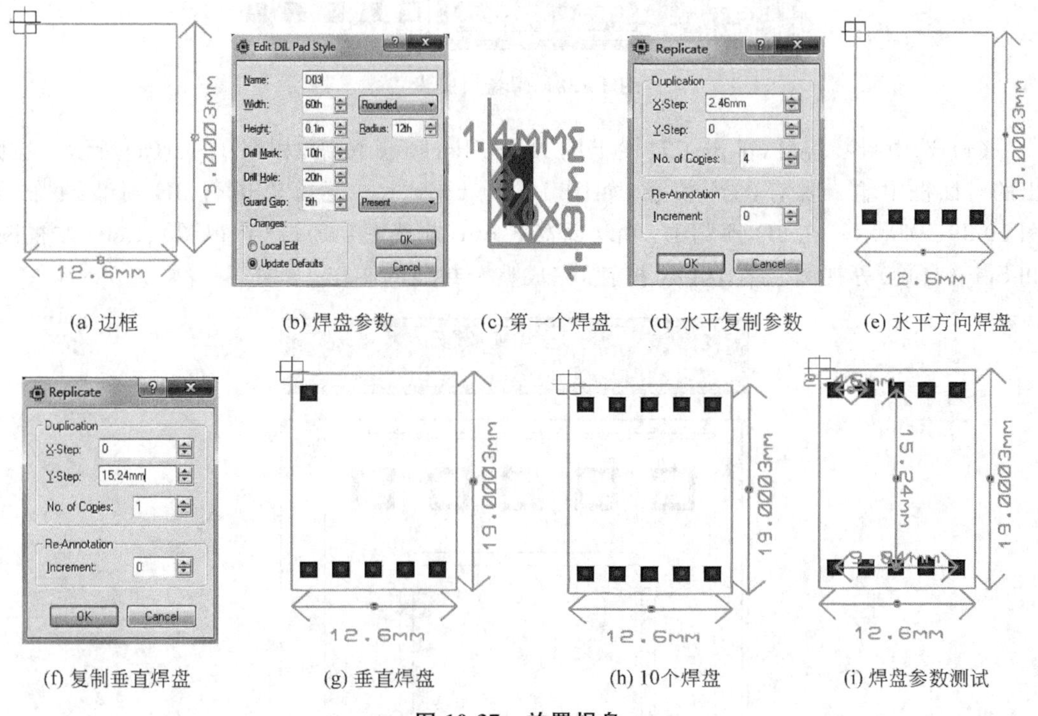

(a) 边框 (b) 焊盘参数 (c) 第一个焊盘 (d) 水平复制参数 (e) 水平方向焊盘

(f) 复制垂直焊盘 (g) 垂直焊盘 (h) 10个焊盘 (i) 焊盘参数测试

图 10-37 放置焊盘

(2) 放置焊盘。从图 10-36 可以看出，焊盘孔径为 0.5mm，焊盘的间距为 2.46mm，最左边焊盘的中心距离左边框的尺寸为(12.6－9.84)/2＝1.38mm，其距离下边框的尺寸为(19－15.24)/2＝1.88mm。焊盘中心的外形选择矩形焊盘。创建一个新的矩形焊盘，设置焊盘属性，如图 10-37(b)所示，在距离左边框 1.38mm、下边框 1.88mm 处放置第一个矩形焊盘，如图 10-37(c)所示。选中第一个焊盘，选择 Edit→Replicate 进行复制，参数如图 10-37(d)所示，这样完成了下面 4 个焊盘的制作，效果如图 10-37(e)所示。

下面复制上面的焊盘，同样选中第一个焊盘，选择 Replicate 命令，如图 10-37(f)所示，效果如图 10-37(g)所示。用图 10-37(c)的参数同样复制上面 4 个焊盘，最终效果如图 10-37(h)所示，这样就完成了焊盘的放置。对焊盘参数进行测试，如图 10-37(i)所示，能满足要求。

(3) 放置其他参数,如焊盘引脚定义、伪原点和数码管的外形符号等。焊盘引脚定义按照图 10-38 中的引脚定义修改,依次完成其他焊盘引脚的设置。对于外形符号,只是说明元器件的性质,没有必要向图 10-36 中放置斜角度等。

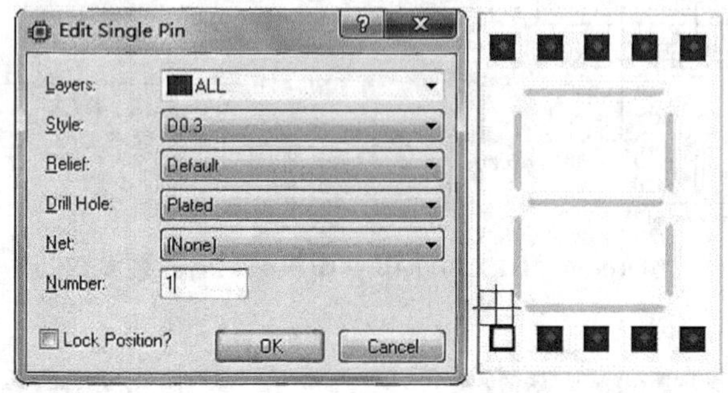

图 10-38 焊盘引脚设置

(4) 选中封装符号,单击工具栏上的 Make Package 按钮,如图 10-39(a)所示。在弹出的对话框中输入保存的库信息,如图 10-39(b)所示。还可以进行 3D 封装预览,如图 10-39(c)所示。在 3D 预览中,可以观察 Front(前视图)、Back(背视图)、Left(左视图)和 Spin(自旋)等视图。单击 OK 按钮,完成整个封装的制作。

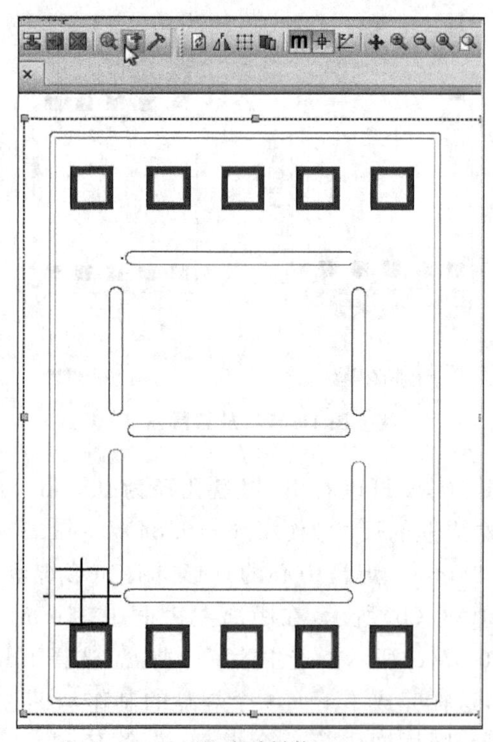

(a) 启动封装

图 10-39 焊盘封装库

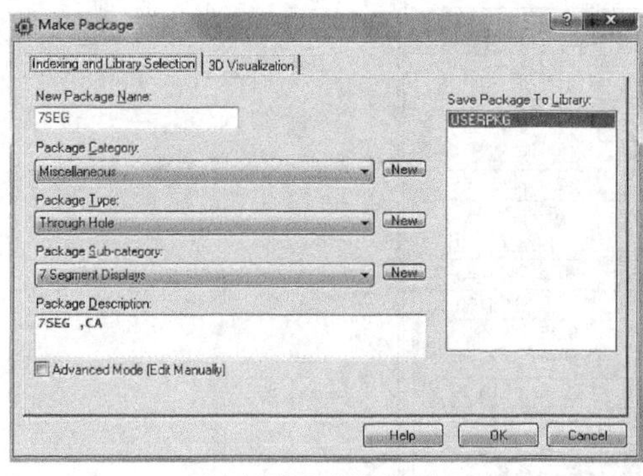

(b) 封装库参数设置

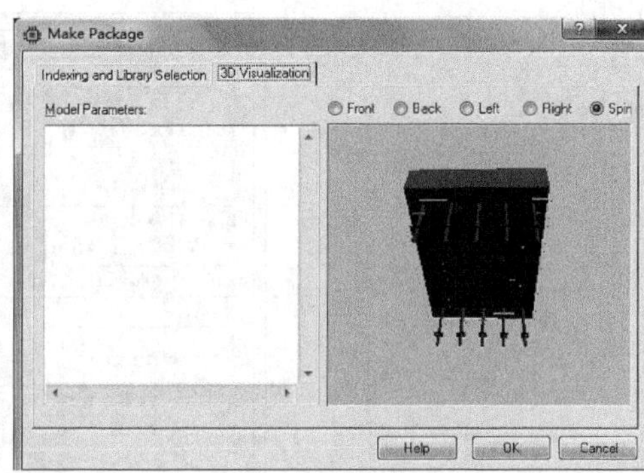

(c) 3D预览

图 10-39 （续）

10.4.3 利用第三方软件生成 PCB 封装库

为了解决精确的创建封装，PCB Layout 软件提供了 Import Package 命令，允许将第三方软件生成的.ASC(ASCII 格式)封装库数据导入进去。目前支持 Proteus 软件封装库的软件如 PCB 制作公司 PCB Libraries 公司(官方网站 https://www.pcblibraries.com)，安装 Library Expert Lite 软件，启动该软件，如图 10-40 所示，以产生 SN74ABTH182504A 的封装 QFP50P1200×1200×160-64L30N 为例来说明。

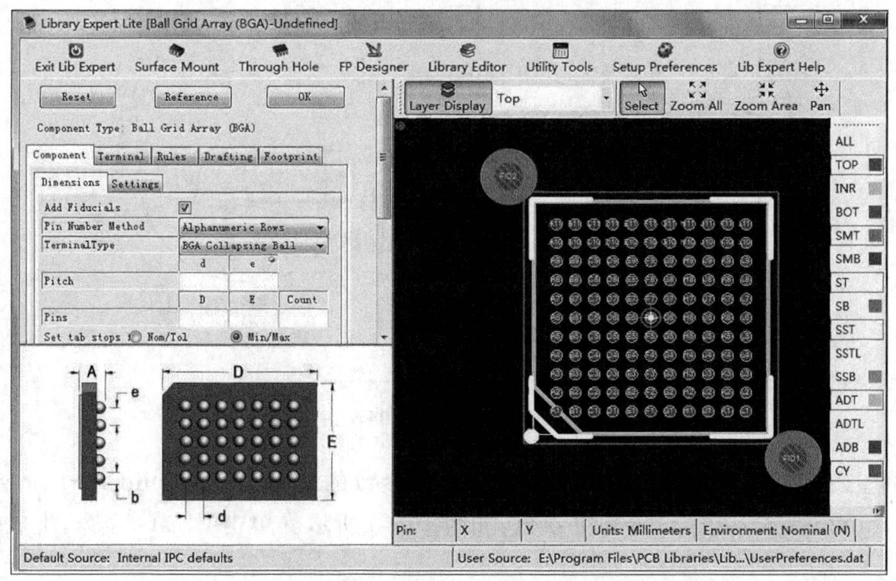

图 10-40 Library Export Lite 软件

在图 10-40 中输入具体封装参数，如图 10-41 所示，其中 A、A1、b、D、D1、E、E1 和 L 的含义为图 10-40 中左下角的说明，具体参数应该与 SN74ABTH182504A 的封装参数一致，如图 10-42 所示。

Component | Terminal | Rules | Drafting | Footprint

Dimensions | Settings

Add Fiducials ☑

Fitch (e)	0.50		
	D	E	Count
Pins	16	16	64

Set tab stops : ○ Nom/Tol ◉ Min/Max

Ref.	Nom	- Tol	+ Tol	Min	Max
A					* 1.60
A1				* 0.25	
b	0.22	-0.05	0.05	* 0.17	* 0.27
D	12.00	-0.20	0.20	*11.80	*12.20
D1	10.00	-0.20	0.20	* 9.80	*10.20
E	12.00	-0.20	0.20	*11.80	*12.20
E1	10.00	-0.15	0.15	* 9.85	*10.15
L	0.60	-0.15	0.15	* 0.45	* 0.75

* Required entry

图 10-41 封装参数

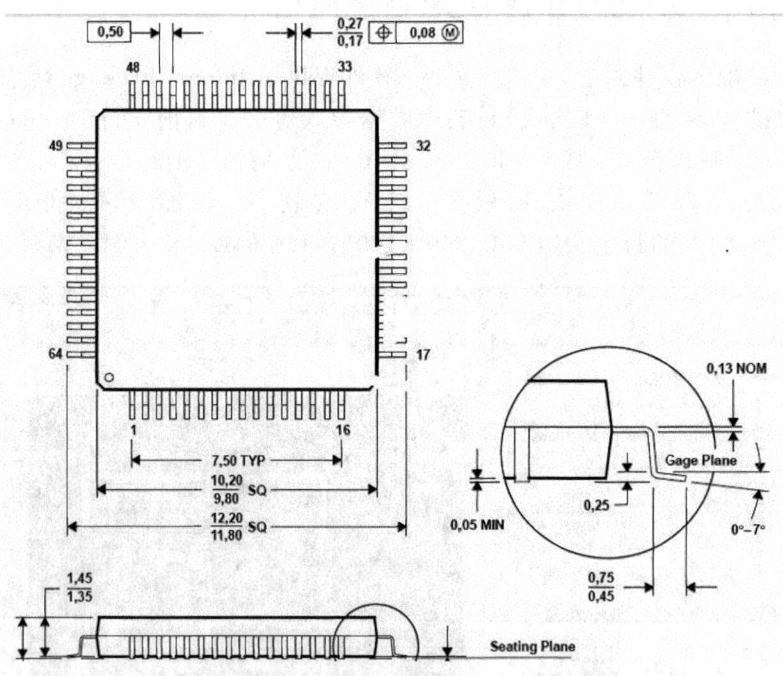

图 10-42 SN74ABTH182504A 封装参数

设置完封装参数后单击 OK 按钮,完成封装参数的设置,单击 Build Part 命令,弹出 PCB Layout 输出对话框,设置相关参数,如图 10-43 所示。单击 Create 命令,生成 ASCII 文件。

注意,Translator 项选 Proteus,PADS Vision 参数选 2007(目前只支持 PADS ASCII 2007 and PADS ASCII Version 9.5 版本的)。

在 Proteus PCB Layout 对话框中选择 Library→Import Package 命令,导入刚才生成的 QFP50P1200X1000X160-64L30N.asc 文件,弹出 Import Package 属性对话框,如图 10-44 所示。

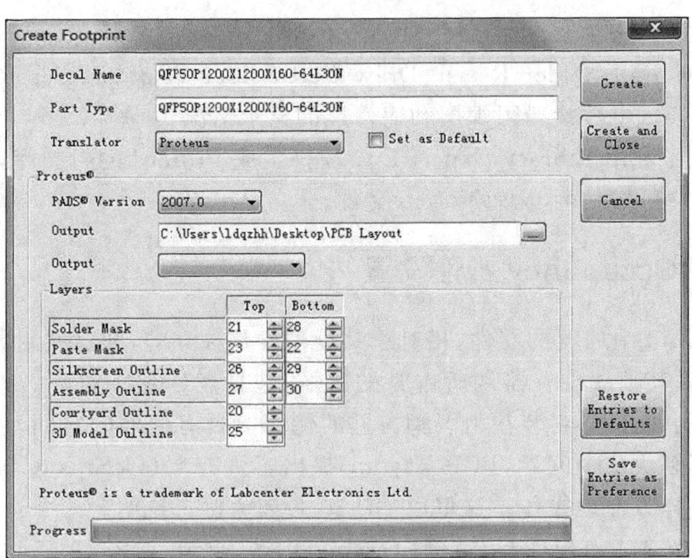

图 10-43 生成封装对话框

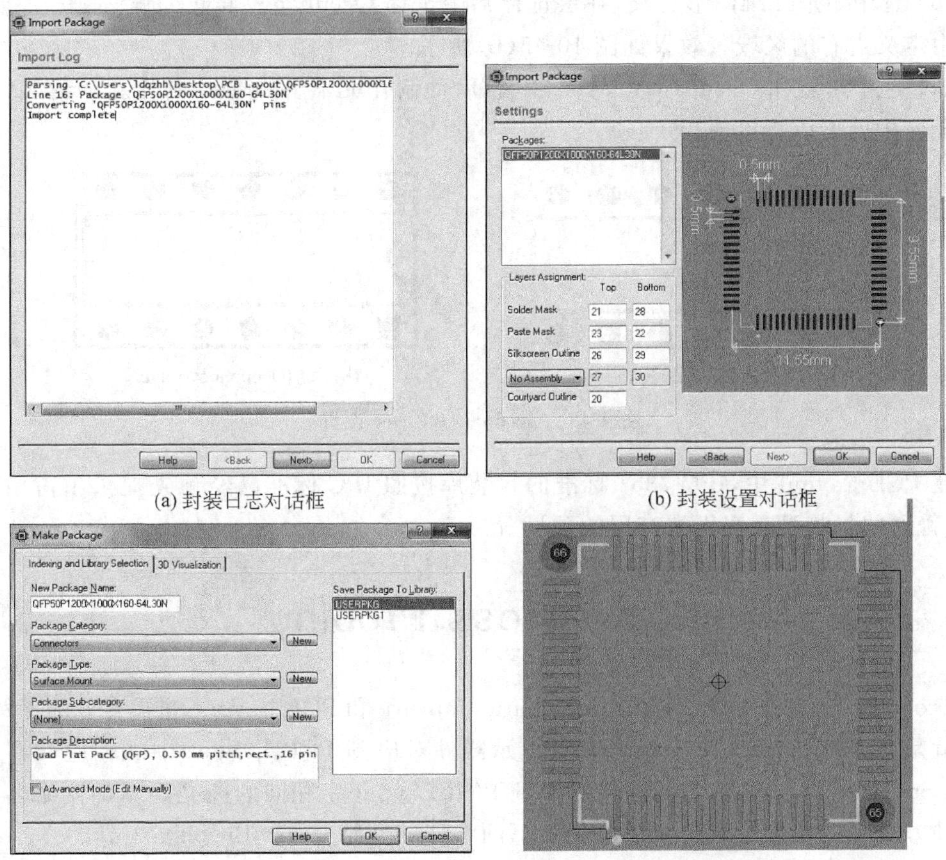

(a) 封装日志对话框　(b) 封装设置对话框

(c) 制作封装对话框　(d) 封装预览

图 10-44 Import Package 属性对话框

还可以通过 Display Setting 命令对话框(单击 View→Edit layer Colours/Visibility 命令)中的 Draw Full Solder Resist、Draw Full Solder Paste、Solder Resist Layers 和 Solder Paste Layers 参数设置阻焊层和锡膏层的显示情况。

这样就完成了利用 Library Expert Lite 软件生成 Proteus 的封装库,如果对 Library Expert Lite 软件感兴趣,可以阅读 Help 文件。

10.4.4 封装 Occupancy 属性设置

在 PCB Layout 中放置的器件,相对于其他器件是独立的,即这些封装是不能叠加在一起的,也就是说其独立占有器件所占有的区域,包括丝印层字符等。但有时也需要修改占有的面积,例如,DIL 封装在由引脚占据的侧面上具有额外的空间,或者连接器仅在一侧占用。为了解决这个问题,PCB Layout 提出了占有层(Occupany layer)的概念,可以向二维图形一样方便地操作。这里以 DIL20 封装为例来说明。

(1) 添加要改变占有层的封装,例如,放置 DIL20 封装,如图 10-45(a)所示。

(2) 利用 Decompose( )命令分解封装。

(3) 选中矩形二维图形工具,在层选择器中选择 Occupancy layer(Occupancy),在封装中定义占有的区域。效果如图 10-45(b)所示。

(4) 选中封装和 Occupancy layer 区域,启动制作元器件命令。制作新的封装,保存在封装库中就可以直接使用了。

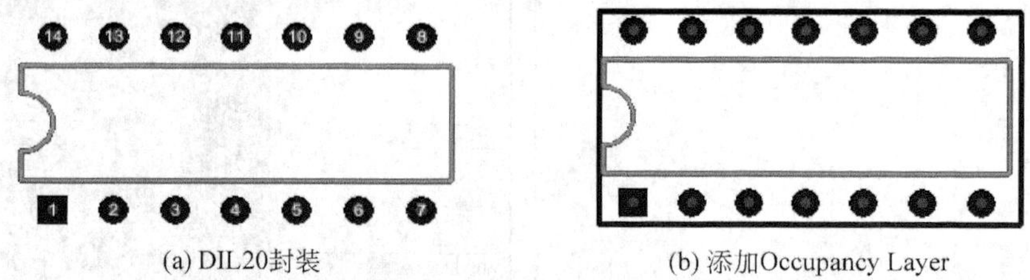

(a) DIL20封装 (b) 添加Occupancy Layer

图 4-45 Occupancy Layer 设置

在 PCB Layout 中,IPC-7351 标准的封装库按照 IPC 标准已经预先提供了占用层的定义,普通的封装没有提供占有层的预设置。

10.5 Cross Probing

Cross Probing 是分析和检查 Schematic Capture 和 PCB Layout 非常有效的工具,其实质就是允许将 Schematic Capture 中的元器件对应到 PCB Layout 中的相应元器件封装,将 Schematic Capture 中的网络对应到 PCB Layout 中相同的高亮显示的网络名。通过这种方式可以检查布线的完成情况。下面将详细介绍 Cross Probing 工具。

10.5.1 自动 Cross Probing 模式

在 Design Explorer 窗口中单击工具栏上的按钮，使其处于按下状态，则自动进入到自动 Cross Probing 模式，此时在 Design Explorer 窗口中单击某一元器件，则该元器件自动在 Schematic Capture 和 PCB Layout 窗口中以高亮态显示，并以此为中心进行放大显示，如图 10-46 所示。

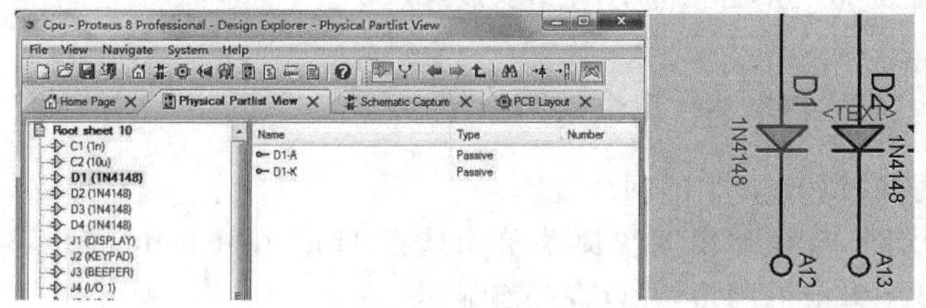

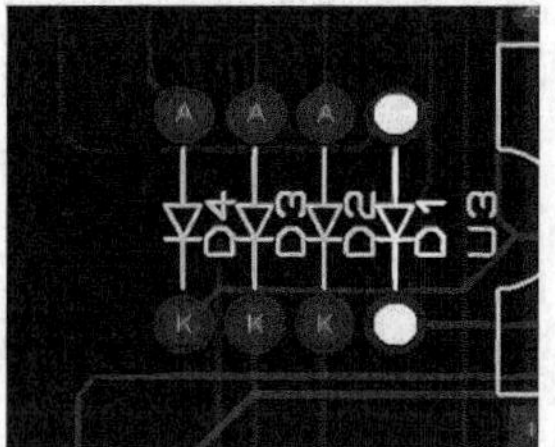

图 10-46 自动 Cross probing 模式

10.5.2 Cross Probing 模式工具应用

1. 利用 Cross Probing 实现 Footprint 定位

1) 将原理图中的元器件定位到 PCB 中的封装

选中原理图中的元器件，右击，在弹出的快捷菜单中选择 Highlight Part in PCB Layout 命令，则自动切换到 PCB Layout 窗口且该元器件以高亮态显示，如图 10-47 所示。

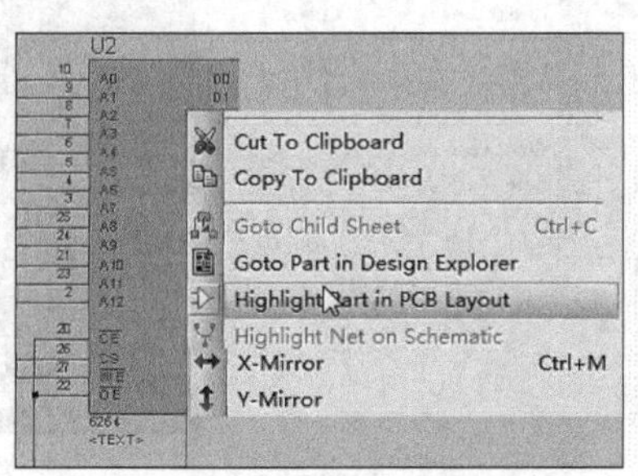

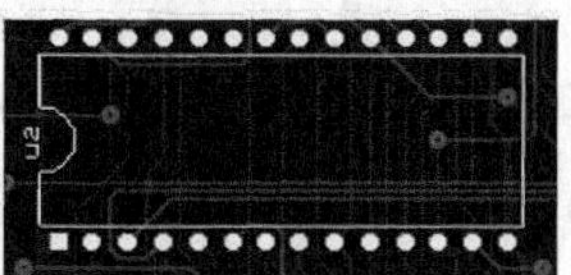

图 10-47 将原理图中的元器件映射到 PCB 中

2) 将设计浏览器中的元器件关联到 PCB Footprint

在 Design Explorer 模式下，使其以 Physical Parts View 模式预览，选中元器件，右击，在弹出的快捷菜单中选择 Goto PCB Part 命令，则自动切换到 PCB Layout 窗口，该元器以高亮态显示，具体操作过程如图 10-48 所示。

注意：如果 Goto PCB Part 命令为灰色，表示没有生成 PCB Layout 文件。

同理可以实现 PCB Layout Footprint 定位到原理图中或者 Design Explorer 中，在 PCB Layout 中选中 Footprint，右击，在弹出的快捷菜单中选择 Show in Schematic 或者

Show in Design Explorer 命令,可以直接将其关联到原理图或者设计浏览器。

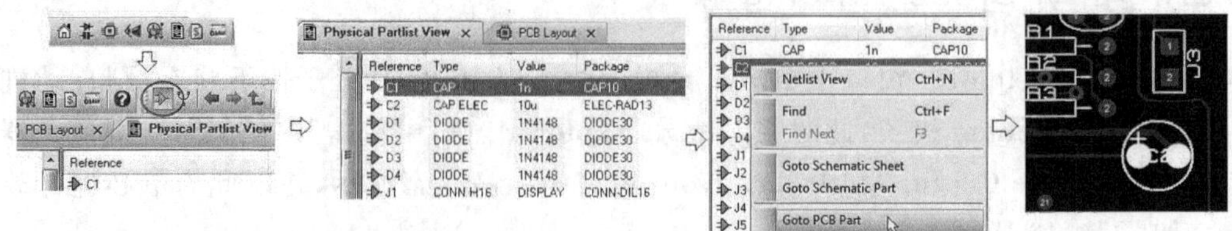

图 10-48 Design Explorer Part 关联到 PCB

2. 利用 Cross Probing 实现 PCB Net 定位

1) 将原理图中的网络关联到 PCB 中的网络

在原理图中右击某导线网络,在弹出的快捷菜单中选择 Highlight Net on PCB 命令,则可以自动关联到 PCB 中对应的网络,并以高亮态显示。

注意:在快捷菜单中还有 Highlight Net on Schematic 命令,可以实现原理图中同一网络都被选中;Goto Part in Design Explorer 命令可以关联到 Design Explorer 中对应的网络。

2) 将 Design Explorer 中的网络关联到 ARES PCB Layout 中的网络

在 Design Explorer 模式下,使其以 Physical Netlist View 模式预览,选中元器件,右击,在弹出的快捷菜单中选择 Goto PCB Net 命令,则自动切换到 PCB Layout 窗口,该网络以高亮态显示,具体操作过程如图 10-49 所示。

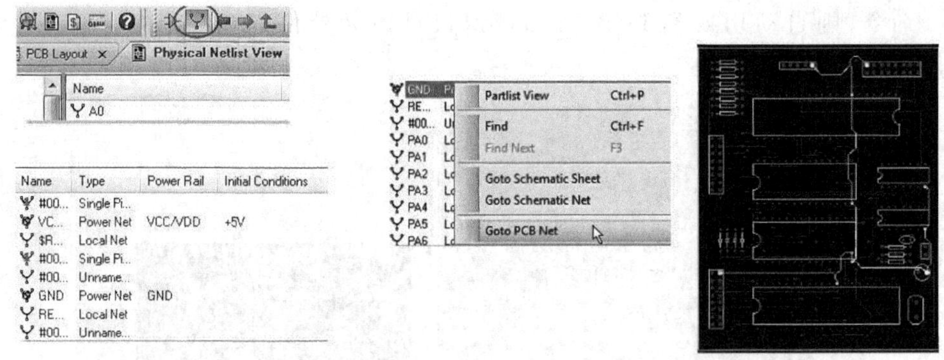

图 10-49 Design Explorer Net 关联到 PCB

同理,在 PCB Layout 中,通过 Highlight Net on Schematic、Highlight Net on PCB Layout 和 Show Net in Design Explorer 命令分别实现原理图、PCB 和设计浏览器之间的关联。

第11章 chapter 11

PCB Layout 布局、布线、覆铜和其他操作

PCB Layout 参数设置完成以后，就可以开始放置元器件并布线，Proteus 提供了手动布局、自动布局和手动布线、自动布线。下面主要讲解布局、布线和覆铜。

11.1 布　局

布局就是将原理图中的元器件用相应的封装器件代替并放入 PCB Layout 编辑区的 Board Edge 中的过程，因此，为了保证正确放置元器件，必须满足以下 3 个条件。

(1) 每一个元器件必须有相应的封装。

(2) 元器件封装必须在封装库中能够找到。

(3) Board Edge 的尺寸大小适中。

一般的建议是将手动布局和自动布局有机地结合起来。

11.1.1 手动布局

手动布局就是手动放置元器件，请参阅 10.2.1 节。具体放置位置请参阅 PCB 设计规则要求的相关资料。手动放置元器件的特点如下。

(1) 可以很方便地将比较特殊的元器件放在特定的位置，并可以通过 Lock Position 属性锁定位置。

(2) 手动布局适合元器件较少的情况。

手动布局元器件时，一般要遵循以下准则：

(1) 需要通过前面板直接访问的元器件，必须按照设计者的要求准确定位。

(2) 对内部电路进行调整的元器件，如电位器、微调电容、开关等，应当放置在电路板的边缘且容易进行操作的位置。

(3) 带有金属壳的元器件不要与电位器、微调电容、开关等离得太近，否则用螺钉旋具调整组件时，容易造成组件与设备底盘之间的短路。

(4) 热敏元器件应该远离产生热量的元器件。

(5) 产生热量的元器件应当均匀地散布在整个电路板上，以避免整个电路局部过热。

(6) 容易吸热的元器件必须通过隔热装置将其从电路板中隔开，并且在电路板上留出放置隔热装置的空间。

(7) 需要安装螺钉时，必须留出安装螺母各垫片的空间，并且注意一般不与电路连通。

11.1.2 自动布局

复杂的电路拥有很多元器件，通过手动放置显然是不现实的，而且工作效率也很低。Proteus 提供了 Auto-Placer(自动布线器)，放置元器件的一般规则是按照信号处理流程的方向放置，使信号走向尽可能保持一致，这样基本上各功能单元的元器件都是以某一个核心元器件为中心布局，它们是在布局上邻近的元器件，称这些元器件为 Group。自动布局的流程图如图 11-1 所示。

11.1.2.1 创建 Group

在 Schematic Capture 编辑窗口中选中元器件，打开属性对话框，设置其所在的 Group。例如，假设电容 C3 与 U1 为一个 Group，在 C3 属性对话框中输入{ GROUP=U1}即可，如图 11-2 所示。

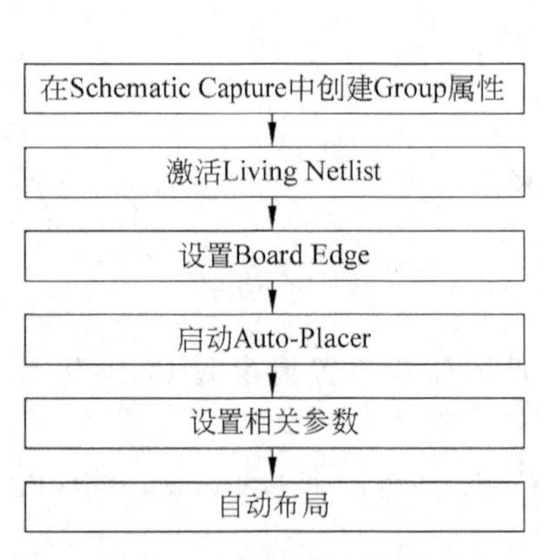

图 11-1 布局流程图

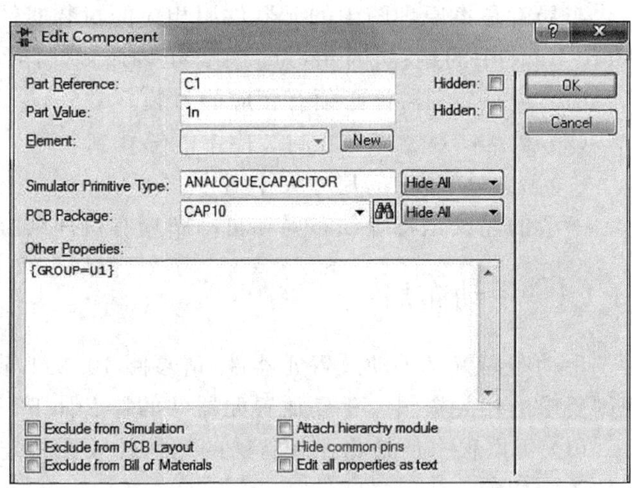

图 11-2 创建 Group

11.1.2.2 激活 Living Netlist

Living Netlist 的功能在前面已经讲过，请参阅 9.4 节，激活 Living Netlist 只要选中该项即可，如图 11-3 所示。

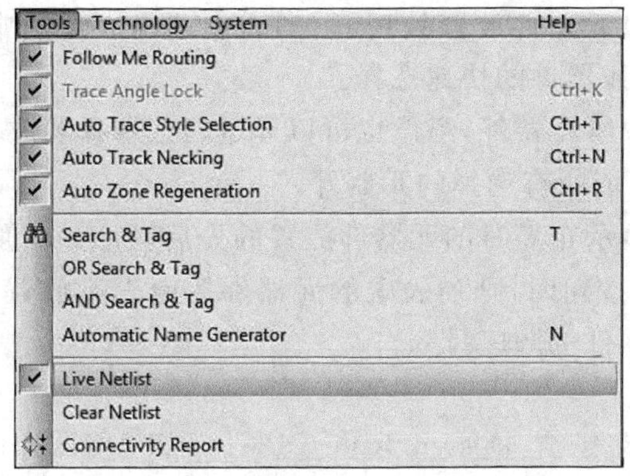

图 11-3 激活 Living Netlist

11.1.2.3 自动布局

1. 启动自动布局

选择 Tools→Auto-Placer 命令，弹出 Auto-Placer 属性对话框，如图 11-4 所示。属性对话框基本上分两大功能模块，左侧的为要布局的元器件选择器（Component Selector），右侧为自动布局规则属性设置对话框。

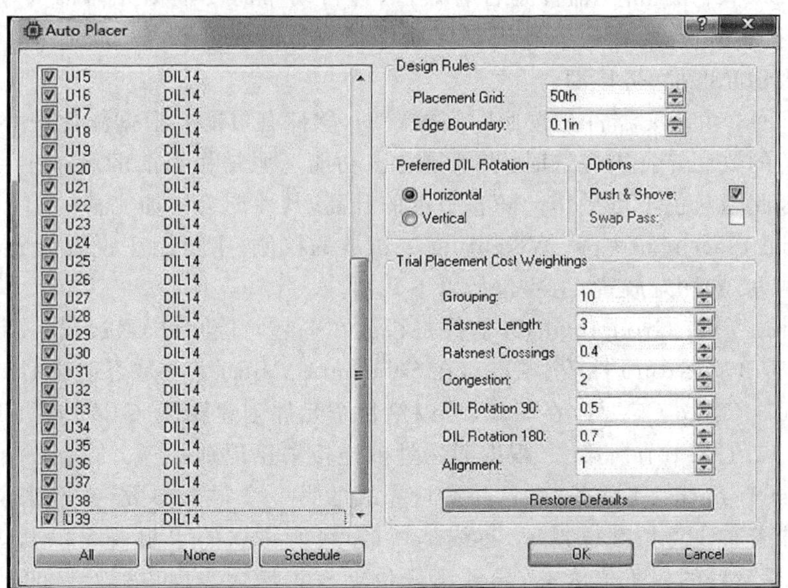

图 11-4 Auto-Placer 属性对话框

2. 自动布局属性参数设置

1) Component Selector

元器件选择器对话框列出了所有没有放置的元器件，列表中的元器件按字母顺序排列,如果之前没有进行过元器件放置处理,则列表中列出原理图中的所有元器件。可以通过下面3个按钮实现元器件的快速选择。

All按钮：用于选中所有器件,当然也可以通过勾选选择要放置的器件。

None按钮：用于取消所有选择的元器件。

Schedule按钮：用于显示布局时的元器件放置的先后顺序。一般情况下元器件按照字母顺序排列,单击Schedule按钮时,则列表中的元器件按照先后放置的顺序排列,一般情况下按照集成块、分离元器件的顺序排列。

2) 布局设计规则

布局设计规则主要包含 Design Rules、Preferred DIL Rotation、Option 和 Trial Placement Cost Weightings 共4项,具体功能如下。

(1) Design Rules：主要设置元器件布局时的规则,Placement Rules 定义自动放置元器件时的步长,一般设置为当前网格捕捉率的整数倍,典型值为25th、50th、100th,默认值为50th。Edge Boundary 主要定义放置元器件时与 Board Edge 的最小距离。

(2) Preferred DIL Rotation：主要定义 DIL 封装的器件放置的时候是水平放置(Horizontal)还是垂直放置(Vertical)。DIL 器件在放置时的旋转角度由 DIL Rotation 90/180 的 Cost 值决定,如果不关心怎么放置,可以将其设置为0。

(3) Options：包含以下两项。

Push&Shove：推、挤元器件是否有效,因为自动布局要根据元器件大小、PCB板的空间大小进行实时计算,在这个过程要移动已经放置的元器件,这个过程由计算机自动完成,勾选表示允许推、挤移动。

Swap Pass：由于元器件是按照顺序放置的,软件有可能要根据优化进一步自动修改属性,如封装的改变等。当勾选时,表示具有该功能。但是在当前的版本中,此功能并未真正实现,因此为灰色不可操作。随着版本的升高,其性能会更加完善。

(4) Trial Placement Cost Weightings：试放的权值,主要用于设置放置优先级别的权重,权重越大,越优先放置,主要包括以下几项。

Grouping：具有 Grouping 的元器件是否放在一起,自动布局通过以下两种方式去识别元器件是否具有 Group 性质。第一,在 Schematic Capture 中是否创建 Group 属性,例如 U1、U2、U3、C1 & C5 要放在一起,可以给每个元件创建属性{GROUP＝TIMER}(创建过程参阅11.1.2.1节);第二,根据元器件的连接关系识别。

Ratsnest Length：飞线长度,这是衡量布线的另一个重要参数,一般来说,飞线总长度越短,意味着布线总长度也越短,布线越短,布线所占据的印制板面积也就越小,布通率越高。如果设置的权重值太高,导致飞线价差权重增大,有可能导致布线未完成。默认典型值为3。

Ratsnest Crossings：飞线交叉权重,这也是衡量布线的重要参数,飞线允许的交叉权重越大,布通率就会越高,这与 Ratsnest Length 是一对矛盾项,一般该值比较小,系统默认为0.3。

Congestion：密集度权重,主要定义小器件放置时的布局密集度权重。如果一个小器件具有 Group 属性,则 Congestion 权重参数将被忽略。

DIL Rotation 90/180：DIL 封装器件放置时旋转 90°和 180°的权重。

Alignment：对齐权重，从美学角度看，一个 PCB 板的好坏，要看其对齐程度怎么样，布局是否很整齐。该权重值决定了布线相同元器件的对齐情况。一般遵循引脚对齐的原则。

一般默认参数可以满足大部分自动布局所需，因此该参数可以完全采用默认值，当然也可以对相应参数进行修改，单击 Restore Defaults 按钮可以恢复到原始参数。

3. 开始布局

单击 OK 按钮开始布局，单击 Cancel 按钮放弃自动布局。自动布局是一种快速的布局方式，但并不是最好的布局，一般将自动布局与手动布局结合起来。当布线完成后，信息栏会提示放置了多少个元器件、总计时间等信息，如 41 components placed in 33 seconds. 。对系统实例 ShiftPCB. Pdspr；进行自动布局和手动、自动结合布局，最后结果如图 11-5 所示，从图可以看出，后者的效果要比前者效果好。

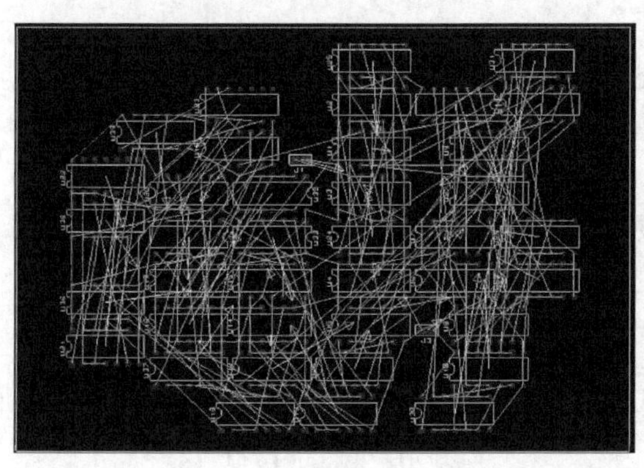

(a) 自动布局

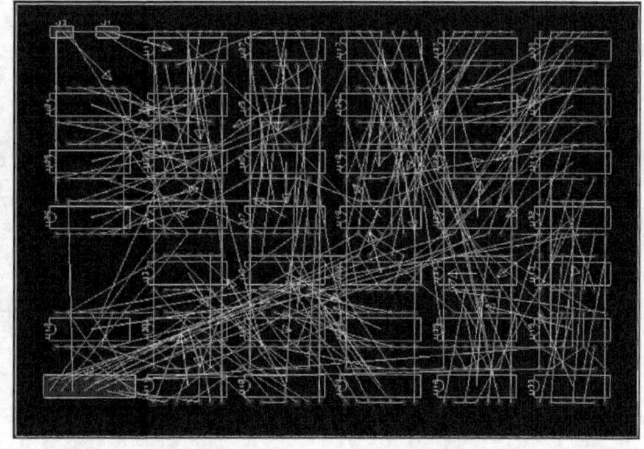

(b) 手动、自动结合布局

图 11-5 自动布局和手动、自动结合布局的结果对比

11.1.3 Netlist 信息栏与布局

本节应该与 10.3.2 节的内容结合起来学习。布局完成后，系统会自动进行 CRC 检测，并将结果显示在 CRC 信息栏内。如果显示 No CRC errors 则表示布局没有网络性错误，如果显示 402 missing(s)，表示布局存在错误，单击 CRC 错误信息栏，弹出 Connectivity Errors 窗口，如图 11-6 所示。必须修改错误直到显示 No CRC errors 为止。

Connectivity Errors

Error Type	1st Pin	2nd Pin
Missing	U1:11	U1:9
Missing	U11:13	U11:11
Missing	U14:1	U14:3
Missing	U14:13	U14:11
Missing	U6:3	U6:5
Missing	U6:11	U6:9
Missing	U7:13	U7:11

图 11-6 连接错误信息窗口

11.1.4 引脚/门交换及回注

在有网络表的情况下,布局后,PCB Layout 提供了 Pin-Swap/Gate-Swap(引脚/门交换)技术,可以来优化布局和飞线的连接情况,在 Schematic Capture 制作元器件时已经探讨过怎样设置元器件的引脚/门交换(具体参阅 6.4 节),其意义就在于为 PCB 飞线的优化提供技术保障,即只有元器件具有该功能的时候,在 PCB Layout 中操作引脚/门优化才是有意义的。PCB Layout 中提供手动引脚/门交换和自动引脚/门交换两种方式。

1. 手动引脚/门交换(Manual Pinswap/Gateswap)

手动引脚/门交换的步骤如下。

(1) 选择飞线模式。

(2) 右击要进行交换的元器件的引脚或者门引脚,在弹出的快键菜单中选择 Manual Pinswap/Gateswap 命令,此时飞线脱离该引脚随着鼠标而移动,而且能进行交换的目标引脚/门引脚也处于高亮状态。

(3) 飞线移动到目标引脚处,单击完成交换,如果此引脚是门引脚,则与门相连的其他引脚也会自动交换,刷新飞线和力向量。

以配套电子资源实例 chap12 中的 Level shift Register. pdsprj 来说明,找到 74LS00 元器件,其在原理图中的连接关系如图 11-7 所示。对其第 3 引脚进行交换,具体操作过程如图 11-8 所示。

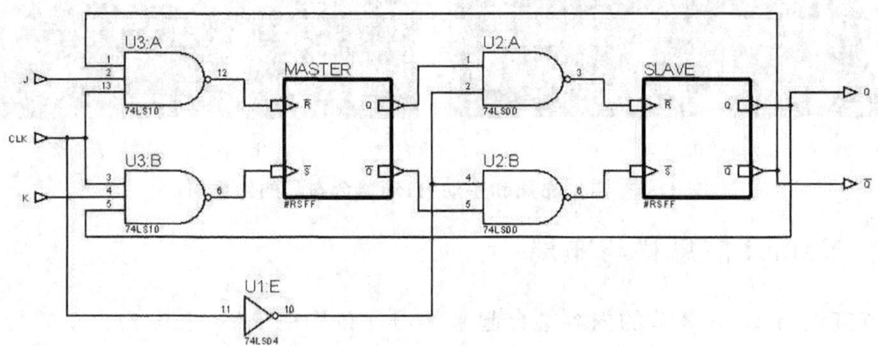

图 11-7 74LS00 构成 JK 触发器原理图

2. 自动引脚/门交换

如果在电路板上存在大量的门电路,可以进行交换的门很多,如图 11-8(c)所示,此时手动很难找到最优的门交换,Proteus 提供了自动门交换优化功能。

自动门交换的步骤如下。

选择 Tools→Gateswap Optimizer 命令,弹出确认是否要运行门交换优化处理的对话框,单击 OK 按钮开始门交换,则在信息栏中显示进行门交换的优化次数及进度情况,完成后,在信息栏内显示优化的结构,具体过程如图 11-9 所示。

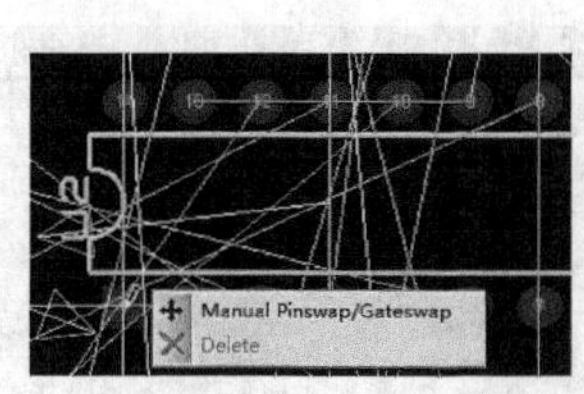

(a) 右击快捷菜单

(b) 飞线随鼠标移动且目标引脚处于高亮状态

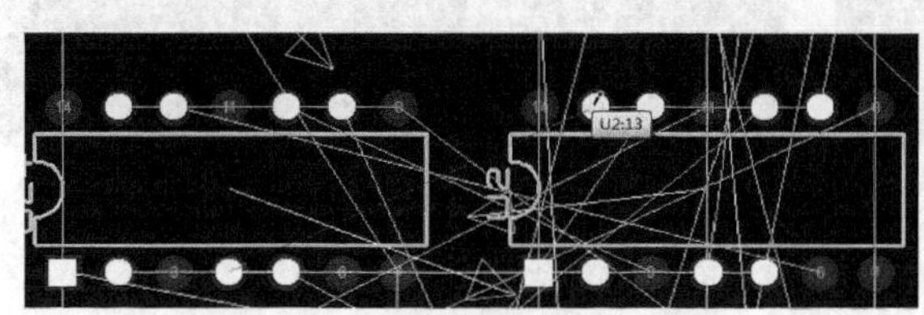

(c) 鼠标移至目标引脚处单击

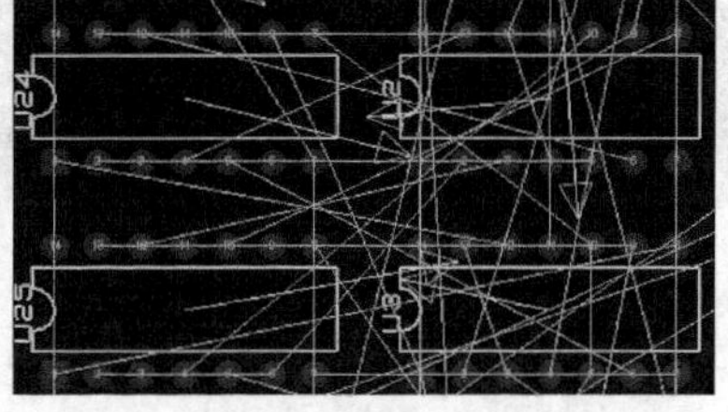

(d) 自动刷新，完成其他引脚的交换

图 11-8 引脚/门交换

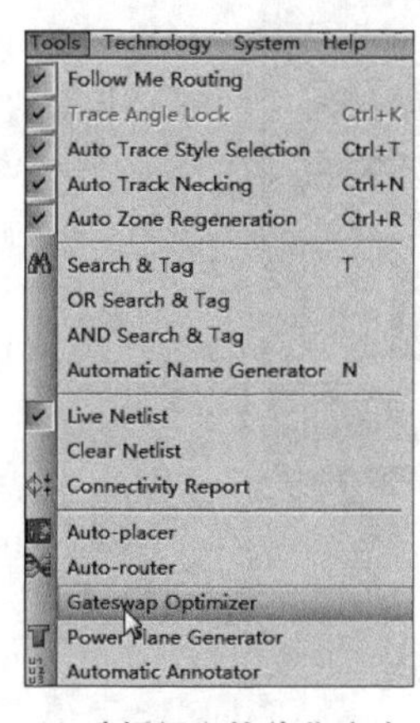

(a) 选择门交换优化命令

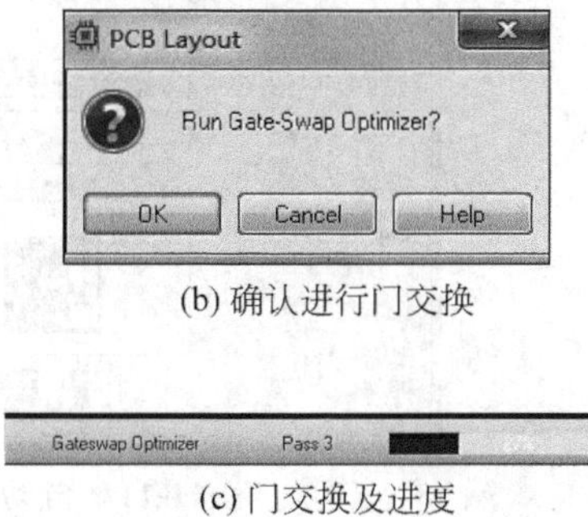

(b) 确认进行门交换

(c) 门交换及进度

Ratsnest reduced by 87.627 inches in 6 passes.

(d) 门优化结果

图 11-9 自动门交换

将没有进行门优化的布局图与门优化过的布局图进行对比，可以看出，门优化后布局更加整齐，飞线距离更短，如图 11-10 所示。

3. 回注

进行引脚/门交换后，元器件的连接关系都发生了变化；另外，元器件的相关参数（如封装、网络、参考号等）也可能被修改。在这些情况下，为了使原理图与 PCB 图保持一致，必须进行回注，选择 PCB Layout 菜单 Tools→Automatic Annotator 命令，实现从 PCB 回注到原理图中，单击此命令，弹出回注属性对话框，如图 11-11 所示，选择一种回注方式后单击 OK 按钮开始回注。

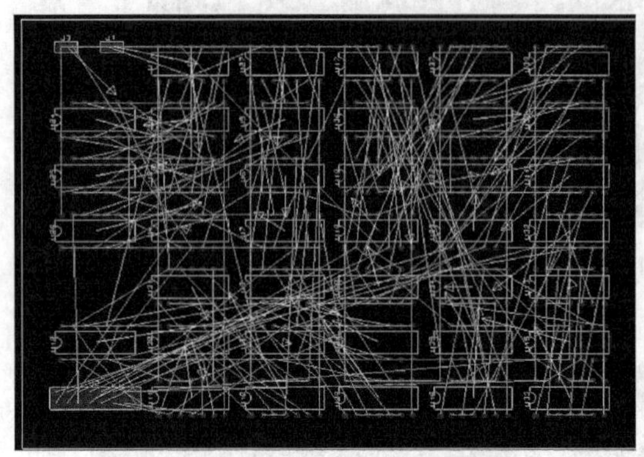

(a) 门交换优化前的布局

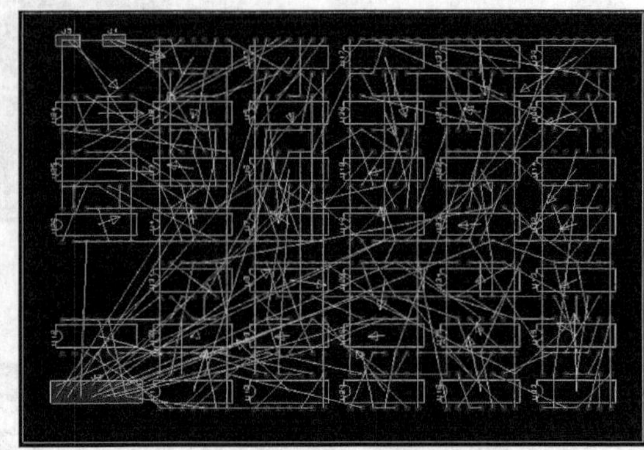

(b) 门交换优化后的布局

图 11-10 门优化前后布局的对比

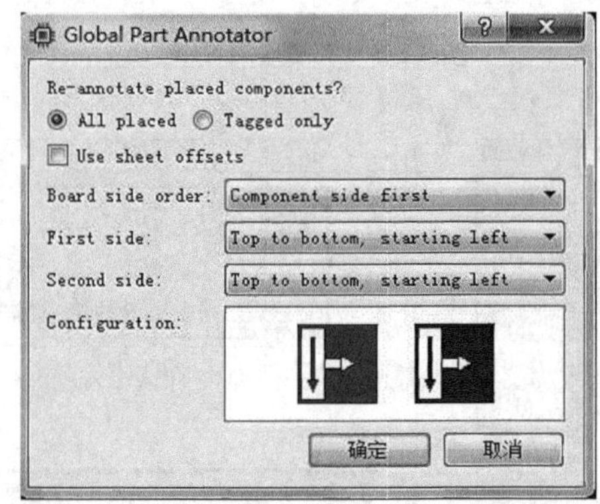

图 11-11 自动标注

11.2 布　线

完成参数设置和布局后，下一步操作就是布线，即将具有电气连接关系的引脚用覆铜导线连接，实现信号的传输。PCB Layout 提供手动布线、自动布线和交互式布线 3 种方式。

11.2.1 布线的基本设计

11.2.1.1 Ratsnest Mode(飞线模式)

设置 PCB 时，如果没有原理图或者处于 No Netlist 模式时，放置元器件封装是没有飞线的，因此必须手动连接飞线。放置飞线必须进入飞线模式。

单击模式工具栏中的按钮进入飞线模式，在对象选择器中列出 PCB 图中的元器件连接网络名，如图 11-12 所示。飞线模式的主要功能如下。

(1) 手动放置飞线。

(2) 实现门交换。

(3) 选中飞线。

(4) 选中具有同一网络的飞线。

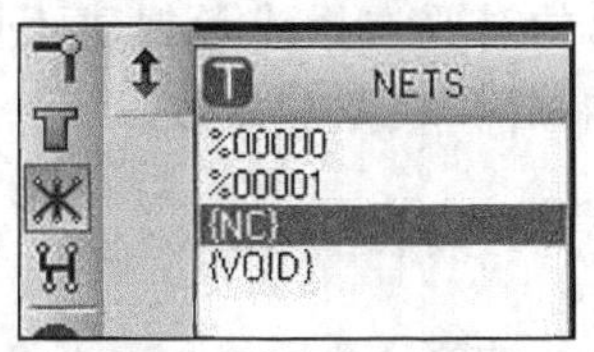

图 11-12 飞线模式

进入飞线模式后，就可以创建飞线，在需要放置飞线的焊盘处单击，移至到另一焊盘处单击，即可以在这两个焊盘之间创建飞线，系统自动创建力向量和网络名称(注意在对象选择器中观察)。具体操作过程如图 11-13 所示。

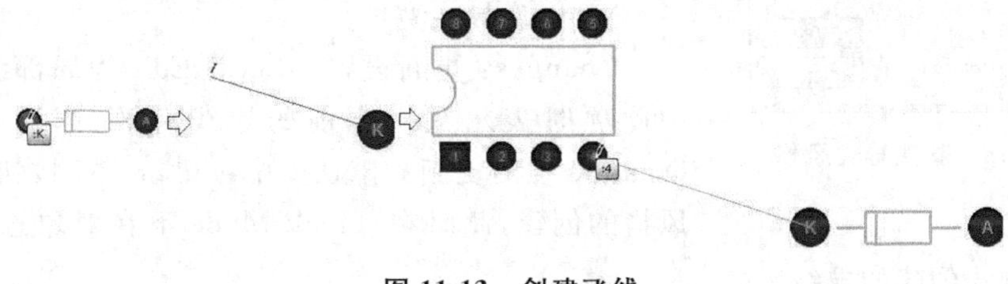

图 11-13 创建飞线

在飞线模式下通过拖动飞线进行门交换，对应引脚焊盘上的飞线自动实现门交换操作。例如，集成块引脚 2 和引脚 3 是可以进行门交换的，光标移至引脚 2，进入移动模式(注意光标形状)，按住左键拖动引脚 3，释放光标即可完成门交换。具体操作如图 11-14 所示。

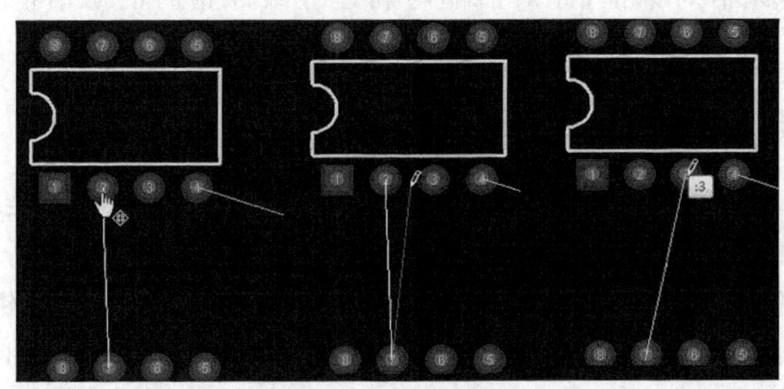

图 11-14 门交换

在飞线上单击可以选中飞线，如果是用户自己创建的飞线，按 Delete 键可以删除。也可以单击工具栏上的按钮，或者右击飞线，在弹出的快捷菜单中选择 Delete 命令，都可以删除飞线，与其对应的网络也会被自动删除。

在飞线模式下选中对象选择器中的某一网络名称，单击对象选择器上的按钮即可选中同一网络名称的所有飞线。

11.2.1.2 铜模导线的创建与编辑

铜模导线是连接实际电路中具有的电气连接的导线，在有关 PCB 的章节中提到的导线，在没有特殊情况下就是指铜模导线。在低版本中只有一种格式，而现在可以根据自己的需要选择或者创建不同类型的风格，对放置的铜模导线，可以编辑属性，修改其名称、层和线宽等参数。

1. 新建 Track

选择 Library→New Track Style 命令，或者单击模式工具栏内的(Track Mode)工具，在对象选择器内单击按钮，都会弹出编辑导线风格对话框，如图 11-15 所示。

图 11-15 新建导线风格

Name：导线风格名称。

Width：导线宽度。

Changes：更新设置。Local Edit 为局部编辑，当选中此项时表示只对当前的导线有效，当选择 Update Defaults 项时更新到默认库中。单击 OK 按钮完成导线风格的创建，此时在 Track Mode 下在对象选择器里就可以看见刚才创建的导线风格。

2. 编辑对象选择器中的导线风格

根据需要，还可以直接对创建的导线风格进行编辑。在 Track Mode 下，在对象选择器中选择要编辑的铜模导线，双击，或者单击选中导线风格后单击对象选择器上的按钮，打开编辑导线风格对话框，此对话框与新建导线风格时的对话框一样，如图 11-15 所示。

11.2.1.3 过孔创建与编辑

过孔在线路板中表示一条线路从板的一面跳到另一面，连接两条连线的孔也叫过孔(区别于焊盘，过孔边上没有助焊层)。过孔也称金属化孔。在工艺上，过孔的孔壁圆柱面上用化学沉积的方法镀上一层金属，用以连通中间各层需要连通的铜箔，而过孔的上下两面做成圆形焊盘形状，过孔的参数主要有孔的外径和钻孔尺寸。过孔可以分为通孔式和掩埋式两种，通孔式是指穿通所有敷铜层的过孔；掩埋式则仅穿通中间几个敷铜层面，仿佛被其他敷铜层掩埋起来，掩埋式的过孔又分为盲孔和埋孔。

1. 新建过孔风格

选择 Library→New Via Style 命令，或者单击模式工具栏内的(Via Mode)工具，在对象选择器内单击按钮，都会弹出新建过孔风格对话框，如图 11-16 所示，其主要参数如下。

Name：过孔风格名称。

Type：过孔类型，有 Circular(圆形)和 Square(方形)两种。

Cancel 按钮表示取消新建过孔；单击 OK 按钮弹出编辑过孔风格对话框，如图 11-17 所示，主要参数如下。

图 11-16 新建过孔风格对话框

图 11-17 编辑过孔风格对话框

Name：过孔风格名称。

Diameter/Square：孔径，定义圆形/方形过孔的孔径。

Drill Mark：钻头标记，在 Drill 模式下，定义焊盘在打印机或绘制输出时的钻头直径，这通常小于 Drill Hole 参数，其目的是为了确定钻头的位置。

Drill Hole：钻孔直径，指定在 CADCAM 输出命令时将要选择的钻孔工具直径。

Guard Gap：安全间距，主要定义阻焊层的半径。阻焊层由系统自动生成，如果该值小于 0(比如－1)，将不会出现阻焊层。还可以通过其右侧下拉列表中的 Present 和 Not Present 两个参数设置此焊盘类型作为焊盘栈层中的焊盘(参见 10.2.5 节，焊盘栈对应层的焊盘类型选择)时，其是否具有阻焊层，当选择 No Present 时，表示不出现。

Changes：参数改变的范围。Local Edit 为局部编辑，Update Defaults 为更新到默认库中。

2. 编辑对象选择器中的过孔风格

根据需要可以直接对过孔的风格进行编辑。在 Via Mode 下，在对象选择器中选择要编辑的过孔，双击，或单击选中过孔后单击对象选择器上的 E 按钮，打开过孔风格编辑对话框，此窗口与新建过孔过程中的编辑过孔对话框一样，如图 11-17 所示。

11.2.2 手动布线

飞线用于描述引脚与引脚之间具有电气连接关系的指示符，用绿色的线表示，但其本身没有电气特性。在进行手动布线开始之前，为了使布线比较合理和规范，建议开启飞线(ratsnest)和力向量(参阅 9.1.4 节和 9.4.6 节)，当然可以给不同的网络设置不同的飞线颜色(参阅 10.3.1 节)。力向量用黄色的箭头表示，它指向飞线距离最短的方向。

不论是手动布线还是自动布线，在布线之前一定根据设计需求设计布线规则和相应的层，具体设计请参阅 10.3 节。

11.2.2.1 没有网络表的手动布局

在没有网络表的情况下，放置的元器件之间没有飞线和力向量。可以通过手动方式放置飞线后再手动布线。也可以直接手动布线，在这里主要讲解手动布线，具体步骤如下。

(1) 单击模式选择器上 (Track Mode)按钮,如图 11-18(a)所示;在对象选择器中选择导线风格,如图 11-18(b)所示。

(2) 单击层选择器中要布线的层,如图 11-8(c)所示。

(3) 在 PCB 编辑区,将鼠标移到要布线的焊盘或者引脚上单击(如图 11-18(d)所示),此时铜模导线随着鼠标的移动而移动,铜模导线的颜色与所在层的颜色一致,布线的过程会根据布线规则进行,单击确定放置导线(如图 11-18(e)所示),随后导线仍然随鼠标而移动,将鼠标移动要结束的焊盘或者引脚处单击则完成焊盘与焊盘或者焊盘与引脚之间的连线(如图 11-18(f)所示),右击则退出布线模式(如图 11-18(g)所示)。

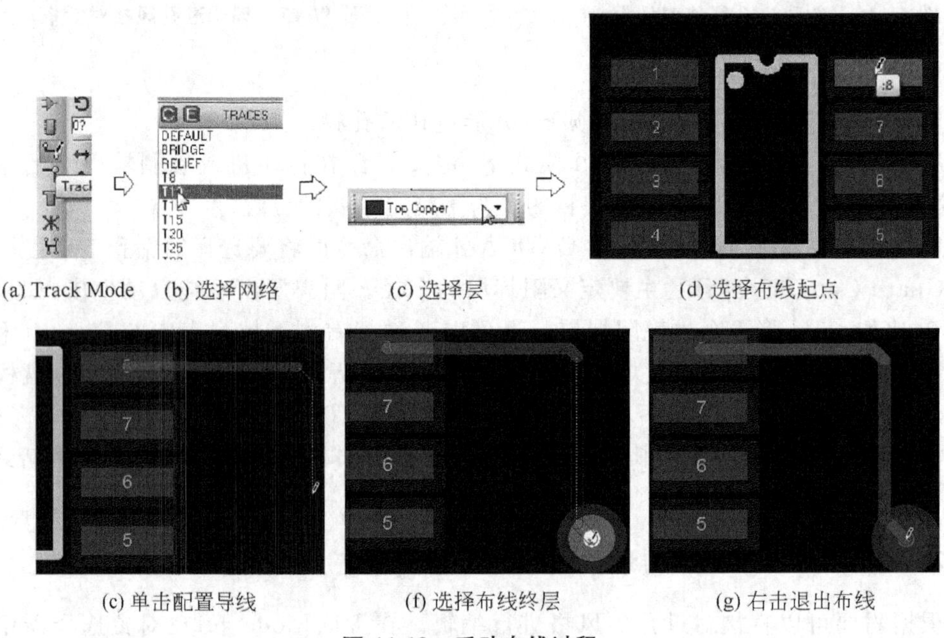

(a) Track Mode (b) 选择网络 (c) 选择层 (d) 选择布线起点

(c) 单击配置导线 (f) 选择布线终层 (g) 右击退出布线

图 11-18 手动布线过程

11.2.2.2 有网络表的手动布线

在一般的情况下,都是通过原理图来创建布线,Proteus 8 会自动产生网络表,此时的引脚焊盘之间存在飞线和力向量,如果没有显示,可以通过 Design Rule Manager 设置其显示,这样有利于合理布线。有网络表的布线操作过程与无网络表的布线的不同之处在于前者有飞线和力向量为布线指出最合理的连线,称此功能为动态飞线,如图 11-19 所示。

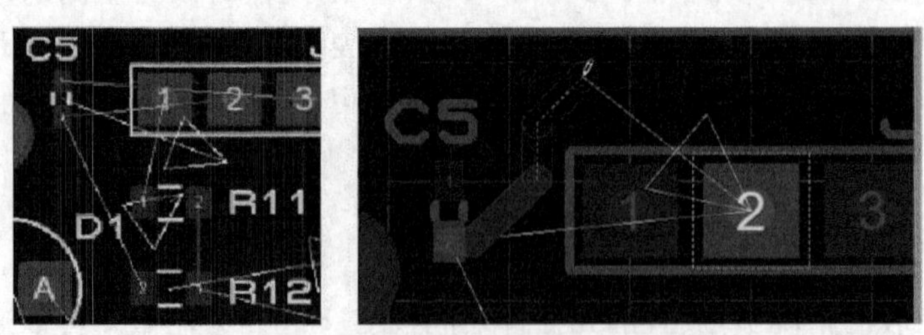

图 11-19 动态飞线

11.2.2.3 手动布线的技巧

在手动布线时注意以下技巧。

(1) 双击放置过孔,如果过孔符合设计规则,则铜模导线自动切换到刚才布线的层所对应的层对后开始布线,也可以按空格键产生浮动的过孔,移动到所需位置单击则放置过孔并切换到对应层,如图11-20所示。

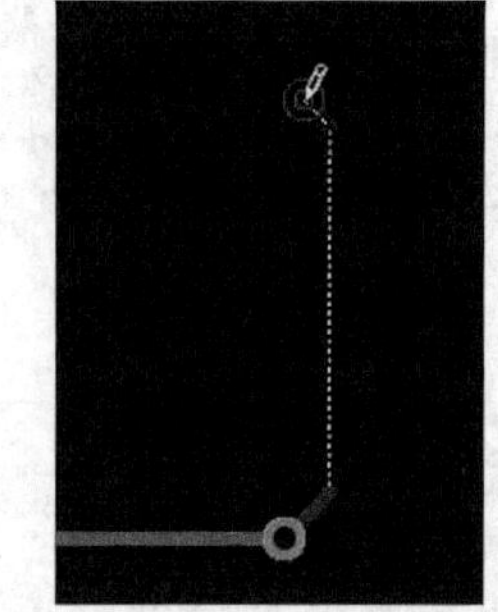

图11-20 过孔和浮动过孔

(2) 手动布线层的切换。在手动布线的过程,可以通过层选择器快键菜单实现层的切换,默认的快捷键为PgUp(上一层)、PgDn(下一层)、Ctrl+PgUp(层选择器中的第一层)和Ctrl+PgDn(层选择器中的最后一层)。

(3) 手动布线的撤销。在进行手动布线时,如果布的导线不符合设计规则或者布得不好,可以按键盘上的Esc键撤销上一步布的导线。

(4) 在布线的过程中,按键盘上的F6、F7键或者滚动鼠标的中间滚轮可以实现布线的放大和缩小。

(5) 在有网络表的情况下,因为布线时自动检测设计规则,可以随着力向量的指示方向直接移动鼠标,系统会自动根据布线规则等设计要求自动放置最合理的布线,如图11-21所示。

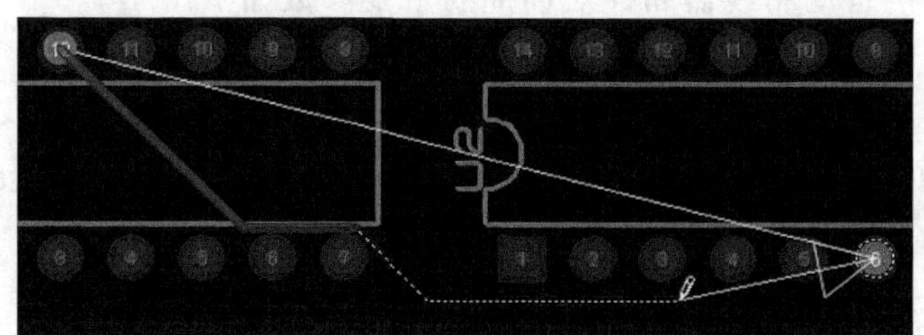

图11-21 鼠标随力向量方向移动,自动布线

11.2.3 自动布线

Proteus提供了快速的布线模式——自动布线模式,根据自动布线的方式不同分为Basic Auto-Routing(自动布线)和Interactive Routing(交互式布线)两种方式。

11.2.3.1 启动自动布线

自动布线与手动布线的区别在于自动布线完全遵循前面设计的布线规则,主要包括Design Rule Manager、层对设计、使用层设计以及Tools菜单下的默认命令等。选择Tools→Auto-router命令启动自动布线器设置,如图11-22所示。自动布线器的启动还可以通过单击工具栏上的按钮实现,自动布线器的属性对话框如图11-23所示。

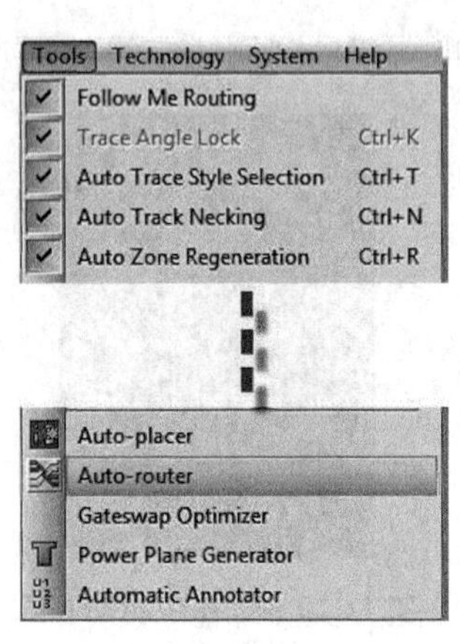

图 11-22 Tools→Auto-router 命令

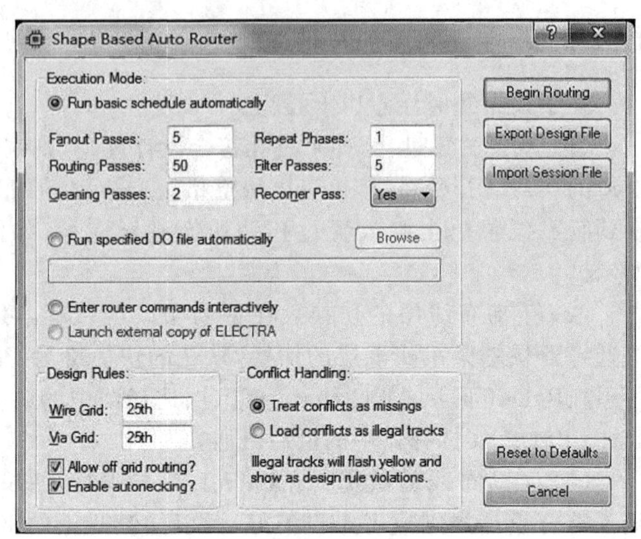

图 11-23 自动布线器属性对话框

不论在哪种模式下，设置相关参数后都必须执行布线命令，即选择 Begin Routing 命令启动自动布线。

11.2.3.2 自动布线器参数

图 11-23 所示的自动布线器属性对话框的主要参数如下。

1. Execution Mode(执行模式)

系统提供了 4 种执行模式，即 Automatic Routing(自动布线)模式、Scripted Routing(脚本布线)模式、Interactive Routing(交互式)模式和 ELECTRA 模式，这几种模式是否使能基于以下几个规则。

(1) 如果安装了 Proteus PCB Design Starter Kit、Proteus PCB Design Level 1 或者 Proteus PCB Design Level 1＋时，Scripted Routing Mode 和 Interactive Routing Mode 将被禁用。

(2) 如果没有安装带许可证的 ELECTRA 自动布线器，那么 ELRECTRA 模式将被禁止。

下面主要讲解 Automatic Routing(自动布线)、Scripted Routing(脚本布线)和 Interactive Routing(交互布线)3 种模式的参数。

(1) Automatic Routing(自动布线)模式，即 Run basic schedule automatically 模式，其主要参数如下。

Fanout Passes：扇出数，主要定义从 SMD 封装的焊盘与导线连接扇出的过孔数，有利于在 Routing Passes 参数下更容易连线。

Routing Passes：布线次数，主要定义完成布线通过的次数，默认值为 50。即通过 50 次计算完成布线。对于复杂或者密密麻麻的电路板，可以增加 Repeat Phases 的数值而不是增加 Routing Passes 的数值。

Cleaning Passes：清除数，主要指根据每个网络的使用过孔的成本、制造间距和交叉违规的成本进行重新布线，默认值可以满足大部分 PCB 板的要求。

Repeat Phases：重复数，主要定义 Routing Passes 和 Cleaning Passes 重复的次数。ARES 的自动布线器是一种自适应形状的布线器，所以重复的 Routing /Cleaning Passes 数值会帮助实现更高的布通率，该默认值适用于大多数 PCB 板，对于一个较复杂、集成度高的 PCB 板可以适当增大该值。

Filter Passes：过滤次数，主要定义布线后对任何有冲突的布线重新启动 Routing/Cleaning Passes 重复的次数。该默认值基本上满足所有的 PCB 板。

Recorner Pass：纯化的次数，主要定义是否将 90°拐角转换为 135°，选择 Yes 表示转换为 135°斜角，这样可以缩短布线路径（三角形两边之和大于第三边的原理）。选择 No 表示 90°走向。

(2) Scripted Routing(脚本布线)模式。当选择 Run specified DO file automatically 项时，其下的文本框和 Browse 按钮可以进行操作，可以直接输入 DO 文件的具体路径或者单击 Browse 按钮进行添加，完成 DO 文件的装载之后单击 Begin Routing 按钮，即进入脚本模式开始布线。

DO 文件是一个文字字符文件，可以用文本编辑器打开、创建和修改（其后缀为.DO），基本的 DO 文件参数如图 11-24 所示。可以看出，其主要内容仍然是定义上述的 fanout passes、Routing Passes、Cleaning Passe 等参数。DO 文件主要包括基本命令和高级命令，这些命令可以直接在交互式仿真中调用，具体命令参考 11.2.3.4 节。

(3) Enter router command interactively：选择交互式自动布线模式，单击 Begin Routing 按钮，即进入交互式模式，请参阅 11.2.3.3 节。

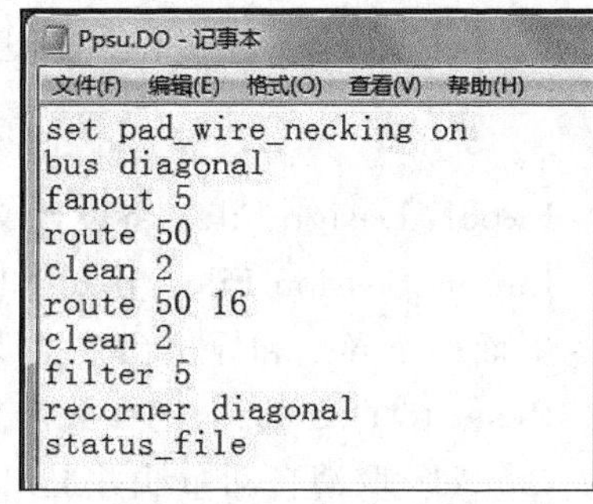

图 11-24 DO 文件的组成

2. Routing Rules(布线规则)

这些参数定义了额外的布线规则，其默认的参数可以满足一般要求，因此下面这些参数可以使用默认值。

Wire Grid：主要定义默认的布线网格数，该参数主要决定布线时优先参考的网格数，并不是定义在此网格线上布线。

Via Grid：定义过孔布线时的网格数，即过孔在放置时优先放置的网格位置，并不是限制过孔放置在该网格上。

Allow off grid routing：是否允许网格布线，默认为开启状态（选中状态），该项决定布线器在布线时基于网格布线，建议开启该项。

Enable autonecking：自动缩颈功能是否开启，该项决定在布线时是否自动缩颈，默认为开启状态。

3. Conflict Handling(冲突处理)

PCB Layout 在布线时,首先放置能够放置在理想位置的铜模导线,其次放置有冲突的导线,直到没有冲突位置,因此在布线时难免遇到冲突,ARES 提供了以下解决方案。

Treat conflicts as missings:将冲突视为引脚丢失,在这种情况下,布线器将终止或者忽略布线,将非法布线恢复到飞线状态下的连线。这种方式也是默认状态,当布线完成后会在 CRC 信息栏内提示会提示 1 missing(s) 信息。

Load conflicts as illegal tracks:将冲突视为不符合布线规则,选择此项当发生冲突时,保留布线,但以黄颜色闪烁表示该布线违反了布线规则。

4. Command Buttons(命令按钮)

命令按钮有以下 5 个。

Begin Routing:开始布线,单击此按钮,系统开始布线,在信息栏中显示当前布线的进展情况,当完成布线后,自动进行 CRC 和 ERC 检测,并将检测结果在相应的信息栏内显示出来,如图 11-25 所示。

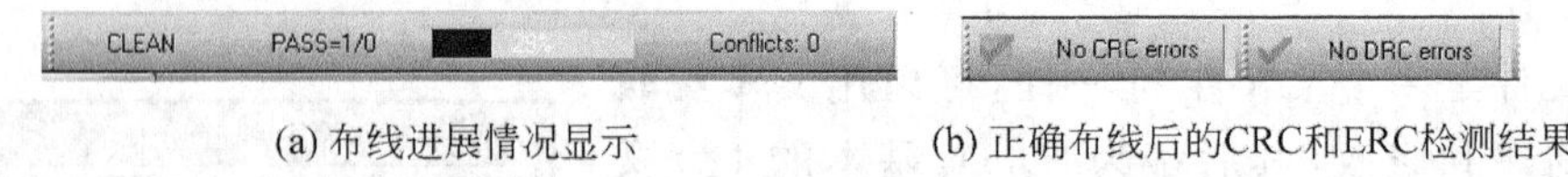

(a) 布线进展情况显示　　(b) 正确布线后的CRC和ERC检测结果

图 11-25 信息提示

Export Design File:将设计文件导出,保存为.EDF 格式的文件。

Import Session File:导入.SEC 文件。

上面两个导入和导出命令主要用于 SPECCTRA 自动布线器中。

Reset to Defaults:把参数恢复到默认状态。

Cancel:取消自动布线并退出。相当于单击布线器上的“关闭”按钮。

11.2.3.3 交互式布线模式

交互式布线模式适用于 2 层板或者多层板,在交互式模式下可以控制布线的顺序和任务的优先级权,交互式布线模式的特点如下。

(1) 输入布线命令来控制自动布线器。

(2) 可以用鼠标来选择布线的区域或者网络。

(3) 在正常的方法下,使用鼠标或者键盘可以浏览 Layout。其他的操作不许在交互式退出后进行。

当选择 Enter router commands interactively ,单击 Begin routing 按钮时,即进入交互式模式,此时在 PCB Layout 窗口底部与控制工具栏之间就会出现命令框,在命令框中输入命令进行交互式布线。如图 11-26 所示,每一命令为单独一行指令,输入相关命令后按回车键开始执行命令。如果命令有错误,会提示 Unknown Command。

图 11-26 交互式命令窗口

11.2.3.4 交互式命令

交互式命令主要用于进行交互式布线，这些命令也在自动布线模式和文本模式下应用，根据命令使用程度的不同分为基本命令和高级命令两类。命令中的参数名只起到说明作用，不能在指令输入中出现，一般的情况下，[ ]代表选项可有可无，< >表示必需的参数，|表示“或”的关系。

1. 基本命令

基本命令主要包括 bus、fanout、route、filter、recorner 和 clean，命令不区分大小写。具体功能如下。

1）bus 命令

基本格式：

```
bus [diagonal]
```

实例：

```
bus diagonal
```

功能：bus 命令定义总线布线，排列规则的引脚和总线连接引脚都有共同的(x,y)坐标。这种布线方式在存储器阵列中非常有效。在总线布线模式下，布线器不能产生冲突，因此必须有足够的布线空间。在正常情况下该模式走 90°直角形布线，如果定义了参数 diagonal，则按 135°斜线布线。该命令一般作为第一条交互式命令或用于脚本模式中。

2）fanout 命令

基本格式：

```
fanout<number of passes>
```

实例：

```
fanout 5
```

功能：扇出数，主要定义从 SMD 封装的焊盘通过过孔与导线连接时扇出的过孔数，是 BUS 命令后的第二条布线命令。扇出的方向也可以设置，即扇出过孔在 SMD 的里面还是外面。这时使用完全格式来设置，完全格式如下：

```
fanout [<passes>]
[(direction[in_out|in|out])]
[(pin_share [on|off])] [(via_share [on|off])]
{[(pin_type [active|signal|power|unused|all|single])]}
```

```
[(max_len < positive_dimension>)]
```

实例：fanout (depth opposite 2) (share_len 500)

3) route 命令

基本格式：

```
route<number of passes>, <start pass>
```

实例：

```
route 20 (first routing phase)
route 20,16 (subsequent routing phases)
```

功能：这是一条最基本的布线命令，该命令告诉自动布线器完成布线的次数。通常情况下，使用 route 和 clean 命令来完成布线。start_pass 参数出现在第二次或后续出现 route 命令时使用，并设定第一次布通的初始成本。start_pass 参数取值范围为 1～1000。

4) clean 命令

基本格式：

```
clean<number of passes>
```

实例：

```
clean 2
```

功能：clean 命令对每个网络进行重新布线，重新布线的原则是：首先考虑导线与导线间的安全间距冲突和交叉冲突的成本，其次考虑导线与过孔间的安全间距冲突权重。该命令与 route 联合完成整个布线，即 route 命令布通一些，clean 命令再布通一些，如此循环，直到所有线都布通。当完成布线后，clean 命令可以减少过孔的数量。

5) filter 命令

基本格式：

```
filter<number of passes>
```

实例：

```
filter 5
```

功能：该命令的功能主要是解决布线过程中出现的冲突问题。

6) recorner 命令

基本格式：

```
recorner [diagonal]
```

实例：

```
recorner diagonal
```

功能：钝化命令，该命令一般用于布线的最后。钝化可以减小布线的长度。

2. 高级命令

1）check 命令

基本格式：

```
check
```

实例：

```
check
```

功能：此命令调用 DRC（设计规则检查）并将结果和相关错误显示出来。特别适用于设计规则改变之后。check 命令对布通的每条覆铜导线进行自动检查，并将违规的总数显示在状态栏内，将有冲突的区域在 PCB Layout 中以高亮态显示。

2）circuit 命令

基本格式：

```
class <class_id>| net <net_id>circuit {<circuit_descriptor>}
<circuit_descriptor>:: =
[(priority <positive_integer>| (use_via {<padstack_id>}) | (use_layer
{<layer_name>})]
```

实例：

```
对网络和类定义层：
net sig1 (circuit (use_layer L1 L2))
设定布线优先级：
net sig1 (circuit(priority 200))
定义类和网络在哪个层布线和定义过孔：
(class special net1 net2 net3 net4 net5
  (circuit
    (use_via via.VIA1__1_10.bv1_10 via.VIA3__4_5.bv4_5 via.VIA3__6_7.bv6_7)
    (use_layer SIGNAL_1 SIGNAL_3 SIGNAL_4 SIGNAL_5 SIGNAL_6 SIGNAL_2)
  )
  (rule
    (width 0.007)
    (clearance 0.007)
    (clearance 0.001 (type via_via_same_net))
    (clearance 0.001 (type smd_via_same_net))
  )
)
```

功能：此命令用来设计布线的优先级，设定过孔，定义网络和类在哪个层进行布线。其中优先级的取值范围为 0～255，默认值为 10。use_via 参数定义一个或者多个焊盘栈所在的类或网络。use_layer 指定类或网络所在的层。

3) cost 命令

基本格式:

```
cost <cost_type>
cost <cost_type>cost_descriptors>|[(type[length|way])] |-1]]
```

实例:

```
cost layer TOP forbidden
cost layer I1 high (type way)
cost via high
```

功能:该命令用于设置内部定义的成本,是一个固定值。在自动布线默认的情况下,cost 的取值范围可以是 0～100,但有些 cost 值已经内部预定义了,如表 11-1 所示。cost 为-1 时,将重置成本值,一般建议不要设置此值。cost 还可以设置为如表 11-2 所示。

表 11-1 内部预定义的 cost 值

cost	值
Forbidden	100
Low	8
High	50
Free	0
Medium	25

表 11-2 cost 定义

选 项	描 述
cross	交叉冲突
squeeze	导线与导线间的安全间距冲突
via	导线与过孔间的安全间距冲突
way	非首选的层布线成本
off-grid	关闭网格布线的成本
off-center	进入/退出 SMD 焊盘中心的成本
side exit	在长的一边退出 SMD 焊盘的成本
layer	如果类型是 length,则 cost 参数为 layer;如果类型是 way,则 cost 参数是非首选的布线方向

4) direction 命令

基本格式:

```
direction <layer name> [horizontal|vertical|orthogonal|off]
```

实例:

```
direction I1
```

功能：改变层优先布线的方向。

5) grid 命令

基本格式：

```
grid [via<positive_value>[<via_id>] | wire<positive_value>[<layer_name>]
```

实例：

```
grid wire 8.333
Grid wire 5 layer 1
```

功能：定义铜箔导线与过孔的网格间距。

6) limit 命令

基本格式：

```
limit [cross [<positive_integer>|-1] |
via [<positive_integer>|-1] |
bend [<positive_integer>|-1] |
way [<positive_dimension>|-1]]
```

实例：

```
limit via 2
limit way 200
limit way -1 (重置为默认值)
```

功能：limit 命令定义布线的相关参数，其中 cross 参数定义在布线时相互交叉的导线的最大数目；via 参数定义相连导线的过孔数目，bend 参数定义导线弯曲的次数，Way 参数定义非首选路由的最大距离数。<positive_integer>值的范围为0～255，－1 表示采用系统默认值。

7) lock 命令

基本格式：

```
lock net <name>
```

实例：

```
lock net A0   (其中 A0 为网络名)
```

功能：lock 命令主要禁止布线器对导线(该导线的网络名为 net 参数后的网络名)进行改变和删除操作，即对该导线进行锁定。ARES PCB Layout 布线器不允许其他导线与锁定导线相连。

8) protect 命令

基本格式：

```
protect all wires
```

实例：

```
protect vcc
```

功能：protect 命令防止布线器对受保护的网络导线进行更改和删除操作。如对电源网络 GND、VCC 等进行布线后，可以采用 protect 命令进行保护。ARES PCB Layout 布线器仍然允许其他导线连接到受保护的导线上。

9）rule 命令

基本格式：

```
rule [pcb|layer<layer_name>|class <class_id>|
net<net_id>|]{<rule_descriptors>}
<rule_descriptor>::=
[(clearance <positive_dimension>
[(type {<clearance_type> })])] |
[(junction_type [term_only | all])] |
[(limit_bends [<positive_integer |-1])] |
[(limit_crossing [<positive_integer |-1])] |
[(limit_vias [<positive_integer |-1])] |
[(limit_way [<positive_integer |-1])] |
[(max_total_vias [<positive_integer |-1])] |
[(reorder <positive_integer)] | [(junction [on | off])] |
[(via_at_smd [ on |off [(grid [on | off])] [(fit [on | off])]] |
[(width < positive_dimension> )]
```

功能：rule 命令主要设置全局的 PCB 或者某个层的网络的布线规则。

10）select 命令

基本格式：

```
select[layer|via]{<id>}|[all[layers|vias] |comp{<comp_name>}|[net]{<net_name>}
```

功能：select 命令使布线器使用特定的层或过孔。该命令也允许选择特定的网络进行布线，这时网络名区分大小写。

11）unlock 命令

基本格式：

```
unlock net <name>| [all {layers|vias}]
```

功能：对已锁定的网络、层或过孔进行解锁。

12）unprotect 命令

基本格式：

```
unprotect all wires
```

功能：撤销已保护的导线，并允许布线器重新布线。

13) unselect 命令

基本格式：

```
unselect [layer|net|via]{<id>} | [all {layers|vias}]
```

实例：

```
unselect layer s1 s2
```

功能：该命令禁止布线器在特定的层对和过孔上布线，这个命令可以用来减少最初定义的层的个数，该命令中的名称区分大小写。

11.2.4 禁止布线层

进行布线的时候，可以设置特定的区域禁止布线。例如，在晶体振荡器元器件的放置区(直插式的水平放置，或者贴片式的)，为了提高抗干扰性，一般禁止在此区域进行布线，此时就需要放置禁止布线层。放置禁止布线层的步骤如下。

(1) 选择模式工具栏上的 2D Box Graphic/Closed Path Mode。

(2) 在层选择器中选择 Keepout Layer。

(3) 在需要禁止布线的区域放置闭合的路径，如 Box，单击开始放置，拖动形成矩形区域，单击完成放置，如图 11-27 所示。

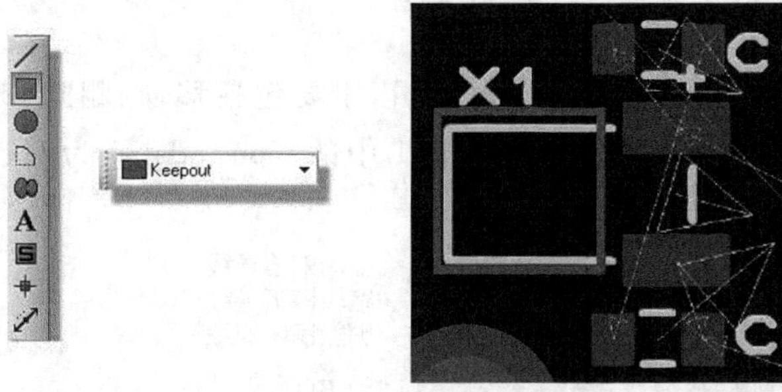

图 11-27 放置禁止布线区

在图 11-27 中(配套电子资源实例 chap11 中的 Cpu. pdsprj)，放置禁止布线层时没有发生 DRC 错误，放置的时候有可能产生 DRC 错误，单击 DRC Errors 栏可以查看错误，如图 11-28 所示。

在图 11-28(a)中，放置的禁止布线区离引脚距离很近，违反了设计规则，所以自动以红色的圈把错误的地方圈住，表示此处有 DRC 错误发生，当第一次产生 DRC 错误时，系统会自动弹出错误警告窗口并在 DRC 信息栏内显示有多少个错误发生，如图 11-28(b)所示；选中 Don't display message again 后，此后发生错误就不会再有警告提示窗口弹出，单击错误信息栏会弹出具体的错误信息显示窗口，如图 11-28(c)所示，可以看出，该类错误是 PAD-EDGE 错误，即晶体振荡器的焊盘引脚离禁止布线区的距离违反了设计规则中 15th 的最小安全间距要求。而实际间距为－4th，此时处理的办法如下。

(1) 忽略 DRC 错误，即在错误处右击，在弹出的快捷菜单中选择 Ignore this error 命令。如图 11-29 所示，选择 Reset Ignore Errors 命令可以恢复错误。

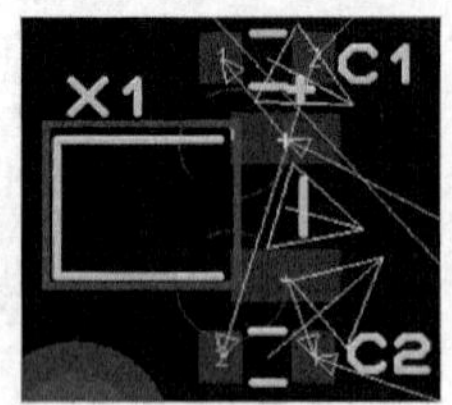

(a) DRC错误标注

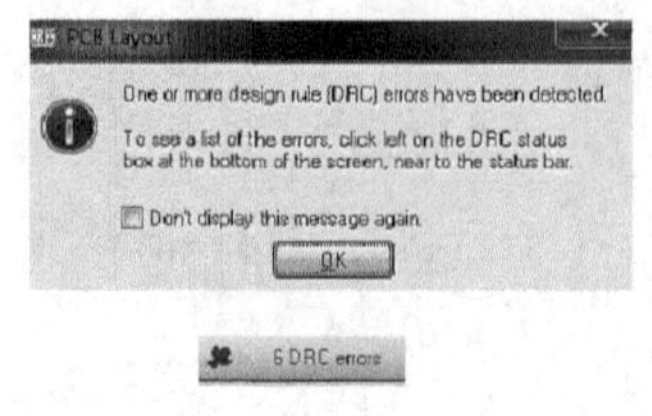

(b) 第一次DRC检测警告并显示错误个数

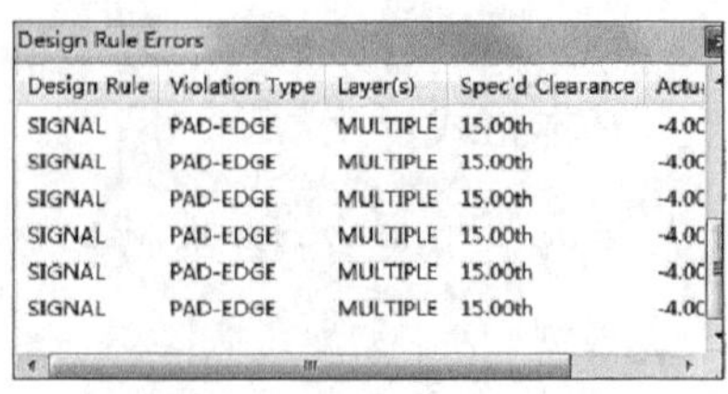

Design Rule Errors

Design Rule	Violation Type	Layer(s)	Spec'd Clearance	Actu
SIGNAL	PAD-EDGE	MULTIPLE	15.00th	-4.00
SIGNAL	PAD-EDGE	MULTIPLE	15.00th	-4.00
SIGNAL	PAD-EDGE	MULTIPLE	15.00th	-4.00
SIGNAL	PAD-EDGE	MULTIPLE	15.00th	-4.00
SIGNAL	PAD-EDGE	MULTIPLE	15.00th	-4.00
SIGNAL	PAD-EDGE	MULTIPLE	15.00th	-4.00

(c) DRC错误信息

图 11-28　DRC 错误

Design Rule Errors

Design Rule	Violation Type	Layer(s)	Spec'd Clearance	Actual Clearance
DEFAULT	PAD-E			-4.00th
DEFAULT	PAD-E			-4.00th
DEFAULT	PAD-E			-4.00th
DEFAULT	PAD-EDGE	TOP	15.00th	-4.00th

Ignore this error
Reset Ignored Errors

图 11- 29　忽略错误

(2) 移动 Keepout 区域到安全间距范围内,此时的技巧是:先缩小 Snap 捕捉率(在 View 菜单下),移动 Keepout 区域,移动完成后恢复到原来的 Snap 参数。

11.2.5　铜箔导线的编辑

布线完成以后,可以对铜箔导线进行编辑,主要包括移动、删除、改变线宽和改变所在的层等操作。以配套电子资源实例 chap11 中的 Cpu. pdsprj 为例,选中铜模导线,右击,弹出快捷菜单如图 11-30 所示。

图 11-30　选中铜箔导线时的快捷菜单

单击某一铜模导线，则与该铜箔导线相连的所有铜箔导线都被选中，选择 Delete Route(s)命令时，则选中的导线全被删除，如图 11-31 所示。有时候只想删除其中的一部分铜模导线，可以结合 Trim 相关的指令，Trim 命令的相对参考方向是相对于单击选中的铜箔线而言的。假如单击图 11-31(a)中的顶层红色铜箔线选中了一段铜箔线(包括顶层和底层)，各指令的操作效果如图 11-32 所示。

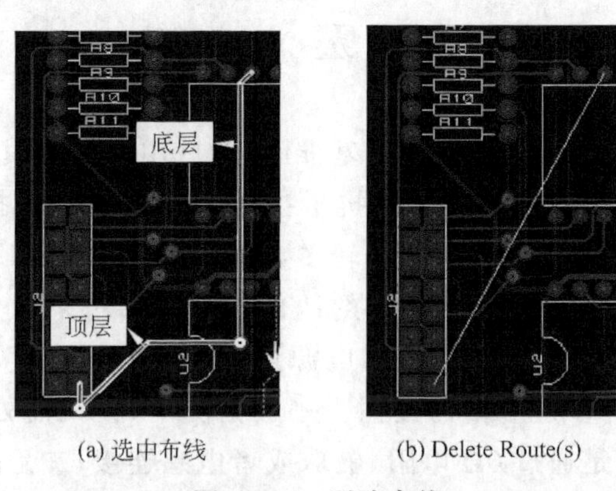

(a) 选中布线　(b) Delete Route(s)

图 11-31　删除布线

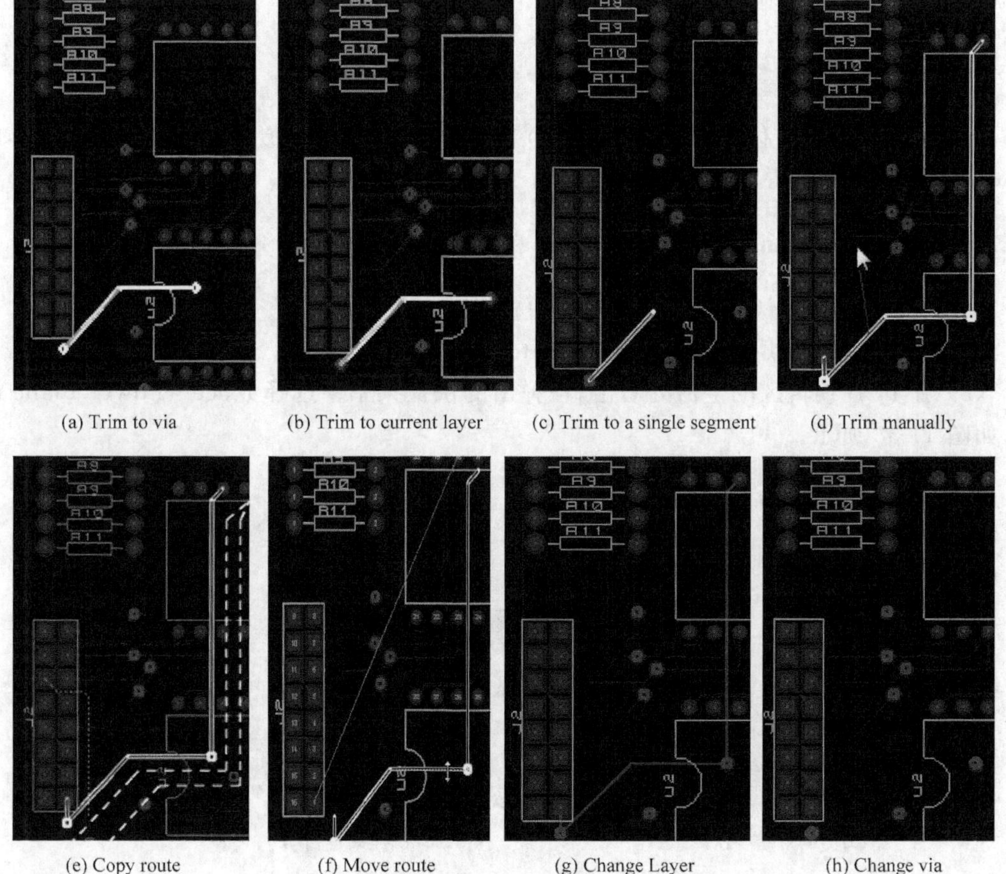

(a) Trim to via　(b) Trim to current layer　(c) Trim to a single segment　(d) Trim manually

(e) Copy route　(f) Move route　(g) Change Layer　(h) Change via

图 11-32　各指令操作效果

PCB Layout 提供了快速选中某一特殊网络导线功能，这一功能在布局模式下也具有此功能。单击模式工具栏上的(Connectivity Highlight Mode)，在对象选择器里列出了所有的网络名称，双击网络名称，或者单击网络名称后单击对象选择器上的按钮，则可以选中同名网络的所有铜箔导线，随后可以对其整体进行操作。

11.3 覆 铜

覆铜，就是将 PCB 上闲置的空间作为基准面，然后用固体铜填充，这些铜区又称为灌铜。覆铜的意义在于减小地线阻抗，提高抗干扰能力；降低压降，提高电源效率；与地线相连，减小环路面积。如果 PCB 板中地线较多，如有 SGND、AGND、GND 等。一般可以根据 PCB 板面位置的不同，分别以最主要的地作为基准参考来独立覆铜，数字地和模拟地分开来敷铜。同时在覆铜之前应该加粗电源连线：5.0V、3.6V、3.3V 等。这样一来，就形成了多个不同形状的多边形结构覆铜。一般情况下，覆铜需处理好几个问题：一是不同地的单点连接，做法是通过 0Ω 电阻、磁珠或者电感连接；二是晶振附近的覆铜，电路中的晶振为高频发射源，做法是环绕晶振敷铜，然后将晶振的外壳另行接地。三是孤岛(死区)问题，如果觉得孤岛很大，应该定义一个地过孔添加进去。

11.3.1 设计覆铜

Proteus 提供了整体覆铜(自动覆铜)和局部覆铜(手动覆铜)两种覆铜方式，即 Power Plane Generator 和 Zone Mode。

11.3.1.1 Power Plane(自动覆铜)

启动 Power Plane Generator 有以下两种方式：

(1) 选择 Tools→Power Plane Generator 命令。

(2) 在 PCB 编辑区的空白处右击，在弹出的快捷菜单中选择 Place→Power Plane 命令，如图 11-33 所示。

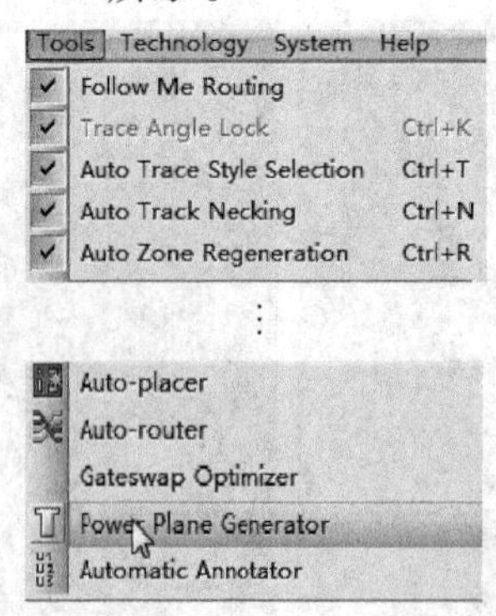

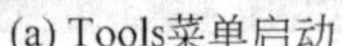

(a) Tools菜单启动

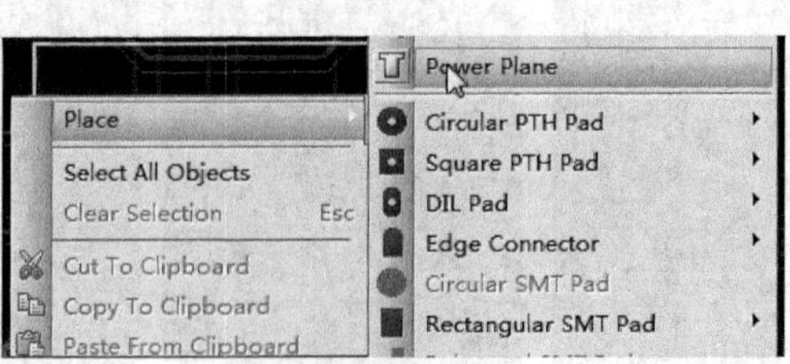

(b) 快捷菜单启动

图 11-33 Power Plane Generator 启动

无论用哪种方式启动 Power Plane Generator，都会弹出其属性对话框，如图 11-34 所示，其主要参数含义如下。

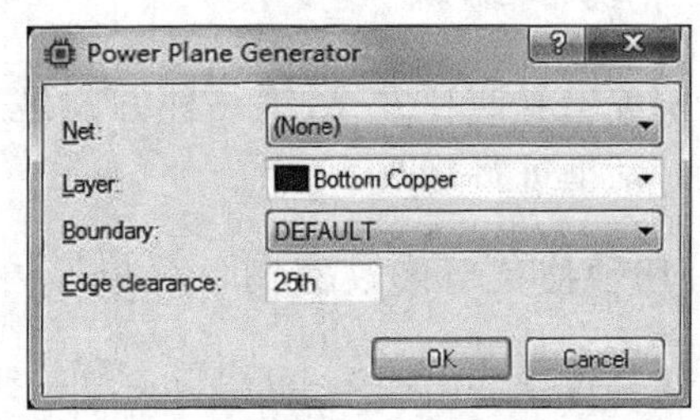

图 11-34 Power Plane Generator 属性对话框

Net：网络，指定对哪个网络进行覆铜。单击下拉按钮，弹出原理图产生的所有网络名，选择其中之一，一般定义为 GND，也可以选择为 None，此时将对所有定义为 Thermal 或 Solid 属性的焊盘也进行覆铜。

Layer：覆铜所在的层，单击下拉按钮选择层。

Boundary：覆铜风格选择，单击下拉按钮选择系统/用户提供的覆铜风格（即单击模式工具栏上的 Zone Mode 时对象选择器所列出的风格）。

Edge clearance：用于定义覆铜与 Board Edge 之间的距离。

OK：开始覆铜，并退出属性框。

Cancel：取消覆铜并退出。

注意：该模式下必须存在封闭的 Board Edge，是对整个 PCB 板整体覆铜。

11.3.1.2 Zone mode（手动覆铜）

Proteus 提供了灵活、功能强大、适用于不规则区域的覆铜模式，即手动覆铜模式。单击模式工具栏上的 Zone Mode 按钮，在层选择器中选择对应的层，在对象选择器中选择合适的覆铜风格，最后在 PCB 编辑区内绘制封闭的区域（鼠标变成一只小铅笔的形状，可以用拖曳的方式绘制矩形，也可以按住 Ctrl 键绘制弧形曲线，不论是哪种线，都必须保证是闭合的），此时会弹出 Edit Zone 对话框，设置对应的参数，单击 OK 按钮完成覆铜。具体如图 11-35 所示。

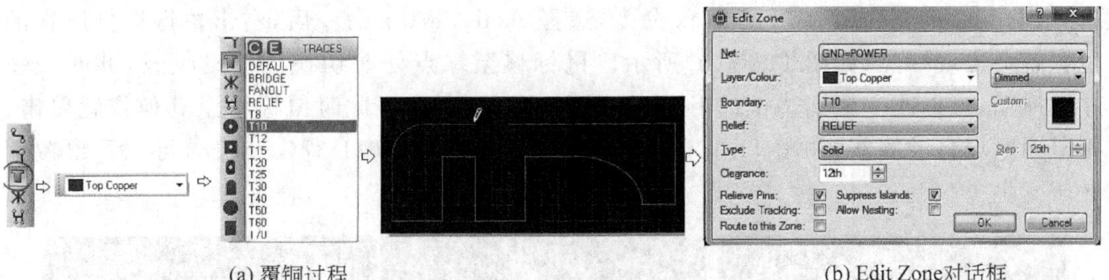

(a) 覆铜过程　　(b) Edit Zone对话框

图 11-35 手动覆铜过程

从上面的操作可以看出，Power Plane Generator 和 Zone Mode 的主要区别在于 Power Plane Generator 以当前 PCB 板的 Board Edge 为边框，对整体 PCB 板进行覆铜操作，而 Zone Mode 可以形成不同形状的区域进行覆铜，可以局部覆铜，也可以对整个 PCB 板覆铜。

11.3.2 覆铜编辑

覆铜编辑有两种方式,第一种方式是采用快键菜单操作;第二种方式是通过修改覆铜属性对话框进行修改。

1. 用快捷菜单修改覆铜

使选择过滤器中的 Select Zone 按钮有效(绿色),将鼠标移至覆铜边框,使其成为热点,如图 11-36(a)所示(注意小手形状),右击弹出快捷菜单,具体功能如图 11-36(b)所示。

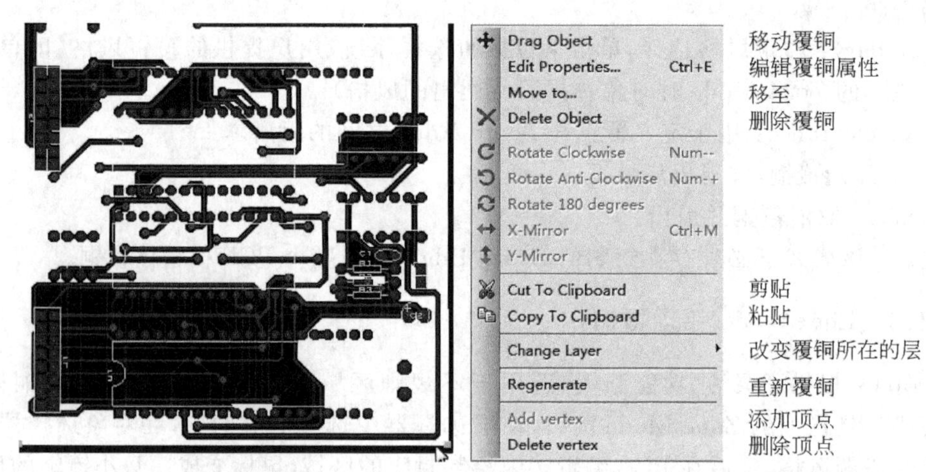

(a) 使覆铜成为热点　　(b) 快捷菜单功能

图 11-36　用快捷菜单修改覆铜

在快捷菜单中,除了 Add Vertex 命令外,其他命令与前面讲过的快捷菜单的功能基本一致,下面主要介绍 Add Vertex 命令,选择 Add Vertex 命令后,右击覆铜边框所在的位置就会出现绿点,如图 11-37(a)所示。鼠标移至绿点处时切换到移动模式,此时按住左键拖动,可以改变覆铜边框的形状,如图 11-37(b)所示。此时鼠标移至其他位置单击,则覆铜区域自动刷新,如图 11-37(c)所示,将图 11-36 与图 11-37(c)对比,可以看出覆铜区域发生了改变。

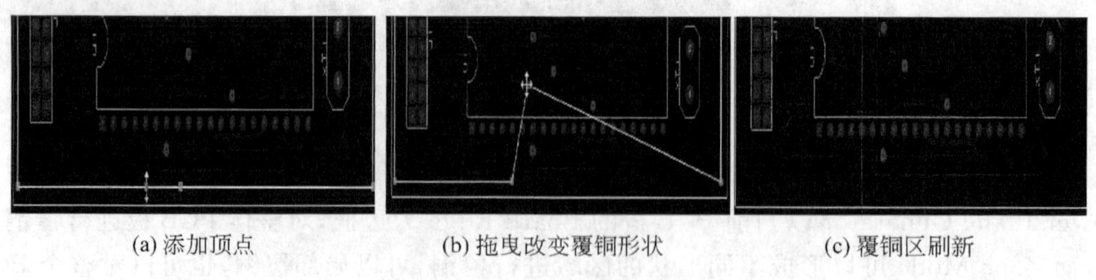

(a) 添加顶点　　(b) 拖曳改变覆铜形状　　(c) 覆铜区刷新

图 11-37　Add Vertex 操作

选择 Add Vertex 命令后,该命令就会变成灰色,而 Delete Vertex 命令变为可用,选择 Delete Vertex 命令就会删除鼠标所在位置处的绿点(必须在绿点处选择 Delete Vertex 命令)。

2. 通过覆铜属性对话框修改覆铜

在选择模式下选中覆铜，双击，或者按上述方法弹出快键菜单，选择 Edit Properties 命令，都可以弹出覆铜属性对话框，如图 11-38 所示。

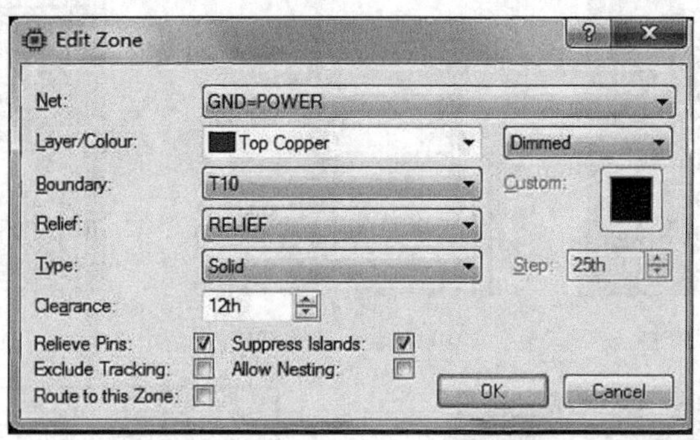

图 11-38 覆铜属性对话框

Net：网络，指定对哪个网络进行覆铜。该网络上的焊盘栈将通过 Relief 参数风格连接到覆铜上。单击下拉按钮，弹出原理图产生的所有网络名，选择其中之一，也可以选择为 None，覆铜将与焊盘属性中选中 Relief 项的所有焊盘连接。

Layer/Colour：覆铜所在的层和覆铜颜图色设置，单击层设置下拉按钮选择层。其右侧选项为层颜色设置有 Dimmed、Normal 和 Custom 三个属性，当选 Dimmed 时，颜色为对应层颜色的暗色(灰色)，并在其下的颜色框内显示颜色。当选择 Normal 时，覆铜颜色与对应的层颜色一致。当选择 Custom 时，单击颜色预览框可以设置具体的颜色。

Boundary：覆铜风格选择，单击下拉按钮选择系统提供的或用户自定义的覆铜风格(即单击模式工具栏上的 Zone Mode 时对象选择器所列出的风格)。该参数主要定义覆铜的内外边线的风格，也决定了覆铜能够连接的最小区域，如果该值设置得过大，就会阻碍覆铜通过很小间距(如元器件的引脚之间)；如果设置的值太小，则会被整个铜薄层连通。Bounday 效果如图 11-39 所示(配套电子资源实例为 chap11 中的 Cpu. pdsprj)。

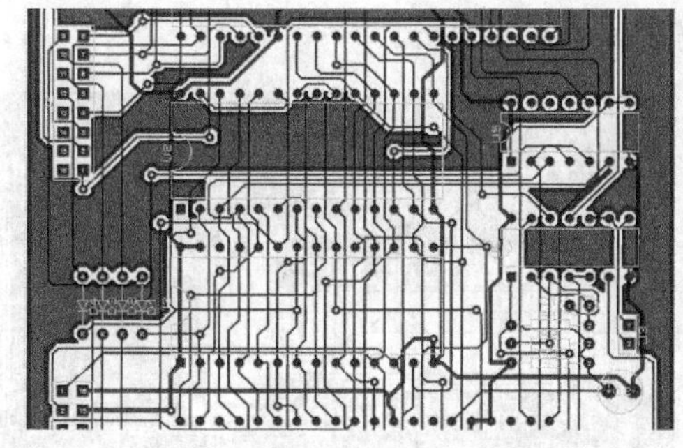

(a) 选择T25的效果

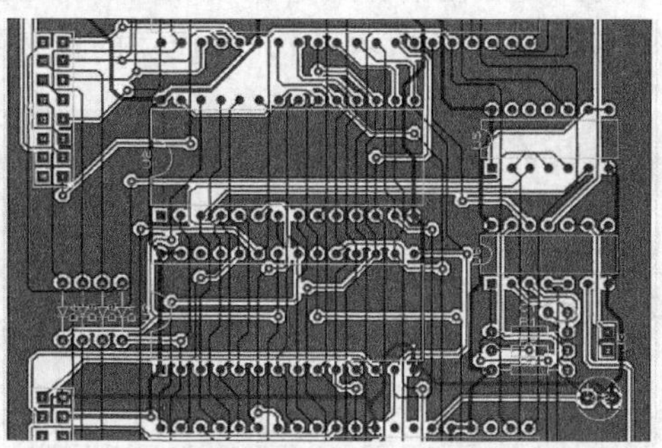

(b) 选择T10的效果

图 11-39 选择不同的 Boundary 参数的效果

Relief：选择散热连线方式，对过孔而言为直接相连。一般该参数值要小于 Boundary 参数值。

Type：主要有 Solid、Outline、Hatched、Empty 和 Compatible 共 5 个选项，此参数决定覆铜的形状，具体效果如图 11-40 所示。当设置为 Hatched 型时，可以通过 Step 参数设置网格步长，图 11-40(c)是 Step＝71th 的效果。

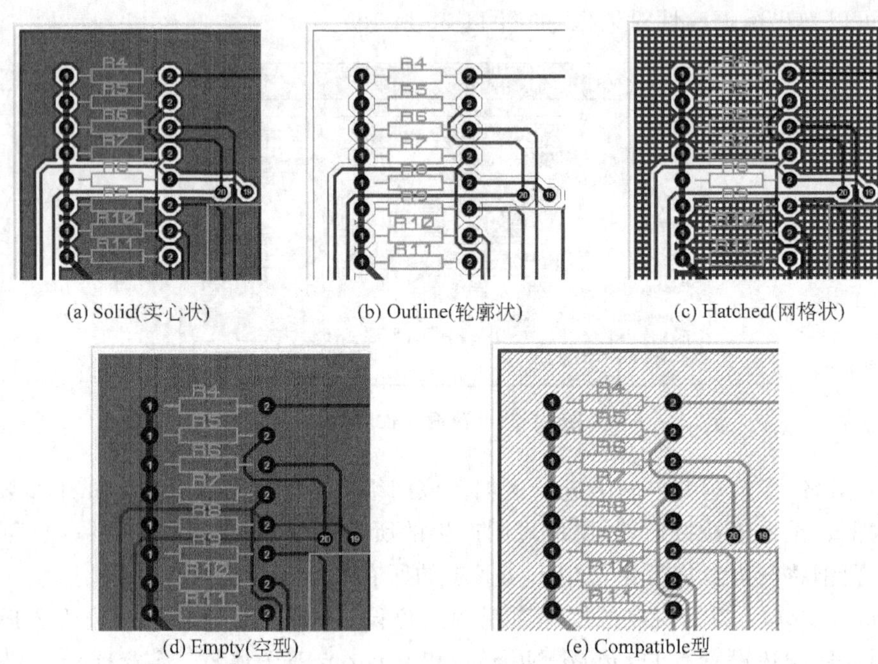

(a) Solid(实心状)　(b) Outline(轮廓状)　(c) Hatched(网格状)

(d) Empty(空型)　(e) Compatible型

图 11-40　不同的覆铜形状

Clearance：用于定义覆铜与其他铜对象之间的距离。

Relieve Pins：引脚上是否有 Relief 类型，当选中时，表示引脚上有 relief 定义的散热风格。否则表示无。当引脚有 relief 属性设置时，覆铜与焊盘呈十字花形式相连，否则覆铜与焊盘以实心覆铜相连。

Exclude Tracking：如果选中该项，覆铜时将把与自己在同一网络上的铜箔导线认为是障碍物，否则覆铜将通过该铜箔导线。例如，对 GND 网络在顶层覆铜，该选项对覆铜的影响如图 11-41 所示，图中比较宽的红色铜模为 GND 网络。

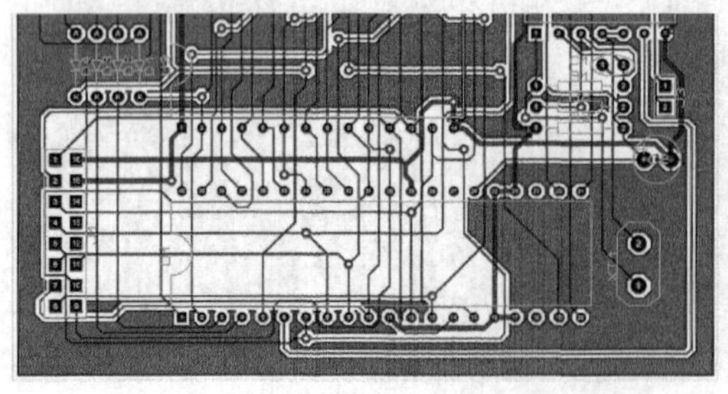

(a) 选中Exclude Tracking项，认为其为障碍物

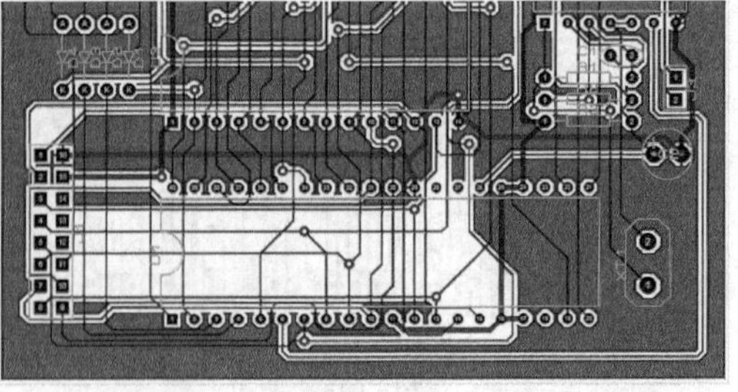

(b) 不选中Exclude Tracking项，则连接在一起

图 11-41　Exclude Tracking 选项对覆铜的影响

Route to this Zone：如果选中该项，则布线器将通过过孔直接与覆铜相连接。如果不选中，则布线器将通过导线连接而不是覆铜连接。

Supress Islands：删除死铜(孤立的覆铜)，死铜就是那些孤立的铺铜地方，没有连接到它要连接的网络，没有实际意义，所以一般都会去除死铜。选中该项表述删除死铜，否则不删除。

Allow Nesting：选中该项，表示当覆铜遇到障碍物时，允许建立区域内覆铜，这有可能导致出现死铜，所以该选项一般与 Supress Islands 结合使用。

3. 焊盘与覆铜之间的散热类型修改

上述两项是对全局覆铜参数的设置，PCB Layout 可以局部设置焊盘与覆铜之间的散热类型，具体参见 11.4 节。

11.4 Teardrop 操作

PCB 布线完成后，要进行添加泪滴操作，添加泪滴的目的是作为焊盘与导线或者导线与过孔之间的滴装连接过渡，使电路板在受到巨大外力冲撞时能够避免导线与焊盘或者导线与过孔的接触点断开，也避免信号线宽突然变小而造成反射，可使走线与元件焊盘之间的连接趋于平稳过渡化，解决了焊盘与走线之间的连接容易断裂的问题。另外，设置泪滴也可使 PCB 电路板显得更加美观。Proteus 8 的 Teardrop 功能只能对 PCB Design Level 2 以上权限的用户有效。

1. 全局泪滴操作参数设置

选择 Technology→Set Teardropping 命令，弹出 Teardrop 设置对话框，如图 11-42 所示。主要参数如下。

(1) Enable teardrops：泪滴操作是否有效，这是一个全局参数，如果选中，则按照图 11-42 所示的 a、b 参数进行泪滴操作。否则不进行泪滴操作。

(2) Include undrilled pads：是否包括未钻孔的焊盘，如果选中表示对这种焊盘也进行泪滴操作，反之不进行泪滴操作。

(3) Maximum annular ring：泪滴环形的半径最大值，即如图 14-42 所示的 a 参数。对于贴面封装的器件，该参数是焊盘中心到最近焊盘边缘的距离。

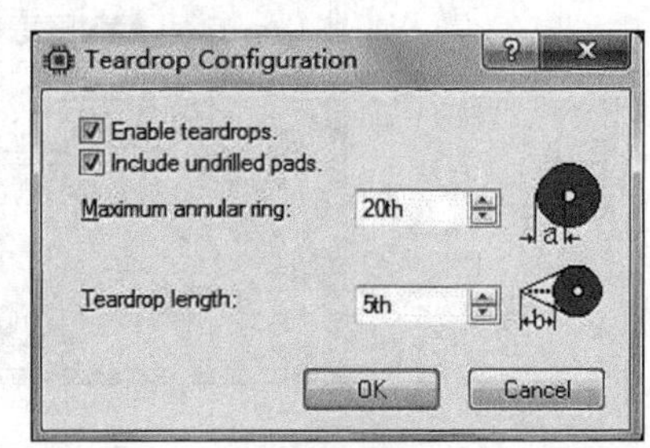

图 11-42 Teardrop 设置对话框

(4) Teardrop length：泪滴的长度，即如图 11-42 所示的 b 参数。

(5) 按钮。

OK 按钮：单击该按钮保存参数，如果选中 Enable teardrops 选项，则开始进行泪滴操作，该操作是全局性的，即对所有的过孔、焊盘与铜箔导线相接处的位置进行泪滴操作。对每个焊盘可以进行局部泪滴操作。

Cancel 按钮：单击该按钮取消泪滴操作。

2. 局部泪滴操作设置

对每一个焊盘可以进行局部操作，即可以进行设置泪滴/删除泪滴操作。选中要修改泪滴的焊盘，右击，在弹出的快捷菜单中选择 Edit Pin 命令，弹出 Edit Single Pin 属性对话框，如图 11-43 所示。下面主要讲解在图 11-43(c)中的 Relief 和 Teardrop 2 个参数。

(a) 选中焊盘 (b) 焊盘右击快捷菜单

(c) 编辑引脚属性对话框

图 11-43 局部补泪滴操作

(1) Teardrop：Teardrop 的下拉列表中有 Follow global、Disable 和 Enable 3 个选项。

Follow global：遵循全局属性，默认选项。

Disable：删除泪滴。

Enable：局部进行泪滴操作，泪滴参数仍然由图11-42中的参数决定，但此时 Enable Teardrops选项无效。

(2) Relief：该选项参数决定局部焊盘与覆铜之间的散热类型，PCB Layout提供了None、Default、Solid、Thermal和Thermal X共5种模式，这5种模式的效果如图11-44所示。

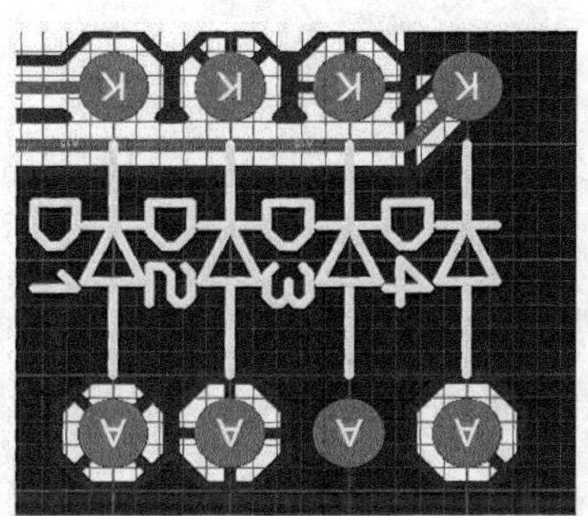

图11-44 Relief格式(从左向右依次为Thermal X、Thermal、Solid和None)

3. 泪滴操作应用

打开配套电子资源chap11中的Cpu.pdsprj项目，对其进行泪滴操作，泪滴参数设置如图11-42所示。泪滴操作后的局部截图如图11-45所示，3D预览局部截图如图11-46所示。

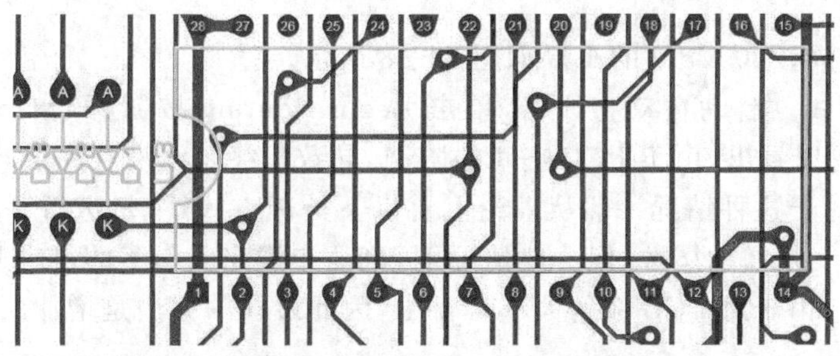

图11-45 泪滴操作后的截图

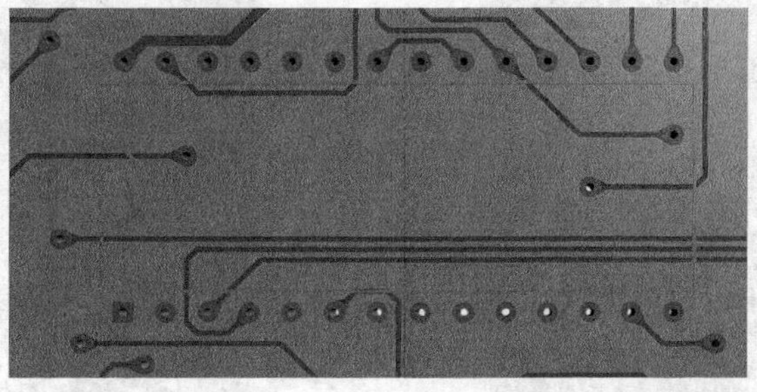

图11-46 泪滴操作后的3D预览效果(Top层效果)

11.5 PCB Layout综合设计应用

打开配套电子资源实例chap11中的cpu.pdsprj项目,对原图中的器件添加封装。假设要求产生的PCB板的大小为85mm×105mm。

1. 单面板PCB设计

(1) 根据要求绘制物理边界框,大小为85mm×105mm。

(2) PCB设计规则如图11-47所示。

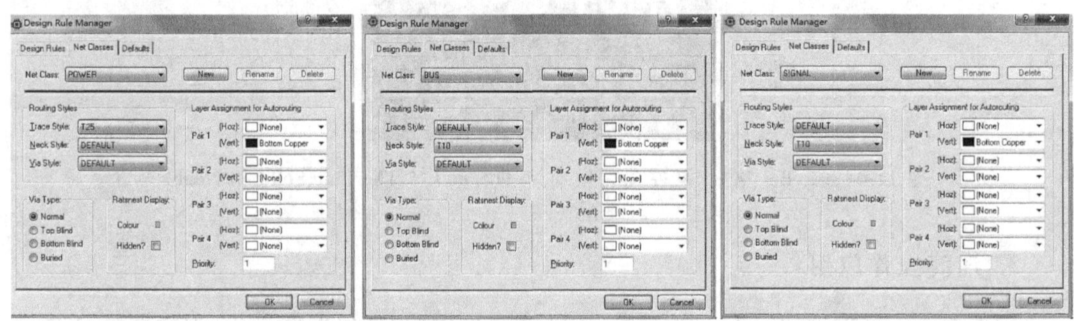

(a) 电源网络属性　　(b) 总线网络属性　　(c) 信号网络属性

图11-47 电源网络、总线网络、信号网络设置设计规则

(3) PCB布局,Z80 CPU的布局如图11-48所示。

(4) 自动布线。启动自动布线器,单击Begin Routing按钮开始自动布线,结果如图11-49所示,可以看出,由于PCB空间的限制,导致最终布线没有完成,仍有54条导线没有进行布线,对于这种情况一般从理论上有以下处理方式,一是进行手动布局,二是增大PCB板尺寸,三是增加层数,但一般情况下,自动布线完成不了的很难通过手动布线完成。在本设计中,由于对PCB板的大小有要求,因此最佳的方法是增加层数。

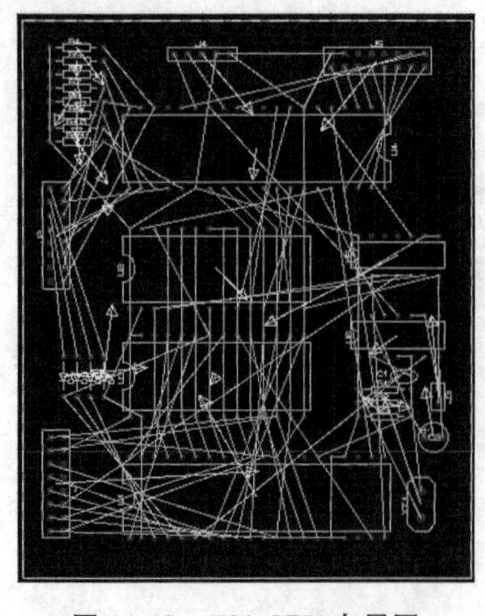

图11-48 Z80 CPU布局图

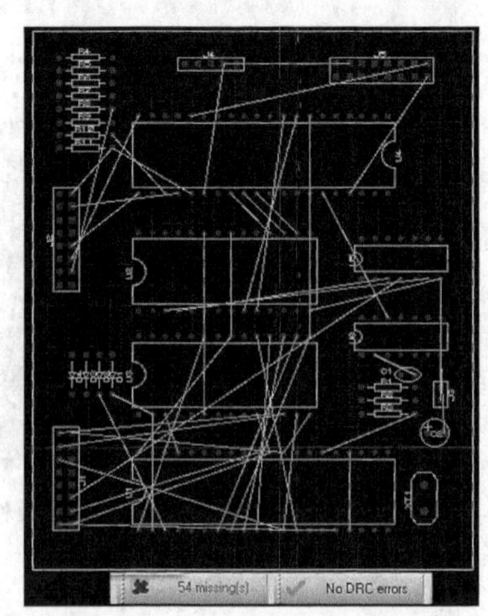

图11-49 单面板布线效果

2. 双面 PCB 板设计

在单面板的基础上进行修正,首先设置 PCB 布线规则,如图 11-50 所示。自动布线后的效果如图 11-51 所示,从图中可以看出,PCB 布线全部成功。随后添加泪滴,并对 GND 网络进行覆铜,效果如图 11-52 所示。对布线成功的 PCB 板可以进行 3D 预览等操作,也可以通过上述方法增加层对,实现多层板的设计。

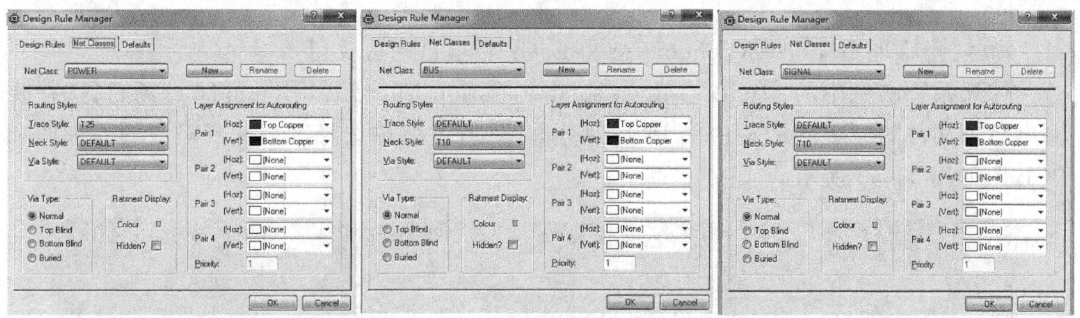

(a) 电源网络属性　　(b) 总线网络属性　　(c) 信号网络属性

图 11-50　电源网络、总线网络、信号网络设置设计规则

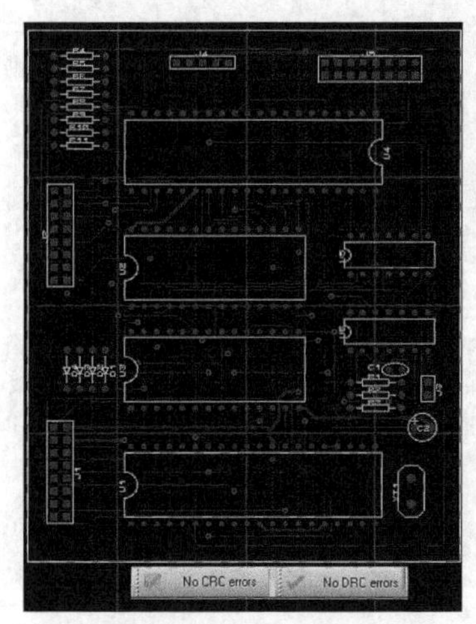

图 11-51　双面布线效果

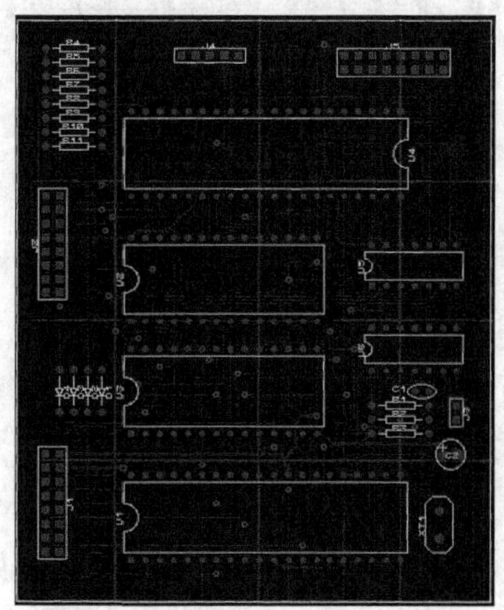

图 11-52　添加泪滴并对 GND 网络覆铜的效果

11.6　Import/Export Project Clip 命令应用

1. Import/Export Project Clip 命令的使用

Proteus 窗口同时只能打开一个项目文件,为了快速实现项目文件之间的复制,系统提供了 Import /Export Project Clip(导入/导出项目部分文件)命令,除了能实现复制功能之外,还可以实现快速的电子电路设计。Import/Export Project Clip 操作的具体步骤如下。

(1) 打开项目文件,选中要导出的电路图文件/PCB文件(选中方法是按住左键拖动)。

(2) 选择 Export Project Clip 命令保存为项目部分文件(后缀为 *.pdsclip)。

(3) 打开要粘贴原理图的项目文件,选择 Import Project clip 命令导入刚才生成的项目部分文件。即完成两个项目部分文件之间的复制与粘贴。

2. Import/Export Project Clip 命令的应用实例

1) 创建原理图和 PCB(Schematic 和 Layout)项目部分文件

打开系统实例中的 Hydra Games-Xgame station Micro Edition.pdsprj 项目,选择要输出部分文件的原理图和相应的 PCB 部分电路(通过拖拉选择区域),其对应的原理图和 PCB 图如图 11-53 所示。

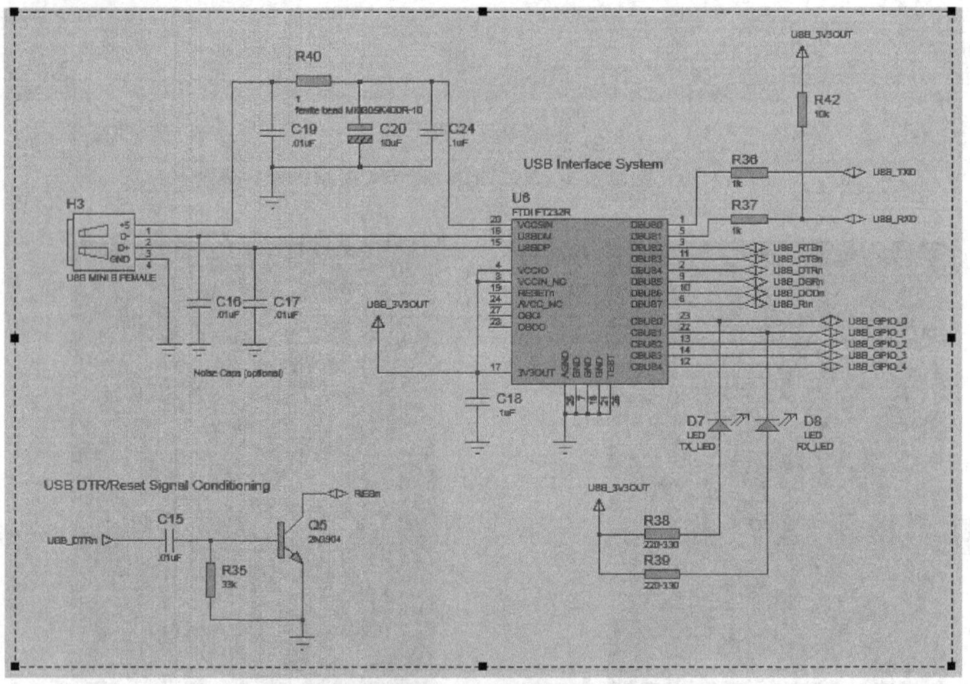

(a) USB Interface原理图

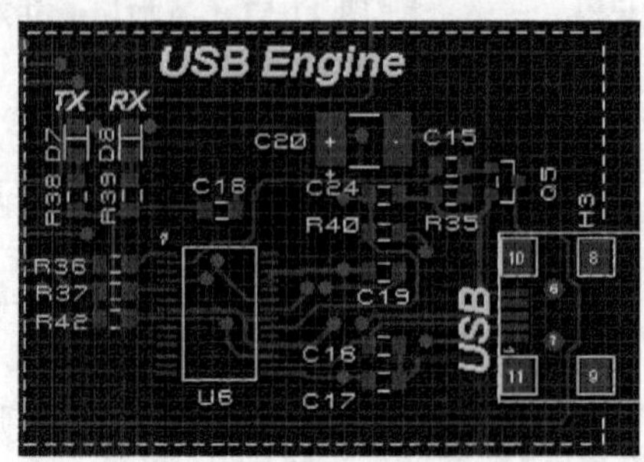

(b) USB Interface PCB图

图 11-53 USB Interface 的原理图和 PCB 图

在选中的PCB部分文件处右击，在弹出的快捷菜单中选择Export Project Clip命令，或者选择File→Export Project Clip命令，都会打开Export Project Clip(snippet)File保存窗口，选择保存路径并输入文件名称USB Interface，如图11-54所示。如果原理图文件和PCB文件选择不匹配（一致），这时保存项目部分文件时就会提示出错误，如图11-55所示。其中(a)为只选择了PCB图而没有选择Schematic图，(b)为二者选择的区域不一致导致的错误。根据错误提示重新选择范围（可以结合PCB中的Track Selection Mode工具或者简单地改变选择框区域），直到保存时没有任何错误提示为止，此时Project Clip文件创建成功。

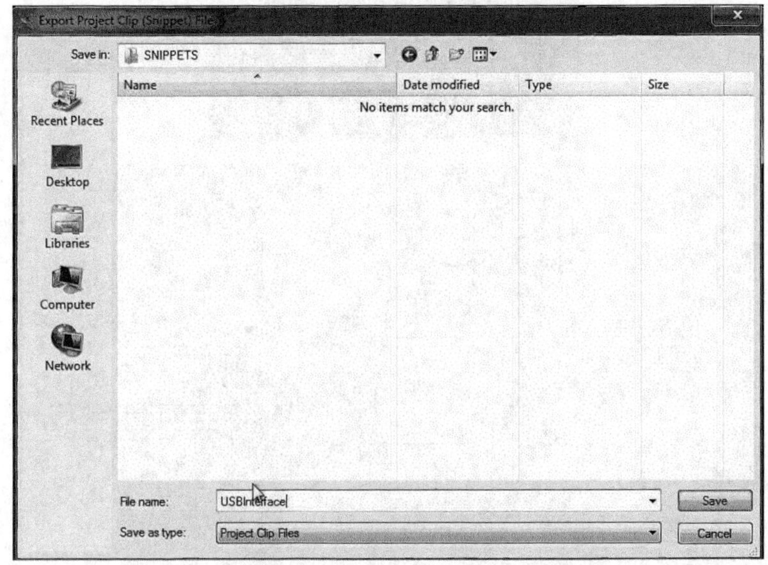

图11-54 保存项目部分文件

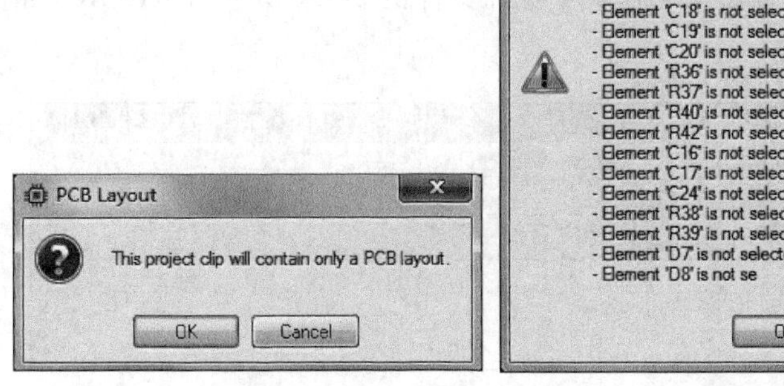

(a) 只选择PCB (b) 区域选择不一致

图11-55 常见提示错误信息

创建新的项目文件(包括 Schematic 和 Layout),在 Schematic Capture 环境下选择 File→Import Project Clip 命令,打开 Import ProjectClip(snippet) File 窗口,打开刚才保存的 USB Interface 项目部分文件。此时部分文件就会被放置到原理图的中心位置(可以根据自己的需要移动到原理图编辑区的任何位置)并处于选中状态,在空白处单击,取消选中状态,完成项目部分文件在原理图中的放置,如图 11-56 所示。

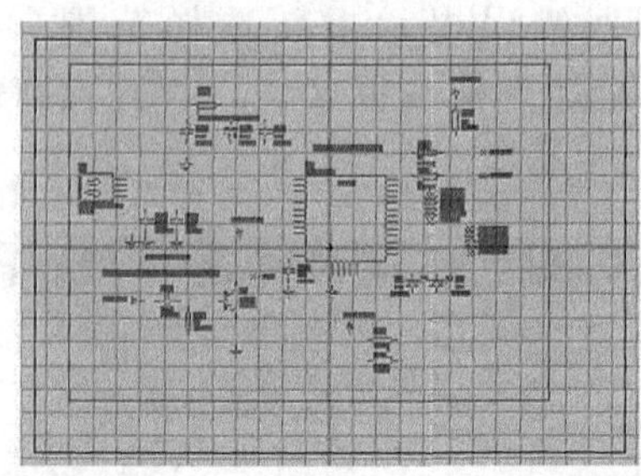

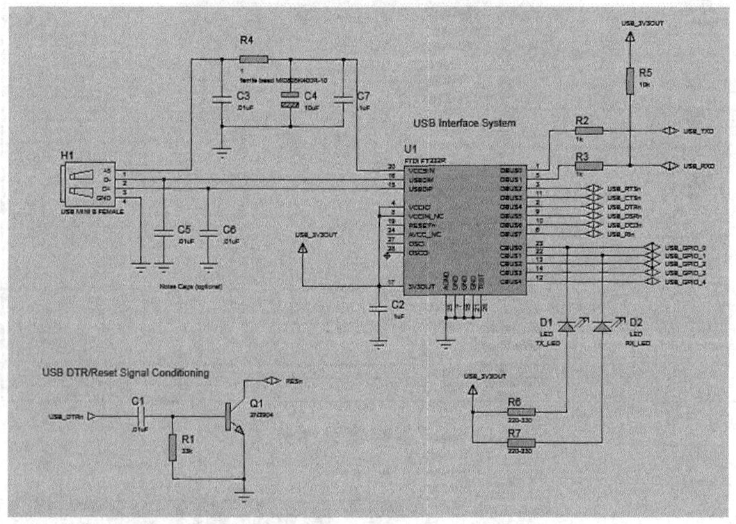

图 11-56 项目部分文件在原理图中放置

下面把项目部分文件放置到 PCB Layout 中去。进入 PCB Layout 设计页,此时有可能出现 NETLIST ERRORS 标签页,对于该项目文件的 NETLIST ERRORS 如图 11-57 所示。

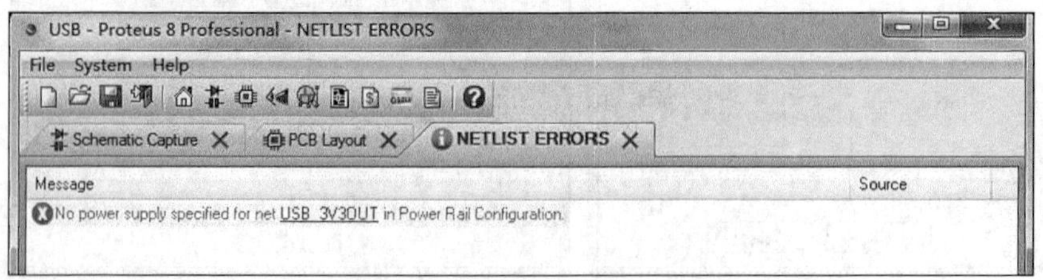

图 11-57 Netlist Errors 信息

可以看出,错误信息是因为 3.3V 的电源网络没有创建导致的,回到 Schematic

Capture设计页，选择 Design→Configure Power Rails 命令，弹出 Power Rail Configure 对话框，创建 3.3VOUT 电源，配置相关 Net，如图 11-58 所示。

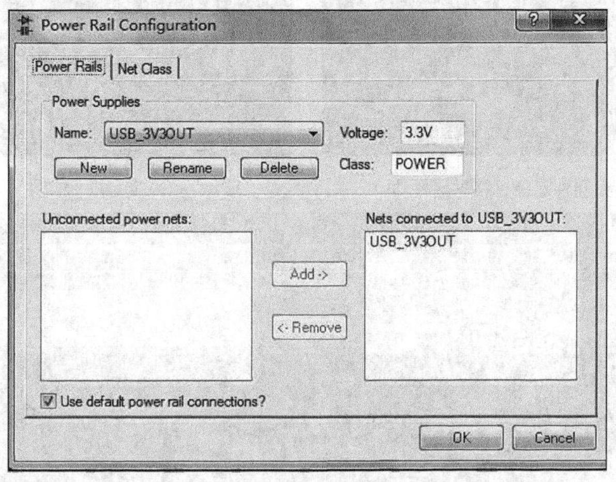

图 11-58 电源配置

再次进入 PCB Layout 设计页，在 Board Edge 层绘制物理边框，单击模式工具栏中的 Components Mode ，可以看到，对象选择器中列出了所有的元器件，其右上侧出现一个小剪刀，如图 11-59(a)所示，单击任何一个元器件，则其余元器件也被选中，并在预览窗口中显示，如图 11-59(b)所示。单击 PCB 编辑区，此时项目部分文件的 PCB 图随着鼠标的移动而移动，如图 11-60(a)所示，在需要放置的位置单击完成放置，如图 11-60(b)所示，可以看出项目文件的布线关系仍然存在，但有可能会导致部分布线丢失，也有可能导入多余的布线和过孔。删除多余的布线和过孔。可以看到 PCB Layout CRC 提示系统有 4 个布线丢失，可以采用手动布线或者自动布线解决，最后调整好的 PCB 图如图 15-60(d)所示。

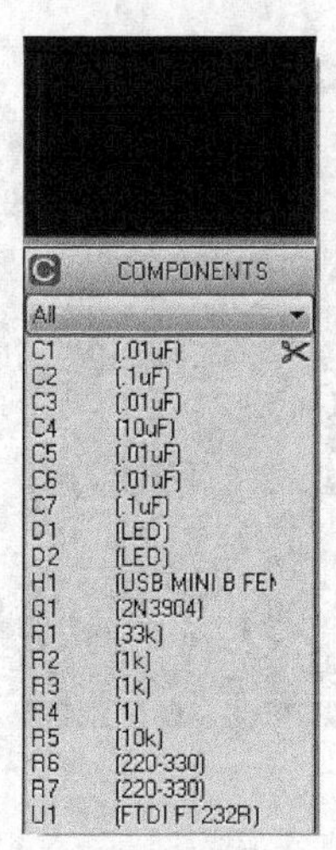

(a) 显示所有元器件

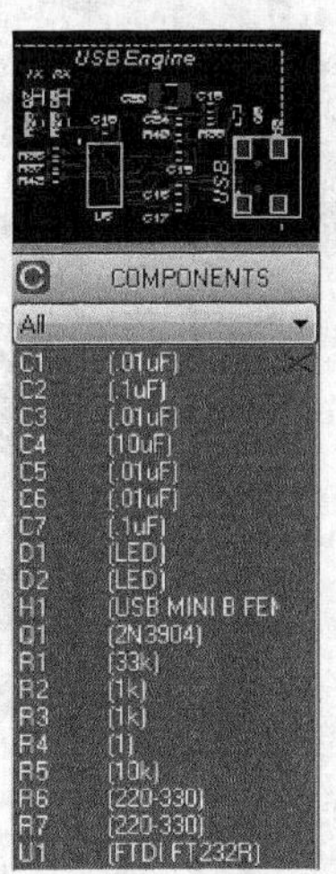

(b) 选中对象列表元器件

图 11-59 对象选择器操作

(a) 元器件随鼠标移动而移动

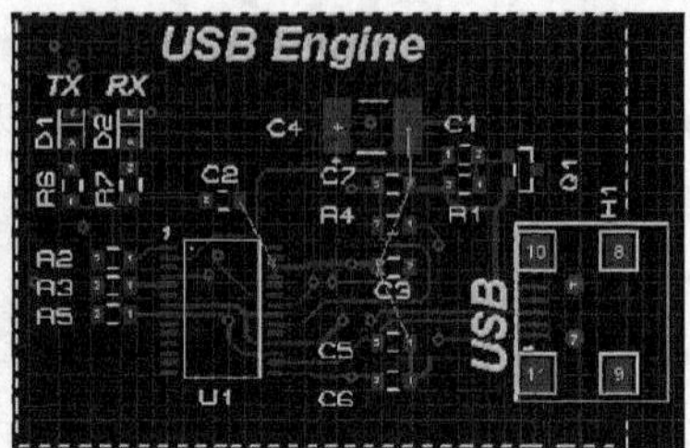

(b) 放置项目文件

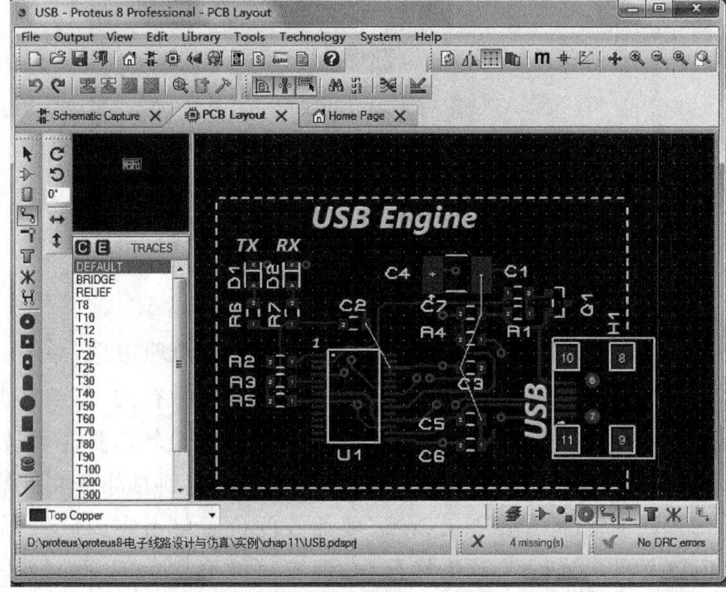

(c) 布线丢失

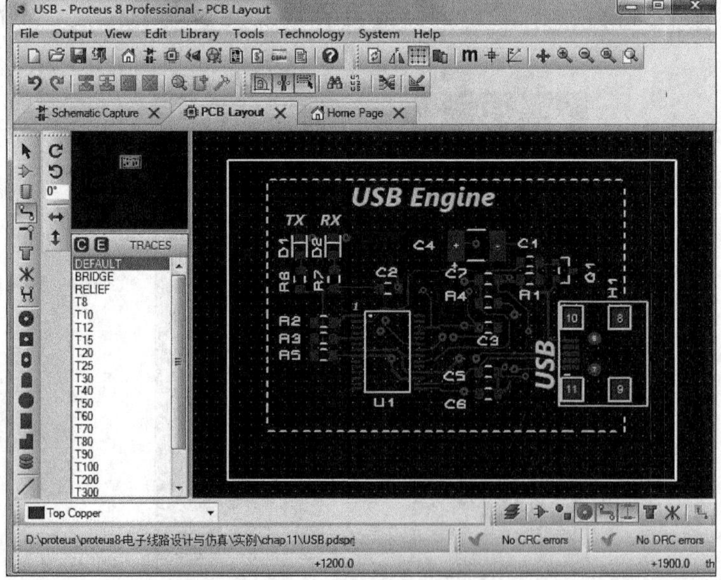

(d) 手动布线

图 11-60 PCB Layout 中放置项目文件

此时可以对放置的 USB Engine PCB 电路进行覆铜，覆铜参数和效果如图 11-61 所示。

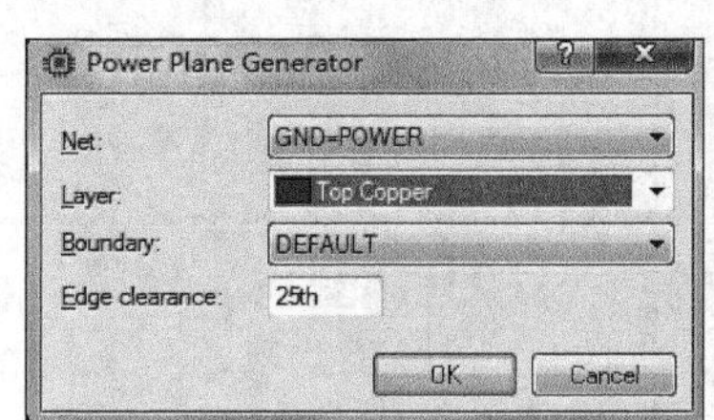

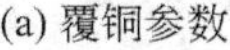
(a) 覆铜参数

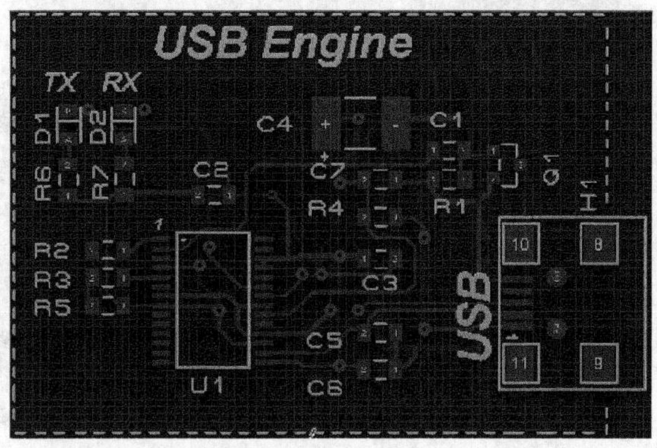

(b) 覆铜效果

图 11-61　覆铜参数及效果

2) 只创建原理图或者 PCB 项目部分文件

Import/Export Project Clip 命令不仅可以创建原理图和 PCB(Schematic 和 Layout)项目部分文件，而且可以只创建原理图项目部分文件(Schematic Only Project Clips)和只创建 PCB 项目部分文件(Layout Only Project Clip)。操作过程与上面介绍的操作相似，不同的只是选择原理部分文件或者 PCB 文件。在 Schematic Capture 操作中，该命令相当于低版本菜单 File→Import/Export section 命令，且生成的低版本的 *.SEC 文件可以通过高版本的 Import Project clip 命令导入。在 Schematic Capture 环境下，通过命令 Export Project clip 命令导出 *.PDSCLIP 文件时，会弹出该项目部分文件只包含原理图对话框，如图 11-62 所示。单击 OK 按钮完成项目部分文件的导出。

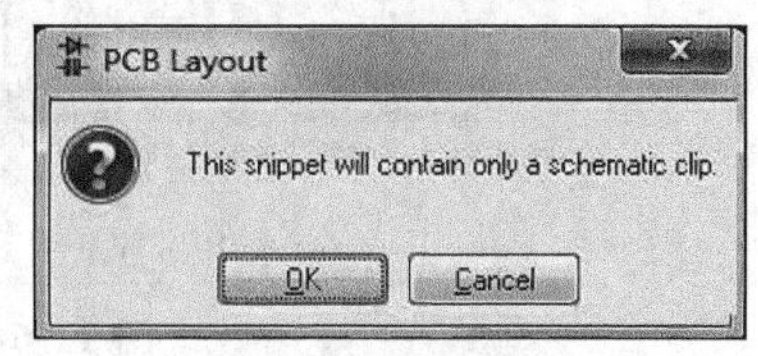

图 11-62　项目部分文件只包含原理图对话框

在 PCB Layout 环境下，可以选择 File →Import/Export Project clip 命令导入低版本的 ARES Region(后缀为 *.RGN)文件，此时命令相当于低版本 Import/Export ARES Region File 命令。

3) 在子电路中的应用

在一个项目中创建原理图，如图 11-63 所示，并通过 Export Project Clip 命令保存为 Protection_Citcuit.pdsclip。创建子电路图方框图如图 11-64(a)所示，其子电路属性如图 11-64(b)所示。选中图 11-64(a)所示子电路，利用块复制命令，复制 3 个子电路并修改它们的属性，最终效果如图 11-65 所示。打开 PROTECTION1 子电路设计页(Child Sheet)，导入刚才生成的 Protection_Citcuit.pdsclip 项目部分文件，因为其余 3 个子电路图的 Circuit 属性相同，因此子电路图自动加载，这时可以通过 Design Explorer 浏览器进行查看，如图 11-66 所示。

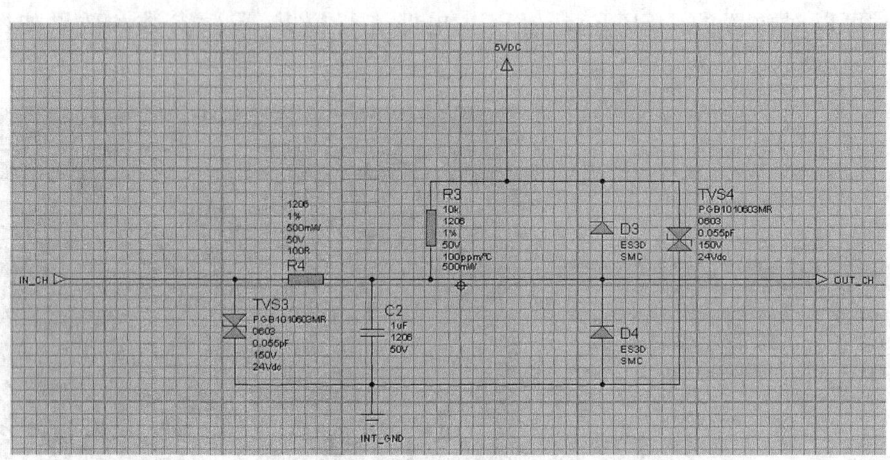

图 11-63 Protection_Citcuit. pdsclip 电路图

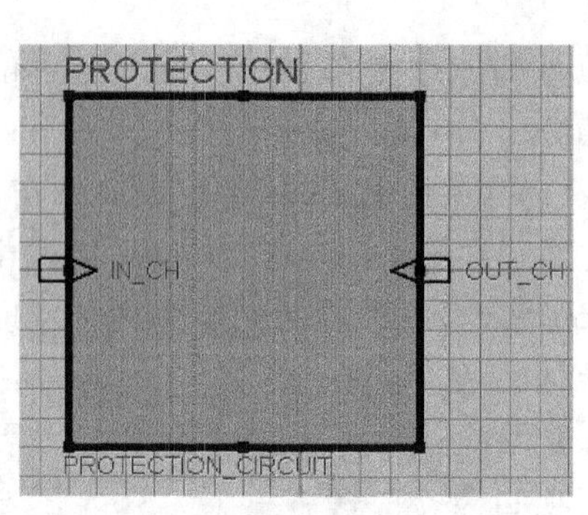

(a) 子电路方框图

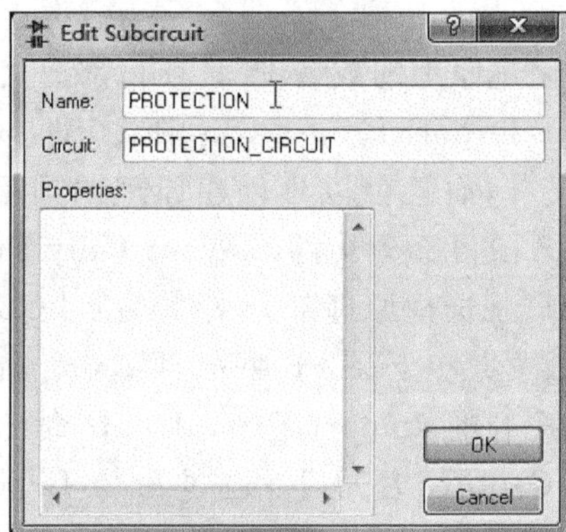

(b) 子电路方框图属性对话框

图 11-64 子电路方框图及其属性对话框

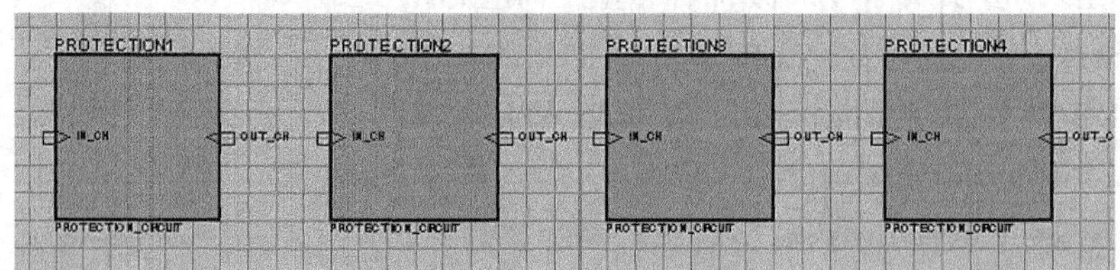

图 11-65 4 个子电路

Schematic Capture | PCB Layout | Physical Partlist View

Root sheet 10
- PROTECTION1
- PROTECTION2
- PROTECTION3
- PROTECTION4

Reference	Type	Value	Package
C3	C_X7R_1UF_50V_1206	1uF	1206
D5	ES3D		SMC
D6	ES3D		SMC
R5	R_10K_1206	10k	1206
R6	R_100R_1206	100R	1206
TVS5	PGB1010603MR		0603
TVS6	PGB1010603MR		0603

图 11-66 设计浏览器查看子电路

进入 PCB Layout 设计环境，绘制物理边框，并将对象选择器中的 4 个项目文件拖到 PCB 编辑区，如图 11-67 所示。

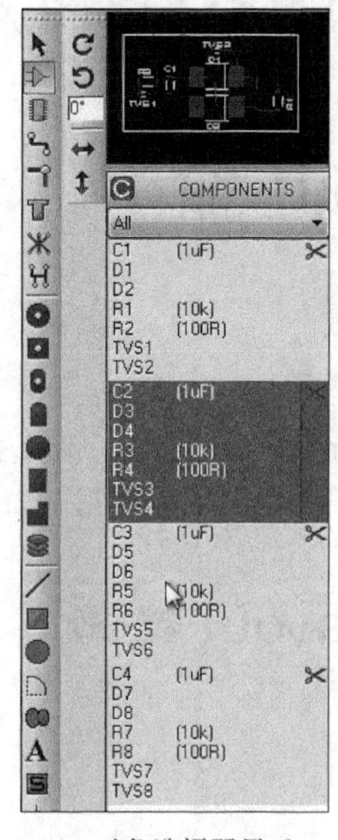

(a) 对象选择器显示　　(b) PCB布局

图 11-67　将对象选择器中的 4 个项目文件拖到 PCB 编辑区

总之，使用 Import/Export Project Clip 命令时要注意以下几个问题。

(1) 创建原理图和 PCB 项目部分文件时，必须要求 Schematic Capture 和 PCB Layout 中选择的区域完全匹配，不能使两部分选择的区域不同，或者只选中原理图区域而没有选中 PCB 区域。在此模式下，必须先在原理图中导入，才能保证项目部分元器件不与其他元器件标注发生冲突，这时才能保证 Layout 中放置的是正确的。

(2) 只创建原理图项目部分文件(Schematic Only Project Clips)时，此操作只能在当前设计页，因此不适用于选择区域电路包含子电路或者层次电路的情况，但是在子电路设计时可以采用 Import Project Clip 命令导入电路。

(3) 在项目部分文件操作过程中，有可能导致电源层丢失，使得 PCB Layout 在放置时出现网络错误，此时必须在 Power Plane Generator 中进行配置。

(4) 在 PCB Layout 环境中，如果覆铜区没有完全被包含在选择区域时，则在生成项目部分文件时会被丢失。

(5) 在子电路设计中，如果多个方框图共享一个子电路图，那么将方框图的 Circuit 属性设置为相同。

第 12 章 chapter 12

PCB Layout 输出

PCB 制作完成后要输出 PCB 信息，包括打印、导出图形、预检查以及生成其他格式的文件等操作，这些操作都与 Output 菜单有关。本章详细介绍 PCB 的输出。

12.1 PCB Layout 输出

12.1.1 Output 菜单

Output 菜单的具体功能如图 12-1 所示。

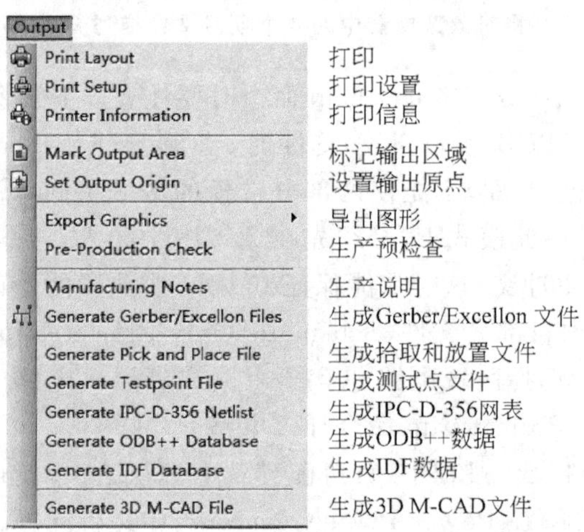

图 12-1 Output 菜单

12.1.2 打印设置与打印

进行打印机参数设置前，首先保证计算机已经安装了打印机，否则系统提示 No printer was detected。选择 Print Setup 菜单命令，弹出 Window 操作系统的打印机设置窗口，请参阅 8.5 节，设置相关打印机参数，单击“确定”按钮完成打印机设置，选择 Print Layout 命令，弹出 Print Layout 对话框，如图 12-2 所示。主要参数功能如下。

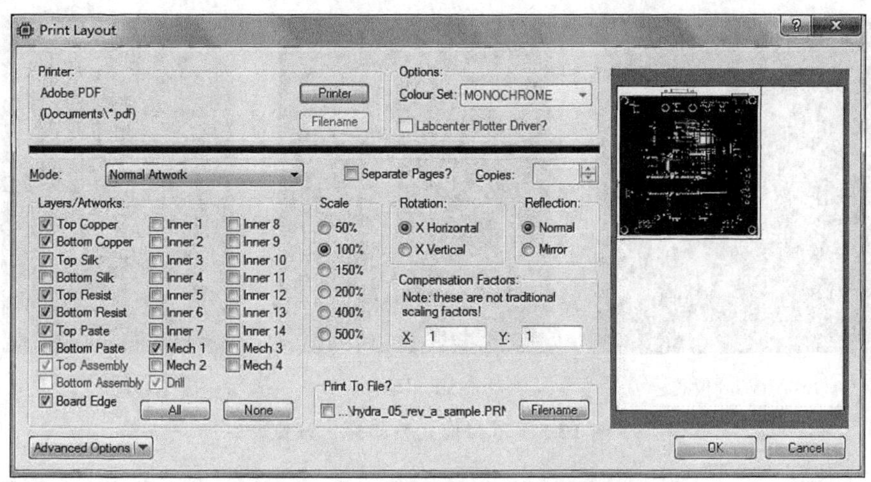

图 12-2 PCB Layout 对话框

1. Printer

Printer 项用于打印机设置，当前打印机的信息显示在下方，单击 Printer 按钮可以设置打印机。

2. Options

该选项用于设置打印颜色，包括 Monochrome(单色)、Black paper(背景黑色、彩色)和 White Paper(背景白色、彩色)3 种颜色选择，选择 View→Edit Layer Colours/Visibility 命令可以设置颜色。

Labcenter Plotter Driver：该项只有安装了 Labcenter 绘图仪时才有效。

3. Mode

系统提供了 Artwork、Solid Resister、SMT Mask 和 Drill Plot 共 4 种输出模型。

(1) Artwork，完整烧制线路的稿件模式，该模式生成标准的 PCB，包括焊盘、导线和图形尺寸。丝印层的二维图形参数(如元器件的标号字体和大小等)由菜单栏 Technology→Set Text Style 命令来设置(参阅 9.4.6 节)。

(2) Solid Resister，阻焊模式，绘制阻焊层的负图层，只输出焊盘。没有钻孔标记。

(3) SMT Mask，这种模式只产生 SMT 封装的助焊层的负图层，输出 SMT 的实际尺寸。

(4) Drill Plot，钻孔模式，用不同的符号代表钻孔的大小输出。

以配套电子资源实例 chap12 中的 Cpu. pdsprj 为例，按上述 4 种方式输出，因为该 PCB 中没有 SMT 器件，所以输出 SMT Mask 时没有任何信息，没有相应的截图。其余模式的截图如图 12-3 所示。

选择不同的模式，Layers/Artworks 选项显示不同的输出范围，可以采用默认值，也

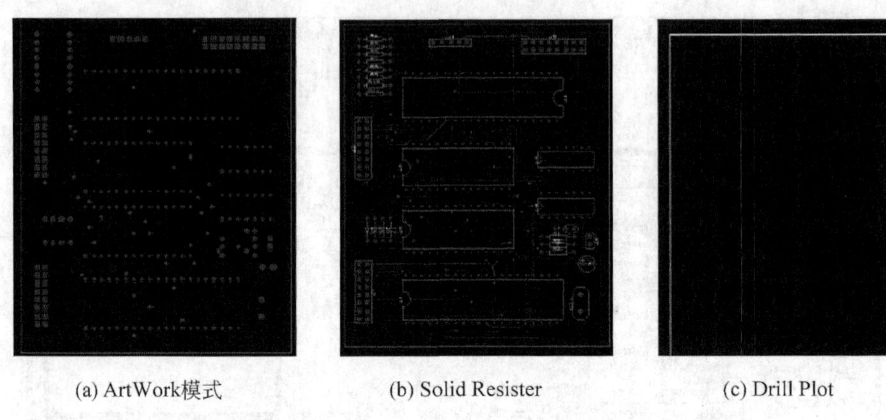

(a) ArtWork模式　(b) Solid Resister　(c) Drill Plot

图 12-3　不同模式打印输出预览

可以根据需要设置，选中表示输出，反之不输出。可以通过 All 按钮快速地全选，或者单击 None 按钮全部取消。

4. Layers/Artworks

该项主要选择输出的层，可以通过 All 按钮和 None 按钮快速地选择和不选。

5. Scale

缩放比例，预览比例缩放，显示输出的页面大小不变，因此放大倍数越大，预览的局部信息就越少。

6. Rotation

旋转，用于确定 X 坐标轴在水平方向还是在垂直方向。

7. Reflection

是否镜像，Normal 代表正常输出，Mirror 表示镜像输出。

8. Compensation Factors

补偿因子，该参数用于改变图形的绝对坐标，但其相对大小不受影响。设置都为 1 时表示不缩放，例如一根线的长为 10 个单位，绘制的坐标为(5,5)，如果设置补偿因子 X=0.6，Y=0.4，则该线实际输出的坐标点为(3,2)，其长度 10 单位不变。如果补偿因子>1，则坐标相对变大；如果补偿因子<1，则坐标相对缩小。上述参数对整个 PCB 图的变化是相同的，如图 12-4 所示。

9. Print To File

是否保存打印文件，选中时可以通过 Filename 按钮设置打印路径和文件名称。

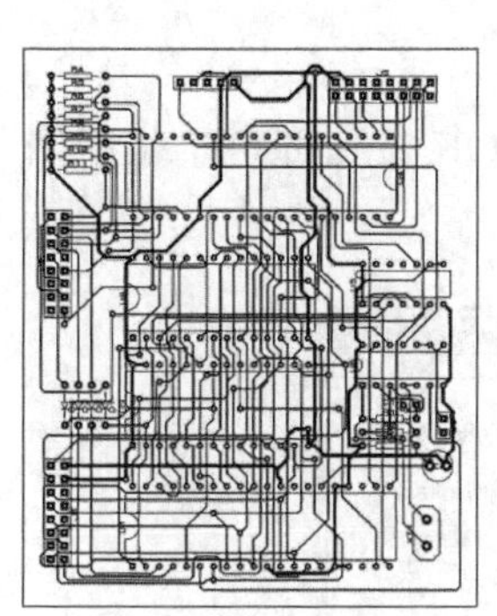
(a) 补偿因子X=1，Y=1

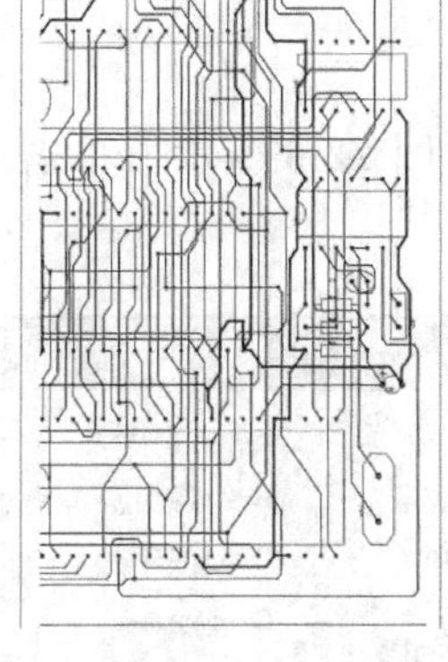
(b) 补偿因子X=2，Y=3

(c) 补偿因子X=0.4，Y=0

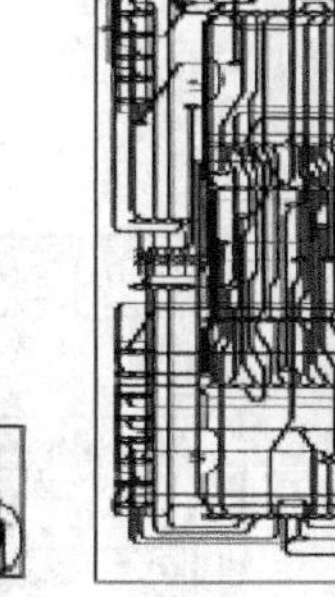
(d) 补偿因子X=0.4，Y=2

图 12-4　补偿因子对打印效果的影响

12.1.3　打印部分 PCB 图

12.1.2 节介绍的打印都是输出整张 PCB 图纸，有时候需要打印部分 PCB 图纸，可以通过 Mark Output Area 命令设置输出标记，选择此命令，将鼠标移到 PCB 中，拖动形成矩形区域，这个区域称为输出标记，单击左键则完成输出标记的设定，具体操作如图 12-5 所示。

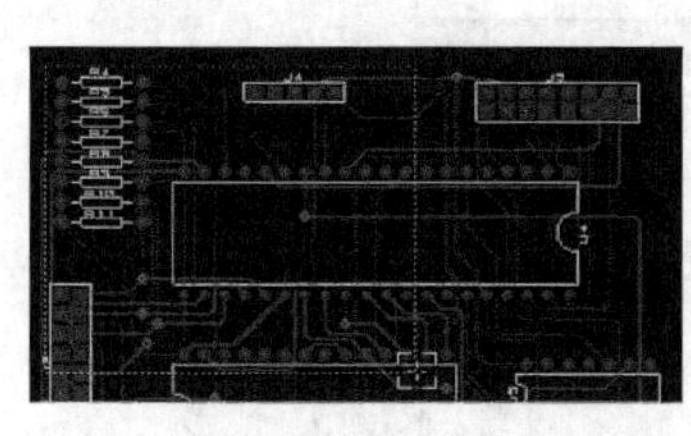
(a) 鼠标变成⛶形状

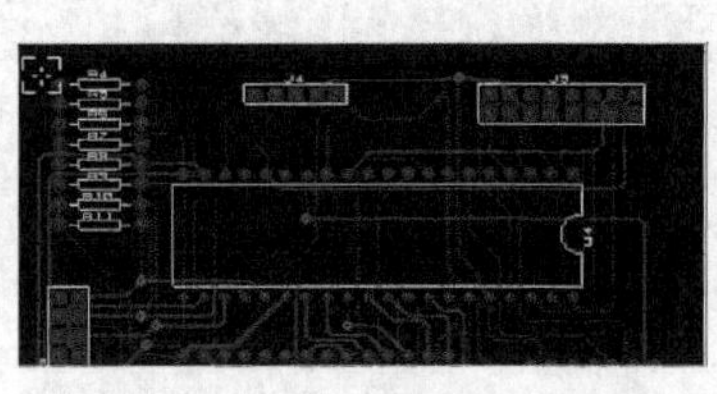
(b) 按住左键拖动(白色虚线框)

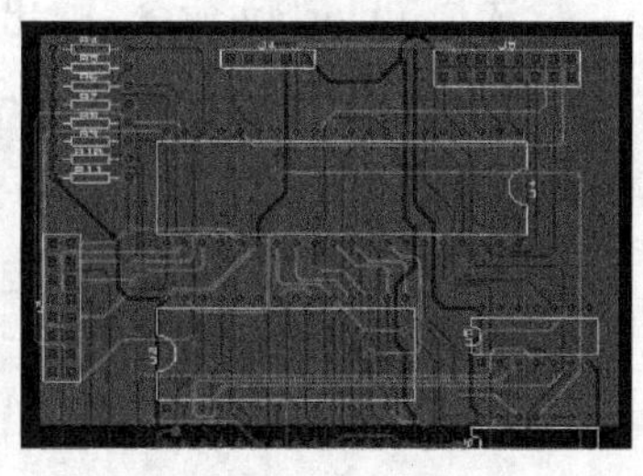
(c) 单击形成输出标记

图 12-5　设定输出标记

输出标记形成后，选择 Print Layout 命令就可以只打印输出标记设定的区域，如果想取消输出标记，则再次选择 Mark Output Area 命令后，鼠标在 PCB 编辑区任何地方右击即可。

在 PCB 输出的时候，还可以设置输出坐标原点，选择 Set Output Origin 命令后，鼠标移至 PCB 编辑区单击即可放置输出坐标原点。

12.1.4　PCB Layout 导出图形

Export Graphics 命令可以导出 PCB Layout。PCB Layout 平台可以导出 Bitmap(位图)、Metafile(图元)、DXF、EPS、PDF、Vector File(向量文件)和 Overlay 共 7 种图纸

方式。

1. 导出 Bitmap

选择 Bitmap 命令，弹出其属性对话框，如图 12-6 所示。单击 OK 按钮即可生位图图形文件。

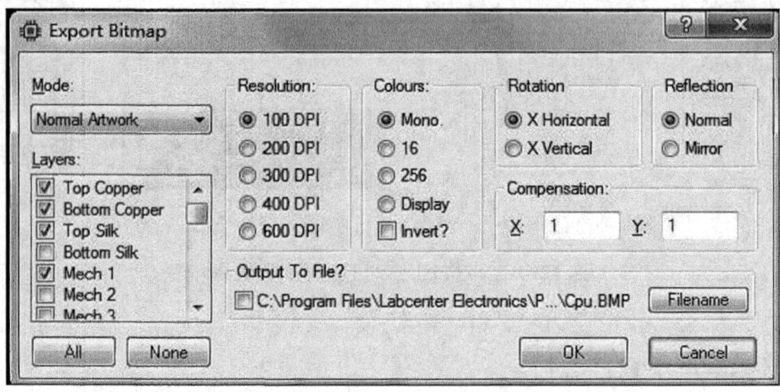

图 12-6 Bitmap 属性对话框

关于 Bitmap、Metafile、DXF、EPS、PDF、Vector File 的属性参数参见 8.5 节。

2. Overlay

选择 Overlay 命令，弹出 Export Overlay 属性对话框，如图 12-7 所示。

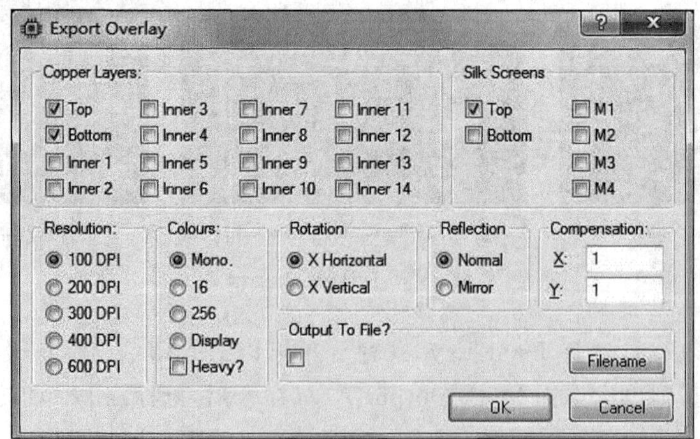

图 12-7 Export Overlay 属性对话框

在图 12-7 中，Silk Screens 项中的 M 代表机械层(machine)；颜色 Colours 中的 Heavy 表示颜色加重显示。具体效果如图 12-8 所示(在 Display 配色方案下)。

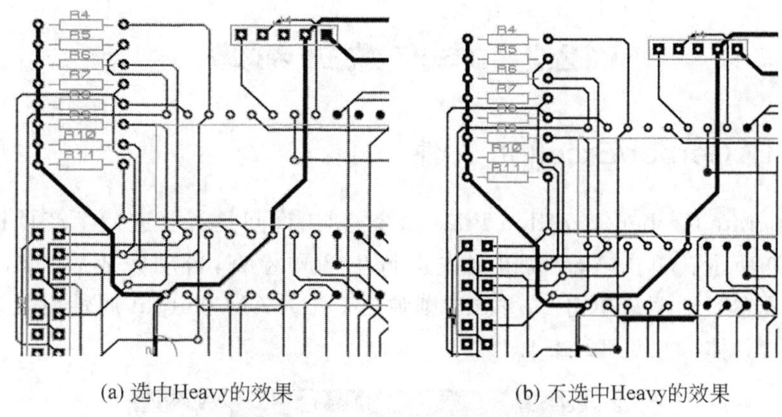

(a) 选中Heavy的效果　　(b) 不选中Heavy的效果

图 12-8　Heavy 选项对 PCB 输出的影响

12.1.5　生产前预检查

PCB Layou 提供了强大的生产前预检查功能，主要对元器件进行 CRC 检查、元器件合法性检查、DRC 检查、覆铜检查、未放置元器件检查、边框检查、元器件是否放在 Boad Edge 外边检查和过孔合法性检查。选择 Pre-Production Check 命令开始生产预检查，如图 12-9 所示。

图 12-9　生产预检查

在生产前进行预检查，如果发现错误应该及时修改错误，可能导致 PCB 板存在问题，整个板子的功能也无法实现。如果没有什么问题，就可以制版并生成其他制版所需数据。

12.2 生产数据输出

12.2.1 生成 Gerber/Excellon 文件

选择 Generate Gerber/Excellon Files 命令,弹出询问是否要进行生产预检查的对话框,如图 12-10 所示。单击 Yes 按钮则先进行生产预检查,自动完成后弹出 CADCAM Output 属性设置对话框。单击 No 按钮,则弹出 CADCAM Output 属性设置对话框。如图 12-11 所示,具体参数见 12.2.1.1 节。

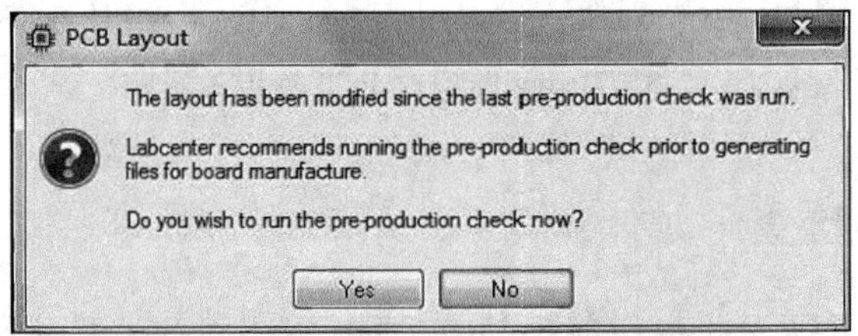

图 12-10 是否进行生产预检查对话框

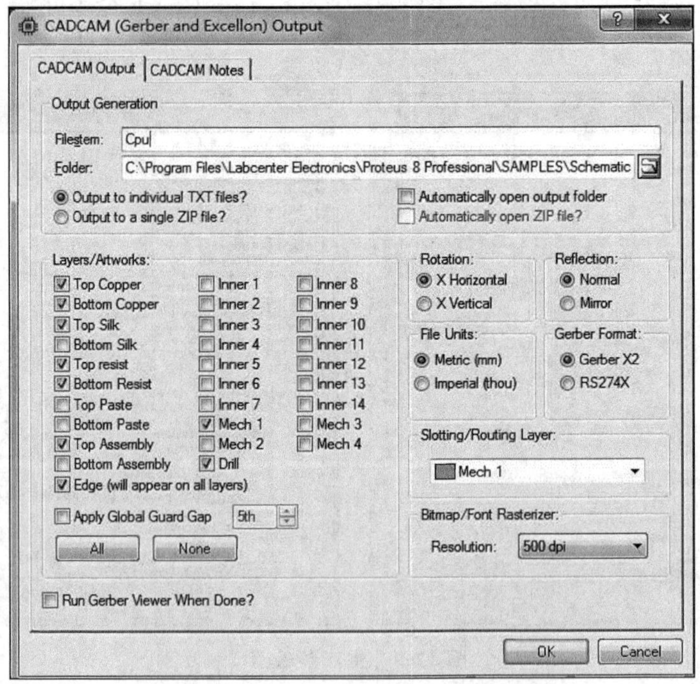

图 12-11 CADCAM Output 属性设置对话框

12.2.1.1 CADCAM Output

1. Output Generation

(1) Filestem：生成 CADCAM 的文件名称。

(2) Folder：文件保存的路径。默认路径为项目路径。单击 也可以自己设置路径。

(3) Output to individual TXT files：是否生成独立的 TXT 文件。

(4) Output to single ZIP file：是否生成单独的压缩文件，只能在(3)、(4)两项的格式中选择一种。

(5) Automatically open output folder：是否自动打开文件路径，如果选中则生成 CADCAM 文件后自动打开文件所在的文件夹。

(6) Automatically open ZIP file：是否自动打开压缩文件，当生成的文件类型为压缩型的时候，选中此项则生成的 CADCAM 文件自动打开压缩文件。

2. Layers/Artworks

主要定义哪些层输出，选中表示输出。也可以通过 All 或 None 按钮快速选择或者取消选择。

Apply Global Guard Gap，是否应用全局安全间距，选中此项表示允许定义阻焊层的全局安全间距。

3. Rotation

Rotation 选项主要定义 *X* 轴的输出方向。X Horizonal 为 *X* 轴在水平方向输出，X Vertical 为 *X* 轴在垂直方向输出。

4. Reflection

Reflection 主要定义输出是 Normal(窗口显示的样子)或者 Mirror(镜像)。

5. File Units

该项定义数据输出的单位，该项参数一般由生产商提出要求，主要单位包括 Imperial (th)或者 Metric(mm)，Auto 选项与系统单位一致。

6. Gerber Format

对于 Gerber 参数，请参阅 12.4 节。

7. Slotting/Routing Layer

该项主要定义 Slot 所在层，单击下拉按钮，选择所需的 Mech 1～Mech 4 或者 NONE。

8. Bitmap/Font Rasterizer

该项主要定义输出的位图和字体的分辨率，主要包含 125dpi、250dpi、500dpi 和 1000dpi 共 4 种分辨率。

9. Run Gerber Viewer When Done?（Gerber/Excellon Only）

选中此选项，则在生成 CADAMD 文件后自动启动 Gerber Viewer 并装载 CADCAM 文件，更多的 Gerber Viewer 操作请参阅 12.4 节。

10. 按钮

OK 按钮表示执行相关设计，生成 CADCAM 文件；Cancel 表示取消。

12.2.1.2 CADCAM Notes

CADCAM Notes 用于输入生产信息，如图 12-12(a)所示，主要包括 Notes 格式选择项、Legacy Notes 和 Contact Details 等标注信息。

Notes 格式选择项包括 Project Manufacturing Notes、Legacy Manufacturing Note 和 No Notes。如果选择 Project Manufacturing Notes 项，则选择 Output→Manufacturing Notes 命令，弹出 Manufacturing Notes 窗口，如图 12-12(b)所示，输入生产信息，单击 OK 按钮，完成生产信息的输出。用此方法创建的信息系统自动生成为 PDF 格式，如图 12-12(c)中的 Manufacture_notes. pdf 文件。如果选择 Legacy Manufacturing Note 项，则可以直接在下面的 Legacy Notes 输入生产信息，此时自动保存在 CADCAM READ ME 文件中，如图 12-12(d)中的 Cpu-CADCAM READ-ME. TXT 文件。

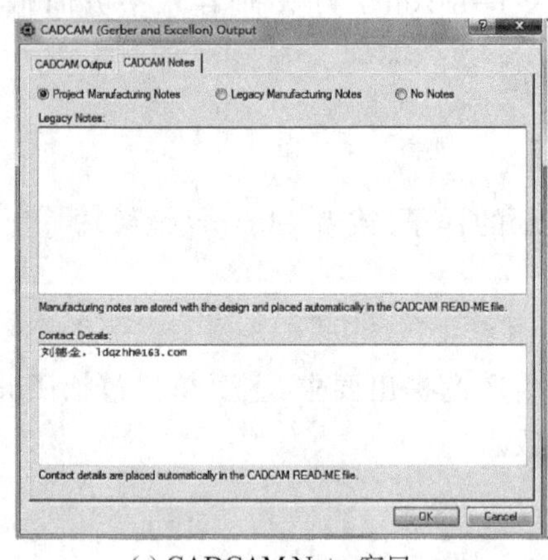

(a) CADCAM Notes窗口

(b) Manufacturing Notes窗口

图 12-12　CADCAM Notes

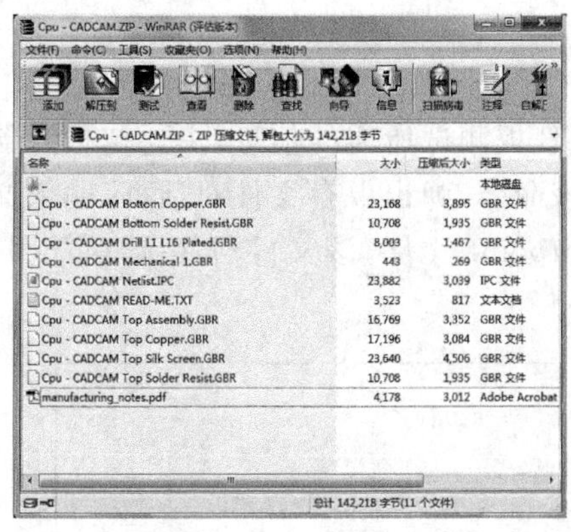

(c) 生成PDF格式的生产信息

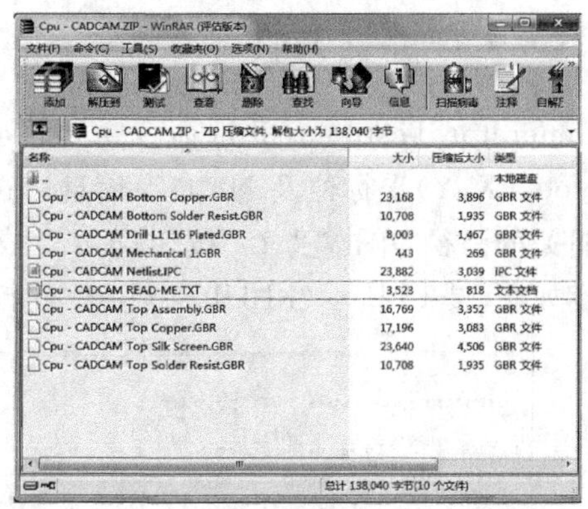

(d) 生成文本格式的生产信息

图 12-12 （续）

Contact Details：主要输入联系的详细信息。该信息也被保存在 CADCAM READ ME 文件中。

12.2.2 拾取和放置文件

Generate Pick and Place File 命令主要输出 PCB 板中放置的元器件的 ID、Value、Package、Layer、Rotation 及(X,Y)坐标值。选择该命令，弹出保存文件对话框，输入文件名称和相关路径，单击“保存”按钮即可生成 Pick and Place 文件，该文件的后缀为 *.PKP，具体内容如图 12-13 所示(用 Ultraedit 软件打开)。

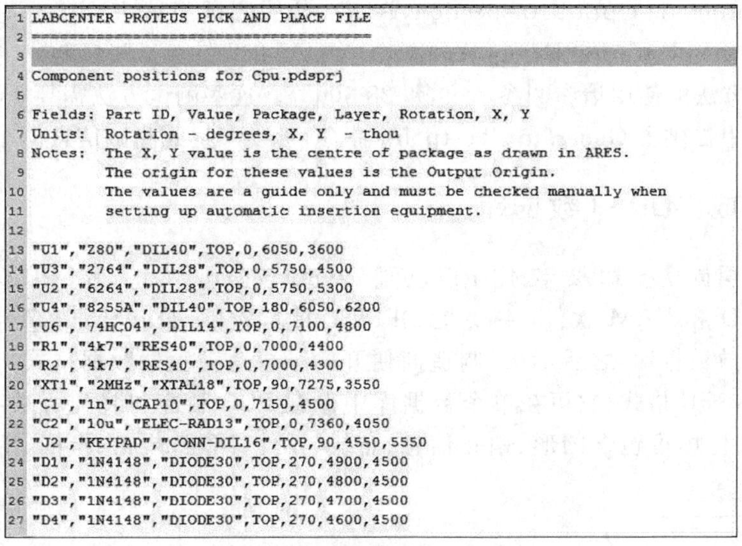

```
LABCENTER PROTEUS PICK AND PLACE FILE
=====================================

Component positions for Cpu.pdsprj

Fields: Part ID, Value, Package, Layer, Rotation, X, Y
Units:  Rotation - degrees, X, Y - thou
Notes:  The X, Y value is the centre of package as drawn in ARES.
        The origin for these values is the Output Origin.
        The values are a guide only and must be checked manually when
        setting up automatic insertion equipment.

"U1","Z80","DIL40",TOP,0,6050,3600
"U3","2764","DIL28",TOP,0,5750,4500
"U2","6264","DIL28",TOP,0,5750,5300
"U4","8255A","DIL40",TOP,180,6050,6200
"U6","74HC04","DIL14",TOP,0,7100,4800
"R1","4k7","RES40",TOP,0,7000,4400
"R2","4k7","RES40",TOP,0,7000,4300
"XT1","2MHz","XTAL18",TOP,90,7275,3550
"C1","1n","CAP10",TOP,0,7150,4500
"C2","10u","ELEC-RAD13",TOP,0,7360,4050
"J2","KEYPAD","CONN-DIL16",TOP,90,4550,5550
"D1","1N4148","DIODE30",TOP,270,4900,4500
"D2","1N4148","DIODE30",TOP,270,4800,4500
"D3","1N4148","DIODE30",TOP,270,4700,4500
"D4","1N4148","DIODE30",TOP,270,4600,4500
```

图 12-13 Pick and Place 文件内容

12.2.3 生成测试文件

Generator Testpoint File 命令主要输出 PCB 板测试所需的信息,主要包括元器件的 ID、Type、(X,Y)坐标值及 NET 等信息。选择该命令,弹出保存文件对话框,输入文件名称和相关的路径,单击“保存”按钮即可生成 Testpoint 文件,该文件后缀为 *.TPI,其具体内容如图 12-14 所示(用 Ultraedit 软件打开)。

```
Testpoint positions for Cpu.pdsprj

Fields: ID, Type, X, Y, Net
Units:  X, Y  - thou
Notes:  This file lists pads which are accessible from the bottom side of the board.
        The X, Y value is the centre of drill hole or pad origin relative to the Output Origin.
        Vias are only listed if they are exposed through the solder resist.

"U1:1","THRU",5100,3300,"A11"
"U1:2","THRU",5200,3300,"A12"
"U1:3","THRU",5300,3300,"A13"
"U1:4","THRU",5400,3300,"A14"
"U1:5","THRU",5500,3300,"A15"
"U1:6","THRU",5600,3300,"#00034"
"U1:7","THRU",5700,3300,"D4"
"U1:8","THRU",5800,3300,"D3"
"U1:9","THRU",5900,3300,"D5"
"U1:10","THRU",6000,3300,"D6"
"U1:11","THRU",6100,3300,"VCC/VDD=POWER"
"U1:12","THRU",6200,3300,"D2"
"U1:13","THRU",6300,3300,"D7"
"U1:14","THRU",6400,3300,"D0"
"U1:15","THRU",6500,3300,"D1"
"U1:16","THRU",6600,3300,"VCC/VDD=POWER"
```

图 12-14 Testpoint 文件内容

目前常用的 PCB 板测试方法主要有手工视觉测试、针床测试法(bed of nails)、自动光学检测(Automatic Optical Inspection,AOI)、功能测试测试法(Function Test)、制作缺陷分析仪(Manufacturing Defect Analyzer,MDA)和飞针测试机(Flying-probe Tester)等方法,具体方法的使用请参阅参考文献[28-30]等。这些测试方法需要 PCB 板的信息,PCB Layout 中提供了 Generator Testpoint 命令,可以产生此测试信息。

12.2.4 生成 ODB++数据库

Valor 公司创立于 1992 年,位于以色列 Yavne,该公司致力于为 PCB 设计人员、制造商等提供 CAD 和 CAM 软件,主要是 DFM 工具。Valor 公司于 1997 年向公众发布 ODB++ ①(开放数据库)之后不久,制造商便开始下载这一免费数据格式。ODB++ 是一种可扩展的 ASCII 格式,它可在单个数据库中保存 PCB 制造和装配所必需的全部工程数据。单个文件即可包含图形、钻孔信息、布线、元件、网表、规格、绘图、工程处理定义、

① 目前还有比较流行的 GenCAM 标准,也是一种基于 ASCII 的格式,可提供双向数据传输,它在单个文件中集成了所有 PCB 和线路板装配的功能性描述。GenCAM 由 22 个部分组成,涵盖了设计、制造和装配等方面的要求,包括夹具、面板、绘图、布线图、布线层、焊盘堆叠和设计变更等可输出 GenCAM 的 EDA 工具供应商包括 Mentor Graphics、VeriBest、OrCAD、PADS 及 ACCEL Technology。欲了解更多信息,请查阅 www.valor.com、www.ipc.org 和 www.gencam.org。

报表功能、ECO和DFM结果等。操作人员可以改进和改正DFM来更新他们的原始CAD数据库,并设法在设计达到装配阶段之前识别出所有的布线问题。ODB++是一种双向格式,允许数据上传和下载。ODB++数据库类似于大多数CAD系统的数据库。一旦数据以ASCII形式到达线路板车间,制作者就可实施增值的流程操作,如蚀刻补偿、面板成像及输出钻孔、布线和照相等。提供ODB++工具的EDA供应商包括Mentor Graphics、VeriBest、Cadence Design Systems、PADS Software、Zuken-Redac、Altium Designer、Proteus等。

PCB Layout提供了生成ODB++数据库的命令,它包含了Gerber、Excellon、Pick & Place、Testpoint等输出文件信息,并将这些信息集成在一个文件中,ODB++的数据格式特点如下。

(1) OBB++是一个单一的、标准的格式,目前大多数PCB制造业都支持此格式。

(2) ODB++包含PCB板的所有信息,因此可以直接以ODB++数据作为PCB的测试信息。

(3) 免费的ODB++ Viewer可以进行预检查,提高制板的可靠性(官方下载地址http://www.mentor.com/pcb/downloads/odb-plus-plus-viewer)。

选择菜单Generate ODB++ Database命令,弹出询问是否要进行生产预检查的窗口,单击Yes按钮开始预检查,没有错误后自动打开ODB++ Manufacturing Output对话框;单击No按钮,则直接打开ODB++ Manufacturing Output对话框,如图12-15所示。从图中可以看出,ODB++数据属性主要包括ODB++ Output、Notes和Log 3个选项卡,下面详细介绍。

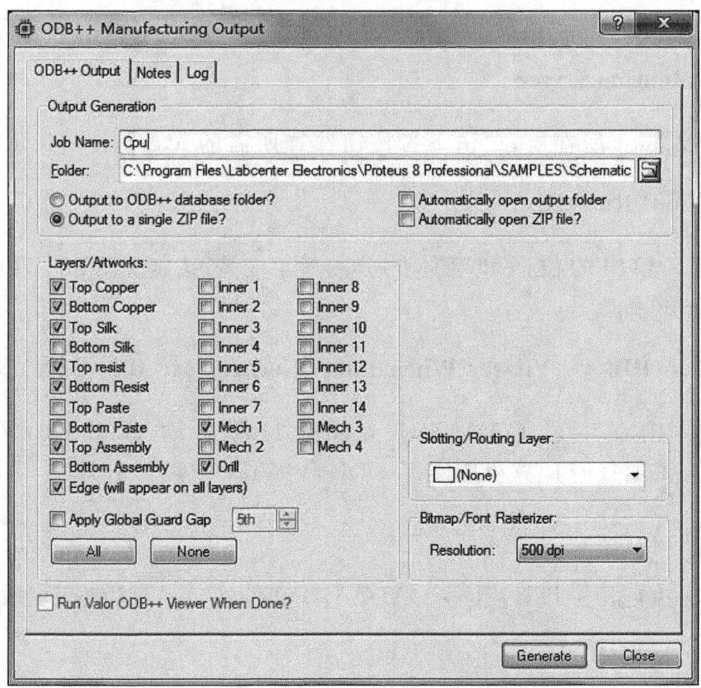

图12-15 ODB++属性对话框

12.2.4.1 ODB++ Output 选项卡

1. Output Generation

这些选项用于配置目标的 CADCAM 的输出文件格式以及自动生成的文件是否立即执行。

(1) Job Name：ODB++ 数据文件的名称。

(2) Folder：保存的路径。

(3) Output to ODB++ database folder：定义 ODB++ 输出的数据格式，选中则表示生成独立的文件。

(4) Output to a single ZIP file：是否输出成一个单一的 ZIP 压缩文件，选中表示生成单一的压缩文件格式，只能在选项(3)、(4)中选择其中一项。

(5) Automatically open output folder：是否自动打开文件路径，如果选中则生成 CADCAM 文件后自动打开文件所在的文件夹。

(6) Automatically open ZIP file：是否自动打开压缩文件，当生成的文件类型为压缩型的时候，选中此项则生成 CADCAM 文件后自动打开压缩文件。

2. Layers/Artworks

这些选项主要定义哪些层要输出，选中表示输出。也可以通过 All 或 None 按钮进行快速全部选择或者全部不选。

Apply Global Guard Gap：是否应用全局安全间距，选中此项表示允许定义阻焊层的全局安全间距。

3. Slotting/Routing Layer

该项主要定义 Slot 所在层，单击下拉按钮选择所需的 Mech 1～Mech 4 或 NONE。

4. Bitmap/Font Rasterizer

该项主要定义输出的位图和字体的分辨率，主要包含 125dpi、250dpi、500dpi 和 1000dpi 共 4 种分辨率。

5. Run Valor ODB++ Viewer When Done(Gerber/Excellon Only)

选中此选项，则在生成 CADAMD 文件后自动启动 ODB++ Viewer 并装载 CADCAM 文件。该项只有计算机安装了 ODB++ Viewer 后才有效。

6. 按钮

OK 按钮表示执行相关设计，生成 CADAMD 文件；Cancel 按钮表示取消。

12.2.4.2 Notes 选项卡

输入生产信息，主要包括 Notes、Contact Details 和 ZIP File Comment 等 5 项标注信

息，具体含义如下。

Notes：主要输入板卡制造的信息。

Contact Details：主要输入联系的详细信息。

ZIP File Comment：压缩文件注释，输入该信息后，当打开压缩的 CADCAM 文件时，该信息将被显示。

12.2.4.3 Log 选项卡

Log 主要记录程序执行的相关信息，如图 12-16 所示。

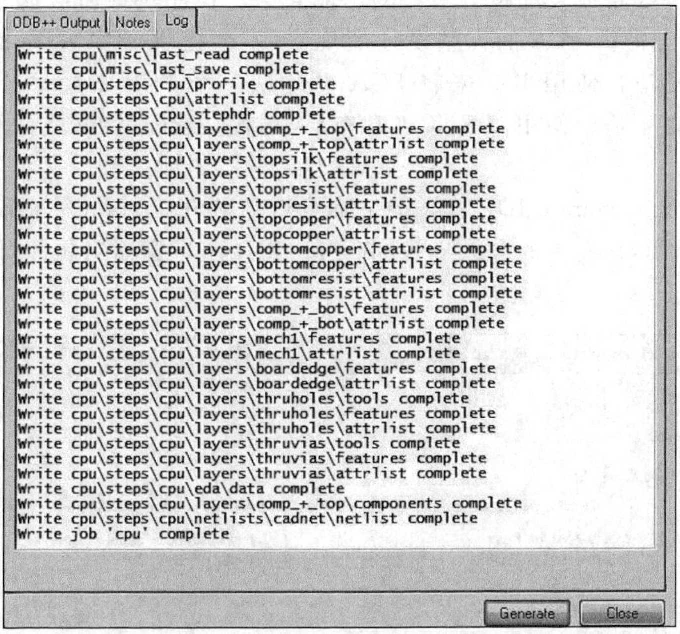

```
ODB++ Output | Notes | Log
Write cpu\misc\last_read complete
Write cpu\misc\last_save complete
Write cpu\steps\cpu\profile complete
Write cpu\steps\cpu\attrlist complete
Write cpu\steps\cpu\stephdr complete
Write cpu\steps\cpu\layers\comp_+_top\features complete
Write cpu\steps\cpu\layers\comp_+_top\attrlist complete
Write cpu\steps\cpu\layers\topsilk\features complete
Write cpu\steps\cpu\layers\topsilk\attrlist complete
Write cpu\steps\cpu\layers\topresist\features complete
Write cpu\steps\cpu\layers\topresist\attrlist complete
Write cpu\steps\cpu\layers\topcopper\features complete
Write cpu\steps\cpu\layers\topcopper\attrlist complete
Write cpu\steps\cpu\layers\bottomcopper\features complete
Write cpu\steps\cpu\layers\bottomcopper\attrlist complete
Write cpu\steps\cpu\layers\bottomresist\features complete
Write cpu\steps\cpu\layers\bottomresist\attrlist complete
Write cpu\steps\cpu\layers\comp_+_bot\features complete
Write cpu\steps\cpu\layers\comp_+_bot\attrlist complete
Write cpu\steps\cpu\layers\mech1\features complete
Write cpu\steps\cpu\layers\mech1\attrlist complete
Write cpu\steps\cpu\layers\boardedge\features complete
Write cpu\steps\cpu\layers\boardedge\attrlist complete
Write cpu\steps\cpu\layers\thruholes\tools complete
Write cpu\steps\cpu\layers\thruholes\features complete
Write cpu\steps\cpu\layers\thruholes\attrlist complete
Write cpu\steps\cpu\layers\thruvias\tools complete
Write cpu\steps\cpu\layers\thruvias\features complete
Write cpu\steps\cpu\layers\thruvias\attrlist complete
Write cpu\steps\cpu\eda\data complete
Write cpu\steps\cpu\layers\comp_+_top\components complete
Write cpu\steps\cpu\netlists\cadnet\netlist complete
Write job 'cpu' complete
Generate   Close
```

图 12-16 Log 信息

12.2.5 生成 IDF 数据库

中间数据格式（Intermediate Data Format，IDF）是一种供应商中立格式，用于交换 PCB 布局设计（ECAD）系统和机械 CAD 系统（如 SolidWorks）之间的印刷电路装配体（PCA）信息。IDF 最初开发于 1992 年，之后不断推陈出新。当前版本为 IDF 4.0，但大多数系统（包括 CircuitWorks）能支持之前的 IDF 2.0 和 IDF 3.0 格式。

每个 IDF 2.0 或 3.0“文件”在磁盘上都包含两个文件。这两个文件的扩展名通常为.emn 和.emp，但也可使用其他扩展名（例如 .brd 和.lib）。.emn 文件包含有关 PCB（包括孔和图案）物理大小和形状以及零部件位置的信息。.emp 文件包含有关每个零部件的大小和形状的信息。IDF 4.0 使用带.idf 扩展名的单个文件，例如 cellphone.idf。IDF 2.0 文件包含一系列基本信息，涉及线路板形状、电镀孔和非电镀孔的位置和大小、零部件的基本形状和位置。IDF 3.0 添加了对更多禁线和轮廓线类型的支持。IDF 2.0

和 3.0 在结构和内容上非常相似。

IDF 4.0 添加了对迹线、焊盘、通孔和填补区域的支持。较之以前的版本，IDF 4.0 允许对形状进行更详细的定义。由于 IDF 4.0 比 IDF 2.0 和 3.0 复杂得多，这妨碍了它在 ECAD 和 MCAD 用户群体中的推广使用，但情况正逐渐好转。

在典型的设计流程中，机械设计师会定义线路板形状，指定重要的内置和外置区域，并使用机械设计系统预先安放关键零部件(如接头、开关、显示器和发光二极管)。随后，这些信息将以 IDF 格式传送给 PCB 设计师，以用作 PCB 布局系统中线路板布局的根据。在放置其余零部件后，零部件全部放置好的线路板再以 IDF 格式回传给机械设计师，从而确保线路板装配符合最终的产品包装。产品设计阶段通常会出现多个迭代过程。IDF 不会提供 PCA 的完整设计展现，也不会提供 PCA 的完整功能说明或电气说明。因此，不适合使用 IDF 来将 PCA 设计从一个 PCB 布局系统转换到另一个 PCB 布局系统，也不适合使用 IDF 将 PCB 布局与制造、装配、测试或详细的文档系统相连接。

选择菜单命令 Generate IDF Database 命令后弹出 IDF Manufacturing Output 对话框，如图 12-17 所示，该参数的含义与 Gerber 和 ODB++ 数据输出属性对话框类似，此处不作详细介绍。

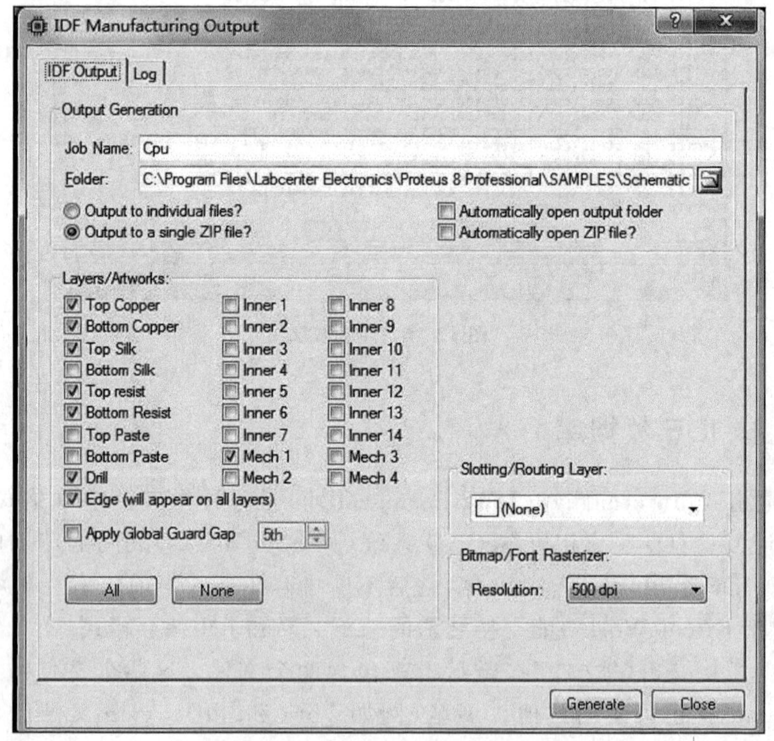

图 12-17 IDF 格式属性对话框

12.2.6 生成 IPC-D-356 网络表

设计与制造是产品生命周期中最重要的两个环节。随着电子业及 PCB 制造业的蓬勃发展，行业内的竞争达到白炽化程度。客户对 PCB 设计周期的要求越来越短，品质要求却越来越高。PCB 的加工制造是电子产品设计及制造最重要的组成部分，这个环节是设计师、工程师的一切设计理念切切实实地转化成实体。要在这么短的设计周期内完成一系列的复杂设计，怎么保证设计资料与原理图一致呢？在此引入 IPC-D-356 比对 Gerber 文件的方式，以保证设计资料与原理图一致。

IPC-D-356 是美国印刷电路学会制定的一种特定格式，它是记录设计文件各逻辑关系的网络集合文件。就是在 PCB 文件内用设计软件输出的与原理图一致的一种逻辑网络，与 CAM 软件建立的物理网络进行对比。它可以检查输出的 Gerber 文件及钻孔文件是否与 PCB 的原理图一致，特别是网络开路和短路的安全性。素有“设计工程师的守护神，PCB 加工的安全站”之称。更多 IPC-D-356 文件的功能请参阅参考文献[39-41]。

IPC-D-356 标注目前有 IPC-D-356A 和 IPC-D-356B 两种形式，PCB Layout 生成的是 IPC-D-356A 标准文件。选择 Generate IPC-D-356 Netlist 命令，弹出 IPC-D-356 网表生成文件保存对话框，输入文件和路径保存即可生成，此文件的后缀为 *. IPC。Chap12 中的 Cpu. pdsprj 项目输出的 IPC-D-356 文件打开部分截图如图 12-18 所示。

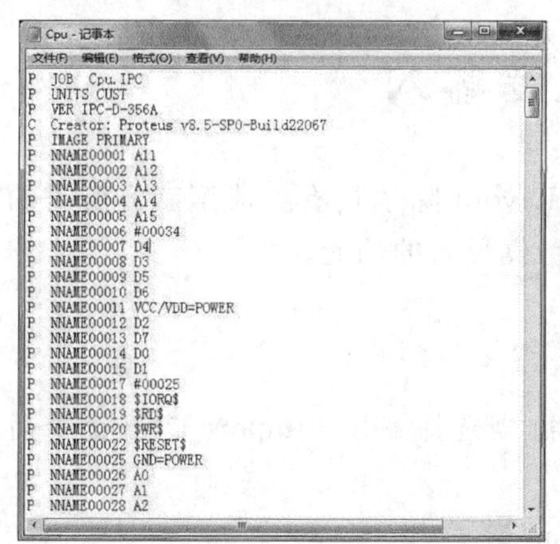


```
P  JOB  Cpu.IPC
P  UNITS CUST
P  VER IPC-D-356A
C  Creator: Proteus v8.5-SP0-Build22067
P  IMAGE PRIMARY
P  NNAME00001 A11
P  NNAME00002 A12
P  NNAME00003 A13
P  NNAME00004 A14
P  NNAME00005 A15
P  NNAME00006 #00034
P  NNAME00007 D4
P  NNAME00008 D3
P  NNAME00009 D5
P  NNAME00010 D6
P  NNAME00011 VCC/VDD=POWER
P  NNAME00012 D2
P  NNAME00013 D7
P  NNAME00014 D0
P  NNAME00015 D1
P  NNAME00017 #00025
P  NNAME00018 $IORQ$
P  NNAME00019 $RD$
P  NNAME00020 $WR$
P  NNAME00022 $RESET$
P  NNAME00025 GND=POWER
P  NNAME00026 A0
P  NNAME00027 A1
P  NNAME00028 A2
```

```
317NNAME00026      -   MD0200PA00X+061000Y+041000X0500      S0
317NNAME00036      -   MD0200PA00X+051500Y+045500X0500      S0
317NNAME00001      -   MD0200PA00X+050000Y+049250X0500      S0
317NNAME00002      -   MD0200PA00X+052000Y+043500X0500      S0
317NNAME00005      -   MD0200PA00X+057000Y+044750X0500      S0
317NNAME00005      -   MD0200PA00X+051500Y+048750X0500      S0
317NNAME00030      -   MD0200PA00X+056000Y+039750X0500      S0
317NNAME00030      -   MD0200PA00X+056500Y+047250X0500      S0
317NNAME00035      -   MD0200PA00X+053000Y+046750X0500      S0
317NNAME00015      -   MD0200PA00X+062000Y+053000X0500      S0
317NNAME00012      -   MD0200PA00X+065000Y+049250X0500      S0
317NNAME00012      -   MD0200PA00X+062000Y+038000X0500      S0
317NNAME00008      -   MD0200PA00X+066750Y+048000X0500      S0
317NNAME00008      -   MD0200PA00X+057000Y+037000X0500      S0
317NNAME00007      -   MD0200PA00X+064500Y+041000X0500      S0
317NNAME00007      -   MD0200PA00X+057000Y+032000X0500      S0
317NNAME00009      -   MD0200PA00X+058500Y+046250X0500      S0
317NNAME00009      -   MD0200PA00X+059000Y+057500X0500      S0
317NNAME00009      -   MD0200PA00X+059000Y+035500X0500      S0
317NNAME00013      -   MD0200PA00X+065500Y+047250X0500      S0
317NNAME00013      -   MD0200PA00X+064000Y+054250X0500      S0
317NNAME00013      -   MD0200PA00X+063000Y+034000X0500      S0
317NNAME00025      -   MD0200PA00X+064000Y+043250X0500      S0
317NNAME00048      -   MD0200PA00X+057000Y+062750X0500      S0
317NNAME00060      -   MD0200PA00X+066500Y+050750X0500      S0
317NNAME00011      -   MD0200PA00X+050500Y+039500X0500      S0
317NNAME00011      -   MD0200PA00X+064500Y+069750X0500      S0
999
```

图 12-18 Cpu. IPC 文件部分内容截图

从图中可以看出，ICP-D-356 文件是 ASCII 格式，主要记录网络、元件引脚、元件参考号、坐标值和测试点类型等，这些信息在 Gerber 中不会产生，在 PCB 生产时，工程师可以利用特殊的软件(如 NETEX-G、Unisoft)打开生成测试文件，与 Gerber 文件对比就可以检测制成的 PCB 板是否有开短路等问题，以保证 PCB 板与原理图具有完整的一致性，缩短开发周期。

12.2.7 生成 3D M-CAD 文件

有时候需要将生成的 PCB 文件集导出到机械 CAD 文件(如 Solidworks 或

Autodesk)中,因此生成 MCAD 3D 模型文件。目前 Proteus 支持 AP203、AP214 以及低版本的 IGES 和 STL。选择 Generate 3D M-CAD 命令,弹出输出对话框,如图 12-19 所示。

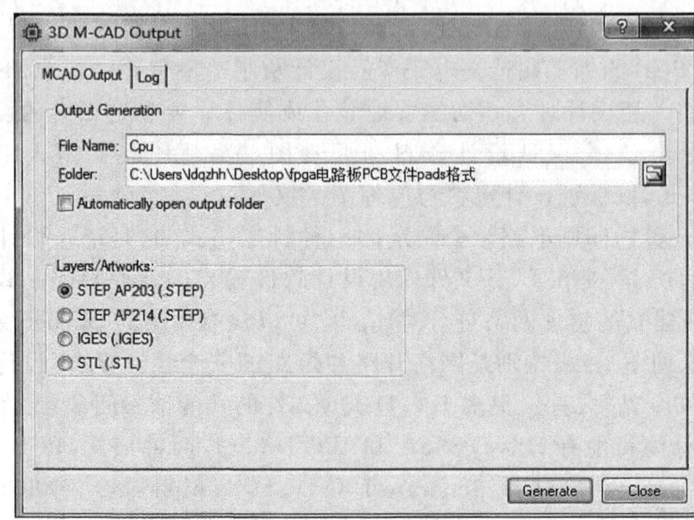

图 12-19 3D M-CAD Output 对话框

12.3 PCB 数据导入

为了实现与其他 EDA/CAD 软件兼容,PCB Layout 除了具有生成第三方所需的数据输出功能外,还提供了第三方或者本身的 PCB 数据导入的功能。

12.3.1 导入 DXF

PCB Layout 集成了 DXFCVT 的 DXF 转换器,当选择 File→Import DXF 命令后自动被启动,具体转换过程如下。

(1) 在机械 CAD 软件中生成 2D DXF① 格式数据。

(2) 确定将 DXF 中的机械信息放在 PCB Layout 哪个机械层中,PCB Layout 提供了 DXF 数据导入对话框,可以进行详细的设置。

(3) DXF 导入器自动实现正确的单位识别,这些信息集成在 DXF 格式的文件中。

下面详细讲解 DXFCVT 导入器的功能。

选择 File→Import DXF 命令,弹出 Import DXF File 对话框,选择需要导入的 DXF 文件后单击"打开"按钮,弹出 DXF Import 属性对话框,如图 12-20 所示。主要参数如下。

---

① 注意,Proteus 目前不支持 3D 数据的转换,所以转换时将忽略 Z 坐标轴信息而转换为 2D 信息,这有可能导致数据出错。

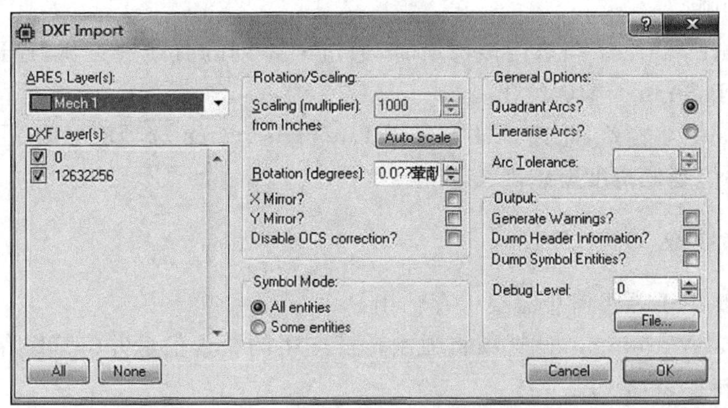

图 12-20　DXF Import 属性对话框

1. ARES Layer(s)

主要定义导入 DXF 图形要放置在 PCB Layout 的哪个层上，默认为 Mech 1，单击下拉按钮可以选择对应的 PCB Layout 层。如果要导入电路板轮廓，还需要设置板边框，通常被视为常规导入，放置在任意的机械层上。

2. DXF Layers

检测出被导入的 DXF 文件的所有命名的图层列表，通过使用图层名称旁边的复选框，选择要导入哪些图层。如果选中所有图层，则 DXF 所有信息将被导入指定的 ARES 层中。通过列表下的 All 和 None 按钮实现快速的全部选择或者全部不选。

3. Rotation/Scaling

(1) Scaling(multiplier)：如果 DXF 文件没有指定单位，可以通过设置一个比例系数来参考返回到 1th。更多信息请参阅 Import DXF 帮助信息。

如果 DXF 定义了单位，则该项不可操作。

(2) Rotation Options：该选项主要设置旋转角度以及 X、Y 轴是否要镜像以及 OCS 校正是否禁用等参数。设置合适的参数可以弥补 3D 中的 Z 轴转换到 2D 中。

4. Symbol Mode

该选项主要用于定义当导入 DXF 文件发生冲突的时候怎么处理，主要包括 All entities 和 Some entities 两项。All entities 表示所有实体都被导入，Some entities 表示部分实体被导入。

5. General Options

该选项处理弧度>45°时的处理方式，有以下 2 种处理方式。

(1) Quadrant Arc：当启用此选项，将原来的角度大于 45°的任何弧线分割为 45°的弧或小于45°的弧。

(2) Linerarise Arcs：当启用该选项时，通过一系列的直线逼近弧，逼近的容差要求由其下的Arc Tolerance参数给出。

Arc Tolerance：容差，此选项只有选择Linerarise Arcs选项时才可用，并设置准确度容差值，容差值越低精度就越高。

6. Output 参数

该参数主要用于哪些信息需要保存输出。

(1) General Warnings：此选项将强制转换产生的警告信息并将其保存在文件中，启用该项会减慢转换过程。

(2) Dump Header Information：保存标题，启用该项，转换器将DXF文件中的标题信息读出保存，标题信息对转换器而言作用不大，主要是供用户通过标题信息检查DXF文件。

(3) Dump Symbol Entities：保存符号，当启用该项，则转换器将强制读取DXF文件中的每个图形块的基本信息并保存，该信息非常有用，可以用于调试那些没有被正确映射或导入的图形块。

(4) Debug Level：定义在什么级别时调试信息被输出。默认为0。

(5) File：单击该按钮，弹出Log Export to对话框，主要定义保存的信息文件名称及保存的路径。默认文件后缀为*.LOG。

7. 按钮

单击OK按钮则开始导入DXF文件，单击Cancel按钮则放弃DXF文件导入。导入成功以后，可以在ARES中对其线宽等参数进行修改。

12.3.2 拼版

在PCB制版中，为了提高制版效率或者为了实现批量生产，需要拼版，PCB Layout页提供了拼版相关命令。选择File→Import/Export Project Clip命令就可以实现拼版，其他应用参考11.6节。拼版的具体方法如下。

(1) 首先选中要拼版的第一个PCB板，选择菜单File→Export Project Clip命令，将其导出为*.pdsclip文件。

(2) 打开需要拼版的另一个文件，在其PCB Layout窗口中选择File→Import Project Clip命令，将刚才导出的PCB文件导入，此时PCB虚框随着鼠标的移动而移动，单击完成放置，放置后如果有DRC错误，也会显示出来。拖动位置时DRC错误消失。

重复上面两步，可以实现多块板拼版，如图12-21所示。

除了通过上述方法实现拼版外，还可以在Gerber Editor窗口下完成拼版，具体见12.4.3节。

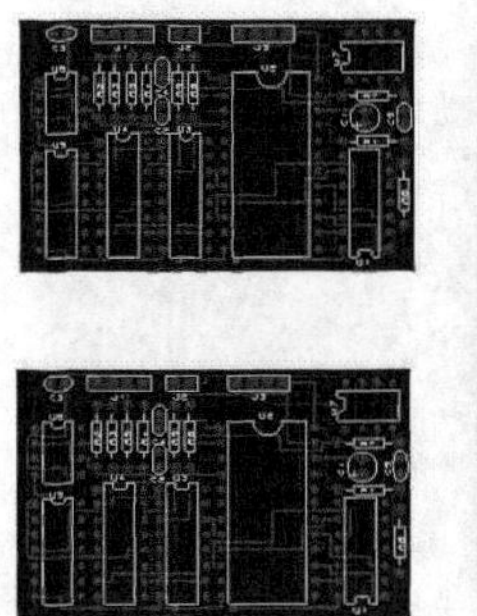
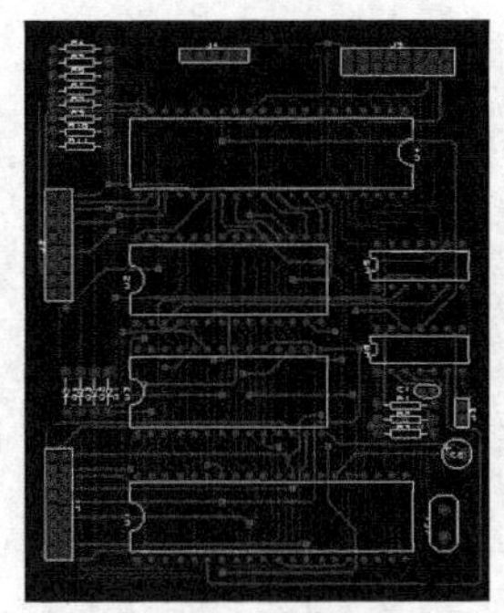
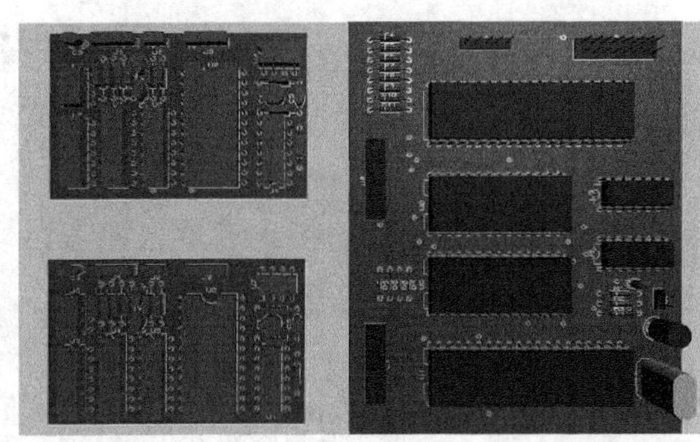

图 12-21 多块 PCB 板拼版

12.4 Gerber Viewer

Gerber 格式是线路板行业软件描述线路板(线路层、阻焊层、字符层等)图像及钻、铣数据的文档格式集合。是线路板行业图像转换的标准格式，一般在专业制作 PCB 时都会给制版方提供 Gerber 文件，因为 PCB 设计工程师与 PCB 制版工程师对 PCB 版的理解是不同的。Gerber 文件是一种国际标准的光绘格式文件，它包含 RS-274D、RS-274X 和 Gerber X2 共 3 种格式，其中 RS-274D 称为基本 Gerber 格式，并要同时附带 D 码文件才能完整描述一张图形；RS-274X 称为扩展 Gerber 格式，它本身包含有 D 码信息。Gerber X2 是目前最新的格式，RS-274D 格式目前已经淘汰不用。常用的 CAD 软件，如 Altium Designer、Candence 等，都能生成这 3 种格式文件。

Gerber 格式最初是由 Gerber 系统公司开发的，现由 Ucamco 公司所有，其前身 Barco 公司收购了 Gerber 系统公司。Ucamco 公司不断地更新 Gerber 规格说明书的版本。当前的 Gerber 规格说明书是 V2.0 版，是在 2014 年年初发布的，可免费从 Ucamco 公司的网站下载。

12.4.1 Gerber 非排版模式

非排版模式的启动有以下两种方式。

(1) 按照 12.2.1 节的方法产生 CADCAM 文件时，勾选 Run Gerber Viewer When Done? 选项，即自动启动 Gerber Viewer 并装载 CADCAM 文件，此时自动打开 Gerber Viewer 并弹出如图 12-22 所示的对话框。

(2) 在项目文件打开时，单击主工具栏上的(Gerber Viewer)，打开 Gerber Viewer 对话框，选择 File→Open CADCAM File 命令，在弹出的打开文件对话框中选中生成的 Gerber 文件，单击“打开”按钮，弹出如图 12-23 所示的对话框。

系统会根据 CADCAM 文件信息选择层，注意 Panelization Mode(拼版模式)不可操作，因此称此模式为非拼版模式，单击 OK 按钮则自动将 CADCAM 文件转换为 PCB 文件显示，如图 12-22 所示(配套电子资源实例 chap12 中的 Cpu. pdsprj，在底层对 GND 网

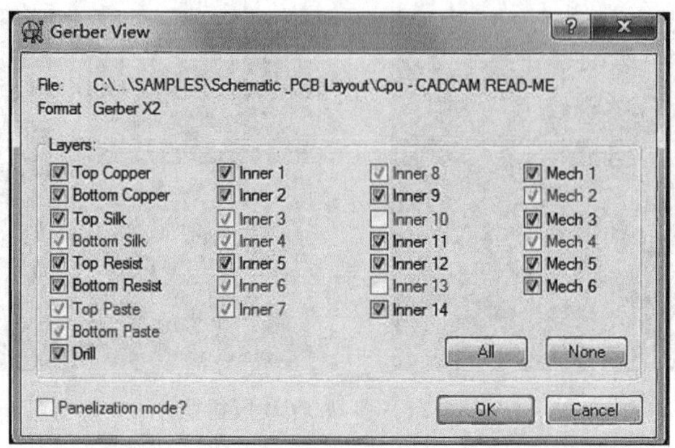

图 12-22 Gerber View 参数设置对话框

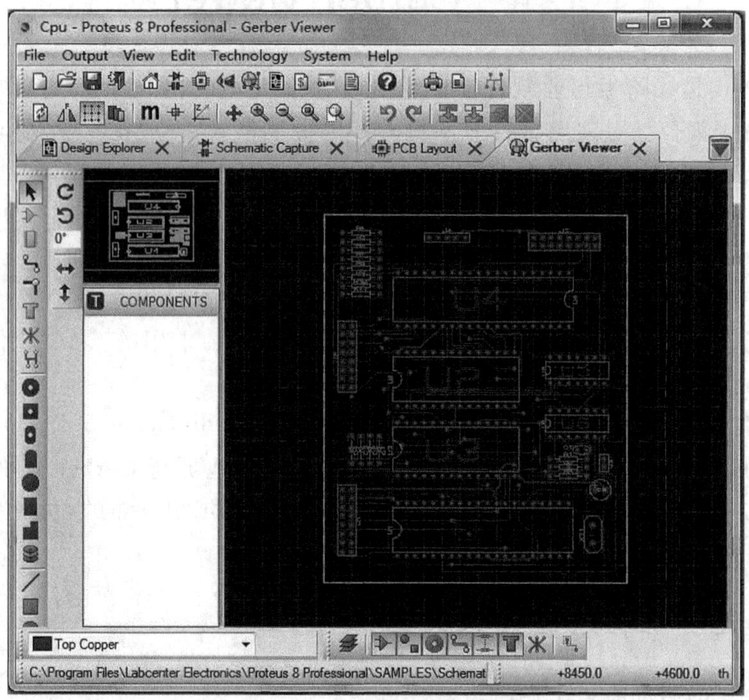

图 12-23 Gerber Viewer 对话框

络覆铜后生成 CADCAM 文件)。

在该模式下,对 PCB 不能进行编辑、拼图等操作,只能预览,所以该模式显示为 Gerber Viewer。而要对 PCB 进行编辑、拼图等操作,必须在 Gerber Editor 窗口下,下面详细介绍 Gerber Editor 的操作。

12.4.2 Gerber 排版模式

生成 CADCAM 文件后,Proteus 系统将重新启动,进入 Home Page 模式(不要打开项目)，单击主工具栏上的 按钮(Gerber Viewer)，弹出 Gerber View 对话框，选择 File→Open CADCAM File 命令，弹出打开文件对话框，如图 12-24 所示。选中生成的 Gerber 文件，单击“打开”按钮，弹出如图 12-25 所示的对话框。

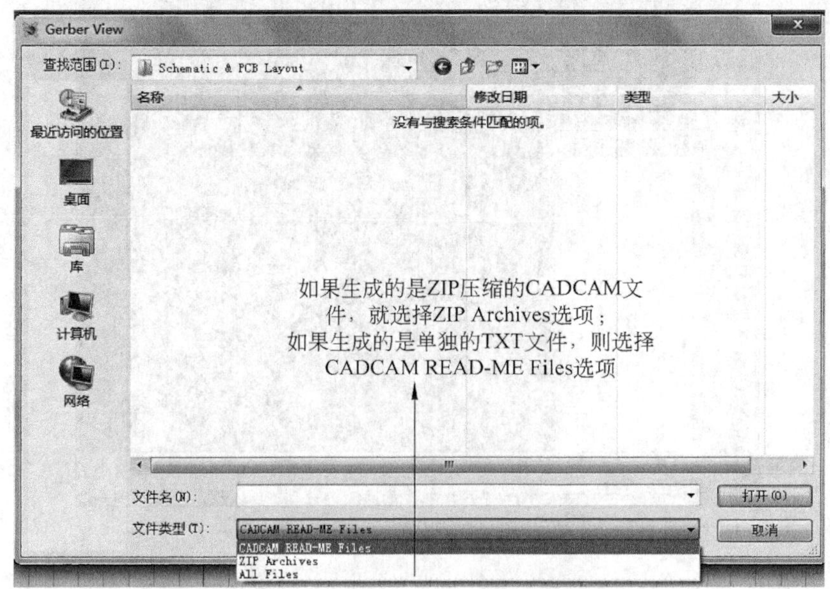

图 12-24 打开 CADCAM 文件窗口

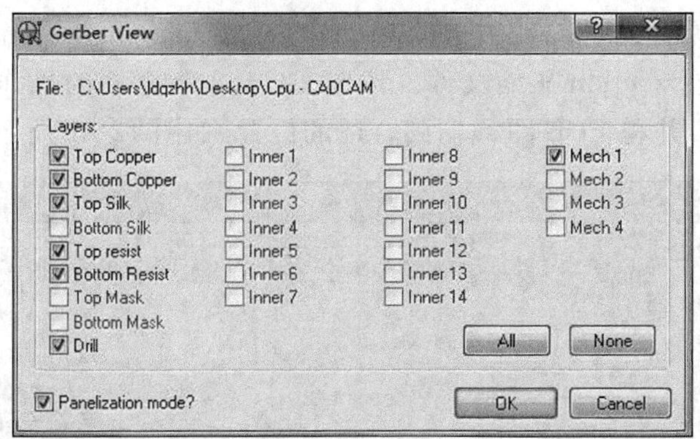

图 12-25 拼板模式下的 Gerber View 参数对话框

对比图 12-25 与图 12-22，唯一的不同之处是 Panelization Mode 选项可以操作，选中此项，单击 OK 按钮即可将 CADCAM 文件转换成 PCB，并进入 Gerber Editor 窗口，如图 12-26 所示。

对比图 12-26 与图 12-23，会发现两点不同：(1)标题不同，一个为 Gerber Editor，另一个为 Gerber Viewer；(2)图 12-26 中的 PCB 可以编辑了，而图 12-23 中的不能编辑。具体编辑操作与 PCB Layout 中的操作类似，此处不再讲解。下面通过实例说明在 Gerber Editor 窗口生成拼版。

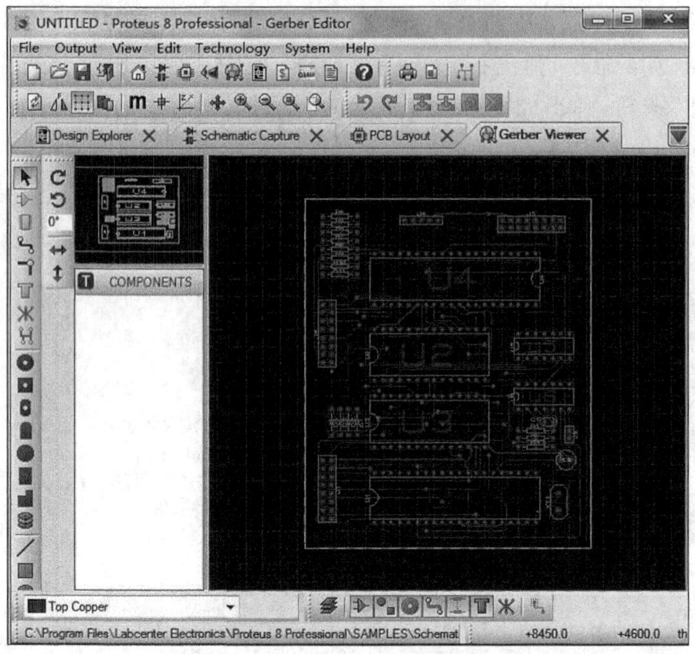

图 12-26 Gerber Editor 窗口

12.4.3 Gerber 拼版

以配套电子资源实例 chap12 中的 Cpu. pdsprj 和 Siggen. pdsprj 两个项目文件分别生成各自的 Gerber/Excellon 压缩文件。按照 12. 4. 2 节介绍的操作分别导入刚才生成的两个 Gerber 文件,并将 PCB 图移动到合适的位置,如图 12-27 所示。

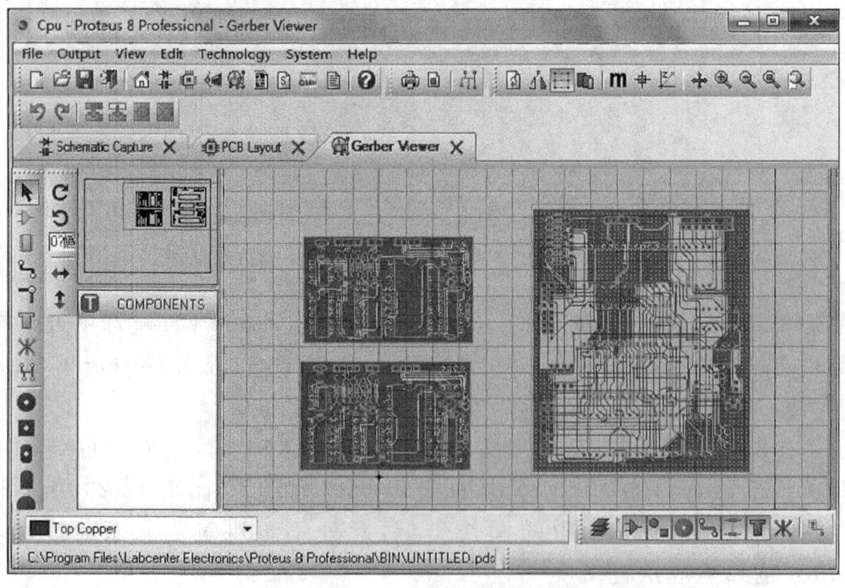

图 12-27 Gerber 拼版

12.4.4 Proteus 通过 Gerber 与其他 EDA 软件关联

Proteus PCB Layout 提供了多种格式的数据输出，这些数据有效地为 PCB Layout 与其他 EDA 提供了兼容接口。下面以 Proteus 8 和 Altium Designer Summer 09 版本为例，通过 Gerber 文件关联说明。

(1) 打开配套电子资源实例 chap12 中的 Cpu. pdsprj，对其 PCB 图生成 Gerber/Excellon 文件。

(2) 启动 Altium Designer 文件，新建项目，在项目列表中选择新建 CAM Document 文件。选择 File→Import→Gerber 命令，弹出 Select Gerber Files 对话框，选中 Proteus 生成的所有 Gerber 文件（一次性全部加入），单击打开按钮，接着弹出 Import Gerber(s) Options 参数设置对话框，如图 12-28 所示，选中 Auto Detect Gerber Formats，单击 OK 按钮，开始导入 Gerber 文件，导入完成后自动打开一个以日期和时间为名的 LOG 文件，如图 12-29 所示。如果导入成功，没有任何错误，此时在新建的 CAMtastic1. CAM 文件里就会显示出 PCB 电路图，如图 12-29 所示。此时可以在 Altium Designer 中进行编辑操作，例如添加泪滴、覆铜等。选择 Altium

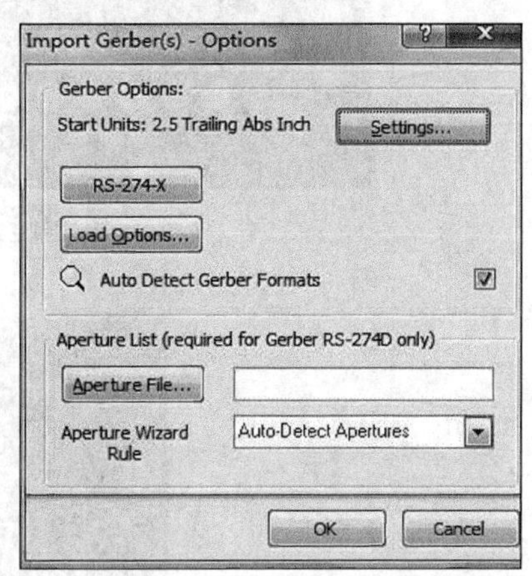

图 12-28　导入 Gerber 文件参数配置对话框

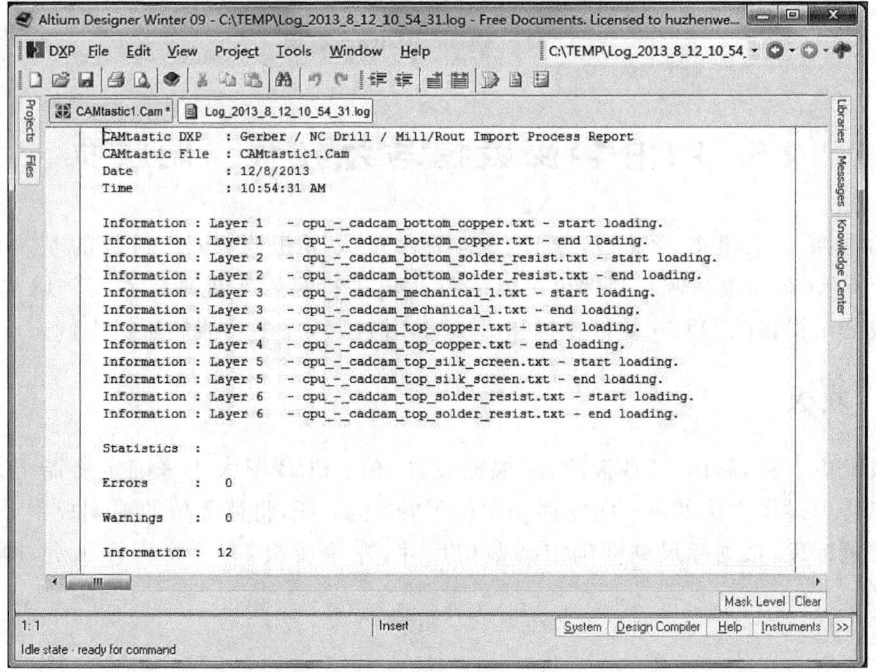

图 12-29　导入 Gerber 文件日志

Designer 菜单 Tools→Teardrops 可以添加泪滴,效果如图 12-30 所示(放大部分截图)。选择 Tools→Copper Pour 进行覆铜操作,效果如图 12-31 所示。

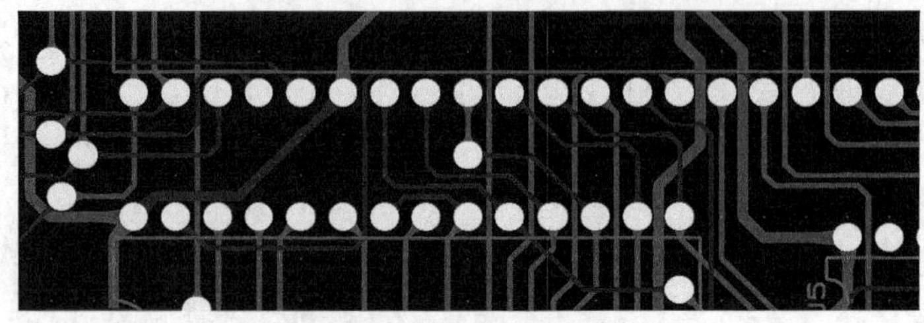

图 12-30　添加泪滴

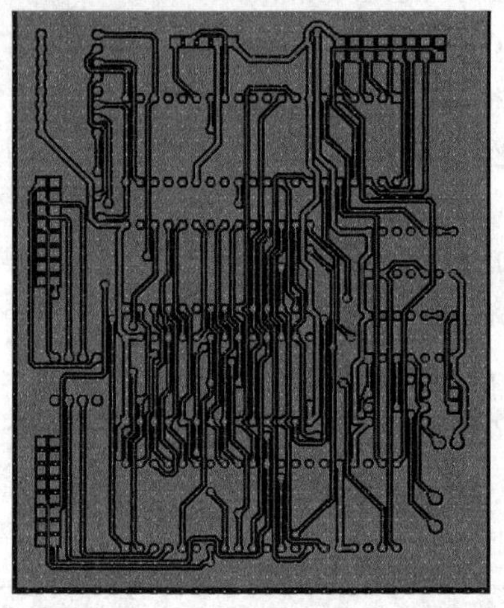

图 12-31　Altium Designer 覆铜

12.5　PCB 输出数据与打孔机、制版机

PCB 制版厂家很多,不同厂家提供的平台也大不相同,PCB 制版的基本流程如图 12-32 所示(双面板为例),当然也可以先打孔再进行显影等处理。本实例以福建时创电子有限公司提供的 DR3020 打孔机和 STR-F3 微型环保多功能制版机为例。

12.5.1　裁板

裁板又称下料,制作 PCB 板前,应根据设计好的 PCB 图大小来确定所需 PCB 板基的尺寸规格。操作方法如下:向左移动定位尺,提起压杆,将待裁剪的覆铜板置于裁板机底板并靠近标尺,根据标尺刻度确定待裁剪尺寸,左手压板,右手将压杆压下,即可轻松裁好板。

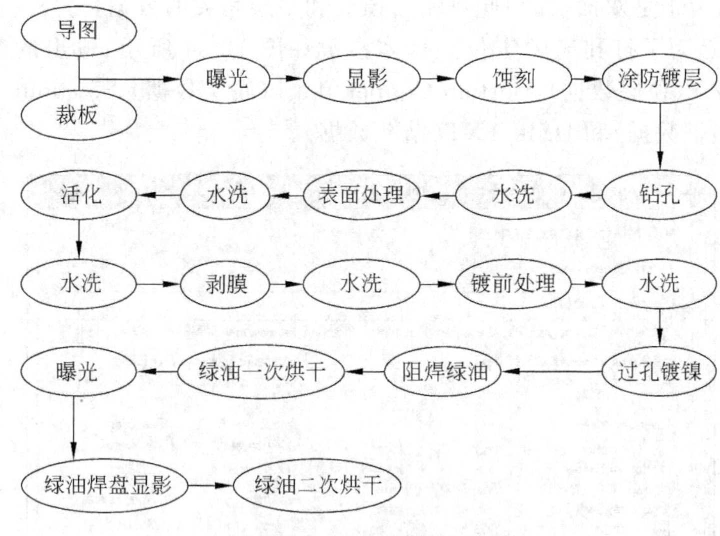

图 12-32 PCB 制版流程图

12.5.2 钻孔

打开本书配套资源实例 chap13 中的 Cpu. pdsprj 实例，设计成双面板(参考 11.5 节)。为了与 DR3020 打孔机软件进行兼容，要生成 Keyout Layer 数据。因此，在 Keepout Layer 层沿着 Board Edge 边框绘制同样大小的边框，如图 12-33 所示。选择 Output→Generate Gerber/Excellon Files 命令，弹出 CADCAM(Gerber and excellion)

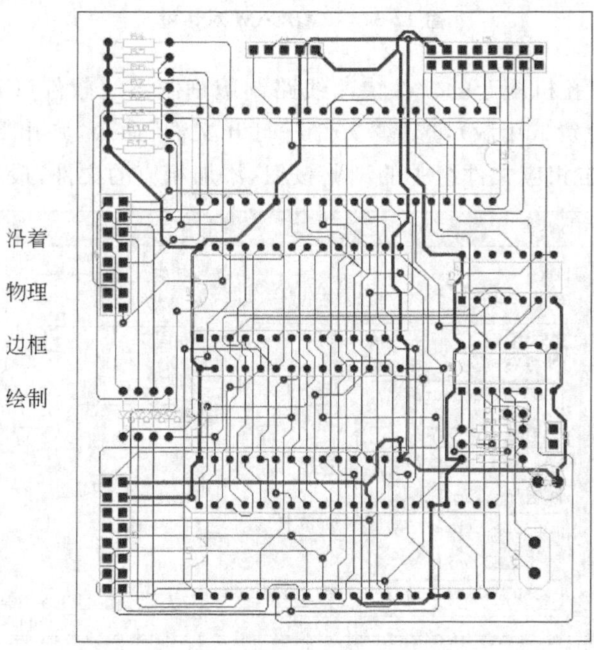

图 12-33 添加 Keep out 边框

Output 对话框,由于是双面板,因此只输出顶层和底层相关的数据,另外还必须输出钻孔和边界层,主要是为了打孔时的定位。具体参数如图 12-34 所示,输出的数据主要包括 Top Copper. TXT(顶层数据)、Bottom Copper. TXT(底层数据)、Keepout. TXT(禁止布线层数据又称边框数据)和 Drill. TXT(钻孔数据)。

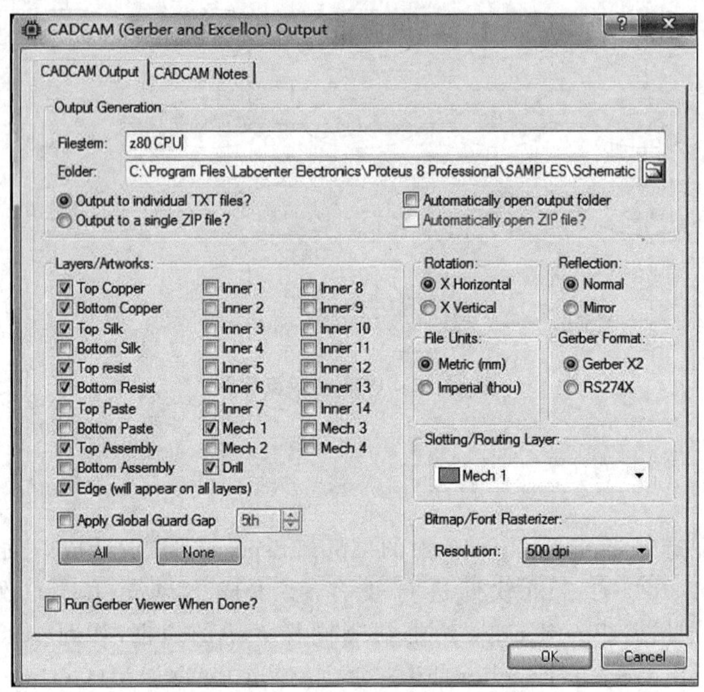

图 12-34 CADCAM 对话框

启动 DR3020 打孔机配套的软件快速线路制版刻制系统软件(Circuit Workstation,在配套资源里提供免费试用版),选择"文件→打开文件"命令,弹出"打开文件"对话框,如图 12-35 所示,单击相应文件组中的浏览按钮,添加相应的文件,最后单击"确定"按钮,

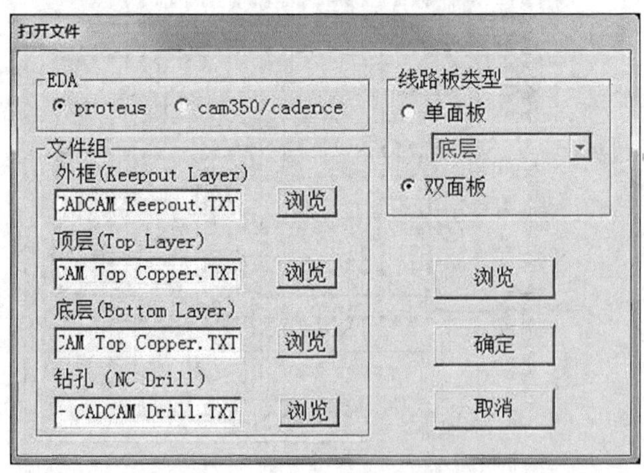

图 12-35 打开文件对话框

完成数据的导入。导入成功后，快速线路板刻制系统软件中显示 PCB 电路，如图 12-36 所示。窗口下方的状态栏中显示当前光标的坐标位置、线路板的大小信息、主轴电机的设定与当前状态及联机状态信息。默认的单位为英制 mil，可通过主菜单“查看→坐标单位切换”，将显示单位切换至公制 mm。还可以通过“查看”菜单对图纸进行放大、缩小、适中显示操作，通过顶层和底层菜单命令分别观察顶层图纸和顶层图纸（注意：如打开过程出现异常提示，请检查 Gerber 文件转换设置是否正确）。

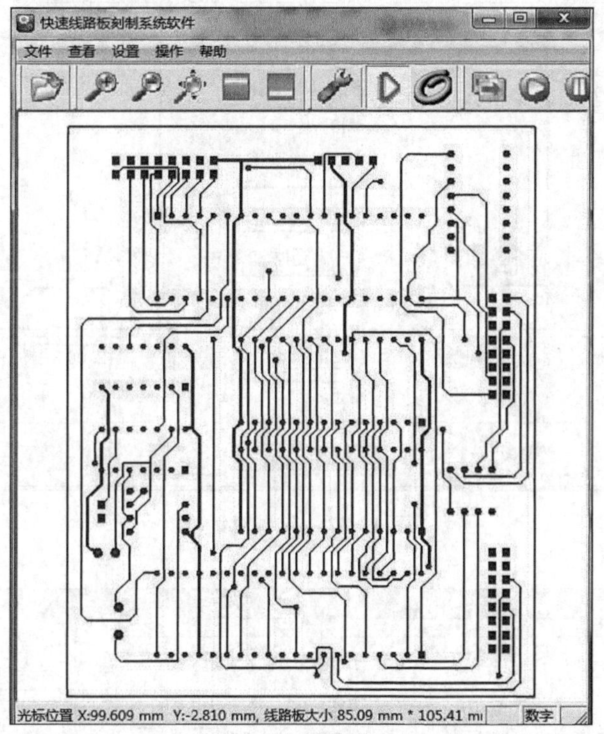

图 12-36 PCB 文件导入窗口

下面进行打孔操作。选择“操作→向导”命令，打开向导对话框，如图 12-37 所示。“当前孔径”表示 PCB 文件中过孔的直径和个数，0.76mm×4 表示有 4 个孔孔，其直径为 0.76mm。“钻头直径”表示当前钻孔机上安装的钻孔的直径。“已选好的钻头”表示将当前孔径的数据按照钻孔直径数据进行钻孔，当当前孔径参数比钻头孔径参数大时，可以选择“孔径直径”内的挖孔功能实现。设置完成后，单击“下一步”按钮，弹出坐标调整对话框，如图 12-38 所示。

坐标设置完成后单击“完成”按钮，开始钻孔。钻孔的整个操作过程如下。

钻孔工序分为钻定位孔和钻其他孔。定位孔用于重新装载时确定相对位置。钻孔时，主轴电机自动切换为中速。

(1) 用双面胶把覆铜板平整地贴于加工平台上，根据线路板的大小调整 X、Y 方向刀头的位置，以确定线路板合适的起始位置。

(2) 装好适当的钻头后，通过操作控制面板上的粗调按键或计算机软件上的粗调按钮,调节钻头的垂直高度,直到钻头尖与电路板垂直距离为 2mm 左右。

(3) 改为手动微调,操作控制面板上的 Z 微调旋钮是一个数字电位器旋钮,调节旋钮

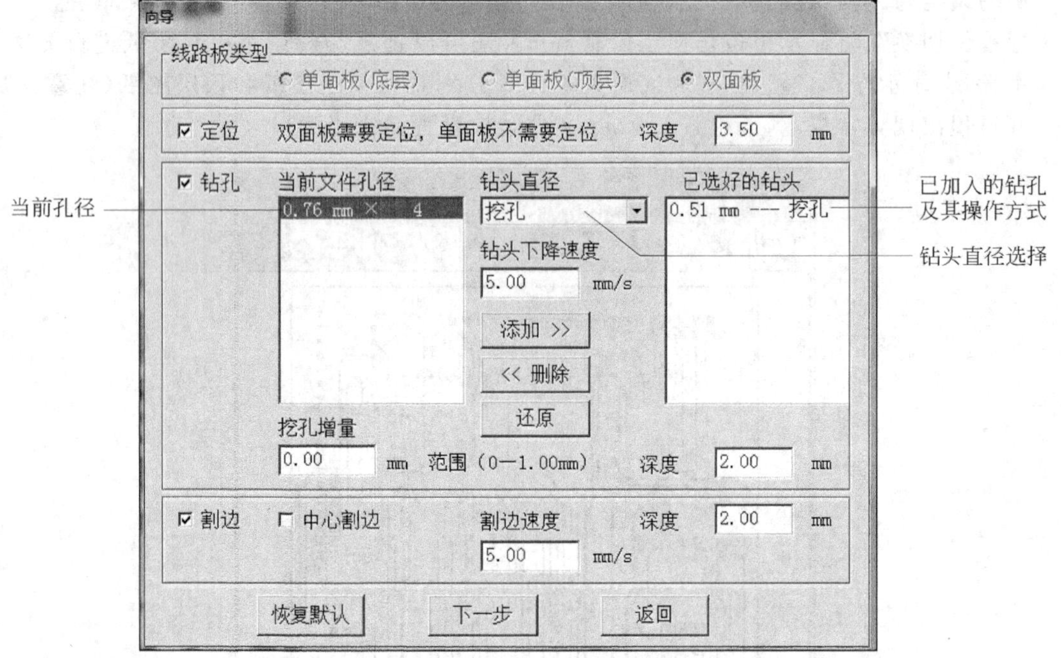

图 12-37 向导对话框

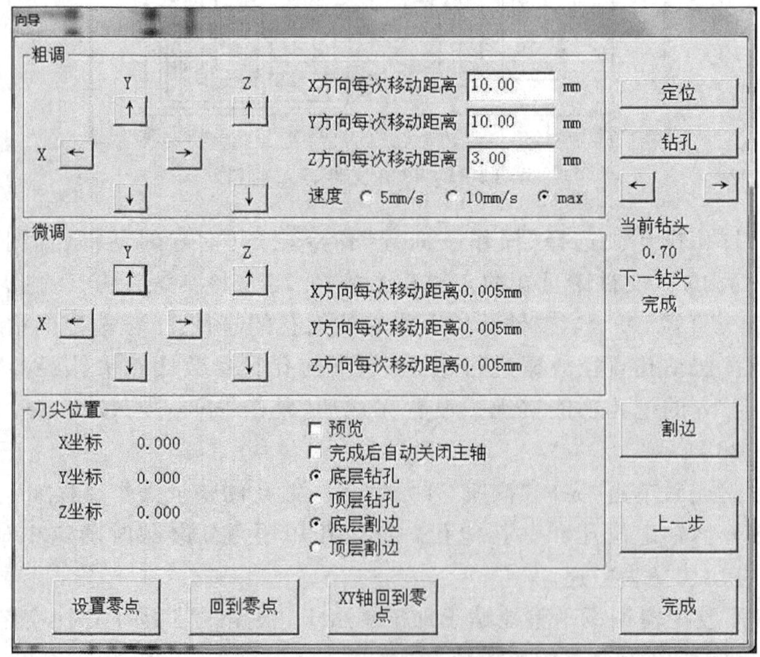

图 12-38 坐标设置对话框

向左旋转,Z 轴垂直向下移动 0.01mm/格;调节旋钮向右旋转,Z 轴垂直向上移动 0.01mm/格。

(4) 调节钻头的高度时,钻头快接近覆铜板时,一定要慢慢旋动旋钮,直到钻头刚刚接触到覆铜板(注意:一定要保证主轴电机处于运转状态,否则容易造成钻头断裂,并请确保当前工作面为底层)。

(5) 在向导中设置钻孔参数,双面板先钻定位孔,然后钻其他孔。

(6) 更换钻头时,只需关闭主轴电机电源,等待主轴电机完全停止转动后才能更换钻头。重复(2)、(3)、(4)步骤,钻完各个规格的孔。

详细的操作可参阅 DR3020 打孔机的说明书或者福建福建时创电子有限公司提供的视频。

12.5.3 曝光

曝光之前,要输出 PCB 图纸,称为导图。由于是双面板,因此要打印 PCB 的顶层图和底层图。打印纸不是普通纸张,而是一种特殊的纸张,称为菲林纸,打印机采用普通的激光打印机即可。

首先打印顶层图纸,在 PCB Layout 窗口选择 Ootput→Print Layout 命令,弹出 Print Layout 对话框,如图 12-39 所示。选中 Top Copper、Top Silk 以及 Board Edge(即上下层边框重合起来,以保证曝光时上下层能对准)选项,100%输出。其他参数采用系统参数即可,单击 Printer 按钮即可打印出顶层图纸。

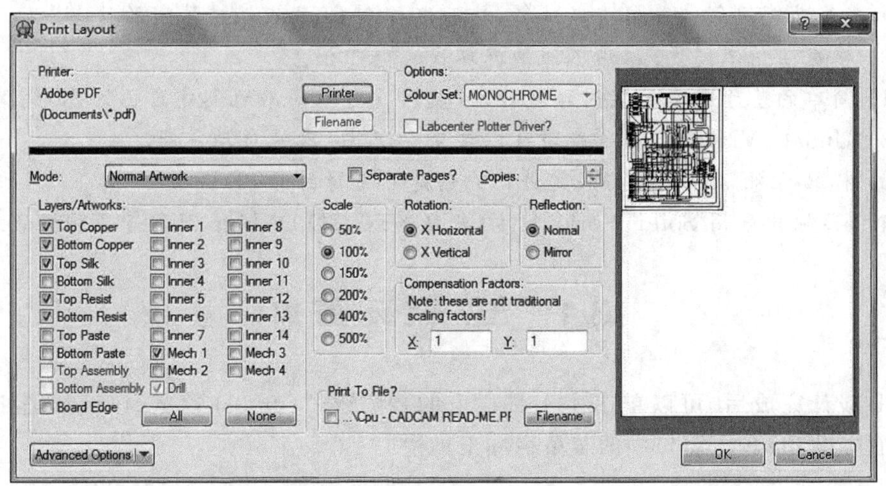

图 12-39 Print Layout 对话框

对于底层图纸的打印,选中 Bottom Cooper\ Bottom silk 和 Board Edge 即可。

将打好孔的电路基本夹在顶层图纸和底层图纸中间,保证所有的过孔都对齐。最后放入曝光器中进行曝光。

第 13 章 chapter 13

PCB Layout 3D 预览

3D 预览工具是 Proteus 提供的一套生成真实电路板预览的工具，在 PCB 设计中是非常有用的。3D 预览工具的主要特点如下。

(1) 逼真的三维显示，包括助焊层、阻焊层和锡膏层。

(2) 支持 DirectX 和 OpenGL 硬件加速显示。

(3) 多线程渲染技术能够增强预览效果。

(4) 分阶段渲染技术，允许导航按钮完成不同的操作。

(5) PCB Layout Library 库中包含了很多 3D 封装。

(6) 多方位的观察（前视图、底视图、左视图和右视图等）。

(7) 裸板视图预览更加有利于分析。

(8) 直观的导航可以快速遍历整个 PCB 板，区域放大以便于观察。

(9) 缓存功能避免计算机重新计算，从而使整个 PCB 板保持清晰的状态。

(10) 根据阻值不同，可以用不同的色环代表电阻值。

(11) 简单的基于脚本的实时预览技术，使用户可以简单地创建自己的 3D 封装。

(12) Update Visual modes 命令可以自动实现 3D 库的自动更新。

(13) 标准的 *.3ds 文件格式允许用户创建非常详细的 3D 封装。

(14) 3D 输出采用 Soild Works 技术，包括 STL、3D DXF 和 3DS 等多种格式。

13.1 3D 预览窗口

PCB 设计完成后，可以单击主工具栏上的按钮，打开 3D 预览窗口，如图 13-1 所示。下面主讲 3D 预览窗口中的菜单栏和工具栏。

13.1.1 菜单栏

3D 预览窗口菜单栏主要包括 File 菜单、View 菜单、Template 菜单、System 菜单和 Help 菜单。

1. File 菜单栏

File 下拉菜单如图 13-2 所示。

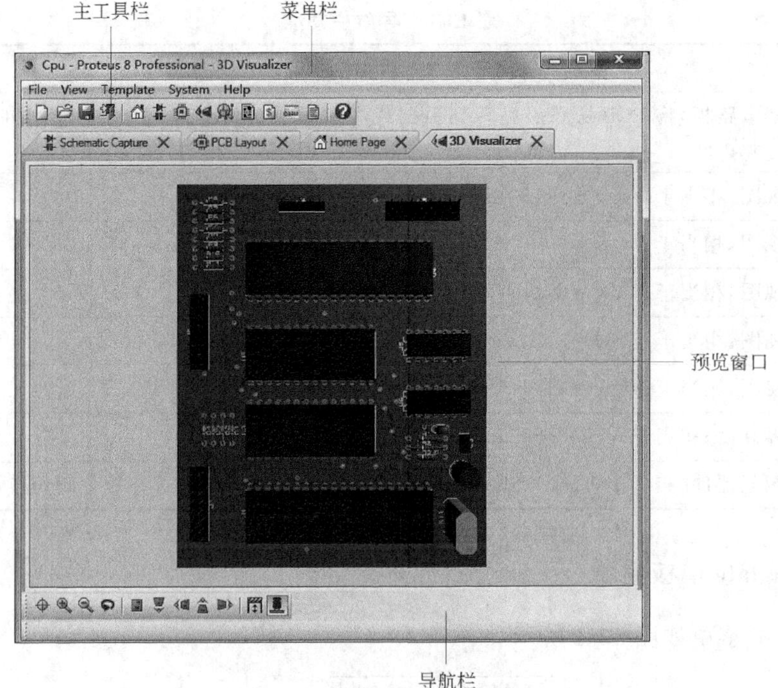

图 13-1 3D 预览窗口

图 13-2 File 菜单

2. View 菜单

View菜单如图 13-3 所示，View 菜单部分功能与导航栏内的工具功能一样，如表 13-1 所示。

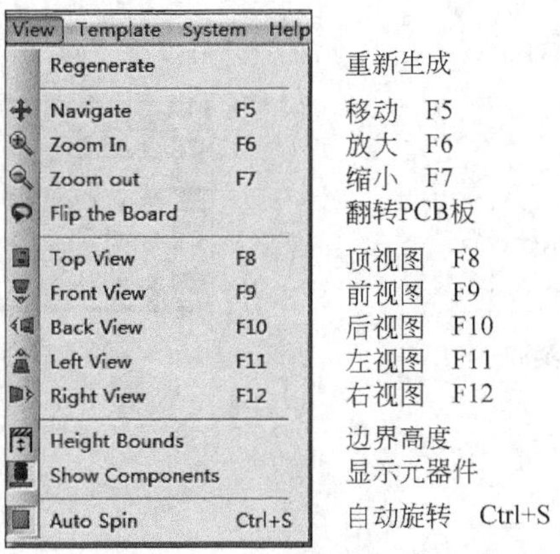

图 13-3 View 菜单

表 13-1　导航栏功能

图标	功能说明
	旋转电路板,将 PCB 从底层旋转到顶层或者从顶层旋转到底层。相当于 View→Flip the Board 命令
	顶视图,相当于 View→Top View 命令,快捷键为 F8
	前视图,相当于 View→Font View 命令,快捷键为 F9
	底视图,相当于 View→Back View 命令,快捷键为 F10
	左视图,相当于 View→Left View 命令,快捷键为 F11
	右视图,相当于 View→Right View 命令,快捷键为 F12
	边界高度,相当于 View→Height Bounds 命令
	显示元器件,相当于 View→Show Components 命令,在裸板和焊接板之间切换

3. Template 模板菜单

Template 菜单如图 13-4 所示。

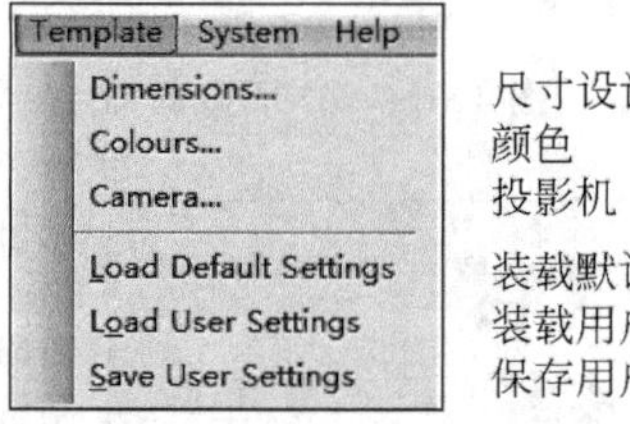

图 13-4　Template 菜单

4. System 菜单

System 菜单如图 13-5 所示。

5. Help 菜单

Help 菜单如图 13-6 所示。

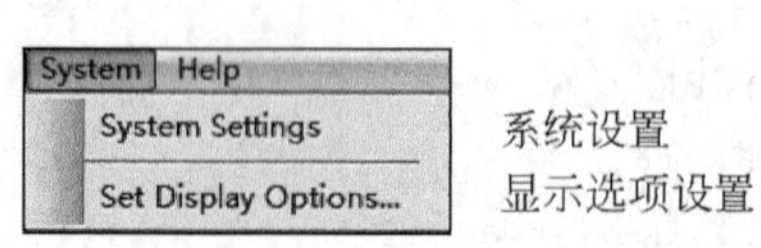

图 13-5　System 菜单

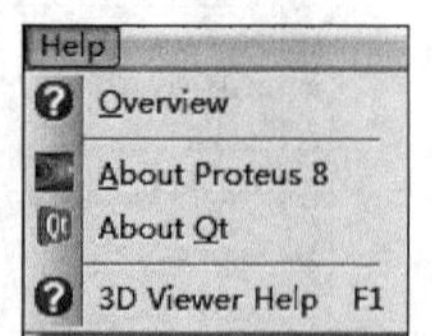

图 13-6　Help 菜单

13.1.2　导航栏

导航栏提供了快速对 3D 预览窗口的操作,主要功能如表 13-1 所示。

13.2 3D 预览参数设置

3D View 预览窗口提供选项属性，可以实现不同状态下有效、清晰的观察，下面详细讨论预览参数的设置。

13.2.1 尺寸配置

选择 Template→Dimensions 命令，弹出尺寸设置对话框，如图 13-7 所示，主要参数如下。

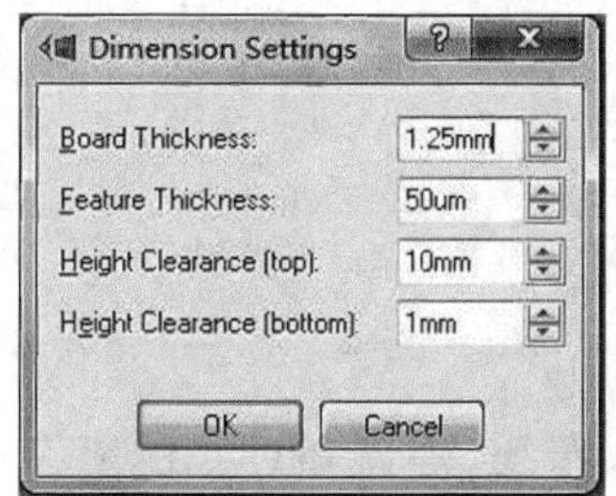

图 13-7 尺寸参数设置

Board Thickness：PCB 板厚度，默认值为 1.25mm，其取值范围为 0.1～10mm。主要指顶层与底层之间的距离。

Feature Thickness：该参数主要定义覆铜导线以及二维图形从电路板凸起的高度。默认值为 50um。其效果如图 13-8 所示。

Height Clearance：主要定义 PCB 容器的尺寸，即边界的高度，即容器与顶层的距离，该参数主要影响单击 (Height Bounds)命令按钮时的效果。

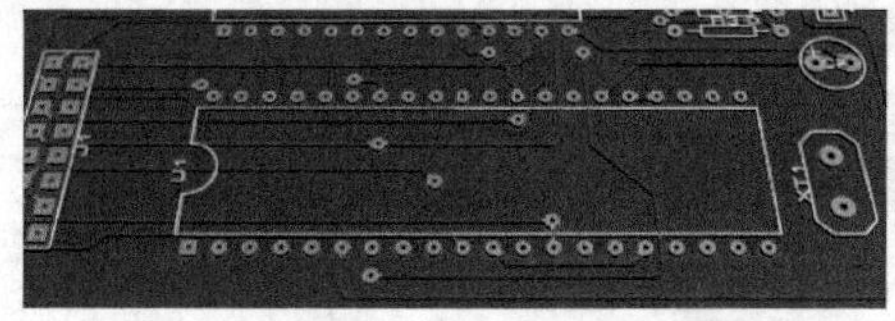

(a) Feature Thickness=50μm

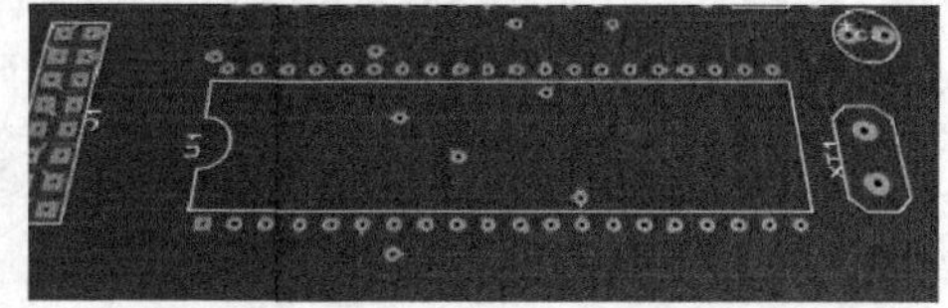

(b) Feature Thickness=500μm

图 13-8 不同 Feature Thickness 的效果

13.2.2 颜色配置

除了配置 3D 电路板的尺寸外，还可以设置颜色属性。选择 Template→Colours 命令，弹出颜色设置对话框，如图 13-9 所示，单击颜色设置框，弹出颜色设置对话框，进行颜色设置。

Board：PCB 板颜色，默认为绿色。

Copper：铜箔导线的颜色。

Silk Screen：丝印层颜色。

Height Plane：容器的填充颜色。

Resist：阻焊层颜色。transparency 参数用于设置阻焊层的透明度，为 0～100%。

Solder：焊盘和过孔锡膏层的颜色。

Paste：助焊层的颜色。

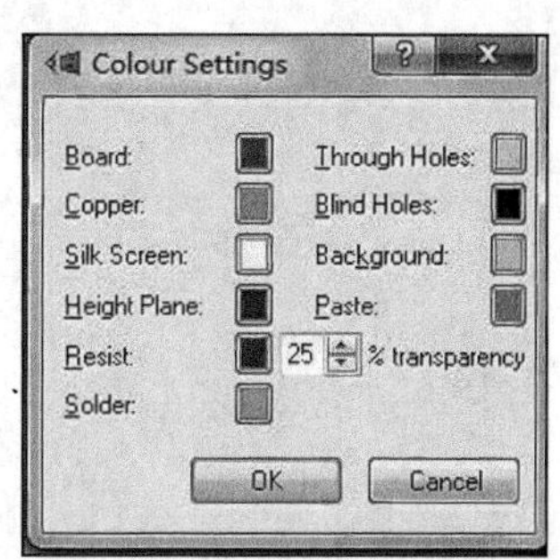

图 13-9 颜色设置对话框

Blind Holes：盲孔颜色。

Through Holes：通孔颜色。

将 Height Clearance 和 Height Plane 两个参数结合起来，就可以设置容器效果，如图 13-10 所示。

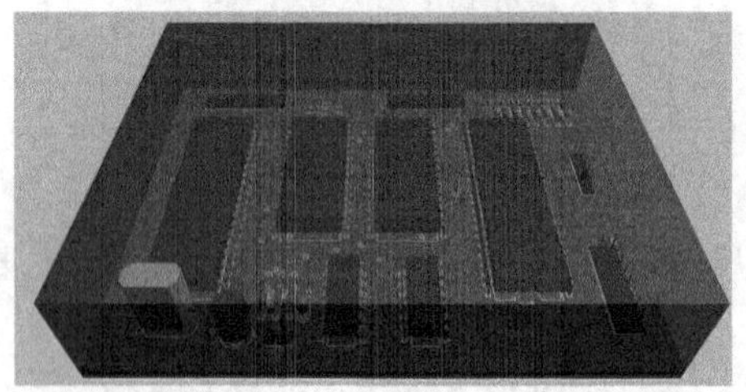

(a) Height Clearance：10mm，Height Plane：蓝色

(b) Height Clearance：10mm，Height Plane：灰色

图 13-10　容器效果

13.2.3　显卡设置

3D 预览效果依赖于很多条件，比如 PCB 板上的元器件、布线、焊盘和过孔的复杂度等，还依赖于计算机的配置，如声卡、显卡等。3D View 可视化窗口提供了计算机显卡参数设置功能，选择 System→Set Display Options 命令，如图 13-11 所示，主要参数功能如下。

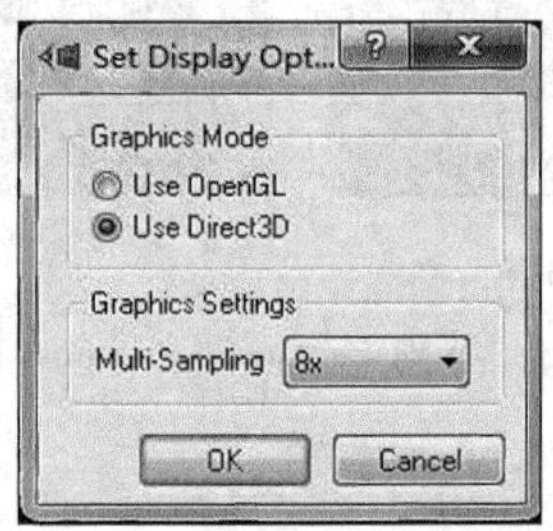

图 13-11　显卡设置对话框

Graphics Mode：选择 OpenGL 或者 Direct3D 模式。

Graphics Settings：对采样频率的设置，可以单击下拉按钮，选择 OFF、2x、4x、8x。

第14章 chapter 14

嵌入式微处理器仿真

1.2 节中以 Proteus 支持的嵌入式微处理为核心探讨了 Proteus 的发展历程。Proteus 8 版本不仅可以对嵌入式微处理器进行仿真，而且可以对其进行调试，这是其他 EDA 软件无法与之媲美的。在单步执行过程中，可以观察嵌入式微处理的 RAM、ROM、SFR、外设接口和变量等信息，这为嵌入式微处理器系统的开发提供了便捷、可靠的开发环境。在 Proteus VSM 中支持两种方式进行嵌入微处理器仿真。

(1) 使用 VSM Studio IDE 软件，该软件可以自动发现、配置已经安装的编译器，生成可执行的调试文件，并能够自动给固件器件加载目标程序，因此称这种模式为 VSM Studio 模式或自动模式。实现该模式有两种方法，一是在 VSM Studio IDE 独立平台下进行；二是在 Proteus VSM 中配置。

(2) 手动模式。在 Schematic Capture 软件中绘制好原理图，在第三方软件中生成目标程序，然后手动将目标程序添加到固件核中进行仿真，因此这种模式又称为 Direct Simulation(直接仿真)模式。

本章详细介绍上述两种方式的应用，默认计算机已经安装了 VSM Studio IDE 软件或者使用 Proteus 8 版本。

14.1 VSM Studio IDE

VSM Studio IDE(Integrated Development Environment)是一个集成开发环境，它是独立的嵌入式微处理器开发环境。在 Proteus 8 版本中，它集成到 Proteus VSM 中。该软件的主要特点如下。

(1) Proteus VSM Studio 支持自动检测和配置编译器，这使得调试和编程变得很方便，只要单击调试按钮就可以进行编辑，而不必学习复杂的编译器。

(2) VSM Studio IDE 项目文件包含程序源代码和 Schematic 原理图，这使得硬件设计与软件设计很容易实现动态仿真与调试。

(3) Proteus VSM Studio 支持单帧和多帧模式。

VSM Studio IDE 是一套免费软件，可以在 http://www.labcenter.com 网站下载，目前最高版本为 VSM Studio 1.2。但是其仿真的嵌入式微处理器需要 Labcenter 公司的许可，否则在仿真时会提示… failed to authorize-product Key not found 的错误信息。

14.1.1 VSM Studio IDE 窗口

启动 VSM Studio IDE,进入 VSM Studio 主窗口,如图 14-1 所示。

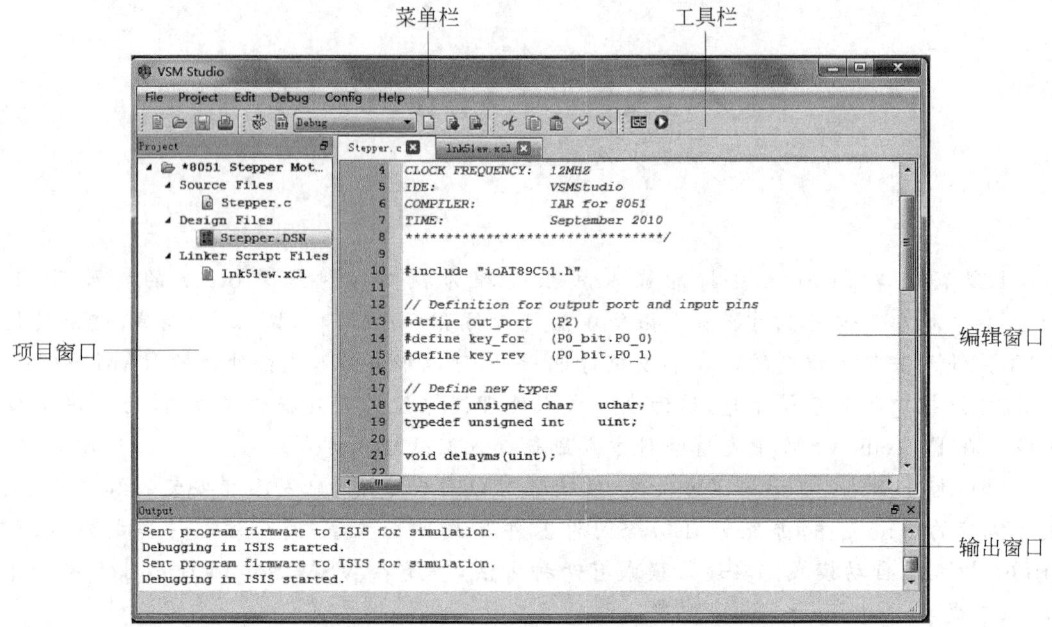

图 14-1　VSM Studio IDE 主窗口

该窗口与其他 IDE 窗口非常类似,除了菜单栏和工具栏外,还有 3 个主要的窗口,分别为项目窗口、编辑窗口和输出窗口。

1. 项目窗口

项目窗口以项目树的形式列出了项目的所有文件,主要包括 Design Files、Source Files、Header Files 和 Linker Script Files 等类,在不同的类下面又有不同的文件,在类名的前面有一个斜的◢,单击该按钮可以使类内容展开或者收合。在子类上右击,弹出快捷菜单,如图 14-2 所示。双击子类名称可以在 Edit Window 中打开。单击类名称弹出快捷菜单如图 14-3 所示。

2. 编辑窗口

编辑窗口主要有两大功能,一是编写源程序代码,二是打开并显示自动生成的文件,当编辑窗口有多个文件打开时,每个文件以文件名构成一个页标签,单击页标签名可以实现编辑窗口显示内容的切换,也可以按 Ctrl+Tab 组合键切换。单击页标签名旁边的☒按钮可以关闭该文件,如图 14-4 所示。

在编辑窗口右击,弹出快捷菜单,如图 14-5 所示。

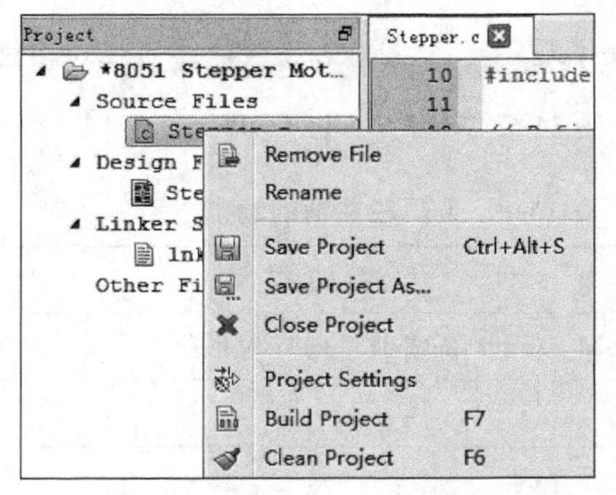

图 14-2 子类快捷菜单

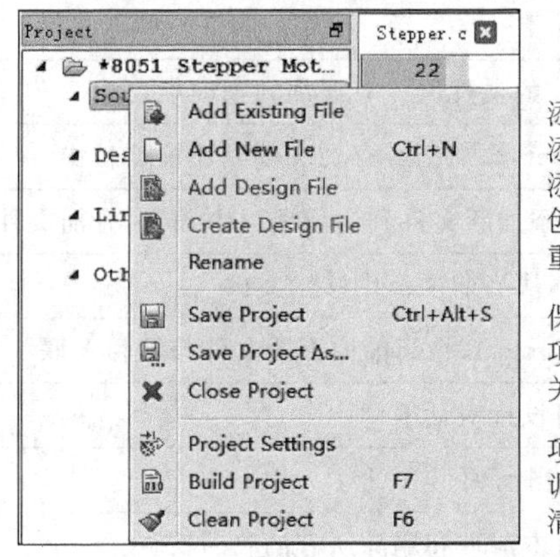

图 14-3 类快捷菜单

图 14-4 在 Edit Window 打开多个文件

图 14-5 编辑窗口快捷菜单

3. 输出窗口

输出窗口主要显示程序调试编译信息以及程序与 Schematic Capture 级联、状态信息等，如图 14-1 所示。

4. 工具栏

工具栏提供了菜单栏中经常使用的命令图形按钮，如图 14-6 所示，各按钮的功能如表 14-1 所示。

图 14-6 VSM Studio Toolbar

表 14-1 工具栏按钮的功能

按钮	功能描述
	New Project,打开 VSM Studio 新建项目向导对话框
	Save Project,保存项目
	Save Project As,项目另存为
	Open Project,打开已经存在的项目
	Close Project,关闭当前项目
	Open a File,打开已经存在的文件但没有添加到当前项目中
	Add Existing File to Project,添加已经存在文件到当前项目中
	Add New File to Project,添加新文件到当前项目中,新建时加文件类型后缀
	Remove File from Project,从当前项目中移走文件
	Add New Design File to Project,将当前原理图文件与项目关联
	Project Settings,打开项目设计对话框
	Build Project,编译并调试当前项目
	Clean Project,从当前项目中清理和删除所有的临时文件
	Undo,撤销
	Redo,恢复
	Cut,剪切
	Copy,复制
	Paste,粘贴
	Find,查找
	Replace,替换
	Launch Schematic Capture,在 Schematic Capture 中启动与项目有关的设计文件
	Run Schematic Capture,在 Schematic Capture 中启动与项目有关的设计文件并开始仿真
	Compiler/Editor Settings,打开编译/编辑对话框
	Help,打开帮助文件

在工具栏的空白处右击,弹出快捷菜单,如图 14-7 所示,可以设置主要控制工具栏以及窗口是否显示,选中表示显示,否则表示隐藏。

在 VSM Studio IDE 中,工具栏、项目窗口和输出窗口的位置可以改变。具体操作方法如下。

(1) 在工具栏或者在项目窗口、输出窗口的标题栏上按住左键拖动可以改变位置,如图 14-8 所示。

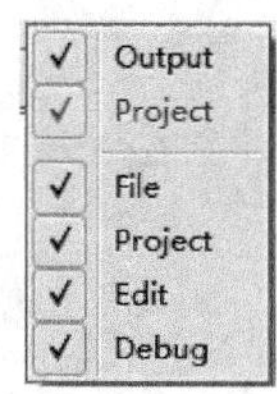

输出窗口是否显示
项目窗口是否显示
文件工具栏是否显示
项目工具栏是否显示
编辑工具栏是否显示
调试工具栏是否显示

图 14-7　工具栏快捷菜单

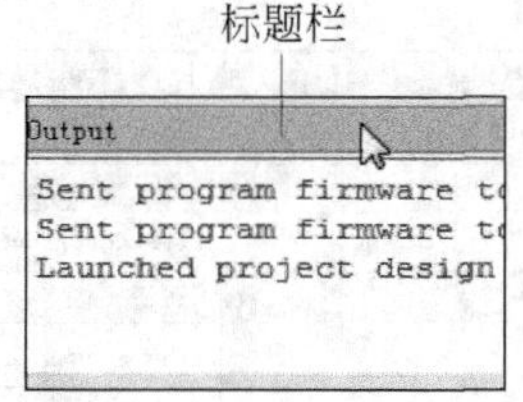

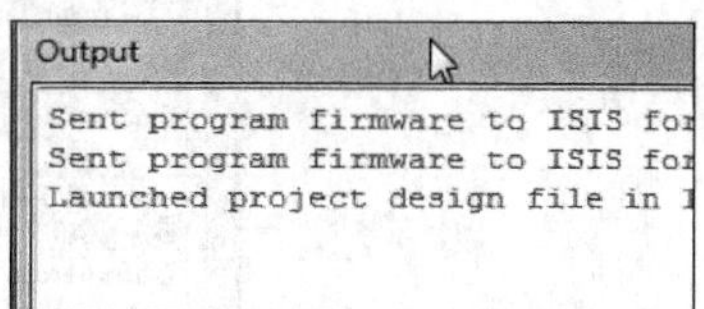

图 14-8　拖动窗口标题栏改变位置

(2) 在项目窗口和输出窗口单击按钮,可以实现窗口快速从嵌入模式切换到独立模式,如图 14-9 所示。在独立模式下,双击标题栏可以使其快速回到嵌入模式。在嵌入模式下,项目窗口和输出窗口的大小可以改变,具体操作是:将鼠标放在窗口边框上,鼠标变成⟺或者⇕时按住左键按照箭头的方向拖动即可改变窗口大小,如图 14-10 所示。输出窗口还可以通过其上的×按钮关闭,关闭后在图 14-7 中选中 Output 选项,可以使其打开。

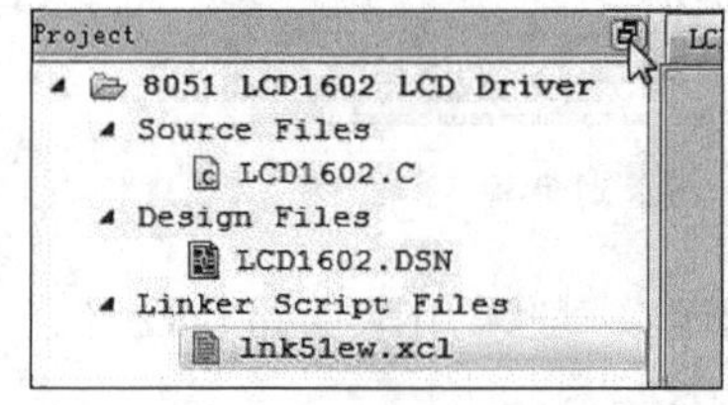

图 14-9　单击按钮实现嵌入模式到独立模式的切换

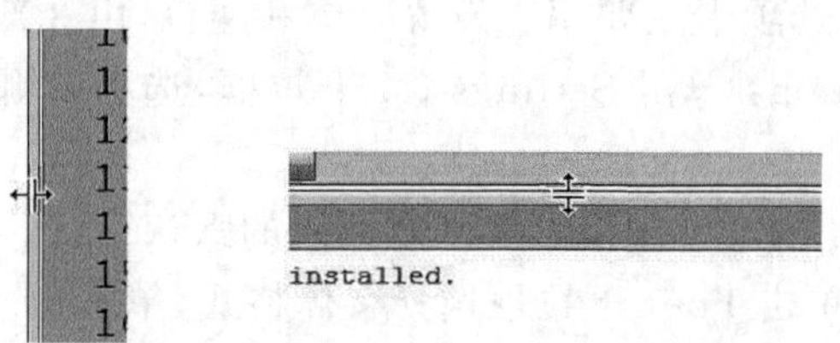

图 14-10　改变项目窗口和输出窗口的大小

14.1.2　VSM Studio IDE 环境设置

VSM Studio IDE 环境设置主要包括路径设置、字体和颜色设置和编辑设置。选择 Configure→Configure Editor 命令,弹出如图 14-11 所示的 Editor Settings 对话框,其主要参数如下。

1. Directories(路径)

该选项卡主要设置各种编译工具的路径、Proteus 路径和 VSM Studio 项目的保存默认路径。单击…按钮可以自行设置路径,单击 Default Value 按钮可以恢复到默认路径。该

图 14-11 Editor Settings 对话框

路径如果设置不正确,有可能导致程序调试出问题,一般采用默认路径设置。

2. Fonts and Colours(字体和颜色)

Fonts and Colours 选项卡主要用于设置字体和颜色,由 3 部分组成。

(1) Window Selection:单击 Settings for 下拉框,选择对哪个窗口进行字体和颜色设置。

单击 Load Defaults 按钮可以使参数恢复原来的默认设置。

(2) Font 和 Size:单击 Font 下拉框选择字体格式,单击 Size 下拉框选择字体大小。

(3) Display Items:该项用于详细设置不同子类的字体、颜色等格式,主要包括 Text(文本)、Comments(注释)、String(字符串)、Constants(常量)、Operators(操作码/命令码)、Keywords(关键字)、Extensions(扩展)、Macros(宏)、Caret(脱字符号,即^)、Indentation Guides(缩进格式)、Margins(页边格式)、Selection(选择)、Call Tips(调用提示)、Call Tip Highlight(调用提示高亮显示)、Matched Brace(匹配的括号)、Unmatched Brace(未匹配的括号)等子类。单击每一个子类,在其右侧显示对应的参数,Item foreground(前景色)和 Item background(背景色),在这两项参数中,第一个颜色框为系统默认的颜色,单击 Custom…按钮,可以自定义颜色。有些子类的字体还可以进行设置,主要格式有 Bold(加粗)、Italic(斜体)和 Underline(下画线)。Sample 窗口为字体预览窗口。为了调试程序方便,建议采用默认字体和颜色设置。

3. Editor Settings(编辑设置)

该选项主要用于添加、改变变量风格等参数设置,主要包括5大类参数。

(1) Lines:设置Editor Window中程序行的属性。主要包括两项参数:Highlight current line,勾选表示高亮显示当前指令行;Display line number,选中表示显示指令的行号。其效果如图14-12所示。

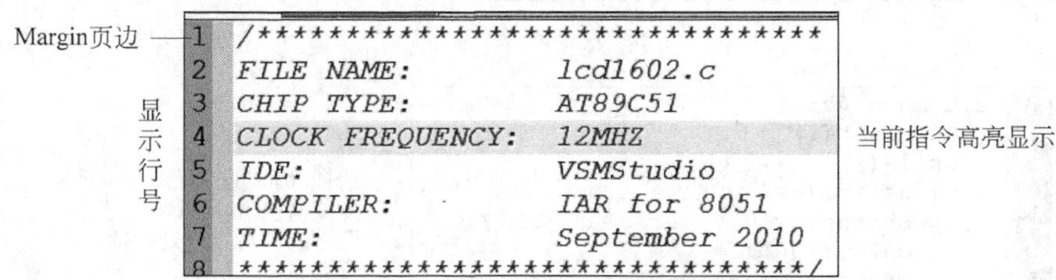

图14-12 显示行号和高亮显示

(2) Brace Options:设置程序中的括号项匹配情况,或者在程序中选中一个括号时检查是否匹配并显示与其匹配的括号。单击下拉按钮有Strict(严格匹配)、Sloppy(冲刷模式)和No(不匹配)3个选项。当自动匹配时有利于程序的书写和调试,其效果如图14-13所示,注意观察括号的颜色变换。Sloppy和Strict模式的主要区别就是Strict模式要先选中被匹配的括号,而Sloppy模式只要单击括号所在的行就可以了,所以Sloppy更方便操作。

(3) Indentation(缩进定义):该选项主要定义使用Tab键还是空格键产生缩进。

Indent/Tab Width:定义缩进键按下时产生的空格字符数。

Tab indents:选中,表示Tab键按下去则缩进。

Auto indent:选中表示自动缩进。

Backspace unindents:选中表示按退格键取消缩进。

Display indentation guides:选中表示用虚线显示对齐情况,如图14-14所示。

(4) Whitespace:主要定义缩进字符标记是否显示以及显示的风格。

Visibility:是否显示,有Invisibile(不可见)、Visible(可见)和Visible after indent(缩进后显示)3个选项。

Wrap mode:定义缩进字符标记结束的模式,主要有Word、Character和No三个选项。该项参数建议一般不要修改。默认选项为No。其参数效果如图14-15所示。

(5) Code folding:定义程序分支的显示方式,可以设置使其内容折叠或者隐藏,该方式对复杂程序的调试非常有用,可以将熟悉的或者不感兴趣的子程序或函数折叠,使其只显示函数标题。

Code folding的主要参数有No、Plain(短横线)、Circled(圆形)、Boxed(方字形)、Circled tree(圆形树状)和Boxed tree(方形树状),各种不同参数的效果如图14-16所示。

```
32 void main(void)
33  { LCD_init();
34    while(1)
35     { string(0x80,"Have a nice day!");
36       string(0xC0,"  Proteus VSM");
37       delay(100);
38       write_command(0x01);
39       delay(100);
40     }
41  }
```

不匹配，所以单击括号没有反应

(a) No模式

```
32 void main(void)
33  { LCD_init();
34    while(1)
35     { string(0x80,"Have a nice day!");
36       string(0xC0,"  Proteus VSM");
37       delay(100);
38       write_command(0x01);
39       delay(100);
40     }
41  }
```

选择Strict项，被选中的括号变成蓝色(默认颜色)，与其匹配的35行指令处的括号也变成蓝色

(b) Strict模式

```
32 void main(void)
33  { LCD_init();
34    while(1)
35     { string(0x80,"Have a nice day!");
36       string(0xC0,"  Proteus VSM");
37       delay(100);
38       write_command(0x01);
39       delay(100);
40     }
41  }
```

单击括号所在的行，括号会自动匹配(以蓝色显示)，被匹配的括号处的黄色没有了，好像被水冲刷了，所以称为Sloppy模式

(c) Sloppy模式

图 14-13　括号匹配参数的效果

```
32 void main(void)
33  { LCD_init();
34    while(1)
35     { string(0x80,"Have a nice day!");
36     | string(0xC0,"  Proteus VSM");
37     | delay(100);
38     | write_command(0x01);
39     | delay(100);
40     }
41  }
```

图 14-14　用虚线显示对齐情况

```
32 void·main(void)
33 ·{·LCD_init();
34 ···while(1)
35 ····{·string(0x80,"Have·a·nice·day!");
36 ····|·string(0xC0,"··Proteus·VSM");
37 ····|·delay(100);
38 ····|·write_command(0x01);
39 ····|·delay(100);·······
40 ····}
41 ·}
```

图 14-15　设置为 Visibility 和 Character 时的效果

35~39行语句被折叠(隐藏)，可以单击"+"使其展开，或者单击"–"使其折叠，只显示函数标题

(a) Plain效果

(b) Circled效果

(c) Boxed 效果

(d) Circled Tree效果

(e) Boxed Tree效果

图 14-16　程序分支显示方式

14.2　VSM Studio IDE 编译器

VSM Studio IDE 最大的优点就是可以自动检查和匹配其支持的编译环境，这样可以保证 Proteus VSM 能够正确地编译仿真并生成目标程序。

14.2.1　VSM Studio IDE 支持的编译软件

不同的嵌入式微处理器有着不同的编译环境，Proteus VSM 目前支持的编译器如表 14-2 所示。对没有支持编译器的嵌入式微处理器仿真可以采取手动模式，参阅 14.5 节。

表 14-2　Proteus VSM 支持的编译器

编　译　器	说　　明	编　译　器	说　　明
MPASM(Proteus)	MPLAB 汇编编译软件	AVRASM(Proteus)	Proteus 提供的 AVR 汇编器
ASEM-51(Proteus)	Proteus 提供的 51 汇编器	WinAVR	8051 编译软件

续表

编　译　器	说　　明	编　译　器	说　　明
SDCC for 8051	SDCC 8051 编译软件	GCC for MSP430	MSP430 编译软件
GCC for ARM	ARM 编译软件	Bascom-AVR	AVR 编译软件
Code Compose for Piccolo	Piccolo 编译软件	Code Composer for MSP430	MSP430 编译软件
CCS for PIC	PIC 编译软件	IAR for 8051	8051 IAR 编译软件
Keil for 8051	Keil 8051 编译软件	IAR for ARM	ARM IAR 编译软件
Keil for ARM	Keil ARM 编译软件	MPASM(MPLAB)	MPLAB 汇编编译软件
MPLAB C18	C18 编译软件	MPLAB C30	MPLAB C30 编译软件
MPLAB XC16	XC16 编译软件	MPLAB XC8	MPLAB XC8 编译软件
HI-TECH for PIC10/11/12	PIC10/11/12 编译软件	HI-TECH C for PIC18	PIC18 编译软件

14.2.2 编译器检测

第一次安装 VSM Studio 时,系统会自动扫描计算机上已经安装的其能够支持的编译器。选择 Config→Compiler Configure 命令,弹出 Compilers 属性对话框,如图 14-17 所示。在 Installed 选项中显示 Yes 的选项表示已经安装编译器并已经配置通过。编译器检测的方法主要有以下 3 种。

(1) 单击 Check All 按钮,可以重新扫描和配置已经安装的编译器软件。

(2) 当选择某一编译器选项时,单击 Check 按钮可以对此项单独进行配置。

(3) 如果上述两种方法都无法自动检测出安装的编译器,VSM Studio 还提供了手动配置编译器的功能。首先单击需要手动配置的编译器行,再单击 Manual... 按钮,打开 Open Files 对话框,可以手动进行配置。配置完以后 Installed 栏内显示为 Yes,虽然此时显示 Yes,但不保证配置正确,因此最好单击 Check 按钮检查是否匹配正确。如果配置正确,则会显示配置摘要,如图 14-18(a)所示;如果配置不正确,会提示错误信息,如图 14-18(b)所示。

该窗口中还提供了一个快速下载编译器的方法,在没有检测到编译器的 Installed 栏内显示 Install(一般为免费使用的编译器)或者 Website(一般为收费编译器),单击即可快速安装或者打开官方网站下载。

检测完成后,单击 OK 按钮保存并退出。

14.2.3 编译器的配置

一旦编译器被检测到,则 Proteus VSM 自动配置产生输出源代码级调试,也会自动

图 14-17　Compilers 对话框

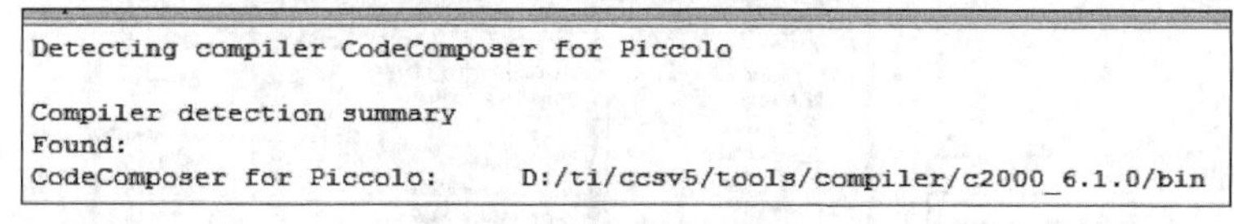

```
Detecting compiler CodeComposer for Piccolo

Compiler detection summary
Found:
CodeComposer for Piccolo:     D:/ti/ccsv5/tools/compiler/c2000_6.1.0/bin
```

(a) 配置正确时显示的配置摘要

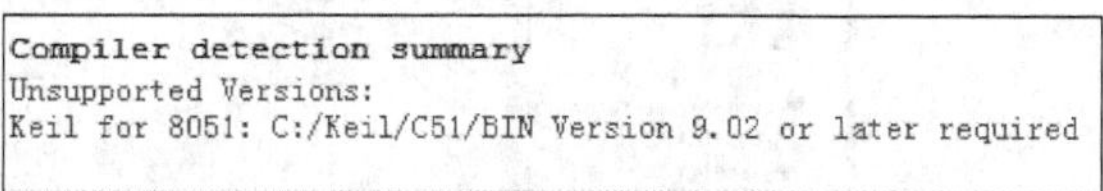

```
Compiler detection summary
Unsupported Versions:
Keil for 8051: C:/Keil/C51/BIN Version 9.02 or later required
```

(b) 配置错误，版本太低

图 14-18　手动配置后检查的结果

产生用于下载到目标电路板中的目标代码，这些配置被称为 Debug（调试）和 Release（发布）。

在实际中，Proteus VSM 多用来仿真，Debug 配置适合于 Proteus VSM 模式，因此在项目新建和调试时始终默认为 Debug 配置。

单击工具栏上的按钮或者选择 Project→Project settings 命令，弹出项目参数设置对话框，如图 14-19 所示。

该参数的设置是在新建项目时完成的，对于一个项目而言，项目设置完成后不再允许修改，如果要想重新配置项目，则必须删除项目后重新创建项目，因此配置时要认真、仔细。

Debug 配置只提供仿真，但要做实际产品开发的时候，需要产生目标代码输出文件，以便通过一定的方式将目标代码固化到嵌入式微处理器中，此时需要将 Debug 配置切换到 Release 配置，再单击按钮(Build Project，快捷键为 F7)即可生成独立于 Proteus 8 项目(＊.pdsprj)的目标文件，如图 14-20 所示。

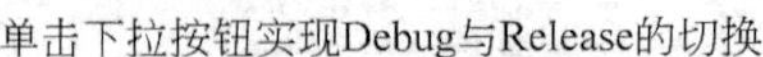

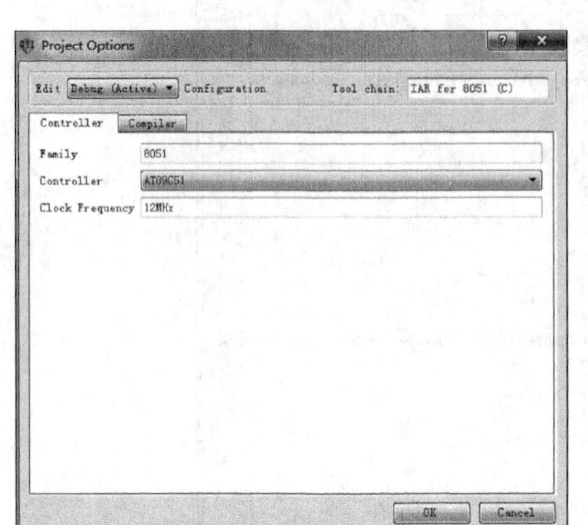

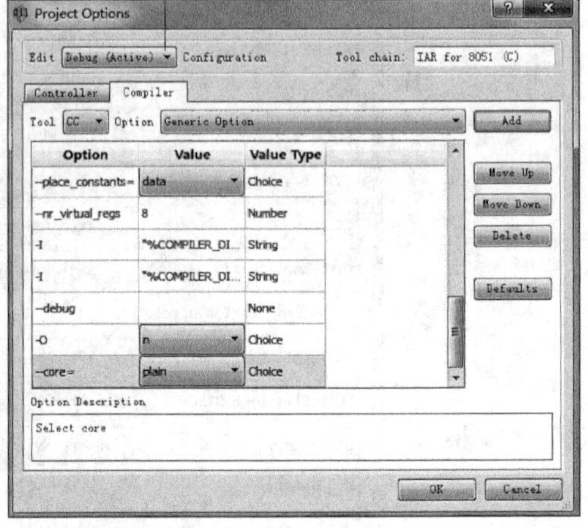

图 14-19　项目参数设置对话框

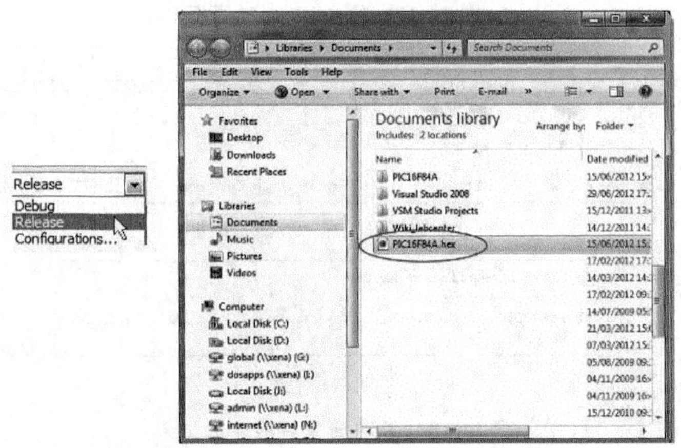

图 14-20　Release 配置下的目标代码生成

14.2.4　VSM Studio 仿真实例

本节介绍的实例是以 AT89C51 为控制器来实现 DS18b20 温度传感器控制的温度控制系统(配套电子资源实例 chap14 中的 AT8951DS18B20.pdsprj)，以 ASEM-51 为编译器。

选择 File→New Project 命令，弹出新建项目向导对话框，如图 14-21 所示。该对话框中有 3 项参数，其中 None 表示直接新建项目，Design File 用来添加 Proteus 7.10 版本以下的＊.dsn 文件(原理图文件)，Demonstration Project 选项用于添加系统实例提供的原理图和程序。在此选择 None 选项，单击 Next 按钮，弹出嵌入式微处理配置对话框，如图 14-22 所示。

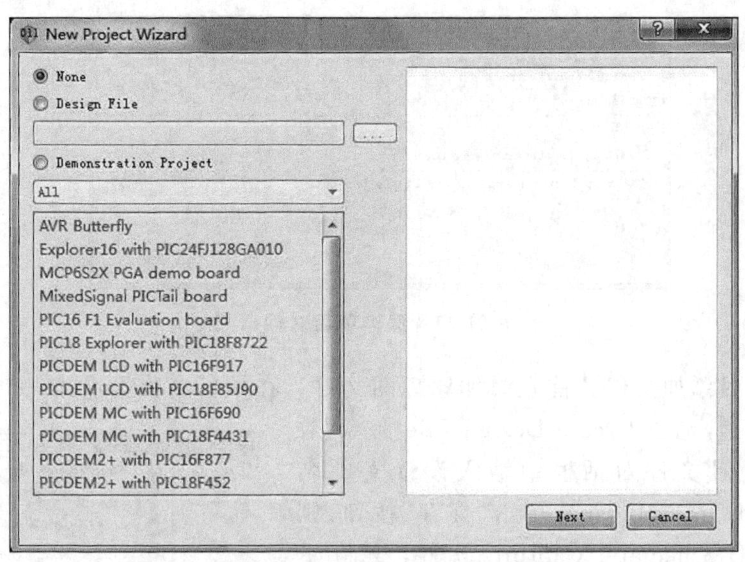

图 14-21 新建项目向导对话框

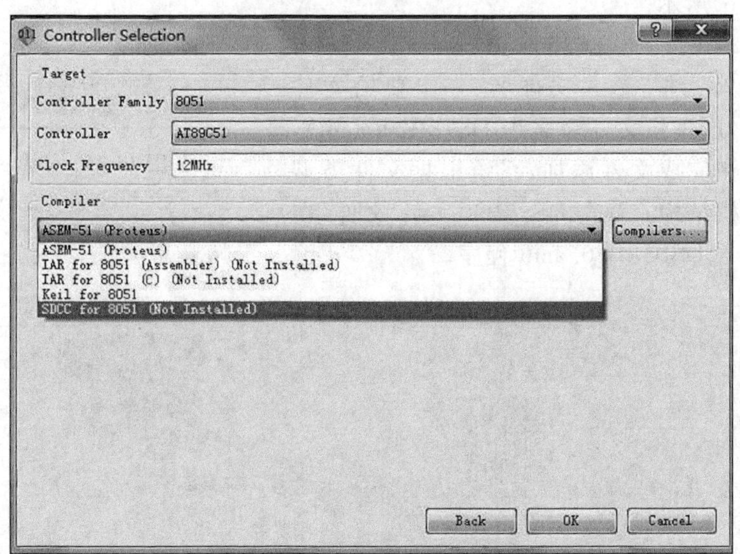

图 14-22 嵌入式微处理器配置对话框

嵌入式微处理器配置对话框中的 Controller Family 选项用于选择微处理器，单击下拉按钮选择 8051 核；Controller 用于选择具体的微控制器，单击下拉按钮，选择 AT89C51 单片机；Clock Frequency 用于设置时钟频率，直接在文本框中输入参数即可，这里为 12MHz；Compiler 用于选择编译器，单击下拉按钮选择系统提供的 51 核的编译器，其中没有安装的编译器后面备注 Not Installed 字样。这里选择 ASEM-51(Proteus)编译器。单击 OK 按钮，弹出保存项目对话框，输入项目名称以保存路径，单击 OK 按钮，完成项目创建，如图 14-23 所示。

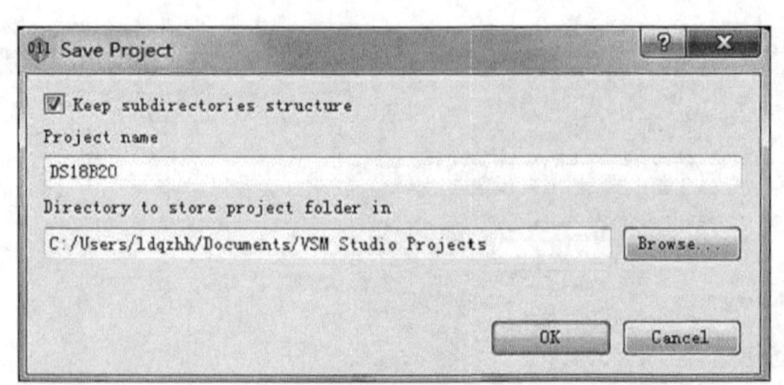

图 14-23 保存项目对话框

下面为项目添加文件。首先添加原理图文件。在项目名称上右击,弹出快捷菜单,如图 14-24 所示,选择 Create Design File 命令,在弹出的新建设计文件对话框中输入设计文件名(这里命名为 DS18B20.dsn),单击“保存”按钮,则系统自动打开 Schematic Capture 软件,绘制如图 14-25(a)所示的原理图,其所需要的元器件的清单如图 14-25(b)所示。

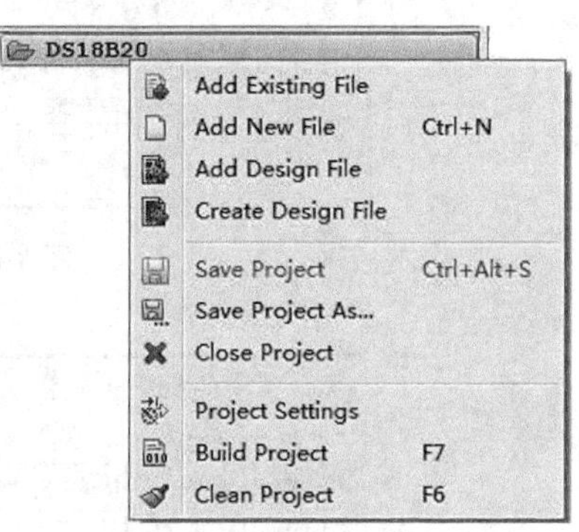

图 14-24 添加文件

下面添加程序文件。选择 Add New File 命令,弹出保存文件对话框,输入文件名(一定要给文件添加后缀类型,这里将文件命名为 DS18B20.asm),单击“保存”按钮完成文件添加,系统根据文件类型自动创建项目树结构。双击 DS18B20.asm 文件,在编辑窗口中输入 DSB18B20.asm 程序。

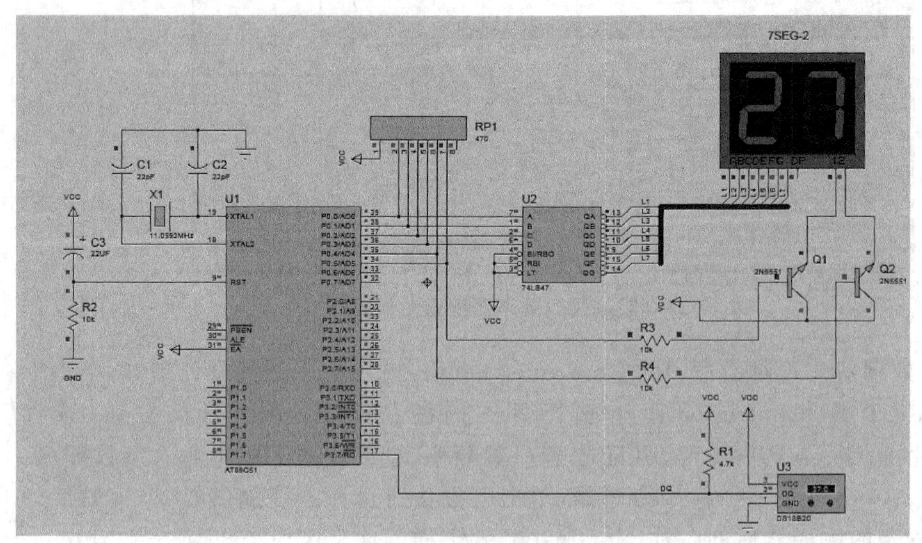

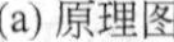
(a) 原理图

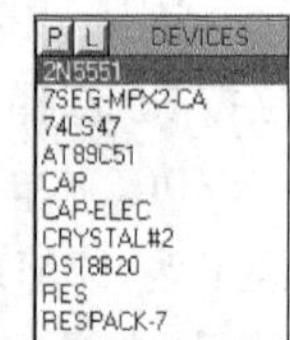

(b) 元器件清单

图 14-25 基于 51 控制的 DS18B20 温度传感器原理图及元器件清单

```
    DQ          BIT P3.7 ; 1 wire line
     swpH       equ         0d2H
     swpL       equ         0ffH
     WDLSB      DATA        30H
     WDMSB      DATA        31H
************************************************************
     ORG 0000H
     LJMP MAIN
     ORG 000BH
     LJMP TMR0    ; Timer0 isr
************************************************************
;Timer0 Interrupt Service Routine
TMR0:       MOV     TH0,#swpH
            MOV     TL0,#swpL
            JB      21H,DSL
            MOV     P0,42H
            ORL     P0,#00100000B
            SJMP    EXIT
DSL:
            MOV     P0,43H
            ORL     P0,#00010000B
EXIT:
            CPL     21H
            RETI
; Main program
MAIN:
TOINIT:
            CLR     EA
            MOV     TMOD,#01H
            MOV     TH0,#swpH
            MOV     TL0,#swpL
            SETB    EA
            SETB    ET0
            SETB    TR0

;*******************************************************
            MOV     R2,#2
            MOV     R0,#42H
OVER:
            MOV     @R0,#00H
            INC     R0
            DJNZ    R2,OVER
LOOP:
            LCALL   DSWD
```

```
        SJMP    LOOP

;**********************************************************
; Read a temperature from the DS18B20
DSWD:
        LCALL   RSTSNR          ; Init of the DS18B20
        JNB     F0,KEND
        MOV     R0,#0CCH
        LCALL   SEND_BYTE
        MOV     R0,#44H
        LCALL   SEND_BYTE       ; Send a convert command
        SETB    EA
        MOV     48H,#1
SS2:
        MOV     49H,#255
SS1:
        MOV     4AH,#255
SS0:
        DJNZ    4AH,SS0
        DJNZ    49H,SS1
        DJNZ    48H,SS2
        CLR     EA
        LCALL   RSTSNR
        JNB     F0,KEND
        MOV     R0,#0CCH
        LCALL   SEND_BYTE
        MOV     R0,#0BEH
        LCALL   SEND_BYTE       ; Send read scratchpad command
        LCALL   READ_BYTE       ; Read the low byte from scratchpad
        MOV     WDLSB,A         ; Save the temperature(low byte)
        LCALL   READ_BYTE       ; Read the high byte from scratchpad
        MOV     WDMSB,A         ; Save the temperature(high byte)
        LCALL   TRANS12
KEND:
        SETB    EA
        RET
;**********************************************************
TRANS12:
        MOV     A,30H
        ANL     A,#0F0H
        MOV     3AH,A
        MOV     A,31H
        ANL     A,#0FH
        ORL     A,3AH
```

```
        SWAP    A
        MOV     B,#10
        DIV     AB
        MOV     42H,A
        MOV     43H,B
        MOV     b,#10
        DIV     ab
        MOV     42H,B
        MOV     41H,A
        RET
;***********************************************
; Send a byte to the 1 wire line
SEND_BYTE:
        MOV     A,R0
        MOV     R5,#8
SEN3:   CLR     C
        RRC     A
        JC      SEN1
        LCALL   WRITE_0
        SJMP    SEN2
SEN1:   LCALL   WRITE_1
SEN2:   DJNZ    R5,SEN3
        RET
;***********************************************
; Read a byte from the 1 wire line
READ_BYTE:
        MOV     R5,#8
READ1:  LCALL   READ
        RRC     A
        DJNZ    R5,READ1
        MOV     R0,A
        RET
;***********************************************
; Reset 1 wire line
RSTSNR: SETB    DQ
        NOP
        NOP
        CLR     DQ
        MOV     R6,#250
        DJNZ    R6,$
        MOV     R6,#50
        DJNZ    R6,$
        SETB    DQ
        MOV     R6,#15
```

```
        DJNZ    R6,$
        CALL    CHCK
        MOV     R6,#60
        DJNZ    R6,$
        SETB    DQ
        RET
;**********************************************
; low level subroutines
CHCK:   MOV     C,DQ
        JC      RST0
        SETB    F0
        SJMP    CHCK0
RST0:   CLR     F0
CHCK0:  RET
;**********************************************
WRITE_0:
        CLR     DQ
        MOV     R6,#30
        DJNZ    R6,$
        SETB    DQ
        RET
;**********************************************
WRITE_1:
        CLR     DQ
        NOP
        NOP
        NOP
        NOP
        NOP
        SETB    DQ
        MOV     R6,#30
        DJNZ    R6,$
        RET
;**********************************************
READ:   SETB    DQ
        NOP
        NOP
        CLR     DQ
        NOP
        NOP
        SETB    DQ
        NOP
        NOP
          NOP
```

```
        NOP
        NOP
        NOP
        NOP
        MOV     C,DQ
        MOV     R6,#23
        DJNZ    R6,$
        RET

;**********************************************
DELAY10: MOV    R4,#20
D2:      MOV    R5,#30
         DJNZ   R5,$
         DJNZ   R4,D2
         RET
         end
```

注意：在 ASEM-51(Proteus)编译器中，英文符号“;”表示注释。

编译程序，选择 Project→Bulid Project 命令(快捷键为 F7)，调试程序，直到输出窗口显示如下信息，表示程序没有语法错误，现在可以加载到固件核中开始仿真。

```
asem.exe "DS18B20.asm" "Debug\Debug.HEX" Debug.lst /INCLUDES:"C:\Program
Files\Labcenter Electronics\Proteus 7 Professional\tools\ASEM51"
MCS-51 Family Macro Assembler ASEM-51 V1.3
no errors
ASEMDDX.EXE Debug.lst
Processed 270 lines.
"C:\Program Files\Labcenter Electronics\VSM Studio for Proteus 7\BIN\mv"
"Debug.SDI"
"Debug/Debug.SDI"
Compiled successfully.
Sent program firmware to ISIS for simulation.
```

单击工具栏上的▶按钮，装载程序并启动 Schematic Capture 开始仿真，放置效果如图 14-25(a)所示。具体程序的调试请参阅 14.4 节。

14.3 Proteus 8 中配置 VSM Studio 并仿真

14.3.1 创建项目时配置 VSM Studio

下面仍然以 14.2.4 节的 AT89C51 控制的 DS18B20 为例进行介绍。

选择 File→New Project 命令，弹出新建项目向导对话框，创建项目的具体过程如图 14-26 所示。

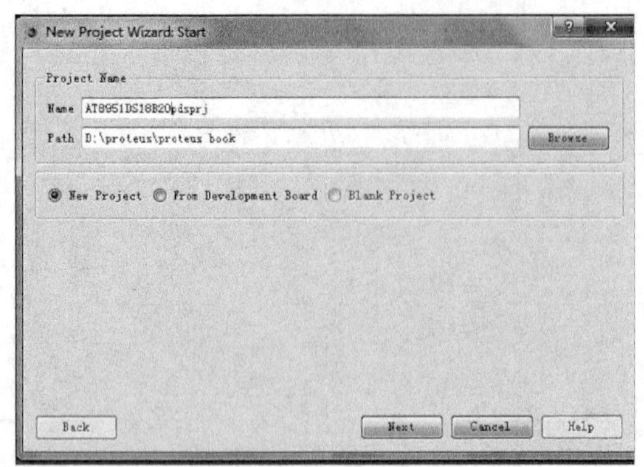

(a) 输入项目名称

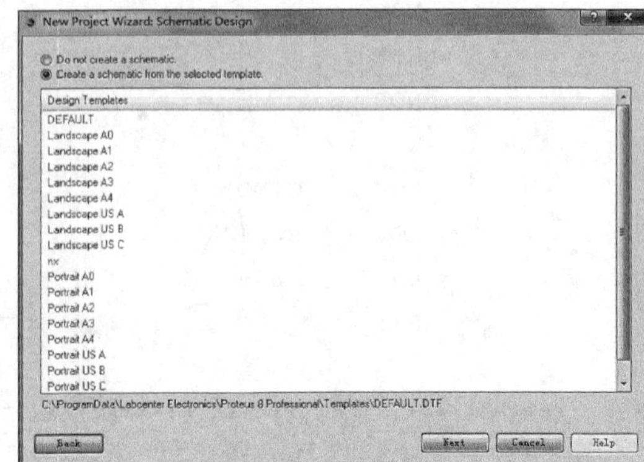

(b) 创建原理图

(c) 创建PCB

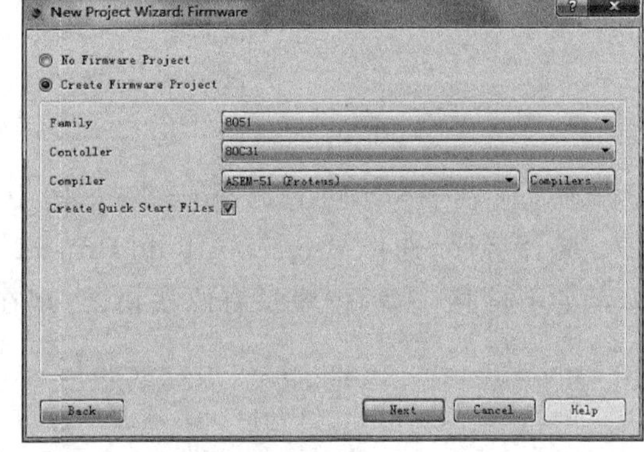

(d) 固件配置

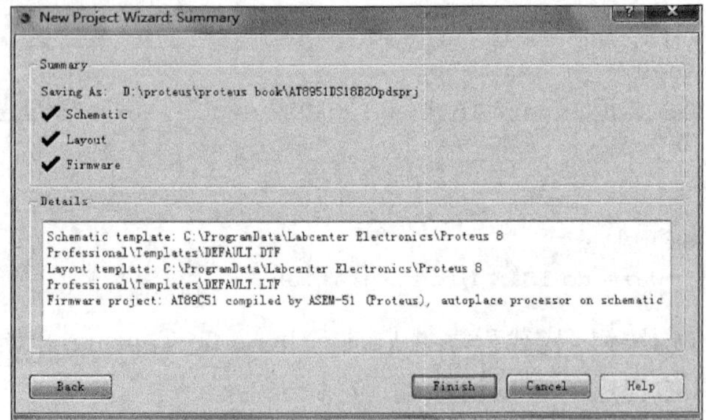

(e) 完成项目创建

图 14-26 创建 VSM Studio 项目

单击 Finish 按钮,生成 AT89C51DS18B20. pdsprj 项目文件,自动打开 VSM Studio 窗口并生成 main. asm 程序模型,如图 14-27 所示。这里采用 Great Quick Start Files 技术产生部分程序,多了两条指令:

```
$ NOMOD51
$ INCLUDE (8051.MCU)
```

这两条指令主要用于调试时显示 8051. MCU 内空间的定义(如存储器、I/O 等)。

从图 14-27 可以看出,Proteus 8 中已经将 VSM Studio 集成到应用工具栏中,如果 VSM Studio 没有打开,单击 Source Code 按钮,即可打开 VSM Studio 窗口。将图 14-27 与图 14-1 的窗口对比,除了在 Proteus VSM 中多了程序仿真工具栏、应用工具栏和 Debug 菜单,将原来 VSM Studio 中的 Project 菜单变成了现在的 Source 菜单外,其他窗口组成和基本工具栏没有大的变化。

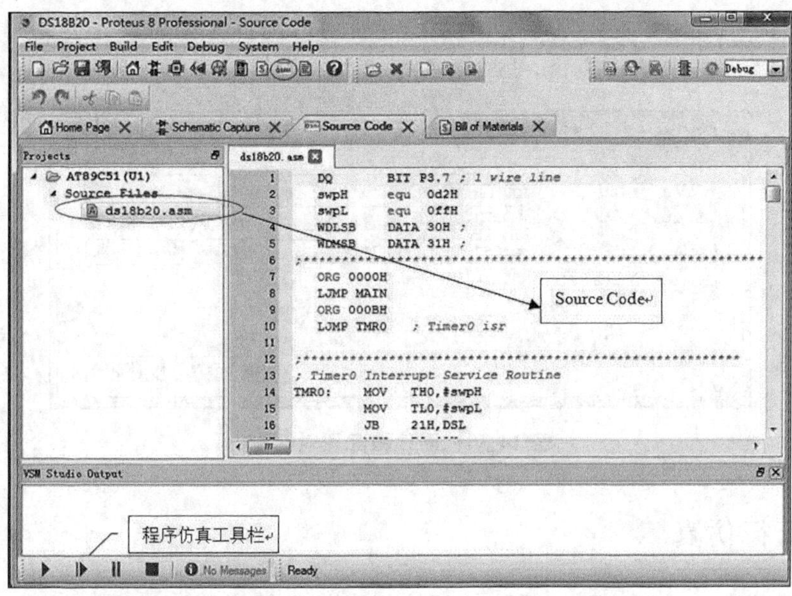

图 14-27　Proteus 8 VSM Studio 窗口

仿真工具栏的功能如图 14-28 所示。

Debug 菜单如图 14-29 所示。

全速执行　单帧执行　暂停调试　停止调试

图 14-28　仿真工具栏

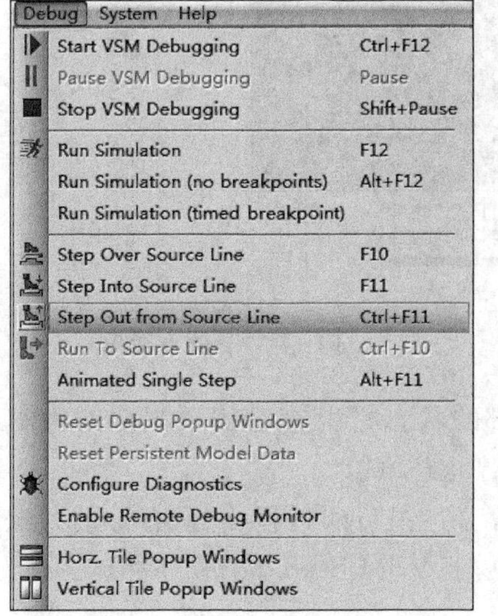

开始调试VSM
暂停调试VSM
停止调试VSM
运行仿真
运行仿真(没有断点)
运行仿真(时间断点)
单步运行
单步跟踪运行
跳出程序行运行
运行到某一行
单步动态设置
复位调试窗口
复位连续数据
诊断配置
Remote Debug Monitor 使能
水平放置窗口
垂直放置窗口

图 14-29　Debug 菜单

绘制如图 14-25(a)所示的原理图,此时 51 单片机已经自动添加进去了。

在 Source Code 框输入代码,编译程序,产生调试目标程序 Debug. HEX。

14.3.2 生成项目后创建 VSM Studio 单片机

如果由于某种原因导致在新建项目的时候没有配置 VSM Studio,此时可以单击应用工具栏上的 Source Code 按钮,在打开的 VSM Studio 窗口(此时窗口空白)中选择 Source→Create Project 命令,弹出如图 14-30 所示的固件核配置对话框,单击"确定"按钮,自动打开 Proteus VSM 窗口,生成源程序代码的设计与前面的方法相同。

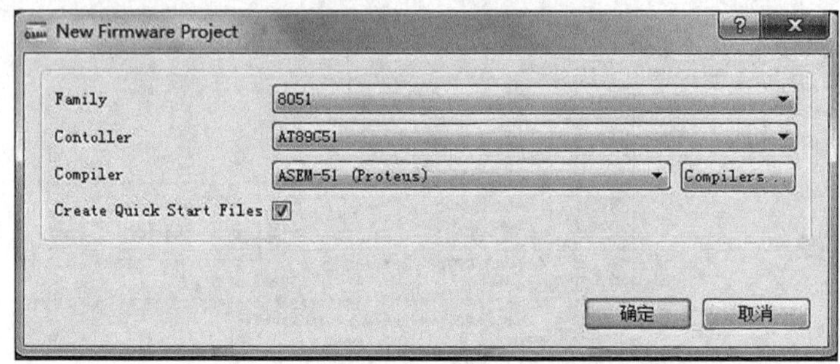

图 14-30 固件核配置对话框

14.3.3 运行仿真

单击 VSM Studio 窗口下的调试仿真按钮中的运行按钮,此时可以看到数码管显示当前温度计 DS18B20 的温度,如图 14-31 所示。改变温度传感器 DS18B20 的温度,可以看到数码管的显示数值也随着改变,如图 14-32 所示。

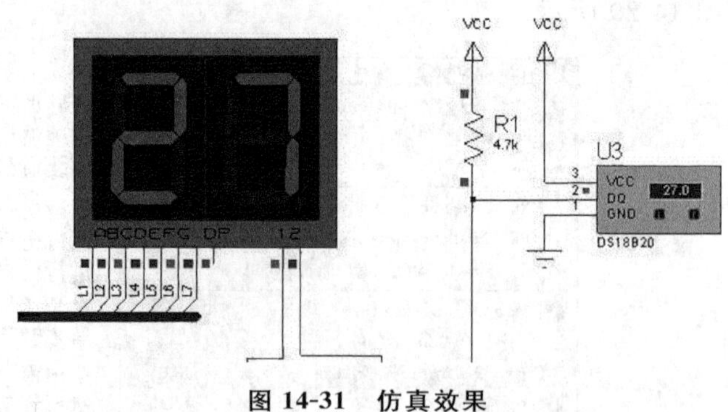

图 14-31 仿真效果

可以在应用程序底部的状态栏中查看仿真执行的时间。最后,当完成仿真时,单击停止按钮停止仿真。

这个运行过程是程序全速执行的过程,有没有好的办法可以观察程序执行的每一步效果? 14.4 节继续探讨基于 VSM Studio 的程序调试。

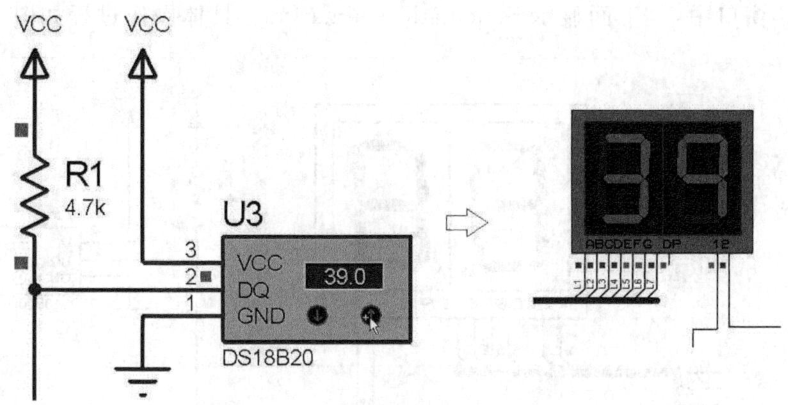

图 14-32　改变温度传感器值，数码管显示值也改变

14.4　源代码程序调试

14.4.1　Active Popups

Active Popups 是 Proteus 8 提供的一个新的调试工具，该工具可以允许在原理图中选择一定的区域，在调试程序时对该区域进行观察或者交互式仿真。这样可以方便程序的调试。在使用 Active Popups 要注意以下几点。

(1) Active Popups 只能在原理图没有仿真时添加到原理图中。

(2) Active Popups 窗口在 VSM Studio 中可以关闭，可以在 Debug 菜单下重新打开。

(3) 如果 Schematic Capture 中添加了 Active Popups 工具且 VSM Studio 处于打开状态，则单击 Run Simulation 按钮时，系统自动切换到 VSM Studio 窗口开始仿真。

(4) 如果原理图中没有添加 Active Popups 工具，或者在 VSM Studio 窗口中关闭了 Active Popups 窗口，则单击 Run Simulation 按钮时，系统自动切换到原理图窗口开始运行程序。

(5) 在其他情况下，单击程序仿真按钮中的 Pause VSM debugging 按钮，系统自动切换到 VSM Studio 窗口并显示程序调试窗口。

由上面的论述可以看出，在原理图中创建 Active Popups 的目的是为了交互式调试程序，因此一般给具有动态仿真效果的输入输出元器件（如可变电阻、开关、继电器、电机、数码管、液晶显示器、点阵、传感器、信号源、虚拟仪器和图表等）添加 Active Popups 工具。

1. 添加 Active Popups 工具

在 Schematic Capture 窗口单击模式工具栏上的 Active Popups Mode 按钮，在需要显示的元器件上拖动出一个矩形框，则蓝色框内的元器件在执行仿真程序时自动出现在

VSM Studio 窗口中,其下面显示 Schematic Animation。具体操作过程如图 14-33 所示。

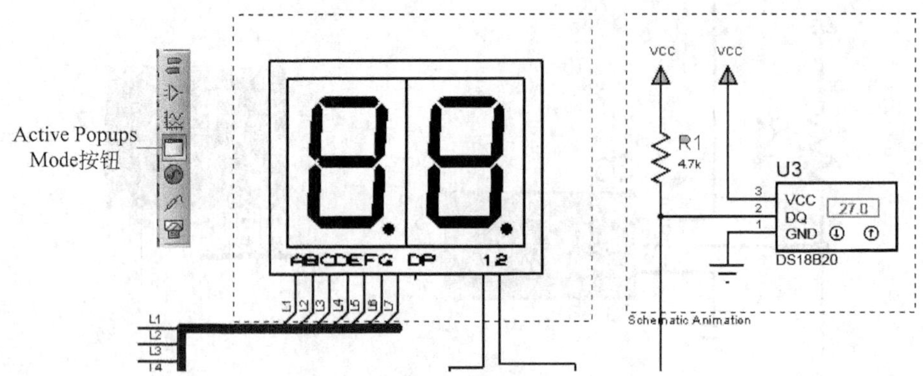

(a) 在原理图中添加Active Popups工具

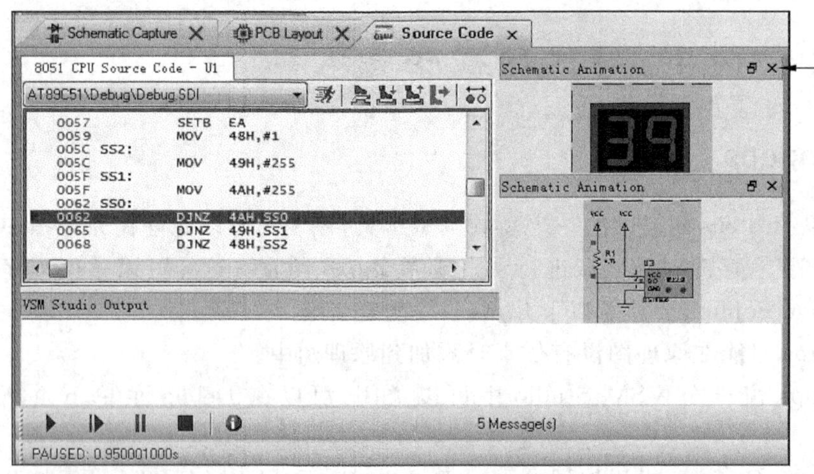

(b) VSM Studio窗口中的Active popups

图 14-33　添加 Active Popups 按钮

2. Active Popups 窗口操作

1) 窗口大小的改变

如图 14-34 所示,将光标放置在 Active Popups 左侧和下侧,光标变成箭头形状,单击并沿着箭头的方向拖动可以改变窗口大小。

2) 窗口浮动与关闭

单击 Active Popups 窗口上的 🗗 按钮,可以使其变成浮动窗口,在浮动窗口标题栏上双击可以恢复到原来的状态,当然也可以拖动到其他位置显示。单击窗口上的 ✕ 按钮,可以使 Active Popups 窗口关闭。关闭的窗口可以通过 Debug 菜单打开,也可以在至少有一个 Active Popups 处于打开状态时,在其标题栏上右击,通过弹出的快捷菜单打开,如图 14-35 所示。

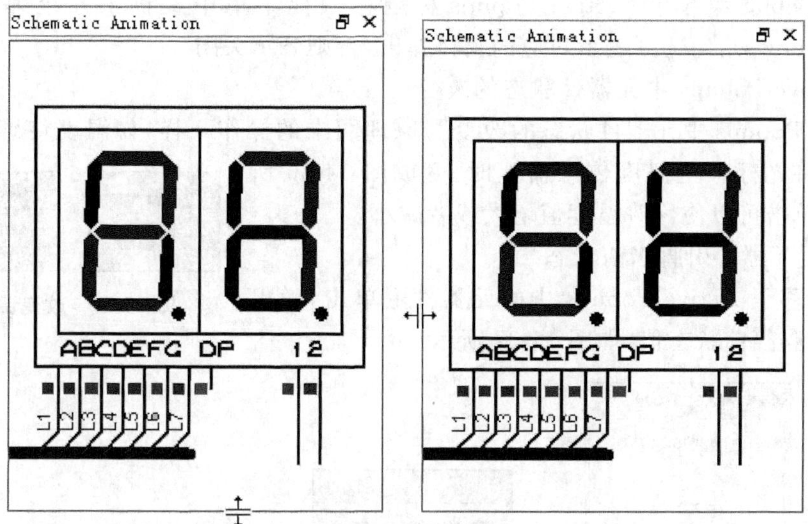

图 14-34 改变 Active Popups 窗口/大小

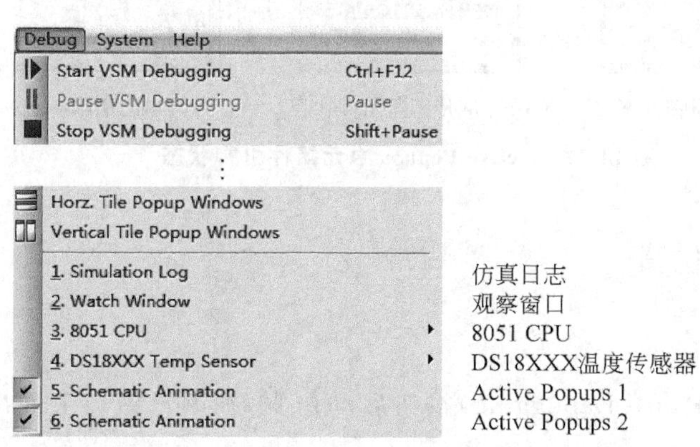

(a) Debug菜单

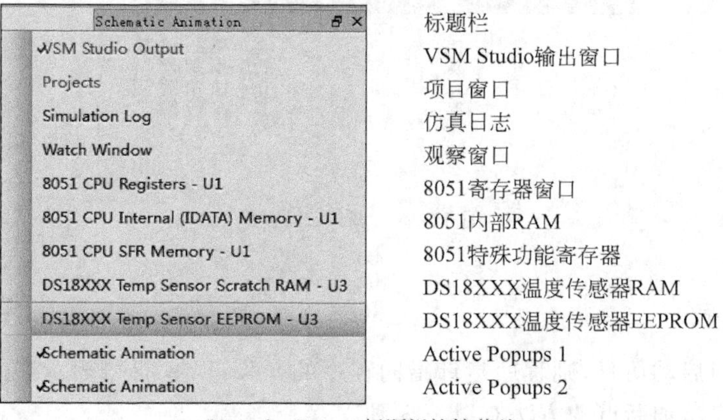

(b) Active Popups标题栏快捷菜单

图 14-35 Debug 菜单和 Active Popups 标题栏快捷菜单

上述 Debug 菜单和 Active Popups 标题栏快捷菜单中提供了几个弹出式窗口(popup windows),勾选则表示对应的窗口弹出,否则表示关闭。

3) Active Popups 中元器件状态的改变

Active Popups 中元器件状态的改变与原理图中的操作一样,如温度传感器的温度值的改变,将光标移至温度传感器上时,变成图 14-36 所示的形状,单击可以使修改温度值增大或者减小。

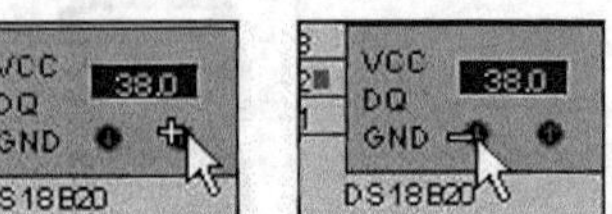

图 14-36 改变温度值

4) 查看元器件引脚当前状态

将光标移至 Active Popups 中的元器件上单击,弹出元器件的引脚当前状态值,如图 14-37 所示。

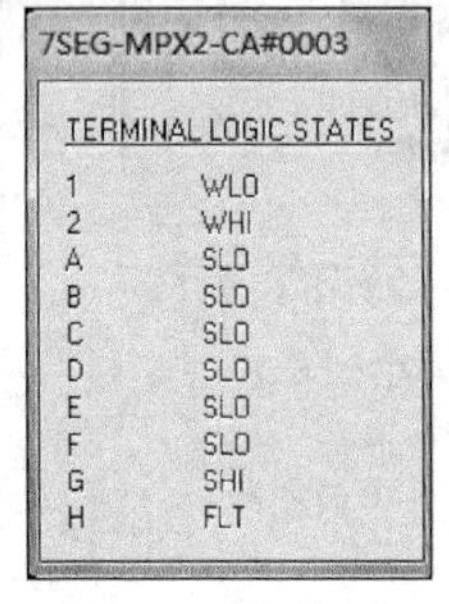

(a) 数码管引脚状态

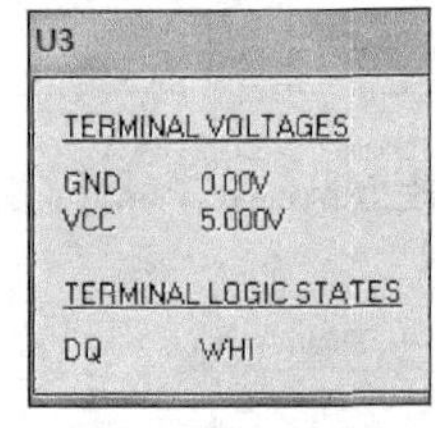

(b) 温度传感器引脚状态

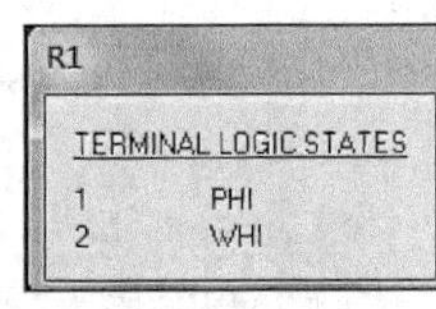

(c) 电阻引脚状态

图 14-37 Active Popups 中元器件引脚状态

14.4.2 设置断点仿真

1. 调试工具栏

单击 (Start/Pause Debugging)按钮启动仿真,在编辑窗口上面出现调试工具栏,如图 14-38 所示。

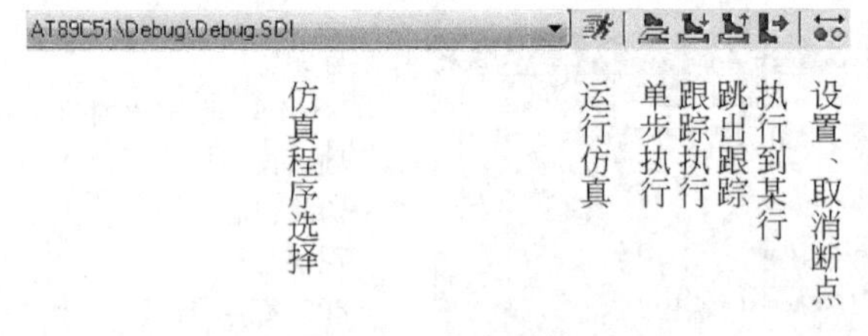

图 14-38 调试工具栏

2. 添加断点

单击按钮启动仿真,则程序指针指向程序的开头,以符号表示当前程序指针。给某行程序添加断点的方法有以下 3 种。

(1) 双击程序行,则在程序行前面出现红色符号,表示给当前程序添加了断点。在汇编语言中伪指令不能设置断点。

(2) 单击某行指令，单击调试工具栏中的按钮，如图 14-39 所示。

菜单项	快捷键	说明
Dissassembly	Ctrl+D	反汇编
Goto Line...	Ctrl+L	跳到某行
Goto Address...		跳到某地址
Find...	Ctrl+F	查找
Find Again	Ctrl+G	查找下一个
Toggle (Set/Clear) Breakpoint	F9	设置/取消断点
Enable All Breakpoints		使能所有断点
Disable All Breakpoints		禁止所有断点
Clear All Breakpoints	Ctrl+F9	清除所有断点
Fix-up Breakpoints On Load		装载上一次设置断点
Display Line Numbers		显示行号
Display Addresses		显示地址
Display Opcodes		显示编译码
Set Font...		设置字体
Set Colours...		设置颜色

图 14-39 指令行快捷菜单

(3) 右击某行，在快捷菜单中选择 Toggle breakpoint 命令。

设置完断点后，单击仿真按钮，则程序运行到断点处自动停止仿真。

3. 控制断点

有 2 种方式可以控制断点，可以使断点在 Set(使能)、Disabled(禁止)和 Cleared(删除)3 种状态之间切换。

(1) 在指令某行右击，弹出快捷菜单，如图 14-39 所示。

断点在使能和禁止之间切换还有一种比较快的方法是双击断点，使其由■变成□，表示断点被禁止。

(2) 选择 Debug→Run simulation(no breakpoint)命令，程序全速执行。

4. 设置时间断点

在仿真程序时，除了设置指令断点外，还可以设置时间断点，选择 Debug→Run simulation(Timed breakpoint)命令，弹出设置时间断点对话框，如图 14-40(a)所示。设置时间后单击 OK 按钮确认退出，单击仿真按钮，则程序自动停止在设置时间处，并且状态栏显示相关信息，如图 14-40(b)所示。

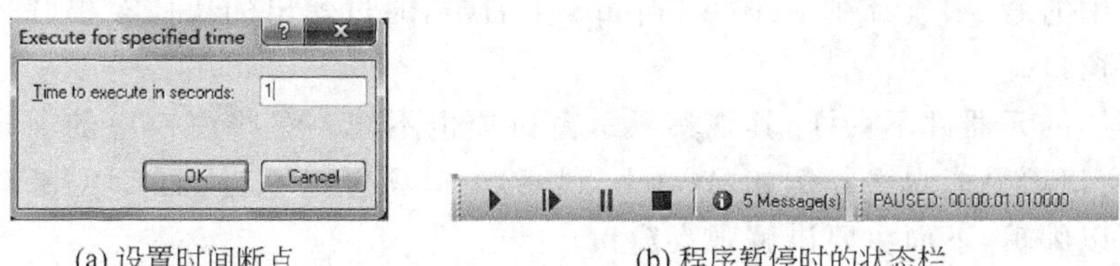

(a) 设置时间断点　　(b) 程序暂停时的状态栏

图 14-40 时间断点设置

单击仿真按钮,则程序继续执行,这是时间断点与断点的区别之一;还有一个区别是时间断点仅一次有效,而断点设置后如果没有执行相关的禁止命令,则始终有效。

14.4.3 单步执行程序

单步执行就是控制程序一行一行地执行,观察每条语句执行的结果,在 Debug 菜单和调试工具栏里提供了 3 种单步执行的方式:Step Into(跟踪进去)、Step Over(单步)和 Step Out(跳出循环)。单步执行所需工具和命令菜单如图 14-41 所示。

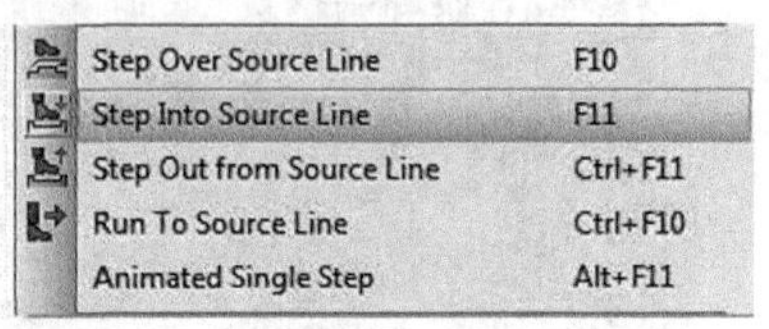

图 14-41 单步执行命令按钮和菜单

如果程序使用的是高级语言(如 C 语言),此时可以对高级语言单步执行,还可以将高级语言反汇编成汇编语言单步执行,如图 14-42 所示。

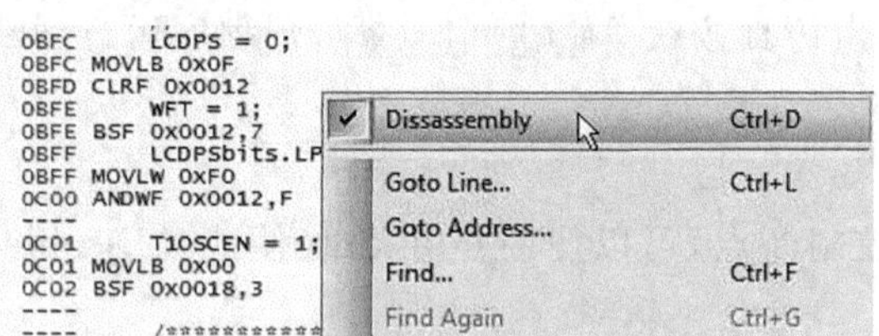

图 14-42 高级语言转换成汇编语言

14.4.4 调试窗口

Proteus 提供了大量的调试窗口以方便程序的调试。这些调试窗口包括 RAM 窗口、ROM 窗口、Stack 窗口、寄存器窗口、变量窗口、观察窗口和仿真信息栏。

1. 调试窗口的打开

执行 Start VSM Debugging(图 14-43(a))或 Pause VSM Debugging 命令,调试窗口则显示在 VSM Studio 窗口的 Output 窗口位置图 14-43(c),如果没有显示,可以执行 Debug 菜单中的命令,或者在 Active Popups 上右击,通过弹出的快捷菜单(图 14-43(b))来显示调试窗口。

原理图中的元器件不一样,其观察显示窗口项也不同。有些窗口里的项是可以编辑的,而有的窗口项只能观察。例如,Watch(观察)窗口项可以编辑,而 CPU、ROM 等窗口中的项不可以编辑,下面主要讲解观察窗口。

2. 观察窗口数据的添加

在默认的情况下。观察窗口中没有任何数据,这主要是因为没有添加观察项。向观

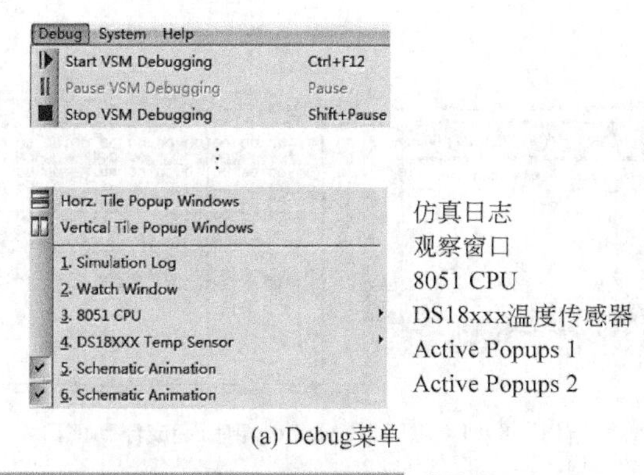

(a) Debug菜单

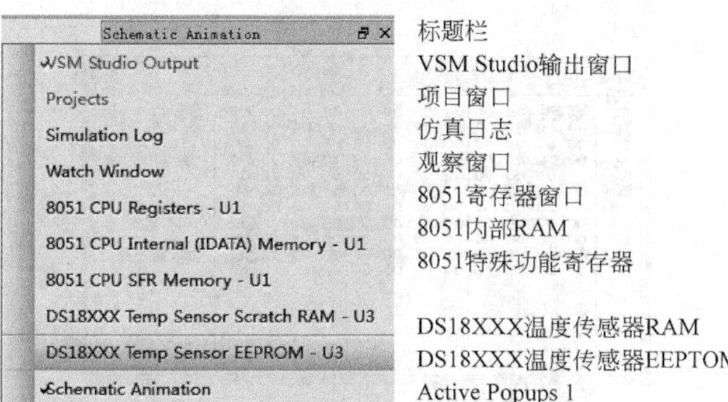

(b) Active Popups 标题栏快捷菜单

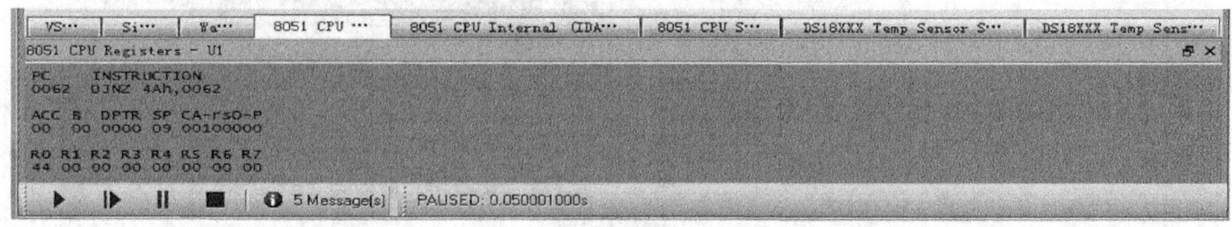

(c) 调试窗口

图 14-43 调试窗口有关命令和显示

察窗口中添加数据的方法主要有两种。

1) 拖动法

下面以将 8051 CPU SFR Memory 数据添加到观察窗口中为例说明，为了拖动方便，将两个窗口变成浮动窗口，如图 14-44(a)所示；用鼠标左键在 8051 CPU SFR Memory 窗口中拖拉，则选中的区域以反色显示，如图 14-44(b)所示；按住左键拖动到观察窗口，如图 14-44(c)所示。此时观察窗口中会显示拖动过去的数值，如图 14-44(d)所示。

2) 观察窗口快捷菜单

在观察窗口右击，弹出快捷菜单，如图 14-45 所示(注意，不同调试窗口的快捷菜单不一样)。

选择菜单中的 Add Item(By Name)命令，弹出如图 14-46 所示的对话框，列出 8051 核单片机的所有特殊功能寄存器名称，双击寄存器名称可以将其加入到观察窗口中。

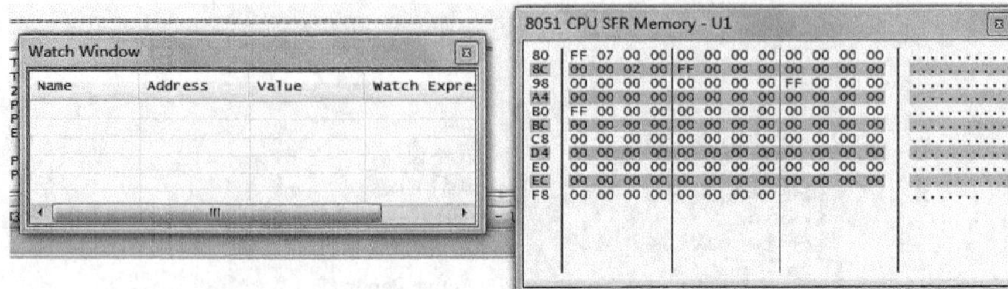

(a) 将观察窗口和8051 CPU SFR Memory窗口变成浮动窗口

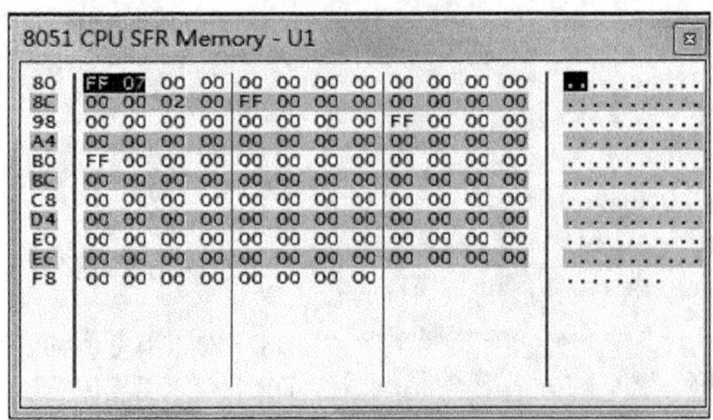

(b) 选中8051 CPU SFR Memory数据

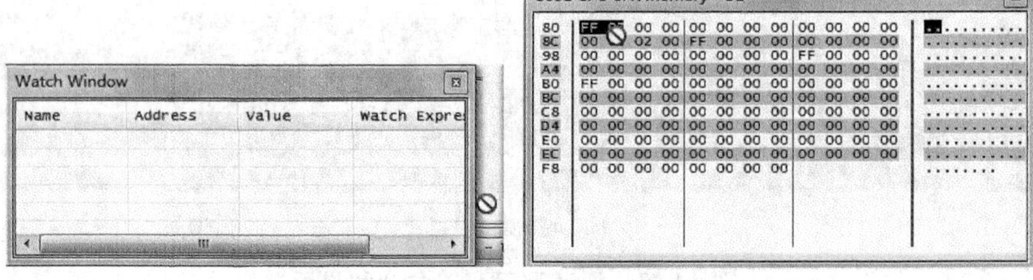

(c) 将8051 CPU SFR Memory数据拖动到观察窗口

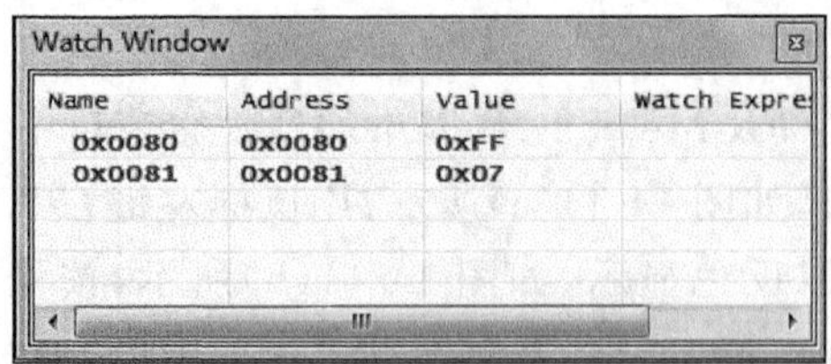

(d) 观察窗口显示的数据

图 14-44 向观察窗口中添加数据

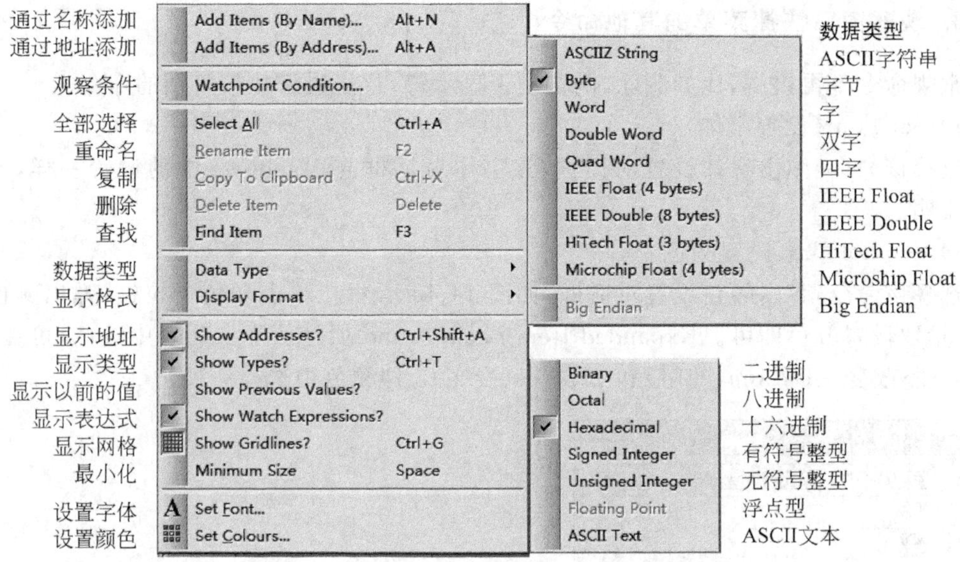

图 14-45 观察窗口快捷菜单

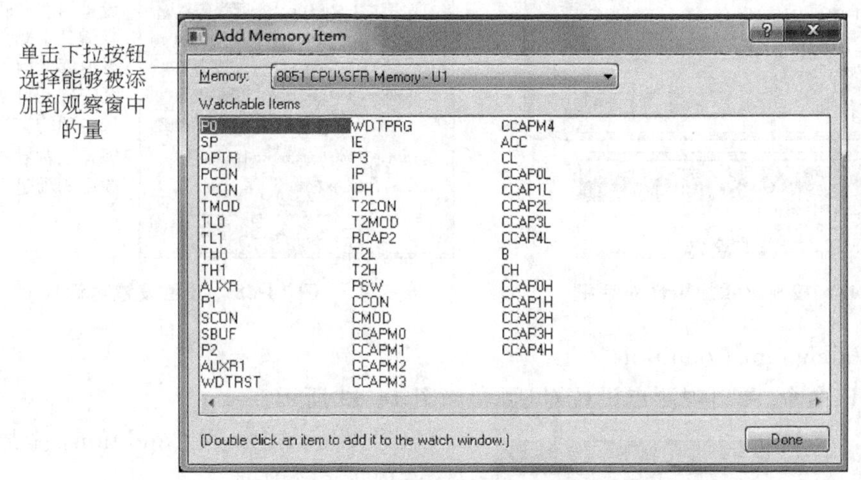

图 14-46 Add Memory Item 对话框

选择菜单中的 Add Item(By Address)命令，弹出如图 14-47 所示的对话框。在 Memory 下拉列表中选择具体的存储器；在 Name 栏中输入其名称；在 Address 栏输入地址，地址可以是十六进制、二进制和十进制格式(十六进制用 0x 前缀表示，二进制用 0b 前缀表示，十进制没有前缀和后缀，如 0xFF、0b11111111、256 表示同一个数)。选择 Data Type 和 Display Format 选项后，单击 Add 按钮或者按键盘上的回车键，即可以将所设置的数据添加到观察窗口中。

3. 观察窗口快捷菜单的其他命令

常规命令不再讲解,比如删除、网格是否显示等,这里讲解比较复杂的命令。

1) Set Font(设置字体)

选择该命令,弹出字体设置对话框,该字体对话框与 Windows 中的设置一样,不再详细说明。

2) Set Colours(设置颜色)

选择该命令,弹出颜色设置对话框,如图 14-48 所示。单击颜色下拉框,弹出颜色拾取框,拾取设置颜色即可。Expanded Item Background 项是从下拉列表中选色,可在 No change(不改变)、Darken(变暗)和 Lighten(变亮)3 种颜色中选择一种。

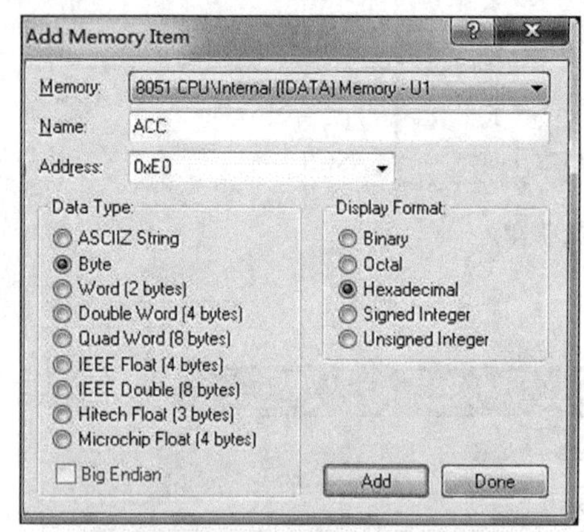

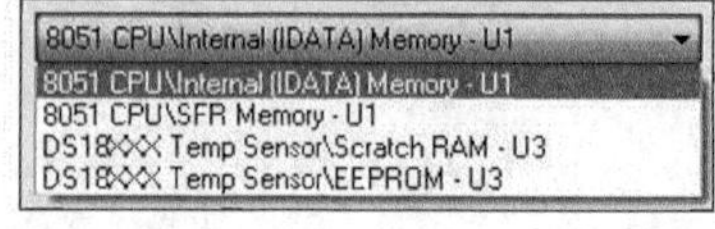

图 14-47 按地址添加属性对话框

图 14-48 颜色设置对话框

3) Watchpoint Condition

选择该命令,弹出观测点设置对话框,如图 14-49 所示。

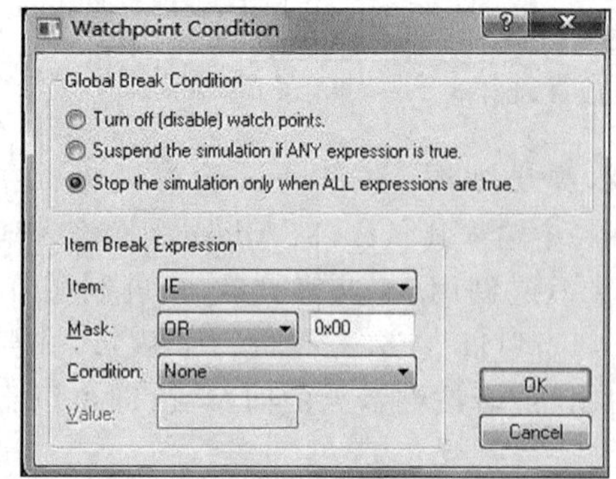

图 14-49 观测点条件设置

(1) Global Break Condition:全局中断条件,有以下 3 个选项。

Turn off(disable)watch points:禁止所有的观测点中断,这是默认选项。

Suspend the simulation if ANY expression is true:任何一个观测点表达式为真,则中断仿真。

Stop the simulation only when ALL expression are true:所有的观测点表达式为真时,则中断仿真。

(2) Item Break Expression:中断表达式

设置,包括以下选项。

Item: 单击下拉按钮选择观测点,观测点必须是已经加入到观测窗口中的项。

Mask: 主要设置与 Item 值进行怎样的运算,有 None、AND、OR、XOR。当选择 AND、OR 和 XOR 时,其后的文本框可以修改,输入要进行运算的数值。

Condition: 用于设置终止仿真的条件,主要有 None(不中断)、Equals(等于)、Not Equals(不等于)、Greater Than(大于)、Greater or Equal to(大于等于)、Less Than(小于)和 Less or Equal to(小于等于)7 个条件,除 NONE 外,其余的条件必须设置用于对比的数值 Value。

14.5 Direct Simulation(直接仿真模式)

本节讨论手动模式下的程序仿真与调试。

14.5.1 程序代码窗口

1. 加载程序目标代码

在原理图中打开嵌入式微处理器元器件的属性,如图 14-50 所示,每一个固件都有一个 Program File 属性,该属性的功能就是加载目标程序。单击浏览按钮,弹出 Select File Name 对话框,输入目标程序所在路径,打开目标程序,即可完成目标程序的加载,如图 14-51 所示。

图 14-50 固件核元器件属性窗口

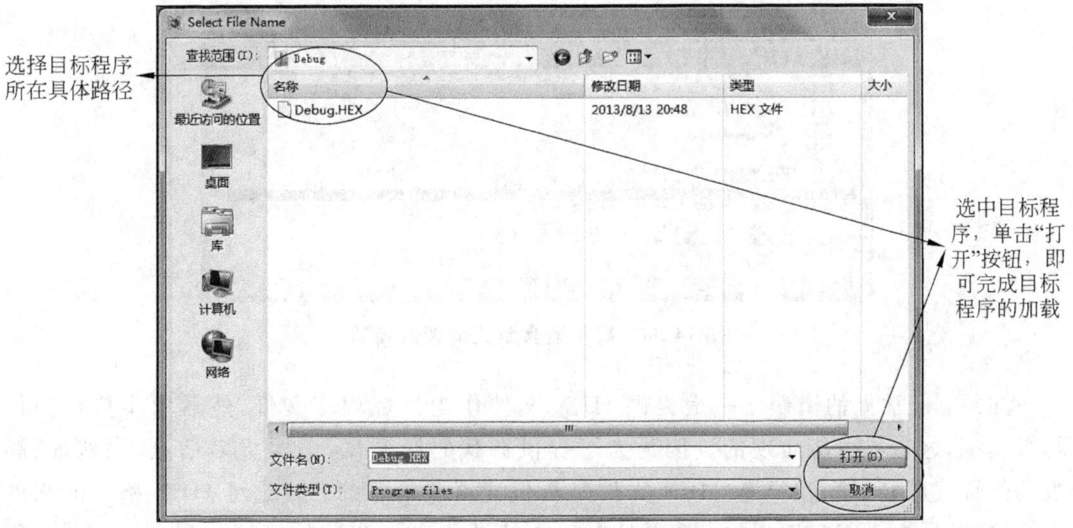

图 14-51 加载目标程序对话框

2. 源代码调试

单击交互式仿真按钮中的 ‖ 按钮启动仿真,一般情况下会弹出如图 14-52 所示的窗口,提示信息为 No source line at PC address,仿真时间为零,处理器的程序计数器没有指向一个可执行代码行。此时可以单击程序代码窗口下拉按钮选择需要执行的程序,如图 14-53 所示。如果使用高级语言编程,则允许单步执行,观察源程序窗口中的行号、操作码和地址等信息,如图 14-54 所示,也可以通过反汇编功能观察目标代码情况。

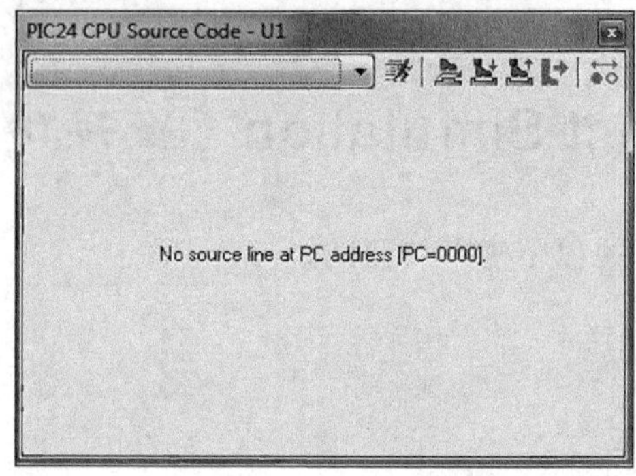

图 14-52　无法仿真提示框

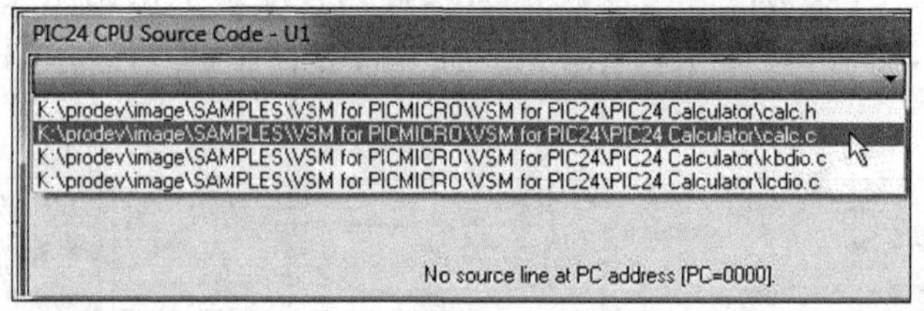

图 14-53　选择源程序

```
PIC24 CPU Source Code - U1
K:\prodev\image\SAMPLES\VSM for PICMICRO\VSM for PIC24\PIC24 Calculator\lcdio.c
----     // Toggle Pin 'E' to send the command.
1244     PORTD |= E_PIN_MASK;
124C     nop();
124E     PORTD &= ~E_PIN_MASK;
----
1256     lcd_wait();
1258  }
----
---- VOID wrdata (BYTE data)
---- // Write a Character to the LCD Display.
125C  { TRISD = 0x0000;
1264     PORTD = LCD_DATA_WR | data;
----
----     // Toggle Pin 'E' to send the command.
126C     PORTD |= E_PIN_MASK;
1274     nop();
1276     nop();
```

图 14-54　高级语言源代码调试窗口

注意:最常见的错误之一是提供 HEX 文件作为目标程序文件,然后单步执行源代码级调试,这是不可能实现的。因为为了提供源代码级调试,需要更多信息,如地址、高级别的源代码行、变量等,而 HEX 文件是不包含这些信息的。因此对 HEX 格式的文件进行调试时,在 VSM 窗口中什么也没有。支持源代码级调试的目标代码,如表 14-3 所示,下面的对象模块格式都支持。软件是一个迅速发展的领域,建议看看第三方编译器官方的网站上的最新信息。

表 14-3 支持源代码单步执行的程序

目标代码	说明
ELF/DWARF	这是 Proteus 推荐使用的调试格式,既含有丰富的细节,又不失一般性,因为这是现代编译器通常所支持的格式。该格式支持 AVR 和 ARM7 模型以及部分 PIC 和其他的嵌入式微处理器。使用的时候一定要注意把 ELF(二进制格式)和 DWARF(调试文件)放在同一目录下
COFF	PIC、TI 嵌入式芯片目前支持的一种目标代码
UBROF	该调试格式由 IAR 编译器产生
OMF51	OMF51 是用 Keil 编译器产生的调试格式。较新版本的 Keil 编译器也会产生 ELF / DWARF,推荐使用该模式
COD	该调试格式由 Bytecraft 产生,广泛应用于 PIC 界
ABS	Proteus 目前提供的 Crownhill's Proton Development Suite 开发套件采用的格式,适用于 PIC 等处理器

14.5.2 程序调试

单击暂停按钮,同样可以在 Debug 菜单打开调试窗口进行观察,与前面不同之处在于这些窗口都是独立窗口,如图 14-55 所示,其观察窗口的相关操作请参考前面的知识。这里探讨另一种数据观察方法,当暂停程序执行的时候,在元器件上单击则弹出该元器件非常详细的引脚信息。例如,单击单片机,则弹出单片机的详细信息,如图 14-56 所示。其他元器件同样具有类似的效果。

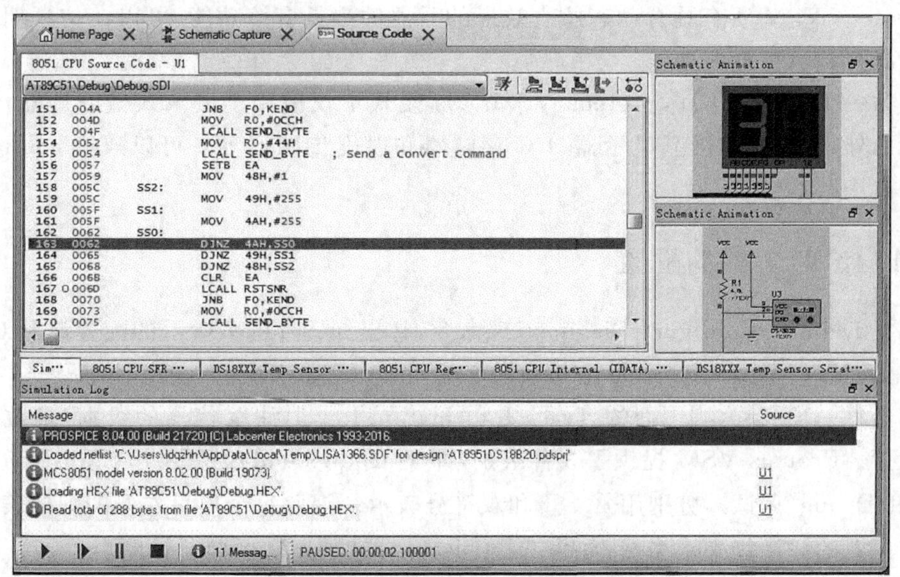

图 14-55 直接仿真模式仿真窗口

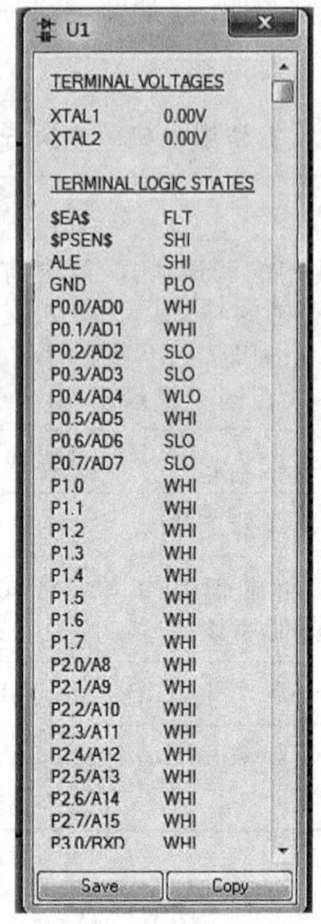

图 14-56 单片机引脚信息

14.6 诊断工具

Proteus VSM 包含丰富的诊断工具或跟踪模式，这些诊断工具可以及时地发现故障。Proteus VSM 所有具有动态仿真效果的元器件都具有该功能，可以在仿真期间记录仿真情况并显示仿真信息。

作为一个系统级仿真，Proteus VSM 诊断模式不仅应用于嵌入式微处理器，也应用于相应的外设模型(如液晶显示器、I^2C 存储器和温度传感器等)，可以通过 configure 诊断对话启用跟踪模式。

14.6.1 诊断工具的配置

选择 Debug→Configure Diagnostics 命令，弹出如图 14-57 所示的配置诊断对话框。诊断对话框以树形结构显示，单击每项前面的＋号可以展开树。

单击每一项名称，则下面的 Trace Information Level(跟踪信息的级别)参数就可以进行设置。Proteus VSM 提供了 3 种级别，即 Warnings Only(只警告)、Full Trace(全部跟踪)和 Debug(调试)，分别用、和符号表示。因此每个项目左侧的图标表示该项目当前配置的诊断级别。当然，如果选择 Disabled 选项则表示禁止诊断。

Suspend simulation wherever an event is logged：勾选此项表示无论是否暂停仿真，

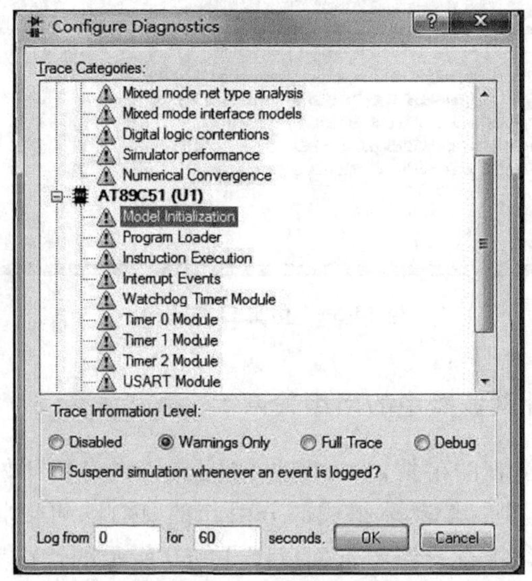

图 14-57 诊断配置对话框

事件都会被记录，该选项主要用于需要密切监听处理器的动态元器件，勾选此选项会导致仿真被频繁地暂停，因此该项在一般情况下不勾选。

Log from：此选项允许指定某个时间后开始诊断。在通常情况下，可能会使用该参数来绕过初始化，或者知道某个特定的问题大致发生的时间，加上运行时间选项允许控制输出跟踪记录数据，这使得记录数据的效率更高。

For：此选项主要定义记录数据的时间(以秒为单位)。结合指定的开始时间配置就可以计算机整个记录时间。例如，如果想记录 15～25s 之间的诊断数据，那么设定的起始时间应该是 15s(Log from 参数值)，For 选项值为 10s。

单击“确定”按钮保存设置，执行仿真，则所有诊断消息都被写入仿真日志，无论是在全速仿真、单步调试或仿真完成后都可以进行查看。当然，设计的诊断细节越多，仿真的运行就越慢，因为更多的数据要被写入仿真日志里。

14.6.2 仿真日志

1. 仿真日志

仿真日志是一个仿真运行过程中产生的所有错误、警告和诊断消息的存储库。此文件驻留在 Schematic Capture 应用程序底部的状态栏上，在交互式仿真面板旁边，如图 14-58 所示。

图 14-58 状态栏中的仿真日志

在此面板上面单击，就会弹出详细的仿真日志，如图 14-59 所示。

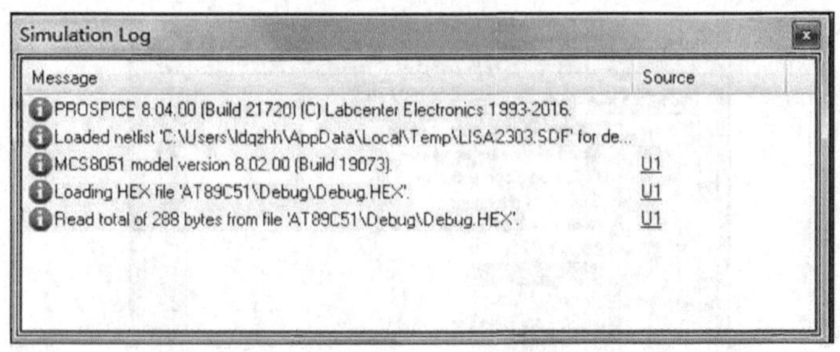

图 14-59 仿真日志窗口

2. 仿真日志与设计浏览器中的网络关系

仿真错误是最令人沮丧的事情之一,常见的仿真错误是由于网络问题(如网络连接、SPICE奇异矩阵等)而不是一个具体组成部分引起的,因此,可以将仿真日志中的网络与设计浏览器结合可以简化排查错误。下面以图14-60所示的错误为例来说明仿真日志与设计浏览器中的网络的关系。

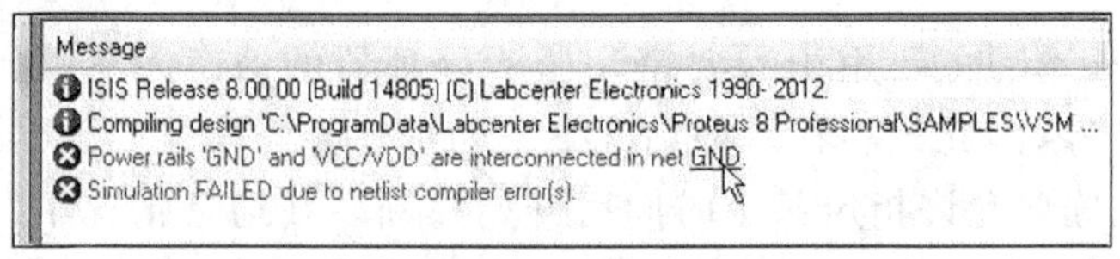

图 14-60 GND网络仿真错误

单击图14-60中的GND网络,将打开设计浏览器并定位到GND网络上,右击GND网络,在快捷菜单中选择Go to Schematic Net命令,如图14-61所示,此时原理图中的网络以高亮态显示,现在就很明白错误发生的原因了,即将电源网络与地网络短接了。在仿真出错时有时会显示help字样的符号,单击该符号可以得到帮助信息,以便更好地解决仿真错误问题。

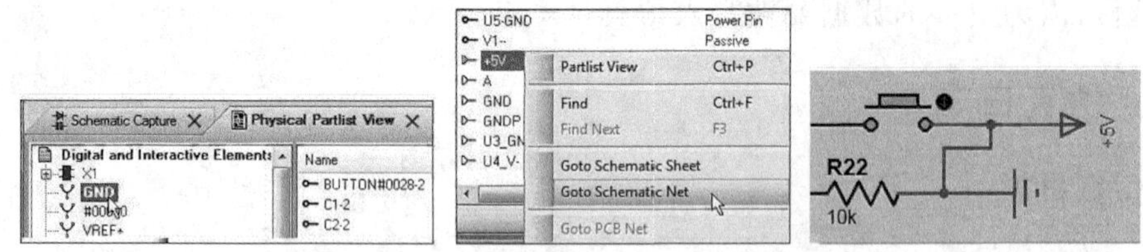

图 14-61 从设计浏览器定位到原理图

14.7 中断触发器

Schematic Capture提供了大量的中断触发器,当达到中断触发条件时将中断程序的执行,这在单步仿真程序时是非常有用的,因为在中断条件还没有达到之前程序是正常执行的,当达到条件的时候将被中断,因此可以通过单步执行精确地观察下一步程序将发生什么情况。有时把这种中断也称为硬件中断,把在程序调试中设置断点称为软中断。下面简单介绍系统提供的硬件中断源。Schematic Capture 硬件中断源包括电压探针中断源和调试中断源。

14.7.1 电压探针中断源

在需要中断的导线或者总线上放置电压探针,打开电压属性对话框进行设置,操作过程如图 14-62 所示。

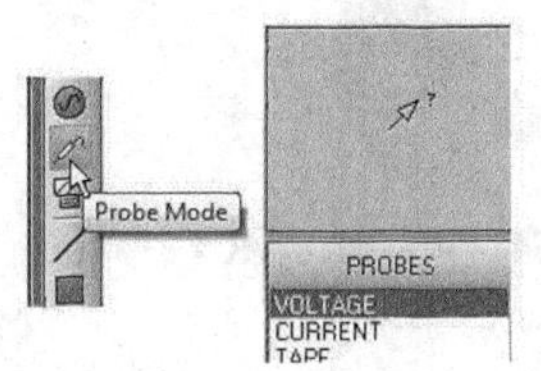

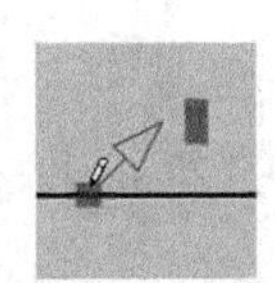
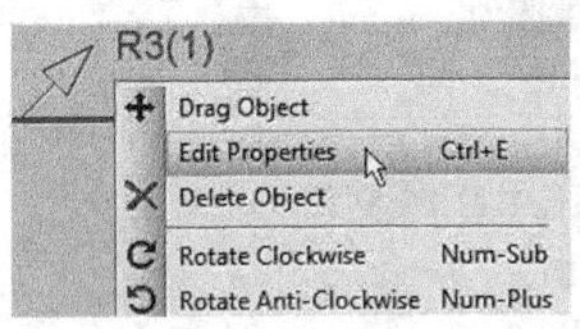

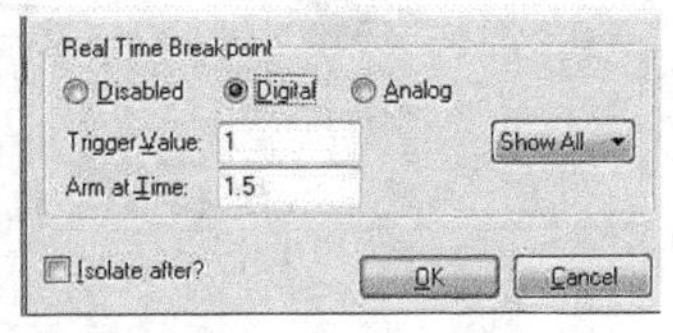

图 14-62 放置电压探针并修改属性

其中,Real Time Breakpoint 为设置中断类型,根据电压探针所在导线的 NET 属性选择 Digital 或者 Analogy。Digital 为数字型中断,此时 Trigger Value 为 1(逻辑高电平)或者 0(逻辑 0 电平);Analogy 为模拟型中断,此时 Trigger Value 为中断触发电压值;Disabled 表示禁止中断。Arm at Times:代表仿真开始多长时间后中断设置开始有效。还可以通过其右侧下拉列表中的 Show All/Hide name/Hide Value/Hide All 设置参数的显示与隐藏,例如,上述参数设置为 Show All 属性,则显示为 RTVBREAK=1 AFTER 1.5。

单击 OK 按钮保存中断参数并退出,单击运行仿真按钮,则在中断条件满足时将中断程序仿真的运行。

14.7.2 调试中断触发源

Schematic Capture 元器件库 Debugging Tools 类中提供了电压中断触发源(Voltage Breakpoint Trigger,简称 RTVBREAK)、电流中断触发源(Current Breakpoint Trigger,简称 RTIBREAK)、数字中断触发源(Digital Breakpoint Trigger,简称 RTDBREAK)、电压监测器(Voltage Monitor,简称 RTVMON)和电流监测器(Current Monitor,简称 RTIMON)。

1. 电压中断触发源 RTVBREAK

系统元器件库中包括 3 种电压中断触发源,分别是 RTVBREAK、RTVBREAK_1(single ended)和 RTVBREAK_2(Differential)。它们的原理图符号如图 14-63 所示。

打开属性对话框,其关键属性是 Trigger Voltage,用于定义中断触发电压。

该元器件有一个引脚和两个引脚的设备,如果一个引脚上的电压或者两个引脚上的压降差超过阈值电压则发生中断,该中断源可用于任何受控电压源以触发复杂的中断。一旦中断触发后,只有电压值低于域值后再升到触发值,才能激活重新触发,否则将不再响应中断触发。

2. 电流中断触发源 RTIBREAK

电流中断触发源是两引脚元器件,其原理图符号如图 14-64 所示。其关键属性为 Trigger Current,用于设置中断电流值。当流过的电流值大于设定 Trigger Current 值时发生中断。一旦中断触发后,只有电流值低于阈值后再升到触发值,才能重新激活触发,否则将不再响应中断触发。

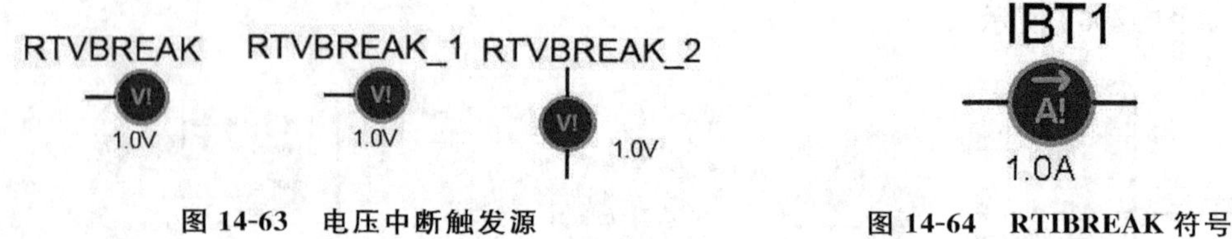

图 14-63 电压中断触发源

图 14-64 RTIBREAK 符号

3. 数字中断触发源 RTDBREAK

RTDBREAK 总计有 7 个,分别是 RTDBREAK、RTDBREAK_1、RTDBREAK_2、RTDBREAK_3、RTDBREAK_4、RTDBREAK_8 和 RTDBREAK_16(后面的数字代表位数),它们的原理图符号如图 14-65 所示。

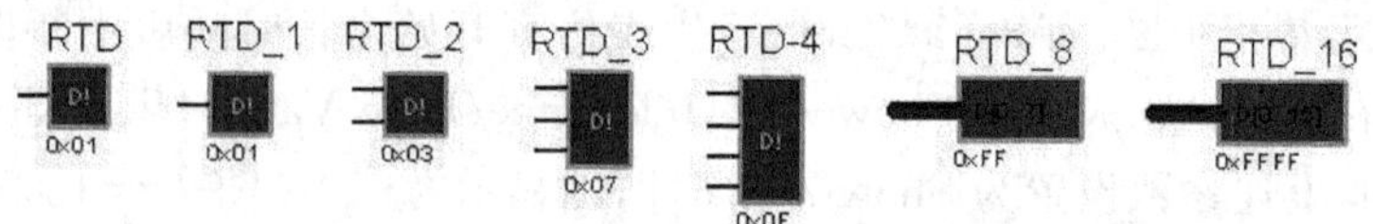

图 14-65 RTDBREAK 原理图符号

RTDBREAK 根据输入的二进制引脚位数不同可分为 1 位、2 位、3 位、4 位、8 位和 16 位。将二进制数组合形成输入数值,当输入数值等于阈值(由属性中的 Trigger Value 属性来设置)时,则发生中断。例如,对 RTDBREAK_8 设置其 Trigger Value 为 0X80(十六进制表示形式),即其引脚输入二进制值为 10000000(二进制表示形式)时,发生中断(即 D7=1,D6=0,D5=0,…,D0=0)。同样一旦触发条件出现,该设备不再重新触发,直至在不同的输入值时才重新触发。

4. 电压监测器 RTVMON

电压监测器分为两引脚和单引脚 RTVMON,其原理图符号和属性对话框如图 14-66 所示。

主要属性如下。

Minimum Voltage:最小电压。

Maximum Voltage:最大电压。

Trigger Action:触发时的提示方式,包括 Suspend(暂停仿真)、Error(提示出错)、Warn(提示警告)和 Log(产生仿真日志),如图 14-67 所示。

在高级属性的 Message Text 属性中设置信息文本。当输入电压值超出指定的最小

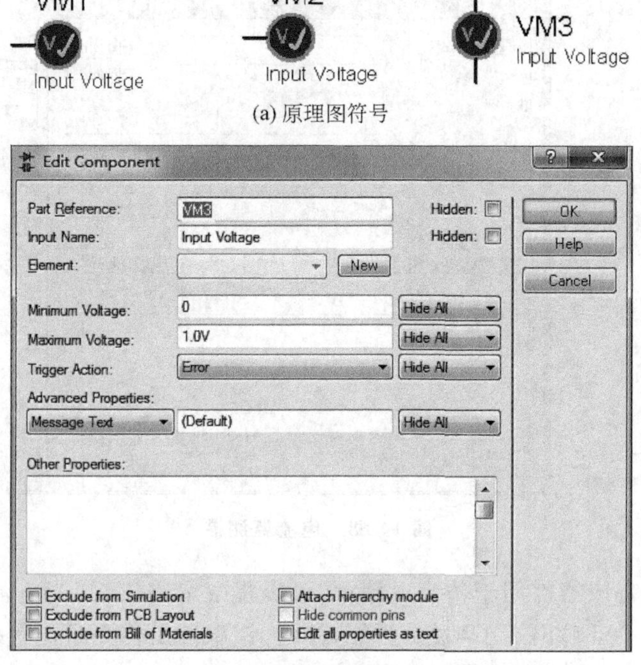

(a) 原理图符号

(b) 属性对话框

图 14-66　电压监测器的原理图符号和属性对话框

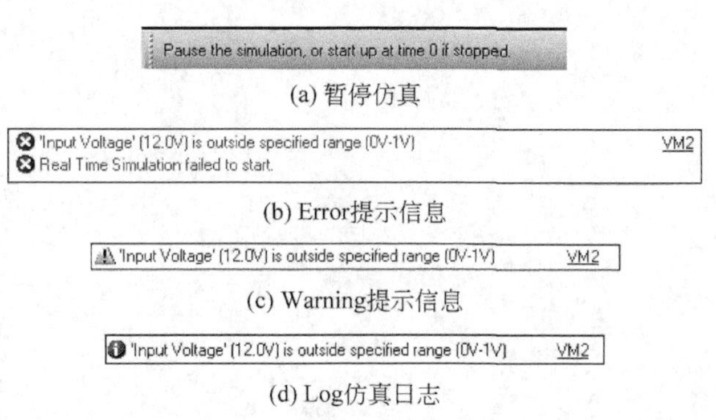

(a) 暂停仿真

(b) Error提示信息

(c) Warning提示信息

(d) Log仿真日志

图 14-67　Trigger Action 选项

值或最大值，则发生中断。

通过将这些对象放置到仿真电路中，可以提醒最终用户的电路内的电压（如电源电压）超过规定的工作限额时，发生暂停/警告/出错等中断（配套电子资源的实例 chap14 中的 TRVMON. pdsprj）。

5. 电流监测器 RTIMON

电流监测器是两引脚中断触发源，通过元器件中的电流超出指定的最小或最大值时，则发生暂停、警告或错误中断，该器件的原理图符号及属性对话框如图 14-68 所示。

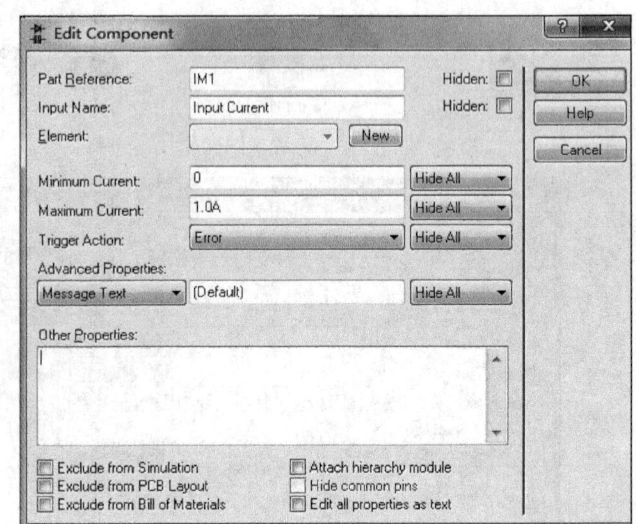

图 14-68 电流监测器

通常情况下，将该器件用于仿真电路中，可以提醒最终用户，当电流超过规定的工作范围（如电流通过设备输出端子）时是暂停、警告、错误还是仿真日志等提醒方式选择。

附录A appendix A

微处理器族及其分类

1. 8051族控制器

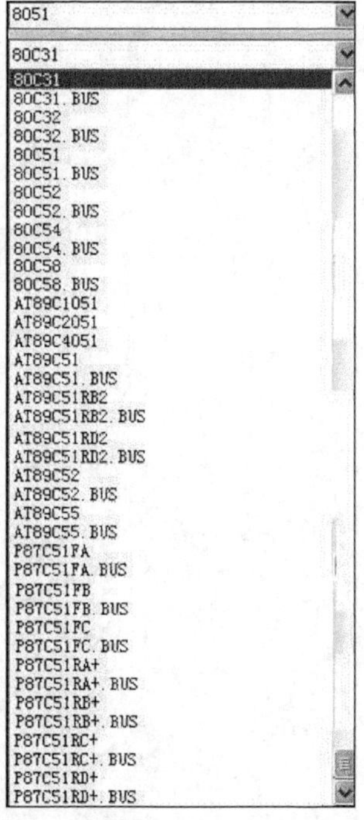

2. ARM7族

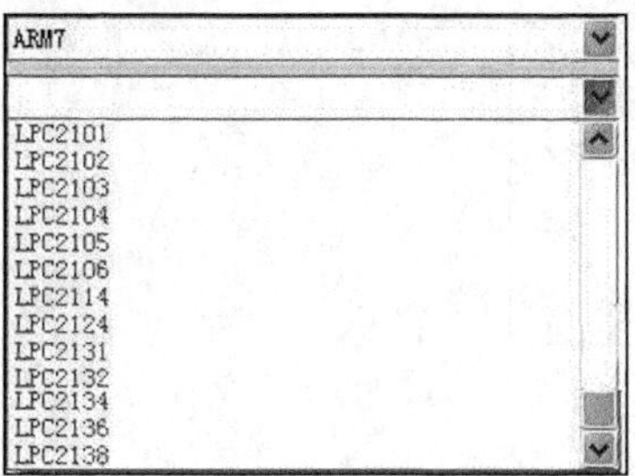

3. Cortex-M3核系列

Cortex-M3

LM3S300
LM3S301
LM3S308
LM3S310
LM3S315
LM3S316
LM3S317
LM3S328
LPC1311FHN33
LPC1313FBD48
LPC1313FHN33
LPC1342FBD48
LPC1342FHN33
LPC1343FBD48
LPC1343FHN33

4. MSP430系列

MSP430

MSP430C1101
MSP430C1111
MSP430C1121
MSP430F1101
MSP430F1111
MSP430F1121
MSP430F2001
MSP430F2011
MSP430F2101
MSP430F2111
MSP430F2112
MSP430F2121
MSP430F2122
MSP430F2131
MSP430F2132
MSP430F2232
MSP430F2252
MSP430F2272
MSP430F233
MSP430F235
MSP430F2350
MSP430F2370
MSP430F2410
MSP430F2416
MSP430F2417
MSP430F2418
MSP430F2419
MSP430F247
MSP430F2471
MSP430F248
MSP430F2481
MSP430F249
MSP430F2491

5. AVR 族

6. PIC10 系列

PIC10

PIC10F200
PIC10F202
PIC10F204
PIC10F206
PIC10F220
PIC10F222

7. PIC12 系列

PIC12

PIC12C508A
PIC12C509A
PIC12C671
PIC12C672
PIC12CE518
PIC12CE519
PIC12CE673
PIC12CE674
PIC12F1501
PIC12F1822
PIC12F1840
PIC12F510
PIC12F609
PIC12F615
PIC12F629
PIC12F675
PIC12F683
PIC12F752
PIC12HV752
PIC12LF1501
PIC12LF1822
PIC12LF1840

8. PIC16 系列

PIC16

PIC16C62B
PIC16C63A
PIC16C64A
PIC16C65B
PIC16C66
PIC16C67
PIC16C72A
PIC16C73B
PIC16C74B
PIC16C76
PIC16C77
PIC16F1503
PIC16F1507
PIC16F1508
PIC16F1509
PIC16F1516
PIC16F1517
PIC16F1518
PIC16F1519
PIC16F1823
PIC16F1824
PIC16F1825
PIC16F1826
PIC16F1827
PIC16F1828
PIC16F1829
PIC16F1933
PIC16F1934
PIC16F1936
PIC16F1937
PIC16F1938
PIC16F1939
PIC16F1946
PIC16F1947
PIC16F506
PIC16F610
PIC16F616
PIC16F627A
PIC16F628A
PIC16F630
PIC16F631
PIC16F648A
PIC16F676
PIC16F677
PIC16F684
PIC16F685
PIC16F687
PIC16F688
PIC16F689

9．PIC18 系列

PIC18F1220
PIC18F1230
PIC18F1320
PIC18F1330
PIC18F13K22
PIC18F13K50
PIC18F14K22
PIC18F14K50
PIC18F2220
PIC18F2221
PIC18F2320
PIC18F2321
PIC18F2331
PIC18F23K20
PIC18F2410
PIC18F242
PIC18F2420
PIC18F2423
PIC18F2431
PIC18F2439
PIC18F2450
PIC18F2455
PIC18F2458
PIC18F248
PIC18F2480
PIC18F24J10
PIC18F24J50
PIC18F24K20
PIC18F24K22
PIC18F2510
PIC18F2515
PIC18F252
PIC18F2520
PIC18F2523
PIC18F2525
PIC18F2539
PIC18F2550
PIC18F2553
PIC18F258
PIC18F2580
PIC18F2585
PIC18F25J10
PIC18F25J50
PIC18F25K20
PIC18F25K22
PIC18F2610
PIC18F2620
PIC18F2680
PIC18F2682
PIC18F2685
PIC18F26J13
PIC18F26J50
PIC18F26J53
PIC18F26K20
PIC18F26K22
PIC18F27J13
PIC18F27J53
PIC18F4220
PIC18F4221
PIC18F4320
PIC18F4321
PIC18F4331
PIC18F43K20
PIC18F43K22
PIC18F43K22
PIC18F4410
PIC18F442
PIC18F4420
PIC18F4423
PIC18F4431
PIC18F4439
PIC18F4450
PIC18F4455
PIC18F4458

PIC18F448
PIC18F4480
PIC18F44J10
PIC18F44J50/ML
PIC18F44J50/PT
PIC18F44K20
PIC18F44K22
PIC18F4510
PIC18F4515
PIC18F452
PIC18F4520
PIC18F4523
PIC18F4525
PIC18F4539
PIC18F4550
PIC18F4553
PIC18F458
PIC18F4580
PIC18F4585
PIC18F45J10
PIC18F45J50/ML
PIC18F45J50/PT
PIC18F45K20
PIC18F45K22
PIC18F4610
PIC18F4620
PIC18F4680
PIC18F4682
PIC18F4685
PIC18F46J13/ML
PIC18F46J13/PT
PIC18F46J50/ML
PIC18F46J50/PT
PIC18F46J53/ML
PIC18F46J53/PT
PIC18F46K20
PIC18F46K22
PIC18F47J13/ML
PIC18F47J13/PT
PIC18F47J53/ML
PIC18F47J53/PT
PIC18F6390
PIC18F6393
PIC18F63J90
PIC18F6490
PIC18F6493
PIC18F64J90
PIC18F6520
PIC18F6527
PIC18F6585
PIC18F65J90
PIC18F65K22
PIC18F6620
PIC18F6622
PIC18F6627
PIC18F6628
PIC18F6680
PIC18F66K22
PIC18F6720
PIC18F6722
PIC18F6723
PIC18F67K22
PIC18F8390
PIC18F8393
PIC18F83J90
PIC18F8490
PIC18F8493
PIC18F84J90
PIC18F8520
PIC18F8527
PIC18F8585
PIC18F85J90

PIC18F85K22
PIC18F8620
PIC18F8622
PIC18F8627
PIC18F8680
PIC18F86K22
PIC18F8720
PIC18F8722
PIC18F87K22
PIC18LF13K22
PIC18LF13K50
PIC18LF14K22
PIC18LF14K50
PIC18LF24J50
PIC18LF24K22
PIC18LF25J50
PIC18LF25K22
PIC18LF26J13
PIC18LF26J50
PIC18LF26J53
PIC18LF26K22
PIC18LF27J13
PIC18LF27J53
PIC18LF43K22
PIC18LF44J50/ML
PIC18LF44J50/PT
PIC18LF44K22
PIC18LF45J50/ML
PIC18LF45J50/PT
PIC18LF45K22
PIC18LF46J13/ML
PIC18LF46J13/PT
PIC18LF46J50/PT
PIC18LF46J53/ML
PIC18LF46J53/PT
PIC18LF46K22
PIC18LF47J13/ML
PIC18LF47J13/PT
PIC18LF47J53/ML
PIC18LF47J53/PT

10. PIC24 系列

PIC24F04KA200
PIC24F04KA201
PIC24F08KA101
PIC24F08KA102
PIC24F16KA101
PIC24F16KA102
PIC24FJ128GA006
PIC24FJ128GA008
PIC24FJ128GA010
PIC24FJ16GA002
PIC24FJ16GA004
PIC24FJ32GA002
PIC24FJ32GA004
PIC24FJ32GA102
PIC24FJ32GA104
PIC24FJ48GA002
PIC24FJ48GA004
PIC24FJ64GA002
PIC24FJ64GA004
PIC24FJ64GA006
PIC24FJ64GA008
PIC24FJ64GA010
PIC24FJ64GA102
PIC24FJ64GA104
PIC24FJ96GA006
PIC24FJ96GA008
PIC24FJ96GA010

11. TMS320 系列

TMS320F280200DA
TMS320F280200PT
TMS320F28020DA
TMS320F28020PT
TMS320F28021DA
TMS320F28021PT
TMS320F28022DA
TMS320F28022PT
TMS320F28023DA
TMS320F28023PT
TMS320F28026DA
TMS320F28026PT
TMS320F28027DA
TMS320F28027PT

12. dsPIC33 系列

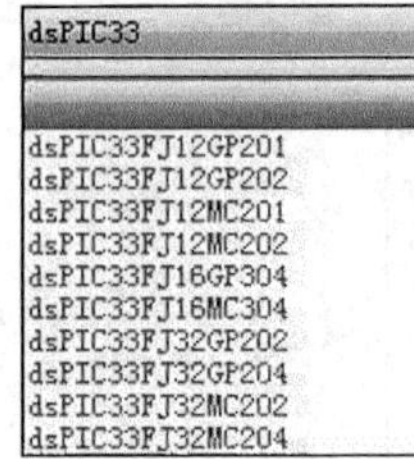

参 考 文 献

[1] 潘松，黄继业，潘明. EDA 技术实用教程：Verilog HDL 版[M]. 4 版. 北京：科学出版社，2010.

[2] 周润景，苏良碧. 基于 Quartus Ⅱ 的数字系统 Verilog HDL 设计实例详解[M]. 北京：电子工业出版社，2010.

[3] 吴厚航. 爱上 FPGA 开发：特权和你一起学 NIOS Ⅱ[M]. 北京：北京航空航天大学出版社，2011.

[4] 何宾. EDA 原理及 VHDL 实现[M]. 北京：清华大学出版社，2011.

[5] EDA 先锋工作室. 王诚，蔡海宁，等. Altera FPGA/CPLD 设计（基础篇）[M]. 2 版. 北京：人民邮电出版社，2011.

[6] Louis Scheffer. 集成电路系统设计、验证与测试[M]. 陈力颖，王猛，等译. 北京：科学出版社，2008.

[7] 谭会生，张昌. EDA 技术应用：VHDL[M]. 3 版. 西安：西安电子科技大学出版社，2011.

[8] 韩威. EDA 与集成电路工程设计[M]. 北京：科学出版社，2009.

[9] 唐赣. EDA 应用技术：PAD 2007 原理图与 PCB 设计[M]. 北京：电子工业出版社，2009.

[10] 韩雁. 集成电路设计制造中 EDA 工具实用教程[M]. 杭州：浙江大学出版社，2007.

[11] 薛冰. 零点起步：Altera CPLD/FPGA 轻松入门与开发实例[M]. 北京：机械工业出版社，2012.

[12] 朱清慧，张凤芯，翟天嵩，等. Proteus 教程：电子线路设计、制版与仿真[M]. 北京：清华大学出版社，2008.

[13] 张靖武，周灵彬. 单片机系统的 Proteus 设计与仿真[M]. 北京：电子工业出版社，2007.

[14] 周景润，张丽娜. 基于 Proteus 的电路及单片机系统设计与仿真[M]. 北京：北京航空航天大学出版社，2006.

[15] 周灵彬，任开杰. 基于 Proteus 的电路与 PCB 设计[M]. 北京：电子工业出版社，2010.

[16] Proteus Help.

[17] 窦建华. 电路仿真与 PCB 设计[M]. 北京：国防工业出版社，2006.

[18] 赵广林. 常用电子元器件识别/检测/选用一读通[M]. 北京：电子工业出版社，2011.

[19] 王港元，等. 电子技能基础[M]. 成都：成都科技大学出版社，1999.

[20] 李学礼. 基于 Proteus 的 8051 单片机实例教程[M]. 北京：电子工业出版社，2008.

[21] 顾晖，梁惺彦. 微机原理与接口技术：基于 8086 和 Proteus 仿真[M]. 北京：电子工业出版社，2011.

[22] 胡建波. 微机原理与接口技术实验：基于 Proteus 仿真[M]. 北京：机械工业出版社，2011.

[23] 杨栓科. 模拟电子技术基础[M]. 北京：高等教育出版社，2003.

[24] 周冰，李田，胡仁喜，等. Altium Design Summer 09 从入门到精通[M]. 北京：机械工业出版社，2011.

[25] 周润景，苏良碧. Cadence 高速电路板设计与仿真：信号与电源完整性分析[M]. 4 版. 北京：电子工业出版社，2011.

[26] Metafile[EB/OL]. [2016-09-09]. http://baike. baidu. com/view/560586. htm.

[27] Bitmap[EB/OL]. [2016-09-09]. http://baike. baidu. com/view/357751. html.

[28] DXF[EB/OL]. [2016-09-09]. http://baike. baidu. com/view/18694. htm.

[29] DXF 文件格式解析[EB/OL]. [2016-09-09]. http://wenku. baidu. com/view/7d60251ea300a6c30c229f0f. html.

[30] EPS[EB/OL]. [2016-09-09]. http://baike. baidu. com/view/4428834. htm.

[31] EPS格式[EB/OL]. [2016-09-09]. http://baike.baidu.com/view/4271627.htm.

[32] 抗锯齿[EB/OL]. [2016-09-09]. http://baike.baidu.com/view/415321.htm.

[33] 程佩青. 数字信号处理教程[M]. 北京：清华大学出版社，2008.

[34] PCB(PCBA)板的测试方法有哪些? [EB/OL]. [2017-01-05]. http://www.docin.com/p-295094054.html.

[35] 飞针测试原理与特点[EB/OL]. [2017-01-05]. http://www.pcbdown.com/html/pcbjishu/20090405/2311.html.

[36] 板级测试指南[EB/OL]. [2017-01-05]. http://wenku.baidu.com/view/00ac8b303968011ca30091a5.html.

[37] VSM Studio IDE Help.

[38] Khandpur R S. 印制电路板：设计、制造、装配与测试[M]. 曹学军，刘艳涛，钱宗峰，等译. 北京：机械工业出版社，2008.

[39] NETEX-G Netlist Extraction from Gerber[EB/OL]. [2017-01-05]. http://www.artwork.com/gerber/netex-g/ipc356/index.htm.

[40] Opdated IPC-D-356A Netlist Extractor[EB/OL]. [2017-01-05]. https://communities.mentor.com/docs/DOC-1377.

[41] CAD Translations[EB/OL]. [2017-01-05]. http://www.cad-translation-software.com/.

[42] 黄志伟. 印制电路板(PCB)设计技术与实践[M]. 北京：电子工业出版社，2013.

[43] Robertson C T. 印制电路板设计基础[M]. 刘雷波，译. 北京：电子工业出版社，2013.